PRÉPAS SCIENCES
collection dirigée par Bertrand Hauchecorne

Mathématiques PSI/PSI*

4e édition actualisée

ouvrage coordonné par

Walter DAMIN
Professeur au lycée Pierre-Paul Riquet (Saint-Orens de Gameville)

Michel GOUMI
Professeur au lycée E. Perrier (Tulle)

Ivan GOZARD
Professeur au lycée Carnot (Dijon)

Bertrand HAUCHECORNE
Professeur au lycée Pothier (Orléans)

Olivier LEUCK
Professeur au lycée R. Follereau (Belfort)

ellipses

COLLECTION
PRÉPAS SCIENCES

Retrouvez tous les titres de la collection et des extraits sur www.editions-ellipses.fr

Les macros de cet ouvrage ont été réalisées par Nicolas Nguyen ; les figures par Olivier Leuck.

ISBN 9782340-029484

32, rue Bargue 75740 Paris cedex 15

www.editions-ellipses.fr

Avant-propos

Réussir en classes préparatoires nécessite d'assimiler rapidement un grand nombre de connaissances, mais surtout de savoir les utiliser, à bon escient, et les rendre opérationnelles au moment opportun. Bien sûr, l'apprentissage du cours de votre professeur jour après jour est indispensable. Cependant, on constate que pour beaucoup, c'est loin d'être suffisant. Combien d'entre vous ont bien appris leur cours et pourtant se trouvent démunis lors d'un devoir, et plus grave, le jour du concours.

Cette collection a été conçue pour répondre à cette difficulté. Suivant scrupuleusement le programme, chaque ouvrage est scindé en chapitres, dont chacun correspond, en gros, à une semaine de cours. Leur structure est identique pour chaque niveau, en mathématiques, en physique, en chimie et en sciences industrielles de l'ingénieur.

Le résumé de cours est là pour vous remettre en mémoire tous les résultats à connaître. Sa relecture est indispensable avant un devoir, le passage d'une colle relative au thème traité et lors des révisions précédant les concours. Ils sont énoncés sans démonstration.

La partie « méthodes » vous initie aux techniques utiles pour résoudre les exercices classiques. Complément indispensable du cours, elle l'éclaire et l'illustre.

La partie « vrai/faux » permet de tester votre recul par rapport au programme et de vous révéler les mauvais réflexes à rectifier. Son corrigé est l'occasion de mettre en garde contre des **erreurs classiques**.

Les exercices sont incontournables pour assimiler le programme et pour répondre aux exigences du concours. Des **indications**, que les meilleurs pourront ignorer, permettront de répondre aux besoins de chacun, selon son niveau. Les **corrigés** sont rédigés avec soin et de manière exhaustive.

Ainsi l'ouvrage de maths comme ceux de physique, de chimie et de sciences industrielles vous accompagneront tout au long de l'année et vous guideront dans votre cheminement vers **la réussite aux concours**.

Bertrand Hauchecorne

Sommaire

Chapitre 1
Espaces vectoriels et applications linéaires

Les espaces vectoriels ont été introduits par **Cayley** et **Grassmann** au milieu du XIXe siècle. Cependant, le premier ne proposait qu'un calcul sur des n-uplets et la formalisation du second était des plus obscures. Ce fut l'œuvre de Giuseppe **Peano** de déchiffrer le travail du mathématicien allemand et de donner le premier, en 1888, une définition satisfaisante d'un espace vectoriel. Il introduisit les applications linéaires et montra que cette théorie ne se réduit pas à la dimension finie en citant l'exemple des polynômes. Giuseppe Peano est aussi connu pour son axiomatique des entiers naturels et pour avoir construit une courbe remplissant un carré. On lui doit d'astucieux contre-exemples qui ont remis en cause des assertions qui semblaient pourtant bien établies.

Giuseppe Peano
1858-1932

■■ Objectifs

■ Les incontournables

▷ Revoir les notions élémentaires concernant les espaces vectoriels : famille libre, famille génératrice, base, dimension finie, etc.

▷ Approfondir les notions de somme et de somme directe de sous-espaces vectoriels à plus de deux sous-espaces vectoriels. En particulier, savoir décomposer en somme directe par fractionnement d'une base

▷ Savoir manipuler les projecteurs et connaître parfaitement leur lien avec une somme directe finie de sous-espaces vectoriels

▷ Savoir déterminer le rang, l'image et le noyau d'une application linéaire (par une base ou un système d'équations)

▷ Savoir ce qu'est un sous-espace vectoriel stable par un endomorphisme, savoir manipuler un endomorphisme induit sur un tel sous-espace vectoriel.

■ Et plus si affinités...

▷ Savoir démontrer qu'une famille infinie est libre

▷ Savoir inverser ou calculer les puissances successives d'un endomorphisme grâce à un polynôme annulateur

▷ Savoir démarrer un exercice sur les endomorphismes nilpotents ($f \in \mathcal{L}(E)$ avec $f^n = 0$.)

▷ Faire le lien entre hyperplan et noyau d'une forme linéaire non nulle.

Résumé de cours

$\mathbb{K}$ désigne indifféremment l'un des corps $\mathbb{R}$ ou $\mathbb{C}$ et E est un $\mathbb{K}$-espace vectoriel.

Familles libres, familles génératrices, bases

Définition : Combinaison linéaire —. *On appelle combinaison linéaire d'un nombre fini de vecteurs* $\vec{u}_1, \ldots, \vec{u}_p$ *de* E *toute somme* $\sum_{i=1}^{p} \lambda_i \vec{u}_i$, *où* $\lambda_1, \ldots, \lambda_p$ *sont des scalaires (c'est-à-dire des éléments de* $\mathbb{K}$*), appelés coefficients de la combinaison linéaire.*

Proposition 1.1.— L'ensemble des combinaisons linéaires d'une famille finie $X = (\vec{u}_1, \ldots, \vec{u}_p)$ est un sous-espace vectoriel de E, appelé **sous-espace vectoriel engendré** par X et noté $\mathrm{Vect}\,(X)$.

Définition : Famille libre, famille liée —. ▸ $(\vec{u}_i)_{i \in [\![1,n]\!]}$, *famille* ***finie*** *de vecteurs de* E, *est* ***libre*** *(on dit aussi que ces vecteurs sont indépendants) si, et seulement si, pour toute famille* $(\lambda_i)_{i \in [\![1,n]\!]}$ *appartenant à* $\mathbb{K}^n$, *on a l'implication :*

$$\boxed{\sum_{i=1}^{n} \lambda_i \vec{u}_i = 0_E \Rightarrow \forall\, i \in [\![1,n]\!],\ \lambda_i = 0.}$$

▸ *On peut étendre à* $(\vec{u}_i)_{i \in I}$, *famille de vecteurs de* E *de cardinal quelconque. Elle est* ***libre*** *si, et seulement si, toutes ses sous-familles finies sont libres.*

▸ *Si une famille n'est pas libre, on dit qu'elle est* ***liée****.*

Remarques : ▸ Toute famille contenue dans une famille libre est libre.

▸ Toute famille contenant une famille liée est liée. (C'est la contraposition de l'implication précédente.) En particulier, toute famille contenant le vecteur nul est liée.

▸ Une famille de deux vecteurs est liée si, et seulement si, ces deux vecteurs sont colinéaires.

▸ Toute famille contenant le vecteur nul est liée.

Proposition 1.2.— Famille liée et combinaison linéaire —. On suppose I fini. Une famille $(\vec{u}_i)_{i \in I}$ est liée si, et seulement si, l'un au moins des $\vec{u}_i$ est combinaison linéaire des autres.

Définition : Famille génératrice —. *Une famille* X *de* E *est une* ***famille génératrice de l'espace vectoriel*** E *si, et seulement si, tout vecteur de* E *est une combinaison linéaire finie de vecteurs de* E. *Dans le cas où* X *est une famille finie, on a alors :* $\mathrm{Vect}\, X = E$.

Définition : Base —. *Une famille de vecteurs du* $\mathbb{K}$*-espace vectoriel* E *est une* ***base*** *de* E *si, et seulement si, elle est une famille libre et génératrice.*

Exemples : ▸ $(X^i)_{i \in \mathbb{N}}$ est une base de $\mathbb{K}[X]$. $(X^i)_{i \in [\![0,n]\!]}$ est une base de $\mathbb{K}_n[X]$.

▸ $((1,0,0),(0,1,0),(0,0,1))$ est une base de $\mathbb{R}^3$.

Ce sont les bases les plus simples de chacun de ces espaces vectoriels : on dit que ce sont leurs **bases canoniques** respectives.

■ Dimension

Définition : Espace vectoriel de dimension finie —. *Un espace vectoriel est* ***de dimension finie*** *si, et seulement s'il admet une famille génératrice finie.*

Proposition 1.3.— Théorème d'existence d'une base et de la base incomplète —.
- Tout $\mathbb{K}$-espace vectoriel E de dimension finie admet une base finie.
- On peut extraire de toute famille génératrice finie de E une base de E.
- Toute famille libre de E peut être complétée en une base de E.

Lemme 1.4.— Dans un espace vectoriel de dimension finie, une famille libre ne peut avoir plus d'éléments qu'une famille génératrice.

Théorème 1.5.— Théorème de la dimension —.
Toutes les bases d'un espace vectoriel E de dimension finie ont le même nombre d'éléments, appelé ***dimension de*** E et noté $\dim E$.
Par convention, la dimension de $\{0_E\}$ est 0.

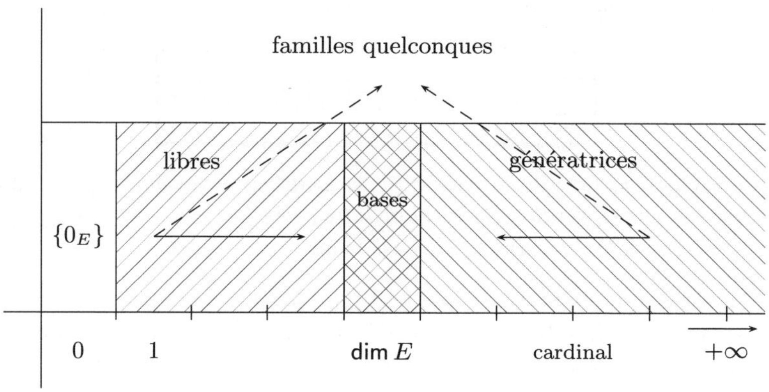

Illustration du théorème de la dimension, et de la proposition suivante

Proposition 1.6.— En ajoutant un élément $\vec{x}$ à une famille libre L, on obtient une famille libre si $\vec{x} \notin \mathrm{Vect}(L)$, et une famille liée si $\vec{x} \in \mathrm{Vect}(L)$.
En enlevant un élément $\vec{x}$ à une famille génératrice G, on obtient une famille non génératrice si $\vec{x} \notin \mathrm{Vect}(G \setminus \{\vec{x}\})$ et une famille génératrice si $\vec{x} \in \mathrm{Vect}(G \setminus \{\vec{x}\})$.

Proposition 1.7.— Si $\dim E = n$ et si $\mathcal{B}$ est une famille de n vecteurs de E, alors il y a équivalence entre :
(1) $\mathcal{B}$ est une base de E (2) $\mathcal{B}$ est une famille libre (3) $\mathcal{B}$ est une famille génératrice de E.

Proposition 1.8.— Tout sous-espace vectoriel F d'un espace vectoriel de dimension finie E est de dimension finie et $\dim F \leqslant \dim E$.
De plus, si $\dim F = \dim E$, alors $F = E$.

Définition : Base adaptée à un sous-espace vectoriel —. *Soit F un sous-espace vectoriel de dimension p du $\mathbb{K}$-espace vectoriel de dimension finie E, une base de E est* ***adaptée à*** *F lorsque ses p premiers vecteurs forment une base de F.*

Proposition 1.9.— Coordonnées d'un vecteur dans une base —. Soit $\mathcal{B} = (\vec{e}_1, \vec{e}_2, \cdots, \vec{e}_n)$ une base de E. Pour tout vecteur $\vec{x}$ de E, il existe un n-uplet unique $(x_1, x_2, \cdots, x_n)$ de $\mathbb{K}^n$ tel que :

$$\boxed{\vec{x} = \sum_{i=1}^{n} x_i\, \vec{e}_i.}$$

$(x_1, x_2, \cdots, x_n)$ est le ***n-uplet des coordonnées du vecteur x dans la base $\mathcal{B}$.***

Exemple : Les coordonnées d'un polynôme de degré inférieur ou égal à n dans la base canonique de $\mathbb{K}_n[X]$ sont ses coefficients.

Définition : Rang d'une famille de vecteurs —. *Le* ***rang d'une famille finie de vecteurs*** *est la dimension du sous-espace vectoriel qu'elle engendre.*

Notation : *Le rang de la famille $\mathcal{F}$ est noté* $\mathsf{Rg}\,(\mathcal{F})$.

■ Produit d'un nombre fini d'espaces vectoriels

Soit $n \geqslant 2$ et pour tout $i \in [\![1, n]\!]$, soit E_i, espace vectoriel sur $\mathbb{K}$.
Alors $E_1 \times ... \times E_n = \{(\vec{u}_1, ..., \vec{u}_n), \forall i \in [\![1, n]\!], \vec{u}_i \in E_i\}$ est appelé le produit de ces espaces vectoriels et est lui-même un espace vectoriel sur $\mathbb{K}$. On définit :

$$\text{la somme : } (\vec{u}_1, ..., \vec{u}_n) + (\vec{v}_1, ..., \vec{v}_n) = (\vec{u}_1 + \vec{v}_1, ..., \vec{u}_n + \vec{v}_n),$$

$$\text{le produit par } \lambda \in \mathbb{K} : \lambda.(\vec{u}_1, ..., \vec{u}_n) = (\lambda\vec{u}_1, ..., \lambda\vec{u}_n).$$

Proposition 1.10.— Dans le cas où pour tout $i \in [\![1, n]\!]$, E_i est de dimension finie alors :

$$\boxed{\mathsf{dim}\ (E_1 \times ... \times E_n) = \sum_{i=1}^{n} \mathsf{dim}\, E_i.}$$

■ Somme et somme directe d'une famille finie de sous-espaces vectoriels

Définition : Somme —. *Soit $(E_i)_{i \in [\![1,n]\!]}$ une famille finie de sous-espaces vectoriels de E,* ***la somme de ces sous-espaces vectoriels*** *est le sous-espace vectoriel, noté $\sum_{i=1}^{n} E_i$, engendré par la réunion des E_i :*

$$\boxed{\sum_{i=1}^{n} E_i = \mathsf{Vect}\left(\bigcup_{i=1}^{n} E_i\right).}$$

L'appellation « somme de sous-espaces vectoriels » est justifiée par la caractérisation suivante.

Proposition 1.11.— $\sum_{i=1}^{n} E_i$ est l'ensemble des sommes de vecteurs des E_i, autrement dit :

$$\sum_{i=1}^{n} E_i = \left\{ \sum_{i=1}^{n} \vec{u}_i, \ \text{ où, } \forall\, i \in [\![1,n]\!],\ \vec{u}_i \in E_i \right\}.$$

Définition : Somme directe —. ***La somme des sous-espaces vectoriels de la famille*** $(E_i)_{i\in[\![1,n]\!]}$ ***est directe*** *si et seulement si :*

$$\forall\, (\vec{u}_1, \vec{u}_2, \cdots, \vec{u}_n) \in E_1 \times E_2 \times \cdots \times E_n,\ \left(\sum_{i=1}^{n} \vec{u}_i = 0_E \Rightarrow \forall\, i \in [\![1,n]\!],\ \vec{u}_i = 0_E \right).$$

Dans ce cas, on note la somme de ces sous-espaces vectoriels : $\bigoplus_{i=1}^{n} E_i$.

Proposition 1.12.— Caractérisation d'une somme directe —. La somme des sous-espaces vectoriels de la famille $(E_i)_{i\in[\![1,n]\!]}$ est directe si et seulement si tout $\vec{u}$ de $\sum_{i=1}^{n} E_i$ se décompose **de manière unique** sous la forme : $\vec{u} = \sum_{i=1}^{n} \vec{u}_i$, où $(\vec{u}_i)_{i\in[\![1,n]\!]} \in E_1 \times E_2 \times \cdots \times E_n$.

Définition : Sous-espaces vectoriels supplémentaires —.
Les sous-espaces vectoriels $(E_i)_{i\in[\![1,n]\!]}$ *de* E *sont* ***supplémentaires dans*** E *si, et seulement si, leur somme est directe et égale à* E*, autrement dit, lorsque :* $E = \bigoplus_{i=1}^{n} E_i$.

Proposition 1.13.— Les sous-espaces vectoriels $(E_i)_{i\in[\![1,n]\!]}$ de E sont supplémentaires si, et seulement si,

$$\forall\, \vec{u} \in E,\ \exists\,!\, (\vec{u}_i)_{i\in[\![1,n]\!]} \in E_1 \times E_2 \times \cdots \times E_n \text{ tel que } \vec{u} = \sum_{i=1}^{n} \vec{u}_i.$$

Proposition 1.14.— Existence d'un supplémentaire —.
Tout sous-espace vectoriel de dimension finie d'un $\mathbb{K}$-espace vectoriel admet un supplémentaire.

Lorsque $E = \bigoplus_{i=1}^{n} E_i$, tout vecteur $\vec{u}$ de E s'écrit, **de manière unique** :

$$\vec{u} = \sum_{i=1}^{n} \vec{u}_i, \text{ où } (\vec{u}_i)_{i\in[\![1,n]\!]} \in \prod_{i=1}^{n} E_i.$$

Théorème-Définition 1.15.— Base adaptée à une décomposition en supplémentaires —.
Soit E un $\mathbb{K}$-espace vectoriel de dimension finie et $(E_i)_{i\in[\![1,n]\!]}$ une famille de n sous-espaces vectoriels de E, de bases respectives $\mathcal{B}_i$, $1 \leqslant i \leqslant n$.

Si la somme des $(E_i)_{i\in[\![1,n]\!]}$ est directe, alors $\mathcal{B} = (\mathcal{B}_1, ..., \mathcal{B}_n)$ est une base de $\bigoplus_{i=1}^{n} E_i$.

Si les E_i, $1 \leqslant i \leqslant n$, sont supplémentaires dans E, alors $\mathcal{B} = (\mathcal{B}_1, ..., \mathcal{B}_n)$ est une base de E dite **base adaptée à la décomposition** $E = \bigoplus_{i=1}^{n} E_i$.

Corollaire 1.16.— Caractérisation d'une somme directe par les dimensions —.
Les $(E_i)_{i\in[\![1,n]\!]}$ étant des sous-espaces vectoriels de dimension finie de E :

$$\boxed{\dim\left(\sum_{i=1}^{n} E_i\right) \leqslant \sum_{i=1}^{n} \dim E_i}.$$

Et l'on a l'égalité si, et seulement si, la somme est directe.

Corollaire 1.17.— Supplémentaires en dimension finie —.
Les propositions suivantes sont équivalentes :

(i) $E = \bigoplus_{i=1}^{n} E_i$;

(ii) les $(E_i)_{i\in[\![1,n]\!]}$ sont en somme directe et $\dim E = \sum_{i=1}^{n} \dim E_i$;

(iii) $E = \sum_{i=1}^{n} E_i$ et $\dim E = \sum_{i=1}^{n} \dim E_i$.

Corollaire 1.18.— Dimension de la somme de deux sous-espaces vectoriels —.
Soit F et G deux sous-espaces vectoriels d'un espace vectoriel de dimension finie E :

$$\boxed{\dim(F+G) = \dim F + \dim G - \dim(F\cap G).}$$

■ Applications linéaires

Définition : *Soit E et F deux espaces vectoriels sur $\mathbb{K}$. Une application $\phi : E \to F$ est dite* **linéaire** *si pour tous vecteurs $\vec{u}$ et $\vec{v}$ de E et pour tout scalaire $a \in \mathbb{K}$,*

$$\phi(a\vec{u}+\vec{v}) = a\phi(\vec{u}) + \phi(\vec{v}).$$

Lorsque $E = F$, on dit que ϕ est un **endomorphisme**. *Une application linéaire qui est une bijection est un* **isomorphisme**. *Un endomorphisme bijectif est un* **automorphisme**.

On note $\mathcal{L}(E,F)$ l'ensemble des applications linéaires de E vers F. C'est un $\mathbb{K}$-espace vectoriel. Dans le cas $E = F$, on note $\mathcal{L}(E)$ cet ensemble.

Si $f \in \mathcal{L}(E,F)$ et $g \in \mathcal{L}(F,G)$ alors $g\circ f \in \mathcal{L}(E,G)$.
Si f est un isomorphisme de E dans F alors f^{-1} est un isomorphisme de F vers E.
L'ensemble des automorphismes de E est appelé le **groupe linéaire**. On le note $\mathrm{GL}(E)$.

Proposition 1.19.— Détermination d'une application linéaire en dimension finie —. Étant donné deux $\mathbb{K}$-espaces vectoriels E et F, une base $(\vec{e}_1, \vec{e}_2, \cdots, \vec{e}_p)$ de E et une famille $(\vec{f_1}, \vec{f_2}, \cdots, \vec{f_p})$ de vecteurs de F, il existe une application linéaire ϕ, et une seule, de E dans F, telle que :

$$\forall\, i \in [\![1, p]\!],\ \phi(\vec{e}_i) = \vec{f_i}.$$

Définition : Espaces vectoriels isomorphes —. *Deux espaces vectoriels sont* ***isomorphes*** *si, et seulement s'il existe un isomorphisme de l'un dans l'autre.*

Proposition 1.20.— L'image d'une base (respectivement d'une famille libre) par un isomorphisme est une base (respectivement une famille libre).

Proposition 1.21.— Conservation du rang par un isomorphisme —. L'image par un isomorphisme d'une famille de vecteurs est une famille de vecteurs de même rang.

Remarque : Une base de E étant choisie, l'application associant à un vecteur le n-uplet de $\mathbb{K}^n$ de ses coordonnées dans cette base est un isomorphisme ; en conséquence, le rang d'une famille de vecteurs est égal au rang de la famille des n-uplets de ses coordonnées dans $\mathbb{K}^n$.

Proposition 1.22.— Deux espaces vectoriels E et F (sur le même ensemble $\mathbb{K}$) de dimensions finies sont isomorphes si, et seulement si, leurs dimensions sont égales.

Conséquence : Tout $\mathbb{K}$-espace vectoriel de dimension n est isomorphe à $\mathbb{K}^n$.

Théorème-Définition 1.23.— Noyau d'une application linéaire —. ϕ étant une application linéaire d'un espace vectoriel E dans un espace vectoriel F, l'ensemble $\{\vec{x} \in E,\ \phi(\vec{x}) = 0_F\}$ est un sous-espace vectoriel de E appelé ***noyau de*** ϕ et noté $\mathrm{Ker}\,\phi$.

Théorème-Définition 1.24.— Image d'une application linéaire —. ϕ étant une application linéaire d'un espace vectoriel E dans un espace vectoriel F, l'ensemble $\{\phi(\vec{x}),\ \vec{x} \in E\}$ est un sous-espace vectoriel de F appelé ***image*** de ϕ et noté $\mathrm{Im}\,\phi$.

Définition : Rang d'une application linéaire —. *Dans le cas où* $\mathrm{Im}\,\phi$ *est de dimension finie, le* ***rang de l'application linéaire*** ϕ *est la dimension de son image, c'est-à-dire* $\dim \mathrm{Im}\,\phi$.

Proposition 1.25.— E étant un $\mathbb{K}$-espace vectoriel de dimension finie dont $\mathcal{B} = (e_i)_{i \in [\![1,n]\!]}$ est une base et ϕ étant une application linéaire de E dans un $\mathbb{K}$-espace vectoriel F :

$$\boxed{\mathrm{Im}\,\phi = \mathrm{Vect}\ (\phi(e_i))_{i \in [\![1,n]\!]} \ \text{ et } \mathrm{Rg}\,\phi = \mathrm{Rg}\ (\phi(e_i))_{i \in [\![1,n]\!]}.}$$

Proposition 1.26.— Soit $\phi \in \mathcal{L}(E, F)$, si K' est un supplémentaire quelconque de $\mathrm{Ker}\,\phi$ dans E, alors ϕ induit un isomorphisme de K' sur $\mathrm{Im}\,\phi$.

Remarque : Ce résultat ne nécessite pas que E soit de dimension finie, mais seulement que $\mathrm{Ker}\,\phi$ admette un supplémentaire.

Proposition 1.27.— Théorème du rang —. ϕ étant une application linéaire entre deux espaces vectoriels E et F, l'espace vectoriel E étant de dimension finie alors :

$$\boxed{\dim \operatorname{Im} \phi + \dim \operatorname{Ker} \phi = \dim E.}$$

Corollaire 1.28.— ϕ étant une application linéaire entre deux espaces vectoriels de dimensions finies E et F, ϕ est un isomorphisme de E dans F si, et seulement si, $\operatorname{Rg} \phi = \dim E = \dim F$.

Corollaire 1.29.— Soit E et F deux espaces vectoriels de dimensions finies et ϕ un élément de $\mathcal{L}(E, F)$, lorsque : $\dim E = \dim F$, les propriétés suivantes sont équivalentes :
(1) ϕ est bijective (2) ϕ est injective (3) ϕ est surjective

Corollaire 1.30.— Soit E, F et G trois espaces vectoriels de dimensions finies, $\phi \in \mathcal{L}(E, F)$ et $\psi \in \mathcal{L}(F, G)$:
- si ϕ est un isomorphisme, alors $\operatorname{Rg}(\psi \circ \phi) = \operatorname{Rg} \psi$;
- si ψ est un isomorphisme, alors $\operatorname{Rg}(\psi \circ \phi) = \operatorname{Rg} \phi$.

Autrement dit, on ne change pas le rang d'une application linéaire si on la compose par un isomorphisme.

Proposition 1.31.— Application adaptée à une somme directe —.
Si $E = \bigoplus_{i=1}^{n} E_i$ alors, pour toute famille ϕ_i d'applications linéaires de E_i dans un espace vectoriel F, il existe une application linéaire unique ϕ de E dans F telle que $\forall i \in [\![1, n]\!]$, ϕ_i soit la restriction de ϕ à E_i.

Sous-espaces stables

Définition : Sous-espaces stables par une application linéaire —. *Soit E un espace vectoriel sur $\mathbb{K}$, et ϕ un endomorphisme de E ; on dit qu'un sous-espace F de E est **stable** par ϕ lorsque*

$$\phi(F) \subset F.$$

En particulier, E et $\{0_E\}$ sont stables par tout endomorphisme de E.

Proposition 1.32.— Soit ϕ et ψ deux endomorphismes de $\mathcal{L}(E)$ qui vérifient $\phi \circ \psi = \psi \circ \phi$ (on dit que ϕ et ψ *commutent*), alors $\operatorname{Im} \phi$ et $\operatorname{Ker} \phi$ (respectivement $\operatorname{Im} \psi$ et $\operatorname{Ker} \psi$) sont stables par ψ (respectivement par ϕ).

Définition : *Soit F un sous-espace de E stable par $\phi \in \mathcal{L}(E)$, alors $\hat{\phi} : \begin{array}{ccc} F & \longmapsto & F \\ \vec{u} & \longrightarrow & \phi(\vec{u}) = \hat{\phi}(\vec{u}) \end{array}$ définit un endomorphisme de F, dit **endomorphisme de F induit par** ϕ.*

Polynômes d'endomorphismes

Définition : *Soit* $P = \sum_{k=0}^{n} a_k X^k \in \mathbb{K}[X]$ *et* ϕ *un endomorphisme de l'espace vectoriel* E.
On pose $\phi^0 = \mathrm{Id}_E$*, puis, par récurrence, pour tout entier naturel* n, $\phi^{n+1} = \phi^n \circ \phi$.
L'endomorphisme $P(\phi) = \sum_{k=0}^{n} a_k \phi^k$ *est le polynôme de l'endomorphisme* ϕ *associé à* P.

Proposition 1.33.— Le noyau et l'image de $P(\phi)$ sont stables par ϕ.

Théorème 1.34.— L'endomorphisme $\phi \in \mathcal{L}(E)$ étant fixé, l'application $f_\phi : P \mapsto P(\phi)$ est un morphisme de $\mathbb{K}[X]$ dans $\mathcal{L}(E)$.

Définition : *Le noyau de* f_ϕ *est l'ensemble des polynômes annulateurs de l'endomorphisme* ϕ.

Formes linéaires et hyperplans dans un espace vectoriel de dimension finie

Ici E désigne un espace vectoriel de dimension finie.

Définition : Hyperplan —. *Un **hyperplan** de* E *est un sous-espace vectoriel* H *de* E *admettant un supplémentaire de dimension* 1*, (c'est-à-dire une droite vectorielle).*

Proposition 1.35.— Hyperplan en dimension finie —. Soit n un entier non nul, si E est un espace vectoriel de dimension n, un sous-espace vectoriel H est un hyperplan de E si, et seulement si, $\dim H = n - 1$.

Définition : Forme linéaire —. *Une **forme linéaire** de* E *est une application linéaire de* E *dans* $\mathbb{K}$*, considéré comme un* $\mathbb{K}$*-espace vectoriel.*

Proposition 1.36.— Relation forme linéaire-hyperplan —. Un sous-espace vectoriel H de E est un hyperplan de E si, et seulement si, il est le noyau d'une forme linéaire non nulle sur E.

Proposition 1.37.— Deux formes linéaires non nulles ont le même noyau si, et seulement si, elles sont colinéaires.

Théorème 1.38.— Équations d'un hyperplan —.
Soit $n \in \mathbb{N}^*$, E de dimension n, $\mathcal{B} = (\vec{e}_i)_{i \in [\![1,n]\!]}$ une base de E et H un *s.e.v* de E.
H est un hyperplan de E si, et seulement si, il existe n scalaires $(a_1, a_2, \cdots, a_n)$ non tous nuls tels que : $\left[x = \sum_{i=1}^{n} x_i e_i \in H \Leftrightarrow \sum_{i=1}^{n} a_i\, x_i = 0\right]$. On dit que $\sum_{i=1}^{n} a_i\, x_i = 0$ est une ***équation de H dans la base $\mathcal{B}$*** ou une ***équation cartésienne de H dans $\mathcal{B}$***.

Exemple : Les hyperplans de $\mathbb{K}^2$ sont les droites vectorielles. Un sous-espace vectoriel de $\mathbb{K}^2$ est une droite vectorielle si, et seulement si, il admet une équation de la forme : $ax + by = 0$, où $(a, b) \in \mathbb{K}^2 \setminus \{(0, 0)\}$.

Méthodes

Familles de vecteurs. Bases

Méthode 1.1.— Comment montrer qu'une famille de vecteurs est libre

- Si la famille est finie, on prouve qu'une combinaison linéaire des vecteurs de cette famille est nulle si, et seulement si, ses coefficients sont tous nuls.
- Si la famille n'est pas finie, on prouve que toute sous-famille finie extraite de cette famille est libre. On effectue alors souvent une récurrence.
- On peut aussi montrer que cette famille est l'image d'une famille libre par une application linéaire injective.
- Si l'on connaît les composantes des vecteurs dans une base donnée, on peut faire appel au pivot de Gauss (voir le chapitre consacré aux matrices).

Mise en œuvre : exercice 1.1, exercice 1.2

Méthode 1.2.— Comment montrer qu'une famille de vecteurs est une base

- On peut montrer que cette famille est libre et génératrice. Voir la remarque suivante dans le cas où E est de dimension infinie.
- En dimension finie, et si le cardinal de cette famille est égal à la dimension de E, il suffit de montrer le caractère libre (respectivement générateur).
- La famille obtenue en juxtaposant des bases de sous-espaces vectoriels supplémentaires est une base de E **adaptée à cette décomposition de** E.
- On peut aussi montrer que cette famille est l'image d'une base d'un espace vectoriel F par un isomorphisme de E dans F.

Mise en œuvre : exercice 1.2, exercice 1.3, exercice 1.6, exercice 1.14.

Remarque : Si E est de dimension infinie, si l'on a montré que $\mathcal{B}$ est libre, il faut alors prouver directement que $\mathcal{B}$ est génératrice (par exemple en faisant une récurrence si les éléments de la famille sont indexés par des entiers). En effet, impossible d'utiliser directement le résultat du cours en dimension finie (une famille libre de n éléments est une base si $\dim E = n$).

Exemple : Polynômes de degrés échelonnés

Soit $(P_n)_{n\in\mathbb{N}}$ une famille de polynômes de $\mathbb{K}[X]$, telle que $\deg P_n = n$ pour tout entier $n \in \mathbb{N}$; montrer que $(P_k)_{k\in[\![0,n]\!]}$ forme une base de $\mathbb{K}_n[X]$, puis que $(P_n)_{n\in\mathbb{N}}$ forme une base de $\mathbb{K}[X]$.

Montrons que $(P_k)_{k\in[\![0,n]\!]}$ est libre dans $\mathbb{K}_n[X]$, et, pour ceci, prenons une combinaison linéaire $\sum_{k=0}^{n} a_k P_k$ nulle, sans que les (a_k) soient tous nuls : alors $\{k \in [\![0,n]\!], a_k \neq 0\}$ est une partie de $\mathbb{N}$ non vide et majorée, qui admet donc un maximum, que nous appellerons m.

Alors : $\deg\left[\sum_{k=0}^{n} a_k P_k\right] = \deg\left[a_m P_m + \sum_{k=0}^{m-1} a_k P_k\right] = m$, ce qui contredit l'hypothèse $\sum_{k=0}^{n} a_k P_k = 0$.
Comme $(P_k)_{k\in[\![0,n]\!]}$ est libre et de cardinal égal à la dimension de $\mathbb{K}_n[X]$, c'est une base de $\mathbb{K}_n[X]$.
Toute famille finie extraite de $(P_n)_{n\in\mathbb{N}}$ est une sous-famille de $(P_k)_{k\in[\![0,N]\!]}$, pour N bien choisi, donc est libre : $(P_n)_{n\in\mathbb{N}}$ est libre. Tout polynôme est inclus dans $\mathbb{K}_d[X]$ ($d \geq \deg P$), donc est combinaison linéaire de $(P_k)_{k\in[\![0,d]\!]}$. $(P_n)_{n\in\mathbb{N}}$ est génératrice de $\mathbb{K}[X]$.
En conclusion, $(P_n)_{n\in\mathbb{N}}$ est une base de $\mathbb{K}[X]$.

❑ **Méthode 1.3.— Comment montrer que deux espaces vectoriels sont égaux ou isomorphes**

- On peut trouver un isomorphisme qui transporte l'un sur l'autre.
- On peut utiliser l'implication : $\begin{cases} \mathsf{dim}\, E = \mathsf{dim}\, F \\ E \subset F \end{cases} \Rightarrow E = F.$
- On peut montrer qu'une base de l'un est une base de l'autre.

Mise en œuvre : exercice 1.2.

■ Noyau et image d'une application linéaire

On rappelle que si $\phi \in \mathcal{L}(E,F)$, $\mathsf{Ker}\,\phi = \{\vec{u} \in E, \phi(\vec{u}) = \vec{0}_E\}$, $\mathsf{Im}\,\phi = \{\vec{u} \in F, \exists \vec{v} \in E, \phi(\vec{v}) = \vec{u}\}$.

❑ **Méthode 1.4.— Comment manipuler noyau ou (et) image de $\phi \in \mathcal{L}(E,F)$**

- En dimension quelconque, il faut souvent revenir à la définition de $\mathsf{Ker}\,\phi$ et de $\mathsf{Im}\,\phi$. Ainsi, dans le cas de $\mathbb{K}[X]$, on pourra commencer par trouver des conditions sur le degré de P appartenant à $\mathsf{Ker}\,\phi$ ou à $\mathsf{Im}\,\phi$.
- En dimension finie, le théorème du rang donne une relation entre les dimensions de $\mathsf{Ker}\,\phi$ et de $\mathsf{Im}\,\phi$, ce qui évite (parfois) d'avoir à les déterminer tous les deux.

Mise en œuvre : en particulier **exercice 1.7**, **exercice 1.9** à **exercice 1.11**, **exercice 1.13**.

Remarque : On manipule souvent les noyaux et les images à l'occasion d'égalités du type $f\,o\,g = 0$ ou $g\,o\,f = 0$. Dans le premier cas, on a ainsi : $\mathsf{Im}\,g \subset \mathsf{Ker}\,f$. Cette idée prend tout son sens dans le cas d'un polynôme annulateur (voir **méthode 1.10**).

❑ **Méthode 1.5.— Comment montrer l'injectivité ou la surjectivité d'un endomorphisme**

- En dimension quelconque, on doit montrer que le noyau est $\{\vec{0}_E\}$ pour caractériser l'injectivité et que l'image est E pour caractériser la surjectivité.
- En dimension finie, il est équivalent de montrer la bijectivité, l'injectivité ou la surjectivité.

Mise en œuvre : exercice 1.9, **exercice 1.10**.

Remarque : Pour montrer la bijectivité en dimension infinie, l'injectivité seule ne suffit pas !

■ Rang d'une application linéaire

❑ Méthode 1.6.— Comment déterminer le rang d'une application linéaire ϕ :

- en calculant $\dim \operatorname{Ker} \phi$ puis en utilisant le théorème du rang.
- en déterminant $\dim \operatorname{Im} \phi$ directement, par exemple en déterminant le rang de la famille des images des vecteurs d'une base de l'espace vectoriel de départ.

Exemple : 1. *Soit $f \in \mathcal{L}(\mathbb{R}^3)$ avec $f \neq 0$ et $f \circ f = 0$ Montrer* $\operatorname{Im} f \subset \operatorname{Ker} f$. *En déduire* $\operatorname{Rg} f$.

Si $\vec{u} \in \operatorname{Im} f$ alors $\exists\, \vec{v} \in \mathbb{R}^3,\ f(\vec{v}) = \vec{u}$. Donc $f(\vec{u}) = f^2(\vec{v}) = 0$. Ainsi $\vec{u} \in \operatorname{Ker} f$.
Comme $3 = \operatorname{Rg} f + \dim \operatorname{Ker} f$, nécessairement $\dim \operatorname{Ker} f = 2$ (car $\operatorname{Rg} f \leqslant \dim \operatorname{Ker} f$). Donc $\operatorname{Rg} f = 1$.

2. *E est un $\mathbb{K}$-espace vectoriel de dimension 3, (e_1, e_2, e_3) est une base de E et $f \in \mathcal{L}(E)$ défini par $f(e_1) = 2e_2 + 3e_3$, $f(e_2) = 2e_1 - 5e_2 - 8e_3$ et $f(e_3) = -e_1 + 4e_2 + 6e_3$. Déterminer* $\operatorname{Rg} f$.

Le rang de f est celui de la famille $(f(e_1), f(e_2), f(e_3))$.
▸ $f(e_1)$ et $f(e_2)$ sont non colinéaires, donc le rang de cette famille est supérieur ou égal à 2.
Si la famille est libre, son rang est 3, sinon, son rang est 2.
▸ $\lambda_1 f(e_1) + \lambda_2 f(e_2) + \lambda_3 f(e_3) = (2\lambda_2 - \lambda_3)\, e_1 + (2\lambda_1 - 5\lambda_2 + 4\lambda_3)\, e_2 + (3\lambda_1 - 8\lambda_2 + 6\lambda_3) e_3 = 0.$

Donc : $\left\{\begin{array}{rcl} 2\lambda_2 - \lambda_3 & = & 0 \\ 2\lambda_1 - 5\lambda_2 + 4\lambda_3 & = & 0 \\ 3\lambda_1 - 8\lambda_2 + 6\lambda_3 & = & 0 \end{array}\right. \Rightarrow \left\{\begin{array}{rcl} \lambda_3 & = & 2\lambda_2 \\ 2\lambda_1 + 3\lambda_2 & = & 0 \\ 3\lambda_1 + 4\lambda_2 & = & 0 \end{array}\right.$.

On trouve finalement : $\lambda_1 = \lambda_2 = \lambda_3 = 0$. La famille est libre, donc de rang 3. Ainsi, $\operatorname{Rg} f = 3$.

Mise en œuvre : exercice 1.8, exercice 1.14.

■ Somme de sous-espaces vectoriels

❑ Méthode 1.7.— Comment montrer que la somme de n sous-espaces vectoriels est directe

- Si $n = 2$, il suffit de montrer que leur intersection est $\{0_E\}$.
  Attention, ce résultat n'est plus vrai à partir de $n = 3$ ***!***
- En dimension quelconque (et donc en particulier si $n = 3$), on revient à la définition en prouvant que la somme des vecteurs d'un n-uplet du produit cartésien des n sous-espaces vectoriels est nulle si, et seulement si, les n vecteurs sont nuls.
- En dimension finie, on peut aussi prouver que $\dim \left(\sum_{i=1}^{n} E_i \right) = \sum_{i=1}^{n} \dim (E_i)$.

Exemple : *Soit f un endomorphisme d'un $\mathbb{K}$-espace vectoriel E et $\lambda_1, \lambda_2, \cdots, \lambda_n$, n scalaires deux à deux distincts. Montrer que la somme des noyaux* $\operatorname{Ker}(f - \lambda_i \operatorname{Id}_E)$, *$i \in [\![1, n]\!]$, est directe.*

Posons : $E_i = \operatorname{Ker}(f - \lambda_i \operatorname{Id}_E)$, $i \in [\![1, n]\!]$, et démontrons ce résultat par récurrence sur n.

► Pour $n=2$: $\forall(\vec{x}_1,\vec{x}_2)\in E_1\times E_2$, $\vec{x}_1+\vec{x}_2=0_E$ (1) $\Rightarrow f(\vec{x}_1+\vec{x}_2)=0_E \Rightarrow \lambda_1\,\vec{x}_1+\lambda_2\,\vec{x}_2=0_E$ (2). λ_1 (1) − (2) donne : $(\lambda_1-\lambda_2)\vec{x}_2=0_E$ (3), puis : $\vec{x}_2=0_E$ (car $\lambda_1-\lambda_2\neq 0$) et, enfin, d'aprés (1), $\vec{x}_1=0_E$. Conclusion : E_1 et E_2 sont donc en somme directe.

► Supposons que la somme soit directe pour un nombre $n\geqslant 2$ de scalaires deux à deux distincts $(\lambda_i)_{i\in[\![1,n]\!]}$ et soit λ_{n+1} un scalaire différent des n premiers.

$$\forall(\vec{x}_i)_{i\in[\![1,n+1]\!]}\in E_1\times\cdots\times E_n\times E_{n+1},\ \sum_{i=1}^{n+1}\vec{x}_i=0_E\ (1)\Rightarrow f\left(\sum_{i=1}^{n+1}\vec{x}_i\right)=0_E\Rightarrow\sum_{i=1}^{n+1}\lambda_i\,\vec{x}_i=0_E\ (2).$$

λ_{n+1} (1) − (2) donne : $\displaystyle\sum_{i=1}^{n}(\lambda_{n+1}-\lambda_i)\,\vec{x}_i=0_E$.

Comme les $(E_i)_{i\in[\![1,n]\!]}$ sont en somme directe : $\forall i\in[\![1,n]\!]$, $(\lambda_{n+1}-\lambda_i)\,\vec{x}_i=0_E$.
Or : $\forall i\in[\![1,n]\!]$, $\lambda_{n+1}-\lambda_i\neq 0$, d'où : $\forall i\in[\![1,n]\!]$, $\vec{x}_i=0_E$, puis, d'après (1), $\vec{x}_{n+1}=0_E$.
Conclusion : les $(E_i)_{i\in[\![1,n+1]\!]}$ sont en somme directe.

► D'après le principe de récurrence, pour tout $n\in\mathbb{N}$, si les $(\lambda_i)_{i\in[\![1,n]\!]}$ sont deux à deux distincts, les noyaux des endomorphismes $(f-\lambda_i\,\mathrm{Id}_E)$, $i\in[\![1,n]\!]$, sont en somme directe.

Mise en œuvre : de l'**exercice 1.3** à l'**exercice 1.5**, **exercice 1.7**, **exercice 1.10**, **exercice 1.11** et **exercice 1.15**.

❑ Méthode 1.8.— Comment montrer que n sous-espaces vectoriels sont supplémentaires

► En dimension quelconque, on peut prouver que la somme de ces n sous-espaces vectoriels est directe et égale à E.
On peut penser à raisonner par analyse-synthèse :
Étape 1 (Analyse) : on suppose qu'un vecteur $\vec{x}$ de E se décompose en la somme de n vecteurs $\vec{x}_i$, chacun de ces vecteurs appartenant à un de ces sous-espaces vectoriels. Puis, on détermine chacun de ces vecteurs $\vec{x}_i$ en fonction de $\vec{x}$ en utilisant les hypothèses fournies par l'énoncé.
Étape 2 (Synthèse) : on montre que la décomposition obtenue lors de la première étape convient en vérifiant que chaque vecteur $\vec{x}_i$ appartient bien à son sous-espace vectoriel. Pour illustrer cette analyse-synthèse, allez voir l'exemple qui suit la **méthode 1.10**, l'**exercice 1.11** et l'**exercice 1.20**.

► En dimension finie, on peut prouver que la somme de leurs dimensions est égale à la dimension de E, puis soit que la somme de ces n sous-espaces vectoriels est égale à E, soit que leur somme est directe. On peut aussi déterminer une base de E composée de la réunion de bases de chacun des sous-espaces vectoriels.

► Si vous avez déjà vu le **chapitre 4**, il y a un cas où c'est immédiat. Si ϕ est diagonalisable alors E est somme directe de ses sous-espaces propres.

Mise en œuvre : exercice 1.5, **exercice 1.11**, **exercice 1.20**.

Remarque : Un exercice très courant est de trouver un supplémentaire d'un sous-espace vectoriel F donné dans E. Une méthode en dimension finie est de trouver une base de F et d'appliquer le **théorème de la base incomplète** pour trouver une base d'un supplémentaire. Une méthode plus générale est de décomposer tout vecteur de E en somme d'un vecteur de F et d'un vecteur d'un autre sous-espace vectoriel G. Il faut alors prouver que $F\cap G=0$.

Mise en œuvre : exercice 1.3, **exercice 1.4**, **exercice 1.11**, **exercice 1.23**.

■ Projecteurs et symétries vectorielles

❑ Méthode 1.9.— Comment travailler un projecteur ou une symétrie

▸ ***Cas d'un projecteur*** p.

1) Si l'on sait que p est un endomorphisme (par exemple il est défini analytiquement ou par sa matrice A), on montre que $p\,o\,p = p$ (ou $A^2 = A$) et alors p est la projection sur $\mathsf{Im}\,p$ (c'est aussi l'ensemble des $\vec{x} \in E$ tels que $p(\vec{x}) = \vec{x}$) et dans la direction de $\mathsf{Ker}\,p$.
Retenir enfin l'égalité, qui peut être utile dans certains exercices :
$\forall \vec{x} \in E, \vec{x} = p(\vec{x}) + \vec{x} - p(\vec{x})$, où $p(\vec{x}) \in \mathsf{Im}\,p$ et $\vec{x} - p(\vec{x}) \in \mathsf{Ker}\,p$.

2) Si l'on veut écrire analytiquement la projection p sur F, dans la direction de G, où $E = F \oplus G$, on remarque que si $\vec{x} \in E$ alors $p(\vec{x}) \in F$ et $\vec{x} - p(\vec{x}) \in G$. Ces deux contraintes permettent d'obtenir $p(\vec{x})$ en fonction de $\vec{x}$ dans la base canonique de E.

▸ ***Cas d'une symétrie*** s.

La relation $s\,o\,s = \mathrm{Id}_E$ caractérise les symétries vectorielles.
On peut alors dire que s est la symétrie par rapport à $F = \mathsf{Ker}\,(s - \mathrm{Id}_E)$, dont la direction est $G = \mathsf{Ker}\,(s + \mathrm{Id}_E)$. On peut aussi déterminer p, la projection sur F, dans la direction de G et alors $s = 2p - Id_E$.

Exemples : 1. *Soit g un endomorphisme de $\mathbb{R}^3$ défini analytiquement par* $\begin{cases} 2x' &= 2x \\ 2y' &= x + y - z \\ 2z' &= x - y + z \end{cases}$,
où $g((x,y,z)) = (x',y',z')$, dans la base canonique de $\mathbb{R}^3$.
Vérifier que g est une projection et déterminer ses éléments caractéristiques.
(D'après Concours National Commun Marocain, filière PSI.)

Pour montrer que $g^2 = g$, il suffit de montrer que $g^2(e_i) = g(e_i)$, pour tout $i \in [\![1,3]\!]$, si (e_1, e_2, e_3) désigne la base canonique de $\mathbb{R}^3$. Déjà, on remarque que :

$$g(e_1) = \frac{1}{2}(2e_1 + e_2 + e_3),\ g(e_2) = \frac{1}{2}(e_2 - e_3),\ g(e_3) = \frac{1}{2}(-e_2 + e_3).$$

Ainsi, $g^2(e_1) = \dfrac{1}{2}(2g(e_1) + g(e_2) + g(e_3)) = \dfrac{1}{2}(2e_1 + e_2 + e_3) = g(e_1)$.
On montre de même que $g^2(e_2) = g(e_2)$ et $g^2(e_3) = g(e_3)$. (Si vous avez revu les matrices, si A désigne la matrice de g dans (e_1, e_2, e_3), on fait rapidement $A^2 = A$ bien entendu.)
$\mathsf{Im}\,g = \{g(\vec{x}),\ \vec{x} \in \mathbb{R}^3\} = \{x_1 g(e_1) + x_2 g(e_2) + x_3 g(e_3),\ (x_1, x_2, x_3) \in \mathbb{R}^3\} = \mathsf{Vect}\,(g(e_1), g(e_2), g(e_3))$.
Or, $g(e_3) = -g(e_2)$ et $\{g(e_1), g(e_2)\}$ est libre. Donc $\mathsf{Im}\,g$ est le plan vectoriel de base $(g(e_1), g(e_2))$.
(On peut aussi déterminer (x,y,z) tel que $g((x,y,z)) = (x,y,z)$.
On résout un système et on trouve alors une équation de plan qui a pour base $((g(e_1), g(e_2))$.)
On trouve pour équation de $\mathsf{Im}\,g$: $x - y - z = 0$.

La direction de g est $\mathsf{Ker}\,g$. $(x,y,z) \in \mathsf{Ker}\,g \Leftrightarrow \begin{cases} 0 &= 2x \\ 0 &= x + y - z \\ 0 &= x - y + z \end{cases}$.

On trouve rapidement $x = 0$ et $y = z$. Ainsi $\mathsf{Ker}\,g = \mathsf{Vect}\,((0,1,1)) = \mathsf{Vect}\,(e_2 + e_3)$.

2. *Soit f et g deux projecteurs d'un $\mathbb{C}$-espace vectoriel E.*
On suppose qu'il existe $(a,b) \in \mathbb{C}^2$ avec $(a,b) \notin (\{0,1\})^2$ tel que : $f\,o\,g - g\,o\,f = af + bg$.
Montrer que pour tout $\vec{x} \in E$, $f\,o\,g(\vec{x}) \in \mathsf{Im}\,g$ puis que $\mathsf{Im}\,f \subset \mathsf{Im}\,g$.
Montrer ensuite que $g\,o\,f = f$ et que $a + b = 0$. En déduire que $f = g$.

► On applique g à droite dans les deux membres de l'égalité (en utilisant $g\,o\,g = g$).
On a : $f\,o\,g - g\,o\,f\,o\,g = af\,o\,g + bg \Rightarrow f\,o\,g = \dfrac{1}{1-a}\,[bg + g\,o\,f\,o\,g] \Rightarrow \forall \vec{x} \in E,\ f\,o\,g(\vec{x}) \in \mathrm{Im}\,g$.
Puis $f = \dfrac{1}{a}\,[f\,o\,g - g\,o\,f - bg]$ permet d'en déduire que $\mathrm{Im}\,f \subset \mathrm{Im}\,g$.

► On sait que comme g est un projecteur, $\mathrm{Im}\,g$ est l'ensemble des vecteurs invariants par g.
Comme $\mathrm{Im}\,f \subset \mathrm{Im}\,g$, tous les vecteurs de la forme $f(x)$ sont invariants par g et donc : $g\,o\,f = f$.
Ainsi : $f\,o\,g - g\,o\,f = f\,o\,g - f = af + bg \Rightarrow f\,o\,g - f = af + bf\,o\,g$, en multipliant à gauche par f.
Donc $f\,o\,g = g$.
Puis : $f\,o\,g - f = af + bg \Rightarrow f\,o\,g - f\,o\,g = af\,o\,g + bg$, en multipliant à droite par le projecteur g.
On a (car $g \neq 0$, pourquoi ?) : $(a+b)g = 0 \Rightarrow a + b = 0$. Enfin :

$$f\,o\,g - g\,o\,f = af + bg \Rightarrow g - f = af + bg = af - ag \Rightarrow (1-b)g = (a+1)f.$$

Comme $b \neq 1$ et $a = -b \neq -1$, $f = g$.

Mise en œuvre : exercice 1.4, exercice 1.15, exercice 1.16, exercice 1.17.

■ Polynômes annulateurs

❑ **Méthode 1.10.— Comment exploiter une relation du type $f^n = \sum_{i=0}^{n-1} a_i f^i$, où $f \in \mathcal{L}(E)$ et $(a_0, ..., a_{n-1}) \in \mathbb{K}^n$ (Ici le produit est la composition et $f^0 = Id$.)**

- Si $a_0 \neq 0$, on peut déterminer la fonction réciproque de f alors bijective.
- Si $a_0 = 0$, il faut raisonner au cas par cas. Les projecteurs (**méthode 1.9**) et les endomorphismes nilpotents (voir plus loin) sont issus de cette catégorie. On construit souvent une base de E à partir d'un vecteur de E et de ses images successives.
- On peut parfois avoir alors à démontrer que, connaissant un polynôme annulateur de$f$, E est une certaine somme directe de sous-espaces vectoriels (qui sont en général des noyaux ou des images). Cette somme étant fournie par l'énoncé, on raisonne alors par analyse-synthèse (allez voir la **méthode 1.8**) et on se sert bien entendu du polynôme annulateur de f. L'idée est alors de se placer dans une base adaptée à cette décomposition en somme directe de E, ce qui permet d'avoir beaucoup d'informations sur f.

Exemple : *On considère un endomorphisme f d'un espace vectoriel E vérifiant*

$$(1)\quad (f + Id_E)\,o\,(f - 2Id_E) = 0,$$

où 0 désigne l'endomorphisme nul de E.
Montrer que les sous-espaces vectoriels $\mathrm{Ker}\,(f + Id_E)$ et $\mathrm{Ker}\,(f - 2Id_E)$ sont supplémentaires dans l'espace vectoriel E.

Analyse.
Soit $\vec{x} \in E$. Supposons qu'il existe $\vec{y} \in \mathrm{Ker}\,(f + Id_E)$ et $\vec{z} \in \mathrm{Ker}\,(f - 2Id_E)$ tels que $\vec{x} = \vec{y} + \vec{z}$.
Alors $f(\vec{y}) = -\vec{y}$ et $f(\vec{z}) = 2\vec{z}$. Ainsi : $f(\vec{x}) = -\vec{y} + 2\vec{z}$.

On en déduit rapidement :

$$\vec{y} = \frac{1}{3}(2\vec{x} - f(\vec{x})) \text{ et } \vec{z} = \frac{1}{3}(\vec{x} + f(\vec{x})).$$

On a prouvé l'unicité du couple en cas d'existence.

Synthèse.

Réciproquement, soit $\vec{x} \in E$ et $\vec{y} = \frac{1}{3}(2\vec{x} - f(\vec{x}))$ et $\vec{z} = \frac{1}{3}(\vec{x} + f(\vec{x}))$.

Alors, clairement $\vec{x} = \vec{y} + \vec{z}$.

Maintenant, prouvons que $\vec{y} \in \mathsf{Ker}\,(f + Id_E)$. On peut développer (1) et en déduire f^2 en fonction de f et de Id_E. Puis calculer $f(\vec{y})$ et vérifier que c'est aussi $-\vec{y}$.

On peut aussi ne pas développer (1) et l'utiliser directement en écrivant :

$$(f + Id_E)(\vec{y}) = \frac{1}{3}(f + Id_E)(2\vec{x} - f(\vec{x})) = \frac{-1}{3}((f + Id_E)\,o\,(f - 2Id_E))(\vec{x}) = 0.$$

Puis, on remarque que l'on a aussi : $(f - 2Id_E)\,o\,(f + Id_E) = 0$. On écrit :

$$(f - 2Id_E)(\vec{z}) = \frac{1}{3}(f - 2Id_E)(\vec{x} + f(\vec{x})) = \frac{1}{3}((f - 2Id_E)\,o\,(f + Id_E))(\vec{x}) = 0.$$

Donc : $\vec{z} \in \mathsf{Ker}\,(f - 2Id_E)$.

Conclusion.

On a bien établit l'existence et l'unicité d'un couple $(\vec{y}, \vec{z}) \in \mathsf{Ker}\,(f+Id_E) \times \mathsf{Ker}\,(f-2Id_E)$ vérifiant l'égalité $\vec{x} = \vec{y} + \vec{z}$. Donc $E = \mathsf{Ker}\,(f + Id_E) \oplus \mathsf{Ker}\,(f - 2Id_E)$.

Remarque : Cas des **endomorphismes nilpotents**. On dit que $\phi \in \mathcal{L}(E)$ est **nilpotent** si, et seulement si, il existe un entier p supérieur ou égal à 1, tel que : $\phi^p = 0$ et $\phi^{p-1} \neq 0$. On peut déjà affirmer que ϕ n'est pas bijectif. Sachez pour démarrer dans certains exercices que si ϕ est nilpotent (d'ordre p) alors il existe $\vec{v}$ tel que $\{\vec{v}, \phi(\vec{v}), ..., \phi^{p-1}(\vec{v})\}$ soit une famille libre de E.

Mise en œuvre : exercice 1.10, **exercice 1.12**, **exercice 1.14**, **exercice 1.16** à **exercice 1.20**.

■ Sous-espaces vectoriels stables

❑ **Méthode 1.11.— Comment montrer qu'un s.e.v F est stable par $\phi \in \mathcal{L}(E)$**

- on peut montrer directement : $\forall \vec{u} \in F,\ \phi(\vec{u}) \in F$;
- on peut aussi tenter d'identifier une situation classique : $\mathsf{Ker}\,\phi$ et $\mathsf{Im}\,\phi$ sont stables par ψ lorsque ϕ et ψ commutent, pour tout polynôme P, $\mathsf{Ker}\,P(\phi)$ et $\mathsf{Im}\,P(\phi)$ sont stables par ϕ, la restriction de ϕ à F est une homothétie *etc.*

Remarque : Cette notion de sous-espace stable est très importante car elle permet entre autre d'en déduire l'écriture en blocs des matrices (voir le **chapitre 2**). Dans le **chapitre 4**, on utilise des sous espaces stables fondamentaux : les sous-espaces propres.

Exemple : *Soit E un espace vectoriel de dimension finie n, p un projecteur de E et f un endomorphisme de E. Montrer que : $f \circ p = p \circ f \iff \mathsf{Ker}\,p$ et $\mathsf{Im}\,p$ sont stables par f.*

Méthodes

Sens direct.
Supposons $f \circ p = p \circ f$. Alors pour tout $\vec{x} \in \operatorname{Ker} p$, on a :

$$p(f(\vec{x})) = f(p(\vec{x})) = 0 \Rightarrow f(\vec{x}) \in \operatorname{Ker} p.$$

Pour tout $\vec{y} \in \operatorname{Im} p$, $p(\vec{y}) = \vec{y}$ donc : $f(\vec{y}) = (f \circ p)(\vec{y}) = p(f(\vec{y})) \in \operatorname{Im} p$.
$\operatorname{Im} p$ et $\operatorname{Ker} p$ sont stables par f.

Sens réciproque.
Pour tout $\vec{x} \in E$, on a l'égalité (voir la **méthode 1.9**) : $\vec{x} = p(\vec{x}) + \vec{x} - p(\vec{x})$.
Prenons $\vec{y} = p(\vec{x})$ et $\vec{k} = \vec{x} - p(\vec{x})$ alors $\vec{x} = \vec{y} + \vec{k}$, où $\vec{y} = p(\vec{x}) \in \operatorname{Im} p$ et $\vec{k} = \vec{x} - p(\vec{x}) \in \operatorname{Ker} p$.
Puis $\operatorname{Im} p$ est stable par f par hypothèse donc $f(\vec{y}) \in \operatorname{Im} p$.
De plus, p est un projecteur donc : $f(\vec{y}) \in \operatorname{Im} p \Rightarrow p(f(\vec{y})) = f(\vec{y})$.
$\operatorname{Ker} p$ est stable par f par hypothèse donc $f(\vec{k}) \in \operatorname{Ker} p$ et $p(f(\vec{k})) = 0$.
Alors $f(p(\vec{x})) = f(p(\vec{y} + \vec{k})) = f(p(\vec{y})) = f(\vec{y})$ et $p(f(\vec{x})) = p(f(\vec{y})) + p(f(\vec{k})) = p(f(\vec{y})) = f(\vec{y})$.
Pour tout $\vec{x} \in E, f(p(\vec{x})) = p(f(\vec{x}))$ donc on a bien : $f \circ p = p \circ f$.

Mise en œuvre : exercice 1.7, **exercice 1.10**.

Remarque : On compléte la **méthode 1.11** par la **méthode 4.12** (après avoir vu la diagonalisation).

■ Hyperplans de E, espace vectoriel de dimension finie

❑ Méthode 1.12.— Comment reconnaître ou caractériser un hyperplan

- Soit en l'identifiant comme étant le noyau d'une forme linéaire non nulle, soit en montrant qu'il admet un supplémentaire de dimension 1.
- Si $\dim E = n$, on peut, en plus, soit montrer que c'est un sous-espace vectoriel de dimension $n-1$, soit constater qu'il admet, dans une base donnée, une équation de la forme $\sum_{i=1}^{n} a_i x_i = 0$, où les a_i, $1 \leqslant i \leqslant n$, ne sont pas tous nuls.

Exemple : *Ici $n \geqslant 2$, soit $H = \{P \in \mathbb{R}_n[X],\ P'(0) = 0\}$. Montrer que H est un hyperplan de $\mathbb{R}_n[X]$ et déterminer un supplémentaire de H dans $\mathbb{R}_n[X]$.*

▸ $f \mapsto f'(0)$ est une forme linéaire non nulle sur $\mathbb{R}_n[X]$, donc H, qui est le noyau de cette forme linéaire non nulle, est un hyperplan de $\mathbb{R}_n[X]$.
▸ Si $g : x \mapsto x$, alors $g \notin H$, donc $\mathbb{R}\, g = \{x \mapsto k\, x,\ k \in \mathbb{R}\}$ est un supplémentaire de H.
On peut remarquer aussi : $\forall P \in \mathbb{R}_n[X], \forall x \in \mathbb{R}, P(x) = P(x) - P'(0)x + P'(0)x$.
Puis, on remarque que

$$x \mapsto P(x) - P'(0)x \in H \text{ et } x \mapsto P'(0)x \in \mathbb{R}g.$$

Donc $\mathbb{R}_n[X] = H \oplus \mathbb{R}g$.

Mise en œuvre : de l'**exercice 1.21** à l'**exercice 1.23**.

■■ Vrai/Faux

	Vrai	Faux
1. Une famille de vecteurs contenant le vecteur nul est liée.	☐	☐
2. En dimension finie, une famille génératrice est une base.	☐	☐
3. $\mathbb{K}^2$ et $\mathbb{K}_2[X]$ sont isomorphes.	☐	☐
4. La somme d'une famille finie de sous-espaces vectoriels est directe si, et seulement si, leurs intersections deux à deux sont réduite à $\{0_E\}$.	☐	☐
5. L'image d'une famille finie libre par une application linéaire injective est une famille libre.	☐	☐
6. Toute famille génératrice d'un espace vectoriel de dimension finie a un cardinal supérieur ou égal à toute famille libre.	☐	☐
7. L'espace des polynômes pairs de degré inférieur ou égal à n et l'espace des polynômes impairs de degré inférieur ou égal à n sont supplémentaires dans $\mathbb{K}_n[X]$.	☐	☐
8. Le rang d'une famille liée est strictement inférieur à son cardinal.	☐	☐
9. Si E et F sont de dimensions finies, il suffit que l'application linéaire u de E dans F soit injective (respectivement surjective) pour être bijective.	☐	☐
10. Dans $\mathbb{K}^4$, l'équation : $ax+by+cz+dt=0$, où $(a,b,c,d)\neq 0_{\mathbb{K}^4}$ définit un sous-espace vectoriel de $\mathbb{K}^4$ de dimension 3.	☐	☐
11. Il existe des applications linéaires injectives de $\mathbb{R}^2$ dans $\mathbb{R}$.	☐	☐
12. Il existe des applications linéaires surjectives de $\mathbb{R}$ sur $\mathbb{R}^2$.	☐	☐
13. L'ensemble des polynômes de degré n à coefficients dans $\mathbb{K}$ est un espace vectoriel de dimension inférieure ou égale à $n+1$.	☐	☐
14. La famille $\{x\mapsto \cos x, x\mapsto \cos 2x\}$ est liée dans $\mathcal{F}(\mathbb{R},\mathbb{R})$ car $\cos 2x = 2\cos^2 x - 1$.	☐	☐

Énoncé des exercices

Familles libres et sommes d'espaces vectoriels

Exercice 1.1 : $n \geqslant 1$, dans $\mathcal{F}(\mathbb{R},\mathbb{R})$, analyser la liberté des familles suivantes :
1. $\mathcal{F}_1 = \{x \mapsto |x-1|, x \mapsto |x-2|, ..., x \mapsto |x-n|\}$.
2. $\mathcal{F}_2 = \{x \mapsto x-1, x \mapsto x-2, ..., x \mapsto x-n\}$.
3. $\mathcal{F}_3 = \{x \mapsto \cos x, x \mapsto \cos 2x, ..., x \mapsto \cos nx\}$.
4. $\mathcal{F}_4 = \{x \mapsto e^{p^2 x}\}_{p\in\mathbb{N}}$, $x \in \mathbb{R}_+^\star$.

Exercice 1.2 : Dans $\mathbb{R}^3$, espace vectoriel sur $\mathbb{R}$, on considère les vecteurs : $\vec{u}(1,-1,1)$, $\vec{v}(0,-1,2)$, $\vec{w}(1,-2,3)$ et on pose $\mathcal{F} = \{\vec{u},\vec{v},\vec{w}\}$.
1. La famille $\mathcal{F}$ est-elle liée ?
2. Déterminer une base de $\mathsf{Vect}\,(\mathcal{F})$.
3. Soit $G = \{(x,y,z) \in \mathbb{R}^3,\ x+2y+z=0\}$. Donner une base de G. Puis montrer que $G = \mathsf{Vect}\,(\mathcal{F})$.

Exercice 1.3 : Soit, dans $\mathbb{R}^3$, $F = \mathsf{Vect}\,\{(1,1,0),(2,0,-1)\}$ et $G = \mathsf{Vect}\,\{(1,-1,0),(1,0,-2)\}$.
1. Justifier, sans calculs, que $F \cap G \neq \{0_{\mathbb{R}^3}\}$.
2. Déterminer $F \cap G$.
3. Trouver un supplémentaire F' de $F\cap G$ dans F, puis un supplémentaire G' de $F \cap G$ dans G.

Exercice 1.4 : Dans $E = \mathbb{C}^n$, soit $G = \mathsf{Vect}\,(\{(1,...,1)\})$, F le *s.e.v* des n-uplets $(x_1,...,x_n)$ de E tels que : $x_1 + x_2 + ... + x_n = 0$. Montrer que $F \oplus G = E$. Préciser le projeté d'un vecteur de E sur G dans la direction de F puis sur F dans la direction de G.

D'après Concours Communs Mines-Telecom, filière PSI

Exercice 1.5* : Soit $E_1, E_2, \cdots, E_n$ n sous-espaces vectoriels d'un $\mathbb{K}$-espace vectoriel E $(n \geqslant 2)$, montrer que les deux propositions suivantes sont équivalentes :
(1) E_1, $E_2, \cdots$, E_n sont en somme directe ;
(2) E_1, $E_2, \cdots$, E_{n-1} sont en somme directe et $(E_1 + E_2 + \cdots + E_{n-1}) \cap E_n = \{0_E\}$.

Exercice 1.6 :** Soit pour tout $k \in [\![0,n]\!]$: $P_k = X^k(1-X)^{n-k}$.
1. Montrer que la famille $(P_k)_{k\in[\![0,n]\!]}$ est une base de $\mathbb{R}_n[X]$.
2. Donner la décomposition de $Q = \dfrac{d^n}{dX^n}\left(X^n(1-X)^n\right)$ dans cette base.
3. En déduire la valeur de $\displaystyle\sum_{k=0}^{n} \binom{n}{k}^2$.

D'après Centrale-Supelec, filière PSI

Applications linéaires et théorème du rang

Exercice 1.7 : Dans le $\mathbb{K}$-ev E, on considère $(\phi,\psi) \in \mathcal{L}(E)^2$ tel que : $\phi\, o\, \psi = \psi\, o\, \phi$.
1. Montrer que $\mathsf{Im}\,\phi$ et $\mathsf{Ker}\,\phi$ sont stables par ψ.
2. En déduire deux autres inclusions du même type.
3. Si $E = \mathsf{Ker}\,\phi \oplus \mathsf{Ker}\,\psi$, montrer les inclusions : $\mathsf{Im}\,\phi \subset \mathsf{Ker}\,\psi$ et $\mathsf{Im}\,\psi \subset \mathsf{Ker}\,\phi$.

D'après Concours Communs Mines-Telecom, filière PSI

Exercice 1.8 : Soit deux endomorphismes f et g d'un espace vectoriel E de dimension n tels que $f \circ g = g$ et $g \circ f = f$. Comparer leur rang.

Exercice 1.9 : Montrer que $\phi : \mathbb{R}[X] \to \mathbb{R}[X]$, $P(X) \mapsto P(X^2) + (1 + X^2)P(X)$ est linéaire. Est-elle injective ? Surjective ?

D'après Concours Commun INP (ancien CCP), filière PSI

Exercice 1.10 : Dans E de dimension finie, soit $\phi \in \text{Ł}(E)$ tel que $\phi^3 = \phi$.

1. Montrer que $E = \operatorname{Ker} \phi \oplus \operatorname{Im} \phi$.

2. Montrer que $\operatorname{Im} \phi$ est stable par ϕ et que sa restriction à $\operatorname{Im} \phi$ est un automorphisme.

D'après École de l'air

Exercice 1.11* : Soit E et F deux espaces vectoriels, $u \in L(E, F)$ et $v \in \mathcal{L}(F, E)$ tels que : $v\,o\,u = \text{Id}_E$. Montrer : $\operatorname{Ker} v \oplus \operatorname{Im} u = F$.

D'après Mines-Ponts, filière PSI

Exercice 1.12 :** Soit $n \in \mathbb{N}^\star$ et $\Delta : \mathbb{R}_n[X] \to \mathbb{R}_n[X], P \mapsto P(X+1) - P(X)$.

1. Montrer que $\Delta \in \mathcal{L}(\mathbb{R}_n[X])$ et qu'il existe $p \in \mathbb{N}$ tel que $\Delta^p = 0$.

2. En déduire pour tout $P \in \mathbb{R}_{n-1}[X]$: $\displaystyle\sum_{j=0}^{n} (-1)^{n-j} \binom{n}{j} P(X + j) = 0$.

D'après Polytechnique et Centrale-Supélec, filière PSI

Exercice 1.13 : Soit f et g des endomorphismes d'un $\mathbb{K}$-espace vectoriel de dimension finie E. On suppose que : $E = \operatorname{Im} f + \operatorname{Im} g = \operatorname{Ker} f + \operatorname{Ker} g$. Montrer que ces deux sommes sont directes.

D'après Concours Communs Mines-Telecom et Concours ENSEA, filière PSI

■ Projecteurs et endomorphismes nilpotents

Exercice 1.14 : $\dim E = n \geqslant 1$ et $f \in \mathcal{L}(E)$ tel que $f^{n-1} \neq 0$ et $f^n = 0$. Calculer $\operatorname{Rg}(f)$.

D'après Mines-Ponts, filière PSI

Exercice 1.15 : Soit $(f_1, ..., f_n) \in (\mathcal{L}(E))^n$ avec $f_1 + ... + f_n = \text{Id}$.
On suppose de plus que pour tous entiers i et j compris entre 1 et n, $i \neq j \Rightarrow f_i\,o\,f_j = 0$.
Montrer que pour tout i, f_i est une projection vectorielle.

Puis que : $E = \displaystyle\bigoplus_{i=1}^{n} \operatorname{Im} f_i$.

D'après Concours Communs Mines-Telecom et Concours ENSEA, filière PSI

Exercice 1.16* : Soit E un $\mathbb{K}$-espace vectoriel de dimension n et $\phi \in \mathcal{L}(E)$ un endomorphisme nilpotent d'indice m (c'est-à-dire tel que $\phi^m = 0$ et $\phi^{m-1} \neq 0$.)

1. Montrer que $m \leqslant n$.

2. Soit p un projecteur de E tel que $\operatorname{Ker} p \subset \operatorname{Ker} \phi$. Montrer :

$$\forall j \geqslant 2,\, p\,o\,\phi^j = (p\,o\,\phi)^j.$$

D'après Polytechnique, filière PSI

Exercice 1.17 : On considère un $\mathbb{K}$-espace vectoriel E de dimension n, deux projecteurs p et q de E, vérifiant $p \circ q = q \circ p$.
1. Montrer que $p \circ q$ est un projecteur.
2. Montrer que : $\mathsf{Im}\,(p \circ q) = \mathsf{Im}\,p \cap \mathsf{Im}\,q$ et $\mathsf{Ker}\,(p \circ q) = \mathsf{Ker}\,p + \mathsf{Ker}\,q$.

D'après Concours Commun INP (ancien CCP), filière PSI

Exercice 1.18* : Soit E un $\mathbb{K}$-espace vectoriel de dimension finie, $f \in \mathcal{L}(E)$ un endomorphisme nilpotent d'indice p ($i.e$ $f^p = 0$) et Φ l'endomorphisme de $\mathcal{L}(E)$ défini par :

$$\Phi(g) = f\,o\,g - g\,o\,f.$$

1. Montrer : $\forall n \in \mathbb{N}$, $\Phi^n(g) = \displaystyle\sum_{k=0}^{n} (-1)^k \binom{n}{k} f^{n-k}\,o\,g\,o\,f^k$.
2. Montrer que Φ est nilpotent et majorer son indice de nilpotence.

D'après Polytechnique, filière PSI

Exercice 1.19 : Soit E un $\mathbb{R}$-espace vectoriel non réduit à $\{0_E\}$, $f \in \mathcal{L}(E)$ tel que : $f^2 = -\mathrm{Id}_E$ et $\vec{x}$ un vecteur non nul de E.
1. Montrer que $f(\vec{x})$ n'est pas colinéaire à $\vec{x}$, puis qu'aucune droite de E n'est stable par f.
2. Montrer que le plan $\mathsf{Vect}\,\big(\vec{x}, f(\vec{x})\big)$ est stable par f.

Exercice 1.20 : E étant un $\mathbb{K}$-ev, soit $\phi \in \mathcal{L}(E)$ vérifiant l'égalité :

$$\phi^3 = Id_E.$$

1. Si $\mathbb{K} = \mathbb{R}$, montrer que $E = \mathsf{Ker}\,(\phi - Id_E) \oplus \mathsf{Ker}\,(\phi^2 + \phi + Id_E)$.
2. Si $\mathbb{K} = \mathbb{C}$, montrer que $\mathsf{Ker}\,(\phi^2 + \phi + Id_E) = \mathsf{Ker}\,(\phi - jId_E) \oplus \mathsf{Ker}\,(\phi - j^2 Id_E)$, où $j = e^{i\frac{2\pi}{3}}$.
En déduire : $E = \mathsf{Ker}\,(\phi - Id_E) \oplus \mathsf{Ker}\,(\phi - jId_E) \oplus \mathsf{Ker}\,(\phi - j^2 Id_E)$.

Hyperplans et formes linéaires

Exercice 1.21 : Vérifier que les parties suivantes sont des sous-espaces vectoriels de $\mathbb{R}^4$. Déterminer, pour chacun d'eux, sa dimension et une de ses bases.

$$\begin{aligned} F &= \{(x, y, z, t) \in \mathbb{R}^4 ; x - y + z - t = 0\} \\ G &= \{(x, y, z, t) \in \mathbb{R}^4 ; x + y = z + t = 0\} \end{aligned}$$

Exercice 1.22 : Soit E un $\mathbb{K}$-espace vectoriel de dimension finie, $\vec{x}_0$ un vecteur non nul de E et u une forme linéaire non nulle. On définit l'application f en posant $f(\vec{x}) = u(\vec{x})\vec{x}_0$.
1. Montrer que f est un endomorphisme de E.
2. Quel est son rang ?
3. Déterminer une condition nécessaire et suffisante pour que f soit un projecteur.
4. Soit un entier naturel $k > 0$. Calculer f^k.

Exercice 1.23 : Si $n \geqslant 2$, soit : $H = \left\{ P \in \mathbb{R}_n[X],\ \displaystyle\int_0^1 P(t)\,dt = 0 \right\}$.
Montrer que H est un hyperplan de $\mathbb{R}_n[X]$ et déterminer un supplémentaire de H dans $\mathbb{R}_n[X]$.

D'après Concours ENSEA-ENSIIE, filière PSI

Indications

Ex. 1.1

Voir la **méthode 1.1**. *Ici, l'on a un « melting pot » de familles finies ou infinies.*
La récurrence est le maître mot de ce qu'il faut faire pour $\mathcal{F}_3$ *et* $\mathcal{F}_4$.

Ex. 1.2

C'est de niveau première année grand débutant. Mais les bases, c'est important !

Ex. 1.3

Pour la première question, raisonner sur les dimensions.
Pour la troisième question, on a l'embarras du choix niveau supplémentaire.

Ex. 1.4

Pour montrer $F \oplus G = E$, *il y a plusieurs méthodes. Commencer ici par étudier* $F \cap G$. *C'est l'occasion aussi de revoir le projeté d'un vecteur et les projections. Allez à la* **méthode 1.7**.

Ex. 1.5

Pour le sens direct, penser que si $\sum_{i=1}^{n-1} \vec{x}_i = 0$ *alors* $\sum_{i=1}^{n-1} \vec{x}_i + \vec{0} = \vec{0}$.

Pour le sens réciproque, partir de $\sum_{i=1}^{n} \vec{x}_i = \vec{0}$, *où* $\vec{x}_i \in E_i$. *Il s'agit de prouver :* $\forall i, \vec{x}_i = \vec{0}$.

Ex. 1.6

1. *Pour montrer que la famille* $(P_k)_{0 \leqslant k \leqslant n}$ *est une base de* $\mathbb{R}_n[X]$, *il suffit de montrer que cette famille est libre. En effet,* $\dim \mathbb{R}_n[X] = n+1$ *et cette famille est composée de* $n+1$ *polynômes.*

2. *On demande la décomposition de* $Q = \dfrac{d^n}{dX^n}\left(X^n(1-X)^n\right)$ *dans* $(P_k)_{0 \leq k \leq n}$, *soit les coordonnées de* Q *dans cette base.* Q *est défini comme une dérivée* $n^{\text{ème}}$ *et donc on peut penser à la formule de Leibniz appliquée aux fonctions polynomiales.*

3. *On veut déduire, de ce qui précède, la valeur de* $\sum_{k=0}^{n} \binom{n}{k}^2$. *On pourra aller chercher le coefficient devant* X^n *dans le développement de* Q *de deux manières.*

Ex. 1.7

Pas d'indication : il faut vous entraîner à manipuler Ker *et* Im. *C'est l'esprit de la* **méthode 1.4**.

Ex. 1.8

N'oubliez pas que $\operatorname{Im} f_1 \subset \operatorname{Im} f_2 \Rightarrow \operatorname{Rg}(f_1) \leqslant \operatorname{Rg}(f_2)$.

Ex. 1.9

C'est typiquement les **méthode 1.4** *et* **méthode 1.5**. *On manipule ausi les degrés des polynômes.*

Ex. 1.10

1. *Vous avez pensé au théorème du rang, cela tombe bien, nous aussi !*
Maintenant, on peut faire une Analyse-Synthèse (voir **méthode 1.8***), mais c'est plus long.*

2. *On rappelle qu'en dimension finie, si* ϕ *est de noyau nul,* ϕ *est...*

Ex. 1.11

Dans cet exercice, on montrera que $\operatorname{Ker} v \cap \operatorname{Im} u = \{\vec{0}\}$ *puis que* $F = \operatorname{Ker} v + \operatorname{Im} u$.
Pour la somme, on introduit $\vec{x} \in F$ *quelconque qui s'exprime comme somme d'un vecteur de* $\operatorname{Ker} v$

et d'un vecteur de $\text{Im}\, u$ *et on appliquera un développement par Analyse-Synthèse.*
C'est la **méthode 1.8**. *En effet, contrairement à l'exercice précédent, comme on est en dimension quelconque, toute tentative d'user du théorème du rang est verboten !*

Ex. 1.12

1. *$P(X)$ et $P(X+1)$ sont deux polynômes de même degré et de même coefficient dominant. Donc le degré de $\Delta(P)$ est inférieur strictement à celui de P.*
2. *Commencer par calculer $\Delta^2(P)$ puis $\Delta^3(P)$ puis deviner une formule qui donne $\Delta^r(P)$ pour r entier en s'inspirant de la formule à démontrer.*

Ex. 1.13

L'erreur classique est de prendre $\vec{x} \in \text{Im}\, f \cap \text{Im}\, g$ et de vouloir $\vec{x} = 0$. L'hypothèse « dimension finie » est importante. Appliquer alors le théorème du rang à f et g et aussi la formule de Graßmann appliquée à $\text{Im}\, f + \text{Im}\, g$ d'une part et $\text{Ker}\, f + \text{Ker}\, g$ d'autre part.

Ex. 1.14

On introduit $\left(\vec{v}, f(\vec{v}), ..., f^{n-1}(\vec{v})\right)$, où $\vec{v} \in E \setminus \text{Ker}\, f^{n-1}$. Voir la remarque après la **méthode 1.10**.

Ex. 1.15

C'est un exercice qui généralise la notion de projecteur associé vue en première année ($p+q = \text{Id}$). On rappelle que si f_i est un projecteur et $\vec{u}_i \in \text{Im}\, f_i$ alors $f_i(\vec{u}_i) = \vec{u}_i$.

Ex. 1.16

1. *Comme ϕ est nilpotent d'indice m, il existe $\vec{u}$ tel que $\phi^{m-1}(\vec{u}) \neq 0$. Montrer alors que la famille $\{\phi^{m-1-k}(\vec{u}), ..., \phi^{m-1)}(\vec{u})\}$ est libre $\forall k \leqslant m-1$. Cela ressemble à une certaine méthode, non ?*
2. *Patron, vous nous servirez une petite récurrence, une !*

Ex. 1.17

Procéder par double inclusion pour les deux égalités.
Allez vous promener du côté de la **méthode 1.9** *pour prendre de l'inspiration !*

Ex. 1.18

1. *On introduit $D : g \mapsto f\, o\, g$ et $G : g \mapsto g\, o\, f$ et on vérifie que D et G commutent.*
2. *Il faut choisir la puissance n assez grande, c'est-à-dire de telle manière que l'un des deux entiers k et $n-k$ est supérieur ou égal à p.*

Ex. 1.19

1. *On peut raisonner par l'absurde.*

Ex. 1.20

On applique typiquement la méthode de l'analyse-synthèse indiquée dans la **méthode 1.8**. *On peut aussi aller voir l'exemple de la* **méthode 1.10** *qui développe cette manière de raisonner.*
Ainsi, pour appliquer pile-poil le même développement, on peut remarquer que :
$\phi^3 - Id_E = (\phi - Id_E)\, o\, (\phi^2 + \phi + Id_E) = (\phi^2 + \phi + Id_E)\, o\, (\phi - Id_E)$.

Ex. 1.21

Vous avez reconnu des équations d'hyperplans, je vous fais confiance.

Ex. 1.22

f est un projecteur si, et seulement si, $f\, o\, f = f$. Fallait-il le rappeler ?

Ex. 1.23

Mettre en évidence une forme linéaire non nulle dont H est le noyau, puis une droite vectorielle quelconque non incluse dans H. Allez voir l'exemple de la **méthode 1.12**.

Corrigé des vrai/faux

1	2	3	4	5	6	7	8	9	10	11	12	13	14
V	F	F	F	V	V	V	V	F	V	F	F	F	F

1. Toute famille contenant une famille liée est liée et $\{0_E\}$ est clairement liée.
2. Une famille génératrice n'est pas nécessairement libre.
3. $\mathbb{K}_2[X]$ est isomorphe à $\mathbb{K}^3$. ($\dim \mathbb{K}_2[X] = 3$.)
4. Contre-exemple : considérons trois droites vectorielles distinctes d'un plan vectoriel. Leurs intersections deux à deux sont réduites à $\{0_E\}$. Si leur somme était directe, la dimension de cette somme serait la somme de leurs dimensions, c'est-à-dire 3. C'est contradictoire avec le fait que cette somme doit être un sous-espace vectoriel d'un plan vectoriel.
5. Soit $(\vec{u}_k)_{k\in[\![1,m]\!]}$ une famille finie finie libre de E et $(a_1, a_2, \ldots, a_m) \in \mathbb{K}^m$, tels que $\sum_{k=1}^{m} a_k f(\vec{u}_k) = f\left(\sum_{k=1}^{m} a_k\vec{u}_k\right) = \vec{0}_F$. Comme f est injective, $f(\vec{s}) = \vec{0}_F$ implique $\vec{s} = \vec{0}_E$, donc $\sum_{k=1}^{m} a_k\vec{u}_k = \vec{0}_E$ et $(a_1, a_2, \ldots, a_m) = (0, 0, \ldots, 0)$ puisque la famille $(\vec{u}_k)_{k\in[\![1,m]\!]}$ est libre par hypothèse. Donc $(f(\vec{u}_k))_{k\in[\![1,m]\!]}$ est libre.
6. Conséquence du théorème de la base incomplète.
7. Soit P un polynôme quelconque, alors $P(X) = E(X) + U(X)$ avec $E(X) = \frac{1}{2}(P(X) + P(-X))$ pair, et $U(X) = \frac{1}{2}(P(X) - P(-X))$ impair.
8. Si le sous-espace vectoriel engendré par cette famille avait pour dimension le cardinal de la famille, alors celle-ci, famille génératrice, serait une base de ce sous-espace vectoriel, donc une famille libre.
9. Il manque l'hypothèse : $\dim E = \dim F$.
10. D'après la **proposition 1.38** du cours, c'est bien une équation d'un hyperplan de $\mathbb{K}^4$, donc d'un sous-espace vectoriel de dimension 3.
11. Le théorème du rang dit que c'est impossible ! (Car sinon $2 = \dim \operatorname{Im} \phi \leq 1$.)
12. Comme l'assertion précédente ! (car sinon $\dim \operatorname{Ker} \phi = -1$.)
13. L'ensemble des polynômes de degré n n'est pas stable par addition.
14. Elle est libre !

Erreurs classiques

- Pour montrer que la somme de plus de deux sous-espaces vectoriels est directe, penser qu'il suffit de montrer que leurs intersections deux à deux sont réduites à $\{0_E\}$.
- En dimension infinie, considérer qu'un endomorphisme injectif est forcément surjectif.
- Utiliser le noyau pour montrer l'injectivité d'une application *non linéaire*.
- Dans la formule du rang, remplacer la dimension de l'espace de départ par celle de l'espace d'arrivée (qui peut être infinie !).

Corrigé

Corrigé des exercices

Exercice 1.1

1. Posons $f_i(x) = |x - i|$. Supposons j un entier tel que : $\lambda_j f_j = -\sum_{k \neq j} \lambda_k f_k$.

On ne peut pas avoir $\lambda_j \neq 0$ car alors le membre de gauche de l'égalité est non dérivable en $x = j$ alors que le membre de droite l'est.

$\mathcal{F}_1$ est donc libre.

Par suite tous les λ_i sont nuls. $\mathcal{F}_1$ est libre.

2. Posons $g_i(x) = x - i$. On remarque que $g_1 + g_3 = 2g_2$ et donc $\mathcal{F}_2$ est liée pour $n \geqslant 3$.

$\mathcal{F}_2$ est libre pour $n = 1$ et $n = 2$.

3. $\{\cos x\}$ est libre. Supposons $\{\cos x, ..., \cos nx\}$ libre. Posons l'égalité (1) :

$$\forall x,\ \lambda_1 \cos x + ... + \lambda_n \cos(nx) + \lambda_{n+1} \cos((n+1)x) = 0.$$

On dérive deux fois (1). On appelle (2) l'égalité obtenue. On multiplie (1) par $(n+1)^2$ et on l'ajoute à (2). Il reste :

On peut généraliser à une famille de cos et de sin.

$$\forall x,\ \left[(n+1)^2 - 1\right] \lambda_1 \cos x + ... + \left[(n+1)^2 - n^2\right] \lambda_n \cos(nx) = 0.$$

On applique l'hypothèse de récurrence et donc : $\lambda_1 = ... = \lambda_n = 0$. Il reste dans (1) : $\lambda_{n+1} \cos((n+1)x) = 0$. On a $\lambda_{n+1} = 0$. La famille $\mathcal{F}_3$ est libre.

4. Posons $h_p(x) = e^{p^2 x}$. Quitte à réindexer, posons $\alpha_1 < ... < \alpha_n$ n entiers et montrons que $\{h_{\alpha_1}, ..., h_{\alpha_n}\}$ est libre. Posons :

Montrer la liberté de $\mathcal{F}_4$, c'est montrer celle de toute sous-famille finie.

$$\forall x,\ a_1 h_{\alpha_1}(x) + ... + a_n h_{\alpha_n}(x) = 0.$$

On multiplie par $e^{-\alpha_n x}$ cette égalité et on fait tendre x vers $+\infty$. Il reste : $a_n = 0$. Par récurrence, la famille $\mathcal{F}_4$ est libre.

De proche en proche, on montre que $a_i = 0$ pour tout i.

Exercice 1.2

1. $u + v = w$ et donc $\mathcal{F}$ est liée.

2. $\{u, v\}$ est libre et génératrice donc base de $\mathcal{F}$.

3. On voit rapidement que comme $(x, y, z) \in G \Leftrightarrow (x, y, z) = (x, y, -x - 2y)$, la famille $\{(1, 0, -1), (0, 1, -2)\}$ est libre dans G et est génératrice donc en est une base. Comme $(1, -1, 1)$ et $(0, -1, 2)$ vérifient l'équation qui caractérise G, ces vecteurs sont dans G. Ainsi, $\mathsf{Vect}\,(\mathcal{F}) \subset G$. Comme leurs dimensions sont égales, ces sous-espaces vectoriels le sont aussi.

On rappelle que $F \subset G$ si, et seulement si, une base de F est une famille de vecteurs de G.

Exercice 1.3

1. Si $F \cap G = \{0_{\mathbb{R}^3}\}$, alors ces deux sous-espaces vectoriels sont en somme directe, donc : $\dim(F + G) = \dim F + \dim G$.

D'après le **proposition 1.18**.

Or, les vecteurs engendrant F ne sont pas colinéaires, donc : $\dim F = 2$.
De même, $\dim G = 2$, d'où : $\dim(F + G) = 4$.
C'est contradictoire car $F + G$ est un sous-espace vectoriel de $\mathbb{R}^3$.

Et donc : $F \cap G \neq \{0_{\mathbb{R}^3}\}$.

2. $(x, y, z) \in F \cap G$ équivaut aux propositions successives :

$$\begin{cases} \exists(\lambda, \mu) \in \mathbb{R}^2 \text{ tel que } (x, y, z) = \lambda(1, 1, 0) + \mu(2, 0, -1) \\ \exists(\lambda', \mu') \in \mathbb{R}^2 \text{ tel que } (x, y, z) = \lambda'(1, -1, 0) + \mu'(1, 0, -2) \end{cases} \Rightarrow$$

$\exists(\lambda, \mu, \lambda', \mu') \in \mathbb{R}^4$ tel que $\begin{cases} x = \lambda + 2\mu = \lambda' + \mu' \\ y = \lambda = -\lambda' \\ z = -\mu = -2\mu' \end{cases}$ Donc :

$x = y - 2z = -y - \frac{z}{2} \Rightarrow \begin{cases} x = -\frac{5z}{4} \\ y = \frac{3z}{4} \end{cases}$ Et : $F \cap G = \mathsf{Vect}\,(-5, 3, 4)$.

3. Puisque F est de dimension 2, toute droite vectorielle incluse dans F et non confondue avec $F \cap G$ est un supplémentaire F' dans F de $F \cap G$. (On a bien $F' \cap (F \cap G) = \{0_E\}$ et $\dim F = \dim F' + \dim (F \cap G)$.)
On peut choisir, par exemple, $F' = \mathsf{Vect}\,(1, 1, 0)$ ou $\mathsf{Vect}\,(2, 0, -1)$. De même, on peut choisir, par exemple : $G' = \mathsf{Vect}\,(1, -1, 0)$ ou $\mathsf{Vect}\,(1, 0, -2)$.

À retenir : on a l'existence mais jamais l'unicité d'un supplémentaire.

Exercice 1.4

Soit $\vec{u} = (x_1, ..., x_n) \in F \cap G$. $\exists \lambda \in \mathbb{K}$, $\vec{u} = (\lambda, ..., \lambda)$. Comme $\vec{u} \in F$, $n\lambda = 0$ et donc $\lambda = 0$. Ainsi, $\vec{u} = 0$. Puis $\dim F = n - 1$. (Voir la **proposition 1.38**.)
Comme $\dim F + \dim G = n = \dim E$, on a : $F \oplus G = E$.
Soit $\vec{u} = (x_1, ..., x_n) \in E$, soit $\lambda \in \mathbb{K}$, $\vec{u} - (\lambda, ..., \lambda) \in F$ et :

$$(x_1 - \lambda) + ... + (x_n - \lambda) = 0 \Leftrightarrow \lambda = \frac{1}{n} \sum_{i=1}^{n} x_i.$$

Le projeté de $\vec{u}$ sur G dans la direction de F est $\left[\frac{1}{n} \sum_{i=1}^{n} x_i\right] (1, ..., 1)$ et le projeté de $\vec{u}$ sur F dans la direction de G est $\vec{u} - \left[\frac{1}{n} \sum_{i=1}^{n} x_i\right] (1, ..., 1)$.

Pour montrer que F est un s.e.v, il suffit de dire que F est le noyau d'une forme linéaire non nulle et est donc un hyperplan de E. Vous pouvez faire aussi un preuve directe.

Exercice 1.5

▸ **Supposons vraie la proposition** (1).

Soit $(\vec{x}_i)_{i \in [\![1, n-1]\!]} \in E_1 \times \cdots \times E_{n-1}$ tel que : $\sum_{i=1}^{n-1} \vec{x}_i = \vec{0}_E$.

En complétant ce $(n-1)$-uplet par $\vec{0}_E$, on obtient tout simplement un n-uplet de $E_1 \times \cdots \times E_{n-1} \times E_n$ de somme nulle. Les $E_1, E_2, \cdots, E_n$ étant en somme directe, chacun des vecteurs de ce n-uplet est nul : $\forall i \in [\![1, n-1]\!]$, $\vec{x}_i = 0_E$ et les $E_1, E_2, \cdots, E_{n-1}$ sont en somme directe.
D'autre part, si $x \in (E_1 + E_2 + \cdots + E_{n-1}) \cap E_n$, alors :

$$\exists\, (\vec{x}_i)_{i \in [\![1, n-1]\!]} \in E_1 \times \cdots \times E_{n-1} \text{ tel que } x = \sum_{i=1}^{n-1} \vec{x}_i, \text{ d'où :}$$

$\vec{x}_1 + \vec{x}_2 + \cdots + \vec{x}_{n-1} + (-\vec{x}) = \vec{0}_E$, avec $(\vec{x}_1, \cdots, \vec{x}_{n-1}, -\vec{x}) \in E_1 \times \cdots \times E_{n-1} \times E_n$, puis : $\vec{x}_1 = \cdots = \vec{x}_{n-1} = -\vec{x} = \vec{0}_E$ et $(E_1 + E_2 + \cdots + E_{n-1}) \cap E_n = \left\{\vec{0}_E\right\}$.

C'est un peu délicat sans l'indication. Mais l'exercice est formateur.

▸ **Supposons vraie la proposition** (2).

Soit $(\vec{x}_i)_{i \in [\![1, n]\!]} \in E_1 \times \cdots \times E_n$ tel que : $\sum_{i=1}^{n} \vec{x}_i = 0_E$, alors :

$$\vec{x}_n = -\vec{x}_1 - \cdots - \vec{x}_{n-1} \in (E_1 + E_2 + \cdots + E_{n-1}) \cap E_n.$$

Et donc : $\vec{x}_n = \vec{x}_1 + \vec{x}_2 + \cdots + \vec{x}_{n-1} = 0_E$, par hypothèse.
Les $E_1, E_2, \cdots, E_{n-1}$ sont en somme directe donc $\vec{x}_1 = \cdots = \vec{x}_{n-1} = 0_E$ et finalement les $E_1, E_2, \cdots, E_n$ sont bien en somme directe.

Exercice 1.6

1. Montrons que la famille $(P_k)_{0\leqslant k\leqslant n}$ est libre. En effet, $\dim \mathbb{R}_n[X] = n+1$ et cette famille est composée de $n+1$ polynômes. On écrit une égalité du type :

$$(1) : \sum_{k=0}^{n} a_k X^k (1-X)^{n-k} = 0,$$

où a_0, ..., a_n sont $n+1$ réels. Nous allons prouver que tous ces réels sont nuls. Fixons p un entier compris entre 1 et n et supposons que a_0, ..., a_{p-1} soient tous nuls. L'égalité (1) devient (2) : $\sum_{k=p}^{n} a_k X^k (1-X)^{n-k} = 0$.

L'idée est une récurrence. Si l'on applique (1) en $x=0$, on remarque déjà que $a_0 = 0$ nécessairement.

Cette égalité (2) peut s'écrire (3) : $\sum_{k=p}^{n} a_k X^{k-p} (1-X)^{n-k} = 0$.

Si l'on applique (3) en $x=0$, on a immédiatement $a_p = 0$. On peut conclure.

2. Q est défini comme une dérivée $n^{\text{ème}}$ et donc on peut penser à la formule de Leibniz appliquée aux fonctions polynomiales. On écrit :

$$Q = \frac{d^n}{dX^n}\left(X^n(1-X)^n\right) = \sum_{k=0}^{n} \binom{n}{k} (X^n)^{(k)}((1-X)^n)^{(n-k)}.$$

Or, pour tout k : $(X^n)^{(k)} = n(n-1)\times ... \times (n-k+1)X^{n-k}$.

De même, toujours pour tout k entier de 1 à n :

Cet exercice est une bonne occasion de réviser cette partie du programme de première année.

$$[(1-X)^n]^{(n-k)} = n(n-1)\times ... \times (n-(n-k)+1)(-1)^{n-k}(1-X)^k.$$

Et : $n(n-1)\times ... \times (k+1) = \dfrac{n!}{k!}$, $n(n-1)\times ... \times (n-k+1) = \dfrac{n!}{(n-k)!}$.

On regroupe dans la somme qui compose Q :

$$\sum_{k=0}^{n} \binom{n}{k} (-1)^{n-k} \frac{n!}{k!}\frac{n!}{(n-k)!} X^{n-k}(1-X)^k.$$

Et en arrangeant, finalement, c'est le résultat voulu.

3. Pour en déduire la valeur de $\sum_{k=0}^{n} \binom{n}{k}^2$, nous allons déterminer de deux manières le coefficient de degré n de Q. Dans le développement :

L'algèbre polynomiale revient souvent dans les sujets de concours. Il faut la réviser régulièrement tout le long de l'année.

$$Q = n! \sum_{k=0}^{n} \binom{n}{k}^2 (-1)^{n-k} X^{n-k}(1-X)^k,$$

on peut récupérer tous les termes de degré n. En effet, pour tout k de 0 à n :

$$X^{n-k}(1-X)^k = (-1)^k X^n + R_k,$$

où R_k est un polynôme de degré au plus $n-1$. On peut en déduire que le coefficient de X^n dans Q est :

$$n! \sum_{k=0}^{n} \binom{n}{k}^2 (-1)^{n-k}(-1)^k = n!(-1)^n \sum_{k=0}^{n} \binom{n}{k}^2.$$

Puis Q est la dérivée $n^{\text{ème}}$ de $X^n(1-X)^n$, polynôme de degré $2n$.
Or : $X^n(1-X)^n = (-1)^n X^{2n} + Z_n$, où Z_n est un polynôme de degré au plus $2n-1$. On peut obtenir le coefficient de Q devant X^n à partir de la dérivée $n^{\text{ème}}$ du monôme $(-1)^n X^{2n}$. On a :

$$\left[(-1)^n X^{2n}\right]^{(n)} = (-1)^n (2n)(2n-1)\times \ldots \times (n+1)X^n.$$

On a donc : $n!(-1)^n \sum_{k=0}^{n} \binom{n}{k}^2 = (-1)^n(2n)(2n-1)\times \ldots \times (n+1)$.

Ceci donne : $\sum_{k=0}^{n} \binom{n}{k}^2 = \dfrac{(2n)(2n-1)\times \ldots \times (n+1)}{n!} = \binom{2n}{n}$.

On peut déterminer $\sum_{k=0}^{n} \binom{n}{k}^2$ d'autres manières. Retrouver ces méthodes !

Exercice 1.7

1. C'est du cours ! Montrons la stabilité de $\operatorname{Im}\phi$ en cadeau. Si $\vec{u} \in \operatorname{Im}\phi$, $\exists \vec{v} \in E$, $\phi(\vec{v}) = \vec{u}$. Puis : $\psi(\vec{u}) = \psi(\phi(\vec{v})) = \phi(\psi(\vec{v})) \in \operatorname{Im}\phi$.
2. On a : $\operatorname{Im}\psi$ et $\operatorname{Ker}\psi$ sont stables par ϕ.
3. Soit $\vec{u} \in \operatorname{Im}\phi$, $\exists \vec{v}$, $\phi(\vec{v}) = \vec{u}$. Et : $\vec{v} = \vec{v}_1 + \vec{v}_2$, où $\vec{v}_1 \in \operatorname{Ker}\phi$ et $\vec{v}_2 \in \operatorname{Ker}\psi$. Donc $\vec{u} = \phi(\vec{v}_2)$ et $\psi(\vec{u}) = \psi(\phi(\vec{v}_2)) = \phi(\psi(\vec{v}_2)) = 0$ et $\vec{u} \in \operatorname{Ker}\psi$.

La stabilité à partir d'endomorphismes commutants : very important !

Exercice 1.8

Si $x \in \operatorname{Im}(f\circ g)$, alors $\exists z \in E$, $x = (f\circ g)(z) = f(g(z))$, donc $x \in \operatorname{Im} f$.
On en déduit que $\operatorname{Im}(f\circ g) \subset \operatorname{Im} f$.
$f\circ g = g \Longrightarrow \operatorname{Im} g = \operatorname{Im}(f\circ g) \subset \operatorname{Im} f \Longrightarrow \operatorname{Rg} g \leqslant \operatorname{Rg} f$ et de même $g\circ f = f \Longrightarrow \operatorname{Rg} f \leqslant \operatorname{Rg} g$; finalement $\operatorname{Rg} g = \operatorname{Rg} f$.

Si F et G sont deux s.e.v. tels que $F \subset G$, alors $\dim F \leq \dim G$.

Exercice 1.9

Soit $P \in \operatorname{Ker}\phi$. Alors : $P(X^2) + (1+X^2)P(X) = 0$. Si P est de degré $n \geqslant 0$, $P(X^2)$ est de degré $2n$ et $(1+X^2)P$ est de degré $n+2$. La somme de ces polynômes ne peut faire 0 que s'ils sont de même degré, c'est-à-dire $2n = n+2$ ou encore $n = 2$. On pose alors $P = aX^2 + bX + c$ avec $a \neq 0$. $\phi(P)(X)$ a pour monôme dominant $2aX^4$, et $\phi(P)(X)$ ne peut pas être nul. Donc seul $P = 0$ convient et ϕ est injective.
Puis on remarque que $\phi(P)$ est de degré $\max(2n, n+2)$ et X (de degré 1) ne peut pas avoir d'antécédent par ϕ. ϕ n'est pas surjective.

On vérifie la linéarité sans souci : $\phi(aP+Q)(X) = a\phi(P)(X) + \phi(Q)(X)$.

Ici, $\dim \mathbb{R}[X] = +\infty$ et l'injectivité n'entraîne pas la surjectivité.

Exercice 1.10

1. Soit $\vec{x} \in \operatorname{Ker}\phi \cap \operatorname{Im}\phi$.
Alors : $\phi(\vec{x}) = 0$ et $\exists \vec{y}$, $\phi(\vec{x}) = \vec{y}$. Donc : $\phi^2(\vec{y}) = \phi(\vec{x}) = 0$.
Et on a : $\phi^3(\vec{y}) = 0 = \phi(\vec{y}) \Rightarrow \vec{x} = 0$.
Puis on utilise le théorème du rang et on a bien : $E = \operatorname{Ker}\phi \oplus \operatorname{Im}\phi$.
2. $\operatorname{Im}\phi$ est clairement stable par ϕ. Soit $\psi : \operatorname{Im}\phi \to \operatorname{Im}\phi$, $\vec{x} \mapsto \phi(\vec{x})$. Il est clair que $\operatorname{Ker}\psi = \operatorname{Ker}\phi \cap \operatorname{Im}\phi$. Donc $\operatorname{Ker}\psi = 0$. Comme $\operatorname{Im}\phi$ est de dimension finie, on a un automorphisme.

On peut faire aussi une analyse-synthèse, laissée au lecteur !

C'est malpoli de garder sa flèche sur la tête, mais bon, un vecteur c'est mal éduqué !

Exercice 1.11

• ***Montrons*** $\operatorname{Ker} v \cap \operatorname{Im} u = \{\vec{0}\}$.
Soit $\vec{y} \in \operatorname{Ker} v \cap \operatorname{Im} u$, il existe un vecteur $\vec{x} \in E$ tel que $u(\vec{x}) = \vec{y}$.
De plus, $v(\vec{y}) = \vec{0}$. $v\,o\,u = Id_E \Rightarrow v(u(\vec{x})) = v(\vec{y}) = \vec{0} = \vec{x}$.
Donc : $\vec{y} = u(\vec{0}) = \vec{0}$. Finalement, $\operatorname{Ker} v \cap \operatorname{Im} u = \{\vec{0}\}$.
• ***Montrons l'égalité :*** $F = \operatorname{Ker} v + \operatorname{Im} u$. ***Analyse.***

Corrigé

Soit $\vec{x} \in F$, supposons $\vec{x} = \vec{y} + u(\vec{z})$, où $\vec{y} \in \operatorname{Ker} v$ et $\vec{z} \in E$.
Alors : $v(\vec{x}) = v(\vec{y}) + v \circ u(\vec{z}) = v \circ u(\vec{z}) = \vec{z}$.
Et $\vec{x} = \vec{y} + u(v(\vec{x})) = \vec{y} + u \circ v(\vec{x})$.
Synthèse. Soit $\vec{x} \in F$ et posons $\vec{y} = \vec{x} - u \circ v(\vec{x})$.
Alors $v(\vec{y}) = v(\vec{x}) - v \circ (u \circ v)(\vec{x}) = v(\vec{x}) - (v \circ u)(v(\vec{x})) = \vec{0}$. Ainsi, $\vec{y} \in \operatorname{Ker} v$.
Comme $u \circ v(\vec{x}) \in \operatorname{Im} u$, $\vec{x} = \vec{y} + u \circ v(\vec{x})$ entraîne que $F \subset \operatorname{Ker} v + \operatorname{Im} u$.
La réciproque est immédiate car $\operatorname{Ker} v$ et $\operatorname{Im} u$ sont des sous-espaces vectoriels de F et leur somme, par conséquent, aussi. Donc : $F = \operatorname{Ker} v + \operatorname{Im} u$.

✎ Il n'y a plus qu'à conclure, comme dit Jean-Claude Duz.

Exercice 1.12

1. Considérons un couple $(P, Q) \in (\mathbb{R}_n[X])^2$ et un couple $(a, b) \in \mathbb{R}^2$.
On a : $\Delta(aP + bQ) = (aP + bQ)(X + 1) - (aP + bQ)(X)$.
C'est-à-dire : $\Delta(aP + bQ) = a\,[P(X + 1) - P(X)] + b\,[P(X + 1) - P(X)]$.
Et on a bien : $\Delta(aP + bQ) = a\Delta(P) + b\Delta(Q)$.
Il faut maintenant montrer que Δ est nilpotent. Pour cela, $P(X)$ et $P(X+1)$ sont deux polynômes de même degré et de même coefficient dominant. Donc le degré de $\Delta(P)$ est inférieur strictement à celui de P.
Par récurrence immédiate, celui de $\Delta^k(P)$ est inférieur ou égal à $\deg P - k$ pour tout k entier non nul.
Ainsi, si $k = n$, $\Delta^n(P)$ est constant et donc pour tout P de degré au plus n :

$$\Delta^{n+1}(P) = 0.$$

✎ À retenir : encore une fois, on travaille sur les degrés, c'est important dans $\mathbb{R}[X]$!

2. On commence par remarquer, pour tout polynôme $P \in \mathbb{R}_n[X]$:

$$\Delta^2(P) = \Delta(P(X+1) - P(X)) = P(X+2) - P(X+1) - (P(X+1) - P(X)).$$

✎ Cette application Δ revient de façon récurrente dans les concours.

C'est-à-dire : $\Delta^2(P) = P(X + 2) - 2P(X + 1) + P(X)$.
Puis, on continue à l'ordre 3 pour deviner la formule qu'il faudra prouver par récurrence : $\Delta^3(P) = \Delta(\Delta^2(P)) = \Delta(P(X + 2) - 2P(X + 1) + P(X))$ soit :

$$\Delta^3(P) = P(X+3) - 2P(X+2) + P(X+1) - [P(X + 2) - 2P(X + 1) + P(X)]$$

et en arrangeant : $\Delta^3(P) = P(X + 3) - 3P(X + 2) + 3P(X + 1) - P(X)$.
On reconnaît les coefficients de la formule du binôme de Newton avec une alternance de signe. On écrit alors la formule pour l'entier r :

$$\Delta^r(P) = \sum_{j=0}^{r} (-1)^{r-j} \binom{r}{j} P(X + j)$$

que l'on va montrer par récurrence.
On suppose la formule vraie pour r donné. On écrit :

✎ C'est fait pour $r \in \{0, 1, 2, 3\}$.

$$\Delta^{r+1}(P) = \Delta(\Delta^r(P)) = \Delta\left(\sum_{j=0}^{r} (-1)^{r-j} \binom{r}{j} P(X + j)\right)$$

ce qui donne, en utilisant la définition de Δ :

$$\Delta^{r+1}(P) = \sum_{j=0}^{r} (-1)^{r-j} \binom{r}{j} P(X + j + 1) - \sum_{j=0}^{r} (-1)^{r-j} \binom{r}{j} P(X + j).$$

On fait un changement de variable dans la première somme :

$$\Delta^{r+1}(P) = \sum_{j=1}^{r+1}(-1)^{r-j-1}\begin{pmatrix} r \\ j-1 \end{pmatrix} P(X+j) - \sum_{j=0}^{r}(-1)^{r-j}\begin{pmatrix} r \\ j \end{pmatrix} P(X+j).$$

On regroupe en isolant les termes en trop. $\Delta^{r+1}(P)$ vaut :

Cela ressemble étrangement à la preuve de la formule de Leibniz ou du binôme de Newton. Que de bons souvenirs !

$$\sum_{j=1}^{r}(-1)^{r+1-j}\left[\begin{pmatrix} r \\ j-1 \end{pmatrix} + \begin{pmatrix} r \\ j \end{pmatrix}\right] P(X+j) + P(X+r+1) - (-1)^r P(X),$$

ce qui peut s'écrire sous la forme, en utilisant la fameuse formule de Pascal :

$$\sum_{j=1}^{r}(-1)^{r+1-j}\begin{pmatrix} r+1 \\ j \end{pmatrix} P(X+j) + \begin{pmatrix} r+1 \\ r+1 \end{pmatrix} P(X+r+1) + (-1)^{r+1}P(X).$$

Finalement : $\Delta^{r+1}(P) = \sum_{j=0}^{r+1}(-1)^{r+1-j}\begin{pmatrix} r+1 \\ j \end{pmatrix} P(X+j).$

C'est bien la formule au rang $r+1$.

Il reste à démontrer l'égalité de l'énoncé. On a une information importante. P est de degré strictement inférieur à n, ce qui permet d'écrire $\Delta^n(P) = 0$ en se rappelant la première question. Il reste à appliquer la formule démontrée à l'instant pour le cas $r = n$ et on a le résultat.

Exercice 1.13

$$\begin{matrix} \dim E & = & \dim \operatorname{Ker} f + \operatorname{Rg} f & = & \dim \operatorname{Ker} f + \dim \operatorname{Im} f \\ \dim E & = & \dim \operatorname{Ker} g + \operatorname{Rg} g & = & \dim \operatorname{Ker} g + \dim \operatorname{Im} g \end{matrix}, \text{ donc :}$$

$2\dim E = \dim \operatorname{Ker} f + \dim \operatorname{Ker} g + \operatorname{Rg} f + \operatorname{Rg} g.$

On peut aussi utiliser la **proposition 1.18** *plutôt que ces inégalités.*

De plus, d'après les hypothèses : $\begin{cases} \dim E \leqslant \dim \operatorname{Im} f + \dim \operatorname{Im} g \\ \dim E \leqslant \dim \operatorname{Ker} f + \dim \operatorname{Ker} g \end{cases}.$

Si l'une de ces inégalités était stricte, on obtiendrait :

$$2\dim E < \dim \operatorname{Ker} f + \dim \operatorname{Ker} g + \operatorname{Rg} f + \operatorname{Rg} g$$

et une contradiction, donc ce sont en fait des égalités :

$\begin{cases} \dim E = \dim \operatorname{Im} f + \dim \operatorname{Im} g \\ \dim E = \dim \operatorname{Ker} f + \dim \operatorname{Ker} g \end{cases}$, d'où le résultat.

Exercice 1.14

Comme $f^{n-1} \neq 0$, il existe $\vec{v} \in E \setminus \operatorname{Ker} f^{n-1}$.
Considérons la famille : $B = \left(\vec{v}, f(\vec{v}), ..., f^{n-1}(\vec{v})\right)$.
On considère maintenant $(a_0, ..., a_{n-1}) \in \mathbb{R}^n$.

$$(E_1) \quad a_0\vec{v} + a_1 f(\vec{v}) + ... + a_{n-1}f^{n-1}(\vec{v}) = \vec{0}.$$

On applique f^{n-1} à (E_1), on obtient alors : $a_0 f^{n-1}(\vec{v}) = \vec{0}$ car $f^k(\vec{v}) = \vec{0}$ pour tout entier k supérieur ou égal à n.
Comme $f^{n-1}(\vec{v}) \neq \vec{0}$, on en déduit que $a_0 = 0$. L'égalité (E_1) devient :

On vient d'illustrer une remarque juste après la **méthode 1.10**.

$$(E_2) \quad a_1 f(\vec{v}) + ... + a_{n-1}f^{n-1}(\vec{v}) = \vec{0}.$$

On compose (E_2) par f^{n-2}, on obtient alors : $a_1 f^{n-1}(\vec{v}) = \vec{0}$. On en déduit que $a_1 = 0$. De façon générale, $k \in [\![1, n-1]\!]$ supposons que l'on ait :
$(E_{k+1}) \quad a_k f^k(\vec{v}) + ... + a_{n-1}f^{n-1}(\vec{v}) = \vec{0}.$

Et encore une fois, on utilise le fait que $f^{n-1}(\vec{v}) \neq \vec{0}$

On applique f^{n-1-k} à (E_{k+1}), on obtient alors : $a_k f^{n-1}(\vec{v}) = \vec{0}$.
Et je pense que vous allez deviner que l'on utilise le fait que $f^{n-1}(\vec{v}) \neq \vec{0}$.
On en déduit que $a_k = 0$. On applique pour $k = n-1$ enfin.
Et on a bien : $a_0 = a_1 = ... = a_{n-1} = 0$.

Comme B possède n éléments, il suffit de démontrer que B est libre pour avoir une base car $\dim E = n$.

La famille B est libre et elle est donc une base de E.
$B \setminus \{\vec{v}\}$ est une famille génératrice de $\mathsf{Im}\, f$. Cette famille génératrice est libre car B est libre. Elle est donc une base de $\mathsf{Im}\, f$.
Son cardinal est $n-1$. Le rang de f est $n-1$.

Exercice 1.15

Pour tout i, $f_i = f_i \, o \, \mathrm{Id} = f_i \, o \sum_{j=1}^{n} f_j = f_i \, o \, f_i$ et donc f_i est un projecteur.

Si $\sum_{i=1}^{n} \vec{u}_i = 0$ avec $\vec{u}_i \in \mathsf{Im}\, f_i$ alors $f_i(\vec{u}_i) = \vec{u}_i = 0$ car pour tout $j \neq i$, $f_i(\vec{u}_j) = 0$. Donc la somme $\sum_{i=1}^{n} \mathsf{Im}\, f_i$ est directe.

L'inclusion $\bigoplus_{i=1}^{n} \mathsf{Im}\, f_i \subset E$ est évidente

Soit $\vec{u} \in E$, $\vec{u} = \mathrm{Id}(\vec{u}) = \sum_{i=1}^{n} f_i(\vec{u}) \in \sum_{i=1}^{n} \mathsf{Im}\, f_i$. On a : $E \subset \bigoplus_{i=1}^{n} \mathsf{Im}\, f_i$.

Exercice 1.16

1. Comme ϕ est nilpotent d'indice m, il existe $\vec{u}$ tel que $\phi^{m-1}(\vec{u}) \neq 0$. La famille $\{\phi^{m-1-k}(\vec{u}), ..., \phi^{m-1)}(\vec{u})\}$ est libre pour tout entier $k \leqslant m-1$.
En appliquant au cas $k = m-1$, nous avons établi l'existence d'une famille libre de E de cardinal m et donc $m \leqslant n$.

*La démonstration par récurrence est très semblable à celle de l'**exercice 1.14**. C'est laissé au lecteur !*

2. Établissons le résultat par récurrence sur $j \geq 2$.
Si $\vec{u} \in E$, $\phi(\vec{u}) = \vec{v}_1 + \vec{v}_2$, où $\vec{v}_1 \in \mathsf{Ker}\, p$ et $\vec{v}_2 \in \mathsf{Im}\, p$.
Donc : $(p \, o \, \phi)^2(\vec{u}) = p \, o \, \phi \, o \, p(\vec{v}_1 + \vec{v}_2) = p \, o \, \phi(\vec{v}_2)$.

$\vec{v}_1 \in \mathsf{Ker}\, p \subset \mathsf{Ker}\, \phi$.

Comme $\phi(\vec{v}_1 + \vec{v}_2) = \phi(\vec{v}_2)$, $(p \, o \, \phi^2)(\vec{u}) = p \, o \, \phi(\vec{v}_2) = (p \, o \, \phi)^2(\vec{u})$.
C'est donc vrai pour le rang 2.
Posons maintenant $j \geqslant 2$ tel que $p \, o \, \phi^j = (p \, o \, \phi)^j$.
On écrit : $(p \, o \, \phi)^{j+1} = p \, o \, \phi \, o \, (p \, o \, \phi)^j = p \, o \, \phi \, o \, p \, o \, \phi^j$.
Ce qui donne : $(p \, o \, \phi)^2 \, o \, \phi^{j-1} = p \, o \, \phi^2 \, o \, \phi^{j-1} = p \, o \, \phi^{j+1}$.

En appliquant la relation pour le rang j puis le rang 2.

Exercice 1.17

1. $(p \circ q)^2 = (p \circ q) \circ (p \circ q) = p \circ (q \circ p) \circ q = p \circ (p \circ q) \circ q$
$= (p \circ p) \circ (q \circ q) \;=\; p \circ q$: $p \circ q$ est un projecteur.

2. ▸ Si $\vec{y} \in \mathsf{Im}\,(p \circ q) = \mathsf{Im}\,(q \circ p)$, alors :

Ne jamais oublier que si $\vec{x} \in \mathsf{Im}\, p$, $p(\vec{x}) = \vec{x}$.

$$\begin{cases} \exists \vec{x}_1 \in E, \, \vec{y} = p \circ q(\vec{x}_1) = p\,(q(\vec{x}_1)) & \Rightarrow \quad \vec{y} \in \mathsf{Im}\, p \\ \exists \vec{x}_2 \in E, \, \vec{y} = q \circ p(\vec{x}_2) = q\,(p(\vec{x}_2)) & \Rightarrow \quad \vec{y} \in \mathsf{Im}\, q \end{cases}$$

Donc : $\vec{y} \in \mathsf{Im}\, p \cap \mathsf{Im}\, q$ et $\mathsf{Im}\,(p \circ q) \subset \mathsf{Im}\, p \cap \mathsf{Im}\, q$.
Réciproquement, si $\vec{y} \in \mathsf{Im}\, p \cap \mathsf{Im}\, q$ alors : $\vec{y} = p(\vec{y})$ et $\vec{y} = q(\vec{y})$.
Donc : $\vec{y} = p \circ q(\vec{y})$ et $\vec{y} \in \mathsf{Im}\,(p \circ q)$.

Finalement : $\mathsf{Im}\, p \cap \mathsf{Im}\, q \subset \mathsf{Im}\,(p \circ q)$ et $\mathsf{Im}\,(p \circ q) = \mathsf{Im}\, p \cap \mathsf{Im}\, q$.

▸ p étant un projecteur, on a : $E = \mathsf{Ker}\, p \oplus \mathsf{Im}\, p$, donc tout vecteur $\vec{x}$ de E s'écrit, de manière unique : $\vec{x} = \vec{x}_1 + \vec{x}_2$, avec $(\vec{x}_1, \vec{x}_2) \in \mathsf{Ker}\, p \times \mathsf{Im}\, p$.
Si $\vec{x} = \vec{x}_1 + \vec{x}_2 \in \mathsf{Ker}\,(p \circ q)$, alors :
$0_E = p \circ q(\vec{x}) = q \circ p(\vec{x}) = q \circ p(\vec{x}_1) + q \circ p(\vec{x}_2) = q(\vec{x}_2)$ donc : $\vec{x}_2 \in \mathsf{Ker}\, q$ et $\vec{x} \in \mathsf{Ker}\, p + \mathsf{Ker}\, q$.

Réciproquement, $\mathsf{Ker}\,p \subset \mathsf{Ker}\,q \circ p$ et $\mathsf{Ker}\,q \subset \mathsf{Ker}\,p \circ q$, donc :
$\mathsf{Ker}\,p \cup \mathsf{Ker}\,q \subset \mathsf{Ker}\,p \circ q$, puis : $\mathsf{Vect}\,(\mathsf{Ker}\,p \cup \mathsf{Ker}\,q) \subset \mathsf{Ker}\,p \circ q$.
Conclusion : $\mathsf{Ker}\,p + \mathsf{Ker}\,q \subset \mathsf{Ker}\,p \circ q$ et $\mathsf{Ker}\,p + \mathsf{Ker}\,q = \mathsf{Ker}\,p \circ q$.

Exercice 1.18

1. Notons $D : g \mapsto f\,o\,g$ et $G : g \mapsto g\,o\,f$.

Donc, pour tout $n \in \mathbb{N}$, $\Phi^n = (D - G)^n = \displaystyle\sum_{k=0}^{n} (-1)^k \binom{n}{k} D^{n-k}\,o\,G^k$.

Comme $G^k(g) = g\,o\,f^k$ et $D^{n-k}(h) = f^{n-k}\,o\,h$, on a le résultat.

On peut appliquer la formule du binôme car D et G commutent, à faire !

2. Supposons que $n = 2p - 1$, comme $k + (n - k) = n$, l'un des deux entiers k et $n - k$ est supérieur ou égal à p (sinon leur somme serait inférieure ou égale à $2p - 2$).
Dans la somme établie à 1), on a : $f^k = 0$ ou $f^{n-k} = 0$. Donc : $\Phi^n = 0$.

L'indice de nilpotence de Φ est inférieur ou égal à n.

Exercice 1.19

1. Si $\vec{x}$ et $f(\vec{x})$ étaient colinéaires, alors il existerait $\lambda \in \mathbb{R}$, $f(\vec{x}) = \lambda\vec{x}$.
D'où : $f^2(\vec{x}) = \lambda^2\vec{x} = -\vec{x} \Leftrightarrow (\lambda^2 + 1)\vec{x} = \vec{0}_E$.
Comme $\vec{x} \neq \vec{0}_E$, $\lambda^2 = -1$, ce qui constitue une contradiction car $\lambda \in \mathbb{R}$.
Soit $\vec{v}$ un vecteur non nul et $\mathbb{R}\vec{v} = \mathsf{Vect}\,(\vec{v})$. Comme $\vec{v}$ et $f(\vec{v})$ ne sont pas colinéaires, $f(\vec{v}) \notin \mathbb{R}\vec{v}$ et $\mathbb{R}\vec{v}$ n'est pas stable par f.

Aucune droite de E n'est stable par f.

2. Soit $\vec{v} \in \mathsf{Vect}\big(\vec{x}, f(\vec{x})\big)$, $\vec{v} = \lambda\vec{x} + \mu f(\vec{x})$ avec $(\lambda, \mu) \in \mathbb{R}^2$.
$f(\vec{v}) = \lambda f(\vec{x}) + \mu f^2(\vec{x}) = -\mu\vec{x} + \lambda f(\vec{x}) \in \mathsf{Vect}\big(\vec{x}, f(\vec{x})\big)$.
Conclusion : $\mathsf{Vect}\big(\vec{x}, f(\vec{x})\big)$ est stable par f.

Exercice 1.20

1. On remarque pour la suite :

$$\phi^3 - Id_E = (\phi - Id_E)\,o\,(\phi^2 + \phi + Id_E) = (\phi^2 + \phi + Id_E)\,o\,(\phi - Id_E).$$

Analyse : Soit $\vec{x} \in E$. S'il existe $(\vec{y}, \vec{z}) \in \mathsf{Ker}\,(\phi - Id_E) \times \mathsf{Ker}\,(\phi^2 + \phi + Id_E)$ tels que $\vec{x} = \vec{y} + \vec{z}$ et si l'on compose par $\phi^2 + \phi + Id_E$ cette égalité,

$$(\phi^2 + \phi + Id_E)(\vec{x}) = (\phi^2 + \phi + Id_E)(\vec{y}) = 3\vec{y}.$$

Ainsi, $\vec{y} = \dfrac{1}{3}(\phi^2(\vec{x}) + \phi(\vec{x}) + \vec{x})$.
Puis : $\vec{z} = \vec{x} - \vec{y} = \dfrac{1}{3}(2\vec{x} - \phi(\vec{x}) - \phi^2(\vec{x}))$.

On peut faire l'analogie avec la décomposition en facteurs irréductibles dans $\mathbb{R}$ puis dans $\mathbb{C}$ d'un polynôme. Ici c'est $X^3 - 1$. Cela n'est pas un hasard. C'est le lemme des noyaux. Mais hors programme en PSI.

Synthèse : Soit $\vec{x} \in E$ et posons maintenant :

$$\vec{y} = \frac{1}{3}(\phi^2(\vec{x}) + \phi(\vec{x}) + \vec{x}) \text{ et } \vec{z} = \frac{1}{3}(2\vec{x} - \phi(\vec{x}) - \phi^2(\vec{x})).$$

On a bien $\vec{x} = \vec{y} + \vec{z}$. Montrons que $\vec{y} \in \mathsf{Ker}\,(\phi - Id_E)$. On a :

$$(\phi - Id_E)(\vec{y}) = \frac{1}{3}((\phi - Id_E)\,o\,(\phi^2 + \phi + Id_E))(\vec{x}) = 0.$$

Montrons maintenant que $\vec{z} \in \mathsf{Ker}\,(\phi^2 + \phi + Id_E)$.
Ici on va développer $(\phi^2 + \phi + Id_E)(\vec{z})$, ou plutôt développer :

$$\vec{a} = \phi^2(\vec{t}) + \phi(\vec{t}) + \vec{t},$$

où $\vec{t} = 2\vec{x} - \phi(\vec{x}) - \phi^2(\vec{x})$. Il faut simplement montrer que $\vec{a}$ est nul.

Corrigé

On a : $\phi(\vec{t}) = 2\phi(\vec{x}) - \phi^2(\vec{x}) - \vec{x}$, $\phi^2(\vec{t}) = 2\phi^2(\vec{x}) - \vec{x} - \phi(\vec{x})$.
En remplaçant dans $\vec{a}$, on a rapidement : $\vec{a} = \vec{0}$.
Finalement, tout vecteur $\vec{x}$ de E s'écrit de façon unique sous la forme d'un vecteur de $\mathsf{Ker}\,(\phi - Id_E)$ et de $\mathsf{Ker}\,(\phi^2 + \phi + Id_E)$.

On applique toujours ici la **méthode 1.8** *mais E est remplacé par un sous-espace vectoriel sur $\mathbb{C}$ ici.*

2. ***Analyse.***

Soit $\vec{x} \in \mathsf{Ker}\,(\phi^2 + \phi + Id_E)$ et supposons qu'il existe $\vec{y} \in \mathsf{Ker}\,(\phi - jId_E)$ et $\vec{z} \in \mathsf{Ker}\,(\phi - j^2 Id_E)$ tels que

$$(1)\quad \vec{x} = \vec{y} + \vec{z}.$$

En composant (1) par $\phi - jId_E$,

$$\phi(x) - j\vec{x} = \phi(\vec{y}) - j\vec{y} + \phi(\vec{z}) - j\vec{z} = \phi(\vec{z}) - j\vec{z},$$

car $\phi(\vec{y}) = j\vec{y}$. Donc :

$$\phi(x) - j\vec{x} = (j^2 - j)\vec{z} = -2i\sin\left(\frac{2\pi}{3}\right)\vec{z} = -i\sqrt{3}\vec{z},$$

car $j^2 - j = e^{-2\frac{\pi}{3}} - e^{2\frac{\pi}{3}} = -2i\sin\left(\frac{2\pi}{3}\right)$.
En composant (1) par $\phi - j^2 Id_E$,

$$\phi(x) - j^2\vec{x} = \phi(\vec{y}) - j^2\vec{y} + \phi(\vec{z}) - j^2\vec{z} = \phi(\vec{y}) - j^2\vec{y},$$

car $\phi(\vec{z}) = j^2\vec{z}$. Donc, en faisant comme plus haut,

$$\phi(x) - j^2\vec{x} = (j - j^2)\vec{y} = i\sqrt{3}\vec{y}.$$

On en déduit que :

$$\vec{y} = \frac{-i}{\sqrt{3}}\left(\phi(\vec{x}) - j^2\vec{x}\right) \text{ et } \vec{z} = \frac{i}{\sqrt{3}}\left(\phi(\vec{x}) - j\vec{x}\right).$$

Synthèse. Soit $\vec{x} \in \mathsf{Ker}\,(\phi^2 + \phi + Id_E)$ et posons

$$\vec{y} = \frac{-i}{\sqrt{3}}\left(\phi(\vec{x}) - j^2\vec{x}\right) \text{ et } \vec{z} = \frac{i}{\sqrt{3}}\left(\phi(\vec{x}) - j\vec{x}\right).$$

Alors il est clair que $\vec{x} = \vec{y} + \vec{z}$. De plus, $\vec{y} \in \mathsf{Ker}\,(\phi - jId_E)$. En effet,

$$\phi(\vec{y}) - j\vec{y} = \frac{-i}{\sqrt{3}}\left(\phi^2(\vec{x}) - (j^2 + j)\phi(x) + \vec{x}\right) = \frac{-i}{\sqrt{3}}\left(\phi^2(\vec{x}) + \phi(x) + \vec{x}\right) = 0,$$

car $1 + j + j^2 = 0$. De même, $\vec{z} \in \mathsf{Ker}\,(\phi - j^2 Id_E)$. En effet,

$$\phi(\vec{z}) - j^2\vec{z} = \frac{i}{\sqrt{3}}\left(\phi^2(\vec{x}) - (j^2 + j)\phi(x) + \vec{x}\right) = \frac{i}{\sqrt{3}}\left(\phi^2(\vec{x}) + \phi(x) + \vec{x}\right) = 0.$$

Finalement tout vecteur de $\mathsf{Ker}\,(\phi^2 + \phi + Id_E)$ s'écrit de façon unique comme somme d'un vecteur de $\mathsf{Ker}\,(\phi - jId_E)$ et de $\mathsf{Ker}\,(\phi - j^2 Id_E)$.
On sait que $E = \mathsf{Ker}\,(\phi - Id_E) \oplus \mathsf{Ker}\,(\phi^2 + \phi + Id_E)$.
On a aussi : $\mathsf{Ker}\,(\phi^2 + \phi + Id_E) = \mathsf{Ker}\,(\phi - jId_E) \oplus \mathsf{Ker}\,(\phi - j^2 Id_E)$.

On en déduit que :

$$E = \mathsf{Ker}\,(\phi - Id_E) \oplus \mathsf{Ker}\,(\phi - jId_E) \oplus \mathsf{Ker}\,(\phi - j^2 Id_E).$$

Exercice 1.21

L'application φ de $\mathbb{R}^4$ dans $\mathbb{R}$ définie par : $\varphi(x, y, z, t) = x - y + z - t$ est une forme linéaire non nulle de $\mathbb{R}^4$. F est son noyau : c'est un hyperplan de $\mathbb{R}^4$ (reconnaissable également à son équation).

Tout est basé ici sur des noyaux de formes linéaires.

F est donc un sous-espace vectoriel de dimension 3 de $\mathbb{R}^4$.
Les trois vecteurs $\vec{u} = (1, 0, 0, 1)$, $\vec{v} = (0, -1, 0, 1)$ et $\vec{w} = (0, 0, 1, 1)$ sont trois vecteurs de F formant clairement une famille libre : c'est une base de F.
G est l'intersection des deux hyperplans de $\mathbb{R}^4$ d'équations respectives :

$$x + y = 0 \text{ et } z + t = 0.$$

Alors : $G = \{(x, -x, z, -z),\ (x, z) \in \mathbb{R}^2\}$.
C'est-à-dire :

G est donc un sous-espace vectoriel de $\mathbb{R}^4$.

$$G = \mathsf{Vect}\ ((1, -1, 0, 0), (0, 0, 1, -1)).$$

Ces deux vecteurs non colinéaires forment une famille génératrice de G, donc une base de G.

Exercice 1.22

1. $\forall \vec{x} \in E,\ f(\vec{x}) = u(\vec{x})\vec{x}_0 \in E.$
$\forall (\vec{x}, \vec{x}') \in E^2,\ \forall (\lambda, \mu) \in \mathbb{K}^2,$
$f(\lambda\vec{x} + \mu\vec{x}') = u(\lambda\vec{x} + \mu\vec{x}')\vec{x}_0 = (\lambda\, u(\vec{x}) + \mu\, u(\vec{x}'))\,\vec{x}_0 = \lambda\, f(\vec{x}) + \mu\, f(\vec{x}').$

f est un endomorphisme de E.

2. $\mathsf{Im}\, f \subset \mathsf{Vect}\,(\vec{x}_0)$ et f n'est pas nulle, donc : $\mathsf{Im}\, f = \mathsf{Vect}\,(\vec{x}_0)$ et $\mathsf{Rg}\,(f) = 1$.

3.

$$\begin{aligned}
f \text{ est un projecteur} \quad &\Leftrightarrow \quad f \circ f = f \\
&\Leftrightarrow \quad \forall \vec{x} \in E,\ f\,(u(\vec{x})\vec{x}_0) = u(\vec{x})\vec{x}_0 \\
&\Leftrightarrow \quad \forall \vec{x} \in E,\ u\,(u(\vec{x})\vec{x}_0)\,\vec{x}_0 = u(\vec{x})\vec{x}_0 \\
&\Leftrightarrow \quad \forall \vec{x} \in E,\ u(\vec{x})u(\vec{x}_0)\vec{x}_0 = u(\vec{x})\vec{x}_0 \\
&\Leftrightarrow \quad \forall \vec{x} \in E,\ (u(\vec{x}_0) - 1)\,u(\vec{x})\vec{x}_0 = 0_E \\
&\Leftrightarrow \quad \forall \vec{x} \in E,\ (u(\vec{x}_0) - 1)\,u(\vec{x}) = 0
\end{aligned}$$

Et cela est équivalent à $u(\vec{x}_0) = 1$.

En effet, $\exists \vec{x} \in E$, $u(\vec{x}) \neq 0$ car $u \neq 0$.

4. $\forall \vec{x} \in E,\ f^2(\vec{x}) = u(\vec{x})u(\vec{x}_0)\vec{x}_0,\ f^3(\vec{x}) = u(\vec{x})\,(u(\vec{x}_0))^2\,\vec{x}_0$. On peut conjecturer que, pour tout entier naturel $k > 0$ et pour tout $\vec{x}$ de E,

$$f^k(\vec{x}) = u(\vec{x})\,(u(\vec{x}_0))^{k-1}\,\vec{x}_0.$$

Cette formule est vraie pour $k = 1$.
Supposons-la vraie pour un entier naturel non nul k, alors :

« Récurrer », il n'y a que ça de vrai !

$$\begin{aligned}
\forall \vec{x} \in E,\ f^{k+1}(\vec{x}) &= f\left(u(\vec{x})\,(u(\vec{x}_0))^{k-1}\,\vec{x}_0\right) \\
&= u(\vec{x})\,(u(\vec{x}_0))^{k-1}\,f(\vec{x}_0) = u(\vec{x})\,(u(\vec{x}_0))^{k-1}\,u(\vec{x}_0)\vec{x}_0 \\
&= u(\vec{x})\,(u(\vec{x}_0))^{k}\,\vec{x}_0.
\end{aligned}$$

Le principe de récurrence permet de conclure que la conjecture est exacte.

Exercice 1.23

Vect (g) *est automatiquement un supplémentaire de* H *dans* $\mathbb{R}_n[X]$ *car* $g \notin H$.

L'application $\varphi : \begin{array}{ccc} \mathbb{R}_n[X] & \to & \mathbb{R} \\ P & \mapsto & \displaystyle\int_0^1 P(t)\,dt \end{array}$ est une forme linéaire non nulle sur $\mathbb{R}_n[X]$. H est son noyau, donc un hyperplan de $\mathbb{R}_n[X]$.

L'application $g : t \mapsto 1 \in \mathbb{R}_n[X]$ et $\notin H$, puisque : $\displaystyle\int_0^1 dt = 1 \neq 0$.

On peut aussi remarquer que :

$$\forall P \in \mathbb{R}_n[X], \forall x \in \mathbb{R}, P(x) = P(x) - \int_0^1 P(t)\,dt + \int_0^1 P(t)\,dt.$$

Or $x \mapsto P(x) - \displaystyle\int_0^1 P(t)\,dt \in H$ et $x \mapsto \displaystyle\int_0^1 P(t)\,dt \in \mathsf{Vect}\,(g)$.

Ainsi :

$$\mathbb{R}_n[X] = H \oplus \mathbb{R}g.$$

Chapitre 2
Calcul matriciel

James **Sylvester** s'intéresse à des tableaux de nombres qu'il nomme matrices en 1850. Peu après, Arthur **Cayley** définit des opérations sur les matrices. Curieusement, c'est au barreau de Londres que les deux mathématiciens anglais se rencontrent et sympathisent malgré des caractères très différents. Sylvester est irascible, coléreux alors que Cayley est d'une gentillesse extrême. Hommes de culture tous les deux, le premier compose des poèmes alors que le second écrit des romans. Leur collaboration a fait faire de remarquables progrès à l'algèbre linéaire.

James Sylvester
1814-1897

Objectifs

Les incontournables

▷ Savoir effectuer un produit matriciel

- de matrices classiques (en particulier, les matrices de la base canonique de $\mathscr{M}_n, p(\mathbb{K})$.)
- de deux matrices écrites en blocs

▷ Savoir utiliser la méthode du pivot ou différentes opérations élémentaires :

- pour calculer le rang d'une matrice
- pour résoudre un système linéaire
- pour montrer qu'une famille de vecteurs est libre

▷ Savoir interpréter les opérations élémentaires sur une matrice par produit à gauche ou à droite de cette matrice par une matrice particulière

▷ Connaître la trace d'une matrice et ses propriétés

▷ Savoir utiliser la structure d'espace vectoriel de $\mathscr{M}_n(\mathbb{K})$ et en particulier connaître les sous-espaces vectoriels $\mathscr{S}_n(\mathbb{K})$ et $\mathscr{A}_n(\mathbb{K})$ et leur décomposition en somme directe dans $\mathscr{M}_n(\mathbb{K})$

▷ Déterminer l'inversibilité d'une matrice :

- en résolvant un système
- en calculant son rang
- en utilisant un polynôme annulateur que l'on vous donne

▷ Savoir calculer A^n :

- directement par récurrence
- en utilisant la formule du binôme de Newton
- en utilisant un polynôme annulateur que l'on vous donne

▷ Savoir transformer la matrice d'une application linéaire en modifiant les bases et en utilisant les matrices de passage.

Et plus si affinités...

▷ Inverser une matrice par la méthode de Gauss-Jordan

▷ Résoudre certaines équations polynomiales dans $\mathscr{M}_n(\mathbb{K})$

▷ Savoir interpréter matriciellement projecteur et symétrie vectorielle.

Résumé de cours

Opérations dans $\mathcal{M}_{n,p}(\mathbb{K})$

$\mathbb{K}$ désigne dans tout le chapitre le corps $\mathbb{R}$ ou le corps $\mathbb{C}$.

Définition : *Soit $(n,p) \in \mathbb{N}^\star \times \mathbb{N}^\star$, on appelle* ***matrice de n lignes et p colonnes*** *toute famille $(a_{i,j})_{\substack{1\le i\le n\\1\le j\le p}}$ d'éléments de $\mathbb{K}$. On la représente sous la forme d'un tableau rectangulaire :*

$$\begin{pmatrix} a_{1,1} & a_{1,2} & \dots & a_{1,p} \\ a_{2,1} & a_{2,2} & \dots & a_{2,p} \\ \dots & \dots & \dots & \dots \\ a_{n,1} & a_{n,2} & \dots & a_{n,p} \end{pmatrix}$$

Dans la pratique, on assimilera la famille $A = (a_{i,j})_{\substack{1\le i\le n\\1\le j\le p}}$ et la représentation sous forme de tableau ci-dessus. On note $\mathcal{M}_{n,p}(\mathbb{K})$ l'ensemble des matrices à n lignes et p colonnes.

- Si $p = 1$, une matrice de $\mathcal{M}_{n,p}(\mathbb{K})$ est appelée une **matrice colonne**.
- Si $n = 1$, une matrice de $\mathcal{M}_{n,p}(\mathbb{K})$ est appelée une **matrice ligne**.
- Si $n = p$, une matrice de $\mathcal{M}_{n,p}(\mathbb{K})$ est appelée une **matrice carrée d'ordre** n et on note alors $\mathcal{M}_n(\mathbb{K})$ l'ensemble des matrices carrées d'ordre n.
- La quantité $\mathrm{Tr}(M) = \sum_{i=1}^{n} m_{i,i}$ est appelée la **trace de la matrice** $M = (m_{i,j})_{\substack{1\le i\le n\\1\le j\le n}}$ de $\mathcal{M}_n(\mathbb{K})$.
- Dans la suite, pour tout i de 1 à n, la quantité L_i désigne la $i^{\text{ème}}$ ligne et pour tout j de 1 à p, C_j désigne la $j^{\text{ème}}$ colonne d'une matrice donnée.

Définition : *Soit $(n,p) \in \mathbb{N}^\star \times \mathbb{N}^\star$ et $A = (a_{i,j})_{\substack{1\le i\le n\\1\le j\le p}}$ une matrice de $\mathcal{M}_{n,p}(\mathbb{K})$, on dit que :*

- *A est* ***triangulaire supérieure*** *si, et seulement si, $i > j \Rightarrow a_{i,j} = 0$.*
- *A est* ***triangulaire inférieure*** *si, et seulement si, $i < j \Rightarrow a_{i,j} = 0$.*
- *A est* ***diagonale*** *si, et seulement si, $i \neq j \Rightarrow a_{i,j} = 0$.*

- Pour toute matrice $A = (a_{i,j})_{\substack{1\le i\le n\\1\le j\le p}}$ de $\mathcal{M}_{n,p}(\mathbb{K})$, on appelle **diagonale** de A la suite ordonnée de réels $a_{1,1}$, ..., $a_{k,k}$, où k est le plus petit des deux entiers n et p.
- On note I_n la matrice carrée d'ordre n diagonale et n'ayant que des 1 sur la diagonale. Ainsi,

$$I_2 = \begin{pmatrix} 1 & 0 \\ 0 & 1 \end{pmatrix} \text{ et } I_3 = \begin{pmatrix} 1 & 0 & 0 \\ 0 & 1 & 0 \\ 0 & 0 & 1 \end{pmatrix}$$

- Nous noterons $O_{n,p}$ la matrice de $\mathcal{M}_{n,p}(\mathbb{K})$ n'ayant que des 0 pour coefficients.

Elle se note parfois plus simplement O si la taille des matrices est fixée.

Définition : Somme de deux matrices et multiplication par un scalaire—.
Soit $(n,p) \in \mathbb{N}^\star \times \mathbb{N}^\star$ et soit $A = (a_{i,j})_{\substack{1\le i\le n\\1\le j\le p}}$ et $B = (b_{i,j})_{\substack{1\le i\le n\\1\le j\le p}}$ deux matrices de $\mathcal{M}_{n,p}(\mathbb{K})$, on appelle somme des matrices A et B la matrice $A + B$ de $\mathcal{M}_{n,p}(\mathbb{K})$ définie par :

$$\boxed{\forall (i,j) \in [\![1,n]\!] \times [\![1,p]\!], \quad (A+B)_{i,j} = a_{i,j} + b_{i,j}}$$

Si $\lambda \in \mathbb{K}$, on appelle produit de la matrice A et de λ la matrice λA de $\mathcal{M}_{n,p}(\mathbb{K})$ définie par :

$$\boxed{\forall (i,j) \in [\![1,n]\!] \times [\![1,p]\!], \quad (\lambda A)_{i,j} = \lambda a_{i,j}}$$

On peut remarquer, en particulier, que si $(\lambda,\ \mu) \in \mathbb{K}^2$ et $(A, B) \in (\mathcal{M}_n(\mathbb{K}))^2$ alors :

$$\mathrm{Tr}(\lambda A + \mu B) = \lambda \mathrm{Tr}(A) + \mu \mathrm{Tr}(B)$$

Définition : Transposition d'une matrice—.
Soit $(n,p) \in \mathbb{N}^\star \times \mathbb{N}^\star$ et soit $A = (a_{i,j})_{\substack{1\leq i\leq n \\ 1\leq j\leq p}}$ une matrice de $\mathcal{M}_{n,p}(\mathbb{K})$, on appelle transposée de la matrice A, la matrice A^T (notée aussi ${}^tA$) de $\mathcal{M}_{p,n}(\mathbb{K})$ définie par :

$$\boxed{\forall (i,j) \in [\![1,p]\!] \times [\![1,n]\!], \quad (A^T)_{i,j} = a_{j,i}.}$$

L'application t de $\mathcal{M}_{n,p}(\mathbb{K})$ dans $\mathcal{M}_{p,n}(\mathbb{K})$, qui à A associe A^T est un isomorphisme de $\mathcal{M}_{n,p}(\mathbb{K})$ sur $\mathcal{M}_{p,n}(\mathbb{K})$.

Définition : Produit de deux matrices—.
Soit $(n,p,q) \in \mathbb{N}^\star \times \mathbb{N}^\star \times \mathbb{N}^\star$ et $(A,B) \in \mathcal{M}_{n,p}(\mathbb{K}) \times \mathcal{M}_{p,q}(\mathbb{K})$, on définit $A \times B \in \mathcal{M}_{n,q}(\mathbb{K})$ par :

$$\boxed{\forall (i,j) \in [\![1,n]\!] \times [\![1,q]\!], \quad (A \times B)_{i,j} = \sum_{k=1}^{p} a_{i,k} \times b_{k,j}}$$

Théorème 2.1.— Propriétés du produit de matrices—. Soit A, B, C des matrices à coefficients dans $\mathbb{K}$. Pourvu que les produits et sommes ci-dessous soient bien définis, on a :

1. $A \times (B \times C) = (A \times B) \times C$
2. $A \times (B + C) = A \times B + A \times C$
3. $(A + B) \times C = A \times C + B \times C$
4. $\mathrm{Tr}(A \times B) = \mathrm{Tr}(B \times A)$
5. Si $(\lambda, \mu) \in \mathbb{K}^2$, alors : $\mathrm{Tr}(\lambda A + \mu B) = \lambda \mathrm{Tr} A + \mu \mathrm{Tr} B$
6. $\lambda(A \times B) = (\lambda A) \times B = A \times (\lambda B)$
7. $A \in \mathcal{M}_{n,p}(\mathbb{K})$ alors $I_n \times A = A \times I_p = A$.
8. $A \times 0_p = 0_{n,p}$ et $0_n \times A = 0_{n,p}$.
9. $(AB)^T = B^T \times A^T$
10. $(\lambda, \mu) \in \mathbb{K}^2$, $(\lambda A + \mu B)^T = \lambda A^T + \mu B^T$

Proposition 2.2.— Écriture matricielle des systèmes d'équations linéaires—.
Considérons le système de n équations linéaires à p inconnues défini ci-contre :

$$(S) \left\{ \begin{array}{ccccccccc} a_{1,1}x_1 & + & a_{1,2}x_2 & + & \cdots & + & a_{1,p}x_p & = & b_1 \\ a_{2,1}x_1 & + & a_{2,2}x_2 & + & \cdots & + & a_{2,p}x_p & = & b_2 \\ & & \vdots & & & & \vdots & & \vdots \\ a_{n,1}x_1 & + & a_{n,2}x_2 & + & \cdots & + & a_{n,p}x_p & = & b_n \end{array} \right.$$

Notons $A = (a_{i,j}) \in \mathcal{M}_{n,p}(\mathbb{K})$ la matrice des coefficients du premier membre de (S) et notons $B = (b_i) \in \mathcal{M}_{n,1}(\mathbb{K})$ la matrice colonne *second membre* du système (S), alors matriciellement :

$$\boxed{(S) \iff A \times X = B}$$

Définition : *En reprenant les notations de la proposition précédente, on appelle système homogène associé à (S) le système linéaire $A \times X = 0_{n,1}$.*

Remarque : Une matrice $A \in \mathcal{M}_{n,p}(\mathbb{K})$ peut s'interpréter comme l'identification d'une application linéaire de $\phi \in \mathcal{L}(\mathbb{K}^p, \mathbb{K}^n)$, les espaces vectoriels $\mathbb{K}^p$ et $\mathbb{K}^n$ étant rapportés à leurs bases canoniques. On dit que A et ϕ sont canoniquement associés. On peut remarquer qu'une matrice carrée d'ordre n identifie un endomorphisme de $\mathcal{L}(\mathbb{K}^n)$, $\mathbb{K}^n$ étant rapporté à sa base canonique.
La matrice I_n identifie $id_{\mathbb{K}^n}$.
Résoudre le système (S) : $A \times X = B$, où $A \in \mathcal{M}_{n,p}(\mathbb{K})$ est la matrice de $\phi \in \mathcal{L}(K^p, K^n)$, les espaces vectoriels $\mathbb{K}^n$ et $\mathbb{K}^p$ étant rapportés à leurs bases canoniques, revient à déterminer les vecteurs $\vec{u} \in \mathbb{K}^p$ tels que $\phi(\vec{u}) = \vec{b}$, où $\vec{b}$ est le vecteur de $\mathbb{K}^n$ dont les coordonnées sont représentées par $B \in \mathcal{M}_{n,1}(\mathbb{K})$. On peut interpréter $\mathsf{Im}\,(\phi)$ comme l'ensemble des vecteurs $\vec{b}$ de $\mathbb{K}^n$ tel que (S) ait au moins une solution.
De même, résoudre le système homogène associé (S_0) : $A \times X = 0$ revient à déterminer les vecteurs $\vec{u} \in \mathbb{K}^p$ tels que $\phi(\vec{u}) = \vec{0}$. Il s'agit du noyau de ϕ.

Théorème 2.3.— $(\mathcal{M}_{n,p}(\mathbb{K}), +, .)$ est un espace vectoriel sur $\mathbb{K}$.

Pour tout $(k, l) \in [\![1, n]\!] \times [\![1, p]\!]$, on note $E_{k,l}$ la matrice de $\mathcal{M}_{n,p}(\mathbb{K})$ dont tous les coefficients valent 0 sauf celui à l'intersection de la ligne k et de la colonne l qui vaut 1. La famille de matrices $\{E_{k,l}\}$ est une base de $\mathcal{M}_{n,p}(\mathbb{K})$ appelée **base canonique** de $\mathcal{M}_{n,p}(\mathbb{K})$. On en déduit que :

$$\boxed{\mathsf{dim}\,(\mathcal{M}_{n,p}(\mathbb{K})) = np.}$$

■ Matrices carrées

Définition : *A de $\mathcal{M}_n(\mathbb{K})$) est* **symétrique** *(respectivement* **antisymétrique***) si et seulement si $A^T = A$ (respectivement $A^T = -A$). On note $\mathcal{S}_n(\mathbb{K})$ (respectivement $\mathcal{A}_n(\mathbb{K})$) l'ensemble des matrices symétriques (respectivement antisymétriques).*

Définition : Puissances successives d'une matrice —. *Soit $A \in \mathcal{M}_n(\mathbb{K})$ une matrice carrée d'ordre n. On définit les* **puissances successives** *de A par récurrence.*

$$\boxed{\begin{cases} \bullet\ A^0 = I_n \\ \bullet\ \forall k \in \mathbb{N},\ A^{k+1} = A \times A^k \end{cases}}$$

Définition : Polynômes d'une matrice —. *Soit $P \in \mathbb{K}[X]$ un polynôme à coefficients dans $\mathbb{K}$:*

$$P = a_p X^p + a_{p-1} X^{p-1} + \cdots + a_1 X + a_0.$$

On définit pour toute matrice $A \in \mathcal{M}_n(\mathbb{K})$ la matrice $P(A) \in \mathcal{M}_n(\mathbb{K})$ par :

$$\boxed{P(A) = a_p A^p + a_{p-1} A^{p-1} + \cdots + a_1 A + a_0\ I_n}$$

Soit $A, B \in \mathcal{M}_n(\mathbb{K})$ telles que $A \times B = B \times A$. Alors :

$$\boxed{(A+B)^p = \sum_{k=0}^{p} \binom{p}{k} A^k \times B^{p-k}}$$

Vocabulaire : *Soit $A \in \mathcal{M}_n(\mathbb{K})$. On dit qu'un polynôme $P \in \mathbb{K}[X]$ est un* ***polynôme annulateur de*** *A si $P(A) = 0$.*

Pour le calcul des puissances successives d'une matrice carrée, voir la **méthode 2.3**.

■ Matrices carrées inversibles

Définition-Proposition.
Une matrice carrée $A \in \mathcal{M}_n(\mathbb{K})$ est dite **inversible** *s'il existe une matrice $B \in \mathcal{M}_n(\mathbb{K})$ telle que :*

$$\boxed{A \times B = I_n \text{ et } B \times A = I_n}$$

*Si elle existe, B est unique. On l'appelle l'****inverse*** *de A, et on la note $B = A^{-1}$.*

Théorème-Définition 2.4.— On note $GL_n(\mathbb{K})$ l'ensemble des matrices carrées d'ordre n inversibles. Il est appelé **groupe linéaire**.

Théorème 2.5.— Soit $A, B \in \mathcal{M}_n(\mathbb{K})$ alors :

1. si A est inversible, alors A^{-1} est inversible et $(A^{-1})^{-1} = A$;
2. si A est inversible alors A^T est inversible et $(A^T)^{-1} = (A^{-1})^T$;
3. si A et B sont inversibles, alors $A \times B$ est inversible et $(A \times B)^{-1} = B^{-1} \times A^{-1}$;
4. si A est inversible, alors
   B est inversible si, et seulement si, $A \times B$ est inversible.
   B est inversible si, et seulement si, $B \times A$ est inversible.
5. si A est inversible, alors A est simplifiable à gauche et à droite.

Pour déterminer l'inverse d'une matrice carrée, voir la **méthode 2.1**.

Théorème 2.6.— Lien fondamental avec les systèmes linéaires —. Supposons que la matrice A appartienne à $\mathcal{M}_n(\mathbb{K})$ et la matrice B appartienne à $\mathcal{M}_{n,1}(\mathbb{K})$. On note (S) le système $A \times X = B$. On a alors l'équivalence des propriétés suivantes :

- A est inversible (et appartient donc à $GL_n(\mathbb{K})$.)
- Le système homogène associé à (S), $AX = 0$ n'admet que la solution nulle.
- Pour tout B, le système (S) admet une unique solution $X = A^{-1} \times B$.
- Pour tout B, le système (S) admet au moins une solution

Remarque : Comme conséquences, on obtient les critères d'inversibilité suivants :

- **Inversibilité des matrices triangulaires :** soit $T \in \mathcal{M}_n(\mathbb{K})$ une matrice triangulaire. Alors T est inversible si, et seulement si, ses coefficients diagonaux sont **tous non nuls**.
- **Inversibilité d'une matrice d'ordre 2 :** soit $A \in \mathcal{M}_2(\mathbb{K})$, $A = \begin{pmatrix} a & b \\ c & d \end{pmatrix}$. Alors A est inversible si, et seulement si, $a \times d - b \times c \neq 0$, et dans ce cas, $A^{-1} = \dfrac{1}{ad - bc}\begin{pmatrix} d & -b \\ -c & a \end{pmatrix}$

Théorème 2.7.— Inversibilité à gauche ou à droite—. Soit $A \in \mathcal{M}_n(\mathbb{K})$. Alors

$$A \text{ est inversible} \quad \text{si et seulement s'il existe} \quad B \in \mathcal{M}_n(\mathbb{K}) \text{ telle que } A \times B = I_n$$
$$\text{si et seulement s'il existe} \quad B \in \mathcal{M}_n(\mathbb{K}) \text{ telle que } B \times A = I_n.$$

Matrices et applications linéaires

Dans tout ce paragraphe, E et F sont deux espaces vectoriels sur $\mathbb{K}$, de dimensions respectives p et n. On note $\mathcal{B} = \{e_1, ..., e_p\}$ une base de E et $\mathcal{C} = \{f_1, ..., f_n\}$ une base de F.

Définition : *Soit ϕ une application linéaire de E dans F, on appelle matrice $M_{\mathcal{B},\mathcal{C}}(\phi)$ associée à ϕ, la matrice de $\mathcal{M}_{n,p}(\mathbb{K})$ telle que pour tout j variant de 1 à p, la $j^{\text{ème}}$ colonne est constituée des coordonnées dans la base $\mathcal{C}$ de l'image par ϕ du $j^{\text{ème}}$ vecteur de la base $\mathcal{B}$.*

Si l'on note $X = M(\vec{u}, \mathcal{B})$ la matrice colonne des coordonnées du vecteur $\vec{u}$ dans la base $\mathcal{B}$, et $Y = M(\phi(\vec{u}), \mathcal{C})$ la matrice colonne du vecteur $\phi(\vec{u})$ dans la base $\mathcal{C}$, on a la relation matricielle :

$$\boxed{Y = M_{\mathcal{B},\mathcal{C}}(\phi)X}$$

Théorème 2.8.— Les bases $\mathcal{B}$ et $\mathcal{C}$ étant fixées, on a les relations :

$$\forall(\phi, \psi) \in (\mathcal{L}(E, F))^2, \forall a \in \mathbb{K}, M_{\mathcal{B},\mathcal{C}}(a\phi + \psi) = aM_{\mathcal{B},\mathcal{C}}(\phi) + M_{\mathcal{B},\mathcal{C}}(\psi).$$

Si de plus, on note $M_{\mathcal{B}}(\phi)$ la matrice carrée d'ordre p représentative de l'endomorphisme ϕ de E dans E, E étant rapporté à $\mathcal{B}$, alors pour tout couple d'endomorphismes ϕ et ψ de E,

$$\boxed{M_{\mathcal{B}}(\phi \circ \psi) = M_{\mathcal{B}}(\phi) \times M_{\mathcal{B}}(\psi)}$$

Définition : *Si $\mathcal{F} = \{\vec{u}_1, ..., \vec{u}_n\}$ est une famille de vecteurs de E, on appelle matrice de la famille $\mathcal{F}$ dans la base $\mathcal{B}$ la matrice de $\mathcal{M}_{p,n}(\mathbb{K})$ telle que pour tout j variant de 1 à n, sa $j^{\text{ème}}$ colonne sont les coordonnées dans la base $\mathcal{B}$ du vecteur $\vec{u}_j$.*

Définition : *Soit $\mathcal{B}'$ une base de E, on appelle* **matrice de passage** *de la base $\mathcal{B}$ à la base $\mathcal{B}'$ la matrice carrée d'ordre p, notée $P_{\mathcal{B}}^{\mathcal{B}'}$ (ou aussi $P_{\mathcal{B}\to\mathcal{B}'}$) telle que pour tout j variant de 1 à n, sa $j^{\text{ème}}$ colonne sont les coordonnées dans la base $\mathcal{B}$ du $j^{\text{ème}}$ vecteur de la base $\mathcal{B}'$.*

On remarque que $P_{\mathcal{B}}^{\mathcal{B}'}$ est inversible et $\left(P_{\mathcal{B}}^{\mathcal{B}'}\right)^{-1} = P_{\mathcal{B}'}^{\mathcal{B}}$.
Si $\mathcal{B}$ et $\mathcal{B}'$ sont deux bases de E et $\mathcal{C}$, $\mathcal{C}'$ sont deux bases de F, alors on a :

- l'effet d'un changement de base sur **les coordonnées d'un vecteur de** E **:**

$$\boxed{M(\vec{u}, \mathcal{B}) = P_{\mathcal{B}}^{\mathcal{B}'}\, M(\vec{u}, \mathcal{B}').}$$

- l'effet d'un changement de base de E sur **la matrice d'un endomorphisme :**

$$\boxed{M_{\mathcal{B}'}(\phi) = \left(P_{\mathcal{B}}^{\mathcal{B}'}\right)^{-1} M_{\mathcal{B}}(\phi) P_{\mathcal{B}}^{\mathcal{B}'}.}$$

- l'effet d'un changement de base à la fois sur E et sur F sur la **matrice d'un application linéaire :**

$$\boxed{M_{\mathcal{B}',\mathcal{C}'}(\phi) = \left(P_{\mathcal{C}}^{\mathcal{C}'}\right)^{-1} M_{\mathcal{B},\mathcal{C}}(\phi)P_{\mathcal{B}}^{\mathcal{B}'}.}$$

Matrices semblables et trace d'un endomorphisme

On montre que si $P \in GL_n(\mathbb{K})$ et $M \in \mathcal{M}_n(\mathbb{K})$ alors $\mathrm{Tr}(P^{-1}MP) = \mathrm{Tr}(M)$. On énonce :

Proposition 2.9.— Matrices semblables et invariance par la trace.

- Deux matrices M et M' de $\mathcal{M}_n(\mathbb{K})$ sont **semblables** si, et seulement si, il existe $P \in GL_n(\mathbb{K})$ telle que $M' = P^{-1}MP$.
- Deux matrices M et M' de $\mathcal{M}_n(\mathbb{K})$ **semblables** ont la même trace.

Ainsi, deux matrices qui représentent le même endomorphisme en dimension finie ont la même trace.

Définition : *Si ϕ est un endomorphisme de E, espace vectoriel de dimension n, on note* $\mathrm{Tr}(\phi)$ *la trace de l'une de ses matrices dans une base quelconque de E.*

En vertu des propriétés de la trace, si ϕ et ψ sont des endomorphismes de E, espace vectoriel de dimension finie, on a :

$$\boxed{\forall(\lambda,\mu) \in \mathbb{K}^2,\ \mathrm{Tr}(\lambda\phi + \mu\psi) = \lambda\mathrm{Tr}\phi + \mu\mathrm{Tr}\psi \text{ et } \mathrm{Tr}(\phi\, o\, \psi) = \mathrm{Tr}(\psi\, o\, \phi).}$$

On montre que la trace d'un projecteur est la dimension du sous-espace vectoriel image.

Matrices blocs

Soit $\beta = (e_1, ...e_n)$ une base de E, espace vectoriel sur $\mathbb{K}$ et les sous-espaces vectoriels supplémentaires F et G de E, adaptés à cette base β, c'est-à-dire que l'on suppose que la famille $\beta' = (e_1, ..., e_p)$ est une base de F et que la famille $\beta'' = (e_{p+1}, ..., e_n)$ est une base de G. On notera $q = n - p$.
La matrice $M = (\mu_{ij})$ d'un endomorphisme ϕ de E dans β peut alors être décomposée en une matrice écrite sous la forme $\begin{pmatrix} A & C \\ B & D \end{pmatrix}$ de blocs correspondant à la partition $\beta = \beta' \cup \beta''$. Le bloc C, par exemple, est une matrice de $M_{p,q}(\mathbb{K})$. C'est la partie du tableau des coefficients situés à la croisée des lignes d'indice variant de 1 à p et des colonnes d'indice variant de $p+1$ à n. C'est la matrice de l'application $p_F\, o\, \phi_{|G}$ de G dans F. (p_F est la projection sur F et $\phi_{|G}$ est la restriction de ϕ à G.)

La combinaison $\mu M + \mu' M'$ de deux matrices par blocs (dont les tailles des sous-matrices permettent les additions et produits effectués) :

$$M = \begin{pmatrix} A & C \\ B & D \end{pmatrix} \text{ et } M' = \begin{pmatrix} A' & C' \\ B' & D' \end{pmatrix}$$

est évidemment la matrice :

$$\boxed{\begin{pmatrix} \mu A + \mu' A' & \mu C + \mu' C' \\ \mu B + \mu' B' & \mu D + \mu' D' \end{pmatrix}.}$$

Le produit MM' est donné par :

$$\begin{pmatrix} AA' + CB' & AC' + CD' \\ BA' + DB' & BC' + DD' \end{pmatrix}.$$

■ Opérations élémentaires sur les matrices

Si i et j sont deux entiers distincts dans $[\![1, p]\!]$, on a les opérations sur les lignes :

$$L_i \leftarrow L_i + \lambda L_j, \quad L_i \leftarrow \lambda L_i, \quad L_i \leftrightarrow L_j.$$

Si i et j sont deux entiers distincts dans $[\![1, p]\!]$, on a les opérations sur les colonnes :

$$C_i \leftarrow C_i + \lambda C_j, \quad C_i \leftarrow \lambda C_i, \quad C_i \leftrightarrow C_j.$$

Définition : *On appelle* **rang** *de la matrice $A \in M_{n,p}(\mathbb{K})$ le rang de $\operatorname{Im} \phi$, où ϕ est l'application linéaire de $\mathcal{L}(\mathbb{K}^p, \mathbb{K}^n)$ qui lui est canoniquement associé.*

Proposition 2.10.— Les opérations élémentaires données plus haut ne modifient pas le rang des différentes matrices obtenues successivement par de telles opérations.

Définition : *Quelques matrices intéressantes...*

- *Pour tout $\lambda \neq 0$ et pour tout i de 1 à n, $D_i^n(\lambda)$ est la matrice obtenue en multipliant la $i^{\text{ème}}$ ligne de I_n par λ. $D_i^n(\lambda)$ est appelée* ***matrice de dilatation****.*
- *Pour tout (i, j) tel que $1 \leqslant i < j \leqslant n$, $P_{i,j}^n$ est la matrice obtenue en échangeant la ligne L_i et la ligne L_j à partir de I_n. $P_{i,j}^n$ est appelée* ***matrice de permutation****.*
- *Pour tout (i, j) tel que $1 \leqslant i \leqslant n$, $1 \leqslant j \leqslant n$ avec $i \neq j$ et pour tout $\lambda \in \mathbb{K}$, $T_{i,j}^n(\lambda)$ est la matrice obtenue en effectuant l'opération $L_i \leftarrow L_i + \lambda L_j$ à la matrice I_n. $T_{i,j}^n(\lambda)$ est appelée* ***matrice de transvection****.*

Soit A une matrice carrée d'ordre n :

- Multiplier A à gauche par $D_i^n(\lambda)$ correspond à l'opération $L_i \leftarrow \lambda L_i$ dans A.
- Multiplier A à gauche par $P_{i,j}^n$ correspond à l'opération $L_i \leftrightarrow L_j$ dans A.
- Multiplier A à gauche par $T_{i,j}^n(\lambda)$ correspond à l'opération $L_i \leftarrow L_i + \lambda L_j$ dans A.
- Multiplier A à droite par $D_i^n(\lambda)$ correspond à l'opération $C_i \leftarrow \lambda C_i$ dans A.
- Multiplier A à droite par $P_{i,j}^n$ correspond à l'opération $C_i \leftrightarrow C_j$ dans A.
- Multiplier A à droite par $T_{i,j}^n(\lambda)$ correspond à l'opération $C_j \leftarrow C_j + \lambda C_i$ dans A.

■ Rang d'un système linéaire

Définition : *Le rang d'un système linéaire (S) : $AX = B$ est le rang de la matrice A.*

Il découle de la définition d'un système linéaire :

Proposition 2.11.— L'ensemble des solutions du système homogène $AX = O$, où $A \in \mathcal{M}_{n,p}(\mathbb{K})$ est de rang r, est un sous-espace vectoriel de $\mathbb{K}^n$. Sa dimension est $p - r$.

Méthodes

Matrices inversibles

Méthode 2.1.— Comment déterminer si une matrice carrée est inversible

► Une **première piste** est de démontrer qu'elle possède un inverse à gauche ou à droite.
► Une **deuxième piste** est d'utiliser le fait que A est la matrice d'un endomorphisme ϕ dans la base canonique. Il suffit alors de trouver ϕ^{-1} et d'exprimer alors sa matrice dans la base canonique. C'est A^{-1}. Cette méthode donne explicitement l'inverse.
► Une **troisième piste** est de résoudre un système :

- ► si $AX = 0$ a une solution $X \neq 0$, A n'est pas inversible.
- ► si $AX = B$ n'a pas de solution ou alors n'est pas unique, alors A n'est pas inversible ;
- ► si $AX = B$ a une solution unique, alors A est inversible. De plus l'unique solution X_0 du système vérifie $X_0 = A^{-1}B$ et cela permet de déterminer A^{-1}.

► Une **quatrième piste** est de transformer la matrice en utilisant des opérations élémentaires sur les lignes ou sur les colonnes et aboutir à une matrice triangulaire supérieure ou inférieure (on peut arriver à I_n mais ce n'est pas nécessaire) et conclure quant au rang de la matrice de départ qui est le même que celui de la matrice d'arrivée. On retiendra en particulier que si l'on peut transformer A par opérations élémentaires en une matrice triangulaire supérieure à termes diagonaux tous non nuls, son rang est n et la famille de vecteurs associée à cette matrice est une base de $\mathbb{K}^n$.
► Une **cinquième piste** est d'utiliser la **méthode de Gauss-Jordan** :

- on écrit d'abord la matrice à p lignes et $2p$ colonnes schématisée par $\left(A \mid I_p \right)$, le symbole $\mid$ étant juste une barrière virtuelle qui permet de distinguer les deux parties importantes de la matrice ;
- on transforme cette matrice par opérations élémentaires **sur les lignes** (sans se soucier de la barrière virtuelle) pour aboutir à la matrice schématisée par $\left(I_p \mid A^{-1} \right)$.

► Une **sixième piste** est d'utiliser **un polynôme annulateur**. Ainsi si l'on a une égalité du type $a_0 I_p + a_1 A + ... + a_n A^n = O_p$, avec $a_0 \neq 0$ et $n \in \mathbb{N}^\star$, alors :

$$A \times \left(-\frac{a_1}{a_0} I_p - ... - \frac{a_n}{a_0} A^{n-1} \right) = I_p \text{ et } \left(-\frac{a_1}{a_0} I_p - ... - \frac{a_n}{a_0} A^{n-1} \right) \times A = I_p,$$

ce qui prouve que A est inversible et que $A^{-1} = \left(-\frac{a_1}{a_0} I_p - ... - \frac{a_n}{a_0} A^{n-1} \right)$.
► Une **septième piste** est de calculer le **déterminant** de la matrice A et on sait que A est inversible si et seulement si $\text{Det}(A)$ est non nul. Cette piste est évidemment mise en valeur dans le chapitre de révision sur les déterminants !

Remarque : Pour privilégier telle ou telle piste, tout dépend en fait de ce que l'on veut. Si l'on cherche l'expression de A^{-1}, on pourra par exemple résoudre complètement $AX = B$, chercher B tel que $AB = I_n$ ou encore si l'on a un polynôme annulateur dans notre main...

Si l'on cherche simplement à montrer que A n'est pas inversible, on peut par exemple chercher $X \neq 0$ tel que $AX = 0$.

Exemple : *Soit B une matrice de $\mathcal{M}_n(\mathbb{K})$, nilpotente d'ordre p, c'est-à-dire telle que :*

$$B^p = 0 \text{ et } B^{p-1} \neq 0.$$

Montrer que $I_n - B$ est inversible et trouver cet inverse.

Ici, posons $C = I_n + B + ... + B^{p-1}$. Par analogie avec les réels et les sommes de suites géométriques :

$$(I_n - B)C = I_n - B^p = I_n.$$

Donc C est l'inverse de $I_n - B$. On a montré au passage que $I_n - B$ est inversible (car il possède un inverse !). Retenez cet exemple car il est très classique (on l'utilise d'ailleurs dans l'**exercice 2.6**).

Mise en œuvre : exercice 2.6, **exercice 2.7**, **exercice 2.9**.
Pour la méthode de Jordan, voir l'**exercice 2.16**.

■ Modification de la matrice d'une application linéaire en changeant les bases

Soit $\mathcal{B} = \{e_1, ..., e_p\}$ une base de E, $\mathcal{C} = \{f_1, ..., f_p\}$ une base de F et ϕ une application linéaire de E dans F avec $\dim E = p$ et $\dim F = n$. Considérons deux nouvelles bases, $\mathcal{B}' = \{e'_1, ..., e'_p\}$ de E et $\mathcal{C}' = \{f'_1, ..., f'_n\}$ de F. On part de la matrice $M_{\mathcal{B},\mathcal{C}}(\phi)$ de ϕ par rapport aux bases $\mathcal{B}$ et $\mathcal{C}$ et le but du jeu c'est de trouver la matrice $M_{\mathcal{B}',\mathcal{C}'}(\phi)$ qui est la matrice de ϕ, l'espace vectoriel E étant rapporté à la base $\mathcal{B}'$ et l'espace vectoriel F étant rapporté à la base $\mathcal{C}'$.

❑ Méthode 2.2.— Comment déterminer la matrice $M_{\mathcal{B}',\mathcal{C}'}(\phi)$

- On peut déterminer les matrices de passage de la base $\mathcal{B}$ à la base $\mathcal{B}'$ et de la base $\mathcal{C}$ à la base $\mathcal{C}'$. On rappelle que leurs colonnes sont les images des vecteurs de la première base, exprimés dans la seconde. On note $P_{\mathcal{B}}^{\mathcal{B}'}$ et $P_{\mathcal{C}}^{\mathcal{C}'}$ les deux matrices de passage.
- On calcule ensuite $\left(P_{\mathcal{C}}^{\mathcal{C}'}\right)^{-1}$ par une méthode d'inversion de matrice.
- On calcule enfin le produit $\left(P_{\mathcal{C}}^{\mathcal{C}'}\right)^{-1} M_{\mathcal{B},\mathcal{C}}(\phi) P_{\mathcal{B}}^{\mathcal{B}'}$.

Cette méthode inclut le cas particulier important où ϕ est un endomorphisme.

Exemple : Soit la matrice $M_{\mathcal{B}}(\phi) = \begin{pmatrix} 2 & 1 & 1 \\ 1 & 2 & 1 \\ 1 & 1 & 2 \end{pmatrix}$. Cette matrice représente l'endomorphisme ϕ, l'espace vectoriel $\mathbb{R}^3$ étant rapporté à sa base canonique $\mathcal{B} = \{e_1, e_2, e_3\}$.
Nous allons maintenant considérer la nouvelle base $\mathcal{B}' = \{e_1 + e_2 + e_3, -e_1 + e_2, -e_1 + e_3\}$.

On calcule : $P_{\mathcal{B}}^{\mathcal{B}'} = \begin{pmatrix} 1 & -1 & -1 \\ 1 & 1 & 0 \\ 1 & 0 & 1 \end{pmatrix}$ et $(P_{\mathcal{B}}^{\mathcal{B}'})^{-1} = \dfrac{1}{3}\begin{pmatrix} 1 & 1 & 1 \\ -1 & 2 & -1 \\ -1 & -1 & 2 \end{pmatrix}$.

On a : $M_{\mathcal{B}'}(\phi) = (P_{\mathcal{B}}^{\mathcal{B}'})^{-1} M_{\mathcal{B}}(\phi) P_{\mathcal{B}}^{\mathcal{B}'} = \begin{pmatrix} 4 & 0 & 0 \\ 0 & 1 & 0 \\ 0 & 0 & 1 \end{pmatrix}$.

Remarque : Il existe une méthode parfois plus rapide. On part de la remarque que pour tout j variant de 1 à p, la colonne C_j de $M_{\mathcal{B},\mathcal{C}}(\phi)$ représente l'image de e_j exprimé dans $\mathcal{C}$ et que la colonne C_j de $M_{\mathcal{B}',\mathcal{C}'}(\phi)$ représente l'image de e'_j exprimé dans $\mathcal{C}'$. Il suffit donc de savoir exprimer directement l'image de e'_j qui est une combinaison linéaire des images des vecteurs $e_1, ..., e_p$ dans $\mathcal{C}'$. Il faut faire cela bien entendu à partir des images de vecteurs e_j dans $\mathcal{C}$.
Si cela est possible, on évite bien des calculs !

Mise en œuvre : exercice 2.20.

■ Calcul des puissances d'une matrice

> ❑ **Méthode 2.3.— Comment calculer une puissance A^p d'une matrice donnée $A \in \mathcal{M}_n(\mathbb{K})$ (sans connaissance particulière de diagonalisation)**
>
> ▸ Une **première piste** est le calcul des premières puissances de A puis de conjecturer l'expression de A^p en fonction de p et enfin démontrer cette formule par récurrence.
>
> ▸ Une **deuxième piste** est l'utilisation de **la formule du binôme de Newton,** on peut procéder de la façon suivante :
>
> - décomposer A sous forme $A = D + N$, où D est diagonale et N ayant des puissances simples (par exemple nilpotente) ;
> - vérifier que D et N commutent ;
> - appliquer la formule du **binôme de Newton**.
>
> ▸ Une **troisième piste** est d'utiliser une relation polynomiale avec $P \in \mathbb{K}[X]$, polynôme annulateur de A, c'est-à-dire vérifiant l'égalité $P(A) = 0$:
>
> - on détermine le reste R de la division euclidienne de X^p par P ;
> - en ce cas, on a alors $A^p = R(A)$.
>
> ▸ Une **quatrième piste** est de se souvenir que A représente la matrice d'un endomorphisme ϕ par rapport à la base canonique, notée $\mathcal{B}$ de $\mathbb{K}^n$. Il suffit alors de trouver une base dans laquelle la matrice B de ϕ par rapport à une nouvelle base $\mathcal{B}'$ de $\mathbb{K}^n$ soit assez simple pour que l'on puisse en déduire B^p sans problème. On utilise alors l'implication :
> $A = P_{\mathcal{B}}^{\mathcal{B}'} B \left(P_{\mathcal{B}}^{\mathcal{B}'}\right)^{-1} \Rightarrow A^p = P_{\mathcal{B}}^{\mathcal{B}'} B^p \left(P_{\mathcal{B}}^{\mathcal{B}'}\right)^{-1}$ et le produit donne A^p.
> **On utilisera abondamment cette piste dans le chapitre sur la diagonalisation.**

Exemple : *Soit* $J = \begin{pmatrix} 1 & 1 & 1 \\ 1 & 1 & 1 \\ 1 & 1 & 1 \end{pmatrix}$. *Calculer* J^p, $p \in \mathbb{N}$.

Rapidement, on a : $J^2 = 3J$. Par récurrence, on montre rapidement que : $\forall p \geq 1, J^p = 3^{p-1}J$.

Exemple : *Soit* $A = \begin{pmatrix} 2 & 1 & 1 \\ 1 & 2 & 1 \\ 1 & 1 & 2 \end{pmatrix}$. *Calculer* A^p *par plusieurs méthodes.*

1) Illustrons la deuxième piste de la **méthode 2.3**. On remarque que $A = J + I_3$, où J est la matrice précédente (quel heureux hasard !).

$$A^p = \sum_{k=1}^{p} \binom{p}{k} 3^{k-1} J + \binom{p}{0} I_3 = \frac{1}{3}\left[4^p - 1\right] J + I_3.$$

Le lecteur développe A^p.

2) Illustrons la troisième piste de la **méthode 2.3**. On calcule $A^2 = \begin{pmatrix} 6 & 5 & 5 \\ 5 & 6 & 5 \\ 5 & 5 & 6 \end{pmatrix}$ et on remarque que $A^2 = 5A - 4I_3$. $X^2 - 5X + 4$ est donc un polynôme annulateur de A. On écrit alors :

$$X^p = (X^2 - 5X + 4)Q + a_p X + b_p,$$

où a_p et b_p sont deux réels à calculer. Comme $X^2 - 5X + 4$ a pour racines 1 et 4, on a $1 = a_p + b_p$ et $4^p = 4a_p + b_p$ ce qui donne $a_p = (4^p - 1)/3$ et $b_p = 4(1 - 4^{p-1})/3$. On conclut que

$$A^p = \frac{1}{3}(4^p - 1)A + \frac{4}{3}(1 - 4^{p-1})I_3 = \frac{1}{3}\begin{pmatrix} 4^p + 2 & 4^p - 1 & 4^p - 1 \\ 4^p - 1 & 4^p + 2 & 4^p - 1 \\ 4^p - 1 & 4^p - 1 & 4^p + 2 \end{pmatrix}$$

Remarque : Dans le cas où le polynôme annulateur est de degré au plus 2, on peut aussi partir de $A^2 = \alpha_2 A + \beta_2 I_3$ et remarquer par récurrence que $A^p = \alpha_p A + \beta_p I_3$. Cette relation est vraie pour $p = 0$ en posant $\alpha_0 = 0$ et $\beta_0 = 1$ et pour $p = 1$ en posant $\alpha_1 = 1$ et $\beta_1 = 0$. On en déduit alors A^p en exprimant α_p et β_p en utilisant des relations de récurrence d'ordre 2. Ainsi, si l'on reprend :

$$A = \begin{pmatrix} 2 & 1 & 1 \\ 1 & 2 & 1 \\ 1 & 1 & 2 \end{pmatrix},$$

on a $\alpha_2 = 5$ et $\beta_2 = -4$. On peut écrire $A^{p+1} = A^p A = (\alpha_p A + \beta_p I_3)A = \alpha_p A^2 + \beta_p A$

$$= \alpha_p(5A - 4I_3) + \beta_p A = (5\alpha_p + \beta_p)A - 4\alpha_p I_3 = \alpha_{p+1}A + \beta_{p+1}I_3$$

Il reste à identifier $5\alpha_p + \beta_p = \alpha_{p+1}$ et $-4\alpha_p = \beta_{p+1}$. Cela donne $\alpha_{p+2} - 5\alpha_{p+1} + 4\alpha_p = 0$ et en utilisant le cours sur les récurrences linéaires d'ordre 2 des suites (si vous l'avez fait), on remarque que α_p est une combinaison linéaire de 1 et de 4^p. En utilisant le fait que $\alpha_0 = 0$ et $\alpha_1 = 1$, on a $\alpha_p = (4^p - 1)/3$ et on retrouve ensuite β_p.

3) Illustrons la quatrième piste de la **méthode 2.5**.
La matrice A représente l'endomorphisme ϕ, l'espace vectoriel $\mathbb{R}^3$ étant rapporté à sa base canonique $\mathcal{B} = \{e_1, e_2, e_3\}$. Nous allons maintenant considérer la nouvelle base :

$$\mathcal{B}' = \{e_1 + e_2 + e_3, -e_1 + e_2, -e_1 + e_3\}$$

La matrice de passage et son inverse ont été calculés plus haut. Appelons B la matrice de ϕ par rapport à la base $\mathcal{B}'$. Elle a été calculée elle aussi plus haut. On écrit pour tout p entier,

$$A = PBP^{-1} \Rightarrow A^p = PB^pP^{-1}.$$

On retrouve alors :

$$B^p = \begin{pmatrix} 4^p & 0 & 0 \\ 0 & 1 & 0 \\ 0 & 0 & 1 \end{pmatrix} \Rightarrow A^p = \frac{1}{3}\begin{pmatrix} 4^p + 2 & 4^p - 1 & 4^p - 1 \\ 4^p - 1 & 4^p + 2 & 4^p - 1 \\ 4^p - 1 & 4^p - 1 & 4^p + 2 \end{pmatrix}$$

Mise en œuvre : exercice 2.4 et **exercice 2.8**.

■ Espace vectoriel $\mathcal{M}_n(\mathbb{K})$ des matrices carrées

N'oubilons pas que $\mathcal{M}_n(\mathbb{K})$ a une structure d'espace vectoriel et qu'il est de dimension n^2. Sa base dite canonique est $\left\{(E_{i,j})_{1\leqslant i,j\leqslant n}\right\}$.

> **❑ Méthode 2.4.— Comment utiliser la structure d'espace vectoriel de $\mathcal{M}_n(\mathbb{K})$**
>
> ▸ On détermine la matrice d'un endomorphisme de $\mathcal{L}(\mathcal{M}_n(\mathbb{K}))$ dans une base adaptée au problème.
>
> ▸ On écrit une matrice M de $M_n(\mathbb{K})$ sous la forme $\sum_{i,j} x_{i,j}E_{i,j}$ et on injecte cette égalité dans une certaine relation donnée par l'énoncé. La détermination de matrices commutant avec d'autres en est une illustration, voir la **méthode 2.9**.

Exemple : *Soit* $A \in \mathcal{M}_n(\mathbb{K})$ *non nulle. Déterminer* $\mathrm{Tr}(\phi)$, *où :*

$$\phi : \mathcal{M}_n(\mathbb{K}) \to \mathcal{M}_n(\mathbb{K}),\ M \mapsto \mathrm{Tr}(M)A.$$

On sait que $\dim \mathcal{M}_n(K) = n^2$ et on voit que $\phi(A) = \mathrm{Tr}(A)A$. Prenons A pour premier vecteur d'une base de $M_n(_K)$. On complète cette base (par le théorème dit de la base incomplète, souvenir de MPSI ou de PCSI !) par n^2-1 matrices $E_2, ..., E_{n^2}$ telles que $\mathcal{B} = \{A, E_2, ..., E_{n^2}\}$ soit une base de $M_n(\mathbb{K})$. On remarque que pour tout i, $\phi(E_i) = \mathrm{Tr}(E_i)A$.
La matrice de ϕ dans la base $\mathcal{B}$ a pour ligne L_1 : $[\mathrm{Tr}(A)\ \mathrm{Tr}(E_2)\ ...\ \mathrm{Tr}(E_{n^2})]$, les autres lignes étant nulles.
Ainsi la trace de ϕ étant celle de n'importe laquelle de ses matrices : $\mathrm{Tr}(\phi) = \mathrm{Tr}(A)$.

> **❑ Méthode 2.5.— Comment et quand utiliser les matrices symétriques et antisymétriques de $\mathcal{M}_n(\mathbb{K})$**
>
> ▸ On peut utiliser la décomposition naturelle $\mathcal{M}_n(\mathbb{K}) = \mathcal{S}_n(\mathbb{K}) \oplus \mathcal{A}_n(\mathbb{K})$ et démontrer un résultat pour les matrices de $\mathcal{S}_n(\mathbb{K})$ puis pour celles de $\mathcal{A}_n(\mathbb{K})$ avant de l'étendre au cas général.
>
> ▸ On rappelle au passage que pour toute matrice M, $\frac{1}{2}(M + M^T)$ appartient à $\mathcal{S}_n(\mathbb{K})$ et $\frac{1}{2}(M - M^T)$ appartient à $\mathcal{A}_n(\mathbb{K})$.
>
> ▸ On rappelle enfin : $\dim \mathcal{S}_n(\mathbb{K}) = \frac{n(n+1)}{2}$ et $\dim \mathcal{A}_n(\mathbb{K}) = \frac{n(n-1)}{2}$.

Exemple : *Écrire la matrice de* $\phi : \mathcal{M}_n(\mathbb{K}) \to \mathcal{M}_n(\mathbb{K}),\ M \mapsto M^T$ *sous forme diagonale et en déduire* $\mathrm{Rg}\,(\phi)$ *et* $\mathrm{Tr}(\phi)$.

On utilise $\mathcal{M}_n(\mathbb{K}) = \mathcal{S}_n(\mathbb{K}) \oplus \mathcal{A}_n(\mathbb{K})$ et dans une base adaptée à cette supplémentarité, la matrice de ϕ (qui est clairement un endomorphisme de $\mathcal{L}(\mathcal{M}_n(\mathbb{K}))$) est diagonale car si $M \in \mathcal{S}_n(K)$ alors $\phi(M) = M$ et si $M \in \mathcal{A}_n(\mathbb{K})$ alors $\phi(M) = -M$. Sur la diagonale principale, il y a $\frac{n(n+1)}{2}$ fois le coefficient 1 et $\frac{n(n-1)}{2}$ fois le coefficient -1.

Ainsi : $\mathrm{Tr}(\phi) = \dfrac{n(n+1)}{2} - \dfrac{n(n-1)}{2} = n$.
Comme $\phi^2 = \mathrm{Id}_{\mathcal{M}_n(\mathbb{K})}$, $\phi = \phi^{-1}$ et donc $\mathsf{Rg}\,(\phi) = n^2$.

Mise en œuvre : exercice 2.1 et **exercice 2.25**

■ Rang d'une matrice

❑ Méthode 2.6.— Comment calculer le rang de $A \in \mathcal{M}_{n,p}(\mathbb{K})$ en utilisant $\phi \in \mathcal{L}(\mathbb{K}^p, \mathbb{K}^n)$ associé à A par rapport aux bases canoniques de $\mathbb{K}^p$ et de $\mathbb{K}^n$

- ▸ Par exemple en déterminant $\mathsf{dim}\,(\mathsf{Ker}\ \phi)$ et alors (en utilisant le théorème du rang) le rang de A est $p - \mathsf{dim}\,(\mathsf{Ker}\,(\phi))$;
- ▸ Par exemple en trouvant des bases bien choisies dans lesquelles la matrice B de ϕ ait un rang facile à trouver et utiliser le fait que $\mathsf{Rg}\,(A)$ est égal à $\mathsf{Rg}\,(B)$.

Remarque : Passer par une application linéaire associée est intéressant si l'on ne fournit pas A de façon explicite ! L'exemple de la **méthode 2.5** et l'**exercice 2.20** en sont des illustrations.

❑ Méthode 2.7.— Comment calculer le rang d'une matrice $A \in \mathcal{M}_{n,p}(\mathbb{K})$ en utilisant la conservation du rang par produit de A par des matrices inversibles

▸ On peut remarquer que si $P \in GL_n(\mathbb{K})$ et si $Q \in GL_p(\mathbb{K})$, le produit PA et le produit AQ ont le même rang que A. Ainsi le produit PAQ a le même rang que A. Cette idée est bien entendu efficace si le rang de PAQ se calcule facilement. Elle s'applique surtout dans des exercices théoriques.

▸ L'aboutissement de cette méthode est d'utiliser des opérations élémentaires sur A ce qui permet d'avoir les matrices P et Q c'est ce qu'on propose maintenant. On transforme la matrice en utilisant des opérations élémentaires sur les lignes ou sur les colonnes et on aboutit à une matrice triangulaire supérieure ou inférieure et conclure quant au rang de la matrice de départ qui est le même que celui de la matrice d'arrivée. On posera $l = \min(n, p)$ et alors :

- si l'on peut transformer A par opérations élémentaires en une matrice triangulaire supérieure dont les éléments de sa diagonale principale soient tous non nuls alors son rang est l ;
- si l'on peut mettre en évidence l'existence d'un entier $1 \leqslant k \leqslant l$ et transformer A par opérations élémentaires en une matrice triangulaire supérieure telle que les k dernières lignes soient nulles et telle que les $l - k$ premiers termes de la diagonale principale soient non nuls, alors son rang est $l - k$.

Remarque : Il est clair que dans la seconde partie de la **méthode 2.7**, A doit être donnée explicitement pour appliquer la méthode. Le plus simple le plus souvent (surtout si A a certains de ces coefficients sous forme de paramètres) est d'utiliser la méthode du **pivot de Gauss**.

Mise en œuvre : exercice 2.14, **exercice 2.15**, **exercice 2.17**.

Remarque : On peut tenter de trouver le rang d'une matrice sans obligatoirement y mettre les grands moyens ! Le mieux est d'avoir toujours à l'esprit la liste suivante qui permettra de mettre quelques secondes là où quelqu'un qui se lance dans des calculs inutiles mettra beaucoup plus :
▸ ayez à l'esprit que le rang est toujours inférieur ou égal au minimun entre le nombre de lignes et le nombre de colonnes ;
▸ si l'on voit clairement que les deux premières colonnes ou les deux premières lignes ne sont pas proportionnelles, le rang est au moins 2;
▸ si dans votre matrice, le déterminant formé par les 3 premières lignes et les 3 premières colonnes est non nul, le rang est au moins 3;
▸ si deux lignes ou deux colonnes sont clairement proportionnelles, on fait baisser le rang d'un cran ;
▸ si (la matrice étant non nulle), toutes les lignes ou toutes les colonnes sont clairement proportionnelles, le rang est 1;
▸ si (la matrice étant non nulle), toutes les lignes (respectivement colonnes) sont combinaisons linéaires de deux lignes (colonnes) indépendantes, le rang est 2;
▸ le rang d'une matrice et de sa transposée est le même, cela peut être utile.

Remarque : De la **méthode 18.10** à la **méthode 18.12**, on illustre toutes ces opérations avec Python.

❑ Méthode 2.8.— Comment exploiter le rang d'une matrice $A \in \mathcal{M}_n(\mathbb{K})$ (et donc aussi le rang de l'endomorphisme ϕ associé)

- Si le rang est 1 alors $\mathsf{Ker}\, A$ ($i.e$ $\mathsf{Ker}\, \phi$) est un hyperplan et les colonnes (respectivement lignes) de A sont colinéaires à une seule colonne (respectivement ligne).
  ϕ est une forme linéaire.
- Si le rang est 2 alors les colonnes (respectivement lignes) de A sont des combinaisons linéaires de deux colonnes (respectivement lignes) différentes.
- Si le rang de A est $n-1$ alors $\mathsf{Ker}\, A$ ($i.e$ $\mathsf{Ker}\, \phi$) est une droite.
- Si le rang est n alors A est inversible.

Remarque : Dans certains exercices, on ajoute dans les hypothèses une information sur la trace en plus de celle sur le rang !

Exemple : *Soit $f \in \mathcal{L}(\mathbb{R}^6)$ tel que $\mathsf{Rg}\, f^2 = 3$. Quels sont les rangs possibles pour f ?*

Cet exercice est issu du concours Centrale-Supélec. Puisque $\mathsf{Im}\, f^2 \subset \mathsf{Im}\, f \subset \mathbb{R}^6$, on a : $3 \leqslant \mathsf{Rg}\, f \leqslant 6$.
▸ Si $\mathsf{Rg}\, f = 6$ alors f est un isomorphisme donc f^2 aussi et $\mathsf{Rg}\, f^2 = 6$. Il y a contradiction.
▸ Si $\mathsf{Rg}\, f = 5$ alors $\mathsf{dim}\, \mathsf{Ker}\, f = 1$. Posons g la restriction de f à $\mathsf{Im}\, f$. On a : $\mathsf{dim}\, \mathsf{Ker}\, g = 5 - \mathsf{Rg}\, g$. Par ailleurs, il est clair que : $\mathsf{Im}\, g \subset \mathsf{Im}\, f^2$. Donc $\mathsf{Rg}\, g \leqslant 3$. Ce qui entraîne que $\mathsf{dim}\, \mathsf{Ker}\, g \geqslant 2$. Comme $\mathsf{Ker}\, g \subset \mathsf{Ker}\, f$, $\mathsf{dim}\, \mathsf{Ker}\, f \geqslant 2$. Encore une contradiction.
▸ Les possibilités restantes sont : $\mathsf{Rg}\, f = 3$ ou $\mathsf{Rg}\, f = 4$.

Pour $\mathsf{Rg}\, f = 3$, $M_{\mathcal{B}}(f) = \sum_{i=1}^{3} E_{i,i}$ convient et pour $\mathsf{Rg}\, f = 4$, $M_{\mathcal{B}}(f) = \sum_{i=1}^{3} E_{i,i} + E_{5,4}$ convient.
Attention, il s'agit de matrices de $\mathcal{M}_6(\mathbb{R})$.

Mise en œuvre : exercice 2.13, exercice 2.23.

■ Détermination des matrices qui commutent avec une matrice donnée ou avec un ensemble donné de matrices

❑ Méthode 2.9.— Comment déterminer toutes les matrices X qui commutent avec une matrice donnée A ou un ensemble donné de matrices

- On peut poser $X = (x_{i,j})$ et $A = (a_{i,j})$ puis écrire $AX = XA$ sous forme d'un système dont les solutions sont les coefficients $x_{i,j}$ puis le résoudre. C'est parfois calculatoire.
- On peut poser $X = \sum_{i,j} x_{i,j} E_{i,j}$ et $A = \sum_{i,j} a_{i,j} E_{i,j}$, où $(E_{i,j})$ est la base canonique de $\mathcal{M}_n(\mathbb{K})$ puis écrire $AX = XA$ en utilisant les règles :
$$\forall (i,j,k,l) \in ([\![1,n]\!])^4 : [E_{i,j}\, E_{j,l} = E_{i,l} \text{ et } j \neq k \Rightarrow E_{i,j}\, E_{k,l} = O],$$
puis en déduire les coefficients $x_{i,j}$.
- On peut aussi déterminer une base dans laquelle la matrice B de l'endomorphisme associé canoniquement à A soit simple, la matrice de passage de la base canonique à cette nouvelle base est appelée P. Puis résoudre l'équation $BY = YB$, où Y est l'inconnue. Vérifier alors que toutes les matrices X solutions sont de la forme
$$PYP^{-1}.$$
Au chapitre sur la diagonalisation, cette piste trouvera toute sa puissance.

Exemple : *Trouver toutes les matrices $X \in \mathcal{M}_2(\mathbb{R})$ telles que :*
$$\begin{pmatrix} 6 & -1 \\ 0 & -3 \end{pmatrix} X = X \begin{pmatrix} -4 & -3 \\ 3 & 6 \end{pmatrix}.$$
On pose $X = \begin{pmatrix} x & y \\ z & t \end{pmatrix}$, l'égalité :
$$\begin{pmatrix} 6 & -1 \\ 0 & -3 \end{pmatrix}\begin{pmatrix} x & y \\ z & t \end{pmatrix} - \begin{pmatrix} x & y \\ z & t \end{pmatrix}\begin{pmatrix} -4 & -3 \\ 3 & 6 \end{pmatrix} = \begin{pmatrix} 0 & 0 \\ 0 & 0 \end{pmatrix}$$
devient : $\begin{pmatrix} 10x - 3y - z & 3x - t \\ z - 3t & 3z - 9t \end{pmatrix} = \begin{pmatrix} 0 & 0 \\ 0 & 0 \end{pmatrix}$.

On identifie coefficient par coefficient : $\begin{cases} 10x - 3y - z &= 0 \\ 3x - t &= 0 \\ z - 3t &= 0 \\ 3z - 9t &= 0 \end{cases}$.

Une résolution classique (par la méthode de Gauss par exemple) donne : $(x,y,z,t) = \left(\frac{t}{3}, \frac{t}{9}, 3t, t\right)$, t étant devenu un paramètre. On trouve donc : $X = t\begin{pmatrix} 1/3 & 1/9 \\ 3 & 1 \end{pmatrix}$, où $t \in \mathbb{R}$.

On remarque que si l'on avait utilisé la décomposition de chacun des matrices par rapport à $(E_{i,j})$, on aurait aboutit au même système.

Méthodes

Mise en œuvre : exercice 2.10.

Remarque : On peut procéder de même pour la détermination de l'ensemble des matrices X de $\mathcal{M}_{n,p}(\mathbb{K})$ telles que $BX = C$, où $B \in \mathcal{M}_{q,n}(\mathbb{K})$ et $C \in \mathcal{M}_{q,p}(\mathbb{K})$ sont fixées. En général, on se ramène à un système linéaire dont les inconnues sont les coefficients de X. Dans le cas où B est carrée et inversible, on a bien entendu la possibilité d'utiliser la formule $X = B^{-1}C$, mais il faut alors déterminer B^{-1}.

Remarque : Prouvons rapidement le lien entre $BY = YB$ et $AX = XA$. On a les équivalences

$$\begin{aligned} AX = XA &\Leftrightarrow P^{-1}AXP = P^{-1}XAP \Leftrightarrow P^{-1}APP^{-1}XP = P^{-1}XPP^{-1}AP \\ &\Leftrightarrow BP^{-1}XP = P^{-1}XPB \Leftrightarrow BY = YB, \end{aligned}$$

en posant $Y = P^{-1}XP \Leftrightarrow X = PYP^{-1}$.

■ Équations polynomiales dans $\mathcal{M}_n(\mathbb{K})$

❑ Méthode 2.10.— Comment résoudre une équation polynomiale dont l'inconnue est une matrice $X \in \mathcal{M}_n(\mathbb{K})$

- Si n n'est pas trop grand, on peut poser $X = (x_{i,j})$, puis on écrit l'équation sous forme d'un système dont les solutions sont les coefficients $x_{i,j}$ puis on le résout.
- Sinon on utilise l'endomorphisme associé et par exemple on apprend des choses sur son noyau ou son image et on s'en sert.
- On peut aussi tenter de déterminer une base dans laquelle la matrice Y de l'endomorphisme associé canoniquement à X soit simple et vérifier alors que toutes les solutions sont de la forme $P^{-1}YP$, où $P \in GL_3(\mathbb{R})$.
- Si l'on n'a vraiment pas d'idée, penser à la trace ou au déterminant.
On ne sait jamais !
- Dans le cas particulier de l'équation $X^p = A$, où $A \in \mathcal{M}_n(\mathbb{K})$ donnée et $p \geq 2$, on utilise souvent le fait que X et A commutent nécessairement ce qui permet d'obtenir souvent plus de relations exploitables que de partir seulement de l'équation. Il ne faut pas oublier de raisonner par condition nécessaire et suffisante.

Exemple : *Déterminer toutes les matrices $X \in \mathcal{M}_3(\mathbb{R})$ telles que* $X^2 = \begin{pmatrix} 0 & 0 & 1 \\ 0 & 0 & 0 \\ 0 & 0 & 0 \end{pmatrix} = A.$

On note $X = \begin{pmatrix} a & b & c \\ d & e & f \\ g & h & i \end{pmatrix}$. On remarque que $XA = XX^2 = X^3 = AX$. Donc :

$$AX = XA \Leftrightarrow \begin{pmatrix} g & h & i \\ 0 & 0 & 0 \\ 0 & 0 & 0 \end{pmatrix} = \begin{pmatrix} 0 & 0 & a \\ 0 & 0 & d \\ 0 & 0 & g \end{pmatrix}.$$

Donc : $d = g = h = 0$ et $a = i$. Il reste : $X = \begin{pmatrix} a & b & c \\ 0 & e & f \\ 0 & 0 & a \end{pmatrix}$. On écrit alors :

$$X^2 = A \Rightarrow \begin{pmatrix} a^2 & ab+be & 2ac+bf \\ 0 & e^2 & ef+fa \\ 0 & 0 & a^2 \end{pmatrix} = \begin{pmatrix} 0 & 0 & 1 \\ 0 & 0 & 0 \\ 0 & 0 & 0 \end{pmatrix} \Rightarrow a = e = 0 \text{ et } bf = 1.$$

Il reste $X = \begin{pmatrix} 0 & b & c \\ 0 & 0 & b^{-1} \\ 0 & 0 & 0 \end{pmatrix}$, où $b \in \mathbb{R}^\star$ et $c \in \mathbb{R}$.

Remarque : On peut avoir aussi à faire à des exercices qui introduisent plusieurs matrices inconnues. Voyons par exemple l'exemple qui suit.

Exemple : *Trouver toutes les matrices A et B de $\mathcal{M}_n(\mathbb{K})$ telles que $AB - BA = I_n$.*

Ici, il n'est pas question d'introduire la base canonique de $\mathcal{M}_n(\mathbb{K})$, ce serait trop compliqué. Il n'y a aucun intérêt non plus à utiliser les endomorphismes associés. Il faut penser tout simplement à la trace. En effet, $\mathrm{Tr}(AB) = \mathrm{Tr}(BA)$ et on aurait $0 = \mathrm{Tr}(I_n)$. Impossible !
En conclusion, il n'existe aucun couple de matrices (A, B) répondant à cette égalité.

Mise en œuvre : exercice 2.3.

■ Matrices par blocs et applications

❑ Méthode 2.11.— Comment utiliser et construire un produit par blocs
On procède par « analogie » avec le produit des matrices carrées d'ordre 2.

Exemples : 1) On sait que la multiplication de $\begin{pmatrix} a & b \\ c & d \end{pmatrix}$ par $I_2 + E_{1,2}$ donne $\begin{pmatrix} a & a+b \\ c & c+d \end{pmatrix}$.
On remarque que l'on a effectué l'opération élémentaire $C_2 \leftarrow C_1 + C_2$ à la matrice de départ.
On peut faire les analogies suivantes :

$$1 \Leftarrow I_n, \begin{pmatrix} a & b \\ c & d \end{pmatrix} \Leftarrow \begin{pmatrix} A & B \\ C & D \end{pmatrix}, \begin{pmatrix} 1 & 1 \\ 0 & 1 \end{pmatrix} \Leftarrow \begin{pmatrix} I_n & I_n \\ O & I_n \end{pmatrix},$$

en respectant les bonnes tailles pour les sous-matrices, ici elles sont toutes carrées d'ordre n.
On obtient :

$$\begin{pmatrix} A & B \\ C & D \end{pmatrix} \begin{pmatrix} I_n & I_n \\ O & I_n \end{pmatrix} = \begin{pmatrix} A & A+B \\ C & C+D \end{pmatrix}.$$

On remarque que la nouvelle matrice est déduite de l'ancienne par les opérations élémentaires successives : $C_{n+j} \leftarrow C_{n+j} + C_j$, pour j variant de 1 à n.

2) Toujours par analogie, on conserve le caractère de « forme diagonale par blocs » en effectuant des produits.

Ainsi, si P_1, D_1, Q_1 d'une part et P_2, D_2, Q_2 d'autre part, sont de mêmes tailles,

$$\begin{pmatrix} P_1 & O \\ O & P_2 \end{pmatrix}\begin{pmatrix} D_1 & O \\ O & D_2 \end{pmatrix}\begin{pmatrix} Q_1 & O \\ O & Q_2 \end{pmatrix} = \begin{pmatrix} P_1D_1Q_1 & O \\ O & P_2D_2Q_2 \end{pmatrix}.$$

Extension avec des partitions de lignes ou colonnes supérieures à 2

Au programme officiel, rien n'interdit à ce qu'il y ait plus de quatre blocs dans chacune des matrices. Ici, m, p, n, r, q, s sont tous des entiers naturels non nuls.

Étant donnée une matrice $A \in \mathcal{M}_{m,p}(\mathbb{K})$ écrite en blocs avec q partitions de lignes et s de colonnes et une matrice $B \in \mathcal{M}_{p,n}(\mathbb{K})$ écrite en blocs avec s partitions de lignes et r de colonnes,

$$A = \begin{pmatrix} A_{1,1} & A_{1,2} & \dots & A_{1,s} \\ A_{2,1} & A_{2,2} & \dots & A_{2,s} \\ \vdots & \vdots & \ddots & \vdots \\ A_{q,1} & A_{q,2} & \dots & A_{q,s} \end{pmatrix} \text{ et } B = \begin{pmatrix} B_{1,1} & B_{1,2} & \dots & B_{1,r} \\ B_{2,1} & B_{2,2} & \dots & B_{2,r} \\ \vdots & \vdots & \ddots & \vdots \\ B_{s,1} & B_{s,2} & \dots & B_{s,r} \end{pmatrix},$$

alors le produit matriciel $C = AB$ peut être effectuée par blocs, et la matrice $C \in \mathcal{M}_{m,n}(\mathbb{K})$ peut être écrite en blocs avec q partitions de lignes et r partitions de colonnes.

Les blocs de C sont les matrices $C_{\alpha,\beta} = \sum_{\gamma=1}^{s} A_{\alpha,\gamma}B_{\gamma,\beta}$.

Exemple : *On appelle matrice échiquier de taille $n = 2p$ la matrice $M(p)$ dont le coefficient d'indice (i, j) vaut 0 si $i - j$ est pair et 1 si $i - j$ est impair.*

Par exemple $M(2) = \begin{pmatrix} 0 & 1 & 0 & 1 \\ 1 & 0 & 1 & 0 \\ 0 & 1 & 0 & 1 \\ 1 & 0 & 1 & 0 \end{pmatrix}$.

Calculer $M^3(k) - k^2M(k)$ pour tout $k \in [\![1, +\infty[\![$ par un calcul par blocs.
(Posé à l'oral de Centrale-Supelec, filière PSI.)

On pose $J = \begin{pmatrix} 0 & 1 \\ 1 & 0 \end{pmatrix}$. On remarque que $M(p)$ s'écrit sous forme de matrices blocs en utilisant cette matrice carrée d'ordre 2, J.

En effet, chaque ligne et chaque colonne de $M(p)$ possède p fois la matrice J.

On a : $M(p) = \begin{pmatrix} J & J & \dots & J \\ J & J & \dots & J \\ \vdots & \vdots & \ddots & \vdots \\ J & J & \dots & J \end{pmatrix}$. En utilisant le produit par blocs,

$$\begin{pmatrix} J & J & \dots & J \\ J & J & \dots & J \\ \vdots & \vdots & \ddots & \vdots \\ J & J & \dots & J \end{pmatrix}\begin{pmatrix} J & J & \dots & J \\ J & J & \dots & J \\ \vdots & \vdots & \ddots & \vdots \\ J & J & \dots & J \end{pmatrix} = \begin{pmatrix} pJ^2 & pJ^2 & \dots & pJ^2 \\ pJ^2 & pJ^2 & \dots & pJ^2 \\ \vdots & \vdots & \ddots & \vdots \\ pJ^2 & pJ^2 & \dots & pJ^2 \end{pmatrix}.$$

Or $J^2 = I_2$ et donc : $M^2(p) = p\begin{pmatrix} I_2 & I_2 & \dots & I_2 \\ I_2 & I_2 & \dots & I_2 \\ \vdots & \vdots & \ddots & \vdots \\ I_2 & I_2 & \dots & I_2 \end{pmatrix} = pL$, en notant $L \in \mathcal{M}_{2p}(\mathbb{R})$ la matrice ayant p fois la matrice I_2 en blocs sur chaque ligne et chaque colonne.

Notons maintenant $A \in \mathcal{M}_{2p}(\mathbb{R})$ n'ayant que des 1 pour coefficients.
On a : $M(p) + L = A$. Comme $M^2(p) = pL$, $M^3(p)$ vaut :

$$pLM(p) = p(A - M(p))M(p) = pAM(p) - pM^2(p) = pAM(p) - p^2L.$$

Il reste à calculer $AM(p)$. On repasse par la notation bloc et le produit de matrices par blocs. On pose $K = \begin{pmatrix} 1 & 1 \\ 1 & 1 \end{pmatrix}$, alors A s'écrit sous forme d'une matrice avec p fois la matrice K sur chaque ligne et colonne. Et le produit $AM(p)$ s'écrit :

$$\begin{pmatrix} K & K & \dots & K \\ K & K & \dots & K \\ \vdots & \vdots & \ddots & \vdots \\ K & K & \dots & K \end{pmatrix} \begin{pmatrix} J & J & \dots & J \\ J & J & \dots & J \\ \vdots & \vdots & \ddots & \vdots \\ J & J & \dots & J \end{pmatrix} = \begin{pmatrix} pKJ & pKJ & \dots & pKJ \\ pKJ & pKJ & \dots & pKJ \\ \vdots & \vdots & \ddots & \vdots \\ pKJ & pKJ & \dots & pKJ \end{pmatrix}.$$

Comme $KJ = K$, on a alors :

$$AM(p) = \begin{pmatrix} pK & pK & \dots & pK \\ pK & pK & \dots & pK \\ \vdots & \vdots & \ddots & \vdots \\ pK & pK & \dots & pK \end{pmatrix} = pA.$$

Finalement, $M^3(p) = p^2A - p^2L = p^2M(p)$.

Mise en œuvre : exercice 2.11 à **exercice 2.13**.

Méthodes

Vrai/Faux

	Vrai	Faux
1. $\mathcal{M}_{n,p}(\mathbb{K})$ est un $\mathbb{K}$-espace vectoriel de dimension np.	☐	☐
2. Soit $A \in \mathcal{M}_{n,p}(\mathbb{K})$, s'il existe $B \in \mathcal{M}_{p,n}(\mathbb{K})$ telle que l'on ait $A \times B = I_n$, alors $B \times A = I_n$.	☐	☐
3. La matrice représentative d'un isomorphisme n'est pas toujours inversible car elle peut ne pas être carrée.	☐	☐
4. Une matrice diagonale commute avec toute matrice.	☐	☐
5. La transposée de $A \times B$ est $A^T \times B^T$.	☐	☐
6. Si A et B sont deux matrices carrées d'ordre 2 telles que $AB = O_2$, alors A ou B est égale à O_2.	☐	☐
7. Le sous espace vectoriel des matrices symétriques de $\mathcal{M}_n(\mathbb{K})$ est de dimension $\dfrac{n(n-1)}{2}$.	☐	☐
8. Soit A, B et C trois matrices carrées d'ordre n, avec $AC = BC$ alors $A = B$.	☐	☐
9. Si l'on détermine le rang d'une matrice en utilisant des opérations élémentaires, au moins certaines opérations élémentaires sur les colonnes ne sont pas autorisées !	☐	☐
10. Si l'on résout un système $AX = B$ en utilisant des opérations élémentaires, ce sera uniquement sur les lignes.	☐	☐
11. Un système de quatre équations à quatre inconnues n'a jamais une infinité de solutions.	☐	☐
12. Le produit des deux matrices par blocs se fait selon une règle similaire aux matrices carrées d'ordre 2.	☐	☐
13. On note $B_3 = (\varepsilon_1, \varepsilon_2, \varepsilon_3)$ la base canonique de $\mathbb{R}^3$ et soit $B'_3 = (\varepsilon'_1 = \varepsilon_1, \varepsilon'_2 = \varepsilon_1 + \varepsilon_2, \varepsilon'_3 = \varepsilon_1 + \varepsilon_2 + \varepsilon_3)$. La matrice de $id_{\mathbb{R}^3}$, la base de départ étant B'_3 et la base d'arrivée B_3 est la matrice de passage : $P_{B_3 \to B'_3}$.	☐	☐
14. La matrice de passage de la base B à la base B' n'est pas toujours l'inverse de la matrice de passage de la base B à la base B'.	☐	☐

Énoncé des exercices

Opérations sur les matrices

Exercice 2.1 : Soit A et B deux matrices carrées d'ordre n antisymétriques.
Les matrices $AB - BA$ et $(AB - BA)^2$ sont-elles symétriques ou antisymétriques ?

Exercice 2.2 : Soit $A \in \mathcal{M}_n(\mathbb{R})$, montrer : $A\,A^T = 0 \Leftrightarrow A = 0$.

D'après Concours Commun INP (ancien CCP)

Exercice 2.3 : $A = \begin{pmatrix} 1 & 2 & 3 \\ 0 & 1 & 2 \\ 0 & 0 & 1 \end{pmatrix}$. On souhaite trouver toutes les matrices X telles que $X^2 = A$.

1. Montrer que : si $X^2 = A$, alors A et X commutent. En déduire que X est nécessairement triangulaire supérieure, ainsi que d'autres propriétés des coefficients.

2. Achever la résolution du problème.

D'après Concours Communs Mines-Telecom, filière PSI

Exercice 2.4 : Soit $A = (a_{i,j}) \in \mathcal{M}_n(\mathbb{R})$, où

$$\begin{cases} a_{i,j} = 1 & \text{si} \quad i \neq j \\ a_{i,j} = 0 & \text{si} \quad i = j \end{cases}.$$

Calculer A^p, $p \in \mathbb{N}$.

D'après Concours Commun INP (ancien CCP), filière PSI

Exercice 2.5* : i, k étant des entiers fixés entre 1 et n et j étant un entier fixé entre 1 et p, calculer le produit des deux matrices élémentaires $E_{i,j} \in \mathcal{M}_{n,p}(\mathbb{K})$ et $E_{j,k} \in \mathcal{M}_{p,n}(\mathbb{K})$.

Exercice 2.6* : Soit $(A, B) \in (\mathcal{M}_n(\mathbb{C}))^2$ telle que $AB = BA$ et B nilpotente. Montrer :

$$A \in \mathrm{GL}_n(\mathbb{C}) \Leftrightarrow A + B \in \mathrm{GL}_n(\mathbb{C}).$$

D'après Saint Cyr

Exercice 2.7 : Soit $A = \begin{pmatrix} 2 & 2 & 3 \\ 1 & 1 & 4 \\ 1 & -2 & 1 \end{pmatrix}$, calculer son inverse en résolvant un système linéaire.

Exercice 2.8 : Soit $A = \begin{pmatrix} 2 & 2 & 1 \\ 1 & 3 & 1 \\ 1 & 2 & 2 \end{pmatrix}$. Calculer A^2 puis montrer que A^2 est une combinaison linéaire de A et de I_3. En déduire A^{-1} puis A^n, où $n \in \mathbb{Z}$.

D'après École de l'air

Exercice 2.9* : Soit $A = (a_{ij})_{1 \leqslant i,j \leqslant n} \in \mathcal{M}_n(\mathbb{C})$. Montrer que :

$$A \text{ non inversible} \Rightarrow \exists i \in [\![1, n]\!] \text{ tel que } |a_{ii}| \leqslant \sum_{j=1, j \neq i}^{n} |a_{ij}|.$$

Exercice 2.10* : On rappelle que $(E_{i,j})_{1\leqslant i,j\leqslant n}$ est la base canonique de $\mathcal{M}_n(\mathbb{K})$.

1. Montrer que pour tous entiers convenables, $E_{i,j} \times E_{k,l} = \begin{cases} 0 & \text{si} \quad j \neq k \\ E_{i,l} & \text{si} \quad j = k \end{cases}$.

2. Déterminer le centre de $\mathcal{M}_n(\mathbb{K})$, c'est-à-dire l'ensemble des matrices $X \in \mathcal{M}_n(\mathbb{K})$ telles que pour tout $A \in \mathcal{M}_n(\mathbb{K})$, $AX = XA$.

■ Matrices blocs

Exercice 2.11 : Soit $A \in \mathcal{M}_n(\mathbb{R})$ et la matrice écrite en bloc de $\mathcal{M}_{2n}(\mathbb{R})$: $B = \begin{pmatrix} A & A^2 \\ O_n & A \end{pmatrix}$, où O_n est la matrice nulle carrée d'ordre n. Écrire $P(B)$, où P est un polynôme donné, sous forme d'une matrice bloc, où figure $P(A)$ et $P'(A)$.

D'après Concours Communs Mines-Telecom, ENSEA, Centrale-Supelec, filière PSI

Exercice 2.12* : Soit $(A, B, C, D) \in (\mathcal{M}_n(\mathbb{R}))^4$. On définit les matrices par blocs de $M_{2n}(\mathbb{R})$:

$$M = \begin{pmatrix} A & B \\ C & D \end{pmatrix} \text{ et } J = \begin{pmatrix} I_n & 0 \\ 0 & -I_n \end{pmatrix}.$$

On suppose que $M^T JM = J$. Montrer que A et D sont inversibles.

D'après École navale

Exercice 2.13 :** Soit $M \in M_n(\mathbb{C})$. On assimile vecteur et matrice colonne.

1. Montrer que si $\text{Rg}\,(M) = 1$, alors il existe des vecteurs X et Y tels que : $M = XY^T$.

2. Montrer que si $\text{Rg}\,(M) = 2$, alors il existe un couple de vecteurs indépendants (X, Z) et un autre couple de vecteurs indépendants (Y, U) tels que : $M = XY^T + ZU^T$.

3. Généraliser pour $\text{Rg}\,(M) = k$.

D'après Mines-Ponts, filière PSI

■ Utilisation des opérations élémentaires

Exercice 2.14 : Calculer le rang de $A = \begin{pmatrix} 1 & 1 & -1 & 1 \\ 1 & 2 & a & 2 \\ 2 & a & 2 & 3 \end{pmatrix}$, où $a \in \mathbb{R}$.

Exercice 2.15* : Montrer que la matrice carrée d'ordre n, $A = (\sin(i + j))$ est de rang au plus 2.

D'après Concours Communs Mines-Telecom et Concours ENSEA, filière PSI

Exercice 2.16 : Transformer $A = \begin{pmatrix} 2 & 2 & 3 \\ 1 & 1 & 4 \\ 1 & -2 & 1 \end{pmatrix}$ en I_3 en utilisant la méthode de Gauss-Jordan et en déduire qu'elle est inversible.

Exercice 2.17 : Calculer le rang $A = \begin{pmatrix} 1 & 1 & 1 & 1 \\ a & b & a & b \\ c & c & d & d \\ ac & bc & ad & bd \end{pmatrix}$ en discutant sur a, b, c et $d \in \mathbb{C}$.

Exercice 2.18 : Résoudre en fonction de $m \in \mathbb{R}$: $\left\{\begin{array}{lll} x + my + m^2z + m^3t & = & 1 \\ mx + m^2y + m^3z + t & = & 1 \\ m^2x + m^3y + z + mt & = & 1 \\ m^3x + y + mz + m^2t & = & 1 \end{array}\right.$.

Applications linéaires et matrices

Exercice 2.19 : Soit $f \in \mathcal{L}(\mathbb{R}^4)$ de matrice $A = \begin{pmatrix} 0 & 0 & 0 & 0 \\ 1 & 0 & 1 & 2 \\ 2 & 0 & -2 & -2 \\ -2 & 0 & 1 & 2 \end{pmatrix}$ dans la base canonique de $\mathbb{R}^4$. Calculer A^2 puis $\mathsf{Rg}\, A^2$ et montrer que $\mathbb{R}^4 = \mathsf{Im}\, f^2 \oplus \mathsf{Ker}\, f^2$.

D'après Concours Commun INP (ancien CCP)

Exercice 2.20 : Soit $\phi \in \mathcal{L}(\mathbb{R}^3)$ non nul vérifiant $\phi^3 + \phi = 0$.

1. Montrer : $\mathbb{R}^3 = \mathsf{Ker}\, \phi \oplus \mathsf{Im}\, \phi$.

2. Trouver une base dans laquelle la matrice de ϕ a pour matrice $\begin{pmatrix} 0 & 0 & 0 \\ 0 & 0 & 1 \\ 0 & -1 & 0 \end{pmatrix}$.

Quel est la valeur de $\mathsf{Rg}\, \phi$?

D'après Concours Commun INP (ancien CCP)

Exercice 2.21* : Déterminer toutes les matrices $M \in \mathcal{M}_3(\mathbb{K})$ telles que $M^2 = O_3$.

D'après Concours ENSEA, ENSIIE, filière PSI

Trace d'un endomorphisme et d'une matrice

Exercice 2.22 : Ici $E = \mathcal{M}_n(\mathbb{R})$ et si $M = (m_{i,j}) \in E$, $\mathrm{Tr}\,(M) = \sum_{k=1}^{n} m_{k,k}$.

On pose $\phi : E \to E$, $M \mapsto M + \mathrm{Tr}\,(M) I_n$.

1. Montrer que Tr est une forme linéaire sur E.

2. Montrer que pour tout $(A, B) \in E^2$, $\mathrm{Tr}(AB) = \mathrm{Tr}(BA)$.

3. Déterminer la dimension de $\mathsf{Ker}\,\mathrm{Tr}$. Montrer que $E = \mathsf{Ker}\,\mathrm{Tr} \oplus \mathsf{Vect}\,(I_n)$.

4. Montrer que ϕ est un automorphisme de E.

5. Déterminer $E_1(\phi) = \{M \in E,\ \phi(M) = M\}$.

6. Montrer que $E_{n+1}(\phi) = \{M \in E,\ \phi(M) = (n+1)M\} = \mathsf{Vect}\,(I_n)$.

7. Écrire alors la matrice de ϕ dans une base de E adapté à la somme directe de la question 3.

D'après Concours National Commun Marocain, filière PSI

Exercice 2.23* : Soit $A \in \mathcal{M}_n(\mathbb{K})$ avec $Rg\, A = \mathrm{Tr} A = 1$.
Montrer que A est la matrice d'un projecteur.

Exercice 2.24 : Soit E un $\mathbb{K}$-espace vectoriel de dimension n, et soit V et W deux sous-espaces supplémentaires de E.

1. Montrer que, si p est la projection sur V parallèlement à W, alors $s = 2p - \mathrm{Id}_E$ est la symétrie par rapport à V de direction W.

2. En déduire la trace de la symétrie s.

Exercice 2.25* : On pose $\Delta_A = \{M \in \mathcal{M}_n(\mathbb{C}), M + M^T = \mathrm{Tr}(M)\,A\}$. On note $\mathcal{S}_n(\mathbb{C})$ (respectivement $\mathcal{A}_n(\mathbb{C})$) l'ensemble des matrices symétriques (respectivement antisymétriques).

1. Montrer que Δ_A est un *s.e.v* de $\mathcal{M}_n(\mathbb{C})$ et que $\mathcal{A}_n(\mathbb{C}) \subset \Delta_A$.

2. Si $\mathrm{Tr}(A) \neq 2$, montrer que $\Delta_A = \mathcal{A}_n(\mathbb{C})$.

3. Si $\mathrm{Tr}(A) = 2$ et $A \notin \mathcal{S}_n(\mathbb{C})$, déterminer Δ_A.

4. Si $\mathrm{Tr}(A) = 2$ et $A \in \mathcal{S}_n(\mathbb{C})$, déterminer Δ_A.

D'après Concours Commun INP (ancien CCP)

Indications

Ex. 2.1

On rappelle que $C \in \mathcal{M}_n(\mathbb{K})$ est symétrique (respectivement antisymétrique) si, et seulement si, $C = C^T$ (respectivement $C = -C^T$.) De plus, $(AB)^T = B^T A^T$.

Ex. 2.2

Partir de la définition du produit de deux matrices et s'intéresser aux éléments diagonaux du produit, c'est suffisant !

Ex. 2.3

L'astuce de passer par deux matrices qui commutent, c'est la **méthode 2.10**, *rappelez-vous !*

Ex. 2.4

Penser à poser $A = B - I_n$, où B est la matrice « Attila » (car elle ne possède que des 1).

Ex. 2.5

On rappelle que la matrice $E_{i,j}$ est la matrice dont tous les coefficients sont nuls sauf celui à $L_i \cap C_j$ qui vaut 1. L'indice j a un rôle important à jouer !

Ex. 2.6

Pour le sens direct, on écrit $A + B$ sous la forme $A(I_n - N)$, où N est une certaine matrice nilpotente.

Pour le sens réciproque, on pourra se ramener au sens direct en prenant $A + B$ et $-B$ à la place de A et de B.

Ex. 2.7

C'est l'application de la troisième piste de la **méthode 2.1**.

Ex. 2.8

Pour calculer A^n, pour $n \in \mathbb{N}$, on posera $A^n = a_n A + b_n I_n$ et on déterminera l'expression des suites (a_n) et (b_n). On initialisera avec $n = 0$ et $n = 1$. Pour n négatif, on posera $A^{-n} = c_n A + d_n I_n$ et on fera une récurrence semblable avec une initialisation avec $n = 0$ et $n = -1$.

Ex. 2.9

Utiliser : A non inversible $\Rightarrow \exists X \neq 0_E$, $A.X = 0_E$.

Ex. 2.10

1. *faire comme dans l'***exercice 2.5**

2. *On commence par poser $X = \sum_{i,j} x_{i,j} E_{i,j}$, où $(E_{i,j})$ est la base canonique de $\mathcal{M}_n(\mathbb{K})$. Comme A est quelconque, on pourra prendre $A = E_{k,l}$. Allez voir la* **méthode 2.9** *ensuite !*

Ex. 2.11

On commence par calculer les puissances successives B^2, B^3, B^4, puis B^n.

Ex. 2.12

L'égalité $M^T JM = J$ fournit quatre autres égalités. On partira d'une de des égalités en raisonnant par l'absurde, c'est-à-dire en supposant qu'il existe X colonne non nulle telle que $AX = 0$.

Ex. 2.13

1. *On suppose, dans la première question, que le rang de la matrice M considérée est 1. Comme le rang est 1, toutes les lignes $L_1, ..., L_n$ de M sont colinéaires à une certaine ligne L_p de M. On considère une matrice colonne constituée des coefficients de colinéarité trouvés et on considère aussi une certaine matrice ligne que vous allez deviner.*

2. *On suppose dans la seconde question que le rang de la matrice M est 2. Par analogie avec la première question, on peut sélectionner deux lignes L_p et L_q indépendantes telle que pour chaque ligne L_i, pour i variant de 1 à n, il existe deux réels a_i et b_i tels que : $L_i = a_i L_p + b_i L_q$. On considère les deux matrices colonnes constituées l'une des coefficients de colinéarité concernant L_p et l'autre de ceux concernant L_q. Quant aux matrices lignes, on vous laisse deviner !*

Ex. 2.15

On pourra développer C_i comme combinaison linéaire de deux colonnes indépendantes de i.

Ex. 2.16

C'est l'application de la cinquième piste de la **méthode 2.1**.

Ex. 2.18

C'est juste une révision de ce que vous avez vu en première année sur la résolution des systèmes linéaires, histoire de ne pas perdre la main.

Ex. 2.19

On sait que déterminer $\mathsf{Im}\, f^2$ *c'est déterminer* $\mathsf{Im}\, A^2$ *et déterminer* $\mathsf{Ker}\, f^2$ *c'est déterminer* $\mathsf{Ker}\, A^2$.

Ex. 2.20

1. *Cet exercice rappelle l'***exercice 2.10**. *Penser aussi au théorème du rang !*

2. *On a :* $\phi^3 + \phi = \phi \, o \, (\phi^2 + \mathrm{Id}) = 0$. *On utilise alors la remarque de la* **méthode 1.4**. *Eh oui, allez la voir ! Comme* $\mathbb{R}^3 = \mathsf{Ker}\, \phi \oplus \mathsf{Im}\, \phi$, *montrer que* $\mathsf{Im}\, \phi = \mathsf{Ker}\, (\phi^2 + \mathrm{Id})$. *Cela permettra de choisir pour deuxième et troisième vecteur de la nouvelle base des vecteurs de* $\mathsf{Im}\, \phi$.

Ex. 2.21

On montrera que si ϕ est l'endomorphisme associé canoniquement à M, en supposant $M \neq O_3$, on partira d'un vecteur $\vec{x}$ tel que $\phi(\vec{x}) \neq \vec{0}$ et on montrera qu'il existe une base de $\mathbb{K}^3$ de la forme $\{\vec{x}, \phi(\vec{x}), \vec{z}\}$, où $\vec{z}$ est dans $\mathsf{Ker}\, \phi$. *Bien entendu, on utilisera cette base... À vous de jouer !*

Ex. 2.23

En considérant l'endomorphisme p de $\mathbb{K}^n$, associé canoniquement à A, montrer que A est semblable à une certaine matrice B n'ayant que des zéros sauf éventuellement sur la dernière colonne.

Ex. 2.24

$\forall \vec{x} \in E, \exists ! (\vec{x}_V, \vec{x}_W) \in V \times W$ *tel que* $\vec{x} = \vec{x}_V + \vec{x}_W$.

Ex. 2.25

Pour la question 2), on applique Tr *à l'égalité* $M + M^T = \mathrm{Tr}(M)A$.

Corrigé des vrai/faux

1	2	3	4	5	6	7	8	9	10	11	12	13	14
V	F	F	F	F	F	F	F	F	V	F	V	V	F

2. C'est faux ! Par exemple, prendre $A = \begin{pmatrix} 1 & 0 & 0 \\ 0 & 1 & 0 \end{pmatrix}$ et $B = \begin{pmatrix} 1 & 0 \\ 0 & 1 \\ 0 & 0 \end{pmatrix}$.

3. Attention, l'espace de départ et d'arrivée ont nécessairement la même dimension et la matrice est carrée inversible !

4. On a envie de dire oui ! Pourtant I_2 qui est diagonale et $B = \begin{pmatrix} 1 & 0 \\ 0 & 1 \\ 0 & 0 \end{pmatrix}$ ne commutent pas car le produit n'existe pas !

5. On sait que la transposée de $A \times B$ est $B^T \times A^T$. L'égalité proposée est donc généralement fausse.

6. Pour celui qui n'est pas convaincu que c'est faux, qu'il prenne $A = \begin{pmatrix} 0 & 0 \\ 1 & 1 \end{pmatrix}$ et $B = \begin{pmatrix} -1 & 0 \\ 1 & 0 \end{pmatrix}$ et qu'il fasse le produit !

8. Si C est inversible, c'est vrai sinon c'est faux. Prendre par exemple $C \neq O_n$ telle que $C^2 = O_n$, $A = C$ et $B = O_n$, on a bien $AC = BC = O_n$ et pourtant $A \neq B$.

9. Les opérations élémentaires sur les colonnes rappelées dans le résumé de cours sont toutes autorisées pour calculer le rang d'une matrice.

10. en effet, les opérations élémentaires sur les colonnes modifient les inconnues !

11. C'est faux. Prendre par exemple quatre fois $x + y + z + t = 0$!

12. C'est le cours.

13. On part de $id_{\mathbb{R}^3}(\varepsilon'_1) = \varepsilon'_1$, $id_{\mathbb{R}^3}(\varepsilon'_2) = \varepsilon'_2$ et $id_{\mathbb{R}^3}(\varepsilon'_3) = \varepsilon'_3$.

Quelques pièges à éviter

Erreurs classiques

- Penser que $\dim \mathcal{M}_{n,p}(\mathbb{K}) = n + p$ alors qu'en fait $\dim \mathcal{M}_{n,p}(\mathbb{K}) = np$.
- En général $A \times B \neq B \times A$, même lorsque les deux produits matriciels sont définis.
- $(A \times B)^T \neq A^T \times B^T$.
- $A \times B = 0 \not\Rightarrow A = 0$ ou $B = 0$.
- Retenir que pour trouver le rang d'une matrice, toutes les opérations élémentaires sur les lignes et colonnes sont autorisées mais que par contre pour résoudre un système, seules les opérations élémentaires sur les lignes sont autorisées.

Corrigé des exercices

Exercice 2.1

On écrit : $(AB - BA)^T = B^T A^T - A^T B^T = BA - AB = -(AB - BA)$ et donc $AB - BA$ est antisymétrique.

Le carré d'une matrice antisymétrique est symétrique.

Exercice 2.2

On écrit $A = (a_{i,j}), B = A^T = (b_{i,j})$ et $C = AA^T$. Intéressons nous aux éléments diagonaux de C. $\forall i \in [\![1, n]\!]$, $C_{i,i} = \sum_{j=1}^{n} a_{i,j} b_{j,i} = \sum_{j=1}^{n} a_{i,j}^2$.

Comme $C = 0$, pour tout j, $a_{i,j} = 0$.
Finalement, $A = 0$. La réciproque est immédiate.

Une somme de carrés de réels est nulle si, et seulement si, ces réels valent tous 0. Je sais, vous le saviez !

Exercice 2.3

1. Si $X^2 = A$, alors : $A.X = X^2.X = X^3 = X.X^2 = X.A$.

Si $X = \begin{pmatrix} a & b & c \\ d & e & f \\ g & h & i \end{pmatrix}$, alors :

$$\begin{cases} A.X = \begin{pmatrix} a + 2d + 3g & b + 2e + 3h & c + 2f + 3i \\ d + 2g & e + 2h & f + 2i \\ g & h & i \end{pmatrix} \\ X.A = \begin{pmatrix} a & 2a + b & 3a + 2b + c \\ d & 2d + e & 3d + 2e + f \\ g & 2g + h & 3g + 2h + i \end{pmatrix} \end{cases}$$

De façon générale, les puissances d'une même matrice commutent entre-elles.

Le système traduisant $X.A = A.X$ conduit facilement à $d = g = h = 0$, donc à X triangulaire supérieure. Il conduit aussi à $a = e = i$ et $b = f$.

2. Posons donc : $X = \begin{pmatrix} a & b & c \\ 0 & a & b \\ 0 & 0 & a \end{pmatrix}$, alors $X^2 = \begin{pmatrix} a^2 & 2ab & 2ac + b^2 \\ 0 & a^2 & 2ab \\ 0 & 0 & a^2 \end{pmatrix}$.

$$X^2 = A \Leftrightarrow \begin{cases} a^2 = 1 \\ 2ab = 2 \\ 2ac + b^2 = 3 \end{cases} \Leftrightarrow \begin{cases} a = \varepsilon = \pm 1 \\ 2\varepsilon b = 2 \\ 2\varepsilon c + b^2 = 3 \end{cases}.$$

Les solutions sont : $X = \begin{pmatrix} 1 & 1 & 1 \\ 0 & 1 & 1 \\ 0 & 0 & 1 \end{pmatrix}$ et $X = \begin{pmatrix} -1 & -1 & -1 \\ 0 & -1 & -1 \\ 0 & 0 & -1 \end{pmatrix}$.

Cet exercice illustre bien la **méthode 2.9** *et la* **méthode 2.10**.

Exercice 2.4

On pose $A = B - I_n$, où B n'a que des coefficients 1. On écrit :

$$A^p = \sum_{k=0}^{p} \binom{p}{k} B^k (-I_n)^{p-k} = (-1)^p I_n + \left[\sum_{k=1}^{p} \binom{p}{k} n^{k-1} (-1)^{p-k} \right] B.$$

Rapidement, $B^k = n^{k-1} B$ pour tout k entier non nul.

Or :

$$\sum_{k=1}^{p} \binom{p}{k} n^{k-1} (-1)^{p-k} = \frac{1}{n} \sum_{k=1}^{p} \binom{p}{k} n^k (-1)^{p-k} = \frac{1}{n} \left[(n-1)^p - (-1)^p \right].$$

Ce genre de simplication de somme revient souvent !

Et on déduit : $A^p = (-1)^p I_n + \frac{1}{n} \left[(n-1)^p - (-1)^p \right] B$.

Corrigé

Exercice 2.5

On commence par remarquer que le produit est dans $\mathcal{M}_n(\mathbb{K})$.

La matrice $E_{i,j}$ n'est constituée que de lignes nulles sauf la ligne L_i, où il y a un 1 en position j. Son produit avec $E_{j,k}$ est donc une matrice dont toutes les lignes différentes de celle en position i sont nulles. Quant à cette ligne, comme toutes les colonnes de $E_{j,k}$ sont nulles sauf C_k, elle est elle aussi constituée de 0 sauf le terme en position k qui vaut $1 \times 1 = 1$. En effet, le terme 1 apparaît en position j sur la ligne L_i de $E_{i,j}$ et en position j sur la colonne C_k de $E_{j,k}$. Ainsi : $E_{i,j} \times E_{j,k} = E_{i,k}$.

Exercice 2.6

L'inverse de $I_n - N$, où N est nilpotente d'ordre p, est $I_n + N + ... + N^{p-1}$

Si C et D commutent, $(CD)^p = C^p D^p$.

▸ Supposons A inversible. Montrons que $A+B$ l'est. On l'écrit sous la forme $A+B = A(I_n+A^{-1}B)$. Posons $N = -A^{p-1}B$. On a donc : $A+B = A(I_n-N)$. Comme le produit de deux matrices inversibles est inversible, il reste à prouver que I_n-N est inversible. Pour cela, si l'on démontre que N est nilpotente c'est gagné car on sait que $I_n - N$ est alors inversible. Commençons par remarquer que $AB = BA$ implique, en multipliant par A^{-1} à gauche et par A^{-1} à droite que $BA^{-1} = A^{-1}B$. Ainsi,

$$N^p = (-A^{-1}B)^p = (-1)^p(A^{-1})^p B^p = 0.$$

On peut conclure.

Réciproquement, on suppose $A+B$ inversible. Nous allons utiliser le cas direct avec $A + B$ et $-B$ à la place de A et de B. Pour cela, on vérifie :

$$(A + B)(-B) = -AB - B^2 = -BA - B^2 = -B(A + B).$$

Retenir cette idée d'appliquer le sens direct en changeant les variables pour montrer le sens réciproque. On l'utilise de temps en temps.

Donc $A+B$ et $-B$ commutent puis $-B$ est nilpotente (car B l'est) et $A+B$ est inversible. On est bien sous les hypothèses du sens direct. Donc $A+B-B = A$ est inversible.

Exercice 2.7

Si le système est un peu lourd et que le calcul de A^{-1} n'est pas demandé, on peut résoudre plutôt $AX = O$. Si la matrice colonne O est la seule solution, A est inversible (ce qui est équivalent à dire que le noyau de toute application linéaire associée est réduit au vecteur nul) et si par contre l'ensemble des solutions n'est pas réduit à la matrice colonne O, A n'est pas inversible.

Il s'agit donc de résoudre un système $AX = B$ soit par substitution, soit par des opérations élémentaires sur les lignes. Ceci est développé plus loin. Cette méthode permet à la fois de prouver l'inversibilité et de trouver l'inverse.

Considérons donc la matrice : $A = \begin{pmatrix} 2 & 2 & 3 \\ 1 & 1 & 4 \\ 1 & -2 & 1 \end{pmatrix}$ et calculons son inverse en déterminant les solutions x, y, z de : $\left\{ \begin{array}{rcl} 2x + 2y + 3z & = & b_1 \\ x + y + 4z & = & b_2 \\ x - 2y + z & = & b_3 \end{array} \right.$.

Pour sa résolution, on a l'embarras du choix, vous pouvez le faire :

- par substitution ;
- avec des opérations élémentaires avec par exemple l'algorithme de Gauss ;
- avec les formules de Cramer, ce qui est un peu lourd ici.

Après vos calculs, vous aurez :

$$\left\{ \begin{array}{rcl} \frac{3}{5}b_1 - \frac{8}{15}b_2 + \frac{1}{3}b_3 & = & x \\ \frac{1}{5}b_1 - \frac{1}{15}b_2 - \frac{1}{3}b_3 & = & y \\ -\frac{1}{5}b_1 + \frac{2}{5}b_2 & = & z \end{array} \right. \Rightarrow A^{-1} = \frac{1}{15} \begin{pmatrix} 9 & -8 & 5 \\ 3 & -1 & -5 \\ -3 & 6 & 0 \end{pmatrix}.$$

Exercice 2.8

On a immédiatement : $A^2 = 6A - 5I_3$ puis $A^{-1} = \frac{1}{5}(6I_3 - A)$.
On pose ensuite pour $n \in \mathbb{N}$, $A^n = a_n A + b_n I_n$.

Comme $A^{n+1} = A^n A$, en identifiant, on a : $\begin{cases} a_{n+1} &= 6a_n + b_n \\ b_{n+1} &= -5a_n \end{cases}$.

On en tire : $a_{n+2} = 6a_{n+1} - 5a_n$. Les solutions sont de la forme $a_n = \lambda 5^n + \mu$.

✎ Comme $A^0 = I_3$ et $A^1 = A$, $a_0 = b_1 = 0$ et $b_0 = a_1 = 1$.

Finalement : $A^n = \dfrac{1}{4}(5^n - 1)A - \dfrac{5}{4}(5^{n+1} - 1)I_n$.

✎ Les conditions initiales permettent d'obtenir λ et μ.

On pose maintenant : $A^{-n} = c_n A + d_n I_n$, où $n \in \mathbb{N}$. On refait le même travail que précédemment en partant de $A^{-n-1} = A^{-n} \times A^{-1}$. En identifiant, on a :

$$\begin{cases} 5d_{n+1} &= 6d_n + 5c_n \\ 5c_{n+1} &= -d_n \end{cases}.$$

✎ Les conditions initiales donnent $c_{-1} = -1/5$ et $d_{-1} = 6/5$.

On en tire : $5d_{n+2} = 6d_{n+1} - d_n$. Ainsi, $d_n = \alpha + \beta 5^{-n}$. Les conditions initiales donnent α et β. On en tire c_n.

Ainsi : $A^{-n} = \dfrac{-1}{4}(5 + 5^{-n})I_n + \dfrac{5}{4}(5 - 5^{n-1})A$.

✎ Revoir la résolution des récurrences linéaires de suites d'ordre 2.

Exercice 2.9

$A \notin \mathrm{GL}_n(\mathbb{C})$ donc il existe $X = (x_i)_{1 \leqslant i \leqslant n} \in \mathbb{C}^n \backslash \{0_{\mathbb{C}^n}\}$ tel que $A.X = 0_{\mathcal{M}_{n,1}(\mathbb{C})}$.
Notons i_0 l'entier naturel de $[\![1, n]\!]$ tel que : $|x_{i_0}| = \max\limits_{1 \leqslant i \leqslant n} |x_i|$.

Donc $|x_{i_0}| \neq 0$. L'égalité : $A.X = 0_{\mathcal{M}_{n,1}(\mathbb{C})}$ donne :

$$\sum_{j=1}^{n} a_{i_0 j} x_j = 0 \Rightarrow a_{i_0 i_0} x_{i_0} = \sum_{j=1, j \neq i_0}^{n} a_{i_0 j} x_j.$$

✎ Par contraposition, si l'on utilise : $\forall i$, $|a_{ii}| > \sum\limits_{j=1, j\neq i}^{n} |a_{ij}|$, alors la matrice est inversible. On peut ainsi prévoir l'inversibilité d'une matrice.

Puis, on passe à la valeur absolue :

$$\begin{aligned} A.X = 0_{\mathcal{M}_{n,1}(\mathbb{C})} \quad &\Rightarrow \quad |a_{i_0 i_0} x_{i_0}| \leqslant \sum_{j=1, j \neq i_0}^{n} |a_{i_0 j}|\,|x_j| \leqslant \sum_{j=1, j \neq i_0}^{n} |a_{i_0 j}|\,|x_{i_0}| \\ &\Rightarrow \quad |a_{i_0 i_0}| \leqslant \sum_{j=1, j \neq i_0}^{n} |a_{i_0 j}| \end{aligned}$$

Exercice 2.10

1. Laissée au lecteur. Qu'il s'inspire de l'**exercice 2.5**
2. On pose $X = \sum\limits_{i,j} x_{i,j} E_{i,j}$ et $A = E_{k,l}$. On obtient :

✎ Il faut savoir faire des produits de matrices de la base canonique de $\mathcal{M}_{n,p}(\mathbb{K})$. Ce n'est pas explicitement au programme mais cela peut aider !

$$XA = AX \Rightarrow \left(\sum_{i,j} x_{i,j} E_{i,j} \right) E_{k,l} = E_{k,l} \left(\sum_{i,j} x_{i,j} E_{i,j} \right),$$

le premier membre de la dernière égalité est :

$$\sum_{i=1}^{n} \left(\left(\sum_{j=1, j \neq k}^{n} x_{i,j} E_{i,j} \right) + x_{i,k} E_{i,k} \right) E_{k,l} = \sum_{i=1}^{n} x_{i,k} E_{i,l}.$$

Corrigé

Et le second membre devient : $\sum_{j=1}^{n} x_{l,j}E_{k,j} \Rightarrow \sum_{i=1}^{n} x_{i,k}E_{i,l} = \sum_{j=1}^{n} x_{l,j}E_{k,j}$
et cela pour le couple (k,l) fixé choisi. Comme $(E_{i,j})$ est la base canonique de $\mathcal{M}_n(\mathbb{K})$, les coefficients de chacune des matrices de la dernière égalité doivent être égaux dans chaque membre. Comme k et l sont fixés, cela conduit à : $\forall i \neq k$, $\forall j \neq l$, $x_{i,k} = x_{l,j} = 0$ et $x_{k,k} = x_{l,l}$. En conclusion, $X = x_{1,1}I_n$.

Réciproquement, X ainsi défini commute bien avec tout $A \in \mathcal{M}_n(\mathbb{K})$.

Exercice 2.11

On écrit : $B^2 = \begin{pmatrix} A & A^2 \\ O_n & A \end{pmatrix}\begin{pmatrix} A & A^2 \\ O_n & A \end{pmatrix} = \begin{pmatrix} A^2 & 2A^3 \\ O_n & A^2 \end{pmatrix}$.

Puis : $B^3 = \begin{pmatrix} A^2 & 2A^3 \\ O_n & A^2 \end{pmatrix}\begin{pmatrix} A & A^2 \\ O_n & A \end{pmatrix} = \begin{pmatrix} A^3 & 3A^4 \\ O_n & A^3 \end{pmatrix}$.

En utilisant la règle des produits des matrices-blocs.

Enfin : $B^4 = \begin{pmatrix} A^3 & 3A^4 \\ O_n & A^3 \end{pmatrix}\begin{pmatrix} A & A^2 \\ O_n & A \end{pmatrix} = \begin{pmatrix} A^4 & 4A^5 \\ O_n & A^4 \end{pmatrix}$.

On suppose donc pour k entier, $A^k = \begin{pmatrix} A^k & kA^{k+1} \\ O_n & A^k \end{pmatrix}$.

Cette formule est évidemment vraie pour $k = 0$ et nous l'avons vérifié pour k dans $\{1, ..., 4\}$. On suppose qu'elle est vraie pour k donné. On a alors :

Ce n'est pas un exercice très compliqué mais il faut « soigner » la récurrence.

$$A^{k+1} = A^k A = \begin{pmatrix} A^k & kA^{k+1} \\ O_n & A^k \end{pmatrix}\begin{pmatrix} A & A^2 \\ O_n & A \end{pmatrix} = \begin{pmatrix} A^{k+1} & (k+1)A^{k+2} \\ O_n & A^{k+1} \end{pmatrix}.$$

La formule est donc vraie pour $k+1$. Ensuite, si P est un polynôme de $\mathbb{R}[X]$, en utilisant une combinaison linéaire de puissances de B, on remarque que :

$$P(B) = \begin{pmatrix} P(A) & A^2P'(A) \\ O_n & P(A) \end{pmatrix}.$$

En effet, $P(X) = \sum_{k=0}^{n} a_k X^k \Rightarrow X^2P'(X) = \sum_{k=0}^{n} a_k k X^{k+1}$.

Exercice 2.12

On a : $M^T = \begin{pmatrix} A^T & C^T \\ B^T & D^T \end{pmatrix}$ et $M^TJM = \begin{pmatrix} A^TA - C^TC & A^TB - C^TB \\ B^TA - D^TC & B^TB - D^TD \end{pmatrix}$.

Cette matrice étant égale à J, $\begin{cases} A^TA - C^TC &= I_n \\ A^TB - C^TB &= 0 \\ B^TA - D^TC &= 0 \\ B^TB - D^TD &= -I_n \end{cases}$.

Exploitons la première ligne (1) de ce système.

Supposons par l'absurde que A ne soit pas inversible donc il existe X colonne non nulle telle que $AX = 0$. Multiplions par X à droite et X^T à gauche l'égalité (1). On a : $X^TA^TAX = X^TX + X^TC^TCX$.

Or $X^TA^TAX = 0$ et $X^TC^TCX = (CX)^T(CX)$. Si : $X^T = (x_1 ... x_n)$ alors X^TX est $\sum_{i=1}^{n} x_i^2$. De même $(CX)^T(CX)$ est une somme de carrés. Or une somme de carrés de réels est nulle si, et seulement si, ces carrés sont nuls. Ainsi $CX = 0$ et $X = 0$. C'est absurde. Ainsi $\operatorname{Ker} A$ est nul et donc A est inversible.

Car $AX = 0$.

On fait exactement le même processus à partir de la quatrième égalité du système pour montrer que D est inversible.

Exercice 2.13

1. On suppose dans la première question que le rang de la matrice M considérée est 1. Comme le rang est 1, toutes les lignes $L_1, ..., L_n$ de M sont colinéaires à une certaine ligne L_p de M. Il existe pour tout i variant de 1 à n, un réel a_i tel que : $L_i = a_i L_p$ (avec $a_n = 1$.)
On considère une matrice colonne constituée des coefficients de colinéarité $a_1, ..., a_n$. Notons la X : $X^T = \begin{pmatrix} a_1 & . & . & . & a_n \end{pmatrix}$.
Pour la matrice colonne Y, prenons L_p^T. On obtient :

Car (L_p) est une matrice ligne.

$$X \times Y^T = X \times (L_p) = \begin{pmatrix} a_1 \\ . \\ . \\ . \\ a_n \end{pmatrix} \times (L_p) = \begin{pmatrix} a_1 L_p \\ . \\ . \\ . \\ a_n L_p \end{pmatrix}.$$

Il n'est pas nécessaire de développer L_p en utilisant le produit des matrices écrites en bloc.

En conclusion, il existe un couple de vecteurs (X, Y) tels que : $M = XY^T$.

2. On suppose dans la seconde question que le rang de la matrice M est 2. Par analogie avec la première question, on peut sélectionner deux lignes L_p et L_q indépendantes telle que pour chaque ligne L_i, pour i variant de 1 à n, il existe deux réels a_i et b_i tels que : $L_i = a_i L_p + b_i L_q$.
On considère les deux matrices colonnes constituées l'une des coefficients de colinéarité concernant L_p et l'autre de ceux concernant L_q, c'est-à-dire :

$$X = \begin{pmatrix} a_1 \\ . \\ . \\ . \\ a_n \end{pmatrix} \text{ et } Z = \begin{pmatrix} b_1 \\ . \\ . \\ . \\ b_n \end{pmatrix}.$$

Vérifions que X et Z sont indépendants. En effet, on commence par remarquer que : $a_p = 1$ et $b_p = 0$, puis $a_q = 0$ et $b_q = 1$.
Soit le vecteur $aX + bY$, sa $p^{\text{ème}}$ ligne est donc a et sa q-ième ligne est b.
On a l'implication : $aX + bZ = 0 \Rightarrow a = b = 0$.
On note, de plus, $Y = (L_p)^T$ et $U = (L_q)^T$.
Les lignes L_p et L_q sont indépendantes par hypothèse et leurs transposées aussi.

X et Z sont bien indépendants.

Alors l'expression : $XY^T + ZU^T = \begin{pmatrix} a_1 \\ . \\ . \\ . \\ a_n \end{pmatrix} (L_p) + \begin{pmatrix} b_1 \\ . \\ . \\ . \\ b_n \end{pmatrix} (L_q)$

donne (en faisant des produits par blocs) : $\begin{pmatrix} a_1 L_p + b_1 L_q \\ . \\ . \\ . \\ a_n L_n + b_n L_q \end{pmatrix}$.

Comme pour tout i variant de 1 à n, $L_i = a_i L_p + b_i L_q$, on trouve M.

3. Si M est de rang k, il existe k lignes indépendantes $L_{p_1}, ..., L_{p_k}$ telles que toutes les lignes de M soient des combinaisons linéaires de ces k lignes.

Corrigé

On peut écrire : $L_1 = a_{1,p_1}L_{p_1}+...+a_{1,p_k}L_{p_k}$, où $(a_{1,p_j})_{1\leq j\leq k}$ est une collection de k réels. On écrit : $\forall i \in [\![1,n]\!], L_i = a_{i,p_1}L_{p_1} + ... + a_{i,p_k}L_{p_k}$.
Ici $(a_{i,p_j})_{1\leqslant j\leqslant k}$ est une collection de k réels.
Soit $\forall l \in [\![1,k]\!], Y_l = (L_{p_l})^T$. Les k vecteurs Y_l sont indépendants.

On choisit alors : $X_1 = \begin{pmatrix} a_{1,p_1} \\ . \\ . \\ . \\ a_{n,p_1} \end{pmatrix}, ..., X_k = \begin{pmatrix} a_{1,p_k} \\ . \\ . \\ . \\ a_{n,p_k} \end{pmatrix}$.

Vérifions l'indépendance des ces k matrices colonnes.
Écrivons une relation du type : $\lambda_1 X_1 + ... + \lambda_k X_k = 0$.
On peut remarquer que : $a_{p_1,p_1} = 1$ et $a_{p_1,j} = 0$ pour $j \neq p_1$.
Si l'on examine la ligne d'indice p_1 de : $\lambda_1 X_1 + ... + \lambda_k X_k$, cette ligne a pour seul coefficient $\lambda_1 \times 1 = \lambda_1$ et comme cette ligne est nulle, cela implique que $\lambda_1 = 0$. De même, la ligne d'indice p_2 n'est composée que de λ_2 qui vaut 0. Et ainsi de suite jusqu'à la ligne d'indice p_k, ce qui permet d'écrire que $\lambda_k = 0$.
Considérons le produit matriciel par blocs :

Il existe donc une collection de k vecteurs indépendants $(X_1, ..., X_k)$ et une autre collection de k vecteurs indépendants $(Y_1, ..., Y_k)$ tels que M soit de la forme $X_1Y_1^T + ... + X_kY_k^T$.

$$X_1Y_1^T + ... + X_kY_k^T = \begin{pmatrix} a_{1,p_1} \\ . \\ . \\ . \\ a_{n,p_1} \end{pmatrix} \times (L_{p_1}) + ... + \begin{pmatrix} a_{1,p_k} \\ . \\ . \\ . \\ a_{n,p_k} \end{pmatrix} \times (L_{p_k}).$$

Et : $\begin{pmatrix} a_{1,p_1}L_{p_1} + ... + a_{1,p_k}L_{p_k} \\ . \\ . \\ . \\ a_{n,p_1}L_{p_1} + ... + a_{n,p_k}L_{p_k} \end{pmatrix} = \begin{pmatrix} L_1 \\ . \\ . \\ . \\ L_n \end{pmatrix} = M.$

Exercice 2.14

On applique la méthode du pivot de Gauss avec successivement les opérations élémentaires $L_2 \leftarrow L_2 - L_1$, $L_3 \leftarrow L_3 - 2L_1$, $L_3 \leftarrow L_3 - (a-2)L_2$.
On obtient la matrice triangulaire supérieure

Le seul côté intéressant de l'exercice est de réviser cette méthode du pivot de Gauss, tant utilisée l'année dernière et pouvant revenir au moment de la « dure » épreuve des concours.

$$A^{(2)} = \begin{pmatrix} 1 & 1 & -1 & 1 \\ 0 & 1 & a+1 & 1 \\ 0 & 0 & (3-a)(a+2) & 3-a \end{pmatrix}$$

Si $a \notin \{-2, 3\}$, on fait l'opération $L_3 \leftarrow \dfrac{1}{(3-a)(a+2)}L_3$,

ce qui nous donne la matrice : $A^{(3)} = \begin{pmatrix} 1 & 1 & -1 & 1 \\ 0 & 1 & a+1 & 1 \\ 0 & 0 & 1 & 1/(a+2) \end{pmatrix}$ qui est de rang 3. Si $a = -2$, $\text{Rg}\, A = 3$ et si $a = 3$, $\text{Rg}\, A = 2$.

Exercice 2.15

Si $n \leqslant 2$, le problème se règle sans souci.

Supposons $n \geqslant 3$ et posons $X = \begin{pmatrix} \cos(1) \\ . \\ . \\ . \\ \cos(n) \end{pmatrix}$ et $Y = \begin{pmatrix} \sin(1) \\ . \\ . \\ . \\ \sin(n) \end{pmatrix}$.

On remarque que pour tout i de 1 à n, la colonne C_i de A est tout simplement $X\sin(i) + Y\cos(i)$. Comme $C_i \in \mathsf{Vect}\{X, Y\}$, $\mathsf{Rg}\, A = 2$ et c'est fini !

Exercice 2.16

Cette méthode permet aussi à la fois de prouver l'inversibilité et de trouver l'inverse. Matriciellement, les opérations élémentaires sur les lignes correspondent à la multiplication à gauche par un certain nombre de matrices $Q_i \in GL_p(\mathbb{K})$ de la matrice A pour obtenir $Q_kQ_{k-1}...Q_1A = I_p$, ce qui montre déjà que A est inversible (car elle possède un inverse à gauche) puis en multipliant à droite chacun des membres de cette égalité par A^{-1}, on obtient $A^{-1} = Q_kQ_{k-1}...Q_1$. Cela justifie le fait que A^{-1} se retrouve après opérations élémentaires sur les lignes dans la partie droite de la matrice à p lignes et $2p$ colonnes obtenue. $A = \begin{pmatrix} 2 & 2 & 3 \\ 1 & 1 & 4 \\ 1 & -2 & 1 \end{pmatrix}$ donne $\left(\begin{array}{ccc|ccc} 2 & 2 & 3 & 1 & 0 & 0 \\ 1 & 1 & 4 & 0 & 1 & 0 \\ 1 & -2 & 1 & 0 & 0 & 1 \end{array}\right)$.

Cette méthode dite de Gauss-Jordan est un grand classique de première année !

On lui effectue des opérations sur les lignes (laissées à la discrétion du lecteur !) et on aboutit à la matrice :

$$\left(\begin{array}{ccc|ccc} 1 & 0 & 0 & 9/15 & -8/15 & 5/15 \\ 0 & 1 & 0 & 3/15 & -1/15 & -5/15 \\ 0 & 0 & 1 & -3/15 & 6/15 & 0 \end{array}\right).$$

Exercice 2.17

On fait de façon successive :

$$C_2 \leftarrow C_2 - C_1,\ C_3 \leftarrow C_3 - C_1,\ C_4 \leftarrow C_4 - C_2,\ C_4 \leftarrow C_4 - C_3,$$

cela donne : $\begin{pmatrix} 1 & 0 & 0 & 0 \\ a & b-a & 0 & 0 \\ c & 0 & d-c & 0 \\ ac & (b-a)c & a(d-c) & (b-a)(d-c) \end{pmatrix}$.

Comme tous les chemins mènent à Rome, vous avez le droit de faire d'autres opérations élémentaires et même aboutir à une matrice triangulaire supérieure.

- Si $a \neq b$ et $c \neq d$, $\mathsf{Rg}\ A = 4$.
- Si $a = b$ et $c \neq d$ alors $\mathsf{Rg}\ A = \mathsf{Rg} \begin{pmatrix} 1 & 0 \\ a & 0 \\ c & d-c \\ ac & a(d-c) \end{pmatrix} = 2$.
- Si $a \neq b$ et $c = d$ alors $\mathsf{Rg}\ A$ est 2 par le même raisonnement.
- Si $a = b$ et $c = d$ alors $\mathsf{Rg}\ A = 1$.

Exercice 2.18

On écrit le système : $\left(\begin{array}{cccc|c} 1 & m & m^2 & m^3 & 1 \\ m & m^2 & m^3 & 1 & 1 \\ m^2 & m^3 & 1 & m & 1 \\ m^3 & 1 & m & m^2 & 1 \end{array}\right)$.

Vous allez faire un peu Gauss... Mais non, vous êtes mûr !

Le premier pivot est 1. On effectue :

$$L_2 \leftarrow L_2 - mL_1, L_3 \leftarrow L_3 - m^2L_1, L_4 \leftarrow L_4 - m^3L_1.$$

On remarque que si $m = 0$, les opérations restent élémentaires !

Puis $L_2 \leftrightarrow L_4$ donne : $\left(\begin{array}{cccc|c} 1 & m & m^2 & m^3 & 1 \\ 0 & 1-m^4 & m-m^5 & m^2-m^6 & 1-m^3 \\ 0 & 0 & 1-m^4 & m-m^5 & 1-m^2 \\ 0 & 0 & 0 & 1-m^4 & 1-m \end{array}\right)$.

Si $m^4 - 1 \neq 0$, on divise L_2, L_3 et L_4 par $-m^4 + 1$. On obtient :

$$\left(\begin{array}{cccc|c} 1 & m & m^2 & m^3 & 1 \\ 0 & 1 & m & m^2 & (m^2+m+1)/(m^3+m^2+m+1) \\ 0 & 0 & 1 & m & 1/(1+m^2) \\ 0 & 0 & 0 & 1 & 1/(m^3+m^2+m+1) \end{array}\right).$$

On peut terminer les opérations élémentaires pour aboutir à une matrice avec plus de zéros si vous êtes puriste.

On peut terminer le travail car le système est triangulaire et n'a pas de 0 sur la diagonale principale. La solution (x, y, z, t) est alors unique. On a immédiatement $t = 1/(m^3 + m^2 + m + 1) = 1/\left[(m^2+1)(m+1)\right]$. On remonte « en cascade » et on obtient : $x = y = z = t = 1/\left[(m^2+1)(m+1)\right]$.
Dans le cas où $m^4 = 1$, comme m est réel, seuls les cas $m = \pm 1$ sont possibles.

Dans le cas $m = 1$, on a : $\left(\begin{array}{cccc|c} 1 & 1 & 1 & 1 & 1 \\ 0 & 0 & 0 & 0 & 0 \\ 0 & 0 & 0 & 0 & 0 \\ 0 & 0 & 0 & 0 & 0 \end{array}\right)$.

Ce système se résume à la seule équation $x + y + z + t = 1$. Nous avons une infinité de solutions.

Il est clair qu'il y a des relations incompatibles et le système n'a pas de solution.

Dans le cas où $m = -1$, on a la matrice : $\left(\begin{array}{cccc|c} 1 & -1 & 1 & -1 & 1 \\ 0 & 0 & 0 & 0 & 2 \\ 0 & 0 & 0 & 0 & 0 \\ 0 & 0 & 0 & 0 & 2 \end{array}\right)$.

Exercice 2.19

Après un calcul aisé : $A^2 = \begin{pmatrix} 0 & 0 & 0 & 0 \\ -2 & 0 & 0 & 2 \\ 0 & 0 & 2 & 0 \\ -2 & 0 & 0 & 2 \end{pmatrix}$. On voit rapidement que A^2 ne possède que deux colonnes indépendantes qui forment une base de $\operatorname{Im} A^2$.

C'est un exercice de base, certes mais à savoir faire !

Par exemple, on peut prendre $\{\vec{u}_1 = (0,1,0,1), \vec{u}_2 = (0,0,1,0)\}$.
Puis, on cherche le noyau de f^2 en résolvant $A^2X = 0$. On trouve pour base de $\operatorname{Ker} A^2$ la famille : $\{\vec{u}_3 = (0,1,0,0), \vec{u}_4 = (1,0,0,1)\}$.
Pour montrer que $\operatorname{Ker} f^2$ et $\operatorname{Im} f^2$ sont supplémentaires dans $\mathbb{R}^4$, on peut par exemple vérifier que $\{\vec{u}_1, \vec{u}_2, \vec{u}_3, \vec{u}_4\}$ forme une famille libre.

Exercice 2.20

En complétant avec le théorème du rang, on a le résultat.

1. Si $\vec{u} \in \operatorname{Ker} \phi \cap \operatorname{Im} \phi$, il existe $\vec{v}$ tel que $\phi(\vec{v}) = \vec{u}$ et $\phi(\vec{u}) = 0$.
Donc $\phi^3(\vec{v}) = \phi^2(\vec{u}) = -\phi(\vec{v}) = -\vec{u} = 0$ donc $\vec{u} = 0$.

Le but du jeu est de montrer que $\vec{v} = 0$.

2. Montrons que $\operatorname{Im} \phi = \operatorname{Ker}(\phi^2 + Id)$. Soit $\vec{u} \in \operatorname{Im} \phi$ et posons $\vec{v} = \phi^2(\vec{u}) + \vec{u}$.
On a déjà : $\vec{v} \in \operatorname{Im} \phi$ comme somme de deux vecteurs de $\operatorname{Im} \phi$. Puis $\phi(\vec{v}) = 0$ donc $\vec{v} \in \operatorname{Ker} \phi \cap \operatorname{Im} \phi$. Donc $\vec{v} = 0$. Le résultat est prouvé.

$\operatorname{Rg} \phi$ est celui de la matrice trouvée car le rang est indépendant de la base.

Il reste à construire la matrice et donc trouver la base dans laquelle ϕ est représentée par cette matrice. On choisit e_1 vecteur non nul du noyau de ϕ, prenons $\vec{e}_3$ dans l'image et considérons $\vec{e}_2 = \phi(\vec{e}_3)$. La première et troisième colonne de la matrice voulue sont donc déjà trouvées. Puis $\phi(\vec{e}_2) = \phi^2(\vec{e}_3)$. Comme $\vec{e}_3 \in \operatorname{Im} \phi$ alors $\phi^2(\vec{e}_3) = -\vec{e}_3 = \phi(\vec{e}_2)$. Donc $\operatorname{Rg} \phi = 2$.

Exercice 2.21

Si $M = 0_3$, M est évidemment solution de l'équation.

Supposons que $M \neq O_3$ et soit ϕ l'endomorphisme associé canoniquement à M. Il existe donc un vecteur x tel que $\phi(x) \neq \vec{0}$. On a $\operatorname{Im} \phi \subset \operatorname{Ker} \phi$ et comme $\dim \operatorname{Im} \phi + \dim \operatorname{Ker} \phi = 3$, nécessairement $\dim \operatorname{Im} \phi = 1$ et $\dim \operatorname{Ker} \phi = 3$.

Comme $\phi(\vec{x}) \in \mathsf{Ker}\,\phi$, il existe $\vec{z} \in \mathsf{Ker}\,\phi$ tel que $\{\phi(\vec{x}), \vec{z}\}$ soit une base de $\mathsf{Ker}\,\phi$. La famille $\mathcal{F} = \{\vec{x}, \phi(\vec{x}), \vec{z}\}$ est libre (le faire) et la matrice de ϕ par rapport à cette base est $A = \begin{pmatrix} 0 & 0 & 0 \\ 1 & 0 & 0 \\ 0 & 0 & 0 \end{pmatrix}$. Les matrices solutions sont soit O, soit toutes les matrices $P^{-1}AP$, avec P quelconque dans $GL_3(\mathbb{K})$.

Bien retenir l'intérêt de cette nouvelle base !

Exercice 2.22

1. Si $A = (a_{i,j})_{1\leqslant i,j\leqslant n}$, $B = (b_{i,j})_{1\leqslant i,j\leqslant n}$ et $\alpha \in \mathbb{R}$ alors :

$$\mathrm{Tr}(\alpha A + B) = \sum_{k=1}^{n} (\alpha a_{k,k} + b_{k,k}) = \alpha \sum_{k=1}^{n} a_{k,k} + \sum_{k=1}^{n} b_{k,k}.$$

C'est bien $\alpha \mathrm{Tr} A + \mathrm{Tr} B$. Donc Tr est linéaire et comme l'image est dans $\mathbb{R}$, c'est bien une forme linéaire sur E.

Les deux premières questions sont une partie du **théorème 2.1** *donc du cours, mais il faut bien en faire de temps en temps.*

2. On reprend les mêmes notations pour A et B et de plus, $AB = (c_{i,j})_{1\leqslant i,j\leqslant n}$, $BA = (d_{i,j})_{1\leqslant i,j\leqslant n}$. Alors, pour tout couple (i,j),

$c_{i,j} = \displaystyle\sum_{k=1}^{n} a_{i,k}b_{k,j}$ et $d_{i,j} = \displaystyle\sum_{k=1}^{n} b_{i,k}a_{k,j}$. Alors :

$$\mathrm{Tr}(AB) = \sum_{i=1}^{n} c_{i,i} = \sum_{i=1}^{n} \left(\sum_{k=1}^{n} a_{i,k}b_{k,i} \right), \mathrm{Tr}(BA) = \sum_{i=1}^{n} d_{i,i} = \sum_{i=1}^{n} \left(\sum_{k=1}^{n} b_{i,k}a_{k,i} \right)$$

On inverse les sommations et on permute i et k.

On a alors : $\mathrm{Tr}(AB) = \displaystyle\sum_{k=1}^{n} \left(\sum_{i=1}^{n} a_{i,k}b_{k,i} \right) = \sum_{i=1}^{n} \left(\sum_{k=1}^{n} a_{k,i}b_{i,k} \right)$.

On reconnaît $\mathrm{Tr}(BA)$.

3. Comme Tr est une forme linéaire non nulle, la dimension de $\mathsf{Ker}\,Tr$ est alors $\mathsf{dim}\,E - = n^2 - 1$.

Car $\mathrm{Tr}(I_n) \neq 0$.

Pour montrer que $E = \mathsf{Ker}\,Tr \oplus \mathsf{Vect}\,(I_n)$, comme $\mathsf{dim}\,\mathsf{Vect}\,(I_n) = 1$, il suffit de prouver que si $M \in \mathsf{Ker}\,Tr \cap \mathsf{Vect}\,(I_n)$ alors $M = 0$.

Pour un tel M, il existe $a \in \mathbb{R}$ tel que $M = aI_n$ et $\mathrm{Tr}(M) = 0$ donc on a les égalités : $\mathrm{Tr}(aI_n) = a\mathrm{Tr}(I_n) = a = 0$.

On peut conclure que $M = 0$.

4. ϕ est une application linéaire de E dans E car pour tout $(M,N) \in E^2$ et pour tout $a \in \mathbb{R}$, $\phi(M+aN) = (M+aN) + \mathrm{Tr}\,(M+aN)I_n = \phi(M) + a\phi(N)$.

Par linéarité de Tr.

Déterminons $\mathsf{Ker}\,\phi$. Si $M \in \mathsf{Ker}\,\phi$, alors $M + \mathrm{Tr}\,(M)I_n = 0$. Donc, $M \in \mathsf{Vect}\,(I_n)$ et il existe alors $\alpha \in \mathbb{R}$, $M = \alpha I_n$. On a : $\phi(I_n) = (n+1)I_n$. Ainsi, $\phi(M) = \alpha(n+1)I_n$. Donc $\phi(M) = 0$ si et seulement si $\alpha = 0$ donc si et seulement si $M = 0$. ϕ est un automorphisme car ϕ est injective et est un endomorphisme en dimension finie.

Car $\mathrm{Tr}(I_n) = n$.

5. $M \in E_1(\phi) \Leftrightarrow \phi(M) = M \Leftrightarrow M + \mathrm{Tr}\,(M)I_n = M \Leftrightarrow \mathrm{Tr}M = 0$.

Ainsi, $E_1(\phi) = \mathsf{Ker}\,\mathrm{Tr}$.

6. On a les équivalences : $M \in E_{n+1}(\phi) \Leftrightarrow \phi(M) = (n+1)M$

$\Leftrightarrow M + \mathrm{Tr}\,(M)I_n = nM + M \Leftrightarrow \mathrm{Tr}(M)I_n = M$.

Ainsi, $M \in \mathsf{Vect}\,(I_n)$.

Réciproquement, si $M \in (I_n)$ alors rapidement $\phi(M) = (n+1)M$, ce qui signifie bien que $M \in E_{n+1}(\phi)$.

7. Écrivons la matrice de ϕ dans une base de E telle que ses $n^2 - 1$ premiers vecteurs forment une base de $\mathsf{Ker}\,\mathrm{Tr}$ et son dernier vecteur est une base de $\mathsf{Vect}\,(I_n)$, par exemple I_n lui-même. Cette matrice a tous ses coefficients égaux à 0 sauf le dernier coefficient de la diagonale principale égal à $n+1$.

On dit que l'on a diagonalisé ϕ. Voir le **chapitre 4**.

Exercice 2.23

En suivant l'indication, si p est l'endomorphisme p de $\mathbb{K}^n$, associé canoniquement à A, $\dim \operatorname{Ker} p = n - 1$. Soit $\{e_1, ..., e_{n-1}\}$ une base de $\operatorname{Ker} p$ que l'on complète par $B = \{e_1, ..., e_{n-1}, e_n\}$ pour avoir une nouvelle base de $\mathbb{K}^n$.

*On retiendra qu'il y a l'idée motrice de l'**exercice 2.21**, c'est-à-dire de trouver une base dans laquelle la matrice a « beaucoup » de colonnes nulles.*

La matrice A est donc semblable à :

$$B = \begin{pmatrix} 0 & . & . & . & 0 & \lambda_1 \\ 0 & . & . & . & 0 & \lambda_2 \\ . & . & . & . & . & . \\ . & . & . & . & . & . \\ . & . & . & . & . & . \\ 0 & . & . & . & 0 & \lambda_n \end{pmatrix}.$$

On peut calculer B^2 comme produit de matrices par blocs.

Comme $\operatorname{Tr}(A) = 1$, $\operatorname{Tr}(B) = 1$ et donc $\lambda_n = 1$. On calcule B^2 et on montre rapidement que $B^2 = B$. Donc comme il existe $P \in GL_n(\mathbb{K})$ tel que l'on ait $A = PBP^{-1}$, on a : $A^2 = PB^2P^{-1} = PBP^{-1} = A$.

Exercice 2.24

L'idée de décomposer un vecteur quelconque dans $V + W$ doit devenir spontanée chez vous, vu l'énoncé.

1. $\forall \vec{x} \in E$, $\exists ! (\vec{x}_V, \vec{x}_W) \in V \times W$ tel que $\vec{x} = \vec{x}_V + \vec{x}_W$. On écrit alors : $s(\vec{x}) = 2p(\vec{x}) - \vec{x} = 2\vec{x}_V - (\vec{x}_V + \vec{x}_W) = \vec{x}_V - \vec{x}_W$ qui est bien l'image de $\vec{x}$ par la symétrie d'axe V de direction W.

Conclusion : $s = 2p - \mathrm{Id}_E$ est la symétrie par rapport à V de direction W.

2. L'application « trace » est une forme linéaire sur E et la trace d'un projecteur est son rang, donc : $\operatorname{Tr}(s) = 2\operatorname{Tr}(p) - \operatorname{Tr}(\mathrm{Id}_E) = 2 \dim V - n$.

Exercice 2.25

Donc Δ_A est un s.e.v de $\mathcal{M}_n(\mathbb{C})$

1. On montre sans souci que $0 \in \Delta_A$ et que si (M, N) est un couple de matrices de Δ_A alors pour tout $\lambda \in \mathbb{C}$, $M + \lambda N \in \Delta_A$. Puis si $M \in \mathcal{A}_n(\mathbb{C})$ alors $M + M^T = 0$ et comme $\operatorname{Tr}(M) = 0$, on a bien : $\mathcal{A}_n(\mathbb{C}) \subset \Delta_A$.

Les éléments diagonaux d'un élément de $\mathcal{A}_n(\mathbb{C})$ sont tous nuls.

2. Supposons $\operatorname{Tr}(A) \neq 2$, montrons que $\Delta_A \subset \mathcal{A}_n(\mathbb{C})$. Soit $M \in \Delta_A$, on a :

$$M + M^T = \operatorname{Tr}(M)A \Rightarrow \operatorname{Tr}\left[M + M^T\right] = \operatorname{Tr}\left[\operatorname{Tr}(M)A\right].$$

Ce qui donne : $2\operatorname{Tr}(M) = \operatorname{Tr}(M)\operatorname{Tr}(A)$. Donc comme $\operatorname{Tr}(A) \neq 2$, $\operatorname{Tr}(M) = 0$ et $M + M^T = 0$, ce qui implique que : $M \in \mathcal{A}_n(\mathbb{C})$.

L'autre inclusion est toujours vraie.

3. Supposons $\operatorname{Tr}(A) = 2$ et $A \notin \mathcal{S}_n(\mathbb{C})$. On remarque que $M + M^T$ est symétrique donc si $M \in \Delta_A$, $\operatorname{Tr}(M)A$ doit être symétrique. Or A ne l'est pas et donc $\operatorname{Tr}(M) = 0$ nécessairement. Et donc $M + M^T = 0$ ce qui implique que $M \in \mathcal{A}_n(\mathbb{C})$. On a donc encore : $\Delta_A = \mathcal{A}_n(\mathbb{C})$.

4. Supposons maintenant $\operatorname{Tr}(A) = 2$ et $A \in \mathcal{S}_n(\mathbb{C})$. Soit $M \in \Delta_A$. On écrit : $M = M_s + M_a$, où $M_s \in \mathcal{S}_n(\mathbb{C})$ et $M_a \in \mathcal{A}_n(\mathbb{C})$. Alors :

$$M + M^T = (M_s + M_a) + (M_s^T + M_a^T) = 2M_s$$

$\operatorname{Tr}(M_a) = 0$.

et $\operatorname{Tr}(M)A = \operatorname{Tr}(M_s)A$. Donc $2M_s = \operatorname{Tr}(M_s)A$. Et : $M_s \in \operatorname{Vect}(A)$. On a :

$$\Delta_A \subset \mathcal{A}_n(\mathbb{C}) + \operatorname{Vect}(A).$$

Comme $A + A^T = 2A$ car $A \in \mathcal{S}_n(\mathbb{C})$, on a : $A + A^T = \operatorname{Tr}(A)A$ et $A \in \Delta_A$. Donc $\operatorname{Vect}(A) \subset \Delta_A$. Comme $\mathcal{A}_n(\mathbb{C}) \subset \Delta_A$, on a : $\Delta_A = \mathcal{A}_n(\mathbb{C}) + \operatorname{Vect}(A)$.

Chapitre 3
Déterminants

Leibniz est le premier à s'intéresser à la résolution de systèmes d'équations linéaires en 1678 ; cependant l'introduction de déterminants pour les résoudre se trouve dans un ouvrage posthume de Colin **MacLaurin** publié en 1748. Gabriel **Cramer** utilise les méthodes du mathématicien écossais pour étudier l'intersection de deux courbes. Sa publication étant mieux diffusée, on lui attribue la découverte de cette méthode qui porte désormais son nom. Étienne **Bézout** et Leonhard **Euler** améliorent les règles de calcul mais la première théorie des déterminants est l'œuvre du mathématicien français Alexandre **Vandermonde** et date de 1772. La même année, **Laplace** démontre la propriété de développement par rapport à une ligne ou une colonne. Le mot déterminant est introduit par **Cauchy** alors que **Cayley** est le premier, en 1841, à noter les déterminants sous forme de tableaux entre deux lignes verticales.

Gottfried Leibniz
1646-1716

■■ Objectifs

■ Les incontournables

▷ Savoir calculer un déterminant :

- en utilisant les transformations élémentaires du pivot de Gauss
- par développement par rapport à une ligne ou une colonne
- grâce à des relations de récurrence

▷ Savoir calculer le déterminant d'une matrice triangulaire par blocs

▷ Connaître et utiliser la notion de déterminant d'un endomorphisme

▷ Connaître les propriétés de l'application déterminant de $\mathscr{M}_n(\mathbb{K})$ dans $\mathbb{K}$.

■ Et plus si affinités...

▷ Savoir calculer, reconnaître et utiliser les déterminants de Vandermonde.

Résumé de cours

Déterminant d'une matrice carrée de taille n

Définition : Déterminant d'une matrice carrée —.
Il existe une unique application $f : \mathcal{M}_n(\mathbb{K}) \to \mathbb{K}$ vérifiant les trois propriétés suivantes :

- *f est* **linéaire par rapport à chacune des colonnes de sa variable**, *c'est-à-dire que si $C_1, ..., C_n$ sont des matrices colonnes, pour tout $j \in [\![1, n]\!]$, l'application*
$$X \mapsto f(C_1, C_2, .., C_{j-1}, X, C_{j+1}, ..., C_n)$$
est linéaire de $\mathcal{M}_{n,1}(\mathbb{K})$ vers $\mathbb{K}$.
- *f est antisymétrique, c'est-à-dire que si dans A, on effectue l'opération élémentaire $C_i \leftrightarrow C_j$ avec $i \neq j$, et si l'on note B la matrice obtenue alors $f(A) = -f(B)$.*
- *Enfin, $f(I_n) = 1$.*

On dit que f est **l'application déterminant** *et on note* Det (A) *la quantité $f(A)$.*

$$A = \begin{pmatrix} a_{1,1} & a_{1,2} & \dots & a_{1,n} \\ a_{2,1} & a_{2,2} & \dots & a_{2,n} \\ \cdot & \cdot & & \cdot \\ \cdot & \cdot & & \cdot \\ \cdot & \cdot & & \cdot \\ a_{n,1} & a_{n,2} & \dots & a_{n,n} \end{pmatrix} \Rightarrow \text{Det}\,(A) = \begin{vmatrix} a_{1,1} & a_{1,2} & \dots & a_{1,n} \\ a_{2,1} & a_{2,2} & \dots & a_{2,n} \\ \cdot & \cdot & & \cdot \\ \cdot & \cdot & & \cdot \\ \cdot & \cdot & & \cdot \\ a_{n,1} & a_{n,2} & \dots & a_{n,n} \end{vmatrix}.$$

Proposition 3.1.—
- $\forall (A, B) \in (\mathcal{M}_n(\mathbb{K}))^2$, $\text{Det}\,(A.B) = \text{Det}\,A \times \text{Det}\,B$.
- $\forall A \in \mathcal{M}_n(\mathbb{K})$, $\forall \lambda \in \mathbb{K}$, $\text{Det}\,(\lambda A) = \lambda^n \text{Det}\,A$.
- $\forall A \in \mathcal{M}_n(\mathbb{K})$, $(A \in \mathrm{GL}_n(\mathbb{K}) \Leftrightarrow \text{Det}\,(A) \neq 0)$.
- $\forall A \in \mathrm{GL}_n(\mathbb{K})$, $\text{Det}\,\left(A^{-1}\right) = \dfrac{1}{\text{Det}\,A}$.
- Les déterminants de deux matrices semblables sont égaux.
- $\text{Det}\,(A) = \text{Det}\,(A^T)$.

Proposition 3.2.— Soit $A = (a_{ij})$ une matrice de $\mathcal{M}_n(\mathbb{K})$ alors :
$$\forall j \in [\![1, n]\!],\ \text{Det}\,A = \sum_{i=1}^{n} (-1)^{i+j} \Delta_{ij} a_{ij}$$
ou
$$\forall i \in [\![1, n]\!],\ \text{Det}\,A = \sum_{j=1}^{n} (-1)^{i+j} \Delta_{ij} a_{ij},$$
où $\Delta_{i,j}$ est le déterminant d'ordre $n-1$ issu de Det A, en y enlevant la ligne L_i et colonne C_j.

Dans la première formule, j est fixé arbitrairement : on dit que le déterminant de A est obtenu ***en développant suivant la $j^{\text{ème}}$ colonne***; dans la deuxième formule, i est fixé arbitrairement : on dit que le déterminant de A est obtenu ***en développant suivant la $i^{\text{ème}}$ ligne***.

Définition : *Soit* $(a_1, a_2, \dots, a_p) \in \mathbb{R}^p$, $(p \geqslant 2)$ *alors :*

$$V(a_1, a_2, \cdots, a_p) = \begin{vmatrix} 1 & 1 & \cdots & 1 & 1 \\ a_1 & a_2 & \cdots & a_{p-1} & a_p \\ a_1^2 & a_2^2 & \cdots & a_{p-1}^2 & a_p^2 \\ \vdots & \vdots & & \vdots & \vdots \\ a_1^{p-1} & a_2^{p-1} & \cdots & a_{p-1}^{p-1} & a_p^{p-1} \end{vmatrix} = \prod_{1 \leqslant i < j \leqslant p} (a_j - a_i).$$

$V(a_1, a_2, \cdots, a_p)$ *est appelé* ***déterminant de Vandermonde.***
*La démonstration est incluse dans l'***exercice 3.9**.

Corollaire 3.3.— Déterminant d'une matrice triangulaire —.
Le déterminant d'une matrice triangulaire est égal au produit des éléments de sa diagonale.

Proposition 3.4.— Avec la notation bloc $\begin{pmatrix} A & C \\ B & D \end{pmatrix}$ vue dans le chapitre précédent et adaptée aux déterminants, on a la formule (où ici $B = O$) :

$$\boxed{\begin{vmatrix} A & C \\ O & D \end{vmatrix} = \text{Det}\, A . \text{Det}\, D}$$

■ Déterminant d'une famille de vecteurs

Définition : *Soit E, espace vectoriel sur $\mathbb{K}$, $\mathcal{B} = \{e_1, ..., e_n\}$ une base de E et $\mathcal{F} = \{\vec{u}_1, ..., \vec{u}_n\}$ une famille de n vecteurs de E. On appelle* **déterminant de la famille** $\mathcal{F}$ *selon* $\mathcal{B}$ *le déterminant de la matrice carrée d'ordre n telle que pour tout j variant de 1 à n, sa colonne C_j est constituée des composantes de $\vec{u}_j$ dans $\mathcal{B}$. On le note* $\text{Det}_{\mathcal{B}}(\mathcal{F})$.

Proposition 3.5.— Caractérisation d'une base —. E étant un $\mathbb{K}$-espace vectoriel de dimension n, une famille de n vecteurs est une base de E si, et seulement si, son déterminant dans une base quelconque de E est non nul.

■ Déterminant d'un endomorphisme

Définition : *Soit $\mathcal{B} = \{e_1, ..., e_n\}$ une base de E, $\phi \in \mathcal{L}(E)$. On appelle* **déterminant de l'endomorphisme** ϕ *le déterminant de la matrice carrée A d'ordre n représentant ϕ dans la base $\mathcal{B}$. On le note* $\text{Det}\,\phi$. *Comme le déterminant de A et d'une matrice semblable à A sont égaux,* $\text{Det}\,\phi$ *ne dépend pas de la base choisie.*

Proposition 3.6.— Propriétés du déterminant d'un endomorphisme —. Soit $(\varphi, \psi) \in \mathcal{L}(E)^2$,

1. $\text{Det}\,(\varphi \circ \psi) = \text{Det}\,\varphi \times \text{Det}\,\psi$.
2. φ est un automorphisme si, et seulement si, $\text{Det}\,\varphi \neq 0$.
   Dans ce cas : $\text{Det}\,\left(\varphi^{-1}\right) = \dfrac{1}{\text{Det}\,\varphi}$.

Méthodes

La pratique du calcul d'un déterminant

Il faut, bien entendu, connaître les formules de développement du déterminant d'une matrice par rapport à une ligne ou une colonne : **proposition 3.2**. Néanmoins, celles-ci conduisent régulièrement à des calculs inextricables (sauf pour la **méthode 3.3**). Les deux premières méthodes décrites ici sont donc plutôt des stratégies de contournement de ces formules.

❑ Méthode 3.1.— Comment utiliser des opérations élémentaires pour se ramener au déterminant d'une matrice triangulaire

On met en œuvre une procédure de Gauss classique, avec quelques précautions :

- l'opération élémentaire $L_i \leftrightarrow L_j$, où $i \neq j$, transforme le déterminant en son opposé ;
- l'opération élémentaire $L_i \leftarrow kL_i$, multiplie le déterminant par k ;
- l'opération élémentaire $L_i \leftarrow L_i + kL_j$, où $i \neq j$, laisse le déterminant invariant.

Mise en œuvre : de l'**exercice 3.1** à l'**exercice 3.6**.

Exemples : 1. *Calculer* $D = \begin{vmatrix} 1 & 2 & 3 \\ 4 & 9 & 6 \\ 7 & 8 & 9 \end{vmatrix}$.

$L_2 \leftarrow L_2 - 4L_1$ et $L_3 \leftarrow L_3 - 7L_1$ donnent : $D = \begin{vmatrix} 1 & 2 & 3 \\ 0 & 1 & -6 \\ 0 & -6 & -12 \end{vmatrix}$.

$L_3 \leftarrow L_3 + 6L_2$ donne : $D = \begin{vmatrix} 1 & 2 & 3 \\ 0 & 1 & -6 \\ 0 & 0 & -48 \end{vmatrix} = -48$.

2. *Calculer* $D = \begin{vmatrix} a_1 & a_1 & a_1 & \cdots & a_1 \\ a_1 & a_2 & a_2 & \cdots & a_2 \\ a_1 & a_2 & a_3 & \cdots & a_3 \\ \vdots & \vdots & \vdots & \ddots & \vdots \\ a_1 & a_2 & a_3 & \cdots & a_n \end{vmatrix}$.

Les opérations $L_i \leftarrow L_i - L_{i-1}$, pour tout $i \in [\![2, n]\!]$, en partant de $i = n$, donnent :

$$D = \begin{vmatrix} a_1 & a_1 & a_1 & \cdots & a_1 \\ 0 & a_2 - a_1 & a_2 - a_1 & \cdots & a_2 - a_1 \\ 0 & 0 & a_3 - a_2 & \cdots & a_3 - a_2 \\ \vdots & \vdots & \vdots & \ddots & \vdots \\ 0 & 0 & 0 & \cdots & a_n - a_{n-1} \end{vmatrix} = a_1 \prod_{i=2}^{n} (a_i - a_{i-1}).$$

Ces manipulations peuvent être interrompues à tout moment et le calcul achevé par un développement par rapport à une ligne (ou une colonne).

Méthodes

❑ **Méthode 3.2.— Comment mettre en évidence un facteur commun aux éléments d'une colonne (ligne)**

Il s'agit souvent d'une manipulation préparatoire à la **méthode 3.1**.

- Si, en ajoutant à une colonne une ou plusieurs des autres colonnes, on obtient une colonne formée d'éléments identiques et de zéros, on factorise le déterminant par ce facteur commun en faisant ainsi apparaître une colonne de 1 et de 0.
- Des opérations élémentaires sur les lignes permettent alors de faire apparaître un seul 1 et des 0 dans cette colonne par rapport à laquelle on va développer.

Mise en œuvre : de l'**exercice 3.1** à l'**exercice 3.6**.

Exemples : 1. *Calculer* $D = \begin{vmatrix} 0 & a & b & c \\ a & 0 & b & c \\ a & b & 0 & c \\ a & b & c & 0 \end{vmatrix}$.

Les sommes des éléments de chaque ligne sont égales : on ajoute donc à la première colonne les trois autres.

$$D = \begin{vmatrix} a+b+c & a & b & c \\ a+b+c & 0 & b & c \\ a+b+c & b & 0 & c \\ a+b+c & b & c & 0 \end{vmatrix} = (a+b+c) \begin{vmatrix} 1 & a & b & c \\ 1 & 0 & b & c \\ 1 & b & 0 & c \\ 1 & b & c & 0 \end{vmatrix}.$$

En retranchant la première ligne aux trois autres, puis en développant par rapport à la première colonne :

$$D = (a+b+c) \begin{vmatrix} 1 & a & b & c \\ 0 & -a & 0 & 0 \\ 0 & b-a & -b & 0 \\ 0 & b-a & c-b & -c \end{vmatrix} = (a+b+c) \begin{vmatrix} -a & 0 & 0 \\ b-a & -b & 0 \\ b-a & c-b & -c \end{vmatrix} = -abc(a+b+c).$$

2. *Calculer* $D = \begin{vmatrix} a & b & c \\ b & a & b \\ c & -c & a \end{vmatrix}$.

$C_1 \leftarrow C_1 + C_2$ donne : $D = \begin{vmatrix} a+b & b & c \\ a+b & a & b \\ 0 & -c & a \end{vmatrix} = (a+b) \begin{vmatrix} 1 & b & c \\ 1 & a & b \\ 0 & -c & a \end{vmatrix}$.

$L_2 \leftarrow L_2 - L_1$, puis le développement par rapport à la première colonne, donnent :

$$D = (a+b) \begin{vmatrix} 1 & b & c \\ 0 & a-b & b-c \\ 0 & -c & a \end{vmatrix},$$

c'est-à-dire :

$$D = (a+b)(a^2 - ab + bc - c^2) = (a+b)(a-c)(a-b+c).$$

❑ Méthode 3.3.— Comment développer suivant une ligne (colonne) pour mettre en évidence une relation de récurrence

Le champ d'application privilégié de cette méthode est le calcul de déterminants dont l'ordre n est quelconque.

- On développe par rapport à une ligne (ou une colonne) la plus creuse possible pour essayer de trouver une relation de récurrence simple.
- On résout la récurrence, ce qui nécessite de connaître quelques méthodes usuelles.

Mise en œuvre : exercice 3.7, exercice 3.9.

Exemple : *Calculer* $D_n = \begin{vmatrix} 0 & 0 & \cdots & \cdots & a_n \\ 0 & 0 & \cdots & a_{n-1} & 0 \\ \vdots & \vdots & & & \vdots \\ 0 & a_2 & 0 & \cdots & 0 \\ a_1 & 0 & \cdots & \cdots & 0 \end{vmatrix}$.

Si l'un des a_j, $j \in [\![1, n]\!]$ est nul, la matrice est de rang strictement inférieur à n, et $D_n = 0$.
Dans le cas contraire (aucun des a_j n'est nul), développons D_n par rapport à la première ligne :

$$D_n = (-1)^{n+1} a_n \begin{vmatrix} 0 & 0 & \cdots & \cdots & a_{n-1} \\ 0 & 0 & \cdots & a_{n-2} & 0 \\ \vdots & \vdots & & & \vdots \\ 0 & a_2 & 0 & \cdots & 0 \\ a_1 & 0 & \cdots & \cdots & 0 \end{vmatrix}.$$

Et donc :

$$D_n = (-1)^{n+1} a_n D_{n-1} = (-1)^{n-1} a_n D_{n-1}.$$

De cette relation de récurrence, on déduit :

$$\prod_{k=2}^{n} D_k = \prod_{k=2}^{n} (-1)^{k-1} . \prod_{k=2}^{n} a_k . \prod_{k=2}^{n} D_{k-1}.$$

Il en résulte que, par récurrence sur $n \in \mathbb{N}^*$, $\prod_{k=2}^{n} D_k$ est non nul, donc *a fortiori* D_n est non nul.

On trouve alors par simplification

$$D_n = D_1 . \prod_{k=2}^{n} (-1)^{k-1} . \prod_{k=2}^{n} a_k = D_1 .(-1)^{\sum_{k=2}^{n}(k-1)} \prod_{k=2}^{n} a_k.$$

Comme $D_1 = a_1$ (et $D_2 = -a_1 a_2$ pour vérification), on aboutit à :

$$D_n = (-1)^{\frac{n(n-1)}{2}} \prod_{k=1}^{n} a_k.$$

■ Formule Det $(A \times B)$ = Det $A \times$ Det B

Mise en œuvre : exercice 3.8.

Exemple : *Soit a, b et c trois complexes,* $M = \begin{pmatrix} a & b & c \\ c & a & b \\ b & c & a \end{pmatrix}$ *et* $J = \begin{pmatrix} 1 & 1 & 1 \\ 1 & j & j^2 \\ 1 & j^2 & j \end{pmatrix}$, *où j est la racine cubique de l'unité de partie imaginaire strictement positive.*

1. *Déterminer directement une matrice diagonale D telle que : $MJ = JD$.*

2. *En déduire une factorisation du déterminant de M en trois facteurs.*

1.
$$MJ = \begin{pmatrix} a+b+c & a+bj+cj^2 & a+bj^2+cj \\ a+b+c & c+aj+bj^2 & c+aj^2+bj \\ a+b+c & b+cj+aj^2 & b+cj^2+aj \end{pmatrix}.$$

$$\text{Si } D = \begin{pmatrix} \alpha & 0 & 0 \\ 0 & \beta & 0 \\ 0 & 0 & \gamma \end{pmatrix}, \ JD = \begin{pmatrix} \alpha & \beta & \gamma \\ \alpha & \beta j & \gamma j^2 \\ \alpha & \beta j^2 & \gamma j \end{pmatrix}.$$

$$\text{Comme } j^3 = 1 \text{ et } j^4 = j, \ MJ = JD \Leftrightarrow \begin{cases} \alpha = a+b+c \\ \beta = a+bj+cj^2 \\ \gamma = a+bj^2+cj \end{cases}$$

2. $MJ = JD \Rightarrow$ Det $M \times$ Det J = Det $J \times$ Det D. Or, Det $J = (1-j)^3$, donc :

$$\text{Det}\, M = \text{Det}\, D = (a+b+c)(a+bj+cj^2)(a+bj^2+cj).$$

■ Cas des déterminants blocs

> **❑ Méthode 3.4.— Comment utiliser la formule du déterminant d'une matrice triangulaire par blocs**
>
> Il s'agit d'exploiter la formule suivante :
>
> A, C et D étant, respectivement, des matrices de $\mathcal{M}_n(\mathbb{K})$, $\mathcal{M}_{n,p}(\mathbb{K})$ et $\mathcal{M}_p(\mathbb{K})$, alors :
>
> $$\text{Det} \begin{pmatrix} A & C \\ O & D \end{pmatrix} = \text{Det } A \times \text{Det } D,$$
>
> énoncée par la **proposition 3.4**.
>
> Au besoin, on peut faire apparaître un bloc nul par des manipulations élémentaires des lignes et colonnes du déterminant.

Mise en œuvre : exercice 3.10 à **exercice 3.13**.

Exemple : *Calculer* $\begin{vmatrix} 0 & 1 & 0 & 2 \\ -2 & 0 & 1 & 0 \\ 0 & a & 0 & 2 \\ -1 & 0 & b & 0 \end{vmatrix}$.

Échangeons les deuxième et troisième colonnes, puis les première et quatrième lignes :

$$\begin{vmatrix} 0 & 1 & 0 & 2 \\ -2 & 0 & 1 & 0 \\ 0 & a & 0 & 2 \\ -1 & 0 & b & 0 \end{vmatrix} = - \begin{vmatrix} 0 & 0 & 1 & 2 \\ -2 & 1 & 0 & 0 \\ 0 & 0 & a & 1 \\ -1 & b & 0 & 0 \end{vmatrix} = \begin{vmatrix} -1 & b & 0 & 0 \\ -2 & 1 & 0 & 0 \\ 0 & 0 & a & 1 \\ 0 & 0 & 1 & 2 \end{vmatrix} = \begin{vmatrix} -1 & b \\ -2 & 1 \end{vmatrix} \cdot \begin{vmatrix} a & 1 \\ 1 & 2 \end{vmatrix} = (2a-1)(2b-1).$$

Vrai/Faux

	Vrai	Faux
1. Si $(C_1, ..., C_n) \in [\mathcal{M}_{n,1}(\mathbb{K})]^n$ alors on a l'égalité pour tout λ dans $\mathbb{K}$: $\text{Det}\,(\lambda C_1, \lambda C_2, \cdots, \lambda C_n) = \lambda\,\text{Det}\,(C_1, C_2, \cdots, C_n)$.	☐	☐
2. On ne change pas le déterminant d'une famille de vecteurs en remplaçant l'un d'eux par une combinaison linéaire des vecteurs de cette famille.	☐	☐
3. Soit $\mathcal{B} = (e_1, e_2, \cdots, e_n)$ une base de E et $\varphi \in \mathcal{L}(E)$, le nombre $\text{Det}_{\mathcal{B}}\,(\varphi(e_1), \varphi(e_2), \cdots, \varphi(e_n))$ dépend de la base $\mathcal{B}$.	☐	☐
4. Le déterminant d'un endomorphisme d'un $\mathbb{K}$-espace vectoriel de dimension finie E, est celui de la matrice qui le représente dans une base quelconque de E.	☐	☐
5. Si les déterminants de deux matrices de $\mathcal{M}_n(\mathbb{K})$ sont égaux, alors ces matrices sont semblables.	☐	☐
6. Si $\vec{u}, \vec{v}, \vec{w}$ sont trois vecteurs de $\mathbb{K}^3$, alors : $\text{Det}\,(-\vec{u} + \vec{v} + \vec{w}, \vec{u} - \vec{v} + \vec{w}, \vec{u} + \vec{v} - \vec{w}) = 4\text{Det}\,(\vec{u}, \vec{v}, \vec{w})$.	☐	☐
7. $\text{Det}\,\left((i.j)_{1 \leqslant i,j \leqslant 5}\right) = 0$.	☐	☐
8. $\begin{vmatrix} 0 & \cdots & \cdots & 0 & \lambda_1 \\ \vdots & & 0 & \lambda_2 & ? \\ \vdots & / & / & ? & \vdots \\ 0 & / & / & & \vdots \\ \lambda_n & ? & \cdots & \cdots & ? \end{vmatrix} = -\lambda_1 \lambda_2 \cdots \lambda_n.$	☐	☐
9. Soit $A \in \mathcal{M}_{5\times 3}(K)$, alors $\text{Det}\,(A.A^T) = (\text{Det}\,A)^2$.	☐	☐
10. Si le déterminant de $A \in \mathcal{M}_n(\mathbb{K})$ est égal au produit de ses coefficients diagonaux alors A est triangulaire.	☐	☐
11. $\text{Det}(A + B) = \text{Det}\,A + \text{Det}\,B$ entraîne que nécessairement A ou B est la matrice nulle.	☐	☐
12. Un déterminant de Vandermonde est nul si, et seulement si, deux de ses lignes ou colonnes au moins sont égales.	☐	☐
13. Si $(A, B, C, D) \in (\mathcal{M}_n(\mathbb{R}))^4$ et $E = \begin{pmatrix} A & C \\ B & D \end{pmatrix} \in \mathcal{M}_{2n}(\mathbb{R})$ alors : $\text{Det}\,E = \text{Det}\,A\,\text{Det}\,D - \text{Det}\,B\,\text{Det}\,C$.	☐	☐

Énoncé des exercices

Calcul de déterminants

Exercice 3.1 : Montrer avec le minimum de calcul que les déterminants suivants sont nuls :

1. $\begin{vmatrix} (a+b)^2 & ab & a^2+b^2 \\ (b+c)^2 & bc & b^2+c^2 \\ (c+a)^2 & ca & c^2+a^2 \end{vmatrix}$ **2.** $\begin{vmatrix} 2a & a+b & a+c \\ a+b & 2b & b+c \\ a+c & b+c & 2c \end{vmatrix}$ **3.** $\begin{vmatrix} a_1-b_1 & a_1-b_2 & \cdots & a_1-b_n \\ a_2-b_1 & a_2-b_2 & \cdots & a_2-b_n \\ \vdots & \vdots & & \vdots \\ a_n-b_1 & a_n-b_2 & \cdots & a_n-b_n \end{vmatrix}$ $(n>3)$

Exercice 3.2 : Calculer les déterminants suivants :

$$D_1 = \begin{vmatrix} (a+b)^2 & c^2 & c^2 \\ a^2 & (c+b)^2 & a^2 \\ b^2 & b^2 & (a+c)^2 \end{vmatrix},\ D_2 = \begin{vmatrix} a & b & a & c \\ b & a & c & a \\ a & c & a & b \\ c & a & b & a \end{vmatrix},\ D_3 = \begin{vmatrix} a-b-c & 2a & 2a \\ 2b & b-a-c & 2b \\ 2c & 2c & c-a-b \end{vmatrix}$$

Exercice 3.3 : Factoriser le déterminant $\begin{vmatrix} x+2 & 2x+3 & 3x+4 \\ 2x+3 & 3x+4 & 4x+5 \\ 3x+5 & 5x+8 & 10x+17 \end{vmatrix}$, où $x \in \mathbb{R}$ est fixé.

Exercice 3.4 : Montrer, sans le développer, que $\begin{vmatrix} 1 & 1 & 9 \\ 1 & 5 & 3 \\ 2 & 8 & 9 \end{vmatrix}$ est divisible par 17.

Exercice 3.5 : Factoriser selon $\lambda \in \mathbb{R}$, $\begin{vmatrix} 1 & \lambda+1 & 0 & 2\lambda \\ \lambda & 0 & 1 & 1 \\ 2\lambda+1 & 1 & \lambda+1 & 1 \\ 0 & 0 & \lambda+1 & \lambda+1 \end{vmatrix}$.

D'après Concours Communs Mines-Telecom et Concours ENSEA, filière PSI

Exercice 3.6 : Calculer $\mathsf{Det}\, A$, où $A = (|i-j|)_{1\leqslant i,j\leqslant n} \in \mathcal{M}_n(\mathbb{R})$.

D'après Concours Communs Mines-Telecom et Concours ENSEA, filière PSI

Exercice 3.7* : Soit $(a,b,c) \in \mathbb{C}^3$, $a \neq c$ et $n \in \mathbb{N}$; on considère les déterminants $n \times n$ suivants :

$$A_n = \begin{vmatrix} b & a & 0 & \cdots & 0 \\ c & b & a & \ddots & \vdots \\ 0 & \ddots & b & \ddots & 0 \\ \vdots & \ddots & \ddots & \ddots & a \\ 0 & \cdots & 0 & c & b \end{vmatrix} \quad B_n = \begin{vmatrix} b & a & \cdots & \cdots & a \\ b & b & a & & a \\ \vdots & \ddots & b & \ddots & \vdots \\ \vdots & & \ddots & \ddots & a \\ b & \cdots & \cdots & b & b \end{vmatrix} \quad C_n = \begin{vmatrix} b & a & \cdots & \cdots & a \\ c & b & a & & a \\ \vdots & \ddots & b & \ddots & \vdots \\ \vdots & & \ddots & \ddots & a \\ c & \cdots & \cdots & c & b \end{vmatrix}$$

On pose également $A_0 = B_0 = C_0 = 1$, et $A_1 = B_1 = C_1 = b$.

1. Montrer que : $\forall n \in \mathbb{N}^*, \quad A_{n+1} = bA_n - acA_{n-1}$, et en déduire une expression de A_n.

2. Calculer B_n en soustrayant la dernière colonne aux autres.

3. Soit K_n la matrice de $\mathcal{M}_n(\mathbb{C})$ dont tous les coefficients sont égaux à 1.
Montrer que $P_n(x) = \mathsf{Det}\,(C_n + xK_n)$ est un polynôme de degré inférieur ou égal à 1.

Calculer $P_n(-a)$ et $P_n(-c)$ et en déduire une valeur de C_n.

Exercice 3.8 : Soit $M = (m_{ij}) \in \mathcal{M}_n(\mathbb{R})$ avec : $\forall (i,j) \in [\![1,n]\!]^2$, $m_{ij} = \begin{cases} 1, \text{ si } i \leqslant j \\ 0, \text{ si } i > j \end{cases}$ et $N = (n_{ij}) \in \mathcal{M}_n(\mathbb{R})$ avec : $\forall (i,j) \in [\![1,n]\!]^2$, $n_{ij} = \begin{cases} 1, \text{ si } i \geqslant j \\ 0, \text{ si } i < j \end{cases}$.

1. Montrer que $NM = A$, où $A = (a_{ij})$ avec : $\forall (i,j) \in [\![1,n]\!]^2$, $a_{ij} = \min(i,j)$.

2. En déduire $\begin{vmatrix} 1 & 1 & 1 & \cdots & 1 \\ 1 & 2 & 2 & \cdots & 2 \\ 1 & 2 & 3 & \cdots & 3 \\ \vdots & \vdots & \vdots & \ddots & \vdots \\ 1 & 2 & 3 & \cdots & n \end{vmatrix}$.

Exercice 3.9 : Soit $(a_1, a_2, \ldots, a_n) \in \mathbb{R}^n$, $(n \geqslant 2)$ et pour $p \in [\![2,n]\!]$, on pose :

$$P_{p-1}(X) = \begin{vmatrix} 1 & 1 & \cdots & 1 & 1 \\ a_1 & a_2 & \cdots & a_{p-1} & X \\ a_1^2 & a_2^2 & \cdots & a_{p-1}^2 & X^2 \\ \vdots & \vdots & & \vdots & \vdots \\ a_1^{p-1} & a_2^{p-1} & \cdots & a_{p-1}^{p-1} & X^{p-1} \end{vmatrix}.$$

$V(a_1, a_2, \cdots, a_p) = P_{p-1}(a_p)$ **est le (maintenant) célèbre déterminant de Vandermonde.**

1. S'il existe (i,j) tels que $1 \leqslant i < j \leqslant p$ et $a_i = a_j$, montrer $V(a_1, \cdots, a_p) = 0$.

2. Si les a_i sont distincts, montrer que $P_{p-1}(X)$ est un polynôme de $\mathbb{R}_{p-1}[X]$, de racines $a_1, a_2, \ldots, a_{p-1}$ et de coefficient dominant $V(a_1, a_2, \cdots, a_{p-1})$.

3. En déduire que *dans tous les cas*
$V(a_1, a_2, \cdots, a_p) = (a_p - a_1)(a_p - a_2) \ldots (a_p - a_{p-1}) V(a_1, a_2, \cdots, a_{p-1})$.

4. Montrer : $\forall n \geqslant 2, \forall (a_1, a_2, \cdots, a_n) \in \mathbb{R}^n : V(a_1, a_2, \cdots, a_n) = \prod\limits_{1 \leqslant i < j \leqslant n} (a_j - a_i)$.

5. Calculer : **a.** $\Delta_1 = \begin{vmatrix} 1 & \cos a & \cos 2a \\ 1 & \cos b & \cos 2b \\ 1 & \cos c & \cos 2c \end{vmatrix}$, **b.** $\Delta_2 = \begin{vmatrix} a^{-1} & a & a^3 \\ b^{-1} & b & b^3 \\ c^{-1} & c & c^3 \end{vmatrix}$, **c.** $\Delta_3 = \begin{vmatrix} 1 & a & a^3 \\ 1 & b & b^3 \\ 1 & c & c^3 \end{vmatrix}$.

D'après ou inspiré du Concours National Marocain ou de E3A, filière PSI

Avec des matrices blocs

Exercice 3.10 : Soit $A \in \mathcal{M}_n(\mathbb{R})$, on définit $B = \begin{pmatrix} O & A \\ I_n & O \end{pmatrix} \in \mathcal{M}_{2n}(\mathbb{R})$.

Exprimer $\mathsf{Det}\, B$ en fonction de $\mathsf{Det}\, A$.

Exercice 3.11 : On suppose que A et B sont deux matrices de $\mathcal{M}_n(\mathbb{R})$.

1. Montrer : $\begin{pmatrix} A + iB & O \\ 0 & A - iB \end{pmatrix} = \dfrac{1}{2} \begin{pmatrix} I_n & iI_n \\ -iI_n & -I_n \end{pmatrix} \begin{pmatrix} A & -B \\ B & A \end{pmatrix} \begin{pmatrix} I_n & iI_n \\ -iI_n & -I_n \end{pmatrix}$.

2. En déduire que si A et B commutent alors $\begin{vmatrix} A & -B \\ B & A \end{vmatrix} = \mathsf{Det}\,(A^2 + B^2)$.

Exercice 3.12 : Soit $(A, B, C, D) \in \mathcal{M}_n(\mathbb{K})^4$ telles que $CD = DC$ et D inversible. On pose $M = \begin{pmatrix} A & B \\ C & D \end{pmatrix}$. Calculer $\begin{pmatrix} A & B \\ C & D \end{pmatrix}\begin{pmatrix} D & 0_n \\ -C & D^{-1} \end{pmatrix}$; en déduire $\operatorname{Det}(M)$.

D'après Concours Communs Mines-Telecom et Concours ENSEA, filière PSI

Exercice 3.13* : Soit M une matrice de $\mathcal{M}_n(\mathbb{C})$ et $N = \begin{pmatrix} a & b \\ c & d \end{pmatrix}$ une matrice de $\mathcal{M}_2(\mathbb{C})$, telle que $ac \neq 0$. Montrer que la matrice $P = \begin{pmatrix} aM & bM \\ cM & dM \end{pmatrix}$, élément de $\mathcal{M}_{2n}(\mathbb{C})$, est le produit de deux matrices, la seconde étant diagonale par blocs. En déduire le déterminant de P.

Déterminant d'un endomorphisme

Exercice 3.14 : On pose $\psi\ :\ \mathbb{R}_n[X] \to \mathbb{R}[X],\ P \mapsto XP' + P(1)$. Calculer $\operatorname{Det}\psi$.

Exercice 3.15 : Montrer que l'application φ définie sur $\mathbb{R}[X]$ par $\varphi(P)(X) = \displaystyle\int_X^{X+1} P(t)\,dt$ induit un endomorphisme de $\mathbb{R}_n[X]$ pour tout $n \in \mathbb{N}^*$, que l'on appellera φ_n. Calculer $\operatorname{Det}\varphi_n$.

Application des déterminants

Exercice 3.16 : La famille $((2,1,0),\ (1,3,1),\ (5,2,1))$ est-elle libre ? Si elle est libre, quelle est son orientation en tant que base de $\mathbb{R}^3$, la base de référence étant la base canonique ?

Exercice 3.17 : Pour quelles valeurs de a, $A = \begin{pmatrix} 1 & 1 & 1 \\ 1 & 2 & 4 \\ 1 & 3 & a \end{pmatrix}$ est-elle inversible ? Calculer alors A^{-1}.

Indications

Ex. 3.3

On pourra commencer par : $C_3 \leftarrow C_3 - C_2,\ C_2 \leftarrow C_2 - C_1$.

Ex. 3.4

Les nombres 119, 153 *et* 289 *sont tous divisibles par* 17.

Ex. 3.6

Par différentes opérations élémentaires, on se ramène à un déterminant triangulaire.

Ex. 3.9

5. Δ_3 : *Déterminer le coefficient en* x^2 *de* $V(a,b,c,x)$.

Ex. 3.13

2. *Pour calculer* $\operatorname{Det}\left(\begin{array}{c|c} aI_n & bI_n \\ \hline cI_n & dI_n \end{array}\right)$, *multiplier les* n *premières lignes par* c, *les* n *dernières par* a, *puis essayer d'obtenir une matrice triangulaire par blocs.*

Ex. 3.14

On vérifie que $\psi \in \mathcal{L}(\mathbb{R}_n[X])$ *puis on détermine* $M_{\mathcal{B}}(\psi)$, *où* $\mathcal{B} = \{1, X, ..., X^n\}$.

■■ Corrigé des vrai/faux

1	2	3	4	5	6	7	8	9	10	11	12	13
F	F	F	V	F	V	V	F	F	F	F	V	F

1. $\forall \lambda \in \mathbb{K}, \forall (\vec{x}_1, \vec{x}_2, \cdots, \vec{x}_n) \in E^n$, $\text{Det}\,(\lambda(\vec{x}_1, \vec{x}_2, \cdots, \vec{x}_n)) = \lambda^n f(\vec{x}_1, \vec{x}_2, \cdots, \vec{x}_n)$.

2. On ne change pas le déterminant d'une famille de vecteurs en remplaçant l'un d'eux par **lui-même augmenté** d'une combinaison linéaire des autres vecteurs de cette famille.

3. Ce nombre est indépendant de la base $\mathcal{B}$ choisie, et c'est le déterminant de φ : $\text{Det}\,\varphi$.

5. Ici, le résultat est : si deux matrices sont semblables, alors elles ont le même déterminant.

6. Si $(\vec{u}, \vec{v}, \vec{w})$ est liée, le résultat revient à $0 = 0$.
Si $(\vec{u}, \vec{v}, \vec{w})$ est libre, soit φ l'endomorphisme qui à $(\vec{u}, \vec{v}, \vec{w})$ associe $(-\vec{u}+\vec{v}+\vec{w}, \vec{u}-\vec{v}+\vec{w}, \vec{u}+\vec{v}-\vec{w})$; la matrice de φ est $\begin{pmatrix} -1 & 1 & 1 \\ 1 & -1 & 1 \\ 1 & 1 & -1 \end{pmatrix}$ donc $\text{Det}\,\varphi = 4$. On conclut avec la définition de $\text{Det}\,\varphi$.
On peut aussi développer patiemment selon chacun des vecteurs.

7. Les colonnes (ou les lignes) de la matrice $(i.j)_{1\leqslant i,j\leqslant 5}$ sont proportionnelles.

8. Après un calcul analogue à celui de la **méthode 3.3**, On obtient $(-1)^{\lfloor n/2 \rfloor}\lambda_1\lambda_2\cdots\lambda_n$.

9. Attrape-nigaud ! $\text{Det}\,A$ n'a pas de sens car A n'est pas carrée.

10. Prendre par exemple $A = \begin{pmatrix} 1 & 1 & 1 \\ 1 & 0 & 1 \\ 1 & 1 & 1 \end{pmatrix}$. Cette matrice n'est pas triangulaire et pourtant le produit de ses coefficients diagonaux est égal à $\text{Det}\,A = 0$.

11. Les matrices $A = B = \begin{pmatrix} 0 & 0 \\ 1 & 0 \end{pmatrix} \neq O$ sont telles que $\text{Det}A = \text{Det}B = \text{Det}(A + B) = 0$.

12. Le déterminant de Vandermonde est le produit de différences $a_i - a_j$. (Voir **exercice 3.9**). Il est nul si, et seulement si, $x_i = x_j$ pour au moins deux entiers $i \neq j$. Cela correspond bien à deux lignes (ou deux colonnes) égales.

13. Ce serait trop simple ! Prendre : $A = C = I_2$, $B = -A$ et $D = \begin{pmatrix} 0 & 1 \\ 1 & 0 \end{pmatrix}$.

❑ Erreurs classiques

- $\text{Det}\,(A+B) = \text{Det}\,A + \text{Det}\,B$ ou $\text{Det}\,(\lambda A) = \lambda \text{Det}\,A$, ce qui revient à penser que l'application déterminant est linéaire, alors qu'elle est n-linéaire (linéaire par rapport à chaque colonne ou chaque ligne de la matrice).
- Oublier les « $(-1)^{i+j}$ »dans le développement d'un déterminant par rapport à une ligne (ou une colonne) ou, plus rarement, dans l'écriture de la comatrice.
- Penser qu'échanger deux lignes (ou deux colonnes) laisse invariant le déterminant d'une matrice, alors que cette opération élémentaire en change le signe (caractère alterné).
- Penser comme dans $\mathcal{M}_2(\mathbb{R})$ que $\begin{vmatrix} A & C \\ B & D \end{vmatrix} = \text{Det}\,A\,\text{Det}\,D - \text{Det}\,B\,\text{Det}\,C$ est valable pour les matrices en blocs.

Corrigé

Corrigé des exercices

Exercice 3.1

1. Les colonnes de $\begin{vmatrix} (a+b)^2 & ab & a^2+b^2 \\ (b+c)^2 & bc & b^2+c^2 \\ (c+a)^2 & ca & c^2+a^2 \end{vmatrix}$ vérifient $C_1 - 2C_2 + C_3 = (0)$, donc le déterminant est nul.

On fait les opérations $L_1 \leftarrow L_1 - L_2$ puis $L_3 \leftarrow L_3 - L_2$.

2. Remplaçons première et deuxième lignes par respectivement : $\begin{pmatrix} a-b \\ a-b \\ a-b \end{pmatrix}$ et $\begin{pmatrix} c-b \\ c-b \\ c-b \end{pmatrix}$ qui sont proportionnelles, ce qui entraîne la nullité du déterminant.

On fait ici les opérations : $C_1 \leftarrow C_1 - C_2$ puis $C_2 \leftarrow C_2 - C_3$.

3. Les nouvelles colonnes sont $C_1 = \begin{pmatrix} b_2-b_1 \\ b_2-b_1 \\ \vdots \\ b_2-b_1 \end{pmatrix}$ et $C_2 = \begin{pmatrix} b_3-b_2 \\ b_3-b_2 \\ \vdots \\ b_3-b_2 \end{pmatrix}$.

Elles sont proportionnelles, ce qui entraîne la nullité du déterminant.

Exercice 3.2

Après les transformations $C_1 \leftarrow C_1 - C_2$ puis $C_3 \leftarrow C_3 - C_2$:

$$D_1 = \begin{vmatrix} (a+b+c)(a+b-c) & c^2 & 0 \\ (a+b+c)(a-b-c) & (c+b)^2 & (a-c-b)(a+b+c) \\ 0 & b^2 & (a+b+c)(a+c-b) \end{vmatrix};$$

après mise en facteur de $a+b+c$ dans les première et troisième colonnes,

$$D_1 = (a+b+c)^2 \begin{vmatrix} a+b-c & c^2 & 0 \\ a-b-c & (c+b)^2 & a-c-b \\ 0 & b^2 & a+c-b \end{vmatrix}$$

On effectue ensuite $L_2 \leftarrow L_2 - L_1 - L_3$:

$$D_1 = (a+b+c)^2 \begin{vmatrix} a+b-c & c^2 & 0 \\ -2b & 2cb & -2c \\ 0 & b^2 & a+c-b \end{vmatrix}, \text{ puis } C_2 \leftarrow C_2 + cC_1 :$$

$$D_1 = (a+b+c)^2 \begin{vmatrix} a+b-c & c(a+b) & 0 \\ -2b & 0 & -2c \\ 0 & b^2 & a+c-b \end{vmatrix}$$

Après développement de ce déterminant par un développement selon une ligne ou par la méthode de Sarrus (valable que si $n=3$), vue certainement en première année.

$$D_1 = (a+b+c)^2.2bc\,(c(a+b-c) + (a+b)(a-b+c)) = 2abc(a+b+c)^3$$

Après les transformations $L_3 \leftarrow L_1 - L_3$ et $L_4 \leftarrow L_2 - L_4$, puis $C_1 \leftarrow C_3 + C_1$ et $C_2 \leftarrow C_4 + C_2$:

$$D_2 = (c-b)^2 \begin{vmatrix} a & b & a & c \\ b & a & c & a \\ 0 & -1 & 0 & 1 \\ -1 & 0 & 1 & 0 \end{vmatrix} = (c-b)^2 \begin{vmatrix} 2a & b+c & a & c \\ b+c & 2a & c & a \\ 0 & 0 & 0 & 1 \\ 0 & 0 & 1 & 0 \end{vmatrix}$$

Et, en utilisant un déterminant par blocs $\begin{vmatrix} A & B \\ 0 & C \end{vmatrix} = \mathsf{Det}\,A\,\mathsf{Det}\,C$:

$$D_2 = (c-b)^2\left(4a^2 - (b+c)^2\right)(-1) = -(c-b)^2(2a+b+c)(2a-b-c).$$

On applique $L_1 \leftarrow L_1 + L_2 + L_3$ puis on procède ensuite à la mise en facteur de $a+b+c$ dans la première ligne.

$$
\begin{aligned}
D_3 = &\quad (a+b+c)\begin{vmatrix} 1 & 1 & 1 \\ 2b & b-a-c & 2b \\ 2c & 2c & c-a-b \end{vmatrix} \\
= &\quad (a+b+c)\begin{vmatrix} 1 & 0 & 0 \\ 2b & -b-a-c & 0 \\ 2c & 0 & -c-a-b \end{vmatrix} \\
= &\quad (a+b+c)^3.
\end{aligned}
$$

Exercice 3.3

On commence par : $C_3 \leftarrow C_3 - C_2$, $C_2 \leftarrow C_2 - C_1$. On a :

$$\Delta = \begin{vmatrix} x+2 & 2x+3 & 3x+4 \\ 2x+3 & 3x+4 & 4x+5 \\ 3x+5 & 5x+8 & 10x+17 \end{vmatrix} = \begin{vmatrix} x+2 & x+1 & x+1 \\ 2x+3 & x+1 & x+1 \\ 3x+5 & 2x+3 & 5x+9 \end{vmatrix}.$$

Puis : $L_1 \leftarrow L_1 - L_2$: $\Delta = \begin{vmatrix} -(x+1) & 0 & 0 \\ 2x+3 & x+1 & x+1 \\ 3x+5 & 2x+3 & 5x+9 \end{vmatrix}$.

On développe selon L_1 : $\Delta = -(x+1)^2 \begin{vmatrix} 1 & 1 \\ 2x+3 & 5x+9 \end{vmatrix} = -3(x+1)^2(x+2)$.

Attention, on ne demande pas ici de développer directement et de trouver une racine évidente, bien qu'ici cela fonctionne. On fait des opérations élémentaires qui mettent des polynômes en x en facteur et qui ramènent le déterminant à un déterminant de calcul immédiat.

Exercice 3.4

$$D = \begin{vmatrix} 1 & 1 & 9 \\ 1 & 5 & 3 \\ 2 & 8 & 9 \end{vmatrix} \overset{C_3 \leftarrow C_3 + 100C_1 + 10C_2}{=} \begin{vmatrix} 1 & 1 & 119 \\ 1 & 5 & 153 \\ 2 & 8 & 289 \end{vmatrix} = 17 \begin{vmatrix} 1 & 1 & 7 \\ 1 & 5 & 9 \\ 2 & 8 & 17 \end{vmatrix}.$$

Comme ce dernier déterminant est un entier, D est divisible par 17.

Le système décimal, ça vous dit quelque chose ?

Exercice 3.5

Par exemple, on commence par faire successivement sur Δ :

$$C_4 \leftarrow C_4 - C_3,\ L_3 \leftarrow L_3 - L_4$$

Il reste : $\Delta = (\lambda+1) \begin{vmatrix} 1 & \lambda+1 & 0 & 2\lambda \\ \lambda & 0 & 1 & 0 \\ 2\lambda+1 & 1 & 0 & -\lambda \\ 0 & 0 & 1 & 0 \end{vmatrix}$.

Puis, on développe selon la dernière ligne :

$$\Delta = -(\lambda+1) \begin{vmatrix} 1 & \lambda+1 & 2\lambda \\ \lambda & 0 & 0 \\ 2\lambda+1 & 1 & -\lambda \end{vmatrix} = -\lambda^2(\lambda+1) \begin{vmatrix} 1 & \lambda+1 & 2 \\ 1 & 0 & 0 \\ 2\lambda+1 & 1 & -1 \end{vmatrix}.$$

Puis, il reste à faire $C_3 \leftarrow C_3 + C_2$. La quantité $\lambda+3$ se met encore en facteur. Il restera en fin de compte : $\Delta = -\lambda^2(\lambda+1)(\lambda+3)$.

L'idée générale est de se lancer courageusement dans des opérations élémentaires puis de développer selon une rangée quand il n'y a plus d'espoir.

Exercice 3.6

On commence par faire les opérations sur les lignes successives de Δ :

$$L_2 \leftarrow L_2 - L_1, L_3 \leftarrow L_3 - L_2, ..., L_n \leftarrow L_n - L_{n-1}.$$

Puis on continue, en faisant les opérations sur les colonnes successives :

$$C_1 \leftarrow C_1 + C_n, C_2 \leftarrow C_2 + C_n, ..., C_{n-1} \leftarrow C_{n-1} + C_n.$$

Il reste un déterminant triangulaire supérieur. Ainsi :

$$\Delta = (-1)^{n-1} 2^{n-2} (n-1).$$

Le déterminant d'une matrice triangulaire supérieure vaut...

Corrigé

Exercice 3.7

1. Posons, pour $n \geqslant 2$, M_n la matrice de $\mathcal{M}_n(\mathbb{R})$ telle que $A_n = \text{Det}\, M_n$.

On développe A_{n+1} par rapport à la première colonne.

On a : $A_{n+1} = \text{Det}\, M_{n+1} = b.\text{Det}\,(M_n) - c \begin{vmatrix} a & 0 & \cdots & 0 \\ c & & & \\ 0 & & M_{n-1} & \\ 0 & & & \end{vmatrix}$.

Cela donne : $A_{n+1} = bA_n - acA_{n-1}$.

On vérifie que $A_2 = b^2 - ac = bA_1 - acA_0$ et $A_3 = b^3 - 2abc = bA_2 - acA_1$, donc la relation de récurrence obtenue est valable pour tout $n \in \mathbb{N}^*$.

Réviser votre cours sur les récurrences linéaires d'ordre 2.

Considérons l'équation caractéristique χ de cette relation de récurrence $r^2 - br - ac = 0$;

► Si $b^2 = 4ac$, alors l'équation a pour racine double $\frac{b}{2}$, donc $\exists(\lambda, \mu) \in \mathbb{K}^2, \forall n \in \mathbb{N}, \quad A_n = (\lambda n + \mu)\left(\frac{b}{2}\right)^n$.

Les conditions initiales $A_0 = 1$ et $A_1 = b$ donnent : $A_n = (n+1)\left(\dfrac{b}{2}\right)^n$.

► Si $b^2 \neq 4ac$, alors l'équation χ a deux racines α et β de somme $\alpha + \beta = b$, donc $\exists(\lambda, \mu) \in \mathbb{K}^2, \forall n \in \mathbb{N}, \quad A_n = \lambda\alpha^n + \mu\beta^n$.

Les conditions initiales $A_0 = 1$ et $A_1 = b$ donnent : $\lambda = \frac{\beta - b}{\beta - \alpha} = \frac{-\alpha}{\beta-\alpha}$ et $\mu = \frac{b-\alpha}{\beta-\alpha} = \frac{\beta}{\beta-\alpha}$, soit $A_n = \dfrac{\beta^{n+1} - \alpha^{n+1}}{\beta - \alpha}$ pour $n \in \mathbb{N}$.

Par soustraction de la dernière colonne de B_n aux autres colonnes.

2. On a : $B_n = \begin{vmatrix} b-a & 0 & \cdots & a \\ b-a & b-a & & a \\ b-a & b-a & \ddots & a \\ b-a & b-a & \ddots & a \\ 0 & \cdots & 0 & b \end{vmatrix}$.

Par développement par rapport à la dernière ligne, on obtient un mineur triangulaire d'ordre $n-1$, de coefficients diagonaux tous égaux à $b-a$.

$$B_n = b(b-a)^{n-1} \text{ pour } n \geqslant 1.$$

3. Dans le déterminant $P_n(X)$, soustrayons la dernière colonne à toutes les autres ; cette manipulation ne modifie pas la valeur de $P_n(X)$.

Les éléments de la dernière colonne sont de la forme $u + X$, où $u \in \mathbb{K}$, et ceux des $n-1$ premières colonnes sont des constantes.

Le développement de ce déterminant par rapport à la dernière colonne montre qu'il s'agit d'un polynôme de degré inférieur ou égal à 1 :

$\exists(\alpha_n, \beta_n) \in \mathbb{K}^2, \quad P_n(X) = \alpha_n X + \beta_n$.

Par ailleurs, $P_n(-a)$ [respectivement $P_n(-c)$] sont des déterminants triangulaires, de coefficients diagonaux tous égaux, de valeur $b-a$ (respectivement $b-c$).

On en tire : $\begin{cases} -\alpha_n a + \beta_n &= (b-a)^n \\ -\alpha_n c + \beta_n &= (b-c)^n \end{cases}$

Si $a = c$, on se ramène à la question précédente ; sinon, la résolution de ce système aboutit à $\alpha_n = \frac{(b-c)^n - (b-a)^n}{c-a}$ et $\beta_n = \frac{c(b-a)^n - a(b-c)^n}{c-a}$.

En posant $X = 0$, on trouve : $C_n = \beta_n = \dfrac{c(b-a)^n - a(b-c)^n}{c-a}$.

Exercice 3.8

1. Si $i \leqslant j$, $a_{ij} = \displaystyle\sum_{k=1}^{n} n_{ik} m_{kj} = \sum_{k=1}^{i} 1.1 = i = \min(i,j)$.

Si $i > j$, $a_{ij} = \sum_{k-1}^{n} n_{ik}m_{kj} = \sum_{k=1}^{j} 1.1 = j = \min(i,j)$.

On a bien : $N.M = A$.

2. Le déterminant demandé est celui de A. Or, $\operatorname{Det} A = \operatorname{Det} N \times \operatorname{Det} M$. Les matrices N et M sont des matrices triangulaires dont les diagonales sont remplies de 1 : leurs déterminants sont égaux à 1.

Le déterminant cherché vaut 1.

Exercice 3.9

1. S'il existe un couple d'entiers (i,j) tels que $1 \leqslant i < j \leqslant p$ et $a_i = a_j$, alors les colonnes d'ordre i et j de $V(a_1, \ldots, a_p)$ sont égales donc $V(a_1, \cdots, a_p) = 0$.

2. Si les a_i sont distincts : $P_{p-1}(X) = \sum_{k=1}^{p}(-1)^{1+i}\Delta_{i,p}X^{i-1}$, où $\Delta_{i,p}$ est le déterminant de la matrice de $\mathcal{M}_{p-1}(\mathbb{R})$ obtenue en enlevant à la matrice initiale la dernière colonne et la $i^{\text{ème}}$ ligne.

On développe $P_{p-1}(X)$ par rapport à sa dernière colonne.

$P_{p-1}(X) \in \mathbb{R}_{p-1}[X]$ de coefficient dominant (si celui-ci n'est pas nul) :

$$\Delta_{p-1,p} = V(a_1, a_2, \cdots, a_{p-1}).$$

3. On constate que : $P_{p-1}(a_k) = 0$ pour $1 \leqslant k \leqslant p-1$.

Par identité des colonnes C_k et C_{p-1} de ce déterminant.

Il en résulte que, si $V(a_1, a_2, \cdots, a_{p-1}) \neq 0$, alors :

$P_{p-1}(X) = V(a_1, a_2, \cdots, a_{p-1}) \prod_{k=1}^{p-1}(X - a_k)$. Si les $(a_k)_{1 \leqslant k \leqslant p}$ sont distincts,

$V(a_1, a_2, \cdots, a_p) = P_{p-1}(a_p) = V(a_1, a_2, \cdots, a_{p-1}) \prod_{k=1}^{p-1}(a_p - a_k) \neq 0$.

La relation précédente s'étend au cas où les (a_k) ne sont pas distincts sous la forme $0 = 0$.

4. Pour $p \in [\![2, n]\!]$, appelons D_p la propriété

$$V(a_1, a_2, \cdots, a_p) = \prod_{1 \leqslant i < j \leqslant p} (a_j - a_i).$$

D_2 se vérifie aisément.

Supposons D_{p-1} vraie pour $p \in [\![3, n]\!]$, alors, en utilisant la propriété **3** :

$$\begin{aligned} V(a_1, a_2, \cdots, a_p) &= (a_p - a_1)(a_p - a_2)\ldots(a_p - a_{p-1})V(a_1, a_2, \cdots, a_{p-1}) \\ &= (a_p - a_1)(a_p - a_2)\ldots(a_p - a_{p-1}) \prod_{1 \leqslant i < j \leqslant p-1} (a_j - a_i) \\ &= \prod_{1 \leqslant i < j \leqslant p} (a_j - a_i). \end{aligned}$$

alors D_p est vraie.

Le principe de récurrence établit la formule pour tout $n \geqslant 2$ et tout n-uplet $(a_1, a_2, \cdots, a_n)$.

5.

a. Puisque $\cos(2u) = 2\cos^2 u - 1$, après la transformation $C_3 \longleftarrow C_3 + C_1$:

$$\begin{vmatrix} 1 & \cos a & \cos 2a \\ 1 & \cos b & \cos 2b \\ 1 & \cos c & \cos 2c \end{vmatrix} = \begin{vmatrix} 1 & \cos a & 2\cos^2 a \\ 1 & \cos b & 2\cos^2 b \\ 1 & \cos c & 2\cos^2 c \end{vmatrix} = 2V(\cos a, \cos b, \cos c).$$

En utilisant la formule $\cos p - \cos q = -2\sin\frac{p+q}{2}\sin\frac{p-q}{2}$, on trouve que ce déterminant, qui vaut $(\cos b - \cos a)(\cos c - \cos b)(\cos c - \cos a)$, est égal à

$$-16\sin\tfrac{a+b}{2}\sin\tfrac{b-a}{2}\sin\tfrac{b+c}{2}\sin\tfrac{c-b}{2}\sin\tfrac{a+c}{2}\sin\tfrac{c-a}{2}.$$

Issue de $\cos(a+b) = \cdots$ et de $\cos(a-b) = \cdots$

b. Après mise en facteur de a^{-1}, b^{-1}, c^{-1} respectivement dans les première, deuxième, troisième lignes :

$$\begin{vmatrix} a^{-1} & a & a^3 \\ b^{-1} & b & b^3 \\ c^{-1} & c & c^3 \end{vmatrix} = \tfrac{1}{abc}V(a^2, b^2, c^2) = \tfrac{1}{abc}(b^2 - a^2)(c^2 - b^2)(c^2 - a^2).$$

Corrigé

c. Par développement de $V(a,b,c,x)$ par rapport à la troisième colonne, on trouve que le coefficient de x^2 dans le polynôme $V(a,b,c,x)$ est :

$$(-1)^{3+4}\begin{vmatrix} 1 & a & a^3 \\ 1 & b & b^3 \\ 1 & c & c^3 \end{vmatrix}.$$

Le déterminant de Vandermonde est explicitement cité au programme officiel et est donc un incontournable en PSI !

Par ailleurs, $V(a,b,c,x) = V(a,b,c)(x-a)(x-b)(x-c)$ dont le coefficient de x^2 est $-(a+b+c)V(a,b,c)$.

Par identification : $\begin{vmatrix} 1 & a & a^3 \\ 1 & b & b^3 \\ 1 & c & c^3 \end{vmatrix} = (a+b+c)(c-a)(c-b)(b-a)$.

Exercice 3.10

On note $\Delta = \mathsf{Det}\, B$. On effectue sur Δ les opérations élémentaires :

$$C_1 \leftrightarrow C_{n+1}, C_2 \leftrightarrow C_{n+2}, ..., C_n \leftrightarrow C_{2n}.$$

On applique la formule du cours.

On obtient : $\Delta = (-1)^n \begin{vmatrix} A & O \\ O & I_n \end{vmatrix} = (-1)^n \mathsf{Det}\, A$. (Notation bloc.)

Exercice 3.11

1. C'est un produit de matrices en blocs à faire tranquillement.

Valable car A et B commutent !

2. $\begin{vmatrix} A+iB & O \\ 0 & A-iB \end{vmatrix} = \mathrm{Det}(A+iB)\mathrm{Det}(A-iB) = \mathrm{Det}(A^2+B^2)$.

Puis, $\begin{vmatrix} I_n & iI_n \\ -iI_n & -I_n \end{vmatrix} = (-1)^n 2^n$, en procédant à des opérations élémentaires par exemple sur les colonnes qui rendent le déterminant triangulaire par blocs et donc :

Faites ces opérations !

$$\mathrm{Det}(A^2+B^2) = \frac{1}{2^{2n}}(-1)^n 2^n \begin{vmatrix} A & -B \\ B & A \end{vmatrix} (-1)^n 2^n.$$

N'oubliez pas que $\mathrm{Det}(\frac{1}{2}M) = \frac{1}{2^{2n}}\mathrm{Det}M$ si $M \in \mathcal{M}_{2n}(\mathbb{R})$.

On a le résultat.

Exercice 3.12

D'abord, on multiplie : $\begin{pmatrix} A & B \\ C & D \end{pmatrix}\begin{pmatrix} D & 0_n \\ -C & D^{-1} \end{pmatrix} = \begin{pmatrix} AD-BC & BD^{-1} \\ 0_n & I_n \end{pmatrix}$.

Ainsi, la formule de calcul d'un déterminant d'ordre 2 reste valable en blocs mais dans un cas très restrictif.

Puis, on en déduit : $\mathsf{Det}\,(M) = \mathsf{Det}\,(AD-BC) \times \mathsf{Det}\, I_n = \mathsf{Det}\,(AD-BC)$.

Exercice 3.13

- $P = \left(\begin{array}{c|c} aI_n & bI_n \\ \hline cI_n & dI_n \end{array}\right)\left(\begin{array}{c|c} M & 0_n \\ \hline 0_n & M \end{array}\right)$.
- $\mathsf{Det}\, P = \mathsf{Det}\left(\begin{array}{c|c} aI_n & bI_n \\ \hline cI_n & dI_n \end{array}\right)(\mathsf{Det}\, M)^2$.

$$\mathsf{Det}\left(\begin{array}{c|c} aI_n & bI_n \\ \hline cI_n & dI_n \end{array}\right) = \left|\begin{array}{cccc|cccc} a & 0 & \cdots & 0 & b & 0 & \cdots & 0 \\ 0 & a & \cdots & 0 & 0 & b & \cdots & 0 \\ \vdots & \vdots & \ddots & \vdots & \vdots & \vdots & \ddots & \vdots \\ 0 & 0 & \cdots & a & 0 & 0 & \cdots & b \\ \hline c & 0 & \cdots & 0 & d & 0 & \cdots & 0 \\ 0 & c & \cdots & 0 & 0 & d & \cdots & 0 \\ \vdots & \vdots & \ddots & \vdots & \vdots & \vdots & \ddots & \vdots \\ 0 & 0 & \cdots & c & 0 & 0 & \cdots & d \end{array}\right|$$

$$= \frac{1}{a^n c^n}\left|\begin{array}{cccc|cccc} ac & 0 & \cdots & 0 & bc & 0 & \cdots & 0 \\ 0 & ac & \cdots & 0 & 0 & bc & \cdots & 0 \\ \vdots & \vdots & \ddots & \vdots & \vdots & \vdots & \ddots & \vdots \\ 0 & 0 & \cdots & ac & 0 & 0 & \cdots & bc \\ \hline ac & 0 & \cdots & 0 & ad & 0 & \cdots & 0 \\ 0 & ac & \cdots & 0 & 0 & ad & \cdots & 0 \\ \vdots & \vdots & \ddots & \vdots & \vdots & \vdots & \ddots & \vdots \\ 0 & 0 & \cdots & ac & 0 & 0 & \cdots & ad \end{array}\right|$$

$$= \frac{1}{a^n c^n}\left|\begin{array}{c|c} acI_n & bcI_n \\ \hline acI_n & adI_n \end{array}\right| \overset{L_{i+n}\leftarrow L_{i+n}-Li}{=} \frac{1}{a^n c^n}\left|\begin{array}{c|c} acI_n & bcI_n \\ \hline 0_n & (ad-bc)I_n \end{array}\right|$$

$$= (ad-bc)^n = (\operatorname{Det} N)^n.$$

$$\operatorname{Det} P = (\operatorname{Det} N)^n\,(\operatorname{Det} M)^2.$$

Exercice 3.14

▸ On peut vérifier sans souci que ψ est un endomorphisme de $\mathbb{R}_n[X]$.
En effet, pour tout $(P,Q) \in (\mathbb{R}_n[X])^2$ et tout $\alpha \in \mathbb{R}$, $\psi(P+\alpha Q)$ vaut

$$X(P+\alpha Q)' + (P+\alpha Q)(1) = XP' + P(1) + \alpha(XQ' + Q(1)) = \psi(P) + \alpha\psi(Q).$$

De plus, $\psi(1) = 1$ et : $\forall k \in [\![1,n]\!]$, $\psi(X^k) = kX^k + 1$.
On en déduit que l'image de la base canonique $\mathcal{B} = \{1, X, ..., X^n\}$ par ψ, application linéaire est une famille de polynômes de $\mathbb{R}_n[X]$. Donc $\psi \in \mathrm{L}(\mathbb{R}_n[X])$.

On ne peut écrire $\operatorname{Det}\psi$ *sans être certain que* ψ *est un endomorphisme dans un espace vectoriel de dimension finie.*

La matrice de ψ relativement à $\mathcal{B}$ est : $\begin{pmatrix} 1 & 1 & 1 & \cdots & 1 \\ 0 & 1 & 0 & \cdots & 0 \\ \vdots & \ddots & 2 & \ddots & \vdots \\ \vdots & & \ddots & \ddots & 0 \\ 0 & 0 & \cdots & 0 & n \end{pmatrix}$ et le déterminant de cette matrice triangulaire supérieure, donc de ψ, vaut le produit des éléments de sa diagonale principale, c'est-à-dire $n!$.

Exercice 3.15

- Pour $m \in \mathbb{N}$,

$$(1)\ \varphi(X^m) = \int_X^{X+1} t^m\,dt = \frac{1}{m+1}\left[t^{m+1}\right]_X^{X+1} = \frac{1}{m+1}\sum_{k=0}^{m}\binom{m+1}{k}X^k$$

$\varphi(X^m) = \frac{1}{m+1}\left((m+1)X^m + \frac{m(m+1)}{2}X^{m-1} + \cdots + (m+1)X + 1\right)$ est de degré m.

φ est clairement linéaire, et $\varphi(\mathbb{R}_n[X]) \subset \mathbb{R}_n[X]$, donc φ induit un endomorphisme φ_n de $\mathbb{R}_n[X]$ pour tout $n \in \mathbb{N}^*$.

- D'après (1), la matrice de φ_n dans la base canonique est triangulaire, de coefficients diagonaux tous égaux à 1 donc $\operatorname{Det}\varphi_n = 1$.

Exercice 3.16

C'est une famille de cardinal 3 d'un $\mathbb{R}$-espace vectoriel de dimension 3.
Cette famille est libre si, et seulement si, c'est une base de $\mathbb{R}^3$, donc si, et seulement si, son déterminant n'est pas nul.
On peut directement développer (selon une rangée ou encore appliquer la règle de Pierre Sarrus, car c'est un déterminant d'ordre 3) ou utiliser des opérations élémentaires. C'est ce que nous allons faire.

$$\begin{vmatrix} 2 & 1 & 5 \\ 1 & 3 & 2 \\ 0 & 1 & 1 \end{vmatrix} \underset{=}{C_2 \leftarrow C_2 - C_3} \begin{vmatrix} 2 & -4 & 5 \\ 1 & 1 & 2 \\ 0 & 0 & 1 \end{vmatrix} = \begin{vmatrix} 2 & -4 \\ 1 & 1 \end{vmatrix} = 6 \neq 0.$$

Donc notre famille est une famille libre.
On peut même remarquer, que comme son déterminant est strictement positif, elle est une base directe de $\mathbb{R}^3$.

Exercice 3.17

$$\text{Det}\,A = \begin{vmatrix} 1 & 1 & 1 \\ 1 & 2 & 4 \\ 1 & 3 & a \end{vmatrix} \underset{=}{C_i \leftarrow C_i - C_1} \begin{vmatrix} 1 & 0 & 0 \\ 1 & 1 & 3 \\ 1 & 2 & a-1 \end{vmatrix}$$

$$\underset{=}{C_3 \leftarrow C_3 - 3C_2} \begin{vmatrix} 1 & 0 & 0 \\ 1 & 1 & 0 \\ 1 & 2 & a-7 \end{vmatrix} = a - 7.$$

La matrice est inversible si, et seulement si, $a \in \mathbb{R} \setminus \{7\}$.
Il reste à déterminer A^{-1} en inversant un système. On procède ainsi :

Pour inverser une matrice A, on rappelle que la méthode principale est de poser $AX = X'$ puis d'inverser le système par différentes opérations élémentaires, ce qui donne $A^{-1}X' = X$. C'est ce que nous proposons ici. On peut aussi appliquer la méthode de Gauss-Jordan en « concaténant » A et I_3, puis par opérations élémentaires sur les lignes, A devient I_3 et I_3 devient A^{-1}. On vous laisse le faire vous-même pour l'entrainement. Enfin, on remarque que, quelque soit la méthode, le fait que $a-7$ soit non nul est obligatoire car sinon le calcul de A^{-1} est impossible car on diviserait par 0.

$$\left\{ \begin{array}{rcl} x+y+z & = & x' \\ x+2y+4z & = & y' \\ x+3y+az & = & z' \end{array} \right. \underset{\Leftrightarrow}{L_i \leftarrow L_i - L_1} \left\{ \begin{array}{rcl} x+y+z & = & x' \\ y+3z & = & -x'+y' \\ 2y+(a-1)z & = & -x'+z' \end{array} \right.$$

$$\underset{\Leftrightarrow}{L_3 \leftarrow L_3 - 2L_2} \left\{ \begin{array}{rcl} x+y+z & = & x' \\ y+3z & = & -x'+y' \\ (a-7)z & = & x'-2y'+z' \end{array} \right.$$

$$\underset{\Leftrightarrow}{L_i \leftarrow L_i - L_1} \left\{ \begin{array}{rcl} x & = & \dfrac{(2a-12)x'+(3-a)y'+2z'}{a-7} \\ y & = & \dfrac{(4-a)x'+(a-1)y'-3z'}{a-7} \\ z & = & \dfrac{x'-2y'+z'}{a-7} \end{array} \right.$$

Donc :

$$A^{-1} = \frac{1}{a-7} \begin{pmatrix} 2a-12 & 3-a & 2 \\ 4-a & a-1 & -3 \\ 1 & -2 & 1 \end{pmatrix}.$$

Chapitre 4
Réduction des endomorphismes

L'œuvre du mathématicien anglais Arthur **Cayley** touche à tous les domaines des mathématiques. Contrairement à **Grassmann**, il introduit les espaces vectoriels de manière très pragmatique en considérant des n-uplets. Il définit la somme et le produit de deux matrices ainsi que l'équation (c'est-à- dire le polynôme) caractéristique. Il ne démontre le théorème de Cayley-Hamilton qu'en dimension 2 et 3. Il faudra attendre Georg **Frobenius** en 1878 pour avoir une preuve générale. Les talents d'Arthur Cayley sont immenses puisqu'il est l'auteur de plusieurs romans, qu'il peint des aquarelles, parle au moins cinq langues et pratique l'escalade dans les Alpes.

Arthur Cayley
1821-1895

■■ Objectifs

■ Les incontournables

- ▷ Déterminer les éléments propres d'endomorphismes, même en dimension infinie
- ▷ Connaître toutes les conditions nécessaires et suffisantes (ou simplement suffisantes) de diagonalisation au prgramme. Et donc savoir montrer qu'une matrice est ou n'est pas diagonalisable dans $\mathscr{M}_n(\mathbb{K})$
- ▷ Savoir quand une matrice est trigonalisable dans $\mathscr{M}_n(\mathbb{K})$
- ▷ Savoir réduire une matrice 3×3
- ▷ Calculer des puissances successives de matrices par réduction de la matrice
- ▷ Connaître le théorème de Cayley-Hamilton et savoir l'utiliser par exemple pour calculer des puissances successives de matrices
- ▷ Utiliser la réduction des matrices pour déterminer des sous-espaces stables par un endomorphisme.

■ Et plus si affinités...

- ▷ Résoudre certaines équations matricielles
- ▷ Vérifier ou infirmer le fait que deux matrices sont semblables
- ▷ Savoir trigonaliser une matrice carrée d'ordre 3
- ▷ Savoir interpréter matriciellement une récurrence d'ordre au moins 2 d'une suite de $\mathbb{K}^{\mathbb{N}}$ et utiliser la réduction pour déterminer u_n en fonction de n.

Résumé de cours

***Dans ce chapitre,** E **est un** $\mathbb{K}$**-espace vectoriel,** $\mathbb{K}$ **étant** $\mathbb{R}$ **ou** $\mathbb{C}$ **et** $\phi \in \mathcal{L}(E)$.*

Valeurs et vecteurs propres d'un endomorphisme

Définition : *Le scalaire $\lambda \in \mathbb{K}$ est une **valeur propre** de l'endomorphisme ϕ s'il existe un vecteur $\vec{x} \neq 0_E$ tel que $\phi(\vec{x}) = \lambda\vec{x}$. Un tel vecteur $\vec{x}$ est appelé **vecteur propre** associé à λ.*
*Le **spectre** de ϕ dans $\mathbb{K}$, noté $\mathrm{Sp}_{\mathbb{K}}(\phi)$ (ou parfois simplement $\mathrm{Sp}(\phi)$) est l'ensemble de ses valeurs propres.*

Définition : *Si λ est une valeur propre de ϕ, le **sous-espace propre** associé à λ est :*

$$E_\lambda(\phi) = \mathrm{Ker}\,(\phi - \lambda \mathrm{Id}_E).$$

Attention : 0_E n'est pas un vecteur propre et pourtant $0_E \in E_\lambda(\phi)$.

Proposition 4.1.— Si les endomorphismes ϕ et ψ commutent alors les sous-espaces propres de ϕ (respectivement de ψ) sont stables par ψ (respectivement par ϕ).

Théorème 4.2.— Toute famille de vecteurs propres associés à des valeurs propres deux à deux distinctes est libre.
La somme d'une famille de sous-espaces propres associés à des valeurs propres deux à deux distinctes est directe.

Théorème 4.3.— Soit $P \in \mathbb{K}[X]$. Si λ est une valeur propre de ϕ alors $P(\lambda)$ est une valeur propre de $P(\phi)$.

Théorème 4.4.— Si le polynôme P est annulateur pour ϕ (c'est-à-dire $P(\phi) = 0_{\mathcal{L}(E)}$), alors toute valeur propre de ϕ est une racine de P.

Éléments propres d'endomorphismes particuliers

Théorème 4.5.— Soit h_λ l'homothétie vectorielle de rapport λ.
λ est l'unique valeur propre de h_λ et l'espace propre associé est l'espace tout entier.

Théorème 4.6.— Soit p un projecteur (c'est-à-dire un endomorphisme p tel que $p^2 = p$), alors le spectre de p est inclus dans $\{0, 1\}$.
Si, de plus, p est non nul différent de l'identité, son spectre est égal à $\{0, 1\}$.
De plus, $E_1(p) = \mathrm{Im}\, p$ et $E_0(p) = \mathrm{Ker}\, p$.

Théorème 4.7.— Soit s une symétrie (c'est-à-dire un endomorphisme s tel que $s^2 = \mathrm{Id}_E$), alors le spectre de s est inclus dans $\{-1, 1\}$.
Si, de plus, s est différent de l'identité et de $-\mathrm{Id}_E$, son spectre est égal à $\{-1, 1\}$.
Enfin, s est la symétrie par rapport à $E_1(s)$ et parallèlement à $E_{-1}(s)$.

Valeurs et vecteurs propres d'une matrice carrée

Définition : *Soit $M \in \mathcal{M}_n(\mathbb{K})$ et ϕ l'endomorphisme de $\mathbb{K}^n$ qui lui est canoniquement associé. Alors les éléments propres de M sont ceux de ϕ, plus précisément :*

- *les **valeurs propres** de M sont celles de ϕ ;*
- *les **vecteurs propres** de M sont les vecteurs-colonnes canoniquement associés aux vecteurs propres de ϕ, c'est-à-dire vérifiant $M.X = \lambda X$;*
- *les **sous-espaces propres** de M sont les sous-espaces de $\mathcal{M}_{n,1}(\mathbb{K})$ canoniquement associés à ceux de ϕ ;*
- *enfin, le **spectre** $\mathsf{Sp}_{\mathbb{K}}(M)$ de M est l'ensemble des valeurs propres de M.*

Théorème 4.8.— Si $M \in \mathcal{M}_n(\mathbb{R})$, alors $\mathsf{Sp}_{\mathbb{R}}(M) \subset \mathsf{Sp}_{\mathbb{C}}(M)$; autrement dit, une valeur propre réelle d'une matrice réelle est également valeur propre complexe de cette matrice, considérée comme élément de $\mathcal{M}_n(\mathbb{C})$.

Dans toute la suite, E désigne un espace vectoriel de dimension finie.

Polynôme caractéristique

Théorème 4.9.— Le scalaire λ est valeur propre de l'endomorphisme ϕ si et seulement si $\phi - \lambda \mathrm{Id}_E$ n'est pas inversible.

Définition : *Le **polynôme caractéristique** de ϕ est $\chi_\phi(X) = \mathsf{Det}\,(X\mathrm{Id}_E - \phi)$.*

Remarque : Le degré du polynôme caractéristique est égal à n, dimension de l'espace E.

Proposition 4.10.—
- On a : $\chi_\phi(X) = X^n - \mathrm{Tr}\,(\phi)X^{n-1} + \ldots + (-1)^n \mathsf{Det}\,(\phi)$.
- En particulier, si $n = 2$, $\chi_\phi(X) = X^2 - \mathrm{Tr}\,(\phi)X + \mathsf{Det}\,(\phi)$.

Si $A \in \mathcal{M}_n(\mathbb{K})$, le polynôme caractéristique de A est $\chi_A(X) = \mathsf{Det}\,(XI_n - A)$.

Proposition 4.11.— Deux matrices semblables ont le même polynôme caractéristique.

Dans la pratique, calculer le polynôme caractéristique $\chi_\phi(X)$ de ϕ, c'est calculer le polynôme caractéristique $\chi_A(X)$, où A est la matrice représentative de ϕ dans une base quelconque.

Théorème 4.12.— Les valeurs propres de ϕ sont les racines de son polynôme caractéristique $\chi_\phi(X)$, c'est-à-dire celles de $\chi_A(X)$, où A est la matrice représentative de ϕ dans une base quelconque.

Définition : ***L'ordre de multiplicité** d'une valeur propre de ϕ est son ordre de multiplicité en tant que racine du polynôme caractéristique de ϕ.*

Théorème 4.13.— Éléments propres d'un endomorphisme induit —. Soit F un sous-espace vectoriel de E stable par $\phi \in \mathcal{L}(E)$ et $\hat{\phi}$ l'endomorphisme de F induit par ϕ. Le polynôme caractéristique de $\hat{\phi}$ divise celui de ϕ. En particulier, toute valeur propre de $\hat{\phi}$ est une valeur propre de ϕ et l'espace propre associé est l'intersection de celui de ϕ avec F.

Théorème 4.14.— Soit λ une valeur propre de ϕ et m_λ la multiplicité de λ dans le polynôme caractéristique. Alors :

$$\boxed{1 \leqslant \dim E_\lambda(\phi) \leqslant m_\lambda.}$$

Proposition 4.15.— Dans le cas où le polynôme caractéristique de ϕ est scindé dans $\mathbb{K}$ et si l'on note λ_i ses racines (éléments de $\mathbb{K}$) d'ordre de multiplicité m_{λ_i}, pour i variant de 1 à p, alors :

$$\boxed{\operatorname{Det}(\phi) = \prod_{i=1}^{p} \lambda_i^{m_{\lambda_i}} \text{ et } \operatorname{Tr}(\phi) = \sum_{i=1}^{p} m_{\lambda_i}\lambda_i.}$$

Remarques : 1. Ce résultat est donc toujours valable si $\mathbb{K} = \mathbb{C}$.
2. On illustre cette proposition avec la quatrième piste de la **méthode 4.3**. En effet, si par exemple $n = 3$ et que l'on connaisse une valeur propre, on fait l'hypothèse que le polynôme caractéristique est scindé (ou alors on se place dans $\mathbb{C}$) et on peut obtenir les deux autres valeurs propres grâce à la trace et au déterminant. Si l'on connaît deux valeurs propres, la trace suffit.

Théorème 4.16.— Théorème de Cayley-Hamilton —.
Le polynôme caractéristique de ϕ est un polynôme annulateur de ϕ.

Endomorphismes diagonalisables

Définition : *L'endomorphisme ϕ est dit diagonalisable s'il existe une base dans laquelle sa matrice est diagonale.*

Théorème 4.17.— Diagonalisabilité d'un endomorphisme induit —.
Soit F un sous-espace vectoriel de E stable par ϕ et $\hat{\phi}$ l'endomorphisme de F induit par ϕ.
Si ϕ est diagonalisable, alors $\hat{\phi}$ est diagonalisable.

Remarque : On donne ici cinq conditions nécessaires et suffisantes (*CNS*) et une condition suffisante (*CS*) de diagonalisabilité. Il est *primordial* de distinguer les deux types de condition, la condition suffisante étant plus facile à manier, mais pas forcément vérifiée...

Théorème 4.18.— CNS de diagonalisabilité 1 —. ϕ est diagonalisable si, et seulement si, il existe une base de E formée de vecteurs propres de ϕ, c'est-à-dire s'il existe une base de E dans laquelle la matrice de ϕ est diagonale.

Théorème 4.19.— CNS de diagonalisabilité 2 —. L'endomorphisme ϕ est diagonalisable si, et seulement si, la somme des dimensions des sous-espaces propres est la dimension de E.

Théorème 4.20.— CNS de diagonalisabilité 3 —. L'endomorphisme ϕ est diagonalisable si, et seulement si, le polynôme caractéristique de ϕ est scindé et si pour chaque valeur propre λ, la dimension de l'espace propre associé est égale à la multiplicité de λ dans le polynôme caractéristique.

Corollaire 4.21.— CS de diagonalisabilité —. Si le polynôme caractéristique de ϕ est scindé à racines simples, **alors** ϕ est diagonalisable, et ses sous-espaces propres sont des droites vectorielles.

Théorème 4.22.— CNS de diagonalisabilité 4 —. L'endomorphisme ϕ est diagonalisable si, et seulement si, il annule un polynôme scindé à racines simples.

Corollaire 4.23.— CNS de diagonalisabilité 5 —. L'endomorphisme ϕ est diagonalisable si, et seulement si, il annule le polynôme $\prod_{\lambda \in \mathsf{Sp}(\phi)} (X - \lambda)$.

Remarque : Dans les exercices, on parle parfois de matrice diagonalisable et non d'endomorphisme diagonalisable.

Définition : *Une matrice est* **diagonalisable** *si elle est semblable à une matrice diagonale.*

Remarque : M est diagonalisable si, et seulement si, elle s'écrit sous la forme :

$$M = P.D.P^{-1},$$

(où D est diagonale) les éléments diagonaux étant les valeurs propres, répétées suivant leur ordre de multiplicité, et P est la matrice de passage de la base canonique vers une base de vecteurs propres (disposés dans le même ordre que les valeurs propres associées sur la diagonale de D). Dans ce contexte, on notera les sous-espaces propres plutôt $E_\lambda(M)$ que $E_\lambda(\phi)$.

■ Endomorphismes trigonalisables

Définition : *L'endomorphisme ϕ est* ***trigonalisable*** *s'il existe une base de E dans laquelle la matrice de ϕ est triangulaire supérieure.*

Théorème 4.24.— L'endomorphisme ϕ est trigonalisable si, et seulement si, son polynôme caractéristique est scindé.

Remarque : Si $\mathbb{K} = \mathbb{C}$, tout endomorphisme est trigonalisable.

Remarque : Une matrice est **trigonalisable** si elle est semblable à une matrice triangulaire.

Il faut noter qu'aucune méthode de trigonalisation n'est à connaître mais l'étudiant devra être capable de s'en sortir avec un peu d'aide. Il lira avec profit la **méthode 4.6** qui pourra l'inspirer dans un cas courant de trigonalisation.

Méthodes

Valeurs propres et vecteurs propres

Attention, la notion de valeur propre ou de vecteur propre existe aussi en dimension infinie, contrairement à celle de polynôme caractéristique. Quelques exercices (peu nombreux) peuvent porter sur la recherche de valeurs propres ou de vecteurs propres sans faire appel à la dimension.

Méthode 4.1.— Comment déterminer les valeurs propres ou (et) les vecteurs propres de $\phi \in \mathcal{L}(E)$ si E est de dimension infinie.
On revient à la définition d'une valeur propre et on résout l'équation $\phi(\vec{u}) = \lambda\vec{u}$.
On cherche alors souvent à la fois les λ et des $\vec{u} \neq 0$ possibles.

Cette méthode est courante dans le cas où $E = \mathbb{K}[X]$ ou dans le cas où $E = \mathscr{C}^\infty(\mathbb{R})$.

Exemple : *Soit E l'espace vectoriel des fonctions de classe $\mathscr{C}^\infty$ sur $\mathbb{R}$ et à valeurs dans $\mathbb{R}$. On considère l'endomorphisme Φ de E qui à f associe la fonction $g : x \mapsto \int_0^1 e^{x-t} f(t)\, dt$. Déterminer les valeurs propres et les vecteurs propres de Φ.*

Le lecteur vérifie sans souci que Φ est linéaire et comme $g(x) = e^x \int_0^1 e^{-t} f(t)\, dt$, la fonction g est bien de classe $\mathcal{C}^\infty$. (Celui qui connait déjà les résultats sur les intégrales à paramètres peut les utiliser mais cela est loin d'être indispensable.) On part de $\Phi(f) = \lambda f$, où $f \in E$ et $\lambda \in \mathbb{R}$:

$$\int_0^1 e^{x-t} f(t)\, dt = \lambda f(x) \Rightarrow \lambda f(x) = \lambda f'(x)$$

en dérivant par rapport à x (car le premier membre étant de la forme Ae^x, sa dérivée est $A\,e^x$). Donc si $\lambda \neq 0$, $f'(x) = f(x)$ et f est de la forme $x \mapsto Ce^x$, où $C \in \mathbb{R}$.
Réciproquement, en remplaçant $f(x)$ par $C\,e^x$ dans $\int_0^1 e^{x-t} f(t)\, dt = \lambda f(x)$, alors $\lambda = 1$.
Si maintenant $\lambda = 0$, $\lambda f(x) = \lambda f'(x)$ reste vraie et on aboutit à la condition :

$$\int_0^1 e^{-t} f(t)\, dt = 0.$$

En conclusion, les valeurs propres de Φ sont 0 et 1 avec :

$$E_0(\Phi) = \left\{ f \in E,\ \int_0^1 e^{-t} f(t)\, dt = 0 \right\} \text{ et } E_1(\Phi) = \{x \mapsto C\,e^x,\ C \in \mathbb{R}\}.$$

Mise en œuvre : exercice 4.3.

Méthodes

❑ Méthode 4.2.— Comment déterminer les valeurs propres ou (et) les vecteurs propres de $\phi \in \mathcal{L}(E)$ si E est de dimension finie.

- On calcule le polynôme caractéristique. Ses racines sont les valeurs propres de ϕ.
- On passe par un polynôme annulateur (qui n'est pas nécessairement le polynôme caractéristique). Les valeurs propres de ϕ sont à chercher parmi ses racines.
- Sous l'hypothèse où ϕ est diagonalisable, $\mathrm{Tr}(\phi)$ et $\mathsf{Det}\,(\phi)$ donnent respectivement la somme et le produit des valeurs propres. Cela peut être utile pour les trouver.
- Le rang de ϕ peut être aussi utile car 0 est valeur propre d'ordre $\mathsf{dim}\, E - \mathsf{Rg}\,(\phi)$.

Exemple : *Si $n \geqslant 3$, $A \in \mathcal{M}_n(\mathbb{C})$ avec $A^3 + A^2 + A = 0$. Valeurs propres possibles de A ?*

$AX = \lambda X$ avec $X \neq 0$ donne immédiatement : $\lambda^3 + \lambda^2 + \lambda = 0$. Donc $\lambda \in \{0, j, j^2\}$, $j = e^{i2\pi/3}$. Par contre, rien ne permet d'affirmer que ces trois valeurs soient effectivement toutes des valeurs propres. Une connaissance plus précise de A est nécessaire pour chercher alors $\mathsf{Ker}\,(A - \lambda I_n)$.

Mise en œuvre : exercice 4.1 à **exercice 4.3**, **exercice 4.11**, **exercice 4.12**, **exercice 4.23** et **exercice 4.35**.

Remarque : Pour caractériser le fait où λ n'est pas valeur propre et si $\mathsf{dim}\, E = n$, on écrit souvent que $A - \lambda I_n$ est inversible ou alors que $A - \lambda I_n$ est injective.

Mise en œuvre : exercice 4.24.

■ Polynôme caractéristique

❑ Méthode 4.3.— Comment calculer un polynôme caractéristique

Soit A une matrice carrée d'ordre $n \geq 1$, $\chi_A(X)$ est un déterminant.

- Calcul direct : on écrit $\chi_A(X)$ sous la forme d'un déterminant. On peut chercher à l'obtenir sous forme factorisée (car ce qui nous intéresse en général sont ses racines) et il vaut mieux tenter de commencer par des opérations élémentaires adéquates (par exemple éviter d'utiliser la formule de Sarrus dans le cas $n = 3$).
  Le terme dominant de $\chi_A(X)$ est X^n, et le suivant est $-\mathrm{Tr}(A)X^{n-1}$. Ceci permet une vérification rapide du calcul qui dépiste une bonne partie des erreurs de calcul.
- On peut aussi utiliser un polynôme annulateur de A si l'on en a un sous notre manche, ce qui pourra donner une idée de la forme de χ_A. (En particulier si le polynôme annulateur de A est de degré n, χ_A étant de degré n, ces deux polynômes sont égaux à une constante près.)
- On peut aussi commencer à s'intéresser au rang de A. Ce qui est pertinent si le rang est « petit ». Ainsi si $\mathsf{Rg}\, A = 1$, $\chi_A(X) = X^{n-1}Q$, où Q reste à déterminer. Q est un polynôme de degré 1 qui a pour racine la valeur propre éventuelle non nulle qui reste à trouver (penser à la trace).

Mise en œuvre : exercice 4.4, **exercice 4.8**, **exercice 4.9**, **exercice 4.18**, **exercice 4.25**, **exercice 4.29**, **exercice 4.30**.

Exemples : 1. *Soit* $A = \begin{pmatrix} -1 & 2 & -1 \\ -3 & 4 & -3 \\ -4 & 4 & -4 \end{pmatrix}$. *Calculer* $\chi_A(X)$.

$$\chi_A(X) = \begin{vmatrix} 1+X & -2 & 1 \\ 3 & -4+X & 3 \\ 4 & -4 & 4+X \end{vmatrix} = \begin{vmatrix} -1+X & -2 & 1 \\ -1+X & -4+X & 3 \\ 0 & -4 & 4+X \end{vmatrix}$$

$$= (X-1)\begin{vmatrix} 1 & -2 & 1 \\ 1 & -4+X & 3 \\ 0 & -4 & 4+X \end{vmatrix} = (X-1)\begin{vmatrix} 1 & -2 & 1 \\ 0 & -2+X & 2 \\ 0 & -4 & 4+X \end{vmatrix},$$

ce qui donne : $\chi_A(X) = (X-1)(X^2+2X) = X(X-1)(X+2)$.
On a fait successivement : $C_1 \leftarrow C_1 + C_2, L_2 \leftarrow L_2 - L_1$.

2. *Soit* $n \geqslant 3$ *et* $A \in \mathcal{M}_n(\mathbb{C})$ *telle que* $A^3 + A^2 + A = 0$. *Donner la forme que doit avoir* $\chi_A(X)$ *et en déduire alors que* $\operatorname{Tr}(A) \in \mathbb{Z}_-$.

$P = X^3 + X^2 + X = X(X^2 + X + 1)$ est annulateur pour A, on sait déjà que les seules valeurs propres complexes de P possibles sont $0, j$ et $j^2 = \overline{j}$. Le polynôme caractéristique de A est à coefficients réels, donc ses racines complexes conjuguées ont le même ordre de multiplicité.
Sa forme est : $\chi_A = X^p(X-j)^q(X-\overline{j})^q = X^p(X^2+X+1)^q$, avec $p + 2q = n$. Attention, p ou q peuvent être nuls. χ_A étant scindé dans $\mathbb{C}[X]$, la trace de A est (voir la **proposition 4.15**) la somme de ses valeurs propres, chacune étant comptée autant de fois que son ordre de multiplicité. Donc :

$$\operatorname{Tr} A = p \times 0 + q(j + \overline{j}) = -q \in \mathbb{Z}^-.$$

Cet exercice a été posé aux Concours communs Polytechniques, filière PSI.

■ Diagonalisation ou trigonalisation

❑ Méthode 4.4.— Comment diagonaliser une matrice carrée d'ordre n.

- La méthode la plus courante est de calculer le polynôme caractéristique χ_A de la matrice A. Supposons pour la suite que χ_A soit scindé (quitte à se placer dans $\mathbb{C}$). On détermine ses racines $\lambda_1, ..., \lambda_n$, pas nécessairement distinctes et qui sont les valeurs propres de A. Pour chaque valeur propre **multiple**, on calcule la dimension du sous espace propre associé. Si la somme des dimensions des sous-espaces propres est égale à n, la matrice est diagonalisable. On prend alors une base de chaque sous-espace propre ; en les réunissant, on obtient une base qui diagonalise A.
- Si l'on dispose d'un polynôme annulateur, on détermine ses racines $\mu_1, ..., \mu_p$ et on cherche les dimensions de chaque $\operatorname{Ker}(A - \mu_i I_n)$. Si cette dimension n'est pas nulle, μ_i est valeur propre de A. On continue alors comme précédemment.
- Parfois, on peut calculer rapidement le rang de A et on sait alors que 0 est valeur propre et que son sous espace propre associé a pour dimension $n - \operatorname{Rg} A$.
Il reste à trouver les autres valeurs propres (utiliser la trace par exemple) .

Mise en œuvre : exercice 4.4, exercice 4.8, exercice 4.9, exercice 4.22.

Méthodes

Exemples : 1. *Réduire la matrice* $A = \begin{pmatrix} -1 & 2 & -1 \\ -3 & 4 & -3 \\ -4 & 4 & -4 \end{pmatrix}$.

D'après le calcul fait ci-dessus (exemple **1.** de la **méthode 4.3**), $\chi_A(X) = (X-1)X(X+2)$.
Les valeurs propres sont donc $-2, 0$ et 1.
Comme χ_A est scindé avec des valeurs propres simples, A est diagonalisable, et de plus, les sous-espaces propres correspondants sont des droites vectorielles.
Pour trouver $E_0(A)$, résolvons le système linéaire d'écriture matricielle $A.X = 0_{\mathcal{M}_3(\mathbb{R})}$, en n'oubliant pas que ses solutions forment une droite vectorielle :

$$\begin{cases} -x+2y-z=0 \\ -3x+4y-3z=0 \\ -4x+4y-4z=0 \end{cases} \Leftrightarrow \begin{cases} -x+2y-z=0 \\ -x+y-z=0 \end{cases} \Leftrightarrow \begin{cases} y=0 \\ x=-z \end{cases}$$

$E_0(A) = \mathsf{Vect}\, \vec{u}_0$ avec $\vec{u}_0 = (-1, 0, 1)$. Le vecteur $\vec{x} \in E_{-2}(A)$ si, et seulement si, le vecteur colonne X qui le représente dans la base canonique vérifie $A.X = -2.X$ soit $(A + 2\, I_3)X = 0_{\mathcal{M}_3(\mathbb{R})}$.
On trouve $E_{-2}(A) = \mathsf{Vect}\, \vec{u}_{-2}$ avec $\vec{u}_{-2} = (0, 1, 2)$.
De même, pour déterminer $E_1(A)$, on se ramène à la résolution du système $(A - I_3)X = 0_{\mathcal{M}_3(\mathbb{R})}$.
On trouve $E_1(A) = \mathsf{Vect}\, \vec{u}_1$ avec $\vec{u}_1 = (1, 1, 0)$.
En prenant $P = \begin{pmatrix} 0 & -1 & 1 \\ 1 & 0 & 1 \\ 2 & 1 & 0 \end{pmatrix}$, on obtient $P^{-1}.A.P = \begin{pmatrix} -2 & 0 & 0 \\ 0 & 0 & 0 \\ 0 & 0 & 1 \end{pmatrix}$.

2. *Diagonaliser la matrice* $J \in \mathcal{M}_4(\mathbb{R})$ *ayant tous ses coefficients égaux à* 1.

Immédiatement, $\mathsf{Rg}\, J = 1$ et donc 0 est une valeur propre de J avec $\dim E_0 = \dim \mathsf{Ker}\, J = 3$.
Comme $\mathrm{Tr} J = 4$, 4 est la dernière valeur propre. Pour le vérifier, on résout le système $JX = 4X$.
On trouve la droite vectorielle de base $\{(1, 1, 1, 1)\}$. Donc J est bien diagonalisable dans $\mathbb{R}$.
Remarquons qu'ici, se lancer dans $\chi_J(X)$ aurait été maladroit.

❑ **Méthode 4.5.— Comment montrer qu'un endomorphisme est (ou n'est pas) diagonalisable sans calcul du polynôme caractéristique**

On tente d'appliquer un des résultats : **proposition 4.18** à **proposition 4.23**.

Mise en œuvre : de l'**exercice 4.5** à l'**exercice 4.7**, **exercice 4.10**, **exercice 4.12**, **exercice 4.35**.

Exemples : 1. *On appelle* **nilpotent** *un endomorphisme non nul tel qu'il existe une entier* $p \in \mathbb{N}^*$, *tel que* $f^p = 0_{\mathcal{L}(E)}$. *Montrer qu'un tel endomorphisme n'est jamais diagonalisable.*

X^p étant un polynôme annulateur de f, celui-ci a au plus une valeur propre : 0.
Comme f est non nul, $\mathsf{Ker}\, f \neq E$ et f n'est pas diagonalisable.

2. *Montrer que les endomorphismes ternaires (ceux qui vérifient* $f^3 = \mathrm{Id}_E$*) sont diagonalisables dans* $\mathbb{C}$.

Il suffit de remarquer qu'ils sont annulés par $X^3 - 1 = (X-1)(X-j)(X-j^2)$, où (faut-il le rappeler ? $j = e^{i2\pi/3}$), polynôme scindé et à racines simples.
Ces mêmes endomorphismes ternaires, à l'exception de l'identité, ne sont pas diagonalisables dans $\mathbb{R}$, puisque leur seule valeur réelle propre possible est 1.
De même, on peut montrer de la même façon que les symétries sont diagonalisables sur $\mathbb{R}$.

Remarque : Il existe une autre condition de diagonalisabilité très courante : toute matrice qui est symétrique réelle dans $\mathcal{M}_n(\mathbb{R})$ est diagonalisable dans $\mathbb{R}$. C'est le cas ainsi de la matrice J dans un exemple précédent. C'est dans le chapitre sur les endomorphismes symétriques.

Dans le programme officiel, il faut savoir reconnaître le cas où une matrice est trigonalisable dans $\mathbb{K}$. Il faut et il suffit que le polynôme caractéristique de la matrice soit scindé dans $\mathbb{K}$. Après, pour « trigonaliser » il faut soit être aidé par l'énoncé, soit être débrouillard. Maintenant, donnons une méthode (cela peut vous être utile) dans le cas (très courant) de trigonalisation d'une matrice carrée d'ordre 3. Pour les frustrés, vous aurez un exemple d'une matrice carrée d'ordre 4 à l'**exercice 4.15**

❑ **Méthode 4.6.— comment trigonaliser une matrice $A \in \mathcal{M}_3(\mathbb{K})$ sachant que $\chi_A(X) = (X-\alpha)^2(X-\beta)$, où $\alpha \neq \beta$. On suppose enfin que** $\dim E_\alpha(A) = 1$.

- On sait déjà que A est trigonalisable mais pas diagonalisable dans $\mathbb{K}$. On détermine une base de $E_\alpha(A)$, que l'on note $(\vec{u}_1)$ puis une base de $E_\beta(A)$, que l'on note $(\vec{u}_2)$.
- On complète par un vecteur $\vec{u}_3$ (en général un des vecteurs de la base canonique) telle que $\mathcal{B} = (\vec{u}_1, \vec{u}_2, \vec{u}_3)$ soit une base de $\mathbb{K}^3$. On introduit une matrice P ayant pour colonnes les trois vecteurs de la base $\mathcal{B}$ dans l'ordre. Il existe alors $(a,b) \in \mathbb{K}^2$ tel que :

$$P^{-1}AP = \begin{pmatrix} \alpha & 0 & a \\ 0 & \beta & b \\ 0 & 0 & \alpha \end{pmatrix}.$$

- Appelons T la matrice triangulaire supérieure $P^{-1}AP$.
  On détermine les coefficients a et b en utilisant $AP = PT$ et plus particulièrement en égalant les troisièmes colonnes de ces matrices.
  On peut aussi exprimer $f(\vec{u}_3) - \alpha\vec{u}_3$ en fonction de $\vec{u}_1$ et de $\vec{u}_2$.

Exemple : *Trigonaliser* $A = \begin{pmatrix} 2 & -1 & 0 \\ 1 & 0 & 0 \\ -4 & 2 & 3 \end{pmatrix}$.

Rapidement, $\chi_A(X) = (X-3)(X-1)^2$. Puis $E_3 = \text{Vect}(\vec{u}_1)$ et $E_1 = \text{Vect}(\vec{u}_2)$, où $\vec{u}_1 = (0,0,1)$ et $\vec{u}_2 = (1,1,1)$. Il reste à compléter avec $\vec{u}_3(1,0,0)$ par exemple. La matrice $P = \begin{pmatrix} 0 & 1 & 1 \\ 0 & 1 & 0 \\ 1 & 1 & 0 \end{pmatrix}$ est inversible. On cherche a et b tels que $T = \begin{pmatrix} 3 & 0 & a \\ 0 & 1 & b \\ 0 & 0 & 1 \end{pmatrix} = P^{-1}AP$. On écrit :

$$PT = AP \Rightarrow \begin{cases} b+1 &= 2 \\ b &= 1 \\ a+b &= -4 \end{cases} \Rightarrow b = 1 \text{ et } a = -5.$$

Finalement dans $\{\vec{u}_1, \vec{u}_2, \vec{u}_3\}$, la matrice de l'endomorphisme canoniquement associé à A est :

$$T = \begin{pmatrix} 3 & 0 & -5 \\ 0 & 1 & 1 \\ 0 & 0 & 1 \end{pmatrix}.$$

Méthodes

Remarque : Je sais ce que vous allez dire ! Et si maintenant :

$$\chi_A(X) = (X - \alpha)^3,$$

où $\alpha \in \mathbb{K}$, comment fait-on ? Donnons un exemple.

Exemple : *Soit* $B = \begin{pmatrix} 2 & -3 & -1 \\ 1 & -2 & -1 \\ -2 & 6 & 3 \end{pmatrix}$. *Réduire* B.

On commence par le calcul de $\chi_B(X)$:

$$\begin{aligned} \chi_B(X) &= \begin{vmatrix} X-2 & 3 & 1 \\ -1 & 2+X & 1 \\ 2 & -6 & -3+X \end{vmatrix} \\ &\underset{C_1 \leftarrow C_1 + C_3}{=} \begin{vmatrix} X-1 & 3 & 1 \\ 0 & 2+X & 1 \\ -1+X & -6 & -3+X \end{vmatrix} \\ &\underset{L_3 \leftarrow L_3 - L_1}{=} (X-1) \begin{vmatrix} 1 & 3 & 1 \\ 0 & 2+X & 1 \\ 0 & -9 & -4+X \end{vmatrix} \\ &= (X-1)((X+2)(X-4)+9) \end{aligned}$$

Finalement : $\chi_B(X) = (X-1)(X^2-2X+1) = (X-1)^3$. Comme prévu, le polynôme caractéristique est de la forme voulu. On peut à ce niveau affirmer que B n'est pas diagonalisable. Car 1 étant la seule valeur propre, on aurait $B = I_3$ en cas de diagonalisation. Il est évident que l'on n'a pas cette égalité.

On a rapidement : $B - I_3 = \begin{pmatrix} 1 & -3 & -1 \\ 1 & -3 & -1 \\ -2 & 6 & 2 \end{pmatrix}$.

Cette matrice est de rang 1, le sous-espace propre associé à la valeur propre 1 est donc un plan P dont une équation est immédiatement : $x - 3y - z = 0$.

Choisissons $u_1 = (1, 0, 1)$ et $u_2 = (3, 1, 0)$ dans ce plan. Il est clair qu'ils sont linéairement indépendants. Posons $u_3 = (1, 0, 0)$. Comme $u_3 \notin P$, $\mathcal{B} = (u_1, u_2, u_3)$ est une base. Notons f l'endomorphisme associé à B dans la base canonique de $\mathbb{R}^3$. Par conservation de la trace, nous savons que l'on retrouvera des 1 sur la diagonale de la matrice B de f dans $\mathcal{B}$.

Le calcul donne $f(u_3) - u_3 = (1, 1, -2)$ soit $f(u_3) - u_3 = -2u_1 + u_2$.

En prenant $P = \begin{pmatrix} 1 & 3 & 1 \\ 0 & 1 & 0 \\ 1 & 0 & 0 \end{pmatrix}$, On obtient donc $T = P^{-1}.B.P = \begin{pmatrix} 1 & 0 & -2 \\ 0 & 1 & 1 \\ 0 & 0 & 1 \end{pmatrix}$.

Le choix de $u_1 = (0, 1, -3)$, $u_2 = (-1, -1, 2)$ et $u_3 = (0, 0, 1)$ aboutit, lui, à :

$$P = \begin{pmatrix} 0 & -1 & 0 \\ 1 & -1 & 0 \\ -3 & 2 & 1 \end{pmatrix}, \text{ et } T = \begin{pmatrix} 1 & 0 & 0 \\ 0 & 1 & 1 \\ 0 & 0 & 1 \end{pmatrix}.$$

Il n'y a pas du tout unicité du couple (P, T)...

Mise en œuvre : **exercice 4.14** à **exercice 4.16**, **exercice 4.23**.

■ Applications de la diagonalisation

❑ Méthode 4.7.— Comment calculer la puissance $p^{\text{ème}}$ d'une matrice A par réduction de cette matrice

- En diagonalisant (ou à défaut en trigonalisant) la matrice A. On détermine alors R. On écrit : $A = P.R.P^{-1}$ et on établit la formule : $\forall p \in \mathbb{N}^*, A^p = P.R^p.P^{-1}$.
  Ceci complète la quatrième piste de la **méthode 2.3**
  Cette formule s'étend aux valeurs négatives ou nulle de p si A est inversible.
  On rappelle au passage que si R est diagonale alors on a l'égalité :
  $\forall p \in \mathbb{N}^\star$, $\text{diag}(\lambda_1, \lambda_2, \dots, \lambda_n)^p = \text{diag}(\lambda_1^p, \lambda_2^n, \dots, \lambda_n^p)$.
- En utilisant le théorème de Cayley-Hamilton. On détermine le reste de la division euclidienne de X^p par $\chi_A(X)$ puis on utilise $\chi_A(A) = 0$.
  Ceci complète la troisième piste de la **méthode 2.3**.

Mise en œuvre : **exercice 4.16** à **exercice 4.18**, **exercice 4.30**.

Exemples : 1. *Calculer* A^p, *où* $A = \begin{pmatrix} -1 & 2 & -1 \\ -3 & 4 & -3 \\ -4 & 4 & -4 \end{pmatrix}$.

Cette matrice a déjà été réduite dans la **méthode 4.4**, $A = PRP^{-1}$, où les héros sont les matrices :
$R = \begin{pmatrix} -2 & 0 & 0 \\ 0 & 0 & 0 \\ 0 & 0 & 1 \end{pmatrix}$, $P = \begin{pmatrix} 0 & -1 & 1 \\ 1 & 0 & 1 \\ 2 & 1 & 0 \end{pmatrix}$, $P^{-1} = \begin{pmatrix} 1 & -1 & 1 \\ -2 & 2 & -1 \\ -1 & 2 & -1 \end{pmatrix}$.
Et : $\forall p \in \mathbb{N}^*, A^p = PR^pP^{-1} = \begin{pmatrix} -1 & 2 & -1 \\ -1 + (-2)^p & 2 - (-2)^p & -1 + (-2)^p \\ 2(-2)^p & -2(-2)^p & 2(-2)^p \end{pmatrix}$.
Pour $p = 0$, la formule proposée pour R^n donne un autre résultat que I_3, donc celle de A^p n'est pas applicable au cas $p = 0$ (et encore moins pour $p < 0$ puisque A n'est pas inversible!).

2. *Soit* $A = \begin{pmatrix} 0 & 0 & 0 \\ -2 & 1 & -1 \\ 2 & 0 & 2 \end{pmatrix}$. *Déterminer* $\chi_A(X)$. *Déterminer le reste de la division euclidienne de* X^p *par* $\chi_A(X)$. *En déduire* A^p, *pour* $p \in \mathbb{N}^*$.

Un calcul élémentaire montre que $\chi_A(X) = X^3 - 3X^2 + 2X$.
Le résultat fondamental sur la division euclidienne des polynômes est :
$\forall\, (A, B) \in (\mathbb{K}[X])^2,\ \exists\,!(Q, R) \in (\mathbb{K}[X])^2,\ A = BQ + R$ **et** $\deg(R) < \deg(B)$.
Il existe donc un unique polynôme Q et un unique triplet (a, b, c) de réels tel que :
$$\forall\, p \in \mathbb{N},\ X^p = (X^3 - 3X^2 + 2X)Q + aX^2 + bX + c \quad (*).$$
On constate, de plus, que : $X^3 - 3X^2 + 2X = X(X - 1)(X - 2)$.
En évaluant l'égalité $(*)$ en 0, 1 et 2, on obtient : $\begin{cases} c = 0 \\ a + b + c = 1 \\ 4a + 2b + c = 2^p \end{cases} \Leftrightarrow \begin{cases} c = 0 \\ b = 2 - 2^{p-1} \\ a = 2^{p-1} - 1 \end{cases}$
Et finalement, $R = \left(2^{p-1} - 1\right)X^2 + \left(2 - 2^{p-1}\right)X$. En utilisant Cayley-Hamilton,

$$\forall\, p \geqslant 3,\ A^p = (A^3 - 3A^2 + 2A) \times Q(A) + \left(2^{p-1} - 1\right)A^2 + \left(2 - 2^{n-1}\right)A,$$

on a : $A^p = \left(2^{p-1} - 1\right)A^2 + \left(2 - 2^{p-1}\right)A$.

Autrement dit : $\forall p \geqslant 3, A^p = \begin{pmatrix} 0 & 0 & 0 \\ -2^p & 1 & 1-2^p \\ 2^p & 0 & 2^p \end{pmatrix}$ (encore vraie pour $p = 1$ et $p = 2$).

> ❑ **Méthode 4.8.— Comment résoudre l'équation $X^p = A$, où A est diagonalisable**
> Ici, on complète la **méthode 2.10** dans le cas de la réduction. On reprend cette méthode en commençant par diagonaliser A et déterminer la matrice de passage P telle que $A = PDP^{-1}$. Puis on pose $Y = P^{-1}XP$ et on remarquera que $Y^p = D \Leftrightarrow X^p = A$.
> On résout ensuite l'équation $Y^p = D$, toujours en s'inspirant de la **méthode 2.10**.
> (En effet, D étant diagonale, $Y^p = D$ se résout plus simplement que $X^p = A$.)
> On en déduit Y puis X.

Exemple : *Soit* $A = \begin{pmatrix} 11 & -5 & -5 \\ -5 & 3 & 3 \\ -5 & 3 & 3 \end{pmatrix}$. *On désire résoudre l'équation $X^2 = A$ dans $\mathcal{M}_3(\mathbb{R})$.*

1. *Réduire A (on notera $P \in \mathrm{GL}_3(\mathbb{R})$ et D diagonale telles que $A = PDP^{-1}$).*
2. *Pour $X \in \mathcal{M}_3(\mathbb{R})$, on pose $C = P^{-1}XP$, montrer que $X^2 = A \Leftrightarrow C^2 = D$.*
3. *Résoudre l'équation $C^2 = D$ d'inconnue $C \in \mathcal{M}_3(\mathbb{R})$ (montrer que C et D commutent puis que C est diagonale) et en déduire les solutions de $X^2 = A$.*

1. On remarque que A a deux lignes égales et donc son rang est au plus 2. Ainsi, 0 est valeur propre au moins simple. Comme il nous en manque certainement deux, on calcule quand même $\chi_A(X) = X(X-1)(X-16)$. On sait que A est diagonalisable (car elle possède trois valeurs propres distinctes). Puis $E_0(A) = \mathsf{Vect}\left(\{(0,-1,1)\}\right)$, $E_1(A) = \mathsf{Vect}\left(\{(1,1,1)\}\right)$, $E_{16}(A) = \mathsf{Vect}\left(\{(-2,1,1)\}\right)$.

Ce qui donne : $P = \begin{pmatrix} 0 & 1 & -2 \\ -1 & 1 & 1 \\ 1 & 1 & 1 \end{pmatrix}$ et $D = \begin{pmatrix} 0 & 0 & 0 \\ 0 & 1 & 0 \\ 0 & 0 & 16 \end{pmatrix}$.

2. On a sans souci : $X^2 = A \Leftrightarrow P^{-1}X^2P = P^{-1}AP \Leftrightarrow C^2 = D$.

3. C'est très classique ! On a évidemment $CD = C^3 = DC$. Posons $C = \begin{pmatrix} a & b & c \\ d & e & f \\ g & h & i \end{pmatrix}$.

L'égalité $CD = DC$ donne : $b = c = d = f = g = h = 0$.
C est bien diagonale. Enfin, $C^2 = D$ donne : $a^2 = 0$, $b^2 = 1$ et $c^2 = 16$. Il reste quatre matrices C possibles. Comme $X = PCP^{-1}$, les solutions de $X^2 = A$ sont :

$$P\begin{pmatrix} 0 & 0 & 0 \\ 0 & 1 & 0 \\ 0 & 0 & 4 \end{pmatrix}P^{-1}, P\begin{pmatrix} 0 & 0 & 0 \\ 0 & -1 & 0 \\ 0 & 0 & 4 \end{pmatrix}P^{-1}, P\begin{pmatrix} 0 & 0 & 0 \\ 0 & 1 & 0 \\ 0 & 0 & -4 \end{pmatrix}P^{-1}, P\begin{pmatrix} 0 & 0 & 0 \\ 0 & -1 & 0 \\ 0 & 0 & -4 \end{pmatrix}P^{-1}.$$

Mise en œuvre : voir de l'**exercice 4.22** à l'**exercice 4.25**, **exercice 4.35**.

Remarque : On peut étendre la **méthode 4.8** à des équations matricielles un peu plus générales, du type $A = P(X)$, où $P \in \mathbb{R}[X]$ et X une matrice inconnue. Si par exemple $A \in \mathcal{M}_n(\mathbb{R})$ est diagonalisable et si ses n valeurs propres sont distinctes alors comme X commute avec A, X est diagonalisable dans la même base de diagonalisation, ce qui permet de trouver la forme des X. C'est un peu l'idée de l'**exercice 4.24** et l'**exercice 4.25**.

❑ Méthode 4.9.— Comment trouver, à l'aide d'une méthode matricielle, les suites $(u_n) \in \mathbb{K}^{\mathbb{N}}$ vérifiant une relation de récurrence linéaire d'ordre 2

Soit $(u_n) \in \mathbb{K}^{\mathbb{N}}$, définie par la donnée de u_0 et de u_1, et la relation de récurrence : (R) $\forall n \in \mathbb{N}, \quad u_{n+2} = a\,u_{n+1} + b\,u_n$, (a, b) sont deux éléments fixés de $\mathbb{K}$.

[1] On pose $U_n = \begin{pmatrix} u_n \\ u_{n+1} \end{pmatrix}$, alors la relation (R) devient $U_{n+1} = AU_n$ avec $A = \begin{pmatrix} 0 & 1 \\ b & a \end{pmatrix}$.

[2] Par récurrence sur $n \in \mathbb{N}$, on aboutit à $U_n = A^n U_0$.

[3] On applique la méthode précédente (calcul de la puissance $p^{\text{ème}}$ d'une matrice).

Exemple : *Expliciter la suite définie par $u_0 = u_1 = 1$ et $\forall n \in \mathbb{N}$, $u_{n+2} = u_{n+1} + u_n$.*

En posant $U_n = \begin{pmatrix} u_n \\ u_{n+1} \end{pmatrix}$, alors la relation de récurrence devient $U_{n+1} = AU_n$ avec $A = \begin{pmatrix} 0 & 1 \\ 1 & 1 \end{pmatrix}$.

D'où : $\chi_A(X) = X^2 - X - 1$, donc A a pour valeurs propres $\alpha = \dfrac{1+\sqrt{5}}{2}$ et $\beta = \dfrac{1-\sqrt{5}}{2}$.

On trouve $A = P.\text{diag}(\alpha, \beta).P^{-1}$, avec $P = \begin{pmatrix} 1 & 1 \\ \alpha & \beta \end{pmatrix}$, et $P^{-1} = \dfrac{1}{\beta - \alpha}\begin{pmatrix} \beta & -1 \\ -\alpha & 1 \end{pmatrix}$.

Alors, pour tout $n \in \mathbb{N}$, $A^n = P.\text{diag}(\alpha^n, \beta^n).P^{-1}$. Il reste à courageusement faire le calcul.

On obtient : $A^n = \dfrac{1}{\alpha - \beta}\begin{pmatrix} -\alpha^n\beta + \alpha\beta^n & \alpha^n - \beta^n \\ -\alpha\beta\,(\alpha^n - \beta^n) & \alpha^{1+n} - \beta^{1+n} \end{pmatrix}$.

Et donc : $U_n = A^n.\begin{pmatrix} 1 \\ 1 \end{pmatrix} = \dfrac{1}{\alpha - \beta}\begin{pmatrix} -\alpha^n(-1+\beta) + (\alpha - 1)\beta^n \\ -\alpha^{1+n}(-1+\beta) + (\alpha - 1)\beta^{1+n} \end{pmatrix}$.

Comme $\alpha - \beta = \sqrt{5}$, et que $\alpha + \beta = 1$, on trouve finalement : $u_n = \dfrac{1}{\sqrt{5}}\left(\alpha^{n+1} - \beta^{n+1}\right)$.

Remarque : Au programme officiel, on peut avoir à faire à des récurrences d'ordre supérieur. La méthode peut se généraliser sans souci. Ainsi, par exemple, pour l'ordre $p = 3$, la matrice associée est d'ordre 3. La mise en œuvre est l'**exercice 4.17**. Bien que cela ne soit pas explicitement demandé dans le programme officiel, on pourrait imaginer que la matrice A n'est pas diagonalisable mais seulement trigonalisable. Ce cas est adapté pour obtenir les suites de $\mathbb{C}^{\mathbb{N}}$ qui vérifient une récurrence linéaire. Tout le problème est alors le calcul de A^n, ou plutôt T^n, si T est une matrice triangulaire semblable à A. La méthode reste fondamentalement la même.

❑ Méthode 4.10.— Comment déterminer les termes généraux de plusieurs suites définies par une récurrence matricielle, cette matrice étant diagonalisable

Par exemple, dans le cas de trois suites u, v et w, définies par :

$$X_{n+1} = \begin{pmatrix} u_{n+1} \\ v_{n+1} \\ w_{n+1} \end{pmatrix} = A\begin{pmatrix} u_n \\ v_n \\ w_n \end{pmatrix} = AX_n,$$

on a : $X_n = A^n X_0$. Il reste à diagonaliser A, trouver P la matrice de passage vers la base de vecteurs propres. Puis on pose : $Y_n = P^{-1}X_n$. On calcule Y_n par la relation $Y_n = D^n Y_0$ et on revient à X_n par la relation $PY_n = X_n$.

Remarquer que l'on n'a pas vraiment besoin d'inverser P dans cette méthode.

Méthodes

Exemple : *Soient (u_n), (v_n) et (v_n) définies par $u_0 = -2, v_0 = 1, w_0 = 5$ et :*

$$\forall n \in \mathbb{N}, \left\{ \begin{array}{rcl} u_{n+1} & = & 4u_n - 3v_n - 3w_n \\ v_{n+1} & = & 3u_n - 2v_n - 3w_n \\ w_{n+1} & = & 3u_n - 3v_n - 2w_n \end{array} \right. .$$

*Déterminer u_n, v_n et w_n en fonction de n (**posé à Mines-Telecom, filière PSI**).*

On pose $X_n = \begin{pmatrix} u_n \\ v_n \\ w_n \end{pmatrix}$ et $X_{n+1} = AX_n$. On a rapidement : $A = \begin{pmatrix} 4 & -3 & -3 \\ 3 & -2 & -3 \\ 3 & -3 & -2 \end{pmatrix}$. Et :

$$\chi_A(X) = X^3 - 3X + 2 = (X-1)^2(X+2).$$

Les valeurs propres sont -2 et 1. On montre rapidement que $\dim E_{-2} = 1$ et $\dim E_1 = 2$. Donc comme $\dim E_{-2} + \dim E_1 = 3$, A est diagonalisable.

En prenant par exemple $P = \begin{pmatrix} 1 & 1 & 1 \\ 1 & 0 & 1 \\ 1 & 1 & 0 \end{pmatrix}$ et $D = \begin{pmatrix} -2 & 0 & 0 \\ 0 & 1 & 0 \\ 0 & 0 & 1 \end{pmatrix}$, on a l'égalité : $A = PDP^{-1}$. Donc : $A^n = PD^nP^{-1}$. Posons $Y_n = P^{-1}X_n$.

$$Y_{n+1} = DY_n \Rightarrow Y_n = D^nY_0 \Rightarrow X_n = PY_n = PD^nY_0.$$

Posons $(Y_0)^T = (\alpha\, \beta\, \gamma)$, alors l'égalité $PY_0 = X_0$ donne $\alpha = 8$, $\beta = -3$ et $\gamma = -7$. Finalement :

$$\begin{pmatrix} u_n \\ v_n \\ w_n \end{pmatrix} = \begin{pmatrix} 1 & 1 & 1 \\ 1 & 0 & 1 \\ 1 & 1 & 0 \end{pmatrix} \begin{pmatrix} (-2)^n & 0 & 0 \\ 0 & 1 & 0 \\ 0 & 0 & 1 \end{pmatrix} \begin{pmatrix} 8 \\ -3 \\ -7 \end{pmatrix} = \begin{pmatrix} 8(-2)^n - 10 \\ 8(-2)^n - 7 \\ 8(-2)^n - 3 \end{pmatrix}.$$

❑ Méthode 4.11.— Comment montrer que A et $B \in \mathcal{M}_n(\mathbb{K})$ sont semblables

L'idéal est de trouver un endomorphisme $f \in \mathcal{L}(\mathbb{K}^n)$ tel que A et B le représentent dans deux bases différentes. Mais sans être guidé et si A et B n'ont pas beaucoup de zéros, c'est compliqué. Donnons des pistes.

[1] Dans le cas où $\text{Tr}(A) \neq \text{Tr}(B)$ (ce qui est facile à voir), la cause est entendue : A et B ne sont pas semblables.

[2] Sinon, on calcule et on compare χ_A et χ_B.

- Si $\chi_A \neq \chi_B$, A et B ne sont pas semblables.
- Si $\chi_A = \chi_B$ et si A et B sont diagonalisables, A et B sont semblables.
- Si $\chi_A = \chi_B$ et si l'une des matrices est diagonalisable sans que l'autre le soit, alors A et B ne sont pas semblables.
- Si $\chi_A = \chi_B$, que A et B sont toutes deux non diagonalisables, il faut déterminer $\dim\,(E_\lambda(A))$ et $\dim\,(E_\lambda(B))$ pour tout élément λ de $\text{Sp}\,A$.
  ▷ Si ces dimensions diffèrent pour un des éléments λ de $\text{Sp}\,A$, alors A et B ne sont pas semblables.
  ▷ Dans le cas contraire, il reste à trigonaliser A et B, en trouvant une réduite T commune, et en ce cas $A = P.T.P^{-1}$ et $B = Q.T.Q^{-1}$ aboutissent à $A = (P.Q).T.(P.Q)^{-1}$, et alors A et B sont semblables.

Exemple : *Parmi les matrices suivantes, y en a-t-il qui soient semblables ?*

$$A = \begin{pmatrix} -1 & 0 & -2 \\ -1 & 0 & -2 \\ 1 & -1 & 1 \end{pmatrix} \quad B = \begin{pmatrix} -4 & 6 & -3 \\ -3 & 5 & -3 \\ 0 & 0 & -1 \end{pmatrix} \quad C = \begin{pmatrix} -2 & -2 & -3 \\ -1 & -3 & -3 \\ 1 & 5 & 5 \end{pmatrix} \quad D = \begin{pmatrix} 2 & -3 & 3 \\ 3 & -4 & 3 \\ 3 & -3 & 2 \end{pmatrix}$$

Toutes ces matrices sont de trace nulle.
Un calcul montre que leurs polynômes caractéristiques respectifs sont :
$\chi_A(X) = X^3 - X$, $\chi_B(X) = X^3 - 3X - 2 = (X+1)^2(X-2)$,
$\chi_C(X) = X^3 - 3X - 2$ et $\chi_D(X) = X^3 - 3X - 2$.
Comme $\chi_A \neq \chi_B = \chi_C = \chi_D$, A n'est semblable à aucune des matrices B, C, D. Puis 2 est valeur propre simple de B, C, D (donc la dimension du sous-espace propre associé à 2 pour ces trois matrices est 1) et -1 est valeur propre double de B, C, D (donc la dimension du sous-espace propre associé à -1 pour ces trois matrices est 1 ou 2). Examinons la diagonalisabilité des matrices B, C, D, liée à la dimension du sous-espace $E_{-1}(M)$, qui vaut $3 - \text{Rg}\,(M + I_3)$;

$$B + I_3 = \begin{pmatrix} -3 & 6 & -3 \\ -3 & 6 & -3 \\ 0 & 0 & 0 \end{pmatrix}, C + I_3 = \begin{pmatrix} -1 & -2 & -3 \\ -1 & -2 & -3 \\ 1 & 5 & 6 \end{pmatrix}, D + I_3 = \begin{pmatrix} 3 & -3 & 3 \\ 3 & -3 & 3 \\ 3 & -3 & 3 \end{pmatrix}.$$

Il apparaît que $B+I_3$ et $D+I_3$ sont de rang 1, donc B et D sont diagonalisables de même polynôme caractéristique, et donc semblables.
En revanche, C n'est pas diagonalisable, car $C + I_3$ est de rang 2 donc $\dim\,(E_{-1}(C)) = 1$; C n'est donc semblable ni à B, ni à D.

B et D sont semblables ; A et C ne sont semblables à aucune autre matrice.

> ❑ **Méthode 4.12.— Comment déterminer les sous-espaces vectoriels stables par un endomorphisme en dimension finie**
> Les sous-espaces propres de $\phi \in \mathcal{L}(E)$ sont stables par ϕ, ainsi que leurs sommes directes ; réciproquement, le **théorème 4.13** permet de caractériser les sous-espaces stables par ϕ.

Mise en œuvre : de l'**exercice 4.29** à l'**exercice 4.36**.

Exemple : *Déterminer tous les sous-espaces de $\mathbb{R}^3$ stables par l'endomorphisme ϕ canoniquement associé à la matrice* $A = \begin{pmatrix} 2 & 2 & 1 \\ 1 & 3 & 1 \\ 1 & 2 & 2 \end{pmatrix}$.

Le polynôme caractéristique de A est $\chi_A(X) = -5 + 11X - 7X^2 + X^3 = (X-5)(X-1)^2$, 1 est valeur propre double et 5 simple ; $A - I_3 = \begin{pmatrix} 1 & 2 & 1 \\ 1 & 2 & 1 \\ 1 & 2 & 1 \end{pmatrix}$ est de rang 1, donc $\dim\,(E_1(A)) = 2$ et la matrice A est diagonalisable.
Si F est un sous-espace vectoriel stable par ϕ, alors la restriction de ϕ à F est diagonalisable d'après le **théorème 4.13**, donc F admet une base formée de vecteurs propres de ϕ. En conclusion, les sous-espaces stables par ϕ sont (outre $\mathbb{R}^3$ et $\{(0,0,0)\}$) : $E_5(\phi)$, $E_1(\phi)$, les droites incluses dans $E_1(\phi)$, et les plans engendrés par $E_5(\phi)$ et une droite vectorielle incluse dans $E_1(\phi)$.

Remarque : Si ϕ n'est pas diagonalisable, c'est plus compliqué. Voir par exemple l'**exercice 4.35** ou l'**exercice 4.36**, où on étudie le cas où ϕ possède une valeur propre non réelle.

Méthodes

■ Matrices en blocs et diagonalisation

De plus en plus souvent, un exercice de diagonalisation commence par l'introduction d'une matrice écrite par blocs.

❑ Méthode 4.13.— Comment utiliser la forme en blocs d'une matrice dans un exercice de diagonalisation

Exemple : *Soit $A \in M_n(\mathbb{C})$ une matrice diagonalisable et soit la matrice de $M_{2n}(\mathbb{C})$:*

$$B = \begin{pmatrix} O_n & A \\ I_n & O_n \end{pmatrix},$$

où O_n est la matrice nulle carrée d'ordre n et I_n la matrice identité.
Donner les valeurs propres de B et les sous-espaces propres correspondants.
À quelle condition B est-elle diagonalisable ?
(Posé à l'Oral de Centrale-Supélec, filière PSI.)

► **Synopsis.** On pourra partir de l'écriture d'un vecteur sous la forme d'une matrice par blocs :

$$Z = \begin{pmatrix} X \\ Y \end{pmatrix},$$

où X et Y sont deux matrices de $M_{n,1}(\mathbb{C})$. On exprimera que Z est un vecteur propre de B pour la valeur propre arbitraire $\lambda \in \mathbb{C}$. On remarquera ensuite le lien entre Z vecteur propre de B et Y vecteur propre de A, pour une valeur propre à déterminer.
Dans la seconde partie de l'exercice, on demande de trouver une condition de diagonalisation pour B. On pourra traiter deux cas selon que la valeur propre de B est nulle ou non. Enfin, il ne faut pas oublier que A est diagonalisable sur $\mathbb{C}$, c'est-à-dire que si l'on note E_{μ_i}, pour i variant de 1 à p, les sous-espaces propres de A, on a l'égalité : $\sum_{i=1}^{p} \dim (E_{\mu_i}) = n$.

► **Valeurs propres de** B. Notons $Z = \begin{pmatrix} X \\ Y \end{pmatrix}$, où X et Y sont deux matrices de $M_{n,1}(\mathbb{C})$.
On a alors : $BZ = \begin{pmatrix} O_n & A \\ I_n & O_n \end{pmatrix} \begin{pmatrix} X \\ Y \end{pmatrix} = \begin{pmatrix} AY \\ X \end{pmatrix}$.
Si Z est un vecteur propre de B, il existe $\lambda \in \mathbb{C}$ tel que :

$$BZ = \lambda Z \Rightarrow [AY = \lambda X \text{ et } X = \lambda Y].$$

On en déduit : $AY = \lambda^2 Y$.
On remarque au passage que $Y \neq 0$ car sinon $Y = X = 0$ et $Z = 0$. Or, un vecteur propre est non nul. On peut déjà conclure que Y est nécessairement un vecteur propre de A associé à une valeur propre qui est le carré de la valeur propre choisie de B.
Réciproquement, soit μ une valeur propre complexe de A et soit λ une des racines carrées de μ.
Considérons le vecteur : $Z = \begin{pmatrix} \lambda Y \\ Y \end{pmatrix}$, où $Y \neq 0$ et $AY = \mu Y$. On a :

$$\begin{pmatrix} O_n & A \\ I_n & O_n \end{pmatrix} \begin{pmatrix} \lambda Y \\ Y \end{pmatrix} = \begin{pmatrix} AY \\ \lambda Y \end{pmatrix} = \begin{pmatrix} \mu Y \\ \lambda Y \end{pmatrix} = \lambda \begin{pmatrix} \lambda Y \\ Y \end{pmatrix}.$$

Ainsi, Z est un vecteur propre de B associé à λ.
Ainsi λ est une valeur propre de B si et seulement si λ^2 est une valeur propre de A.

▸ **Sous-espaces propres correspondants.** Nous pouvons commencer par le cas où $\lambda = 0$. Dans ce cas, $\mu = 0$ et si l'on pose de nouveau $Z = \begin{pmatrix} \lambda Y \\ Y \end{pmatrix}$, un vecteur propre de B pour la valeur propre λ est ici : $Z = \begin{pmatrix} 0 \\ Y \end{pmatrix}$, où Y est un vecteur non nul de $\operatorname{Ker} A$. Le sous-espace propre est $\operatorname{Ker} B$.
On peut noter que : $\dim \operatorname{Ker} A = \dim \operatorname{Ker} B$.
Dans le cas où λ est non nul alors $\lambda^2 \neq 0$ est une valeur propre de A. À chaque vecteur non nul $Y \in \operatorname{Ker}(A - \lambda^2 I_n)$, on peut associer deux vecteurs $\begin{pmatrix} \lambda Y \\ Y \end{pmatrix}$ et $\begin{pmatrix} -\lambda Y \\ Y \end{pmatrix}$, le premier est un vecteur propre de B pour la valeur propre λ et le second est un vecteur propre de B pour la valeur propre $-\lambda$. Les sous-espaces propres respectifs sont $\operatorname{Ker}(B - \lambda I_{2n})$ et $\operatorname{Ker}(B + \lambda I_{2n})$.

▸ **Condition de diagonalisation de** B. Comme A est diagonalisable, nous allons appeler μ_1, ..., μ_p ses valeurs propres distinctes.

1. *Premier cas* : on suppose qu'aucune de ces valeurs propres n'est nulle. Alors pour tout i de 1 à p, chaque complexe μ_i admet deux racines carrées complexes distinctes λ_i et $-\lambda_i$.
On a vu que $\begin{pmatrix} \lambda_i Y \\ Y \end{pmatrix}$ est un vecteur propre de B si, et seulement si, Y est un vecteur propre de A.
Il reste à poser pour tout i de 1 à p,

$$F_{\lambda_i} = \operatorname{Ker}(B - \lambda_i I_{2n}) \text{ et } E_{\mu_i} = \operatorname{Ker}(A - \mu_i I_n).$$

On écrit :

$$Y \in E_{\mu_i} \Leftrightarrow \begin{pmatrix} \lambda_i Y \\ Y \end{pmatrix} \in F_{\lambda_i} \Leftrightarrow \begin{pmatrix} -\lambda_i Y \\ Y \end{pmatrix} \in F_{-\lambda_i}.$$

Ceci permet d'avoir les égalités : $\dim E_{\mu_i} = \dim F_{\lambda_i} = \dim F_{-\lambda_i}$.

On se rappelle que A est diagonalisable. Donc : $\sum_{i=1}^{p} \dim(E_{\mu_i}) = n$.

On écrit alors : $\sum_{i=1}^{p} \dim(F_{\lambda_i}) + \sum_{i=1}^{p} \dim(F_{-\lambda_i}) = 2\sum_{i=1}^{p} \dim(E_{\mu_i}) = 2n$. Donc B est diagonalisable.

2. *Deuxième cas* : on suppose qu'une des valeurs propres de A est nulle. Quitte à réindexer, on supposera que $\mu_1 = 0$. On sait que 0 est aussi valeur propre de B.
On a alors, comme $\dim \operatorname{Ker} B = \dim \operatorname{Ker} A$:

$$\dim \operatorname{Ker} B + \sum_{i=2}^{p} \dim(F_{\lambda_i}) + \sum_{i=2}^{p} \dim(F_{-\lambda_i}) = 2\sum_{i=2}^{p} \dim(E_{\mu_i}) + \dim \operatorname{Ker} A.$$

Comme A est diagonalisable : $\sum_{i=2}^{p} \dim(E_{\mu_i}) + \dim \operatorname{Ker} A = n$. Donc :

$$\dim \operatorname{Ker} B + \sum_{i=2}^{p} \dim(F_{\lambda_i}) + \sum_{i=2}^{p} \dim(F_{-\lambda_i}) = 2n - \dim \operatorname{Ker} A < 2n.$$

Ainsi, dans ce cas, B n'est pas diagonalisable.
En conclusion, B est diagonalisable si, et seulement si, 0 n'est pas valeur propre de A.

Mise en œuvre : voir **exercice 4.9** puis **exercice 4.15**, **exercice 4.26** et **exercice 4.27**.

Méthodes

Vrai/Faux

	Vrai	Faux
1. Si $A \in \mathcal{M}_n(\mathbb{R})$ possède un polynôme annulateur scindé dans $\mathbb{R}$, alors A est diagonalisable dans $\mathcal{M}_n(\mathbb{R})$.	☐	☐
2. $A \in \mathcal{M}_n(\mathbb{R})$ est diagonalisable dans $\mathcal{M}_n(\mathbb{R})$ si, et seulement si, $\chi_A(X)$ est scindé et est à racines simples dans $\mathbb{R}$.	☐	☐
3. Le seul endomorphisme nilpotent (c'est-à-dire vérifiant $\exists p \in \mathbb{N}^*, f^p = 0_E$) qui soit diagonalisable est 0.	☐	☐
4. Tout endomorphisme f tel que : $\exists p \in \mathbb{N}^*, p > 1, f^p = f$ est diagonalisable dans $\mathbb{C}$.	☐	☐
5. Tout endomorphisme f tel que : $\exists p \in \mathbb{N}^*, p > 1, f^p = f$ est diagonalisable dans $\mathbb{R}$.	☐	☐
6. Le vecteur nul est toujours un vecteur propre car pour tout $\lambda \in \mathbb{K}$, si $\phi \in \mathcal{L}(E)$ alors : $\phi(\vec{0}) = \lambda\vec{0} = \vec{0}$.	☐	☐
7. $\forall A \in \mathcal{M}_n(\mathbb{K})$, $0 \notin \mathsf{Sp}\, A$ si, et seulement si, A est inversible.	☐	☐
8. Deux matrices ayant même polynôme caractéristique, et non diagonalisables, sont semblables.	☐	☐
9. $\forall A \in \mathcal{M}_n(\mathbb{K})$, $\mathsf{Sp}\,(A) = \mathsf{Sp}\left(A^T\right)$.	☐	☐
10. Si A et B n'ont pas de valeur propre commune, $\chi_A(B)$ est inversible.	☐	☐
11. La somme de deux matrices diagonalisables est diagonalisable.	☐	☐
12. Si f est diagonalisable, f^2 est aussi diagonalisable.	☐	☐
13. Si f^2 est diagonalisable, f est aussi diagonalisable.	☐	☐
14. Sur $\mathbb{C}$, tout endomorphisme est trigonalisable.	☐	☐
15. Toute matrice de $\mathcal{M}_3(\mathbb{R})$ admet au moins une valeur propre.	☐	☐
16. Un endomorphisme diagonalisable admet $n = \dim E$ valeurs propres deux à deux distinctes.	☐	☐
17. Si $A \in \mathcal{M}_2(\mathbb{C})$ avec $\mathrm{Tr}(A) = 0$ alors soit A est diagonalisable dans $\mathcal{M}_2(\mathbb{C})$, soit A est nilpotent.	☐	☐
18. La trace d'un endomorphisme d'un espace vectoriel complexe (donc $\mathbb{K} = \mathbb{C}$) est égale à la somme de ses valeurs propres complexes comptées autant de fois que leur ordre de multiplicité.	☐	☐
19. Le résultat précédent reste vrai si $\mathbb{K} = \mathbb{R}$.	☐	☐

Énoncé des exercices

Valeurs et vecteurs propres

Exercice 4.1 : Déterminer l'ensemble des matrices $A \in \mathcal{M}_2(\mathbb{R})$ telles que $\begin{pmatrix} 3 \\ 1 \end{pmatrix}$ en soit un vecteur propre associé à la valeur propre -2.

Exercice 4.2* : Soit $a \in \mathbb{R}^*, f \in \mathcal{L}(E)$ avec E de dimension finie tel que $f^3 - 2af^2 + a^2 f = 0$. Exprimer le spectre de f en fonction de $\operatorname{Rg} f$.

D'après Concours Commun INP (ancien CCP)

Exercice 4.3 : Soit u et v deux endomorphismes d'un espace vectoriel E.

1. Soit $\lambda \neq 0$ une valeur propre de $u \circ v$. Montrer que λ est une valeur propre de $v \circ u$.

2. Montrer que cette propriété reste valable pour $\lambda = 0$ si E est de dimension finie.

3. On pose $E = \mathbb{R}[X]$ et on pose pour $P \in E$, $u(P) = P'$ et $v(P) = \displaystyle\int_0^x P(t)\,dt$.

Calculer le noyau de $u \circ v$ et celui de $v \circ u$. Conclusion ?

D'après Concours Communs Mines-Telecom et Concours ENSEA, filière PSI

Conditions de diagonalisation

Exercice 4.4 : Réduire, lorsque cela est possible, dans $\mathcal{M}_2(\mathbb{C})$:

$$A_1 = \begin{pmatrix} 1 & -1 \\ 2 & 3 \end{pmatrix}, A_2 = \begin{pmatrix} -1 & 2i \\ -2i & 2 \end{pmatrix}, A_3 = \begin{pmatrix} -1+i & -1 \\ 1 & 1+i \end{pmatrix}, A_4 = \begin{pmatrix} 1 & -1 \\ 1 & 1 \end{pmatrix}.$$

Exercice 4.5 : Soit $\phi \in \mathcal{L}(E)$, où E est de dimension $n \geqslant 2$ telle que $\operatorname{Rg}(\phi) = 1$. Déterminer le spectre de ϕ. Montrer que ϕ est diagonalisable si, et seulement si, $\operatorname{Tr}(\phi) \neq 0$.

Exercice 4.6 : On considère $A = \begin{pmatrix} 13 & -5 & -2 \\ -2 & 7 & -8 \\ -5 & 4 & 7 \end{pmatrix}$.

1. Calculer $(A - 9I_3)^3$. En déduire que A n'est pas diagonalisable.

2. Notons $f \in \mathcal{L}(\mathbb{R}^3)$ canoniquement associé à A et $g = f - 9\mathrm{Id}_E$, montrer que $g^2 \neq 0$. Si $\vec{u}_3$ est un vecteur tel que $g^2(\vec{u}_3) \neq 0$, on pose $\vec{u}_2 = g(\vec{u}_3)$ et $\vec{u}_1 = g(\vec{u}_2)$. Montrer que $(\vec{u}_1, \vec{u}_2, \vec{u}_3)$ est une base de $\mathbb{R}^3$. Que peut-on dire de la matrice de f dans cette base ?

D'après Concours Commun INP (ancien CCP)

Exercice 4.7 : Soit $A = \begin{pmatrix} 1 & 2 & -3 \\ 2 & 4 & -6 \\ 4 & 8 & -12 \end{pmatrix}$.

1. Calculer le rang de A. En déduire sans calcul le polynôme caractéristique de A.

2. Donner les éléments propres de A. A est-elle diagonalisable ?

Exercice 4.8 : Déterminer $(a,b,c) \in \mathbb{R}^3$ pour que $A = \begin{pmatrix} 1 & a & 1 \\ 0 & 1 & b \\ 0 & 0 & c \end{pmatrix}$ soit diagonalisable.

D'après Concours Communs Mines-Telecom et Concours ENSEA, filière PSI

Exercice 4.9 :** Soit $n \geq 3$ et $M = \begin{pmatrix} 0 & \dots & 0 & a_1 \\ . & & & . \\ . & & & . \\ . & & & . \\ 0 & \dots & 0 & a_{n-1} \\ a_1 & \dots & a_{n-1} & a_n \end{pmatrix}$, où $(a_1, ..., a_n) \in \mathbb{C}^n$.

Donner une condition nécessaire et suffisante sur les a_i pour que M soit diagonalisable.

D'après Mines-Ponts, filière PSI

Exercice 4.10 : Soit $\phi : \mathcal{M}_n(\mathbb{R}) \to \mathcal{M}_n(\mathbb{R})$, $A \mapsto A^T$.

1. Montrer que ϕ est diagonalisable dans $\mathcal{M}_n(\mathbb{R})$.

2. Déterminer l'ordre de multiplicité des valeurs propres de ϕ.

3. Calculer le déterminant de ϕ.

D'après Concours Communs Mines-Telecom et Concours ENSEA, filière PSI

Exercice 4.11* : Soit $n \geqslant 2$, $(A,B) \in (\mathcal{M}_n(\mathbb{R}))^2$ avec $\mathrm{Tr}(A) \neq 0$, $B \neq 0$ et enfin :

$$\Theta : \mathcal{M}_n(\mathbb{R}) \to \mathcal{M}_n(\mathbb{R}),\ M \mapsto M + \mathrm{Tr}(AM)B.$$

1. Vérifier que $\psi : M \longmapsto \mathrm{Tr}(AM)$ est une forme linéaire non nulle.

2. Trouver les valeurs et des vecteurs propres de Θ.

En déduire une condition nécessaire et suffisante pour que Θ soit diagonalisable.

D'après Polytechnique, filière PSI

Exercice 4.12 : Soit $n \in \mathbb{N}^*$. On considère l'application f définie sur $\mathbb{R}_n[X]$ par $f(P) = X^n.P\left(\frac{1}{X}\right)$.

1. Vérifier que f est un endomorphisme (en particulier que $f(P) \in \mathbb{R}_n[X]$.)

2. Calculer $f\, o\, f$ et montrer que f est diagonalisable. Puis donner ses éléments propres.

D'après Concours Communs Mines-Telecom et Concours ENSEA, filière PSI

Exercice 4.13* : Soit E un espace vectoriel de dimension n sur $\mathbb{C}$ et $f \in \mathcal{L}(E)$ diagonalisable.
Montrer qu'il est équivalent de dire :
i) $(\mathrm{Id}_E, f, f^2, \dots, f^{n-1})$ est une famille libre.
ii) f admet n valeurs propres deux à deux distinctes.
iii) Il existe $\vec{v} \in E$ tel que $(\vec{v}, f(\vec{v}), f^2(\vec{v}), \dots, f^{n-1}(\vec{v}))$ est une base de E.

D'après Concours Commun INP (ancien CCP)

■ Trigonalisation

Exercice 4.14 : Montrer que $A = \begin{pmatrix} 0 & 0 & 1 \\ 2 & 1 & 0 \\ 0 & 0 & 1 \end{pmatrix}$ est trigonalisable mais non diagonalisable puis donner une base qui trigonalise A.

Exercice 4.15 : $\mathcal{B} = \{\vec{e}_1, \vec{e}_2, \vec{e}_3, \vec{e}_4\}$ et $M_{\mathcal{B}}(\phi) = \begin{pmatrix} 7 & 3 & 2 & 5 \\ 10 & 7 & 4 & 9 \\ 9 & 6 & 4 & 8 \\ -15 & -9 & -5 & -12 \end{pmatrix}$.

1. $M_{\mathcal{B}}(\phi)$ est-elle diagonalisable dans $\mathbb{R}$?

2. On note $\vec{V}_1$ un vecteur propre associé à la valeur propre la plus petite de $M_{\mathcal{B}}(\phi)$ et on note $\vec{V}_2$ un vecteur propre associé à sa plus grande valeur propre. On fixera $\vec{V}_1$ de telle manière que sa première composante soit 3 et on fixera $\vec{V}_2$ de telle manière que sa dernière composante soit -1. Montrer que $\mathcal{B}' = \{\vec{V}_1, \vec{V}_2, \vec{e}_3, \vec{e}_4\}$ est une base de $\mathbb{R}^4$.

3. Déterminer la matrice de passage P de $\mathcal{B}$ à la base $\mathcal{B}'$. Calculer P^{-1}.

4. Déterminer $P^{-1}M_{\mathcal{B}}(\phi)P$ et l'écrire en blocs : $\begin{pmatrix} D_1 & C_1 \\ O_2 & B_1 \end{pmatrix}$.

5. Déterminer les valeurs propres de B_1. On notera $\vec{w}_1(a,b)$ un vecteur propre de B_1 associé à la plus petite des valeurs propres de B_1 et de même $\vec{w}_2(c,d)$ un vecteur propre de B_1 associé à la plus grande valeur propre de B_1. Déterminer ces vecteurs.

6. Soit $\vec{V}_3 = (0,0,a,b)$ et $\vec{V}_4 = (0,0,c,d)$, montrer que $\mathcal{B}'' = \{\vec{V}_1, \vec{V}_2, \vec{V}_3, \vec{V}_4\}$ est une base de $\mathbb{R}^4$.

7. Déterminer la matrice $M_{\mathcal{B}''}(\phi)$. Que remarque t-on ?

Application de la diagonalisation pour calculer des puissances successives

Exercice 4.16 : On considère la matrice $A = \begin{pmatrix} 1 & 0 & 0 \\ 0 & 0 & -1 \\ 0 & 1 & 2 \end{pmatrix}$.

1. A est-elle diagonalisable ?

2. Montrer que A est semblable à $B = \begin{pmatrix} 1 & 0 & 0 \\ 0 & 1 & 1 \\ 0 & 0 & 1 \end{pmatrix}$. En déduire A^n pour tout $n \in \mathbb{N}$.

Exercice 4.17 : Soit (u_n) la suite définie par $u_0 = 0$, $u_1 = -1$, $u_2 = 3$ et la relation :

$$\forall n \in \mathbb{N},\ u_{n+3} = -2u_n + u_{n+1} + 2u_{n+2}.$$

1. On pose $X_n = \begin{pmatrix} u_n \\ u_{n+1} \\ u_{n+2} \end{pmatrix}$. Déterminer une matrice A telle que $X_{n+1} = AX_n$.

2. Réduire A et en déduire X_n puis u_n en fonction de n.

Exercice 4.18* : On considère la matrice $M = \begin{pmatrix} 0 & 0 & -1 \\ 0 & 1 & 1 \\ 1 & 1 & -1 \end{pmatrix}$.

1. Montrer que M possède une unique valeur propre $\lambda \in \mathbb{R}$ et que λ est comprise entre 1 et 2.

2. Soit $\sigma \in \mathbb{C} \setminus \mathbb{R}$ une valeur propre de M. Calculer $\lambda |\sigma|^2$ et comparer $|\sigma|$, 1 et $\frac{1}{\sqrt{2}}$.

3. Montrer que I, M, et M^2 sont linéairement indépendantes. Calculer M^3 comme combinaison de I et M. En déduire : $\exists(\alpha,\beta) \in \mathbb{R}^2$, $\forall n \in \mathbb{N}$, $M^{n+3} = \alpha M^{n+1} + \beta M^n$.

D'après École Polytechnique et ESPCI

Théorème de Cayley-Hamilton

Exercice 4.19 : Soit $f \in \mathcal{L}(E)$, où $\dim E = n$ et telle que $f^{2014} = 0$. Montrer que $f^n = 0$.

Exercice 4.20* : Soit $A \in GL_n(\mathbb{K})$. Montrer qu'il existe $P \in \mathbb{K}_n[X]$ tel que $A^{-1} = P(A)$.

Exercice 4.21* : $n \in \mathbb{N}^\star$, soit A et B dans $M_n(\mathbb{C})$ n'ayant aucune valeur propre commune.
1. Si χ_A est le polynôme caractéristique de A, montrer que la matrice $\chi_A(B)$ est inversible.
2. Soit $X \in M_n(\mathbb{C})$. Montrer que $AX = XB$ si, et seulement si, X est la matrice nulle.

D'après Centrale-Supélec, filière PSI

Application de la diagonalisation pour résoudre des équations matricielles

Exercice 4.22 : Soit $A = \begin{pmatrix} -1 & 3 & 2 \\ -2 & 4 & 2 \\ -1 & 3 & 2 \end{pmatrix}$.

1. Diagonaliser A. On appelle D la matrice diagonale obtenue et P telle que : $D = P^{-1}AP$.
2. Déterminer $Y \in \mathcal{M}_3(\mathbb{R})$ telles que $Y^2 = D$. En déduire $X \in \mathcal{M}_3(\mathbb{R})$ telles que $X^2 = A$.

Exercice 4.23* : 1. Trouver toutes les valeurs propres possibles de $M \in \mathcal{M}_2(\mathbb{R})$ vérifiant la relation : $M^2 + M = \begin{pmatrix} 1 & 1 \\ 1 & 1 \end{pmatrix}$.
2. Déterminer toutes les matrices M qui satisfont cette équation matricielle.

D'après Concours Commun INP

Exercice 4.24* : Soit $n \in \mathbb{N}^\star$, trouver $M \in \mathcal{M}_n(\mathbb{R})$ telles que : $M^5 = M^2$ et $\mathrm{Tr}(M) = n$.

D'après Concours Communs Mines-Telecom et Concours ENSEA, filière PSI

Exercice 4.25* : *Résolution de l'équation $X^2 + 3X = A$, où $A = \begin{pmatrix} 10 & 0 & 0 \\ 0 & 4 & 1 \\ 0 & 0 & 0 \end{pmatrix}$ dans $\mathcal{M}_n(\mathbb{R})$.*

1. Justifier que A est diagonalisable dans $\mathcal{M}_3(\mathbb{R})$. On note λ_1, λ_2 et λ_3 les valeurs propres de A et on suppose que $\lambda_1 > \lambda_2 > \lambda_3$; préciser les valeurs de λ_1, λ_2 et λ_3.
2. $\forall k \in [\![1, 3]\!]$, déterminer le vecteur propre e_k de $u \in \mathcal{L}(\mathbb{R}^3)$ (canoniquement associé à A) associé à la valeur propre λ_k et ayant pour composantes des nombres entiers dont l'un est égal à 1.
3. Justifier que (e_1, e_2, e_3) est une base de $\mathbb{R}^3$ et écrire la matrice Δ de u, relativement à cette base.
4. Déterminer une matrice $P \in GL_3(\mathbb{R})$ telle que $A = P\Delta P^{-1}$ puis calculer P^{-1}.
5. Soit $B \in \mathcal{M}_3(\mathbb{R})$ une matrice vérifiant $B^2 + 3B = A$, on note v l'endomorphisme de $\mathbb{R}^3$ canoniquement associé à B.
a. Justifier que $v^2 + 3v = u$. Vérifier que $u\,o\,v = v\,o\,u$ et en déduire que $\forall k \in \{1, 2, 3\}$, le vecteur $v(e_k)$ est colinéaire à e_k. Conclure que la matrice V de v relativement à (e_1, e_2, e_3) est diagonale.
b. On pose $V = \mathrm{Diag}\,(\alpha_1, \alpha_2, \alpha_3)$. Exprimer Δ en fonction de V puis déterminer les valeurs possibles de α_1, α_2 et α_3 ainsi que celles de la matrice V.
6. Combien de solutions l'équation $X^2 + 3X = A$ admet-t-elle dans $\mathcal{M}_3(\mathbb{R})$?

D'après Concours National Marocain, filière PSI

Utilisation des matrices écrites en blocs

Exercice 4.26* : Trouver les matrices $A \in M_n(\mathbb{R})$ telles que $B = \begin{pmatrix} A & A^2 \\ O_n & A \end{pmatrix} \in M_{2n}(\mathbb{R})$, où O_n est la matrice nulle carrée d'ordre n, soit diagonalisable.

D'après Centrale-Supélec, filière PSI

Exercice 4.27* : Trouver les matrices $A \in M_n(\mathbb{R})$ telles que $C = \begin{pmatrix} A & 2A \\ O_n & 3A \end{pmatrix} \in M_{2n}(\mathbb{R})$, où O_n est la matrice nulle carrée d'ordre n, soit diagonalisable.

D'après Centrale-Supélec, filière PSI

Exercice 4.28* : Soit E un espace vectoriel de dimension finie n. On pose $F = E \times E$.
Soit $f \in \mathcal{L}(E)$; on pose : $\forall(\vec{x}, \vec{y}) \in E^2$, $g((\vec{x}, \vec{y})) = (f(\vec{x}), f(\vec{y}))$.

1. Montrer que g est un endomorphisme de F. Montrer que f est diagonalisable si, et seulement si, g est diagonalisable.

2. Comparer les polynômes caractéristiques de f et de g. En déduire que f est trigonalisable si, et seulement si, g est trigonalisable.

3. Comparer les sous espaces propres de f et de g.

Application de la diagonalisation aux sous-espaces vectoriels stables

Exercice 4.29 : Soit A la matrice de $f \in \mathcal{L}(\mathbb{K}^3)$ dans la base canonique et $(a, b, c) \neq (0, 0, 0)$.

1. Montrer que A et A^T ont le même polynôme caractéristique.

2. Montrer que le plan F : $ax + by + cz = 0$ est stable par f si, et seulement si, (a, b, c) est un vecteur propre de A^T.

3. Déterminer les sous-espaces stables de f dans le cas où $A = \begin{pmatrix} 1 & 1 & -1 \\ 1 & 1 & 1 \\ 1 & 1 & 1 \end{pmatrix}$.

Exercice 4.30 : **1.** Diagonaliser la matrice $A = \begin{pmatrix} 3 & -3 & 2 \\ -1 & 5 & -2 \\ -1 & 3 & 0 \end{pmatrix}$.

2. Calculer les puissances $n^{\text{èmes}}$ de A pour $n \in \mathbb{N}$.

3. Cette formule est-elle valable pour n entier négatif ?

4. Trouver les sous-espaces vectoriels de $\mathbb{R}^3$ stables par f canoniquement associé à A.

D'après Concours Communs Mines-Telecom, filière PSI

Exercice 4.31* : E est un $\mathbb{K}$-espace vectoriel de dimension finie. On considère ϕ et ψ deux endomorphismes diagonalisables de E qui commutent, c'est-à-dire tels que : $\phi \circ \psi = \psi \circ \phi$.

1. Montrer que les sous-espaces propres de ψ sont stables par ϕ, c'est-à-dire que si F est un sous-espace propre de ψ, on a : $\phi(F) \subset F$.

2. Montrer que ϕ induit sur chaque sous-espace propre de ψ un endomorphisme diagonalisable.

3. En déduire l'existence d'une base commune de réduction dans E pour ϕ et ψ, c'est-à-dire, $\exists \mathcal{B}$ base de E telle que celle-ci soit une base de vecteurs propres à la fois de ϕ et de ψ.

D'après Centrale-Supélec, filière PSI

Exercice 4.32* : On considère l'application f de $\mathbb{R}[X]$ dans $\mathbb{R}[X]$ définie par :
$f(P)(X) = (8+3X)P(X) + (X^2-5X)P'(X) + (X^2-X^3)P''(X)$.
L'objet de l'exercice est de trouver les sous-espaces vectoriels F de $\mathbb{R}[X]$, stables par f, vérifiant :

$$\exists n \in \mathbb{N} \text{ tel que } F \subset \mathbb{R}_n[X].$$

1. Montrer que f est un endomorphisme de $\mathbb{R}[X]$.
2. Déterminer le degré de $f(P)$ en fonction de celui de P (on étudiera à part le cas $\deg P = 3$).
3. En déduire que le seul sous-espace vectoriel $\mathbb{R}_p[X]$, avec $p \in \mathbb{N}$, stable par f, est $\mathbb{R}_3[X]$.
4. L'endomorphisme de $\mathbb{R}_3[X]$ induit par f est noté $\hat{f}$.
a. Montrer qu'un sous-espace vectoriel $F \subset \mathbb{R}_p[X]$, non réduit à $\{0_{\mathbb{R}[X]}\}$ et stable par f, est inclus dans $\mathbb{R}_3[X]$ et stable par $\hat{f}$.
b. Écrire la matrice M_3 représentant l'endomorphisme $\hat{f}$ dans la base canonique de $\mathbb{R}_3[X]$. Trouver les valeurs propres et les sous-espaces propres associés de $\hat{f}$.
c. Quels sont les sous-espaces vectoriels de $\mathbb{R}[X]$ stables par $\hat{f}$?

D'après Concours National Marocain

Exercice 4.33* : On considère l'application Δ définie sur $\mathbb{R}[X]$ par $\Delta(P) = P(X+1) - P(X)$.
1. On sait (voir **exercice 1.12**), que pour tout $n \in \mathbb{N}$, Δ induit un endomorphisme de $\mathbb{R}_n[X]$. On le notera Δ_n. Quel est le noyau de Δ_n ? son image ?
2. On considère la famille $(A_n)_{n\in\mathbb{N}}$ définie par $A_0(X) = 1$ et $A_p(X) = \dfrac{1}{p!}\displaystyle\prod_{k=1}^{n}(X-k+1)$ si $p \in \mathbb{N}^*$.
Calculer $\Delta(A_p)$ pour $p \in \mathbb{N}$. Montrer que $(A_m)_{m\in[\![0,n]\!]}$ est une base de $\mathbb{R}_n[X]$.
3. Montrer : $\forall n \in \mathbb{N}^*, \Delta_n^{n+1} = 0$. En déduire le spectre de Δ_n. Est-il diagonalisable ?
4. En déduire que les seuls sous-espace stables par Δ_n sont les $\mathbb{R}_m[X]$, $0 \leqslant m \leqslant n$.

Exercice 4.34 :** Soit E un *e.v* de dimension finie sur $\mathbb{K} = \mathbb{R}$ ou $\mathbb{C}$ et $\phi \in Ł(E)$. Démontrer que ϕ est diagonalisable si, et seulement si, tout *s.e.v* de E possède un supplémentaire stable par ϕ.

D'après Centrale-Supelec, filière PSI

Exercice 4.35 : Soit $f \in Ł(\mathbb{R}^3)$, de matrice $A = \begin{pmatrix} 1 & 1 & 0 \\ -1 & 2 & 1 \\ 1 & 0 & 1 \end{pmatrix}$ dans la base canonique de $\mathbb{R}^3$.
Déterminer un plan stable par f.

D'après Concours Commun Centrale-SupElec, filière TSI

Exercice 4.36 : Ici $n \geqslant 2$, f est un endomorphisme de $\mathbb{R}^n$ associé à sa matrice A dans la base canonique de $\mathbb{R}^n$. On suppose que A possède une valeur propre **non réelle** λ et $Z \in \mathbb{C}^n$ est un vecteur propre associé à λ. X et Y sont les vecteurs de $\mathbb{R}^n$ dont les composantes sont respectivement les parties réelles et imaginaires des composantes de Z.
1. Montrer que X et Y sont non colinéaires.
2. Montrer que Vect (X,Y) est stable par f.
3. On pose ici : $A = \begin{pmatrix} 1 & 1 & 0 & 0 \\ -1 & 2 & 0 & 1 \\ 0 & 0 & -1 & 0 \\ 1 & 0 & 0 & 1 \end{pmatrix}$.
Déterminer tous les plans stables de f.

D'après Concours Commun Centrale-SupElec, filière PSI

Indications

Ex. 4.1

Une mise en bouche, une !

Ex. 4.2

On commencera par trouver les réels éventuellement valeurs propres puis on raisonnera en comparant $\mathsf{Rg}\,(f)$ *et* $\dim E$.

Ex. 4.3

1. *Composer à gauche par* v.

2. *Comme l'on est en dimension finie,* $\mathsf{Det}\,(u \circ v)$ *a du sens. C'est pas beau ça ?*

Ex. 4.7

1. *Comparer les colonnes.*

Ex. 4.8

On commencera par mettre $\chi_A(X)$ *sous forme factorisée.*

Ex. 4.9

Ici, on a trois pistes possibles : la première est de trouver un polynôme annulateur simple (et de discuter s'il est scindé et à racines simples), ce qui ne semble pas évident. La seconde est de calculer le polynôme caractéristique ou de résoudre le système $(M - \lambda I_n)X = 0$. *C'est envisageable mais c'est long. La troisième est de raisonner sur le rang et la trace. En effet, si le rang est suffisamment faible, la valeur propre* 0 *a une multiplicité élevée et il ne reste plus beaucoup de place pour les autres valeurs propres. La trace est, par ailleurs, la somme des valeurs propres (il y en a au moins une ici, pourquoi ?), ce qui donne des renseignements sur les valeurs propres non encore déterminées. C'est cette troisième piste que nous allons privilégier dans le corrigé. Nous allons donc calculer le rang de* M *et* $\mathrm{Tr}\, M$. *Mais cela ne s'avérera pas suffisant pour aboutir. Donnons un coup de pouce supplémentaire. Il faut exprimer* $\mathrm{Tr}M^2$ *de deux manières, la première à l'aide des valeurs propres et la seconde avec les coefficients* a_i. *Le calcul de* M^2 *peut se faire en utilisant la notation d'une matrice en blocs et donc faire un produit de matrices écrites en bloc.*

Ex. 4.10

2. $\mathcal{M}_n(\mathbb{R})$ *est la somme directe de l'espace vectoriel des matrices symétriques et de l'espace vectoriel des matrices antisymétriques.*

Ex. 4.11

2. *On remarquera d'abord que* $\mathsf{Ker}\,\psi$ *est un sous-espace propre de* Θ *puis que si* M *est un vecteur propre de* Θ *associé à une valeur propre autre que* 1 *alors* M *et* B *sont liées.*

Ex. 4.12

1. *Calculer* $f(X^p)$.

Ex. 4.13

i) entraîne ii) : *on rappelle que* $Q(X) = \prod_{\lambda \in \mathsf{Sp}\, A} (X - \lambda)$ *annule* f *; supposer alors que ii) est fausse et que* f *est diagonalisable, et aboutir à une contradiction.*

ii) entraîne iii) : *on pourra utiliser les déterminants de Vandermonde.*

Ex. 4.14

Au programme, il est dit que c'est bien de donner une indication. J'en donne deux. La première est d'aller voir la **méthode 4.6** *pour se donner une idée. La seconde (à ne lire que si vraiment l'on est bloqué !) est de prendre une base dont les deux premiers vecteurs sont une base de* $E_1(A)$ *et le dernier par exemple* $(0,0,1)$.

Ex. 4.16

2. *Ici deux méthodes, on peut par exemple considérer* f *l'endomorphisme associé à* A *dans la base canonique* (e_1, e_2, e_3), *puis déterminer une base* $(\vec{u}_1, \vec{u}_2, \vec{u}_3)$ *dans laquelle la matrice de* f *est* A. *On peut s'appuyer sur le fait que* u_1 *et* u_2 *sont forcément dans* $E_1(A)$. *Une autre méthode est de poser une matrice* P *(de passage) telle que ses deux premières colonnes soient* $\vec{u}_1$ *et* $\vec{u}_2$ *précédents et la troisième colonne de la forme* (a,b,c). *Enfin, on a :* $AP = PB$. *À vous de continuer.*

Ex. 4.17

Allez voir la **méthode 4.9**

Ex. 4.19

Trouver $\chi_f(X)$ *puis utiliser les indissociables Cayley et Hamilton.*

Ex. 4.20

Penser à la forme développée de $\chi_A(X)$ *puis encore à Cayley-Hamilton.*

Ex. 4.21

1. *On veut montrer l'inversibilité de la matrice* $\chi_A(B)$. *On démarre en écrivant que* A *possède* p *valeurs propres complexes* $\lambda_1, ..., \lambda_p$ *distinctes et que :* $\chi_A(X) = \prod_{i=1}^{p}(X - \lambda_i)^{\alpha_i}$, , *où* α_i *est un entier non nul pour tout* i *de* 1 *à* p. *Puis on remplace* X *par* B *et* $\chi_A(B)$ *se présente comme un produit de matrices dont il faut étudier l'inversibilité.*

2. *Vous allez commencer par montrer que pour tout* k *entier non nul,* $A^k X = X B^k$. *Puis, vous généraliserez aux polynômes* $P \in \mathbb{C}[X]$, *c'est-à-dire que vous montrerez* $P(A)X = XP(B)$. *Puis il faudra choisir le polynôme adéquat (pensez à Cayley-Hamilton).*

Ex. 4.22

C'est la **méthode 4.8**. *Ainsi si* $Y^2 = D$ *alors* Y *et* D *commutent !*

Ex. 4.23

Voir la remarque qui suit la **méthode 4.8**. *On est ici dans* $\mathcal{M}_2(\mathbb{R})$ *et on est (un peu) dirigé.*

Ex. 4.24

On remarque que si λ *est une valeur propre complexe de* M *alors* $\lambda^5 = \lambda^2$. *On en déduit les valeurs propres possibles. On note* m_λ *l'ordre de multiplicité de* λ *dans le polynôme caractéristique de* M. *Ce réel est éventuellement nul. On trouve des relations entre ces ordres de multiplicité. On exclura alors certaines des valeurs propres possibles. L'idée clé pour conclure est de remarquer que si* λ *n'est pas une valeur propre de* M *alors* $M - \lambda I_n$ *est inversible.*

Ex. 4.25

Le concours national marocain est un peu l'équivalent marocain du CCP francais. Il se décline dans toutes les filières identiques à la France, dont la filière PSI par exemple.

5. *On illustre ici parfaitement la remarque qui suit la* **méthode 4.8**.

Ex. 4.26

On calcule B^k *pour* $k \in \mathbb{N}$ *avec la technique des produits en blocs puis on écrit* $P(B)$, *où* $P \in \mathbb{K}[X]$. *Enfin, on applique la formule trouvée à un polynôme* P *bien choisi.*

Ex. 4.27

Le produit par blocs de matrices se fait comme le produit de matrices carrées d'ordre 2. *Ainsi, si on part de* $\begin{pmatrix} 1 & 2 \\ 0 & 3 \end{pmatrix}$, *on remarque que cette matrice a pour valeurs propres* 1 *et* 3 *et est diagonalisable, la matrice de passage étant* $\begin{pmatrix} 1 & 1 \\ 0 & 1 \end{pmatrix}$. *On posera donc, par analogie,* $Q = \begin{pmatrix} I_n & I_n \\ O_n & I_n \end{pmatrix}$, *puis on déterminera* Q^{-1} *puis on calculera* $Q^{-1}CQ$ *sous forme d'une matrice diagonale par blocs.*

Ex. 4.28

1. *Prendre une base* $(e_1, e_2, \ldots, e_n)$ *de* E *et écrire la matrice de* g *dans la base* $((e_1, 0), (e_2, 0), \ldots, (e_n, 0), (0, e_1), (0, e_2), \ldots, (0, e_n))$ *de* F *en fonction de celle de* f.

2. *Utiliser la* **proposition 4.22**

Ex. 4.29

2. *On utilisera :* $\begin{pmatrix} a & b & c \end{pmatrix} \begin{pmatrix} x \\ y \\ z \end{pmatrix} = ax + by + cz.$

Ex. 4.31

1. *On part d'un vecteur propre* $\vec{x}$ *de* ψ *associé à une valeur propre* λ.

2. *Si* P *est un polynôme annulateur de* ϕ *alors c'est aussi un polynôme annulateur de* ϕ_F.

3. *Soient* $\{\lambda_1, \ldots, \lambda_p\}$ *le spectre de* ψ *et notons pour tout* i *de* 1 *à* p, $E_{\lambda_i}(\psi)$ *le sous-espace propre de* ψ *associé à la valeur propre* λ_i. *Alors comme* ψ *est diagonalisable, on sait que* $E = \bigoplus_{i=1}^{p} E_{\lambda_i}(\psi)$.

On utilisera aussi les deux premières questions au bon moment.

Ex. 4.32

4. *Considérer l'ensemble des degrés des polynômes d'un sous-espace vectoriel stable par* f, *montrer que cet ensemble admet un plus grand élément et que celui-ci ne peut être que* 3.

Ex. 4.33

4. *Si* F *est stable par* Δ_n *et que* $P \in F$, *montrer que* $(P, \Delta_n(P), \ldots, \Delta_n^m(P)) \subset F$ *avec* $m = \deg P$.

Ex. 4.34

Il y a d'abord un sens direct, où l'on démarre d'un sous-espace vectoriel G *de dimension inférieure à celle de* E. *Il faut penser au théorème de la base incomplète. Il y a ensuite un sens réciproque, où l'on construit pour tout* p *entier de* 1 *à* n, *une famille libre de vecteurs propres de* ϕ. *Il suffira de prendre* $p = n$ *pour conclure. La clé c'est de considérer des supplémentaires d'hyperplans qui sont des droites vectorielles. Si ces droites sont stables par* ϕ, *n'importe quelle base d'une de ces droites est nécessairement un vecteur propre pour* ϕ.

Corrigé des vrai/faux

1	2	3	4	5	6	7	8	9	10	11	12	13	14	15	16	17	18	19
F	F	V	V	F	F	V	F	V	V	F	V	F	V	V	F	V	V	F

1. On peut avoir par exemple $(M - I_3)^3 = 0$ et $M \neq I_3$ (donc forcément M est non diagonalisable dans $\mathcal{M}_3(\mathbb{R})$).
2. Il n'y a pas d'équivalence, c'est là où il y a un hic !
3. La seule valeur propre d'un endomorphisme nilpotent est 0, et donc la matrice d'un endomorphisme nilpotent et diagonalisable est semblable à $0_{\mathcal{M}_n(\mathbb{K})}$, donc est nulle.
4. Un tel endomorphisme f annule le polynôme :

$$X^p - X = X(X^{p-1} - 1),$$

qui est scindé dans $\mathbb{C}$ et à racines simples, donc f est diagonalisable dans $\mathcal{L}(E)$ si $\mathbb{K} = \mathbb{C}$ (mais pas pour $\mathbb{K} = \mathbb{R}$ si $p \geq 4$, en effet : $X^4 = 1$ par exemple a deux racines non réelles i et $-i$).
6. $\vec{0}$ n'est jamais un vecteur propre car il est nul ! (dommage pour lui d'être aussi nul !)
7. $0 \in \mathsf{Sp}\, A \Longleftrightarrow \chi_A(0) = 0 \Longleftrightarrow \mathsf{Det}\, A = 0.$
8. Contre-exemple : $\begin{pmatrix} 1 & 1 & 0 \\ 0 & 1 & 1 \\ 0 & 0 & 1 \end{pmatrix}$ et $\begin{pmatrix} 1 & 1 & 0 \\ 0 & 1 & 0 \\ 0 & 0 & 1 \end{pmatrix}$ ne sont pas diagonalisables, de même polynôme caractéristique, et ne sont pas semblables.
9. $\chi_A(X) = \mathsf{Det}\,(XI_n - A) = \mathsf{Det}\,(XI_n - A)^T = \chi_{A^T}(X)$ donc $\mathsf{Sp}\,(A) = \mathsf{Sp}\,(A^T)$.
10. χ_A est scindé dans $\mathbb{C}$ de racines les valeurs propres λ_k de A ; alors :

$$\chi_A(X) = \prod_{k=1}^{p} (X - \lambda_k)^{\mu_k} \text{ et } \chi_A(B) = \prod_{k=1}^{p} (B - \lambda_k I_n)^{\mu_k}.$$

Comme toutes les matrices $B - \lambda_k I_n$ sont inversibles (puisque $\lambda_k \notin \mathsf{Sp}\, B$), $\chi_A(B)$ est inversible.
11. $A = \begin{pmatrix} 2 & 1 \\ 0 & -1 \end{pmatrix}$ et $B = \begin{pmatrix} -1 & 0 \\ 0 & 2 \end{pmatrix}$, alors $A + B = \begin{pmatrix} 1 & 1 \\ 0 & 1 \end{pmatrix}$;
A et B sont diagonalisables (polynôme caractéristique scindé à racines simples), mais pas $A + B$.
12. Si $A = P\Delta P^{-1}$, alors $A^2 = P\Delta^2 P^{-1}$.
13. La matrice $\begin{pmatrix} 0 & -1 \\ 1 & 0 \end{pmatrix}$ n'est pas diagonalisable mais son carré $-I_2$ est diagonalisable.
15. χ_M est de degré 3, donc admet au moins une racine réelle d'après le $T.V.I$
16. $\text{diag}(2, 2, 1)$ est diagonalisable...
17. On sait que : $\chi_A(X) = X^2 - \text{Tr}(A)X + \mathsf{Det}\,(A) = X^2 + \mathsf{Det}\,(A)$.
Si $\mathsf{Det}\,(A) = 0$, alors $A^2 = 0$ d'après Cayley-Hamilton et si $\mathsf{Det}\,(A) \neq 0$, $\mathsf{Sp}\,(A) = \{-\delta, \delta\}$, où δ est une racine carrée de $-\mathsf{Det}\,(A)$. Donc A est diagonalisable.
18. C'est vrai d'après la **proposition 4.15** (que cet endomorphisme soit diagonalisable ou non !).
19. C'est faux bien entendu (car $\chi(A)$ n'est pas toujours scindé dans $\mathbb{R}$). Celui qui n'est pas convaincu peut prendre : $A = \begin{pmatrix} 1 & 0 & 0 \\ 0 & 1 & -3 \\ 0 & 1 & -2 \end{pmatrix}$.

Un rapide calcul donne :

$$\chi_A(X) = (X-1)(X^2+X+1)$$

et la seule valeur propre réelle est 1.
Or, sa trace est nulle. Comme $0 \neq 1$, contradiction ! Par contre, dans $\mathbb{C}$,

$$\chi_A(X) = (X-1)(X-j)(X-j^2),$$

où $j = e^{i2\pi/3}$. On remarque que le spectre $\mathsf{Sp}_{\mathbb{C}}(A) = \{1, j, j^2\}$ et que $1 + j + j^2 = 0$.
Ouf, on retrouve le fait que l'assertion Q17 est vraie. On vit dans un monde merveilleux !

❑ Erreurs classiques

- Oublier de préciser si l'on travaille dans $\mathcal{M}_n(\mathbb{C})$ ou dans $\mathcal{M}_n(\mathbb{R})$. En effet, dans $\mathcal{M}_n(\mathbb{C})$, le polynôme caractéristique est toujours scindé et les matrices sont toujours trigonalisables, ce qui n'est pas le cas dans $\mathcal{M}_n(\mathbb{R})$. Cela peut être primordial dans un exercice et savoir où on est peut permettre de le débloquer et éviter aussi d'écrire des choses fausses.
- Confondre *condition nécessaire et suffisante* et *condition suffisante* de diagonalisabilité, c'est-à-dire (par exemple) penser que tout endomorphisme diagonalisable admet un polynôme caractéristique scindé à racines simples.
- Confondre polynôme caractéristique et polynôme annulateur ; un polynôme peut annuler un endomorphisme de $\mathbb{K}^n$ sans être de degré n.
- Oublier que toute valeur propre simple correspond forcément à un sous-espace propre de dimension 1.
- Oublier que le vecteur nul ne peut pas être un vecteur propre.
- Penser que la trace est toujours la somme des valeurs propres.

Corrigé des exercices

Exercice 4.1

On a une infinité de solutions.

On pose $A = \begin{pmatrix} a & b \\ c & d \end{pmatrix}$. La relation $A\begin{pmatrix} 3 \\ 1 \end{pmatrix} = \begin{pmatrix} -6 \\ 2 \end{pmatrix}$ donne pour solution $A = \begin{pmatrix} a & -6-3a \\ c & -2-3c \end{pmatrix}$, où $(a,c) \in \mathbb{R}^2$.

Exercice 4.2

Ici, dans cet exercice, on applique une méthode classique. On trouve l'ensemble des valeurs propres possibles (et souvent à partir d'un polynôme annulateur) puis on détermine lesquelles le sont effectivement.

On a : $f^3 - 2af^2 + a^2 f = (f - a\mathrm{Id}_E)^2 \circ f = 0$, donc $\mathsf{Sp}\,(f) \subset \{0, a\}$.

► Si $\mathsf{Rg}\,(f) = \mathsf{dim}\, E$, alors $(f - a\mathrm{Id}_E)^2 = 0$.
Soit b une valeur propre de f, alors il existe un vecteur $\vec{x}$ non nul tel que $f(\vec{x}) = b\vec{x}$ et donc $(f - a\mathrm{Id}_E)(\vec{x}) = (b-a)\vec{x}$, puis $(f - a\mathrm{Id}_E)^2(\vec{x}) = (b-a)^2\vec{x}$. Ce vecteur vaut 0_E par hypothèse, nécessairement $b = a$. Et $\mathsf{Sp}\,(f) = \{a\}$.

► Si $0 < \mathsf{Rg}\,(f) < \mathsf{dim}\, E$, alors $(f - a\mathrm{Id}_E)^2$ est non injectif, ainsi que f : 0 et a sont des valeurs propres de f.
Soit b une valeur propre de f, alors il existe un vecteur $\vec{x}$ non nul tel que $f(\vec{x}) = b\vec{x}$ et donc $f^3 - 2af^2 + a^2 f(\vec{x}) = (b^3 - 2ab^2 + a^2 b) = b(b-a)^2\,\vec{x}$.
Ce vecteur vaut $\vec{0}_E$ par hypothèse, donc nécessairement $b = a$ ou $b = 0$. Et :

$$\mathsf{Sp}\,(f) = \{0, a\}.$$

► Si $\mathsf{Rg}\,(f) = 0$, alors $\mathsf{Sp}\, f = \{0\}$ car $f = 0_{\mathcal{L}(E)}$.

Exercice 4.3

1. Soit $\lambda \neq 0$ une valeur propre de $u \circ v$ et $\vec{x}$ un vecteur propre associé. $u \circ v(\vec{x}) = \lambda\vec{x}$ donc, après composition à gauche par v, on obtient $v \circ u(v(\vec{x})) = v \circ (u \circ v)(\vec{x}) = v(\lambda\vec{x}) = \lambda v(\vec{x})$.
Or $v(\vec{x}) \neq 0$ car sinon, on aurait $u \circ v(\vec{x}) = \lambda\vec{x} = 0$. Or ni λ, ni $\vec{x}$ ne sont nuls ; donc λ est une valeur propre de $v \circ u$ associée au vecteur propre $v(\vec{x})$.

0 est valeur propre d'un endomorphisme f si, et seulement si, $\mathsf{Ker}\, f \neq \{0_E\}$ ce qui équivaut en dimension finie à $\mathrm{Det} f = 0$.

2. Comme $\mathrm{Det}(u \circ v) = \mathrm{Det}(v \circ u) = \mathrm{Det}\, u\, \mathrm{Det}\, v$, on a l'équivalence :

$$\mathrm{Det}(u \circ v) = 0 \Leftrightarrow (\mathrm{Det}\, u = 0 \text{ ou } \mathrm{Det}\, v = 0).$$

Soit : $0 \in \mathsf{Sp}\, u \circ v \Leftrightarrow (0 \in \mathsf{Sp}\, u \text{ ou } 0 \in \mathsf{Sp}\, v) \Leftrightarrow 0 \in \mathsf{Sp}\, v \circ u$.

3. On remarque que $u \circ v = Id_E$ et est donc bijectif, alors que le noyau de $v \circ u$ est l'ensemble des polynômes constants. Le résultat de **2.** ne fonctionne plus.

Exercice 4.4

► $\chi_{A_1}(X) = X^2 - 4X + 5$ et $\mathsf{Sp}\,(A_1) = \{2+i, 2-i\}$, A_1 est diagonalisable.
► $\chi_{A_2}(X) = X^2 - X - 6$ et $\mathsf{Sp}\,(A_2) = \{-2, 3\}$, A_2 est diagonalisable.
► $\chi_{A_3}(X) = X^2 - 2iX - 1$ et $\mathsf{Sp}\,(A_3) = \{i\}$, A_3 n'est pas diagonalisable.
► $\chi_{A_4}(X) = X^2 - 2X + 2$ et $\mathsf{Sp}\,(A_4) = \{1+i, 1-i\}$, A_4 est diagonalisable.

Exercice 4.5

On rappelle que $E_0 = \mathsf{Ker}\,\phi$.

Comme $\mathsf{Rg}\,(\phi) = 1$, $\mathsf{dim}\, E_0 = n - 1$. Donc l'ordre de la valeur propre 0 est au moins $n-1$. Le spectre de ϕ est formé de 0 et de $\mathrm{Tr}(\phi)$. Si $\mathrm{Tr}(\phi) \neq 0$, 0 est d'ordre exactement $n-1$ et $\mathrm{Tr}(\phi)$ est une valeur propre d'ordre 1. Alors ϕ est diagonalisable. Si $\mathrm{Tr}(\phi) = 0$, 0 est d'ordre n et ϕ ne peut pas être

diagonalisable car sinon ϕ serait nul et $\mathsf{Rg}\,(\phi) = 0$ ce qui est absurde.
La contraposée des implications démontrées donne l'équivalence voulue.

Exercice 4.6

1. Soit f l'endomorphisme canoniquement associé à A et $g = f - 9\mathrm{Id}_E$, alors si B est la matrice de g dans la base canonique, on a :

$$B = A - 9\mathrm{I}_3 = \begin{pmatrix} 4 & -5 & -2 \\ -2 & -2 & -8 \\ -5 & 4 & -2 \end{pmatrix}, B^2 = 9\begin{pmatrix} 4 & -2 & 4 \\ 4 & -2 & 4 \\ -2 & 1 & -2 \end{pmatrix}, B^3 = 0.$$

$(X-9)^3$ est un polynôme annulateur de A, donc 9 est la seule valeur propre possible de A. A n'est donc pas diagonalisable, sinon elle serait semblable, puis égale, à $9\,\mathrm{I}_3$, ce qui n'est pas le cas.

Retenir ce raisonnement, il revient souvent !

2. Choisissons $\vec{u}_3 \notin \mathsf{Ker}\,(g^2)$, posons $\vec{u}_2 = g(\vec{u}_3)$ puis $\vec{u}_1 = g(\vec{u}_2)$.
Montrons que $(\vec{u}_1, \vec{u}_2, \vec{u}_3)$ est une base de $\mathbb{R}^3$.
Supposons (1) $\alpha\vec{u}_1 + \beta\vec{u}_2 + \gamma\vec{u}_3 = 0_{\mathbb{R}^3}$ soit $\alpha g^2(\vec{u}_3) + \beta g(\vec{u}_3) + \gamma\vec{u}_3 = 0$.
Composons par g^2 : comme $g^3 = 0_{\mathcal{L}(\mathbb{R}^3)}$, on obtient $\gamma g^2(\vec{u}_3) = 0$.
Or $\vec{u}_3 \notin \mathsf{Ker}\,(g^2)$ donc $\gamma = 0$.
Composons alors (1) par g ; on obtient de même $\beta = 0$ puis on a alors $\alpha = 0$.
$(\vec{u}_1, \vec{u}_2, \vec{u}_3)$ est une base dans laquelle la matrice de g est la matrice triangulaire

$$\theta = \begin{pmatrix} 0 & 1 & 0 \\ 0 & 0 & 1 \\ 0 & 0 & 0 \end{pmatrix}, \text{ celle de } f \text{ la matrice triangulaire : } T = \begin{pmatrix} 9 & 1 & 0 \\ 0 & 9 & 1 \\ 0 & 0 & 9 \end{pmatrix}.$$

g est nilpotente d'ordre 3, on extrait une base de $\mathbb{R}^3$ à partir d'images successives d'un vecteur par g, cette idée a été vue dans un chapitre précédent.

Exercice 4.7

1. La matrice est de rang 1.
On en déduit que le noyau, c'est-à-dire le sous-espace propre relatif à 0, est de dimension 2 ; par ailleurs, le polynôme caractéristique est de degré 3 et multiple de X^2, donc il est scindé dans $\mathbb{R}$.
La somme des valeurs propres, en tenant compte de leur ordre de multiplicité, étant égale à la trace, on en déduit que -7 est la dernière valeur propre.
Le polynôme caractéristique de A est donc $\chi_A(X) = X^2(X+7)$.

On remarque que la deuxième colonne est le double de la première et que la troisième colonne est l'opposée du triple de la première. Dit ainsi, on dirait presque une devinette !

2. Le noyau est le sous-espace propre associé à la valeur propre 0, et est le plan d'équation $x + 2y - 3z = 0$ (on obtient trois fois la même équation).
Le sous-espace propre associé à -7 est $\vec{V} = (1, 2, 4)$.
Le sous-espace propre associé à la valeur propre double étant de dimension 2, A est diagonalisable.

Exercice 4.8

Sans souci, on arrive à $\chi_A(X) = (X-1)^2(X-c)$.

▸ Si $c \neq 1$, $E_c(A)$ est un sous-espace propre de dimension 1. Il reste à déterminer la dimension de $E_1(A)$. On aboutit à $z = 0$, $y = y$ et $x + ay = x$. Donc si $a = 0$, $E_1(A)$ est le plan d'équation $z = 0$. Dans ce cas $\dim E_c(A) + \dim E_1(A) = 3$ et A est diagonalisable. Si $a \neq 0$, on a $y = z = 0$ et $E_1(A)$ est une droite. Dans ce cas, A n'est pas diagonalisable.

▸ Si $c = 1$, 1 est valeur propre triple et A n'est diagonalisable que si $A = I_3$. Or ce n'est pas le cas. Donc A n'est pas diagonalisable.

Finalement, A est diagonalisable ssi $c \neq 1$ et $a = 0$.

Exercice 4.9

▸ **Détermination du rang de** M.

Supposons d'abord que tous les coefficients sont nuls sauf a_n, alors M est diagonalisable car elle est diagonale et son rang est 1.

Si $\forall i$, $a_i = 0$, $M = O$ (est diagonalisable !)

Corrigé

Supposons ensuite que tous les coefficients soient nuls sauf le coefficient a_i, où i est un entier fixé entre 1 et $n-1$, la matrice M est alors de rang 2.
Supposons enfin qu'au moins deux coefficients a_i et a_j (avec $i \neq j$) soient non nuls, le rang de M est encore 2 car alors, par exemple, l'image de l'endomorphisme associé canoniquement à M est $\mathsf{Vect}\left(\left\{e_n, \sum_{i=1}^{n} a_i e_i\right\}\right)$.

Nous supposons dans la suite être dans un de ces deux derniers cas et alors : $\mathsf{Rg}\, M = 2$.

▸ **Étude de la diagonalisation de M**

0 est une valeur propre d'ordre au moins $n-2$ (car, d'après le théorème du rang, $\mathsf{dim\,Ker}\, M = n-2$). Il reste à trouver deux valeurs propres (distinctes ou non, qui peuvent être éventuellement nulles) que l'on notera λ_1 et λ_2.
Comme le polynôme caractéristique est de degré n et possède 0 pour racine au moins d'ordre $n-2$, on l'écrit sous la forme :

$$\chi_M(X) = X^{n-2}(X-\lambda_1)(X-\lambda_2).$$

Il manque une information pour conclure. Nous pensons (ou alors, ce qui est plus réaliste, on nous fait penser) à calculer la matrice M^2.

Passons à la trace de M. On écrit : $\mathrm{Tr} M = a_n = \lambda_1 + \lambda_2$.
Si l'on pose : $L = \begin{pmatrix} a_1 & \dots & a_{n-1} \end{pmatrix}$, $C = (a_1 \dots a_{n-1})^T$,
M s'écrit sous forme de matrices en blocs : $M = \begin{pmatrix} O & C \\ L & a_n \end{pmatrix}$.
On en déduit, en utilisant le produit des matrices par blocs :

$$M^2 = \begin{pmatrix} O & C \\ L & a_n \end{pmatrix}\begin{pmatrix} O & C \\ L & a_n \end{pmatrix} = \begin{pmatrix} CL & a_n C \\ a_n L & LC + a_n^2 \end{pmatrix}.$$

De plus, CL est une matrice carrée d'ordre $n-1$ dont la diagonale est formée des coefficients $a_1^2, \dots, a_{n-1}^2$. On en déduit la trace de M^2.

On remarque : $LC = \sum_{i=1}^{n-1} a_i^2$.

Donc : $\mathrm{Tr}(M^2) = \sum_{i=1}^{n-1} a_i^2 + \sum_{i=1}^{n-1} a_i^2 + a_n^2 = 2\sum_{i=1}^{n-1} a_i^2 + a_n^2$.

De plus, comme on travaille dans $\mathbb{C}$, il existe une base de trigonalisation de M et M est semblable à une matrice triangulaire supérieure dont les coefficients de la diagonale principale sont des 0, comptés $n-2$ fois et enfin les complexes λ_1 et λ_2. Le carré de cette matrice triangulaire supérieure est encore une matrice triangulaire supérieure dont les coefficients de la diagonale principale sont encore des 0, comptés $n-2$ fois et enfin λ_1^2 et λ_2^2.
Donc, on a aussi : : $\mathrm{Tr}(M^2) = \lambda_1^2 + \lambda_2^2$.

La trace est invariante par changement de base.

On peut donc écrire : $\lambda_1 + \lambda_2 = a_n$ et $\lambda_1^2 + \lambda_2^2 = 2\sum_{i=1}^{n-1} a_i^2 + a_n^2$.

On peut en déduire la forme développée de $(X-\lambda_1)(X-\lambda_2)$.
En effet : $(X-\lambda_1)(X-\lambda_2) = X^2 - (\lambda_1+\lambda_2)X + \lambda_1\lambda_2$.

Et on a : $\lambda_1\lambda_2 = \frac{1}{2}\left[(\lambda_1+\lambda_2)^2 - \lambda_1^2 - \lambda_2^2\right]$.

C'est-à-dire : $\lambda_1\lambda_2 = \frac{1}{2}\left[a_n^2 - 2\sum_{i=1}^{n-1} a_i^2 - a_n^2\right] = -\sum_{i=1}^{n-1} a_i^2$.

Ainsi : $(X-\lambda_1)(X-\lambda_2) = X^2 - a_n X - \sum_{i=1}^{n-1} a_i^2$.

Il reste à étudier cette équation. C'est une équation du second degré de discriminant : $\Delta = a_n^2 + 4\sum_{i=1}^{n-1} a_i^2$. Il reste : $\Delta = 0$ ou $\Delta \neq 0$.

▶ **Cas où $\Delta \neq 0$**

Les complexes λ_1 et λ_2 sont distincts. Il faut savoir s'ils peuvent être nuls. Comme $\lambda_1\lambda_2 = -\sum_{i=1}^{n-1} a_i^2$, il faut étudier la nullité ou non de $\sum_{i=1}^{n-1} a_i^2$.

Attention, on est dans $\mathbb{C}$ et Δ n'est pas nécessairement un réel positif !

1) Dans le cas où $\sum_{i=1}^{n-1} a_i^2 \neq 0$, les complexes λ_1 et λ_2 sont distincts et non nuls. Ces complexes sont des valeurs propres de multiplicité 1 associées à des droites vectorielles et Ker M est de dimension égale à $n-2$.

M est alors diagonalisable dans $\mathbb{C}$.

2) Dans le cas où $\sum_{i=1}^{n-1} a_i^2 = 0$, les complexes λ_1 et λ_2 sont distincts mais l'un des deux (par exemple λ_1) est nul. Comme ils sont distincts, $\lambda_2 \neq 0$. Ici, on est dans le cas où $\Delta \neq 0$. Donc $a_n^2 \neq 0$, c'est-à-dire $a_n \neq 0$. L'ordre de multiplicité de 0 est $n-1$. M est diagonalisable si, et seulement si, elle est de rang 1, c'est-à-dire, d'après le développement fait en début de corrigé, si, et seulement si, $a_1 = ... = a_{n-1} = 0$.

On retrouve alors une matrice diagonale, c'est un cas déjà traité en début de corrigé.

Donc, en général, dans ce cas, M n'est pas diagonalisable.

▶ **Cas où $\Delta = 0$**

Les deux complexes λ_1 et λ_2 sont égaux.

1) Si $a_n = 0$, la somme $\lambda_1 + \lambda_2$ est nulle et donc $\lambda_1 = \lambda_2 = 0$. M n'est diagonalisable que dans le cas où tous les coefficients sont nuls (c'est alors la matrice nulle). C'est un cas déjà traité en début de corrigé.

2) Si $a_n \neq 0$, les deux complexes λ_1 et λ_2 sont égaux et non nuls (car leur somme qui est leur double est non nulle). Ici, 0 est donc de multiplicité $n-2$. Le rang de $M - \lambda_1 I_n$ permet d'étudier la diagonalisation. Si ce rang est 1, M n'est pas diagonalisable et si ce rang est 2, M est diagonalisable.

Déterminer le rang de $M - \lambda_1 I_n$, c'est connaître la dimension de Ker $(M - \lambda_1 I_n)$, d'après le théorème du rang.

Posons X le vecteur colonne dont les coefficients sont $x_1, ..., x_n$.

On a : $X \in \text{Ker}\,(M - \lambda_1 I_n) \Leftrightarrow MX = \lambda_1 X$. On écrit le système :

$$\left\{\begin{array}{ccc} a_1 x_n & = & \lambda_1 x_1 \\ a_2 x_n & = & \lambda_2 x_2 \\ . & & . \\ . & & . \\ . & & . \\ a_{n-1} x_n & = & \lambda_1 x_{n-1} \\ a_1 x_1 + ... + a_{n-1}x_{n-1} + a_n x_n & = & \lambda_1 x_n \end{array}\right. .$$

Comme λ_1 est non nul, les $n-1$ premières équations du système permettent d'écrire $x_1, .., x_{n-1}$ en fonction de x_n.

On obtient : $x_1 = \dfrac{a_1}{\lambda_1}x_n$, $x_2 = \dfrac{a_2}{\lambda_1}x_n, ..., x_{n-1} = \dfrac{a_{n-1}}{\lambda_1}x_n$.

Il reste à remplacer dans la dernière ligne ces nouvelles égalités.

On a : $a_1\dfrac{a_1}{\lambda_1}x_n + ... + a_{n-1}\dfrac{a_{n-1}}{\lambda_1}x_n + a_n x_n = \lambda_1 x_n$, ce qui donne en multipliant par λ_1 et en mettant x_n en facteur : $(a_1^2 + ... + a_{n-1}^2 + a_n\lambda_1 - \lambda_1^2)x_n = 0$.

Or, λ_1 est racine du polynôme : $X^2 - a_n X - \sum_{i=1}^{n-1} a_i^2$.

Corrigé

Donc : $\lambda_1^2 = a_n\lambda_1 + \sum_{i=1}^{n-1} a_i^2$.

Donc le sous-espace propre associé à la valeur propre λ_1 est une droite vectorielle et comme son ordre de multiplicité est 2, M n'est pas diagonalisable.

On en déduit que $0 \times x_n = 0$ qui est une égalité toujours vérifiée.
Finalement, M est diagonalisable seulement dans un des deux cas suivants :

$$a_1 = ... = a_{n-1} = 0 \text{ ou } \left[a_n^2 + 4\sum_{i=1}^{n-1} a_i^2 \neq 0 \text{ et } \sum_{i=1}^{n-1} a_i^2 \neq 0\right].$$

Exercice 4.10

1. On a : $\phi^2(A) = (A^T)^T = A$ donc $X^2 - 1$ est un polynôme annulateur de ϕ qui est scindé et à racines simples. Donc ϕ est diagonalisable dans $\mathcal{M}_n(\mathbb{R})$.

*On montre ce résultat au **chapitre 2**.*

2. On a : $\mathcal{M}_n(R) = \mathcal{S}_n(\mathbb{R}) \oplus \mathcal{A}_n(\mathbb{R})$, où $\mathcal{S}_n(\mathbb{R})$ est l'espace vectoriel des matrices symétriques (c'est-à-dire le sous-espace propre de ϕ associé à 1) et $\mathcal{A}_n(\mathbb{R})$ est l'espace vectoriel des matrices antisymétriques (c'est-à-dire le sous-espace propre de ϕ associé à -1.) On sait que comme ϕ est diagonalisable, l'ordre de multiplicité de 1 est $\dim(\mathcal{S}_n(\mathbb{R}))$ donc $n(n+1)/2$ et l'ordre de multiplicité de -1 est $\dim(\mathcal{A}_n(\mathbb{R}))$ donc $n(n-1)/2$.

3. Comme $\mathrm{Det}\,\phi$ ne dépend pas de la base choisie, il suffit pour calculer $\mathrm{Det}\,\phi$, d'élever -1 à la puissance $n(n-1)/2$.

Exercice 4.11

Rappelez-vous les propriétés de la trace, c'est le moment !

1. $M \longmapsto \mathrm{Tr}(AM)$ est une forme linéaire (car $\psi(M + \lambda N) = \psi(M) + \lambda\psi(N)$ et $\psi(M) \in \mathbb{R}$), non nulle puisque on a : $\mathrm{Tr}(A) = \psi(I_n) \neq 0$.

2. $\Theta(M) = M \Leftrightarrow \mathrm{Tr}(AM) = 0$. Or, $\mathrm{Ker}\,\mathcal{H}$ est un hyperplan. Tout élément de $\mathcal{H}$ est un vecteur propre de Θ pour la valeur propre 1.

Si λ est une valeur propre de Θ autre que 1, et si $\Theta(M) = \lambda M$, alors on peut écrire : $(\lambda - 1)M = \mathrm{Tr}(AM)B$. Donc si M est un vecteur propre de Θ associé à une valeur propre de Θ autre que 1, M et B sont liées.

Tout vecteur propre associé à une valeur propre autre que 1 est donc proportionnel à B.

Or $\Theta(B) = (1 + \mathrm{Tr}(AB))B$.

On en déduit que si $\mathrm{Tr}(AB) \neq 0$ alors $\lambda = 1 + \mathrm{Tr}(AB)$ est une deuxième valeur propre. Θ est alors diagonalisable.

En revanche, si $\mathrm{Tr}(AB) = 0$, 1 est l'unique valeur propre, l'espace propre associé est un hyperplan et Θ n'est pas diagonalisable (B est alors dans $\mathcal{H}$).

Conclusion : Θ est diagonalisable si, et seulement si, $\mathrm{Tr}(AB) \neq 0$.

Exercice 4.12

*On est en plein dans la **méthode 4.5**.*

1. Pour $p \leqslant n$, on a $f(X^p) = X^{n-p} \in \mathbb{R}_n[X]$. La linéarité de f étant claire, (car $\forall (P,Q) \in (\mathbb{R}_n[X])^2$, $\forall \lambda \in \mathbb{R}$, $f(P + \lambda Q) = f(P) + \lambda f(Q)$), on en déduit que $f(P)$ est un polynôme et que son degré est au plus n.

2. $(fof)(X^p) = X^{n-(n-p)} = X^p$ et donc $X^2 - 1$ est polynôme annulateur de f ; il est scindé à racines simples, f est diagonalisable.

Les valeurs propres sont donc 1 et -1.

On remplace p par $n - p$.

Posons $P = \sum_{p=0}^{n} a_p X^p$; alors $f(P) = \sum_{p=0}^{n} a_p X^{n-p} = \sum_{p=0}^{n} a_{n-p} X^p$.

Ainsi l'espace propre associé à 1 est l'ensemble des polynômes P de $\mathbb{R}_n[X]$ tels que $a_p = a_{n-p}$ pour tout $p \in [\![0,n]\!]$ et celui relatif à -1 est l'ensemble des polynômes P de $\mathbb{R}_n[X]$ tels que $a_p = -a_{n-p}$ pour tout $p \in [\![0,n]\!]$.

Exercice 4.13

► **i) entraîne ii)**

Supposons que ii) soit fausse ; alors f admet au moins une valeur propre multiple (donc au moins double). Appelons α cette valeur propre, alors $\mathsf{Sp}\, A = \{\alpha, \beta_3, \ldots, \beta_n\}$, et, d'après la **proposition 4.23**, le polynôme

$$Q(X) = (X - \alpha). \prod_{k=3}^{n} (X - \beta_k)$$

annule f.

On prouve i) entraîne ii)par contraposition, ce qui est classique !

En écrivant $Q(X) = \sum_{k=0}^{n-1} a_k X^k$ (avec $a_{n-1} = 1$) : $Q(f) = \sum_{k=0}^{n-1} a_k f^k = O_{\mathcal{L}(E)}$.

il existe une combinaison linéaire de $(\mathrm{Id}_E, f, f^2, \ldots, f^{n-1})$ qui s'annule sans que ses coefficients soient nuls.

► **ii) entraîne iii)** Soit $\mathcal{B} = (\vec{u}_1, \vec{u}_2, \ldots, \vec{u}_n)$ une base de vecteurs propres associés respectivement aux valeurs propres $\lambda_1, \lambda_2, \ldots, \lambda_n$.

Posons $\vec{v} = \vec{u}_1 + \vec{u}_2 + \ldots + \vec{u}_n$ alors $f^k(\vec{v}) = \lambda_1^k \vec{u}_1 + \lambda_2^k \vec{u}_2 + \cdots + \lambda_n^k \vec{u}_n$.

Le déterminant de $(\vec{v}, f(\vec{v}), \ldots, f^{n-1}(\vec{v}))$ dans $\mathcal{B}$ est un déterminant de Vandermonde ; les λ_k étant deux à deux distinctes, il n'est pas nul. D'où iii).

*Voir l'*__exercice 3.7__ *du chapitre « Déterminants »si vous avez oublié ce déterminant.*

► **iii) entraîne i)**

Supposons que $\alpha_0 \mathrm{Id}_E + \alpha_1 f + \alpha_2 f^2 + \cdots + \alpha_{n-1} f^{n-1} = 0$.

Alors : $\alpha_0 v + \alpha_1 f(v) + \alpha_2 f^2(v) + \cdots + \alpha_{n-1} f^{n-1}(v) = 0$.

Ces vecteurs formant une base de E, on en déduit que les α_k sont tous nuls.

La famille $(\mathrm{Id}_E, f, f^2, \ldots, f^{n-1})$ est donc libre.

Exercice 4.14

$$\chi_A(X) = \begin{vmatrix} X & 0 & -1 \\ -2 & X-1 & 0 \\ 0 & 0 & X-1 \end{vmatrix} = X \begin{vmatrix} -X & 1 \\ 2 & 1-X \end{vmatrix},$$

c'est-à-dire : $\chi_A(X) = X(X^2 - 2X + 1) = X(X-1)^2$. Puis :

$$(x, y, z) \in E_0(A) \iff \begin{cases} z = 0 \\ 2x + y = 0 \\ z = 0 \end{cases} \Rightarrow E_0(A) = \mathsf{Vect}\,(u_1),\ \vec{u}_1 = (1, -2, 0).$$

$$(x, y, z) \in E_1(A) \iff \begin{cases} z = 0 \\ 2x = 0 \end{cases} \Rightarrow E_1(A) = \mathsf{Vect}\,(\vec{u}_2) \text{ avec } \vec{u}_2 = (0, 1, 0).$$

Complétons la famille libre $(\vec{u}_1, \vec{u}_2)$ en une base $\mathcal{B} = (\vec{u}_1, \vec{u}_2, \vec{u}_3)$ par exemple avec le vecteur $\vec{u}_3 = (0, 0, 1)$. Notons f l'endomorphisme de matrice A dans la base canonique de $\mathbb{R}^3$. On a : $f(\vec{u}_3) - \vec{u}_3 = \vec{u}_1 + 2\vec{u}_2$ donc la matrice de f dans la base $\mathcal{B}$ est : $B = \begin{pmatrix} 0 & 0 & 1 \\ 0 & 1 & 2 \\ 0 & 0 & 1 \end{pmatrix}$.

Le sous-espace propre associé à $\lambda = 1$, racine double de χ_A, étant de dimension 1, la matrice n'est pas diagonalisable. On est en plein de la **méthode 4.6**.

Exercice 4.15

1. $\chi_A(X) = X^4 - 6X^3 + 13X^2 - 12X + 4 = (X-1)^2(X-2)^2$.

Et : $E_2(A) = \mathsf{Vect}\,((0, 1, 1, -1)) = \mathsf{Vect}\,(\vec{V}_2), E_1(A) = \mathsf{Vect}\,((3, 2, 3, -6)) = \mathsf{Vect}\,(\vec{V}_1)$.

Comme la somme des dimensions des sous-espaces propres est strictement inférieur à $\mathsf{dim}\,\mathbb{R}^4$, A n'est pas diagonalisable.

On peut calculer $\chi_A(X)$ par développement selon une rangée.

P étant triangulaire inférieure, il en est de même de P^{-1}.

2. On voit par exemple : $\mathsf{Det}(\vec{V_1}, \vec{V_2}, \vec{e_3}, \vec{e_4}) \neq 0$.

3. $P = \begin{pmatrix} 3 & 0 & 0 & 0 \\ 2 & 1 & 0 & 0 \\ 3 & 1 & 1 & 0 \\ 6 & -1 & 0 & 1 \end{pmatrix} \Rightarrow P^{-1} = \dfrac{1}{3}\begin{pmatrix} 1 & 0 & 0 & 0 \\ -2 & 3 & 0 & 0 \\ -1 & -3 & 3 & 0 \\ 4 & 3 & 0 & 3 \end{pmatrix}$.

Une matrice 4×4 est une matrice tout terrain, donc on est rassuré !

4. Après un calcul (in)surmontable : $A' = \dfrac{1}{3}\begin{pmatrix} 3 & 0 & 2 & 5 \\ 0 & 6 & 8 & 17 \\ 0 & 0 & -2 & -8 \\ 0 & 0 & 5 & 11 \end{pmatrix}$.

L'idée fondamentale ici est de partir d'une matrice triangulaire supérieure par blocs que l'on transforme en matrice triangulaire supérieure tout court en diagonalisant (ou trigonalisant) un des blocs (qui représente la réduction de ϕ à un sous-espace vectoriel stable.

5. On part de $B_1 = \dfrac{1}{3}\begin{pmatrix} -2 & -8 \\ 5 & 11 \end{pmatrix}$. Le spectre de B_1 est $\{1, 2\}$.

On peut poser $\vec{w_1}(-8, 5)$ et $\vec{w_2}(1, -1)$ après calculs.

6. Encore une fois, on peut calculer $\mathsf{Det}(\vec{V_1}, \vec{V_2}, \vec{V_3}, \vec{V_4}) \neq 0$.

7. On peut écrire la matrice de ϕ dans la nouvelle base en inversant une nouvelle matrice de passage et en procédant comme à la quatrième question. Puis faire des produits par blocs.

On peut aussi (et c'est ce que nous allons faire) calculer les images de $\vec{V_1}$, $\vec{V_2}$, $\vec{V_3}$ et $\vec{V_4}$ par rapport à eux mêmes. On a déja : $\phi(\vec{V_1}) = \vec{V_1}$ et $\phi(\vec{V_2}) = 2\vec{V_2}$. Puis $\phi(\vec{V_3}) = -8\phi(\vec{e_3}) + 5\phi(\vec{e_4})$. On part de $3\phi(\vec{V_3}) = -8\phi(3\vec{e_3}) + 5\phi(3\vec{e_4}) = -8(2\vec{V_1} + 8\vec{V_2} - 2\vec{e_3} + 5\vec{e_4}) + 5(5\vec{V_1} + 17\vec{V_2} - 8\vec{e_3} + 11\vec{e_4}) = 9\vec{V_1} + 21\vec{V_2} + 3\vec{V_3}$, en utilisant $3\vec{e_3} = -\vec{V_3} - 5\vec{V_4}$ et $3\vec{e_4} = -\vec{V_3} - 8\vec{V_4}$. Ainsi : $\phi(\vec{V_3}) = 3\vec{V_1} + 7\vec{V_2} + \vec{V_3}$. De même, on trouve, après calculs, $\phi(\vec{V_4}) = -\vec{V_1} - 3\vec{V_2} + 2\vec{V_4}$.

On part de $\vec{V_3} = -8\vec{e_3} + 5\vec{e_4}$ et $\vec{V_4} = \vec{e_3} - \vec{e_4}$.

La matrice de ϕ dans notre nouvelle base est : $\begin{pmatrix} 1 & 0 & 3 & -1 \\ 0 & 2 & 7 & -3 \\ 0 & 0 & 1 & 0 \\ 0 & 0 & 0 & 2 \end{pmatrix}$.

On remarque qu'elle est triangulaire supérieure.

Exercice 4.16

1. Par un calcul facile (développer selon la première rangée), on obtient :

$$\chi_A = (X - 1)^3.$$

L'unique valeur propre est donc 1 ; l'espace propre E_1 associé a pour équation $y + z = 0$. Il est de dimension 2.

Comme $\mathsf{dim}\, E_1(A) = 2 < 3 = m_1$, la matrice A est non diagonalisable.

2. On peut prendre pour base de $E_1(A)$: $u_1(1, 0, 0), u_2(0, -1, 1)$.

Soit $P = \begin{pmatrix} 1 & 0 & a \\ 0 & -1 & b \\ 0 & 1 & c \end{pmatrix}$, $A = P.B.P^{-1} \Rightarrow AP = PB$.

Un calcul rapide donne : $b + c = 1$. On peut prendre : $a = c = 0, b = 1$.

Les matrices A et B sont donc semblables.

*Remarquer l'analogie avec la **méthode 4.6** dans le cas de deux valeurs propres distinctes. Ici, il n'y en a qu'une mais la matrice triangulaire finale est donnée, ouf !*

On peut montrer par récurrence sur $n \in \mathbb{N}$ que $B^n = \begin{pmatrix} 1 & 0 & 0 \\ 0 & 1 & n \\ 0 & 0 & 1 \end{pmatrix}$.

Alors, pour $n \in \mathbb{N}$, $A^n = P.B^n.P^{-1}$; le calcul donne successivement :

$$P^{-1} = \begin{pmatrix} 1 & 0 & 0 \\ 0 & 0 & 1 \\ 0 & 1 & 1 \end{pmatrix} \text{ et } A^n = \begin{pmatrix} 1 & 0 & 0 \\ 0 & 1 - n & -n \\ 0 & n & 1 + n \end{pmatrix}.$$

On peut aussi écrire $B = I_3 + J$ et utiliser le binôme de Newton. Allez voir revoir la méthode concernée !

Exercice 4.17

1. On a : $X_{n+1} = \begin{pmatrix} 0 & 1 & 0 \\ 0 & 0 & 1 \\ -2 & 1 & 2 \end{pmatrix} X_n$.

A est diagonalisable dans $\mathbb{R}$ car ses trois valeurs propres sont réelles et distinctes.

2. On trouve : $\chi_A(X) = (X-2)(X-1)(X+1)$ et donc le spectre est $\{-1, 1, 2\}$. On trouve : $P = \begin{pmatrix} 1 & 1 & 1 \\ -1 & 1 & 2 \\ 1 & 1 & 4 \end{pmatrix}$ et $D = \text{diag}\,(-1, 1, 2)$. On pose $X_n = PY_n$, où $Y_n = D^n Y_0$. Il reste à calculer Y_0 par la formule $P^{-1}X_0 = Y_0$. On trouve :

On en déduit : $u_n = (-1)^n - 2 + 2^n$.

$$Y_0 = \begin{pmatrix} 1 \\ -2 \\ 1 \end{pmatrix} \Rightarrow X_n = PD^n \begin{pmatrix} 1 \\ -2 \\ 1 \end{pmatrix} = \begin{pmatrix} (-1)^n - 2 + 2^n \\ (-1)^{n+1} - 2 + 2^{n+1} \\ (-1)^n - 2 + 2^{n+2} \end{pmatrix}.$$

Exercice 4.18

1. Le calcul du polynôme caractéristique donne $\chi_M = \lambda^3 - \lambda - 1$. Étudions la fonction $f(x) = x^3 - x - 1$: $f'(x) = 3x^2 - 1$ s'annule en $x_2 = \frac{1}{\sqrt{3}}$ et $x_1 = \frac{-1}{\sqrt{3}}$
On remarque que $f(x_2) < f(x_1) < 0$. f tend vers $+\infty$ quand x tend vers $+\infty$, donc f ne s'annule qu'une fois en $\lambda \in]x_2, +\infty[$.
Comme $f(1) = -1 < 0 < f(2) = 6 > 0$, le théorème des valeurs intermédiaires permet d'affirmer que $\lambda \in]1, 2[$.

2. Le produit des trois racines complexes du polynôme $x^3 + ax^2 + bx + c$ est $-\frac{c}{a}$ d'un donc le produit des trois racines complexes du polynôme caractéristique est 1. σ étant une racine complexe non réelle de χ_M, son conjugué $\overline{\sigma}$ est la troisième racine donc $\lambda |\,\sigma\,|^2$ est le produit des trois valeurs propres et vaut donc 1. Comme $1 < \lambda < 2$, on a $1/2 < |\,\sigma\,|^2 < 1$ donc : $\frac{1}{\sqrt{2}} < |\,\sigma\,| < 1$.

Il faut se souvenir des relations entre les coefficients d'un polynôme et le produit des racines. Quant à la somme des racines, c'est quelle valeur ?

3. On a $M^2 = \begin{pmatrix} -1 & -1 & 1 \\ 1 & 2 & 0 \\ -1 & 0 & 1 \end{pmatrix}$. Comme les premières lignes des matrices (I_3, M, M^2), qui sont $(1,0,0), (0,0,-1), (-1,-1,1)$ forment un système libre de $\mathbb{C}^3$, Le triplet (I_3, M, M^2) forme un système libre de $\mathcal{M}_3(\mathbb{C})$.

Et : $M^3 = \begin{pmatrix} 1 & 0 & -1 \\ 0 & 2 & 1 \\ 1 & 1 & 0 \end{pmatrix} = M + I_3 \Rightarrow M^{n+3} = M^{n+1} + M^n$.

Exercice 4.19

Si λ est valeur propre de f, alors $\lambda^{2014} = 0$. Donc $\lambda = 0$. Le polynôme caractéristique de f est de degré n et n'a que 0 pour racine.
Donc $\chi_f(X) = X^n$. D'après Cayley-Hamilton, $f^n = 0$.

Vous voyez qu'une solution n'est pas toujours longue !

Exercice 4.20

D'après le théorème de Cayley-Hamilton, $\chi_A(A) = 0$ donc il existe des réels $\alpha_k \in \mathbb{R}^{n-1}$ tels que $(-1)^n A^n + \sum_{k=1}^{n-1} \alpha_k A^k + (\text{Det}\, A).I_n = 0$, ce qui permet d'écrire l'égalité $(\text{Det}\, A \neq 0)$, $A \times \frac{1}{\text{Det}\, A} \cdot \left((-1)^n A^{n-1} + \sum_{k=1}^{n-1} \alpha_k A^{k-1} \right) = -I_n$.

On retrouve le fait que A est inversible.

On en déduit : $A^{-1} = Q(A) = \dfrac{-1}{\mathrm{Det}\, A}.\left((-1)^n A^{n-1} + \sum_{k=1}^{n-1} \alpha_k A^{k-1}\right)$.

Exercice 4.21

1. Supposons donc $A \in M_n(\mathbb{C})$, où n est un entier naturel non nul. On sait que A possède p valeurs propres complexes $\lambda_1, ..., \lambda_p$ distinctes et que le polynôme caractéristique de A est de la forme : $\chi_A(X) = \prod_{i=1}^{p}(X - \lambda_i)^{\alpha_i}$, où α_i est un entier non nul pour tout i de 1 à p.

On commence par écrire : $\chi_A(B) = \prod_{i=1}^{p}(B - \lambda_i I_n)^{\alpha_i}$.

Or, pour tout i de 1 à p, $B - \lambda_i I_n$ est inversible car sinon $\mathrm{Ker}(B - \lambda_i I_n)$ serait non nul et λ_i serait une valeur propre de B. Il en est de même de $(B - \lambda_i I_n)^{\alpha_i}$ car le produit de matrices inversibles est inversible. Il en est de même de $\chi_A(B)$ qui est lui aussi un produit de matrices inversibles. En conclusion, $\chi_A(B)$ est inversible.

Le sens direct est évident mais il faut que vous le fassiez !

2. Attaquons le sens réciproque. On suppose $AX = XB$.

► **Montrons que pour tout k entier non nul, $A^k X = XB^k$**

Il faut faire bien évidemment une récurrence. La propriété est vraie pour $k = 1$. Supposons qu'elle soit vraie pour k entier non nul quelconque.

$$A^{k+1}X = A(A^k X) = A(XB^k) = (AX)B^k = (XB)B^k = XB^{k+1}.$$

L'hérédité est donc prouvée.

► **Montrons que pour tout $P \in \mathbb{C}[X]$, $P(A)X = XP(B)$**

On pose $P(X) = \sum_{k=0}^{p} a_k X^k$. On écrit :

$$P(A)X = \left(\sum_{k=0}^{p} a_k A^k\right) X = \sum_{k=0}^{p} a_k (A^k X)$$

et en utilisant l'égalité montrée juste avant :

$$P(A)X = \sum_{k=0}^{p} a_k X B^k = X\left(\sum_{k=0}^{p} a_k B^k\right) = XP(B).$$

Ce choix de $P = \chi_A$ n'est pas si parachuté que cela car χ_A est donné dans l'énoncé.

Montrons que X est la matrice nulle

On choisit $\chi_A = P$. D'après le théorème de Cayley-Hamilton, $\chi_A(A) = 0$ et on obtient la relation : $X\chi_A(B) = 0$.

Or, la première question nous indique que $(\chi_A(B))^{-1}$ existe et donc :

$$X\chi_A(B) = 0 \Rightarrow (X\chi_A(B))(\chi_A(B))^{-1} = X\left[\chi_A(B)(\chi_A(B))^{-1}\right] = X = 0.$$

Finalement, on a prouvé que : $X = 0 \Leftrightarrow AX = XB$.

Exercice 4.22

Les calculs sont classiques, laissés au lecteur.

1. $\chi_A(X) = X(X-1)(X-4)$, $D = \begin{pmatrix} 0 & 0 & 0 \\ 0 & 1 & 0 \\ 0 & 0 & 4 \end{pmatrix}$, $P = \begin{pmatrix} -1 & 1 & 1 \\ -1 & 0 & 1 \\ 1 & 1 & 1 \end{pmatrix}$.

2. Posons $Y = (y_{i,j}) \in \mathcal{M}_3(\mathbb{R})$. Si $Y^2 = D$ alors $YD = Y^3 = DY$.

$$YD = DY \Rightarrow [i \neq j \Rightarrow y_{i,j} = 0].$$

La matrice Y est donc diagonale et $Y^2 = D$ permet de conclure :

Il y a quatre matrices Y possibles.

$$y_{1,1} = 0, y_{2,2} = \pm 1, y_{3,3} = \pm 2.$$

Il reste à écrire que les matrices X telles que $X^2 = A$.
$Y^2 = D \Leftrightarrow PY^2P^{-1} = A$. En posant $X = PYP^{-1}$, on a $X^2 = A$.

Les solutions sont les quatre matrices : $P \begin{pmatrix} 0 & 0 & 0 \\ 0 & \pm 1 & 0 \\ 0 & 0 & \pm 4 \end{pmatrix} P^{-1}$.

Exercice 4.23

1. Soit $A = \begin{pmatrix} 1 & 1 \\ 1 & 1 \end{pmatrix}$, et M une solution de $M^2 + M = A$.
Supposons que M et $M + I_2$ soient toutes deux inversibles, alors $A = M(M + I_2)$ serait inversible, ce qui est contradictoire avec le fait que A est de rang 1. Nécessairement un des deux réels 0 et -1 doit être valeur propre de M.
Le polynôme caractéristique de M est à coefficients réels, de degré 2, donc en tenant compte de la proposition précédente, est scindé dans $\mathbb{R}$.
Soit $\lambda \in \mathsf{Sp}(M)$, alors $\lambda^2 + \lambda \in \mathsf{Sp}(M^2 + M)$.
Par ailleurs, $\chi_A(X) = (X-1)^2 - 1 = X(X-2)$ donc : $\mathsf{Sp}(A) = \{0, 2\}$.

$$\lambda \in \mathsf{Sp}(M) \Longrightarrow \lambda^2 + \lambda \in \{0, 2\}.$$

Supposons que $\mathsf{Sp}\, M = \{\lambda\}$ soit un singleton, alors, M étant trigonalisable, est semblable à $T = \begin{pmatrix} \lambda & t \\ 0 & \lambda \end{pmatrix}$. De l'égalité $M = P.T.P^{-1}$, on tire :
$A = M^2 + M = P.(T^2 + T).P^{-1}$ donc $\chi_A(X) = \chi_{T^2+T}(X)$.

Les polynômes caractéristiques de deux matrices semblables sont égaux.

Un calcul rapide montre : $T^2 + T = \begin{pmatrix} \lambda^2 + \lambda & 2t\lambda + t \\ 0 & \lambda^2 + \lambda \end{pmatrix}$, donc $\chi_{T^2+T}(X)$ admet une racine double $\lambda^2 + \lambda$. Or $\chi_A(X) = \chi_{T^2+T}(X)$ admet deux racines simples : 0 et 2, ce qui est contradictoire.

$$\operatorname{card}(\mathsf{Sp}(M)) = 2.$$

Il en ressort que les valeurs propres de M sont constituées d'un couple (α, β) où (quitte à échanger α et β) : $\alpha \neq \beta$.
α est une solution de $r^2 + r = 0$ et β une solution de $r^2 + r = 2$.
Ce qui revient à dire que $(\alpha, \beta) \in \{-1, 0\} \times \{-2, 1\}$.

On peut « deviner » $\chi_M(X)$, c'est $(X-\alpha)(X-\beta)$ car $M \in \mathcal{M}_2(\mathbb{K})$.

2. On trouve facilement que $E_A(0) = \mathsf{Vect}(1, -1)$ et $E_A(2) = \mathsf{Vect}(1, 1)$, c'est-à-dire qu'en posant $P = \begin{pmatrix} 1 & 1 \\ -1 & 1 \end{pmatrix}$, $\Delta = P^{-1}.M.P$ est diagonale, égale à $\operatorname{diag}(0, 2)$.
Les quatre couples trouvés dans la question **1.** définissent autant de matrices diagonales, c'est-à-dire après changement de base, autant de matrices M du type $P.\operatorname{diag}(\alpha, \beta).P^{-1}$, où $(\alpha, \beta) \in \{-1, 0\} \times \{-2, 1\}$.

Exercice 4.24

► Valeurs propres possibles avec leur ordre de multiplicité

Bien que M soit une matrice réelle, on sait qu'elle possède au moins une valeur propre complexe λ (et même $\overline{\lambda}$ dans le cas où $n \geqslant 2$). On rappelle que le polynôme caractéristique (comme tout polynôme) est scindé dans $\mathbb{C}$.
Il existe $X \neq 0$ tels que : $MX = \lambda X$.

Corrigé

On en déduit, sans difficulté : $M^2X = \lambda^2 X$ et $M^5X = \lambda^5 X$.
Comme $M^5 = M^2$, $M^5X = M^2X$ et $\lambda^2 X = \lambda^5 X$.
Comme X est non nul, $\lambda^2 = \lambda^5$. Ses solutions sont d'abord $\lambda = 0$ puis les racines cubiques de l'unité car : $\lambda^2 = \lambda^5$ et $\lambda \neq 0 \Rightarrow \lambda^3 = 1$.
Finalement, le spectre est inclus dans : $\{0, 1, j, j^2\}$, où $j = e^{i2\pi/3}$. Il reste à exploiter le fait que la trace de M vaut n. On note m_λ l'ordre de multiplicité (éventuellement nul) de λ dans le polynôme caractéristique de M.

Attention, cela ne sous-entend pas que M possède quatre valeurs propres. De plus, on n'a pas encore d'information sur leur ordre de multiplicité.

$$Tr\, M = n = m_j j + m_{j^2} j^2 + m_1 \times 1 + m_0 \times 0.$$

Ceci s'écrit : $m_j j + m_{j^2} j^2 + m_1 = n$.
De plus $m_j = m_{j^2}$ car M est une matrice réelle. Donc :

$$m_j j + m_j j^2 + m_1 = n.$$

Or : $1 + j + j^2 = 0$ et : $j + j^2 = -1 \Rightarrow -m_j + m_1 = n$.
Comme m_j et m_1 sont des entiers entre 0 et n et que $m_1 - m_j = n$, $m_j = 0$ nécessairement et donc $m_1 = n$. Donc la seule valeur propre possible est 1 car son ordre de multiplicité est exactement la dimension de E.

▸ **Détermination effective de M**

Commençons par souligner qu'il ne faut pas faire maintenant de raccourci fatal. On ne peut pas dire directement que comme 1 est valeur propre d'ordre n, alors $M = I_n$. En effet, pour écrire cela, il faut supposer que M est diagonalisable (car alors n est la dimension du sous-espace propre 1.). Or, ce n'est pas dans les hypothèses. Nous allons montrer qu'effectivement $M = I_n$ mais nous allons le faire autrement.
Les matrices M, $M - jI_n$ et $M - j^2I_n$ sont inversibles.
Reprenons : $M^5 - M^2 = 0$. En pensant à la mise sous forme de produit de facteurs irréductibles de $X^5 - X^2$, on peut écrire :

On sait que si λ n'est pas valeur propre de M alors $M - \lambda I_n$ est inversible.

$$M^5 - M^2 = (M^3 - I_n)M^2 = (M - I_n)(M - jI_n)(M - j^2I_n)M^2$$

et donc : $(M - I_n)(M - jI_n)(M - j^2I_n)M^2 = 0$.
On multiplie les deux membres de cette égalité à droite successivement par les matrices M^{-2}, $(M - j^2I_n)^{-1}$ et $(M - jI_n)^{-1}$ qui existent.
On obtient l'égalité : $M - I_n = 0$.
Il reste : $M = I_n$. La seule solution du problème est $M = I_n$.

Réciproquement, si $M = I_n$, M vérifie bien $M^5 = M^2$ et $Tr\, M = n$.

Exercice 4.25

1. Par un calcul rapide : $\chi_A(X) = X(X-4)(X-10)$. C'est un polynôme scindé et à racines simples, donc A est diagonalisable.
De plus : $\lambda_1 = 10$, $\lambda_2 = 4$ et $\lambda_3 = 10$.
2. On trouve $e_1 = (1, 0, 0)$, $e_2 = (0, 1, 0)$ et $e_3 = (0, 1, -4)$.
3. La famille $\{e_1, e_2, e_3\}$ est une famille de vecteurs propres associés à des valeurs propres deux à deux distinctes donc elle est libre et comme son cardinal est égal à $\dim \mathbb{R}^3 = 3$, c'est une base.
4. $P = \begin{pmatrix} 1 & 0 & 0 \\ 0 & 1 & 1 \\ 0 & 0 & -4 \end{pmatrix}$, $\Delta = \begin{pmatrix} 10 & 0 & 0 \\ 0 & 4 & 0 \\ 0 & 0 & 0 \end{pmatrix}$, $P^{-1} = \dfrac{1}{4}\begin{pmatrix} 4 & 0 & 0 \\ 0 & 4 & 1 \\ 0 & 0 & -1 \end{pmatrix}$.
5.
a. On écrit : $B^2 + 3B = A \Leftrightarrow (M_{\mathcal{B}}(v))^2 + 3\, M_{\mathcal{B}}(v) = M_{\mathcal{B}}(u)$.

On note $\mathcal{B}$ la base canonique de $\mathbb{R}^3$.

Cela donne : $M_{\mathcal{B}}(v^2 + 3v) = M_{\mathcal{B}}(u)$. D'où le résultat.
On a d'une part : $u \circ v = (v^2 + 3v) \circ v = v^3 + 3v^2$.
D'autre part : $v \circ u = v(v^2 + 3u) = v^3 + 3v^2$.
Donc on a bien : $u \circ v = v \circ u$.
Pour tout $k \in \{1, 2, 3\}$, $u \circ v(e_k) = v \circ u(e_k) = v(\lambda_k e_k) = \lambda_k v(e_k)$.
Donc : $v(e_k) \in E_k = \mathsf{Vect}\,(e_k)$. Et comme $\mathsf{Vect}\,(e_k)$ est une droite vectorielle, $v(e_k)$ est colinéaire à e_k. Et : $\exists\, \alpha_k \in \mathbb{R},\ v(e_k) = \alpha_k e_k$.
On conclut que : $M_{e_1,e_2,e_3}(v) = \text{Diag}\,(\alpha_1, \alpha_2, \alpha_3)$.

✎ Chaque sous-espace propre de u est une droite vectorielle, c'est grâce à cela que v a pour matrice une matrice diagonale dans une base de vecteurs propres de u.

b. Posons $V = M_{e_1,e_2,e_3}(v)$ et $M_{e_1,e_2,e_3}(u) = \Delta$. On a : $\Delta = V^2 + 3V$.
L'égalité des matrices donne le système : $\left\{\begin{array}{rcl} \alpha_1^2 + 3\alpha_1 & = & 10 \\ \alpha_2^2 + 3\alpha_2 & = & 4 \\ \alpha_3^2 + 3\alpha_3 & = & 0 \end{array}\right.$.
Conclusion : on a 8 solutions possibles pour la matrice V avec $\alpha_1 \in \{-5, 2\}$, $\alpha_2 \in \{-4, 1\}$ et $\alpha_3 \in \{-3, 0\}$.
6. Les solutions sont les matrices de la forme PVP^{-1}, où V est l'un des huit matrices diagonales précédentes.

Exercice 4.26

On commence par calculer les puissances successives B^2, B^3, B^4.
En utilisant la règle des produits des matrices-blocs :

$$B^2 = \begin{pmatrix} A & A^2 \\ O_n & A \end{pmatrix} \begin{pmatrix} A & A^2 \\ O_n & A \end{pmatrix} = \begin{pmatrix} A^2 & 2A^3 \\ O_n & A^2 \end{pmatrix}.$$

Puis :

$$B^3 = \begin{pmatrix} A^2 & 2A^3 \\ O_n & A^2 \end{pmatrix} \begin{pmatrix} A & A^2 \\ O_n & A \end{pmatrix} = \begin{pmatrix} A^3 & 3A^4 \\ O_n & A^3 \end{pmatrix}.$$

Enfin :

$$B^4 = \begin{pmatrix} A^3 & 3A^4 \\ O_n & A^3 \end{pmatrix} \begin{pmatrix} A & A^2 \\ O_n & A \end{pmatrix} = \begin{pmatrix} A^4 & 4A^5 \\ O_n & A^4 \end{pmatrix}.$$

*✎ Le début de l'exercice a été fait dans le chapitre 2. C'est l'**exercice 2.11**. Ce n'est pas un mal de le faire deux fois, de toute façon ! La seconde partie est spécifique à ce chapitre.*

On suppose donc pour k entier, $B^k = \begin{pmatrix} A^k & kA^{k+1} \\ O_n & A^k \end{pmatrix}$.
Cette formule est évidemment vraie pour $k = 0$ et nous l'avons vérifiée pour k dans $\{1, ..., 4\}$. On suppose qu'elle est vraie pour k donné. On a alors :

✎ On « devine » B^k et on fait une récurrence.

$$B^{k+1} = B^k B = \begin{pmatrix} A^k & kA^{k+1} \\ O_n & A^k \end{pmatrix} \begin{pmatrix} A & A^2 \\ O_n & A \end{pmatrix} = \begin{pmatrix} A^{k+1} & (k+1)A^{k+2} \\ O_n & A^{k+1} \end{pmatrix}.$$

La formule est donc vraie pour $k+1$. Ensuite, si P est un polynôme de $\mathbb{R}[X]$, en utilisant une combinaison linéaire de puissances de B, on remarque que :

$$P(B) = \begin{pmatrix} P(A) & A^2 P'(A) \\ O_n & P(A) \end{pmatrix}.$$

En effet, $P(X) = \displaystyle\sum_{k=0}^{n} a_k X^k \Rightarrow X^2 P'(X) = \sum_{k=0}^{n} a_k k X^{k+1}$.
Passons maintenant à la question demandée. B est diagonalisable si, et seulement s'il existe un polynôme annulateur de B scindé et à racines simples dans $\mathbb{R}$. Appelons P un tel polynôme. On a alors :

$$P(A) = O_n \text{ et } A^2 P'(A) = O_n.$$

✎ À connaître par coeur : une matrice est diagonalisable si, et seulement si, elle possède un polynôme annulateur scindé et à racines simples.

Donc A annule P et X^2P'. Comme P est toujours scindé et à racines simples, A est diagonalisable. Toute valeur propre λ de A est une racine de P. Cette valeur propre est aussi racine de X^2P'. Comme P est à racines simples, λ est racine de X^2 et non de P' donc λ est nulle. A étant diagonalisable et n'ayant que 0 pour valeur propre, ne peut pas être autre chose que la matrice nulle. Réciproquement, si A est la matrice nulle, B aussi et donc B est bien diagonalisable.

✎ *La seule matrice A telle que B soit diagonalisable est la matrice nulle.*

Exercice 4.27

Ici, on pose : $Q = \begin{pmatrix} I_n & I_n \\ O_n & I_n \end{pmatrix}$. Alors : $Q^{-1} = \begin{pmatrix} I_n & -I_n \\ O_n & I_n \end{pmatrix}$.

On peut vérifier : $QQ^{-1} = Q^{-1}Q = I_{2n}$. Un calcul par blocs donne :

$$D = Q^{-1}CQ = \begin{pmatrix} A & O_n \\ O_n & 3A \end{pmatrix}.$$

▸ **Hypothèse : C est diagonalisable**

Si C est diagonalisable, il en est de même de D car ces deux matrices sont semblables. On peut donc trouver un polynôme P scindé et à racines simples annulant D donc on peut écrire :

$$\begin{pmatrix} P(A) & O_n \\ O_n & P(3A) \end{pmatrix} = O,$$

ce qui permet d'écrire que : $P(A) = 0$. Donc A est annulé par un polynôme scindé, à racines simples. La matrice A est donc diagonalisable.

✎ *On voit que la « mécanique » ressemble à celle de l'***exercice 4.25***. Pour progresser dans ce type d'exercice, il faut bien comprendre la correction et l'utilisation continuelle des sommes et des produits par blocs.*

▸ **Hypothèse : A est diagonalisable**

On peut trouver une base $(X_1, ..., X_n)$ de vecteurs propres de A. Si X_k est associé à la valeur propre λ_k, on a : $AX_k = \lambda_k X_k$.

Alors :

$$((X_1, O), ..., (X_n, O), (O, X_1), ..., (O, X_n))$$

est une base de vecteurs propres de D. En effet, pour tout k de 1 à n :

$$\begin{pmatrix} A & O_n \\ O_n & 3A \end{pmatrix}\begin{pmatrix} X_k \\ O \end{pmatrix} = \begin{pmatrix} AX_k \\ O \end{pmatrix} = \lambda_k \begin{pmatrix} X_k \\ O \end{pmatrix}.$$

Et, de même : $\begin{pmatrix} A & O_n \\ O_n & 3A \end{pmatrix}\begin{pmatrix} O \\ X_k \end{pmatrix} = \begin{pmatrix} O \\ 3AX_k \end{pmatrix} = 3\lambda_k \begin{pmatrix} O \\ X_k \end{pmatrix}$.

Finalement, D est diagonalisable et C aussi. On peut conclure.

C est diagonalisable si, et seulement si, A est diagonalisable.

Exercice 4.28

1. Pour tout couple $(\alpha, \beta) \in \mathbb{R}^2$, et $(\vec{x}, \vec{x}', \vec{y}, \vec{y}') \in E^4$:

$$\begin{aligned} g(\alpha(\vec{x}, \vec{y}) + \beta(\vec{x}', \vec{y}')) &= (f(\alpha\vec{x} + \beta\vec{x}'), f(\alpha\vec{x}' + \beta\vec{y}')) \\ &= (\alpha f(\vec{x}) + \beta f(\vec{x}'), \alpha f(\vec{y}) + \beta f(\vec{y}')) \\ &= \alpha(f(\vec{x}), f(\vec{y})) + \beta(f(\vec{y}), f(\vec{y}')) \\ &= \alpha g(\vec{x}) + \beta g(\vec{y}). \end{aligned}$$

g est linéaire. Soit $\mathcal{B} = (e_1, e_2, \ldots, e_n)$ une base de E et M la matrice de f dans cette base.

Alors $\mathcal{V} = ((e_1, 0), (e_2, 0), \ldots, (e_n, 0), (0, e_1), (0, e_2), \ldots, (0, e_n))$ est une base de F dans laquelle la matrice de g est $N = \begin{pmatrix} M & 0 \\ 0 & M \end{pmatrix} \Rightarrow N^2 = \begin{pmatrix} M^2 & 0 \\ 0 & M^2 \end{pmatrix}$,

✎ *C'est l'occasion ici d'utiliser la notion du produit d'espaces vectoriels et la* **proposition 1.10**.

et plus généralement, par récurrence sur $k \in \mathbb{N}$, $N^k = \begin{pmatrix} M^k & 0 \\ 0 & M^k \end{pmatrix}$.

Par linéarité, pour tout polynôme $P \in \mathbb{K}[X]$: $P(N) = \begin{pmatrix} P(M) & 0 \\ 0 & P(M) \end{pmatrix}$.

On en déduit que $P(M) = 0$ si, et seulement si, $P(N) = 0$.
Or un endomorphisme est diagonalisable si et seulement s'il annule un polynôme scindé à racines simples, donc f est diagonalisable si, et seulement si, g est diagonalisable.

*On voit que dans l'***exercice 4.25***, l'***exercice 4.26** *et l'***exercice 4.27***, il y a des parties de développements assez communes.*

2. En développant par blocs le déterminant de $N - \lambda I_{2n}$ on montre que le polynôme caractéristique de g est le carré de celui de f. g et f ont les mêmes valeurs propres.
Or un endomorphisme est trigonalisable si, et seulement si, son polynôme caractéristique est scindé.
Donc f est diagonalisable si, et seulement si, g est diagonalisable.
3. On a $g((\vec{x}, \vec{y})) = \lambda(\vec{x}, \vec{y})$ si, et seulement si, $f(\vec{x}) = \lambda\vec{x}$ et $f(\vec{y}) = \lambda\vec{y}$.
Donc le sous-espace propre de g associé à la valeur propre λ est $E_\lambda(f) \times E_\lambda(f)$, où $E_\lambda(f)$ désigne le sous-espace propre de f associé à la valeur propre λ.

Exercice 4.29

1. $\chi_A(X) = \mathsf{Det}\,(XI_n - A) = \mathsf{Det}\,\left[(XI_n - A)^T\right] = \mathsf{Det}\,(XI_n - A^T)$ et on reconnait bien $\chi_{A^T}(X)$.

Trop classique !

2. Posons $\pi : ax + by + cz = 0$ et soit λ une valeur propre de A^T.
(a, b, c) est un vecteur propre de A^T (associé à λ) si, et seulement si, :

On rappelle que $(a, b, c) \neq (0, 0, 0)$.

$$A^T \begin{pmatrix} a \\ b \\ c \end{pmatrix} = \lambda \begin{pmatrix} a \\ b \\ c \end{pmatrix} \Leftrightarrow \begin{pmatrix} a & b & c \end{pmatrix} A = \lambda \begin{pmatrix} a & b & c \end{pmatrix}$$

$$\Leftrightarrow \forall x, y, z) \in \mathbb{R}^3, \begin{pmatrix} a & b & c \end{pmatrix} A \begin{pmatrix} x \\ y \\ z \end{pmatrix} = \lambda \begin{pmatrix} a & b & c \end{pmatrix} \begin{pmatrix} x \\ y \\ z \end{pmatrix}.$$

Le produit $\begin{pmatrix} a & b & c \end{pmatrix} \begin{pmatrix} x \\ y \\ z \end{pmatrix}$ donne $ax + by + cz$.

Le vecteur $A \begin{pmatrix} x \\ y \\ z \end{pmatrix}$ est un vecteur de $\mathsf{Im}\,A$. Si $\lambda = 0$, ce vecteur vérifie l'équation du plan π. Sinon, il la vérifie si, et seulement si, $(x, y, z) \in \pi$.
3. Ici, rapidement, on a :

$$\chi_A(X) = X(X-1)(X-2) \text{ et } \mathsf{Sp}\,(A^T) = \{0, 1, 2\}.$$

Les sous-espaces propres de A^T sont :

$$E_0(A^T) = \mathsf{Vect}\,(\{(0, -1, 1)\}), E_1(A^T) = \mathsf{Vect}\,(\{(-1, -1, 1)\}), E_2(A^T) = \mathsf{Vect}\,(\{(1, 1, 0)\}).$$

D'après la question précédente, les plans stables par f sont :

$$\pi_0 : -y + z = 0, \pi_1 : -x - y + z = 0 \text{ et } \pi_2 : x + y = 0.$$

Corrigé

Donc les droites vectorielles $\pi_0 \cap \pi_1$, $\pi_0 \cap \pi_2$ et $\pi_1 \cap \pi_2$ sont stables aussi par f. On rajoute $\{0\}$ et $\mathbb{R}^3$ pour les avoir tous.

Exercice 4.30

1. $$\chi_A(X) = \begin{vmatrix} X-3 & 3 & -2 \\ 1 & X-5 & 2 \\ 1 & -3 & X \end{vmatrix}$$

$$\underset{C_1 \leftarrow C_1 - C_3}{=} \begin{vmatrix} X-1 & 3 & -2 \\ -1 & X-5 & 2 \\ -X+1 & -3 & X \end{vmatrix}$$

$$\underset{L_1 \leftarrow L_1 + L_3}{=} \begin{vmatrix} 0 & 0 & X-2 \\ -1 & X-5 & 2 \\ 1-X & -3 & X \end{vmatrix}$$

Et : $\chi_A(X) = (X-2)\begin{vmatrix} 1 & 5-X \\ X-1 & 3 \end{vmatrix} = (X-2)(X-2)(X-4)$.

$\chi_A(X)$ est scindé ; les valeurs propres de A sont 2 (double) et 4 (simple).

$E_2(A)$ a pour équation $x - 3y + 2z = 0$; c'est un plan engendré par $u_1 = (1,1,1)$ et $u_2 = (3,1,0)$. $E_4(A)$ est engendré par $u_3 = (-1,1,1)$.

Résoudre $(A - 4I_3).X = 0_{\mathcal{M}_3(\mathbb{R})}$.

La matrice A est diagonalisable puisque $\dim E_2(A) = 2$ qui est l'ordre de multiplicité de la valeur propre 2.

2. En posant $P = \begin{pmatrix} 1 & 3 & -1 \\ 1 & 1 & 1 \\ 1 & 0 & 1 \end{pmatrix}$ et $D = \begin{pmatrix} 2 & 0 & 0 \\ 0 & 2 & 0 \\ 0 & 0 & 4 \end{pmatrix}$ alors $A = PDP^{-1}$ donc pour tout n entier non nul, $A^n = PD^nP^{-1}$.

On obtient : $P^{-1} = \begin{pmatrix} 1/2 & -3/2 & 2 \\ 0 & 1 & -1 \\ -1/2 & 3/2 & -1 \end{pmatrix}$ et $D^n = \begin{pmatrix} 2^n & 0 & 0 \\ 0 & 2^n & 0 \\ 0 & 0 & 4^n \end{pmatrix}$.

Après calculs insurmontables : $A^n = 2^{n-1}\begin{pmatrix} 1+2^n & 3(1-2^n) & -2+2^{n+1} \\ 1-2^n & -1+3.2^n & 2-2^{n+1} \\ 1-2^n & 3\,(-1+2^n) & 4-2^{n+1} \end{pmatrix}$

3. Cette formule est valable pour $n > 0$ et pour $n = 0$ (car $A^0 = P.I_3.P^{-1}$).
Si une matrice carrée M est inversible, on donne un sens à M^{-n}, pour $n \in \mathbb{N}$, en posant $M^{-n} = \left(M^{-1}\right)^n$.

Bien retenir cette façon de passer de A^n, où $n > 0$ à A^{-n}, où $-n < 0$.

A et D sont inversibles (leur déterminant commun vaut 16).
Comme $D^{-1} = \text{diag}\,(2^{-1}, 2^{-1}, 4^{-1}) \Rightarrow \forall n \in \mathbb{N}, D^{-n} = \text{diag}(2^{-n}, 2^{-n}, 4^{-n})$.
$A = PDP^{-1} \Rightarrow A^{-1} = PD^{-1}P^{-1} \Rightarrow A^{-n} = \left(PD^{-1}P^{-1}\right)^n = PD^{-n}.P^{-1}$.

4. Les droites stables par f sont engendrées par un vecteur propre : le sous-espace propre $E_4(f)$ associé à 4 et toute droite vectorielle incluse dans le sous-espace propre $E_2(f)$ associé à 2.

Soit P un plan stable par f, alors $\hat{f}$ induit par f sur P est diagonalisable : P admet une base formée de vecteurs propres de f d'après le **théorème 4.13**.

En conclusion, les sous-espaces stables par f sont (outre $\mathbb{R}^3$ et $\{(0,0,0)\}$) : $E_4(f)$, $E_2(f)$, les droites incluses dans $E_2(f)$, et les plans engendrés par $E_4(f)$ et une droite vectorielle incluse dans $E_2(f)$.

Encore une fois c'est le même type de raisonnement qui revient !

Exercice 4.31

1. On considère donc $\vec{x}$ un vecteur propre de ψ pour la valeur propre $\lambda \in \mathbb{K}$.
Ici, F est le sous-espace propre de ψ associé à la valeur propre λ.
On écrit : $\psi \, o \, \phi(\vec{x}) = \phi \, o \, \psi(\vec{x}) = \phi(\lambda\vec{x}) = \lambda\phi(\vec{x})$.

En conclusion, $\phi(\vec{x})$ appartient à F.
Dans tous les cas, on a bien l'inclusion de stabilité : $\phi(F) \subset F$.

Attention, $\phi(\vec{x})$ est un vecteur propre de ψ pour la valeur propre λ que s'il est non nul !

2. Notons ϕ_F l'endomorphisme induit par ϕ sur F, où F est un sous-espace propre de ψ. Comme ϕ est diagonalisable, il existe $P \in \mathbb{K}$ scindé et à racines simples tel que : $P(\phi) = 0$. On a bien sûr : $P(\phi_F) = 0$. Donc ϕ_F est diagonalisable.

Remarque : On a utilisé ici seulement la stabilité de F par ϕ et non le fait qu'il soit un sous-espace propre de ψ.

3. Soit $\{\lambda_1, ..., \lambda_p\}$ le spectre de ψ.

Comme ψ est diagonalisable, on sait que : $(eg)\, E = \bigoplus_{i=1}^{p} E_{\lambda_i}(\psi)$.

D'après la question 1), chaque $E_{\lambda_i}(\psi)$ est stable par ϕ. On définit l'endomorphisme ϕ_i induit par ϕ sur $E_{\lambda_i}(\psi)$.
D'après la question 2), ϕ_i est diagonalisable.
On peut trouver alors une base $(e_1^i, ..., e_{n_i}^i)$ de $E_{\lambda_i}(\psi)$ qui soit une base de vecteurs propres pour ϕ_i. (Bien entendu, chaque e_k^i est également un vecteur propre de ψ pour λ_i.) On refait le même raisonnement pour tout i variant de 1 à p. On rassemble toutes les bases obtenues pour chaque $E_{\lambda_i}(\psi)$ et on obtient une base de E en utilisant (eg).
Cette base est une base commune de vecteurs propres pour ϕ et ψ.

Remarque : Cet exercice est en partie du cours et fournit de plus un résultat intéressant. Il complète la remarque qui suit la **méthode 4.8**. En effet, dans le cas de la résolution de l'équation d'inconnue $X \in \mathcal{M}_n(\mathbb{K})$, $A = P(X)$, où $P \in \mathbb{K}[X]$ et A diagonalisable, alors comme A et X commutent, si X est diagonalisable, ce sera dans la même base de diagonalisation que A.

Exercice 4.32

1. $\forall (P, Q) \in \mathbb{R}[X]^2, \forall \lambda \in \mathbb{R},\ f(P + \lambda Q)(X) = f(P)(X) + \lambda f(Q)(X)$.

Je sais c'est long, mais passez quelques instants à le développer.

2. $f(1) = 8 + 3X$, $f(X) = (8 + 3X)X + (X^2 - 5X) = 4X^2 + 3X$.
Pour tout entier $m \geqslant 2$,

$$\begin{aligned} f(X^m) &= (8 + 3X)X^m + (X^2 - 5X)mX^{m-1} + (X^2 - X^3)m(m-1)X^{m-2} \\ &= X^m\,(8 - 5m + m(m-1)) + X^{m+1}\,(3 + m - m(m-1)) \end{aligned}$$

donc : $f(X^m) = (m-4)(m-2)X^m - (m-3)(m+1)X^{m+1}$.

Soit alors un polynôme de degré m, $P = \sum_{k=0}^{m} a_k X^k$ avec $a_m \neq 0$:

Si $\deg P = m \neq 3$, le degré de $f\,(a_m X^m)$ est $m+1$ et celui de $f\left(\sum_{k=0}^{m-1} a_k X^k\right)$ est inférieur ou égal à m ; $\deg f(P) = m + 1$.

Si $\deg P = m = 3$, le degré de $f\,(a_m X^m)$ est 3 et celui de $f\left(\sum_{k=0}^{2} a_k X^k\right)$ est inférieur ou égal à 3 ; $\deg f(P) \leqslant 3$.

3. D'après la question précédente, $\mathbb{R}_3[X]$ est stable par f. Réciproquement, si $p \in \mathbb{N}$ et si $\mathbb{R}_p[X]$ est stable par f, alors il est nécessaire que $f(X^p) \in \mathbb{R}_p[X]$. Or, si $p \neq 3$, $\deg\big(f(X^p)\big) = p + 1$ et $f(X^p) \notin \mathbb{R}_p[X]$. Donc $p = 3$.

$\mathbb{R}_3[X]$ est le seul stable par f.

Corrigé

4.

a. Considérons un sous-espace vectoriel F de $\mathbb{R}_p[X]$ non réduit à $\{0_{\mathbb{R}[X]}\}$. L'ensemble des degrés des polynômes de F est un sous-ensemble non vide de $\mathbb{N}$ majoré par p. Il admet donc un plus grand élément n et il existe un polynôme P de F de degré n. Si $n \neq 3$, le degré de $f(P)$ est $n+1$, donc F n'est pas stable par f.

Si F est stable par f, $F \subset \mathbb{R}_3[X]$ et F stable par $\hat{f}$.

b. Rapidement : $M_3 = \begin{pmatrix} 8 & 0 & 0 & 0 \\ 3 & 3 & 0 & 0 \\ 0 & 4 & 0 & 0 \\ 0 & 0 & 3 & -1 \end{pmatrix}$.

M_3 est triangulaire, donc ses valeurs propres sont ses éléments diagonaux : 8, 3, 0 et -1. Les sous-espaces propres de $\hat{f}$ sont :
$E_{-1}(\hat{f}) = \mathsf{Vect}\,(X^3)$, $E_0(\hat{f}) = \mathsf{Vect}\,(3X^3 + X^2)$,
$E_3(\hat{f}) = \mathsf{Vect}\,(3X^3 + 4X^2 + 3X)$, $E_8(\hat{f}) = \mathsf{Vect}\,(3X^3 + 9X^2 + 6X + 10)$.

c. Les sous-espaces vectoriels inclus dans un $\mathbb{R}_n[X]$ stables par $\hat{f}$, donc par f, sont $\{0_{\mathbb{R}[X]}\}$, $\mathbb{R}_3[X]$, les quatre sous-espaces propres décrits à la question précédente et les sommes (nécessairement directes) de 2 ou 3 d'entre eux.

Exercice 4.33

1. La linéarité de Δ ne pose aucun problème.
$\Delta(k) = 0$ pour tout $k \in \mathbb{R}$, donc $\Delta(\mathbb{R}_0[X]) \subset \mathbb{R}_0[X]$.

Si $n \in \mathbb{N}^*$, $\Delta(X^n) = (X+1)^n - X^n = \displaystyle\sum_{k=0}^{n-1} \binom{n}{k} X^k$ est de degré égal à $n-1$.

Finalement, pour tout $n \in \mathbb{N}$, $\Delta(\mathbb{R}_n[X]) \subset \mathbb{R}_n[X]$. $\mathbb{R}_n[X]$ est stable par Δ, donc : Δ induit un endomorphisme Δ_n de $\mathbb{R}_n[X]$.

Si $\deg P = n \geqslant 1$, $\deg \Delta(P) = n-1$, donc $P \notin \mathsf{Ker}\,\Delta$: $\mathsf{Ker}\,\Delta \subset \mathbb{R}_0[X]$.

Si $\Delta(P) = 0$, alors $P(1) = P(0)$, et par récurrence sur $n \in \mathbb{N}$, $P(n) = P(0)$; il en résulte que le polynôme $P - P(0)$ a une infinité de racines, donc qu'il est nul ; $\Delta(P) = 0 \Rightarrow P \in \mathbb{R}_0[X]$.
Comme $\Delta(\mathbb{R}_0[X]) = \{0\}$, on en tire que : $\mathsf{Ker}\,\Delta = \mathsf{Ker}\,\Delta_n = \mathbb{R}_0[X]$.
Par application de la formule du rang à Δ_n, $\dim \mathsf{Im}\,\Delta_n = n$, et comme $\mathsf{Im}\,\Delta_n \subset \mathbb{R}_{n-1}[X]$, on en tire que : $\mathsf{Im}\,\Delta_n = \mathbb{R}_{n-1}[X]$.

2. Pour $p \in \mathbb{N}^*$, $\Delta(A_p) = \dfrac{1}{p!}\displaystyle\prod_{k=1}^{p}(X-k+2) - \dfrac{1}{p!}\prod_{k=1}^{p}(X-k+1)$,

c'est-à-dire : $\Delta(A_p) = \dfrac{1}{p!}\displaystyle\prod_{m=0}^{p-1}(X-m+1) - \dfrac{1}{p!}\prod_{k=1}^{p}(X-k+1)$,

ou encore : $\Delta(A_p) = (X+1-(X-p+1))\dfrac{1}{p!}\displaystyle\prod_{m=1}^{p-1}(X-m+1)$.

Et enfin : $\Delta(A_p) = \dfrac{1}{(p-1)!}\displaystyle\prod_{m=1}^{p-1}(X-m+1)$.

La famille de polynômes $(A_k)_{k\in\mathbb{N}}$ est à degrés échelonnés, donc la famille $(A_m)_{m\in[\![0,n]\!]}$ est libre ; comme son cardinal $(n+1)$ est égal à $\dim \mathbb{R}_n[X]$, c'est une base de $\mathbb{R}_n[X]$.

On conclut : $\Delta(A_0) = 0$ et, pour tout $p \in \mathbb{N}^*, \Delta(A_p) = A_{p-1}$.

3. Si $n \geqslant 2$, alors $\Delta^2(A_n) = \Delta(A_{n-1}) = A_{n-2}$.
De manière générale, si $0 \leqslant k \leqslant n$, alors $\Delta^k(A_n) = A_{n-k}$ (on peut le prouver par récurrence sur $n \in \mathbb{N}$). En particulier, $\Delta^n(A_n) = A_0$ donc $\Delta^{n+1}(A_n) = 0_{\mathbb{R}[X]}$ et $\forall (n,m) \in \mathbb{N}^2, m > n \Rightarrow \Delta^m(A_n) = 0_{\mathbb{R}[X]}$.
Il en résulte que $\forall P \in \mathbb{R}_n[X]$, $\Delta^{n+1}(P) = 0$ donc $\Delta_{n+1} = 0_{\mathcal{L}(\mathbb{R}_n[X])}$.
Le polynôme X^{n+1} est annulateur de Δ_n, donc toute valeur propre de Δ_n est

une racine de X^{n+1} ; $\mathsf{Sp}(\Delta_n) \subset \{0\}$.
Réciproquement, comme $\mathbb{R}_0[X] \subset \mathsf{Ker}(\Delta_n)$, $0 \in \mathsf{Sp}(\Delta_n)$.
Comme $\Delta_n(A_p) = A_{p-1}$ pour $1 \leqslant p \leqslant n$, la matrice de Δ_n dans la base $(A_0, A_1, \ldots, A_n)$ est $D_n = \begin{pmatrix} 0 & I_n \\ 0 & 0 \end{pmatrix}$.

Ainsi : $\mathsf{Sp}(\Delta_n) = \{0\}$.

Le degré de multiplicité de 0 comme valeur propre de Δ_n est donc $n+1$.

Le polynôme caractéristique de Δ_n est donc $-X^{n+1}$.

Si $n > 0$, $\dim E_0(\Delta_n) = 1 < n+1$ donc Δ_n n'est pas diagonalisable.
Si $n = 0$, Δ_0 est l'endomorphisme nul, clairement diagonalisable.

4. Soit $n \in \mathbb{N}$ et F un sous-espace de $\mathbb{R}_n[X]$ stable par Δ_n.
$D = \{\deg P, P \in F\}$ est une partie non vide de $\mathbb{N}$ majorée par n. Elle admet un plus grand élément m.
Tout polynôme de F est de degré inférieur ou égal à m : $F \subset \mathbb{R}_m[X]$.
De plus, F contient au moins un polynôme de degré exactement m.
Du fait de la stabilité de F, la famille $\left(P, \Delta_n(P), \Delta_n^2(P), \ldots, \Delta_n^m(P)\right)$ est incluse dans F. C'est une base de $\mathbb{R}_m[X]$.
Enfin : $\mathbb{R}_m[X] = \mathsf{Vect}\left(P, \Delta_n(P), \Delta_n^2(P), \ldots, \Delta_n^m(P)\right) \subset F$ puis $F = \mathbb{R}_m[X]$.

Elle est de degrés échelonnés, donc libre, de cardinal $m+1$ et incluse dans $\mathbb{R}_m[X]$ qui est de dimension $m+1$.

Exercice 4.34

Sens direct. On suppose que ϕ est diagonalisable sur E. Soit $n = \dim E$ et soit B une base de E constituée de vecteurs propres de ϕ. Il faut démontrer que tout sous-espace vectoriel F de dimension $p \leq n$ possède un supplémentaire stable par u. Si $p < n$, on considère une base $(\vec{u}_1, \ldots, \vec{u}_p)$ de F.
En utilisant le théorème de la base incomplète, on sait qu'il existe $n-p$ vecteurs de B que l'on note $\vec{e}_{p+1}, \ldots, \vec{e}_n$ tels que : $(\vec{u}_1, \ldots, \vec{u}_p, \vec{e}_{p+1}, \ldots, \vec{e}_n)$ soit une base de E.
Posons G le sous-espace vectoriel de E engendré par $(\vec{e}_{p+1}, \ldots, \vec{e}_n)$. Alors G est stable par ϕ car pour chaque $\vec{e}_i$, $\phi(\vec{e}_i)$ est colinéaire à $\vec{e}_i$ puisque $\vec{e}_i$ est dans la base B de E constituée de vecteurs propres de ϕ.
G est un supplémentaire de F, toujours par le théorème de la base incomplète.

Si $p = n$, un supplémentaire est le vecteur nul et son image par ϕ est lui-même, on peut conclure que ce supplémentaire est stable.

Tout sous-espace vectoriel F possède un supplémentaire stable par ϕ.

Sens réciproque. On suppose que tout sous-espace vectoriel de E possède un supplémentaire stable par ϕ.
▸ Initialisation : construisons $\vec{e}_1$. Pour cela, on commence par déterminer H, hyperplan de E qui possède d'après l'hypothèse de départ, un supplémentaire stable. Or un supplémentaire d'un hyperplan a pour base un vecteur non nul. C'est $\vec{e}_1$. La droite vectorielle engendrée par $\vec{e}_1$ est stable par ϕ et ainsi $\vec{e}_1$ est un vecteur propre de ϕ.
▸ Hérédité : supposons $(\vec{e}_1, \ldots, \vec{e}_p)$ une famille libre de p vecteurs propres de ϕ construite. On considère encore un hyperplan P de E contenant $(\vec{e}_1, \ldots, \vec{e}_p)$. Cet hyperplan possède, toujours d'après notre hypothèse fondamentale, un supplémentaire stable par ϕ. Ce supplémentaire est nécessairement une droite vectorielle engendré par un certain vecteur non nul que l'on note $\vec{e}_{p+1}$. Ce vecteur est un vecteur propre de ϕ car la droite vectorielle de base $\{\vec{e}_{p+1}\}$ est stable par ϕ. Par ailleurs, ce vecteur n'est pas dans l'espace vectoriel engendré par $(\vec{e}_1, \ldots, \vec{e}_p)$ et la famille $(\vec{e}_1, \ldots, \vec{e}_p, \vec{e}_{p+1})$ est libre et est une famille de vecteurs propres de ϕ. Conclusion : on pose $p = n$ et la famille libre de n vecteurs $(\vec{e}_1, \ldots, \vec{e}_n)$ est une base de E, formée de vecteurs propres de ϕ. Ainsi, ϕ est diagonalisable.

Nous allons montrer qu'il existe une base de E qui est une base de vecteurs propres pour ϕ. On va construire pour tout p entier de 1 à n, une famille libre de vecteurs propres de ϕ. Procédons par récurrence. Il suffira de prendre $p = n$.

Corrigé

Ici, l'on ne demande pas tous les plans stables bien qu'à l'arrivée ce sera le cas. On raisonne de façon « mécanique » car la matrice n'est pas diagonalisable mais ça on ne peut le savoir qu'en calculant le polynôme caractéristique.

Exercice 4.35

Dans $\mathbb{R}^3$, un plan Π a pour équation $ax+by+cz=0$, où $(a,b,c)\in\mathbb{R}^3$, avec $(a,b,c)\neq(0,0,0)$. Le plan Π est stable si, et seulement si, $ax'+by'+cz'=0$, (x',y',z') étant l'image de (x,y,z) par f.

$$\left\{\begin{array}{lcl} x' & = & x+y \\ y' & = & -x+2y \\ z' & = & x+z \end{array}\right. \Rightarrow \left\{\begin{array}{lcl} x(a-b+c)+y(a+2b)+z(b+c) & = & 0 \\ xa+yb+zc & = & 0 \end{array}\right. .$$

Il existe $\lambda\in\mathbb{R}$ tel que $a-b+c=\lambda a$, $a+2b=\lambda b$ et $b+c=\lambda c$.

D'où : $\left\{\begin{array}{lcl} (1-\lambda)a-b+c & = & 0 \\ a+(2-\lambda)b & = & 0 \\ b+(1-\lambda)c & = & 0 \end{array}\right.$.

Pour que $(a,b,c)\neq(0,0,0)$ soit solution, on a nécessairement :

$\begin{vmatrix} 1-\lambda & -1 & 1 \\ 1 & 2-\lambda & 0 \\ 0 & 1 & 1-\lambda \end{vmatrix} = 0$, ce qui donne $\lambda=2$, après calculs.

Il reste $a=0$, $b=c$. Le seul plan stable est le plan d'équation $y+z=0$.

Exercice 4.36

On raisonne par l'absurde.

1. Supposons $X=\alpha X_0$ et $Y=\beta X_0$ avec $(\alpha,\beta)\neq(0,0)$ et $X_0\in\mathcal{M}_{n,1}(\mathbb{R})$. Alors $Z=X+iY=(\alpha+i\beta)X_0$ et $AZ=\lambda Z$.

Donc, $(\alpha+i\beta)AX_0=\lambda(\alpha+i\beta)X_0$. Comme $\alpha+i\beta\neq0$, $AX_0=\lambda X_0$. On sait que $A\in\mathcal{M}_n(\mathbb{R})$ et $X_0\in\mathcal{M}_{n,1}(\mathbb{R})$.

Donc : $\lambda\in\mathbb{R}$, ce qui est absurde.

2. On a $\lambda=a+ib$, avec $(a,b)\in\mathbb{R}^2$.

Comme $AZ=\lambda Z$, $A(X+iY)=(a+ib)(X+iY)$.

Comme A a deux valeurs propres non réelles, elle n'est pas diagonalisable dans $\mathcal{M}_4(\mathbb{R})$ et on ne peut pas prendre pour plan stable toutes les sommes directes de deux sous-espaces propres de A car il y a des valeurs propres non réelles.

En développant et en séparant partie réelle et partie imaginaire,

$$AX=aX-bY,\ AY=aY+bX.$$

Par conséquent, $\mathsf{Vect}\,(X,Y)$ est stable par A.

3. Sans souci, on a : $\chi_A(X)=(X+1)(X-2)(X^2-2X+2)$. Les valeurs propres sont donc -1, 2 et $1\pm i$. Les quatre espaces propres sont :

$$E_{-1}(A)=\mathsf{Vect}\,((0\ 0\ 1\ 0)^T),\ E_2(A)=\mathsf{Vect}\,((1\ 1\ 0\ 1)^T),$$

$$E_{1+i}(A)=\mathsf{Vect}\,((i\ \ -1\ 0\ 1)^T),\ E_{1-i}(A)=\mathsf{Vect}\,((-i\ \ -1\ 0\ 1)^T).$$

On vous laisse les calculs car nous sommes des gros paresseux !

Et ce sont toutes des droites vectorielles.

Soit P un plan stable par f, le polynôme caractéristique χ_{f_P} de l'endomorphisme f_P induit de f sur ce plan, divise le polynôme caractéristique de f, est réel, est de degré 2 et est unitaire. Donc χ_{f_P} est nécessairement $(X+1)(X-2)$ ou X^2-2X+2.

Dans le premier cas, les valeurs propres de f_P sont -1 et 2 et les vecteurs propres associés sont ceux de f. Le plan P est alors $E_{-1}(f)\oplus E_2(f)$.

Dans le deuxième cas, d'après Cayley-Hamilton, $f_P^2-2f_P+2Id=0$. Donc si X est le vecteur colonne associé à $\vec{x}\in P$, $X\in\mathsf{Ker}\,(A^2-2A+2I_4)$. Le vecteur $(i,-1,0,1)$ a pour partie réelle $(0,-1,0,1)$ et pour partie imaginaire $(1,0,0,0)$.

Alors $\mathsf{Vect}\,((0\ \ -1\ 0\ 1)^T,\ (1\ 0\ 0\ 0)^T)$ est stable par f et correspond au plan P stable.

Chapitre 5
Espaces préhilbertiens réels et euclidiens

De nombreux termes mathématiques proviennent du grec. Certains, comme **parallèle** ou **hypoténuse**, existaient déjà dans l'Antiquité. C'est le cas du mot **mathématiques** lui-même qui provient de **mathema** ou plutôt de son pluriel **mathemata**. Il désignait aussi bien le fait d'apprendre que son résultat : la connaissance, la science. Depuis la Renaissance, on crée de nouveaux mots sur des racines grecques. On reconnaît ainsi dans **orthogonal**, *orthos* et *gonos* qui signifient respectivement droit et angle. **Endomorphisme** est construit sur les racines grecques *endon*, en dedans et *morphe*, forme. C'est à **Euclide** qu'appartient l'immense mérite d'avoir abordé la géométrie de manière scientifique dans son célèbre ouvrage *Les Éléments*, qui fut la principale référence pendant près de vingt siècles.

David Hilbert
1862-1943

■■ Objectifs

■ Les incontournables

▷ Savoir manipuler les identités remarquables sur les normes (développement de $\|\vec{u}+\vec{v}\|^2$, identité de polarisation)

▷ Connaître les applications géométriques du produit scalaire dans le cas usuel du plan ou de l'espace. En particulier, savoir en déduire des équations de plans ou (et) de droites.

▷ Faire le lien entre un produit scalaire et sa norme associée

▷ Interpréter le cas d'égalité dans l'inégalité triangulaire

▷ Savoir calculer au moyen du produit scalaire les coefficients de la matrice d'un endomorphisme dans une base orthonormée

▷ Savoir reconnaître une situation où il faut mettre en œuvre l'inégalité de Cauchy-Schwarz

▷ Savoir :

- orthogonaliser une base
- projeter un vecteur sur un sous-espace de dimension finie
- déterminer et interpréter la distance d'un vecteur à un espace.

■ Et plus si affinités...

▷ Connaître les règles de calculs sur l'orthogonal d'un espace

▷ Savoir exprimer une forme linéaire sur un espace euclidien à l'aide du produit scalaire et savoir l'exploiter

▷ Savoir interpréter un problème de minimisation en introduisant un produit scalaire.

■■ Résumé de cours

On considère ici un espace vectoriel E sur $\mathbb{R}$ de dimension finie ou non.

■ Définition d'un espace préhilbertien réel ou d'un espace euclidien

Définition : *On appelle* ***produit scalaire*** *sur E toute application :*

$$\begin{array}{rccc}\varphi: & E\times E & \to & \mathbb{R}\\ & (\vec{x},\vec{y}) & \mapsto & \langle\vec{x},\vec{y}\rangle\end{array}$$

possédant les propriétés suivantes :

▸ ***linéarité à droite*** *: pour tous réels β_1, β_2 et pour tous vecteurs $\vec{x}$, $\vec{u}_1$ et $\vec{u}_2$:*

$$\langle\vec{x},\beta_1\vec{u}_1+\beta_2\vec{u}_2\rangle=\beta_1\langle\vec{x},\vec{u}_1\rangle+\beta_2\langle x,\vec{u}_2\rangle\,;$$

▸ ***symétrie*** *: $\forall\,(\vec{x},\vec{y})\in E^2,\ \langle\vec{y},\vec{x}\rangle=\langle\vec{x},\vec{y}\rangle\,;$*

▸ ***positive*** *: pour tout $\vec{x}\in E$, $\langle\vec{x},\vec{x}\rangle\geqslant 0\,;$*

▸ ***définie*** *: pour tout $\vec{x}\in E$, $\langle\vec{x},\vec{x}\rangle=0\Rightarrow\vec{x}=0$.*

Remarque : Grâce à la symétrie, on a automatiquement la **linéarité à gauche** (qui peut être choisie à la place de la linéarité à droite dans la définition).
$\forall(\alpha_1,\,\alpha_2)\in\mathbb{R}^2$ et $\forall(\vec{u}_1,\,\vec{u}_2,\vec{y})\in E^3$: $\langle\alpha_1\vec{u}_1+\alpha_2\vec{u}_2,\vec{y}\rangle=\alpha_1\langle\vec{u}_1,\vec{y}\rangle+\alpha_2\langle\vec{u}_2,\vec{y}\rangle$.

Vocabulaire : *Un espace vectoriel réel E de dimension infinie (respectivement finie) muni d'un produit scalaire est appelé* ***espace préhilbertien réel****, (respectivement* ***espace euclidien****).*

Exemples : Les applications suivantes sont des produits scalaires sur E :

▸ $E=\mathbb{R}^n$, $\langle\vec{x},\vec{y}\rangle=\displaystyle\sum_{i=1}^{n}x_iy_i\,;$

▸ $E=\mathcal{M}_n(\mathbb{R})$, $\langle A,B\rangle=\mathrm{Tr}({}^tAB)=\mathrm{Tr}(A^TB)\,;$

▸ $E=\mathscr{C}^0\left([a,b],\mathbb{R}\right),\ \langle f,g\rangle=\displaystyle\int_a^b f(t)g(t)\,\mathrm{d}t.$

Proposition 5.1.— Inégalité de Cauchy-Schwarz —. Si $\langle\,,\,\rangle$ est un produit scalaire de E :

$$\forall\,(\vec{x},\vec{y})\in E^2,\ |\langle\vec{x},\vec{y}\rangle|\leqslant\sqrt{\langle\vec{x},\vec{x}\rangle}\sqrt{\langle\vec{y},\vec{y}\rangle}.$$

De plus, $\vec{x}$ et $\vec{y}$ sont colinéaires si, et seulement si, l'on a l'égalité.

Corollaire 5.2.— Soit $(E,\,\langle\,,\,\rangle)$ un espace préhilbertien réel ou un espace euclidien.
L'application $\|.\|$ de E dans $\mathbb{R}_+$ définie par : $\forall\,\vec{x}\in E$, $\|\vec{x}\|=\sqrt{\langle\vec{x},\vec{x}\rangle}$ vérifie :

$$\begin{array}{rl}\forall\vec{x}\in E,\forall\lambda\in\mathbb{R}, & \|\lambda\vec{x}\|=|\lambda|\|\vec{x}\|\,;\\ \forall\vec{x}\in E, & \|\vec{x}\|=0\quad\Rightarrow\quad\vec{x}=0\,;\\ \forall(\vec{x},\vec{y})\in E^2, & \|\vec{x}+\vec{y}\|\leqslant\|\vec{x}\|+\|\vec{y}\|.\end{array}$$

Corollaire 5.3.— Norme associée à un produit scalaire—.
Soit $(E, \langle\,,\,\rangle)$ espace préhilbertien réel ou euclidien. L'application $\|.\|$ définie ci-dessus est une norme sur E, appelée ***norme euclidienne associée au produit scalaire*** $\langle\,,\,\rangle$.

Remarque : On peut réécrire les propriétés vues ci-dessus avec les notations usuelles :

▸ **Inégalité de Cauchy-Schwarz**

$$\boxed{\forall\,(\vec{x},\vec{y}) \in E^2,\ |\langle\vec{x},\vec{y}\rangle| \leqslant \|\vec{x}\|\,\|\vec{y}\|}$$

▸ **Identité de polarisation**

$$\boxed{\forall\,(\vec{x},\vec{y}) \in E^2,\ \langle\vec{x},\vec{y}\rangle = \frac{1}{4}\left(\|\vec{x}+\vec{y}\|^2 - \|\vec{x}-\vec{y}\|^2\right) = \frac{1}{2}\left(\|\vec{x}+\vec{y}\|^2 - \|\vec{x}\|^2 - \|\vec{y}\|^2\right)}.$$

▸ **Propriétés de la norme**

$$\boxed{\begin{array}{rl} \forall\vec{x} \in E, \forall\lambda \in \mathbb{R}, & \|\,\lambda\vec{x}\,\| = |\lambda|\,\|\,\vec{x}\,\|; \\ \forall x \in E, & \|\,\vec{x}\,\| = 0 \iff \vec{x} = \vec{0} \\ \forall(\vec{x},\vec{y}) \in E^2, & \|\,\vec{x}+\vec{y}\,\| \leqslant \|\,\vec{x}\,\| + \|\,\vec{y}\,\| \end{array}}$$

Proposition 5.4.— Identité du parallélogramme —.

$$2\left(\|\vec{x}\|^2 + \|\vec{y}\|^2\right) = \left(\|\vec{x}+\vec{y}\|^2 + \|\vec{x}-\vec{y}\|^2\right).$$

■ Orthogonalité

Dans ce paragraphe, on munit E du produit scalaire $\langle\,,\,\rangle$ de norme associée notée $\|\,.\,\|$.

Définition : *Un vecteur est dit* ***unitaire*** *si sa norme est égale à 1.*

Définition : ***Deux vecteurs de*** E ***sont orthogonaux*** *lorsque leur produit scalaire est nul.*

Remarque : Le vecteur nul est orthogonal à tout vecteur.

Définition : Sous-espaces vectoriels orthogonaux —. *Deux sous-espaces vectoriels F et G de E sont* ***orthogonaux*** *lorsque :*

$$\forall\,(\vec{x},\vec{y}) \in F \times G,\ \langle\vec{x},\vec{y}\rangle = 0.$$

On note alors : $F \perp G$.

Proposition 5.5.— Si F et G sont orthogonaux, $F \cap G = \{0_E\}$.
La somme de deux sous-espaces vectoriels orthogonaux est directe.

Définition : Orthogonal d'un s.e.v —. *Soit X un sous-espace vectoriel de E.*
On appelle ***orthogonal de*** X *et on note $X^\perp$ l'ensemble des vecteurs de E qui sont orthogonaux à tout vecteur de X : $X^\perp = \left\{\vec{y} \in E \text{ tel que : } \forall\,\vec{x} \in X,\ \langle\vec{x},\vec{y}\rangle = 0\right\}$.*

Proposition 5.6.— Sous-espace vectoriel orthogonal d'un s.e.v —.
L'orthogonal $X^\perp$ de X, sous-espace vectoriel de E, est lui-même un sous-espace vectoriel de E.

Proposition 5.7.— Si $\mathcal{B}$ est une base de X, sous-espace vectoriel de E, un vecteur est orthogonal à X si, et seulement s'il est orthogonal à tout vecteur de $\mathcal{B}$.

Théorème-Définition 5.8.— Somme directe orthogonale —. Si $F_1, F_2, \cdots, F_p$ sont p sous-espaces vectoriels de E deux à deux orthogonaux, alors leur somme est une somme directe.
On dit que la somme de ces sous-espaces vectoriels est une ***somme directe orthogonale***.

Définition : Familles orthogonales, orthonormées —. *Une famille de vecteurs indexée sur une famille I, $(\vec{u}_i)_{i\in I}$, est* ***orthogonale*** *lorsque ses éléments sont orthogonaux deux à deux :*

$$\forall (i,j) \in I^2, (i \neq j \Rightarrow \langle \vec{u}_i, \vec{u}_j\rangle = 0).$$

Si, de plus, tous ses éléments sont des vecteurs unitaires, alors la famille est ***orthonormée****.*

Si $(\vec{u}_i)_{i\in I}$ est une famille orthonormée : $\forall (i,j) \in I^2$, $\langle \vec{u}_i, \vec{u}_j\rangle = \delta_i^j$, où δ_i^j est le **symbole de Kronecker**, qui vaut 0, si $i \neq j$ et 1 si $i = j$.

Proposition 5.9.— Liberté d'une famille orthogonale sans vecteur nul —.
Une famille *orthogonale*, dont aucun des vecteurs n'est nul, est libre.
En particulier, toute famille *orthonormée* est libre.

Proposition 5.10.— Relation de Pythagore —.
Si $(\vec{u}_i)_{1\leqslant i\leqslant n}$ est une famille orthogonale finie, alors : $\left\|\sum_{i=1}^{n} \vec{u}_i\right\|^2 = \sum_{i=1}^{n} \|\vec{u}_i\|^2$.

Proposition 5.11.— Soit F un sous-espace vectoriel de E, alors :

- F et $F^\perp$ sont des sous-espaces vectoriels orthogonaux.
- Si G est un sous-espace vectoriel orthogonal à F alors $G \subset F^\perp$.
- Si F et $F^\perp$ sont supplémentaires, $F^\perp$ s'appelle le **supplémentaire orthogonal** de F et par définition, il est unique.

Proposition 5.12.— Existence et unicité du supplémentaire orthogonal —.
Tout sous-espace vectoriel **de dimension finie** de E admet un supplémentaire orthogonal.

Corollaire 5.13.— En dimension finie, si F *s.e.v* de E : $\dim F + \dim F^\perp = \dim E$.

Définition : Projection orthogonale —. *Soit F un sous-espace vectoriel de E admettant un supplémentaire orthogonal. La* ***projection orthogonale*** *p_F* ***sur*** *F est la projection sur F parallèlement à son supplémentaire orthogonal $F^\perp$. Alors :* $\operatorname{Ker} p_F = (\operatorname{Im} p_F)^\perp$ *et* $(\operatorname{Ker} p_F)^\perp = \operatorname{Im} p_F$.

Proposition 5.14.— Propriétés d'une projection orthogonale —.
Si p_F est la projection orthogonale sur F :

- $\forall \vec{x} \in E$, $\vec{x} - p_F(\vec{x}) \in F^\perp$.
- $\forall \vec{x} \in E$, $\|\vec{x}\|^2 = \|p_F(\vec{x})\|^2 + \|\vec{x} - p_F(\vec{x})\|^2$.
- $\forall \vec{x} \in E$, $\|p_F(\vec{x})\| \leqslant \|\vec{x}\|$.

Corollaire 5.15.— Distance et projection orthogonale —. Pour tout vecteur $\vec{x}$ de E, il existe un unique vecteur $\vec{z}$ de F tel que : $d(\vec{x}, F) = \min\{\|\vec{x}-\vec{y}\|,\ \vec{y} \in F\} = d(\vec{x}, \vec{z})$. Ce vecteur est $p_F(\vec{x})$.

■ Orthonormalisation. Cas général

Proposition 5.16.— Projection orthogonale sur un sous-espace vectoriel de dimension finie
Soit F un sous-espace vectoriel de dimension finie de E, $(\vec{e}_1, \vec{e}_2, \cdots, \vec{e}_p)$ une base *orthogonale* de F et p_F la projection orthogonale sur F, $\vec{x}$ étant un vecteur quelconque de E :

$$\boxed{p_F(\vec{x}) = \sum_{i=1}^{p} \frac{\langle \vec{e}_i, \vec{x}\rangle}{\|\vec{e}_i\|^2}\vec{e}_i}$$

Corollaire 5.17.— Dans le cas où la base est *orthonormale*, cette formule devient :

$$\boxed{p_F(x) = \sum_{i=1}^{p} \langle \vec{e}_i, \vec{x}\rangle\, \vec{e}_i.}$$

Remarque : Ces deux formules permettent de rendre opérationnel l'algorithme de Gram-Schmidt, décrit ci-dessous.

Proposition 5.18.— Orthogonalisation/Orthonormalisation de Gram-Schmidt —.
Soit F un sous-espace de dimension finie de E et $(\vec{u}_i)_{1\leqslant i\leqslant n}$ une base de F.
On pose $\vec{v}_1 = \vec{u}_1$ et pour k variant de 1 à $n-1$:

$$\boxed{\vec{v}_{k+1} = \vec{u}_{k+1} - \sum_{i=1}^{k} \frac{\langle \vec{u}_{k+1}, \vec{v}_i\rangle}{\|\vec{v}_i\|^2}\vec{v}_i}.$$

Alors la famille $(\vec{v}_i)_{1\leqslant i\leqslant n}$ est une base *orthogonale* de F adaptée aux espaces $U_p = \mathrm{Vect}\left((\vec{u}_i)_{1\leqslant i\leqslant p}\right)$, c'est-à-dire que $\mathrm{Vect}\left((\vec{v}_i)_{1\leqslant i\leqslant p}\right) = \mathrm{Vect}\left((\vec{u}_i)_{1\leqslant i\leqslant p}\right)$.
Pour obtenir une base *orthonormale* de F, il suffit de poser ensuite : $\vec{w}_i = \dfrac{1}{\|\vec{v}_i\|}\vec{v}_i$, pour $i \in [\![1, n]\!]$.

Voir la **méthode 5.8** dans le cas classique $n = 3$.

Remarque : On peut se poser la question. E possède t-il toujours une base orthonormale ?
La réponse est oui si E est de dimension finie. C'est l'objet du prochain paragraphe.

Proposition 5.19.— Inégalité de Bessel —. Soit $(\vec{e}_1, \vec{e}_2, \cdots, \vec{e}_p)$ un famille orthonormale finie de l'espace préhilbertien ou euclidien $(E, \langle\, ,\, \rangle)$ et $F = \mathrm{Vect}\,(\vec{e}_1, \ldots, \vec{e}_p)$.

$$\boxed{\forall\, \vec{x} \in E,\ \|p_F(\vec{x})\|^2 = \sum_{i=1}^{p} \left|\langle \vec{e}_i, \vec{x}\rangle\right|^2 \leqslant \|\vec{x}\|^2.}$$

Orthonormalisation dans le cas où E est un espace euclidien

On suppose ici que E est de dimension finie.

Proposition 5.20.— Théorème d'orthonormalisation de Gram-Schmidt —.
Soit $(E, \langle\,,\,\rangle)$ un espace euclidien de dimension n et $\mathcal{B} = (\vec{u}_1, \vec{u}_2, \cdots, \vec{u}_n)$ une base de E.
Il existe une base orthonormale $\mathcal{B}' = (\vec{w}_1, \vec{w}_2, \cdots, \vec{w}_n)$ de E telle que :

$$\forall i \in [\![1, n]\!],\ \vec{w}_i \in \mathsf{Vect}\,(\vec{u}_1, \vec{u}_2, \cdots, \vec{u}_i).$$

Remarque : On utilise dans la pratique l'algorithme d'orthonormalisation de Gram-Schmidt de la **proposition 5.18** et en particulier la **méthode 5.8** qui permet de « faire fonctionner » l'algorithme pour n pas trop grand.

Corollaire 5.21.— Existence d'une base orthonormale en dimension finie —.
Tout espace vectoriel euclidien admet au moins une base orthonormale.
Toute famille orthonormale d'un espace vectoriel euclidien peut être complétée en une base orthonormale.

Proposition 5.22.— Expression du produit scalaire et de la matrice d'un endomorphisme, E étant rapporté à une de ses bases orthonormales—.
Si E est rapporté à une de ses bases orthonormales $\mathcal{B} = (\vec{w}_i)_{1\leqslant i\leqslant n}$ et si l'on pose $\vec{x}(x_1, ..., x_n)$ et $\vec{y}(y_1, ..., y_n)$ alors : $\forall k \in [\![1, n]\!]$, $\langle \vec{x}, \vec{w}_k\rangle = x_k$ et on a les assertions :

$$\text{(i) } \|\vec{x}\| = \sqrt{\sum_{i=1}^{n} x_i^2},\ \text{(ii) } \langle \vec{x}, \vec{y}\rangle = \sum_{i=1}^{n} x_i y_i,\ \text{(iii) } d(\vec{x}, \vec{y}) = \sqrt{\sum_{i=1}^{n} (x_i - y_i)^2}.$$

Puis, si $X = \begin{pmatrix} x_1 \\ . \\ . \\ . \\ x_n \end{pmatrix}$ et $Y = \begin{pmatrix} y_1 \\ . \\ . \\ . \\ y_n \end{pmatrix}$ sont les matrices colonnes associées, $\langle \vec{x}, \vec{y}\rangle = X^T Y$.
Enfin, si $\phi \in \mathcal{L}(E)$, $\mathrm{Mat}_{\mathcal{B}}(\phi) = (\langle \phi(\vec{w}_i), \vec{w}_j\rangle)_{1\leqslant i,j\leqslant n}$.

Forme linéaire et produit scalaire

Proposition 5.23.— Pour toute forme linéaire f sur un espace euclidien E, il existe un unique vecteur $\vec{a}$ de E tel que : $\forall \vec{x} \in E,\ f(\vec{x}) = \langle \vec{a}, \vec{x}\rangle$.

Mise en œuvre : l'**exercice 5.18**.

Remarques : 1. L'application principale au programme de Mathématiques en PSI est la notion de produit vectoriel (voir **proposition 6.12**).
2. On sait que si f n'est pas nulle, $\mathsf{Ker}\, f$ est un hyperplan. Ainsi $\vec{a}$ (qui n'est pas nul car $f \neq 0$), est orthogonal à tous les vecteurs $\vec{x}$ de cet hyperplan. C'est une base de $(\mathsf{Ker}\, f)^{\perp}$.
3. Pour déterminer la projection orthogonale $\vec{x}_{\mathsf{Ker}\, f}$ de $\vec{x}$ sur l'hyperplan $\mathsf{Ker}\, f$, généralement, on détermine celle de $\vec{x}$ sur $(\mathsf{Ker}\, f)^{\perp}$ noté $\vec{x}_{\mathbb{R}\vec{a}}$ et alors $\vec{x}_{\mathsf{Ker}\, f} = \vec{x} - \vec{x}_{\mathbb{R}\vec{a}}$.
Voir les **méthodes 5-7 à 5-9** pour plus de détail.
4. Cette **proposition 5.23** permet de définir le vecteur gradient vu en physique.

Méthodes

Produits scalaires

Méthode 5.1.— Comment montrer que $\langle\,,\,\rangle$ est un produit scalaire

- On commence par vérifier (à moins que cela ne soit évident) que $(\vec{x},\vec{y}) \mapsto \langle \vec{x},\vec{y}\rangle$ est une application de E^2 dans $\mathbb{R}$.
- On vérifie ensuite que $\langle\,,\,\rangle$ est symétrique : $\forall(\vec{x},\vec{y}) \in E^2$, $\langle \vec{x},\vec{y}\rangle = \langle \vec{y},\vec{x}\rangle$.
- On vérifie la linéarité (mais d'un seul côté ! En effet, la symétrie montrée en amont affirme alors la linéarité de l'autre côté). Par exemple, on montre que $\vec{y} \mapsto \langle \vec{x},\vec{y}\rangle$ est linéaire pour tout $\vec{x}$ fixé).
- On vérifie que $\langle\,,\,\rangle$ est positive, c'est-à-dire que $\langle \vec{x},\vec{x}\rangle \geqslant 0$ pour tout $\vec{x} \in E$.
- Il reste à vérifier que $\langle\,,\,\rangle$ est définie, c'est-à-dire que :

$$\forall \vec{x} \in E,\ \langle \vec{x},\vec{x}\rangle = 0 \Rightarrow \vec{x} = \vec{0}.$$

Mise en œuvre : l'**exercice 5.1**.

Remarque : On dit qu'un produit scalaire est une forme bilinéaire symétrique définie positive. Peut-être votre professeur vous a « glissé » ce terme (bien que plus dans le programme officiel de PSI). Mais, culture, quand tu nous tiens...

Exemple : *Montrer :* $(\mathbb{R}_3[X])^2 \to \mathbb{R}$, $(P,Q) \mapsto \displaystyle\sum_{k=0}^{2017} P(k)Q(k)$ *est un produit scalaire sur* $\mathbb{R}_3[X]$.

- $(P,Q) \mapsto \langle P,Q\rangle$ est une application de $(\mathbb{R}_3[X])^2$ dans $\mathbb{R}$ d'après l'énoncé. Facile !
- $\langle\,,\,\rangle$ est bien symétrique car pour tout $(P,Q) \in (\mathbb{R}_3[X])^2$:

$$\langle P,Q\rangle = \sum_{k=0}^{2017} P(k)Q(k) = \sum_{k=0}^{2017} Q(k)P(k) = \langle Q,P\rangle.$$

- Fixons P et soit $\phi_P : Q \mapsto \displaystyle\sum_{k=0}^{2017} P(k)Q(k)$. Mission : $\phi_P \in \mathcal{L}(\mathbb{R}_3[X])$? Alors :

$$\forall(Q_1,Q_2) \in (\mathbb{R}_3[X])^2,\ \forall a \in \mathbb{R},\ \phi_P(aQ_1+Q_2) = \sum_{k=0}^{2017} P(k)\left[aQ_1(k)+Q_2(k)\right] = a\phi_P(Q_1)+\phi_P(Q_2).$$

- $\langle\,,\,\rangle$ est positive car $\langle P,P\rangle = \displaystyle\sum_{k=0}^{2017} P(k)^2 \geqslant 0$ pour tout $P \in \mathbb{R}_3[X]$.
- $\langle P,P\rangle = \displaystyle\sum_{k=0}^{2017} P(k)^2 = 0 \Rightarrow [P \in \mathbb{R}_3[X]$ admet 2018 racines distinctes $] \Rightarrow P = 0$.

Passons à un cas particulier de produit scalaire assez courant !

❑ **Méthode 5.2.— Comment montrer que** $(P,Q) \mapsto \langle P,Q\rangle = \int_a^b P(t)Q(t)w(t)\,dt$ **définit un produit scalaire sur** $\mathbb{R}[X]$

$]a,b[$ est un intervalle de $\mathbb{R}$, w une fonction strictement positive, continue et intégrable sur $]a,b[$.

- Vérifier « si besoin » est que l'intégrale $\langle P,Q\rangle$ est convergente (dans le cas où elle est généralisée bien sûr !)
- La symétrie et la bilinéarité résultent des propriétés de la multiplication dans $\mathbb{R}$ et de la linéarité de l'intégrale.
- Le caractère positif résulte de la positivité de l'intégrale ($b > a$) et de celui des fonctions w et P^2.
- Le caractère défini est dû :
  ▷ au fait que $w.P^2$ est positive et continue sur $]a,b[$, alors
  $$\int_a^b P^2 w = 0 \Rightarrow P^2 w = 0 \Rightarrow P = 0 \text{ sur }]a,b[\,;$$
  ▷ au fait que P est un polynôme : il ne peut s'annuler sur un intervalle $]a,b[$ que s'il est nul car il aurait une infinité de racines.

Mise en œuvre : exercice 5.4, exercice 5.5, exercice 5.23, exercice 5.24.

Exemple : *Montrer que* $(P,Q) \mapsto \langle P,Q\rangle = \int_{-1}^{1} \frac{P(t)Q(t)}{\sqrt{1-t^2}}\,dt$ *définit un produit scalaire sur* $\mathbb{R}[X]$.

- **Existence de l'intégrale :** $(P,Q) \in \mathbb{R}[X] \Rightarrow \frac{|P(t)Q(t)|}{\sqrt{1-t^2}} = O\left(\frac{1}{\sqrt{1-t^2}}\right)$ si $t \to \pm 1$.

Par ailleurs, $\int_{-1}^{1} \frac{dt}{\sqrt{1-t^2}} = 2\arcsin 1 = \pi$ donc $< P,Q >$ converge absolument.

- **Symétrie et bilinéarité :** elles résultent des propriétés de linéarité de l'intégrale.
- **Positivité :** si $P \in \mathbb{R}[X]$ alors $\langle P,P\rangle = \int_{-1}^{1} \frac{P(t)^2}{\sqrt{1-t^2}}\,dt \geqslant 0$.
- **Caractère défini :** comme P^2 et $t \mapsto \frac{1}{\sqrt{1-t^2}}$ sont positives et continues sur $]-1,1[$, il en va

de même pour leur produit et $\langle P,P\rangle = 0 \Longrightarrow \forall t \in\,]-1,1[\,,\ P(t) = 0$.
Comme un polynôme qui s'annule sur un intervalle vaut 0, $\langle P,P\rangle = 0 \Longrightarrow P = 0$.

Remarque : Pour plus de précisions quant aux notions d'intégrale convergente et d'intégrabilité, on se reportera avec profit au chapitre concernant les intégrales sur un intervalle. La notion d'intégrale généralisée convergente est utilisée notamment de l'**exercice 5.23** à l'**exercice 5.24**.

Remarque : On peut remplacer dans la **méthode 5.2** les polynômes P et Q par des fonctions f et g continues sur $[a,b]$. Le processus est identique.

Méthodes

❑ **Méthode 5.3.— Quand et comment utiliser l'inégalité de Cauchy-Schwarz**

Nous rencontrons des espaces préhilbertiens ou euclidiens dont les éléments sont des matrices, des applications, des n-uplets de réels ou de complexes : on peut donc mettre en œuvre l'inégalité de Cauchy-Schwarz dans des situations très variées.

- Dans l'espace préhilbertien réel ou euclidien $(E, \langle\ ,\ \rangle)$, l'inégalité de Cauchy-Schwarz s'écrit de deux façons possibles :

$$\forall (\vec{u}, \vec{v}) \in E^2,\ |\langle \vec{u} | \vec{v} \rangle| \leqslant \|\vec{u}\|\,\|\vec{v}\| \Leftrightarrow |\langle \vec{u} | \vec{v} \rangle|^2 \leqslant \|\vec{u}\|^2\,\|\vec{v}\|^2.$$

- Si l'on reconnaît cette structure dans une inégalité à démontrer, il importe, d'abord, de définir soigneusement le produit scalaire que l'on va utiliser.
- Il faut, ensuite, choisir tout aussi soigneusement les deux vecteurs pour lesquels on va écrire l'inégalité de Cauchy-Schwarz afin d'aboutir à l'inégalité attendue.
- L'égalité a lieu si, et seulement si, les deux vecteurs sont colinéaires.

Mise en œuvre : exercice 5.6 et **exercice 5.7**.

Exemples :

1. a. *Montrer :* $\begin{cases} (\mathbb{R}^3)^2 & \longrightarrow & \mathbb{R} \\ ((x,y,z),(x',y',z')) & \mapsto & 2xx' + yy' + 5zz' \end{cases}$ *est un produit scalaire sur* $\mathbb{R}^3$.

b. x, y *et* z *sont trois réels tels que* $2x^2 + y^2 + 5z^2 \leqslant 1$. *Montrer que :* $(x+y+z)^2 \leqslant \dfrac{17}{10}$.

1.a. Nous laissons au lecteur le soin de « s'éclater » à développer les différentes assertions qui confèrent à $\langle (x,y,z),(x',y',z') \rangle$ le titre tant envié de produit scalaire sur $\mathbb{R}^3$.

b. Appliquons l'inégalité de Cauchy-Schwarz pour le produit scalaire ci-dessus aux vecteurs (x,y,z) et $\left(\dfrac{1}{2}, 1, \dfrac{1}{5}\right)$, on obtient :

$$(x+y+z)^2 \leqslant \|(x,y,z)\|^2 \left\| \left(\frac{1}{2}, 1, \frac{1}{5}\right) \right\|^2 = \frac{17}{10}.$$

Attention aux réflexes idiots, $\|(x,y,z)\|^2$ vaut ici $2x^2 + y^2 + 5z^2$ et non $x^2 + y^2 + z^2$.

2. f *étant une fonction continue sur* $[0, +\infty[$ *et* a *et* b *étant deux réels tels que* $0 \leqslant a < b$, *montrer que :* $\dfrac{b^3 - a^3}{3} \displaystyle\int_a^b f^2(t)\,dt \geqslant \left(\int_a^b t f(t)\,dt \right)^2$. *Étudier le cas d'égalité.*

Appliquons l'inégalité de Cauchy-Schwarz pour le produit scalaire canonique sur $\mathscr{C}^0([a,b], \mathbb{R})$ aux fonctions $t \mapsto t$ et f :

$$\left(\int_a^b t f(t)\,dt \right)^2 \leqslant \left(\int_a^b t^2\,dt \right) \left(\int_a^b f^2(t)\,dt \right),$$

d'où le résultat.

Il y a égalité si, et seulement si, f et $t \mapsto t$ sont colinéaires, donc si, et seulement s'il existe un réel k tel que, pour $t \in [a,b]$, $f(t) = k\,t$.

Orthogonalité

Méthode 5.4.— Comment montrer l'orthogonalité de deux vecteurs ou de deux sous-espaces vectoriels de E

Dans $(E, \langle\, ,\, \rangle)$:

- Soit $(\vec{u}, \vec{v}) \in E^2$, alors : $\vec{u} \perp \vec{v} \Leftrightarrow \langle \vec{u}, \vec{v} \rangle = 0$.
- Si F et G sont deux sous-espaces vectoriels de E,

$$F \perp G \Leftrightarrow (\forall\, (\vec{u}, \vec{v}) \in F \times G,\ \langle \vec{u}, \vec{v} \rangle = 0)\,.$$

Exemple : *Montrer que les fonctions $t \mapsto \sin nt$ et $t \mapsto \cos pt$, où n et p sont des entiers naturels non nuls, sont des vecteurs orthogonaux de $E = \mathscr{C}^0([0, 2\pi], \mathbb{R})$ pour le produit scalaire :*

$$(f, g) \mapsto \langle f, g \rangle = \frac{1}{2\pi} \int_0^{2\pi} f(t) g(t)\, \mathrm{d}t.$$

Le produit de ces deux fonctions est $\langle \sin nt, \cos pt \rangle = \dfrac{1}{2\pi} \displaystyle\int_{-\pi}^{\pi} \sin nt\, \cos pt\, \mathrm{d}t.$

$t \mapsto \sin nt \cos pt$ est aussi une fonction impaire, donc cette intégrale est nulle : les fonctions proposées sont des vecteurs orthogonaux de E pour ce produit scalaire.

Remarque : Attention, cette notion d'orthogonalité dépend du produit scalaire choisi !

Mise en œuvre : exercice 5.9, **exercice 5.11**, **exercice 5.14** et **exercice 5.15**.

Méthode 5.5.— Comment montrer que deux sous-espaces vectoriels sont supplémentaires orthogonaux

On est dans $(E, \langle\, ,\, \rangle)$:

- On commence par montrer l'orthogonalité en utilisant la **méthode 5.4** puisque deux sous-espaces vectoriels orthogonaux ont leur intersection réduite à $\{0_E\}$.
  Il suffit, ensuite, de montrer que E est égal à leur somme ou, en dimension finie, que la dimension de E est la somme de leurs dimensions.
- Si un sous-espace vectoriel F de E admet un supplémentaire orthogonal (et c'est le cas s'il est de **dimension finie**), celui-ci est unique et c'est $F^\perp$.

$$F^\perp = \{x \in E / \forall\, y \in F,\ \langle x, y \rangle = 0\}.$$

Mise en œuvre : exercice 5.20.

Exemple : *$\mathcal{M}_n(\mathbb{R})$ est muni du produit scalaire canonique : $\langle A, B \rangle = \mathrm{Tr}(A^T B)$, $\mathcal{S}_n(\mathbb{R})$ est le sous-espace vectoriel des matrices symétriques et $\mathcal{A}_n(\mathbb{R})$ est le sous-espace vectoriel des matrices antisymétriques. Montrer que $\mathcal{S}_n(\mathbb{R})$ et $\mathcal{A}_n(\mathbb{R})$ sont supplémentaires orthogonaux.*

$\forall\, (A, B) \in \mathcal{S}_n(\mathbb{R}) \times \mathcal{A}_n(\mathbb{R})$, $\langle A, B \rangle = \mathrm{Tr}(A^T B) = \mathrm{Tr}(AB)$; or, une matrice et sa transposée ont la même trace et $(AB)^T = B^T A^T = -BA$, donc $\mathrm{Tr}(AB) = -\mathrm{Tr}(BA)$.
D'autre part, il est bien connu que : $\mathrm{Tr}(AB) = \mathrm{Tr}(BA)$, donc : $\langle A, B \rangle = \mathrm{Tr}(AB) = 0$.
$\mathcal{S}_n(\mathbb{R})$ et $\mathcal{A}_n(\mathbb{R})$ sont orthogonaux, donc leur somme est directe orthogonale.

$\forall A \in \mathcal{M}_n(\mathbb{R}),\ A = \frac{1}{2}\left(A + A^T\right) + \frac{1}{2}\left(A - A^T\right)$. Comme $\frac{1}{2}\left(A + A^T\right)$ est symétrique et $\frac{1}{2}\left(A - A^T\right)$ antisymétrique, $\mathcal{M}_n(\mathbb{R}) = \mathcal{S}_n(\mathbb{R}) + \mathcal{A}_n(\mathbb{R})$.

$\mathcal{S}_n(\mathbb{R})$ et $\mathcal{A}_n(\mathbb{R})$ sont supplémentaires orthogonaux dans $\mathcal{M}_n(\mathbb{R})$.

❑ Méthode 5.6.— Comment montrer qu'une application est une projection orthogonale dans E

Soit p un endomorphisme de $(E, \langle\ ,\ \rangle)$.

- On s'assure d'abord que p est une projection ($i.e$ $p\,o\,p = p$).
- ***Quand la notion d'endomorphisme symétrique sera vue***, si l'on connaît $Mat_{\mathcal{B}}(p)$ et si $\mathcal{B}$ est orthonormale pour $\langle\,,\rangle$, il suffit de vérifier que cette matrice est symétrique. Alors p est une projection orthogonale.
- On peut montrer sinon que : $\forall x \in E,\ \|p(\vec{x})\| \leq \|\vec{x}\|$. (Voir **exercice 5.17**.)
- On peut montrer aussi que $\mathsf{Ker}\,p$ et $\mathsf{Im}\,p$ sont orthogonaux avec la **méthode 5.4**.

Mise en œuvre : l'**exercice 5.8** et l'**exercice 5.17**.

❑ Méthode 5.7.— Comment déterminer le projeté orthogonal d'un vecteur sur un sous-espace vectoriel

F est un sous-espace vectoriel de $(E, \langle\ ,\ \rangle)$ admettant un supplémentaire orthogonal et $\vec{x}$ est un vecteur de E. Savoir calculer pratiquement le projeté orthogonal de $\vec{x}$ sur F est utile pour déterminer la matrice d'une projection orthogonale et pour résoudre certains problèmes de minimisation de distance.

- Si l'on dispose d'une base orthogonale $(\vec{e}_1, \vec{e}_2, \cdots, \vec{e}_p)$ du sous-espace vectoriel F de dimension finie, on emploie la formule : $p_F(\vec{x}) = \displaystyle\sum_{i=1}^{p} \frac{\langle \vec{e}_i, \vec{x}\rangle}{\|\vec{e}_i\|^2}\vec{e}_i$.
- Si ce n'est pas le cas, on peut avoir recours à une orthogonalisation de Gram-Schmidt, allez voir la **méthode 5.8**.
- On peut également utiliser la caractérisation :
$$\vec{y} = p_F(\vec{x}) \Leftrightarrow \vec{y} \in F \text{ et } \vec{x} - \vec{y} \in F^{\perp}.$$
On traduira l'appartenance à $F^{\perp}$ par l'orthogonalité à chaque vecteur d'une base de F.
- Évidemment, si l'on a : $\vec{x} = \vec{x}_F + \vec{x}_{F^\perp}$, avec $(\vec{x}_F, \vec{x}_{F^\perp}) \in F \times F^{\perp}$, alors : $p_F(\vec{x}) = \vec{x}_F$.

Mise en œuvre : de l'**exercice 5.9** à l'**exercice 5.12**, de l'**exercice 5.21** à l'**exercice 5.23**.

Exemple : *E étant un préhilbertien de dimension finie, déterminer l'image d'un vecteur $\vec{x}$ de E par la projection orthogonale sur une droite vectorielle, puis par la projection orthogonale sur son hyperplan supplémentaire orthogonal.*

Considérons la droite $D = \mathbb{K}\vec{u}$, où $\vec{u}$ est un vecteur non nul, $H = D^{\perp}$ et (p, q) le couple de projecteurs orthogonaux associés à la décomposition $E = D \oplus H$.
Tout vecteur $\vec{x}$ de E se décompose de manière unique en : $\vec{x} = k\,\vec{u} + \vec{y}$, $k \in \mathbb{K}$, $\vec{y} \in H$.

$$\langle \vec{u}, \vec{x} \rangle = k\|\vec{u}\|^2, \text{ d'où } p(\vec{x}) = k\,\vec{u} = \frac{\langle \vec{u}, \vec{x} \rangle}{\|\vec{u}\|^2}\vec{u}.$$

q est la projection orthogonale sur H, donc $q = \mathrm{Id}_E - p$ et : $\forall \vec{x} \in E,\ q(\vec{x}) = \vec{x} - p(\vec{x}) = \vec{x} - \dfrac{\langle \vec{u}, \vec{x} \rangle}{\|\vec{u}\|^2}\vec{u}.$

Remarque : Ainsi, dans le cas particulier de la projection orthogonale $\vec{x}_F$ d'un vecteur $\vec{x}$ sur un hyperplan F de E, il est plus simple en général de déterminer le projeté orthogonal $\vec{x}_{F^\perp}$ sur la droite vectorielle $F^\perp$ et d'utiliser : $\vec{x}_F = \vec{x} - \vec{x}_{F^\perp}$.

❑ Méthode 5.8.— Comment déterminer une base orthonormée d'un sous-espace vectoriel F de $(E, \langle\,,\,\rangle)$ en appliquant le procédé d'orthonormalisation de Gram-Schmidt

On suppose ici $\dim F = 3$ et notons $\mathcal{B} = (\vec{u}_1, \vec{u}_2, \vec{u}_3)$ une base de F.

- On pose $\vec{v}_1 = \vec{u}_1$ puis $\vec{v}_2 = \vec{u}_2 + a_1\vec{v}_1$, où $a_1 \in \mathbb{R}$ est déterminé par la condition : $\langle \vec{v}_1, \vec{v}_2 \rangle = 0$. Cela donne : $a_1 = -\dfrac{\langle \vec{u}_2, \vec{v}_1 \rangle}{\|\vec{v}_1\|^2}$ puis on explicite $\vec{v}_2$.
- On pose ensuite $\vec{v}_3 = \vec{u}_3 + b_1\vec{v}_1 + b_2\vec{v}_2$, où $(b_1, b_2) \in \mathbb{R}^2$ est déterminé par les conditions : $\langle \vec{v}_1, \vec{v}_3 \rangle = \langle \vec{v}_2, \vec{v}_3 \rangle = 0$.
  On trouve : $b_1 = -\dfrac{\langle \vec{v}_1, \vec{u}_3 \rangle}{\|\vec{v}_1\|^2}$ et $b_2 = -\dfrac{\langle \vec{v}_2, \vec{u}_3 \rangle}{\|\vec{v}_2\|^2}$ puis on explicite $\vec{v}_3$.
- À ce niveau, $\{\vec{v}_1, \vec{v}_2, \vec{v}_3\}$ est une base orthogonale de F.
  La famille $\left(\dfrac{\vec{v}_1}{\|\vec{v}_1\|}, \dfrac{\vec{v}_2}{\|\vec{v}_2\|}, \dfrac{\vec{v}_3}{\|\vec{v}_3\|}\right)$ est une base orthonormée de F.

Remarque : On peut utiliser directement les formules de la **proposition 5.18** (qui fournissent a_1, b_1 et b_2) mais on vous conseille de les retrouver en utilisant $\langle \vec{v}_i, \vec{v}_j \rangle = 0$ pour $i \neq j$.

Mise en œuvre : de l'**exercice 5.2** à l'**exercice 5.5**, l'**exercice 5.11**, l'**exercice 5.13**, l'**exercice 5.16**. Voir aussi la mise sous Python avec la **méthode 18.15**.

Exemple : *On munit $\mathbb{R}_2[X]$ du produit scalaire : $\langle P, Q \rangle = P(1)Q(1) + P'(1)Q'(1) + P''(1)Q''(1)$. Déterminer une base orthonormée de $\mathbb{R}_2[X]$ pour ce produit scalaire.*

Ici $F = E = \mathbb{R}_2[X]$, ce qui n'est pas choquant.
Un espace vectoriel est un sous-espace vectoriel de lui-même.
Il suffit maintenant de partir de la base canonique $\{1, X, X^2\}$ et de lui appliquer le procédé d'orthonormalisation de Gram-Schmidt.

On cherche trois polynômes V_1, V_2 et V_3 tels que : $\begin{cases} V_1 = 1 \\ V_2 = X + a.1 \\ V_3 = X^2 + b.1 + cV_2 \end{cases}$.

On utilise $\langle V_1, V_2 \rangle = \langle V_1, V_3 \rangle = \langle V_2, V_3 \rangle = 0$. On trouve $a = -1$, puis $b = -1$ et $c = -2$.

On en déduit : $\begin{cases} V_1 = 1 \\ V_2 = X - 1 \\ V_3 = (X-1)^2 \end{cases}$ puis : $\langle V_1, V_1 \rangle = \langle V_2, V_2 \rangle = 1$ et $\langle V_3, V_3 \rangle = 4$.

Une base orthonormale de $\mathbb{R}_2[X]$ pour $\langle\,,\,\rangle$ est : $\{W_1 = 1, W_2 = X - 1, W_3 = \frac{1}{2}(X-1)^2\}$.

On a fini mais remarquons que l'on aurait pu partir de n'importe quel base de $\mathbb{R}_2[X]$ et pas nécessairement de la base canonique. Ainsi, partir de la base $\{1, X-1, (X-1)^2\}$ aurait été intelligent car cette base est orthogonale pour $\langle\, ,\, \rangle$!

Remarque : On peut étendre la **méthode 5.8** dans le cas où $\dim F = n \geq 4$. Mais les calculs sont de plus en plus techniques, à moins de démarrer avec une base « quasi » orthogonale pour $\langle\, ,\, \rangle$. (Voir à ce sujet l'exemple précédent.) Tout cela dépend donc de l'énoncé de l'exercice ou du problème. Maintenant, s'il s'agit d'une application de Python, c'est la machine qui fait les calculs !

Les problèmes classiques dans un espace préhilbertien ou euclidien

Méthode 5.9.— Comment déterminer la distance d'un vecteur à un sous espace vectoriel F de E, ce sous-espace vectoriel ayant pour base orthonormale $(\vec{e}_1, ..., \vec{e}_p)$

On utilise le projeté $p_F(\vec{x})$ d'un vecteur $\vec{x}$ sur un espace F pour calculer $d(\vec{x}, F)$:

- $d(\vec{x}, F)^2 = \|\vec{x} - p_F(\vec{x})\|^2 = \|\vec{x}\|^2 - \|p_F(\vec{x})\|^2$ d'après le théorème de Pythagore.
- Si $p(\vec{x})$ est obtenu grâce à la formule $p_F(x) = \displaystyle\sum_{k=1}^{p} \langle \vec{e}_k, \vec{x} \rangle e_k$, alors :

$\|p_F(\vec{x})\|^2 = \displaystyle\sum_{k=1}^{p} |\langle \vec{e}_k, \vec{x} \rangle|^2$, toujours par application du théorème de Pythagore.

Mise en œuvre : l'**exercice 5.19** et l'**exercice 5.20**.

Exemple : *On munit encore $\mathbb{R}_2[X]$ de : $\langle P, Q \rangle = P(1)Q(1) + P'(1)Q'(1) + P''(1)Q''(1)$. Calculer la distance de X^2 à $\mathbb{R}_1[X]$.*

Appelons d la distance de X^2 à $\mathbb{R}_1[X]$ et Z la projection orthogonale de X^2 sur $\mathbb{R}_1[X]$.
Il est clair que (d'aprés l'exemple qui suit la **méthode 5.8**) que (W_1, W_2) est une base orthonormale de $\mathbb{R}_1[X]$ pour $\langle\, ,\, \rangle$ (Justifiez le vous-même !).
Alors : $Z = \langle X^2, 1 \rangle 1 + \langle X^2, X-1 \rangle (X-1) = 1 + 2(X-1) = 2X - 1$.
La distance cherchée est : $d = \|X^2 - Z\| = \|(X-1)^2\| = 2$.

Méthode 5.10.— Comment résoudre certains problèmes de minimisation dans un préhilbertien

On considère une fonction φ de $\mathbb{R}^p$ ($p \in \mathbb{N}^*$) dans $\mathbb{R}_+$ à minimiser, c'est-à-dire que l'on cherche sa valeur minimale (et éventuellement, les antécédents de cette valeur minimale). Si l'on peut trouver un espace préhilbertien réel E, un vecteur $\vec{v}$ de E et un sous-espace F de E de dimension p et de base $(\vec{u}_1, \vec{u}_2, \ldots, \vec{u}_p)$ tels que :

$$\forall (x_i)_{i \in [\![1,p]\!]} \in \mathbb{R}^p, \quad \varphi(x_1, x_2, \ldots, x_p) = \left\| \vec{v} - \sum_{i=1}^{p} x_i \vec{u}_i \right\|^2,$$

alors le minimum de φ est $(d(\vec{v}, F))^2$; il est atteint lorsque $\vec{u} = \displaystyle\sum_{i=1}^{p} x_i \vec{u}_i$ est le projeté orthogonal de $\vec{v}$ sur F. Il est souvent pratique de choisir $(\vec{u}_1, ..., \vec{u}_p)$ orthonormée.

Mise en œuvre : de l'**exercice 5.21** à l'**exercice 5.25**.

Exemples : 1. *Dans $\mathbb{R}_2[X]$ muni de $\langle P, Q\rangle = \int_0^1 P(t)Q(t)\,dt$, on pose $F = \mathbb{R}_1[X]$.*

a. *Déterminer une base orthonormée de F puis la projection orthogonale p sur F.*

b. *Montrer que $d(t^2, F) = \|t^2 - p(t^2)\|$ et déterminer cette distance.*

c. *En déduire $\inf\limits_{(a,b)\in\mathbb{R}^2} \int_0^1 (t^2 - a - bt)^2\,dt$.*

a. On détermine une base orthonormée de $F = \mathbb{R}_1[X]$ en partant par exemple de $\{1, t\}$ et en utilisant le procédé d'orthonormalisation de Gram-Schmidt. Après calcul (qui sont développés dans le corrigé de l'**exercice 5.22**), on trouve pour base orthonormée : $\left(1, \sqrt{3}(2t-1)\right)$.
Ainsi, si P est un polynôme quelconque de $\mathbb{R}_2[X]$,

$$p(P(t)) = \langle P, 1\rangle 1 + 3\langle P, 2t-1\rangle(2t-1) = \int_0^1 P(t)\,dt + 3\left[\int_0^1 P(t)(2t-1)\,dt\right](2t-1).$$

b. L'égalité $d(t^2, F) = \|t^2 - p(t^2)\|$ découle du cours. On commence par calculer :

$$p(t^2) = \int_0^1 t^2\,dt + 3\left[\int_0^1 (2t^3 - t^2)\,dt\right](2t-1) = t - \frac{1}{6}.$$

Il reste à faire maintenant :

$$\|t^2 - p(t^2)\| = \sqrt{\int_0^1 \left(t^2 - t + \frac{1}{6}\right)^2 dt} = \frac{1}{\sqrt{180}} = \frac{\sqrt{5}}{30}.$$

c. Grâce à la **méthode 5.10**, on peut écrire : $\inf\limits_{(a,b)\in\mathbb{R}^2} \int_0^1 (t^2 - a - bt)^2\,dt = d(t^2, F) = \dfrac{\sqrt{5}}{30}$.

2. *On reprend l'exemple de la* **méthode 5.5**. *On considère $A = (a_{ij})_{1\leqslant i,j\leqslant n} \in \mathcal{M}_n(\mathbb{R})$.*
Expliquer pourquoi, si $M = (m_{ij})_{1\leqslant i,j\leqslant n} \in \mathcal{M}_n(\mathbb{R})$, $\min\limits_{M\in\mathcal{S}_n(\mathbb{R})} \sum\limits_{i=1}^{n}\sum\limits_{j=1}^{n}(a_{ij} - m_{ij})^2$ existe et a pour valeur la quantité : $\dfrac{1}{4}\sum\limits_{i=1}^{n}\sum\limits_{j=1}^{n}(a_{ij} - a_{ji})^2$.

On a vu dans l'exemple de la **méthode 5.5** que $\mathcal{S}_n(\mathbb{R})$ et $\mathcal{A}_n(\mathbb{R})$ sont supplémentaires orthogonaux dans $\mathcal{M}_n(\mathbb{R})$ pour le produit scalaire canonique $\langle A, B\rangle = \mathrm{Tr}(A^T B) = \sum\limits_{i=1}^{n}\left(\sum\limits_{j=1}^{n} a_{ji}b_{ji}\right)$.

$\langle A, A\rangle = \mathrm{Tr}(A^T A) = \sum\limits_{i=1}^{n}\sum\limits_{j=1}^{n} a_{ij}^2$, donc $\sum\limits_{i=1}^{n}\sum\limits_{j=1}^{n}(a_{ij} - m_{ij})^2 = \|A - M\|^2$.

On recherche donc le carré de la plus petite distance entre la matrice A et les matrices symétriques, donc le carré de la distance $\mathrm{d}(A, \mathcal{S}_n(\mathbb{R}))$: c'est le carré de la distance entre A et son projeté orthogonal sur $\mathcal{S}_n(\mathbb{R})$ qui est, d'après le même exemple, $\dfrac{1}{2}\left(A + A^T\right)$.

Or : $A - \dfrac{1}{2}\left(A + A^T\right) = \dfrac{1}{2}\left(A - A^T\right) = \left(\frac{1}{2}(a_{ij} - a_{ji})\right)_{1\leqslant i,j\leqslant n}$. On a donc bien :

$$\min_{M\in\mathcal{S}_n(\mathbb{R})} \sum_{i=1}^{n}\sum_{j=1}^{n}(a_{ij} - m_{ij})^2 = \left\|\frac{1}{2}\left(A - A^T\right)\right\|^2 = \frac{1}{4}\sum_{i=1}^{n}\sum_{j=1}^{n}(a_{ij} - a_{ji})^2.$$

Méthodes

Vrai/Faux

	Vrai	Faux
1. Si $\vec{x}$ et $\vec{y}$ sont colinéaires dans E, préhilbertien réel alors : $$\|\vec{x}+\vec{y}\| = \|\vec{x}\| + \|\vec{y}\|.$$	☐	☐
2. Une famille finie orthogonale, dont aucun des membres n'est $\vec{0}$, est libre.	☐	☐
3. Un vecteur de l'espace euclidien E orthogonal à tous les éléments d'une base de E, peut ne pas être nul.	☐	☐
4. Une famille orthonormale est toujours libre.	☐	☐
5. Si $\vec{x}(x_1, ..., x_n)$ et $\vec{y}(y_1, ..., y_n)$ dans $\mathcal{B} = (\vec{e}_1, ..., \vec{e}_n)$ base de E, espace vectoriel euclidien alors nécessairement, on a la formule : $$\langle \vec{x}, \vec{y} \rangle = \sum_{i=1}^{n} x_i y_i.$$	☐	☐
6. Si $\vec{n}$ est un vecteur non nul, $\vec{x} \mapsto \langle \vec{x}, \vec{n} \rangle \vec{n}$ est la projection orthogonale sur la droite $\mathbb{R}\vec{n}$.	☐	☐
7. En dimension finie, l'orthogonal d'un *s.e.v* existe toujours.	☐	☐
8. Si X et Y sont supplémentaires, $Y = X^{\perp}$.	☐	☐
9. Dans un préhilbertien réel, $\|\vec{x}\|^2 + \|\vec{y}\|^2 + \|\vec{z}\|^2 = \|\vec{x}+\vec{y}+\vec{z}\|^2$ si et seulement si $\vec{x}, \vec{y}$ et $\vec{z}$ sont orthogonaux deux à deux.	☐	☐
10. Si F est un *s.e.v* admettant un supplémentaire orthogonal d'un préhilbertien E, le projeté orthogonal sur F d'un vecteur $\vec{x}$ de E sur F est l'unique vecteur $\vec{z}$ de F tel que $\mathrm{d}(\vec{x}, F) = d(\vec{x}, \vec{z})$.	☐	☐
11. Si p est une projection, alors $\forall x \in E$, $\|p(\vec{x})\| \leq \|\vec{x}\|$.	☐	☐
12. On considère le produit scalaire sur $\mathbb{R}[X]$ défini par : $$\langle P, Q \rangle = \int_{-1}^{1} P(t)Q(t)\,dt$$ alors tout polynôme pair est orthogonal à tout polynôme impair.	☐	☐
13. $\displaystyle\int_0^1 \frac{e^{-t}}{\sqrt{1+t^2}}\,dt \leqslant \frac{\sqrt{\pi}}{2\sqrt{2}}$.	☐	☐

Énoncé des exercices

Produits scalaires. Bases orthonormales

Exercice 5.1 : Soit $n \in \mathbb{N}^\star$ et $\Psi : (\mathbb{R}_n[X])^2 \to \mathbb{R}, (P,Q) \mapsto \displaystyle\sum_{k=-2017}^{2017} P(k)Q(k)$.
Pour quelles valeurs de n, Ψ est-il un produit scalaire sur $\mathbb{R}_n[X]$?

D'après Concours Communs Mines-Telecom et Concours ENSEA, filière PSI

Exercice 5.2 : On se place dans $\mathscr{C}^0([0,\pi],\mathbb{R})$ muni du produit scalaire : $\langle f,g\rangle = \dfrac{1}{\pi}\displaystyle\int_0^\pi f(t)g(t)\,dt$.
On pose : $f_1(t) = t$, $f_2(t) = t^2$, $F = \mathsf{Vect}\,(f_1, f_2)$. Déterminer une base orthonormée de F.

Exercice 5.3 : Soit la base $\mathcal{F}$: $(\vec{u}_1 = (1,0,1), \vec{u}_2 = (1,0,2), \vec{u}_3 = (1,1,1))$ de $\mathbb{R}^3$. Déterminer l'orthonormalisée de Gram-Schmidt de $\mathcal{F}$, $\mathbb{R}^3$ étant muni de sa structure canonique d'espace euclidien.

Exercice 5.4* : 1. Montrer : $\forall n \in \mathbb{N}, \exists T_n \in \mathbb{R}[X], \forall \theta \in \mathbb{R}, \quad T_n(\cos\theta) = \cos(n\theta)$.
(On pourra déterminer une relation entre T_{n+1}, T_n et T_{n-1}.)

2. Quelle est la parité de T_n ?

3. Montrer qu'on définit sur $\mathbb{R}[X]$ un produit scalaire par $\langle P,Q\rangle = \displaystyle\int_{-1}^1 \frac{P(t)Q(t)}{\sqrt{1-t^2}}\,dt$.

4. Calculer $\langle T_n, T_m\rangle$. Conclusion ?

Exercice 5.5* : 1. Montrer : $\forall n \in \mathbb{N}, \forall \theta \in \mathbb{R}, \sin[(2n+1)\theta] = \sin[(2n-1)\theta] + 2\sin\theta\cos[(2n)\theta]$.
Utiliser alors les polynômes T_n de l'**exercice 5.4** pour montrer que pour tout $n \in \mathbb{N}$, il existe un unique polynôme J_n de $\mathbb{R}_n[X]$ tel que : $\forall \theta \in \mathbb{R}, \sin[(2n+1)\theta] = 2^n J_n(\cos(2\theta))\sin\theta$.

2. On définit sur $\mathbb{R}[X]$ un produit scalaire par : $\langle P,Q\rangle = \displaystyle\int_0^{\frac{\pi}{2}} P(\cos(2\theta))Q(\cos(2\theta))\sin^2\theta\,d\theta$.

Calculer $\langle J_n, J_m\rangle$. Conclusion ?

D'après Centrale-Supélec

Inégalité de Cauchy-Schwarz

Exercice 5.6 : Déterminer $(x_1, ..., x_n) \in \mathbb{R}^n$, $\left\{\begin{array}{lcl} x_1 + ... + x_n & = & n \\ x_1^2 + ... + x_n^2 & = & n \end{array}\right.$.

D'après Concours Communs Mines-Telecom et Concours ENSEA, filière PSI

Exercice 5.7* : 1. Soit $a_1, \cdots, a_n, b_1, \cdots, b_n, c_1, \cdots, c_n$ des réels positifs. Montrer que :

$$\left(\sum_{k=1}^n a_k b_k c_k\right)^2 \leqslant \left(\sum_{k=1}^n a_k^2 c_k\right)\left(\sum_{k=1}^n b_k^2 c_k\right).$$

2. Soit $f : [0,1] \to \mathbb{R}$ de classe $\mathscr{C}^1$ et telle que $f(0) = 0$. Montrer que pour tout x de $[0,1]$ on a :

$$f^2(x) \leqslant x\left(\int_0^1 (f'(t))^2\,dt\right).$$

3. Soit $(x_1, x_2, \cdots, x_n) \in (\mathbb{R}_+^\star)^n$ tel que : $\displaystyle\sum_{i=1}^n x_i = 1$. Montrer : $\displaystyle\sum_{i=1}^n \frac{1}{x_i} \geqslant n^2$. Cas d'égalité ?

■ Projecteur orthogonal. Orthogonalité de sous-espaces vectoriels

Exercice 5.8 : Soit p l'endomorphisme de $\mathbb{R}^3$ canoniquement associé à $A = \frac{1}{6}\begin{pmatrix} 5 & -2 & 1 \\ -2 & 2 & 2 \\ 1 & 2 & 5 \end{pmatrix}$.
Montrer que p est une projection orthogonale sur un plan dont on donnera une équation.

Exercice 5.9 : Soit (e_1, e_2, e_3, e_4) une base orthonormale de l'espace euclidien $\mathbb{R}^4$, considérons les vecteurs $\vec{u} = e_1 + e_2 + e_3 + e_4$, $\vec{v} = 2e_2 + 3e_4$ et $F = \mathsf{Vect}\,(\vec{u}, \vec{v})$.

1. Déterminer $F^\perp$.

2. Donner la matrice dans la base (e_1, e_2, e_3, e_4) de la projection orthogonale sur F.

Exercice 5.10 : Soit $E = \mathscr{C}^\infty([0,\pi], \mathbb{R})$ et $\forall (f,g) \in E^2, \langle f, g\rangle = \displaystyle\int_0^\pi f(t)g(t)\,dt$.
De plus, soit $G = \{f \in E, f'' + f = 0\}$. Déterminer le projeté orthogonal de $Id : t \mapsto t$ sur G.

Exercice 5.11* : On munit $\mathcal{M}_2(\mathbb{R})$ du produit scalaire $\langle M, N\rangle = \mathrm{Tr}(M^T N)$.

1. Montrer que $F = \left\{ \begin{pmatrix} a & b \\ -b & a \end{pmatrix}, (a,b) \in \mathbb{R}^2 \right\}$ est un sous-espace vectoriel de $\mathcal{M}_2(\mathbb{R})$.

2. Déterminer une base orthonormée de $F^\perp$ pour $\langle\, , \,\rangle$.

3. Calculer la projection orthogonale de $J = \begin{pmatrix} 1 & 1 \\ 1 & 1 \end{pmatrix}$ sur $F^\perp$.

D'après Concours Commun INP, Mines-Telecom et ENSEA, filière PSI

Exercice 5.12 : Soit E un espace euclidien muni d'une base orthonormée $\mathcal{B} = (\vec{e}_1, ..., \vec{e}_n)$ et F un sous-espace vectoriel de E muni d'une base orthonormée $\mathcal{F} = (\vec{w}_1, ..., \vec{w}_p)$.

Montrer que la matrice de la projection orthogonale sur F dans $\mathcal{B}$ est : $\displaystyle\sum_{k=1}^{p} W_k W_k^T$, où W_k est la colonne des coordonnées du vecteur $\vec{w}_k$ dans $\mathcal{B}$.
Application : retrouver la matrice A de l'**exercice 5.8** à partir d'une base orthonormée de $\mathsf{Im}\,p$.

Exercice 5.13* : Soit E un espace préhilbertien réel de dimension finie et $\mathcal{B} = (\vec{e}_1, \vec{e}_2, \ldots, \vec{e}_n)$ une famille de E formée de vecteurs unitaires. On suppose que : $\forall \vec{x} \in E, \|\vec{x}\|^2 = \displaystyle\sum_{i=1}^{n} \langle \vec{e}_i, \vec{x}\rangle^2$.

Montrer que $\mathcal{B}$ est une base orthonormée de E.

D'après Mines-Ponts

Exercice 5.14 : F et G sont deux sous-espaces vectoriels de E préhilbertien. Montrer que :

1. $F \subset G \Rightarrow G^\perp \subset F^\perp$. **2.** $(F+G)^\perp = F^\perp \cap G^\perp$.

3. $F^\perp + G^\perp \subset (F \cap G)^\perp$. **4.** Si E est un espace euclidien alors $(F^\perp)^\perp = F$.

Exercice 5.15 : Dans le préhilbertien $\mathcal{M}_2(\mathbb{R})$, muni du produit scalaire canonique, calculer l'orthogonal de l'ensemble des matrices diagonales, puis celui des matrices symétriques.

Exercice 5.16* : Soit E un espace préhilbertien réel dont le produit scalaire est noté $\langle\, ,\, \rangle$ et la norme associée $\|\ \|$. On suppose qu'il existe $n \in \mathbb{N}^\star$ et une famille $\mathcal{B} = (\vec{e}_1, ..., \vec{e}_n)$ tels que la propriété $(\mathcal{P})$ suivante soit vérifiée : $(\mathcal{P}) : \forall \vec{u} \in E, \|\vec{u}\|^2 = \sum_{i=1}^{n} \langle \vec{u}, \vec{e}_i \rangle^2$.

On désigne par F le *s.e.v* engendré par la famille $\mathcal{B}$. On note $A = (\langle \vec{e}_i, \vec{e}_j \rangle)_{1 \leqslant i,j \leqslant n} \in \mathcal{M}_n(\mathbb{R})$.

1. Soit $\vec{u} \in F^\perp$. Calculer $\|\vec{u}\|^2$. En déduire que E est de dimension finie.

2. Dans cette question et uniquement celle-ci, on suppose : $\forall i, \|\vec{e}_i\| \geq 1$. Montrer alors que $\mathcal{B}$ est une base orthonormée de E.

3. Dans cette question et uniquement celle-ci, on suppose que $\mathcal{B}$ est une famille libre de E.

a. Montrer que $\mathcal{B}$ est une base de E.

b. Énoncer une identité de polarisation liant produit scalaire et norme associée.

c. En utilisant $(\mathcal{P})$, montrer : $\forall (\vec{u}, \vec{v}) \in E^2, \langle \vec{u}, \vec{v} \rangle = \sum_{i=1}^{n} \langle \vec{u}, \vec{e}_i \rangle \langle \vec{v}, \vec{e}_j \rangle$.

d. En déduire que $A^2 = A$.

e. Soit a l'endomorphisme de E dont la matrice dans $\mathcal{B}$ est A. Déterminer $\mathsf{Ker}\, a$.

f. En déduire que $\mathcal{B}$ est une base orthonormée.

D'après concours E3A, filière PSI

Exercice 5.17 : Soit $(E, \langle , \rangle)$ un espace préhilbertien réel et $p \in \mathcal{L}(E)$ un projecteur. Montrer que p est orthogonal (c'est-à-dire $\mathsf{Ker}\,(p) \perp \mathsf{Im}\,(p)$) si, et seulement si, $\forall \vec{x} \in E, \|p(\vec{x})\| \leqslant \|\vec{x}\|$.

■ Formes linéaires et produit scalaire

Exercice 5.18 : Soit $E = \mathbb{R}_n[X]$.

1. Montrer que l'application définie sur E^2 par :

$$\forall \left(P = \sum_{k=0}^{n} p_k X^k, Q = \sum_{k=0}^{n} q_k X^k \right) \in E^2,\ \langle P, Q \rangle = \sum_{k=0}^{n} p_k q_k.$$

est un produit scalaire sur E.

2. Soit φ l'application définie sur E par : $\forall\, P \in E,\ \varphi(P) = P'(3)$; montrer qu'il existe un unique polynôme A tel que : $\forall\, P \in E,\ \varphi(P) = \langle A, P \rangle$.

Déterminer le polynôme A.

■ Problèmes de distances et de minimisation

Exercice 5.19 : Dans $\mathbb{R}^4$ muni de sa structure euclidienne classique, calculer la distance de $\vec{u}$ à F avec $F = \left\{ (x, y, z, t) \in \mathbb{R}^4,\ \left[\begin{array}{rcl} x - y - 2t & = & 0 \\ y + z - 2t & = & 0 \end{array} \right. \right\}$ et $\vec{u}(1, 2, 3, 4)$.

Exercice 5.20 : 1. Vérifier que $(M, N) \mapsto \langle M,\, N \rangle = \mathrm{Tr}(M^T N)$ est un produit scalaire sur $\mathcal{M}_3(\mathbb{R})$.

2. Montrer que $\mathcal{S}_3(\mathbb{R})$ et $\mathcal{A}_3(\mathbb{R})$ sont supplémentaires orthogonaux dans $\mathcal{M}_3(\mathbb{R})$ pour $\langle\, ,\, \rangle$.

3. Exprimer la distance de $A = \begin{pmatrix} 1 & 2 & 3 \\ 0 & 1 & 2 \\ 1 & 2 & 3 \end{pmatrix}$ à $\mathcal{S}_3(\mathbb{R})$.

D'après Concours Commun des Mines Telecom

Exercice 5.21 : On se place dans l'espace préhilbertien réel et les notations de l'**exercice 5.2**. Déterminer la projection orthogonale de cos sur F et calculer :

$$I = \inf_{(a,b)\in\mathbb{R}^2} \frac{1}{\pi} \int_0^{\pi} (\cos t - at - bt^2)^2 \, dt.$$

Exercice 5.22* : Déterminer $\displaystyle\inf_{(a,b)\in\mathbb{R}^2} \int_0^1 (\sqrt{t} - at - b)^2 \, dt.$

Exercice 5.23 :** **1.** Préliminaire : montrer que $\forall k \in \mathbb{N}, \displaystyle\int_0^{+\infty} t^k e^{-t} \, dt = k!$

2. Montrer que $(A, B) \mapsto \langle A, B\rangle = \displaystyle\int_0^{+\infty} A(t)B(t)e^{-t} \, dt$ définit un produit scalaire sur $\mathbb{R}[X]$ et que pour tout $k \in \mathbb{N}$, on a l'égalité : $\langle X^k, 1\rangle = k!$

3. Soit P_0 le projeté orthogonal de 1 sur $F = \mathsf{Vect}\,(X, X^2, \ldots, X^n)$.

Montrer : $\forall n \in \mathbb{N}^*, \exists (a_k)_{1\leqslant k\leqslant n} \in \mathbb{R}^n$ tel que $P_0 = \displaystyle\sum_{k=1}^{n} a_k X^k$.

4. Si $P = 1 - \displaystyle\sum_{k=1}^{n} a_k (X+1)(X+2)\cdots(X+k)$, montrer :

$$\forall i \in [\![1, n]\!], \langle 1 - P_0, X^i\rangle = P(i) = 0.$$

5. Calculer $d^2 = \displaystyle\min_{(b_1,\ldots,b_n)\in\mathbb{R}^n} \int_0^{+\infty} (1 + b_1 t + \ldots + b_n t^n)^2 \, e^{-t} \, dt.$

D'après Mines-Ponts, filière PSI

Exercice 5.24* : Soit $E = \left\{ f \in \mathscr{C}^0(]0,1[, \mathbb{R}), \displaystyle\int_0^1 t^2 f(t)^2 \, dt \text{ converge} \right\}.$

1. Montrer que E est un espace vectoriel et que $\langle f, g\rangle = \displaystyle\int_0^1 t^2 f(t)g(t) \, dt$ définit un produit scalaire sur E.

2. En déduire une méthode de calcul de $m = \displaystyle\inf_{(a,b)\in\mathbb{R}^2} \int_0^1 t^2 (\ln t - at - b)^2 \, dt.$

(On ne fera pas les calculs, on se contentera de les décrire…)

D'après Centrale-Supélec

Exercice 5.25 : Soit n un entier, $E = \mathcal{M}_{n,1}(\mathbb{R})$ muni de sa structure usuelle d'espace euclidien, B un élément de E et $A \in \mathcal{M}_n(\mathbb{R})$.

1. Montrer qu'il existe un élément X_0 de E tel que :

$$\|AX_0 - B\| = \min\nolimits_{X\in E} \|AX - B\|.$$

2. Montrer que X_0 est solution de $A^T AX = A^T B$. Est-ce l'unique solution ?

D'après Mines-Ponts

Indications

Ex. 5.1

Cela doit vous rappeler un exemple qui suit la **méthode 5.1**.

Ex. 5.4

On utilisera de temps en temps la formule transformant un produit de cosinus en somme.

Ex. 5.5

1. *Établir une égalité donnant* $J_n(t)$ *en fonction de* $J_{n-1}(t)$ *et* $T_n(t)$.

2. *Ici on peut utiliser une formule qui transforme une différence de cosinus en produit de sinus.*

Ex. 5.6

On est dans le paragraphe « Cauchy-Schwarz ». What else ?

Ex. 5.7

1. *Avec le produit scalaire canonique de* $\mathbb{R}^n$, *appliquer Cauchy-Schwarz à des vecteurs corrects.*

2. *Considérer le produit scalaire canonique de* $\mathscr{C}^0([0,x],\mathbb{R})$, *pour* $x \in [0,1]$.

Ex. 5.9

2. *On détermine d'abord une base orthogonale de* F *à l'aide du procédé de Gram-Schmidt, voir* **méthode 5.8**. *Puis on utilise la* **proposition 5.16**.

Ex. 5.10

On commencera par remarquer que $G = \mathsf{Vect}(\{\cos, \sin\})$.

Ex. 5.11

$p_{F^\perp}(M) = \langle M, A_1\rangle A_1 + \langle M, A_2\rangle A_2$, *où* $(A_1,\, A_2)$ *est une base orthonormée de* $F^\perp$.

Ex. 5.12

$\forall \vec{u} \in E,\ p_F(\vec{u}) = \displaystyle\sum_{k=1}^{p} \langle \vec{w}_k, \vec{u}\rangle \vec{w}_k$. *Puis on applique aux vecteurs de* $\mathcal{B}$.

Ex. 5.13

Montrer qu'un vecteur donné de cette famille est orthogonal à tous les autres, puis montrer ensuite que l'orthogonal du sous-espace vectoriel engendré par cette famille (qui existe et qui lui est supplémentaire, pourquoi ?) est réduit à $\{0_E\}$.

Ex. 5.14

2. *Procéder par double inclusion.*

4. *On a déjà* $F \subset \left(F^\perp\right)^\perp$. *On raisonne ensuite sur les dimensions.*

Ex. 5.17

Utiliser l'inégalité :

$\forall t \in \mathbb{R},\ \forall (\vec{x}, \vec{y}) \in Ker p \times Im p,\ \|\vec{x} + t\vec{y}\| \geqslant \|t\vec{y}\|$, *puis élever au carré.*

Ex. 5.18

2. *C'est directement une application de la* **proposition 5.23**.

Ex. 5.19

On commence par déterminer une base orthonormale de F *(par exemple en trouvant une base de* F *puis en utilisant le procédé d'orthonormalisation de Schmidt). Puis on calcule la projection orthogonale* $p(\vec{u})$ *de* $\vec{u}$ *sur* F *puis on détermine* $\|\vec{u} - p(\vec{u})\|^2$.

Ex. 5.20

2. *$\mathcal{S}_3(\mathbb{R})$ et $\mathcal{A}_3(\mathbb{R})$ sont supplémentaires orthogonaux : allez voir l'exemple de la* **méthode 5.5** *!*

Ex. 5.21

*On utilisera la base orthonormale trouvée à l'***exercice 5.2**.

Ex. 5.22

Pour démarrer, on considère le produit scalaire $\langle f, g\rangle = \int_0^1 f(t)g(t)\,dt$, défini dans l'espace vectoriel des fonctions continues sur $[0,1]$. On pose aussi $F = \mathbb{R}_1[X]$. On peut alors interpréter

$$\delta = \inf_{(a,b)\in\mathbb{R}^2} \int_0^1 (\sqrt{t} - at - b)^2\,dt$$

comme le carré de la distance de la fonction $t \mapsto \sqrt{t}$ à F. Nous allons déterminer une base orthonormale de F puis la projection orthogonale p sur F de la fonction $t \mapsto \sqrt{t}$. On en déduira alors $\delta = \|\sqrt{t} - p(t)\|$.

Ex. 5.23

4. *À l'oral de Mines-Ponts, on pose directement cette question 4 (sans les trois précédentes !)*

$$t \mapsto -a_1 t - \dots - a_n t^n$$

est une combinaison linéaire quelconque des $e_k(t) = t^k$ pour tout $k \in [\![1, n]\!]$. Alors :

$$\int_0^{+\infty} (1 + b_1 t + \dots + b_n t^n)^2\, e^{-t}\,dt = \|e_0 - (-b_1 t - \dots - b_n t^n)\|^2.$$

Il s'agit donc de calculer $d^2 = \min_{Q\in E} \|e_0 - Q\|^2$.
La distance d'un vecteur à un sous-espace vectoriel F est minimale en un unique vecteur P_0 de E qui est le projeté orthogonal de e_0 sur F. Utiliser P de la question 3).

Ex. 5.25

Utiliser le projeté orthogonal de B sur l'image de l'endomorphisme associé à A.

Corrigé des vrai/faux

1	2	3	4	5	6	7	8	9	10	11	12	13
F	V	F	V	F	F	V	F	F	V	F	V	V

1. Si l'on applique à $\vec{x}$ et $-\vec{x}$, où $\vec{x} \neq \vec{0}$, cela ne marche pas.
2. Une famille orthogonale (dont aucun des membres n'est $\vec{0}$) est libre
3. Il est nécessairement nul.
5. Attention, il faut que $\mathcal{B}$ soit orthonormale pour $\langle\, , \rangle$.
6. Faux si $\vec{n}$ n'est pas unitaire.
8. $X^{\perp}$ est un supplémentaire, il y en a plein d'autres (une infinité d'ailleurs !)
9. Si par exemple $\vec{x}$ et $\vec{y}$ sont orthogonaux unitaires et $\vec{z} = -\vec{x} + \vec{y}$, alors : $\|\vec{x} + \vec{y} + \vec{z}\|^2 = 4$ et $\|\vec{x}\|^2 + \|\vec{y}\|^2 + \|\vec{z}\|^2 = 4$. Pourtant, $\vec{z}$ n'est pas orthogonal à $\vec{x}$ (ni à $\vec{y}$.)
11. Ceci caractérise les projecteurs orthogonaux (inégalité de Bessel), voir l'**exercice 5.17**.
12. PQ est impair, donc...
13. On applique l'inégalité de Cauchy-Schwarz pour le produit scalaire canonique sur $\mathscr{C}^0([0,1], \mathbb{R})$, aux fonctions $t \mapsto \dfrac{1}{\sqrt{1+t^2}}$ et $t \mapsto e^{-t}$. Puis on majore...

❑ Erreurs classiques

- Utiliser la formule $\langle \vec{x}, \vec{y} \rangle = \sum_{i=1}^{n} x_i y_i$ dans un espace vectoriel euclidien de dimension n sans vérifier que la base où s'expriment les vecteurs est orthonormale pour $\langle\, , \rangle$.
- Montrer que les sous-espaces vectoriels F et G sont orthogonaux et penser alors qu'ils sont automatiquement supplémentaires dans E.
- Croire que la relation de Pythagore (**proposition 5.10**) marche dans les deux sens (voir proposition 9 du vrai/faux).
- Croire qu'une projection quelconque diminue toujours la norme.
- Oublier que beaucoup de problèmes de minimisation doivent être replacés dans le cadre d'un espace préhilbertien et interprétés en terme de minimisation d'une distance, ce qui conduit à introduire une projection orthogonale (ce qui est d'ailleurs la seule méthode de minimisation qui soit au programme de PSI).
- Pour déterminer concrètement le projeté orthogonal d'un vecteur sur un sous-espace vectoriel, se précipiter sur le procédé de Gram-Schmidt pour exhiber une base orthonormale de ce sous-espace vectoriel : les calculs sont souvent inextricables dès que $n \geqslant 3$. (Voir la remarque qui suit la **méthode 5.7** qui donne une piste de travail.)

Corrigé des exercices

Exercice 5.1

On vérifie sans souci que Ψ est bilinéaire symétrique. Puis si $P \in \mathbb{R}_n[X]$,

$$\Psi(P,P) = \sum_{k=-2017}^{2017} P(k)^2 \geqslant 0.$$

Prendre $\prod_{k=-2017}^{2017} (X-k)$ *de norme nulle si* $n \geqslant 4035$.

Maintenant, si $n \geqslant 2\times 2017+1$, c'est-à-dire si $n \geqslant 4035$, il existe des polynômes non nuls ayant tous les entiers k entre -2017 et 2017 pour racines. Donc Ψ n'est pas un produit scalaire si $n \geqslant 4035$.
Si par contre, $n \leqslant 4034$, $\Psi(P,P) = 0$ signifie que P a au moins 4035 racines distinctes donc $P = 0$. Ψ est alors un produit scalaire sur $\mathbb{R}_n[X]$.

Exercice 5.2

On utilise l'indispensable **méthode 5.8** *dans le cas « light » $n = 2$.*

On part de la base $\{t, t^2\}$ et on cherche une base orthogonale de la forme $\{t, t^2 + at\}$, où a est tel que $\langle t, t^2 + at\rangle = 0$. On écrit alors :

$$\langle t, t^2 + at\rangle = \frac{1}{\pi}\int_0^\pi (t^3 + at^2)\,dt = 0 \Rightarrow a = -\frac{3}{4}\pi.$$

En posant donc : $v_1(t) = t$ et $v_2(t) = t\left(t - \frac{3}{4}\pi\right)$, la famille $\{v_1(t), v_2(t)\}$ est une base orthogonale de F. Puis, on calcule :

$$\langle v_1(t), v_1(t)\rangle = \frac{1}{\pi}\int_0^\pi t^2\,dt = \frac{\pi^2}{3} \text{ et}$$
$$\langle v_2(t), v_2(t)\rangle = \frac{1}{\pi}\int_0^\pi t^2\left(t - \frac{3}{4}\pi\right)^2 dt = \frac{\pi^4}{80}.$$

Ouf, il n'y a pas trois vecteurs à trouver ! Sinon ce serait Kilogram-Schmidt !

Ainsi, une base orthonormée de F est : $\{w_1(t), w_2(t)\}$, avec :

$$w_1(t) = \frac{\sqrt{3}}{\pi}t \text{ et } w_2(t) = \frac{4\sqrt{5}}{\pi^2}\left[t\left(t - \frac{3}{4}\pi\right)\right].$$

Exercice 5.3

On commence par vérifier que $\mathcal{F}$ est libre, c'est la moindre des choses !

- Det $(\vec{u}_1, \vec{u}_2, \vec{u}_3) = \begin{vmatrix} 1 & 1 & 1 \\ 0 & 0 & 1 \\ 1 & 2 & 1 \end{vmatrix} = -\begin{vmatrix} 1 & 1 \\ 1 & 2 \end{vmatrix} = -1 \neq 0$ donc la famille $(\vec{u}_1, \vec{u}_2, \vec{u}_3)$ est une base de $\mathbb{R}^3$.

On suit tranquillement la **méthode 5.8**.

- $\vec{v}_1 = \vec{u}_1$ puis $\vec{v}_2 = \vec{u}_2 - \dfrac{\langle \vec{u}_1, \vec{u}_2\rangle}{\|\vec{u}_1\|^2}\vec{v}_1 = \left(-\dfrac{1}{2}, 0, \dfrac{1}{2}\right)$.

Enfin, $\vec{v}_3 = \vec{u}_3 - \dfrac{\langle \vec{v}_1, \vec{u}_3\rangle}{\|\vec{v}_1\|^2}\vec{v}_1 - \dfrac{\langle \vec{v}_2, \vec{u}_3\rangle}{\|\vec{v}_2\|^2}\vec{v}_2 = (0,1,0)$.
Il reste à « normaliser » les vecteurs $\vec{v}_1$, $\vec{v}_2$ et $\vec{v}_3$.
On trouve : $\vec{w}_1 = \dfrac{\sqrt{2}}{2}(1,0,1)$, $\vec{w}_2 = \dfrac{\sqrt{2}}{2}(-1,0,1)$, $\vec{w}_3 = (0,1,0)$.

Exercice 5.4

1. $\forall n \in \mathbb{N}, \forall \theta \in \mathbb{R}$, (1) : $\cos((n+1)\theta) + \cos((n-1)\theta) = 2\cos\theta\cos(n\theta)$.
Montrons alors l'existence de la suite (T_n) de polynômes par récurrence double : $T_0 = 1$ et $T_1(X) = X$ conviennent.
Par ailleurs, si T_n et T_{n-1} existent, $T_{n+1} = 2XT_n - T_{n-1}$ résulte de (1) :
$\forall \theta \in \mathbb{R}, \ T_{n+1}(\cos\theta) = 2\cos\theta T_n(\cos\theta) - T_{n-1}(\cos\theta) = \cos((n+1)\theta)$.
L'unicité de T_n pour n fixé est garantie par l'identification de deux polynômes coïncidant sur $]-1,1[$.

$$\forall n \in \mathbb{N}, \quad \exists!\, T_n \in \mathbb{R}[X], \quad \forall x \in \mathbb{R}, T_n(x) = \cos(nx).$$

Ces polynômes T_n sont appelés les polynômes de Tchebychev et on les retrouve fréquemment dans les écrits et les oraux. Bref, à apprivoiser !

2. On démontre par récurrence double sur $n \in \mathbb{N}$ que T_n a la parité de n.
C'est vrai pour $n = 0$ et $n = 1$.
Si la propriété est vraie aux rangs $n-1$ et n, alors

$$\begin{aligned} T_{n+1}(-X) &= -2XT_n(-X) - T_{n-1}(-X) \\ &= -2X(-1)^nT_n(X) - (-1)^{n-1}T_{n-1}(X) \ , \\ &= (-1)^{n+1}T_{n+1}(X) \end{aligned}$$

donc cette propriété est vraie au rang $n+1$.

Là, on entre dans les propriétés des polynômes de Tchebychev. Fouillez un peu partout dans les ouvrages ou sur Internet pour en trouver d'autres.

3. $\langle P, Q\rangle$ existe en tant qu'intégrale pour tout couple de polynômes (P,Q) et est un produit scalaire, comme vu plus haut dans la **méthode 5.2**.

4. Après le changement de variable $t = \cos\theta$, $\langle T_n, T_m\rangle$ vaut :

$$\int_{-1}^{1} \frac{T_n(t)T_m(t)}{\sqrt{1-t^2}}\,dt = \int_0^{\pi} T_n(\cos\theta)T_m(\cos\theta)\,d\theta = \int_0^{\pi} \cos(n\theta)\cos(m\theta)\mathrm{d}\theta.$$

Or : $\displaystyle\int_0^{\pi} \cos(n\theta)\cos(m\theta)\,d\theta = \frac{1}{2}\int_0^{\pi} [\cos((n-m)\theta) + \cos((n+m)\theta)]\,d\theta$ qui vaut 0 pour $n \neq m$. $(T_n)_{n\in\mathbb{N}}$ est une famille orthogonale de $\mathbb{R}[X]$.
Par contre, $\langle T_n, T_n\rangle = \dfrac{\pi}{2}$ si $n \neq 0$ et $\langle T_0, T_0\rangle = \pi$.

Comment orthonormaliser $(T_n)_{n\in\mathbb{N}}$?

Exercice 5.5

1. Pour tout entier n et tout réel θ, on montre sans difficulté :
(S_n) : $\sin[(2n+1)\theta] - \sin[(2n-1)\theta] = 2\sin\theta\cos[(2n)\theta]$.
Montrons alors par récurrence sur $n \in \mathbb{N}$ qu'il existe un polynôme J_n tel que

$$\forall \theta \in \mathbb{R}, \ \sin((2n+1)\theta) = 2^n J_n(\cos(2\theta))\sin\theta\,;$$

Cette propriété est vraie au rang 0 en prenant $J_0 = 1$;
Hérédité : si la propriété est vraie au rang $n-1$, alors

$$\begin{aligned} \sin((2n+1)\theta) &= 2^{n-1}J_{n-1}(\cos(2\theta))\sin\theta + 2\sin\theta\cos((2n)\theta) \\ &= 2^{n-1}J_{n-1}(\cos(2\theta))\sin\theta + 2\sin\theta T_n[\cos(2\theta)] \end{aligned}$$

qui se met bien sous la forme attendue, $2^nJ_n(\cos(2\theta))\sin\theta$, en prenant :

$$2^nJ_n(t) = 2^{n-1}J_{n-1}(t) + 2T_n(t).$$

Cet exercice complète bien le précédent pour pousuivre les aventures passionnantes des polynômes de Tchebychev.

L'unicité de J_n est due au fait que $(T_n)_{n\in\mathbb{N}}$ est fixée et en partant de $J_0 = 1$, on a l'unicité de chaque $J_n(t)$ de proche en proche.

2. Si $n \neq m$, $\displaystyle\langle J_n, J_m\rangle = \int_0^{\frac{\pi}{2}} \frac{1}{2^{n+m}} \frac{\sin((2n+1)\theta)}{\sin\theta}\frac{\sin((2m+1)\theta)}{\sin\theta}\sin^2(\theta)\,d\theta$
$\displaystyle= \frac{1}{2^{n+m+1}}\int_0^{\frac{\pi}{2}} [\cos(2(n-m)\theta) - \cos(2(n+m+1)\theta)]\,d\theta$ qui vaut 0.

On utilise encore une formule trigo classique.

Corrigé

On trouve $J_n \perp J_m$ si $n \neq m$. Enfin, $\langle J_n, J_n \rangle = \dfrac{\pi}{2^{2n+2}} \neq 1$.
$(J_n)_{n\in\mathbb{N}}$ est une famille orthogonale de $\mathbb{R}[X]$.

Exercice 5.6

Posons dans $\mathbb{R}^n$ muni de sa structure euclidienne canonique :

$$\vec{u}(x_1, ..., x_n) \text{ et } \vec{a}(1, ..., 1).$$

La seule difficulté de l'exercice est de réaliser qu'on est dans le cas d'égalité de Cauchy-Schwarz ici.

On a, d'après l'énoncé : $\|\vec{u}\|^2 = n$ et $\langle \vec{u}, \vec{a} \rangle = n$.
On remarque que l'on a ici : $|\langle \vec{u}, \vec{a} \rangle| = \|\vec{u}\|.\|\vec{a}\| = n$ et on est donc dans le cas d'égalité de l'inégalité de Cauchy-Schwarz,
Il existe donc $\lambda \in \mathbb{R}$ tel que $\vec{u} = \lambda \vec{a}$.
On en déduit : $x_1 = ... = x_n = \lambda \Rightarrow n\lambda = n \Rightarrow \lambda = 1$.
Il existe donc une seule solution, c'est $\vec{a}$.

Exercice 5.7

L'exercice ici c'est appliquer l'inégalité de Cauchy-Schwarz dans trois cas différents. En avant toute !

1. Appliquons l'inégalité de Cauchy-Schwarz pour le produit scalaire canonique de $\mathbb{R}^n$ aux vecteurs $\vec{u} = \left(a_k\sqrt{c_k}\right)_{1\leqslant k\leqslant n}$ et $\vec{v} = \left(b_k\sqrt{c_k}\right)_{1\leqslant k\leqslant n}$:

$$\langle \vec{u}, \vec{v} \rangle^2 \leqslant \|\vec{u}\|^2\|\vec{v}\|^2 \Leftrightarrow \left(\sum_{k=1}^{n} a_k b_k c_k\right)^2 \leqslant \left(\sum_{k=1}^{n} a_k^2 c_k\right)\left(\sum_{k=1}^{n} b_k^2 c_k\right).$$

2. Pour un x quelconque de $[0,1]$, appliquons l'inégalité de Cauchy-Schwarz pour le produit scalaire canonique de $\mathscr{C}^0([0,x],\mathbb{R})$ aux vecteurs 1 et f'.

$$\langle f', 1 \rangle^2 \leqslant \left(\int_0^x 1^2\,dt\right)\left(\int_0^x (f'(t))^2\,dt\right).$$

Autrement dit, $\left(\displaystyle\int_0^x f'(t)\,dt\right)^2 \leqslant x\left(\displaystyle\int_0^x (f'(t))^2\,dt\right)$.

Or : $\left(\displaystyle\int_0^x f'(t)\,dt\right)^2 = f^2(x)$ et $\displaystyle\int_0^x (f'(t))^2\,dt \leqslant \int_0^1 (f'(t))^2\,dt$, donc :

$$\forall x \in [0,1],\ f^2(x) \leqslant x\left(\int_0^1 (f'(t))^2\,dt\right).$$

3. Appliquons l'inégalité de Cauchy-Schwarz pour le produit scalaire canonique de $\mathbb{R}^n$ aux vecteurs $\vec{u} = \left(\sqrt{x_i}\right)_{1\leqslant i\leqslant n}$ et $\vec{v} = \left(\frac{1}{\sqrt{x_i}}\right)_{1\leqslant i\leqslant n}$:

$$\langle \vec{u}, \vec{v} \rangle^2 \leqslant \|\vec{u}\|^2\|\vec{v}\|^2 \Leftrightarrow \left(\sum_{i=1}^{n} 1\right)^2 \leqslant \left(\sum_{i=1}^{n} x_i\right)\left(\sum_{i=1}^{n} \frac{1}{x_i}\right).$$

Si $x_1 > 0, x_2 > 0, \cdots, x_n > 0$ sont tels que : $\displaystyle\sum_{i=1}^{n} x_i = 1$, alors : $\displaystyle\sum_{i=1}^{n} \frac{1}{x_i} \geqslant n^2$.

*Comme pour l'**exercice 5.6**, on s'intéresse au cas d'égalité. À savoir faire donc !*

L'égalité a lieu si, et seulement si, $\vec{u}$ et $\vec{v}$ sont colinéaires donc si, et seulement si, $\exists\,\lambda \in \mathbb{R}, \forall\, i \in [\![1,n]\!], \sqrt{x_i} = \dfrac{\lambda}{\sqrt{x_i}}$.
Finalement, l'égalité a lieu si, et seulement si, $\exists\,\lambda \in \mathbb{R}_+^*, \forall\, i \in [\![1,n]\!], x_i = \lambda$.

Exercice 5.8

*Cela peut être montré en exercice. Voir la **méthode 5.6**. Mais pour connaître le s.e.v de projection, il faut Im A.*

On vérifie que $A^2 = A$ et donc on a à faire à une projection. Pour démontrer que la projection est orthogonale, appliquons la dernière piste de la **méthode 5.6**, on montre que $\operatorname{Ker} A$ et $\operatorname{Im} A$ sont orthogonaux pour le produit scalaire usuel. Rapidement, $\operatorname{Ker} A$ est la droite vectorielle de base $\{(-1,-2,1)\}$. Puis on détermine $\operatorname{Im} A$ en se souvenant que c'est l'ensemble des vecteurs invariants, on trouve : $x + 2y - z = 0$. Comme $(x, y, z) \in \operatorname{Im} A$ si, et seulement si, $(x, y, z).(-1, -2, 1) = 0$, c'est à dire si, et seulement si, $(x, y, z) \in [\operatorname{Ker} A]^{\perp}$. On a le résultat.

Exercice 5.9

1. $\vec{w} = (x, y, z, t) \in F^{\perp}$ si, et seulement si,

$$\begin{cases} x + y + z + t &= 0 \\ 2y + 3t &= 0 \end{cases}, \text{ c'est-à-dire } \begin{cases} x &= -z + \frac{t}{2} \\ y &= \frac{-3t}{2} \end{cases}$$

$F^{\perp} = \{(-k + k', -3k', k, 2k'), \ (k, k') \in \mathbb{R}^2\} = \mathsf{Vect}\,((-1, 0, 1, 0), (1, -3, 0, 2))$.

2. Déterminons d'abord une base orthogonale de F à l'aide du procédé de Gram-Schmidt, en remplaçant $\vec{v}$ par $\vec{v}_2 = \vec{v} - \frac{\langle \vec{u}, \vec{v}\rangle}{\|\vec{u}\|^2}\vec{u} = (0, 2, 0, 3) - \frac{5}{4}(1, 1, 1, 1) = \frac{1}{4}(-5, 3, -5, 7)$, ou, plus simplement, par $\vec{v}_2' = 4\vec{v}_2$. Le projeté de $\vec{w} = (x, y, z, t)$ sur F est donc :

$\langle \vec{u}, \vec{v}\rangle$ désigne le produit scalaire des vecteurs $\vec{u}$ et $\vec{v}$.

$$\begin{aligned} p(\vec{w}) &= \frac{\langle \vec{w}, \vec{u}\rangle}{\langle \vec{u}, \vec{u}\rangle}\vec{u} + \frac{\langle \vec{w}, \vec{v}_2'\rangle}{\langle \vec{v}_2', \vec{v}_2'\rangle}\vec{v}_2' \\ &= \frac{x + y + z + t}{4}(1, 1, 1, 1) + \frac{-5x + 3y - 5z + 7t}{108}(-5, 3, -5, 7) \\ &= \frac{1}{27}\big((13x + 3y + 13z - 2t), 3(x + 3y + z + 4t) \\ &\qquad (13x + 3y + 13z - 2t), (-2x + 12y - 2z + 19t)\big) \end{aligned}$$

La matrice de la projection orthogonale de E sur F est :

$$\frac{1}{27}\begin{pmatrix} 13 & 3 & 13 & -2 \\ 3 & 9 & 3 & 12 \\ 13 & 3 & 13 & -2 \\ -2 & 12 & -2 & 19 \end{pmatrix}.$$

On utilise ici la **proposition 5.16**. *Remarquez de plus que la matrice trouvée est symétrique et que sa trace est 2.*

Exercice 5.10

Vous avez vu l'année dernière que l'équation différentielle $y'' + y = 0$ (d'équation caractéristique $r^2 + 1 = 0$) a pour solution les combinaisons linéaires des célèbres fonctions sin et cos.

Si l'on note p_G la projection orthogonale de E sur G, on sait donc qu'il existe deux réels a et b tels que $p_G(Id) = a\cos t + b\sin t$.

Il reste à exploiter $Id - p_G(Id) \in G^{\perp}$, c'est-à-dire :

$$\langle Id - p_G(Id), \cos\rangle = \langle Id - p_G(Id), \sin\rangle = 0.$$

Cela donne : $\begin{cases} a\|\cos\|^2 + b\langle \cos, \sin\rangle &= \langle Id, \cos\rangle \\ a\langle \cos, \sin\rangle + b\|\sin\|^2 &= \langle Id, \sin\rangle \end{cases}$.

Puis : $\|\cos\|^2 = \displaystyle\int_0^{\pi} \cos^2 t\, dt = \|\sin\|^2 = \int_0^{\pi} \sin^2 t\, dt = \frac{\pi}{2}$,

$\langle Id, \cos\rangle = \displaystyle\int_0^{\pi} t\cos t\, dt = -2$, $\langle Id, \sin\rangle = \displaystyle\int_0^{\pi} t\sin t\, dt = \pi$.

Il reste : $a = -\dfrac{4}{\pi}$ et $b = 2$.

Attention, la famille $\{\cos, \sin\}$ n'est pas orthonormée (bien qu'orthogonale). Donc soit l'on « normalise » comme des grands (on n'a pas à aller chercher les deux compères Gram et Schmidt), soit l'on fait comme dans le corrigé. Allez voir la **méthode 5.7** *où tout ceci est expliqué !*

Exercice 5.11

F est donc un s.e.v de $M_2(\mathbb{R})$.

1. Si l'on pose : $I_2 = \begin{pmatrix} 1 & 0 \\ 0 & 1 \end{pmatrix}$ et $B = \begin{pmatrix} 0 & 1 \\ -1 & 0 \end{pmatrix}$, il est clair que F est l'ensemble des combinaisons linéaires de I_2 et de B.

2. L'orthogonal $F^\perp$ est défini par :

$$F^\perp = \{M \in \mathcal{M}_2(\mathbb{R}) \text{ telles que } \langle M, N\rangle = 0 \text{ pour toute matrice } N \in F\}.$$

Ce produit scalaire sur les matrices revient régulièrement.

Étant dans le cas $n = 2$, on peut poser : $M = \begin{pmatrix} x & y \\ z & t \end{pmatrix}$.

Mais il serait maladroit de poser $N = \begin{pmatrix} a & b \\ -b & a \end{pmatrix}$ car on sait que M est dans $F^\perp$ si, et seulement si, elle est orthogonale à tous les vecteurs d'une base de F. Donc ici la matrice M est dans $F^\perp$ si, et seulement si, elle est orthogonale à la fois à I_2 et à B (de la question précédente).

Cela équivaut aux deux égalités : $Tr(M^T I_2) = Tr(M^T B) = 0$.

C'est-à-dire : $x + t = 0$ et $y - z = 0$. Il reste l'ensemble des matrices de la forme : $M = \begin{pmatrix} x & y \\ y & -x \end{pmatrix}$, où $(x, y) \in \mathbb{R}^2$.

La famille (A, C) est orthogonale ce qui va nous faciliter la suite.

Il est évident qu'une base de $F^\perp$ est constituée des deux matrices :

$$A = \begin{pmatrix} 1 & 0 \\ 0 & -1 \end{pmatrix} \text{ et } C = \begin{pmatrix} 0 & 1 \\ 1 & 0 \end{pmatrix}.$$

Puis : $\langle A, C\rangle = Tr(A^T C) = Tr(AC) = 0$. Il reste enfin à diviser nos deux vecteurs par leurs normes pour avoir une base orthonormée.

On calcule : $\|A\| = \sqrt{\langle A, A\rangle} = \sqrt{2}$ et $\|C\| = \sqrt{\langle C, C\rangle} = \sqrt{2}$.

Une base orthonormée de $F^\perp$ est $\left(\frac{1}{\sqrt{2}}\begin{pmatrix} 1 & 0 \\ 0 & -1 \end{pmatrix}, \frac{1}{\sqrt{2}}\begin{pmatrix} 0 & 1 \\ 1 & 0 \end{pmatrix}\right)$.

Comme on a dans notre main une base orthonormée de $F^\perp$, autant utiliser ici la formule directe pour avoir $p(M)$.

3. On écrit que pour toute matrice M, sa projection orthogonale sur $F^\perp$ est donnée par : $p(M) = \langle M, A_1\rangle A_1 + \langle M, A_2\rangle A_2$, où (A_1, A_2) est une base orthonormée de $F^\perp$.

Ici, on prend : $A_1 = \frac{1}{\sqrt{2}}\begin{pmatrix} 1 & 0 \\ 0 & -1 \end{pmatrix}$ et $A_2 = \frac{1}{\sqrt{2}}\begin{pmatrix} 0 & 1 \\ 1 & 0 \end{pmatrix}$.

On applique la formule pour $M = J$, cela donne :

$$p(J) = \begin{pmatrix} 0 & 0 \\ 0 & 0 \end{pmatrix} + \begin{pmatrix} 0 & 1 \\ 1 & 0 \end{pmatrix} = \begin{pmatrix} 0 & 1 \\ 1 & 0 \end{pmatrix} = C.$$

Exercice 5.12

▸ Appelons p_F la projection orthogonale sur F et $\langle\, ,\, \rangle$ le produit scalaire de E. On part de : $\forall \vec{u} \in E,\ p_F(\vec{u}) = \sum_{k=1}^{p} \langle \vec{w}_k, \vec{u}\rangle \vec{w}_k$.

Le produit scalaire $\langle \vec{w}_k, \vec{e}_i\rangle$ vaut $W_k^T E_i$ qui est donc un réel.

On applique à $\vec{u} = \vec{e}_i$: $p_F(\vec{e}_i) = \sum_{k=1}^{p} \langle \vec{w}_k, \vec{e}_i\rangle \vec{w}_k = \sum_{k=1}^{p} \left[W_k^T E_i\right] \vec{w}_k$, où l'on pose : $E_i = M_{\mathcal{B}}(\vec{e}_i)$. Cela donne :

$$M_{\mathcal{B}}(P_F(\vec{e}_i)) = \sum_{k=1}^{p} \left[W_k^T E_i\right] W_k = \sum_{k=1}^{p} \left[W_k W_k^T\right] E_i.$$

On obtient là une des colonnes de la matrice voulue.

Comme $(E_1|...|E_n) = I_n$, on a : $M_{\mathcal{B}}(p_F) = \sum_{k=1}^{p} W_k W_k^T$.

✎ *Notation bloc.*

► Reprenons l'**exercice 5.8**. Le plan sur lequel on projette est : $x+2y-z=0$. On commence par trouver une base orthonormée de ce plan. Une base (même pas orthogonale !) est $(\vec{u}_1 = (1,0,1), \vec{u}_2 = (2,-1,0))$. On cherche a tel que $\vec{u}_2 + a\vec{u}_1$ soit orthogonal à $\vec{u}_1$. On trouve : $a=-1$.
$\{\vec{v}_1 = (1,0,1), \vec{v}_2 = (1,-1,-1)\}$ est orthogonale. Et : $(\vec{w}_1 = \frac{1}{\sqrt{2}}(1,0,1)$, $\vec{w}_2 = \frac{1}{\sqrt{3}}(1,-1,-1))$ est une base orthonormée. En avant pour le calcul final.

✎ *En fait, on reprend l'**exercice 5.8** à l'envers. On part du résultat et on retrouve la matrice de l'énoncé. L'intérêt ? le fun !*

$$W_1W_1^T = \frac{1}{2}\begin{pmatrix}1\\0\\1\end{pmatrix}\begin{pmatrix}1 & 0 & 1\end{pmatrix} \text{ et } W_2W_2^T = \frac{1}{3}\begin{pmatrix}1\\-1\\-1\end{pmatrix}\begin{pmatrix}1 & -1 & -1\end{pmatrix}.$$

Après un calcul insurmontable :

$$W_1W_1^T = \frac{1}{2}\begin{pmatrix}1 & 0 & 1\\0 & 0 & 0\\1 & 0 & 1\end{pmatrix},\ W_2W_2^T = \frac{1}{3}\begin{pmatrix}1 & -1 & -1\\-1 & 1 & 1\\-1 & 1 & 1\end{pmatrix}.$$

✎ *C'est fantastique, non ? Et en plus, on est parti d'une base quelconque du plan image.*

Ce qui donne : $W_1W_1^T + W_2W_2^T = \frac{1}{6}\begin{pmatrix}5 & -2 & 1\\-2 & 2 & 2\\1 & 2 & 5\end{pmatrix} = A$.

Exercice 5.13

► Soit $i_0 \in [\![1,n]\!]$, on a, d'une part, $\|e_{i_0}\|^2 = \sum_{i=1}^{n}\langle e_i, e_{i_0}\rangle^2$ et, d'autre part, $\|e_{i_0}\|^2 = \langle e_{i_0}, e_{i_0}\rangle^2$. De ce fait, $\sum_{i\neq i_0}\langle e_i, e_{i_0}\rangle^2 = 0$, donc :

$$\forall i \in [\![1,n]\!],\ \big(i \neq i_0 \Rightarrow \langle e_i, e_{i_0}\rangle = 0\big).$$

✎ *L'idée est de montrer d'abord que notre famille est orthonormée donc libre.*

$\mathcal{B} = (e_1, e_2, \ldots, e_n)$ est une famille orthonormée, donc libre (d'après le cours !).
► Posons $F = \mathrm{Vect}\,\mathcal{B}$, E étant de dimension finie, F admet un supplémentaire orthogonal, $F^\perp$. On a : $F \oplus F^\perp = E$.
$\forall \vec{x} \in F^\perp$, $\|\vec{x}\|^2 = \sum_{i=1}^{n}\langle e_i, \vec{x}\rangle^2 = 0$, donc $\vec{x} = 0_E$: $F^\perp = \{0_E\}$. Finalement : $E = F = \mathrm{Vect}\,\mathcal{B}$ et $\mathcal{B}$ est une base orthonormée de E.

✎ *Retenir le raisonnement, il revient de temps en temps.*

Exercice 5.14

1. $\vec{x} \in G^\perp \Rightarrow (\forall \vec{y} \in G,\ \langle \vec{x}, \vec{y}\rangle = 0) \Rightarrow (\forall \vec{y} \in F,\ \langle \vec{x}, \vec{y}\rangle = 0) \Rightarrow \vec{x} \in F^\perp$.

✎ *Classique, on part de $\vec{x} \in G^\perp$ et...*

2. ► $\vec{x} \in (F+G)^\perp \Rightarrow (\forall (\vec{y}, \vec{z}) \in F \times G,\ \langle \vec{x}, \vec{y} + \vec{z}\rangle = 0)$.
En particulier, si $\vec{z} = 0_E$, on a : $\forall \vec{y} \in F$, $\langle \vec{x}, \vec{y}\rangle = 0$, donc $\vec{x} \in F^\perp$ et si $\vec{y} = 0_E$, on a : $\forall \vec{z} \in G$, $\langle \vec{x}, \vec{z}\rangle = 0$, donc $\vec{x} \in G^\perp$.
D'où : $\vec{x} \in F^\perp \cap G^\perp$ et $(F+G)^\perp \subset F^\perp \cap G^\perp$.
► $\vec{x} \in F^\perp \cap G^\perp \Rightarrow (\forall (\vec{y}, \vec{z}) \in F \times G,\ \langle \vec{x}, \vec{y}\rangle = 0$ et $\langle \vec{x}, \vec{z}\rangle = 0)$.
On a donc : $(\forall (\vec{y}, \vec{z}) \in F \times G,\ \langle \vec{x}, \vec{y} + \vec{z}\rangle = 0)$ et $\vec{x} \in (F+G)^\perp$.
D'où : $F^\perp \cap G^\perp \subset (F+G)^\perp$.

✎ *Là encore c'est classique, une égalité d'ensembles, c'est une double inclusion.*

3. $\vec{x} \in F^\perp + G^\perp \Rightarrow \big(\exists (\vec{x}_1, \vec{x}_2) \in F^\perp \times G^\perp$ tel que $\vec{x} = \vec{x}_1 + \vec{x}_2\big)$.
Donc : $\forall \vec{y} \in F \cap G$, $\langle \vec{x}, \vec{y}\rangle = \langle \vec{x}_1, \vec{y}\rangle + \langle \vec{x}_2, \vec{y}\rangle = 0$ et $\vec{x} \in (F \cap G)^\perp$.

✎ *Et l'autre inclusion ?*

*On s'appuie comme à l'***exercice 5.13** *sur le fait que $F^{\perp}$ est un supplémentaire de F.*

4. Comme E est de dimension finie, alors F, qui est lui-même de dimension finie, admet pour supplémentaire orthogonal $F^{\perp}$ et $\dim F + \dim F^{\perp} = \dim E$. De même : $\dim F^{\perp} + \dim \left(F^{\perp}\right)^{\perp} = \dim E$ donc $\dim \left(F^{\perp}\right)^{\perp} = \dim F$.
Comme il est toujours vrai que : $\left(F^{\perp}\right)^{\perp} \subset F$, on a : $\left(F^{\perp}\right)^{\perp} = F$.

Exercice 5.15

▸ On recherche les matrices $M = \begin{pmatrix} a & b \\ c & d \end{pmatrix}$ telles que :

$$\forall (\delta, \delta') \in \mathbb{R}^2,\ \langle M, \operatorname{diag}(\delta, \delta')\rangle = 0.$$

$$\begin{aligned}\langle M, \operatorname{Diag}(\delta, \delta')\rangle &= \operatorname{Tr}\left(M^T \operatorname{Diag}(\delta, \delta')\right)\\ &= \operatorname{Tr}\left[\begin{pmatrix} a & c \\ b & d \end{pmatrix}\begin{pmatrix} \delta & 0 \\ 0 & \delta' \end{pmatrix}\right]\\ &= \operatorname{Tr}\begin{pmatrix} a\delta & c\delta' \\ b\delta & d\delta' \end{pmatrix}\end{aligned}$$

$\forall (\delta, \delta') \in \mathbb{R}^2,\ \langle M, \operatorname{Diag}(\delta, \delta')\rangle = 0 \Leftrightarrow \forall (\delta, \delta') \in \mathbb{R}^2,\ a\delta + d\delta' = 0 \Leftrightarrow a = d = 0.$

On construit tranquillement les produits scalaires. Finalement, ce produit scalaire canonique des matrices revient souvent !

L'orthogonal cherché est : $\left\{\begin{pmatrix} 0 & b \\ c & 0 \end{pmatrix},\ (b, c) \in \mathbb{R}^2\right\}$.

▸ On recherche les matrices $M = \begin{pmatrix} a & b \\ c & d \end{pmatrix}$ telles que :

$$\forall (\delta, \delta', \delta'') \in \mathbb{R}^3,\ \left\langle M, \begin{pmatrix} \delta & \delta' \\ \delta' & \delta'' \end{pmatrix}\right\rangle = 0.$$

$$\begin{aligned}\left\langle M, \begin{pmatrix} \delta & \delta' \\ \delta' & \delta'' \end{pmatrix}\right\rangle &= \operatorname{Tr}\left(M\begin{pmatrix} \delta & \delta' \\ \delta' & \delta'' \end{pmatrix}\right)\\ &= \operatorname{Tr}\left[\begin{pmatrix} a & c \\ b & d \end{pmatrix}\begin{pmatrix} \delta & \delta' \\ \delta' & \delta'' \end{pmatrix}\right]\\ &= \operatorname{Tr}\begin{pmatrix} a\delta + c\delta' & a\delta' + c\delta'' \\ b\delta + d\delta' & b\delta' + d\delta'' \end{pmatrix}\\ &= a\delta + (c+b)\delta' + d\delta''\end{aligned}$$

$\forall (\delta, \delta', \delta'') \in \mathbb{R}^3,\ \left\langle M, \begin{pmatrix} \delta & \delta' \\ \delta' & \delta'' \end{pmatrix}\right\rangle = 0 \Leftrightarrow a = d = b + c = 0.$

On obtient les matrices antisymétriques.

L'orthogonal cherché est : $\left\{\begin{pmatrix} 0 & b \\ -b & 0 \end{pmatrix},\ b \in \mathbb{R}\right\}$.

Exercice 5.16

1. ▸ Soit $\vec{u} \in F^{\perp}$. Donc $\langle \vec{u}, \vec{e}_i\rangle = 0$ pour tout $i \in [\![1, n]\!]$.
D'après $(\mathcal{P})$, $\|\vec{u}\|^2 = 0$.

On a envie d'utiliser $(F^{\perp})^{\perp} = F$ mais ceci n'est valable que pour E de dimension finie.

▸ On a prouvé que $F^{\perp} = \{0\}$. Comme $E = F \oplus \{0_E\}$, tout vecteur $\vec{x} \in E$ se décompose de manière unique en $\vec{x} = \vec{y} + 0_E$ avec $\vec{y} \in F$. Donc $\vec{x} = \vec{y} \in F$ et $E \subset F$ donc $E = F$. Ainsi E est de dimension finie.

2. On applique $(\mathcal{P})$ aux vecteurs $\vec{e}_k$:

Il suffit en fait de montrer que pour tout i, $\|\vec{e}_i\| \leqslant 1$.

$$(1):\ \forall k \in [\![1, n]\!],\ \|\vec{e}_k\|^2 = \sum_{i=1}^{n} \langle \vec{e}_k, \vec{e}_i\rangle^2 = \|\vec{e}_k\|^4 + \sum_{i \neq k} \langle \vec{e}_k, \vec{e}_i\rangle^2.$$

Comme $\|\vec{e}_k\| \geqslant 1$, $\|\vec{e}_k\|^2 \leqslant \|\vec{e}_k\|^4$. L'égalité (1) donne :

$$\forall k \in [\![1, n]\!], \sum_{i \neq k} \langle \vec{e}_k, \vec{e}_i \rangle^2 \leq 0.$$

Il reste : $\forall k \in [\![1, n]\!], i \neq k \Rightarrow \langle \vec{e}_k, \vec{e}_i \rangle = 0$. $\mathcal{B}$ est orthogonale. (1) donne enfin : $\forall k \in [\![1, n]\!]$, $\|\vec{e}_k\|^2 = \|\vec{e}_k\|^4$. On a bien $\|\vec{e}_k\| = 1$. Comme $\mathcal{B}$ engendre $E = F$, $\mathcal{B}$ est une base orthonormale de E.

Une famille orthonormée est automatiquement libre.

3. a. On sait que $\mathcal{B}$ engendre E. Comme $\mathcal{B}$ est libre, on peut conclure.

b. $\forall (\vec{u}, \vec{v}) \in E^2$, $4\langle \vec{u}, \vec{v} \rangle = \|\vec{u} + \vec{v}\|^2 - \|\vec{u} - \vec{v}\|^2$. (Cours pur jus !)

c. On part (comme par hasard !) de l'identité de polarisation précédente :

$$\langle \vec{u}, \vec{v} \rangle = \frac{1}{4} \left[\|\vec{u} + \vec{v}\|^2 - \|\vec{u} - \vec{v}\|^2 \right]$$

On applique $(\mathcal{P})$ à $\vec{u} + \vec{v}$ et $\vec{u} - \vec{v}$.

$$= \frac{1}{4} \left[\sum_{i=1}^{n} \langle \vec{u} + \vec{v}, \vec{e}_i \rangle^2 - \sum_{i=1}^{n} \langle \vec{u} - \vec{v}, \vec{e}_i \rangle^2 \right].$$

On développe classiquement les produits scalaires :

$$\langle \vec{u}, \vec{v} \rangle = \frac{1}{4} \sum_{i=1}^{n} 4 \langle \vec{u}, \vec{e}_i \rangle \langle \vec{v}, \vec{e}_i \rangle = \sum_{i=1}^{n} \langle \vec{u}, \vec{e}_i \rangle \, \langle \vec{v}, \vec{e}_i \rangle.$$

d. On utilise la définition du produit matriciel (voir le cours de PCSI) :

$$\forall (i,j), (A^2)_{i,j} = \sum_{i=1}^{n} A_{i,k} A_{k,j} = \sum_{k=1}^{n} \langle \vec{e}_i, \vec{e}_k \rangle \, \langle \vec{e}_k, \vec{e}_j \rangle = \langle \vec{e}_i, \vec{e}_j \rangle.$$

La dernière égalité provient de la question précédente. Donc $A^2 = A$.

Tiens, A est une projection. Serait-elle orthogonale la bête ? Réponse plus loin !

e. Soit $\vec{u} = \sum_{i=1}^{n} x_i \vec{e}_i \in \operatorname{Ker} a$. Donc : $\forall i \in [\![1, n]\!], \sum_{j=1}^{n} A_{i,j} x_j = 0$.
En utilisant $A_{i,j} = \langle \vec{e}_i, \vec{e}_j \rangle$ et la bilinéarité du produit scalaire,

Attention, $\mathcal{B}$ n'est pas (encore) orthonormée donc pas question de simplifier.

$$\forall i \in [\![1, n]\!], \langle \vec{e}_i, \sum_{j=1}^{n} x_j \vec{e}_j \rangle = \langle \vec{e}_i, \vec{u} \rangle = 0.$$

Comme $\vec{u}$ est orthogonal à tous les éléments d'une base de E, il est donc nul. On a prouvé que $\operatorname{Ker} a = \{\vec{0}\}$.

f. Comme A est inversible (noyau nul donc injectif donc bijectif en dimension finie) , $A^2 = A$ entraîne $A = I_n$. Comme : $\forall (i,j), \langle \vec{e}_i \vec{e}_j \rangle = \delta_{i,j}$ (symbole de Kronecker), $\mathcal{B}$ est une famille (donc une base) orthonormée de E.

Donc a est une projection orthogonale (au sens large). Kultur : A s'appelle matrice de Gram de $\mathcal{B}$. Encore un thème possible de sujet !

Exercice 5.17

Si p est un projecteur orthogonal, alors $\operatorname{Ker} p$ et $\operatorname{Im} p$ sont supplémentaires orthogonaux.

$$\forall \vec{x} \in E, \exists \, (\vec{x}_1 = \vec{x} - p(\vec{x}), \vec{x}_2 = p(\vec{x})) \in \operatorname{Ker} p \times \operatorname{Im} p \text{ tel que } \vec{x} = \vec{x}_1 + \vec{x}_2.$$

Corrigé

D'après le théorème de Pythagore : $\|\vec{x}\|^2 = \|\vec{x}_1\|^2 + \|\vec{x}_2\|^2$, donc

$$\|\vec{x}_2\| = \|p(\vec{x})\| \leqslant \|\vec{x}\|.$$

Réciproquement, si p est une endomorphisme de E tel que :

$$\forall \vec{x} \in E,\ \|p(\vec{x})\| \leqslant \|\vec{x}\|.$$

Soit $\vec{x} \in \mathsf{Ker}\, p$ et $\vec{y} \in \mathsf{Im}\, p$,

$$\begin{aligned}\forall t \in \mathbb{R},\ \|t\vec{y}\| \leqslant \|\vec{x} + t\vec{y}\| &\Leftrightarrow \forall t \in \mathbb{R},\ t^2\|\vec{y}\|^2 \leqslant \|\vec{x} + t\vec{y}\|^2 \\ &\Leftrightarrow \forall t \in \mathbb{R},\ t^2\|\vec{y}\|^2 \leqslant \|\vec{x}\|^2 + 2t\langle \vec{x}, \vec{y}\rangle + t^2\|\vec{y}\|^2 \\ &\Leftrightarrow \forall t \in \mathbb{R},\ \|\vec{x}\|^2 + 2t\langle \vec{x}, \vec{y}\rangle \geqslant 0 \\ &\Rightarrow \langle \vec{x}, \vec{y}\rangle = 0.\end{aligned}$$

$p(\vec{x} + t\vec{y}) = t\vec{y}$

Donc $\mathsf{Ker}\, p$ et $\mathsf{Im}\, p$ sont orthogonaux et p est un projecteur orthogonal.

Cet exercice est un des grands classiques et on se doit de l'avoir vu !

p est un projecteur orthogonal si, et seulement si, $\forall \vec{x} \in E,\ \|p(\vec{x})\| \leqslant \|\vec{x}\|$.

Exercice 5.18

Faites-le !

1. Il suffit de se donner la peine de l'écrire.

2. φ est une forme linéaire sur E, d'où l'existence et l'unicité de A.

Posons $A = \sum_{k=0}^{n} a_k X^k$, $\varphi(P) = \langle A, P\rangle \Leftrightarrow \sum_{k=1}^{n} k\, p_k\, 3^{k-1} = \sum_{k=0}^{n} a_k\, p_k$.

Les réels $a_0 = 0$ et $a_k = k\,3^{k-1}$ conviennent. D'après l'unicité, on sait qu'il n'y en a pas d'autres, donc : $A = \sum_{k=1}^{n} k\,3^{k-1} X^k$ est le polynôme cherché.

Exercice 5.19

Nous allons déterminer d'abord la projection orthogonale de $\vec{u}$ sur F. Pour cela, on commence par déterminer une base de F. Puis on va chercher Gram et Schmidt.

On écrit : $\begin{cases} x - y - 2t &= 0 \\ y + z - 2t &= 0 \end{cases} \Rightarrow (x, y, z, t) = y\vec{u}_1 + t\vec{u}_2,$

où $\vec{u}_1(1, 1, -1, 0)$ et $\vec{u}_2(2, 0, 2, 1)$. Il est clair que $\{\vec{u}_1, \vec{u}_2\}$ est libre et est donc une base de F. Par le procédé de Gram-Schmidt, on trouve une base orthogonale puis orthonormale. On pose $\vec{v}_1 = \vec{u}_1$ et $\vec{v}_2 = \vec{u}_2 + a\vec{u}_1$. On choisit a de telle manière que $\vec{v}_1.\vec{v}_2 = 0$. On trouve : $a = 0$ (cela vous surprend t-il ?). On divise par les normes et une base orthonormale de F est :

$$\vec{w}_1 = \frac{1}{\sqrt{3}}\,(1, 1, -1, 0)\,,\ \vec{w}_2 = \frac{1}{3}\,(2, 0, 2, 1)\,.$$

La projection orthogonale de $\vec{u}$ sur F est : $p(\vec{u}) = (\vec{u}.\vec{w}_1)\vec{w}_1 + (\vec{u}.\vec{w}_2)\vec{w}_2$.

Après calcul : $p(\vec{u}) = \dfrac{4}{3}\,(2, 0, 2, 1)\,.$

La distance est : $\|\vec{u} - p(\vec{u})\| = \sqrt{\langle \vec{u} - p(\vec{u}), \vec{u} - p(\vec{u})\rangle} = \dfrac{\sqrt{126}}{3} = \sqrt{14}.$

Exercice 5.20

On montre sans difficulté toutes les propriétés d'un produit scalaire.

1. Si $M = (m_{i,j})$, $N = (n_{i,j})$ et $M^T N = (p_{i,j})$, alors $p_{i,j} = \sum_{k=1}^{3} m_{i,k} n_{j,k}$ et donc $p_{i,i} = \sum_{k=1}^{3} m_{i,k} n_{i,k}$. Il reste : $\mathrm{Tr}(M^T N) = \sum_{i=1}^{3}\sum_{k=1}^{3} m_{i,k} n_{i,k}$.

Si $M = N$ alors $\mathrm{Tr}(M^T M) = 0 \Leftrightarrow M = O$.

2. Ces deux sous-espaces vectoriels sont supplémentaires orthogonaux, c'est l'exemple de la **méthode 5.5** dans le cas particulier $n = 3$.

3. Pour tout $A \in \mathcal{M}_3(\mathbb{R})$, $M = \frac{1}{2}(A + A^T) + \frac{1}{2}(A - A^T)$.

Or, $\frac{1}{2}(A + A^T) \in \mathcal{S}_3(\mathbb{R})$ et $\frac{1}{2}(A - A^T) \in \mathcal{A}_3(\mathbb{R})$.

Donc, la projection orthogonale de A à $\mathcal{S}_3(\mathbb{R})$ est $\frac{1}{2}(A + A^T)$ et la distance de A à $\mathcal{S}_3(\mathbb{R})$ est :

$$\left\| A - \frac{1}{2}(A + A^T) \right\| = \frac{1}{2} \left\| A - A^T \right\| = \frac{1}{2}\sqrt{B^T B},$$

où $B = A - A^T$.

On obtient $B = \begin{pmatrix} 0 & 2 & 2 \\ -2 & 0 & 0 \\ -2 & 0 & 0 \end{pmatrix}$ et $B^T B = \begin{pmatrix} 8 & 0 & 0 \\ 0 & 4 & 4 \\ 0 & 4 & 4 \end{pmatrix}$.

Ainsi rapidement, $d(A, \mathcal{S}_3(\mathbb{R})) = 2$.

Exercice 5.21

▶ On rappelle qu'une base orthonormale de F est : $\{w_1(t), w_2(t)\}$, avec :

$$w_1(t) = \frac{\sqrt{3}}{\pi} t \text{ et } w_2(t) = \frac{4\sqrt{5}}{\pi^2} \left[t \left(t - \frac{3}{4}\pi \right) \right].$$

On a : $p_F(\cos) = \langle \cos t, w_1(t) \rangle w_1 + \langle \cos t, w_2 \rangle w_2$.

Or, $\langle \cos t, w_1(t) \rangle = \frac{1}{\pi} \int_0^{\pi} \frac{\sqrt{3}}{\pi} t \cos t \, dt = -\frac{2\sqrt{3}}{\pi^2}$ et $\langle \cos t, w_2(t) \rangle = -\frac{2\sqrt{5}}{\pi^2}$.

Un dernier développement donne : $p_F(\cos) = \frac{24}{\pi^3} t - \frac{40}{\pi^4} t^2$.

▶ $I = \inf_{(a,b) \in \mathbb{R}^2} \frac{1}{\pi} \int_0^{\pi} (\cos t - at - bt^2)^2 \, dt = \inf_{(a,b) \in \mathbb{R}^2} \| \cos t - at - bt^2 \|^2$.

Ainsi : $I = d^2(\cos, F) = \| \cos t - p_F(\cos t) \|^2 = \frac{\pi^4 - 64}{2\pi^4}$.

On applique la **méthode 5.7**.

Les calculs sont un peu long mais avec une bonne calculette...

Exercice 5.22

▶ On interpréte la distance : $\delta = \inf_{(a,b) \in \mathbb{R}^2} \int_0^1 (\sqrt{t} - at - b)^2 \, dt$ comme le carré de la distance de la fonction $t \mapsto \sqrt{t}$ à F.

▶ On part de la base canonique $\{1, t\}$ de F, à laquelle on applique le procédé de Gram-Schmidt.

On cherche une base orthogonale de F de la forme $u_1 = 1$ et $u_2 = t + a$.

On a l'implication : $\langle u_1, u_2 \rangle = 0 = \int_0^1 (t + a) \, dt \Rightarrow a = -\frac{1}{2}$.

Il reste à diviser les vecteurs $\vec{u}_1$ et $\vec{u}_2$ par leurs normes.

On a : $\langle u_1, u_1 \rangle = 1$ et $\langle u_2, u_2 \rangle = \int_0^1 (t - 1/2)^2 \, dt = \frac{1}{12}$.

Une base orthonormale de F est : $\{1, \sqrt{3}(2t - 1)\}$.

On a ensuite (avec la célèbre formule du cours) :

$$p_F(\sqrt{t}) = \left\langle \sqrt{t}, 1 \right\rangle 1 + \left\langle \sqrt{t}, \sqrt{3}(2t - 1) \right\rangle \sqrt{3}(2t - 1).$$

On aboutit à : $p_F(\sqrt{t}) = \frac{4}{15} + \frac{4}{5} t$.

Il reste le calcul : $\delta = \| \sqrt{t} - p_F(\sqrt{t}) \|^2 = \int_0^1 \left(\sqrt{t} - \frac{4}{15} - \frac{4}{5} t \right)^2 dt = \frac{1}{450}$.

Ici $\langle f, g \rangle = \int_0^1 f(t) g(t) \, dt$, *défini dans* $\mathscr{C}^0([0,1], \mathbb{R})$. *On pose aussi* $F = \mathbb{R}_1[X]$.

Synopsis : on détermine une base orthonormale de F puis la projection orthogonale p_F sur F de la fonction $t \mapsto \sqrt{t}$. On en déduira alors $\delta = \|\sqrt{t} - p(t)\|$. Tout cela ressemble à l'exemple 1 qui suit la **méthode 5.10**. *Et en plus, on utilise la même base orthonormale.*

Exercice 5.23

Menu du jour : intégration simple en entrée, intégration par parties ensuite, servie avec sa sauce récurrence.

1. Posons : $J_k = \displaystyle\int_0^{+\infty} t^k e^{-t}\,dt$.

Alors : $J_0 = \displaystyle\int_0^{+\infty} e^{-t}\,dt = \lim_{X\to+\infty}\int_0^X e^{-t}\,dt = 1 = 0!$.

Supposons que k soit un entier naturel pour lequel $J_k = k!$

$$\begin{aligned} J_{k+1} &= \lim_{X\to+\infty}\int_0^X t^{k+1}e^{-t}\,dt \\ &= \lim_{X\to+\infty}\left(\left[-t^{k+1}e^{-t}\right]_0^X + (k+1)\int_0^X t^k e^{-t}\,dt\right) \\ &= (k+1).k! = (k+1)! \end{aligned}$$

D'après le principe de récurrence : $\forall\, k \in \mathbb{N},\ J_k = k!$

2. En utilisant un raisonnement analogue à celui de la **méthode 5.2**, il suffit de montrer la convergence de $\langle P, Q\rangle$ pour tous polynômes P et Q.

On a : $\displaystyle\lim_{t\to+\infty} e^{t/2}P(t)Q(t)e^{-t} = 0$ donc $P(t)Q(t)e^{-t} = o(e^{-t/2})$.

Patron, vous nous servirez en dessert une petite révision des intégrales généralisées !

Comme l'intégrale $\displaystyle\int_0^{+\infty} e^{-t/2}\,dt$ est convergente alors l'intégrale $\displaystyle\int_0^{+\infty} P(t)Q(t)e^{-t/2}\,dt$ est absolument convergente.

Le lecteur montrera sans difficulté que $\langle\,,\,\rangle$ est un produit scalaire.

Si $k \in \mathbb{N}$, d'aprés la question précédente, $\left\langle X^k | 1\right\rangle = k!$

3. Si $P_0 \in F$, les a_k sont les coordonnées de P_0 dans la base de F :

$$(X, X^2, \ldots, X^n).$$

4. $1 - P_0 \perp F$ par construction donc $\forall i \in [\![1, n]\!]$, $\left\langle 1 - P_0, X^i\right\rangle = 0$.

On utilise le calcul de J_k ici.

$$\begin{aligned} \text{Or, } \left\langle 1 - P_0, X^i\right\rangle &= \int_0^{+\infty}\left(1 - \sum_{k=1}^n a_k t^k\right)e^{-t}t^i\mathrm{d}t \\ &= \int_0^{+\infty} e^{-t}t^i\,dt - \sum_{k=1}^n\int_0^{+\infty} a_k t^{k+i}e^{-t}\,dt \\ &= i! - \sum_{k=1}^n a_k(k+i)! \\ &= i!\left(1 - \sum_{k=1}^n (i+1)(i+2)\cdots(i+k)a_k\right) \\ &= P(i). \end{aligned}$$

Donc : $P(i) = 0$ pour tout $i \in [\![1, n]\!]$.

5. Le carré de la distance entre deux polynômes P et Q est :

$$\|P - Q\|^2 = \int_0^{+\infty}(P(t) - Q(t))^2 e^{-t}\,dt.$$

On pose : $\forall k, e_k(t) = t^k$. La fonction $t \mapsto -b_1t - \ldots - b_nt^n$ est une combinaison linéaire quelconque des polynômes e_k pour k variant de 1 à n.

Alors : $\displaystyle\int_0^{+\infty}(1 + b_1t + \ldots + b_nt^n)^2 e^{-t}\,dt = \|e_0 - (-b_1t - \ldots - b_nt^n)\|^2$.

Posons pour la suite : $d^2 = \min_{Q\in E} \|e_0 - Q\|^2$.

Reprenons ensuite : $P_0 = \sum_{k=1}^{n} a_k e_k$. On a : $d^2 = \|e_0 - P_0\|^2$.

En reprenant le polynôme P de la question précédente :

$$\forall j \in [\![1, n]\!], \left[P(j) = 0 \Leftrightarrow \sum_{k=1}^{n} a_k (k+j)(k+j-1)...(j+1) = 1 \right].$$

Par ailleurs, on a le développement :

$$d^2 = \|e_0 - P_0\|^2 = \langle e_0 - P_0, e_0 - P_0 \rangle = \langle e_0 - P_0, e_0 \rangle$$

car $e_0 - P_0$ est orthogonal à P_0. En remplaçant P_0 par $\sum_{k=1}^{n} a_k e_k$, on obtient :

$$d^2 = \left\langle e_0 - \sum_{k=1}^{n} a_k e_k, e_0 \right\rangle = \langle e_0, e_0 \rangle - \sum_{k=1}^{n} a_k \langle e_k, e_0 \rangle,$$

Le cours permet d'écrire que la distance d'un vecteur au sous-espace vectoriel E est minimale en un unique vecteur P_0 de E qui est le projeté orthogonal de e_0 sur E.

c'est-à-dire : $d^2 = 1 - \sum_{k=1}^{n} a_k j!$

P est de degré inférieur ou égal à n et $d^2 = P(0)$.

Puis, si l'on remplace X par j, entier de 1 à n, on obtient :

$$P(j) = 1 - \sum_{i=1}^{n} a_i (j+i)(j+i-1) \times ... \times (j+1).$$

On remarque que l'on n'a pas besoin des coefficients a_k explicites mais seulement la valeur de la somme $\sum_{k=1}^{n} a_k j!$

Or, cette quantité est nulle. Donc on connaît n racines de P. On peut écrire P sous forme de facteurs irréductibles. La seule chose qui nous manque est la connaissance du facteur dominant, que l'on note α_n. On écrit :

$$(1) \ \ P = \alpha_n \prod_{k=1}^{n} (X-k).$$

On a de la chance car on connaît aussi $P(-1)$. En effet, en développant P :

$$P = -a_1(X+1) - a_2(X+2)(X+1) - ... - a_n(X+n)...(X+1) + 1$$

et donc en remplaçant X par -1, il reste : $P(-1) = 1$.

On écrit, en remplaçant X par -1 dans (1),

Avouons-le, cette question est un peu compliquée si l'on n'a pas l'indication du polynôme P. Si vous êtes encore coincé, il n'y a plus qu'à aller voir un bon kiné !

$$\alpha_n \prod_{k=1}^{n} (-1-k) = -1 \Rightarrow \alpha_n (-1)^n (n+1)! = 1.$$

Ainsi, $\alpha_n = \dfrac{(-1)^n}{(n+1)!}$ et, en remplaçant dans (1), on obtient (2).

$$(2) \ \ P(X) = \frac{(-1)^n}{(n+1)!} \prod_{k=1}^{n} (X-k).$$

Comme $d^2 = P(0)$, on remplace X par 0 dans (2) et on obtient :

$$d^2 = P(0) = \frac{(-1)^n}{(n+1)!}(-1)^n n! = \frac{1}{n+1}.$$

Finalement : $\displaystyle\min_{(b_1,\dots,b_n)\in\mathbb{R}^n} \int_0^{+\infty} (1 + b_1 t + \dots + b_n t^n)^2 e^{-t}\, dt = \frac{1}{n+1}.$

Exercice 5.24

1. f et g deux fonctions de E : Soit $[a,b]$ un segment inclus dans $]-1,1[$. D'après l'inégalité de Cauchy-Schwarz appliquée au *p.s* $\langle f,g\rangle = \int_a^b t^2 f(t)g(t)\,dt$ sur l'espace vectoriel des fonctions continues sur $[a,b]$ et pour tout $(f,g) \in E^2$ et pour tout $(a,b) \in]0,1[$,

$$\begin{aligned}\int_a^b \left|t^2 f(t)g(t)\right| dt &\leqslant \left(\int_a^b t^2 f(t)^2 dt\right)^{1/2} . \left(\int_a^b t^2 g(t)^2\, dt\right)^{1/2}\\ &\leqslant \left(\int_0^1 t^2 f(t)^2\, dt\right)^{1/2} . \left(\int_0^1 t^2 g(t)^2\, dt\right)^{1/2}\end{aligned}$$

donc l'intégrale de fonctions positives $\int_0^1 \left|t^2 f(t)g(t)\right| dt$ converge.

Or $(f+g)^2 = f^2 + g^2 + 2fg$ donc $\int_0^1 t^2 (f+g)^2(t)\,dt$ converge et $f+g \in E$.

La preuve que $\langle\,,\,\rangle$ définit un produit scalaire est décrite dans la **méthode 5.2**.

On en déduit la stabilité de E par addition, la stabilité par multiplication par un réel ne posant pas de problème.
E est un sous-espace vectoriel de $\mathscr{C}^0(]0,1[,\mathbb{R})$.

Amusez vous à poser les calculs.

2. Étape 1 : on orthogonalise la base canonique de $\mathbb{R}_1[X]$.
Étape 2 : on projette ln sur $\mathbb{R}_1[X]$.
Étape 3 : on calcule $m = d(\ln, \mathbb{R}_1[X])$.

Exercice 5.25

Voici un exercice un peu théorique sans application numérique. Il en faut bien ! La preuve est très formatrice. Parcourez là !

1. Soit u l'endomorphisme de E canoniquement associé à A, et $F = \operatorname{Im} u$, E étant de dimension finie, F admet un supplémentaire orthogonal dans E. Soit B_0 le projeté orthogonal de B sur F. Alors :

$$\forall Y \in F, \|B_0 - B\| \leqslant \|Y - B\|.$$

Or : $F = \{A.X, X \in E\}$ donc : $\forall X \in E, \|B_0 - B\| \leqslant \|A.X - B\|$.
Par ailleurs, $B_0 \in F$ donc $\exists X_0 \in E, A.X_0 = B_0$.
Ainsi : $\exists X_0 \in E$ tel que, $\forall X \in A, \|A.X_0 - B\| \leqslant \|A.X - B\|$.

2. ▸ F étant engendré par les vecteurs colonnes de la matrice A, si $Y \in E$ alors $Y \in F^\perp$ si, et seulement si, Y est orthogonal à chacune des colonnes de A, c'est-à-dire si, et seulement si, $Y^T.A = 0_{1,n}$, ce qui équivaut à $A^T.Y = 0_{n,1}$. Or, B_0 est l'unique élément de F tel que $B - B_0 \perp F$, donc :

$$A^T.(B - B_0) = A^T.(B - A.X_0) = 0_{n,1}\,;$$

on aboutit bien à $A^T.B = A^T A.X_0$.

Il admet une infinité de solutions.

▸ Dans le cas où $\operatorname{Rg} A < n$, il est clair que $\operatorname{Rg} A^T A < n$. Pourtant, $A^T A$ est d'ordre n. Donc l'équation $A^T.B = A^T A.X$ a soit aucune solution, soit une infinité et comme elle admet la solution X_0, elle en a une infinité.

Chapitre 6

Isométries et endomorphismes symétriques d'un espace euclidien

De nombreux termes mathématiques proviennent du grec. Certains, comme **parallèle** ou **hypoténuse**, existaient déjà dans l'Antiquité. C'est le cas du mot **mathématiques** lui-même qui provient de **mathema** ou plutôt de son pluriel **mathemata**. Ce mot désignait aussi bien le fait d'apprendre que son résultat : la connaissance, la science. Depuis la Renaissance, on crée de nouveaux mots sur des racines grecques. On reconnaît ainsi dans **orthogonal**, *orthos* et *gonos* qui signifient respectivement droit et angle. **Endomorphisme** est construit sur les racines grecques *endon*, en dedans et *morphe*, forme. C'est à **Euclide** qu'appartient l'immense mérite d'avoir abordé la géométrie de manière scientifique dans son célèbre ouvrage *Les Éléments*, qui fut la principale référence pendant près de vingt siècles.

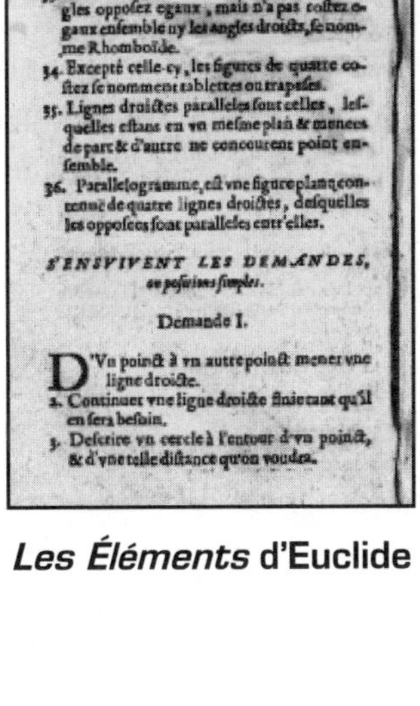
8

32. Celle qui a les costez egaux, mais non les angles droicts, se nomme Rhombe.
33. Mais celle qui a les costez opposez & les angles opposez egaux, mais n'a pas costez egaux ensemble ny les angles droicts, se nomme Rhomboïde.
34. Excepté celle-cy, les figures de quatre costez se nomment tablettes ou trapezes.
35. Lignes droictes paralleles sont celles, lesquelles estans en vn mesme plan & menees de part & d'autre ne concourent point ensemble.
36. Parallelogramme, est vne figure plane contenue de quatre lignes droictes, desquelles les opposees sont paralleles entr'elles.

S'ENSVIVENT LES DEMANDES, ou positions simples.

Demande I.

D'Vn poinct à vn autre poinct mener vne ligne droicte.
2. Continuer vne ligne droicte finie tant qu'il en sera besoin.
3. Descrire vn cercle à l'entour d'vn poinct, & d'vne telle distance qu'on voudra.

***Les Éléments* d'Euclide**

Objectifs

Les incontournables

- ▷ Se familiariser avec les isométries vectorielles (ou automorphismes orthogonaux) d'un espace euclidien
- ▷ Savoir caractériser les matrices orthogonales
- ▷ Connaître la notion d'endomorphisme symétrique
- ▷ Connaître le théorème fondamental sur la diagonalisabilité des endomorphismes et des matrices symétriques
- ▷ Savoir classifier les endomorphismes orthogonaux de $\mathbb{R}^2$
- ▷ Savoir étudier une rotation dans $\mathbb{R}^3$ et trouver en particulier son axe et son angle
- ▷ Connaître analytiquement et géométriquement le produit vectoriel
- ▷ Connaître le spectre d'une isométrie vectorielle et préciser les éléments φ de $O(\mathbb{R}^3)$ dans le cas où φ est diagonalisable dans $\mathbb{R}$.

Et plus si affinités...

- ▷ Savoir écrire analytiquement une symétrie orthogonale par rapport au *s.e.v* F, à partir d'un système d'équations de F ou d'une base de F dans le cas $n \leq 3$
- ▷ Savoir classifier les isométries vectorielles de $\mathbb{R}^3$
- ▷ Savoir faire un changement intelligent de base orthonormée dans $\mathbb{R}^3$ pour par exemple écrire analytiquement une rotation dans $\mathbb{R}^3$
- ▷ Utiliser le caractère symétrique d'une matrice pour faciliter la recherche de ses éléments propres.

Résumé de cours

$(E, \langle\, ,\, \rangle)$ est un espace euclidien de dimension finie n de norme associée $\|\,.\,\|$.

Isométries vectorielles d'un espace euclidien

Définition : Isométries vectorielles (ou automorphismes orthogonaux)—. *Un endomorphisme u de E est une **isométrie vectorielle** lorsqu'il conserve le produit scalaire, c'est-à-dire lorsque :*

$$\forall\,(\vec{x},\vec{y}) \in E^2,\ \langle u(\vec{x}), u(\vec{y})\rangle = \langle \vec{x},\vec{y}\rangle\,.$$

Proposition 6.1.— Conservation de la norme —. Un endomorphisme u de E est une isométrie vectorielle si et seulement s'il conserve la norme, c'est-à-dire si et seulement si :

$$\forall\,\vec{x} \in E,\ \|u(\vec{x})\| = \|\vec{x}\|.$$

Proposition 6.2.— Bijectivité —. Une isométrie vectorielle est un automorphisme de E.

Proposition 6.3.— Soit u un endomorphisme de E, les propositions suivantes sont équivalentes :

(i) u est une isométrie vectorielle de E ;

(ii) u est un endomorphisme de E transformant toute base orthonormée de E en une base orthonormée de E ;

(iii) il existe une base orthonormée de E que l'endomorphisme u transforme en une base orthonormée de E.

Définition : Groupe orthogonal —.
*L'ensemble $\mathrm{O}(E)$ des isométries vectorielles de E est appelé **groupe orthogonal** de E.*

Proposition 6.4.— Stabilité des s.e.v —.
Si F est un s.e.v de E, stable par $\phi \in O(E)$, alors $F^{\perp}$ est stable par ϕ.

Remarque : Cette proposition est complétée par l'**exercice 6.1**.

Matrices orthogonales

Définition : Matrice orthogonale —. *Une matrice de $\mathcal{M}_n(\mathbb{R})$ est **orthogonale** lorsque l'endomorphisme de $\mathbb{R}^n$ qui lui est canoniquement associé est une isométrie vectorielle.*

Notation : *L'ensemble des matrices orthogonales de $\mathcal{M}_n(\mathbb{R})$ est noté $\mathrm{O}(n)$ ou $\mathrm{O}_n(\mathbb{R})$.*

Théorème-Définition 6.5.— Matrices orthogonales —.
Soit M une matrice de $\mathcal{M}_n(\mathbb{R})$, les propositions suivantes sont équivalentes :

(i) M est une matrice orthogonale ;

(ii) les colonnes de M forment une base orthonormée de $\mathbb{R}^n$;

(iii) M est inversible et $M^{-1} = M^T$;

(iv) $M^T M = I_n$ (ou $\mathrm{M}\ \mathrm{M}^T = I_n$) ;

(v) les lignes de M forment une base orthonormée de $\mathbb{R}^n$.

Remarques : 1. M est orthogonale si et seulement si M^{-1} l'est d'une part, et si et seulement si M^T l'est d'autre part, ce qui justifie l'équivalence **(ii)**$\Longleftrightarrow$**(v)**.
2. L'inverse de $\begin{pmatrix} \cos\theta & -\sin\theta \\ \sin\theta & \cos\theta \end{pmatrix}$, $\theta \in \mathbb{R}$, qui est orthogonale, est $\begin{pmatrix} \cos\theta & \sin\theta \\ -\sin\theta & \cos\theta \end{pmatrix}$.
3. Écrire $M^TM = I_n$ est en effet équivalent à écrire $MM^T = I_n$ car alors : $M^{-1} = M^T$.

Proposition 6.6.— La matrice de passage entre deux bases orthonormées est orthogonale.

Théorème-Définition 6.7.— Caractérisation matricielle d'une isométrie vectorielle —.
Les propositions suivantes sont équivalentes :

(i) u est une isométrie vectorielle ;

(ii) dans toute base orthonormée, la matrice associée à u est orthogonale ;

(iii) il existe une base orthonormée dans laquelle la matrice associée à u est orthogonale.

Proposition 6.8.— Déterminant d'une matrice orthogonale —.
Le déterminant d'une matrice orthogonale (respectivement d'une isométrie vectorielle) vaut ± 1.

Définition : Groupe spécial orthogonal d'ordre n **—.** *L'ensemble des matrices orthogonales de déterminant égal à* 1 *est appelé* ***groupe spécial orthogonal d'ordre*** n *et noté* $\mathrm{SO}(n)$ *ou* $\mathrm{SO}_n(\mathbb{R})$.

Proposition 6.9.— Valeurs propres réelles d'une matrice orthogonale —.
Les valeurs propres réelles d'une matrice de $\mathrm{O}(n)$ appartiennent à $\{-1, 1\}$.

■ Espace euclidien orienté de dimension 2 ou 3.

Théorème-Définition 6.10.— Orientation-Produit mixte —. Ici $n \in \{2, 3\}$. Orienter $\mathbb{R}^n$, c'est choisir une base orthonormée $\mathcal{B} = \{\vec{e}_1, ..., \vec{e}_n\}$ de $\mathbb{R}^n$. Soit $\mathcal{B}' = \{\vec{e}'_1, ..., \vec{e}'_n\}$ une autre base orthonormée de $\mathbb{R}^n$. On dit qu'elle est **directe** si $\mathrm{Det}_{\mathcal{B}}(\mathcal{B}') = 1$ et **indirecte** si $\mathrm{Det}_{\mathcal{B}}(\mathcal{B}') = -1$.
Si $\vec{u}$, $\vec{v}$ sont deux vecteurs de $\mathbb{R}^2$ (respectivement $\vec{u}$, $\vec{v}$ et $\vec{w}$ sont trois vecteurs de $\mathbb{R}^3$), le réel $\mathrm{Det}_{\mathcal{B}}(\vec{u}, \vec{v})$, noté $[\vec{u}, \vec{v}]$ (respectivement $\mathrm{Det}_{\mathcal{B}}(\vec{u}, \vec{v}, \vec{w})$, noté $[\vec{u}, \vec{v}, \vec{w}]$) est indépendant de la base orthonormée directe $\mathcal{B}$ dans laquelle on le calcule. Ce nombre est appelé **produit mixte** des deux vecteurs $\vec{u}$ et $\vec{v}$ (respectivement des trois vecteurs $\vec{u}, \vec{v}, \vec{w}$).

Dans le plan $\mathbb{R}^2$, la base orthonormée directe de référence est telle que le second vecteur est obtenu « en tournant » d'un angle droit le premier vecteur dans le sens inverse des aiguilles d'une montre (appelé aussi sens trigonométrique).

Remarque : Ainsi, $P_{\mathcal{B}}^{\mathcal{B}'} \in \mathrm{SO}_n(\mathbb{R})$ si $\mathcal{B}'$ est directe et $P_{\mathcal{B}}^{\mathcal{B}'} \in \mathrm{O}_n(\mathbb{R}) \setminus \mathrm{SO}_n(\mathbb{R})$ si $\mathcal{B}'$ est indirecte.

Application : orientation dans le plan et l'espace d'une droite ou d'un plan
1. On oriente une droite D de $\mathbb{R}^2$ ou $\mathbb{R}^3$ par la donnée d'un vecteur $\vec{n}$ de norme 1, base de D.
2. Soit $\{\vec{u}_1, \vec{u}_2\}$ une base orthonormée d'un plan P de $\mathbb{R}^3$. Orienter P c'est choisir un vecteur $\vec{u}_3$ orthogonal à P tel que $\{\vec{u}_1, \vec{u}_2, \vec{u}_3\}$ soit directe.

Théorème-Définition 6.11.— Produit vectoriel —. Si $\vec{u}$ et $\vec{v}$ sont deux vecteurs de $\mathbb{R}^3$, il existe un unique vecteur $\vec{w}$ de $\mathbb{R}^3$ tel que : $\forall \vec{X} \in \mathbb{R}^3$, $\left[\vec{u}, \vec{v}, \vec{X}\right] = \left\langle \vec{w}, \vec{X} \right\rangle$.
Ce vecteur $\vec{w}$ est appelé **produit vectoriel de** $\vec{u}$ **par** $\vec{v}$ et noté $\vec{u} \wedge \vec{v}$.

Remarque : On utilise la **proposition 5.23** pour définir le produit vectoriel.

Proposition 6.12.— Propriétés du produit vectoriel —.

1. L'application $(\vec{u}, \vec{v}) \mapsto \vec{u} \wedge \vec{v}$ est bilinéaire alternée, c'est-à-dire qu'elle est linéaire par rapport à chacune des variables (l'autre étant fixée) et que $\vec{v} \wedge \vec{u} = -\vec{u} \wedge \vec{v}$.
2. $\vec{u} \wedge \vec{v}$ est orthogonal à $\vec{u}$ et à $\vec{v}$. De plus : $\vec{u} \wedge \vec{v} = 0_{\mathbb{R}^3} \Leftrightarrow \vec{u}$ et $\vec{v}$ colinéaires.
3. Si $\vec{u}$ et $\vec{v}$ sont non colinéaires, $(\vec{u}, \vec{v}, \vec{u} \wedge \vec{v})$ est une base directe de $\mathbb{R}^3$, c'est-à-dire : $[\vec{u}, \vec{v}, \vec{w}] > 0$.

Proposition 6.13.— Expression analytique du produit vectoriel —.
Si, dans une base orthonormée directe de $\mathbb{R}^3$, $\vec{u}$ et $\vec{v}$ ont respectivement pour coordonnées (x, y, z) et (x', y', z') alors $\vec{u} \wedge \vec{v}$ a, dans cette base, pour coordonnées : $(yz' - y'z, zx' - xz', xy' - x'y)$.

Définition : Angle de deux vecteurs de $\mathbb{R}^3$ —. *Soient $\vec{u}$ et $\vec{v}$ deux vecteurs non nuls de $\mathbb{R}^3$, **la mesure de l'angle des vecteurs $\vec{u}$ et $\vec{v}$** est l'unique réel θ de l'intervalle $[0, \pi]$ tel que :* $\dfrac{\langle \vec{u} | \vec{v} \rangle}{\|\vec{u}\| \, \|\vec{v}\|} = \cos\theta$. *(Il s'agit d'un angle « géométrique ».)*

Proposition 6.14.— Définition géométrique du produit vectoriel —. Soient $\vec{u}$ et $\vec{v}$ deux vecteurs non liés et P le plan engendré par $\vec{u}$ et $\vec{v}$. Soit $\vec{w}$ un vecteur unitaire orientant P.
Alors : $\vec{u} \wedge \vec{v} = \|\vec{u}\| \times \|\vec{v}\| (\sin\theta) \vec{w}$.
Le réel θ désigne une mesure de l'angle orienté de $\vec{u}$ et $\vec{v}$ selon $\vec{w}$ dans le plan P.

Proposition 6.15.— Interprétation géométrique comme aire ou volume —.
1. $\|\vec{u} \wedge \vec{v}\|$ est l'aire du parallélogramme construit sur $\vec{u}$ et $\vec{v}$.
2. $|[\vec{u}, \vec{v}, \vec{w}]|$ est le volume du parallélépipède construit sur $\vec{u}, \vec{v}$ et $\vec{w}$.

■ Cas des symétries orthogonales en dimension 2 ou 3

Définition : *Soit p_F la projection orthogonale sur le s.e.v F de E. Alors $s_F = 2p_F - Id_E$ est la symétrie orthogonale par rapport à F.*

Remarque : Une symétrie orthogonale est un élément de $O(E)$. Les symétries orthogonales permettent de classifier $O(E)$. C'est à connaître si $\dim E = 2$ et peut être utile si $\dim E = 3$ pour ceux qui veulent approfondir. Dans le cas où $\dim E > 3$, cela est réservé à quelques sujets de concours.

Corollaire 6.16.— Caractérisation matricielle d'une symétrie orthogonale —.
Soit ϕ un endomorphisme de E représenté par une matrice M dans une base orthonormée de E. ϕ est une une symétrie orthogonale si et seulement si $M^2 = I_n$ et $M^T = M$.

■ Isométries vectorielles d'un plan euclidien

Proposition 6.17.— Matrices des automorphismes orthogonaux de $\mathbb{R}^2$ —.
La matrice, dans une base orthonormée quelconque, d'une isométrie vectorielle de $\mathbb{R}^2$ est de l'une des deux formes suivantes : $\begin{pmatrix} \cos\theta & -\sin\theta \\ \sin\theta & \cos\theta \end{pmatrix}$ ou $\begin{pmatrix} \cos\theta & \sin\theta \\ \sin\theta & -\cos\theta \end{pmatrix}$, $\theta \in \mathbb{R}$.

Donc : $\mathrm{SO}(2) = \left\{ R(\theta) = \begin{pmatrix} \cos\theta & -\sin\theta \\ \sin\theta & \cos\theta \end{pmatrix}, \theta \in \mathbb{R} \right\}$.

Définition : Rotations vectorielles planes —.
Les éléments de $\mathrm{SO}(\mathbb{R}^2)$ *sont appelés* ***rotations vectorielles planes.***
Pour toute rotation vectorielle plane r*, il existe un réel* θ*, unique à un multiple entier de* 2π *près, tel que, quelle que soit la base* $\mathcal{B}$ *orthonormée directe de* $\mathbb{R}^2$*,* $M_{\mathcal{B}}(r) = R(\theta) = \begin{pmatrix} \cos\theta & -\sin\theta \\ \sin\theta & \cos\theta \end{pmatrix}$.
θ *est* ***une mesure de l'angle de cette rotation****, qui est, alors,* ***la rotation d'angle*** θ.

Remarque : Le produit des rotations d'angles θ et θ' est la rotation d'angle $\theta + \theta'$.

Proposition 6.18.— Si r est la rotation d'angle θ, alors, pour tout vecteur unitaire $\vec{a}$ de $\mathbb{R}^2$:
$$\cos\theta = \langle \vec{a}, r(\vec{a}) \rangle \text{ et } \sin\theta = [\vec{a}, r(\vec{a})] .$$
(le déterminant étant calculé dans une base orthonormée directe).

Proposition 6.19.— Automorphismes orthogonaux négatifs du plan —. Les automorphismes orthogonaux du plan qui ne sont pas dans $\mathrm{SO}(\mathbb{R}^2)$ sont des symétries orthogonales.

Isométries d'un espace euclidien de dimension trois

Proposition 6.20.— Matrices des automorphismes orthogonaux de $\mathrm{SO}(\mathbb{R}^3)$ —.
$f \in \mathrm{SO}(\mathbb{R}^3)$ si et seulement s'il existe une base orthonormée directe $(\vec{u}, \vec{v}, \vec{w})$ de $\mathbb{R}^3$ dans laquelle la matrice de f est : $\begin{pmatrix} 1 & 0 & 0 \\ 0 & \cos\theta & -\sin\theta \\ 0 & \sin\theta & \cos\theta \end{pmatrix}$.
f est la **rotation de $\mathbb{R}^3$ d'axe $D = \mathrm{Vect}\,(\vec{u})$ et d'angle** θ, que l'on note $r(D, \theta)$.

Le choix de $\vec{u}$ oriente le plan $\vec{u}^{\perp}$. f est aussi bien $r_{(D,\theta)}$ que $r_{(\mathrm{Vect}\,(-u),-\theta)}$.

Remarque : La classification complète des éléments de $\mathrm{O}(\mathbb{R}^3)$ n'est pas au programme officiel.

Réduction des endomorphismes et des matrices symétriques réelles

Définition : $\phi \in \mathcal{L}(E)$ *est* **symétrique** *si et seulement si :* $\forall (\vec{x}, \vec{y}) \in E^2$, $\langle \phi(\vec{x}), \vec{y} \rangle = \langle \vec{x}, \phi(\vec{y}) \rangle$.

On note généralement $S(E)$ l'ensemble ($s.e.v$ de $\mathcal{L}(E)$) des endomorphismes symétriques.

Proposition 6.21.— Soient $B = (e_1, ..., e_n)$ une **base orthonormée** de E et ϕ un endomorphisme de E. Alors : $\phi \in S(E) \Leftrightarrow \mathrm{Mat}_B(\phi)$ est symétrique.

Proposition 6.22.— Diagonalisabilité des endomorphismes symétriques —. Si u est un endomorphisme symétrique de E, alors E est somme directe orthogonale des sous-espaces propres de u. De ce fait, E possède une base orthonormée formée de vecteurs propres de u.

Corollaire 6.23.— Diagonalisation des matrices symétriques réelles —.
Toute matrice symétrique réelle est diagonalisable au moyen d'une matrice orthogonale.

Remarque : ceci signifie que, si S est une matrice symétrique réelle d'ordre n, il existe un couple (non unique) de matrices (P, Δ), où $P \in O(n)$ et Δ est diagonale, tel que : $S = P.\Delta.P^T$.

Méthodes

Isométries vectorielles et matrices orthogonales

Méthode 6.1.— Comment montrer qu'une matrice est orthogonale

Soit $A \in \mathcal{M}_n(\mathbb{R})$, $A \in \mathrm{O}(n)$ lorsque :

- Ses vecteurs colonnes (ou ses vecteurs lignes) forment une base orthonormée de $\mathbb{R}^n$.
- $A^T A = I_n$.
- Elle est la matrice dans une base orthonormée d'un endomorphisme orthogonal.

Soit $A \in \mathrm{O}(n)$, A appartient à $\mathrm{SO}(n)$ lorsque :

- Son déterminant est égal à 1.
- La base orthonormée de $\mathbb{R}^n$ formée par ses vecteurs colonnes (ou ses vecteurs lignes) est directe.
- Dans le cas particulier où $n = 3$, le produit vectoriel de ses deux premières colonnes (lignes) est égal à la troisième.

Mise en œuvre : exercice 6.5, **exercice 6.8**, **exercice 6.19** à **exercice 6.21**.

Exemple : *Soit* $A = \begin{pmatrix} 0 & -c & b \\ c & 0 & -a \\ -b & a & 0 \end{pmatrix}$, *avec a, b et c réels non tous nuls.*

1. *Montrer que $I_3 + A$ est inversible. Que dire de $I_3 - A$?*

2. *Montrer que $(I_3 - A)(I_3 + A)^{-1} \in \mathrm{SO}(3)$.*

1. $\mathrm{Det}\,(I_3 + A) = \begin{vmatrix} 1 & -c & b \\ c & 1 & -a \\ -b & a & 1 \end{vmatrix} = 1 + a^2 + b^2 + c^2 \neq 0.$

$I_3 + A$ est inversible, $I_3 - A$ aussi puisque $\mathrm{Det}\,(I_3 - A) = 1 + a^2 + b^2 + c^2$.

2. ▸ $\mathrm{Det}\,\left[(I_3 - A)(I_3 + A)^{-1}\right] = \mathrm{Det}\,(I_3 - A)\frac{1}{\mathrm{Det}\,(I_3+A)} = 1.$

▸ Remarquons que $(I_3 + A)^T = I_3 - A$, que $(I_3 - A)(I_3 + A) = I_3 - A^2 = (I_3 + A)(I_3 - A)$ et que, si M est inversible, M^T l'est aussi, avec $\left(M^T\right)^{-1} = \left(M^{-1}\right)^T$.

$$\begin{aligned}
\left((I_3 - A)(I_3 + A)^{-1}\right)\left((I_3 - A)^T(I_3 + A)^{-1}\right) &= (I_3 - A)(I_3 + A)^{-1}(I_3 - A)^{-1}(I_3 + A) \\
&= (I_3 - A)\big((I_3 - A)(I_3 + A)\big)^{-1}(I_3 + A) \\
&= (I_3 - A)(I_3 - A^2)^{-1}(I_3 + A) \\
&= (I_3 - A)\big((I_3 + A)(I_3 - A)\big)^{-1}(I_3 + A) \\
&= (I_3 - A)(I_3 - A)^{-1}(I_3 + A)^{-1}(I_3 + A) = I_3
\end{aligned}$$

$$(I_3 - A)(I_3 + A)^{-1} \in \mathrm{SO}(3).$$

❑ Méthode 6.2.— Comment montrer que $\phi \in \mathcal{L}(E)$ est une isométrie vectorielle
$(E, \langle\ ,\ \rangle)$ est un espace euclidien. Pour montrer que $\phi \in \mathrm{O}(E)$, on peut :

- Revenir à la définition en montrant qu'il conserve le produit scalaire : $\forall\,(\vec{x},\vec{y}) \in E^2$, $\langle \phi(\vec{x}), \phi(\vec{y})\rangle = \langle \vec{x},\vec{y}\rangle$, ou la norme : $\forall\,\vec{x} \in E$, $\|\phi(\vec{x})\| = \|\vec{x}\|$.
- Montrer qu'il transforme une base orthonormée en une base orthonormée.
- Vérifier que sa matrice dans une base orthonormée donnée est orthogonale.

Mise en œuvre : exercice 6.3, exercice 6.18.

Exemple : *Soit $\vec{u}$ un vecteur unitaire de $\mathbb{R}^n$. Montrer que l'application linéaire de $\mathbb{R}^n$ dans $\mathbb{R}^n$ définie par $f(\vec{x}) = \vec{x} - 2\langle \vec{u},\vec{x}\rangle \vec{u}$ est une isométrie vectorielle de $\mathbb{R}^n$.*

$$\forall\,(\vec{x},\vec{y}) \in (\mathbb{R}^n)^2,\ \langle f(\vec{x}), f(\vec{y})\rangle = \langle \vec{x} - 2\langle \vec{u},\vec{x}\rangle \vec{u}, \vec{y} - 2\langle \vec{u},\vec{y}\rangle \vec{u}\rangle$$

$$= \langle \vec{x},\vec{y}\rangle - 2\langle \vec{u},\vec{y}\rangle\langle \vec{u},\vec{x}\rangle - 2\langle \vec{u},\vec{x}\rangle\langle \vec{u},\vec{y}\rangle + 4\langle \vec{u},\vec{x}\rangle\langle \vec{u},\vec{y}\rangle \|\vec{u}\|^2 = \langle \vec{x},\vec{y}\rangle\,.$$

❑ Méthode 6.3.— Comment identifier un endomorphisme ϕ, à partir de sa matrice canoniquement associée dans un espace euclidien de dimension $n = 3$.
Soit $M \in \mathcal{M}_3(\mathbb{R})$ et ϕ l'endomorphisme de $\mathbb{R}^n$ canoniquement associé.
On commence par rechercher si M est orthogonale (en faisant par exemple $M^T M$).

- Si c'est le cas ($M^T M = I_n$), on peut calculer $\mathrm{Det}\, M = \pm 1$.
  1. Si $\mathrm{Det}\, M = 1$ alors $M \in \mathrm{SO}_3(\mathbb{R})$. Si, de plus, $M = M^T$, alors M est une symétrie orthogonale. M est alors nécessairement la matrice d'une symétrie orthogonale par rapport à une droite. La recherche des vecteurs invariants donne une équation de cette droite.
  Si $M \neq M^T$, on continue alors avec la **méthode 6.6**.
  2. Si $\mathrm{Det}\, M = -1$, si encore $M = M^T$, alors ϕ est une symétrie orthogonale par rapport à $F = \{\vec{u} \in E, \phi(\vec{u}) = \vec{u}\}$. Obligatoirement : $\dim F = 2$, et alors ϕ est une symétrie orthogonale par rapport à un plan.
  Sinon, si $M^T \neq M$, ϕ est une composée d'une symétrie orthogonale par rapport à un plan et d'une rotation. C'est une antirotation. L'étude est alors guidée car on sort du programme officiel.
- Si ce n'est pas le cas ($M^T M \neq I_n$), on peut tenter le calcul de M^2.
  1. Si $M^2 = M$, ϕ est une projection. On sait alors que si $M = M^T$, la projection est orthogonale. Tout ceci est précisé dans la **méthode 5.6**.
  2. Si $M^2 = I_n$, ϕ est une symétrie vectorielle (mais non orthogonale).
  Allez voir la **méthode 1.9**.
  3. Dans les autres cas, espérez de l'énoncé ou d'une aide de l'examinateur qui ne saurait tarder !

Remarque : Cet algorithme a des « itinéraires bis ». En effet :
1. Si les colonnes de M sont C_1, C_2 et C_3 alors montrer que $C_1 \wedge C_2 = \pm C_3$, dit que l'on a à faire à une isométrie et si plus précisément, $C_1 \wedge C_2 = C_3$, on est devant une belle rotation.

2. Si M est une matrice de symétrie orthogonale, elle est semblable à une matrice du type $\text{Diag}(\pm 1, \pm 1, \pm 1)$, et $Tr(M)$ donne des renseignements sur le nombre de 1 et -1. On en déduit le $s.e.v$ F. Voir l'exemple ci-dessous.

Exemple : *Déterminer la nature et les éléments caractéristiques de l'endomorphisme f de $\mathbb{R}^3$ canoniquement associé à* $S = \dfrac{1}{3}\begin{pmatrix} 1 & 2 & -2 \\ 2 & 1 & 2 \\ -2 & 2 & 1 \end{pmatrix}$.

▶ On vérifie que les colonnes de S forment une base orthonormée de $\mathbb{R}^3$, donc $S \in O(3)$.
▶ On constate par ailleurs que S est symétrique (son nom n'est pas un piège...), donc S est une matrice de symétrie orthogonale ; elle est donc diagonalisable et non diagonale, de spectre inclus dans $\{-1, 1\}$, donc elle est forcément semblable à une des matrices $R = \text{diag}(-1, -1, 1)$ ou $-R = \text{diag}(1, 1, -1)$. Puisque $\text{Tr}S = 1$, par élimination, S est semblable à $-R$, S est une symétrie orthogonale par rapport à un plan.
▶ Reste à trouver le plan de cette symétrie qui est le sous-espace propre de S associé à la valeur propre 1 : $E_1(S)$. Comme $S - I_3$ est de rang 1, de lignes proportionnelles à $(1, -1, 1)$, f est la symétrie orthogonale par rapport au plan d'équation $x - y + z = 0$.

Remarque : Dans le cas $n = 2$, la **méthode 6.3** est de l'artillerie trop lourde.
En effet, la **proposition 6.17** permet de voir immédiatement sur la matrice de ϕ (qui est donnée dans la base canonique de $\mathbb{R}^2$ qui est une base orthonormée pour le produit scalaire canonique) s'il s'agit d'une matrice de $O(2)$ et même de $\text{SO}(2)$. On illustre par l'**exercice 6.5**.

❑ **Méthode 6.4.— Comment calculer le produit vectoriel $\vec{u} \wedge \vec{v}$ dans $\mathbb{R}^3$.**

- On peut calculer ses coordonnées avec la **proposition 6.13**.
- On peut le représenter géométriquement (après avoir vérifié que $\vec{u}$ et $\vec{v}$ ne sont pas colinéaires car alors $\vec{u} \wedge \vec{v} = \vec{0}$). Étant donné le plan $\Pi = \text{Vect}(\vec{u}, \vec{v})$, on place $\vec{u}$ puis $\vec{v}$ dans le sens trigonométrique sur Π. Puis, $\vec{u} \wedge \vec{v}$ est un vecteur orthogonal à Π pointant du plan vers notre oeil lorsqu'on regarde le plan Π « par dessus ».
Sa norme est donnée par la **proposition 6.14**.
- On peut appliquer aussi la bilinéarité ou l'antisymétrie de $\wedge$. Allez voir la **proposition 6.12**. Si $\{\vec{i}, \vec{j}, \vec{k}\}$ est une base orthonormée directe de l'espace et si $\vec{u}$ et $\vec{v}$ sont exprimés dans cette base, on peut utiliser : $\vec{i} \wedge \vec{j} = \vec{k}$, $\vec{j} \wedge \vec{k} = \vec{i}$, $\vec{k} \wedge \vec{i} = \vec{j}$.

Mise en œuvre : de l'**exercice 6.9** à l'**exercice 6.13**, **exercice 6.18**.

Exemple : *Soit $\{\vec{i}, \vec{j}, \vec{k}\}$ la base canonique orthonormée directe et les vecteurs :*

$$\vec{u} = (\vec{i} \wedge \vec{j}) \wedge \vec{j},\ \vec{v} = (\vec{j} \wedge \vec{k}) \wedge \vec{k},\ \vec{w} = (\vec{k} \wedge \vec{i}) \wedge \vec{i}.$$

Calculer le vecteur $\vec{z} = (\vec{u} \wedge \vec{v}) \wedge \vec{w}$.

On commence par simplifier $\vec{u} = \vec{k} \wedge \vec{j} = -\vec{i}$, $\vec{v} = \vec{i} \wedge \vec{k} = -\vec{j}$ et $\vec{w} = \vec{j} \wedge \vec{i} = -\vec{k}$.
Il reste : $\vec{z} = \Big[(-\vec{i}) \wedge (-\vec{j})\Big] \wedge (-\vec{k}) = \vec{k} \wedge (-\vec{k}) = \vec{0}$.

Méthodes

❑ **Méthode 6.5.— Dans quelles circonstances user du produit vectoriel dans $\mathbb{R}^3$.**

- Le produit vectoriel sert à construire une base orthonormée directe. Si $\vec{u}$ et $\vec{v}$ sont de norme 1 et orthogonaux alors $\vec{u} \wedge \vec{v}$ est l'unique vecteur de l'espace tel que $\{\vec{u}, \vec{v}, \vec{u} \wedge \vec{v}\}$ soit une base orthonormée directe de l'espace.
- $\|\vec{u} \wedge \vec{v}\|$ est l'aire du parallélogramme construit sur $\vec{u}$ et $\vec{v}$.
- Si C_1, C_2 et C_3 sont les trois colonnes d'une matrice A de $\mathcal{M}_3(\mathbb{R})$, si $C_1 \wedge C_2 = C_3$ alors $A \in \mathrm{SO}_3(\mathbb{R})$ et si $C_1 \wedge C_2 = -C_3$ alors $A \in \mathrm{O}_3(\mathbb{R}) \setminus \mathrm{SO}_3(\mathbb{R})$.
- Le calcul de $\mathsf{Det}\,(\vec{u}, \vec{v}, \vec{w}) = [\vec{u}, \vec{v}, \vec{w}]$ est aussi celui de $(\vec{u} \wedge \vec{v}).\vec{w}$.
- Soit dans $\mathcal{B}$ orthonormée directe, une droite (D) d'équation $\left\{\begin{array}{lcl} a_1x + b_1y + c_1z & = & 0 \\ a_2x + b_2y + c_2z & = & 0 \end{array}\right.$. Les vecteurs $\vec{n}_1(a_1, b_1, c_1)$ et $\vec{n}_2(a_2, b_2, c_2)$ ne sont pas colinéaires (sinon D ne serait pas une droite). Leur produit vectoriel $\vec{n}_1 \wedge \vec{n}_2$ est une base de (D).
- Le produit vectoriel permet de déterminer le signe de $\sin\theta$, où θ est l'angle d'une rotation de l'espace. Voir la **méthode 6.6**.

Mise en œuvre : exercice 6.11, **exercice 6.12**, **exercice 6.19**, **exercice 6.20**.

❑ **Méthode 6.6.— Comment déterminer les éléments caractéristiques de la rotation de $\mathbb{R}^3$ canoniquement associée à une matrice** $M \in \mathrm{SO}(3)$

On note ϕ l'endomorphisme de $\mathbb{R}^3$ canoniquement associé à M.

- Chercher les vecteurs invariants qui doivent former une droite vectorielle. On choisit pour vecteur $\vec{I}$ un vecteur directeur unitaire de cette droite.
- Choisir $\vec{J}$ unitaire et orthogonal à $\vec{I}$. On peut alors calculer $\vec{I} \wedge \vec{J} = \vec{K}$. $\mathcal{B} = (\vec{I}, \vec{J}, \vec{K})$ est une base orthonormée directe, relativement à laquelle la matrice de ϕ est de la forme « réduite » : $\begin{pmatrix} 1 & 0 & 0 \\ 0 & \cos\theta & -\sin\theta \\ 0 & \sin\theta & \cos\theta \end{pmatrix}$.
- À l'aide de la matrice initiale, on calcule les coordonnées de $\phi(\vec{J})$ dans la base canonique.
  Le produit scalaire de deux vecteurs étant indépendant de la base orthonormée directe dans laquelle on le calcule :
  $$\left\langle \phi(\vec{J}), \vec{J} \right\rangle = \cos\theta \text{ et } \left\langle \phi(\vec{J}), (\vec{I} \wedge \vec{J}) \right\rangle = \left[\vec{I}, \vec{J}, \phi(\vec{J})\right] = \sin\theta.$$
  La formule $1 + 2\cos\theta = \mathrm{Tr}(M)$ permet de vérifier le calcul de $\cos\theta$. Si $\sin\theta \geqslant 0$, ϕ est la rotation d'axe $\mathsf{Vect}\,(\vec{I})$ orienté par $\vec{I}$ et d'angle θ ; si $\sin\theta < 0$, ϕ est la rotation d'axe $\mathsf{Vect}\,(\vec{I})$ orienté par $\vec{I}$ et d'angle $-\theta$.

Mise en œuvre : exercice 6.19, **exercice 6.20**.

Remarque : On peut « court-circuiter » certaines étapes. Le calcul de $\vec{K}$ n'est pas indispensable. Il nous faut $\vec{I}$ par $MX = X$. Puis $\mathrm{Tr}(M) = 1 + 2\cos\theta$ donne directement la valeur de $\cos\theta$.
On choisit alors un vecteur $\vec{u}$ orthogonal à $\vec{I}$ (pas nécessairement unitaire) et $\mathsf{Det}\,(\vec{I}, \vec{u}, \phi(\vec{u}))$ donne le signe de $\sin\theta$, ce qui nous suffit pour conclure.

Exemples : *Déterminer la nature et les éléments caractéristiques de l'endomorphisme* ϕ *de* $\mathbb{R}^3$ *canoniquement associé à* $A = \frac{1}{3}\begin{pmatrix} 1 & 2 & -2 \\ -2 & 2 & 1 \\ 2 & 1 & 2 \end{pmatrix}$.

▶ $A = \frac{1}{3}\begin{pmatrix} 1 & 2 & -2 \\ -2 & 2 & 1 \\ 2 & 1 & 2 \end{pmatrix}$ est une matrice orthogonale puisque ses vecteurs colonnes forment une base orthonormée de $\mathbb{R}^3$. De plus, le produit vectoriel de ses deux premiers vecteurs colonnes est égal à son troisième vecteur colonne, donc cette base orthonormée est directe et $A \in \mathrm{SO}(3)$.

▶ L'axe de ϕ est la droite vectorielle de ses vecteurs invariants :

$$\phi((x,y,z)) = (x,y,z) \quad \Leftrightarrow \quad A\begin{pmatrix} x \\ y \\ z \end{pmatrix} = \begin{pmatrix} x \\ y \\ z \end{pmatrix}$$

$$\Leftrightarrow \quad \begin{cases} x + 2y - 2z = 3x \\ -2x + 2y + z = 3y \\ 2x + y + 2z = 3z \end{cases}$$

$$\Leftrightarrow \quad \begin{cases} -x + 2y - 2z = 0 \\ -2x - y + z = 0 \end{cases}$$

$$\underset{L_2 \leftarrow L_2 - 2L_1}{\Leftrightarrow} \quad \begin{cases} -x + 2y - 2z = 0 \\ -5y + 5z = 0 \end{cases} \quad \Leftrightarrow \begin{cases} x = 0 \\ y = z \end{cases}$$

L'axe de la rotation vectorielle ϕ est $\Delta = \mathsf{Vect}\,(0,1,1)$.

▶ Posons $\vec{I} = \frac{1}{\sqrt{2}}(0,1,1)$; choisissons pour $\vec{J}$ un vecteur unitaire orthogonal à $\vec{J}$, par exemple, $\vec{J} = (1,0,0)$ puis posons : $\vec{K} = \vec{I} \wedge \vec{J} = \frac{1}{\sqrt{2}}(0,1,-1)$. $(\vec{I},\vec{J},\vec{K})$ est une base orthonormée directe de $\mathbb{R}^3$ relativement à laquelle la matrice de ϕ est la matrice réduite : $\begin{pmatrix} 1 & 0 & 0 \\ 0 & \cos\theta & -\sin\theta \\ 0 & \sin\theta & \cos\theta \end{pmatrix}$.

Puisque : $\phi(\vec{J}) = \cos\theta\vec{J} + \sin\theta\vec{K}$ donc $\cos\theta \; = \; \left\langle \phi(\vec{J})|\vec{J} \right\rangle$ et $\sin\theta = \left\langle \phi(\vec{J}))|\vec{K} \right\rangle$.

$$\frac{1}{3}\begin{pmatrix} 1 & 2 & -2 \\ -2 & 2 & 1 \\ 2 & 1 & 2 \end{pmatrix}\begin{pmatrix} 1 \\ 0 \\ 0 \end{pmatrix} = \frac{1}{3}\begin{pmatrix} 1 \\ -2 \\ 2 \end{pmatrix} \Rightarrow \phi(\vec{J}) = \frac{1}{3}(1,-2,2).$$

$$\begin{cases} \cos\theta = \left\langle \dfrac{1}{3}(1,-2,2)|(1,0,0) \right\rangle = \dfrac{1}{3} \\ \sin\theta = \left\langle \dfrac{1}{3}(1,-2,2)|\dfrac{1}{\sqrt{2}}(0,1,-1) \right\rangle = \dfrac{-4}{3\sqrt{2}} \end{cases},$$

donc $\theta = -\arccos\dfrac{1}{3}$. En conclusion, ϕ est la rotation d'axe Δ orienté par $\vec{I}$ et d'angle $-\arccos\dfrac{1}{3}$.

Remarque : La relation $1 + 2\cos\theta = \mathrm{Tr}A$ donne aussi $\cos\theta = \dfrac{1}{3}$.

Méthodes

❑ Méthode 6.7.— Comment calculer l'image $s_F(\vec{x})$ de $\vec{x} \in \mathbb{R}^n$ par une symétrie orthogonale par rapport à un sous-espace vectoriel F de $\mathbb{R}^n$ si $n \leqslant 3$

- On peut utiliser la formule du projeté sur un espace de dimension finie, après avoir déterminé une base orthogonale $(\vec{u}_1, \vec{u}_2, \ldots, \vec{u}_p)$ de F : $p_F(\vec{x}) = \displaystyle\sum_{k=1}^{p} \frac{\langle \vec{u}_k, \vec{x} \rangle}{\langle \vec{u}_k, \vec{u}_k \rangle} \vec{u}_k$. Puis on utilise $\vec{x} + s_F(\vec{x}) = 2p_F(\vec{x})$.
- Si F est un plan (cas où $n = 3$), il peut être avantageux de passer par la projection orthogonale sur $F^\perp$, et par la formule $s_F = -s_{F^\perp}$.
- On peut aussi faire un changement de base orthonormée vers une base adaptée à F, mais les calculs sont en général fastidieux. Cela ressemble alors à la première piste de la **méthode 6.8**.

Mise en œuvre : exercice 6.15.

Exemple : *Déterminer la matrice de la réflexion s de $\mathbb{R}^3$ par rapport au plan P d'équation cartésienne $x + y + z = 0$.*

Un vecteur normal à P est $\vec{n} = (1, 1, 1)$. Le projeté orthogonal de $\vec{v} = (x, y, z)$ sur $\mathrm{Vect}\,(\vec{n})$ est

$$\vec{h} = \frac{\langle \vec{v}, \vec{n} \rangle}{\|\vec{n}\|^2}\, \vec{n} = \frac{x + y + z}{3}\, \vec{n}.$$

Le symétrique $s(\vec{v})$ de $\vec{v}$ par rapport à P vérifie $s(\vec{v}) = \vec{v} - 2\,\vec{h}$, donc

$$s(\vec{v}) = \frac{1}{3}\,(x - 2y - 2z, -2x + y - 2z, -2x - 2y + z)$$

et la matrice de s est : $S = \dfrac{1}{3}\begin{pmatrix} 1 & -2 & -2 \\ -2 & 1 & -2 \\ -2 & -2 & 1 \end{pmatrix}$.

❑ Méthode 6.8.— Comment déterminer la matrice (dans $\mathcal{B} = \{\vec{i}, \vec{j}, \vec{k}\}$ orthonormée directe) d'une rotation vectorielle de $\mathbb{R}^3$ définie par ses éléments géométriques

Soit r la rotation d'axe $\mathrm{Vect}\,(\vec{a})$, orienté par $\vec{a}$, et d'angle θ.
Pour obtenir la matrice de r dans la base canonique $\mathcal{B}$, on peut :

- Faire des produits de matrices. On procède ainsi :
  poser $\vec{I} = \frac{1}{\|\vec{a}\|}\vec{a}$, choisir $\vec{J}$ unitaire et orthogonal à $\vec{a}$, puis poser $\vec{K} = \vec{I} \wedge \vec{J}$.
  La famille $\mathcal{B}' = (\vec{I}, \vec{J}, \vec{K})$ est une base orthonormée directe, relativement à laquelle la matrice de r est de la forme « réduite » $R = \begin{pmatrix} 1 & 0 & 0 \\ 0 & \cos\theta & -\sin\theta \\ 0 & \sin\theta & \cos\theta \end{pmatrix}$.
  Si $P_{\mathcal{B}}^{\mathcal{B}'}$ est la matrice de passage de $\mathcal{B}$ à $\mathcal{B}'$, $P_{\mathcal{B}}^{\mathcal{B}'}$ est orthogonale.
  Donc : $(P_{\mathcal{B}}^{\mathcal{B}'})^{-1} = (P_{\mathcal{B}}^{\mathcal{B}'})^T$. Ainsi $M = P_{\mathcal{B}}^{\mathcal{B}'} R (P_{\mathcal{B}}^{\mathcal{B}'})^T$ est la matrice cherchée.
- On peut aussi déterminer analytiquement la rotation en appliquant la formule démontrée dans l'**exercice 6.16**. Si vous voulez retenir cette formule, on vous conseille de savoir la retrouver pour la justifier !

Exemple : *Déterminer la matrice dans la base canonique $\mathcal{B}$ de la rotation r d'angle $\frac{\pi}{3}$ autour de l'axe dirigé et orienté par $\vec{a} = (1,1,1)$.*

Posons $\vec{I} = \frac{1}{\sqrt{3}}(1,1,1)$, $\vec{J} = \frac{1}{\sqrt{2}}(1,0,-1)$, puis $\vec{K} = \vec{I} \wedge \vec{J} = \frac{1}{\sqrt{6}}(-1,2,-1)$. $\mathcal{B}' = (\vec{I},\vec{J},\vec{K})$ est une base orthonormée directe, relativement à laquelle la matrice de r est de la forme « réduite »

$$R = \begin{pmatrix} 1 & 0 & 0 \\ 0 & \cos\frac{\pi}{3} & -\sin\frac{\pi}{3} \\ 0 & \sin\frac{\pi}{3} & \cos\frac{\pi}{3} \end{pmatrix} = \begin{pmatrix} 1 & 0 & 0 \\ 0 & \frac{1}{2} & -\frac{\sqrt{3}}{2} \\ 0 & \frac{\sqrt{3}}{2} & \frac{1}{2} \end{pmatrix} \text{ et } P_{\mathcal{B}}^{\mathcal{B}'} = \begin{pmatrix} \frac{1}{\sqrt{3}} & \frac{1}{\sqrt{2}} & -\frac{1}{\sqrt{6}} \\ \frac{1}{\sqrt{3}} & 0 & \frac{2}{\sqrt{6}} \\ \frac{1}{\sqrt{3}} & -\frac{1}{\sqrt{2}} & -\frac{1}{\sqrt{6}} \end{pmatrix}.$$

$$M = P_{\mathcal{B}}^{\mathcal{B}'} R (P_{\mathcal{B}}^{\mathcal{B}'})^T = \begin{pmatrix} \frac{1}{\sqrt{3}} & \frac{1}{\sqrt{2}} & -\frac{1}{\sqrt{6}} \\ \frac{1}{\sqrt{3}} & 0 & \frac{2}{\sqrt{6}} \\ \frac{1}{\sqrt{3}} & -\frac{1}{\sqrt{2}} & -\frac{1}{\sqrt{6}} \end{pmatrix} \begin{pmatrix} 1 & 0 & 0 \\ 0 & \frac{1}{2} & -\frac{\sqrt{3}}{2} \\ 0 & \frac{\sqrt{3}}{2} & \frac{1}{2} \end{pmatrix} \begin{pmatrix} \frac{1}{\sqrt{3}} & \frac{1}{\sqrt{3}} & \frac{1}{\sqrt{3}} \\ \frac{1}{\sqrt{2}} & 0 & -\frac{1}{\sqrt{2}} \\ -\frac{1}{\sqrt{6}} & \frac{2}{\sqrt{6}} & -\frac{1}{\sqrt{6}} \end{pmatrix}$$
$$= \begin{pmatrix} \frac{1}{\sqrt{3}} & \frac{1}{\sqrt{2}} & -\frac{1}{\sqrt{6}} \\ \frac{1}{\sqrt{3}} & 0 & \frac{2}{\sqrt{6}} \\ \frac{1}{\sqrt{3}} & -\frac{1}{\sqrt{2}} & -\frac{1}{\sqrt{6}} \end{pmatrix} \begin{pmatrix} \frac{1}{\sqrt{3}} & \frac{1}{\sqrt{3}} & \frac{1}{\sqrt{3}} \\ \frac{1}{\sqrt{2}} & -\frac{1}{\sqrt{2}} & 0 \\ \frac{1}{\sqrt{6}} & \frac{1}{\sqrt{6}} & \frac{-2}{\sqrt{6}} \end{pmatrix} = \begin{pmatrix} \frac{2}{3} & -\frac{1}{3} & \frac{2}{3} \\ \frac{2}{3} & \frac{2}{3} & -\frac{1}{3} \\ -\frac{1}{3} & \frac{2}{3} & \frac{2}{3} \end{pmatrix}.$$

■ Endomorphismes symétriques dans un espace vectoriel euclidien

> ❑ **Méthode 6.9.— Comment montrer qu'un endomorphisme est symétrique**
> $(E, <\,,\,>)$ est un espace euclidien et $\phi \in \mathcal{L}(E)$. Pour montrer que ϕ est un endomorphisme symétrique de E, on peut :
>
> - Revenir à la définition en montrant que : $\forall (\vec{x},\vec{y}) \in E^2$, $\langle \phi(\vec{x}), \vec{y}\rangle = \langle \vec{x}, \phi(\vec{y})\rangle$.
> - Montrer que ϕ est une combinaison linéaire d'endomorphismes symétriques (identité, projections orthogonales, symétries orthogonales,...).
> - Vérifier que sa matrice dans une base orthonormée donnée est symétrique.

Mise en œuvre : de l'**exercice 6.22** à l'**exercice 6.25**.

Exemple : Voir l'exemple qui suit la **méthode 6.10**.

> ❑ **Méthode 6.10.— Comment réduire des endomorphismes ou des matrices symétriques**
> L'essentiel est de ne pas perdre de vue que les sous-espaces propres sont deux à deux orthogonaux. Si certains vecteurs propres sont connus, la recherche des autres est ainsi facilitée. D'un point de vue plus théorique, deux points à retenir :
>
> - Si ϕ est un endomorphisme symétrique de l'espace euclidien E alors celui-ci possède une base orthonormée formée de vecteurs propres de ϕ.
> - Toute matrice symétrique réelle est diagonalisable au moyen d'une matrice orthogonale.

Mise en œuvre : de l'**exercice 6.26** à l'**exercice 6.28**, de l'**exercice 6.30** à l'**exercice 6.31**.

Exemple : *Soit $E = \mathbb{R}_n[X]$ muni du produit scalaire défini par :* $\langle P, Q\rangle = \displaystyle\int_0^1 P(t)Q(t)\,\mathrm{d}t$.

1. *Montrer que l'application u définie sur E par :*

$$u(P) = \int_0^1 (X+t)^n P(t)\,\mathrm{d}t$$

est un endomorphisme symétrique de E.

2. *En déduire qu'il existe une base orthonormée $(P_0, P_1, \cdots, P_n)$ de E formée de vecteurs propres de u. On note $\lambda_0, \lambda_1, \lambda_2, \ldots, \lambda_n$ les valeurs propres associées.*

3. *Montrer :* $\forall\,(x,y)\in\mathbb{R}^2,\ (x+y)^n = \displaystyle\sum_{k=0}^{n}\lambda_k P_k(x)P_k(y)$. *En déduire* $\mathrm{Tr}(u)$ *en fonction de n.*

1. ► Si $P\in E$, $u(P) = \displaystyle\int_0^1\left(\sum_{k=0}^{n}\binom{n}{k}X^k t^{n-k}\right)P(t)\,\mathrm{d}t = \sum_{k=0}^{n}\binom{n}{k}\left(\int_0^1 t^{n-k}P(t)\,\mathrm{d}t\right)X^k \in E.$

► Le lecteur montre tranquillement que u est linéaire, donc u est un endomorphisme de E.

►

$$\begin{aligned}
\forall\,(P,Q)\in E^2,\ \langle u(P),Q\rangle &= \int_0^1\left(\int_0^1 (y+t)^n P(t)\,\mathrm{d}t\right)Q(y)\,\mathrm{d}y\\
&= \int_0^1\left(\sum_{k=0}^{n}\binom{n}{k}\left(\int_0^1 t^{n-k}P(t)\,\mathrm{d}t\right)y^k\right)Q(y)\,\mathrm{d}y\\
&= \sum_{k=0}^{n}\binom{n}{k}\left(\int_0^1 t^{n-k}P(t)\,\mathrm{d}t\right)\left(\int_0^1 y^kQ(y)\,\mathrm{d}y\right)\\
&= \int_0^1\left(\sum_{k=0}^{n}\binom{n}{k}\left(\int_0^1 y^kQ(y)\,\mathrm{d}y\right)t^{n-k}\right)P(t)\,\mathrm{d}t\\
&= \int_0^1\left(\int_0^1 (y+t)^nQ(y)\,\mathrm{d}y\right)P(t)\,\mathrm{d}t\\
&= \langle P, u(Q)\rangle
\end{aligned}$$

2. De ce fait, E admet une base orthonormée de vecteurs propres de u, $(P_0, P_1, \cdots, P_n)$, les valeurs propres associées étant $\lambda_0, \lambda_1, \lambda_2, \cdots, \lambda_n$.

3. ► $\forall\,y\in\mathbb{R}$, $(X+y)^n$ peut être considéré comme un polynôme P de $\mathbb{R}_n[X]$.

$P = (X+y)^n = \displaystyle\sum_{k=0}^{n}\langle P, P_k\rangle P_k$. Or, $\langle P, P_k\rangle = \displaystyle\int_0^1 (t+y)^n P_k(t)\,t = u(P_k)(y) = \lambda_k\,P_k(y)$, donc :

$P = (X+y)^n = \displaystyle\sum_{k=0}^{n}\lambda_k\,P_k(y)P_k$. Et : $\forall\,(x,y)\in\mathbb{R}^2,\ (x+y)^n = \displaystyle\sum_{k=0}^{n}\lambda_kP_k(x)P_k(y)$.

► u étant diagonalisable, sa trace est la somme de ses valeurs propres : $\mathrm{Tr}(u) = \displaystyle\sum_{k=0}^{n}\lambda_k$.

Si l'on écrit l'égalité précédente pour $x=y$, on obtient : $(2x)^n = \displaystyle\sum_{k=0}^{n}\lambda_k\big(P_k(x)\big)^2$, puis :

$$\int_0^1 2^nt^n\,dt = \sum_{k=0}^{n}\lambda_k\int_0^1\big(P_k(t)\big)^2\,dt.$$

Comme $\displaystyle\int_0^1\big(P_k(t)\big)^2\,dt = \|P_k\|^2 = 1$, $\mathrm{Tr}(u) = \displaystyle\sum_{k=0}^{n}\lambda_k = \int_0^1 2^nt^n\,dt = \frac{2^n}{n+1}$.

Vrai/Faux

	Vrai	Faux
1. Un projecteur n'est jamais une isométrie vectorielle.	☐	☐
2. Une isométrie vectorielle est bijective.	☐	☐
3. Si $phi \in O(E)$ et $\dim \mathrm{Ker}\,(\phi - Id_E) = 1$ alors $\phi \in \mathrm{SO}(E)$.	☐	☐
4. Tout élément de $O(3)$ se décompose comme produit de trois rotations vectorielles au plus.	☐	☐
5. Si $\{\vec{i}, \vec{j}\}$ est orthonormée directe, alors $\{\vec{j}, -\vec{i}\}$ est indirecte.	☐	☐
6. Soient $\{\vec{e}_1, \vec{e}_2\}$ une famille orthonormée de $\mathbb{R}^3$. Alors la famille $\{\vec{e}_1 \wedge \vec{e}_2, \vec{e}_1, \vec{e}_2\}$ est une base orthonormée directe de $\mathbb{R}^3$.	☐	☐
7. La composée de deux rotations de $\mathbb{R}^3$ d'axes orthogonaux, et d'angle $\frac{\pi}{2}$, est une rotation d'angle π.	☐	☐
8. Les seules valeurs propres réelles possibles d'une isométrie vectorielle sont 1 et -1.	☐	☐
9. Un automorphisme orthogonal de $\mathbb{R}^2$ est soit une rotation vectorielle, soit une symétrie orthogonale.	☐	☐
10. Un automorphisme orthogonal de $\mathbb{R}^3$ de déterminant -1 est une symétrie orthogonale.	☐	☐
11. $A = \begin{pmatrix} 0 & 1 & 1 \\ 1 & 0 & 1 \\ 1 & 1 & 0 \end{pmatrix}$ est symétrique réelle donc diagonalisable et ses valeurs propres sont des réels positifs.	☐	☐
12. Si $A \in \mathcal{M}_n(\mathbb{R})$ alors $A^T A$ est diagonalisable.	☐	☐
13. Si $M \in O(3)$, M est une matrice de symétrie orthogonale si et seulement si M est symétrique.	☐	☐
14. Une symétrie vectorielle ϕ (donc telle que $\phi^2 = Id_E$) est nécessairement un endomorphisme symétrique.	☐	☐
15. Dans $\mathbb{R}^3$, seules les symétries orthogonales sont à la fois des automorphismes orthogonaux et des endomorphismes symétriques.	☐	☐
16. Un projecteur peut être un endomorphisme symétrique.	☐	☐
17. Dans $O(\mathbb{R}^n)$, seules les symétries orthogonales sont diagonalisables dans $\mathcal{M}_n(R)$.	☐	☐
18. La matrice d'un endomorphisme symétrique est toujours symétrique.	☐	☐

Énoncé des exercices

Généralités sur les isométries vectorielles et les matrices orthogonales

Exercice 6.1 : Soit $\phi \in O(E)$, où E est un espace vectoriel euclidien et F un *s.e.v* stable par ϕ. Montrer : **1.** $\phi(F) = F$ et **2.** $\phi(F^{\perp}) = F^{\perp}$.

Exercice 6.2* : Soit $A \in \mathrm{GL}_n(\mathbb{R})$, montrer : $\exists\,(Q,R) \in \mathrm{O}_n(\mathbb{R}) \times T_n^+(\mathbb{R}), A = QR$. Unicité ? ($T_n^+(\mathbb{R})$: éléments de $\mathrm{GL}_n(\mathbb{R})$, triangulaires supérieures, à coefficients diagonaux > 0.)

Exercice 6.3* : Soit $\phi \in \mathcal{L}(E)$ telle que $\phi^2 = Id_E$. On pose : $\psi = \frac{1}{2}(Id_E - \phi)$ et $\Psi = \frac{1}{2}(Id_E + \phi)$. Établir l'équivalence : $\phi \in O(E) \Leftrightarrow [\mathsf{Im}\,\psi$ orthogonal à $\mathsf{Im}\,\Psi]$.

Exercice 6.4* : Soit $A = (a_{i,j})_{1\leq i,j\leq n} \in O_n(\mathbb{R})$. Montrer que $\left|\displaystyle\sum_{1\leq i,j\leq n} a_{i,j}\right| \leq n$.

Isométries vectorielles du plan

Le plan $\mathbb{R}^2$ est rapporté et orienté par sa base canonique $\{\vec{i},\vec{j}\}$.

Exercice 6.5 : Reconnaître l'endomorphisme de $\mathbb{R}^2$ de matrice $A = \dfrac{1}{13}\begin{pmatrix} 12 & 5 \\ 5 & -12 \end{pmatrix}$.

Exercice 6.6 : Classifier les éléments de $\mathrm{O}(\mathbb{R}^2)$ en utilisant les symétries orthogonales.

Exercice 6.7 : 1. s_{D_i} étant la symétrie orthogonale par rapport à la droite vectorielle D_i ayant pour base le vecteur unitaire $\vec{u}_i$, montrer que la composée $s_{D_2}\, o\, s_{D_1}$ est la rotation vectorielle dont l'angle a pour mesure le double de celle de l'angle $\left(\widehat{\vec{u}_1,\, \vec{u}_2}\right)$.

2. Soit ρ l'endomorphisme de matrice $\begin{pmatrix} 1/2 & -\sqrt{3}/2 \\ \sqrt{3}/2 & 1/2 \end{pmatrix}$. Reconnaître ρ.

Soit ψ_1 la symétrie orthogonale par rapport à $\mathsf{Vect}\,[\vec{u}(\cos(\pi/6),\, \sin(\pi/6))]$, ψ_2 la symétrie orthogonale par rapport à $\mathsf{Vect}\,[\vec{v}(\cos(-\pi/6),\, \sin(-\pi/6))]$, trouver une relation entre ρ, ψ_1 et ψ_2.

Exercice 6.8* : ***À traiter après les espaces vectoriels normés de dimension finie.***
On munit $\mathcal{M}_2(\mathbb{R})$ de la norme définie par : $\forall M \in \mathcal{M}_2(\mathbb{R}), \|M\|_\infty = \max|M_{i,j}|$, où $M = (M_{i,j})$.
$\mathbb{R}^2$ est muni de sa structure d'espace euclidien. Soit alors $A = \begin{pmatrix} 0 & -\alpha \\ \alpha & 0 \end{pmatrix}$, où $\alpha \in \mathbb{R}$.
On remarque que $A = -A^T$ (A est antisymétrique).

1. Déterminer $\beta_n \in \mathbb{R}_+^\star$ tel que $\dfrac{1}{\beta_n}\left(I_2 + \dfrac{1}{n}A\right) \in \mathrm{SO}_2(\mathbb{R})$.

2. Déterminer $\theta_n \in]-\frac{\pi}{2}, \frac{\pi}{2}[$ tel que $\dfrac{1}{\beta_n}\left(I_2 + \dfrac{1}{n}A\right) = \begin{pmatrix} \cos\theta_n & -\sin\theta_n \\ \sin\theta_n & \cos\theta_n \end{pmatrix}$.

3. En déduire $E(A) = \displaystyle\lim_{n\to+\infty}\left(I_2 + \frac{1}{n}A\right)^n \in \mathrm{O}_2(\mathbb{R})$ et préciser son angle.

D'après Centrale-Supélec, filière PSI

■ Espace vectoriel orienté de dimension 3

Ici on se place dans $E = \mathbb{R}^3$, orienté par une base orthonormée. Si $(\vec{u}, \vec{v}, \vec{w}) \in E^3$, le produit scalaire de $\vec{u}$ et $\vec{v}$ est noté $\vec{u}.\vec{v}$ et le produit mixte de $\vec{u}, \vec{v}$ et $\vec{w}$ est $[\vec{u}, \vec{v}, \vec{w}]$

Exercice 6.9 : Démontrer : $\forall(\vec{u}, \vec{v}, \vec{w}) \in E^3$, $\vec{u} \wedge (\vec{v} \wedge \vec{w}) = (\vec{u}.\vec{w})\vec{v} - (\vec{u}.\vec{v})\vec{w}$.

Exercice 6.10 : Démontrer : $\forall(\vec{u}, \vec{v}) \in E^3$, $\|\vec{u} \wedge \vec{v}\|^2 + (\vec{u}.\vec{v})^2 = \|\vec{u}\|^2\|\vec{v}\|^2$.

Exercice 6.11 : Résoudre pour tout $(\vec{a}, \vec{b}) \in E^2$ fixé l'équation : $\vec{a} \wedge \vec{x} = \vec{b}$.

Exercice 6.12* : Soit $(\vec{u}, \vec{v}, \vec{w}, \vec{s}) \in E^4$. En utilisant l'**exercice 6.9**, montrer successivement :

$$(\vec{u} \wedge \vec{v}).(\vec{w} \wedge \vec{s}) = (\vec{s}.\vec{v})(\vec{w}.\vec{u}) - (\vec{s}.\vec{u})(\vec{w}.\vec{v}),$$

$$(\vec{u} \wedge \vec{v}) \wedge (\vec{w} \wedge \vec{s}) = [\vec{u}, \vec{v}, \vec{s}]\vec{w} - [\vec{u}, \vec{v}, \vec{w}]\vec{s}.$$

Exercice 6.13 : Dans E, $\|\vec{w}\| = 1$ et ϕ définie par $\phi(\vec{u}) = \vec{u} \wedge \vec{w}$.
Montrer, en utilisant la formule de l'**exercice 6.9**, $\phi \in \mathcal{L}(E)$ et $\exists\, k \in \mathbb{R}$, $\phi^3 = k\phi$.

Exercice 6.14 : Soient $\vec{a}, \vec{b}, \vec{c}$ et $\vec{d}$ dans E tel que trois d'entre eux ne soient pas coplanaires.
Ècrire une combinaison linéaire nulle (à coefficients non tous nuls) entre ces quatre vecteurs.

■ Isométries vectorielles de l'espace

$(\mathbb{R}^3, \langle\,,\,\rangle)$ ***euclidien est rapporté et orienté par sa base canonique*** $\{\vec{i}, \vec{j}, \vec{k}\}$

Exercice 6.15 : Déterminer la matrice de la symétrie orthogonale par rapport au plan d'équation :

1. $x + 2y - 3z = 0$. **2.** $y = x \tan\theta$, où $\theta \in]0, \frac{\pi}{2}[$.

D'après Concours commun Mines-Telecom, filière PSI

Exercice 6.16 : Soit $\vec{n} \in \mathbb{R}^3$ de norme 1 et $\theta \in \mathbb{R}$.
Montrer que la rotation ϕ d'angle θ, d'axe dirigé et orienté par $\vec{n}$, vérifie pour tout $\vec{u} \in \mathbb{R}^3$:

$$\phi(\vec{u}) = (1 - \cos\theta)\,\langle\vec{u}, \vec{n}\rangle\,\vec{n} + (\cos\theta)\vec{u} + (\sin\theta)(\vec{n} \wedge \vec{u}).$$

En déduire la matrice dans la base canonique euclidienne, de la rotation d'angle $\dfrac{\pi}{3}$ et d'axe dirigé et orienté par $(1, 1, 1)$.

D'après Concours commun Mines-Telecom et ENSEA, filière PSI

Exercice 6.17 : Soit D la droite d'équation cartésienne :

$$\begin{cases} x + \sqrt{3}y - 2z &= 0 \\ 2x - z &= 0 \end{cases}.$$

Déterminer l'image D_θ de la droite D par la rotation d'axe dirigée par $\vec{i}$ et d'angle θ.

D'après Centrale-Supélec

Exercice 6.18* : Soit $\vec{a} \in E$ (on notera ici $\vec{a} \cdot \vec{b}$ le produit scalaire de $\vec{a}$ et $\vec{b}$).
On définit l'endomorphisme $f_a \in \mathcal{L}(E)$ par $\forall \vec{x} \in E, f_a(\vec{x}) = \vec{x} + \vec{a} \wedge \vec{x}$.

1. Vérifier que $\forall (\vec{a}, \vec{b}, \vec{c}) \in E^3,\ \vec{a} \wedge (\vec{b} \wedge \vec{c}) = (\vec{a} \cdot \vec{c})\, \vec{b} - (\vec{a} \cdot \vec{b})\, \vec{c}$.

2. Montrer que f_a est un automorphisme et exprimer son inverse.

3. Déterminer une *C.N.S* sur $\vec{a}$ pour que f_a soit un automorphisme orthogonal de E.

D'après Centrale-Supélec

Exercice 6.19 : Déterminer la nature géométrique de l'application linéaire canoniquement associée à la matrice : $A = \dfrac{1}{3} \begin{pmatrix} 1 & 1-\sqrt{3} & 1+\sqrt{3} \\ 1+\sqrt{3} & 1 & 1-\sqrt{3} \\ 1-\sqrt{3} & 1+\sqrt{3} & 1 \end{pmatrix}$. Calculer A^{479}.

Exercice 6.20 : Caractériser géométriquement les endomorphismes f et g de $\mathbb{R}^3$ de matrices :

$$A = \frac{1}{7} \begin{pmatrix} 2 & 3 & 6 \\ 3 & -6 & 2 \\ 6 & 2 & -3 \end{pmatrix} \text{ et } B = \frac{1}{9} \begin{pmatrix} 8 & 1 & -4 \\ -4 & 4 & -7 \\ 1 & 8 & 4 \end{pmatrix}.$$

Exercice 6.21* : ***À traiter après les espaces vectoriels normés de dimension finie.***
On munit $\mathcal{M}_3(\mathbb{R})$ de la norme définie par : $\forall M \in \mathcal{M}_3(\mathbb{R}), \|M\| = \sqrt{Tr(M^T M)}$. On définit, lorsque cette limite existe, $E(M) = \lim\limits_{n \to +\infty} \left(I_3 + \dfrac{1}{n} M \right)^n$. Enfin, $\mathbb{R}^3$ est muni de sa structure d'espace euclidien. On considère maintenant $B \in \mathcal{M}_3(\mathbb{R})$ telle que $B = -B^T$ (B est antisymétrique) et ϕ_B son endomorphisme associé dans la base canonique de $\mathbb{R}^3$.

1. Montrer que $\mathsf{Det}\, B = 0$ puis que $(\mathsf{Ker}\, \phi_B)^\perp$ est stable par ϕ_B.

2. En déduire que B est de rang 0 ou 2.

3. Montrer : $\exists P \in \mathrm{O}_3(\mathbb{R}),\ \exists \beta \in \mathbb{R},\ B = P \begin{pmatrix} 0 & 0 & 0 \\ 0 & 0 & -\beta \\ 0 & \beta & 0 \end{pmatrix} P^{-1}$.

4. Montrer que lorsque l'égalité précédente est vérifiée alors $|\beta| = \dfrac{1}{\sqrt{2}} \|B\|$.

5. Montrer que $E(B)$ existe et est une matrice de rotation.
Préciser la valeur de son angle non orienté en fonction de $\|B\|$.

D'après Centrale-Supélec filière PSI

■ Ensemble $\mathrm{S}(E)$ des endomorphismes symétriques et réduction dans $\mathrm{S}(E)$

Exercice 6.22 : Montrer que $\phi : \mathbb{R}^3 \to \mathbb{R}^3, (x, y, z) \mapsto (x - z, y - z, -x - y + z)$ définit un endomorphisme symétrique de $\mathbb{R}^3$, muni du produit scalaire canonique.

Exercice 6.23 : $\mathbb{R}^n$ est muni de sa structure euclidienne canonique et $\phi \in \mathcal{L}(\mathbb{R}^n)$.

1. Montrer que si $\phi \in S(\mathbb{R}^n)$ alors $\mathrm{Im}\, \phi = [\mathrm{Ker}\, \phi]^\perp$.

2. Montrer que si ϕ est un projecteur, alors ϕ est symétrique si et seulement si ϕ est un projecteur orthogonal.

Exercice 6.24 : Soit $E = \mathcal{M}_n(\mathbb{R})$, muni du produit scalaire $\langle A, B \rangle = \mathrm{Tr}\left(A^T B\right)$.
Soit $M \in \mathcal{M}_n(\mathbb{R})$ fixé, on pose : $\phi_M : \mathcal{M}_n(\mathbb{R}) \to \mathcal{M}_n(\mathbb{R}),\ A \mapsto M A^T M$.
Montrer que ϕ_M est un endomorphisme symétrique de E.

Exercice 6.25 : Soit $(E, \langle\,,\,\rangle)$ un espace euclidien de dimension $n \geqslant 3$ et $(\vec{a}, \vec{b})$ une famille libre de deux vecteurs unitaires de E. Soit $f : E \to E, \vec{x} \mapsto \langle \vec{a}, \vec{x}\rangle\, \vec{a} + \langle \vec{b}, \vec{x}\rangle\, \vec{b}$.
1. Montrer que f est un endomorphisme symétrique de E.
2. Déterminer les valeurs propres et les vecteurs propres de f.

D'après Concours commun Mines-Telecom, filière PSI

Exercice 6.26* : Soit a, b, c trois réels et la matrice $S(a,b,c) = \begin{pmatrix} a & b & c \\ b & c & a \\ c & a & b \end{pmatrix}$.
1. Montrer que $\mathsf{Det}\,(S(a,b,c)) = -(a+b+c)(a^2+b^2+c^2-ab-bc-ca)$.
2. Montrer que $\vec{u} = (1,1,1)$ est un vecteur propre de $S(a,b,c)$, de valeur propre associée ?
3. Montrer que les autres valeurs propres sont les racines carrées ω et $-\omega$ d'un réel α que l'on précisera en fonction de a, b et c. Déterminer une équation du plan $E_\omega + E_{-\omega}$
4. Conditions sur a, b, c pour que $S(a,b,c) \in O(3)$? Nature de l'endomorphisme associé ?

Exercice 6.27* : ***Après avoir traité les espaces vectoriels normés.*** Soit S une matrice symétrique réelle d'ordre n, telle que $6S^2 - 5S + I_n = 0$. Montrer que la suite $(S^p)_{p\in\mathbb{N}}$ converge.

D'après CCINP (ancien Concours communs polytechniques)

Exercice 6.28 : Soit A une matrice-ligne (c'est-à-dire $A \in \mathcal{M}_{1,n}(\mathbb{R})$).
Montrer que $B = A^T A$ est diagonalisable et déterminer une matrice diagonale semblable à B.

Exercice 6.29* : Soit $(E, \langle\,,\,\rangle)$ un espace euclidien, u et v deux endomorphismes symétriques de E tels que : $u \circ v = v \circ u$. Montrer l'existence d'une base orthonormée de E dont les vecteurs sont simultanément vecteurs propres de u et v.

Exercice 6.30* : 1. Soit $A = (a_{ij}) \in \mathcal{M}_n(\mathbb{R})$. Montrer que $S = A^T A$ est une matrice symétrique dont les valeurs propres $\lambda_1, \dots, \lambda_n$ sont positives.
2. Démontrer l'égalité : $\displaystyle\sum_{i=1}^{n} \lambda_i = \sum_{i=1}^{n} \left(\sum_{j=1}^{n} a_{ij}^2 \right)$.
3. Soit $S \in \mathcal{M}_n(\mathbb{R})$ une matrice symétrique. Existe-t-il une matrice $A \in \mathcal{M}_n(\mathbb{R})$ telle que $S = A^T A$? Donner une condition nécessaire et suffisante sur S pour que A soit inversible.

Exercice 6.31 :** $\mathbb{R}^n$ est muni de son produit scalaire canonique $\langle\,,\,\rangle$. On note $S_n^{++}(\mathbb{R})$ l'ensemble des matrices symétriques réelles à valeurs propres strictement positives et soit $A \in S_n^{++}(\mathbb{R})$.
Déterminer : $\min\limits_{x\in S} \langle AX, X\rangle \left\langle A^{-1}X, X\right\rangle$, où S est la sphère unité $\{X \in \mathbb{R}^n,\ \|X\| = 1\}$.

D'après Mines-Ponts filière PSI

Exercice 6.32 : Dans $\mathbb{R}^4$ muni de son produit scalaire canonique, $\mathcal{B}$ étant sa base canonique :

$$A = M_{\mathcal{B}}(f) = \frac{1}{7}\begin{pmatrix} -1 & -4 & 4 & -4 \\ -4 & 5 & 2 & -2 \\ 4 & 2 & 5 & 2 \\ -4 & -2 & 2 & 5 \end{pmatrix} \qquad \textit{(attention au } \tfrac{1}{7}\textit{...)}$$

1. Sans calculs, dire pourquoi f est diagonalisable dans une base orthonormée.
2. Montrer que $f \in O(\mathbb{R}^4)$. En déduire les seules valeurs propres réelles possibles pour f.

3. Sans calculer le polynôme caractéristique de f, déterminer à l'aide de la trace l'ordre de multiplicité des valeurs propres de f. En déduire le polynôme caractéristique de f.
4. Déterminer l'espace propre E_1 associé à la valeur propre 1. En donner une base, puis lui appliquer le procédé de Schmidt pour obtenir une base orthonormée de E_1.
5. Montrer que l'espace propre E_{-1} associé à la valeur propre -1 satisfait $E_{-1} = (E_1)^{\perp}$.
En utilisant l'équation caractérisant E_1, en déduire un vecteur générateur de E_{-1}.
6. Donner une base orthonormée dans laquelle la matrice de f est diagonale.

■■ Indications

Ex. 6.1

1. *On « pousse » la* **proposition 6.4**. *De plus,* $\phi \in O(E) \Rightarrow \phi \in \mathrm{GL}(E)$.
2. *L'idée est de montrer* $\phi(F^{\perp}) \subset F^{\perp}$ *puis d'appliquer la question 1.*

Ex. 6.2

Soit $\mathbb{R}^n$ *euclidien, rapporté à* $\mathcal{B}$ *sa base canonique. Si* $\mathcal{B}'$ *est la famille des vecteurs colonnes de* A*, on considère* A *comme la matrice de* $Id_{\mathbb{R}^n}$*, la base de départ est* $\mathcal{B}'$*, la base d'arrivée est* $\mathcal{B}$*. Puis on introduit* $\mathcal{B}''$*, famille orthonormée de vecteurs issus de* $\mathcal{B}'$ *par le procédé de Gram-Schmidt.*

Ex. 6.3

On utilise : $\forall \vec{u} \in E,\ \vec{u} = \frac{1}{2}(\vec{u} - \phi(\vec{u})) + \frac{1}{2}(\vec{u} + \phi(\vec{u}))$ *et une autre égalité comparable donnant* $\phi(\vec{u})$.

Ex. 6.4

On appliquera l'inégalité de Cauchy-Schwarz au bon X *et à* AX.

Ex. 6.9

On se placera dans une base orthonormée directe où $\vec{u}(a, 0, 0)$, $\vec{v}(b, c, 0)$ *et* $\vec{w}(d, e, f)$.

Ex. 6.11

On traitera rapidement les cas où l'un des vecteurs $\vec{a}$ *et* $\vec{b}$ *est nul et le cas où* $\vec{a}.\vec{b} \neq 0$*. Dans le dernier cas, on écrit* $\vec{x}$ *dans la base* $\{\vec{a}, \vec{b}, \vec{a} \wedge \vec{b}\}$*. Enfin, on utilise la formule de l'***exercice 6.9**.

Ex. 6.14

On posera $\vec{u} = \alpha\vec{a} + \beta\vec{b} + \gamma\vec{c} + \delta\vec{d} = 0$ *en supposant* $\left[\vec{a}, \vec{b}, \vec{c}\right] \neq 0$*. On utilisera* $\left[\vec{u}, \vec{b}, \vec{c}\right]$, $\left[\vec{u}, \vec{a}, \vec{b}\right]$ *et* $[\vec{u}, \vec{c}, \vec{a}]$ *pour trouver des relations entre* α,, β, γ *et* δ.

Ex. 6.16

On pourra se placer dans une base orthonormée de premier vecteur $\vec{n}$.

Ex. 6.18

2. *Partir de* $\vec{x} + \vec{a} \wedge \vec{x} = \vec{y}$ *et effectuer parallèlement les produits scalaire et vectoriel par* $\vec{a}$ *à chacun de ses membres puis utiliser la question 1.*

Ex. 6.19

A *est la matrice d'une rotation, on déterminera l'angle ce qui permettra le calcul rapide de* A^{479}.

Ex. 6.21

La norme choisie ici pour $\mathcal{M}_n(\mathbb{R})$ *est euclidienne. On définit la limite d'une suite de matrices comme dans l'***exercice 6.8**. *Allez voir la* **méthode 7.7**.
1. *On peut utiliser* $\vec{u}.\vec{v} = U^T V$*, où* U *et* V *sont des matrices-colonnes.*

2. *Si* $\mathsf{Rg}\, B = 1$, *on introduira* $\{\vec{e}_1\}$ *base de* $(\mathsf{Ker}\,\phi_B)^{\perp}$ *et on considérera* $a \in \mathbb{R}$ *tel que* $\phi_B(\vec{e}_1) = a\vec{e}_1$. *On calculera* $a\|\vec{e}_1\|^2$ *de deux manières et on déduira* $a = 0$.

5. *On pourra utiliser le résultat de la question 3 de l'***exercice 6.8**.

Ex. 6.24

Partir de la définition et rappelez vous quelques propriétés de la trace.

Ex. 6.25

2. *On pourra calculer* $f(\vec{a} + \vec{b})$ *et* $f(\vec{a} - \vec{b})$.

Ex. 6.27

On trouve les valeurs propres, ce qui permettra d'introduire une certaine matrice diagonale.

Ex. 6.28

On montrera que B *est symétrique réelle. Rechercher ensuite le rang de* B.

Ex. 6.29

u *et* v *commutent, donc les sous-espaces propres de* u *sont stables par* v.

Ex. 6.30

1. $(AX)^T AX = \|AX\|^2$.

2. *Deux matrices semblables ont la même trace.*

3. *Construire une matrice* A *convenable en partant du fait qu'une matrice symétrique réelle est diagonalisable à l'aide d'une matrice orthogonale et que si* A *existe alors les vp de* S *sont* ≥ 0.

Ex. 6.31

Soit une base orthonormée $(\vec{f}_1, ..., \vec{f}_n)$ *de vecteurs propres de* u, *l'endomorphisme canoniquement associé à* A. *On remplace le vecteur colonne* X *par :* $\vec{x} = \sum_{i=1}^{n} x_i \vec{f}_i$. *On calcule* $\langle u(\vec{x}), \vec{x}\rangle$ *et* $\left\langle u^{-1}(\vec{x}), \vec{x}\right\rangle$ *en fonction des valeurs propres de* u. *À partir de là, en utilisant l'inégalité de Cauchy-Schwarz, on montre que* $\langle u(\vec{x}), \vec{x}\rangle \left\langle u^{-1}(\vec{x}), \vec{x}\right\rangle$ *est minoré par* 1 *pour* $\vec{x} \in S$. *Puis il faudra trouver un bon exemple de* $\vec{x}$ *pour lequel cette quantité est effectivement égale à* 1.

■■ Corrigé des vrai/faux

1	2	3	4	5	6	7	8	9	10	11	12	13	14	15	16	17	18
F	V	F	F	F	V	F	V	V	F	F	V	V	F	V	V	V	F

1. Id_E est à la fois un projecteur et une isométrie vectorielle.
3. Faux si $\dim E = 2$.
4. Un produit de rotations vectorielles reste toujours dans $\mathrm{SO}(\mathbb{R}^3)$.
5. $\{\vec{j}, -\vec{i}\}$ est directe car $\left[\vec{j}, -\vec{i}\right] = 1 > 0$.
6. $[e_1 \wedge e_2, e_1, e_2] = [e_1, e_2, e_1 \wedge e_2] = 1 > 0$.
7. On pourra vérifier que la composée d'une rotation d'axe dirigé par $\vec{i}$ et d'une rotation d'axe dirigé par $\vec{k}$ (toutes deux d'angle $\frac{\pi}{2}$) est une rotation d'angle $\frac{2\pi}{3}$ et d'axe dirigé par $\vec{i} - \vec{j} + \vec{k}$.
10. Il peut s'agir d'une composée de rotation et d'une réflexion.
11. $\mathrm{Tr}A = 0$ et $\mathrm{Rg}\, A = 3 \Rightarrow \exists\, \lambda_i < 0$.
12. Cette matrice est symétrique réelle, donc diagonalisable à l'aide d'une matrice orthogonale.
13. Si $M \in O(n)$, alors $M^{-1} = M^T$, donc « M est une matrice de symétrie » équivaut aux propriétés : $M = M^{-1} \Leftrightarrow M = M^T \Leftrightarrow M$ est symétrique.
14. Par exemple $S = \frac{1}{5}\begin{pmatrix} -2 & 6 & 9 \\ 2 & -1 & 6 \\ 1 & 2 & -2 \end{pmatrix}$. On a $S^2 = I_3$ et $S^T \neq S$.
15. $\langle \phi(\vec{x}), \vec{y} \rangle = \langle \phi(\vec{x}), \phi^2(\vec{y}) \rangle = \langle \vec{x}, \phi(\vec{y}) \rangle$ si $\phi^2 = Id$ et $\phi \in O(E)$.
16. C'est le cas si ϕ est un projecteur orthogonal.
17. Si $M \in O_n(\mathbb{R})$ est diagonalisable et comme ± 1 sont les seules valeurs propres possibles, $M^2 = I_n$.
18. Si la base n'est pas orthonormée, la matrice peut ne pas être symétrique.

❑ Erreurs classiques

- Penser qu'une projection orthogonale est un endomorphisme orthogonal.
- De même, considérer qu'une matrice est orthogonale si et seulement si ses colonnes le sont (elles doivent être, de plus, normées).
- Penser que l'ensemble des matrices orthogonales ou l'ensemble des endomorphismes orthogonaux sont des espaces vectoriels, alors qu'ils ne sont pas stables par addition.
- Penser qu'une matrice orthogonale est diagonalisable, ce qui est loin d'être le cas : il suffit de considérer la matrice de la rotation vectorielle plane d'angle $\frac{\pi}{3}$.
- Penser qu'une matrice symétrique réelle admet forcément 1 ou -1 pour vp.
- Affirmer qu'une matrice symétrique est diagonalisable (sans préciser qu'elle est réelle).
- Penser que si ϕ est une symétrie alors ϕ est obligatoirement un endomorphisme symétrique.
- Penser que dans $O(\mathbb{R}^3)$, il n'y a pas que des symétries orthogonales ou des rotations même si cela est vrai dans $O(\mathbb{R}^2)$.

Corrigé des exercices

Exercice 6.1

1. Comme $\phi \in O(E)$, ϕ est un automorphisme, la restriction de ϕ à F aussi. Donc $\dim \phi(F) = \dim F$; or $\phi(F) \subset F$, donc $\phi(F) = F$.

Un s.e.v F est stable par ϕ ssi $\phi(F) \subset F$.

2. Soit $\vec{v} \in F^{\perp}$. Pour tout $\vec{u} \in F$, il existe $\vec{u}' \in F$, tel que $\vec{u} = \phi(\vec{u}')$.
Donc, pour tout $\vec{u} \in F$, $\langle\phi(\vec{v}), \vec{u}\rangle = \langle\phi(\vec{v}), \phi(\vec{u}')\rangle = \langle\vec{v}, \vec{u}'\rangle$.

Car $\phi(F) = F$.

Cette dernière quantité est nulle car $\vec{y} \in F^{\perp}$, $\vec{u}' \in F$. Ainsi $\phi(F^{\perp}) \subset F^{\perp}$.
On a $\phi(F^{\perp}) = F^{\perp}$ en appliquant la question 1) à $F^{\perp}$ à la place de F.

ϕ est un automorphisme orthogonal.

Exercice 6.2

► On se place dans le cadre de $\mathbb{R}^n$ euclidien, rapporté à $\mathcal{B}$ sa base canonique. Si $\mathcal{B}' = \{\vec{u}_1, ..., \vec{u}_n\}$ est la famille des vecteurs colonnes de A, on considère A comme la matrice de $Id_{\mathbb{R}^n}$, la base de départ est $\mathcal{B}'$ et la base d'arrivée est $\mathcal{B}$. Alors $A = M_{\mathcal{B}',\mathcal{B}}(Id)$. Introduisons $\mathcal{B}'' = \{\vec{w}_1, ...\vec{w}_n\}$, la famille orthonormée obtenue à partir de $\mathcal{B}'$ par le procédé de Gram-Schmidt . Alors comme, d'après la **proposition 5.20**, $\vec{w}_i \in \mathsf{Vect}\,(\vec{u}_1, ..., \vec{u}_i)$ pour tout i, la matrice de passage de $\mathcal{B}'$ à $\mathcal{B}''$, notée $P_{\mathcal{B}'}^{\mathcal{B}''}$ est triangulaire supérieure et ses coefficients diagonaux sont strictement positifs (et il en est de même de son inverse $P_{\mathcal{B}''}^{\mathcal{B}'}$). En effet, on remarque avec la **proposition 5.18** que la matrice de passage de la base $\mathcal{B}' = \{\vec{u}_1, ..., \vec{u}_n\}$ à la base orthogonale $\{\vec{v}_1, ..., \vec{v}_n\}$ est triangulaire supérieure de coefficients diagonaux tous égaux à 1. Si l'on normalise la base orthogonale, la matrice a pour coefficients diagonaux $\{\frac{1}{\|\vec{v}_1\|}, ..., \frac{1}{\|\vec{v}_n\|}\}$.

$\mathcal{B}'$ est une base car A est inversible.

*Voir **proposition 5.18** et **méthode 5.8**.*

C'est $P_{\mathcal{B}'}^{\mathcal{B}''}$, de coefficients diagonaux > 0. Comme son inverse $P_{\mathcal{B}''}^{\mathcal{B}'}$.
Il reste à utiliser la formule qui permet de transformer une matrice d'une application linéaire (ici $Id_{\mathbb{R}^n}$), la base de départ étant elle aussi transformée. On rappelle la formule revue dans le chapitre II sur les matrices et applications linéaires :

$$M_{\mathcal{B}',\mathcal{B}}(\phi) = \left(P_{\mathcal{B}}^{\mathcal{B}}\right)^{-1} M_{\mathcal{B}'',\mathcal{B}}(\phi) P_{\mathcal{B}''}^{\mathcal{B}'}.$$

Tout ceci s'appelle la décomposition QR d'une matrice inversible. Que du terrain fertile pour l'informatique. Dans la pratique, on connaît A, on détermine R puis $Q = AR^{-1}$.

Comme $P_{\mathcal{B}}^{\mathcal{B}} = I_n$, en posant $R = P_{\mathcal{B}''}^{\mathcal{B}'}$ et $Q = M_{\mathcal{B}'',\mathcal{B}}(\phi)$, on a bien le résultat voulu car Q est la matrice de passage d'une base orthonormée sur une autre, c'est donc une matrice orthogonale.

► Montrons l'unicité de la décomposition $A = QR$.
Supposons $A = QR = Q'R'$, où Q et Q' sont orthogonales et R et R' sont triangulaires supérieures inversibles. Alors :

$$(Q')^{-1}Q = R'R^{-1}.$$

La matrice $B = (Q')^{-1}Q$ est orthogonale.

Produit de deux matrices orthogonales.

De même, $B = R'R^{-1}$ est triangulaire supérieure à coefficients diagonaux strictement positifs. Notons $b_1, ..., b_n$ les coefficients diagonaux de B. Comme B est orthogonale, $B^T = B^{-1}$. Or, B^{-1} est triangulaire supérieure et ses coefficients diagonaux sont $\frac{1}{b_1}, ..., \frac{1}{b_n}$. Par voie de conséquence, tous les b_i valent 1. Comme B^T est triangulaire inférieure et B^{-1} est triangulaire supérieure, B est diagonale et donc $B = I_n$. Il vient : $Q = Q'$ et $R = R'$. C'est gagné !

Le produit et l'inversibilité sont stables dans T_n^+. La transposée d'un élément de T_n^+ est triangulaire inférieure.

Corrigé

Exercice 6.3

Allez voir la **méthode 1.4** *pour se « rafraîchir » le cerveau sur* $\mathsf{Im}\,\phi$.

(1) ⇒ (2) : si $\vec{u}_1 \in \mathsf{Im}\,\psi$ et $\vec{u}_2 \in \mathsf{Im}\,\Psi$,

$$\exists\,(\vec{v}_1, \vec{v}_2) \in E^2,\ \vec{u}_1 = \psi(\vec{v}_1) \text{ et } \vec{u}_2 = \psi(\vec{v}_2).$$

On montre ici au passage que $\phi \in O(E)$ tel que $\phi^2 = Id_E$ est un endomorphisme symétrique.

Donc : $4\langle \vec{u}_1, \vec{u}_2\rangle = 4\langle \psi(\vec{v}_1), \Psi(\vec{v}_2)\rangle = \langle \vec{v}_1 - \phi(\vec{v}_1), \vec{v}_2 + \phi(\vec{v}_2)\rangle$. Puis : $\langle \vec{v}_1, \vec{v}_2\rangle = \langle \phi(\vec{v}_1), \phi(\vec{v}_2)\rangle$ et $\langle \vec{v}_1, \phi(\vec{v}_2)\rangle = \langle \phi(\vec{v}_1), \phi^2(\vec{v}_2)\rangle = \langle \phi(\vec{v}_1), \vec{v}_2\rangle$ Donc, on en déduit : $\langle \vec{u}_1, \vec{u}_2\rangle = 0$ et $\mathsf{Im}\,\psi$ est orthogonal à $\mathsf{Im}\,\Psi$.
(2) ⇒ (1) : $\forall \vec{u} \in E,\ \vec{u} = \frac{1}{2}(\vec{u} - \phi(\vec{u})) + \frac{1}{2}(\vec{u} + \phi(\vec{u})) = -\psi(\vec{u}) + \Psi(\vec{u})$.
De même, $\forall \vec{u} \in E,\ \phi(\vec{u}) = \frac{1}{2}(-\vec{u} + \phi(\vec{u})) + \frac{1}{2}(\vec{u} + \phi(\vec{u})) = \psi(\vec{u}) + \Psi(\vec{u})$.
D'après Pythagore : $\|\vec{u}\|^2 = \|\phi(\vec{u})\|^2 = \|\psi(\vec{u})\|^2 + \|\Psi(\vec{u})\|^2$. Donc $\phi \in O(E)$.

Exercice 6.4

Rapide la solution mais un brin astucieuse.

Soit $A \in \mathrm{O}_n(\mathbb{R})$ et $X \in \mathcal{M}_{n,1}(\mathbb{R})$ constituée de coefficients tous égaux à 1. On peut assimiler X et AX à des vecteurs de $\mathbb{R}^n$, muni de sa structure euclidienne canonique. Comme A est orthogonale, $\|AX\| = \|X\| = \sqrt{n}$. D'après l'inégalité de Cauchy-Schwarz, $|\langle AX, X\rangle| \leq \|AX\|.\|X\| = n$.

Comme $|\langle AX, X\rangle| = \left|\displaystyle\sum_{1\leq i,j\leq n} a_{i,j}\right|$, on a le résultat.

Exercice 6.5

La forme de A permet d'affirmer de suite que c'est une réflexion.

$A \in \mathrm{O}_2(\mathbb{R})$ et $\mathsf{Det}\,A = -1$. Donc A est la matrice d'une réflexion. La résolution de $AX = X$ permet de conclure que c'est la matrice de la symétrie orthogonale par rapport à la droite d'équation $x = 5y$.

Exercice 6.6

$\mathbb{R}^2$ étant rapporté à une de ses bases orthonormées directes $\mathcal{B}$, soit $\varphi \in O(E)$.

Bien retenir que dans le cas $n = 2$, la forme avec des cosinus et sinus des matrices de $0(\mathbb{R}^2)$ est valable dans toute base orthonormée, contrairement au cas $n = 3$.

- (i) Si $\varphi \in SO(E)$, $\exists\,\theta \in \mathbb{R}$, $M_{\mathcal{B}}(\phi) = \begin{pmatrix} \cos\theta & -\sin\theta \\ \sin\theta & \cos\theta \end{pmatrix}$.
- (ii) Si $\varphi \notin SO(E), \exists\,\theta \in \mathbb{R}$, $M_{\mathcal{B}}(\phi) = \begin{pmatrix} \cos\theta & \sin\theta \\ \sin\theta & -\cos\theta \end{pmatrix}$.

Voir la **méthode 6.3**.

▸ Dans le premier cas, ϕ est la rotation vectorielle plane d'angle θ.
▸ Dans le second cas, ϕ est la symétrie orthogonale par rapport à la droite vectorielle de base $(\cos(\theta/2), \sin(\theta/2))$. En effet, $(M_{\mathcal{B}}(\phi))^T = M_{\mathcal{B}}(\phi)$ et comme $M_{\mathcal{B}}(\phi)$ est orthogonale, ϕ est une symétrie orthogonale. Il reste à déterminer $\{\vec{u} \in \mathbb{R}^2, \phi(\vec{u}) = \vec{u}\}$ et le calcul donne la droite voulue.
▸ On peut aussi classifier les éléments de $\mathrm{O}_2(\mathbb{R})$ en effectuant le produit de deux matrices de symétrie orthogonale :

$$\begin{pmatrix} \cos\theta_1 & \sin\theta_1 \\ \sin\theta_1 & -\cos\theta_1 \end{pmatrix} \times \begin{pmatrix} \cos\theta_2 & \sin\theta_2 \\ \sin\theta_2 & -\cos\theta_2 \end{pmatrix} = \begin{pmatrix} \cos(\theta_1 - \theta_2) & -\sin(\theta_1 - \theta_2) \\ \sin(\theta_1 - \theta_2) & \cos(\theta_1 - \theta_2) \end{pmatrix}.$$

Ainsi la composée de la symétrie orthogonale par rapport à la droite vectorielle de base $\vec{u}_1 = (\cos(\theta_1/2), \sin(\theta_1/2))$ et de la symétrie orthogonale par rapport à la droite vectorielle de base $\vec{u}_2 = (\cos(\theta_2/2), \sin(\theta_2/2))$ est une rotation d'angle $\theta_1 - \theta_2$. L'angle entre $\vec{u}_2$ et $\vec{u}_1$ a pour mesure $\frac{1}{2}(\theta_1 - \theta_2)$.

On peut alors réciproquement écrire que toute rotation d'angle θ est composée d'une symétrie orthogonale par rapport à une droite de base $\vec{v}$ et d'une symétrie orthogonale par rapport à une droite de base $\vec{u}$ telles qu'une mesure de l'angle $(\vec{u}, \vec{v})$ soit $\frac{\theta}{2}$.
Conclusion : tout élément de $O(\mathbb{R}^2)$ est soit une réflexion (symétrie orthogonale par rapport à une droite), soit la composée de deux réflexions.

*Ce résultat est utile et sert dès l'***exercice 6.7**.

Exercice 6.7

1. Cette question a été faite à l'**exercice 6.6**.

2. ρ est d'aprés la **proposition 6.17** la rotation d'angle $\frac{\pi}{3}$.
Puis, une mesure de l'angle de vecteurs $(\vec{u}_2, \vec{i})$ et de l'angle de vecteurs $(\vec{i}, \vec{u}_1)$ est $\frac{\pi}{6}$. Donc $\rho = s_{D_1} o\, s_{Ox} = s_{Ox} o\, s_{D_2}$. Il reste à faire disparaître s_{Ox}.
Comme $(s_{D_1})^{-1} = s_{D_1}$, $s_{D_1} o\, \rho = s_{Ox}$.
Ainsi, $s_{D_1} o\, \rho = \rho\, o\, s_{D_2}$.

Une symétrie est l'inverse d'elle-même, c'est bien commode !

Exercice 6.8

1. On part de : $I_2 + \dfrac{1}{n}A = \begin{pmatrix} 1 & -\frac{\alpha}{n} \\ \frac{\alpha}{n} & 1 \end{pmatrix}$.

Si l'on pose $\beta_n = \sqrt{1 + \frac{\alpha^2}{n^2}}$, la matrice $\dfrac{1}{\beta_n}\left(I_2 + \dfrac{1}{n}A\right) \in \mathrm{O}_2(\mathbb{R})$.

Comme son déterminant fait 1, c'est une matrice de $\mathrm{SO}_2(\mathbb{R})$.

2. D'après la **proposition 6.17**, on sait que θ_n existe.
Plus précisément, $\exists\, \theta_n \in]-\pi, \pi[, \cos(\theta_n) = \dfrac{1}{\beta_n}$ et $\sin(\theta_n) = \dfrac{\alpha}{n\beta_n}$.

Comme $\frac{1}{\beta_n} > 0$, on prend : $\theta_n = \arctan\left(\dfrac{\alpha}{n}\right) \in]-\frac{\pi}{2}, \frac{\pi}{2}[$.

3. $\forall n \in \mathbb{N}^\star$, $\left(I_2 + \dfrac{1}{n}A\right)^n = \beta_n^n \begin{pmatrix} \cos(n\theta_n) & -\sin(n\theta_n) \\ \sin(n\theta_n) & \cos(n\theta_n) \end{pmatrix}$.

La composée de n rotations d'angle θ est la rotation d'angle $n\theta$.

Or, $\beta_n^n = \left(1 + \dfrac{\alpha^2}{n^2}\right)^{\frac{n}{2}} = \exp(\frac{n}{2}\ln(1 + O(1/n^2)) = \exp(O(1/n)) \to 1$.
Puis, $n\theta_n \sim n\frac{\alpha}{n} \to \alpha$.

$\arctan u \sim u$ au $v(0)$.

On en déduit que $E(A) = \displaystyle\lim_{n\to+\infty}\left(I_2 + \dfrac{1}{n}A\right)^n = \begin{pmatrix} \cos\alpha & -\sin\alpha \\ \sin\alpha & \cos\alpha \end{pmatrix}$.
C'est la matrice de la rotation plane d'angle α.

Exercice 6.9

Un calcul fou donne : $\vec{u} \wedge \vec{v} = (0, 0, ac)$ puis $\vec{u} \wedge (\vec{v} \wedge \vec{w}) = (-ace, acd, 0)$.
Un autre calcul fou donne : $(\vec{u}.\vec{w})\vec{v} - (\vec{u}.\vec{v})\vec{w} = (-ace, acd, 0)$. C'est pareil !
Vous venez de démontrer la **formule du double produit vectoriel**.

En se plaçant dans la base orthonormée directe (le lecteur justifie son existence) de l'indication.

Exercice 6.10

On a : $\|\vec{u} \wedge \vec{v}\|^2 = \|\vec{u}\|^2\|\vec{v}\|^2\sin^2\theta$, où θ est une mesure de l'angle $(\vec{u}, \vec{v})$.
Le cours dit aussi que $(\vec{u}.\vec{v})^2 = \|\vec{u}\|^2\|\vec{v}\|^2\cos^2\theta$. Il suffit de sommer.

On peut le faire aussi analytiquement. L'égalité s'appelle identité de Lagrange.

Exercice 6.11

Si $\vec{a}.\vec{b} \neq 0$, il n'y a pas de solutions.
Si $\vec{a} = \vec{0}$ et $\vec{b} \neq \vec{0}$, il n'a toujours pas de solution.
Si $\vec{a} \neq \vec{0}$ et $\vec{b} = \vec{0}$, les solutions sont les vecteurs colinéaires à $\vec{a}$.
Si $\vec{a} = \vec{b} = \vec{0}$, tous les vecteurs de $\mathbb{R}^3$ sont solutions.
Supposons enfin $\vec{a}$ et $\vec{b}$ orthogonaux et non nuls. On écrit $\vec{x}$ dans la base $\{\vec{a}, \vec{b}, \vec{a} \wedge \vec{b}\}$ avec : $\vec{x} = \alpha\vec{a} + \beta\vec{b} + \gamma\vec{a} \wedge \vec{b}$.
En remplaçant dans l'équation :

C'est ce que l'on appelle la division vectorielle, utile en SI.

Corrigé

$$\vec{b} = \beta\vec{a}\wedge\vec{b} + \gamma\vec{a}\wedge(\vec{a}\wedge\vec{b}) = \beta\vec{a}\wedge\vec{b} - \gamma\|\vec{a}\|^2\vec{b}.$$

La famille étant une base de $\mathbb{R}^3$, elle est libre.

On en déduit : $\beta = 0$ et $\gamma = -\dfrac{1}{\|\vec{a}\|^2}$.

Finalement : $\mathcal{S} := \left\{\alpha\vec{a} - \dfrac{1}{\|\vec{a}\|^2}\vec{a}\wedge\vec{b},\ \alpha\in\mathbb{R}\right\}$.

Exercice 6.12

*On utilise la définition du produit mixte avec le produit vectoriel et la formule de l'**exercice 6.9**.*

$(\vec{u}\wedge\vec{v}).(\vec{w}\wedge\vec{s}) = [\vec{u}\wedge\vec{v},\vec{w},\vec{s}] = [\vec{w},\vec{s},\vec{u}\wedge\vec{v}]$
$= \vec{w}\wedge(\vec{s}\wedge(\vec{u}\wedge\vec{v})) = \vec{w}.((\vec{s}.\vec{v})\vec{u} - (\vec{s}.\vec{u})\vec{v}) = (\vec{s}.\vec{u})(\vec{w}.\vec{v})$.

Pour l'autre égalité, on écrit (toujours en usant de l'**exercice 6.9**) :

Les fous peuvent aussi tout développer analytiquement.

$$(\vec{u}\wedge\vec{v})\wedge(\vec{w}\wedge\vec{s}) = ((\vec{u}\wedge\vec{v}).\vec{s})\vec{w} - (((\vec{u}\wedge\vec{v}).\vec{w})\vec{s} = [\vec{u},\vec{v},\vec{s}]\vec{w} - [\vec{u},\vec{v},\vec{w}]\vec{s}.$$

Exercice 6.13

Pour tout $\vec{u}\in E$, comme $\vec{w}.\vec{w} = 1$:

*La linéarité découle de celle du produit vectoriel. Voir la **proposition 6.12**.*

$$\phi^2(\vec{u}) = (\vec{u}\wedge\vec{w})\wedge\vec{w} = (\vec{u}.\vec{w})\vec{w} - (\vec{w}.\vec{w})\vec{u} = (\vec{u}.\vec{w})\vec{w} - \vec{u}.$$

Donc $k = -1$.

$$\phi^3(\vec{u}) = ((\vec{u}.\vec{w})\vec{w} - \vec{u})\wedge\vec{w} = (\vec{u}.\vec{w})(\vec{w}\wedge\vec{w}) - \vec{u}\wedge\vec{w} = -\phi(\vec{u}).$$

Exercice 6.14

Tout le monde sait que quatre vecteurs forment une famille liée dans un espace de dimension 3. Ici, on précise les « liaisons ».

Soit $(\alpha,\beta,\gamma,\delta)\in\mathbb{R}^4$ tels que : $\vec{u} = \alpha\vec{a} + \beta\vec{b} + \gamma\vec{c} + \delta\vec{d} = 0$.

On écrit : $0 = \left[\vec{u},\vec{b},\vec{c}\right] = \alpha\left[\vec{a},\vec{b},\vec{c}\right] + \delta\left[\vec{d},\vec{b},\vec{c}\right]$.

En écrivant de même $[\vec{u},\vec{c},\vec{a}] = \left[\vec{u},\vec{a},\vec{b}\right] = 0$, on obtient :

$$\left[\vec{b},\vec{c},\vec{d}\right]\vec{a} - \left[\vec{c},\vec{d},\vec{a}\right]\vec{b} + \left[\vec{d},\vec{a},\vec{b}\right]\vec{c} - \left[\vec{a},\vec{b},\vec{c}\right]\vec{d} = \vec{0}.$$

Exercice 6.15

1. $\vec{n} = (1,2,-3)$ est orthogonal au plan $P : x + 2y - 3z = 0$.

Si $\vec{u}(x,y,z)$, $q : \vec{u}\mapsto \dfrac{\vec{u}.\vec{n}}{\|\vec{n}\|^2}\vec{n}$ est la projection orthogonale sur $\mathsf{Vect}(\vec{n})$ et $p : \vec{u}\mapsto\vec{u} - q(\vec{u})$ est la projection orthogonale sur P.

Enfin, $s : \vec{u}\mapsto 2p(\vec{u}) - \vec{u} = \vec{u} - 2q(\vec{u})$ est la symétrie orthogonale cherchée.

Après calculs, on trouve $M_{\mathcal{B}}(s) = \dfrac{1}{7}\begin{pmatrix} 6 & -2 & 3 \\ -2 & 3 & 6 \\ 3 & 6 & -2 \end{pmatrix}$.

Ce $\vec{n}$ est choisi de norme 1, ce qui arrange les calculs.

2. On procède comme plus-haut. Ici on prend $\vec{n} = (-\sin\theta,\cos\theta,0)$.

Après calculs, $M_{\mathcal{B}}(s) = \begin{pmatrix} \cos(2\theta) & \sin(2\theta) & 0 \\ \sin(2\theta) & -\cos(2\theta) & 0 \\ 0 & 0 & 1 \end{pmatrix}$.

Exercice 6.16

L'idée est donc de se placer dans une base orthonormée directe adaptée à la situation : $\{\vec{n},\vec{v},\vec{w}\}$.

- Soit la base orthonormale directe $\mathcal{B}' = \{\vec{n},\vec{v},\vec{w}\}$ et déterminons $M_{\mathcal{B}'}(\phi)$.

On a déjà : $\phi(\vec{n}) = (1 - \cos\theta + \cos\theta)\vec{n} = \vec{n}$.

Puis comme $\vec{v}.\vec{n} = 0$ et $\vec{n}\wedge\vec{v} = \vec{w}$, on a : $\phi(\vec{v}) = (\cos\theta)\vec{v} + (\sin\theta)\vec{w}$.

De même, on a rapidement : $\phi(\vec{w}) = -(\sin\theta)\vec{v} + (\cos\theta)\vec{w}$.

La matrice de ϕ dans $\mathcal{B}'$ est : $\begin{pmatrix} 1 & 0 & 0 \\ 0 & \cos\theta & -\sin\theta \\ 0 & \sin\theta & \cos\theta \end{pmatrix}$.

• On va en déduire la matrice R dans la base canonique euclidienne, de la rotation r d'angle $\dfrac{\pi}{3}$ et d'axe dirigé et orienté par $(1,1,1)$.

On pourrait aussi partir de la matrice R' de r dans la base orthonormée directe $\mathcal{B}' = (\vec{n}, \vec{J}, \vec{K})$, où elle est la forme de la **proposition 6.20** *(on note P la matrice de passage entre la base canonique et $\mathcal{B}'$) puis faire un produit matriciel entre P, R' et P^T, c'est exactement l'exemple développé de la* **méthode 6.8**.

Ici, on prend $\vec{n} = \dfrac{1}{\sqrt{3}}(1,1,1)$. Puis, si l'on pose $\vec{u}(x,y,z)$,

$$r(\vec{u}) = \left(1 - \cos\frac{\pi}{3}\right)\langle \vec{u}, \vec{n}\rangle\,\vec{n} + \left(\cos\frac{\pi}{3}\right)\vec{u} + \left(\sin\frac{\pi}{3}\right)(\vec{n}\wedge\vec{u}),$$

c'est-à -dire :

$$r(\vec{u}) = \frac{1}{2}.\frac{1}{3}(x+y+z)(1,1,1) + \frac{1}{2}\vec{u} + \frac{\sqrt{3}}{2}.\frac{1}{\sqrt{3}}((1,1,1)\wedge\vec{u}).$$

On termine le calcul : $r(\vec{u}) = \dfrac{1}{3}(2x - y + 2z, 2x + 2y - z, -x + 2y + 2z)$.

Ainsi, la matrice R cherchée est $\dfrac{1}{3}\begin{pmatrix} 2 & -1 & 2 \\ 2 & 2 & -1 \\ -1 & 2 & 2 \end{pmatrix}$.

Exercice 6.17

La matrice de la rotation r dans la base canonique est $\begin{pmatrix} 1 & 0 & 0 \\ 0 & \cos\theta & -\sin\theta \\ 0 & \sin\theta & \cos\theta \end{pmatrix}$.

La matrice de r dans la base canonique est simple. Cela part bien !

D est dirigée par $\vec{u} = \vec{i} + \sqrt{3}\vec{j} + 2\vec{k}$.
D_θ est la droite vectorielle de vecteur directeur $r(\vec{u})$.

Or, $\begin{pmatrix} 1 & 0 & 0 \\ 0 & \cos\theta & -\sin\theta \\ 0 & \sin\theta & \cos\theta \end{pmatrix}\begin{pmatrix} 1 \\ \sqrt{3} \\ 2 \end{pmatrix} = \begin{pmatrix} 1 \\ \sqrt{3}\cos\theta - 2\sin\theta \\ \sqrt{3}\sin\theta + 2\cos\theta \end{pmatrix}$.

L'image d'une droite Vect $(\vec{u})$ *est une droite par r, dirigée par $r(\vec{u})$.*

L'image de la droite D est la droite engendrée par :

$$r(\vec{u}) = \vec{i} + \left(\sqrt{3}\cos\theta - 2\sin\theta\right)\vec{j} + \left(\sqrt{3}\sin\theta + 2\cos\theta\right)\vec{k}.$$

Exercice 6.18

1. C'est fait à l'**exercice 6.9**.

Mais pas avec les mêmes lettres pour tromper l'ennemi !

2. ▸ En multipliant scalairement $\vec{x} + \vec{a}\wedge\vec{x} = \vec{y}$ par $\vec{a}$, on obtient

$$(1) : \vec{a}\cdot\vec{x} = \vec{a}\cdot\vec{y}.$$

▸ En multipliant vectoriellement $\vec{x} + \vec{a}\wedge\vec{x} = \vec{y}$ par $\vec{a}$, on obtient

$$(2) : \vec{a}\wedge\vec{x} + \vec{a}\wedge(\vec{a}\wedge\vec{x}) = \vec{a}\wedge\vec{x} + (\vec{a}\cdot\vec{x})\vec{a} - \|\vec{a}\|^2\vec{x} = \vec{a}\wedge\vec{y}.$$

L'égalité initiale, (1) et (2) impliquent : $\vec{y} - \vec{x} + (\vec{a}\cdot\vec{y})\vec{a} - \|\vec{a}\|^2\vec{x} = \vec{a}\wedge\vec{y}$ soit

$$(1 + \|\vec{a}\|^2)\vec{x} = \vec{y} - \vec{a}\wedge\vec{y} + (\vec{a}\cdot\vec{y})\vec{a} \text{ ou } \vec{x} = \tfrac{1}{1+\|\vec{a}\|^2}\left(\vec{y} - \vec{a}\wedge\vec{y} + (\vec{a}\cdot\vec{y})\vec{a}\right).$$

*On a ici le même type de développement que dans l'***exercice 6.11** *(la division vectorielle) mais en plus compliqué.*

Vérifions que cette valeur de $\vec{x}$ est bien solution de $\vec{x} + \vec{a}\wedge\vec{x} = \vec{y}$:
$(1 + \|a\|^2)(\vec{a}\wedge\vec{x}) = \vec{a}\wedge\vec{y} - \vec{a}\wedge(\vec{a}\wedge\vec{y}) = \vec{a}\wedge\vec{y} - (\vec{a}\cdot\vec{y})\vec{a} + \|\vec{a}\|^2\vec{y}$, donc

$$(1 + \|\vec{a}\|^2)(\vec{x} + \vec{a}\wedge\vec{x}) = (1 + \|\vec{a}\|^2)\vec{y}.$$

L'existence et l'unicité de la solution de l'équation $f_a(\vec{x}) = \vec{y}$ garantissent que f_a est bien bijective. Comme f_a est clairement un endomorphisme de E,

f_a est un automorphisme de $\mathbb{R}^3$ et $f_a^{-1} : \vec{y} \mapsto \tfrac{1}{1+\|\vec{a}\|^2}\left(\vec{y} - \vec{a}\wedge\vec{y} + (\vec{a}\cdot\vec{y})\vec{a}\right)$.

3. Pour tout $\vec{x}\in E$, $\vec{x}\perp\vec{a}\wedge\vec{x}$ donc par application de Pythagore :
$\|\, f_a(\vec{x})\,\|^2 = \|\vec{x} + \vec{a}\wedge\vec{x}\|^2 = \|\vec{x}\|^2 + \|\vec{a}\wedge\vec{x}\|^2$, donc $\|\, f_a(\vec{x})\,\|^2 = \|\vec{x}\|^2$ si et

Corrigé

seulement si $\|\vec{a} \wedge \vec{x}\| = 0$, qui n'est vérifié pour tout $\vec{x} \in E$ que si $\vec{a} = \vec{0}_E$.
f_a est un automorphisme orthogonal si et seulement si $\vec{a} = \vec{0}_E$.

Exercice 6.19

Det A n'est pas utile car $AX = X$ permet d'aller plus loin directement.

▶ On vérifie sans souci que $A^T A = I_3$, donc $A \in O_3(\mathbb{R})$. Le sous-espace propre associée à 1 est Vect $((1,1,1)\}$. Donc A représente une rotation. On prend le vecteur $\vec{n} = \dfrac{1}{\sqrt{3}}(1,1,1)$ pour orientation de son axe. Puis Tr $A = 1+2\cos\theta = 1$ et $\theta = \pm\frac{\pi}{2}$. Puis le signe de (par exemple) Det $(\vec{n}, \vec{i}, \phi(\vec{i}))$, où ϕ est la rotation associée, donne celui de $\sin\theta$. On trouve un réel strictement positif.

*C'est une illustration ici de la **méthode 6.6**.*

En conclusion, ϕ est la rotation d'axe orienté par $\vec{n}$ et d'angle $\frac{\pi}{2}$.
▶ $A^{479} = A^{480}A^{-1} = (A^4)^{120}A^{-1} = A^{-1} = A^T$.

On utilise $A^4 = I_3$.

Exercice 6.20

*C'est encore et toujours une illustration de la **méthode 6.6**.*

▶ $A = \dfrac{1}{7}\begin{pmatrix} 2 & 3 & 6 \\ 3 & -6 & 2 \\ 6 & 2 & -3 \end{pmatrix}$ est une matrice orthogonale puisque ses vecteurs colonnes forment une base orthonormée de $\mathbb{R}^3$. De plus, le produit vectoriel de ses deux premiers vecteurs colonnes est égal à son troisième vecteur colonne, donc cette base orthonormée est directe et $A \in \mathrm{SO}(3)$.

On peut aussi calculer le déterminant : c'est un peu plus lourd.

L'axe de f est la droite vectorielle de ses vecteurs invariants :$\Delta =$ Vect $(3,1,2)$.
Posons $\vec{I} = \frac{1}{\sqrt{14}}(3,1,2)$; choisissons pour $\vec{J}$ un vecteur unitaire orthogonal à $\vec{I}$, par exemple, $e_2 = \frac{1}{\sqrt{5}}(0,2,-1)$, puis posons : $\vec{K} = \vec{I} \wedge \vec{J} = \frac{1}{\sqrt{60}}(-5,3,6)$.
$(\vec{I}, \vec{J}, \vec{K})$ est une base orthonormée directe de $\mathbb{R}^3$ relativement à laquelle la matrice de f est la matrice réduite : $\begin{pmatrix} 1 & 0 & 0 \\ 0 & \cos\theta & -\sin\theta \\ 0 & \sin\theta & \cos\theta \end{pmatrix}$.

La relation $1 + 2\cos\theta = \mathrm{Tr}A$ donne aussi $\cos\theta = -1$. Et cette méthode est plus courte car l'angle est de mesure π ce qui évite l'orientation.

$f(\vec{J}) = \cos\theta\vec{J} + \sin\theta\vec{K}$ donc $\cos\theta = \langle f(\vec{J}), \vec{J}\rangle$ et $\sin\theta = \langle f(\vec{J}), \vec{K}\rangle$.

$$\frac{1}{7}\begin{pmatrix} 2 & 3 & 6 \\ 3 & -6 & 2 \\ 6 & 2 & -3 \end{pmatrix}\frac{1}{\sqrt{5}}\begin{pmatrix} 0 \\ 2 \\ -1 \end{pmatrix} = \frac{1}{7\sqrt{5}}\begin{pmatrix} 0 \\ -14 \\ 7 \end{pmatrix} = \frac{1}{\sqrt{5}}\begin{pmatrix} 0 \\ -2 \\ 1 \end{pmatrix},$$

donc $f(\vec{J}) = -\vec{J}$.
Enfin : $\cos\theta = \langle -\vec{J}, \vec{J}\rangle = -1$ et $\sin\theta = \langle -\vec{J}, \vec{K}\rangle = 0$, donc $\theta = \pi$.
Conclusion : f est la rotation d'axe Δ orienté par I et d'angle π, autrement dit, le demi-tour d'axe Vect $(\vec{I})$.

▶ $B = \frac{1}{9}\begin{pmatrix} 8 & 1 & -4 \\ -4 & 4 & -7 \\ 1 & 8 & 4 \end{pmatrix}$ est une matrice orthogonale puisque ses vecteurs colonnes forment une base orthonormée de $\mathbb{R}^3$. De plus, le produit vectoriel de ses deux premiers vecteurs colonnes est égal à son troisième vecteur colonne, donc cette base orthonormée est directe et $B \in \mathrm{SO}(3)$.

g est donc une rotation vectorielle de $\mathbb{R}^3$.

L'axe de g est la droite vectorielle : $\Delta_g =$ Vect $(3,-1,-1)$.
Posons $\vec{I} = \frac{1}{\sqrt{11}}(3,-1,-1)$; choisissons pour $\vec{J}$ un vecteur unitaire orthogonal à $\vec{I}$, par exemple, $\vec{J} = \frac{1}{\sqrt{2}}(0,1,-1)$, puis posons : $\vec{K} = \vec{I} \wedge \vec{J} = \frac{1}{\sqrt{22}}(2,3,3)$.
$(\vec{I}, \vec{J}, \vec{K})$ est une base orthonormée directe de $\mathbb{R}^3$ relativement à laquelle la matrice de g est la matrice réduite : $\begin{pmatrix} 1 & 0 & 0 \\ 0 & \cos\theta & -\sin\theta \\ 0 & \sin\theta & \cos\theta \end{pmatrix}$.

$g(\vec{J}) = \cos\theta \vec{J} + \sin\theta \vec{K}$ donc $\cos\theta = \langle g(\vec{J}), \vec{J}\rangle$ et $\sin\theta = \langle g(\vec{J}), \vec{K}\rangle$.

$$\frac{1}{9}\begin{pmatrix} 8 & 1 & -4 \\ -4 & 4 & -7 \\ 1 & 8 & 4 \end{pmatrix} \frac{1}{\sqrt{2}}\begin{pmatrix} 0 \\ 1 \\ -1 \end{pmatrix} = \frac{1}{9\sqrt{2}}\begin{pmatrix} 5 \\ 11 \\ 4 \end{pmatrix} \text{ donc } g(J) = \frac{1}{9\sqrt{2}}(5, 11, 4).$$

$$\begin{cases} \cos\theta = \left\langle \frac{1}{9\sqrt{2}}(5,11,4) | \frac{1}{\sqrt{2}}(0,1,-1)\right\rangle = \frac{7}{18} \\ \sin\theta = \left\langle \frac{1}{9\sqrt{2}}(5,11,4) | \frac{1}{\sqrt{22}}(2,3,3)\right\rangle = \frac{55}{18\sqrt{11}} = \frac{5\sqrt{11}}{18} \end{cases}, \text{ donc } \theta = \text{Arccos}\, \frac{7}{18}.$$

g est la rotation d'axe Δ_g orienté par I et d'angle Arccos $\frac{7}{18}$.

Exercice 6.21

1. On a : $\text{Det}\,(B) = \text{Det}\,(B^T) = \text{Det}\,(-B) = (-1)^3\text{Det}\,(B) = -\text{Det}\,(B)$. Donc : $\text{Det}\,(B) = 0$.

Soit $\vec{u} \in (\text{Ker}\,\phi_B)^\perp$. Alors, montrons que $\phi_B(\vec{u}) \in (\text{Ker}\,\phi_B)^\perp$. On écrit :

On utilise $\vec{u}.\vec{v} = U^T V$.

$$\forall \vec{y} \in \text{Ker}\,\phi_B, \phi_B(\vec{u}).\vec{y} = (BU)^T Y = U^T B^T Y = -U^T BY$$

où U et Y sont les matrices de $\mathcal{M}_{3,1}(\mathbb{R})$ associées à $\vec{u}$ et à $\vec{y}$.

Comme $BY = 0$, on a : $\phi_B(\vec{u}).\vec{y} = 0$.

Car $B^T = -B$, ne l'oublions pas !

2. B n'étant pas inversible, elle est de rang inférieur ou égal à 2. Il reste à prouver que B ne peut pas être de rang 1. Supposons par l'absurde que $\text{Rg}\,\phi_B = \dim \text{Im}\,\phi_B = 1$. Alors $\dim \text{Ker}\,\phi_B = 2$ et $\dim (\text{Ker}\,\phi_B)^\perp = 1$. Soit $\vec{e_1}$ une base de $(\text{Ker}\,\phi_B)^\perp$. Il existe $a \in \mathbb{R}$ tel que $\phi_B(\vec{e_1}) = a\vec{e_1}$. Considérons $E^T BE$, où E est la matrice-colonne représentant $\vec{e_1}$. Alors : $E^T BE = a\|\vec{e_1}\|^2$. Cette quantité est réelle et égale à sa transposée.

En utilisant le théorème du rang.

On utilise la stabilité prouvée à la question 1)

$$a\|e_1\|^2 = \left[E^T BE\right]^T = E^T B^T E = -E^T BE = -a\|e_1\|^2$$

car B est anti-symétrique. Donc : $a = 0$. Et $\vec{e_1} \in \text{Ker}\,\phi_B$.

Comme $\vec{e_1} \in (\text{Ker}\,\phi_B)^\perp$ alors $\vec{e_1} = \vec{0}$. Impossible. Finalement, $\text{Rg}\,B \neq 1$.

En effet, une base n'est jamais $\vec{0}$!

3. Si $B = 0$, le résultat demandé est immédiat avec $\beta = 0$ et $P = I_3$. Sinon, B est de rang 2 et son noyau est de dimension 1. Notons $\vec{e_1}$ un vecteur unitaire de ce noyau et complétons en une base orthonormée $\mathcal{B}' = (\vec{e_1}, \vec{e_2}, \vec{e_3})$ de $\mathbb{R}^3$. Par construction, $(\vec{e_2}, \vec{e_3})$ est une base de $(\text{Ker}\,\phi_B)^\perp$.

Cet espace est stable par ϕ_B.

La matrice de ϕ_B dans $\mathcal{B}'$ s'écrit : $M_{\mathcal{B}'}(\phi_B) = \begin{pmatrix} 0 & 0 \\ 0 & B' \end{pmatrix}$, où $B' \in \mathcal{M}_2(\mathbb{R})$.

C'est une classique construction de matrices par blocs ici.

Notons P la matrice de passage de la base canonique $\mathcal{B}$ à la base $\mathcal{B}'$:

P est donc orthogonale et $P^{-1} = P^T$.

$$M_{\mathcal{B}'}(\phi_B) = P^T M_{\mathcal{B}}(\phi_B) P = P^T BP.$$

Enfin l'antisymétrie de B entraîne celle de B' qui est de la forme souhaitée.

4. $\|B\|^2 = -\text{Tr}\, B^2 = -\text{Tr}\begin{pmatrix} 0 & 0 & 0 \\ 0 & -\beta^2 & 0 \\ 0 & 0 & -\beta^2 \end{pmatrix} = 2\beta^2$.

$Tr(PMP^{-1}) = Tr(M)$.

5. On écrit : $I_3 + \frac{1}{n}B = P\left(I_3 + \frac{1}{n}\begin{pmatrix} 0 & 0 & 0 \\ 0 & 0 & -\beta \\ 0 & \beta & 0 \end{pmatrix}\right)P^{-1}$.

On a pour tout $k \in \mathbb{N}$, $(PMP^{-1})^k = PM^kP^{-1}$.

Cela donne : $\left(I_3 + \frac{1}{n}B\right)^n = P\left(I_3 + \frac{1}{n}\begin{pmatrix} 0 & 0 & 0 \\ 0 & 0 & -\beta \\ 0 & \beta & 0 \end{pmatrix}\right)^n P^{-1}$.

Corrigé

Posons $A = \begin{pmatrix} 0 & -\beta \\ \beta & 0 \end{pmatrix}$. On a : $I_3 + \frac{1}{n}\begin{pmatrix} 0 & 0 & 0 \\ 0 & 0 & -\beta \\ 0 & \beta & 0 \end{pmatrix} = \begin{pmatrix} 1 & 0 \\ 0 & I_2 + \frac{1}{n}A \end{pmatrix}$.

En utilisant une notation par blocs.

Or : $\forall M \in \mathcal{M}_2(\mathbb{R}), \forall a \in \mathbb{R}, \forall k \in \mathbb{N}, \begin{pmatrix} a & 0 \\ 0 & M \end{pmatrix}^k = \begin{pmatrix} a^k & 0 \\ 0 & M^k \end{pmatrix}$.

Il reste : $\left(I_3 + \frac{1}{n}B\right)^n = P\begin{pmatrix} 1^n & 0 \\ 0 & (I_2 + \frac{1}{n}A)^n \end{pmatrix}P^{-1}$.

Comme d'après la question 3 de l'**exercice 6.8**, $(I_2 + \frac{1}{n}A)^n$ tend vers une matrice de rotation $R_\beta = \begin{pmatrix} \cos\beta & -\sin\beta \\ \sin\beta & \cos\beta \end{pmatrix}$.

Une application linéaire est continue en dimension finie.

Enfin, $M \mapsto PMP^{-1}$ est linéaire donc continue et ainsi :

$$E(B) = \lim_{n\to+\infty}\left(I_3 + \frac{1}{n}B\right)^n = P\begin{pmatrix} 1 & 0 & 0 \\ 0 & \cos\beta & -\sin\beta \\ 0 & \sin\beta & \cos\beta \end{pmatrix}P^{-1}.$$

Tant que l'axe n'est pas orienté, l'angle ne l'est pas non plus et est défini au signe près.

On reconnaît la rotation axiale d'axe dirigé par $\vec{e}_1$ et d'angle $|\beta| = \frac{\|B\|}{\sqrt{2}}$.

Exercice 6.22

La matrice de ϕ dans $\{\vec{i}, \vec{j}, \vec{k}\}$ orthonormée par le produit scalaire canonique, $\begin{pmatrix} 1 & 0 & -1 \\ 0 & 1 & -1 \\ -1 & -1 & 1 \end{pmatrix}$ est symétrique et on conclut avec la **proposition 6.21**.

On peut démontrer aussi que $\langle\phi(\vec{u}), \vec{v}\rangle$ vaut $\langle\vec{u}, \phi(\vec{v})\rangle$.

Exercice 6.23

1. Si $\vec{x} \in \mathsf{Im}\,\phi$ alors $\exists\,\vec{w}, \phi(\vec{w}) = \vec{x}$. Soit $\vec{y} \in \mathsf{Ker}\,\phi$ alors :

$$\langle\vec{x}, \vec{y}\rangle = \langle\phi(\vec{w}), \vec{y}\rangle = \langle\vec{w}, \phi(\vec{y})\rangle = \langle\vec{w}, \vec{0}\rangle = 0.$$

Donc $\mathsf{Im}\,\phi \subset (\mathsf{Ker}\,\phi)^\perp$.

On rappelle que si $F \subset G$ et $\dim F = \dim G$ alors $F = G$.

Comme : $\dim \mathsf{Im}\,\phi + \dim \mathsf{Ker}\,\phi = \dim(\mathsf{Ker}\,\phi)^\perp + \dim \mathsf{Ker}\,\phi = n$, on a bien le résultat demandé : $\mathsf{Im}\,\phi = (\mathsf{Ker}\,\phi)^\perp$.

2. (1) $\Rightarrow$ (2). Si $\phi^2 = \phi$ et $\phi \in S(E)$ alors d'après la première question, $\mathsf{Im}\,\phi = (\mathsf{Ker}\,\phi)^\perp$. Comme ϕ est une projection, c'est toujours la projection sur $\mathsf{Im}\,\phi$, dans la direction de $\mathsf{Ker}\,\phi$. La projection est bien orthogonale.

(2) $\Rightarrow$ (1). Supposons que ϕ soit une projection orthogonale et $F = \mathsf{Im}\,\phi$, on a, d'après le cours sur les projections orthogonales, $F \oplus F^\perp = E$.

Et : $\forall\,(\vec{x}, \vec{y}) \in E^2$, $\exists!(\vec{x}_1, \vec{x}_2) \in F \times F^\perp$ tel que $\vec{x} = \vec{x}_1 + \vec{x}_2$.

Et encore : $\exists!(\vec{y}_1, \vec{y}_2) \in F \times F^\perp$ tel que $\vec{y} = \vec{y}_1 + \vec{y}_2$.

Ainsi : $\langle\phi(\vec{x}), \vec{y}\rangle = \langle\vec{x}_1, \vec{y}_1 + \vec{y}_2\rangle = \langle\vec{x}_1, \vec{y}_1\rangle = \langle\vec{x}_1 + \vec{x}_2, \vec{y}_1\rangle = \langle\vec{x}, \phi(\vec{y})\rangle$.

En conclusion, ϕ est un endomorphisme symétrique.

Exercice 6.24

Soient A et B deux matrices de $\mathcal{M}_n(\mathbb{R})$.

On vous laisse montrer que ϕ est bien un endomorphisme.

On écrit : $\langle\phi_M(A), B\rangle = \mathrm{Tr}\left[\phi_M(A)^T B\right] = \mathrm{Tr}\left[M^T A M^T B\right]$.

Or $\mathrm{Tr}\,N = \mathrm{Tr}\,N^T$ donc :

$$\langle\phi_M(A), B\rangle = \mathrm{Tr}\left[B^T M A^T M\right]^T = \mathrm{Tr}\left[B^T M A^T M\right].$$

Or $\mathrm{Tr}\,(CD) = \mathrm{Tr}\,(DC)$.

Donc : $\langle\phi_M(A), B\rangle = \mathrm{Tr}\left[A^T M B^T M\right] = \langle A, \phi_M(B)\rangle$.

Exercice 6.25

1. $\forall(\vec{x},\vec{y}) \in E^2$, $\langle f(\vec{x}),\vec{y}\rangle = \langle\vec{a},\vec{x}\rangle\langle\vec{a},\vec{y}\rangle + \langle\vec{b},\vec{x}\rangle\langle\vec{b},\vec{y}\rangle$
$= \left\langle \vec{x}, \langle\vec{a},\vec{y}\rangle\vec{a} + \langle\vec{b},\vec{y}\rangle\vec{b}\right\rangle = \langle\vec{x}, f(\vec{y})\rangle$, et donc f (on montre rapidement, le faire !, que $f \in \mathcal{L}(E)$) est un endomorphisme symétrique de E.

2. $f(\vec{a}+\vec{b}) = \left(1 + \left\langle\vec{a},\vec{b}\right\rangle\right)(\vec{a}+\vec{b})$: $\vec{a}+\vec{b}$ est un vecteur propre de f associé à la valeur propre $1 + \langle\vec{a},\vec{b}\rangle$. De même, $\vec{a}-\vec{b}$ est un vecteur propre de f associé à la valeur propre $1 - \langle\vec{a},\vec{b}\rangle$. Dans le cas où $\langle\vec{a},\vec{b}\rangle = 0$, 1 est valeur propre de f d'ordre au moins 2, puisque $\vec{a}+\vec{b}$ et $\vec{a}-\vec{b}$, qui sont orthogonaux, sont non colinéaires. Tout vecteur non nul de $\left(\mathsf{Vect}\,(\vec{a},\vec{b})\right)^{\perp}$ est un vecteur propre associé à la valeur propre 0. La somme des dimensions des sous-espaces propres étant égale à la dimension de E, on a trouvé toutes les valeurs propres de f et les sous-espaces propres correspondants.

Il faut avouer que sans l'indication de calculer les images de $\vec{a} \pm \vec{b}$ ...

On sait d'après le cours que f est diagonalisable dans une base orthonormale de vecteurs propres. On précise ici.

Exercice 6.26

1. Après la transformation $C_1 \leftarrow C_1 + C_2 + C_3$, $\mathsf{Det}\, S(a,b,c)$ devient :

$$\begin{vmatrix} a+b+c & b & c \\ a+b+c & c & a \\ a+b+c & a & b \end{vmatrix} = (a+b+c)\begin{vmatrix} 1 & b & c \\ 1 & c & a \\ 1 & a & b \end{vmatrix} = (a+b+c)\begin{vmatrix} 1 & b & c \\ 0 & c-b & a-c \\ 0 & a-b & b-c \end{vmatrix} \text{ donc}$$

$$\begin{aligned} \mathsf{Det}\, S(a,b,c) &= (a+b+c)\left(-(c-b)^2 - (a-b)(a-c)\right) \\ &= -(a+b+c)(a^2+b^2+c^2-ab-bc-ca) \end{aligned}$$

Bien sûr, on peut faire Sarrus puis développer le second membre de l'égalité à montrer. Mais ce n'est pas très joli !

2. $S(a,b,c).\begin{pmatrix}1\\1\\1\end{pmatrix} = (a+b+c)\begin{pmatrix}1\\1\\1\end{pmatrix}$ donc $\vec{u} = (1,1,1)$ est un vecteur propre de $S(a,b,c)$ associé à la valeur propre $a+b+c$.

3. Soit λ et μ ses deux autres(?) valeurs propres, alors :
$\mathrm{Tr} S(a,b,c) = a+b+c = a+b+c+\lambda+\mu$ et $\mathsf{Det}\, S(a,b,c) = (a+b+c).\lambda.\mu$.
On en tire : $\lambda = -\mu$ et $\lambda^2 = a^2+b^2+c^2-ab-bc-ca$.
Les autres valeurs propres sont ω et $-\omega$, où $\omega^2 = a^2+b^2+c^2-ab-bc-ca$. Le plan $E_\omega + E_{-\omega}$ est l'orthogonal de E_1, c'est donc le plan vectoriel d'équation cartésienne $x+y+z=0$.

$S(a,b,c)$ étant symétrique, elle est diagonalisable dans $\mathbb{R}$. Pour trouver les valeurs propres, on peut s'inspirer de la **méthode 4.2**.

4. $S(a,b,c) \in \mathrm{O}(3)$ si et seulement si à la fois les colonnes de S sont normées, soit $a^2+b^2+c^2=1$, les colonnes de S sont orthogonales, soit $ab+bc+ca = 0$. Dans ce cas, $\mathsf{Det}\, S = -(a+b+c)$, ce qui correspond à une réflexion si $a+b+c=1$ et à un demi-tour si $a+b+c=-1$.

On utilise la première question.

Exercice 6.27

S est diagonalisable, et les valeurs propres de S sont réelles et vérifient
$6\lambda^2 - 5\lambda + 1 = 6\left(\lambda - \dfrac{1}{2}\right)\left(\lambda - \dfrac{1}{3}\right) = 0$, donc $\lambda \in \left\{\dfrac{1}{2}, \dfrac{1}{3}\right\}$.
S est semblable à une matrice diagonale D dont les coefficients diagonaux sont $\dfrac{1}{2}$ ou $\dfrac{1}{3}$: il existe une matrice orthogonale P telle que $S = PD\,P^T$, donc $S^p = PD^p\,P^T$. La suite (D^p) tend donc vers $0_{\mathcal{M}_n(\mathbb{R})}$ quand p tend vers $+\infty$.
Conclusion :

$$\lim_{p\to\infty} S^p = 0_{\mathcal{M}_n(\mathbb{R})}.$$

On définit la limite d'une suite de matrices dans la **méthode 7.7**.

Corrigé

Exercice 6.28

On travaille dans $\mathbb{R}^n$ euclidien.

B est symétrique : $B^T = \left[A^T A\right]^T = A^T A = B$ donc B est diagonalisable.
Toutes les lignes de B sont proportionnelles, et colinéaires à A ;
donc B est de rang 1 et $\dim E_0(B) = n-1$; la deuxième valeur propre de B est : $\mathrm{Tr}B = \sum_{k=1}^{n} a_k^2$ en posant $A = (a_1, a_2, \ldots, a_n)$.

Si $\forall i, a_i = 0$, on trouve la matrice nulle. Logique.

Enfin, $\operatorname{diag}\left(\sum_{k=1}^{n} a_k^2, 0, \ldots, 0\right)$ est semblable à B.

Exercice 6.29

u et v commutent, donc les sous-espaces propres de u sont stables par v. On a vu cela dans un des premiers chapitres et on le retrouve ici.

u, endomorphisme symétrique d'un espace euclidien, est diagonalisable. Soit λ une valeur propre de u, et $\vec{x} \in E_\lambda(u)$.
Alors $(u \circ v)(\vec{x}) = v(u(\vec{x})) = v(\lambda\vec{x}) = \lambda v(\vec{x})$ donc $v(\vec{x}) \in E_\lambda(u)$, autrement dit $v\left(E_\lambda(u)\right) \subset E_\lambda(u)$.
L'endomorphisme induit par v sur E_λ étant symétrique, il est diagonalisable; v est diagonalisable sur chacun des sous-espaces propres de u, donc sur leur somme directe qui est E.
On montre ainsi l'existence, sur chaque sous-espace propre de u puis sur E d'une base orthonormée formée de vecteurs propres communs à u et v.

Exercice 6.30

1. S est évidemment symétrique réelle (le lecteur non convaincu fera $S^T = S$).

*Semble un remake de l'**exercice 6.28**. Attention, $A \in \mathcal{M}_n(\mathbb{R})$ ici.*

Soit λ une valeur propre de S, il existe un vecteur non nul X de $\mathbb{R}^n$ tel que :

$$\begin{aligned} SX = \lambda X &\Leftrightarrow A^T AX = \lambda X \\ &\Rightarrow X^T A^T AX = \lambda X^T X \\ &\Leftrightarrow (AX)^T AX = \lambda\|X\|^2 \\ &\Leftrightarrow \|AX\|^2 = \lambda\|X\|^2 \end{aligned}$$

Donc : $\lambda \geqslant 0$.

2. S, matrice symétrique réelle, est diagonalisable : elle est semblable à une matrice diagonale dont la diagonale est formée avec les valeurs propres de S.

$\sum_{i=1}^{n} \lambda_i$ est la trace de cette matrice diagonale.

D'autre part, si $S = (s_{ij})_{1 \leqslant i,j \leqslant n}$, pour tout (i,j) de $[\![1,n]\!]$, $s_{ij} = \sum_{k=1}^{n} a_{ki}a_{kj}$.

D'où : $\mathrm{Tr}(S) = \sum_{i=1}^{n} s_{ii} = \sum_{i=1}^{n}\left(\sum_{k=1}^{n} a_{ki}^2\right)$.

Deux matrices semblables ont la même trace, donc : $\sum_{i=1}^{n}\left(\sum_{k=1}^{n} a_{ki}^2\right) = \sum_{i=1}^{n} \lambda_i$.

3. S est symétrique réelle, donc :

$$\exists P \in \mathrm{O}(n) \text{ telle que } \operatorname{diag}(\lambda_i)_{1 \leqslant i \leqslant n} = D = P^T SP \Leftrightarrow S = PDP^T.$$

C'est grâce à cette question que l'exercice mérite son étoile.

Par hypothèse, les λ_i sont des réels positifs. Posons $\Delta = \operatorname{diag}\left(\sqrt{\lambda_i}\right)_{1 \leqslant i \leqslant n}$ et $A = P\Delta P^T$ alors : $A^T A = \left(P\Delta P^T\right)^T P\Delta P^T = P\Delta^T PP\Delta\, P^T$.
$P \in \mathrm{O}(n)$, donc $P^T P = I_n$ et $\Delta^T\Delta = \Delta^2 = D$, donc : $A^T A = PDP^T = S$.
Pour toute matrice symétrique réelle S, il existe une matrice $A \in \mathcal{M}_n(\mathbb{R})$ telle que : $A^T A = S$.
Comme $\mathrm{Det}\, S = \mathrm{Det}\,(A^T A) = \mathrm{Det}\,(A^T)\mathrm{Det}\, A = (\mathrm{Det}\, A)^2$,

$$\mathrm{Det}\, A \neq 0 \Leftrightarrow \mathrm{Det}\, S \neq 0.$$

A est inversible si et seulement si toutes les valeurs propres de S sont strictement positives.

Or, deux matrices semblables ont le même déterminant, donc :

$$\text{Det}\, S = \text{Det}\, D = \prod_{i=1}^{n} \lambda_i.$$

Exercice 6.31

► Notons u l'endomorphisme canoniquement associé à A (diagonalisable) et remplaçons le vecteur colonne X par le vecteur $\vec{x}$, quand on utilise u plutôt que A. Nous posons par ailleurs : $\forall i \in [\![1, n]\!]$, $u(\vec{f_i}) = \lambda_i \vec{f_i}$.
On a : $\langle AX, X\rangle = \langle u(\vec{x}), \vec{x}\rangle$ et $\langle A^{-1}X, X\rangle = \langle u^{-1}(\vec{x}), \vec{x}\rangle$.

► $\vec{x} = \sum_{i=1}^{n} x_i \vec{f_i}$, calculons $\langle u(\vec{x}), \vec{x}\rangle$ et $\langle u^{-1}(\vec{x}), \vec{x}\rangle$ en fonction des (λ_i).

On a : $\langle u(\vec{x}), \vec{x}\rangle = \left\langle u\left(\sum_{i=1}^{n} x_i \vec{f_i}\right), \sum_{i=1}^{n} x_i \vec{f_i}\right\rangle = \left\langle \sum_{i=1}^{n} x_i \lambda_i \vec{f_i}, \sum_{i=1}^{n} x_i \vec{f_i}\right\rangle$.

Nos notations sont $\lambda_1, ..., \lambda_n$ les n vp, non nécessairement distinctes mais > 0 et $(\vec{f_1}, ..., \vec{f_n})$ une base orthonormée de vecteurs propres.

Or, $(\vec{f_1}, ..., \vec{f_n})$ est orthonormée et donc, $\forall (i, j) \in (\{1, ..., n\})^2$, $\langle \vec{f_i}, \vec{f_j}\rangle = 0$ si $i \neq j$ et $\langle \vec{f_i}, \vec{f_i}\rangle = 1$ pour tout i.

Dans le développement de $\left\langle \sum_{i=1}^{n} x_i \lambda_i \vec{f_i}, \sum_{i=1}^{n} x_i \vec{f_i}\right\rangle$, tous les produits scalaires croisés sont nuls et il ne reste que la somme des $\langle x_i \lambda_i \vec{f_i}, x_i \vec{f_i}\rangle$,

$$\sum_{i=1}^{n} \langle x_i \lambda_i \vec{f_i}, x_i \vec{f_i}\rangle = \sum_{i=1}^{n} \lambda_i x_i^2 \langle \vec{f_i}, \vec{f_i}\rangle = \sum_{i=1}^{n} \lambda_i x_i^2.$$

Finalement : $\langle u(\vec{x}), \vec{x}\rangle = \sum_{i=1}^{n} \lambda_i x_i^2$.

► On attaque $\langle u^{-1}(\vec{x}), \vec{x}\rangle$. On remplace λ_i par $\frac{1}{\lambda_i}$ pour tout i.

Comme u^{-1} est l'endomorphisme réciproque de u, endomorphisme diagonalisable avec des valeurs propres strictement positives, u^{-1} est aussi diagonalisable dans la même base orthonormée de diagonalisation et ses valeurs propres sont les inverses de celles de u.

On a : $\langle u^{-1}(\vec{x}), \vec{x}\rangle = \sum_{i=1}^{n} \frac{1}{\lambda_i} x_i^2$.

► Montrons que $\langle u(\vec{x}), \vec{x}\rangle \langle u^{-1}(\vec{x}), \vec{x}\rangle$ est minoré par 1 pour $\vec{x} \in S$.

On a : $\langle u(\vec{x}), \vec{x}\rangle \langle u^{-1}(\vec{x}), \vec{x}\rangle = \left(\sum_{i=1}^{n} \lambda_i x_i^2\right)\left(\sum_{i=1}^{n} \frac{1}{\lambda_i} x_i^2\right)$.

On remarque ensuite que : $\lambda_i x_i^2 = \left(\sqrt{\lambda_i} x_i\right)^2$ et $\frac{1}{\lambda_i} x_i^2 = \left(\frac{1}{\sqrt{\lambda_i}} x_i\right)^2$.

On a donc : $\langle u(\vec{x}), \vec{x}\rangle \langle u^{-1}(\vec{x}), \vec{x}\rangle = \left(\sum_{i=1}^{n} \left(\sqrt{\lambda_i} x_i\right)^2\right)\left(\sum_{i=1}^{n} \left(\frac{1}{\sqrt{\lambda_i}} x_i\right)^2\right)$.

On utilise maintenant l'inégalité de Cauchy-Schwarz.

Si $(a_i)_{1 \leqslant i \leqslant n}$ et $(b_i)_{1 \leqslant i \leqslant n}$ deux suites de réels positifs, $\sum_{i=1}^{n} a_i b_i \leqslant \sqrt{\sum_{i=1}^{n} a_i^2}\sqrt{\sum_{i=1}^{n} b_i^2}$.

Appliquons cette formule avec : $\forall i \in [\![1, n]\!]$, $a_i = \sqrt{\lambda_i}|x_i|$ et $b_i = \frac{1}{\sqrt{\lambda_i}}|x_i|$.

Ici, $\sum_{i=1}^{n} a_i b_i = \sum_{i=1}^{n} \sqrt{\lambda_i}|x_i| \times \frac{1}{\sqrt{\lambda_i}}|x_i| = \sum_{i=1}^{n} x_i^2$.

Or, il ne faut pas oublier que $\vec{x}$ est de norme 1. Donc $\sum_{i=1}^{n} x_i^2 = 1$.

Corrigé

$$\vec{x} \in S : \langle u(\vec{x}), \vec{x} \rangle \langle u^{-1}(\vec{x}), \vec{x} \rangle = \left(\sum_{i=1}^{n} \left(\sqrt{\lambda_i} x_i \right)^2 \right) \left(\sum_{i=1}^{n} \left(\frac{1}{\sqrt{\lambda_i}} x_i \right)^2 \right) \geqslant 1.$$

► Il reste à montrer que la quantité 1 est effectivement atteinte pour certaines valeurs de $\vec{x}$ dans S. L'idée est de penser à $\vec{f_i}$, un vecteur quelconque de notre base orthonormée. Puis, on calcule $\langle u(\vec{f_1}), \vec{f_1} \rangle \langle u^{-1}(\vec{f_1}), \vec{f_1} \rangle$.

Les égalités $u(\vec{f_1}) = \lambda_1 f_1$ et $u^{-1}(\vec{f_1}) = \dfrac{1}{\lambda_1} \vec{f_1}$ entraînent :

On a bien : $\|\vec{f_1}\| = 1$, ce qui prouve que $\vec{f_1}$ est dans S.

$$\langle u(\vec{f_1}), \vec{f_1} \rangle = \langle \lambda_1 \vec{f_1}, \vec{f_1} \rangle = \lambda_1 \text{ et } \langle u^{-1}(\vec{f_1}), \vec{f_1} \rangle = \langle \frac{1}{\lambda_1} \vec{f_1}, \vec{f_1} \rangle = \frac{1}{\lambda_1}.$$

On en déduit : $\langle u(\vec{f_1}), \vec{f_1} \rangle \langle u^{-1}(\vec{f_1}), \vec{f_1} \rangle = \lambda_1 \times \dfrac{1}{\lambda_1} = 1.$

Finalement : $\min\limits_{x \in S} \langle AX, X \rangle \langle A^{-1}X, X \rangle = 1.$

Exercice 6.32

1. A est une matrice symétrique réelle, donc elle est diagonalisable à l'aide d'une matrice orthogonale.

2. Les vecteurs colonnes de la matrice A forment une base orthonormale de $\mathbb{R}^4$, donc $A \in \mathrm{O}(4)$.

Faites les calculs !

Ses valeurs propres réelles appartiennent donc à $\{-1, 1\}$.

3. A étant symétrique réelle, on sait que son polynôme caractéristique est scindé dans $\mathbb{R}$, donc que la somme des valeurs propres de A est égale à sa trace. Si n est l'ordre de multiplicité de la valeur propre 1 ($n \in [\![0, 4]\!]$), alors $4 - n$ est l'ordre de multiplicité de la valeur propre -1.

$$\mathrm{Tr}(A) = 2 = n \times 1 + (4 - n) \times (-1) = 2n - 4,$$

donc $n = 3$.

Le polynôme caractéristique de A est : $\chi_A(X) = (X + 1)(X - 1)^3$.

4.

$$(x, y, z, t) \in E_1(A) \quad \Leftrightarrow \quad \begin{cases} -x - 4y + 4z - 4t = 7x \\ -4x + 5y + 2z - 2t = 7y \\ 4x + 2y + 5z + 2t = 7z \\ -4x - 2y + 2z + 5t = 7t \end{cases}$$
$$\Leftrightarrow \quad 2x + y - z + t = 0$$

$\big((1, -1, 1, 0), (0, 1, 1, 0), (0, 0, 1, 1)\big)$ est une famille libre, donc une base de E_1. Posons par exemple $u_1 = (1, -1, 1, 0)$, $u_2 = (0, 1, 1, 0)$ et $u_3 = (0, 0, 1, 1)$. On détermine (e_1, e_2, e_3) une base orthonormée de E_1 avec Gram-Schmidt.

On laisse au lecteur le soin d'appliquer Gram-Schmidt. Voir la **méthode 5.8**. *Tout dépend de la base de démarrage de $E_1(A)$ choisie.*

5. A est diagonalisable, donc E_1 et E_{-1} sont supplémentaires. De plus, A est symétrique réelle donc ses sous-espaces propres sont deux à deux orthogonaux. Enfin, $\vec{n} = (2, 1, -1, 1)$ est un vecteur normal à E_1.

6. Posons $e_4 = \frac{1}{\|n\|} n = \frac{1}{\sqrt{7}}(2, 1, -1, 1)$, (e_1, e_2, e_3, e_4) est une base orthonormée de $\mathbb{R}^4$ formée de vecteurs propres de f.

$E_{-1} = (E_1)^{\perp}$ et $E_{-1} =$ Vect $(2, 1, -1, 1)$.

La matrice de f dans cette base est :

$$\left(\begin{array}{ccc|c} 1 & 0 & 0 & 0 \\ 0 & 1 & 0 & 0 \\ 0 & 0 & 1 & 0 \\ \hline 0 & 0 & 0 & -1 \end{array}\right).$$

Chapitre 7
Espaces vectoriels normés de dimension finie

Jusqu'au milieu du XIXe siècle la notion d'espace avait pour objet de décrire le monde qui nous entoure. Les premières transgressions apparaissent dans les années 1840 lorsque William **Hamilton** introduit des nombres de dimension quatre qu'il appelle quaternions et qu'Arthur **Cayley** définit des opérations sur les n-uplets de nombres qui sont les premiers espaces vectoriels. Au début du siècle suivant, les notions de continuité et de limites poussent les mathématiciens à introduire une notion qui généralise la valeur absolue dans **R**. Quatre mathématiciens donnent, entre 1920 et 1922, de manière indépendante et presque simultanément la définition d'un espace vectoriel normé. Il s'agit du Polonais Stefan **Banach**, des Autrichiens Hans **Hahn** et Eduard **Helly** et de l'Américain Norbert **Wiener**.

William Hamilton
1805-1861

Objectifs

Les incontournables

- ▷ Savoir reconnaître d'après sa définition une norme
- ▷ Connaître les normes classiques de $\mathbb{K}^p$
- ▷ Maîtriser les notions de suite convergente dans un espace vectoriel normé de dimension finie
- ▷ Savoir étudier une suite définie par récurrence
- ▷ Savoir montrer qu'une partie d'un espace vectoriel normé de dimension finie est ouverte ou fermée, et qu'un point de cet espace est adhérent ou intérieur à une partie
- ▷ Manipuler les limites, et utiliser les caractérisations séquentielles de la continuité
- ▷ Maîtriser la continuité d'une application sur une partie d'un espace vectoriel normé
- ▷ Savoir qu'une application linéaire sur un espace vectoriel de dimension finie est lipschitzienne et continue.

Et plus si affinités...

- ▷ Connaître les normes classiques de $\mathbb{K}_n[X]$ et de $\mathcal{M}_{n,p}(\mathbb{K})$
- ▷ Savoir utiliser la notion de fonction k-lipschitzienne, en particulier si $k < 1$
- ▷ Étudier la continuité des applications multilinéaires.

Résumé de cours

Dans tout ce chapitre, E, F et G désignent des espaces vectoriels de dimension finie sur le corps $\mathbb{K}$, avec $\mathbb{K} = \mathbb{R}$ ou $\mathbb{C}$.

Normes et distances

Définition : Norme et espace vectoriel normé —. *On appelle* ***norme*** *sur E toute application N de E dans $\mathbb{R}_+$ vérifiant les propriétés suivantes :*

1. $\forall \vec{x} \in E,\ \big(N(\vec{x}) = 0 \Rightarrow \vec{x} = 0_E\big)$ ***(séparation)*** ;
2. $\forall (\lambda, \vec{x}) \in \mathbb{K} \times E,\ N(\lambda\vec{x}) = |\lambda| N(\vec{x})$ ***(homogénéité)*** ;
3. $\forall (\vec{x}, \vec{y}) \in E^2,\ N(\vec{x} + \vec{y}) \leqslant N(\vec{x}) + N(\vec{y})$ ***(inégalité triangulaire)***.

Un ***espace vectoriel normé*** *(en abrégé : EVN) est un couple (E, N) formé d'un espace vectoriel et d'une norme N sur E.*

Remarque : ***Dorénavant, sauf précision, on notera $\|\vec{x}\|$ la norme de $\vec{x}$ plutôt que $N(\vec{x})$.***

Exemple : $(\mathbb{K}, |\,.\,|)$ est un espace vectoriel normé. La valeur absolue est une norme sur $\mathbb{R}$, le module est une norme sur $\mathbb{C}$.

Définition : *Soit $(E, \|\ \|)$ un espace vectoriel normé.*
Un vecteur $\vec{x} \in E$ est dit ***unitaire*** *si et seulement si sa norme $\|\vec{x}\|$ est égale à 1.*

Proposition 7.1.— Soit $\vec{x} \in E \setminus \{0\}$. Le vecteur $\dfrac{1}{\|\vec{x}\|}\,\vec{x}$ est unitaire et colinéaire à $\vec{x}$.
On l'appelle **vecteur unitaire** associé à x.

Proposition 7.2.— Corollaires de l'inégalité triangulaire —. Soit (E, N) un EVN.

- $\forall n \in \mathbb{N}^*,\ \forall\, (\vec{u}_i)_{i \in [\![1,n]\!]} \in E^n,\ \forall\, (\lambda_i)_{i \in [\![1,n]\!]} \in \mathbb{K}^n,\quad N\left(\sum_{i=1}^{n} \lambda_i \vec{u}_i\right) \leqslant \sum_{i=1}^{n} |\lambda_i| N(\vec{u}_i).$
- $\forall\, (\vec{x}, \vec{y}) \in E^2,\ |N(\vec{x}) - N(\vec{y})| \leqslant N(\vec{x} - \vec{y}).$

Définition : Distance —. *On appelle* ***distance*** *sur E toute application d de E^2 dans $\mathbb{R}$ vérifiant :*

1. $\forall (\vec{x}, \vec{y}) \in E^2,\ \mathrm{d}\,(\vec{x}, \vec{y}) \geq 0$ ***(positivité)*** ;
2. $\forall (\vec{x}, \vec{y}) \in E^2,\ \mathrm{d}\,(\vec{x}, \vec{y}) = 0 \Leftrightarrow \vec{x} = \vec{y}$ ***(séparation)*** ;
3. $\forall (\vec{x}, \vec{y}) \in E^2,\ \mathrm{d}\,(\vec{y}, \vec{x}) = \mathrm{d}\,(\vec{x}, \vec{y})$ ***(symétrie)*** ;
4. $\forall (\vec{x}, \vec{y}, \vec{z}) \in E^3,\ \mathrm{d}\,(\vec{x}, \vec{z}) \leqslant \mathrm{d}\,(\vec{x}, \vec{y}) + \mathrm{d}\,(\vec{y}, \vec{z})$ ***(inégalité triangulaire)***.

Proposition 7.3.— Distance associée à une norme —.
Soit $(E, \|\ \|)$ un EVN. Alors l'application d de E^2 dans $\mathbb{R}$, définie par :

$$\forall\, (\vec{x}, \vec{y}) \in E^2,\ \mathrm{d}\,(\vec{x}, \vec{y}) = \|\vec{y} - \vec{x}\|$$

est une distance sur E. On l'appelle la **distance associée** à la norme $\|\ \|$.

Remarque : Une norme sur un espace vectoriel E induit une norme sur tout sous-espace vectoriel F de E et une distance sur E induit une distance sur tout sous-espace vectoriel F de E.

Remarques : 1. Dans le chapitre sur les espaces préhilbertiens que vous avez vu l'année passée, on a défini les **normes associées à un produit scalaire**, appelées aussi **normes euclidiennes**. Ces normes ont des propriétés supplémentaires par rapport à une norme simple. Elles sont (re)étudiées cette année dans deux chapitres dont celui sur les espaces euclidiens. Attention, une norme classique n'est pas nécessairement associée à un produit scalaire. Allez voir en particulier l'**exercice 7.5** et l'**exercice 7.6**, où on fait coexister des normes issues ou non d'un produit scalaire.
2. Il découle de la définition que la notion de norme ne dépend pas de la dimension de E, finie ou non. Ainsi, dans l'espace vectoriel $\mathcal{B}(I)$ des fonctions bornées sur I (voir plus loin), où on introduit la norme dite de la convergence uniforme ou norme infinie. Cette norme est développée dans le chapitre sur les suites et séries de fonctions.

Proposition 7.4.— Normes usuelles sur $\mathbb{K}^p$ —.
Les trois applications suivantes de $\mathbb{K}^p$ dans $\mathbb{R}$ sont des normes sur $\mathbb{K}^p$:

- $\| \|_1 : \vec{x} = (x_i)_{i\in[\![1,p]\!]} \mapsto \|\vec{x}\|_1 = \sum_{i=1}^{p} |x_i|$;
- $\| \|_2 : \vec{x} = (x_i)_{i\in[\![1,p]\!]} \mapsto \|\vec{x}\|_2 = \left(\sum_{i=1}^{p} |x_i|^2\right)^{1/2}$; ($\| \|_2$ est une norme euclidienne si $\mathbb{K} = \mathbb{R}$.)
- $\| \|_\infty : \vec{x} = (x_i)_{i\in[\![1,p]\!]} \mapsto \|\vec{x}\|_\infty = \max_{i\in[\![1,p]\!]} |x_i|$.

Proposition 7.5.— Normes usuelles sur $\mathcal{M}_{n,p}(\mathbb{K})$ —. (En seconde lecture.)
Si $A = (a_{ij})_{\substack{1\le i\le n\\ 1\le j\le p}} \in \mathcal{M}_{n,p}(\mathbb{K})$, on définit les normes suivantes sur $\mathcal{M}_{n,p}(\mathbb{K})$:

- $N_1 : A \mapsto \sum_{i=1}^{n}\sum_{j=1}^{p} |a_{i,j}|$;
- $N_2 : A \mapsto \sqrt{\mathrm{Tr}(A^T A)} = \left(\sum_{i=1}^{n}\sum_{j=1}^{p} |a_{i,j}|^2\right)^{1/2}$; (Ici $\mathbb{K} = \mathbb{R}$ et N_2 est une norme euclidienne.)
- $N_\infty : A \mapsto \max_{(i,j)\in[\![1,n]\!]\times[\![1,p]\!]} |a_{i,j}|$.

Proposition 7.6.— Normes usuelles sur $\mathbb{K}_n[X]$ —. (En seconde lecture.)
Les trois applications suivantes de $\mathbb{K}_n[X]$ dans $\mathbb{R}$ sont des normes sur $\mathbb{K}_n[X]$:

- $\| \|_1 : P = \sum_{k=0}^{n} a_k X^k \mapsto \|P\|_1 = \sum_{k=0}^{n} |a_k|$;
- $\| \|_2 : P = \sum_{k=0}^{n} a_k X^k \mapsto \|P\|_2 = \left(\sum_{k=0}^{n} |a_k|^2\right)^{1/2}$; (Ici $\mathbb{K} = \mathbb{R}$ et $\|.\|_2$ est euclidienne.)
- $\| \|_\infty : \sum_{k=0}^{n} a_k X^k \mapsto \|P\|_\infty = \max_{k\in[\![0,n]\!]} |a_k|$.

Boules, parties bornées et convexes

Définition : Boules ouvertes et fermées —. *$\vec{a}$ étant un élément de E et r un réel positif, on appelle* ***boule fermée*** *(respectivement* ***boule ouverte****) de centre $\vec{a}$ et de rayon r, et on note $\mathcal{B}_f(\vec{a},r)$ (respectivement $\mathcal{B}_o(\vec{a},r)$), l'ensemble des éléments $\vec{x}$ de E tels que $d(\vec{x},\vec{a}) \leqslant r$ (respectivement $d(\vec{x},\vec{a}) < r$).*

Remarque : L'ensemble $\mathcal{B}_f(\vec{a},r) \setminus \mathcal{B}_o(\vec{a},r) = \{\vec{x} \in E \ / \ d(\vec{x},\vec{a}) = r\}$ est appelé la **sphère** de centre $\vec{a}$ et de rayon r.

Exemple : Dans $(\mathbb{R}, |\cdot|)$, $\mathcal{B}_o(\vec{a},r) =]\vec{a}-r, \vec{a}+r[$ et $\mathcal{B}_f(\vec{a},r) = [\vec{a}-r, \vec{a}+r]$.

Définition : Partie bornée —. *Une partie de E est* ***bornée*** *si, et seulement si, elle est incluse dans une boule de centre 0_E pour une de ses normes.*

Définition : Partie convexe —. *Une partie A de E est convexe si, et seulement si, A vérifie la condition suivante : $\forall (\vec{x},\vec{y}) \in A^2, \forall \lambda \in [0,1]$, $\lambda\vec{x} + (1-\lambda)\vec{y} \in A$.*

Proposition 7.7.— Toutes les boules de E sont des parties convexes.

La démonstration est proposée dans l'**exercice 7.21**.

Suites d'un espace vectoriel normé de dimension finie

Proposition 7.8.— Limite d'une suite de vecteurs —.
Soit $(\vec{u}_n)_{n\in\mathbb{N}}$ une suite d'éléments de $(E, \| \ \|)$. On dit que la suite $(\vec{u}_n)_{n\in\mathbb{N}}$ ***converge vers le vecteur*** $\vec{b}$ ***de*** E si, et seulement si, la suite réelle $\left(\|\vec{u}_n - \vec{b}\|\right)_{n\in\mathbb{N}}$ converge vers 0.
Lorsque ceci est vérifié, alors le vecteur $\vec{b}$ est unique. Il est appelé ***limite de la suite*** u et noté

$$\vec{b} = \lim_{n\to+\infty} \vec{u}_n \text{ ou } \vec{b} = \lim \vec{u}.$$

Définition : *Soit $(\vec{u}_n)_{n\in\mathbb{N}}$ une suite d'éléments de $(E, \| \ \|)$.*
On dit que la suite $(\vec{u}_n)_{n\in\mathbb{N}}$ est convergente lorsqu'il existe un vecteur $\vec{b}$ de E tel que $(\vec{u}_n)_{n\in\mathbb{N}}$ converge vers le vecteur $\vec{b}$ de E. Une suite qui ne converge pas est dite ***divergente****.*

Proposition 7.9.— La convergence d'une suite à valeurs dans E et la valeur de sa limite ne dépendent pas du choix de la norme.

C'est un résultat admis dans le cours de PSI mais que l'on peut illustrer dans le cas où $E = \mathbb{K}^p$.

Proposition 7.10.— $\forall \vec{x} \in \mathbb{K}^p$, $\|x\|_\infty \leq \|\vec{x}\|_1 \leq \sqrt{p}\|\vec{x}\|_2 \leq p\|\vec{x}\|_\infty$.

Donc, si l'une des quantités $\|\vec{u}_n - \vec{b}\|_\infty$, $\|\vec{u}_n - \vec{b}\|_1$, $\|\vec{u}_n - \vec{b}\|_2$ tend vers 0 quand n tend vers $+\infty$, alors les deux autres quantités aussi.
Conséquence : soit $\mathcal{B} = (\vec{e}_1, \vec{e}_2, \cdots, \vec{e}_p)$ une base quelconque de E et $(\vec{u}_n)_{n\in\mathbb{N}}$ une suite de vecteurs de E.

Posons : $\forall n \in \mathbb{N}$, $\vec{u}_n = \displaystyle\sum_{k=1}^{p} u_{n,k}\vec{e}_k$.

Proposition 7.11.— Convergence des suites de coordonnées —.
$(\vec{u}_n)_{n\in\mathbb{N}}$ est convergente si, et seulement si, $\forall\, k \in [\![1,p]\!]$, $(u_{n,k})_{n\in\mathbb{N}}$ converge dans $\mathbb{K}$.

Dans ce cas, $\lim\limits_{n\to+\infty} \vec{u}_n = \sum\limits_{k=1}^{p} \left(\lim\limits_{n\to+\infty} u_{n,k}\right) e_k.$

On dit, usuellement, que les coordonnées de la limite sont les limites des coordonnées.

Proposition 7.12.— Toute suite convergente est bornée.

Encore une fois, peu importe la norme !

Proposition 7.13.— Opérations algébriques sur les suites convergentes de vecteurs —.
Soit $(\vec{u}_n)_{n\in\mathbb{N}}$ et $(\vec{v}_n)_{n\in\mathbb{N}}$ deux suites d'éléments de E, qui convergent respectivement vers $\vec{b}$ et $\vec{c}$. Alors :

- La suite $(\vec{u}_n+\vec{v}_n)_{n\in\mathbb{N}}$ converge vers $\vec{b}+\vec{c}$.
- λ étant un élément quelconque de $\mathbb{K}$, la suite $(\lambda\vec{u}_n)_{n\in\mathbb{N}}$ converge vers $\lambda\vec{b}$.

Définition : Suite extraite —. *Soit $(\vec{u}_n)_{n\in\mathbb{N}}$ une suite d'éléments de E. On appelle suite extraite (ou sous-suite) de $(\vec{u}_n)_{n\in\mathbb{N}}$ toute suite à valeurs dans E de la forme $(\vec{u}_{\varphi(n)})_{n\in\mathbb{N}}$ où φ est une application strictement croissante de $\mathbb{N}$ dans lui-même.*

Exemple : Pour $\varphi = (n \mapsto 2n)$, on obtient la suite $(\vec{u}_{2n})_{n\in\mathbb{N}}$, dite suite extraite paire.
Pour $\varphi = (n \mapsto 2n+1)$, on obtient la suite $(\vec{u}_{2n+1})_{n\in\mathbb{N}}$, dite suite extraite impaire.

Proposition 7.14.— Toute suite extraite d'une suite convergente est convergente.

Topologie d'un espace vectoriel de dimension finie

Point intérieur—. Un élément $\vec{x}$ de E est un ***point intérieur à la partie A*** si, et seulement s'il existe une boule ouverte de centre $\vec{x}$ incluse dans A, c'est-à-dire :

$$\exists\, r>0,\quad \mathcal{B}_o(\vec{x},r)\subset A.$$

On appelle ***intérieur de*** A (que l'on note dans cet ouvrage par commodité $\mathring{A}$) l'ensemble des points intérieurs de A.

Définition : Partie ouverte —.
*Une partie A de E est un **ouvert** (ou une **partie ouverte**) de E si, et seulement si,*

$$\forall\, \vec{x}\in A,\ \exists\, r>0 \text{ tel que } B_o(\vec{x},r)\subset A.$$

Proposition 7.15.— Une boule ouverte de E est un ouvert de E.

Remarque : On démontre en exercice que la réunion d'une famille quelconque d'ouverts est un ouvert et que l'intersection d'une famille finie d'ouverts est un ouvert. Ces deux propriétés pourront vous être utiles à condition de les justifier bien entendu car hors programme en PSI dans le cours !

Définition : Point adhérent —. *Un élément $\vec{x}$ de E est **adhérent à la partie A** si, et seulement si, toute boule ouverte de centre $\vec{x}$ a au moins un point commun avec A, c'est-à-dire :*

$$\forall\, r>0,\quad \mathcal{B}_o(\vec{x},r)\cap A\neq\emptyset.$$

*On appelle **adhérence de** A (que l'on note dans cet ouvrage par commodité $\operatorname{adh}(A)$) l'ensemble des points adhérents de A.*

Définition : Partie fermée —. *Une partie A de E est un* ***fermé*** *(ou une* ***partie fermée****) de E si, et seulement si, son complémentaire dans E est un ouvert de E.*

Proposition 7.16.— Une boule fermée et une sphère de E sont des parties fermées de E.

Remarque : La réunion d'une famille finie de fermés est un fermé et l'intersection d'une famille quelconque de fermés est un fermé. Encore une fois, ces deux propriétés utiles doivent etre prouvables par vos soins en exercice car elles ne sont pas citées dans le cours.

Proposition 7.17.— Partie fermée et points adhérents —. Une partie est fermée si, et seulement si, elle contient tous ses points adhérents.

Corollaire 7.18.— Caractérisation séquentielle d'un fermé —. Une partie A de E est fermée si, et seulement si, toute suite convergente d'éléments de A converge vers un élément de A.

Remarque : $\vec{x} \in E$ est adhérent à A si, et seulement si, $\exists\,(\vec{a}_n) \in A^{\mathbb{N}}$ tel que : $\vec{x} = \lim\limits_{n\to+\infty} \vec{a}_n$.

Définition : *On appelle* ***frontière*** *de A l'ensemble* $\mathrm{adh}(A) \setminus \mathring{A}$. *On le note souvent* $\mathrm{Fr}\,(A)$ *ou* δA.

■ Fonctions d'un espace vectoriel normé dans un autre

Définition : Fonction bornée —. *Soit $(E, \|\ \|_E)$ un espace vectoriel normé. Soit I un ensemble non vide quelconque. Une application f de I dans E est* ***bornée*** *si, et seulement si, son ensemble image $f(I)$ est une partie bornée de E. Autrement dit, si et seulement si,*

$$\exists M \in \mathbb{R}_+ \text{ tel que } \forall X \in I,\ ||f(X)||_E \leqslant M.$$

Définition : *Soit $(E, \|\ \|_E)$ et $(F, \|\ \|_F)$ deux espaces vectoriels normés, f une application d'une partie A non vide de E dans F. k étant un réel positif, f est k-***lipschitzienne** *si, et seulement si,*

$$\forall\ (\vec{x}, \vec{y}) \in A^2,\ ||f(\vec{y}) - f(\vec{x})||_F \leqslant k\,||\vec{y} - \vec{x}||_E.$$

■ Limite d'une application entre deux espaces vectoriels normés

Proposition 7.19.— Limite en un point —. Soit f une application d'une partie A de E à valeurs dans F et $\vec{a}$ un élément de E adhérent à A.
Étant donné un élément $\vec{b}$ de F, on dit que f ***admet $\vec{b}$ comme limite en $\vec{a}$*** si :

$$\forall \varepsilon > 0, \exists \delta > 0 \text{ tel que : } \forall \vec{x} \in A,\ \|\vec{x} - \vec{a}\|_E \leqslant \delta \Rightarrow \|f(\vec{x}) - \vec{b}\|_F \leqslant \varepsilon).$$

Le vecteur $\vec{b}$ est alors unique et on le note $\vec{b} = \lim\limits_{\vec{x}\to\vec{a}} f(\vec{x})$ ou $\lim_{\vec{a}} f$.

Définition : Continuité, prolongement par continuité —. *Lorsque $\vec{a}$ appartient à A, si f admet une limite $\vec{b}$ en $\vec{a}$, alors $\vec{b} = f(\vec{a})$ et f est dite* ***continue en $\vec{a}$****.*
Si $\vec{a}$ n'appartient pas à A et si f admet une limite $\vec{b}$ en $\vec{a}$, alors on dit que ***f est prolongeable par continuité en $\vec{a}$****.*

Exemple : Comme E est un espace vectoriel de dimension finie, on peut le munir d'une base $\mathcal{B}$, l'*application $i^{\grave{e}me}$ composante* $\vec{x} \to x_i$ est continue en tout vecteur a de E :

$$\forall \varepsilon > 0, \forall \vec{x} \in E,\ \big(\|\vec{x} - \vec{a}\|_\infty \leqslant \varepsilon \Rightarrow |x_i - a_i| \leqslant \varepsilon\big).$$

Quelques extensions :

1. Dans le cas des fonctions d'une variable réelle : limite en $+\infty$ ou en $-\infty$

Si $E = \mathbb{R}$, $\vec{b} \in F$, et $A =]x_0, +\infty[$, on dit que f admet $\vec{b}$ comme limite en $+\infty$ si :

$$\forall \varepsilon > 0, \exists \delta \in \mathrm{A}, \forall x \in \mathrm{A}, \; (\, x \geqslant \delta \Rightarrow \|f(x) - \vec{b}\| \leqslant \varepsilon).$$

On écrit alors $\vec{b} = \lim\limits_{x \to +\infty} f(x)$ ou $\vec{b} = \lim\limits_{+\infty} f$.

De même, si f est définie sur un intervalle de la forme $A =]-\infty, x_0[$, on dit que f admet $\vec{b}$ comme limite en $-\infty$ si :

$$\forall \varepsilon > 0, \exists \delta \in \mathrm{A}, \forall x \in \mathrm{A}, \; (\, x \leqslant \delta \Rightarrow \|f(x) - \vec{b}\| \leqslant \varepsilon).$$

On écrit alors $\vec{b} = \lim\limits_{x \to -\infty} f(x)$ ou $\vec{b} = \lim\limits_{-\infty} f$.

2. Dans le cas des fonctions à valeurs réelles : limite égale à $+\infty$ ou à $-\infty$

Si $F = \mathbb{R}$ et si $\vec{a}$ est un point adhérent à A, on dit que f admet $+\infty$ comme limite en $\vec{a}$ si :

$$\forall K \in \mathbb{R}, \exists \delta > 0, \forall \vec{x} \in A, (N(\vec{x} - \vec{a}) \leqslant \delta \Rightarrow f(\vec{x}) \geqslant K).$$

On écrit alors $\lim\limits_{\vec{x} \to \vec{a}} f(\vec{x}) = +\infty$ ou $\lim\limits_{\vec{a}} f = +\infty$.

Dans les mêmes conditions, on dit que f admet $-\infty$ comme limite en $\vec{a}$ si :

$$\forall K \in \mathbb{R}, \exists \delta > 0, \forall \vec{x} \in A, (N(\vec{x} - \vec{a}) \leqslant \delta \Rightarrow f(\vec{x}) \leqslant -K).$$

On écrit alors $\lim\limits_{\vec{x} \to \vec{a}} f(\vec{x}) = -\infty$ ou $\lim\limits_{\vec{a}} f = -\infty$.

Proposition 7.20.— Limite d'une application composée —.
Ici A est une partie de E, $\vec{a}$ est un point adhérent à A et B est une partie de F.
Si f est une application de A dans B qui admet comme limite $\vec{b}$ au point $\vec{a}$ alors :

- $\vec{b}$ est un point adhérent de B.
- Si, de plus, g est une application de B dans G admettant pour limite $\vec{c}$ au point $\vec{b}$ alors $g \circ f$ admet pour limite $\vec{c}$ au point $\vec{a}$:
$$\lim_{\vec{x} \to \vec{a}} (g \circ f)(\vec{x}) = \lim_{\vec{y} \to \vec{b}} g(\vec{y}) = \vec{c}.$$

Proposition 7.21.— Limite d'une combinaison linéaire —.
Soit f et g deux applications de A dans F admettant pour limites respectives $\vec{b}$ et $\vec{c}$ au point adhérent $\vec{a}$ de A. Pour tout couple (α, β) de $\mathbb{K}^2$, $\lim\limits_{\vec{x} \to \vec{a}} (\alpha f + \beta g)(\vec{x}) = \alpha\vec{b} + \beta\vec{c}$.

Proposition 7.22.— Limite d'un produit —.
Soit f une application de A dans F admettant $\vec{b}$ pour limite au point adhérent $\vec{a}$ de A et g une application de A dans $\mathbb{K}$ ayant α pour limite en $\vec{a}$. Le produit $g.f$ admet pour limite $\alpha\vec{b}$ en $\vec{a}$.

Proposition 7.23.— Limite de l'inverse d'une fonction scalaire, d'un quotient —.
Étant donné une fonction g de A dans $\mathbb{K}$, de limite β en $\vec{a}$, avec $\beta \neq 0$, alors :

- $\exists r > 0, \forall \vec{x} \in \mathcal{B}_o(\vec{a}, r) \cap A, \; g(\vec{x}) \neq 0$.
- En posant $\mathcal{B}' = \mathcal{B}_o(\vec{a}, r) \cap A$, la fonction $\dfrac{1}{g} f$ est définie sur $\mathcal{B}'$; $\vec{a}$ est un point adhérent de $\mathcal{B}'$ et $\dfrac{1}{g} f$ admet pour limite $\dfrac{1}{\beta}\vec{b}$ en $\vec{a}$.

Soit $\mathcal{B} = (\vec{e}_1, \vec{e}_2, \cdots, \vec{e}_p)$ une base de F. Pour tout $\vec{x}$ de A, il existe un n-uplet unique $\left(f_i(\vec{x})\right)_{i \in [\![1,p]\!]}$

tel que $f(\vec{x}) = \sum_{i=1}^{p} f_i(\vec{x})\vec{e}_i$. L'application $f_i : A \to \mathbb{K}$ est appelée $i^{\text{ème}}$ ***application composante ou application coordonnée*** de f.

Proposition 7.24.— Limite d'une fonction et limites des applications coordonnées —.
f admet en un point adhérent $\vec{a}$ de A la limite $\vec{b} = \sum_{i=1}^{p} b_i\vec{e}_i$ si et seulement si pour tout $i \in [\![1,p]\!]$, l'application composante f_i admet pour limite b_i en $\vec{a}$.

Proposition 7.25.— Limite de l'image d'une suite convergente —.
Si $(\vec{u}_n)_{n\in\mathbb{N}}$ est une suite d'éléments de A convergeant vers $\vec{a}$ alors $\vec{a}$ est un point adhérent de A. Si de plus f est une fonction de A dans F ayant pour limite $\vec{b}$ en $\vec{a}$ alors la suite $(f(\vec{u}_n))_{n\in\mathbb{N}}$ d'éléments de F converge vers $\vec{b}$.

Proposition 7.26.— Caractérisation séquentielle de la continuité —.
Si $\vec{a} \in A$, l'application f est continue en $\vec{a}$ si, et seulement si, pour toute suite $(\vec{x}_n)_{n\in\mathbb{N}}$ d'éléments de A qui converge vers $\vec{a}$, la suite $(f(\vec{x}_n))_{n\in\mathbb{N}}$ converge vers $f(\vec{a})$.

■ Continuité des fonctions d'un espace vectoriel normé vers un autre

Définition : Fonction continue sur une partie A **—.** *Une application définie sur une partie A de E est **continue sur A** si, et seulement si, elle est continue en tout point de A.*

Proposition 7.27.— Théorèmes généraux —. Utiles pour montrer la continuité d'une fonction :

- Si f est une application continue sur une partie A de E et B une partie de E incluse dans A, alors la restriction de f à B, $f_{/B}$, est continue sur B.
- Si f est une application continue sur une partie A de E et g une application continue sur une partie B de F contenant $f(A)$, alors $g \circ f$ est continue sur A.
- Si f et g sont deux applications continues sur une partie A de E, si λ et μ sont deux scalaires quelconques, alors $\lambda f + \mu g$ est continue sur A.
- Si f et g sont deux applications continues sur une partie A de E à valeurs numériques, alors $f.g$ est continue sur A.

Exemples :

- E étant de dimension finie munie d'une base $\mathcal{B} = (\vec{e}_1, \vec{e}_2, \cdots, \vec{e}_n)$, l'application $i^{\text{ème}}$ composante $x \mapsto x_i$ est continue sur E.
- Les fonctions monômes de plusieurs variables $(x_1, x_2, \cdots, x_n) \mapsto \lambda x_1^{\alpha_1} x_2^{\alpha_2} \cdots x_n^{\alpha_n}$, et donc les fonctions polynômes de plusieurs variables, sont continues sur $\mathbb{R}^n$.
- Toute application k-lipschitzienne sur A est continue sur A.

Proposition 7.28.— Caractérisation par la continuité des fonctions coordonnées —.
Une fonction f est continue sur la partie A de E si, et seulement si, ses fonctions coordonnées sont continues sur A.

Cas des fonctions continues sur une partie A de E et à valeurs dans $\mathbb{R}$

Proposition 7.29.— Une fonction continue sur une partie fermée et bornée de E et à valeurs dans $\mathbb{R}$, est bornée et atteint ses bornes.

Proposition 7.30.— Si f est continue de E dans $\mathbb{R}$ alors $\{\vec{x} \in E, f(\vec{x}) > 0\}$ et $\{\vec{x} \in E, f(\vec{x}) < 0\}$ sont des parties ouvertes de E et $\{\vec{x} \in E, f(\vec{x}) \geqslant 0\}$, $\{\vec{x} \in E, f(\vec{x}) \leqslant 0\}$ et $\{\vec{x} \in E, f(\vec{x}) = 0\}$ sont des parties fermées de E.

Continuité des applications linéaires et bilinéaires

Proposition 7.31.— Application linéaire de E vers F—.
Soit $(E, \|.\|_E)$ et $(F, \|.\|_F)$ deux espaces vectoriels normés.
Toute application linéaire f de E dans F est continue, car :

$$\exists K \in \mathbb{R} \text{ tel que }, \forall \vec{x} \in E,\ \|f(\vec{x})\|_F \leqslant K \|\vec{x}\|_E \text{ et donc } f \text{ est } K\text{-lipschitzienne sur } E.$$

Proposition 7.32.— Application bilinéaire de $E \times F$ vers G—.
$(E, \|.\|_E)$, $(F, \|.\|_F)$ et $(G, \|.\|_G)$ étant trois espaces vectoriels normés et $\mathcal{B}$ une application bilinéaire de $E \times F$ dans G, alors :

- $\exists K \in \mathbb{R}$ tel que , $\forall (\vec{x}, \vec{y}) \in E \times F$, $\|\mathcal{B}(\vec{x}, \vec{y})\|_G \leqslant K \|\vec{x}\|_E \|\vec{y}\|_F$.
- $\mathcal{B}$ est continue sur $E \times F$.

On rappelle que f est une application p-linéaire de $(\mathbb{K}^n)^p$ dans (E, N), espace vectoriel normé si, et seulement si, les p applications déduites de f en fixant tous les vecteurs de $\mathbb{K}^n$ sauf un sont des applications linéaires.

Proposition 7.33.— Application multilinéaire sur $\mathbb{K}^n$—. Soit f une application p-linéaire de $((\mathbb{K}^n)^p, \|.\|)$ dans $(E, \|.\|_E)$. Alors :

- $\exists A > 0$, $\forall (\vec{X}_i)_{1 \leq i \leq p} \in (\mathbb{K}^n)^p$, $\|f(\vec{X}_1, ..., \vec{X}_p)\|_E \leq A \displaystyle\prod_{i=1}^{p} \|\vec{X}_i\|$.
- f est continue sur $(\mathbb{K}^n)^p$.

Pour la mise en oeuvre de tout cela, allez de l'**exercice 7.50** à l'**exercice 7.52**.

Remarque : On rappelle que le **déterminant** est l'unique application $d : \mathcal{M}_n(\mathbb{K}) \to \mathbb{K}$ vérifiant les trois propriétés suivantes :
1. d est **linéaire par rapport à chacune des colonnes de sa variable**, c'est-à-dire que si $C_1, ..., C_n$ sont des matrices colonnes, pour tout $j \in \{1, ..., n\}$, l'application

$$X \mapsto d(C_1, C_2, .., C_{j-1}, X, C_{j+1}, ..., C_n)$$

est linéaire de $\mathcal{M}_{n,1}(\mathbb{K})$ vers $\mathbb{K}$.
2. d est antisymétrique, c'est-à-dire que si dans A, on effectue l'opération élémentaire $C_i \leftrightarrow C_j$ avec $i \neq j$, et si l'on note B la matrice obtenue alors $d(A) = -d(B)$.
3. Enfin, $d(I_n) = 1$.

Cette application d est continue en toute matrice A de $\mathcal{M}_n(\mathbb{K})$.
En effet, on peut « assimiler » $\mathcal{M}_n(\mathbb{K})$ et $(\mathbb{K}^n)^n$. Ici $(E, \|.\|_E) = (\mathbb{K}, |.|)$.

■■ Méthodes

■ Normes d'un espace vectoriel normé de dimension finie

❑ Méthode 7.1.— Comment montrer qu'une application est une norme
Après s'être assuré que la fonction $\| \, . \, \|$ fournie est bien une application de l'espace vectoriel E dans $\mathbb{R}_+$, on peut penser à ces trois possibilités :

- Établir les propriétés de la définition dans le cas particulier de $\| \, . \, \|$.
- Dans le cas où $\mathbb{K} = \mathbb{R}$, vérifier que $\| \, . \, \|$ est la norme euclidienne associée à un produit scalaire sur E. Ce produit scalaire peut être déterminé, au besoin, par l'une des identités de polarisation.
- Constater que $\| \, . \, \|$ est une norme connue sur un espace vectoriel dont E est un sous-espace vectoriel. Voir les **proposition 7.4**, **proposition 7.5** et **proposition 7.6**.
- Remarquer que $\forall \vec{x} \in E, \|\vec{x}\| = N(f(\vec{x}))$, où f est un morphisme injectif de E dans F et N une norme connue sur F. La preuve est l'**exercice 7.8**.

Mise en œuvre : de l'**exercice 7.1** à l'**exercice 7.8**, **exercice 7.14**, **exercice 7.17**, **exercice 7.24**, **exercice 7.48** et **exercice 7.53**.

Exemples : 1. *Montrer que* $|.|$ *dans* $\mathbb{C}$, *espace vectoriel sur* $\mathbb{R}$, *est une norme.*

On a vu dès la première année que :
- Pour tout $z \in \mathbb{C}$, $|z| = 0 \Leftrightarrow z = 0$.
- Pour tout $z \in \mathbb{C}$ et tout $\lambda \in \mathbb{R}$, $|\lambda z| = |\lambda|.|z|$.
- Pour tout $(z, z') \in \mathbb{C}^2$, $|z + z'| \leq |z| + |z'|$.

Le module et la valeur absolue dans $\mathbb{R}$ se notent $|.|$ à la place de $\|.\|$.

2. *Montrer que l'application* $(x, y, z) \mapsto \|(x, y, z)\| = \sqrt{2x^2 + y^2 + 2z^2}$ *définit une norme sur* $\mathbb{R}^3$.

Posons : $\forall \, \big((x, y, z), (x', y', z')\big) \in \left(\mathbb{R}^3\right)^2$, $\big((x, y, z)|(x', y', z')\big) = 2xx' + yy' + 2zz'$.
On est en présence d'une application bilinéaire symétrique de $\mathbb{R}^3$ dans $\mathbb{R}$.
$\forall \, (x, y, z) \in \mathbb{R}^3$, $\big((x, y, z)|(x, y, z)\big) = 2x^2 + y^2 + 2z^2 \geq 0$.
Une somme de réels positifs est nulle si et seulement si chacun de ces réels est nul. Donc :
$\big((x, y, z)|(x, y, z)\big) = 2x^2 + y^2 + 2z^2 = 0 \Rightarrow 2x^2 = y^2 = 2z^2 = 0 \Rightarrow (x, y, z) = (0, 0, 0)$.
Ainsi l'application proposée est définie positive. Il s'agit d'un produit scalaire sur $\mathbb{R}^3$. La norme euclidienne associée à ce produit scalaire est définie par : $\|(x, y, z)\| = \sqrt{2x^2 + y^2 + 2z^2}$.
En conclusion, $(x, y, z) \mapsto \|(x, y, z)\| = \sqrt{2x^2 + y^2 + 2z^2}$ définit une norme sur $\mathbb{R}^3$.

■ Suites à valeurs dans $\mathbb{R}$ (révisions)

Bien que les suites à valeurs dans $\mathbb{R}$ ***soient étudiées abondamment en PCSI et MPSI, leur importance au niveau des concours nous incite à proposer une révision des principales méthodes. N'oubliez pas que dans ce type de suites à valeurs dans un espace vectoriel normé (ici c'est*** $\mathbb{R}$ ***muni de la valeur absolue), l'espace vectoriel est ordonné***

Méthodes

(pour les anciens MPSI, c'est un ordre partiel) et l'on parle alors du théorème des suites monotones ou des suites adjacentes. Ceci n'a aucun sens dans le cas général.

❑ **Méthode 7.2.— Comment aborder l'étude d'une suite** $u = (u_n)_{n\in\mathbb{N}} \in \mathbb{R}^{\mathbb{N}}$

L'esprit est de donner les pistes les plus usitées :

- Comment prouver que la suite u est monotone ?
  On peut déterminer le signe de $u_{n+1} - u_n$ ou comparer u_{n+1}/u_n et 1.
- Comment prouver que la suite u est convergente ?
  1) On trouve un équivalent de u_n (par exemple si $u_n = f(n)$) qui converge.
  2) On peut utiliser le *théorème des suites monotones* : toute suite croissante et majorée converge (*i.e* toute suite décroissante et minorée converge).
  3) Lorsque l'on a une idée de la limite l, on peut majorer $|u_n - l|$ par une quantité qui tend vers 0.
  4) On peut encadrer u_n et appliquer le théorème des gendarmes.
  5) On peut appliquer le *théorème des suites adjacentes* en utilisant une autre suite (v_n) telle que $[(u_n), (v_n)]$ forme un couple de suites adjacentes.
  6) On peut montrer que les sous-suites u_{2n} et u_{2n+1} ont la même limite.
  7) Si $u_n = \frac{1}{n}\sum_{k=0}^{n} f\left(\frac{k}{n}\right)$ (somme de Riemann) alors sa limite est $\int_0^1 f(t)\,dt$.
- Comment prouver que la suite u est divergente ?
  1) On peut minorer u_n par v_n, terme général d'une suite tendant vers $+\infty$.
  2) On peut trouver une sous-suite divergente.
  3) On peut raisonner par l'absurde en supposant que (u_n) possède une limite finie et aboutir à une incohérence.

Exemples : 1. *Montrons que* $u_n = \sum_{k=1}^{n} \frac{n}{k^2+n^2}$ *converge et déterminer sa limite* l.

Exercice posé au concours Mines-Ponts, filière PSI. On écrit : $u_n = \frac{1}{n}\sum_{k=1}^{n} \frac{1}{\left(\frac{k}{n}\right)^2 + 1}$.

On a là une splendide somme de Riemann, associée à la fonction : $g : x \mapsto \frac{1}{1+x^2}$. Cette fonction est évidemment continue sur $[0,1]$. Il reste à utiliser la formule : $\lim_{n\to+\infty} u_n = \int_0^1 \frac{1}{1+t^2}\,dt$.

On sait que arctan est une primitive de g. Ainsi : $\lim_{n\to+\infty} u_n = [\arctan t]_0^1 = \frac{\pi}{4}$.

On peut conclure. La suite $(u_n)_{n\geqslant 1}$ converge et sa limite est $\frac{\pi}{4}$.

2. *Trouver la nature et un équivalent de la suite* $(\sin(\pi\sqrt{n^2+1}))_{n\in\mathbb{N}}$.

On a : $\sqrt{n^2+1} = \sqrt{n^2\left(1+\frac{1}{n^2}\right)} = n\left(1+\frac{1}{2n^2}+o\left(\frac{1}{n^2}\right)\right) = n + \frac{1}{2n} + o\left(\frac{1}{n}\right)$.

Donc : $u_n = (-1)^n \sin\left(\frac{1}{2n}+o\left(\frac{1}{n}\right)\right) \sim \frac{(-1)^n}{n}$. On a un équivalent de u_n et sa limite est donc 0.

3. *Soit la suite $(u_n)_{n\in\mathbb{N}^*}$ définie par $u_1 > 0$ et $u_{n+1} = u_n + \frac{1}{nu_n}$. Montrer que u_n tend vers $+\infty$. D'après ENSAM, filière PSI*

Par récurrence, $u_n > 0$ et ainsi : $u_{n+1} - u_n = (nu_n)^{-1} > 0$.
La suite (u_n) est donc strictement croissante. Soit elle converge vers $l > 0$ soit elle tend vers $+\infty$.
Supposons alors que u_n tende vers l. Alors : $u_{n+1} - u_n = \dfrac{1}{nu_n} \sim \dfrac{1}{n\,l}$.

Par ailleurs, $S_n = \displaystyle\sum_{k=0}^{n} [u_{k+1} - u_k] = u_{n+1} - u_0$ tend vers $l - u_0$. Donc la série numérique à termes positifs $u_{n+1} - u_n$ est convergente. Mais ce terme général est équivalent à celui d'une série de Riemann divergente. Donc contradiction. Donc nécessairement : $\displaystyle\lim_{n\to+\infty} u_n = +\infty$.

4. *Soit $f_n(x) = nx^3 + n^2x - 2$. Montrer : $\forall n \in \mathbb{N}$, l'existence d'un unique u_n tel que $f_n(u_n) = 0$. Déterminer la limite de $(u_n)_{n\in\mathbb{N}}$ puis un développement asymptotique à deux termes de u_n.*

Le début est très classique. Comme f_n est continue et strictement croissante sur $\mathbb{R}$ (le lecteur fera la dérivée), f_n est une bijection et comme $\displaystyle\lim_{x\to+\infty} f_n(x) = +\infty$ et $\displaystyle\lim_{x\to-\infty} f_n(x) = -\infty$, on a bien l'existence d'un unique u_n tel que $f_n(u_n) = 0$.
Nous allons montrer que $\displaystyle\lim_{n\to+\infty} u_n = 0$. Pour cela, on va utiliser le théorème des Gendarmes.

On écrit : $f_n\left(\dfrac{2}{n^2}\right) = \dfrac{8}{n^5} > 0$ et $f_n(0) = -2 < 0$. Donc $0 \le u_n \le 2/n^2$. Et on conclut.

Passons à un équivalent de u_n. Écrivons l'équivalence : $f_n(u_n) = 0 \Leftrightarrow \dfrac{2}{n^2} = u_n + \dfrac{u_n^3}{n}$.

On a : $\displaystyle\lim_{n\to+\infty} \frac{u_n^3}{nu_n} = \lim_{n\to} \frac{u_n^2}{n} = 0$. Ainsi : $\dfrac{u_n^3}{n} = o(u_n)$. D'après le cours de PCSI, on sait alors que $u_n \sim \dfrac{2}{n^2}$. Ensuite : $u_n - \dfrac{2}{n^2} = -\dfrac{u_n^3}{n} \sim -\dfrac{8}{n^7}$. Donc : $u_n = \dfrac{2}{n^2} - \dfrac{8}{n^7} + o\left(\dfrac{1}{n^7}\right)$.

Mise en œuvre : de l'**exercice 7.9** à l'**exercice 7.15**.

❑ Méthode 7.3.— Comment étudier une suite définie par l'itération $u_{n+1} = f(u_n)$

- On commence par déterminer un intervalle I de $\mathbb{R}$ stable par f, c'est-à-dire tel que $f(I) \subset I$; souvent, I admet pour bornes deux points fixes consécutifs de f, ou un point fixe et une borne infinie.
- Si I est un segment, la limite éventuelle de f est nécessairement un point fixe, c'est-à-dire un élément x de I tel que $f(x) = x$.
  Il reste à montrer que (u_n) converge, et à éliminer d'éventuels points fixes excédentaires.
- Si f est croissante sur I, alors (u_n) est monotone, le sens de variation de (u_n) dépendant du signe de $x \mapsto f(x) - x$.
  La monotonie et le caractère borné éventuel de (u_n) garantissent sa convergence.
- Si f est strictement décroissante sur I, (u_n) n'a pas de sens de variation constant. On peut faire appel à l'inégalité des accroissements finis (si $\sup_I |f'| \leqslant k < 1$) ou à une éventuelle propriété du type « (u_{2n}) et (u_{2n+1}) sont adjacentes ».

Mise en œuvre : l'**exercice 7.12**, l'**exercice 7.13** et l'**exercice 7.15**.

Exemple : *Étudier la suite à termes réels définie par $u_{n+1} = \ln(2 - u_n)$ et $u_0 = 1$.*

L'intervalle $I = [0, 1]$ est stable par f ; f est décroissante sur cet intervalle, $f(0) > 0$, $f(1) < 1$ et f est continue sur I donc $f(x) - x$ change de signe sur I.
Il y a un point fixe de f dans l'intervalle I, qui est de plus unique, puisque $x \mapsto x - f(x)$ est strictement croissante sur I.
(u_n) n'étant ni croissante ni décroissante, on va faire appel (on n'a pas le choix en fait) à une majoration de la dérivée de f, qui montrera que f est lipschitzienne.
Or $f'(x) = \dfrac{-1}{2-x}$, donc $|f'(x)| \leqslant \dfrac{1}{2-x}$ qui est majorée par 1 sur I, ce qui est insuffisant.
Remarquons néanmoins : $u_1 \in f(I) = J = [0, \ln 2]$ et $|f'(x)| \leqslant K = \dfrac{1}{2 - \ln 2} < 1$ pour $x \in J$.
En appelant ℓ l'unique point fixe de f dans J, $|u_{n+1} - \ell| = |f(u_n) - f(\ell)| \leqslant K.|u_n - \ell|$ pour $n \geqslant 1$, et donc par récurrence sur $n \in \mathbb{N}$, $|u_n - \ell| \leqslant K^n |u_0 - \ell|$.
Ceci est amplement suffisant pour montrer la convergence de (u_n).

La suite (u_n) définie par $u_{n+1} = \ln(2 - u_n)$ et $u_0 = 0$ converge vers une limite $\ell \in]0, 1[$: illustration graphique et construction des valeurs successives.

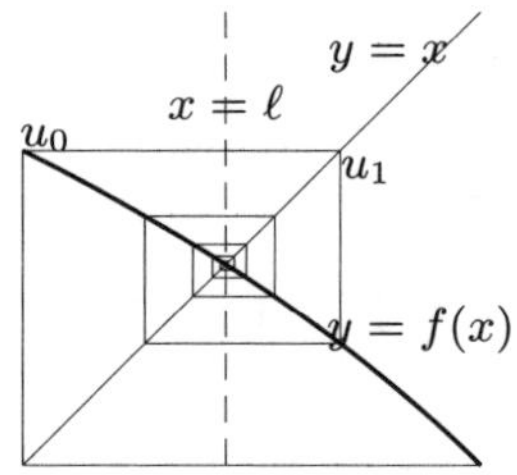

Remarque : Revoyez les suites récurrentes linéaires d'ordre 2. Vous pouvez aller voir (ou revoir) la **méthode 4.9** pour la piste matricielle. Allez voir aussi l'**exercice 7.13** pour un cas de récurrence « un peu plus costaud ».

■ Suites à valeurs dans $\mathbb{C}$ (révisions)

❑ Méthode 7.4.— Comment étudier une suite $(z_n)_{n \in \mathbb{N}}$ complexe

- Dans le cas d'une récurrence du type $z_{n+2} = az_{n+1} + bz_n$, on rappelle que l'on résout l'équation caractéristique $(E) : x^2 = ax + b$. Si $\Delta \neq 0$, $z_n = \lambda q_1^n + \mu q_2^n$, où q_1 et q_2 sont les racines complexes de (E). Si $\Delta = 0$, $z_n = \lambda q_1^n + \mu n q_1^n$, où q_1 est l'unique racine complexe de (E).
- Si $z_{n+1} = f(z_n)$, on peut démontrer une propriété du type $|z_{n+1} - z| \leqslant k|z_n - z|$, où $k \in [0, 1[$ et z solution de $f(x) = x$.
- On peut également étudier séparément $\mathfrak{Re}\, z_n$ et $\mathfrak{Im}\, z_n$ ou $|z_n|$ et $\mathrm{Arg}(z_n)$.

Exemple : *Étudier la suite de $\mathbb{C}^{\mathbb{N}}$ définie par $z_{n+1} = \dfrac{z_n + |z_n|}{2}$ et $z_0 = 3 + 2i$.*

On constate que $|z_{n+1}| \leqslant \dfrac{|z_n| + |z_n|}{2} = |z_n|$, donc $(|z_n|)$ est décroissante et minorée (par 0), donc convergente, de limite ℓ.
Par ailleurs, si $z_n = r_n e^{i\theta_n}$: $z_{n+1} = \dfrac{r_n\left(1 + e^{i\theta_n}\right)}{2} = r_n \dfrac{e^{i\theta_n/2} + e^{-i\theta_n/2}}{2} e^{i\theta_n/2} = r_n \cos\frac{\theta_n}{2} e^{i\theta_n/2}$.

Alors : $\text{Arg}(z_{n+1}) = \frac{1}{2}\text{Arg}(z_n)$ soit $\text{Arg}(z_n) = 2^{-n}\text{Arg}(z_0)$ qui tend vers 0 quand n tend $+\infty$.

Finalement, (z_n) tend vers le réel positif ℓ.

Mise en œuvre : exercice 7.16.

■ Suites à valeurs dans E, espace vectoriel normé de dimension finie

❑ Méthode 7.5.— Comment étudier la convergence d'une suite $(\vec{u}_n)_{n\in\mathbb{N}} \in E^{\mathbb{N}}$

- On peut utiliser directement la définition :
  1) $(\vec{u}_n)_{n\in\mathbb{N}}$ tend vers $\vec{l}$: $\forall\varepsilon > 0, \exists N \in \mathbb{N}, \forall n \in \mathbb{N}, n \geqslant N \Rightarrow \|\vec{u}_n - \vec{l}\| \leqslant \varepsilon$.
  2) $(\vec{u}_n)_{n\in\mathbb{N}}$ ne tend pas vers $\vec{l}$: $\exists\varepsilon > 0, \forall N \in \mathbb{N}, \exists n \in \mathbb{N}, n \geqslant N$ et $\|\vec{u}_n - \vec{l}\| > \varepsilon$.
- Dans le cas où $E = \mathbb{R}^p$, muni d'une base $\mathcal{B}$: on peut poser $\vec{u}_n = (x_{n,1}, ..., x_{n,p})$ et $\vec{l} = (l_1, ..., l_p)$. Alors $(\vec{u}_n)_{n\in\mathbb{N}}$ tend vers $\vec{l}$ si, et seulement si, pour tout k entier de 1 à p, la suite $(x_{n,k})_{n\in\mathbb{N}}$ tend vers l_k.
- On peut utiliser les propriétés algébriques des suites convergentes (par exemple toute combinaison linéaire de suites convergentes est convergente).

Remarque : Comme $\|\vec{x}_n - \vec{l}\|_\infty = \max\limits_{1\leqslant k\leqslant p} |x_{n,k} - l_k|$ et d'après la **proposition 7.9**, on voit bien le lien entre la définition générale de la convergence et celle adaptée à $\mathbb{R}^p$.

Mise en œuvre : exercice 7.17 et **exercice 7.18**.

Exemple : *Soit $\vec{U} \in \mathbb{R}^p$ avec $\|U\| = 1$, on pose $\vec{u}_n = \dfrac{n}{n+1}\vec{U}$. Montrer que $(\vec{u}_n)$ tend vers $\vec{U}$.*

On écrit : $\left\|\vec{u}_n - \vec{U}\right\| = \left\|\dfrac{n}{n+1}\vec{U} - \vec{U}\right\| = \dfrac{1}{n+1}\left\|\vec{U}\right\| = \dfrac{1}{n+1}$ qui tend vers 0.

Dans un certain nombre de problèmes de concours, on a à faire à des suites de matrices.
Pour une piqûre de rappel des différentes normes dans $\mathcal{M}_n(\mathbb{K})$, voir la **proposition 7.5**.
Warnung : il faut être prêt à justifier les trois caractérisations des normes car les normes des matrices ne sont pas explicitement au programme en PSI.

❑ Méthode 7.6.— Comment définir la limite d'une suite de matrices de $\mathcal{M}_n(\mathbb{K})$

Si $M = (m_{ij})_{(i,j)\in\{1,\dots,n\}^2}$, on peut poser :

$$\|M\| = \max_{(i,j)\in\{1,\dots,n\}^2} |m_{ij}|.$$

$M_n(\mathbb{K})$ est de dimension finie et on peut donc utiliser la norme précédente, d'après la **proposition 7.9**. La suite de matrices (A_n) a pour limite la matrice L quand n tend vers l'infini si et seulement si $\|A_n - L\|$ tend vers 0 quand n tend vers $+\infty$. Cela implique que si $A_n = (a_{n_{ij}})$ et $L = (L_{ij})$, toutes les distances $\left|a_{n_{ij}} - L_{ij}\right|$ tendent vers 0 car $\max\limits_{(i,j)\in\{1,\dots,n\}^2} \left|a_{n_{ij}} - L_{ij}\right|$ tend alors nécessairement vers la valeur 0.

Méthodes

Exemple : *On considère* $A = \begin{pmatrix} 1 & 0 & 0 \\ -2 & 3 & 1 \\ 4 & -4 & -1 \end{pmatrix}$ *dans* $\mathcal{M}_3(\mathbb{R})$*. Établir que* $(A - I_3)^2 = 0$*.*
En déduire A^n*. Montrer que la suite* $\left(\frac{1}{n}A^n\right)_{n\in\mathbb{N}^*}$ *converge et déterminer sa limite.*

On établit sans souci que $(A - I_3)^2 = 0$. Puis, en écrivant que : $A = I_3 + (A - I_3)$, comme les matrices I_3 et $A - I_3$ commutent, la formule du binôme de Newton (voir la **méthode 2.3** pour « se rafraîchir » la mémoire) donne : $A^n = I_3 + n(A - I_3)$.
Donc : $\frac{1}{n}A^n = A - I_3 + \frac{1}{n}I_3 \Rightarrow \left\|\frac{1}{n}A^n - (A - I_3)\right\| = \left\|\frac{1}{n}I_3\right\| = \frac{1}{n}$.
Car : $\|I_3\| = \max_{(i,j)\in\{1,\ldots,n\}^2} |I_{ij}| = 1$. Ainsi la suite $\left(\frac{1}{n}A^n\right)_{n\in\mathbb{N}^*}$ tend vers $A - I_3$.

■ Étude d'une fonction de $\mathbb{R}^p$ dans $\mathbb{R}$

Le premier problème est de trouver le domaine de définition d'une telle fonction. Allez voir l'**exercice 7.35** par exemple. Puis, on cherche la limite de f en $\vec{a}$. On introduit alors une norme ($\| \|_2$ de préférence) sur $\mathbb{R}^p$ pour l'antécédent $\vec{a}$ et $| |$ pour l'image l.

❑ **Méthode 7.7.— Comment trouver et justifier la limite $l \in \mathbb{R}$ de f au point $\vec{a} = (a_1, ..., a_p)$ de $\mathbb{R}^p$**

- On peut utiliser la **proposition 7.19** si l'on n'a pas d'autre idée.
- Si f est continue (par produit, combinaison linéaire, composée etc. de fonctions continues) en $\vec{a}$, alors $l = f(\vec{a})$.
- Si $(h_1, ..., h_p) = (x_1 - a_1, ..., x_p - a_p)$ et $g(x_1, ..., x_p) = f(x_1, ..., x_p) - l$, où l est la limite finie souhaitée, on peut toujours se ramener au cas de la limite nulle en $\vec{0}$. Mais cela n'est pas obligatoire !
- Dans le cas (très fréquent) où $p = 2$, on constate que (x, y) tend vers $(0, 0)$ est équivalent à $r = \sqrt{x^2 + y^2}$ tend vers 0. Pour montrer que $f(x, y)$ tend vers 0 en $(0, 0)$, on cherche à majorer $\left|f(x, y)\right|$ par une fonction de r tendant vers 0 en 0. « On passe en polaires » consistant à poser $x = r\cos\theta$ et $y = r\sin\theta$.
Pour montrer que $f(x, y)$ ne tend pas vers 0 en $(0, 0)$, on peut chercher une courbe plane d'équation $y = \varphi(x)$, avec φ continue en 0 et $\varphi(0) = 0$, telle que $f\big(x, \varphi(x)\big)$ ne tende pas vers 0 quand x tend vers 0.
- Dans le cas général, pour montrer que $f(x_1, ..., x_p)$ tend vers 0 en $\vec{0}$, on peut tenter de majorer $|f(x_1, ..., x_p)|$ par $\psi(\|(x_1, ..., x_p)\|)$, où $\lim_{t\to 0} \psi(t) = 0$.
- Dans le cas général, pour montrer que $f(x_1, ..., x_p)$ ne tend pas vers 0 en $\vec{0}$, on peut chercher à infirmer la caractérisation séquentielle de la continuité en cherchant une suite $[(u_{1,n}, ..., u_{p,n})]_{n\in\mathbb{N}}$ qui converge vers $\vec{0}$ sans que la suite $[f(u_{1,n}, ..., u_{p,n})]_{n\in\mathbb{N}}$ ne tende vers 0.

Remarque : Dans le cas où $\lim_{(x_1,\ldots,x_p)\to(a_1,\ldots,a_p)} f(x_1, ..., x_p) = l$, on dit que l'on a fait un prolongement par continuité en $(a_1, ..., a_p)$.

Mise en œuvre : de l'**exercice 7.35** à l'**exercice 7.41**.

Exemples : 1. *Montrer en utilisant la définition que* $h : (x,y) \mapsto x^2$ *est continue en* $(x_0, y_0) \in \mathbb{R}^2$.
On prend par exemple la norme $|\,.\,|$ pour $\mathbb{R}$ et la norme $\|\,.\,\|_\infty$ pour $\mathbb{R}^2$. On écrit que :

$$|h(x,y) - h(x_0,y_0)| = |x^2 - x_0^2| = |x + x_0|\,|x - x_0|.$$

On se place sur $I = [x_0 - 1, x_0 + 1] \times \mathbb{R}$.
Alors : $(x,y) \in I \Rightarrow 2x_0 - 1 \leqslant x + x_0 \leqslant 2x_0 + 1 \Rightarrow |x + x_0| \leqslant m_{x_0}$, où $m_{x_0} = \max((|2x_0 - 1|, |2x_0 + 1|)$.
Ainsi, $|h(x,y) - h(x_0,y_0)|$ est majorée par $m_{x_0}|x - x_0|$ pour tout $(x,y) \in I$.
Posons $\varepsilon > 0$. Si $\eta = \min\left(1, \frac{\varepsilon}{m_{x_0}}\right)$:

$$\|(x,y) - (x_0,y_0)\|_\infty \leqslant \eta \Rightarrow |h(x,y) - h(x_0,y_0)| \leqslant m_{x_0} \times \frac{\varepsilon}{m_{x_0}} = \varepsilon.$$

2. *Trouver la limite en* $(0,0)$ *de* f *définie sur* $\mathbb{R}^2 \setminus \{(0,0)\}$ *par :* $f(x,y) = \dfrac{x^2y^2}{x^2+y^2}$.

En passant en coordonnées polaires : $\big|f(x,y)\big| = \left|\dfrac{r^2\cos^2\theta\, r^2\sin^2\theta}{r^2}\right| \leqslant r^2$.
Comme $r = \|(x,y)\|_2$: $\lim\limits_{(x,y)\to(0,0)} r = 0 \Rightarrow \lim\limits_{(x,y)\to(0,0)} r^2 = 0 \Rightarrow \lim\limits_{(x,y)\to(0,0)} f(x,y) = 0$.
Conclusion : f est prolongeable par continuité en $(0,0)$ en posant $\overline{f}(0,0) = 0$.

3. *Trouver, si elle existe, la limite en* $(0,0)$ *de* g *définie sur* $\mathbb{R}^2 \setminus \{(0,0)\}$ *par :* $g(x,y) = \dfrac{x^2y}{x^4+y^2}$.

En coordonnées polaires : $\big|g(x,y)\big| = \left|\dfrac{r\cos\theta\, r^2\sin^2\theta}{r^4\cos^4\theta + r^2\sin^2\theta}\right| = \left|\dfrac{r\cos\theta\,\sin^2\theta}{r^2\cos^4\theta + \sin^2\theta}\right|$. Cette quantité ne se majore pas clairement. Si l'on pose $y = x^2$ (on se déplace sur une parabole), $g(x,x^2) = \frac{1}{2}$.
Si l'on pose $y = 0$ (on se déplace sur l'axe des abscisses), $g(x,0) = 0$.
g n'admet pas de limite en $(0,0)$ donc n'est pas prolongeable par continuité en $(0,0)$.

4. *Prolonger* $f : (x,y) \mapsto \dfrac{|y|}{x}\exp\left(-\dfrac{|y|}{x^2}\right)$ *par continuité.*

Le domaine de définition est $D = \mathbb{R}^2 \setminus \{(0,b), b \in \mathbb{R}\}$. $\phi : t \mapsto te^{-t}$ est continue sur $\mathbb{R}_+$ de limite nulle en $+\infty$. Elle est bornée sur $\mathbb{R}_+$. On remarque : $\forall (x,y) \in D, f(x,y) = x\phi\left(\dfrac{|y|}{x^2}\right)$. Comme ϕ est bornée sur $\mathbb{R}_+$, $\exists\, M \in \mathbb{R}$, $|f(x,y)| \leqslant M|x|$. Si l'on pose $f(0,b) = 0$ pour tout $b \in \mathbb{R}$, la quantité $|f(x,y)|$ tend vers $0 = f(0,b)$ quand (x,y) tend vers $(0,b)$. On a donc prolongé f sur $\mathbb{R}^2$.

5. *Soit* $f : (x,y,z) \mapsto \sin(xyz)$. *Étudier* $\lim\limits_{x\to+\infty, y\to+\infty, z\to+\infty} f(x,y,z)$.

Posons d'abord $x_n = n\pi, y_n = z_n = n$. Il est clair que les trois suites $(x_n), (y_n)$ et (z_n) tendent vers $+\infty$. Alors : $f(x_n,y_n,z_n) = \sin(n^3\pi) = 0$. Puis posons : $x'_n = n\pi + \pi/2, y'_n = z'_n = 2n+1$.
Encore une fois, on a choisi (pas par hasard) trois suites $(x'_n), (y'_n)$ et (z'_n) tendant vers $+\infty$.
Ici : $f(x'_n, y'_n, z'_n) = \sin\left[\phi(n)\pi + \pi/2\right]$, où $\phi(n) = 4n^3 + 6n^2 + 3n$. Or $4n^3 + 6n^2$ est pair et $3n$ a la parité de n. Donc : $f(x'_n, y'_n, z'_n) = \pm 1$. La limite cherchée n'existe donc pas.

6. *Montrer que* $g : (x,y) \mapsto (1 - e^y)\,\dfrac{\sin x}{xy}$ *est prolongeable en une fonction continue sur* $\mathbb{R}^2$.

Considérons les fonctions $\psi : u \mapsto \dfrac{1-e^u}{u}$ et $\varphi : v \mapsto \dfrac{\sin v}{v}$, définies et continues sur $\mathbb{R}_+^*$ et $\mathbb{R}_-^*$ et prolongeables en deux fonctions continues sur $\mathbb{R}$ (elles admettent toutes deux une limite en 0).
On constate que $g(x,y) = \psi(y)\varphi(x)$, donc ψ est prolongeable en une fonction continue sur $\mathbb{R}^2$ comme produit de deux fonctions admettant un prolongement continu sur $\mathbb{R}$.

Méthodes

■ Étude d'une fonction de $\mathbb{R}$ dans $\mathbb{R}^p$

On appelle ***fonctions vectorielles*** de telles applications. Elles débouchent sur les courbes paramétrées (voir le chapitre qui y est consacré plus loin). Dans le cas $p = 2$, elles correspondent aussi aux fonctions à variable réelle et à valeurs dans $\mathbb{C}$.
Cela a été déjà étudié en MPSI ou en PCSI.

❑ Méthode 7.8.— Comment montrer que f fonction de $X \subset \mathbb{R}$ à valeurs dans $\mathbb{R}^p$ est bornée sur X

- **1.** On se place dans une base $\mathcal{B}$ de $\mathbb{R}^p$. On a : $\forall t \in X, f(t) = (f_1(t), ..., f_p(t))$, où pour tout i entier de 1 à p, la fonction $f_i \in \mathcal{F}(X, \mathbb{R})$ est appelée la $i^{\text{ème}}$ fonction coordonnée ou fonction composante de f.
- **2.** On vérifie que chaque f_i est bornée sur X (par exemple, si X est un fermé-borné, on peut appliquer la **proposition 7.29** à f_i).
  On a l'égalité : $\|f\|_\infty = \max\limits_{i=1..p} \left[\sup\limits_{t\in X} |f_i(t)|\right]$.

Exemple : *Montrer :* $t \mapsto \left(\arccos\left(\frac{1-t}{1+t}\right), \arctan\sqrt{t}\right)$ *est bornée sur* $X = \mathbb{R}_+$. *Calculer* $\|f\|_\infty$.

On remarque que la fonction $f_1 : t \mapsto \arccos\left(\frac{1-t}{1+t}\right)$ a pour domaine de définition $[0, +\infty[$ car $|1-t| \leq |1+t| \Leftrightarrow t \geq 0$. Par ailleurs, pour tout $t \in \mathbb{R}_+$, $|f_1(t)| \leq \pi$. De même, la fonction $f_2 : t \mapsto \arctan\sqrt{t}$ a pour domaine de définition $\mathbb{R}_+$ et pour tout $t \in \mathbb{R}_+$, $|f_2(t)| \leq \frac{\pi}{2}$.
Puis $\lim\limits_{t\to+\infty} f_1(t) = \pi$. On peut conclure, f est bornée sur $X = \mathbb{R}_+$ et $\|f\|_\infty = \pi$.

❑ Méthode 7.9.— Comment savoir si f fonction de $X \subset \mathbb{R}$ à valeurs dans $\mathbb{R}^p$ admet une limite ou est continue en un point de X

- ▸ On se place dans une base $\mathcal{B}$ de $\mathbb{R}^p$.
  On écrit alors (voir la **méthode 7.8**) : $\forall t \in X, f(t) = (f_1(t), ..., f_p(t))$.
- ▸ $f(t)$ tend vers $(l_1, ..., l_p)$ quand t tend vers a si, et seulement si, $\forall i$, $\lim\limits_{t\to a} f_i(t) = l_i$.
  De même, f est continue en a si, et seulement si, pour tout i, f_i est continue en a.

Exemple : *Trouver toutes les fonctions* $f : \mathbb{R} \to \mathbb{R}^2$ *continues en* 0 *et telles que :*

$$f(0) = (0, 1) \text{ et } \forall t \in \mathbb{R}, f(t) = f\left(\frac{t}{2}\right) + \left(\frac{t}{2}, -\frac{3t^2}{(t^2+1)(t^2+4)}\right).$$

Coup de pouce : introduire $g : \mathbb{R} \to \mathbb{R}^2, t \mapsto f(t) - \left(t, \frac{1}{t^2+1}\right)$ *et calculer* $g(t) - g(\frac{t}{2})$.

On remarque que : $\left(\frac{t}{2}, -\frac{3t^2}{(t^2+1)(t^2+4)}\right) = \left(t, \frac{1}{t^2+1}\right) - \left(\frac{t}{2}, \frac{1}{\left(\frac{t}{2}\right)^2+1}\right)$.

On est ramené à trouver g continue en 0 (car f, $t \mapsto t$ et $t \mapsto \frac{1}{t^2+1}$ sont continues en 0) telle que $g(0) = (0,0)$ et pour tout $t \in \mathbb{R}$, $g(t) = g\left(\dfrac{t}{2}\right)$.
Par récurrence immédiate, pour tout $t \in \mathbb{R}$ et pour tout $n \in \mathbb{N}$, $g(t) = g(t2^{-n})$.
Comme g est continue en 0, $\lim\limits_{n \to +\infty} g(t2^{-n}) = g(0) = (0,0)$.

Donc : $\forall t \in \mathbb{R}$, $g(t) = (0,0)$. Ainsi, $f : t \mapsto \left(t, \dfrac{1}{t^2+1}\right)$. La réciproque est laissée au lecteur !

■ Limites et continuité d'une fonction de E dans F

❑ Méthode 7.10.— Comment étudier la continuité d'une fonction f de E dans F

- Si f est une application linéaire alors elle est continue (car les espaces vectoriels sont de dimensions finies).
- L'application $\vec{x} \mapsto \|\vec{x}\|$ est continue de E dans $\mathbb{R}$. Cela peut servir.
- On peut appliquer parfois directement les théorèmes généraux (**proposition 7.27**).
- On peut se fixer $\mathcal{B} = (e_i)_{1 \leqslant i \leqslant q}$ une base de E et $\mathcal{B}' = (e'_i)_{1 \leqslant i \leqslant p}$ une base de F.
  Les applications coordonnées de f sont $f_1, f_2, \ldots, f_p$.
  Attention, ici chaque fonction f_i est une fonction de q variables.

  [1] f est continue sur $A \subset E$ si, et seulement si, $\forall i \in [\![1,p]\!]$, f_i est continue sur A.

  [2] f_i s'exprime très souvent à l'aide de fonctions usuelles réputées continues.
  Citons les applications $\theta_i : x = \sum\limits_{i=1}^{n} x_i e_i \mapsto x_i$, les fonctions polynômes, fonctions rationnelles dont le dénominateur ne s'annule pas, les fonctions lipschitziennes, une fonction norme, les applications linéaires ou bilinéaires.

  [3] Le recours aux théorèmes généraux (restriction, composition, opérations,...) permet, en général, de conclure à la continuité des f_i sur la quasi-totalité de A, à l'exception éventuelle de quelques points isolés en lesquels on calcule.

  [4] Si l'on veut prouver que f n'a pas de limite en $\vec{a} = (a_1, ..., a_q)$, on peut trouver une suite $(u_{n,1}, u_{n,2}, ..., u_{n,q}) \in E^{\mathbb{N}}$ telle que $\forall i \in [\![1,q]\!]$, $\lim\limits_{n \to +\infty} u_{n,i} = a_i$ et telle qu'il existe $j \in [\![1,p]\!]$ tel que $\lim\limits_{n \to +\infty} f_j(u_{n,j}) \neq f_j(a_j)$.
- Dans le cas où on travaille avec des espaces vectoriels plus généraux (genre $\mathbb{K}_n[X]$ ou $\mathcal{M}_n(\mathbb{K})$ par exemple), posons $\| \ \|_E$ la norme de E et $\| \ \|_F$ celle de F.

  [1] Supposons que l'on veuille démontrer la continuité de f en $\vec{a} \in E$. On tente de majorer $\|f(\vec{x}) - f(\vec{a})\|_F$ à l'aide de $\|\vec{x} - \vec{a}\|_E$. Comme la quantité $\|\vec{x} - \vec{a}\|_E$ tend vers 0, il faut prouver qu'il en est de même de $\|f(\vec{x}) - f(\vec{a})\|_F$.

  [2] Supposons que l'on veuille prouver la non continuité de f en $\vec{a} \in E$. On peut chercher une suite $(\vec{u}_n) \in E^{\mathbb{N}}$ de limite $\vec{a}$ (pour la norme $\| \ \|_E$) telle que la suite $[f(\vec{u}_n)]_{n \in \mathbb{N}}$ ne tende pas vers $f(\vec{a})$ (pour la norme $\| \ \|_F$).

Mise en œuvre : de l'**exercice 7.42** à l'**exercice 7.49**.

Méthodes

Exemples : 1. *Montrer que* $f : \mathbb{R}^2 \to \mathbb{R}, (x, y) \mapsto (x^2 - y^2 - 2xy, y)$ *est continue sur* $\mathbb{R}^2$.

Les applications composantes de f sont continues sur $\mathbb{R}^2$ car polynomiales selon les variables x et y. La fonction f est donc continue sur $\mathbb{R}^2$.

2. *La fonction* $f : \mathbb{R}^3 \setminus \{(0,0,0)\} \to \mathbb{R}^3, \vec{u} \mapsto \dfrac{1}{\|\vec{u}\|_2}\vec{u} - \vec{u}$ *admet-elle une limite en* $(0, 0, 0)$ *?*

On rappelle au passage que si $\vec{u}(x, y, z)$ alors $\|\vec{u}\|_2 = \sqrt{x^2 + y^2 + z^2}$.
Ici, au passage, les applications coordonnées sont : $f_1 : (x, y, z) \mapsto \dfrac{x}{\sqrt{x^2 + y^2 + z^2}} - x$, puis

$$f_2 : (x, y, z) \mapsto \frac{y}{\sqrt{x^2 + y^2 + z^2}} - y, f_3 : (x, y, z) \mapsto \frac{z}{\sqrt{x^2 + y^2 + z^2}} - z.$$

Soit la suite de terme général $\vec{u}_n(\frac{1}{n}, 0, 0)$. Cette suite est dans $\mathbb{R}^3 \setminus \{\vec{0}\}$ et comme $1/n$ tend vers 0 quand n tend vers $+\infty$, la suite $(\vec{u}_n)$ tend vers $\vec{0}$. De même, la suite de terme général $\vec{v}_n(0, \frac{1}{n}, 0)$ a la même propriété que la précédente. Puis $f(\vec{u}_n) = \left(1 - \dfrac{1}{n}, 0, 0\right)$. Donc $\lim\limits_{n\to+\infty} f(\vec{u}_n) = (1, 0, 0)$.
Donc si f admet une limite en $\vec{0}$, cette limite est $(1, 0, 0)$. Maintenant, on a : $f(\vec{v}_n) = \left(0, 1 - \dfrac{1}{n}, 0\right)$.
Et $\lim\limits_{n\to+\infty} f(\vec{v}_n) = (0, 1, 0)$. Comme on a trouvé deux « chemins » différents qui mènent à $(0, 0, 0,)$ et n'ayant pas même limite des images par f, on peut conclure. f n'a pas de limite en $(0, 0, 0)$.

3. *Soit* $E = \mathbb{R}_n[X]$ *muni de la norme* $\|.\|_\infty$ *et la fonction* $f : E \to E, P \mapsto P'$.
Montrer que f *est continue en* 0.

Comme f est linéaire, elle est continue en tout point $P \in \mathbb{R}_n[X]$ donc en 0.

Topologie dans les espaces vectoriels normés de dimension finie

Méthode 7.11.— Comment savoir si une partie A de E est bornée pour $\| \|_E$

- Pour montrer que A est bornée, on peut montrer l'existence de $M \in \mathbb{R}_+$ tel que $\forall x \in A, \|x\|_E \leqslant M$ (c'est-à-dire que A est dans une certaine boule de centre O).
- Une fonction à valeurs réelles et continue sur une partie fermée et bornée étant bornée et atteignant ses bornes, il suffit de déterminer une telle fonction dont l'image est A pour prouver que ce dernier est borné.
- *À contrario,* pour montrer qu'une partie A n'est pas bornée, on peut exhiber une suite $(\vec{x}_n)$ d'éléments de A telle que : $\lim\limits_{n\to+\infty} \|\vec{x}_n\|_E = +\infty$.

Mise en œuvre : exercice 7.19 et **exercice 7.50**.

Exemples : 1. *Montrer que* $C = \{(x, y) \in \mathbb{R}^2, x^2 + y^2 = 1\}$ *est une partie bornée de* $\mathbb{R}^2$.

Il suffit de remarquer que $\|(x, y)\|_2 = 1$ pour $(x, y) \in C$. Donc C est bornée.

2. *Montrer que* $A = \{2014\, x \sin x, x \in \mathbb{R}\}$ *et* $B = \{(x,y) \in \mathbb{R}^2, x^2 - y^2 = 1\}$ *ne sont pas des parties bornées, la première de* $\mathbb{R}$ *et la seconde de* $\mathbb{R}^2$.

► Pour A, soit la suite $u_n = \frac{\pi}{2} + 2n\pi$. Alors $x_n = 2014\, u_n \sin u_n = 1007\pi + 4028n\pi$ tend vers $+\infty$ quand n tend vers $+\infty$. Donc A n'est pas une partie bornée de $\mathbb{R}$.
► B est l'ensemble des points d'une hyperbole (pour ceux qui connaissent !).
Prenons $\vec{x}_n = (\operatorname{ch} n, \operatorname{sh} n)$. Il est clair que $\vec{x}_n \in B$. On a : $\|\vec{x}_n\|_\infty = \operatorname{ch} n$, quantité qui tend vers $+\infty$ quand n tend vers $+\infty$.

❑ **Méthode 7.12.— Comment savoir si une fonction de $\mathbb{R}^p$ dans $\mathbb{R}$ possède un extremum sur un domaine $A \subset \mathbb{R}^p$**

- Si A est une partie fermée et bornée de $\mathbb{R}^p$, on sait que f admet un minimum et un maximum sur A. Il reste à les déterminer par exemple en paramétrant f. ***Cette piste peut être vue (et revue) quand vous aurez fait le chapitre 13 sur les arcs paramétrés.***
- Si l'on veut prouver que f ne présente pas d'extremum en $\vec{x}_0$, il suffit de trouver deux fonctions ϕ et ψ de $\mathbb{R}$ dans $\mathbb{R}^p$ telle que $\forall t \in \mathbb{R}$, $f(\phi(t)) \leqslant f(\vec{x}_0)$ et $f(\psi(t)) \geqslant f(\vec{x}_0)$.

Remarque : Nous compléterons cette **méthode 7.12** dans le chapitre sur les dérivées partielles (voir alors la **méthode 15.5**). Dans un certain nombre d'exercices, le recours aux dérivées partielles est inutile d'où la présence ici de cette méthode.

Exemples : 1. *Soit f la fonction définie sur $\mathbb{R}^2$ par :* $f(x,y) = x^3 - 3x(1+y^2)$.
On désigne par C le cercle unité : $C = \{(x,y) \in \mathbb{R}^2 \,|\, x^2 + y^2 = 1\}$.
Établir que la fonction f admet un maximum et un minimum sur C. Les déterminer.

La fonction f est polynomiale en les variables x et y, elle est donc continue sur $\mathbb{R}^2$. Puisque C est une partie fermée bornée de $\mathbb{R}^2$ (voir la **méthode 7.13** et la **méthode 7.14**), la fonction f admet un maximum et un minimum sur C et les atteint. Pour tout point (x,y) de C, il existe $t \in [0, 2\pi]$ tel que : $x = \cos t$ et $y = \sin t$. On est alors amené à étudier sur $[0, 2\pi]$ la fonction $t \mapsto f(\cos t, \sin t)$. Comme $f(\cos t, \sin t) = \cos^3 t - 3\cos t(2 - \cos^2 t) = 2\cos t(2\cos^2 t - 3)$, on introduit la fonction φ définie sur $[-1, 1]$ par : $\varphi(u) = 2u(2u^2 - 3)$ de sorte que : $f(\cos t, \sin t) = \varphi(\cos t)$.
Étudions donc les variations de φ sur $[-1, 1]$. On a, pour tout $u \in [-1, 1]$, $\varphi'(u) = 6(2u^2 - 1)$ d'où le tableau de variations :

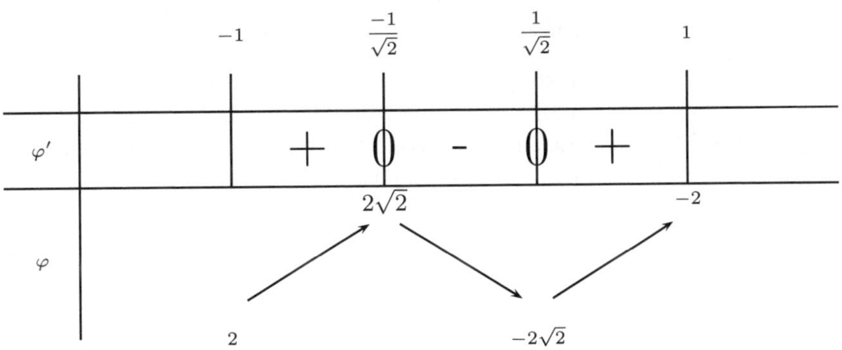

Le maximum de f sur C est atteint en chaque point $(\cos t, \sin t)$ pour lequel $\varphi(\cos t)$ est maximal, c'est-à-dire pour lequel $\cos t = -1/\sqrt{2}$.
Ce maximum vaut donc $2\sqrt{2}$, et est atteint en $\left(\frac{-1}{\sqrt{2}}, \frac{1}{\sqrt{2}}\right)$ et $\left(\frac{-1}{\sqrt{2}}, \frac{-1}{\sqrt{2}}\right)$.
De même, le minimum de f sur C vaut $-2\sqrt{2}$ et est atteint en $\left(\frac{1}{\sqrt{2}}, \frac{-1}{\sqrt{2}}\right)$ et $\left(\frac{1}{\sqrt{2}}, \frac{1}{\sqrt{2}}\right)$.

2. *Montrer que* $f : (x, y) \mapsto (x^2 - y)(3x^2 - y)$ *n'admet pas d'extremum en* $(0, 0)$.

Posons $y = \lambda x^2$ et alors : $f(x, \lambda x^2) = x^4(1-\lambda)(3-\lambda)$.
Prenons $\phi(t) = (t, 2t^2)$. Alors $f(\phi(t)) = t^4(1-2)(3-2) \leqslant 0$. Or $f(0,0) = 0$.
Donc : $\forall t \in \mathbb{R}$, $f(\phi(t)) \leq f(0,0)$. De même, si $\psi(t) = (t, 4t^2)$, $f(\phi(t)) = t^4(1-4)(3-4) \geqslant 0$.
Donc : $\forall t \in \mathbb{R}$, $f(\psi(t)) \geq f(0,0)$. On peut conclure. f ne présente pas d'extremum en $(0,0)$.

Mise en œuvre : exercice 7.49.

❑ Méthode 7.13.— Comment montrer qu'une partie A de E est ouverte

- On revient à la définition : montrer que chacun des points de A est le centre d'au moins une boule ouverte incluse dans A, c'est-à-dire que A est l'ensemble de ses points intérieurs.
- On remarque que A est une intersection finie de parties ouvertes ou une réunion de parties ouvertes (à savoir justifier si besoin, car c'est un résultat hors programme en PSI, par l'**exercice 7.22**).
- On montre que le complémentaire de A est un fermé (voir alors la **méthode 7.14**).
- On détermine f continue, à valeurs dans $\mathbb{R}$, telle que $A = \{x \in E, f(x) > 0\}$.

Exemple : *Soit* $D = (]-1,1[\times\mathbb{R}) \cup \{(x,y) \in \mathbb{R}^2,\ 1 \leqslant |x| < y^2\}$.
Montrer que D *est une partie ouverte de* $\mathbb{R}^2$.

Cet exercice est issu d'un exercice d'oral des Concours communs Polytechniques.
On peut poser $D = D_1 \cup D_2$ avec : $D_1 = (]-1,1[\times\mathbb{R})$ et $D_2 = \{(x,y) \in \mathbb{R}^2,\ 1 \leq |x| < y^2\}$.
Le problème apparent est la définition de D_2, où intervient une inégalité au sens large.
Nous allons devoir écrire D légèrement autrement :

$$D = (]-1,1[\times\mathbb{R}) \cup \{(x,y) \in \mathbb{R}^2,\ |x| < y^2\}.$$

On vérifie sans difficulté que D peut bien s'écrire ainsi et on pose maintenant :

$$D_1 = (]-1,1[\times\mathbb{R}) \text{ et } D_3 = \{(x,y) \in \mathbb{R}^2,\ |x| < y^2\}$$

On remarque que $D = D_1 \cup D_3$. Il reste à prouver que D_1 et D_3 sont des parties ouvertes de $\mathbb{R}^2$.
▸ D_1 est une partie ouverte ? Prouvons que pour tout $(x_0, y_0) \in D_1$, il existe une boule ouverte de centre (x_0, y_0) incluse dans D_1. La difficulté concerne l'abscisse x et plaçons x_0 entre -1 et 1. La distance de x_0 aux deux bornes est le minimun entre les quantités $1 - x_0$ et $1 + x_0$. Appelons-le $\delta > 0$. Il est clair que l'intervalle $]x_0 - \delta, x_0 + \delta[$ est inclus dans $]-1, 1[$. Soit la boule ouverte B de centre (x_0, y_0) et de rayon δ.
Si $(x, y) \in B$ alors :

$$d((x,y) - (x_0, y_0)) < \delta \Rightarrow \sqrt{(x-x_0)^2 + (y-y_0)^2} < \delta.$$

Et cela implique : $|x - x_0| < \delta$ donc $x \in]-1, 1[$ et $(x, y) \in D_1$.
▸ D_3 est une partie ouverte ? Montrons que le complémentaire $[D_3]^C$ est une partie fermée de $\mathbb{R}^2$. Pour cela, on va montrer que tout point adhérent de $[D_3]^C$ est encore dans $[D_3]^C$. Si (x_0, y_0) est un tel point, il existe, d'après le cours, une suite (x_n, y_n) de points de $[D_3]^C$ qui tend vers (x_0, y_0) si n tend vers $+\infty$.
On sait que : $\forall n \in \mathbb{N},\ (x_n,\ y_n) \in [D_3]^C \Rightarrow |x_n| \geqslant y_n^2$.
Comme $\lim\limits_{n \to +\infty} x_n = x_0$ et $\lim\limits_{n \to +\infty} y_n = y_0$, alors par passage aux limites sur les inégalités larges, on peut écrire : $|x_0| \geqslant y_0^2$ ce qui prouve bien que $(x_0, y_0) \in [D_3]^C$.
▸ Conclusion : $D = D_1 \cup D_3$ est une partie ouverte de $\mathbb{R}^2$.

Mise en œuvre : exercice 7.22, **exercice 7.23**, **exercice 7.25** et **exercice 7.26**.

❑ Méthode 7.14.— Comment montrer qu'une partie A de E est fermée

- On peut montrer que le complémentaire de A est ouvert (voir la **méthode 7.15**).
- On peut remarquer que A est une intersection de parties fermées ou une réunion finie de parties fermées (à savoir justifier car ce n'est pas au programme en PSI).
- On peut montrer que tous les points de A sont des points adhérents à A, c'est-à-dire que toute boule ouverte centrée en ce point a au moins un point commun avec A.
- On peut déterminer une fonction f continue et à valeurs dans $\mathbb{R}$ telle que A soit de la forme $\{x \in E, f(x) \geqslant 0\}$ ou $\{x \in E, f(x) = 0\}$.
- On peut montrer que toute suite convergente d'éléments de A converge vers un élément de A. Allez voir l'**exercice 7.27** pour la démonstration.
- Si $A = \emptyset$ ou si $A = \{\vec{a}\}$ (cas d'un singleton) alors A est fermé.
- Une dernière piste est de regarder si A est un *s.e.v* de E *e.v* de dimension finie et si c'est le cas, alors A est fermé (voir la preuve dans l'**exercice 7.23**).

Exemples : 1. *Montrer que $C = \{(x, y) \in \mathbb{R}^2, x^2 + y^2 = 1\}$ est une partie fermée de $\mathbb{R}^2$.*

Par exemple posons $\vec{u}_n(x_n, y_n) \in C$. On suppose que $\lim\limits_{n \to +\infty} \vec{u}_n = \vec{l}(l_1, l_2)$. Alors comme $x_n^2 + y_n^2 = 1$ pour tout n et comme $\lim\limits_{n \to +\infty} x_n = l_1$ et $\lim\limits_{n \to +\infty} y_n = l_2$, on a : $l_1^2 + l_2^2 = 1$.
Donc $\vec{l}(l_1, l_2) \in C$.

2. *Montrer que la partie $A = \{(x, y) \in \mathbb{R}^2 \,/\, xy = 1\}$ est un fermé de $\mathbb{R}^2$.*

Soit $(x_n, y_n)_{n \in \mathbb{N}}$ une suite convergente d'éléments de A et (u, v) sa limite. Comme :

$$\forall\, n \in \mathbb{N},\ x_n y_n = 1$$

et comme : $(x, y) \mapsto xy$ est continue sur $\mathbb{R}^2$ en tant que fonction polynôme des deux variables x et y, on écrit : $\lim\limits_{n \to +\infty} x_n y_n = uv = 1$. Donc $(u, v) \in A$.

Mise en œuvre : exercice 7.22, **exercice 7.23**, **exercice 7.25**, **exercice 7.26** et **exercice 7.51**.

Méthodes

❑ **Méthode 7.15.— Comment trouver l'adhérence** $\text{adh}(A)$, **l'intérieur** $\mathring{A}$ **ou la frontière** $\text{Fr}(A)$ **d'une partie** A **de** E.

Attention, en PSI, seules les définitions de l'adhérence, de l'intérieur et de la frontière sont au programme et on pourra illustrer par un dessin. Maintenant, il faut bien avoir une idée de « la bête » si l'on vous pose la question.

- Pour déterminer $\text{adh}(A)$, on détermine l'ensemble des points adhérents à A, c'est-à-dire toutes les limites des suites convergentes de $A^{\mathbb{N}}$. Dans le cas où A est une partie fermée alors remarquez directement : $\text{adh}(A) = A$.
- Pour déterminer $\mathring{A}$, on détermine l'ensemble des points intérieurs à A. Dans le cas où A est une partie ouverte alors directement : $\mathring{A} = A$.
- Pour déterminer $\text{Fr}(A)$, on doit avoir déterminé préalablement $\text{adh}(A)$ et $\mathring{A}$ puis on applique la définition du cours : $\text{Fr}(A) = \text{adh}(A) \setminus \mathring{A}$.

Mise en œuvre : l'**exercice 7.20** et l'**exercice 7.30**.

❑ **Méthode 7.16.— Comment montrer qu'une partie** A **de** E **est convexe**

- Si $A \subset \mathbb{R}$, il faut et il suffit que A soit un intervalle.
- Si A est un sous-espace vectoriel de E, A est immédiatement convexe.
- Si A est une boule (fermée ou ouverte) pour une norme donnée alors A est convexe.
- Sinon, on peut revenir à la définition du cours : pour tout $t \in [0, 1]$, si $(\vec{u}, \vec{v}) \in A^2$ alors il faut prouver que $t\vec{u} + (1 - t)\vec{v} \in A$.

Mise en œuvre : exercice 7.21, **exercice 7.24** et **exercice 7.28**.

Vrai/Faux

Vrai Faux

E désigne un espace vectoriel normé de dimension finie.

1. Toute norme sur E est associée à un produit scalaire euclidien. ☐ ☐

2. Le produit de deux applications lipschitziennes sur $\mathbb{R}$ est une application lipschitzienne sur $\mathbb{R}$. ☐ ☐

3. Une partie de E qui n'est pas ouverte est fermée. ☐ ☐

4. Une partie de E peut être simultanément ouverte et fermée. ☐ ☐

5. L'ensemble des points adhérents de $\mathbb{Q}$ est l'ensemble des réels. ☐ ☐

6. Les applications 0-lipschitziennes ne sont pas toujours constantes. ☐ ☐

7. Un singleton peut être un ouvert. ☐ ☐

8. $]0,1]$ n'est pas un ouvert, puisque $1 \in]0,1]$ et qu'il n'existe aucune boule de centre 1 incluse dans $]0,1]$. ☐ ☐

9. Une intersection quelconque d'ouverts est une partie ouverte. ☐ ☐

10. La borne supérieure d'une partie non vide et majorée de $\mathbb{R}$ est un point adhérent à cette partie. ☐ ☐

11. Toute norme N de E est 2-lipschitzienne. ☐ ☐

12. L'image d'une partie ouverte par une application continue est une partie ouverte. ☐ ☐

13. Pour K partie fermée et bornée non vide de E, la quantité $\delta(K) = \sup\limits_{(x,y)\in K^2} \|x-y\|$ est atteinte. ☐ ☐

14. Si $A \in \mathcal{M}_n(\mathbb{R})$, $\left\{ \begin{array}{ccc} \mathbb{R}^n & \to & \mathbb{R}^n \\ X & \mapsto & AX \end{array} \right.$ est continue sur $\mathbb{R}^n$. ☐ ☐

15. $\left\{ \begin{array}{ccc} \mathbb{K}\times E & \to & E \\ (\lambda,\vec{x}) & \mapsto & \lambda\vec{x} \end{array} \right.$ est bilinéaire symétrique donc continue sur $\mathbb{K}\times E$. ☐ ☐

16. L'application « produit vectoriel » (vue dans le chapitre sur les espaces euclidiens) est bilinéaire, donc continue, sur $\mathbb{R}^3 \times \mathbb{R}^3$. ☐ ☐

17. $\phi : \mathcal{L}(E)^2 \to \mathcal{L}(E), (u,v) \mapsto u\circ v$ est continue sur $(\mathcal{L}(E))^2$. ☐ ☐

Énoncé des exercices

On rappelle que dans tous les exercices, E et F désignent des espaces vectoriels normés sur $\mathbb{K}$, de dimensions finies.

Normes et distances

Exercice 7.1 : Dans la définition d'une norme N, l'assertion : $\forall \vec{x} \in E, N(\vec{x}) \geqslant 0$ est-elle obligatoire ?

Exercice 7.2 : Soit $\|.\|$ une norme sur E. Montrer :
1. $\forall(\vec{x},\vec{y}) \in E^2, |\|\vec{x}\| - \|\vec{y}\|| \leqslant \|\vec{x} - \vec{y}\|$. **2.** $\forall(\vec{x},\vec{y},\vec{z}) \in E^3, d(\vec{x},\vec{y}) \geqslant |d(\vec{x},\vec{z}) - d(\vec{y},\vec{z})|$.

Exercice 7.3 : L'application $N : E \to \mathbb{R}$ telle que $N(\vec{0}) = 0$ et qui vérifie :

$$[\forall \vec{x} \in E \setminus \{0\}, N(\vec{x}) > 0] \text{ et } \left[\forall(\vec{x},\vec{y}) \in E^2, \forall\lambda \in \mathbb{K}, N(\lambda\vec{x} + \vec{y}) \leqslant |\lambda| N(\vec{x}) + N(\vec{y})\right]$$

est-elle une norme sur E ?

Exercice 7.4 : Soit $p \in \mathbb{N}^\star, (g_1, ..., g_p) \in [\mathcal{C}([0,1],\mathbb{R})]^p$ et l'application :

$$N : \mathbb{R}^p \to \mathbb{R}, (x_1, ..., x_p) \mapsto \int_0^1 \left| \sum_{k=1}^{p} x_k g_k(t) \right| dt.$$

Trouver une condition nécessaire et suffisante sur $(g_1, ..., g_p)$ pour que N soit une norme sur $\mathbb{R}^p$.
D'après Concours Communs Mines-Telecom et Concours ENSEA, filière PSI

Exercice 7.5 : Dans $(E, \|.\|)$ on pose : $\mu(E) = \sup\limits_{(\vec{x},\vec{y}) \neq (\vec{0},\vec{0})} \dfrac{\|\vec{x}+\vec{y}\|^2 + \|\vec{x}-\vec{y}\|^2}{2\|\vec{x}\|^2 + 2\|\vec{y}\|^2}$.
1. Prouver que $1 \leqslant \mu(E) \leqslant 2$. **2.** Dans le cas $E = \mathbb{R}^2$ et $\|.\| = N_\infty$, calculer $\mu(\mathbb{R}^2)$.

Exercice 7.6 : Si $P = \sum\limits_{k=0}^{n} a_k X^k$, $\|P\|_\infty = \max\limits_k |a_k|$, $\|P\|_1 = \sum\limits_{k=0}^{n} |a_k|$ et $\|P\|_2 = \sqrt{\sum\limits_{k=0}^{n} |a_k|^2}$.
Montrer que $\|.\|_\infty, \|.\|_1$ et $\|.\|_2$ sont des normes sur $E = \mathbb{R}_n[X]$.

Exercice 7.7 : L'application ν de $\mathcal{M}_n(\mathbb{C})$ qui à A associe le maximum des modules des racines de son polynôme caractéristique χ_A est-elle une norme sur $\mathcal{M}_n(\mathbb{C})$?
D'après Concours Communs Mines-Telecom et Concours ENSEA, filière PSI

Exercice 7.8 : Soit N une norme de F et f une application linéaire de E dans F.
1. Montrer que l'on définit une application $\| \, \|$ de E dans $\mathbb{R}_+$ en posant : $\forall \vec{x} \in E, \|\vec{x}\| = N(f(\vec{x}))$.
2. Déterminer une *C.N.S*, portant sur f, pour que $\| \, \|$ définisse une norme sur E.

■ Suites à valeurs dans $\mathbb{R}$ ou $\mathbb{C}$ (révision)

Exercice 7.9 : Trouver la limite de la suite $\left[(-1)^n n\cos(\pi\sqrt{n^2+n+2})\right]_{n\in\mathbb{N}}$.

Exercice 7.10 : Montrer que les deux suites $\left(\left(\sum_{k=1}^{n-1}\frac{1}{k}\right)-\frac{1}{n}-\ln n\right)_{n\geqslant 2}$ et $\left(\left(\sum_{k=1}^{n-1}\frac{1}{k}\right)+\frac{1}{n}-\ln n\right)_{n\geqslant 2}$ forment un couple de suites adjacentes.

D'après Concours Communs Mines-Telecom et Concours ENSEA, filière PSI

Exercice 7.11* : 1. Montrer : $\forall n\in\mathbb{N}^\star$, (E_n) : $x+\ln x=n$ admet une unique solution x_n.

2. Étudier alors la suite (x_n) et donner un équivalent de x_n au voisinage de $+\infty$.

D'après Centrale-Supélec, filière PSI

Exercice 7.12* : On considère la suite réelle définie par $u_0\in\mathbb{R}$ et $\forall n\in\mathbb{N}, u_{n+1}=u_n\exp(-u_n)$.

1. Étudier cette suite selon $u_0\in\mathbb{R}$.

2. Soit $(v_n)_{n\in\mathbb{N}}\in\mathbb{R}^{\mathbb{N}}$ de limite l. Démontrer que $\lim\limits_{n\to+\infty}\left(\frac{1}{n+1}\sum_{k=0}^{n}v_k\right)=l$.

3. On pose $u_0\in\mathbb{R}_+^\star$. Déterminer $\alpha\in\mathbb{R}$ tel que $u_{n+1}^\alpha-u_n^\alpha$ ait une limite finie non nulle.

4. On pose encore $u_0\in\mathbb{R}_+^\star$. Déterminer un équivalent de u_n quand n tend vers $+\infty$.

D'après Centrale-Supélec, filière PSI

Exercice 7.13* : Soit $(u_n)_{n\in\mathbb{N}}$ une suite réelle telle que : $\forall n\in\mathbb{N}^\star$, $u_{n+1}=u_n+\dfrac{u_{n-1}}{n+1}$.

On suppose de plus que $0<u_0<u_1$.

1. Montrer que la suite $(u_n)_{n\in\mathbb{N}}$ est croissante.

2. Montrer que $\forall n\geqslant 1, \prod_{k=0}^{n-1}\frac{u_{k+1}}{u_k}\leqslant\frac{n+1}{2}$. En déduire que $u_n=O(n)$.

3. En déduire la convergence de la suite $\left(\dfrac{u_n}{n^2}\right)_{n\in\mathbb{N}^\star}$.

Exercice 7.14 :** Soit $\|\,.\,\|_2$ la norme euclidienne sur $\mathbb{R}^p$ et $u\in\mathcal{L}(\mathbb{R}^p)$ diagonalisable.

Si N est une norme sur $\mathcal{L}(\mathbb{R}^p)$, on veut déterminer la limite de la suite $\left[(N(u^n))^{\frac{1}{n}}\right]_{n\in\mathbb{N}^\star}$.

1. N' étant une autre norme sur $\mathcal{L}(\mathbb{R}^p)$ alors pourquoi la suite $\left[(N'(u^n))^{\frac{1}{n}}\right]_{n\in\mathbb{N}^\star}$ a t-elle la même limite que la suite $\left[(N(u^n))^{\frac{1}{n}}\right]_{n\in\mathbb{N}^\star}$?

2. On pose ici $N(u)=\sup\limits_{\vec{x}\in\mathbb{R}^p\setminus\{\vec{0}\}}\dfrac{\|u(\vec{x})\|_2}{\|\vec{x}\|_2}$. Montrer que N est une norme sur $\mathcal{L}(\mathbb{R}^p)$.

3. On suppose que N est dorénavant la norme de la question précédente.

a. Montrer que si λ est une valeur propre de u, $N(u^n)\geqslant|\lambda|^n$.

b. On pose $\rho(u)=\max\limits_{\lambda\in\mathrm{Sp}\,(u)}|\lambda|$. Montrer que : $\forall\,n\in\mathbb{N}^\star,(N(u^n))^{\frac{1}{n}}\geqslant\rho(u)$.

c. On se rapporte à $(e_1,...,e_p)$, une base de diagonalisation de u. On pose : $M=\max\limits_{1\leqslant i\leqslant p}\|e_i\|_2$.

Montrer que : $\forall\,\vec{x}=(x_1,...,x_p)\in E, \|u^n(\vec{x})\|_2\leqslant M(\rho(u))^n\left(\sum_{i=1}^{p}|x_i|\right)$. En déduire $\lim\limits_{n\to+\infty}(N(u^n))^{\frac{1}{n}}$.

D'après Concours National Marocain

Exercice 7.15 : Soit la fonction $f : x \mapsto 1 + \dfrac{1}{2}\sin\dfrac{1}{x}$.

1. Montrer que pour tout $x \geqslant 1$: $\dfrac{1}{2} < f(x) < \dfrac{3}{2}$ et $f(f(x)) > 1$.
2. Montrer que sur $[1, +\infty[$, f est lipschitzienne de rapport $1/2$.
3. Montrer qu'il existe un unique $l > 1$ tel que $f(l) = l$.
4. Vérifier que la suite définie pour tout $n \in \mathbb{N}$ par : $u_{n+1} = f(u_n)$ avec $u_0 = a$, où $a \neq 0$, existe et montrer que pour tout $n > 2$, $u_n > 1$. En déduire que la suite (u_n) est convergente de limite l.

D'après Concours Commun INP (ancien CCP)

Exercice 7.16 : Étudier la suite $[(a_n, b_n)]_{n\in\mathbb{N}}$ de $\mathbb{R}^2$ définie par : $(a_0, b_0) \neq (0, 0)$ et :

$$\forall n \in \mathbb{N}, a_{n+1} = \frac{a_n}{a_n^2 + b_n^2},\ b_{n+1} = \frac{b_n}{a_n^2 + b_n^2}.$$

■ Suites à valeurs dans un espace vectoriel normé de dimension finie

Exercice 7.17* : On considère, dans $\mathbb{R}^3$, la suite $(Z_n)_{n\in\mathbb{N}} = (u_n, v_n, w_n)_{n\in\mathbb{N}}$ de $\mathbb{R}^3$ définie par :

$$Z_0 = (u_0, v_0, w_0) \in \mathbb{R}^3 \text{ et } \forall n \in \mathbb{N}, \begin{cases} u_{n+1} &= \frac{1}{3}u_n - \frac{1}{6}w_n + \frac{1}{2} \\ v_{n+1} &= \frac{1}{3}u_n + \frac{1}{6}v_n - \frac{1}{3}w_n - \frac{2}{3} \\ w_{n+1} &= \frac{1}{3}u_n + \frac{1}{3}v_n + \frac{1}{6}w_n - \frac{7}{6} \end{cases}$$

1. Montrer que la suite (Z_n) vérifie une relation matricielle de la forme : $Z_{n+1} = AZ_n + B$.
2. Montrer qu'il existe un réel $k \in]0, 1[$ tel que, pour tout vecteur X de $\mathbb{R}^3$, $\|AX\|_\infty \leqslant k\|X\|_\infty$.
3. Montrer que l'équation : $X = AX + B$ admet une unique solution L dans $\mathbb{R}^3$.
4. Déduire, de ce qui précède et d'une récurrence, une inégalité concernant $\|Z_n - L\|_\infty$, $\|Z_0 - L\|_\infty$, n et k. Conclure quant à la convergence de la suite (Z_n).

Exercice 7.18 : Dans $(E, \|.\|)$, soit la suite $(u_n)_{n\in\mathbb{N}} \in E^{\mathbb{N}}$ et $\vec{b} \in E$. Montrer que $(u_n)_{n\in\mathbb{N}}$ converge vers $\vec{b}$ si, et seulement si, $(u_{2n})_{n\in\mathbb{N}}$ et $(u_{2n+1})_{n\in\mathbb{N}}$ convergent toutes deux vers $\vec{b}$.

■ Topologie dans un espace vectoriel normé de dimension finie

Si $A \subset E$, on notera $\text{adh}(A)$ *son adhérence,* $\mathring{A}$ *son intérieur et* δA *sa frontière.*

Exercice 7.19 : Est-ce une partie ouverte, fermée, bornée de $\mathbb{R}^2$? (puis reconnaître) :

$$A = \{(x, y), 1 < |x| < 2\},\ B = \{(x, y), |x + y| \leqslant 1 \text{ et } |x - y| \leqslant 1\}.$$

$$C = \{(x, y), (x - 1)^2 + (y - 2)^2 < 4\},\ D = \{(x, y), x \geqslant 0,\ y \geqslant 0 \text{ et } x + y \leqslant 3\}.$$

Exercice 7.20 : Soit $A = \left\{\dfrac{1}{x+n} + \dfrac{1}{2^n}, (x, n) \in \mathbb{R}_+^\star \times \mathbb{N}^\star\right\}$. Déterminer $\text{adh}(A)$, $\mathring{A}$ et δA.

Exercice 7.21 : Montrer que dans E, les boules sont des parties convexes.

Exercice 7.22 : Montrer que l'intersection d'un nombre fini de parties ouvertes (respectivement fermées) de E est une partie ouverte (respectivement fermée) de E.

Exercice 7.23 : Soit F un sous-espace vectoriel strict de E. Montrer alors que F est une partie convexe de E. Est-elle une partie ouverte de E ? Une partie fermée de E ?

Exercice 7.24* : Soit K une partie convexe et bornée de E qui contient $\vec{0}$ dans son intérieur.
On appelle jauge j_K de K la fonction $\vec{x} \mapsto \inf \left\{ \lambda > 0, \frac{1}{\lambda}\vec{x} \in K \right\}$.

1. Montrer que $j_K(\vec{x}) = 0 \Leftrightarrow \vec{x} = \vec{0}$.
2. Montrer : $\forall \vec{x} \in E, \forall \mu \in \mathbb{R}_+, j_K(\mu\vec{x}) = \mu j_K(\vec{x})$.
3. Montrer : $\forall (\vec{x}, \vec{y}) \in E^2, j_K(\vec{x} + \vec{y}) \leqslant j_K(\vec{x}) + j_K(\vec{y})$.
4. Montrer que si $K = -K$ ($i.e$ $\vec{x} \in K \Leftrightarrow -\vec{x} \in K$) alors j_K est une norme.

Exercice 7.25* : Montrer qu'une boule ouverte (respectivement fermée) de E est une partie ouverte (respectivement fermée) de E.

Exercice 7.26* : 1. Montrer que $A = \{(x, y) \in \mathbb{R}^2, y > x\}$ est une partie ouverte de $\mathbb{R}^2$.
2. Montrer que $B = \{(x, y) \in \mathbb{R}^2, y \leqslant x\}$ est une partie fermée de $\mathbb{R}^2$.

Exercice 7.27 : Montrer que la limite d'une suite convergente de $A^{\mathbb{N}}$ est un point adhérent à A.

Exercice 7.28 : Montrer que l'application norme N de E dans $\mathbb{R}$ est convexe, c'est-à-dire vérifie :

$$\forall\ (x, y) \in E^2,\ \forall t \in [0, 1],\ N\big(tx + (1 - t)y\big) \leqslant tN(x) + (1 - t)N(y).$$

Exercice 7.29* : Soit $P = X^p + a_{p-1}X^{p-1} + ... + a_1X + a_0 \in \mathbb{C}_p[X]$. Montrer que les racines de P sont toutes dans la boule fermée de centre O et de rayon $R = \max\{1, pM\}$, où $M = \max\limits_{0 \leqslant i \leqslant p-1} |a_i|$.

Exercice 7.30* : 1. Soit $A \in \mathcal{M}_p(\mathbb{C})$, où $p \geq 1$ fixé et pour $n \in \mathbb{N}^\star$, $D_n = \operatorname{diag}\left(\frac{1}{n}, ..., \frac{p}{n}\right)$.
a. Justifier l'existence de $P \in GL_p(\mathbb{C})$ et de T triangulaire supérieure (on note $\lambda_1, ..., \lambda_p$ les coefficients diagonaux de T) telle que $A = PTP^{-1}$.
b. Montrer que pour n assez grand, les $\lambda_i + \frac{i}{n}, (1 \leqslant i \leqslant p)$ sont deux à deux distincts.
c. En déduire que pour n assez grand, les matrices $T + D_n$ et $P(T + D_n)P^{-1}$ sont diagonalisables.
2. En déduire que l'adhérence de l'ensemble des matrices diagonalisables de $\mathcal{M}_p(\mathbb{C})$ est $\mathcal{M}_p(\mathbb{C})$.

■ Limites et continuité d'une fonction de $\mathbb{R}$ dans $\mathbb{R}$ (révisions)

Exercice 7.31 : Calculer : $\lim\limits_{x \to +\infty} \left(\dfrac{\arctan x}{\arctan(x + 1)}\right)^{x^2}$ et $\lim\limits_{x \to 0} \left(\dfrac{1}{\ln(\cos x)} + \dfrac{2}{\sin^2 x}\right)$.

Exercice 7.32 : Montrer que $f : x \mapsto \begin{cases} x^2 & \text{si} \quad x \in \mathbb{Q} \\ 2 - x & \text{si} \quad x \in \mathbb{R} \setminus \mathbb{Q} \end{cases}$ n'est continue qu'en deux points.

Exercice 7.33 : Étude de la continuité de $f : x \mapsto x^2 + \left\lfloor \dfrac{1}{1 - \lfloor x^2 \rfloor} \right\rfloor$.

D'après Concours Communs Mines-Telecom et Concours ENSEA, filière PSI

Exercice 7.34* : On considère une fonction f de $\mathbb{R}$ dans $\mathbb{R}$ vérifiant : $f(x+y) = f(x) + f(y)$.
1. Calculer $f(0)$ et donner $f(\lambda x)$ pour $\lambda \in \mathbb{Q}$ et $x \in \mathbb{R}$.
2. Si f est continue en 0, montrer sa continuité sur $\mathbb{R}$ et calculer $\forall x, f(x)$.
3. Même question en supposant seulement f bornée sur un voisinage de 0.

D'après Centrale-Supélec, filière PSI

■ Limites et continuité d'une fonction de $\mathbb{R}^p$ dans $\mathbb{R}$

Exercice 7.35 : Étudier la continuité sur leur domaine de définition (à trouver) des fonctions :

$$f : (x,y,z) \mapsto \frac{-x^3y^4z + \ln(x^2+y^2+z^2)}{e^{xyz}(x+y)},\ g : (x,y) \mapsto \begin{cases} \sqrt{1-x^2-y^2} & \text{si} \quad (x,y) \in \mathcal{B}(\vec{0},1) \\ \sqrt{x^2+y^2-1} & \text{si} \quad (x,y) \notin \mathcal{B}(\vec{0},1) \end{cases}.$$

Exercice 7.36 : Montrer que $(x,t) \mapsto [1-\exp(-x)]\,\dfrac{\sin(xt)}{x^2t}$ permet, par prolongement, de définir une application continue sur $\mathbb{R}^2$.

Exercice 7.37 : **1.** Sur $\mathbb{R}^2 \setminus \{0,0\}$, on pose $g(x,y) = \dfrac{x^3-y^3}{x^2+y^2}$. g admet-elle une limite en $(0,0)$?
2. Même question avec : $f(x,y) = \dfrac{x^4+y^2}{xy}$.

Exercice 7.38 : Montrer que $g : (x,t) \mapsto \dfrac{t^n \exp(tx)}{1+t^2+x^2}$ $(n \in \mathbb{N})$ est continue sur $\mathbb{R}^2$.

Exercice 7.39 : Montrer que l'application $h : (x,y) \mapsto y^x$ est continue sur $\mathbb{R} \times \mathbb{R}_+^*$.

Exercice 7.40 : Montrer que $j : (x,y) \mapsto \begin{cases} (x^2+y^2)\sin\left(\frac{1}{x^2+y^2}\right) & \text{si } (x,y) \neq (0,0) \\ 0 & \text{si } (x,y) = (0,0) \end{cases}$ est continue sur $\mathbb{R}^2$.

Exercice 7.41 : On munit $\mathbb{R}$ de $|.|$ et $\mathbb{R}^2$ de $\|.\|_\infty$.
1. Montrer que $d_1 : \mathbb{R}^2 \to \mathbb{R}, (x,y) \mapsto x$ et $d_2 : \mathbb{R}^2 \to \mathbb{R}, (x,y) \mapsto y$ sont lipschitziennes.
2. En déduire que $f : \mathbb{R}^2 \to \mathbb{R}, (x,y) \mapsto xy$ est continue.
3. Montrer que $\{(x,y) \in \mathbb{R}^2, xy > 1\}$ est une partie ouverte de $\mathbb{R}^2$.

■ Limites et continuité d'une fonction de E dans F

Exercice 7.42** : Montrer $f : E \to E, \vec{x} \mapsto \dfrac{\vec{x}}{\max(1, \|\vec{x}\|)}$ est lipschitzienne de rapport 2.

Exercice 7.43 : Soit $f : E \to F$ continue et $\Gamma \subset E \times F$ le graphe de f.
Soit : $\phi : E \to \Gamma, \vec{x} \mapsto (\vec{x}, f(\vec{x}))$. Montrer que ϕ est bijective, continue et que ϕ^{-1} est continue.

Exercice 7.44 : $S = \{(x,y,z) \in \mathbb{R}^3, x^2+y^2+z^2 = 1\}$ et $A = (0,0,1) \in S$.
Montrer que $\phi : S \setminus \{A\} \to \mathbb{R}^2, (x,y,z) \mapsto \left(\dfrac{x}{1-z}, \dfrac{y}{1-z}\right)$ et ϕ^{-1} sont continues.

Exercice 7.45 : Soit la fonction f définie sur $\mathbb{R}^*$ par : $x \mapsto \left(\dfrac{\sin x}{x}, \dfrac{\ln(1+2x)}{x}, \dfrac{1-\cos x}{x^2}\right)$.
Étudier la limite de f en 0. f admet-elle un prolongement par continuité en 0 ?

Exercice 7.46 : Montrer que $f : (x,y,z) \mapsto (x^2+y^2, \sin(xy), z-2x)$ est continue sur $\mathbb{R}^3$.

Exercice 7.47 : Montrer que $f : (x,y) \mapsto \left(\sqrt{x^2+y^2}, 2 \arctan\left(\dfrac{y}{x+\sqrt{x^2+y^2}}\right)\right)$ est une fonction continue sur $\mathbb{R}^2 \setminus (\mathbb{R}^- \times \{0\})$.

Exercice 7.48 : On note $M : \mathbb{R}_+ \to \mathcal{M}_2(\mathbb{R}), t \mapsto \begin{pmatrix} 2e^{-t} & (t-1)^2 \\ 1 & 0 \end{pmatrix}$.

1. Pour $A = (a_{i,j}) \in \mathcal{M}_2(\mathbb{R})$, on pose : $\|A\|_\infty = \sup |a_{i,j}|$.
Vérifier que $\|.\|_\infty$ est une norme sur $\mathcal{M}_2(\mathbb{R})$.
2. La fonction M est-elle continue sur $\mathbb{R}_+$?
3. On pose $\forall t \in \mathbb{R}_+, \phi(t) = \|M(t)\|_\infty$. Déterminer $\phi(t)$ et montrer que ϕ est continue sur $\mathbb{R}_+$.

Exercice 7.49 :** On définit pour tout $z \in \mathbb{C}$, $\sin z = \dfrac{\exp(iz) - \exp(-iz)}{2i}$ et pour tout $z = x + iy$ avec $(x,y) \in \mathbb{R}^2$, $f(x,y) = |\sin(z)|^2$.
1. Montrer que f admet sur $D = \{(x,y) \in \mathbb{R}^2,\ x^2+y^2 \leqslant 1\}$ un maximum et un minimum. Quel est ce minimum ?
2. Montrer que pour tout $(x,y) \in \mathbb{R}^2$, $f(x,y) = \dfrac{\text{ch}(2y) - \cos(2x)}{2}$.

D'après Mines-Ponts, filière PSI

Linéarité, bilinéarité et continuité

Exercice 7.50 : Soit $u \in \mathcal{L}(E)$.
1. Montrer que $S = \{\vec{x} \in E / \|\vec{x}\| = 1\}$ est une partie fermée et bornée de E.
2. Montrer qu'il existe un vecteur $\vec{x}_0$ unitaire tel que : $\|u(\vec{x}_0)\| = \sup\limits_{\|\vec{x}\|=1} \{\|u(\vec{x})\|\}$.

Exercice 7.51 : 1. Si $n \geqslant 2$, montrer que $\mathcal{S}_n(\mathbb{R})$ et $\mathcal{A}_n(\mathbb{R})$ sont des parties fermées de $\mathcal{M}_n(\mathbb{R})$.
2. Soit $A \in \mathcal{A}_n(\mathbb{R})$. Montrer que si $(A^p)_{p\geqslant 0}$ converge alors sa limite est la matrice nulle.

D'après Mines-Ponts, filière PSI

Exercice 7.52* : Soit $A \in M_n(\mathbb{R})$ telle que : $3A^3 = A^2 + A + I_n$.
1. Montrer que A est diagonalisable dans $\mathbb{C}$.
2. Montrer que la suite $(A^k)_{k\geqslant 0}$ converge vers la matrice L d'un projecteur.
3. Soit a_1, a_2 et a_3 trois réels distincts. Déterminer trois polynômes L_1, L_2 et $L_3 \in \mathbb{R}_2[X]$ tels que : $L_i(a_j) = \delta_{i,j}$ pour $(i,j) \in \{1,2,3\}^2$. Soit $(b_1,b_2,b_3) \in \mathbb{R}^3$ et $P \in \mathbb{R}_2[X]$ tels que $P(a_i) = b_i$ pour $i = 1,2,3$. Écrire P en fonction de L_1, L_2, L_3.
4. Exprimer L en fonction de A.

D'après Mines-Ponts, filière PSI

Exercice 7.53* : Deux matrices A et B de $\mathcal{M}_2(\mathbb{K})$ sont dites semblables dans $\mathcal{M}_2(\mathbb{K})$ s'il existe une matrice $P \in \mathrm{GL}_2(\mathbb{K})$ telle que $A = PBP^{-1}$. Il s'agit d'une relation d'équivalence sur $\mathcal{M}_2(\mathbb{K})$. Les classes d'équivalences de cette relation sont dites les **classes de similitudes** de $\mathcal{M}_2(\mathbb{K})$.

1. Vérifier que si $A \in \mathcal{M}_2(\mathbb{K})$, la classe de similitude de $A \in \mathcal{M}_2(\mathbb{K})$, notée $\mathcal{S}_{\mathbb{K}}(A)$, est égale à $\{PAP^{-1}, P \in \mathrm{GL}_2(\mathbb{K})\}$. Donner la classe de similitude d'une matrice scalaire xI_2, avec $x \in \mathbb{K}$.

2. Pour tout $\lambda \in \mathbb{K}$, on pose : $E_\lambda = \begin{pmatrix} 1 & \lambda \\ 0 & 1 \end{pmatrix}$ et $F_\lambda = \begin{pmatrix} 1 & 0 \\ \lambda & 1 \end{pmatrix}$.

a. Soit $A = \begin{pmatrix} a & b \\ c & d \end{pmatrix} \in \mathcal{M}_2(\mathbb{K})$; calculer les produits $E_\lambda A E_\lambda^{-1}$ et $F_\lambda A F_\lambda^{-1}$, où $\lambda \in \mathbb{K}$.

b. On suppose que la classe de similitude $\mathcal{S}_{\mathbb{K}}(A)$ de la matrice $A \in \mathcal{M}_2(\mathbb{K})$ est réduite à un singleton. Montrer que A est une matrice scalaire.

3. Soit $A = \begin{pmatrix} a & b \\ c & d \end{pmatrix} \in \mathcal{M}_2(\mathbb{K})$, on pose $\|A\|_S = (|a|^2 + |b|^2 + |c|^2 + |d|^2)^{1/2}$. Montrer que $A \mapsto \|A\|_S$ est une norme sur $\mathcal{M}_2(\mathbb{K})$. Dans la suite $\mathcal{M}_2(\mathbb{K})$ est muni de cette norme.

4. On suppose que la classe $\mathcal{S}_{\mathbb{K}}(A)$ de A est bornée. Justifier que les parties $\{E_\lambda A E_\lambda^{-1}, \lambda \in \mathbb{K}\}$ et $\{F_\lambda A F_\lambda^{-1}, \lambda \in \mathbb{K}\}$ de $\mathcal{M}_2(\mathbb{K})$ sont bornées. En déduire que A est une matrice scalaire.

5. Montrer que les applications $A \mapsto \mathrm{Tr}(A)$ et $A \mapsto \mathsf{Det}\,(A)$ sont continues sur $\mathcal{M}_2(\mathbb{K})$.

6. Si A est une matrice scalaire, justifier que la classe de similitude de A dans $\mathcal{M}_2(\mathbb{K})$ est fermée.

D'après Concours National Marocain, filière PSI

■■ Indications

Ex. 7.1

Allez, on rappelle que $\vec{x} + (-\vec{x}) = \vec{0}$.

Ex. 7.2

C'est exactement comme en première année. Ici $\| \ \|$ remplaçe $| \ |$.

Ex. 7.4

La C.N.S va apparaître seulement pour une des trois conditions de la définition. Laquelle ?

Ex. 7.5

1. *Pour la minoration : on fait le bon choix de $\vec{y}$ et de $\vec{x}$. Pour la majoration : appliquer l'inégalité triangulaire ! On rappelle que $|ab| \leqslant \frac{1}{2}(a^2 + b^2)$.*

Ex. 7.6

Le plus technique est l'inégalité triangulaire pour $\|.\|_2$. Penser plutôt que cette norme est euclidienne et donc on peut montrer $\|P + Q\|_2 \leq \|P\|_2 + \|Q\|_2$ à partir de l'inégalité de Cauchy-Schwarz.

Ex. 7.7

Pensez à des matrices dont une certaine puissance donne la matrice nulle.

Ex. 7.8

2. *Trouver, à partir de l'axiome de séparation, une condition nécessaire, puis montrer que cette condition est aussi suffisante.*

Ex. 7.10

Si l'on appelle (u_n) et (v_n) les deux suites, on pourra écrire $u_{n+1} - u_n = f(n)$ et $v_{n+1} - v_n = g(n)$ et étudier le signe des deux fonctions f et g.

Ex. 7.11

On rappelle que $\ln x = o(x)$ *au voisinage de* $+\infty$*. on étudie* $f : x \mapsto x + \ln x$ *(monotonie et limite) qui permet d'avoir les propriétés utiles de* f^{-1}*, après avoir montré son existence.*

Ex. 7.12

1. *On se place sur des intervalles* I *stables pour* f*, c'est-à-dire vérifiant* $f(I) \subset I$*.*
2. *L'idée est de partir de* $\varepsilon > 0$ *et d'introduire un rang* N *tel que pour* $k \geqslant N$*, on ait :* $|u_k - l| < \varepsilon$*. Puis on écrit* $w_n - l$ *comme une somme où intervient* $u_k - l$ *pour* k *variant de* 0 *à* n *en partant de* n *supérieur à* N*. Puis on coupe la somme en deux, la première pour* k *variant de* 0 *à* $N-1$ *et la seconde pour* k *variant de* N *à* n*.*
3. *On transformera* $u_{n+1}^{\alpha} - u_n^{\alpha}$ *de telle manière que l'on puisse utiliser un équivalent de* $e^u - 1$*.*
4. *On demande un équivalent de* u_n*. Cette question est une synthèse des précédentes. Il faut utiliser la suite* $u_{n+1}^{\alpha} - u_n^{\alpha}$ *en prenant la valeur* α *adéquate.*

Ex. 7.13

À la question 2), on commencera par montrer : $\forall n \geqslant 1, \dfrac{u_{n+1}}{u_n} \leqslant 1 + \dfrac{1}{n+1}$.

Ex. 7.14

À 1) : Voir le cours ! À 3-c) : l'application $\vec{x} = \sum_{i=1}^{p} x_i e_i \mapsto \sum_{i=1}^{p} |x_i|$ *est une norme sur* $\mathbb{R}^p$*.*

Il existe donc (à prouver) $C > 0$ *tel que :* $\forall\, \vec{x}(x_1, ..., x_p) \in \mathbb{K}^p, \ \sum_{i=1}^{p} |x_i| \leqslant C \|\vec{x}\|_2$.

Ex. 7.15

1. *On commence par encadrer* $f(x)$ *et on minore* $f(f(x))$*. Ceci n'est pas difficile à faire.*
2. *Penser à l'inégalité des accroissements finis.*
3. *On pose* $g(x) = f(x) - x$ *et l'on montre que* g *s'annule une et une seule fois sur* $[1, +\infty[$*.*
4. *On utilise le fait que* f *est lipschitzienne de rapport compris entre* 0 *et* 1 *et un raisonnement classique (il faut majorer* $|u_k - l|$ *par un réel tendant vers* 0 *quand* k *tend vers* $+\infty$*). Faire attention aux indices. En effet, la propriété d'être lipschitzienne de* f *n'est valable que sur* $[1, +\infty[$ *et on sait que* u_n *n'est pas nécessairement à valeurs dans* $[1, +\infty[$ *pour* $n \geqslant 0$*.*

Ex. 7.16

Poser : $\forall\, n \in \mathbb{N},\ z_n = a_n + ib_n$*.*

Ex. 7.17

4. *On utilise* $Z_{n+1} = AZ_n + B$*,* $L = AL + B$ *et la question 2.*

Ex. 7.18

Peut-être avez vous fait cette démo dans le cas des suites de $\mathbb{R}^{\mathbb{N}}$*, c'est-à-dire à valeurs dans* $\mathbb{R}$*, l'année dernière !*

Ex. 7.20

$\forall n \in \mathbb{N}^{\star}$ *fixé,* $A_n = \left\{ \dfrac{1}{x+n} + \dfrac{1}{2^n}, x \in \mathbb{R}_+^{\star} \right\}$ *est un intervalle. Lequel ?*

Ex. 7.21

On pourra se restreindre par exemple à une boule ouverte $\mathcal{B}(\vec{a}, r)$*.*

Ex. 7.22

Montrer en fait que l'intersection de deux parties ouvertes est une partie ouverte.

Ex. 7.23

On montrera que l'intérieur de F est vide en prouvant qu'il n'existe pas de boule fermée de centre $\vec{x} \in F$ et de rayon $r > 0$ incluse dans F. Pour montrer que F est fermé, si l'on pose $p = \dim E$ et $(e_1, ..., e_r)$ base de F complétée en $(e_1, ..., e_p)$ base de E, on considérera $\phi : E \mapsto \mathbb{K}^p$ avec

$\phi(\vec{y}) = (\lambda_1, ..., \lambda_p)$, où $\vec{y} = \sum_{i=1}^{p} \lambda_i e_i$. On munit $\mathbb{K}^p$ de N_∞ et en utilisant la continuité de ϕ, on montre que si $(\vec{x}_n)$ est une suite de $F^{\mathbb{N}}$ convergeante vers $\vec{x}$ alors $\vec{x} \in F$.

Ex. 7.24

1. *Si $j_K(\vec{x}) = 0$, il existe une suite (λ_n) tendant vers 0 telle que $\frac{1}{\lambda_n}\vec{x} \in K$.*

Ex. 7.25

x étant un élément de $\mathcal{B}_o(a, r)$, considérer $\varepsilon = \frac{1}{2}(r - N(\vec{x} - \vec{a}))$ et utiliser l'inégalité triangulaire. $\vec{x}$ étant un élément du complémentaire dans E de $\mathcal{B}'(\vec{a}, r)$, considérer $\varepsilon = \frac{1}{2}(N(\vec{x} - \vec{a}) - r)$, puis utiliser la variante de l'inégalité triangulaire faisant intervenir une différence.

Ex. 7.26

1. *Dans $\mathbb{R}^2$, on peut utiliser la norme de son choix. Si $x_0 < y_0$, considérer un $h > 0$ tel que $x_0 + h < y_0 - h$ et la boule ouverte de centre (x_0, y_0) et de rayon h pour la norme $\| \|_\infty$ de $\mathbb{R}^2$.*

Ex. 7.29

On pourra partir de $z^p = -(a_{p-1}z^{p-1} + ... + a_0)$, où z est une racine de P et passer aux modules.

Ex. 7.31

Pour la première limite, on se ramène à une limite en 0 en utilisant $\arctan x + \arctan \frac{1}{x} = \frac{\pi}{2}$. *Pour la deuxième limite, il s'agit d'une somme, donc les équivalents ne sont pas directement utilisables : il faut aller jusqu'aux développements limités.*

Ex. 7.32

On commencera par poser $x_0 \in \mathbb{R}$, puis on introduira une première suite $(x_n) \in \mathbb{Q}^{\mathbb{N}}$ et une seconde suite $(y_n) \in (\mathbb{R} \setminus \mathbb{Q})^{\mathbb{N}}$ tendant vers x_0.

Ex. 7.33

Pour étudier la continuité de f aux points ± 1 et $\pm\sqrt{2}$, on pourra préalablement expliciter $f(x)$ sur les différents intervalles où elle est définie.

Ex. 7.34

1. *On commencera par montrer par récurrence que pour tout $n \in \mathbb{N}$, $f(nx) = nf(x)$ puis on passera aux rationnels positifs en utilisant $qx/q = x$ avec q entier positif.*

2. *On suppose ici que f est continue en 0. On montrera d'abord que cela équivaut à la continuité de f en tout x_0. Puis on détermine explicitement f en partant d'une propriété vraie pour les rationnels et en l'étendant aux réels en utilisant la continuité de f.*

3. *On suppose qu'ici f est bornée au voisinage de 0. On montre en fait que si f est bornée dans un voisinage de 0 alors f est continue en 0. Ce qui permet de se ramener à la question précédente. Il faut utiliser, bien entendu, l'équation fonctionnelle de départ. On doit donc prouver : $\forall \varepsilon > 0, \exists \eta > 0, \forall x \in]-\eta, \eta[, |f(x) - f(0)| < \varepsilon$. On part d'un intervalle centré en 0 pour lequel $|f(x)| < M$. Puis on fixe $\varepsilon > 0$ et on raisonne selon que ε est plus grand ou plus petit que M. Dans le cas où $\varepsilon < M$, on introduira un entier n tel que $M/n < \varepsilon$.*

Ex. 7.37

2. *Faire tendre (x, y) vers $(0, 0)$ suivant la droite d'équation $y = \alpha x$, $\alpha \neq 0$.*

Ex. 7.42

Trois cas : 1) $(\vec{x},\vec{y}) \in \left[\mathcal{B}_o(\vec{0},1)\right]^2$. *2)* $\vec{x} \in \mathcal{B}_o(\vec{0},1)$ *et* $\vec{y} \notin \mathcal{B}_o(\vec{0},1)$.
3) $\vec{x} \notin \mathcal{B}_o(\vec{0},1)$ *et* $\vec{y} \notin \mathcal{B}_o(\vec{0},1)$.
Dans le second cas, on pourra écrire que $f\vec{x}) - f(\vec{y}) = f(\vec{x}) - \vec{y} + \vec{y} - f(\vec{y})$.

Ex. 7.44

Il faut montrer d'abord que ϕ *est bijective (car* ϕ^{-1} *doit exister). On prend* $\| \, \|_\infty$.

Ex. 7.45

On s'intéresse à la limite en 0 *de chaque application composante.*

Ex. 7.49

1. *L'existence se montre en utilisant un théorème du cours (lequel ?), on vérifiera que* D *est un ensemble fermé borné. Pour la détermination du minimum, on remarquera que* f *est à valeurs positives. Ici, on demande en fait de prouver l'existence d'un minimum et d'un maximum et dans le cours, on n'a pratiquement qu'un seul résultat utilisable. Pour le minimum, il faut se dire que la détermination doit être rapide car on la demande à la première question.*

Ex. 7.51

1. $\mathcal{S}_n(\mathbb{R})$ *(respectivement* $\mathcal{A}_n(\mathbb{R})$*) désigne l'ensemble des matrices symétriques (respectivement antisymétriques) de* $\mathcal{M}_n(\mathbb{R})$*. Il y a plusieurs pistes.*
2. *On peut remarquer que* A^2 *est symétrique, puis* A^3 *antisymétrique puis* A^4 *de nouveau symétrique, etc. On pense alors tout naturellement à introduire les suites* $(A^{2p})_{p\in\mathbb{N}}$ *et* $(A^{2p+1})_{p\in\mathbb{N}}$.

Ex. 7.52

1. *Attention, on ne parle pas ici de diagonalisation de* A *dans* $\mathcal{M}_n(\mathbb{R})$*, bien que* A *soit dans* $\mathcal{M}_n(\mathbb{R})$*. Il faut bien entendu se servir du polynôme annulateur de l'énoncé.*
2. *L'idée est de remarquer que les puissances* $k^{\text{èmes}}$ *des valeurs propres de* A *tendent vers des valeurs finies. Ensuite, il faut se servir d'une matrice* D *diagonale, semblable à* A*. Il s'agit de calculer la limite de* D^k *quand* k *tend vers* $+\infty$.
3. *La notion de polynôme de Lagrange est très classique (bien qu'elle ne soit plus au programme officiel). Donc autant la connaître car elle hantera encore longtemps les sujets de concours.*
On rappelle par ailleurs (c'est le symbole de Kronecker) que $\delta_{i,j} = 1$ *si* $i = j$ *et* 0 *sinon.*
4. *L'idée de base est de remarquer que :* $A^k = R_k(A)$*. Le polynôme* R_k *est le reste de la division euclidienne de* X^k *par* $3X^3 - X^2 - X - 1$*, ce dernier polynôme étant un polynôme annulateur de* A*. Le travail est de trouver* R_k*. Or* $R_k \in \mathbb{R}_2[X]$*. On pourra utiliser la base formée des polynômes d'interpolation de Lagrange associés aux racines de* P*. (Voir question précédente) On mettra en valeur des puissances de complexes de module strictement inférieur à* 1*, ce qui simplifie bien les choses quand on veut la limite, quand* n *tend vers* $+\infty$.

Ex. 7.53

C'est le paragraphe I du sujet de Maths II 2008 du Concours National Marocain, filière PSI.
2. $E_\lambda A E_\lambda^{-1}$ *et son compère* $F_\lambda A F_\lambda^{-1}$ *appartiennent à* $\mathcal{S}_{\mathbb{K}}(A)$.
3. *On reconnaît la norme* $\sqrt{\operatorname{Tr}(A^TA)}$*. On peut passer par* $f : \mathcal{M}_2(\mathbb{K}) \to \mathbb{K}, \begin{pmatrix} a & b \\ c & d \end{pmatrix} \mapsto (a,b,c,d)$ *l'isomorphisme canonique de* $\mathcal{M}_2(\mathbb{K})$ *sur* $\mathbb{K}^4$ *et enfin la norme euclidienne sur* $\mathbb{K}^4$ *:*
$N : (a,b,c,d) \mapsto (|a|+|b|+|c|+|d|)^{1/2}$*. C'est typiquement un cas particulier de l'***exercice 7.9***.*
Sinon vous faites une preuve directe ($\| \, \|_S$ *est une norme euclidienne).*
4. *On utilise la* **méthode 7.9** *pour exploiter le fait que* $\lambda \mapsto E_\lambda A E_\lambda^{-1}$ *doit être bornée.*

Corrigé des vrai/faux

1	2	3	4	5	6	7	8	9	10	11	12	13	14	15	16	17
F	F	F	V	V	F	F	V	F	V	V	F	V	V	F	V	V

1. Déjà, il faut que $\mathbb{K} = \mathbb{R}$. De plus, les produits scalaires fournissent seulement certaines normes. Il existe des normes qui ne sont pas associées à un produit scalaire. Par exemple, si $n \geq 2$, la norme $\| \|_\infty$ sur $\mathbb{R}^n$ n'est pas associée à un produit scalaire.
2. $x \mapsto x$ est 1-lipschitzienne sur $\mathbb{R}$ mais $x \mapsto x^2$ n'est pas lipschitzienne sur $\mathbb{R}$.
3. $[0, 1[$ n'est ni ouvert ni fermé.
4. $\emptyset$ et E sont ouverts et fermés à la fois.
5. Tout réel est limite d'une suite de rationnels, on a donc le résultat.
8. La raison invoquée est bonne.
9. Posons, $\forall n \in \mathbb{N}^*$, $I_n = \left]-\frac{1}{n}, \frac{1}{n}\right[$. Alors : $\bigcap_{n \in \mathbb{N}^*} I_n = \{0\}$ et $\{0\}$ est une partie fermée.
11. Vrai car elle est de rapport 1.
12. L'image de $\mathbb{R}$, qui est une partie ouverte de $\mathbb{R}$, par $x \mapsto x^2$, qui est manifestement continue sur $\mathbb{R}$, est $\mathbb{R}^+$, qui n'est pas une partie ouverte de $\mathbb{R}$.
13. Conséquence de la continuité de $\| \|$.
14. E est de dimension finie et $X \mapsto AX$ est linéaire.
15. Elle n'est pas symétrique (et pourtant elle est continue !).
17. $\mathcal{L}(E)$ est de dimension finie car E l'est et ϕ est bilinéaire donc continue.

Erreurs classiques

- Penser qu'une norme est toujours issue d'un produit scalaire. C'est faux, certaines normes n'ont pas de produit scalaire associé.
- Pour montrer que N est une norme sur E, on oublie souvent de justifier qu'elle est une application de E dans $\mathbb{R}^+$.
- Lorsqu'une norme N est définie comme une borne supérieure, il ne faut pas affirmer trop vite l'inégalité triangulaire. Par exemple, de : $\forall\, i \in I$, $|x_i + y_i| \leqslant |x_i| + |y_i|$, il est abusif de déduire directement : $\sup_{i \in I} |x_i + y_i| \leqslant \sup_{i \in I} |x_i| + \sup_{i \in I} |y_i|$. Il y a lieu de « faire deux passages successifs à la borne sup (d'abord à droite, puis à gauche) ». (Voir, par exemple, **exercice 7.6**)
- Chercher la limite d'une fonction en un point a non adhérent à l'ensemble de définition de cette fonction.
- Pour rechercher la limite éventuelle d'une fonction de deux variables en (x_0, y_0), faire tendre la première variable vers x_0, puis la seconde vers y_0 (dans cet ordre ou dans l'ordre inverse). C'est tentant mais surtout cela ne suffit pas pour conclure, quant à la continuité !

Corrigé des exercices

Exercice 7.1

On écrit : $0 = N(\vec{0}) = N(\vec{x} + (-\vec{x})) \leqslant N(\vec{x}) + N(-\vec{x}) = 2N(\vec{x})$.
Conclusion : l'assertion n'est pas nécessaire.

Exercice 7.2

1. $\|\vec{x}\| = \|x - \vec{y} + \vec{y}\| \leq \|\vec{x} - \vec{y}\| + \|\vec{y}\|$.
On en déduit : $\|\vec{x}\| - \|\vec{y}\| \leqslant \|\vec{x} - \vec{y}\|$.
2. $d(\vec{x}, \vec{y}) = \|\vec{x} - \vec{y}\| = \|(\vec{x} - \vec{z}) - (\vec{y} - \vec{z})\| \geqslant |\|\vec{x} - \vec{z}\| - \|\vec{y} - \vec{z}\||$.

On intervertit $\vec{x}$ et $\vec{y}$ et on a le résultat.

Exercice 7.3

D'abord : $\vec{y} = \vec{0} \Rightarrow N(\lambda\vec{x}) \leqslant |\lambda|\, N(\vec{x})$.
Puis si $\lambda \neq 0, N(\vec{x}) = N\left(\frac{1}{\lambda}(\lambda\vec{x})\right) \leqslant \left|\frac{1}{\lambda}\right| N(\lambda\vec{x})$. Donc : $N(\lambda\vec{x}) \geqslant |\lambda|\, N(\vec{x})$.
On a la condition qui manquait, c'est-à-dire : $N(\lambda\vec{x}) = |\lambda|\, N(\vec{x})$.

Deux des trois conditions de la définition d'une norme sont vérifiées automatiquement. Lesquelles ?

Exercice 7.4

On montre $N(\lambda\vec{x}) = |\lambda| N(\vec{x})$ et $N(\vec{x} + \vec{y}) \leqslant N(\vec{x}) + N(\vec{y})$ immédiatement.

On pose $\vec{x} = (x_1, ..., x_p)$. Puis $N(\vec{x}) = 0 \Leftrightarrow \displaystyle\int_0^1 \left|\sum_{k=1}^{p} x_k g_k(t)\right| dt = 0$.

Cela entraîne que $\displaystyle\sum_{k=1}^{p} x_k g_k = 0$. Or on veut $\vec{x} = \vec{0}$. La condition nécessaire et suffisante est donc la liberté de la famille $\{g_1, ..., g_p\}$.

La fonction $\left|\displaystyle\sum_{k=1}^{p} x_k g_k\right|$ est continue et positive sur $[0, 1]$.

Exercice 7.5

1. Si $\vec{y} = \vec{0}$ et $\vec{x} \neq \vec{0}$, le rapport dont on désire la borne supérieure vaut 1. Donc $\mu(E) \geqslant 1$. Puis les quantités $\|\vec{x} + \vec{y}\|^2$ et $\|\vec{x} - \vec{y}\|^2$ sont majorés l'une et l'autre par $(\|\vec{x}\| + \|\vec{y}\|)^2$. Donc :

$$\|\vec{x} + \vec{y}\|^2 + \|\vec{x} - \vec{y}\|^2 \leqslant 2\|\vec{x}\|^2 + 2\|\vec{y}\|^2 + 4\|\vec{x}\|\|\vec{y}\|.$$

Cette dernière quantité est majorée par $4\|\vec{x}\|^2 + 4\|\vec{y}\|^2$. Donc $\mu(E) \leqslant 2$.
2. Si $\vec{x} = (1, -1)$ et $\vec{y} = (1, 1)$, le rapport vaut 2 et donc $\mu(\mathbb{R}^2) = 2$.

Attention à la tentation, la norme $\|.\|$ n'est pas nécessairement euclidienne. Que vaut $\mu(E)$ d'ailleurs dans ce cas ?

On développera $(\|\vec{x}\| - \|\vec{y}\|)^2 \geqslant 0$.

Exercice 7.6

Montrons l'inégalité triangulaire pour les trois normes.

- Posons $P = \displaystyle\sum_{k=0}^{n} a_k X^k$ et $Q = \displaystyle\sum_{k=0}^{n} b_k X^k$.

On a : $\|P\|_\infty = \max\limits_k |a_k|$ et $\|Q\|_\infty = \max\limits_k |b_k|$.
On écrit : $\forall k, |a_k + b_k| \leqslant |a_k| + |b_k| \leqslant \|P\|_\infty + \|Q\|_\infty$.
Donc : $\|P + Q\|_\infty \leqslant \|P\|_\infty + \|Q\|_\infty$.

- Toujours avec P et Q, on a : $\|P\|_1 = \displaystyle\sum_{k=0}^{n} |a_k|$ et $\|Q\|_1 = \displaystyle\sum_{k=0}^{n} |b_k|$.

Puis pour tout k, $|a_k + b_k| \leqslant |a_k| + |b_k|$ encore une fois, en sommant de 0 à n, on a bien : $\|P + Q\|_1 \leqslant \|P\|_1 + \|Q\|_1$.

- Considérons le produit scalaire (sur $\mathbb{R}_n[X]$) $< P, Q >= \displaystyle\sum_{i=0}^{n} a_i b_i$.

Le lecteur montrera les deux autres conditions pour les trois normes sans souci mais il le fera vraiment !

On travaille avec des polynômes faisant apparaître le même nombre de coefficients, les derniers pouvant être éventuellement nuls.

Corrigé

D'après Cauchy-Schwarz, $|\langle P,Q\rangle| \leqslant \|P\|_2\|Q\|_2$.

C'est la deuxième piste de la **méthode 7.1**.

On écrit alors : $\|P+Q\|_2^2 = \langle P+Q, P+Q\rangle = \|P\|_2^2 + 2\langle P,Q\rangle + \|Q\|_2^2$. Ainsi : $\|P+Q\|_2^2 \leqslant (\|P\|_2 + \|Q\|_2)^2$. On en déduit l'inégalité triangulaire.

Exercice 7.7

Trop simple, la correction ! Chouette !

Si ϕ (endomorphisme canoniquement associé à A) est nilpotent ($\exists p \in \mathbb{N}^\star$ tel que $\phi^p = 0$), alors $\chi_\phi(X) = (-1)^n X^n$. 0 est la seule racine possible de χ_ϕ. Donc $\nu(A) = 0$. Pourtant $A \neq 0$. Donc ν ne peut pas être une norme.

Exercice 7.8

1. N étant une application de F dans $\mathbb{R}^+$ et f étant une application de E dans F, $N \circ f$ est une application de E dans $\mathbb{R}^+$.

2. Une condition nécessaire pour que $\| \ \|$ soit une norme sur E est que :

$$\forall \vec{x} \in E,\ \|\vec{x}\| = N(f(\vec{x})) = 0 \Rightarrow \vec{x} = 0_E.$$

Il est donc nécessaire que : $\forall \vec{x} \in E,\ f(\vec{x}) = 0_F \Rightarrow \vec{x} = 0_E$, c'est-à-dire que f soit injective.

Ainsi, $\| \ \|$ définit une norme sur E si, et seulement si, f est injective.

Réciproquement, si f est injective, la propriété ci-dessus est acquise, et :

- $\| \ \|$ est une application de E dans $\mathbb{R}_+$;
- $\forall \vec{x} \in E, \forall \lambda \in \mathbb{K},\ \|\lambda\vec{x}\| = N(f(\lambda\vec{x})) = N(\lambda f(\vec{x})) = |\lambda| N(f(\vec{x})) = |\lambda|\,\|\vec{x}\|$;
- $\forall (\vec{x},\vec{y}) \in E^2,\ N(f(\vec{x}+\vec{y})) = N(f(\vec{x}) + f(\vec{y})) \leqslant N(f(\vec{x})) + N(f(\vec{y}))$.

Donc on a bien : $\|\vec{x}+\vec{y}\| \leqslant \|\vec{x}\| + \|\vec{y}\|$.

Exercice 7.9

La technique est de faire apparaître $1/n$ pour que la puissance des développements limités puisse entrer dans le jeu !

On commence par écrire : $\pi\sqrt{n^2+n+2} = \pi n \sqrt{1 + \dfrac{1}{n} + \dfrac{2}{n^2}}$.

Puis on utilise : $\sqrt{1+x} = 1 + \frac{x}{2} - \frac{x^2}{8} + \frac{x^3}{16} + o(x^3)$.

Après calculs, $\pi\sqrt{n^2+n+2} = \pi n \left(1 + \frac{1}{2n} + \frac{7}{8n^2} - \frac{7}{16n^3} + o\left(\frac{1}{n^3}\right)\right)$.

Comme $\cos(n\pi + v_n) = (-1)^n \cos v_n$, on a :

Avec cet exercice, on révise les compositions de DL.

$$\cos(\pi\sqrt{n^2+n+2}) = (-1)^{n+1}\sin\left(\frac{7\pi}{8n} + o\left(\frac{1}{n}\right)\right) = (-1)^{n+1}\frac{7\pi}{8n} + o\left(\frac{1}{n}\right).$$

Ainsi : $\displaystyle\lim_{n\to+\infty} u_n = \frac{-7\pi}{8} + o(1) = \frac{-7\pi}{8}$.

Exercice 7.10

Sautez sur le cours de première année ! Au sens figuré, bien sûr.

- Pour $n \geqslant 2$, $v_n - u_n = \frac{2}{n}$, quantité qui tend vers 0.
- $\forall n \geqslant 2, v_{n+1} - v_n = \ln\left(\dfrac{n}{n+1}\right) + \dfrac{1}{n+1} = g(n)$. Une étude de g sur $\mathbb{R}_+^\star$ prouve que g est à valeurs négatives et donc (v_n) est décroissante.
- La même idée sur (u_n) nous apporte que cette dernière est croissante.

Exercice 7.11

1. Soit : $f : \mathbb{R}_+^\star \to \mathbb{R}, x \mapsto x + \ln x$. Cette application a pour dérivée : $f' : x \mapsto 1 + \dfrac{1}{x}$ qui est à valeurs strictement positives.

L'équation (E_n) a donc une unique solution $x_n = f^{-1}(n)$.

La fonction f est strictement croissante et étant continue est donc une bijection de $\mathbb{R}_+^\star$ sur $\mathbb{R}$.

2. ▸ Comme f^{-1} a le même sens de variation que f, cette fonction est strictement croissante. Pour tout n : $n < n+1 \Rightarrow x_n < x_{n+1}$.

Donc la suite (x_n) est strictement croissante.

Par ailleurs, $\displaystyle\lim_{x\to+\infty} f^{-1}(x) = +\infty \Rightarrow \lim_{n\to+\infty} x_n = +\infty$, par composition.

► On sait que $\ln x = o(x)$ au voisinage de $+\infty$. Ainsi, comme x_n tend vers $+\infty$ quand n tend vers $+\infty$ alors : $\ln x_n = o(x_n)$, quand n tend vers $+\infty$.
Donc : $x_n + \ln x_n = n \Rightarrow x_n + o(x_n) = n$, quand n tend vers $+\infty$.
Finalement, quand n tend vers $+\infty$: $x_n \sim n$.

$\ln x = o(x)$ est la clé !

Exercice 7.12

1. ► La fonction f est croissante sur $]-\infty, 1]$ et décroissante sur $[1, +\infty[$.
De plus : $\lim\limits_{x\to-\infty} f(x) = -\infty$ et $\lim\limits_{x\to+\infty} f(x) = 0$.

Le lecteur calculera le signe de f'.

Comme $f(0) = 0$, on remarque que $]-\infty, 0]$ est un intervalle stable par f. Sur cet intervalle, f est croissante. De même, $[0, +\infty[$ est stable par f. Enfin, $f(1) = 1/e$ et cette valeur est comprise entre 0 et 1 ce qui implique que $[0, 1]$ est stable lui-aussi par f. Sur ce dernier intervalle, f est encore croissante.

► Posons $g(x) = f(x) - x = x(e^{-x} - 1)$. Si $x < 0$ alors $e^{-x} - 1 > 0$ et donc $g(x) < 0$. Si $x > 0$ alors $e^{-x} - 1 < 0$ et donc on a encore $g(x) < 0$.
La seule valeur qui annule g est 0.

► a) On suppose $u_0 < 0$. Or $u_0 \in]-\infty, 0[$ et ce dernier intervalle est stable par f. Comme f est croissante sur I, la suite (u_n) est monotone. Comme $f(x)-x < 0$ sur I, le signe de $u_1 - u_0$ est négatif et la suite (u_n) est décroissante. Comme la seule limite possible est l'unique solution de $f(x) = x$, c'est-à-dire $x = 0$, on peut conclure : la suite (u_n) est divergente. Sa limite est $-\infty$.

En effet, (u_n) n'est pas minorée car sinon elle serait convergente de limite $l < 0$ ce qui est absurde.

► b) On suppose $u_0 > 0$. Si $u_0 \geqslant 1$, $f(u_0) = u_1 < 1$ et donc quitte à démarrer à $n = 1$, on peut supposer que le premier terme de la suite est dans $]0, 1]$. Cet intervalle est stable par f et f est croissante sur cet intervalle. La suite (u_n) est donc monotone. Comme $f(x) - x < 0$ sur $]0, 1[$, la suite (u_n) est décroissante. Elle est minorée par 0 car $0 < u_n$ pour tout n. La suite (u_n) est donc convergente et de limite 0 car c'est la seule possible.
c) Cas où $u_0 = 0$. La suite (u_n) est évidemment constante de valeur 0.
Conclusion : (u_n) décroit vers $-\infty$ si $u_0 < 0$ et vers 0 si $u_0 \geqslant 0$.

Tout ce raisonnement est expliqué à la **méthode 7.3** *pour ceux qui auraient oublié depuis l'année passée.*

2. Soit $\varepsilon > 0$, comme $(v_n) \to l$, $\exists N \in \mathbb{N}, k \geqslant N \Rightarrow |v_k - l| < \varepsilon$.

Pour tout $n \geqslant N$, $|w_n - l| \leqslant \left|\displaystyle\sum_{k=0}^{N-1} \frac{v_k}{n+1} + \sum_{k=N}^{n} \frac{v_k}{n+1} - \frac{(n+1)l}{n+1}\right|$.

Ce qui donne : $|w_n - l| \leqslant \left|\displaystyle\sum_{k=0}^{N-1} \frac{v_k - l}{n+1} + \sum_{k=N}^{n} \frac{v_k - l}{n+1}\right|$.

Cette dernière quantité est inférieure à : $\displaystyle\sum_{k=0}^{N-1} \frac{|v_k - l|}{n+1} + \sum_{k=N}^{n} \frac{|v_k - l|}{n+1}$.

La première quantité : $A = \displaystyle\sum_{k=0}^{N-1} \frac{|v_k - l|}{n+1}$ est composée d'un numérateur constant et d'un dénominateur qui tend vers l'infini avec n. On en déduit que :

$$\exists n_1 \in \mathbb{N}, \forall n \geqslant n_1, |A| \leqslant \varepsilon.$$

Pour « briller » dans les coktails, sachez que l'on démontre ici le théorème dit de Cesaro. Ce théorème n'est ni au programme de PCSI ni au programme de PSI. Mais si classique en exercice. Donc il vaut mieux le connaître.

Il reste à poser $p = \max(N, n_1)$.

$\forall n \geqslant p$, on a : $|w_n - l| \leqslant \varepsilon + \displaystyle\sum_{k=N}^{n} \frac{\varepsilon}{n+1}$.

Donc, pour tout $n \geqslant p$, on a : $|w_n - l| < \varepsilon + \dfrac{n - N + 1}{n+1}\varepsilon < 2\varepsilon$.

On en déduit : $\forall \varepsilon > 0, \exists p \in \mathbb{N}, \forall n \geqslant p, |w_n - l| < 2\varepsilon$. (w_n) tend vers l.

3. On pose $u_0 \in \mathbb{R}_+^\star$. Déterminons $\alpha \in \mathbb{R}$ tel que $u_{n+1}^\alpha - u_n^\alpha$ ait une limite finie non nulle. On sait que la suite (u_n) tend vers 0. On écrit :

$$u_{n+1}^\alpha - u_n^\alpha = u_n^\alpha \left(e^{-\alpha u_n} - 1\right).$$

Par ailleurs, on sait qu'au voisinage de $u = 0$: $e^u - 1 \sim u$. Cela donne quand n tend vers $+\infty$: $u_{n+1}^\alpha - u_n^\alpha \sim -\alpha u_n^{\alpha+1}$.
La suite $(u_{n+1}^\alpha - u_n^\alpha)$ admet une limite finie non nulle si, et seulement s'il en est de même de la suite $(\alpha u_n^{\alpha+1})$. Si $\alpha + 1 \neq 0$, cette dernière suite tend vers 0 ou vers $\pm\infty$ selon le signe de $\alpha + 1$. Il reste $\alpha = -1$.
Dans ce cas, la suite $u_{n+1}^\alpha - u_n^\alpha$ tend vers 1. On trouve $\alpha = -1$.

La suite (w_n) tend vers 1 d'après une question précédente (le fameux théorème de Cesaro).

4. On sait, d'après la question précédente, que la suite de terme général : $v_n = \dfrac{1}{u_{n+1}} - \dfrac{1}{u_n}$ tend vers 1. Posons $w_n = \dfrac{1}{n+1}\displaystyle\sum_{k=0}^{n} v_k$.

Alors : $w_n = \dfrac{1}{n+1}\displaystyle\sum_{k=0}^{n}\left(\dfrac{1}{u_{k+1}} - \dfrac{1}{u_k}\right) = \dfrac{1}{n+1}\left(\dfrac{1}{u_{n+1}} - \dfrac{1}{u_0}\right)$.

La suite (w_n) tend vers 1, on en déduit que $\left(\dfrac{1}{(n+1)u_{n+1}}\right)_{n\in\mathbb{N}}$, c'est-à-dire $\left(\dfrac{1}{nu_n}\right)_{n\in\mathbb{N}}$ tend vers 1. Ainsi : $u_n \sim \dfrac{1}{n}$.

Exercice 7.13

On remarque et on doit dire d'abord que $u_n > 0$ pour tout n.

1. On a : $\forall n \geqslant 1, u_{n+1} - u_n > 0 \Rightarrow (u_n)$ est strictement croissante.

2. On a pour $n \geqslant 1$: $0 \leqslant \dfrac{u_{n+1}}{u_n} = 1 + \dfrac{u_{n-1}}{u_n} \times \dfrac{1}{n+1} \leqslant 1 + \dfrac{1}{n+1}$.

Car $u_{n-1} \leqslant u_n$.

D'où : $\displaystyle\prod_{k=1}^{n-1}\frac{u_{k+1}}{u_k} = \frac{u_n}{u_1} \leqslant \prod_{k=1}^{n-1}\left(1 + \frac{1}{k+1}\right) = \prod_{k=1}^{n-1}\frac{k+2}{k+1} = \frac{n+1}{2}$.

On en déduit : $0 \leqslant u_n \leqslant \dfrac{n+1}{2}u_1 \Rightarrow u_n = O(n)$.

3. Immédiatement, on voit que la suite $\left(\dfrac{u_n}{n^2}\right)_{n\in\mathbb{N}^\star}$ tend vers 0.

Exercice 7.14

On utilise la **proposition 7.9**.

1. D'après le cours, on sait que la convergence d'une suite et la valeur de sa limite ne dépendent pas de la norme choisie (si E est de dimension finie, ce qui est le cas, bien sûr).

2. Les deux assertions $N(u) = 0 \Leftrightarrow u = 0$ et $N(\lambda u) = \lambda N(u)$ se démontrent sans souci.

Kultur : cette norme s'appelle la norme subordonnée.

Comme $\forall \vec{x}$, $\|(u+v)(\vec{x})\|_2 \leq \|u(\vec{x}) + v(\vec{x})\|_2$, en divisant par $\|\vec{x}\|_2 \neq 0$, on a :

$$\frac{\|(u+v)(\vec{x})\|_2}{\|\vec{x}\|_2} \leqslant \frac{\|u(\vec{x})\|_2}{\|\vec{x}\|_2} + \frac{\|v(\vec{x})\|_2}{\|\vec{x}\|_2} \leqslant \sup_{\vec{x}\in E\setminus\{\vec{0}\}}\frac{\|u(\vec{x})\|_2}{\|\vec{x}\|_2} + \sup_{\vec{x}\in\mathbb{R}^p\setminus\{\vec{0}\}}\frac{\|v(\vec{x})\|_2}{\|\vec{x}\|_2}.$$

On passe au sup du premier membre et : $N(u+v) \leqslant N(u) + N(v)$.

3.

$\vec{x}$ étant un vecteur propre, $\|\vec{x}\|_2 \neq 0$.

a. Si λ est une valeur propre de u alors pour tout vecteur propre $\vec{x}$ de u pour λ, $u^n(\vec{x}) = \lambda^n\vec{x}$ et donc $\|u^n(\vec{x})\|_2/\|x\|_2 = |\lambda^n| \Rightarrow N(u^n) \geqslant |\lambda|^n$.

b. On pose : $\rho(u) = \displaystyle\max_{\lambda\in\mathsf{Sp}\,(u)}|\lambda|$. Il est clair que : $\forall n \in \mathbb{N}^\star, (N(u^n))^{\frac{1}{n}} \geqslant \rho(u)$.

c. $\forall \vec{x} = x_1 e_1 + ... + x_p e_p \in \mathbb{R}^p$, $\lambda_1, ..., \lambda_p$ les p valeurs propres associées, qui ne sont pas nécessairement distinctes. Alors :

$$\|u^n(\vec{x})\|_2 = \left\| \sum_{i=1}^{p} \lambda_i^n x_i e_i \right\|_2 \leqslant \sum_{i=1}^{p} |\lambda_i|^n |x_i| \|e_i\|_2 \leqslant M(\rho(u))^n \left(\sum_{i=1}^{p} |x_i| \right).$$

L'application $\vec{x} = \displaystyle\sum_{i=1}^{p} x_i e_i \mapsto \sum_{i=1}^{p} |x_i|$ est une norme sur $\mathbb{K}^p$, et d'après la **proposition 7.10**, $\exists C > 0$ tel que : $\forall \vec{x}(x_1, ..., x_p) \in \mathbb{R}^p$, $\displaystyle\sum_{i=1}^{p} |x_i| \leqslant C \|\vec{x}\|_2$.

Cet exercice touche à la fois les suites réelles, les normes et la diagonalisation.

Donc, à partir de plus haut : $\forall \vec{x} \in E, \forall n \in \mathbb{N}$, $\|u^n(\vec{x})\|_2 \leqslant C(\rho(u))^n \|\vec{x}\|_2$.
On a : $\rho(u) \leqslant (N(u^n))^{\frac{1}{n}} \leqslant C^{\frac{1}{n}} \rho(u)$. Et : $\displaystyle\lim_{n \to +\infty} (N(u^n))^{\frac{1}{n}} = \rho(u)$.

Exercice 7.15

1. On a, pour $x \neq 0$: $-1 \leqslant \sin \dfrac{1}{x} \leqslant 1 \Rightarrow \dfrac{1}{2} \leq f(x) \leqslant \dfrac{3}{2}$.

Par ailleurs $f(x) = \dfrac{3}{2}$ si, et seulement si, $\exists k \in \mathbb{Z}$, $\dfrac{1}{x} = \dfrac{\pi}{2} + 2k\pi \Leftrightarrow x = \dfrac{1}{\frac{\pi}{2} + 2k\pi}$.

Or comme $x \geqslant 1$, ceci est impossible et donc $f(x) < \dfrac{3}{2}$.

$f(x) = \dfrac{1}{2}$ si, et seulement si, $\exists k \in \mathbb{Z}$, $\dfrac{1}{x} = -\dfrac{\pi}{2} + 2k\pi \Leftrightarrow x = \dfrac{1}{-\frac{\pi}{2} + 2k\pi}$.

Or comme $x \geqslant 1$, ceci est impossible et donc $f(x) > \dfrac{1}{2}$.

Puis : $\dfrac{1}{2} < f(x) < \dfrac{3}{2} \Rightarrow \dfrac{2}{3} < \dfrac{1}{f(x)} < 2$.

Et de plus : $f(f(x)) = 1 + \dfrac{1}{2} \sin \dfrac{1}{f(x)}$. La quantité $f(f(x)) - 1$ est supérieure à la plus petite des deux valeurs $\dfrac{1}{2} \sin \dfrac{2}{3}$ et $\dfrac{1}{2} \sin 2$, strictement positives toutes les deux. Donc : $f(f(x)) - 1 > 0 \Rightarrow f(f(x)) > 1$.

Finalement, $\forall x \geqslant 1$, $\frac{1}{2} < f(x) < \frac{3}{2}$ et $f(f(x)) > 1$.

2. Pour $x \in \mathbb{R}^\star$, $f'(x) = -\dfrac{1}{2} \times \dfrac{1}{x^2} \cos \dfrac{1}{x}$.

Pour $x > 1$, on a : $|f'(x)| = \dfrac{1}{2} \times \dfrac{1}{x^2} \left| \cos \dfrac{1}{x} \right| \leqslant \dfrac{1}{2} \times \dfrac{1}{x^2} \leqslant \dfrac{1}{2}$.

Et avec l'I.A.F : $\forall (x, y) \in (]1, +\infty[)^2$, $|f(x) - f(y)| \leqslant \dfrac{1}{2} |x - y|$.

On peut conclure. Sur $[1, +\infty[$, f est $\dfrac{1}{2}$-lipschitzienne.

Cette question est un bon prétexte de « revisiter » ce que vous savez sur le T.A.F, l'inégalité correspondante et leurs applications principales.

3. Posons $g(x) = f(x) - x$ avec $x > 1$, $g'(x) = -\dfrac{1}{2} \times \dfrac{1}{x^2} \cos \dfrac{1}{x} - 1$.

On remarque que $-\dfrac{1}{2} \times \dfrac{1}{x^2} \cos \dfrac{1}{x}$ est compris entre $-1/2$ et $1/2$ pour $x > 1$.
Ainsi, $g'(x) < 0$ pour $x > 1$ et g est strictement décroissante sur $[1, +\infty[$.
On remarque : $g(1) = f(1) - 1 = \dfrac{1}{2} \sin 1 > 0$ et : $\displaystyle\lim_{x \to +\infty} g(x) = -\infty$.

La continuité de g permet de conclure. Il existe un unique $l > 1$ tel que $f(l) = l$.

4. La suite définie pour tout $n > 0$ par $u_{n+1} = f(u_n)$ avec $u_0 = a$, où $a \neq 0$, existe bien. En effet si $u_0 = a \neq 0$ alors $u_1 \in \left[\dfrac{1}{2}, \dfrac{3}{2} \right]$.

Corrigé

Puis : $u_2 = f(f(u_0)) > 1$. Montrons alors par récurrence : $\forall n \geqslant 2,\ u_n > 1$.

L'initialisation est faite. Il nous faut prouver maintenant l'hérédité.

On commence par remarquer que f est décroissante sur $x \in \left[\dfrac{2}{\pi}, +\infty\right[$.

Or $[1, +\infty[$ est dans cet intervalle. Comme $f(1) = \dfrac{1}{2}\sin 1 + 1 > 1$ et que $\lim\limits_{x\to+\infty} f(x) = 1$, la restriction de f à $[1, +\infty[$ est à image dans $]1, +\infty[$ et donc : $u_{n+1} > 1$. Ceci prouve de plus que u_n ne peut pas être nul et donc la suite (u_n) est définie pour tous ses termes. On peut conclure.

On sait, d'après ce qui précède, que tous les termes u_n sont dans $[1, +\infty[$ au moins à partir de $n \geqslant 3$.

f étant lipschitzienne de rapport $1/2$ sur cet intervalle, on applique : $\forall (x, y) \in (]1, +\infty[)^2,\ |f(x) - f(y)| \leqslant \dfrac{1}{2}|x - y|$ avec $x = u_n$ et $y = l$ pour $n \geqslant 3$.

On écrit alors (comme $f(l) = l$) : $|u_{n+1} - l| \leqslant \dfrac{1}{2}|u_n - l|$.

Encore un méchanisme très classique, repris dans d'autres exercices.

Par récurrence, $\forall n \geqslant 3, \forall p \in \mathbb{N}, |u_{n+p} - l| \leqslant \left(\dfrac{1}{2}\right)^p |u_n - l|$ et en changeant d'indice : $\forall k \geqslant 3,\ |u_k - l| \leqslant \left(\dfrac{1}{2}\right)^{k-3} |u_3 - l|$.

On remarque que si k tend vers $+\infty$, $\left(\dfrac{1}{2}\right)^{k-3} |u_3 - l|$ tend vers 0.

Exercice 7.16

On pose : $\forall n \in \mathbb{N},\ z_n = a_n + ib_n$.

$(z_n)_{n\in\mathbb{N}}$ est définie par z_0 et la relation : $\forall n \in \mathbb{N},\ z_{n+1} = \dfrac{z_n}{|z_n|^2}$.

On montre facilement, par récurrence, que : $\forall n \in \mathbb{N},\ z_n \neq 0$, donc z_n est bien défini pour tout n.

Posons : $\forall n \in \mathbb{N},\ z_n = \rho_n e^{i\theta_n}$, avec : $\rho_n > 0$ et $\theta_n \in [0, 2\pi[$.

On a : $\forall n \in \mathbb{N},\ \rho_{n+1} = \dfrac{1}{\rho_n}$ et $\theta_{n+1} = \theta_n$.

$(\rho_n)_{n\in\mathbb{N}}$ converge si, et seulement si, $\rho = 1$, ce qui équivaut à : $a_0^2 + b_0^2 = 1$.

Dans ce cas, $(z_n)_{n\in\mathbb{N}}$ est constante donc $(a_n, b_n)_{n\in\mathbb{N}}$ est constante.

La suite $(a_n, b_n)_{n\in\mathbb{N}}$ converge si, et seulement si, $a_0^2 + b_0^2 = 1$.

Exercice 7.17

1. Posons : $A = \begin{pmatrix} \frac{1}{3} & 0 & -\frac{1}{6} \\ \frac{1}{3} & \frac{1}{6} & -\frac{1}{3} \\ \frac{1}{3} & \frac{1}{3} & \frac{1}{6} \end{pmatrix}$ et $B = \begin{pmatrix} \frac{1}{2} \\ -\frac{2}{3} \\ -\frac{7}{6} \end{pmatrix}$.

Alors $\forall n \in \mathbb{N},\ Z_{n+1} = AZ_n + B$.

Si $X = (x, y, z)$, $\|X\|_\infty = \max(|x|, |y|, |z|)$.

2. $\forall X \in \mathbb{R}^3$,

$$\begin{aligned} \|AX\|_\infty &= \max\left(\left|\tfrac{1}{3}x - \tfrac{1}{6}z\right|, \left|\tfrac{1}{3}x + \tfrac{1}{6}y - \tfrac{1}{3}z\right|, \left|\tfrac{1}{3}x + \tfrac{1}{3}y + \tfrac{1}{6}z\right|\right) \\ &\leqslant \max\left(\tfrac{1}{3} + \tfrac{1}{6}, \tfrac{1}{3} + \tfrac{1}{6} + \tfrac{1}{3}, \tfrac{1}{3} + \tfrac{1}{3} + \tfrac{1}{6}\right) \|X\|_\infty. \end{aligned}$$

D'où : $\|AX\|_\infty \leqslant \frac{5}{6}\|X\|_\infty$. Donc : $k = \frac{5}{6}$ convient.

3. La résolution du système linéaire : $AX + B = X$ donne : $L = (1, 0, -1)$.

4. $\forall n \in \mathbb{N},\ \|Z_{n+1} - L\|_\infty = \|(AZ_n + B) - (AL + B)\|_\infty = \|A(Z_n - L)\|_\infty$.

Ainsi : $\forall n \in \mathbb{N},\ \|Z_{n+1} - L\|_\infty \leqslant k\|Z_n - L\|_\infty$.

$k^0 = 1$, donc l'inégalité est vraie pour $n = 0$.

Supposons que : $\|Z_n - L\|_\infty \leqslant k^n\|Z_0 - L\|_\infty$.

Alors, puisque : $\|Z_{n+1} - L\|_\infty \leqslant k\|Z_n - L\|_\infty$, on obtient, en multipliant membre à membre les inégalités précédentes :

$$\|Z_{n+1} - L\|_\infty \leqslant k^{n+1}\|Z_0 - L\|_\infty.$$

Ainsi l'inégalité est vraie pour $n + 1$.

D'après le principe de récurrence : $\forall n \in \mathbb{N},\ \|Z_n - L\|_\infty \leqslant k^n \|Z_0 - L\|_\infty$.
Puisque : $k = \frac{5}{6} \in [0,1[,\ \lim\limits_{n\to\infty} k^n = 0$. Donc : $\lim\limits_{n\to\infty} \|Z_n - L\|_\infty = 0$.
Conclusion : $(Z_n)_{n\in\mathbb{N}}$ converge vers L dans $\mathbb{R}^3$.

Exercice 7.18

Supposons que $\vec{u}_{2n} \to \vec{b}$ et $\vec{u}_{2n+1} \to \vec{b}$ quand $n \to +\infty$.
Soit $\varepsilon > 0$. Alors $\exists\, N_0 \in \mathbb{N}$ tel que $[\forall n \in \mathbb{N},\ n \geq N_0 \Rightarrow \|\vec{u}_{2n} - \vec{b}\| \leqslant \varepsilon]$;
et $\exists N_1 \in \mathbb{N}$ tel que $[\forall n \in \mathbb{N},\ n \geq N_1 \Rightarrow \|\vec{u}_{2n+1} - \vec{b}\| \leqslant \varepsilon]$.
Posons $N = \max(2N_0, 2N_1+1) \in \mathbb{N}$. Alors : $(\forall n \in \mathbb{N})\, n \geq N \Rightarrow \|\vec{u}_n - \vec{b}\| \leqslant \varepsilon$.
Ainsi la suite $(\vec{u}_n)_{n\in\mathbb{N}}$ converge vers b.

Exercice 7.19

A est une partie ouverte et non bornée, il s'agit de la réunion de deux « bandes » du plan. B est une partie fermée bornée. C'est un parallélogramme de frontière des parallèles aux bissectrices des axes. C est une partie bornée et ouverte, c'est l'intérieur du disque de centre $(1,2)$ et de rayon 2. Enfin, D est une partie fermée et bornée, c'est l'intérieur d'un triangle.

✎ Ici, on est dans $\mathbb{R}^2$ et on choisit la norme euclidienne (par exemple).

Exercice 7.20

Comme x parcourt $]0,+\infty[$, A_n (défini dans l'indication) est $\left]\dfrac{1}{2^n}, \dfrac{1}{2^n} + \dfrac{1}{n}\right[$.

Si n tend vers $+\infty$, les deux bornes de ce dernier intervalle tendent vers 0^+.
La plus grande valeur pour $1/n + 2^{-n}$ est atteinte en $n = 1$ soit $3/2$.
En conclusion, $A =]0, \frac{3}{2}[$. Comme A est un intervalle ouvert, il est égal à son intérieur. Puis $\text{adh}(A) = [0, \frac{3}{2}]$ et $\delta A = \{0, 3/2\}$.

✎ Bien retenir cette méthode : si la partie dont on veut l'adhérence dépend de deux variables, on sépare ces deux dernières.

Exercice 7.21

Soient $\vec{x}$ et $\vec{y}$ dans $\mathcal{B}_o(\vec{a}, r)$ et le réel $t \in [0,1]$. On a :
$\|t\vec{x} + (1-t)\vec{y} - \vec{a}\| = \|t(\vec{x} - \vec{a}) + (1-t)(\vec{y} - \vec{a})\| \leq t\|\vec{x} - \vec{a}\| + (1-t)\|\vec{y} - \vec{a}\|$.
Cette dernière quantité est strictement inférieure à $tr + (1-t)r = r$.

✎ On se restreint à une boule ouverte $\mathcal{B}_o(\vec{a}, r)$ mais on peut adapter à une boule fermée.

Exercice 7.22

Soient A_1 et A_2 deux parties ouvertes et $\vec{x} \in A_1 \cap A_2$. Il existe deux réels $r_1 > 0$ et $r_2 > 0$ tels que $\mathcal{B}_o(\vec{x}, r_1) \subset A_1$ et $\mathcal{B}_o(\vec{x}, r_2) \subset A_2$. On pose $r = \min(r_1, r_2)$. Il est clair que $\mathcal{B}_o(\vec{x}, r)$ est incluse à la fois dans A_1 et dans A_2 donc dans la partie $A_1 \cap A_2$. Pour l'intersection de parties fermées, on vous laisse faire en utilisant la caractérisation séquentielle des parties fermées.

✎ Est-ce vrai pour une intersection infinie de parties ouvertes ?

Exercice 7.23

- Si $\vec{u}$ et $\vec{v} \in F$ alors $t\vec{u} + (1-t)\vec{v} \in F$ pour tout t donc à fortiori si $t \in [0,1]$.
- Soit $\vec{e} \in F^C$. Alors pour tout $\vec{x} \in F$ et pour tout $r > 0$, $\vec{y} = \vec{x} + \frac{r}{\|\vec{e}\|}\vec{e} \notin F$ et de plus $\vec{y} \in \mathcal{B}_f(\vec{x}, r)$. Ainsi $\mathring{F} = \emptyset$ et donc F ne peut pas être un ouvert !
- Si $p = \dim E$, $r = \dim F < p$, prenons alors pour base de E : $(e_1, ..., e_r, e_{r+1}, ..., e_p)$, adaptée à F, c'est-à-dire que $(e_1, ..., e_r)$ est une base de F. Soit $\phi : E \to \mathbb{K}^p$, $y \mapsto (\lambda_1, ..., \lambda_p)$, où $y = \displaystyle\sum_{i=1}^{p} \lambda_i$. ϕ est linéaire donc continue. Soit (x_n) une suite d'éléments de F convergeant vers x. La suite $(\phi(x_n))$ converge vers $\phi(x) = (\mu_1, ..., \mu_p)$. Supposons : $\exists\, i \geqslant r+1$ avec $i \leq p$, $\mu_i \neq 0$. Soit $\varepsilon > 0$. $\exists\, n \in \mathbb{N}$, $x_n = \displaystyle\sum_{j=1}^{r} \lambda_j^{(n)} e_j$ et $N_\infty(\phi(x_n) - \phi(x)) \leqslant \varepsilon$ et donc

✎ Et la réunion finie de parties ouvertes, de parties fermées ?

✎ $\nexists\, \mathcal{B}_f(\vec{x}, r) \subset F$, où $\vec{x} \in F$ et $r > 0$.

✎ Supposons $\mathbb{K}^p$ muni de N_∞.

✎ Puisque ϕ est continue.

Corrigé

En posant $\lambda_j^{(n)} = 0$ pour $j \geqslant r+1$.

$\max\limits_{1\leqslant k\leqslant p} |\lambda_k^{(n)} - \mu_k| \leqslant \varepsilon$. Cela entraîne que $|\mu_i| \leqslant \varepsilon$. Comme on raisonne pour tout $\varepsilon > 0$, $\mu_i = 0$, c'est absurde ! Donc $x = \sum_{i=1}^{r} \mu_i e_i \in F$ et F est un fermé.

Exercice 7.24

La notion de jauge a du sens car comme $\vec{0} \in \mathring{K}$, $\exists r > 0$, $\mathcal{B}_o(\vec{0}, r) \subset K$. Et $\frac{1}{\lambda}\vec{x} \in \mathcal{B}(\vec{0}, r)$ donc $\frac{1}{\lambda}\vec{x} \in K$ si $\lambda > \frac{\|\vec{x}\|}{r}$.

1. Comme K est borné, soit $M \geqslant 0$ tel que : $\forall \vec{y} \in K$, $\|\vec{y}\| \leqslant M$. Si $j_K(\vec{x}) = 0$, il existe une suite (λ_n) tendant vers 0 telle que $\frac{1}{\lambda_n}\vec{x} \in K$. Donc $\|\vec{x}\| \leqslant M\lambda_n$. On en déduit que $\vec{x} = \vec{0}$. La réciproque est évidente.

2. C'est évident car $\frac{1}{\lambda}\vec{x} \in K \Leftrightarrow \frac{1}{\mu\lambda}\mu\vec{x} \in K$.

3. Supposons que $\frac{1}{\lambda}\vec{x}$ et $\frac{1}{\mu}\vec{y}$ appartiennent à K alors comme K est convexe et $(\lambda, \mu) \in (\mathbb{R}_+^\star)^2$, le vecteur $\vec{z} = \frac{1}{\lambda+\mu}\left(\lambda\frac{1}{\lambda}\vec{x} + \mu\frac{1}{\mu}\vec{y}\right) = \frac{1}{\lambda+\mu}(\vec{x} + \vec{y}) \in K$.

En passant aux bornes inférieures, on a le résultat.

Donc : $\{\lambda > 0, \frac{1}{\lambda}\vec{x} \in K\} + \left\{\mu > 0, \frac{1}{\mu}\vec{y} \in K\right\} \subset \{\nu > 0, \frac{1}{\nu}(\vec{x} + \vec{y}) \in K\}$.

4. Si $K = -K$, $j_K(\vec{x}) = j_K(-\vec{x})$ et donc : $\forall \mu \in \mathbb{R}, j_K(\mu\vec{x}) = |\mu| j_K(\vec{x})$ (en remplaçant $\vec{x}$ par $\mu\vec{x}$). On obtient une norme !

Exercice 7.25

Soit ici $\mathcal{B}_o(\vec{a}, r)$ la boule ouverte de centre a et de rayon r et $\vec{x}$ un élément quelconque de cette boule.

▸ Posons : $\varepsilon = \frac{1}{2}(r - N(\vec{x} - \vec{a}))$ et considérons $\vec{y} \in \mathcal{B}_o(\vec{x}, \varepsilon)$.
On écrit : $N(\vec{y} - \vec{a}) = N\big((\vec{y} - \vec{x}) + (\vec{x} - \vec{a})\big) \leqslant N(\vec{y} - \vec{x}) + N(\vec{x} - \vec{a})$. Or, $N(\vec{y}-\vec{x}) + N(\vec{x}-\vec{a}) < \varepsilon + N(\vec{x}-\vec{a}) = \frac{1}{2}(r + N(\vec{x} - \vec{a})) < r$, car $N(\vec{x}-\vec{a}) < r$, donc $\vec{y} \in \mathcal{B}_o(\vec{a}, r)$.

Conclusion : $\mathcal{B}_o(\vec{x}, \varepsilon) \subset \mathcal{B}_o(\vec{a}, r)$ et $\mathcal{B}_o(\vec{a}, r)$ est un ouvert de E.

▸ Soit $\mathcal{B}_f(\vec{a}, r)$ la boule fermée de centre a et de rayon r.
on note $C = \{\vec{x} \in E \,/\, N(\vec{x} - \vec{a}) > r\}$ son complémentaire dans E et $\vec{x} \in C$.
Posons : $\varepsilon = \frac{1}{2}(N(\vec{x} - \vec{a}) - r)$ et considérons $\vec{y} \in \mathcal{B}_o(\vec{x}, \varepsilon)$.
On a : $N(\vec{y} - \vec{a}) = N\big((\vec{y} - \vec{x}) + (\vec{x} - \vec{a})\big) \geqslant N(\vec{x} - \vec{a}) - N(\vec{y} - \vec{x})$. Or, $N(\vec{x}-\vec{a}) - N(\vec{y}-\vec{x}) > N(\vec{x}-\vec{a}) - \varepsilon = \frac{1}{2}(r + N(\vec{x} - \vec{a})) > r$, car $N(\vec{x}-\vec{a}) > r$, donc $\vec{y} \in C$.

Conclusion : $\mathcal{B}_o(\vec{x}, \varepsilon) \subset C$, donc C est un ouvert et $\mathcal{B}_f(\vec{a}, r)$ un fermé de E.

Exercice 7.26

On démontre que A est une partie ouverte en revenant à la définition avec les boules.

1. Si $(x_0, y_0) \in A$, alors $x_0 < y_0$ et : $\exists\, h > 0$ tel que $x_0 + h < y_0 - h$.
La boule ouverte de centre (x_0, y_0) et de rayon h pour la norme $_\infty$ de $\mathbb{R}^2$ est :

$$\begin{aligned}\mathcal{B}_o\left((x_0, y_0), h\right) &= \left\{(x, y) \in \mathbb{R}^2 \text{ tel que } \max\left(|x - x_0|, |y - y_0|\right) < h\right\} \\ &= \left]x_0 - h, x_0 + h\right[\times \left]y_0 - h, y_0 + h\right[.\end{aligned}$$

$\forall\,(x, y) \in \mathcal{B}_o\left((x_0, y_0), h\right)$, $x < y$, donc $\mathcal{B}_o\left((x_0, y_0), h\right) \subset A$.

Gagné !

2. A est le complémentaire de B dans $\mathbb{R}^2$ et A est un ouvert de $\mathbb{R}^2$.

Exercice 7.27

Soit $(u_n)_{n\in\mathbb{N}}$ une suite convergente d'éléments de A et l sa limite :

$$\forall\,\varepsilon > 0,\ \exists\, n_\varepsilon \in \mathbb{N} \text{ tel que : } \big(n \geqslant n_\varepsilon \Rightarrow N(u_n - l) \leqslant \varepsilon\big).$$

Pour tout $\varepsilon > 0$, la boule ouverte de centre l et de rayon ε a en commun avec A tous les u_n tels que $n \geqslant n_\varepsilon$: l est un point adhérent à A.

Exercice 7.28

$\forall (x,y) \in E^2$, $\forall t \in [0,1]$, $N(tx+(1-t)y) \leqslant N(tx)+N((1-t)y)$.
Or, $N(tx)+N((1-t)y) = |t|N(x)+|1-t|N(y) = t\,N(x)+(1-t)\,N(y)$.

Exercice 7.29

Soit $z \in \mathbb{C}$ tel que $P(z)=0$. Si $|z|>1$,

$$z^p = -(a_{p-1}z^{p-1}+...+a_0) \Rightarrow |z^p| \leqslant |a_{p-1}||z^{p-1}|+...+|a_0| \leqslant pM|z|^{p-1}$$

car $|z^k| \leqslant |z^{p-1}|$ pour $k \leqslant p-1$. Donc $|z| \leqslant pM$.

On doit montrer que $|z| \leqslant 1$ ou que $|z| \leqslant pM$.

Exercice 7.30

1. a. On sait que l'on peut trigonaliser A sur $\mathbb{C}$.
b. L'égalité (pour $i \neq j$) $\lambda_i + \frac{i}{n} = \lambda_j + \frac{j}{n}$ ne peut pas se produire si $\lambda_i = \lambda_j$. Si $\lambda_i \neq \lambda_j$, elle ne peut pas se produire dès que $n > \frac{p-1}{|\lambda_i - \lambda_j|}$.
c. Comme $T+D_n$ est une matrice triangulaire supérieure dont les éléments diagonaux sont les p complexes $\lambda_i + \frac{i}{n}$, distincts pour n assez grand, son polynôme caractéristique est scindé et à racines simples. Cette matrice est diagonalisable dans $\mathbb{C}$. La matrice $A_n = P(T+D_n)P^{-1}$ étant semblable à $T+D_n$, est elle aussi diagonalisable dans $\mathbb{C}$.
2. En utilisant une des normes classiques de $\mathcal{M}_p(\mathbb{C})$, on a : $\lim\limits_{n\to+\infty} D_n = 0_p$, où O_p est la matrice nulle de $\mathcal{M}_p(\mathbb{C})$. Ainsi : $\lim\limits_{n\to+\infty} A_n = A$. Toute matrice A étant limite d'une suite dans l'ensemble des matrices diagonalisables, on a le résultat.

*Piqûre de rappel : allez voir la **méthode 4.4** et la **méthode 4.5**.*

Dans tous les cas, pour n assez grand, les $\lambda_i + \frac{i}{n}, (1 \leqslant i \leqslant p)$ sont distincts.

Revoir les normes de $\mathcal{M}_p(\mathbb{K})$.

Exercice 7.31

► $\left(\dfrac{\arctan x}{\arctan(x+1)}\right)^{x^2} = \exp\left(x^2 \ln\left(\dfrac{\arctan x}{\arctan(x+1)}\right)\right)$. Posons $X = 1/x$.

$$x^2 \ln\left(\frac{\arctan x}{\arctan(x+1)}\right) = \frac{1}{X^2}\ln\left(\frac{\arctan \frac{1}{X}}{\arctan(\frac{1}{X}+1)}\right) = g(X).$$

En utilisant la formule de l'indication, $g(X) = \dfrac{1}{X^2}\ln\left(\dfrac{\frac{\pi}{2}-\arctan X}{\frac{\pi}{2}-\arctan\frac{X}{X+1}}\right)$.

Ceci donne : $g(X) = \dfrac{1}{X^2}\left[\ln\left(\dfrac{\pi}{2}-X+o(X^2)\right)-\ln\left(\dfrac{\pi}{2}-X+X^2+o(X^2)\right)\right]$.

On met $\frac{\pi}{2}$ en facteur : $g(X) = \dfrac{1}{X^2}\left[-2\dfrac{X^2}{\pi}+o(X^2)\right] = \dfrac{-2}{\pi}+o(1)$.

$$\lim_{x\to+\infty} x^2\ln\left(\frac{\arctan x}{\arctan(x+1)}\right) = -\frac{2}{\pi} \Rightarrow \lim_{x\to+\infty}\left(\frac{\arctan x}{\arctan(x+1)}\right)^{x^2} = e^{-\frac{2}{\pi}}.$$

On passe à l'exponentielle, réflexe tellement ancré en vous, j'espère !

Rappelez vous les D.L de $\arctan u$, de $\frac{1}{1+u}$ et celui de $\ln(1+u)$ à l'ordre 2 au $v(0)$.

► Si x tend vers 0, alors $\cos x$ tend vers 1.

On écrit : $\dfrac{1}{\ln(\cos x)} + \dfrac{2}{\sin^2 x} = \dfrac{\sin^2 x + 2\ln(\cos x)}{\ln(\cos x)\sin^2 x}$.

On effectue un $D.L$ d'ordre 4 de $\cos x$, de $\ln(1+x)$ et de $\sin x$.

On a : $\dfrac{1}{\ln(\cos x)} + \dfrac{2}{\sin^2 x} = \dfrac{2\ln\left(1-\frac{x^2}{2}+\frac{x^4}{24}+o(x^4)\right)+\left(x-\frac{x^3}{6}+o(x^4)\right)^2}{\ln(\cos x)\sin^2 x}$.

Cela donne : $\dfrac{1}{\ln(\cos x)} + \dfrac{2}{\sin^2 x} = \dfrac{-\frac{x^4}{2}+o(x^4)}{\ln(\cos x)\sin^2 x} \underset{0}{\sim} \dfrac{-\frac{x^4}{2}}{-\frac{x^2}{2}x^2} = 1$.

Cet exercice est un appel à réviser les développements limités et les équivalents de fonctions réelles classiques.

La limite cherchée est donc 1.

Exercice 7.32

Soit $x_0 \in \mathbb{R}$. Considérons une suite (x_n) de rationnels dont la limite est x_0.
Dans ce cas, $\lim\limits_{n\to+\infty} f(x_n) = \lim\limits_{n\to+\infty} x_n^2 = x_0^2$.
Maintenant, on considére une suite (y_n) d'irrationnels dont la limite est x_0.
Dans ce cas, $\lim\limits_{n\to+\infty} f(y_n) = \lim\limits_{n\to+\infty} (2 - y_n) = 2 - x_0$.
La fonction f est continue en x_0 si, et seulement si, l'on a : $x_0^2 = 2 - x_0$.

Cela donne $x_0 = 1$ ou $x_0 = -2$.

Exercice 7.33

Posons $f : x \mapsto x^2 + \left\lfloor \dfrac{1}{1 - \lfloor x^2 \rfloor} \right\rfloor$. Cette fonction est définie pour toutes les valeurs de x autres que celles qui annulent $1 - \lfloor x^2 \rfloor$. Cela équivaut à écrire que $x^2 \in [1, 2[$ donc f existe si $x^2 < 1$ ou si $x^2 \geqslant 2$.
Le domaine de définition de f est : $]-\infty, -\sqrt{2}] \cup]-1, 1[\cup [\sqrt{2}, +\infty[$.
Un calcul rapide donne :

- Si $x \in]-\infty, -\sqrt{2}] \cup [\sqrt{2}, +\infty[$, $\lfloor x^2 \rfloor \geq 2$ et donc $f(x) = x^2 - 1$.
- Si $x \in]-1, 1[$, $\lfloor x^2 \rfloor = 0$ et donc $f(x) = x^2 + 1$.

La fonction est paire et il suffit donc d'étudier la continuité pour $x = \sqrt{2}$ et pour $x = 1$. Au point $x = \sqrt{2}$, la fonction f n'est pas continue à gauche car elle n'est pas définie à gauche. Mais elle est continue à droite car elle est définie à droite et : $\lim\limits_{x\to\sqrt{2}^+} f(x) = \lim\limits_{x\to\sqrt{2}} x^2 - 1 = 1 = f(\sqrt{2})$.
Au point $x = 1$, la fonction f n'est continue ni à droite, ni à gauche puisqu'elle n'est pas définie en $x = 1$. Elle admet cependant une limite à gauche :

$$\lim_{x\to 1^-} f(x) = \lim_{x\to 1} x^2 + 1 = 2.$$

On peut donc faire un prolongement par continuité à gauche en $x = 1$.

Ces résultats s'adaptent immédiatement aux cas $x = -\sqrt{2}$ et $x = -1$. En ce dernier point, on peut faire un prolongement par continuité à gauche.

Exercice 7.34

1. ▸ Calcul de $f(0)$. Comme pour tout $(x, y) \in \mathbb{R}$, $f(x + y) = f(x) + f(y)$, appliquons cette égalité pour $y = 0$. Alors : $f(x + 0) = f(x) = f(x) + f(0)$.
On en déduit que $f(0) = 0$.

▸ Calcul de $f(\lambda x)$ pour $\lambda \in \mathbb{Q}$ et $x \in \mathbb{R}$. Nous allons commencer par le cas où $\lambda = n$ est un entier positif.
Il est clair que : $f(1 \times x) = 1 \times f(x)$ et $f(2 \times x) = f(x) + f(x) = 2f(x)$.
L'égalité est vraie pour $n = 0$. Supposons qu'elle soit vraie pour n donné.
Alors : $f((n + 1)x) = f(nx) + f(x) = nf(x) + f(x) = (n + 1)f(x)$.
On a la propriété au rang $n + 1$.

L'idée est donc de prouver par récurrence que : $\forall n \in \mathbb{N}$, $f(nx) = nf(x)$ puis on passe à $f(rx) = rf(x)$, où $r \in \mathbb{Q}$.

Passons aux rationnels positifs.
Soit $q \in \mathbb{N}^\star$ et $x \in \mathbb{R}$: $f\left(q \times \dfrac{x}{q}\right) = q\, f\left(\dfrac{x}{q}\right) = f(x)$, en utilisant la propriété démontrée juste avant. Cela donne : $f\left(\dfrac{x}{q}\right) = \dfrac{1}{q} f(x)$.
Puis, en réappliquant la même propriété en introduisant un nouvel entier p positif, on a : $f\left(\dfrac{p}{q}x\right) = pf\left(\dfrac{x}{q}\right) = \dfrac{p}{q} f(x)$.
Il reste à passer aux rationnels négatifs. Pour cela, on va tout simplement montrer que f est impaire. En effet, pour tout $x \in \mathbb{R}$:

$$f(x + (-x)) = f(x) + f(-x) = f(0) = 0 \Rightarrow f(x) = -f(-x).$$

Puis, on considère $x \in \mathbb{R}$, p entier négatif et q entier naturel non nul.

$$f\left(\frac{p}{q}x\right) = f\left(-\frac{-p}{q}x\right) = -f\left(\frac{-p}{q}x\right).$$

On applique maintenant ce que l'on vient de faire pour les rationnels positifs :

$$f\left(\frac{p}{q}x\right) = -\left[\frac{-p}{q}f(x)\right] = \frac{p}{q}f(x).$$

Finalement, $f(0) = 0$ et $\forall(\lambda, x) \in \mathbb{Q} \times \mathbb{R}$, $f(\lambda x) = \lambda f(x)$.

2. On suppose maintenant que f est continue en 0. Il s'agit de prouver que f est continue en toute valeur réelle x_0 fixée. Pour cela, utilisons la propriété fondamentale sur f donnée dans l'énoncé appliquée à $x - x_0$ et x_0, où x est un réel quelconque : $f(x) = f(x - x_0 + x_0) = f(x - x_0) + f(x_0)$. Cette égalité est vraie pour tout x réel. La fonction $x \mapsto x - x_0$ est continue sur $\mathbb{R}$ donc en x_0, la fonction $x \mapsto f(x)$ est continue en 0 et donc par composition, $x \mapsto f(x - x_0)$ est continue en x_0. Enfin, $x \mapsto f(x_0)$ est continue en x_0 car c'est une fonction constante et il reste à dire que la somme de deux fonctions continues en x_0 est continue en x_0 pour conclure.

✎ Montrons que si f est continue en 0 alors f est continue sur $\mathbb{R}$

Calcul de $f(x)$ pour tout $x \in \mathbb{R}$: on a $\forall\lambda \in \mathbb{Q}$, $f(\lambda) = \lambda f(1)$. On utilise ensuite le fait que tout réel est une limite de nombres rationnels et aussi la caractérisation séquentielle des limites. Prenons un réel x_0. Il existe une suite de rationnels, que l'on note $(\lambda_n)_{n\in\mathbb{N}}$ telle que $\lim\limits_{n\to+\infty} \lambda_n = x_0$. On écrit par ailleurs $f(\lambda_n) = \lambda_n f(1)$, car λ_n est rationnel.

✎ Partons maintenant de la propriété démontrée à la question précédente appliquée à $x = 1$.

Puis on fait tendre n vers $+\infty$: $\lim\limits_{n\to+\infty} f(\lambda_n) = f\left(\lim\limits_{n\to+\infty} \lambda_n\right)$, en utilisant le fait que f est continue en x_0.

On obtient : $\lim\limits_{n\to+\infty} f(\lambda_n) = f(x_0) = \lim\limits_{n\to+\infty} \lambda_n f(1) = x_0 f(1)$.

Enfin, rien ne nous permet de préciser $f(1)$.

Les solutions sont les fonctions du type $x \mapsto ax$, où $a \in \mathbb{R}$.

Réciproquement, on vérifie que les fonctions du type $x \mapsto ax$, où $a \in \mathbb{R}$, vérifient bien toutes les conditions de l'énoncé.

✎ Ne pas oublier la réciproque !

3. On suppose seulement que f est bornée sur un voisinage de 0. L'idée est de montrer que f est continue en 0 ce qui permettra de se ramener à la question précédente. Par hypothèse, $\exists\, \alpha > 0, \exists\, M > 0, \forall\, x \in]-\alpha, \alpha[$, $|f(x)| < M$.

On sait que les résultats de la première question restent valables ici. Soit $\varepsilon > 0$ fixé. Faisons deux cas.

▸ Premier cas : $\epsilon \geq M$.

En prenant $\eta = \alpha$, pour tout $x \in]-\eta, \eta[$, on a : $|f(x)| = |f(x) - f(0)| < \varepsilon$.

▸ Deuxième cas : $\varepsilon < M$.

Il existe un entier n non nul tel que : $\frac{1}{n}M < \varepsilon$.

On peut écrire pour tout $t \in \mathbb{R}$: $f\left(\frac{1}{n}t\right) = \frac{1}{n}f(t)$.

Par ailleurs, en posant $t' = \frac{1}{n}t$: $t \in]-\alpha, \alpha[\Leftrightarrow t' \in \left]-\frac{\alpha}{n}, \frac{\alpha}{n}\right[$.

Donc, on a la majoration : $|f(t')| = \frac{1}{n}|f(t)| < \frac{1}{n}M < \varepsilon$.

Ainsi, si l'on pose $\eta = \frac{1}{n}\alpha$, pour tout $x \in]-\eta, \eta[$ alors $nx \in]-\alpha, \alpha[$.

Corrigé

Et : $|f(nx)| < M \Rightarrow |f(x)| < \dfrac{1}{n}M < \varepsilon$.
Puis, il reste à introduire $f(0) = 0$. On a : $|f(x)| = |f(x) - f(0)| < \varepsilon$.
On a donc prouvé : $\forall \varepsilon > 0$, $\exists \eta > 0$, $\forall x \in]-\eta, \eta[$, $|f(x) - f(0)| < \varepsilon$.
Et en conclusion, f est continue en 0. Les solutions sont encore les fonctions du type $x \mapsto a\,x$, où $a \in \mathbb{R}$.

Exercice 7.35

On remarque que s'il n'y a pas de « cassure » dans la définition de la fonction, on applique souvent que les opérations algébriques de transport de continuité. Sinon, il faut en plus faire un traitement spécial au niveau de cette « cassure ». Souvent en passant en polaires.

▸ Le numérateur de $f(x, y, z)$ est défini si, et seulement si, $(x, y, z) \neq (0, 0, 0)$. Le dénominateur de $f(x, y, z)$ est défini si, et seulement si, $x \neq -y$. Le domaine de définition de f est donc $\mathbb{R}^3 \setminus \{(x, -x, z), (x, z) \in \mathbb{R}^2\}$. Sur ce domaine, f est continue comme rapport (et composée) de fonctions continues.

▸ Passons à g. On remarque que les quantités dans les radicaux sont positives et g est donc définie sur $\mathbb{R}^2$. Il n'y a aucun souci de continuité en dehors du cercle $\mathcal{C}(\vec{0}, 1)$. Sur ce cercle, un point (x_0, y_0) est paramétré en coordonnées polaires par $(\cos\theta_0, \sin\theta_0)$. Posons $x = \rho\cos\theta$ et $y = \rho\sin\theta$. Étudions la limite de $g(x, y)$ quand (x, y) tend vers $(x_0, y_0) \in \mathcal{C}(\vec{0}, 1)$. On fait tendre ρ vers 1 et θ vers θ_0.
Si $\rho < 1$, $g(x, y) = \sqrt{1 - \rho^2}$. Si $\rho \geq 1$, $g(x, y) = \sqrt{\rho^2 - 1}$.
On a : $\displaystyle\lim_{\rho \to 1, \theta \to \theta_0} g(x, y) = 0 = g(x_0, y_0)$.
La continuité en tout point de $\mathcal{C}(\vec{0}, 1)$ est donc établie.
Par ailleurs, il n'y a aucun souci sur $\mathbb{R}^2 \setminus \{\mathcal{C}(\vec{0}, 1)\}$.

Exercice 7.36

Il n'y a aucun souci en dehors des points de la forme $(x, 0)$ et $(0, t)$. En effet, f est continue en dehors de ces points.

▸ Étude en $(x_0, 0)$ avec $x_0 \neq 0$. On sait que $\sin u \sim_0 u$. Donc si x tend vers x_0 et t vers 0, $\sin(xt) \sim xt$. La quantité $f(x, t)$ tend vers $(1 - e^{-x_0})/x_0$.
▸ Étude en $(0, 0)$. On reprend le cheminement précédent en utilisant l'égalité $e^u = 1 + u + o(u)$ au voisinage de 0. La quantité $f(x, t)$ tend vers 1.
▸ Étude en $(0, t_0)$ avec $t_0 \neq 0$. On retrouve 1 pour limite.

Exercice 7.37

1. En posant $x = r\,\cos\theta$ et $y = r\,\sin\theta$, avec $r > 0$:
$$\big|g(x, y)\big| = \left|\frac{r^3\cos^3\theta - r^3\sin^3\theta}{r^2}\right| \leqslant 2r.$$
$r = \|(x, y)\|_2$, donc $\displaystyle\lim_{(x,y)\to(0,0)} 2r = 0$ et $\displaystyle\lim_{(x,y)\to(0,0)} g(x, y) = 0$.
g est prolongeable par continuité en $(0, 0)$ en posant $\overline{g}(0, 0) = 0$.

2. En posant $x = r\,\cos\theta$ et $y = r\,\sin\theta$, avec $r > 0$:
$\big|f(x, y)\big| = \left|\dfrac{r^4\cos^4\theta + r^2\sin^2\theta}{r^2\cos\theta\sin\theta}\right| = \left|\dfrac{r^2\cos^4\theta + \sin^2\theta}{\cos\theta\sin\theta}\right|$ ne se majore pas clairement par une fonction de r tendant vers 0 quand r tend vers 0.

Il faut envisager que f puisse ne pas admettre de limite en $(0, 0)$.

Pour $\alpha \neq 0$, posons $y = \alpha\,x$ (on se déplace sur une droite passant par l'origine), $f(x, \alpha\,x) = \dfrac{x^2 + \alpha^2}{\alpha} \underset{x \to 0}{\longrightarrow} \alpha$. f n'admet pas de limite en $(0, 0)$ donc n'est pas prolongeable par continuité en $(0, 0)$.

Exercice 7.38

$1 + t^2 + x^2$ ne s'annulant pas sur $\mathbb{R}^2$, $g : (x, t) \mapsto \dfrac{t^n e^{tx}}{1 + t^2 + x^2}$ est continue sur $\mathbb{R}^2$ puisqu'elle est construite par composition, produit et quotient à partir des applications projections $(x, t) \mapsto x$ et $(x, t) \mapsto t$ qui sont continues sur $\mathbb{R}^2$.

Exercice 7.39

ln est continue sur $\mathbb{R}_+^*$, donc $(x,y) \mapsto \ln y$ est continue sur $\mathbb{R} \times \mathbb{R}_+^*$ comme composée de fonctions continues. Par produit et par une nouvelle composition, $h : (x,y) \mapsto y^x = e^{x \ln y}$ est continue sur $\mathbb{R} \times \mathbb{R}_+^*$.

Exercice 7.40

Puisque x^2+y^2 ne s'annule que pour $(x,y)=(0,0)$,

$$j : (x,y) \mapsto (x^2+y^2)\sin\left(\frac{1}{x^2+y^2}\right)$$

est continue sur $\mathbb{R}^2 \setminus \{(0,0)\}$ d'après les théorèmes généraux.

En passant en polaires : $j(x,y) = r^2 \sin \frac{1}{r^2}$. Comme le produit d'une fonction bornée $\left(\sin \frac{1}{r^2}\right)$ par une fonction tendant vers 0 (r^2) est une fonction tendant vers 0, $\lim\limits_{r\to 0} r^2 \sin \dfrac{1}{r^2} = 0$, donc $\lim\limits_{(x,y)\to(0,0)} j(x,y) = 0 = j(0,0)$.

j est continue en $(0,0)$, donc sur $\mathbb{R}^2$ tout entier.

Exercice 7.41

1. $|d_1(x,y) - d_1(x',y')| = |x-x'| \leq \max(|x-x'|, |y-y'|) = \|(x,y)-(x',y')\|_\infty$. On en déduit que d_1 est lipschitzienne de rapport 1. Le lecteur fera la même chose pour d_2. Ainsi, d_1 et d_2 sont continues (ce que l'on savait car d_1 et d_2 sont linéaires et $\mathbb{R}$, $\mathbb{R}^2$ sont de dimensions finies).

La seule difficulté de l'exercice est de ne pas se mélanger dans les normes choisies.

2. Comme d_1 et d_2 sont lipschitziennes, elles sont continues sur $\mathbb{R}^2$. f est continue comme produit de fonctions continues.

3. I est une partie ouverte car $I = \{(x,y), f(x,y) - 1 > 0\}$ et la fonction $(x,y) \mapsto f(x,y) - 1$ est continue car somme de deux fonctions continues.

Allez voir la **méthode 7.15**.

Exercice 7.42

► Cas $(\vec{x},\vec{y}) \in \left[\mathcal{B}_o(\vec{0},1)\right]^2$. Donc $f(\vec{x}) = \vec{x}$ et $f(\vec{y}) = \vec{y}$.

Ainsi : $\|f(\vec{x}) - f(\vec{y})\| = \|\vec{x}-\vec{y}\| \leqslant 2\|\vec{x}-\vec{y}\|$.

► Cas $\vec{x} \in \mathcal{B}_o(\vec{0},1)$ et $\vec{y} \notin \mathcal{B}_o(\vec{0},1)$. Donc $f(\vec{x}) = \vec{x}$ et $f(\vec{y}) = \frac{1}{\|\vec{y}\|}\vec{y}$.

Alors : $\|f(\vec{x}) - f(\vec{y})\| = \left\|\vec{x} - \frac{1}{\|\vec{y}\|}\vec{y}\right\| = \left\|\vec{x} - \vec{y} + \vec{y} - \frac{1}{\|\vec{y}\|}\vec{y}\right\|$.

On utilise l'inégalité triangulaire.

Donc : $\|f(\vec{x}) - f(\vec{y})\| \leqslant \|\vec{x}-\vec{y}\| + \left\|\vec{y} - \frac{1}{\|\vec{y}\|}\vec{y}\right\|$.

Puis : $\left\|\vec{y} - \frac{1}{\|\vec{y}\|}\vec{y}\right\| = \left\|\left(\dfrac{\|\vec{y}\|-1}{\|\vec{y}\|}\right)\vec{y}\right\| = |\|\vec{y}\|-1| = \|\vec{y}\| - 1$ (car $\|\vec{y}\| \geqslant 1$.)

*On utilise ici la seconde inégalité triangulaire. Voir l'***exercice 7.1**.

Enfin, $\|\vec{y}\| - 1 \leq \|\vec{y}\| - \|\vec{x}\| = |\|\vec{y}\| - \|\vec{x}\|| \leq \|\vec{y} - \vec{x}\|$.

En regroupant, on a le résultat.

► Cas $\vec{x} \notin \mathcal{B}_o(\vec{0},1)$ et $\vec{y} \notin \mathcal{B}_o(\vec{0},1)$.

Ici : $\|f(\vec{x}) - f(\vec{y})\| = \left\|\frac{1}{\|\vec{x}\|}\vec{x} - \frac{1}{\|\vec{y}\|}\vec{y}\right\| = \dfrac{\|\|\vec{y}\|\vec{x} - \|\vec{x}\|\vec{y}\|}{\|\vec{x}\|\|\vec{y}\|}$.

Par ailleurs : $\|\vec{y}\|\vec{x} - \|\vec{x}\|\vec{y} = \|\vec{y}\|(\vec{x}-\vec{y}) + \|\vec{y}\|\vec{y} - \|\vec{x}\|\vec{y} = \|\vec{y}\|(\vec{x}-\vec{y}) + (\|\vec{y}\| - \|\vec{x}\|)\vec{y}$.

Ainsi : $\|\|\vec{y}\|\vec{x} - \|\vec{x}\|\vec{y}\| \leqslant \|\vec{y}\|\|\vec{x}-\vec{y}\| + \|\vec{y}\| \times |\|\vec{y}\| - \|\vec{x}\|| \leqslant 2\|\vec{y}\|\|\vec{x}-\vec{y}\|$.

D'où : $\|f(\vec{x}) - f(\vec{y})\| \leqslant 2\dfrac{\|\vec{x}-\vec{y}\|}{\|\vec{x}\|} \leqslant 2\|\vec{x}-\vec{y}\|$.

Car $\|\vec{x}\| \geqslant 1$.

Exercice 7.43

$\{(\vec{x}, f(\vec{x})), \vec{x} \in E\}$ parcourt Γ par définition donc ϕ est surjective.

Puis : $((\vec{x}, f(\vec{x})) = (\vec{x}', f(\vec{x}')) \Leftrightarrow [\vec{x} = \vec{x}' \text{ et } f(\vec{x}) = f(\vec{x}')]$.

Donc : $\vec{x} = \vec{x}'$! Et ϕ est injective donc bijective.

Comme $\vec{x} \mapsto \vec{x}$ et $\vec{x} \mapsto f(\vec{x})$ sont continues, il en est de même de ϕ.

Enfin, $\phi^{-1} : (\vec{x}, f(\vec{x})) \mapsto \vec{x}$ est continue car restriction à Γ de $(\vec{x},\vec{y}) \mapsto \vec{x}$.

ϕ est bijective si et seulement si elle est à la fois surjective et injective.

exercice 7.50.

Exercice 7.44

Soit $(X,Y) \in \mathbb{R}^2$. Rapidement, $\exists!\,(x,y,z) \in S, \phi(x,y,z) = (X,Y)$.

On trouve : $x = \dfrac{2X}{X^2+Y^2+1}, y = \dfrac{2Y}{X^2+Y^2+1}, z = \dfrac{X^2+Y^2-1}{X^2+Y^2+1}$.

On rappelle que l'on peut se placer dans $\mathbb{R}^2$ muni de $\max(|x|,|y|)$ pour montrer que ϕ est continue si, et seulement si, ses fonctions coordonnées le sont.

Les deux fonctions coordonnées $(x,y,z) \mapsto \dfrac{x}{1-z}$ et $(x,y,z) \mapsto \dfrac{y}{1-z}$ sont continues sur $S \setminus \{A\}$. Donc ϕ est continue.

$\phi^{-1} : \mathbb{R}^2 \to S \setminus \{A\}, (X,Y) \mapsto \left(\dfrac{2X}{X^2+Y^2+1}, \dfrac{2Y}{X^2+Y^2+1}, \dfrac{X^2+Y^2-1}{X^2+Y^2+1}\right)$

est continue car encore une fois les trois fonctions coordonnées le sont.

Exercice 7.45

f est prolongeable par continuité en 0 et $\overline{f}(0) = \left(1, 2, \frac{1}{2}\right)$.

$\sin x \underset{0}{\sim} x \Rightarrow \lim\limits_{x\to 0} \dfrac{\sin x}{x} = 1, \ln(1+2x) \underset{0}{\sim} 2x \Rightarrow \lim\limits_{x\to 0} \dfrac{\ln(1+2x)}{x} = 2.$

$1 - \cos x \underset{0}{\sim} \dfrac{x^2}{2} \Rightarrow \lim\limits_{x\to 0} \dfrac{1-\cos x}{x^2} = \dfrac{1}{2}$. Et : $\lim\limits_{x\to 0} f(x) = \left(1, 2, \dfrac{1}{2}\right)$.

Exercice 7.46

On note θ_1, θ_2 et θ_3 les applications projections $(x,y,z) \mapsto x$, $(x,y,z) \mapsto y$ et $(x,y,z) \mapsto z$. Elles sont continues sur $\mathbb{R}^3$.

Une projection vectorielle est continue car elle est linéaire.

Si $f_1 : (x,y,z) \mapsto x^2 + y^2$, $f_1 = \theta_1^2 + \theta_2^2$ est continue sur $\mathbb{R}^3$, d'après les théorèmes généraux (produit et somme).

Si $f_2 : (x,y,z) \mapsto \sin(xy)$, $f_2 = \sin \circ (\theta_1\theta_2)$ est continue sur $\mathbb{R}^3$, d'après les théorèmes généraux (produit et composition).

Si $f_3 : (x,y,z) \mapsto z - 2x$, $f_3 = \theta_3 - 2\theta_1$ est continue sur $\mathbb{R}^3$, d'après les théorèmes généraux (combinaison linéaire).

f_1, f_2 et f_3 sont les trois applications composantes.

On peut aussi invoquer, pour f_1 et f_3, le fait qu'il s'agit de polynômes des trois variables x, y et z, donc que ces applications sont continues sur $\mathbb{R}^3$.

Exercice 7.47

Puisque $x^2+y^2 \geqslant 0$ pour tout couple (x,y) de réels, $(x,y) \mapsto \sqrt{x^2+y^2}$ est continue sur $\mathbb{R}^2$ d'après les théorèmes généraux.

$$\begin{aligned} x + \sqrt{x^2+y^2} = 0 &\Leftrightarrow \sqrt{x^2+y^2} = -x \\ &\Leftrightarrow x^2+y^2 = x^2 \text{ et } -x \geqslant 0 \\ &\Leftrightarrow x \leqslant 0 \text{ et } y = 0 \end{aligned}$$

Encore un peu de rigueur !

$(x,y) \mapsto 2\arctan\left(\dfrac{y}{x+\sqrt{x^2+y^2}}\right)$ est donc continue sur $\mathbb{R}^2 \setminus (\mathbb{R}^- \times \{0\})$ d'après les théorèmes généraux. f est continue sur $\mathbb{R}^2 \setminus (\mathbb{R}^- \times \{0\})$.

Exercice 7.48

1. Soit $A = (a_{i,j}) \in \mathcal{M}_2(\mathbb{R})$, $\|A\|_\infty = 0 \Leftrightarrow \sup|a_{i,j}| = 0 \Leftrightarrow A = O$.

On a rapidement : $\forall \lambda \in \mathbb{R}, \|\lambda A\|_\infty = \lambda \|A\|_\infty$.

Enfin, si $A = (a_{i,j}) \in \mathcal{M}_2(\mathbb{R})$ et $B = (b_{i,j}) \in \mathcal{M}_2(\mathbb{R})$ alors :

$\forall (i,j), |a_{i,j} + b_{i,j}| \leqslant |a_{i,j}| + |b_{i,j}| \leqslant \|A\|_\infty + \|B\|_\infty$.

Donc : $\|A+B\|_\infty \leqslant \|A\|_\infty + \|B\|_\infty$.

On remarque que l'inégalité triangulaire dans $\mathbb{R}$ apparaît souvent pour démontrer celle de $\|.\|$.

2. $M_1 : t \mapsto 2e^{-t}, M_2 : t \mapsto (t-1)^2, M_3 : t \mapsto 1, M_4 : t \mapsto 0$ sont continues sur $\mathbb{R}_+$.

3. Pour tout $t \in \mathbb{R}_+$, $\phi(t) = \|M(t)\|_\infty = \max(2e^{-t}, (1-t)^2, 1)$.

Une étude rapide donne :

$$\phi(t) = \begin{cases} 2e^{-t} & \text{si} \quad t \in [0, \ln 2] \\ 1 & \text{si} \quad t \in [\ln 2, 2] \\ (t-1)^2 & \text{si} \quad t \in [2, +\infty[\end{cases}.$$

On vérifie la continuité de ϕ en $t = 0$, $t = \ln 2$ et $t = 1$. Aucun souci ailleurs.

Pour la continuité, si l'on démontre que $\|.\|_\infty$ est continue, on peut appliquer le fait que la composée de deux fonctions continues l'est.

Exercice 7.49

1. On définit pour tout $z \in \mathbb{C}$, $\sin z = \dfrac{\exp(iz) - \exp(-iz)}{2i}$ et pour tout $z = x + iy$ avec $(x, y) \in \mathbb{R}^2$, $f(x, y) = |\sin(z)|^2$.

La fonction définie par : $f : (x, y) \mapsto \left|\dfrac{\exp(i(x+iy)) - \exp(-i(x+iy))}{2i}\right|^2$ est continue sur $\mathbb{R}^2$ (comme composée de fonctions continues) puis on remarque que :

On commence par l'existence des extremums.

$$D = \{(x, y) \in \mathbb{R}^2,\ x^2 + y^2 \leqslant 1\}$$

est fermé borné. Pour le voir, il suffit de remarquer que D est la boule unité pour $\|(x, y)\|_2 = \sqrt{x^2 + y^2}$. Or, toutes les normes sont équivalentes dans $\mathbb{R}^2$ qui est de dimension finie, d'après le cours. Donc f est continue sur un fermé borné non vide. Par le cours, f est bornée sur D et atteint ses bornes.

On remarque que f est à valeurs positives et est donc minoré par 0.

On passe au calcul du minimum.

Puis : $(0, 0) \in D$ et $f(0, 0) = \left|\dfrac{\exp(i(0 + i \times 0)) - \exp(-i(0 + i \times 0))}{2i}\right|^2 = 0.$

Conclusion : f atteint ses bornes sur D et son minimum est en $(0, 0)$.

2. $\forall (x, y) \in \mathbb{R}^2, f(x, y) = \left|\dfrac{\exp(i(x+iy)) - \exp(-i(x+iy))}{2i}\right|^2.$

C'est-à-dire : $f(x, y) = \left|\dfrac{\exp(ix - y) - \exp(-ix + y)}{2i}\right|^2.$

Comme on a un module au carré $|z|^2$, on peut l'écrire $z\overline{z}$ ce qui donne ici :

$$f(x, y) = \left(\frac{\exp(ix - y) - \exp(-ix + y)}{2i}\right)\left(\frac{-\exp(-ix - y) + \exp(ix + y)}{2i}\right)$$

et on développe courageusement. On obtient (sans difficulté) :

$$f(x, y) = \frac{-1}{4}\left(e^{2ix} - e^{-2y} - e^{2y} + e^{-2ix}\right)$$

et en utilisant une formule d'Euler et la définition du cosinus hyperbolique,

$$f(x, y) = \frac{-1}{4}\left(2\cos(2x) - 2\text{ch}(2y)\right)$$

et en arrangeant, on a bien : $\forall (x, y) \in \mathbb{R}^2$, $f(x, y) = \dfrac{\text{ch}(2y) - \cos(2x)}{2}$.

Exercice 7.50

1. Soit $(\vec{x}_n) \in S^{\mathbb{N}}$ telle que $\lim \vec{x}_n = \vec{l}$. Donc $\|l\| = 1$ car l'application norme est continue. Ainsi S est fermée. De plus $S \subset \mathcal{B}_f(\vec{0}, 1)$ et donc S est bornée.

2. u, application linéaire entre deux espaces vectoriels de dimensions finies, est continue donc la composée de u et de $\|\,.\,\|$ l'est aussi.

*On peut aussi reconnaître la frontière de $\mathcal{B}_o(\vec{0}, 1)$ et appliquer l'***exercice 7.24**.

Corrigé

Cette fonction est bornée sur $S = \{x \in E / \|x\| = 1\}$.
De plus, elle atteint ses bornes sur ce fermé-borné :
$$\exists\, x_0 \in S \text{ tel que : } \|u(x_0)\| = \sup_{\|x\|=1} \{\|u(x)\|\}.$$

Exercice 7.51

*On peut invoquer le fait que ces parties de $M_n(\mathbb{R})$, espace vectoriel de dimension finie, sont des sous-espaces vectoriels et utiliser alors le résultat de l'***exercice 7.23** *qu'il faut donc savoir redémontrer à la demande ! On peut utiliser aussi un argument de continuité. C'est ce que l'on développe ici, histoire de vous rendre le plus efficient possible !*

1. Soit $(M_p)_{p\in\mathbb{N}}$ une suite quelconque de matrices de $\mathcal{S}_n(\mathbb{R})$, convergente vers la matrice L. Si l'on montre que L est une matrice de $\mathcal{S}_n(\mathbb{R})$, alors $\mathcal{S}_n(\mathbb{R})$ est une partie fermée de $\mathcal{M}_n(\mathbb{R})$, en utilisant la caractérisation séquentielle des fermés. Comme $\mathcal{M}_n(\mathbb{R})$ est de dimension finie, toutes les applications linéaires de $\mathcal{M}_n(R)$ sont continues. Donc si t est l'application qui à M associe sa transposée M^T, l'application $t - Id_{M_n(\mathbb{R})}$ est linéaire et est donc continue.
On écrit : $\lim\limits_{p\to+\infty} \left(t - Id_{\mathcal{M}_n(\mathbb{R})}\right)(M_p) = \left(t - Id_{M_n(\mathbb{R})}\right)\left(\lim\limits_{p\to+\infty} M_p\right)$.
Comme $\left(t - Id_{M_n(\mathbb{R})}\right)(M_p) = 0$ car $M_p \in \mathcal{S}_n(\mathbb{R})$, on a :
$$\lim_{p\to+\infty} \left(t - Id_{\mathcal{M}_n(\mathbb{R})}\right)(M_p) = 0.$$
Par conséquent, $\left(t - Id_{\mathcal{M}_n(\mathbb{R})}\right)\left(\lim\limits_{p\to+\infty} M_p\right) = \left(t - Id_{\mathcal{M}_n(\mathbb{R})}\right)(L) = 0$ et L est donc bien un élément de $\mathcal{S}_n(\mathbb{R})$.
On peut montrer de la même façon que $\mathcal{A}_n(\mathbb{R})$ est une partie fermée de $\mathcal{M}_n(\mathbb{R})$, en considérant l'application linéaire continue $t + Id_{\mathcal{M}_n(\mathbb{R})}$.
2. Montrons que pour tout $p \in \mathbb{N}$, $A^{2p} \in \mathcal{S}_n(\mathbb{R})$. En effet,
$$(A^{2p})^T = (A^T)^{2p} = (-A)^{2p} = A^{2p}.$$
Montrons que pour tout $p \in \mathbb{N}$, $A^{2p+1} \in \mathcal{A}_n(\mathbb{R})$. En effet,
$$(A^{2p+1})^T = (A^T)^{2p+1} = (-A)^{2p+1} = -A^{2p+1}.$$
Puis : $\exists\, B \in \mathcal{M}_n(\mathbb{R}), B = \lim\limits_{p\to+\infty} A^p = \lim\limits_{p\to+\infty} A^{2p} = \lim\limits_{p\to+\infty} A^{2p+1}$.

$\mathcal{S}_n(\mathbb{R})$ et $\mathcal{A}_n(\mathbb{R})$ sont fermées.

En effet, la suite (A^p) étant convergente, les suites extraites (A^{2p}) et (A^{2p+1}) le sont aussi et ont la même limite que (A^p). La limite d'une suite convergente de matrices de $\mathcal{S}_n(\mathbb{R})$ est une matrice de $\mathcal{S}_n(\mathbb{R})$.
$$B^T = B = -B \Rightarrow B = 0.$$
La limite de la suite $(A^p)_{p\in N}$ est nécessairement la matrice nulle.

Exercice 7.52

1. Posons : $Z = 3X^3 - X^2 - X - 1$. Ce polynôme est annulateur de A.
On remarque que 1 est racine évidente de Z. Écrivons :
$$Z = (X-1)(3X^2 + aX + b) = 3X^3 - X^2 - X - 1.$$

Comme A est annulé par un polynôme scindé à racines simples dans $\mathbb{C}$, A est diagonalisable dans $\mathcal{M}_n(\mathbb{C})$.

Une identification classique donne : $a = 2$ et $b = 1$.
Le polynôme $3X^2 + 2X + 1$ a deux racines complexes $\dfrac{-1 \pm i\sqrt{2}}{3}$.
Posons : $z = \dfrac{-1 + i\sqrt{2}}{3}$ et $\overline{z} = \dfrac{-1 - i\sqrt{2}}{3}$.

2. Montrons que la suite $(A^k)_{k\geqslant 0}$ converge vers la matrice d'un projecteur. On sait, d'après la question précédente, qu'il existe une matrice P, inversible de $\mathcal{M}_n(\mathbb{C})$, telle que : $A = P^{-1}DP$, où $D = \mathrm{diag}(1, ..., 1, z, ..., z, \overline{z}, ..., \overline{z})$. Sur sa diagonale principale, D possède $m(1)$ coefficients 1, où $m(1)$ est l'ordre de multiplicité de la valeur propre 1, $m(z)$ coefficients z, où $m(z)$ est l'ordre de multiplicité de la valeur propre z et $m(z)$ coefficients $\overline{z}$ (car z et $\overline{z}$ ont le même ordre de multiplicité puisque A est une matrice réelle).

Toutes les normes sont équivalentes dans $M_n(\mathbb{C})$. On peut donc utiliser par exemple la norme $\|(m_{i,j})\| = \max\limits_{(i,j)} |m_{ij}|$.

Pour tout $k \in N$, $D^k = \mathrm{diag}(1, ..., 1, z^k, ..., z^k, \overline{z}^k, ..., \overline{z}^k)$.

Comme : $|z| = \dfrac{1}{\sqrt{3}} < 1$, on en déduit que les quantités z^k et $\overline{z}^k$ tendent vers 0 quand k tend vers $+\infty$. La matrice D^k tend donc vers la matrice $J_{m(1)}$, c'est-à-dire la matrice diagonale carrée d'ordre n, ayant des 1 comme $m(1)$ premiers coefficients sur la diagonale principale et des 0 partout ailleurs. Comme :

$$\forall k \in \mathbb{N},\ A^k = P^{-1}D^kP,$$

et comme l'application : $M \mapsto P^{-1}MP$ est continue dans $M_n(\mathbb{C})$, on en déduit que la suite (A^k) a une limite. Cette limite est : $P^{-1}J_{m(1)}P = L$.

Montrons maintenant que L est la matrice d'un projecteur. On écrit :

Comment justifier la continuité de $\phi : M \mapsto P^{-1}MP$? Pas besoin de revenir aux normes, il suffit de dire que ϕ est linéaire et que l'espace de départ, ici, $M_n(\mathbb{C})$, est un espace vectoriel de dimension finie. On sait alors que ϕ est continue.

$$L^2 = P^{-1}J_{m(1)}PP^{-1}J_{m(1)}P = P^{-1}(J_{m(1)})^2P = P^{-1}J_{m(1)}P = L$$

car : $(J_{m(1)})^2 = J_{m(1)}$. On a bien : $L^2 = L$.

On peut aussi partir du fait que (A^k) a une limite L.

La suite extraite (A^{2k}) a pour limite L, à son tour. Comme : $A^{2k} = (A^k)^2$, en passant à la limite, on retrouve bien : $L = L^2$.

3. On a : $L_1 = \dfrac{(X-a_2)(X-a_3)}{(a_1-a_2)(a_1-a_3)}$, $L_2 = \dfrac{(X-a_1)(X-a_3)}{(a_2-a_1)(a_2-a_3)}$

Puis : $L_3 = \dfrac{(X-a_1)(X-a_2)}{(a_3-a_1)(a_3-a_2)}$.

Puis, on a la relation : $P = b_1L_1 + b_2L_2 + b_3L_3$.

Par exemple, pour construire L_1, on dit que a_2 et a_3 sont racines, il est de la forme $\alpha(X-a_2)(X-a_3)$ et il reste $L_1(a_1) = 1$.

4. Exprimons la limite en fonction de A. Posons k un entier fixé non nul. L'idée de base est de remarquer que $A^k = R_k(A)$, où R_k est le reste de la division euclidienne de X^k par $Z = 3X^3 - X^2 - X - 1$, ce dernier polynôme étant un polynôme annulateur de A. En effet, d'après le cours sur la division euclidienne des polynômes, il existe un polynôme Q de $\mathbb{R}[X]$ et un polynôme R_k, de degré 2 au plus tel que : $X^k = ZQ + R_k$. Comme Z est un polynôme annulateur de A, $Z(A) = 0$ et donc : $A^k = R_k(A)$.

Il reste à déterminer R_k, de façon explicite.

On sait que $1, z$ et $\overline{z}$ sont les racines de Z.

Ainsi : $1 = R_k(1)$, $z^k = R_k(z)$ et $\overline{z}^k = R_k(\overline{z})$.

On utilise les polynômes définis à la question précédente avec 1, z et $\overline{z}$ dans le rôle de a_1, a_2 et a_3.

On écrit : $L_1 = \dfrac{(X-z)(X-\overline{z})}{(1-z)(1-\overline{z})}$, $L_z = \dfrac{(X-1)(X-\overline{z})}{(z-1)(z-\overline{z})}$, $L_{\overline{z}} = \dfrac{(X-1)(X-z)}{(\overline{z}-1)(\overline{z}-z)}$.

Le polynôme R_k qui vérifie $1 = R_k(1)$, $z^k = R_k(z)$ et $\overline{z}^k = R_k(\overline{z})$ s'écrit alors (toujours à l'aide de la question 2)) : $R_k = L_1 + z^kL_z + \overline{z}^kL_{\overline{z}}$.

Il reste à remplacer X par A et on obtient une sympathique égalité.

Cette égalité est : $A^k = L_1(A) + z^kL_z(A) + \overline{z}^kL_{\overline{z}}(A)$.

Corrigé

$$A^k = \frac{(A - zI_n)(A - \overline{z}I_n)}{(1-z)(1-\overline{z})} + z^k \frac{(A - I_n)(A - \overline{z}I_n)}{(z-1)(z-\overline{z})} + \overline{z}^k \frac{(A - I_n)(A - zI_n)}{(\overline{z}-1)(\overline{z}-z)}.$$

Nous avons de la chance car on sait que : $|z| = |\overline{z}| < 1$.
On se rappelle qu'en faisant tendre k vers l'infini, les suites z^k et $\overline{z}^k$ tendent vers 0, et donc la suite (A^k) converge vers : $L = \dfrac{(A - zI_n)(A - \overline{z}I_n)}{(1-z)(1-\overline{z})}$.
On peut laisser comme cela mais cela s'arrange encore.
En effet, z et $\overline{z}$ sont les racines de $3X^2 + 2X + 1$. On a donc, en développant :

$$(A - zI_n)(A - \overline{z}I_n) = A^2 + \frac{2}{3}A + \frac{1}{3}I_n.$$

Comme de plus, $(1-z)(1-\overline{z})$ est la valeur du polynôme $X^2 + \dfrac{2}{3}X + \dfrac{1}{3}$ en 1, c'est-à-dire 2, on peut conclure.
(A^k) converge vers $\dfrac{1}{2}\left(A^2 + \dfrac{2}{3}A + \dfrac{1}{3}I_n\right) = \dfrac{1}{2}A^2 + \dfrac{1}{3}A + \dfrac{1}{6}I_n$.

Exercice 7.53

Réviser en passant les relations d'équivalence, vues en première année.

1. $M \in \mathcal{S}_{\mathbb{K}}(A) \Leftrightarrow \exists\, P \in \mathrm{GL}_2(\mathbb{K}), M = PAP^{-1}$. $\forall x \in \mathbb{K}, \mathcal{S}_{\mathbb{K}}(xI_2) = \{xI_2\}$.

2.

a. Pour tout $\lambda \in \mathbb{K}$, $\mathsf{Det}\,(E_\lambda) = \mathsf{Det}\,(F_\lambda) = 1 \neq 0$. On est rassuré !
Un calcul rapide donne : $E_\lambda^{-1} = \begin{pmatrix} 1 & -\lambda \\ 0 & 1 \end{pmatrix}$ et $F_\lambda^{-1} = \begin{pmatrix} 1 & 0 \\ -\lambda & 1 \end{pmatrix}$.

Cette matrice E_λ ne vous rappelle rien ?

Puis, un autre calcul donne : $E_\lambda A E_\lambda^{-1} = \begin{pmatrix} a + \lambda c & -c\lambda^2 + (d-a)\lambda + b \\ c & d - \lambda c \end{pmatrix}$,
Et après un dernier (pour l'instant) calcul :

$$F_\lambda A F_\lambda^{-1} = \begin{pmatrix} a - \lambda b & b \\ -b\lambda^2 + (a-d)\lambda + c & \lambda b + d \end{pmatrix}.$$

b. A est semblable à elle même et donc $A \in \mathcal{S}_{\mathbb{K}}(A)$. Donc $\mathcal{S}_{\mathbb{K}}(A) = \{A\}$.
De plus, $E_\lambda A E_\lambda^{-1}$ et son compère $F_\lambda A F_\lambda^{-1}$ appartiennent à $\mathcal{S}_{\mathbb{K}}(A)$.
Ainsi, ici : $E_\lambda A E_\lambda^{-1} = F_\lambda A F_\lambda^{-1} = A \Rightarrow b = c = 0, a = d \Rightarrow A = aI_2$.

On applique la dernière piste de la **méthode 7.1**.

3. Soit $f : \mathcal{M}_2(\mathbb{K}) \to \mathbb{K}, \begin{pmatrix} a & b \\ c & d \end{pmatrix} \mapsto (a,b,c,d)$ l'isomorphisme canonique de $\mathcal{M}_2(\mathbb{K})$ sur $\mathbb{K}^4$ et la norme euclidienne sur $\mathbb{K}^4$: $N : (a,b,c,d) \mapsto (|a|^2 + |b|^2 + |c|^2 + |d|^2)^{1/2}$. Ici $\|A\|_S = N(f(A))$. Comme f est un isomorphisme, elle est injective et $\|\,.\,\|_S$ est bien une norme.
C'est typiquement un cas particulier de l'**exercice 7.9** que vous allez foncer voir !

Supposer que la classe $\mathcal{S}_{\mathbb{K}}(A)$ est bornée a un sens car $\mathcal{M}_2(\mathbb{K})$ a sa norme.

4. $\{E_\lambda A E_\lambda^{-1}, \lambda \in \mathbb{K}\}$ et $\{F_\lambda A F_\lambda^{-1}, \lambda \in \mathbb{K}\}$ de $\mathcal{M}_2(\mathbb{K})$ sont des parties de $\mathcal{S}_{\mathbb{K}}(A)$ et sont donc bornées. $\phi : \mathbb{R} \mapsto \mathcal{M}_2(\mathbb{K}), \lambda \mapsto E_\lambda A E_\lambda^{-1}$ est bornée et donc ses applications composantes aussi. Donc : $\lambda \mapsto -c\lambda^2 + (d-a)\lambda + b$ est bornée. Nécessairement : $c = 0$ et $a = d$. Par un raisonnement similaire, $\lambda \mapsto -b\lambda^2 + (a-d)\lambda + c$ est bornée et donc $b = 0$. Finalement, $A = aI_2$.

Allez voir la **méthode 7.9** *!*

5. $A \mapsto \mathrm{Tr}(A)$ est une forme linéaire sur $\mathcal{M}_2(\mathbb{K})$, de dimension finie et est donc continue et $A \mapsto \mathsf{Det}\,(A)$ est polynômiale donc continue sur $\mathcal{M}_2(\mathbb{K})$.

Voir la **méthode 7.16**.

6. Si $A = \{xI_2\}$, où $x \in \mathbb{K}$ alors $\mathcal{S}_{\mathbb{K}}(A) = \{A\}$ est un singleton et est donc un fermé dans $\mathcal{M}_2(\mathbb{K})$.

Chapitre 8
Séries numériques

L'utilisation de la somme d'une série apparaît dès l'Antiquité avec **Archimède**, pour des calculs d'aires et de volumes. Il faut attendre la deuxième moitié du XVIIe siècle pour voir se développer l'étude des séries, en particulier avec le développement du calcul différentiel et intégral. Le critère des séries alternées est déjà pressenti par **Leibniz** ; Jean **Le Rond d'Alembert** s'y intéresse aussi. C'est sans doute par ses discussions avec **Diderot** que le mot *série*, jusqu'alors utilisé avant tout en mathématiques, entre dans le langage courant. En 1821, Augustin-Louis **Cauchy** établit le premier une théorie rigoureuse. Il énonce même, cinq ans avant la naissance du mathématicien allemand, la règle de convergence des séries de **Riemann**.

Augustin-Louis Cauchy
1789-1857

■■ Objectifs

■ Les incontournables

- ▷ Savoir montrer qu'une série converge (ou diverge), en utilisant tout ce qui est possible d'utiliser, en particulier la règle de d'Alembert
- ▷ Savoir appliquer *à bon escient* le critère spécial des séries alternées
- ▷ Tirer parti de la comparaison entre série et intégrale généralisée
- ▷ Exploiter le produit de Cauchy
- ▷ Utiliser le principe de téléscopage pour montrer la convergence d'une série et trouver la valeur de sa somme.

■ Et plus si affinités...

- ▷ Connaître la formule de Stirling
- ▷ Savoir approcher ou encadrer un réel à l'aide de sommes de séries
- ▷ Étudier certaines intégrales semi-convergentes à l'aide de sommes de séries alternées
- ▷ Trouver un équivalent du reste R_n d'une série numérique.

■■ Résumé de cours

Vous pouvez commencer par réviser $K^{\mathbb{N}}$, l'ensemble des suites de $\mathbb{N}$ dans $\mathbb{K}$, dans le chapitre sur les espaces vectoriels normés de dimension finie. Un paragraphe dans la partie « Méthodes » leur est consacré.

■ Séries à termes dans $\mathbb{K}$

Définition : Série associée à une suite —. *Soit $u = (u_n)_{n\in\mathbb{N}}$ une suite de $\mathbb{K}^{\mathbb{N}}$. On pose, pour tout entier naturel n, $S_n = \sum_{k=0}^{n} u_k$. La suite $(S_n)_{n\in\mathbb{N}}$ est la **série** associée à la suite $u = (u_n)_{n\in\mathbb{N}}$.*
*Cette série est notée $\sum u_n$, pour la distinguer de la suite $u = (u_n)_{n\in\mathbb{N}}$; on dit que u_n est son **terme général**. $S_n = \sum_{k=0}^{n} u_k$ est sa **somme partielle d'indice** n.*

Remarque : Chaque suite définit une série unique et réciproquement, puisque la connaissance des sommes partielles S_n équivaut à celle des termes généraux : $S_0 = u_0$ et $u_n = S_n - S_{n-1}$ si $n \in \mathbb{N}^*$.

Définition : Série convergente —. *La série de terme général u_n, $\sum u_n$, est **convergente** si, et seulement si, la suite $(S_n)_{n\in\mathbb{N}}$ de ses sommes partielles est convergente dans $\mathbb{K}$.*
*La limite de la suite $(S_n)_{n\in\mathbb{N}}$ est alors la **somme de la série** : on la note $\sum_{n=0}^{+\infty} u_n$.*
*Si la suite des sommes partielles diverge, alors la série est dite **divergente**.*

Remarque : Ne pas confondre $\sum u_n$, qui désigne la série elle-même, et $\sum_{n=0}^{+\infty} u_n$ qui désigne la somme de cette série, c'est-à-dire la limite de la suite de ses sommes partielles. Il y a la même différence entre ces notations qu'entre $(u_n)_{n\in\mathbb{N}}$ et $\lim_{n\to+\infty} u_n$.

Proposition 8.1.— Une suite $(u_n)_{n\in\mathbb{N}}$ converge si, et seulement si, la série $\sum_{n\in\mathbb{N}}(u_{n+1}-u_n)$ converge.

Proposition 8.2.— Cas d'une série de nombres complexes —. Une série de nombres complexes $\sum z_n$ est convergente dans $\mathbb{C}$ si, et seulement si, la série $\sum \mathfrak{Re}(z_n)$ et la série $\sum \mathfrak{Im}(z_n)$ sont convergentes dans $\mathbb{R}$. Dans ce cas :

$$\sum_{n=0}^{+\infty} z_n = \sum_{n=0}^{+\infty} \mathfrak{Re}(z_n) + i \sum_{n=0}^{+\infty} \mathfrak{Im}(z_n).$$

L'ensemble des séries convergentes de $\mathbb{K}$, muni de l'addition des suites et de la multiplication des suites par un scalaire, est un $\mathbb{K}$-espace vectoriel.

Remarque : On suppose $\sum u_n$ et $\sum v_n$ des séries convergentes et $\lambda \in \mathbb{K}$. Alors :

- $\sum(u_n + v_n)$ est convergente et $\sum_{n=0}^{+\infty}(u_n + v_n) = \sum_{n=0}^{+\infty} u_n + \sum_{n=0}^{+\infty} v_n$.
- $\sum(\lambda u_n)$ est convergente et $\sum_{n=0}^{+\infty}(\lambda u_n) = \lambda \sum_{n=0}^{+\infty} u_n$.

En conséquence, si $\sum u_n$ converge et si $\sum v_n$ diverge, alors $\sum(u_n + v_n)$ diverge. (Si elle convergeait, alors $\sum v_n$, différence de deux séries convergentes, convergerait.)

Définition : Reste d'une série convergente —. *Si la série $\sum u_n$ converge et a pour somme S, $R_n = S - \sum_{k=0}^{n} u_n = S - S_n$ est le **reste d'ordre** n de $\sum u_n$. On le note $R_n = \sum_{k=n+1}^{+\infty} u_k$.*

> **Proposition 8.3.—** Si la série $\sum u_n$ converge, alors la suite (R_n) de ses restes converge vers 0.

> **Proposition 8.4.— Condition nécessaire de convergence —.** Si la série $\sum u_n$ converge, alors son terme général u_n converge vers 0.

ATTENTION, ce n'est pas une condition suffisante : une série dont le terme général tend vers 0 n'est pas nécessairement convergente. La série harmonique en est un exemple.

En revanche, par contraposition, une série dont le terme général ne tend pas vers 0 est divergente : on dit qu'elle est ***grossièrement divergente***.

Définition : Séries alternées —. *Une série réelle $\sum u_n$ est dite **alternée** si, et seulement si, pour tout entier naturel n, u_n et u_{n+1} sont de signes contraires.*

> **Proposition 8.5.— Théorème spécial des séries alternées —.** Une série alternée dont la valeur absolue du terme général décroît et tend vers 0 est convergente.
> Dans ce cas, la somme S est du signe de u_0 et elle est comprise entre deux sommes partielles consécutives quelconques.
> De plus, pour tout n, le reste d'ordre n, R_n, est du signe de u_{n+1} et $|R_n| \leqslant |u_{n+1}|$.

Formule de Stirling : équivalent de $n!$

> **Proposition 8.6.—** Quand n tend vers $+\infty$:
>
> $$\boxed{n! \sim \left(\frac{n}{\mathrm{e}}\right)^n \sqrt{2\pi n}}$$

■ Séries de nombres réels positifs

Proposition 8.7.— Convergence par majoration de la suite des sommes partielles —. Une série à termes positifs $\sum u_n$ converge si, et seulement si, la suite $(S_n)_{n\in\mathbb{N}}$ de ses sommes partielles est majorée. De plus, dans ce cas, $\sum_{n=0}^{+\infty} u_n = \sup_{n\in\mathbb{N}} S_n$.

Proposition 8.8.— Séries de référence —.
- **Séries géométriques —.** Si $q \in \mathbb{R}_+$, alors la série $\sum q^n$ de terme général q^n converge si, et seulement si, $q \in [0, 1[$.
Et l'on a alors : $\sum_{n=0}^{+\infty} q^n = \dfrac{1}{1-q}$.
- **Séries de Riemann —.** Si $\alpha \in \mathbb{R}$, alors la série $\sum \dfrac{1}{n^\alpha}$ converge si, et seulement si, $\alpha > 1$.

Proposition 8.9.— Comparaison par majoration-minoration —. Soit (u_n) et (v_n) deux suites de nombres réels positifs telles que, à partir d'un certain rang n_0, on ait :

$$\forall n \geqslant n_0,\ 0 \leqslant u_n \leqslant v_n.$$

Si $\sum v_n$ converge, alors $\sum u_n$ converge ; si $\sum u_n$ diverge, alors $\sum v_n$ diverge.

Proposition 8.10.— Comparaison par domination —. Soit (u_n) et (v_n) deux suites de nombres réels positifs telles que : $u_n = O(v_n)$ ou $u_n = o(v_n)$.

Si $\sum v_n$ converge, alors $\sum u_n$ converge.

Corollaire 8.11.— Comparaison par équivalence —. Si (u_n) et (v_n) sont deux suites de nombres réels positifs telles que : $u_n \sim v_n$, alors les séries $\sum u_n$ et $\sum v_n$ sont de même nature, c'est-à-dire qu'elles sont simultanément convergentes ou simultanément divergentes.

Proposition 8.12.— Règle de D'Alembert —. Soit $\sum u_n$ une série à termes strictement positifs. Si le rapport $\dfrac{u_{n+1}}{u_n}$ a une limite l (finie ou infinie) quand n tend vers $+\infty$, on a :
- Si $l < 1$, la série $\sum u_n$ converge.
- Si $l > 1$, la série $\sum u_n$ diverge grossièrement.
- Si $l = 1$, on ne peut pas conclure sur la nature de la série $\sum u_n$ par cette méthode.

Proposition 8.13.— Comparaison série-intégrale —. Si f est une fonction continue par morceaux, décroissante et à valeurs réelles positives sur $[0, +\infty[$, alors la série $\sum f(n)$ converge si, et seulement si, f est intégrable sur $[0, +\infty[$.

■ Séries absolument convergentes

Définition : Séries absolument convergentes —. *La série numérique $\sum u_n$ est **absolument convergente** lorsque la série $\sum |u_n|$ est convergente.*

Proposition 8.14.— Toute série absolument convergente est convergente.

En outre, $\left|\sum_{n=0}^{+\infty} u_n\right| \leqslant \sum_{n=0}^{+\infty} |u_n|$.

Définition : Séries semi-convergentes —. *Une série convergente sans être absolument convergente est semi-convergente.*

Proposition 8.15.— Série géométrique $\sum z^n$ —. La série géométrique $\sum z^n$, où $z \in \mathbb{C}$, est convergente si, et seulement si, $|z| < 1$; dans ce cas, elle est même absolument convergente et

$$\forall z \in \mathbb{C} \text{ tel que } |z| < 1, \sum_{n=0}^{+\infty} z^n = \frac{1}{1-z}$$

Théorème-Définition 8.16.— Série exponentielle —. Pour tout nombre complexe z, la série $\sum \frac{z^n}{n!}$ est absolument convergente. On définit la fonction exp sur $\mathbb{C}$ en posant :

$$\forall z \in \mathbb{C}, \exp(z) = \sum_{n=0}^{+\infty} \frac{z^n}{n!}.$$

Remarque : On s'assurera ultérieurement que $\exp(z)$ et $\exp z = \exp x \exp(iy)$ désigne bien le même complexe.

Définition : Produit de Cauchy de deux séries de nombres complexes —. *On appelle **produit de Cauchy des deux séries** $\sum_{n\geqslant 0} u_n$ **et** $\sum_{n\geqslant 0} v_n$ la série de terme général :*

$$\sum_{k=0}^{n} u_k v_{n-k}.$$

Remarque : Bien que pour définir le produit de Cauchy de deux séries, rien n'oblige à ce qu'elles soient absolument convergentes, elles le sont souvent dans la pratique, à cause du résultat qui suit.

Proposition 8.17.— Produit de Cauchy de deux séries absolument convergentes —. Si les séries $\sum_{n\geqslant 0} u_n$ et $\sum_{n\geqslant 0} v_n$ sont absolument convergentes, leur produit de Cauchy $\sum w_n$ l'est aussi et :

$$\sum_{n=0}^{+\infty} w_n = \left(\sum_{n=0}^{+\infty} u_n\right)\left(\sum_{n=0}^{+\infty} v_n\right)$$

Méthodes

Ici, on notera la somme partielle d'ordre n de la série $\sum u_n$, la quantité $S_n = \sum_{k=0}^{n} u_k$ et si cette série converge, on notera S sa somme.

Séries à termes toujours positifs (ou à termes toujours négatifs)

Dans tout le paragraphe, les séries considérées sont à termes positifs (on peut étendre bien entendu aux séries à termes négatifs).

❑ Méthode 8.1.— Comment déterminer la nature de $\sum u_n$

- Si u_n ne tend pas vers 0, $\sum u_n$ diverge grossièrement.
- Si $u_n \underset{+\infty}{\sim} \frac{A}{n^\alpha}$ alors si $\alpha > 1$, $\sum u_n$ converge et si $\alpha \leqslant 1$, $\sum u_n$ diverge. On pourra penser à la formule de Stirling si dans u_n apparaît $n!$
- Si $u_n \underset{+\infty}{\sim} Kq^n$ alors si $|q| < 1$, $\sum u_n$ converge et si $|q| \geqslant 1$, $\sum u_n$ diverge.
- Si l'on peut majorer u_n par v_n, (respectivement si $u_n = O(v_n)$) telle que $\sum v_n$ soit convergente alors $\sum u_n$ converge.
- Si l'on peut minorer u_n par $v_n \geqslant 0$ (respectivement si $v_n = O(u_n)$) telle que $\sum v_n$ soit divergente alors $\sum u_n$ est divergente.
- Si $\lim_{n\to+\infty} n^\alpha u_n = 0$ avec $\alpha > 1$, alors $u_n = o\left(\frac{1}{n^\alpha}\right)$ et $\sum u_n$ converge.
- Si $\lim_{n\to+\infty} n^\alpha u_n = +\infty$ avec $\alpha \leqslant 1$, alors $u_n > \frac{1}{n^\alpha}$ et $\sum u_n$ diverge.
- Si l'on fait un développement limité de u_n en $1/n$ et si $u_n = v_n + o\left(\frac{1}{n^\alpha}\right)$, où $\alpha > 1$, alors si $\sum v_n$ diverge, $\sum u_n$ diverge et si $\sum v_n$ converge, $\sum u_n$ converge.
- On peut aussi montrer : $\exists\, A \in \mathbb{R}, \forall\, n, S_n \leqslant A$. Alors $\sum u_n$ converge et $S \leqslant A$.
- On peut aussi (parfois) calculer la limite S directement. Si cette limite est finie, $\sum u_n$ converge. Allez voir la **méthode 8.7** pour calculer S.
- On peut utiliser la règle de d'Alembert. (Lorsque le terme général u_n s'exprime sous forme de produit ou de quotient et comporte des factorielles ou des puissances) Voir **méthode 8.2** pour la façon de l'utiliser.
- On peut comparer avec une intégrale généralisée si $u_n = f(n)$, où f décroit, au moins à partir d'un certain rang de n. Voir **méthode 8.3**.

Mise en œuvre : de l'**exercice 8.1** à l'**exercice 8.14**.

Exemples : 1. *Étudier la nature de la série de terme général* $\dfrac{1}{n\cos^2 n}$.

2. *Étudier la nature de la série de terme général* $\dfrac{n^2}{2^n+(-1)^n}$.

3. *Étudier la nature de la série de terme général* $\mathrm{e}-\left(1+\frac{1}{n}\right)^n$.

4. *Déterminer la nature de la série de terme général* $u_n=\dbinom{2n}{n}\dfrac{1}{4^n}$.

1. Pour tout $n\geqslant 1$, $\dfrac{1}{n\cos^2 n}\geqslant\dfrac{1}{n}$ et $\sum\limits_{n\geqslant 1}\dfrac{1}{n}$ diverge, donc $\sum\limits_{n\geqslant 1}\dfrac{1}{n\cos^2 n}$ diverge.

2. $0\leqslant\dfrac{n^2}{2^n+(-1)^n}\sim\dfrac{n^2}{2^n}=o\left(\dfrac{1}{n^2}\right)$ car $\dfrac{n^4}{2^n}\to 0$; puisque $\sum\limits_{n\geqslant 1}\dfrac{1}{n^2}$ converge, il en est de même pour la série numérique (à termes positifs) $\sum\limits_{n\geqslant 1}\dfrac{n^2}{2^n+(-1)^n}$.

3. $\left(1+\dfrac{1}{n}\right)^n=\exp\left(n\ln\left(1+\dfrac{1}{n}\right)\right)$, et par ailleurs un petit développement limité à l'ordre 2 donne : $n\ln\left(1+\dfrac{1}{n}\right)=n\left(\dfrac{1}{n}-\dfrac{1}{2n^2}+o\left(\dfrac{1}{n^2}\right)\right)=1-\dfrac{1}{2n}+o\left(\dfrac{1}{n}\right)$ et donc :
$\left(1+\dfrac{1}{n}\right)^n=\mathrm{e}.\exp\left(-\dfrac{1}{2n}+o\left(\dfrac{1}{n}\right)\right)$, ce qui garantit que $v_n=\mathrm{e}-\left(1+\dfrac{1}{n}\right)^n$ tend vers 0 et est équivalent à $-\dfrac{e}{2n}$ (en utilisant $e^u-1\sim u$ quand u tend vers 0).
On en déduit que v_n est négatif pour n assez grand, et donc la série de terme général v_n est de même nature que la série harmonique ; $\sum v_n$ diverge.

4. En usant de James Stirling, $u_n=\dfrac{(2n)!}{(n!)^2}\frac{1}{4^n}\sim\dfrac{(2n)^{2n}e^{-2n}\sqrt{4\pi n}}{4^n n^{2n}e^{-2n}2\pi n}=\dfrac{1}{\sqrt{\pi n}}$ et donc la série $\sum u_n$ diverge par comparaison avec une série de Riemann.

> **❑ Méthode 8.2.— Comment utiliser la règle de D'Alembert**
>
> - On s'assure que les u_n sont non nuls, au moins à partir d'un certain rang.
> - On cherche la limite ℓ, si elle existe, de $\dfrac{u_{n+1}}{u_n}$:
>   - si $\ell<1$, $\sum u_n$ converge (absolument) ;
>   - si $\ell>1$, $\sum u_n$ diverge (grossièrement) ;
>   - si $\ell=1$, le critère ne permet pas de conclure.

Exemple : *Soit $\alpha\in\mathbb{R}_+$, déterminer suivant la valeur du réel α la nature de la série de terme général $u_n=\binom{2n}{n}\alpha^n$.*

$$\frac{u_{n+1}}{u_n}=\frac{\binom{2n+2}{n+1}\alpha^{n+1}}{\binom{2n}{n}\alpha^n}=\frac{(n!)^2}{(2n)!}\frac{(2n+2)!}{((n+1)!)^2}\frac{\alpha^{n+1}}{\alpha^n}=\frac{(2n+2)(2n+1)}{(n+1)^2}\alpha=2\alpha\frac{2n+1}{n+1}\to 4\alpha$$

Il en résulte que si $\alpha<\dfrac{1}{4}$, alors $\lim\limits_{n\to+\infty}\dfrac{u_{n+1}}{u_n}<1$, donc la série $\sum u_n$ converge .

Si $\alpha > \frac{1}{4}$, alors $\lim\limits_{n \to +\infty} \frac{u_{n+1}}{u_n} > 1$, donc la série $\sum u_n$ diverge .

Si $\alpha = \frac{1}{4}$, on ne peut pas conclure. (Voir à ce sujet l'exemple 4 qui suit la **méthode 8.1**.)

Remarque : Appliquer à certaines séries entre l'**exercice 8.1** et l'**exercice 8.6**.

❑ Méthode 8.3.— Comment encadrer des sommes partielles par la comparaison série-intégrale et en déduire la nature d'une série numérique

f est une fonction continue, positive et décroissante sur $\mathbb{R}^+$. Pour déterminer la nature de la série $\sum f(n)$, on peut utiliser directement le théorème du cours permettant de se ramener à l'intégrabilité de f sur $\mathbb{R}^+$. Mais, pour encadrer une somme partielle ou un reste de cette série, il est plus efficace de construire et d'interpréter la figure :

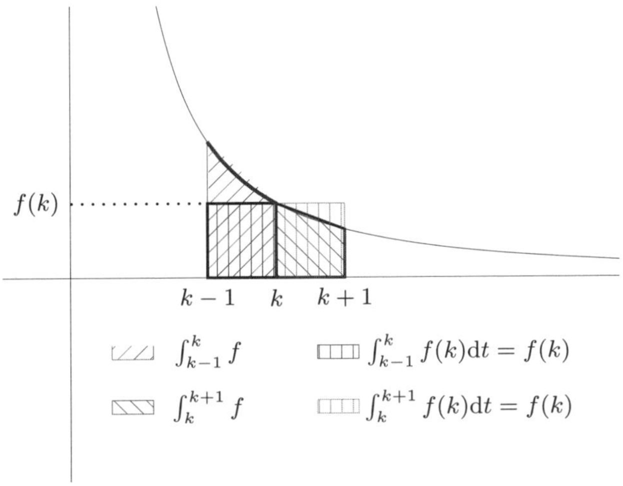

- $\displaystyle\int_{k-1}^{k} f(t)\,dt$ et $\displaystyle\int_{k}^{k+1} f(t)\,dt$ s'interprètent respectivement comme les aires des portions de plan « sous la courbe » :
$\{(x,y),\ k-1 \leqslant x \leqslant k,\ 0 \leqslant y \leqslant f(x)\}$ et $\{(x,y),\ k \leqslant x \leqslant k+1,\ 0 \leqslant y \leqslant f(x)\}$.
$f(k)$ s'interprète indifféremment comme l'aire du rectangle $[k-1,k] \times [0, f(k)]$ ou l'aire du rectangle $[k, k+1] \times [0, f(k)]$.
- On a l'encadrement : $\displaystyle\int_{k}^{k+1} f(t)\,dt \leqslant f(k) \leqslant \int_{k-1}^{k} f(t)\,dt.$
- On somme membre à membre les encadrements précédents, en rajoutant, au besoin, $f(0)$ pour obtenir :
$$f(0) + \int_{1}^{n+1} f(t)\,dt \leqslant \sum_{k=0}^{n} f(k) \leqslant f(0) + \int_{0}^{n} f(t)\,dt$$
- On calcule les intégrales pour obtenir un encadrement.

Mise en œuvre : voir l'**exercice 8.15**.

Exemple : *Étudier la nature de la série de terme général* $u_n = \dfrac{1}{n\ln n\,(\ln(\ln n))^2}$.

La fonction $f : t \mapsto \dfrac{1}{t\ln t(\ln(\ln t))^2}$ est continue, décroissante et positive sur $]e, +\infty[$, donc la série $\displaystyle\sum_{n\geqslant 3} \frac{1}{n\ln n(\ln(\ln n))^2}$ est convergente si, et seulement si, f est intégrable sur $[3, +\infty[$.

$\varphi : \left\{ \begin{array}{ccc} [3, +\infty[& \to & [\ln(\ln 3), +\infty[\\ t & \mapsto & \ln(\ln t) \end{array} \right.$ est une bijection de classe $\mathcal{C}^1$, donc c'est un changement de variable valide pour une intégrale généralisée sur $[3, +\infty[$. De plus : $\varphi'(t) = \dfrac{1}{t\ln t}$.

$$\int_3^{+\infty} \frac{dt}{t\ln t(\ln(\ln t))^2} = \int_{\ln(\ln 3)}^{+\infty} \frac{du}{u^2} = \left[-\frac{1}{u}\right]_{\ln(\ln 3)}^{+\infty} = \frac{1}{\ln(\ln 3)}.$$

On a obtenu ainsi l'intégrabilité de f sur $[3, +\infty[$, donc la convergence de $\displaystyle\sum_{n\geqslant 3} \frac{1}{n\ln n(\ln(\ln n))^2}$.

■ Séries à termes quelconques

Dans tout le paragraphe, les séries considérées sont à termes dans $\mathbb{R}$ ou dans $\mathbb{C}$

❑ **Méthode 8.4.— Comment étudier la nature d'une série alternée $\sum u_n$**

On rappelle qu'ici $u_n = \varepsilon(-1)^n|u_n|$, où $\varepsilon = \pm 1$.

- Si $|u_n|$ ne tend pas vers 0, la série diverge grossièrement.
- Si la suite $(|u_n|)_{n\in\mathbb{N}}$ décroît et converge vers 0, on applique le critère des séries alternées. La série $\sum u_n$ converge. En bonus, on peut majorer $|S - S_n|$ par $|u_{n+1}|$. On dit que l'erreur commise en remplaçant S par S_n est inférieure à la valeur absolue du premier terme négligé.
- Si la suite $|u_n|$ tend vers 0 sans monotonie, on fait un *D.L* de u_n à partir de la variable $1/n$. On se rapproche ici de la piste **8** de la **méthode 8.1**.

Mise en œuvre : de l'**exercice 8.19** à l'**exercice 8.24**.

Exemples : 1. *Justifier la convergence de la série* $\sum \dfrac{(-1)^n}{2n+1}$. *Déterminer un entier naturel* n_0 *pour lequel* $|S_n - S| \leqslant 10^{-2}$ *et en déduire un encadrement de* S *de longueur* 10^{-2} *dépendant d'une somme partielle.*

Il s'agit clairement d'une série alternée dont la valeur absolue du terme général, $\frac{1}{2n+1}$, décroît et tend vers 0 : cette série converge, d'après le critère spécial des séries alternées.
$S - S_n$ est le reste R_n d'ordre n de cette série convergente. L'une des conclusions du critère spécial des séries alternées est que : $\forall n \in \mathbb{N}$, $|R_n| \leqslant |u_{n+1}|$. Ici, $|S_n - S| \leqslant \dfrac{1}{2n+3}$.
Pour avoir $|S_n - S| \leqslant 10^{-2}$, il est suffisant d'avoir : $\frac{1}{2n+3} \leqslant \frac{1}{100}$, donc $n \geqslant 49$.
Finalement 49, ou tout entier supérieur ou égal à 49, est un entier n_0 possible.

De plus, S, comprise entre deux sommes partielles consécutives quelconques, est minorée par les sommes partielles d'indices impairs, d'où : $S_{49} \leqslant S \leqslant S_{49} + 10^{-2}$.

2. *Étudier la convergence de* $\displaystyle\sum_{n\geq 2} \frac{(-1)^n}{n+(-1)^n}$.

Posons $u_n = \dfrac{(-1)^n}{n+(-1)^n}$. On ne peut pas appliquer le critère des séries alternées.
En effet, si $p \in \mathbb{N}^\star$, $|u_{2p}| = \dfrac{1}{2p+1}$ et $|u_{2p+1}| = \dfrac{1}{2p}$. On a :

$$|u_{2p}| < |u_{2p+1}|$$

donc $|u_n|$ ne décroit pas (même si sa limite est 0).
Un développement limité de u_n donne :

$$u_n = \frac{(-1)^n}{n}\left[\frac{1}{1+\dfrac{(-1)^n}{n}}\right] = \frac{(-1)^n}{n} - \frac{1}{n^2} + o\left(\frac{1}{n^2}\right)$$

Si l'on pose $v_n = \dfrac{(-1)^n}{n}$, on remarque que la série $\sum v_n$ suit le critère des séries alternées et est donc convergente. Si l'on pose $w_n = -\dfrac{1}{n^2}$, cette série est à termes tous négatifs et donc la série $\sum(-w_n)$ est à termes positifs et est convergente d'après d'Alembert par exemple. Enfin $o\left(\dfrac{1}{n^2}\right)$ représente le terme général d'une série absolument convergente donc convergente.
Par somme, la série $\sum u_n$ est convergente.

❑ Méthode 8.5.— Comment montrer qu'une série $\sum u_n$ est absolument convergente

- On montre la convergence de la série à termes positifs $\sum |u_n|$, en utilisant la **méthode 8.1**, la **méthode 8.2** ou la **méthode 8.3**.
- Si la série est identifiée comme produit de Cauchy de deux séries, il suffit de montrer que ces deux dernières séries sont absolument convergentes pour que $\sum u_n$ le soit aussi. Dans ce cas, sa somme est le produit des sommes des deux autres séries.

Exemples : 1. *Nature de la série* $\displaystyle\sum_{n\geqslant 1} \frac{\sin n^2}{n^2}$.

Le terme général $u_n = \dfrac{\sin n^2}{n^2}$ n'est pas de signe constant à partir d'un certain rang.
$\forall n \geqslant 1$, $\left|\dfrac{\sin n^2}{n^2}\right| \leqslant \dfrac{1}{n^2}$ et $\displaystyle\sum_{n\geqslant 0} \frac{1}{n^2}$ est convergente, donc $\displaystyle\sum_{n\geqslant 1} \left|\frac{\sin n^2}{n^2}\right|$ est convergente.

$$\sum_{n\geqslant 1} \frac{\sin n^2}{n^2} \text{ est absolument convergente, donc convergente.}$$

Méthodes

2. *Convergence et, éventuellement, somme de la série de terme général* $w_n = \sum_{k=1}^{n} \frac{1}{k^2 2^{n-k}}$.

Considérons les séries $\sum u_n$, où $\begin{cases} u_0 = 0 \\ u_n = \frac{1}{n^2}, \text{ si } n \neq 0 \end{cases}$ et $\sum v_n$, où, pour tout n, $v_n = \frac{1}{2^n}$.
Le produit de Cauchy de ces deux séries a pour premier terme $w_0 = 0$ et pour terme général :

$$\forall n \geqslant 1, \sum_{k=0}^{n} u_k v_{n-k} = \sum_{k=1}^{n} \frac{1}{k^2 2^{n-k}} = w_n.$$

Les séries $\sum u_n$ et $\sum v_n$ sont absolument convergentes, donc $\sum w_n$ est absolument convergente.
De plus, $\sum_{n=0}^{+\infty} w_n = \sum_{n=1}^{+\infty} w_n = \left(\sum_{n=0}^{+\infty} u_n\right)\left(\sum_{n=0}^{+\infty} v_n\right) = \frac{\pi^2}{6} \times 2 = \frac{\pi^2}{3}$.
Sachez que le résultat $\sum_{n=1}^{+\infty} \frac{1}{n^2} = \frac{\pi^2}{6}$, très classique, peut être établi à l'aide des intégrales de Wallis (si vous ne connaissez pas ces intégrales, ce que je ne crois pas, faites des recherches !).

Mise en œuvre : Voir l'**exercice 8.25** et l'**exercice 8.26**.

❑ **Méthode 8.6.— Comment étudier la nature (et trouver la somme éventuelle) d'une série $\sum u_n$ à termes complexes**

- On peut calculer $|u_n|$. Si cette quantité ne tend pas vers 0, il en est de même de u_n. Il y a divergence grossière. Si $|u_n| \sim v_n$, où v_n est le terme général d'une série convergente, alors $\sum u_n$ est absolument convergente donc convergente.
- On peut étudier les séries réelles $\sum \mathfrak{Re}\,(u_n)$ et $\sum \mathfrak{Im}\, u_n$. Si elles convergent simultanément, il en est de même de $\sum u_n$. Si l'une (au moins) des deux diverge, il en est de même de $\sum u_n$. Quant à la somme, en cas de convergence, sa partie réelle est la somme de $\sum \mathfrak{Re}\,(u_n)$ et sa partie imaginaire est la somme de $\sum \mathfrak{Im}\,(u_n)$.

Exemples : 1. *Étudier la nature de la série* $\sum_{n \geqslant 1} \frac{n(2+i)^n}{2^n}$.

On a : $|u_n| = \left|\frac{n(2+i)^n}{2^n}\right| = \frac{n}{2^n}|2+i|^n = n\left(\frac{\sqrt{5}}{2}\right)^n$.

Cette quantité tend vers $+\infty$ et donc la série $\sum_{n \geq 1} \frac{n(2+i)^n}{2^n}$ diverge grossièrement.

2. *Étudier la nature de la série* $\sum_{n \geqslant 1} \frac{1}{\sqrt{n}+i}$.

On écrit : $u_n = \frac{1}{\sqrt{n}+i} = \frac{\sqrt{n}-i}{n+1} = \frac{\sqrt{n}}{n+1} - i\frac{1}{n+1}$.

Les séries $\sum_{n\geqslant 1} \mathfrak{Re}\,(u_n)$ et $\sum_{n\geqslant 1} \mathfrak{Im}\,(u_n)$ divergent et il en est de même donc de $\sum_{n\geqslant 1} \frac{1}{\sqrt{n}+i}$.

Outre les méthodes utilisant les résultats relatifs aux séries entières que nous verrons dans un chapitre ultérieur, donnons les principaux moyens de déterminer la somme d'une série convergente.

❑ Méthode 8.7.— Comment déterminer la somme d'une série convergente $\sum u_n$

- L'utilisation des séries géométriques quand u_n est de la forme Aq^n, où $-1 < q < 1$.
- L'utilisation de : $\forall z \in \mathbb{C}$, $\exp(z) = \sum_{n=0}^{+\infty} \frac{z^n}{n!}$.
- Le **principe du téléscopage** quand le terme général u_n s'écrit facilement sous la forme $f(n) - f(n+1)$, où f est une application de $\mathbb{R}^+$ dans $\mathbb{K}$:
  - On calcule la somme partielle d'ordre n par « télescopage » :

$$\begin{aligned} S_n &= \sum_{k=0}^{n} (f(k) - f(k+1)) = \sum_{k=0}^{n} f(k) - \sum_{k=0}^{n} f(k+1) \\ &= \sum_{k=0}^{n} f(k) - \sum_{k=1}^{n+1} f(k) = f(0) - f(n+1). \end{aligned}$$

  - On détermine, si elle existe, la limite de f en $+\infty$ et on conclut sur la nature de la série et la valeur de sa somme éventuelle.
  - Il existe des formes de téléscopage plus complexes, par exemple :
    $\sum_{n=p}^{q} (f(n+1) - f(n-1))$ ou $\sum_{n=p}^{q} (f(n+1) - 2f(n) + f(n-1))$;
    dans ce cas, on peut décomposer linéairement ces sommes partielles, puis décaler les indices pour faire apparaître des sommes communes qui se simplifient, ne laissant que quelques termes résiduels.
- On peut reconnaître un produit de Cauchy de séries (voir **méthode 8.5**).
- Il existe des pistes plus originales. On peut calculer seulement S_{2p} (ou S_{2p+1}). Et même utiliser des sommes de Riemann ! Mais vous serez guidés.

Mise en œuvre : voir l'**exercice 8.2**, l'**exercice 8.3**, l'**exercice 8.5**, l'**exercice 8.6**, l'**exercice 8.9** ou l'**exercice 8.11**, l'**exercice 8.12**, l'**exercice 8.21** et l'**exercice 8.24**.

Exemples : 1. *Étudier la convergence de* $\sum_{n\geq 0} \frac{5\times 2^{n+1}}{3^{n-1}}$. *Calculer alors sa somme.*

Posons $u_n = \frac{5\times 2^{n+1}}{3^{n-1}}$. On constate que : $\forall n \in \mathbb{N}$, $\frac{u_{n+1}}{u_n} = \frac{2}{3}$, donc $\sum u_n$ est une série géométrique de premier terme $u_0 = 30$ et de raison $\frac{2}{3} \in]-1, 1[$.

Cette série est donc convergente et sa somme est $30 \times \frac{1}{1-\frac{2}{3}} = 90$.

Méthodes

2. *Soit $\theta \in \mathbb{R}$, montrer la convergence de* $\sum_{n\geqslant 0} \frac{\sin(n\theta)}{2^n}$, *et calculer sa somme.*

La série $\sum_{n\geqslant 0} \frac{e^{in\theta}}{2^n}$ converge absolument (voir **méthode 8.1**) car $\left|\frac{e^{in\theta}}{2^n}\right| = \frac{1}{2^n}$ et que $\sum_{n=0}^{+\infty} \frac{1}{2^n}$ converge, donc sa partie imaginaire converge ;

$$S = \sum_{n=0}^{+\infty} \frac{e^{in\theta}}{2^n} = \sum_{n=0}^{+\infty} \left(\frac{e^{i\theta}}{2}\right)^n = \frac{1}{1-\frac{e^{i\theta}}{2}} = \frac{2}{2-e^{i\theta}} = \frac{2}{2-\cos\theta - i\sin\theta} = \frac{4-2\cos\theta+2i\sin\theta}{4-4\cos\theta+\cos^2\theta+\sin^2\theta}.$$

Donc on en déduit : $\sum_{n=0}^{+\infty} \frac{\sin(n\theta)}{2^n} = \mathfrak{Im}\, S = \frac{2\sin\theta}{5-4\cos\theta}$.

3. *Convergence et somme de* $\sum_{n\geqslant 1} \frac{1}{n(n+1)}$.

$\forall n \geqslant 1$, $\frac{1}{n(n+1)} = \frac{1}{n} - \frac{1}{n+1}$ et $S_n = \left(1-\frac{1}{2}\right) + \left(\frac{1}{2}-\frac{1}{3}\right) + \cdots + \left(\frac{1}{n} - \frac{1}{n+1}\right) = 1 - \frac{1}{n+1}$.

$$\sum_{n=1}^{+\infty} \frac{1}{n(n+1)} = \lim_{n\to+\infty} S_n = 1.$$

4. *Convergence et somme de* $\sum_{n\geqslant 0} \ln\cos\frac{a}{2^n}$, $a \in \left]0, \frac{\pi}{2}\right[$.

Remarquons que, pour tout $k \in \mathbb{N}$, $\sin\frac{a}{2^{k-1}} = \sin\left(2\frac{a}{2^k}\right) = 2\cos\frac{a}{2^k}\sin\frac{a}{2^k} > 0$.
Et donc : $\ln\left(\cos\frac{a}{2^k}\right) = \ln\left(\frac{\sin\frac{a}{2^{k-1}}}{2\sin\frac{a}{2^k}}\right) = \ln\left(2^{k-1}\sin\frac{a}{2^{k-1}}\right) - \ln\left(2^k\sin\frac{a}{2^k}\right)$, soit :

$$\sum_{k=0}^{n} \ln\left(\cos\frac{a}{2^k}\right) = \ln\left(\frac{1}{2}\sin(2a)\right) - \ln\left(2^n\sin\frac{a}{2^n}\right).$$

Or, $\sin\frac{a}{2^n} \sim \frac{a}{2^n}$ donc $2^n\sin\frac{a}{2^n}$ tend vers a en $+\infty$; $\sum_{n=0}^{+\infty} \ln\cos\frac{a}{2^k} = \ln\frac{\sin(2a)}{2a}$.

5. *Convergence et somme de* $\sum_{n\geqslant 2} \frac{2n-1}{n^3-n}$. *Indication :* $\frac{2n-1}{n^3-n} = \frac{1}{2(n-1)} + \frac{1}{n} - \frac{3}{2(n+1)}$.

$$\begin{aligned}
\sum_{n=2}^{m} \frac{2n-1}{n^3-n} &= \sum_{n=2}^{m} \frac{1}{2(n-1)} + \sum_{n=2}^{m} \frac{1}{n} - \sum_{n=2}^{m} \frac{3}{2(n+1)} \\
&= \sum_{n'=1}^{m-1} \frac{1}{2n'} + \sum_{n=2}^{m} \frac{1}{n} - \sum_{n'=3}^{m+1} \frac{3}{2n} \\
&= \frac{1}{2} - \frac{1}{2m} + \left(\frac{1}{2} + 1 - \frac{3}{2}\right)\left(\sum_{n=2}^{m} \frac{1}{n}\right) - \frac{3}{2(m+1)} + \frac{3}{4} \\
&= \frac{5}{4} - \frac{1}{2m} - \frac{3}{2(m+1)} \text{ qui tend vers } \frac{5}{4} \text{ quand } m \text{ tend vers } +\infty.
\end{aligned}$$

6. *On pose :* $\forall n \geqslant 1$, $u_n = \frac{(-1)^n}{n}$. *La série* $\sum_{n\geqslant 1} u_n$ *est-elle absolument convergente ?*

On pose alors : $\forall p \in \mathbb{N}^\star$, $S_{2p} = \sum_{k=1}^{2p} u_k$, *montrer :* $S_{2p} = -\frac{1}{p}\sum_{k=1}^{p} \frac{1}{1+\frac{k}{p}}$.

En déduire $\sum_{n=1}^{+\infty} u_n$ *et retrouver la nature de* $\sum_{n\geqslant 1} u_n$.

► Comme $|u_n| = \frac{1}{n}$, il est clair que $\sum_{n\geqslant 1} u_n$ n'est pas absolument convergente.

► On écrit : $S_{2p} = -1 + \frac{1}{2} - \frac{1}{3} + \ldots - \frac{1}{2j+1} + \frac{1}{2j} + \ldots - \frac{1}{2p+1} + \frac{1}{2p}$.

Or, $-\frac{1}{p}\sum_{k=1}^{p} \frac{1}{1+\frac{k}{p}} = -\sum_{k=1}^{p} \frac{1}{p+k} = -\frac{1}{p+1} - \frac{1}{p+2} - \ldots - \frac{1}{2p-1} - \frac{1}{2p}$.

On écrit alors : $S_{2p} = -1 - \frac{1}{3} - \ldots - \frac{1}{2j+1} - \ldots - \frac{1}{2p-1} + \frac{1}{2}\left[1 + \ldots + \frac{1}{j} + \ldots + \frac{1}{p}\right]$.

Ou encore : $S_{2p} = -1 - \frac{1}{2} - \ldots - \frac{1}{2p-1} - \frac{1}{2p} + \frac{1}{2} + \ldots + \frac{1}{2p} + \frac{1}{2}\left[1 + \ldots + \frac{1}{p}\right]$.

Ainsi, $S_{2p} = \left[-1 - \frac{1}{2} - \ldots - \frac{1}{2p-1} - \frac{1}{2p}\right] + \left[1 + \ldots + \frac{1}{p}\right]$, ce qui donne bien la forme indiquée.

► Si l'on pose $f(t) = \frac{1}{1+t}$, on reconnaît en $-\frac{1}{p}\sum_{k=1}^{p} \frac{1}{1+\frac{k}{p}}$ une somme de Riemann.

Et : $\lim_{p\to+\infty} S_{2p} = -\int_0^1 f(t)\,dt = -\ln 2$. Comme $S_{2p+1} = S_{2p} - \frac{1}{2p+1}$, $\lim_{p\to+\infty} S_{2p+1} = -\ln 2$.

Donc : $\sum_{n=1}^{+\infty} u_n = -\ln 2$ et la série $\sum_{n\geqslant 1} u_n$ converge.

❑ Méthode 8.8.— Comment déterminer un équivalent du reste d'une somme partielle de la série $\sum u_n$

- Dans le cas d'une série convergente dont on connaît la somme S et l'expression S_n pour tout n, alors $R_n = S - S_n$ s'écrit sous la forme $g(n)$. On effectue un développement limité en $1/n$.
- Si $u_n = f(n)$, où f est continue, positive et décroissante sur $\mathbb{R}^+$, on utilise :

$$\int_{n+1}^{+\infty} f(t)\,dt \leqslant \sum_{k=n+1}^{+\infty} f(k) \leqslant \int_{n}^{+\infty} f(t)\,dt.$$

  Cette double inégalité peut permettre d'obtenir un équivalent du reste d'ordre n.
- Si la série $\sum u_n$ est alternée, on peut utiliser $|R_n| \leqslant |u_{n+1}|$.

Exemples : 1. *Soit la série de terme général :* $u_n = \ln\left(1 - \frac{1}{n^2}\right)$ *définie pour* $n \geqslant 2$.

Montrer que u_n *peut s'écrire sous la forme* $u_n = \phi(n) - \phi(n-1)$.

Méthodes

En déduire la somme de la série. Montrer que $R_n = \sum_{k=n+1}^{+\infty} u_k \sim \frac{-1}{n}$.

On commence par écrire : $u_n = \ln\left(\frac{n^2-1}{n^2}\right) = \ln\left(\frac{n-1}{n}\right) + \ln\left(\frac{n+1}{n}\right)$.
Si l'on pose $\phi(n) = \ln(n+1) - \ln n$, on a bien : $u_n = \phi(n) - \phi(n-1)$.
Par télescopage, on en déduit la somme de la série :

$$S_n = \sum_{k=2}^{n} [\phi(k) - \phi(k-1)] = \phi(n) - \phi(1),$$

c'est-à-dire : $S_n = \phi(n) - \ln 2$. Donc : $\lim_{n\to+\infty} \phi(n) = 1 \Rightarrow \sum_{n=2}^{+\infty} u_n = -\ln 2$.

Posons $R_n = \sum_{k=n+1}^{+\infty} u_k$. Cette quantité existe et tend vers 0 quand n tend vers $+\infty$ car la série associée est convergente. De plus : $R_n = S - S_n = -\ln 2 - (\phi(n) - \ln 2) = -\phi(n)$.
Or, quand n tend vers $+\infty$, $\phi(n) = \ln\left(1 + \frac{1}{n}\right) \sim \frac{1}{n} \Rightarrow R_n \sim \frac{-1}{n}$.

2. a. *Soient deux séries* $\sum_{n\geqslant 0} u_n$ *et* $\sum_{n\geqslant 0} v_n$ *à termes positifs telles que* $\sum_{n\geqslant 0} v_n$ *soit convergente.*
Montrer, au voisinage de $+\infty$, *que :* $\left[u_n \sim v_n \Rightarrow \sum_{p=n}^{+\infty} u_p \sim \sum_{p=n}^{+\infty} v_p\right]$.
Indication : on utilisera le fait que : $u_n \sim v_n \Leftrightarrow u_n - v_n = o(v_n)$.
b. *Soit* $\alpha > 1$ *et* $u_n \underset{+\infty}{\sim} \frac{1}{n^\alpha}$ *alors montrer que :* $\sum_{p=n}^{+\infty} u_p \underset{+\infty}{\sim} \frac{1}{(\alpha-1)n^{\alpha-1}}$.

a. Comme $u_n \sim v_n$, $u_n - v_n = o(v_n)$ et donc :

$$\forall \varepsilon > 0, \exists N_0 \in \mathbb{N}, \forall n \geqslant N_0, -\varepsilon v_n \leqslant u_n - v_n \leqslant \varepsilon v_n.$$

Posons $S_n = \sum_{k=0}^{n} u_k$ et $T_n = \sum_{k=0}^{n} v_k$. Pour tout $n \geqslant N_0$ et tout $p \in \mathbb{N}$,

$$-\varepsilon(T_{n+p} - T_n) \leqslant S_{n+p} - S_n \leqslant \varepsilon(T_{n+p} - T_n).$$

On fait tendre p vers $+\infty$. En posant $A_n = \sum_{p=n}^{+\infty} u_p$ et $Z_n = \sum_{p=n}^{+\infty} v_p$ alors :

$$\varepsilon Z_n \leqslant A_n - Z_n \leqslant \varepsilon Z_n.$$

(En effet, les suites S_n et T_n étant convergentes, il en est de même de $(T_{n+p} - T_n)$ et de $(S_{n+p} - S_n)$.
Finalement, $A_n - Z_n = o(Z_n)$ et on a bien : $A_n \sim Z_n$.
b. Soit $\alpha > 1$ et partons maintenant de l'intégration (à faire) :

$$\int_n^{n+1} \frac{dt}{t^\alpha} = \frac{1}{\alpha - 1}\left(\frac{1}{n^{\alpha-1}} - \frac{1}{(n+1)^{\alpha-1}}\right)$$

Par ailleurs :

$$\frac{1}{(n+1)^\alpha} < \int_n^{n+1} \frac{dt}{t^\alpha} < \frac{1}{n^\alpha} \Rightarrow \int_n^{n+1} \frac{dt}{t^\alpha} \sim \frac{1}{n^\alpha}.$$

Donc si $u_n \sim \dfrac{1}{n^\alpha}$ alors $u_n \sim \displaystyle\int_n^{n+1} \frac{dt}{t^\alpha}$ par transitivité des équivalences.

Comme la série de terme général $\dfrac{1}{n^\alpha}$ est convergente, en utilisant le résultat précédent :

$$\sum_{p=n}^{+\infty} u_p \sim \int_n^{+\infty} \frac{dt}{t^\alpha}$$

Or $\displaystyle\int_n^{+\infty} \frac{dt}{t^\alpha}$ vaut $\dfrac{1}{(\alpha-1)n^{\alpha-1}}$. On en déduit le résultat.

3. *On considère la série* $\displaystyle\sum_{n\geqslant 2} \frac{1}{n(\ln n)^\alpha}$, *où* $\alpha > 1$.

a. *Montrer sa convergence.*

b. *Encadrer son reste* R_n *d'ordre* n. *En déduire un équivalent de* R_n.

D'après Concours Mines-Telecom et Concours ENSEA, filière PSI.

a. La fonction $f : x \mapsto \dfrac{1}{x(\ln x)^\alpha}$ est décroissante et positive sur $[2, +\infty[$ donc la série :

$$\sum_{n\geqslant 2} \frac{1}{n(\ln n)^\alpha},$$

de terme général $f(n)$, converge si, et seulement si, f est intégrable sur $[2, +\infty[$. Or, $\forall X \geqslant 2$,

$$\int_2^X \frac{dx}{x(\ln x)^\alpha} = \left[\frac{(\ln x)^{-\alpha+1}}{-\alpha+1}\right]_2^X = \frac{1}{(1-\alpha)(\ln X)^{\alpha-1}} - \frac{1}{(1-\alpha)(\ln 2)^{\alpha-1}} \underset{X\to+\infty}{\longrightarrow} \frac{1}{(\alpha-1)(\ln 2)^{\alpha-1}}.$$

En conclusion, f est intégrable sur $[2, +\infty[$, donc $\displaystyle\sum_{n\geqslant 2} \frac{1}{n(\ln n)^\alpha}$ converge.

b. En exploitant la figure décrite dans la méthode :

$$\forall k \geqslant 3, \int_k^{k+1} f(t)\,dt \leqslant \frac{1}{k(\ln k)^\alpha} \leqslant \int_{k-1}^k f(t)\,dt.$$

En sommant de $n+1$ à N, puis en faisant tendre N vers $+\infty$, on obtient successivement, par la relation de Chasles :

$$\int_{n+1}^{N+1} f(t)\,dt \leqslant \sum_{k=n+1}^{N} \frac{1}{k(\ln k)^\alpha} \leqslant \int_n^N f(t)\,dt.$$

$$\int_{n+1}^{+\infty} f(t)\,dt \leqslant R_n \leqslant \int_n^{+\infty} f(t)\,dt.$$

D'après le calcul fait à la première question, en remplaçant 2 successivement par $n+1$ et n :

$$\frac{1}{(\alpha-1)\big(\ln(n+1)\big)^{\alpha-1}} \leqslant R_n \leqslant \frac{1}{(\alpha-1)(\ln n)^{\alpha-1}}.$$

De cet encadrement, il est facile de déduire : $R_n \sim \dfrac{1}{(\alpha-1)(\ln n)^{\alpha-1}}$.

Mise en œuvre : exercice 8.5, exercice 8.15.

Vrai/Faux

	Vrai	Faux
1. Si u_n tend vers 0, alors $\sum u_n$ est convergente.	☐	☐
2. $\sum_{n\geqslant 1} \frac{1}{n}$ est convergente.	☐	☐
3. $\sum_{n\geqslant 1} \frac{(-1)^n}{\sqrt{n}-(-1)^n}$ converge car $\frac{(-1)^n}{\sqrt{n}-(-1)^n} \sim \frac{(-1)^n}{\sqrt{n}}$.	☐	☐
4. $\sum_{n\geqslant 3} \frac{(-1)^n}{n\ln n}$ converge.	☐	☐
5. $\sum_{n\geqslant 3} \frac{(-1)^n}{n\ln n}$ est absolument convergente.	☐	☐
6. $\sum_{n\geqslant 1} \sin\left(\left(n+\frac{1}{n}\right)\pi\right)$ est alternée.	☐	☐
7. $\sum_{k=3}^{n} \frac{1}{k\ln k} \sim \ln\left(\ln n\right)$.	☐	☐
8. $\sum_{k=1}^{n} \frac{1}{k^2} = 1 - \frac{1}{n} + o\left(\frac{1}{n}\right)$.	☐	☐
9. $\sum_{n=0}^{+\infty} (-1)^n = (1-1)+(1-1)+\cdots = 0$.	☐	☐
10. Si $\frac{u_{n+1}}{u_n} \to 1$ par valeurs inférieures, alors $\sum u_n$ converge.	☐	☐
11. $\sum_{n=1}^{+\infty} \left[\frac{1}{n} - \ln\left(1+\frac{1}{n}\right)\right] = \sum_{n=1}^{+\infty} \frac{1}{n} - \sum_{n=1}^{+\infty} \ln\left(1+\frac{1}{n}\right)$.	☐	☐
12. Si $u_n \sim \frac{3}{n^2}$, alors $\sum u_n$ converge même si u_n n'est pas à termes positifs.	☐	☐
13. Si $u_n \sim v_n$, alors $\sum_{k=1}^{n} u_k \sim \sum_{k=1}^{n} v_k$.	☐	☐
14. Le produit de Cauchy de deux séries convergentes est toujours une série convergente.	☐	☐
15. Si $\sum u_n$ est une série alternée convergente alors $\lvert u_n\rvert$ décroît vers 0.	☐	☐

Énoncé des exercices

Étude de séries à termes positifs

Exercice 8.1 : *Une mise en bouche !* Étudier la convergence des séries ($\alpha \in \mathbb{R}$) :

$$\sum_{n\geqslant 2} \frac{1}{\ln n},\ \sum_{n\geqslant 0} \frac{\operatorname{ch} n}{\operatorname{ch} 2n},\ \sum_{n\geqslant 0} \exp(-n^\alpha),\ \sum_{n\geqslant 1} \ln\left(1+\frac{1}{n^\alpha}\right),\ \sum_{n\geqslant 1} \int_0^{\frac{\pi}{n}} \frac{\sin^3 x}{1+x}\, dx,$$

$$\sum_{n\geqslant 1}\left[n^{1/n^2}-1\right],\ \sum_{n\geqslant 1}\sqrt{\frac{\sqrt{n+1}-\sqrt{n}}{\sqrt{n}}},\sum_{n\geqslant 1}\left[1-e^{1/n}\right],\ \sum_{n\geqslant 0}\left[(n^3+1)^{1/3}-(n^2+1)^{1/2}\right],\sum_{n\geqslant 1}\frac{n!}{n^n}.$$

Exercice 8.2 : Étudier la convergence et trouver la somme éventuelle de la série $\sum_{n\geqslant 0} n3^{-n}$.

Exercice 8.3* : Vérifier que $\forall (a,b) \in \mathbb{R}_+^2$, où $b < a$: $\arctan \dfrac{a-b}{1+ab} = \arctan a - \arctan b$.

Étudier la convergence puis trouver la somme éventuelle de la série $\sum_{n\geqslant 1} \arctan\left(\dfrac{2}{n^2}\right)$.

Exercice 8.4 : La série $\sum_{n\geqslant 2} \dfrac{1}{(\ln n)^{\ln(\ln n)}}$ est-elle convergente ?

D'après Centrale-Supélec, filière PSI

Exercice 8.5 : 1. Trouver une condition nécessaire et suffisante sur a et b réels pour que la série de terme général $u_n = \sqrt{n} + a\sqrt{n+1} + b\sqrt{n+2}$ converge.

2. Pour les valeurs de a et de b obtenues, calculer la somme de cette série.

3. Trouver un équivalent simple du reste d'indice n.

D'après Mines-Ponts, filière PC et Centrale-Supélec, filière PSI

Exercice 8.6 : Étudier la convergence et la somme éventuelle de la série $\sum_{n\geqslant 2} \dfrac{1}{n^2-1}$.

Exercice 8.7 : 1. Montrer que $\arccos x \sim \sqrt{2(1-x)}$ au voisinage de 1.

2. En déduire la nature de la série de terme général : $\arccos\left(\dfrac{n^2+n+1}{n^2+n+3}\right)$.

D'après Concours Communs Mines-Telecom et Concours ENSEA, filière PSI

Exercice 8.8 : Pour $n \in \mathbb{N}^*$, on pose $u_n = \left(n \sin \dfrac{1}{n}\right)^{n^2}$. Déterminer $l = \lim\limits_{n\to+\infty} u_n$.

Puis trouver la nature de la série $\sum_{n\geqslant 1}(u_n - l)$.

D'après TPE

Exercice 8.9* : Soit pour tout $k \geqslant 1$, $u_k = \dfrac{\lfloor\sqrt{k+1}\rfloor - \lfloor\sqrt{k}\rfloor}{k}$.
Montrer que $\lfloor x\rfloor \sim_{x\to+\infty} x$. En déduire la convergence de la série $\sum_{k\geqslant 1} u_k$.

D'après Concours Commun INP (ancien CCP), filière PSI

Exercice 8.10 : On pose : $\forall n\in\mathbb{N}$, $g_n : t \mapsto \ln t - \arctan t - n\pi$. Montrer : $\forall n, \exists!\, x_n \in \mathbb{R}, g_n(x_n) = 0$.
Montrer alors : $\forall n\in\mathbb{N}, x_n > e^{n\pi}$. En déduire la nature de la série $\sum_{n\geqslant 0} \dfrac{1}{x_n}$.

D'après Concours Communs Mines-Telecom et Concours ENSEA, filière PSI

Exercice 8.11* : Soit $n\in\mathbb{N}^\star$ et $p[n]$ le nombre de chiffres de n dans son écriture en base 10.
Après avoir vérifié la convergence de $\sum_{n\geqslant 1} \dfrac{p[n]}{n(n+1)}$, calculer sa somme.

Exercice 8.12* : On pose, pour tout $n\geqslant 1$, $a_n = \dfrac{1}{1^2+2^2+...+n^2}$ et $H_n = \sum_{k=1}^{n}\dfrac{1}{k}$.

1. Montrer la convergence de la série de terme général a_n.
2. Montrer que $\lim_{n\to+\infty}(H_{2n+1}-H_n) = \ln 2$.
3. Trouver $(a,b,c)\in\mathbb{R}^3$, $\forall n\in\mathbb{N}^\star$, $a_n = \dfrac{a}{n}+\dfrac{b}{n}+\dfrac{c}{2n+1}$. En déduire $\sum_{n=1}^{+\infty} a_n$.

D'après Concours Commun INP (ancien CCP), filière PSI

Exercice 8.13 :** On pose : $\forall n\in\mathbb{N}^\star, a_n = \dfrac{|\sin\ln n|}{n}$. Étudier la suite de terme général $\sum_{n\in I_k} a_n$,
où $I_k = \left[e^{k\pi+\frac{\pi}{4}}, e^{k\pi+\frac{3\pi}{4}}\right[$. En déduire la divergence de la série de terme général a_k.

D'après École Polytechnique et Centrale-Supélec, filière PSI

Exercice 8.14* : Soient (u_n) et (v_n) deux suites réelles à valeurs positives telles que $u_n \underset{+\infty}{\sim} v_n$ et telles que les séries de terme général u_n et v_n soient divergentes. Montrer : $\sum_{k=0}^{n} u_k \underset{+\infty}{\sim} \sum_{k=0}^{n} v_k$.

D'après Mines-Ponts, filière PSI

■ Utilisation des intégrales généralisées (à aborder après le chapitre 11)

Exercice 8.15 : Déterminer un équivalent en $+\infty$ de $\sum_{k=n+1}^{+\infty}\dfrac{1}{k^3}$.

Exercice 8.16 : 1. Montrer que : $I_n = \displaystyle\int_{-\infty}^{+\infty}\frac{dt}{(3+t^2)^n}$ existe pour $n\geq 1$ et calculer I_1.

2. Trouver une relation entre I_n et I_{n+1}. Quelle est la nature de la série $\sum_{n\geqslant 1} I_n$?

Autour de la formule de Stirling

Exercice 8.17 : Déterminer la limite de $\left(\dfrac{(2n)!}{n!n^n}\right)^{\frac{1}{n}}$

D'après TPE

Exercice 8.18* : Pour $n \in \mathbb{N}^*$, on note $a_n = \dfrac{n!\,e^n}{n^n\sqrt{n}}$ et $u_n = \ln a_{n+1} - \ln a_n$.

1. Montrer que $\sum_{n\geqslant 1} u_n$ converge ; en déduire que $(a_n)_{n\geqslant 1}$ admet une limite finie $\ell \in \mathbb{R}_+^*$.

2. *On admettra la formule de Wallis :* $\dfrac{(2^n.n!)^2}{(2n)!\sqrt{2n}} \sim \sqrt{\frac{\pi}{2}}$.

Simplifier $\dfrac{a_n^2}{a_{2n}}$ et en déduire $\ell = \sqrt{2\pi}$ puis Stirling : $n! \sim \left(\frac{n}{\mathrm{e}}\right)^n \sqrt{2\pi n}$.

Étude d'une série alternée

Exercice 8.19 : Convergence $\sum_{n\geqslant 1} \dfrac{(-1)^{n+1}}{n^4}$ et valeur approchée de sa somme à 10^{-3} près ?

Exercice 8.20 : Nature de la série $\sum_{n\geqslant 1} \dfrac{(-1)^n \ln n}{n - \ln n}$?

D'après Concours Commun INP (ancien CCP)

Exercice 8.21 : Convergence puis somme de la série $\sum_{n\geqslant 1} (-1)^n \dfrac{2n+1}{n(n+1)}$.

Exercice 8.22 : 1. La série $\sum_{n\geqslant 1} (-1)^n \dfrac{\ln n}{n}$ converge-t-elle ? On pose : $S_n = \sum_{k=1}^{n} (-1)^k \dfrac{\ln k}{k}$.

2. Montrer que (S_{2n}) et (S_{2n+1}) sont adjacentes. Trouver leur limite commune à 10^{-2} près.

D'après Concours Communs Mines-Telecom et Concours ENSEA, filière PSI

Exercice 8.23 : Déterminer la nature de la série $\sum_{n\geqslant 0} \dfrac{(-1)^n}{\sqrt{n} - (-1)^n}$.

Exercice 8.24* : 1. Montrer la convergence de $\sum_{n\geqslant 1} (-1)^n \ln\left(1 + \dfrac{1}{n}\right)$.

2. Montrer : $\sum_{p=1}^{2n} (-1)^p \ln\left(1 + \dfrac{1}{p}\right) = \ln \dfrac{(2n+1)\left[(2n!)\right]^2}{2^{4n}\left[n!\right]^4}$. En déduire la somme précédente.

D'après Mines-Ponts

■ Produit de Cauchy de deux séries absolument convergentes

Exercice 8.25 : 1. Convergence et somme de $\displaystyle\sum_{n\geqslant 1}\left(\sum_{p=1}^{n}\frac{1}{p^2(n-p)!}\right)$?

2. Idem avec $\displaystyle\sum_{n\geqslant 1}\left(\sum_{p=1}^{n-1}\frac{1}{p^2(n-p)^2}\right)$. (On admettra l'égalité : $\displaystyle\sum_{n=1}^{+\infty}\frac{1}{n^2}=\frac{\pi^2}{6}$.)

Exercice 8.26* : Si $\alpha\in\mathbb{R}$, on note $S(\alpha)$ la somme lorsqu'elle converge de $\displaystyle\sum_{n\geqslant 0}\frac{(-1)^n}{(n+1)^\alpha}$.

1. Pour quelles valeurs de α, $S(\alpha)$ existe-t-elle ?

2. Soit $\displaystyle\sum_{n\geqslant 0}a_n$ la série produit de Cauchy de $S(\alpha)$ par elle-même.

Donner l'expression de a_n sous forme d'une somme.

Donner les valeurs de α pour lesquelles on est certain de la convergence de $\displaystyle\sum_{n\geqslant 0}a_n$.

3. On suppose ici $\alpha\in]0,\frac{1}{2}]$.

a. Soit $f_n : x\mapsto(x+1)(n+1-x)$. Étudier les extrema de f_n en fonction de l'entier n.

b. Montrer alors que : $\forall k\in[\![0,n]\!]$, $f_n(k)\leqslant\left(\dfrac{n+2}{2}\right)^2$.

Montrer ensuite que $|a_n|\geqslant\dfrac{4^\alpha(n+1)}{(n+2)^{2\alpha}}$. En déduire la nature de $\displaystyle\sum_{n\geqslant 0}a_n$.

■■ Indications

Ex. 8.1

Application de la **méthode 8.1** *ou de la* **méthode 8.2**. *Pour la cinquième,* $\sin x\leq x$.

Ex. 8.2

Pour le calcul de la somme, remarquer que $\displaystyle\sum_{n=0}^{+\infty}n3^{-n}=\sum_{n=0}^{+\infty}(n+1)3^{-n-1}$.

Ex. 8.3

On cherchera a *et* b *tels que* $a-b=2$ *et* $1+ab=n^2$.

Ex. 8.4

Le premier conseil est de vérifier l'existence de tous les termes u_n *et de voir si par hasard, on n'aurait pas une divergence grossière ! Dans le cas contraire, il faut tenter les méthodes les plus courantes. Voir* **méthode 8.1** *et choisir la bonne piste !*

Ex. 8.5

1. *Il s'agit de faire un développement limité du terme général* u_n *quand* n *tend vers* $+\infty$. *On fait « apparaître » la quantité* $\frac{1}{n}$. *C'est very classique !*

2. *On calcule ici la somme de cette série.*

On remarquera que u_n *s'écrit comme la somme de deux différences consécutives.*

3. *Pour trouver un équivalent (ou plus largement une majoration en valeur absolue) du reste d'ordre n d'une série numérique, aller voir la* **méthode 8.8**. *La plus rapide des pistes est évidemment quand ce reste s'exprime simplement en fonction de n. C'est ce qui arrive ici et c'est tant mieux.*

Ex. 8.6

On pourra constater que $\dfrac{1}{n^2-1} = \dfrac{1}{2}\left(\dfrac{1}{n-1} - \dfrac{1}{n+1}\right)$.

Ex. 8.7

1. *On pourra poser* $x = \cos\theta$ *et donc si* $x \to 1$, $\theta \to 0$.

Ex. 8.9

On a : $x - 1 < \lfloor x \rfloor \leqslant x$. *Puis on pose* $S_n = \displaystyle\sum_{k=1}^{n} u_k$ *et on coupe* S_n *en deux sommes.*

Ex. 8.10

On utilise le T.V.I au départ puis on remarquera que $\sum e^{-n\pi}$ *est une série géométrique.*

Ex. 8.11

Si $n = a_1 ... a_{p[n]}$ *alors* $n = a_1 10^{p[n]-1} + ... + a_{p[n]} 10^0$. *Les chiffres* $a_1, ..., a_{p[n]}$ *sont dans* $[\![0,9]\!]$ *avec* $a_1 \neq 0$. *On remarquera alors que :* $10^{p[n]-1} \leqslant n < 10^{p[n]}$.

Pour le calcul de la somme, on utilisera la (classique) égalité : $\dfrac{1}{n(n+1)} = \dfrac{1}{n} - \dfrac{1}{n+1}$ *pour calculer par télescopage la somme partielle d'ordre* $10^m - 1$, *puis la limite de la suite de ces sommes partielles.* *En chemin, il faudra calculer* $p[n] - p[n-1]$ *qui vaut 0 sauf si ... ?*

Ex. 8.12

1. *On rappelle que* $1^2 + 2^2 + ... + n^2 = \dfrac{1}{6}(n(n+1)(2n+1))$.

2. *Inspirez vous du dernier exemple (le* $6^{\text{ème}}$*) de la* **méthode 8.7**.

3. *Pour le calcul de la somme, inspirez vous encore de ce dernier exemple.*

Ex. 8.13

L'idée est de trouver pour commencer un minorant strictement positif réel α *de* $|\sin(\ln n)|$ *quand* $n \in I_k$. *Puis on minore* $u_k = \displaystyle\sum_{n \in I_k} a_k$ *par une quantité dépendant de* α *et du nombre d'entiers contenus dans* I_k. *Il reste à minorer ce dernier nombre par un réel strictement positif.*
On en déduit la divergence grossière de la série de terme général u_k.

Ex. 8.14

On rappelle que deux suites u_n *et* v_n *sont équivalentes au voisinage de* $+\infty$ *si, et seulement si, pour tout* $\varepsilon > 0$, *il existe* $N \in \mathbb{N}$ *tel que, pour tout* $n \geqslant N$, $|u_n - v_n| \leqslant \varepsilon v_n$. *On se fixe donc* ε *et* N.
Il s'agit, à l'arrivée, de trouver ce même genre d'inégalité mais avec $\displaystyle\sum_{k=0}^{n} u_k$ *à la place de* u_n *et* $\displaystyle\sum_{k=0}^{n} v_k$ *à la place de* v_n. *On majore donc* $\left|\displaystyle\sum_{k=0}^{n} u_k - \sum_{k=0}^{n} v_k\right|$ *par* $\displaystyle\sum_{k=0}^{n} |u_k - v_k|$.
On coupera alors la nouvelle somme en deux, k *variant de* 0 *à* $N-1$ *puis de* N *à* n. *Il faudra alors trouver un moyen d'utiliser l'hypothèse de divergence d'une des deux séries.*

Ex. 8.16

1. *Il faut avoir vu le chapitre sur les intégrales. Ceci fait, la question est facile !*

2. *On doit trouver ici une relation entre* I_n *et* I_{n+1}. *On pensera à une intégration par parties en limitant l'intégrale aux bornes* u *et* v *avec* $u < 0$ *et* $v > 0$.

On pourra démarrer en calculant $x \mapsto \left(\dfrac{1}{(3+x^2)^n}\right)'$. *Puis penser à faire le rapport* $\dfrac{I_{n+1}}{I_n}$.

Ex. 8.17

Bien sûr, on utilise la formule de James Stirling mais on peut aussi le faire avec les sommes de Riemann. Entraînez vous à suivre aussi cette piste.

Ex. 8.18

La formule de John Wallis vient de l'intégrale hyponyme. C'est un exercice classique que vous avez sûrement vu l'année dernière. Il est développé comme exemple des méthodes dans les Prépas-sciences PCSI et MPSI de première année au chapitre sur les intégrales. Sinon, fouillez un peu partout ! Par ailleurs, l'exercice donne une démonstration de la formule de Stirling. Bien que la démonstration ne soit pas exigible au niveau du cours, très souvent, on a droit à une démonstration en exercice. En voilà donc une.

Ex. 8.19

Eh oui, il faut vous munir d'une calculette et de la **méthode 8.4** *!*

Ex. 8.20

Faire un développement limité ou tenter le théorème spécial des séries alternées ? Là est la question (dirait un dramaturge anglais célèbre). On penchera pour la deuxième piste. La série est clairement alternée. On tente d'appliquer alors le théorème spécial des séries alternées. Le point délicat de l'exercice est le caractère décroissant de $\left(\dfrac{\ln n}{n-\ln n}\right)$ *(qui est clairement positive et de limite nulle).*

Ex. 8.21

Il est utile d'écrire $\dfrac{2n+1}{n(n+1)} = \dfrac{1}{n} + \dfrac{1}{n+1}$. *Puis on transforme notre somme en deux sommes et on applique un changement d'indice. Le télescopage apparaît. Enfin, je l'espère !*

Ex. 8.22

C'est quoi déjà deux suites adjacentes ? Allez, révisez !

Ex. 8.23

Bien que cette série soit une série alternée, on ne peut pas appliquer le célèbre critère spécial, même si c'est très tentant. On ne peut pas, non plus, utiliser l'argument : « $u_n \sim \dfrac{(-1)^n}{\sqrt{n}}$ *et* $\displaystyle\sum_{n\geqslant 1} \dfrac{(-1)^n}{\sqrt{n}}$ *converge comme série alternée satisfaisant aux hypothèses du théorème des séries alternées, donc* $\displaystyle\sum_{n\geqslant 1} u_n$ *converge », puisque les théorèmes de comparaison ne s'appliquent qu'aux séries à termes positifs. Bref, il faut faire un DL ! Utiliser un développement limité de* $\dfrac{1}{1-\frac{(-1)^n}{\sqrt{n}}}$ *en* $+\infty$.

Ex. 8.24

On pensera à la formule de Stirling pour finaliser le calcul de la somme.

Ex. 8.25

Identifier chacune de ces séries comme produit de Cauchy de deux séries à définir.

Ex. 8.26

L'idée de l'exercice est de faire comprendre que le cours ne permet d'affirmer que l'absolue convergence d'une série produit de Cauchy et non sa convergence simple.

Corrigé des vrai/faux

1	2	3	4	5	6	7	8	9	10	11	12	13	14	15
F	F	F	V	F	V	V	F	F	F	F	V	F	F	F

1. Voir la question suivante pour un contre-exemple.

2. La série harmonique est divergente, bien que son terme général tende vers 0.

3. $\sum_{n\geqslant 1} \frac{(-1)^n}{\sqrt{n}}$ converge par application du critère spécial des séries alternées, mais la règle des équivalents de la **proposition 8.11** ne s'applique qu'aux séries à termes positifs ; on montre que $\sum_{n\geqslant 2} \frac{(-1)^n}{\sqrt{n}-(-1)^n}$ diverge à l'**exercice 8.23**.

4. Cette série relève de la **proposition 8.5**

5. Cette série est convergente ($C.S.S.A$) mais pas absolument convergente (voir assertion 7).

6. $\sin\left(\left(n+\frac{1}{n}\right)\pi\right) = (-1)^n \sin\left(\frac{\pi}{n}\right)$; on peut ensuite conclure à sa convergence en utilisant tout simplement la **proposition 8.5**.

7. Voir la fiche **méthode 8.3** ; $\left(\frac{1}{n\ln n}\right)$ est décroissante, positive, de limite nulle, et $\int_3^n \frac{dt}{t\ln t} = \ln(\ln n) - \ln(\ln 3)$, donc l'intégrale généralisée $\int_3^{+\infty} \frac{dt}{t\ln t}$ diverge, et la somme partielle de la série est équivalente à $\ln(\ln n)$.

8. Cette équivalence signifierait que $\sum_{n=1}^{+\infty} \frac{1}{n^2} = 1$, alors qu'on verra que cette somme vaut $\frac{\pi^2}{6}$.

9. La série $\sum(-1)^n$ est divergente, ce qui interdit tout calcul.

10. La condition suffisante du critère de d'Alembert est : $l \in [0,1[$, et non : $l \in [0,1]$, même si la limite 1 est atteinte par valeurs inférieures, ce qui ne signifie que la décroissance de u_n

11. Ceci est la séparation d'une série convergente en différence de deux séries divergentes.

12. Si $u_n \sim \frac{3}{n^2}$, alors u_n est à termes *asymptotiquement* positifs.

13. Cette équivalence est fausse si la série $\sum u_n$ converge, car si la série $\sum v_n$ converge (ce qui n'est pas garanti dans le cas où les séries ne sont pas de signe constant) les deux sommes tendent alors vers des limites différentes en général.

14. Attention, au programme, on dit que si deux séries sont absolument convergentes, leur produit de Cauchy est une série elle aussi absolument convergente. Par contre, si l'une des deux séries n'est pas absolument convergente, on ne peut rien dire. Il faut raisonner au cas par cas.

15. Le critère des séries alternées n'est pas une CNS de convergence. Un contre-exemple parfait est l'exemple 2) de la **méthode 8.4**. Cette série converge mais $|u_n|$ ne décroît pas.

Erreurs classiques

- Écrire $\sum_{n=0}^{+\infty} u_n$ sans avoir prouvé, au préalable, que la série convergeait.
- Croire qu'une série dont le terme général tend vers 0 est convergente : penser à la série de terme général $\dfrac{1}{n}$.
- Oublier une hypothèse et/ou une conclusion du critère spécial des séries alternées.
- Appliquer la méthode des équivalents à une série alternée.
- Affirmer dans le cas où $|u_n|$ n'est pas décroissant que nécessairement la série alternée $\sum u_n$ diverge.
- Décomposer la somme d'une série convergente en la somme des sommes de deux séries... divergentes ! Il est plus prudent, dans ce cas, de revenir systématiquement aux sommes partielles, puis de passer à la limite.
- Ignorer que télescopage et somme d'une série géométrique sont les principales façons d'obtenir la valeur exacte de la somme d'une série convergente, jusqu'à ce que de nouveaux outils soient mis en place (séries entières et interversion somme infinie-intégrale).
- Appliquer la règle de D'Alembert en priorité pour démontrer la convergence d'une série : cette règle, très spécialisé (et trop appréciée des étudiants) échoue pour la plupart des séries (« cas douteux »). Avant d'appliquer cette règle, on vérifiera que la limite du rapport $\dfrac{u_{n+1}}{u_n}$ semble « calculable » sans trop de calcul technique. Si par exemple, u_n est sous forme d'une somme, passez votre chemin !
- Calculer la somme d'une série convergente en remplaçant u_n par un équivalent. Cela ne fonctionne pas car pour les petites valeurs de n, u_n et son équivalent peuvent être « très éloignés ».
- Oublier que les méthodes pour les séries à termes tous positifs peuvent se transposer sans souci aux séries à termes tous négatifs.
- Écrire que $u_n = o\left(\dfrac{1}{n}\right)$ suffit pour prouver la convergence de $\sum u_n$. En effet, on majore alors u_n par le terme général d'une série divergente, ce qui ne prouve rien.

Corrigé des exercices

Exercice 8.1

$\boxed{\sum_{n\geqslant 2}\frac{1}{\ln n}}$: comme le rapport $\frac{\sqrt{n}}{\ln n}$ tend vers $+\infty$ quand n tend vers ∞, à partir d'un certain rang N_0, ce rapport est plus grand que 1 et donc :

Voici pour débuter un cas particulier de série de Bertrand : $\sum_{n\geqslant 2}\frac{\ln^\alpha n}{n^\beta}$. Le lecteur pourra « s'essayer » à traiter sa nature selon α et β le prochain week-end pluvieux.

$$n \geqslant N_0 \Rightarrow \frac{1}{\ln n} > \frac{1}{\sqrt{n}}.$$

Comme la série $\sum_{n\geqslant N_0}\frac{1}{\sqrt{n}}$ est divergente, il en est de même de la série $\sum_{n\geqslant N_0}\frac{1}{\ln n}$.

$\boxed{\sum_{n\geqslant 0}\frac{\operatorname{ch} n}{\operatorname{ch} 2n}}$: on remarque que $\frac{\operatorname{ch} n}{\operatorname{ch} 2n} \sim e^{-n}$, quand n tend vers $+\infty$.

De plus, la série est à termes positifs et $\sum_{n\geqslant 0} e^{-n}$ étant convergente , la série $\sum_{n\geqslant 0}\frac{\operatorname{ch} n}{\operatorname{ch} 2n}$ est finalement à son tour **convergente**.

Car c'est une série géométrique de raison $1/e < 1$.

$\boxed{\sum_{n\geqslant 0}\exp(-n^\alpha), \text{ où } \alpha\in\mathbb{R}.}$ Si $\alpha \leqslant 0$, $\exp(-n^\alpha)$ ne tend pas vers 0 et la série est **grossièrement divergente**. Si $\alpha > 0$, $\exp(-n^\alpha) = o(1/n^2)$ car $n^2\exp(-n^\alpha)$ tend vers 0 (si $n \to +\infty$), $\sum_{n\geqslant 0}\exp(-n^\alpha)$ est **convergente**.

$\boxed{\sum_{n\geqslant 1}\ln\left(1+\frac{1}{n^\alpha}\right), \text{ où } \alpha\in\mathbb{R}}$ Si $\alpha \leqslant 0$, le terme général de la série ne tend pas vers 0 et elle est **grossièrement divergente**. Si $\alpha > 0$, le terme général de la série est équivalent à $1/n^\alpha$ quand n tend vers $+\infty$, terme général d'une série de Riemann divergente si $0 < \alpha \leqslant 1$ et convergente si $\alpha > 1$.

Et donc $\sum_{n\geqslant 1}\ln\left(1+\frac{1}{n^\alpha}\right)$ étant à termes positifs, elle est **divergente** si $0 < \alpha \leqslant 1$ et **convergente** si $\alpha > 1$.

Quand on utilise les équivalents, ne jamais oublier de dire que la série est à termes positifs !

$\boxed{\sum_{n\geqslant 1}\int_0^{\frac{\pi}{n}}\frac{\sin^3 x}{1+x}\,dx}$ Nous allons utiliser $0 \leqslant \sin u \leqslant u$ pour tout $u \geqslant 0$.

La première idée est de majorer $\sin^3 x$ par 1, mais cette majoration est trop forte.

On écrit : $\sin^3 x \leqslant x^3 \Rightarrow u_n \leqslant \int_0^{\frac{\pi}{n}}\frac{x^3}{1+x}\,dx \leqslant \int_0^{\frac{\pi}{n}} x^3\,dx = \frac{\pi^4}{4n^4}$.

$\sum_{n\geqslant 1} u_n$ est **convergente** car elle est à termes positifs et majorée par une série de Riemann convergente.

$\boxed{\sum_{n\geqslant 1}\left[n^{1/n^2}-1\right]}$ On a : $n^{1/n^2} = e^{\ln n/n^2}$. Le terme général $u_n = n^{1/n^2}-1$ est

$\sum\frac{\ln n}{n^2}$ converge car $\frac{\ln n}{n^2} = o(1/n^{3/2})$.

strictement positif et quand n tend vers $+\infty$, $u_n \sim \dfrac{\ln n}{n^2}$.

Finalement, $\sum_{n\geqslant 1}\left[n^{1/n^2}-1\right]$ est **convergente**.

Le terme général u_n (strictement positif) est équivalent au terme général d'une série de Riemann divergente.

$\boxed{\sum_{n\geqslant 1}\sqrt{\dfrac{\sqrt{n+1}-\sqrt{n}}{\sqrt{n}}}}$: transformons le terme général u_n de cette série :

$$u_n = \sqrt{\frac{(\sqrt{n+1}-\sqrt{n})(\sqrt{n+1}+\sqrt{n})}{\sqrt{n}((\sqrt{n+1}+\sqrt{n}))}} = \sqrt{\frac{1}{\sqrt{n}(\sqrt{n+1}+\sqrt{n})}},$$

en utilisant une certaine quantité conjuguée ! Donc, $u_n \sim \dfrac{1}{\sqrt{2n}}$.

Et $\sum_{n\geqslant 1} u_n$ est **divergente**.

$\boxed{\sum_{n\geqslant 1}\left[1-e^{1/n}\right]}$ $u_n \sim -\dfrac{1}{n} \Rightarrow \left[\sum_{n\geqslant 1} u_n \text{ est } \textbf{divergente}\right]$.

$\boxed{\sum_{n\geqslant 0}\left[(n^3+1)^{1/3}-(n^2+1)^{1/2}\right]}$: posons $u_n = (n^3+1)^{1/3}-(n^2+1)^{1/2}$.

On a : $u_n = n\left[\left(\dfrac{1}{n^3}+1\right)^{1/3}-\left(\dfrac{1}{n^2}+1\right)^{1/2}\right]$.

On rappelle que $(1+u)^\alpha = 1+\alpha u+o(u)$, au voisinage de $u=0$.

Ainsi : $u_n = n\left[-\dfrac{1}{2n^2}+\dfrac{1}{3n^3}+o\left(\dfrac{1}{n^3}\right)\right] = -\dfrac{1}{2n}+\dfrac{1}{3n^2}+o\left(\dfrac{1}{n^2}\right)$.

On peut conclure. Le terme général u_n (strictement négatif) est équivalent au terme général d'une série de Riemann divergente et $\sum_{n\geqslant 1} u_n$ est **divergente**.

La règle de d'Alembert est ici très pertinente à cause de la présence de $n!$

$\boxed{\sum_{n\geqslant 1}\dfrac{n!}{n^n}}$: $\dfrac{n!}{n^n} \sim \dfrac{\sqrt{2\pi n}}{e^n}$ et $\dfrac{\dfrac{\sqrt{2\pi(n+1)}}{e^{n+1}}}{\dfrac{\sqrt{2\pi n}}{e^n}} = \dfrac{1}{\mathrm{e}}\sqrt{\dfrac{n+1}{n}} \underset{n\to+\infty}{\longrightarrow} \dfrac{1}{\mathrm{e}} < 1$.

D'après la règle de d'Alembert, $\sum_{n\geqslant 1}\dfrac{\sqrt{2\pi n}}{e^n}$ converge.

Par comparaison des séries à termes positifs : $\sum_{n\geqslant 1}\dfrac{n!}{n^n}$ converge.

Exercice 8.2

▶ **Étude de la convergence**

En utilisant les puissances comparées.

En $+\infty$, $n3^{-n}.2^n$ tend vers 0 : $\exists n_0 \in \mathbb{N}^*, n \geqslant n_0 \Rightarrow n.3^{-n} \leqslant 2^{-n}$.

Comme $\sum 2^{-n}$ converge, il en est de même pour $n3^{-n}$.

▶ **Calcul de la somme**

Quand vous aurez fait les dérivations de séries entières, il y aura plus simple pour calculer S.

Posons $S = \sum_{n=0}^{+\infty} n.3^{-n}$; alors $S = \sum_{n=1}^{+\infty} n.3^{-n} = \sum_{m=0}^{+\infty}(m+1).3^{-m-1}$.

D'où : $S = \dfrac{1}{3}\sum_{n=0}^{+\infty}(n+1).3^{-n} = \dfrac{1}{3}\left(S+\sum_{n=0}^{+\infty}3^{-n}\right) = \dfrac{1}{3}\left(S+\dfrac{1}{1-\frac{1}{3}}\right) = \dfrac{S}{3}+\dfrac{1}{2}$.

On en tire que $S = \dfrac{3}{4}$.

Exercice 8.3

▸ Vérification de la relation

Si a et b sont deux réels positifs et que $a > b$, alors $\dfrac{a-b}{1+ab} \in \mathbb{R}_+$ donc $\arctan \dfrac{a-b}{1+ab} \in \left[0, \dfrac{\pi}{2}\right[$ et par ailleurs $\arctan a - \arctan b \in \left[0, \dfrac{\pi}{2}\right[$; or $\tan(\arctan a - \arctan b) = \dfrac{a-b}{1+ab} = \tan\left(\arctan \dfrac{a-b}{1+ab}\right)$ donc la quantité $\arctan \dfrac{a-b}{1+ab}$ vaut $\arctan a - \arctan b$.

Cet exercice est une bonne révision des fonctions tangente et arctangente.

▸ Vérification de la convergence de la série

En $+\infty$, $0 \leqslant \arctan\left(\dfrac{2}{n^2}\right) \sim \dfrac{2}{n^2}$. $\sum \arctan\left(\dfrac{2}{n^2}\right)$ converge.

Or $\sum \dfrac{2}{n^2}$ converge donc d'après une proposition du cours. Tiens, laquelle ?

▸ Calcul de la somme

Le système $a-b=2$ et $ab = n^2-1$ admet pour solutions $(a,b) = (n+1, n-1)$. Il en résulte que $\arctan\left(\dfrac{2}{n^2}\right) = \arctan(n+1) - \arctan(n-1)$ pour tout $n \in \mathbb{N}^*$. Alors, pour $m \in \mathbb{N}^*$,

$$\begin{aligned}
\sum_{n=1}^{m} \arctan\left(\frac{2}{n^2}\right) &= \sum_{n=1}^{m} \arctan(n+1) - \sum_{n=1}^{m} \arctan(n-1) \\
&= \sum_{n=2}^{m+1} \arctan n - \sum_{n=0}^{m-1} \arctan n \\
&= \arctan(m+1) + \arctan m - \arctan 1 \\
&= \arctan(m+1) + \arctan m - \tfrac{\pi}{4}
\end{aligned}$$

et cette expression tend vers $2\dfrac{\pi}{2} - \dfrac{\pi}{4} = \dfrac{3\pi}{4}$ quand m tend vers $+\infty$.

C'est ici une série télescopique un peu complexe. Mais heureusement, on en parle tout simplement à la **méthode 8.7**.

Exercice 8.4

▸ On peut vérifier que tous les termes de la série $\sum_{n \geqslant 2} u_n$ existent.

En effet, $n \geqslant 2$ entraîne que $\ln n > 0$ et que $\ln(\ln n)$ existe.

▸ On écrit $n\,u_n = e^{\ln n}\, e^{-\ln^2(\ln n)} = e^{(1-\frac{\ln^2(\ln n)}{\ln n})\ln n}$.

Posons $N = \ln n$. Alors n et $N \to +\infty$ et $\frac{\ln^2(\ln n)}{\ln n} = \frac{\ln^2(N)}{N}$ tend vers 0.

À partir d'un certain rang A, $n \geqslant A \Rightarrow u_n > \frac{1}{n}$.

Comme la série $\sum_{n \geqslant A} \dfrac{1}{n}$ est divergente, la série $\sum_{n \geqslant 2} u_n$ aussi.

L'idée est de trouver $\alpha \leqslant 1$ tel que $n^\alpha u_n$ tende vers $+\infty$ donc u_n est prédominante devant le terme général d'une série de Riemann divergente. Retenir l'idée !

Exercice 8.5

1. On commence par écrire :

$$u_n = \sqrt{n}\left[1 + a\sqrt{1+\frac{1}{n}} + b\sqrt{1+\frac{2}{n}}\right].$$

Puis, on rappelle que le développement limité de $(1+x)^\alpha$, où α est un réel différent de 0 et de 1, à l'ordre 2, au voisinage de 0 est :

$$(1+x)^\alpha = 1 + \alpha x + \frac{\alpha(\alpha-1)}{2}x^2 + o(x^2).$$

La technique est de mettre n en facteur dans $\sqrt{n+1}$ et $\sqrt{n+2}$ pour faire apparaître $1/n$ puis on utilise le $DL_2(0)$ de $x \mapsto \sqrt{1+x}$

Corrigé

On l'applique pour $\alpha = \dfrac{1}{2}$ et :

$$\sqrt{1+x} = 1 + \frac{1}{2}x + \frac{\frac{1}{2}\left(\frac{1}{2}-1\right)}{2}x^2 + o(x^2) = 1 + \frac{1}{2}x - \frac{1}{8}x^2 + o(x^2).$$

Donc : $\sqrt{1+\dfrac{1}{n}} = 1 + \dfrac{1}{2n} - \dfrac{1}{8n^2} + o\left(\dfrac{1}{n^2}\right)$.

De même, $\sqrt{1+\dfrac{2}{n}} = 1 + \dfrac{1}{n} - \dfrac{1}{2n^2} + o\left(\dfrac{1}{n^2}\right)$.

Il reste à rassembler dans l'expression de u_n et :

$$u_n = \frac{1+a+b}{\sqrt{\frac{1}{n}}} + \left(\frac{1}{2}a + b\right)\sqrt{\frac{1}{n}} + \left(-\frac{1}{8}a - \frac{1}{2}b\right)\left(\frac{1}{n}\right)^{3/2} + o\left(\left(\frac{1}{n}\right)^{3/2}\right),$$

en remarquant que $\sqrt{n} \times o\left(\dfrac{1}{n^2}\right) = o\left(\left(\dfrac{1}{n}\right)^{3/2}\right)$.

• On remarque que si $1+a+b \neq 0$, le terme général u_n ne tend pas vers 0 et la série diverge grossièrement.

• Si maintenant, $1+a+b=0$ et si $\frac{a}{2}+b \neq 0$ alors : $u_n \sim \dfrac{a/2+b}{\sqrt{n}}$ et la série $\sum u_n$ diverge.

• Enfin, supposons que a et b vérifient le système :

$$\begin{cases} 1+a+b &= 0 \\ a/2+b &= 0 \end{cases}.$$

Le lecteur trouve alors $a = -2$ et $b = 1$ et le remplace dans l'expression de u_n. Il reprend ensuite le développement limité du terme général u_n.

$$u_n = -\frac{1}{4}\frac{1}{n^{3/2}} + o\left(\frac{1}{n^{3/2}}\right).$$

On remarque que u_n est somme de deux termes de séries absolument convergentes. On peut conclure. $\sum u_n$ converge si, et seulement si, $a = -2$ et $b = 1$.

✎ Bien entendu, il n'est pas question d'utiliser l'équivalent trouvé à la question précédente, mais vous le saviez ! Je vous engage à aller voir et revoir encore la **méthode 8.8**, *où sont rappelées les principales idées de calcul d'une somme.*

2. Pour $a = -2$ et $b = 1$, il s'agit de calculer la somme $\sum_{n=0}^{+\infty} u_n$. Le premier rang n'est pas précisé mais comme u_0 existe, on prendra 0 pour premier indice.

Ici, on calcule : $S_n = \sum_{k=0}^{n} u_k$ pour tout n puis on fait tendre n vers $+\infty$.

Commençons par remarquer, pour tout entier n, que :

$$u_n = \sqrt{n} - 2\sqrt{n+1} + \sqrt{n+2} = \sqrt{n} - \sqrt{n+1} + \sqrt{n+2} - \sqrt{n+1}.$$

On peut donc écrire S_n sous la forme :

$$S_n = \sum_{k=0}^{n}\left(\sqrt{k} - \sqrt{k+1}\right) + \sum_{k=0}^{n}\left(\sqrt{k+2} - \sqrt{k+1}\right).$$

Nous allons réindexer la seconde somme :

$$S_n = \sum_{k=0}^{n} \left(\sqrt{k} - \sqrt{k+1}\right) + \sum_{k=1}^{n+1} \left(\sqrt{k+1} - \sqrt{k}\right).$$

On remarque que les deux sommes ont leurs termes opposés. Seuls les premiers et derniers indices différent. Ce qui donne :

$$S_n = \sqrt{0} - \sqrt{1} + \sqrt{n+2} - \sqrt{n+1} = -1 + \sqrt{n+2} - \sqrt{n+1}.$$

Il reste à s'occuper de $\sqrt{n+2} - \sqrt{n+1}$. On l'écrit sous la forme :

$$\frac{(\sqrt{n+2} - \sqrt{n+1})(\sqrt{n+2} + \sqrt{n+1})}{\sqrt{n+2} + \sqrt{n+1}} = \frac{1}{\sqrt{n+2} + \sqrt{n+1}},$$

quantité qui tend vers 0. Ainsi : $\lim\limits_{n \to +\infty} S_n = \sum\limits_{n=0}^{+\infty} u_n = -1.$

3. Posons : $R_n = \sum\limits_{n+1}^{+\infty} u_k$. Comme la série $\sum u_n$ converge, on peut écrire :

✎ Ici c'est du luxe, on a R_n en fonction de n. Ce n'est pas toujours le cas. Allez voir encore et encore la **méthode 8.8**

$$S_n + R_n = -1 = -1 + \sqrt{n+2} - \sqrt{n+1} + R_n$$

et donc : $R_n = \sqrt{n+1} - \sqrt{n+2}$. Ainsi : $R_n \sim \dfrac{-1}{2\sqrt{n}}$.

Exercice 8.6

En $+\infty$, $0 \leqslant \dfrac{1}{n^2-1} \sim \dfrac{1}{n^2}$; or $\sum\limits_{n \geqslant 2} \dfrac{1}{n^2}$ converge, donc $\sum\limits_{n \geqslant 2} \dfrac{1}{n^2-1}$ converge d'après la **méthode 8.1**.

▸ **Calcul de la somme**

Pour tout entier $m \in \mathbb{N}^*$, $m \geqslant 2$, en posant $p = n-1$ et $q = n+1$:

$$\sum_{n=2}^{m} \frac{1}{n^2-1} = \sum_{n=2}^{m} \frac{1}{2}\left(\frac{1}{n-1} - \frac{1}{n+1}\right) = \frac{1}{2}\left(\sum_{p=1}^{m-1} \frac{1}{p} - \sum_{q=3}^{m+1} \frac{1}{q}\right).$$

Un indice de sommation étant "muet", on peut remplacer p et q par n :

La somme $\sum\limits_{n=2}^{m} \dfrac{1}{n^2-1}$ devient :

$$\frac{1}{2}\left(\frac{3}{2} + \sum_{n=3}^{m-1} \frac{1}{n} - \sum_{n=3}^{m-1} \frac{1}{n} - \frac{1}{m} - \frac{1}{m+1}\right) = \frac{3}{4} - \frac{1}{2}\left(\frac{1}{m} + \frac{1}{m+1}\right),$$

qui tend vers $\dfrac{3}{4}$ quand m tend vers l'infini.

Exercice 8.7

1. Prenons $x = \cos\theta$, avec $\theta = \arccos x \in [0, \pi]$, alors
$2(1-x) = 2(1-\cos\theta) = 4\sin^2\dfrac{\theta}{2}$ donc $\sqrt{2(1-x)} = 2\sin\dfrac{\theta}{2} \sim \theta = \arccos x$, lorsque $x \to 1$ (car alors $\theta \to 0$).

Corrigé

2. $\dfrac{n^2+n+1}{n^2+n+3} = \dfrac{n^2+n+3-2}{n^2+n+3} = 1-\dfrac{2}{n^2+n+3}$; alors, lorsque $n \to +\infty$ et en prenant $x = 1-\dfrac{2}{n^2+n+3}$: $\arccos\left(\dfrac{n^2+n+1}{n^2+n+3}\right) \sim \sqrt{2\dfrac{2}{n^2+n+3}} \sim \dfrac{2}{n}$.

Comme $\sum \dfrac{2}{n}$ diverge, la série $\sum \arccos\left(\dfrac{n^2+n+1}{n^2+n+3}\right)$ diverge.

Encore une fois, l'idée est de trouver une série équivalente (car notre série est à termes positifs).

Exercice 8.8

▸ u_n est positif ; $\ln u_n = n^2 \ln\left(n \sin\dfrac{1}{n}\right)$.

On commence par rappeller, qu'au voisinage de $x=0$, à l'ordre 3,

$$\sin x = x - \frac{x^3}{6} + o(x^3).$$

Donc, quand n tend vers $+\infty$, $\sin\dfrac{1}{n} = \dfrac{1}{n} - \dfrac{1}{6n^3} + o\left(\dfrac{1}{n^3}\right)$.

Ainsi, en utilisant le $DL_1(0)$: $\ln(1+u) = u + o(u)$, avec $u = -1/6n^2$,

$$n\sin\frac{1}{n} = 1 - \frac{1}{6n^2} + o\left(\frac{1}{n^2}\right).$$

Et : $n^2\ln\left(n\sin\dfrac{1}{n}\right) = n^2\ln\left(1-\dfrac{1}{6n^2}+o\left(\dfrac{1}{n^2}\right)\right) = -\dfrac{1}{6}+o(1)$.

Finalement, u_n tend vers $l = e^{\frac{-1}{6}}$.

Pour obtenir un équivalent de $u_n - l$, il faut pousser le développement limité à un ordre supérieur. Cette idée est très classique et à retenir !

▸ Équivalent de $u_n - l$: On commence par rappeller, qu'au voisinage de $x=0$, à l'ordre 5, $\sin x = x - \dfrac{x^3}{6} + \dfrac{x^5}{120} + o(x^5)$.

Donc, quand n tend vers $+\infty$, $\sin\dfrac{1}{n} = \dfrac{1}{n} - \dfrac{1}{6n^3} + \dfrac{1}{120n^5} + o\left(\dfrac{1}{n^5}\right)$.

Donc, en utilisant le $DL_2(0)$: $\ln(1+u) = u - \dfrac{u^2}{2} + o(u^2)$, mais maintenant, en prenant $u = -\dfrac{1}{6n^2} + \dfrac{1}{120n^4}$, on obtient par composée de développements limités,

$$\begin{aligned} n^2\ln\left(n\sin\frac{1}{n}\right) &= n^2\left(\frac{-1}{6n^2}+\frac{1}{120n^4}-\frac{1}{72n^4}+o\left(\frac{1}{n^4}\right)\right)\\ &= \frac{-1}{6}-\frac{1}{180n^2}+o\left(\frac{1}{n^2}\right) \end{aligned}$$

Alors : $u_n - l = e^{n^2\ln(n\sin\frac{1}{n})} - e^{-\frac{1}{6}} = e^{-\frac{1}{6}}\left[e^{-\frac{1}{180}n^2+o(\frac{1}{n^2})}-1\right]$.

Finalement : $u_n - l \sim -\dfrac{e^{-\frac{1}{6}}}{180n^2}$ et la série $\sum(u_n - l)$ est convergente.

Exercice 8.9

Il suffit de faire tendre x vers $+\infty$ et la quantité centrale tend vers 1.

▸ Comme $x-1 < \lfloor x\rfloor \leqslant x$, en supposant $x>1$, $\dfrac{x-1}{x} < \dfrac{\lfloor x\rfloor}{x} \leqslant 1$.

▸ Pour tout $k \geqslant 1$, $u_k = \dfrac{\lfloor\sqrt{k+1}\rfloor - \lfloor\sqrt{k}\rfloor}{k}$.

Pour tout $n \geqslant 1$, $S_n = \displaystyle\sum_{k=1}^{n} u_k = \sum_{k=1}^{n}\frac{\lfloor\sqrt{k+1}\rfloor}{k} - \sum_{k=1}^{n}\frac{\lfloor\sqrt{k}\rfloor}{k}$.

En réindexant : $S_n = \sum_{k=2}^{n+1} \frac{\lfloor\sqrt{k}\rfloor}{k-1} - \sum_{k=1}^{n} \frac{\lfloor\sqrt{k}\rfloor}{k}$. Cela peut alors s'écrire :

$$S_n = \sum_{k=2}^{n} \lfloor\sqrt{k}\rfloor \left(\frac{1}{k-1} - \frac{1}{k}\right) + \frac{\lfloor\sqrt{n+1}\rfloor}{n} - \frac{\lfloor\sqrt{1}\rfloor}{1}.$$

Warnung : ne sautez pas à pieds joints dans l'erreur de prendre directement pour équivalent de u_k la valeur $\frac{\sqrt{k+1}-\sqrt{k}}{k}$ car l'opération différence ne conserve pas l'opération $\sim$.

La quantité $\frac{\lfloor\sqrt{1}\rfloor}{1}$ vaut 1. La quantité $\frac{\lfloor\sqrt{n+1}\rfloor}{n}$ est équivalente à $\frac{\sqrt{n+1}}{n}$ quand n tend vers $+\infty$, d'après la première question. Elle tend donc vers 0.
Enfin : $v_k = \lfloor\sqrt{k}\rfloor \left(\frac{1}{k-1} - \frac{1}{k}\right) = \frac{\lfloor\sqrt{k}\rfloor}{k(k-1)}$ est équivalent à $\frac{\sqrt{k}}{k^2} = k^{-3/2}$ quand k tend vers $+\infty$, toujours d'après la première question. Donc la série de terme général v_k est convergente et S_n a une limite finie quand n tend vers $+\infty$.

C'est la définition de la convergence de la série $\sum_{k\geqslant 1} u_k$.

Exercice 8.10

► Posons : $\forall n \in \mathbb{N}$, $g_n : t \mapsto \ln t - \arctan t - n\pi$. Il est clair que g_n est de classe $\mathscr{C}^1$ sur $\mathbb{R}_+^\star$. On a : $g_n'(t) = \frac{t^2-t+1}{t(1+t^2)} > 0$. Comme $\lim_{t\to 0^+} g_n(t) = -\infty$ et $\lim_{t\to+\infty} g_n(t) = +\infty$, g_n est strictement croissante (et continue) de valeur $\mathbb{R}$ entier. D'après le *T.V.I*, il existe un unique $x_n \in \mathbb{R}$ tel que $g_n(x_n) = 0$.

L'idée d'une suite construite comme l'unique racine d'une fonction indéxée par n se retrouve très souvent dans les exercices. On utilise régulièrement le T.V.I.

► Il est clair que $x_n > 0$. Donc $\arctan x_n > 0$. Donc $\arctan x_n + n\pi > n\pi$, qui s'écrit aussi : $\ln x_n > n\pi$. On a bien : $x_n > e^{n\pi}$.
On écrit : $x_n > \exp(n\pi) \Rightarrow 0 < \frac{1}{x_n} < \exp(-n\pi)$. Comme la série $\sum_{n\geqslant 0} \exp(-n\pi)$ est une série convergente (série géométrique de raison comprise strictement entre -1 et 1), il en est de même de $\sum_{n\geqslant 0} \frac{1}{x_n}$.

Exercice 8.11

► Comme $n \geqslant 10^{p[n]-1}$, $\ln n \geqslant (p[n]-1)\ln 10$ et $p[n] \leqslant \frac{\ln n}{\ln 10} + 1 = \frac{\ln(10n)}{\ln 10}$.
On introduit le rapport voulu : $\forall n \in \mathbb{N}^\star$, $0 \leqslant \frac{p[n]}{n(n+1)} \leqslant \frac{\ln(10n)}{n(n+1)\ln 10}$.

On utilise ce qui est écrit dans l'indication.

Or, on a : $\frac{\ln(10n)}{n(n+1)\ln 10} = o\left(\frac{1}{n^{\frac{3}{2}}}\right)$, puisque $\lim_{n\to+\infty} \frac{\ln(10n)}{\sqrt{n}\ln 10} = 0$.
Pour n assez grand, $\frac{\ln(10n)}{n(n+1)\ln 10} \leq \frac{1}{n^{\frac{3}{2}}}$. Comme $\sum_{n\geq 1} \frac{1}{n^{\frac{3}{2}}}$ converge, par comparaison des séries à termes positifs, $\sum_{n\geqslant 1} \frac{\ln(10n)}{n(n+1)\ln 10}$ converge absolument et il en est de même pour la série $\sum_{n\geqslant 1} \frac{p[n]}{n(n+1)}$.

L'idée est un peu comme avec la partie entière, on se débarrasse de $p[n]$ par encadrement.

► Maintenant, si $m \in \mathbb{N}^*$: $S_m = \sum_{n=1}^{10^m-1} \frac{p[n]}{n(n+1)} = \sum_{n=1}^{10^m-1} \frac{p[n]}{n} - \sum_{n=1}^{10^m-1} \frac{p[n]}{n+1}$

$$= \sum_{n=1}^{10^m-1} \frac{p[n]}{n} - \sum_{n'=2}^{10^m} \frac{p[n'-1]}{n'} = \frac{p[1]}{1} + \sum_{n=2}^{10^m-1} \frac{p[n]-p[n-1]}{n} - \frac{p[10^m-1]}{10^m}.$$

Corrigé

La suite (S_m) est une suite extraite de la suite convergente des sommes partielles de la série envisagée, donc sa limite est la limite de la suite des sommes partielles, c'est-à-dire la somme de la série.

Or $p[n] - p[n-1] = 1$ si n est une puissance de 10 et 0 sinon. Alors :
$S_m = 1 + \sum_{p=1}^{m-1} \frac{1}{10^p} - \frac{m}{10^m}$ qui tend vers $1 + \sum_{p=1}^{+\infty} \frac{1}{10^p} = 1 + \frac{1}{10}\frac{1}{1-\frac{1}{10}} = \frac{10}{9}$.

Conclusion : $\sum_{n=1}^{+\infty} \frac{p[n]}{n(n+1)} = \frac{10}{9}$.

Exercice 8.12

1. On commence par écrire :

Je sais, vous n'avez pas eu besoin de voir l'indication !

$$a_n = \frac{1}{1^2 + 2^2 + ... + n^2} = \frac{6}{n(n+1)(2n+1)},$$

en remarquant que $1^2 + 2^2 + ... + n^2 = \frac{1}{6}(n(n+1)(2n+1))$.

Donc, $a_n \sim \frac{3}{n^3}$, quand $n \to +\infty$.

Comme $\sum_{n\geqslant 1} \frac{3}{n^3}$ converge, il en est de même de $\sum_{n\geqslant 1} a_n$.

On reconnait une somme de Riemann en mettant $1/n$ en facteur dans la somme.

2. On écrit pour tout entier n non nul :

$$H_{2n+1} - H_n = \sum_{k=1}^{2n+1} \frac{1}{k} - \sum_{k=1}^{n} \frac{1}{k} = \sum_{k=n+1}^{2n+1} \frac{1}{k} = \sum_{j=1}^{n+1} \frac{1}{n+j}.$$

Soit : $H_{2n+1} - H_n = \frac{1}{n}\sum_{j=1}^{n+1} \frac{1}{1+\frac{j}{n}} = \frac{1}{n}\sum_{j=1}^{n} \frac{1}{1+\frac{j}{n}} + \frac{1}{2n+1}$.

Comme $\lim_{n\to+\infty} \frac{1}{n}\sum_{j=1}^{n} \frac{1}{1+\frac{j}{n}} = \int_0^1 \frac{dx}{1+x} = \ln 2$ et $\lim_{n\to+\infty} \frac{1}{2n+1} = 0$, on en déduit le résultat voulu : $\lim_{n\to+\infty} (H_{2n+1} - H_n) = \ln 2$.

Ceux qui s'éclatent dans les calculs peuvent mettre au même dénominateur et identifier.

3. • Posons l'égalité :

$$(1)\ a_n = \frac{6}{n(n+1)(2n+1)} = \frac{a}{n} + \frac{b}{n} + \frac{c}{2n+1}.$$

On multiplie (1) par n et on applique avec $n = 0$. On obtient $a = 6$.
De même, on multiplie (1) par $n + 1$ et on applique avec $n = -1$.
On obtient $b = 6$.
Enfin, on multiplie (1) par $2n + 1$ et on applique avec $n = -1/2$.
On obtient $c = -24$.

Là, on est très proche de la piste développée dans l'exemple 6 de la **méthode 8.7**.

• On va en déduire $\sum_{n=1}^{+\infty} a_n$. Posons $S_n = \sum_{k=1}^{n} a_k$.

On a : $S_n = 6\left[\sum_{k=1}^{n}\left(\frac{1}{k} + \frac{1}{k+1} - \frac{4}{2k+1}\right)\right]$.

Ou encore :

$$S_n = 6\left[\sum_{k=1}^{n}\left(\frac{2}{2k} - \frac{2}{2k+1}\right) + \sum_{k=1}^{n}\left(\frac{2}{2k+2} - \frac{2}{2k+1}\right)\right].$$

Donc :

$$(2)\quad \frac{S_n}{12} = \sum_{k=1}^{n}\left(\frac{1}{2k} - \frac{1}{2k+1}\right) + \sum_{k=1}^{n}\left(\frac{1}{2k+2} - \frac{1}{2k+1}\right).$$

On peut écrire la première somme $\sum_{k=1}^{n}\left(\frac{1}{2k} - \frac{1}{2k+1}\right)$ du second membre de la dernière égalité (2) sous la forme développée :

$$\frac{1}{2} + \frac{1}{4} + \ldots + \frac{1}{2n} - \frac{1}{3} - \frac{1}{5} - \ldots - \frac{1}{2n+1},$$

ou encore :

$$\frac{1}{2} + \ldots + \frac{1}{2n} - \sum_{k=2}^{2n+1}\frac{1}{k} + \frac{1}{2} + \ldots + \frac{1}{2n},$$

soit encore :

$$\sum_{k=1}^{n}\frac{1}{k} - \sum_{k=2}^{2n+1}\frac{1}{k} = 1 - \sum_{k=n+1}^{2n+1}\frac{1}{k} = 1 - [H_{2n+1} - H_n].$$

De même, la deuxième somme $\sum_{k=1}^{n}\left(\frac{1}{2k+2} - \frac{1}{2k+1}\right)$ du second membre de (2) devient, sous forme développée :

$$\frac{1}{4} + \ldots + \frac{1}{2n} + \frac{1}{2n+2} - \frac{1}{3} - \frac{1}{5} - \ldots - \frac{1}{2n+1},$$

ou encore :

$$\frac{1}{4} + \ldots + \frac{1}{2n+2} - \sum_{k=3}^{2n+2}\frac{1}{k} + \frac{1}{4} + \ldots + \frac{1}{2n} + \frac{1}{2n+2},$$

soit encore :

✎ *On fait tendre n vers $+\infty$.*

$$\sum_{k=2}^{n+1}\frac{1}{k} - \sum_{k=3}^{2n+2}\frac{1}{k} = \frac{1}{2} - \sum_{k=n+2}^{2n+3}\frac{1}{k} = \frac{1}{2} - [H_{2n+3} - H_{n+1}].$$

Alors, comme $H_{2n+1} - H_n$ et $H_{2n+3} - H_{n+1}$ tendent vers $\ln 2$, la quantité $\frac{S_n}{12}$ tend vers $\frac{3}{2} - 2\ln 2$ et ainsi : $\lim_{n\to+\infty} S_n = 18 - 24\ln 2$.

Exercice 8.13

Étudions la suite u définie par : $u_k = \sum_{n\in I_k} a_n$, où $I_k = \left[e^{k\pi+\frac{\pi}{4}}, e^{k\pi+\frac{3\pi}{4}}\right[$.

$n \in \mathbb{N} \cap [e^{k\pi+\frac{\pi}{4}}, e^{k\pi+\frac{3\pi}{4}}] \Rightarrow e^{k\pi+\frac{\pi}{4}} \leq n < e^{k\pi+\frac{3\pi}{4}} \Rightarrow k\pi + \frac{\pi}{4} < \ln n \leqslant k\pi + \frac{3\pi}{4}$.

Donc si k est pair, $\sin(\ln n) \geqslant \frac{\sqrt{2}}{2}$ et si k est impair, $\sin(\ln n) \leqslant -\frac{\sqrt{2}}{2}$.

Corrigé

$$|\sin(\ln(n))| \geqslant \frac{\sqrt{2}}{2}.$$

Appelons N_k le nombre d'entiers naturels n tels que $e^{k\pi+\frac{\pi}{4}} \leqslant n < e^{k\pi+\frac{3\pi}{4}}$.

$$u_k = \sum_{n\in I_k} a_n \geqslant \sum_{n\in I_k} \frac{\sqrt{2}}{2n} \geqslant e^{-k\pi-\frac{3\pi}{4}} \sum_{n\in I_k} \frac{\sqrt{2}}{2} \geqslant N_k e^{-k\pi-\frac{3\pi}{4}} \frac{\sqrt{2}}{2}.$$

L'idée est de minorer le nombre N d'entiers dans un intervalle de la forme $[a,b[$. Nous comptabilisons ce nombre d'entiers N pour commencer. Nous allons faire plusieurs cas selon que a ou b est entier ou non.

▸ **Premier cas : a et b entiers**

Les entiers dans $[a,b[$ sont : a, $a+1$, ..., $a+(b-a-1)$. Et $N = b-a$.

▸ **Deuxième cas : a est entier et b n'est pas entier**

Les entiers dans $[a,b[$ sont : a, $a+1$, ..., $a+(\lfloor b\rfloor - a)$. Et $N = \lfloor b\rfloor - a + 1$.

▸ **Troisième cas : a et b ne sont pas des entiers**

Les entiers dans $[a,b[$ sont : $\lfloor a\rfloor + 1$, $\lfloor a\rfloor + 2$, ..., $\lfloor a\rfloor + (\lfloor b\rfloor - \lfloor a\rfloor)$.
Et $N = \lfloor b\rfloor - \lfloor a\rfloor$.

▸ **Quatrième cas : a n'est pas entier et b est entier**

Les entiers dans $[a,b[$ sont : $\lfloor a\rfloor + 1$, ..., $\lfloor a\rfloor + (b - \lfloor a\rfloor - 1)$. Et $N = b - \lfloor a\rfloor - 1$.

▸ **Conclusion.** Montrons que $b-a-1$ minore toujours le nombre d'entiers dans $[a,b[$. Dans l'hypothèse du premier cas, on a : $b-a \geqslant b-a-1$.
Dans celle du second cas, on a : $\lfloor b\rfloor - a + 1 \geqslant b - 2 - a + 1 \geqslant b-a-1$.
Dans celle du troisième cas, on a : $\lfloor b\rfloor - \lfloor a\rfloor \geqslant b - 1 - \lfloor a\rfloor \geqslant -a+b-1$.
Enfin, dans celle du dernier cas, on a : $b - \lfloor a\rfloor - 1 \geqslant b-a-1$.

En utilisant ce que l'on vient de faire avec $a = e^{k\pi+\frac{\pi}{4}}$ et $b = e^{k\pi+\frac{3\pi}{4}}$.

Le nombre N_k a donc pour minorant : $-e^{k\pi+\frac{\pi}{4}} + e^{k\pi+\frac{3\pi}{4}} - 1$.
En reprenant le minorant de u_k trouvé plus-haut, on a :

$$u_k \geqslant \left[-e^{k\pi+\frac{\pi}{4}} + e^{k\pi+\frac{3\pi}{4}} - 1\right] e^{-k\pi-\frac{3\pi}{4}} \frac{\sqrt{2}}{2}.$$

Il reste à arranger cette expression. Nous allons commencer par arranger :

$$\left[-e^{k\pi+\frac{\pi}{4}} + e^{k\pi+\frac{3\pi}{4}} - 1\right] e^{-k\pi-\frac{3\pi}{4}} = \frac{-e^{k\pi+\frac{\pi}{4}} + e^{k\pi+\frac{3\pi}{4}} - 1}{e^{k\pi+\frac{3\pi}{4}}}.$$

On multiplie par $e^{-k\pi}$ en haut et en bas. On obtient :

$$\left[-e^{k\pi+\frac{\pi}{4}} + e^{k\pi+\frac{3\pi}{4}} - 1\right] e^{-k\pi-\frac{3\pi}{4}} = \frac{-e^{\frac{\pi}{4}} + e^{\frac{3\pi}{4}} - e^{-k\pi}}{e^{\frac{3\pi}{4}}}.$$

Si l'on fait tendre maintenant k vers $+\infty$, on remarque que $e^{-k\pi}$ tend vers 0.

Donc : $\lim\limits_{k\to+\infty} \left[-e^{k\pi+\frac{\pi}{4}} + e^{k\pi+\frac{3\pi}{4}} - 1\right] e^{-k\pi-\frac{3\pi}{4}} = \dfrac{-e^{\frac{\pi}{4}} + e^{\frac{3\pi}{4}}}{e^{\frac{3\pi}{4}}} = L.$

On a $L > 0$ et donc : $\lim\limits_{k\to+\infty} u_k > L\sqrt{2}/2$.

On peut en déduire la divergence grossière de la série de terme général a_k.

Exercice 8.14

On rappelle que deux suites u_n et v_n sont équivalentes au voisinage de $+\infty$ si, et seulement si, pour tout $\varepsilon > 0$, (1) : $\exists N \in \mathbb{N}, \forall n \geqslant N, |u_n - v_n| \leqslant \varepsilon v_n$.
Il s'agit, à l'arrivée, de montrer cette inégalité en posant :

$$U_n = \sum_{k=0}^{n} u_k \text{ et } V_n = \sum_{k=0}^{n} v_k.$$

On se fixe $\varepsilon > 0$ et N donné par (1). On écrit pour tout $n \geqslant N$:

$$\left|\sum_{k=0}^{n} u_k - \sum_{k=0}^{n} v_k\right| = \left|\sum_{k=0}^{n}(u_k - v_k)\right| \Rightarrow \left|\sum_{k=0}^{n}(u_k - v_k)\right| \leqslant \sum_{k=0}^{n} |u_k - v_k|.$$

On coupe alors en deux la somme, k variant de 0 à $N-1$ puis de N à n :

On a utilisé l'inégalité triangulaire autant de fois que nécessaire.

$$\left|\sum_{k=0}^{n} u_k - \sum_{k=0}^{n} v_k\right| \leqslant \sum_{k=0}^{N-1} |u_k - v_k| + \sum_{k=N}^{n} |u_k - v_k|.$$

On peut majorer le second membre de la dernière somme, en utilisant (1) :

Cet exercice rappelle un exemple développé à la **méthode 8.8**. *Bref, dans ce genre d'exercice, on doit savoir au moins démarrer !*

$$\sum_{k=N}^{n} |u_k - v_k| \leqslant \sum_{k=N}^{n} \varepsilon v_k.$$

Il reste à majorer : $A = \sum_{k=0}^{N-1} |u_k - v_k|$.

Ce réel ne dépend pas de n plus grand que N.

D'après l'hypothèse, la série de terme général v_n diverge et donc $\sum_{k=0}^{n} v_k$ tend vers $+\infty$ quand n tend vers $+\infty$. Il en est de même de $\varepsilon \sum_{k=0}^{n} v_k$.

À partir d'un certain rang M, cette quantité majore A.

Donc $\forall n \geq M$, $A \leqslant \varepsilon \sum_{k=0}^{n} v_k$.

On en déduit, pour $n \geqslant \max(N, M)$, $\left|\sum_{k=0}^{n} u_k - \sum_{k=0}^{n} v_k\right| \leqslant \varepsilon \sum_{k=0}^{n} v_k + \varepsilon \sum_{k=N}^{n} v_k$.

Comme les réels v_k sont positifs, on a finalement la majoration, valable pour $n \geqslant \max(M, N)$: $\left|\sum_{k=0}^{n} u_k - \sum_{k=0}^{n} v_k\right| \leqslant \varepsilon \sum_{k=0}^{n} v_k + \varepsilon \sum_{k=0}^{n} v_k$.

On a : $\forall\, 2\varepsilon > 0, \exists\, P \in \mathbb{N}, \forall n \geqslant P, \left|\sum_{k=0}^{n} u_k - \sum_{k=0}^{n} v_k\right| \leqslant 2\varepsilon \sum_{k=0}^{n} v_k$.

On peut conclure.

Exercice 8.15

$f : x \mapsto \dfrac{1}{x^3}$ est continue, décroissante et positive sur $[1, +\infty[$.

Prenons $k \in \mathbb{N}^*$ et posons l'intervalle $I_k = [k, k+1]$.

Alors : $\forall t \in I_k, \quad f(k+1) \leqslant f(t) \leqslant f(k)$, puis :

$$f(k+1) = \int_{I_k} f(k+1) \leqslant \int_{I_k} f \leqslant \int_{I_k} f(k) = f(k).$$

Par sommation pour k variant de $n+1$ à $+\infty$:

$\sum_{n\geqslant 1} \frac{1}{n^3}$ est une série de Riemann convergente ($\alpha = 3 > 1$) et $\sum_{k=n+1}^{+\infty} \frac{1}{k^3}$ est le reste d'ordre n de cette série convergente.

$$\sum_{k=n+1}^{+\infty} f(k+1) \leqslant \int_{n+1}^{+\infty} f = \frac{1}{2(n+1)^2} \leqslant \sum_{k=n+1}^{+\infty} f(k),$$

c'est-à-dire : $\dfrac{1}{2(n+1)^2} \leqslant \sum_{k=n+1}^{+\infty} f(k) \leqslant \dfrac{1}{2n^2}$, pour $n \geqslant 1$.

Par multiplication par n^2 : $\lim_{n\to+\infty} n^2 \sum_{k=n+1}^{+\infty} \dfrac{1}{k^3} = \dfrac{1}{2}$ donc : $\sum_{k=n+1}^{+\infty} \dfrac{1}{k^3} \sim \dfrac{1}{2n^2}$.

Exercice 8.16

1. ► **Existence de** I_n. Soit l'intégrale : $I_n = \displaystyle\int_{-\infty}^{+\infty} \frac{dt}{(3+t^2)^n}$ et posons : $f : t \mapsto \dfrac{1}{(3+t^2)^n}$ qui est continue sur $\mathbb{R}$ donc intégrable sur tout segment de $\mathbb{R}$.

Par ailleurs, $f(t)$ reste strictement positif et au voisinage de $\pm\infty$, $f(t) \sim \dfrac{1}{t^{2n}}$.

Or la fonction $t \mapsto \dfrac{1}{t^{2n}}$ est intégrable pour tout $n \geqslant 1$ sur tout intervalle du type $]-\infty, -a]$ ou $[a, +\infty[$, où $a > 0$ fixé. On peut donc conclure quant à l'existence de I_n.

Tout ceci est très classique, à condition d'avoir fait le chapitre sur les intégrales généralisées.

► **Calcul de** I_1. Considérons un couple de réels (X, Y) avec $X < Y$.

$$\int_X^Y \frac{dt}{3+t^2} = \left[\frac{1}{\sqrt{3}} \arctan\left(\frac{x}{\sqrt{3}}\right)\right]_X^Y.$$

Il suffit de faire tendre X vers $-\infty$ et Y vers $+\infty$. On obtient :

$$I_1 = \frac{1}{\sqrt{3}}\left(\frac{\pi}{2} + \frac{\pi}{2}\right) = \frac{\pi}{\sqrt{3}}.$$

2. ► **Détermination d'une relation entre** I_n **et** I_{n+1}. Pour $u < 0$ et $v > 0$:

$$\int_u^v \frac{dx}{(3+x^2)^{n+1}} = \frac{1}{3}\int_u^v \frac{3+x^2-x^2}{(3+x^2)^{n+1}}dx$$
$$= \frac{1}{3}\left[\int_u^v \frac{dx}{(3+x^2)^n} - \int_u^v \frac{x^2}{(3+x^2)^{n+1}}dx\right].$$

Comme $\left(\dfrac{1}{(3+x^2)^n}\right)' = \dfrac{-2nx}{(3+x^2)^{n+1}}$, on écrit :

$$\int_u^v \frac{dx}{(3+x^2)^{n+1}} = \frac{1}{3}\left[\int_u^v \frac{dx}{(3+x^2)^n} + \frac{1}{2n}\int_u^v \frac{-2nx}{(3+x^2)^{n+1}}x\,dx\right].$$

Mélanger des intégrales et des séries est très classique dans les concours, il faut s'exercer avec ce type d'exercice. Vous en avez d'autres dans le chapitre sur l'intégration sur un intervalle.

On applique alors une intégration par parties à la dernière intégrale :

$$\frac{1}{2n}\int_u^v \frac{-2nx}{(3+x^2)^{n+1}}x\,dx = \frac{1}{2n}\left[-\int_u^v \frac{dx}{(3+x^2)^n} + \left[\frac{x}{(3+x^2)^n}\right]_u^v\right]$$

et, en faisant tendre u vers $-\infty$ et v vers $+\infty$, on obtient :

$$\frac{1}{2n}\int_{-\infty}^{+\infty} \frac{-2nx}{(3+x^2)^{n+1}}xdx = \frac{-1}{2n}\int_{-\infty}^{+\infty} \frac{dx}{(3+x^2)^n} = \frac{-1}{2n}I_n.$$

Donc : $I_{n+1} = \dfrac{1}{3}\left[I_n - \dfrac{1}{2n}I_n\right] \Rightarrow I_{n+1} = \dfrac{2n-1}{6n}I_n$.

► **Étude de la suite** (I_n) **et nature de la série** $\sum I_n$. En utilisant la question précédente, on remarque que pour tout $n \geqslant 1$: $\dfrac{I_{n+1}}{I_n} = \dfrac{2n-1}{6n}$, ce qui entraîne que, la suite (I_n) étant strictement positive, le rapport $\dfrac{I_{n+1}}{I_n}$ est toujours compris entre 0 et 1. La suite (I_n) est donc décroissante. On remarque

ensuite que $\lim_{n\to+\infty} \frac{I_{n+1}}{I_n} = \frac{1}{3}$ et donc tous les termes de la suite (I_{n+1}/I_n) sont inférieurs à $2/3$ à partir d'un certain rang n_0.
On sait maintenant que la série $\sum_{n\geqslant 1} I_n$ ne diverge pas grossièrement. Par ailleurs, la règle de d'Alembert permet de conclure quant à la convergence de la série (qui est à termes strictement positifs). En effet : $\lim_{n\to+\infty} \frac{I_{n+1}}{I_n} = \frac{1}{3}$ et on peut conclure. La série $\sum_{n\geqslant 1} I_n$ est convergente.

D'après le cours sur les suites réelles, la suite (I_n) étant strictement positive, on peut en déduire qu'elle tend vers 0.

Exercice 8.17

Posons $v_n = \ln(u_n)$ et $h_n = \frac{(2n)!}{n!n^n}$.

D'après la formule de Stirling, $h_n \sim \frac{(2n)^{2n}e^{-2n}\sqrt{4\pi n}}{n^{2n}e^{-n}\sqrt{2\pi n}} \sim 4^n\sqrt{2}e^{-n}$.

On a donc $\lim_{n\to+\infty} h_n = +\infty$.

Or, si $r_n \sim s_n$ et si $\lim_{n\to+\infty} r_n = \lim_{n\to+\infty} s_n = +\infty$ alors

$$\frac{\ln(r_n)}{\ln(s_n)} = \frac{\ln(s_n + o(s_n))}{\ln(s_n)} = 1 + \frac{\ln\left(1 + \frac{o(s_n)}{s_n}\right)}{\ln(s_n)} \underset{n\to+\infty}{\longrightarrow} 1 \text{ et } \ln(r_n) \sim \ln(s_n).$$

Donc $\ln(h_n) \sim \ln\left(4^n\sqrt{2}e^{-n}\right) = n\ln\left(\frac{4}{e}\right) + \frac{1}{2}\ln 2$ et $v_n = \frac{1}{n}\ln(h_n) \sim \ln\left(\frac{4}{e}\right)$.

Attention, $r_n \sim s_n$ n'entraîne pas toujours $\ln r_n \sim \ln s_n$. Il faut faire le rapport à chaque fois.

On a : $\lim_{n\to+\infty} v_n = \ln\left(\frac{4}{e}\right) \Rightarrow \lim_{n\to+\infty}\left(\frac{(2n)!}{n!n^n}\right)^{\frac{1}{n}} = \frac{4}{\mathrm{e}}$.

Exercice 8.18

1. On a déjà : $u_n = \ln\frac{a_{n+1}}{a_n} = \ln\frac{\mathrm{e}\,n^n\sqrt{n}}{(n+1)^n\sqrt{n+1}}$.

$$u_n = \ln\left(\left(\frac{n}{n+1}\right)^{n+\frac{1}{2}}\mathrm{e}\right) = 1 - \left(n+\frac{1}{2}\right)\ln\left(1+\frac{1}{n}\right).$$

Ce qui donne : $u_n = 1 - \left(1 + \frac{1}{2n} - \frac{1}{2n} + \frac{1}{3n^2} - \frac{1}{4n^2} + o\left(\frac{1}{n^2}\right)\right)$.

Donc : $u_n \sim \frac{-1}{12n^2}$, ce qui garantit la convergence de la série $\sum u_n$.

Or, pour $m \in \mathbb{N}^*$, $\sum_{n=1}^{m-1} \ln\frac{a_{n+1}}{a_n} = \sum_{n=1}^{m-1}(\ln a_{n+1} - \ln a_n) = \ln a_m - \ln a_1$ qui tend vers une limite finie $S = \left(\sum_{n=1}^{+\infty} u_n\right)$ d'après le calcul précédent.

On fait alors un développement limité en $1/n$, ce qui est très classique. On en déduit un équivalent de u_n (on vérifie au passage que u_n garde le même signe) qui nous permettra d'obtenir la nature de $\sum u_n$.

Comme $\ln a_1 = 1$, il reste : $\lim_{n\to+\infty} \ln u_n = S + 1 \Rightarrow l = e^{S+1} > 0$.

Appelons l sa limite (qui est strictement positive, comme exponentielle d'une limite finie).

2. $\frac{a_n^2}{a_{2n}} = \frac{(n!)^2e^{2n}}{n^{2n}n}.\frac{(2n)^{2n}\sqrt{2n}}{(2n)!e^{2n}} = \frac{4^n(n!)^2}{(2n)!}\sqrt{\frac{2}{n}}$, qui tend vers $\sqrt{2\pi}$ d'après l'équivalent fourni.

Par ailleurs $\frac{a_n^2}{a_{2n}}$ tend vers $\frac{\ell^2}{\ell} = \ell$, donc $\ell = \sqrt{2\pi}$.

Alors, par identification., $n!e^n \sim n^n\sqrt{n}\sqrt{2\pi}$.

Corrigé

Exercice 8.19

Il est clair que $\frac{1}{n^4}$ décroit vers 0. Cette série vérifie le critère des séries alternées. On peut donner une valeur approchée à 10^{-3} près avec $\frac{1}{6^4} < 10^{-3}$ et donc : $S_5 = 1 - \frac{1}{2^4} + \frac{1}{3^4} - \frac{1}{4^4} + \frac{1}{5^4}$ est une valeur approchée à 10^{-3} près. On trouve $S_5 = 0.9475$.

Exercice 8.20

Considérons la fonction f définie sur $\mathbb{R}_+^*$ par $f(x) = \frac{\ln x}{x - \ln x}$; f est $\mathscr{C}^1$ sur $\mathbb{R}_+^*$ et donc on peut dériver avec enthousiasme :

Il faut savoir oser se lancer dans la dérivée !

$$\begin{aligned}\forall x \in \mathbb{R}_+^*, f'(x) &= \frac{1}{x} \times \frac{1}{x - \ln x} - \frac{\ln x}{(x - \ln x)^2}\left(1 - \frac{1}{x}\right) \\ &= \frac{1}{x(x - \ln x)^2}\left(x - \ln x - (x-1)\ln x\right) \\ &= \frac{1 - \ln x}{(x - \ln x)^2}\end{aligned}$$

qui est négatif pour $x > \mathrm{e}$. Si l'on pose $u_n = \frac{\ln n}{n - \ln n}$, il en résulte donc que, pour $n \geqslant 3, u_{n+1} - u_n \leqslant 0$.

Il est temps d'utiliser le théorème spécial des séries alternées.

La série $\sum_{n \geqslant 3} (-1)^n u_n$ est donc convergente.

Exercice 8.21

$n \mapsto \frac{2n+1}{n(n+1)} = \frac{1}{n} + \frac{1}{n+1}$ est positive, décroissante et de limite nulle, en tant que somme de deux suites positives, décroissantes et de limite nulle.

La série de terme général $(-1)^n \frac{2n+1}{n(n+1)}$ est donc convergente d'après le théorème spécial.

Pour tout $m \in \mathbb{N}^*$, $\sum_{n=1}^{m} (-1)^n \frac{2n+1}{n(n+1)} = \sum_{n=1}^{m} \frac{(-1)^n}{n} + \sum_{n=1}^{m} \frac{(-1)^n}{n+1}$,

c'est à dire :

$\sum_{n=1}^{m} \frac{(-1)^n}{n} - \sum_{n=2}^{m+1} \frac{(-1)^n}{n} = -1 + \frac{(-1)^m}{m+1}$, quantité qui tend vers -1 quand m tend vers $+\infty$: $\sum_{n=1}^{+\infty} (-1)^n \frac{2n+1}{n(n+1)} = -1$.

À retenir : on calcule souvent S_m puis $\lim_{m \to +\infty} S_m = S$.

Exercice 8.22

1. La suite $\left(\frac{\ln n}{n}\right)_{n \geqslant 3}$ est décroissante, positive et de limite nulle et donc la série $\sum (-1)^n \frac{\ln n}{n}$ converge d'après le théorème spécial des séries alternées.

$g : x \mapsto \frac{\ln x}{x}$ est décroissante sur $[\mathrm{e}, +\infty[$, car g est dérivable sur $\mathbb{R}_+^*$ et $\forall x \in \mathbb{R}_+^*$, $g'(x) = \frac{1}{x^2} - \frac{\ln x}{x^2}$.

2. ▸ $\forall m \in \mathbb{N}, S_{m+2} - S_m = (-1)^{m+2} \frac{\ln(m+2)}{m+2} + (-1)^{m+1} \frac{\ln(m+1)}{m+1}$.

C'est-à dire : $S_{m+2} - S_m = (-1)^{m+1} \left(\frac{\ln(m+1)}{m+1} - \frac{\ln(m+2)}{m+2}\right)$.

Du fait de la décroissance de g, cette différence a le signe de $(-1)^{m+1}$, donc S_{2m+1} est croissante et S_{2m} est décroissante.

De plus, $S_{2n+1} - S_{2n} = (-1)^{2n+1} \frac{\ln(2n+1)}{2n+1} < 0$, et $\lim_{m \to +\infty} S_{2n+1} - S_{2n} = 0$.

La limite S de (S_n) est donc dans $[S_{2n+1}, S_{2n}]$ pour tout entier $n \in \mathbb{N}^*$.

▸ Lorsque $\frac{\ln(2n+1)}{2n+1} \leqslant 10^{-2}$, cet intervalle est d'amplitude inférieure à la

quantité 10^{-2}, donc $|S - S_{2n}| \leqslant 10^{-2}$.
On trouve comme valeur suffisante de n : 647.
Le lecteur (ou plutôt sa calculette) arrivera à $S_{647} = 0.15487$.

Exercice 8.23

Cette fois-ci, la suite $u_n = \dfrac{1}{\sqrt{n} - (-1)^n}$ n'est pas décroissante, car la suite de terme général $r_n = \sqrt{n} - (-1)^n$ n'est pas croissante. Plus précisément, pour tout entier $n \in \mathbb{N}^*$, $r_{2n+1} > r_{2n-1} > r_{2n} > r_{2n-2}$ et donc :

On voit ainsi que le théorème spécial ne fonctionne pas. Je vous rassure, je parle dans cet exercice !

$$u_{2n+1} < u_{2n-1} < u_{2n} < u_{2n-2}.$$

Écrivons : $v_n = \dfrac{(-1)^n}{\sqrt{n}} \cdot \dfrac{1}{1 - \frac{(-1)^n}{\sqrt{n}}} = \dfrac{(-1)^n}{\sqrt{n}} \cdot \left(1 + \dfrac{(-1)^n}{\sqrt{n}} + \dfrac{1}{2n} + o\left(\dfrac{1}{n}\right)\right)$.

Donc : $v_n = \dfrac{(-1)^n}{\sqrt{n}} + \dfrac{1}{n} + \dfrac{(-1)^n}{2n\sqrt{n}} + o\left(\dfrac{1}{n\sqrt{n}}\right)$.

Ainsi, u_n s'écrit comme somme de trois termes :

- $\dfrac{(-1)^n}{\sqrt{n}}$, terme général d'une série convergente, puisque alternée et satisfaisant aux hypothèses du théorème des séries alternées ;
- $\dfrac{1}{n}$, terme général de la série harmonique qui diverge ;
- $\dfrac{(-1)^n}{2n\sqrt{n}} + o\left(\dfrac{1}{n\sqrt{n}}\right)$, terme général d'une série absolument convergente (série de Riemann avec $\alpha = \dfrac{3}{2} > 1$).

Finalement, $\sum u_n$ diverge.

Exercice 8.24

1. Posons $u_n = \ln\left(1 + \dfrac{1}{n}\right)$. Il est clair que la suite (u_n) est décroissante et converge vers 0. D'après le critère des séries alternées, la série $\sum_{n \geqslant 1} (-1)^n u_n$ est convergente.

2. On sait que la limite de (S_{2n}) est la somme S de cette série. On écrit :

On a une somme de différences de termes consécutifs (vous me suivez ?) mais on écrit ici cette différence sous la forme d'une seule quantité.

$$S_{2n} = \sum_{k=1}^{n} [u_{2k} - u_{2k-1}] = \sum_{k=1}^{n} \left[\ln\left(\frac{2k+1}{2k}\right) - \ln\left(\frac{2k}{2k-1}\right)\right],$$

ce qui donne : $S_{2n} = \ln\left(\prod_{k=1}^{n} \dfrac{(2k-1)(2k+1)}{(2k)^2}\right)$. Comme : $\prod_{k=1}^{n}(2k-1) = \dfrac{(2n)!}{2^n n!}$ et $\prod_{k=1}^{n}(2k+1) = \dfrac{(2n)!(2n+1)}{2^n n!}$, on a bien l'égalité demandée.

Il reste à utiliser la formule de Stirling :

$$\frac{(2n+1)\left[(2n!)\right]^2}{2^{4n}\left[n!\right]^4} \sim \frac{2n(2n/e)^{4n}4n\pi}{2^{4n}(n/e)^{4n}(2n\pi)^2} = \frac{2}{\pi}.$$

Et ainsi, $S = \ln \dfrac{2}{\pi}$.

Corrigé

Exercice 8.25

1. Kultur : $\sum_{n=1}^{+\infty} \frac{1}{n^2} = \frac{\pi^2}{6}$ et $\sum_{n=0}^{+\infty} \frac{1}{n!} = e$.

Attention à bien poser $u_0 = 0$ pour appliquer la formule de la **proposition 8.17**.

Considérons la série $\sum u_n$, et où $u_0 = 0$ et, pour tout entier naturel n non nul, $u_n = \frac{1}{n^2}$, ainsi que la série $\sum v_n$, où, pour tout entier naturel n , $v_n = \frac{1}{n!}$.

On constate que : $\forall n \in \mathbb{N}$, $w_n = \sum_{p=1}^{n} \frac{1}{p^2(n-p)!} = \sum_{p=0}^{n} u_p v_{n-p}$.

Tout l'exercice est basé sur le fait que l'on reconnaît un produit de Cauchy. À vous d'y penser le jour du concours !

$\sum w_n$ est donc le produit de Cauchy des séries $\sum u_n$ et $\sum v_n$. Ces deux séries sont absolument convergentes, donc $\sum w_n$ aussi.

De plus : $\sum_{n=0}^{+\infty} w_n = \left(\sum_{n=0}^{+\infty} u_n\right) \times \left(\sum_{n=0}^{+\infty} v_n\right) = \mathrm{e}\frac{\pi^2}{6}$.

2. Considérons la série $\sum u_n$, où $u_0 = 0$ et, pour tout entier naturel n non nul, $u_n = \frac{1}{n^2}$. On constate que : $\forall n \in \mathbb{N}$, $w_n = \sum_{p=1}^{n-1} \frac{1}{p^2(n-p)^2} = \sum_{p=0}^{n} u_p u_{n-p}$.

Des sommes « assommantes », c'est le comble !

$\sum w_n$ est donc la série « carré de Cauchy » de la série $\sum u_n$.

$\sum u_n$ est absolument convergente, donc $\sum w_n$ aussi.

Enfin : $\sum_{n=0}^{+\infty} w_n = \left(\sum_{n=0}^{+\infty} u_n\right)^2 = \frac{\pi^4}{36}$.

Exercice 8.26

1. Pour $\alpha > 0$, d'après le critère spécial des séries alternées, $S(\alpha)$ existe.

2. La série $\sum_{n\geqslant 0} \frac{(-1)^n}{(n+1)^\alpha}$ converge absolument pour $\alpha > 1$. D'après le cours, le « carré de Cauchy » existe et cette nouvelle série $\sum_{n\geqslant 0} a_n$ converge absolument.

Ce « carré de Cauchy » revient finalement assez souvent !

On a : $a_n = \sum_{k=0}^{n} \left[\frac{(-1)^k}{(k+1)^\alpha} \times \frac{(-1)^{n-k}}{(n+1-k)^\alpha}\right] = (-1)^n \sum_{k=0}^{n} \frac{1}{(k+1)^\alpha (n+1-k)^\alpha}$.

3. On suppose maintenant $\alpha \in]0, \frac{1}{2}]$.

a. La fonction $f_n : x \mapsto (x+1)(n+1-x)$ est un trinôme du second degré qui admet un maximum en $x = \frac{n}{2}$.

b. On a : $f_n(k) = (k+1)(n+1-k) \leqslant \left(\frac{n}{2}+1\right)\left(n+1-\frac{n}{2}\right) = \left(\frac{n+2}{2}\right)^2$

$$\Rightarrow \frac{1}{(k+1)^\alpha (n+1-k)^\alpha} \geqslant \frac{4^\alpha}{(n+2)^{2\alpha}}.$$

D'où : $|a_n| = \sum_{k=0}^{n} \frac{1}{(k+1)^\alpha (n+1-k)^\alpha} \geqslant \frac{4^\alpha (n+1)}{(n+2)^{2\alpha}}$.

Comme $\frac{4^\alpha (n+1)}{(n+2)^{2\alpha}}$ (et $|a_n|$) ne tend pas vers 0, $\sum_{n\geqslant 0} a_n$ diverge grossièrement.

Chapitre 9
Suites et séries de fonctions

Surnommé souvent le père de l'analyse moderne, Karl **Weierstrass** est un mathématicien atypique. Bien que plongé dans des recherches mathématiques très poussées dès la fin de ses études, il n'obtient un poste à l'université qu'à l'âge de quarante-neuf ans. Très soucieux de rigueur en mathématiques, il se rend compte qu'elle n'est possible que si on construit précisément l'ensemble des nombres réels, ce qu'il fait en 1863. C'est à lui qu'on doit les définitions de la continuité et de la limite avec des ε et des η. Il démontre en 1885 son célèbre théorème d'approximation polynomiale uniforme. Ce résultat sera généralisé en 1937 par le mathématicien américain Marshall **Stone**. Il publie très peu mais ses recherches sont connues grâce aux notes prises en cours par ses étudiants comme **Heine**, **Hölder**, **Frobenius**, **Schwarz**, **Klein**, **Cantor**, **Minkowski** et **Lindemann**.

Karl Weierstrass
1815-1897

■■ Objectifs

■ Les incontournables

▷ Connaître et hiérarchiser les formes de convergence de suites de fonctions (simple et uniforme) et de séries de fonctions (simple, uniforme, normale sur tout segment et normale)

▷ Savoir exploiter la convergence uniforme pour

- échanger les symboles limite (quand n tend vers l'infini) et intégrale
- intégrer et dériver des sommes de séries
- montrer qu'une série de fonctions est de classe $\mathscr{C}^1$.

■ Et plus si affinités...

▷ Transport du caractère « classe $\mathscr{C}^k$ » à la limite d'une suite de fonctions ou à la somme d'une série de fonctions en utilisant la convergence uniforme.

■■ Résumé de cours

Dans ce chapitre, les fonctions considérées sont des applications d'un intervalle I de $\mathbb{R}$ à valeurs dans $\mathbb{R}$ ou $\mathbb{C}$.

■ Modes de convergence d'une suite ou d'une série de fonctions

Définition : Convergence simple d'une suite de fonctions sur un intervalle —. *Une suite* $(f_n)_{n\in\mathbb{N}}$ *de fonctions définies sur* I ***converge simplement sur*** I *lorsque, pour tout* x *de* I, *la suite numérique* $(f_n(x))_{n\in\mathbb{N}}$ *converge.*
Dans ce cas, la fonction f *définie sur* I *par :* $\forall x \in I,\ f(x) = \lim\limits_{n\to+\infty} f_n(x)$ *est la* ***limite simple sur*** I ***de la suite*** $(f_n)_{n\in\mathbb{N}}$.
On dit aussi que ***la suite*** $(f_n)_{n\in\mathbb{N}}$ ***converge simplement sur*** I ***vers la fonction*** f.

Définition : Convergence simple d'une série de fonctions sur un intervalle —. *Une série* $\sum f_n$ *d'applications définies sur* I ***converge simplement sur*** I *lorsque, pour tout* x *de* I, *la série numérique* $\sum f_n(x)$ *converge.*
Dans ce cas, la fonction S *définie sur* I *par :* $\forall x \in I,\ S(x) = \sum\limits_{n=0}^{+\infty} f_n(x)$ *est la* ***fonction somme de la série*** $\sum f_n$.
Si l'on considère les applications : $\forall x \in I,\ S_n(x) = \sum\limits_{k=0}^{n} f_k(x)$, *il s'agit de la convergence simple sur* I *de la suite de fonctions* $(S_n)_{n\in\mathbb{N}}$ *vers la fonction* S.

Définition : Convergence uniforme d'une suite de fonctions sur un intervalle —.
Une suite $(f_n)_{n\in\mathbb{N}}$ *de fonctions définies sur* I ***converge uniformément sur*** I ***vers une fonction*** f *lorsque* $f_n(x) - f(x)$ *est bornée à partir d'un certain rang et que la suite numérique :*

$$\left(\sup_{x\in I} |f_n(x) - f(x)|\right)_{n\in\mathbb{N}}$$

tend vers 0. *Si les fonctions* f_n *et* f *sont bornées, cela revient à dire que* $\lim\limits_{n\to+\infty} \|f_n - f\|_\infty = 0$, *c'est-à-dire que* $(f_n)_{n\in\mathbb{N}}$ *tend vers* f *dans l'espace* $\mathcal{B}(I)$ *muni de la norme :* $\|f\|_\infty^I = \sup\limits_{x\in I} |f(x)|$.

La convergence uniforme d'une suite $(f_n)_{n\in\mathbb{N}}$ de fonctions implique la convergence simple de cette suite, avec la même limite.

Proposition 9.1.— Dans l'espace vectoriel $\mathcal{B}(I)$ des fonctions bornées sur I, l'application :

$$f \mapsto \|f\|_\infty^I = \sup_{x\in I} |f(x)|$$

est une norme, appelée *norme de la convergence uniforme.*

Définition : Convergence uniforme d'une série de fonctions sur un intervalle —. *Une série $\sum f_n$ d'applications définies sur I* ***converge uniformément sur I vers une somme S*** *lorsque, pour tout $N \in \mathbb{N}$, les fonctions $x \mapsto S(x) - \sum_{n=0}^{N} f_n(x)$ sont bornées sur I et la suite numérique :*

$$\left(\sup_{x\in I}\left|S(x) - \sum_{n=0}^{N} f_n(x)\right|\right)_{N\in\mathbb{N}}$$

tend vers 0 lorsque N tend vers $+\infty$.
Ceci revient à dire que la série de fonctions $\sum f_n$ converge simplement avec pour somme S, et que le reste $R_N(x) = S(x) - S_N(x) = S(x) - \sum_{k=0}^{N} f_k(x) = \sum_{k=N+1}^{+\infty} f_k(x)$ converge uniformément vers 0.

Attention, les définitions suivantes concernent uniquement les séries de fonctions.

Définition : Convergence normale d'une série de fonctions sur un intervalle —. *Une série $\sum f_n$ de fonctions bornées et définies sur I est* ***normalement convergente sur I*** *lorsque la série numérique $\sum \|f_n\|_\infty^I$ est convergente.*

Définition : Convergence normale sur tout segment d'un intervalle d'une série de fonctions —. *Lorsque, pour tout segment J de I, la série $\sum \|f_n\|_\infty^J$ est convergente, la série $\sum f_n$ de fonctions définies sur I est* ***normalement convergente sur tout segment de I.***

Remarque : Si une série de fonctions converge normalement sur un intervalle I, alors elle converge normalement sur tout segment de cet intervalle.

Méthode : Pour établir la convergence normale de $\sum f_n$ sur un intervalle I, il arrive (étude de fonction, majoration) que l'on puisse déterminer la valeur exacte de $\|f_n\|_\infty^I$. Il reste, alors, à étudier la convergence de $\sum \|f_n\|_\infty^I$.
La détermination de la valeur exacte de $\|f_n\|_\infty^I$ n'est toutefois pas indispensable. Il suffit de trouver une suite $(\alpha_n)_{n\in\mathbb{N}}$ de réels positifs telle que :

$$\forall n \in \mathbb{N},\ \|f_n\|_\infty^I \leqslant \alpha_n \text{ et } \sum \alpha_n \text{ convergente,}$$

pour pouvoir affirmer la convergence de $\sum \|f_n\|_\infty^I$, et donc la convergence normale sur I de $\sum f_n$.

Proposition 9.2.— Hiérarchie entre ces notions de convergence de séries —. Si la série $\sum f_n$ est normalement convergente sur I, alors elle est uniformément convergente sur I, donc elle est simplement convergente sur I. Si la série $\sum f_n$ est normalement convergente sur tout segment de I, alors elle est uniformément convergente sur tout segment de I, donc elle est simplement convergente sur I. On peut donc définir sa somme $S = \sum_{n=0}^{+\infty} f_n$.

■ Régularité de la limite d'une suite de fonctions

Proposition 9.3.— Continuité et convergence uniforme —. Soit I un intervalle, et a un point de I ; on suppose que la suite de fonctions $(f_n)_{n\in\mathbb{N}}$ converge uniformément vers f sur I.
Si, pour tout $n \in \mathbb{N}$, f_n est une application continue en a, alors f est continue en a.

Remarque : On peut remplacer l'hypothèse « converge uniformément vers f sur I » par l'hypothèse « converge uniformément vers f sur tout segment de I ».

Proposition 9.4.— Théorème de la double limite pour les suites —.
Soit I un intervalle et a une extrémité de I (éventuellement infinie). On suppose que $(f_n)_{n\in\mathbb{N}}$ converge uniformément vers f sur I. Si $\forall n \in \mathbb{N}$, f_n admet une limite finie l_n en a alors f admet une limite en a, égale à $\lim_{n\to+\infty} l_n$. On retiendra :

$$\lim_{n\to+\infty} l_n = \lim_{n\to+\infty}\left[\lim_{x\to a} f_n(x)\right] = \lim_{x\to a}\left[\lim_{n\to+\infty} f_n(x)\right] = \lim_{x\to a} f(x).$$

Proposition 9.5.— Interversion limite-intégrale —.
Si une suite $(f_n)_{n\in\mathbb{N}}$ de fonctions toutes continues sur $[a,b]$, converge uniformément vers f sur $[a,b]$ alors :

$$\int_a^b \lim_{n\to+\infty} f_n(t)\,dt = \lim_{n\to+\infty}\int_a^b f_n(t)\,dt.$$

Proposition 9.6.— Dérivation de la limite d'une suite —.
Soit $(f_n)_{n\in\mathbb{N}}$ une suite d'applications de classe $\mathscr{C}^1$ sur I,
- ▸ convergeant simplement vers f sur I,
- ▸ et telle que la suite des dérivées $(f_n')_{n\in\mathbb{N}}$ converge uniformément sur I vers h.

Alors f est de classe $\mathscr{C}^1$ sur I et $f' = h$ sur I.

Remarque : On peut remplacer l'hypothèse « converge uniformément vers h sur I » par l'hypothèse « converge uniformément vers h sur tout segment de I ».

Corollaire 9.7.— Extension aux fonctions de classe $\mathscr{C}^k$ —.
Soit $k \in \mathbb{N}^* \cup \{\infty\}$ et $(f_n)_{n\in\mathbb{N}}$ une suite de fonctions définies sur un intervalle I telles que :
- ▸ pour tout n, f_n est de classe $\mathscr{C}^k$;
- ▸ la suite (f_n) converge simplement sur I vers f ;
- ▸ pour tout entier non nul $p \leqslant k$, $(f_n^{(p)})$ converge uniformément sur I vers une fonction f_p.

Alors f est de classe $\mathscr{C}^k$ sur I et pour tout entier non nul $p \leqslant k$, $\forall x \in I, f^{(p)}(x) = \lim_{n\to+\infty} f_n^{(p)}(x)$.

Remarque : On peut encore remplacer chaque hypothèse « converge uniformément sur I » par l'hypothèse « converge uniformément sur tout segment de I ».

■ Régularité de la somme d'une série de fonctions

Proposition 9.8.— Continuité de la somme d'une série de fonctions—.
Soit $(f_n)_{n\in\mathbb{N}}$ une suite de fonctions définies et toutes continues sur I. On suppose que la série $\sum_{n\geqslant 0} f_n$ converge uniformément sur I. Alors sa somme $x \mapsto \sum_{n=0}^{+\infty} f_n(x)$ est continue sur I.

Remarque : On peut remplacer l'hypothèse « converge uniformément sur I » par l'hypothèse « converge uniformément sur tout segment de I ».

Proposition 9.9.— Théorème de la double limite pour les séries de fonctions —.
Soit $(f_n)_{n\in\mathbb{N}}$ une suite de fonctions définies sur I et a une extrémité de I (éventuellement infinie). Si la série $\sum_{n\geqslant 0} f_n$ converge uniformément sur I, de somme S et si, pour tout n, $x \mapsto f_n(x)$ admet une limite l_n quand $x \to a$ alors la série $\sum_{n\geqslant 0} l_n$ converge, la fonction S admet une limite en a, et :

$$\lim_{x\to a} S(x) = \lim_{x\to a} \sum_{n=0}^{+\infty} f_n(x) = \sum_{n=0}^{+\infty} \lim_{x\to a} f_n(x) = \sum_{n=0}^{+\infty} l_n.$$

Proposition 9.10.— Intégration terme à terme sur un segment —.
Soit $[a,b]$ un segment et $(f_n)_{n\in\mathbb{N}}$ une suite d'applications continues sur $[a,b]$.
Si la série $\sum_{n\geqslant 0} f_n$ converge uniformément sur $[a,b]$ alors la série des intégrales est convergente et :

$$\int_a^b \sum_{n=0}^{+\infty} f_n(x)\,dx = \sum_{n=0}^{+\infty} \int_a^b f_n(x)\,dx.$$

Proposition 9.11.— Dérivation terme à terme —.
Soit $(f_n)_{n\in\mathbb{N}}$ une suite de fonctions de classe $\mathscr{C}^1$ sur un intervalle I.
Si la série $\sum_{n\geqslant 0} f_n$ converge simplement sur I vers S et si la série des dérivées, $\sum_{n\geqslant 0} f_n'$, converge uniformément sur I alors S est de classe $\mathscr{C}^1$ sur I et $\forall x \in I, S'(x) = \sum_{n=0}^{+\infty} f_n'(x)$.

$$\text{Autrement dit, } D\left(x \mapsto \sum_{n=0}^{+\infty} f_n(x)\right) = \sum_{n=0}^{+\infty} D(x \mapsto f_n(x)).$$

Proposition 9.12.— Extension aux fonctions de classe $\mathscr{C}^k$ —.
Soit $k \in \mathbb{N}^* \cup \{\infty\}$ et $(f_n)_{n\in\mathbb{N}}$ une suite de fonctions définies sur un intervalle I telles que :
- pour tout n, f_n est de classe $\mathscr{C}^k$;
- la série $\sum_{n\geqslant 0} f_n$ converge simplement sur I, de somme S ;
- pour tout entier non nul $p \leqslant k$, la série $\sum_{n\geqslant 0} f_n^{(p)}$ converge uniformément sur I vers S_p.

Alors S est de classe $\mathscr{C}^k$ sur I et pour tout entier non nul $p \leqslant k$, $\forall x \in I, S^{(p)}(x) = S_p(x)$.

Remarque : Dans la **proposition 9.11** et la **proposition 9.12**, on peut toujours remplacer l'hypothèse « converge uniformément sur I » par l'hypothèse « converge uniformément sur tout segment de I ».

Méthodes

Convergence simple d'une suite ou d'une série de fonctions

Méthode 9.1.— Comment étudier la convergence simple d'une suite ou d'une série de fonctions

- Faire décrire à x l'intervalle I ; pour chaque valeur de x, étudier la convergence de la suite numérique $\left(f_n(x)\right)_{n\in\mathbb{N}}$ ou de la série numérique $\sum f_n(x)$.
- S'il y a convergence pour chaque x de I, conclure par « la suite $(f_n)_{n\in\mathbb{N}}$ (respectivement la série $\sum f_n$) converge simplement sur I vers la fonction f ».
- Dans le cas d'une série de fonctions, la convergence normale sur tout segment de I, *a fortiori* la convergence normale sur I, entraînent la convergence simple. Il peut être économique de commencer par l'un ou l'autre de ces modes de convergence.

Mise en œuvre : exercice 9.2 à **exercice 9.8**, **exercice 9.10**, **exercice 9.11**.

Exemples : *Étudier la convergence simple de :*

1. *La suite* $(f_n)_{n\in\mathbb{N}}$ *de fonctions définies par :* $\forall n \in \mathbb{N}, \forall x \in \left]0, \frac{\pi}{2}\right], f_n(x) = \dfrac{\sin x \cos^n x}{1-\cos x}$.

2. *La suite* $(g_n)_{n\in\mathbb{N}}$ *de fonctions définies sur* $I = [0,1]$ *par :* $\forall n \in \mathbb{N}, \forall x \in I, g_n(x) = x^n$.

3. *La série de fonctions* $\displaystyle\sum_{n\geqslant 1} \frac{1}{n^x}$ *et la série de fonctions* $\displaystyle\sum_{n\geqslant 1} \frac{(-1)^{n+1}}{n^x}$.

1. $\forall x \in I, \lim\limits_{n\to+\infty} f_n(x) = 0$, donc $(f_n)_{n\in\mathbb{N}}$ converge simplement sur $\left]0, \frac{\pi}{2}\right]$ vers la fonction nulle.

2. $\forall x \in [0,1[, \lim\limits_{n\to+\infty} g_n(x) = 0$ et $\forall n \in \mathbb{N}, g_n(1) = 1$ donc $\lim\limits_{n\to+\infty} g_n(1) = 1$.
La suite $(g_n)_{n\in\mathbb{N}}$ converge simplement sur I vers g définie par : $\forall x \in [0,1[, g(x) = 0$ et $g(1) = 1$.

3. La série de Riemann $\displaystyle\sum_{n\geqslant 1} \frac{1}{n^x}$ converge si et seulement si $x > 1$, donc la série de fonctions $\displaystyle\sum_{n\geqslant 1} \frac{1}{n^x}$ converge simplement sur $]1, +\infty[$.

Sa somme est la fonction $\zeta : x \mapsto \displaystyle\sum_{n=1}^{+\infty} \frac{1}{n^x}$ (dite « ***fonction*** ζ ***de Riemann*** »).

La série $\displaystyle\sum_{n\geqslant 1} \frac{(-1)^{n+1}}{n^x}$ diverge grossièrement pour $x \leqslant 0$, converge absolument pour $x > 1$ et est convergente, d'après le théorème spécial des séries alternées, pour $0 < x \leqslant 1$.

La série de fonctions $\displaystyle\sum_{n\geqslant 1} \frac{(-1)^{n+1}}{n^x}$ converge simplement sur $]0, +\infty[$.

Sa somme est la fonction $\mu : x \mapsto \displaystyle\sum_{n=1}^{+\infty} \frac{(-1)^{n+1}}{n^x}$.

Méthodes

■ Convergence normale d'une série de fonctions

> ❑ **Méthode 9.2.— Comment étudier la convergence normale d'une série de fonctions sur un intervalle**
>
> Soit $\sum f_n$ une série de fonctions définies sur un intervalle I.
>
> ▶ Pour un n donné, on cherche un majorant α_n de $|f_n(x)|$ valable pour tout x de I ; ce majorant, s'il est atteint pour une valeur x_0 de I, est $\|f_n\|_\infty^I$; pour cette étape, tous les moyens sont bons : étude de fonctions, inégalités connues ou données, inégalité triangulaire, etc.
>
> ▶ Si $\sum \alpha_n$ converge, alors $\sum f_n$ converge normalement sur I ;
>
> ▶ Si $\sum \alpha_n$ ne converge pas et si $\alpha_n = \|f_n\|_\infty^I$, alors $\sum f_n$ ne converge pas normalement sur I ; si α_n est seulement un majorant de $\|f_n\|_\infty^I$, on ne peut pas encore conclure : affiner la majoration ou se rabattre lâchement sur la convergence normale sur tout segment de I.

Mise en œuvre : exercice 9.11, exercice 9.12.

Exemples : 1. *Montrer que la série de fonctions* $\displaystyle\sum_{n\geqslant 1} \frac{e^{-nx^2}}{n^2}$ *est normalement convergente sur* $\mathbb{R}$.

2. *Montrer que la série* $\displaystyle\sum_{n\geqslant 1} \frac{\ln(1+x)}{n^2 x}$ *converge normalement sur* $]0,+\infty[$.

1. Posons : $\forall n \in \mathbb{N}^*$, $f_n \left\{\begin{array}{ccc} \mathbb{R} & \to & \mathbb{R} \\ x & \mapsto & \dfrac{e^{-nx^2}}{n^2} \end{array}\right.$.

$\forall n \in \mathbb{N}^*, \forall x \in \mathbb{R}, \left|\dfrac{e^{-nx^2}}{n^2}\right| \leqslant \dfrac{1}{n^2}$ et $f_n(0) = \dfrac{1}{n^2}$, donc : $\|f_n\|_\infty^{\mathbb{R}} = \dfrac{1}{n^2}$.

$\displaystyle\sum_{n\geqslant 1} \frac{1}{n^2}$ converge (exemple de Riemann avec $\alpha = 2 > 1$), donc

$$\sum_{n\geqslant 1} f_n \text{ est normalement convergente sur } \mathbb{R}.$$

2. Posons : $\forall n \in \mathbb{N}^*$, $u_n \left\{\begin{array}{ccc}]0,+\infty[& \to & \mathbb{R} \\ x & \mapsto & \dfrac{\ln(1+x)}{n^2 x} \end{array}\right.$.

L'inégalité de convexité classique concernant la fonction logarithme donne :

$$\forall x > 0,\ 0 < \ln(1+x) \leqslant x \Rightarrow 0 < f_n(x) \leqslant \frac{1}{n^2} \Rightarrow \|f_n\|_\infty^{]0,+\infty[} \leqslant \frac{1}{n^2}.$$

$\displaystyle\sum_{n\geqslant 1} \frac{1}{n^2}$ converge, donc $\displaystyle\sum_{n\geqslant 1} \|f_n\|_\infty^{]0,+\infty[}$ aussi.

$$\sum_{n\geqslant 1} f_n \text{ converge normalement sur }]0,+\infty[.$$

❑ Méthode 9.3.— Comment étudier la convergence normale sur tout segment d'un intervalle d'une série de fonctions

Soit $\sum f_n$ une série de fonctions définies sur un intervalle I.

- On définit un segment arbitraire $K = [a, b]$ inclus dans I.
- On se ramène à la méthode précédente en se limitant à ce segment K.
- Rappelons que si la série $\sum f_n$ ne converge pas simplement sur I, alors elle ne peut converger normalement sur tout segment de I. En cas de convergence simple et si les f_n sont continues sur I, il peut être habile, pour infirmer la convergence normale sur tout segment de I, de montrer que la fonction somme n'est pas continue sur I.

Mise en œuvre : la majorité des exercices de l'**exercice 9.12** à l'**exercice 9.22**.

Exemples : 1. *Convergence normale de* $\displaystyle\sum_{n\geqslant 1} \frac{1}{n^x}$ *sur* $]1, +\infty[$ *puis sur tout segment de* $]1, +\infty[$?

On reconnaît la série de fonction définissant la fonction ζ de Riemann, vue à un des exemples suivant la **méthode 9.1**.

Posons, de façon logique : $\forall n \in \mathbb{N}^*$, $f_n \left\{\begin{array}{rcl} I =]1, +\infty[& \to & \mathbb{R} \\ x & \mapsto & \dfrac{1}{n^x} \end{array}\right.$.

$\displaystyle\lim_{x\to 1} f_n(x) = \frac{1}{n}$, donc : $\|f_n\|_\infty^I \geqslant \dfrac{1}{n}$. La série $\displaystyle\sum_{n\geqslant 1} \frac{1}{n}$ diverge donc la série de fonctions $\displaystyle\sum_{n\geqslant 1} f_n$ ne converge pas normalement sur $]1, +\infty[$.

En revanche, pour tout segment $J = [a, b] \subset]1, +\infty[$, $\|f_n\|_\infty^J = \dfrac{1}{n^a}$.

Comme la série $\displaystyle\sum_{n\geqslant 1} \frac{1}{n^a}$ converge (exemple de Riemann avec $\alpha = a > 1$), la série de fonctions définissant la fonction ζ de Riemann est normalement convergente sur tout segment de $]1, +\infty[$.

2. *Pour tout* $n \in \mathbb{N}$, f_n *est la fonction définie sur* $]0, 1]$ *par :* $\forall x \in]0, 1]$, $f_n(x) = x^n \ln x$.

Montrer que $\displaystyle\sum_{n\in\mathbb{N}} f_n$ *converge simplement sur* $]0, 1]$ *et calculer* $S = \displaystyle\sum_{n=0}^{+\infty} f_n$. *La convergence de* $\displaystyle\sum_{n\in\mathbb{N}} f_n$ *est-elle normale sur tout segment de* $]0, 1]$?

- Pour tout x de $]0, 1[$, $\displaystyle\sum_{n\geqslant 0} f_n(x)$ est la série géométrique de premier terme $\ln x$ et de raison x.

Cette série converge et a pour somme $\dfrac{\ln x}{1-x}$.

Pour tout $n \in \mathbb{N}$, $f_n(1) = 0$ donc $\sum f_n(1)$ converge et a pour somme 0.

$$\sum f_n \text{ converge simplement sur }]0, 1] \text{ vers } S \,:\, x \mapsto \left\{\begin{array}{l} \dfrac{\ln x}{1-x} \text{ si } x = 1 \\ 0 \text{ si } x = 1 \end{array}\right.$$

- Comme $\ln(1+h) \underset{0}{\sim} h$, $\ln x \underset{1}{\sim} x - 1$, donc $\displaystyle\lim_{x\to 1^-} S(x) = -1 \neq S(1)$: S n'est pas continue en 1.

Chacune des f_n étant continue sur $]0, 1]$, la convergence de $\sum f_n$ ne peut être normale sur tout segment de $]0, 1]$ car, si elle l'était, S serait continue sur cet intervalle.

Convergence uniforme

Méthode 9.4.— Comment étudier la convergence uniforme d'une suite ou d'une série de fonctions

Soit $(f_n)_{n\in\mathbb{N}}$ une suite de fonctions, $\sum\limits_{n\geqslant 0} u_n(x)$ une série de fonctions définies sur I.

► On commence par déterminer s'il y a convergence simple vers f pour $(f_n)_{n\in\mathbb{N}}$, respectivement si la somme $S(x) = \sum\limits_{n=0}^{+\infty} u_n(x)$ existe pour tout $x \in I$ dans le cas de $\sum\limits_{n\geqslant 0} u_n$.

Sinon, pas la peine de s'acharner !

► Dans le cas de $\sum\limits_{n\geqslant 0} u_n$, essayer ensuite de montrer la convergence normale sur I, ce qui entraîne la convergence uniforme sur I (cf. **proposition 9.2** et **méthode 9.2**).

► Si la fonction limite f (respectivement S) n'est pas continue sur $J \subset I$ et que les fonctions f_n (respectivement u_n) le sont pour n assez grand (respectivement pour tout n), il ne peut pas y avoir convergence uniforme.

► Dans le cas de $I = [a, b]$, si les deux intégrales de la **proposition 9.5** sont différentes, il n'y a pas convergence uniforme de $(f_n)_{n\in\mathbb{N}}$ sur I.

► **Pour montrer directement qu'il y a convergence uniforme :**

Majorer $\varepsilon_n = \sup\limits_I |f - f_n|$ ou $\varepsilon_n = \sup\limits_I \left| \sum\limits_{k=n+1}^{+\infty} u_k(x) \right|$ pour montrer que $\lim\limits_{n\to\infty} \varepsilon_n = 0$.

► **Pour montrer directement qu'il n'y a pas convergence uniforme :**

dans le cas des suites de fonctions, il suffit de trouver une suite $(x_n)_{n\in\mathbb{N}}$, à valeurs dans I et de limite $x \in I$ et telle que $\lim\limits_{n\to\infty} f_n(x_n) \neq f(x)$.

Mise en œuvre : exercice 9.1 , de l'**exercice 9.4** à l'**exercice 9.10** pour les suites de fonctions. À partir de l'**exercice 9.12** pour les séries de fonctions.

Exemples : 1. *On considère* $\left(\dfrac{n^2x^2 - \sin^2(nx)}{x^2+n^2}\right)_{n\in\mathbb{N}^*}$.

Étudier la convergence uniforme de cette suite de fonctions sur $\mathbb{R}$.

► Tout d'abord, $f_n : x \mapsto \dfrac{n^2x^2 - \sin^2(nx)}{x^2+n^2}$ est définie sur $\mathbb{R}$ pour tout entier $n \in \mathbb{N}^*$.

► De plus, $\lim\limits_{n\to\infty} f_n(x) = x^2$ pour tout réel $x \in \mathbb{R}^*$ (et $f_n(0) = 0$, $\forall n$), il y a donc convergence simple vers la fonction f définie par $f(x) = x^2$ (qui s'annule en 0).

► Étudions la convergence uniforme sur un segment $[-A, A]$ de $\mathbb{R}$:

$$f(x) - f_n(x) = \frac{n^2x^2 + x^4 - n^2x^2 + \sin^2(nx)}{n^2+x^2} = \frac{x^4 + \sin^2(nx)}{n^2+x^2}.$$

Soit A un réel strictement positif ; pour $n \in \mathbb{N}^*$, $\forall x \in [-A, A]$, $0 \leqslant f(x) - f_n(x) \leqslant \dfrac{A^4+1}{n^2}$ et donc :

$$\lim_{n\to\infty}\left(\sup_{|x|\leqslant A} |f(x) - f_n(x)|\right) = 0.$$

Conclusion : il y a convergence uniforme sur tout segment de $\mathbb{R}$.

Par ailleurs, $\|f - f_n\|_\infty^{\mathbb{R}} \geqslant |f(n\pi) - f_n(n\pi)|$ et $f(n\pi) - f_n(n\pi) = \dfrac{n^4\pi^4}{n^2(1+\pi^2)} = \dfrac{n^2\pi^4}{1+\pi^2}$, donc $\lim\limits_{n\to\infty} |f(n\pi) - f_n(n\pi)| = +\infty$. $\left(\|f - f_n\|_\infty^{\mathbb{R}}\right)_{n\in\mathbb{N}^*}$ ne tend pas vers 0.
Conclusion : il n'y a pas convergence uniforme sur $\mathbb{R}$.

2. *Étudier la convergence uniforme sur* $\mathbb{R}_+$ *de la suite* $g_n(x) = nx^2e^{-nx}$.

► Pour $x < 0$, $g_n(x) \to +\infty$ quand n tend vers $+\infty$. Pour $x \in \mathbb{R}_+$, $\lim\limits_{n\to\infty} g_n(x) = 0$ d'après le théorème des croissances comparées $\Rightarrow$ convergence simple sur $\mathbb{R}_+$ vers 0.
► Pour l'étude de la convergence uniforme, remarquons que : $\forall x \in \mathbb{R}_+, g_n(x) = \frac{1}{n}(nx)^2e^{-nx}$.
Une étude rapide de la fonction $h : x \mapsto x^2e^{-x}$ montre que cette fonction, de classe $\mathscr{C}^1$ sur $\mathbb{R}$, est de limite nulle en 0 et en $+\infty$ et que sa dérivée $h'(x) = (2x - x^2)e^{-x}$ a le signe de $2 - x$ sur $\mathbb{R}_+$.
h croît donc sur $[0, 2]$ et décroît sur $[2, +\infty[$. Sa valeur maximale est $h(2) = \frac{4}{e^2}$.
On en conclut que $\forall x \in \mathbb{R}_+, \quad h(x) \leqslant 4e^{-2}$ et : $\forall x \in \mathbb{R}_+, \forall n \in \mathbb{N}^*, \quad g_n(x) \leqslant \frac{4e^{-2}}{n}$.
Conclusion : il y a donc convergence uniforme sur $\mathbb{R}_+$ vers la fonction nulle.

❑ **Méthode 9.5.— Comment justifier l'existence de** $\lim\limits_{x\to a}\left(\sum\limits_{n=0}^{+\infty} f_n(x)\right)$

Soit $\sum\limits_{n\geq 0} f_n$ une série de fonctions définies sur un intervalle I.
Il faut distinguer les cas $a \in I$ et a, réel ou infini, borne de I sans appartenir à I.

- Si $a \in I$, on établit la continuité sur I de la fonction somme ; la limite cherchée est alors $\sum\limits_{n=0}^{+\infty} f_n(a)$.
- Si a est une borne de I qui n'appartient pas à I, il faut s'assurer que chaque fonction f_n admet une limite l_n en a et, surtout, que $\sum f_n$ converge uniformément sur un intervalle d'extrémité a inclus dans I. La limite cherchée est alors $\sum\limits_{n=0}^{+\infty} l_n$.

Mise en œuvre : de l'**exercice 9.13** à l'**exercice 9.15**.

❑ **Méthode 9.6.— Comment intégrer terme à terme sur un segment**

Soit $\sum f_n$ une série de fonctions définies sur un segment $[a, b]$.

1. On établit la continuité de chaque f_n sur $[a, b]$.
2. On établit ensuite la convergence uniforme ou normale sur $[a, b]$ de $\sum f_n$.
3. On peut alors écrire que : $\displaystyle\int_a^b \left(\sum_{n=0}^{+\infty} f_n\right)(x)\,\mathrm{d}x = \sum_{n=0}^{+\infty}\left(\int_a^b f_n(x)\,dx\right)$.

Remarque : Ce résultat est souvent en concurrence avec celui valable pour I intervalle quelconque qui l'englobe bien entendu. Allez voir la **méthode 12.2** au bon moment de l'avancée du cours.

Méthodes

Exemple : *Si $n \in \mathbb{N}$, en utilisant $f_n : x \mapsto x^n$, montrer que :* $\displaystyle\int_0^{\frac{1}{2}} \frac{dx}{1-x} = \sum_{n=1}^{+\infty} \frac{1}{n2^n}$.
En déduire la valeur de cette somme.

[1] Chacune des f_n est continue sur $I = \left[0, \frac{1}{2}\right]$ et $\left\|f_n\right\|_\infty^I = \dfrac{1}{2^n}$.

[2] Or $\frac{1}{2^n}$ est le terme général d'une série convergente, puisqu'il s'agit d'une série géométrique de raison $\frac{1}{2} \in]-1, 1[$. Donc $\sum f_n$ converge normalement sur I. La somme est $f : x \mapsto \displaystyle\sum_{n=0}^{+\infty} x^n = \frac{1}{1-x}$.

[3] D'après le théorème d'intégration terme à terme sur un segment :

$$\int_0^{\frac{1}{2}} \frac{dx}{1-x} = \int_0^{\frac{1}{2}} \left(\sum_{n=0}^{+\infty} x^n\right) dx = \sum_{n=0}^{+\infty} \left(\int_0^{\frac{1}{2}} x^n\, dx\right) = \sum_{n=0}^{+\infty} \frac{1}{(n+1)2^{n+1}} = \sum_{n=1}^{+\infty} \frac{1}{n2^n}.$$

Comme : $\displaystyle\int_0^{\frac{1}{2}} \frac{dx}{1-x} = [-\ln(1-x)]_0^{\frac{1}{2}} = \ln 2 \Rightarrow \sum_{n=1}^{+\infty} \frac{1}{n2^n} = \ln 2.$

❑ Méthode 9.7.— Comment dériver terme à terme sur un intervalle

Soit $\sum f_n$ une série de fonctions définies sur un intervalle I.

[1] On établit le caractère $\mathscr{C}^1$ de chaque f_n sur I.

[2] On établit, ensuite, la convergence simple sur I de $\sum f_n$ et la convergence uniforme sur tout segment de I de $\sum f_n'$.

[3] $S = \displaystyle\sum_{n=0}^{+\infty} f_n$ est alors $\mathscr{C}^1$ sur I et, $\forall x \in I$, $\displaystyle\left(\sum_{n=0}^{+\infty} f_n\right)'(x) = \sum_{n=0}^{+\infty} f_n'(x)$.

Mise en œuvre : à partir de l'**exercice 9.16**.

Exemple : *Soit (h_n) la suite de fonctions définies sur $I = [0, 1[$ par $h_n(x) = \dfrac{x^n}{n^2+1}$.*
La fonction $H : x \mapsto \displaystyle\sum_{n=0}^{+\infty} h_n(x)$ est-elle $\mathscr{C}^1$ sur I ?

[1] $h_n \in \mathscr{C}^1(I)$, $\forall n \in \mathbb{N}$ et en particulier : $\forall n \in \mathbb{N}^\star$, $h_n'(x) = \dfrac{nx^{n-1}}{n^2+1}$ et, de plus, $h_0'(x) = 0$.

[2] $\|h_n\|_\infty^I = \dfrac{1}{n^2+1}$: $\sum h_n$ converge normalement (donc simplement) sur I .

$\|h_n'\|_\infty^I = \dfrac{n}{n^2+1}$, et $\|h_n'\|_\infty^{[0,\alpha]} = \dfrac{n\alpha^{n-1}}{n^2+1}$; $\sum h_n'$ ne converge pas normalement sur I, en revanche $\sum h_n'$ converge normalement (donc uniformément) sur tout segment $[0, \alpha]$ de I.

[3] On peut en déduire que h est $\mathscr{C}^1$ sur tout segment $[0, \alpha]$ de I, et donc en tout point x_0 de I (inclus dans un tel segment, avec $x_0 < \alpha < 1$).

Finalement h est de classe $\mathscr{C}^1$ sur I et $\forall x \in I, h'(x) = \displaystyle\sum_{n=1}^{+\infty} \frac{nx^{n-1}}{n^2+1}$.

■■ Vrai/Faux

	Vrai	Faux
1. La suite de fonctions définie pour tout $n \in \mathbb{N}$ par : $f_n(x) = e^{-nx}$ converge uniformément sur $\mathbb{R}_+$.	☐	☐
2. La série de fonctions $\sum\limits_{n \geqslant 0} e^{-nx}$ converge uniformément sur $\mathbb{R}_+^*$.	☐	☐
3. La suite de fonctions définie pour $n \in \mathbb{N}^\star$ par $f_n(x) = \dfrac{\sin(nx)}{n}$ converge uniformément vers 0 sur $\mathbb{R}$.	☐	☐
4. Soit (f_n) une suite de fonctions bornées et $\mathscr{C}^1$ sur le segment $[a, b]$, tendant simplement vers 0 ; alors $\lim\limits_{n \to \infty} \int_a^b f_n = 0$.	☐	☐
5. La convergence uniforme d'une série implique la convergence normale de cette série.	☐	☐
6. La convergence uniforme sur un nombre fini d'intervalles implique la convergence uniforme sur leur réunion.	☐	☐
7. Si $\sum f_n$ converge normalement sur tout segment de I, alors elle converge normalement sur I.	☐	☐
8. Si $\sum f_n$ converge uniformément sur I alors elle converge absolument en tout point de I.	☐	☐
9. Si $\sum f_n$ converge absolument en tout point de I, alors elle converge uniformément sur I.	☐	☐
10. Si $\sum f_n$ converge normalement sur tout segment de I, alors elle converge uniformément sur I.	☐	☐
11. Si, pour tout entier naturel n, f_n est continue sur I et si $\sum f_n$ converge simplement sur I, alors $S = \sum\limits_{n=0}^{+\infty} f_n$ est continue sur I.	☐	☐
12. Si les f_n sont $\mathscr{C}^1$ sur I, si $\sum f_n$ converge uniformément sur tout segment de I et si $\sum f'_n$ converge simplement sur I, alors on peut dériver $S = \sum\limits_{n=0}^{+\infty} f_n$ terme à terme.	☐	☐
13. La série de fonctions $\sum\limits_{n \geqslant 1} (-1)^n e^{-\lvert x - n\pi \rvert}$ converge absolument sur $\mathbb{R}$ et est normalement convergente sur tout intervalle de la forme $]-\infty, A]$, où $A > 0$ fixé.	☐	☐

■■ Énoncé des exercices

■ Suites de fonctions : modes de convergence

Exercice 9.1 : *Attention, deux assertions au maximum sont vraies.*

Pour tout entier $n \in \mathbb{N}$, on définit pour $x \in [0, +\infty[$ la suite de fonctions $f_n(x) = \dfrac{e^{-nx}}{1+x}$.

Question : la suite de fonctions (f_n) converge

a) uniformément sur $[0, +\infty[$ et la fonction limite est continue

b) uniformément sur $[0, 1]$ et la fonction limite est continue

c) uniformément sur $[0, +\infty[$

d) uniformément sur toute partie fermée et bornée de $]0, +\infty[$.

D'après Concours I.C.N.A de l'ENAC, épreuve optionnelle

Exercice 9.2 : Pour $n \geqslant 1$, on définit : $f_n : I = [-1, 1] \to \mathbb{R}$, $x \mapsto \sqrt{x^2 + \frac{1}{n}}$.
1. Montrer que les fonctions f_n sont de classe $\mathscr{C}^1$ et que la suite $(f_n)_{n\geqslant 1}$ converge simplement vers f, fonction qui n'est pas $\mathscr{C}^1$ sur $[-1, 1]$.
2. Montrer que la suite $(\|f_n - f\|_\infty^I)_{n\geqslant 1}$ tend vers 0.

Exercice 9.3 : Pour $n \geqslant 1$, on définit : $f_n : I = \left]0, \dfrac{\pi}{2}\right[\to \mathbb{R}$, $x \mapsto \dfrac{\sin^2(nx)}{n \sin x}$.
1. Montrer que la suite $(f_n)_{n\geqslant 1}$ converge simplement vers f que l'on déterminera.
2. Calculer pour $n \geqslant 1$, $f_n\left(\dfrac{1}{n}\right)$. Montrer que la suite $(\|f_n - f\|_\infty^I)_{n\geqslant 1}$ ne tend pas vers 0.

Exercice 9.4 : Soit $(f_n)_{n\in\mathbb{N}}$ définie par : $\forall x \in [-2, 2]$, $f_n(x) = \dfrac{n(x^2-4)}{1+n(x+2)}$.
Étudier la convergence uniforme de cette suite sur $X = [0, 2]$ puis sur $Y = [-2, 2]$.

D'après Concours Communs Mines-Telecom, filière PSI

Exercice 9.5 : Étudier convergences simple et uniforme des suites de fonctions définies par :

1. $\forall x \in \mathbb{R}^+$, $f_n(x) = \dfrac{x}{1+nx}$, **2.** $\forall x \in \mathbb{R}^+$, $g_n(x) = \dfrac{1}{1+nx}$, **3.** $\forall x \in \mathbb{R}^+$, $h_n(x) = \dfrac{\ln(1+nx)}{1+nx}$

4. $\forall n \geqslant 2$, $k_n(x) = \begin{cases} x\sqrt{n} & \text{, pour } x \in [0, \frac{1}{n}[\\ \dfrac{n(x-1)}{1-n\sqrt{n}} & \text{, pour } x \in [\frac{1}{n}, 1] \end{cases}$

Sauf spécification contraire, les suites de fonctions sont indexées par $n \in \mathbb{N}$.

Exercice 9.6* : On pose : $\forall t \in I = [0, 2]$, $f_0(t) = t$ et $\forall n \in \mathbb{N}$, $f_{n+1}(t) = \sqrt{2 + f_n(t)}$.
Étudier la convergence simple puis uniforme de $(f_n)_{n\in\mathbb{N}}$ sur I.

D'après Mines-Ponts

Exercice 9.7* : Étudier les convergences simple et uniforme de la suite de fonctions définie par $f_n(x) = \cos\left(xe^{-nx^2}\right)$ et en déduire la limite de $\displaystyle\int_0^1 f_n(t)\,dt$.

D'après Concours Commun INP (ancien CCP)

■ Suites de fonctions : intégration et dérivation

Exercice 9.8 : Soit la suite de fonctions $(f_n)_{n\in\mathbb{N}}$ définies par : $\forall x \in [0,1]$, $f_n(x) = \dfrac{nx}{1+n^2x^4}$.

1. Étudier la convergence simple et uniforme de la suite $(f_n)_{n\in\mathbb{N}}$ sur $X = [0,1]$ vers une fonction f à déterminer.

2. A-t-on : $\displaystyle\lim_{n\to+\infty}\int_0^1 f_n(x)\,dx = \int_0^1 f(x)\,dx$?

Exercice 9.9 : Soit $(f_n)_{n\in\mathbb{N}}$ définies par : $\forall x \in [0,1]$, $f_n(x) = \dfrac{n^2x^2}{1+n^3x^3}$. Montrer que l'on n'a pas les conditions du théorème de dérivation des suites de fonctions convergeant uniformément. Montrer que pourtant : $\left(\displaystyle\lim_{n\to+\infty} f_n\right)'(x) = \lim_{n\to+\infty} f_n'(x)$.

D'après Concours Communs Mines-Telecom, filière PSI

Exercice 9.10 : **1.** Étudier les convergences simple et uniforme sur $[0,+\infty[$, sur $[0,1]$, de la suite de fonctions définie par pour tout $n \in \mathbb{N}$ par $f_n(x) = n^2xe^{-nx}$.

2. Calculer $\displaystyle\int_0^1 \lim_{n\to\infty} f_n(x)\,dx$ et $\displaystyle\lim_{n\to\infty}\int_0^1 f_n(x)\,dx$. Conclusion ?

■ Modes de convergence d'une série de fonctions

Exercice 9.11 : Étudier la convergence simple puis normale sur I de la série de fonctions :

1. $\displaystyle\sum_{n\geqslant 0} x^n(1-x^n)$ avec $I = [0,1]$. **2.** $\displaystyle\sum_{n\geqslant 1} \frac{x}{n(1+nx^2)}$ avec $I = \mathbb{R}$.

3. $\displaystyle\sum_{n\geqslant 0} e^{-n^2x}$ avec $I = [1,+\infty[$. **4.** $\displaystyle\sum_{n\geqslant 0} \frac{\sin(2^n\pi x)}{2^n}$ avec $I = \mathbb{R}$.

Exercice 9.12 : Considérons la série de fonctions $\sum u_n$ définie sur $\mathbb{R}^+$ par : $u_n(x) = \dfrac{(-1)^n}{xn^2+n}$.

1. Montrer que $\displaystyle\sum_{n\geqslant 1} u_n$ ne converge pas normalement sur $\mathbb{R}^+$.

2. Montrer que, en revanche, $\displaystyle\sum_{n\geqslant 1} u_n$ converge normalement sur tout segment de $\mathbb{R}_+^*$.

3. Y a-t-il convergence uniforme de $\displaystyle\sum_{n\geqslant 1} u_n$?

Continuité de la somme d'une série de fonctions, interversion limite-somme

Exercice 9.13 : Démontrer que la série $\sum_{n\geqslant 1} \frac{1}{n^2+2n+x^2}$ converge normalement sur $\mathbb{R}^+$.

Calculer alors $\lim_{x\to 1} \sum_{n=1}^{+\infty} \frac{1}{n^2+2n+x^2}$. *(On admettra que* $\sum_{n=1}^{+\infty} \frac{1}{n^2} = \frac{\pi^2}{6}$.*)*

Exercice 9.14 : 1. Déterminer l'ensemble de définition de $S : x \mapsto \sum_{n=1}^{+\infty} n^x e^{-nx}$.

2. Montrer que S est continue sur son ensemble de définition.

3. Quelle est la limite de S en $+\infty$?

D'après Concours Communs Mines-Telecom et Concours ENSEA, filière PSI

Exercice 9.15 : Soit la fonction $s : x \mapsto \sum_{n=1}^{+\infty} \frac{1}{1+n^2x^2}$.

1. Montrer que s est continue sur $\mathbb{R}_+^*$.

2. Calculer la limite de s en $+\infty$.

3. Faire le même travail avec $g : x \mapsto \sum_{n=1}^{+\infty} \frac{x^2}{1+n^2x^2}$. En déduire que : $s(x) \underset{+\infty}{\sim} \frac{\pi^2}{6x^2}$.

Intégration et dérivation terme à terme d'une série de fonctions

Exercice 9.16 : Soit la série de fonctions : $\sum_{n\geqslant 0} u_n(x)$, où $u_n(x) = e^{-nx} \sin\left(\frac{\pi}{2^n}\right)$.

1. Montrer qu'elle converge simplement sur $I = \mathbb{R}_+$. On appelle $S(x)$ sa somme.

2. Montrer que S est dérivable et que : $\forall x \in \mathbb{R}_+$, $S'(x) = \sum_{n\geqslant 0} u_n'(x)$.

Exercice 9.17* : 1. Montrer que $g : x \mapsto \sum_{n=0}^{+\infty} \frac{e^{-nx}}{1+n^2}$ est $\mathcal{C}^2$ sur $\mathbb{R}_+^*$.

2. Déterminer $g(x) + g''(x)$ et trouver une équation différentielle vérifiée par g.

3. Que vaut $\lim_{x\to+\infty} g(x)$?

D'après Concours Communs Mines-Telecom et Concours ENSEA, filière PSI

Exercice 9.18 : Déterminer le domaine de définition de $f : x \mapsto \sum_{n=1}^{+\infty} \frac{\ln(n+e^{nx})}{n^3}$ et montrer que f est continue sur D. f est-elle de classe $\mathscr{C}^1$ sur D ?

D'après Concours Commun INP (ancien CCP)

Exercice 9.19 : On considère la fonction f définie par $f(x) = \sum_{n=1}^{+\infty} \frac{\arctan(nx)}{n^2}$.

1. Quel est l'ensemble de définition de f ?

2. Étudier la continuité de f et son caractère $\mathscr{C}^1$ sur son domaine de définition.

D'après Concours Communs Mines-Telecom et Concours ENSEA, filière PSI

Exercice 9.20* : 1. Justifier que $f :]0,\pi[\to \mathbb{R}, x \mapsto \sum_{n=1}^{+\infty} \frac{1}{n}\cos^n x \sin nx$ est définie.

2. Montrer que f est de classe $\mathscr{C}^1$ sur $]0,\pi[$. Calculer f' sous forme d'une somme infinie.

3. Montrer que : $\forall x \in]0,\pi[,\ f'(x) = -1$. En déduire f sur $]0,\pi[$.

Exercice 9.21* : On pose : $\forall n \geqslant 1,\ u_n(x) = \dfrac{1}{\sqrt{n}(1-nx^2)}$ et $f(x) = \sum_{n=1}^{+\infty} u_n(x)$.

1. Montrer que $D = \bigcup_{n\in\mathbb{N}^*} \left]\dfrac{-1}{\sqrt{n}}, \dfrac{-1}{\sqrt{n+1}}\right[\cup \bigcup_{n\in\mathbb{N}^*} \left]\dfrac{1}{\sqrt{n+1}}, \dfrac{1}{\sqrt{n}}\right[$ est le domaine de définition de f.

2. On étudie maintenant la continuité de f sur D.

a. Soit $[a,b] \subset D \cup \mathbb{R}_+^\star$. Montrer que pour n assez grand, $x \mapsto u_n(x)$ est strictement positive et décroissante sur $[a,b]$.

b. Montrer : $\|u_n\|_\infty^{[a,b]} \leqslant u_n(a)$. En déduire le type de convergence de $\sum_{n\geqslant 1} u_n(x)$.

c. En déduire enfin que f est continue sur D.

3. Montrer la convergence normale de $\sum_{n\geqslant 1} u_n'(x)$ sur $[a,b]$ et la dérivabilité de f sur D.

D'après Mines-Ponts

Exercice 9.22 : *Par question, aucune, une ou deux assertions au plus sont vraies. Noter qu'à la question 05, les assertions c) et d) ne peuvent se traiter qu'après avoir fait le chapitre 12. On pourra admettre que l'assertion c) est vraie si vous n'avez pas encore fait ce chapitre.*

On pose $F : x \mapsto \sum_{n=1}^{+\infty} \dfrac{(-1)^{n-1}}{n^x}$ et on pose pour tout $x \in]1,+\infty[$, $G : x \mapsto \sum_{n=1}^{+\infty} \dfrac{1}{n^x}$.

Enfin, $\lfloor y \rfloor$ désigne la partie entière de y.

Question 01 On pose $f_n(x) = \dfrac{(-1)^{n-1}}{n^x}$. Alors :

a) la série de fonctions $\sum_{n\geqslant 1} f_n(x)$ converge uniformément sur $\mathbb{R}$.

b) la série de fonctions $\sum_{n\geqslant 1} f_n(x)$ converge normalement donc uniformément sur $[0,+\infty[$.

c) la série de fonctions $\sum_{n\geqslant 1} f_n(x)$ ne peut pas converger uniformément sur $[0,+\infty[$.

d) la fonction F tend vers 1 quand x tend vers $+\infty$ car la série de fonctions $\sum_{n\geqslant 1} f_n(x)$ converge normalement donc uniformément sur $[2,+\infty[$.

Question 02 Soit $x > 0$, h_x définie sur $]0,+\infty[$ par $h_x(t) = \dfrac{\ln t}{t^x}$. Alors :

a) la fonction h_x est dérivable mais n'est pas de classe $\mathscr{C}^1$ sur $]0,+\infty[$.

b) la suite de terme général $(\ln n)/n^x$ est décroissante à partir du rang $\lfloor e^{1/x} \rfloor$ car la fonction h_x est décroissante sur $[e^{1/x},+\infty[$ et croissante sur $]0, e^{1/x}]$.

c) la suite de terme général $(\ln n)/n^x$ est croissante à partir du rang $\lfloor e^{1/x} \rfloor + 1$ car la fonction h_x est croissante sur $[e^{1/x},+\infty[$ et décroissante sur $]0, e^{1/x}]$.

d) la suite de terme général $(\ln n)/n^x$ est décroissante.

Question 03 On établit que :

a) la série de fonctions $\sum_{n\geqslant 1} f_n'(x)$ converge uniformément sur $[a,+\infty[$, où $a>0$.
b) la série de fonctions $\sum_{n\geqslant 1} f_n'(x)$ est une série alternée divergente sur $[1,+\infty[$.
c) la fonction F n'est pas dérivable sur $]0,+\infty[$.
d) la fonction F est de classe $\mathscr{C}^1$ sur $]0,+\infty[$.

Question 04 On peut alors dire que :
a) $F(x)=(1-2^x)G(x)$ pour tout x strictement supérieur à 1.
b) $F(x)=(2^{1-x}-1)G(x)$ pour tout x strictement supérieur à 1.
c) la fonction G tend vers 1 quand x tend vers $+\infty$ car F et G sont équivalentes en $+\infty$.
d) la fonction G tend vers -1 quand x tend vers $+\infty$ car F et $-G$ sont équivalentes en $+\infty$.

Question 05 Soit la suite de fonctions $(u_n)_{n\in\mathbb{N}^\star}$ définies sur $[0,1[$ par : $u_n(t)=\sum_{k=0}^{n}(-t)^k$. Alors :

a) la suite de fonctions de terme général u_n diverge sur $[0,1[$.
b) la suite de fonctions de terme général u_n converge simplement vers $t\mapsto 1/(1-t)$ sur $[0,1[$.
c) $F(1)=-\ln 2$ en utilisant le théorème de convergence dominée.
d) $F(1)=\ln 2$ en utilisant le théorème de convergence dominée.

Question 06 Le développement limité au voisinage de 1 de la fonction :
a) F à l'ordre 1 s'écrit $F(x)=\ln 2+xF'(1)+o(x)$.
b) F à l'ordre 1 s'écrit $F(x)=\ln 2+(1-x)F'(1)+o(1-x)$.
c) $x\mapsto 1-2^{1-x}$ à l'ordre 2 s'écrit $1-2^{1-x}=x\ln 2-(\ln 2)^2x^2/2+o(x^2)$.
d) $x\mapsto 1-2^{1-x}$ à l'ordre 2 s'écrit $1-2^{1-x}=(x-1)\ln 2-(\ln 2)^2(x-1)^2/2+o((x-1)^3)$.

Question 07 On en déduit que la quantité $G(x)$ peut s'écrire au voisinage de 1^+ :
a) $1/x+F'(1)/\ln 2+\ln 2/2+o(1)$.
b) $1/(x-1)+F'(1)/\ln 2+\ln 2/2+o(1)$.
c) $x-1+F'(1)/\ln 2+\ln 2/2+o(x-1)$.
d) $1/(x-1)-F'(1)/\ln 2-\ln 2/2+o(1)$.

Question 08 On considère la série de fonctions $\sum_{n\geqslant 1} v_n(x)$, définies sur $[1,2]$ avec :

$\forall n\in\mathbb{N}^\star$, $v_n(x)=\dfrac{1}{n^x}-\displaystyle\int_n^{n+1}\frac{dt}{t^x}$. Alors cette série de fonctions
a) diverge en au moins un point de $[1,2]$.
b) converge simplement sur $[1,2]$ car pour tout $n\in\mathbb{N}^\star$, $0\leqslant v_n(x)\leqslant 1/n^x-1/(n+1)^x$ et cette dernière quantité est le terme général d'une série convergente.
c) a pour somme $x\mapsto G(x)-1/(1-x)$ sur $]1,2]$. **d)** a pour somme G sur $]1,2]$.

Question 09 La série de fonctions $\sum_{n\geqslant 1} v_n(x)$

a) converge uniformément sur $[1,2]$.
b) converge uniformément sur tout segment $[a,2]$ de $]1,2]$ mais pas sur $[1,2]$.
c) ne peut pas converger uniformément sur $[1,2]$ car elle diverge en au moins un point de $[1,2]$.
d) ne peut pas converger uniformément sur $[1,2]$ car elle n'y converge pas normalement.

D'après Concours I.C.N.A de l'ENAC, épreuve optionnelle

Indications

Ex. 9.1

Dans les épreuves QCM de l'ENAC, dans chaque question, seules deux assertions au maximum sur les quatre peuvent être vraies. En tout cas, faire un tel QCM est très formateur car vous saurez si vous connaissez vraiment votre cours.

Ex. 9.3

Ce sera le diable si l'on n'a pas à utiliser à un moment donné : $\sin u \sim u$ *au* $v(0)$.

Ex. 9.4

On commencera par la convergence simple pour « détecter » la limite f.

Ex. 9.5

Montrer d'abord la C.S de (f_n) *vers* $x \mapsto 0$, *puis la C.U en majorant* $\|f_n\|_\infty^{\mathbb{R}^+}$.
Montrer ensuite la C.S de (g_n) *vers une fonction non continue ; et la C.U ?*
Montrer la C.S de (h_n) *vers* $x \mapsto 0$. *Estimer* $\lim\limits_{n\to\infty} h_n\left(\dfrac{1}{n}\right)$. *Et la C.U ?*
Montrer d'abord la C.S de (k_n) *vers* $x \mapsto 0$, *puis la C.U en majorant* $\|k_n\|_\infty^{[0,1]}$ *(deux cas).*

Ex. 9.6

Poser $\delta_n(t) = 2 - f_n(t)$ *et appliquer l'inégalité des accroissements finis à* $g : x \mapsto \sqrt{2+x}$ *pour montrer que* $\|\delta_n\|_\infty^I$ *est majorée par une suite géométrique de raison* $\frac{1}{2}$.

Ex. 9.7

On pourra utiliser $1 - \cos u = 2\sin^2 \frac{u}{2}$ *et* $|\sin u| \leqslant |u|$ *au bon moment dans l'action !*

Ex. 9.9

Ce sera bien sûr la convergence uniforme de la suite des dérivées qui fera défaut. Penser à $f_n'\left(\frac{1}{n}\right)$.

Ex. 9.11

S'il n'y a pas C.U sur I, il n'y a pas C.N sur I. On pourra y penser !

Ex. 9.12

1. $\sum u_n$ *converge normalement sur* $\mathbb{R}_+$ *si, et seulement si,* $\sum \|u_n\|_\infty^{\mathbb{R}^+}$ *converge.*
3. *On majore facilement le reste d'indice n (car la série est alternée).*

Ex. 9.15

1. *La convergence normale sur tout segment de* $\mathbb{R}_+^*$ *suffit.*
2. *Montrer la convergence normale sur un intervalle de type* $[a, +\infty[$.

Ex. 9.16

1. *On pourra utiliser* $\sin u \leqslant u$ *pour* $u \geqslant 0$.

Ex. 9.18

On rappelle (qui sait, cela peut servir un jour !) $u \leqslant e^u$ *pour tout* $u \in \mathbb{R}$.

Ex. 9.19

2. *Non dérivabilité en* 0 *: on minore* $f'\left(\dfrac{1}{p}\right)$ *par le terme d'indice p d'une série divergente.*

Ex. 9.20

3. *Utiliser* $\cos(n+1)x = \mathfrak{Re}\left[\exp\left(i(n+1)x\right)\right]$.

Corrigé des vrai/faux

1	2	3	4	5	6	7	8	9	10	11	12	13
F	F	V	F	F	V	F	F	F	F	F	F	V

1. Si $f_n(x) = e^{-nx}$, alors $\lim_{n\to+\infty} f_n(0) = 1$ et $\lim_{n\to+\infty} f_n(x) = 0$ si $x > 0$; la suite $(f_n)_{n\in\mathbb{N}}$ converge simplement vers une fonction non continue (en 0), ce qui exclut la convergence uniforme puisque toutes les fonctions f_n sont continues et par application du **théorème 9.3**.
2. Pour $x \in \mathbb{R}_+^*$, la série $\sum_{n\geqslant 0} e^{-nx}$ est géométrique de raison e^{-x} et de premier terme 1, donc elle converge et sa somme vaut $S(x) = \dfrac{1}{1-e^{-x}}$. Le reste $\sum_{n=p+1}^{+\infty} e^{-nx}$, qui est également somme d'une série géométrique, vaut $\dfrac{e^{-(p+1)x}}{1-e^{-x}}$, et n'est pas borné sur $\mathbb{R}_+^*$, ce qui exclut la convergence uniforme sur $\mathbb{R}_+^*$ du reste vers 0 et de la série de fonctions vers sa somme.
3. $0 \leqslant h_n(x) \leqslant \frac{1}{n}$ pour tous $x \in [0,1]$ et $n \in \mathbb{N}^*$, d'où la convergence uniforme vers 0.
4. Contre-exemple : voir **exercice 9.10**.
5. Contre-exemple : $\sum_{n\geqslant 0} \dfrac{(-1)^n}{n+x}$ converge uniformément sur $[1, +\infty[$, mais pas normalement.
6. Oui, parce que : $\sup_{\bigcup_{1\leqslant k\leqslant p} I_k} |f - f_n| = \sup_{1\leqslant k\leqslant p} \left(\sup_{I_k} |f - f_n|\right)$ tend alors vers 0.
7. C'est l'implication réciproque qui est correcte. Il y a dans les exercices de nombreux exemples de séries de fonctions qui convergent normalement sur tout segment de I sans converger normalement sur I. Prendre $\sum e^{-nx}$ par exemple non CN sur $\mathbb{R}_+^*$ et pourtant CN sur $[a,b] \subset \mathbb{R}_+^*$.
8. Prenons $I = \mathbb{R}_+$. La série $\sum_{n\geq 1} \dfrac{(-1)^n}{xn^2+n}$ converge uniformément sur $\mathbb{R}_+$ (voir l'**exercice 9.12**) et pourtant pour $x = 0$, $\sum_{n\geqslant 1} \dfrac{(-1)^n}{n}$ n'est pas absolument convergente.
9. Prenons $I = [0,1]$ et la série $\sum_{n\geqslant 0} x^n(1-x^n)$ qui ne converge pas uniformément sur $[0,1]$ (voir l'**exercice 9.11**) et pourtant converge simplement (donc absolument car à termes positifs) en tout point de $[0,1]$.
10. Par exemple la série de fonctions $\sum_{n\geqslant 0} f_n$, où $f_n : x \mapsto x^n(1-x)$, n'est pas uniformément convergente sur $]-1,1[$ (voir pourquoi juste après au QCM 11).
Cependant la série $\sum_{n\geqslant 0} f_n$ converge normalement sur tout segment inclus dans $]-1,1[$. En effet si J est un tel segment, il existe $r \in]0,1[$ tel que $J \subset [-r,r]$. Alors pour tout n,

$$\|f_n\|_\infty^J = \sup_{x\in J} |x^n| \leqslant \sup_{x\in[-r,r]} |(1-x)x^n| \leq 2r^n.$$

Et la série géométrique $\sum_{n\geqslant 0} r^n$ est convergente.

11. L'hypothèse suffisante est la convergence uniforme sur tout segment. La convergence simple est insuffisante, comme le montre le contre-exemple suivant :
soit la série de fonctions $\sum u_n$, où : $\forall n \in \mathbb{N}$, $\forall x \in [0,1]$, $u_n(x) = x^n(1-x)$.

- Chacune des fonctions est continue sur $[0,1]$.
- Pour tout x de $[0,1[$, $\sum u_n(x)$ est une série géométrique de raison $x \in [0,1[$, donc une série convergente ; pour $x = 1$, $\sum u_n(1)$ est la série nulle, donc une série convergente. $\sum u_n$ converge simplement sur $[0,1]$ vers la fonction S définie sur $[0,1]$ par :

$$S(1) = 0 \text{ et } \forall x \in [0,1[,\ S(x) = \lim_{n\to+\infty}(1-x)\frac{1-x^{n+1}}{1-x} = 1.$$

On constate que la fonction S n'est pas continue sur $[0,1]$. Accessoirement, cela prouve, d'ailleurs, que la convergence de $\sum u_n$ ne peut être uniforme sur $[0,1]$.

12. Les modes de convergence des séries de fonctions $\sum f_n$ et $\sum f_n'$ ont été échangés par rapport à l'énoncé du cours.

13. Sachez que cette question est inspirée d'un sujet d'ICNA (un des concours de l'ENAC) de 2003 (ceci dit, en 2015, c'était un peu pareil). C'est un sujet QCM et beaucoup plus long que cette question, bien entendu ! Pour en revenir à nos moutons (pas encore tondus), on remarque que l'expression de $U_n(x) = (-1)^n e^{-|x-n\pi|}$ dépend de trois cas : $x < n\pi$, $x = n\pi$ et $x > n\pi$. Pour x fixé, à partir d'un certain rang n_0 de n, on est toujours dans le premier cas. Donc : $\forall n \geqslant n_0$, $U_n(x) = (-1)^n e^x e^{-n\pi}$. Or $|U_n(x)| = \left(\frac{1}{n^2}\right)$ et on a bien la convergence absolue de $\sum_{n\geq 1} U_n(x)$. Cela implique la convergence simple sur $\mathbb{R}$ de cette série. Puis, posons $J =]-\infty, A]$, où $A > 0$. À partir d'un certain rang n_0, $A < n\pi$. Donc pour $x \in J$, $\forall n \geqslant n_0$, $|U_n(x)| \leq e^A e^{-n\pi}$. La série $\sum_{n\geqslant n_0} e^A e^{-n\pi}$ converge et la série $\sum_{n\geqslant n_0} U_n(x)$ est normalement convergente sur J et il en est de même de $\sum_{n\geqslant 1} U_n(x)$.

❑ Erreurs classiques

- En cas de convergence simple, penser que la fonction limite ou la fonction somme doit avoir une expression unifiée sur I tout entier.
- Oublier que la convergence uniforme d'une suite de fonctions sur I est une propriété globale sur I.
- Parler de convergence normale à propos d'une **suite** de fonctions.
- Oublier l'existence de la notion de « convergence normale sur tout segment d'un intervalle ».
- Pas mal non plus : penser que la « convergence normale sur tout segment d'un intervalle » entraîne la « convergence normale sur cet intervalle ».
  En abrégé, on rappelle que :

$$CVN \Rightarrow CVNSTS \Rightarrow CVUSTS \Rightarrow CVS \text{ et } CVN \Rightarrow CVU \Rightarrow CVS.$$

- Penser que la convergence simple suffit à affirmer la continuité de la fonction limite ou de la fonction somme.

Corrigé des exercices

Faire les QCM de l'ENAC (allez voir en particulier ceux posés au concour ICNA à partir de 2015 suite au changement de programme) est un très bon moyen de réviser toutes les notions du cours.

Exercice 9.1

On remarque que $f_n(0) = 1$. Et donc $\lim\limits_{n\to+\infty} f_n(0) = 1$.

Par ailleurs, si x_0 est fixé strictement positif, $\lim\limits_{n\to+\infty} f_n(x_0) = 0$. La limite (simple) de la suite $(f_n)_{n\in\mathbb{N}}$ est la fonction g qui vaut 0 pour $x > 0$ et 1 en $x = 0$. Comme les éléments f_n de la suite de fonctions sont tous continus sur $[0, +\infty[$, le fait que g soit discontinue prouve que la convergence ne peut pas être uniforme. Cela nous convient très bien pour le démarrage.

Les assertions a), b) et c) sont fausses. Par contre, le problème étant en 0, si on l'isole, la convergence uniforme arrive. Ainsi, une partie fermée et bornée de $]0, +\infty[$ est incluse dans un intervalle de la forme $[a, b]$ avec $a > 0$. Sur $[a, b]$, on peut écrire : $|f_n(x)| \leqslant \dfrac{e^{-na}}{1+a}$ et cette dernière quantité tend vers 0 indépendamment de x dans $[a, b]$. En conclusion, **l'assertion d) est vraie**.

Exercice 9.2

L'intérêt de ces exos simples c'est de se préparer psychologiquement aux compliqués !

1. f_n est de classe $\mathscr{C}^1$ par composée de fonctions de classe $\mathscr{C}^1$. Il est clair par ailleurs que pour x fixé, $f_n(x)$ tend vers $\sqrt{x^2} = |x|$, fonction non dérivable en 0, comme chacun sait.

2. $\|f_n - f\|_\infty^I = \sup\limits_{x\in[-1,1]} |f_n(x) - f(x)| = \dfrac{1}{n} \sup\limits_{x\in[-1,1]} \left| \dfrac{1}{\sqrt{x^2 + \frac{1}{n}} + |x|} \right|$.

Que peut-on en conclure ?

Le maximum est clairement en $x = 0$ et donc : $\|f_n - f\|_\infty^I = \frac{\sqrt{n}}{n}$.

Exercice 9.3

N'oublions pas que l'on a écarté $x = 0$ de l'affaire.

1. Comme $-1 \leqslant \sin^2(nx) \leqslant 1$, $|f_n(x)| \leqslant \frac{1}{n \sin x}$, quantité qui tend vers 0 quand $n \to +\infty$. Donc $(f_n)_{n\in\mathbb{N}^\star}$ tend simplement vers la fonction nulle.

2. $f_n\left(\dfrac{1}{n}\right)$ tend vers $\sin^2(1)$.

Car $\sin\frac{1}{n} \sim \frac{1}{n}$.

Par ailleurs :

On illustre ici une des pistes de la **méthode 9.4** *pour montrer la non CU.*

$$\|f_n - f\|_\infty^I = \sup_{x\in I} |f_n(x)| \geqslant f_n\left(\frac{1}{n}\right) = \sin^2 1.$$

Donc la suite $(\|f_n - f\|_\infty^I)_{n\geqslant 1}$ ne tend pas vers 0.

Exercice 9.4

- $(f_n)_{n\in\mathbb{N}}$ converge simplement vers $f : x \mapsto \begin{cases} x-2 & \text{si} \quad |x| \neq 2 \\ 0 & \text{si} \quad x = -2 \\ 0 & \text{si} \quad x = 2 \end{cases}$.
- On a alors : $|f_n(x) - f(x)| = \dfrac{2-x}{1+n(x+2)} = g_n(x)$.

Dériver g_n n'est pas utile !

Puis : $|g_n(x)| \leqslant \dfrac{2}{1+2n}$ et cette dernière quantité tend vers 0 quand n tend vers $+\infty$, $(f_n)_{n\in\mathbb{N}}$ converge uniformément sur $[0, 2]$ vers f.

- Par contre, comme f n'est pas continue en -2, on n'a pas de convergence uniforme sur $[-2, 2]$.

$(f_n)_{n\in\mathbb{N}}$ CU sur $[a, 2]$, où $a > -2$.

Exercice 9.5

1. $\forall n \in \mathbb{N}, f_n(0) = 0$ donc $\lim\limits_{n\to+\infty} f_n(0) = 0$. Par ailleurs, pour $x \in \mathbb{R}_+^*$, $f_n(x)$ est équivalent à $\frac{1}{n}$ quand n tend vers $+\infty$, donc $\forall x \in \mathbb{R}_+^*$, $\lim\limits_{n\to+\infty} f_n(x) = 0$; (f_n) converge simplement vers la fonction constante nulle.

Il reste à étudier la convergence uniforme de (f_n) ; pour cela, estimons :

$$\|f_n\|_\infty^I = \sup_{x\in I} |f_n(x)|.$$

Pour tout $x \in \mathbb{R}_+^*$, $0 \leqslant nx \leqslant 1 + nx$: $0 \leqslant f_n(x) \leqslant \frac{1}{n}$ et $\lim\limits_{n\to\infty} \sup\limits_{x\in I} |f_n(x)| = 0$.

Conclusion : (f_n) converge uniformément vers 0.

L'idée est de « détecter » d'abord la limite f par convergence simple puis de regarder la convergence uniforme.

2. $\forall n \in \mathbb{N}, g_n(0) = 1$, donc $\lim\limits_{n\to+\infty} g_n(0) = 1$. Par ailleurs, pour $x \in \mathbb{R}_+^*$, $g_n(x)$ est équivalent à $\frac{1}{nx}$ quand n tend vers $+\infty$, donc $\lim\limits_{n\to+\infty} g_n(x) = 0$;

donc (g_n) converge simplement vers la fonction g définie sur $\mathbb{R}_+^*$ par $g(0) = 1$ et $g(x) = 0$ si $x > 0$.

(g_n) converge simplement, mais pas uniformément vers g.

Comme g n'est pas continue, la convergence ne peut pas être uniforme, puisque la limite uniforme d'une suite de fonctions continues est une fonction continue d'après la **proposition 9.3**.

3. $\forall n \in \mathbb{N}, h_n(0) = 0$ donc $\lim\limits_{n\to+\infty} h_n(0) = 0$. Par ailleurs, $\lim\limits_{u\to\infty} \dfrac{\ln u}{u} = 0$ donc pour tout $x \in \mathbb{R}_+^*$, $\lim\limits_{n\to+\infty} \dfrac{\ln(1+nx)}{1+nx} = 0$ (en posant $u = nx$).

(h_n) converge simplement vers la fonction constante nulle $h = 0_{\mathbb{R}_+}$.

Or $h_n\left(\frac{1}{n}\right) = \frac{\ln 2}{2} \neq h(0)$ alors que $\lim\limits_{n\to\infty} \dfrac{1}{n} = 0$; donc, en posant $x_n = \frac{1}{n}$,

$\frac{\ln 2}{2} = |h(0) - h_n(x_n)| \leqslant |h(0) - h(x_n)| + |h(x_n) - h_n(x_n)| \leqslant \|h - h_n\|_\infty^{[0,1]}$, ce qui exclut la convergence uniforme de (h_n) vers h sur $[0,1]$ et *a fortiori* sur $\mathbb{R}_+$ (h_n) converge simplement, mais pas uniformément vers $0_{\mathbb{R}_+}$.

Voir à ce sujet la **méthode 9.4**.

4. $k_n(0) = k_n(1) = 0$. D'autre part, si $x > 0$, $\exists N \in \mathbb{N}$, $n > N \Longrightarrow x > \frac{1}{n}$ donc $n > N \Longrightarrow f_n(x) = \dfrac{n(x-1)}{1-n\sqrt{n}}$; alors, pour tout $x \in \mathbb{R}_+ \setminus \{0,1\}$,

$\lim\limits_{n\to\infty} k_n(x) = \lim\limits_{n\to\infty} \dfrac{n(x-1)}{1-n\sqrt{n}} = 0$ (et bien sûr, $\lim\limits_{n\to\infty} k_n(0) = \lim\limits_{n\to\infty} k_n(1) = 0$).

Finalement (k_n) converge simplement sur $\mathbb{R}_+$ vers la fonction constante nulle.

Par ailleurs : $0 \leqslant \sup_{x\in[0,\frac{1}{n}[} |k_n(x)| = \sup_{x\in[0,\frac{1}{n}[} x\sqrt{n} = \frac{\sqrt{n}}{n}$ et :

$$0 \leqslant \sup_{x\in]\frac{1}{n},1]} |k_n(x)| \leqslant \frac{n}{n\sqrt{n}-1}.$$

Ces deux majorants tendent vers 0 donc $\lim\limits_{n\to\infty} \sup\limits_{x\in[0,1]} |k_n(x)| = 0$.

(k_n) converge simplement, et uniformément vers la fonction nulle sur $[0,1]$.

Finalement, on aura fait le tour avec ces quatre exemples des différentes situations.

Exercice 9.6

► $g : x \mapsto \sqrt{2+x}$ croît sur $I = [0,2]$, stable par g car $(g(0), g(2)) \in I^2$.

De plus, $g(x) - x = \sqrt{2+x} - x$ a le signe de $2 + x - x^2 = (2-x)(1+x) \geqslant 0$; donc, comme $f_0(t) = t \in [0,2]$, $(f_n(t))_{n\in\mathbb{N}}$ est à valeurs dans I, croissante et bien sûr majorée : elle converge. Sa limite, que nous appellerons $f(t)$, est la seule solution de l'équation $g(x) = x$ dans I, c'est-à-dire 2.

$\forall t \in I, (f_n(t))_{n\in\mathbb{N}}$ converge vers 2 ; autrement dit, (f_n) converge simplement vers la fonction f, constante, de valeur 2.

Rappelez-vous les mécanismes pour étudier une suite du type $u_{n+1} = g(u_n)$. Allez voir la **méthode 7.4** *pour se « rafraîchir ».*

► Nous avons montré la convergence simple de (f_n) sur I. Posons alors, pour $t \in I$ et tout $n \in \mathbb{N}$, $\delta_n(t) = 2 - f_n(t)$. Puis remarquons que :

Corrigé

$$\forall t \in I, \quad 0 < g'(t) = \frac{1}{2\sqrt{2+t}} \leqslant \frac{1}{2}.$$

On rappelle que : $|g(a)-g(b)| \leqslant M|a-b|$, où $M = \sup_{x\in[a,b]} |g'(x)|$.

Alors, d'après l'inégalité des accroissements finis, pour tous $t \in I$ et $n \in \mathbb{N}^*$,

$$0 \leqslant \delta_n(t) = 2 - f_n(t) = g(2) - g(f_{n-1}(t)) \leqslant \tfrac{1}{2}(2 - f_{n-1}(t)) = \tfrac{1}{2}\delta_{n-1}(t);$$

par récurrence sur $n \in \mathbb{N}$, $0 \leqslant \delta_n(t) \leqslant \frac{1}{2^n}\delta_0(t) = \frac{2-t}{2^n} \leqslant \frac{1}{2^{n-1}}$ pour tout $t \in I$ donc : $\|\delta_n\|_\infty^I \leqslant \frac{1}{2^{n-1}}$. Il y a donc convergence uniforme de (f_n) sur I.

Exercice 9.7

Vue la parité de f_n, on se restreint à $\mathbb{R}_+$.

▶ Si $x = 0$, alors $xe^{-nx^2} = 0$; si $x \neq 0$, alors $-nx^2 \to -\infty$ quand n tend vers l'infini et donc $\lim_{n\to\infty} e^{-nx^2} = 0$. Dans tous les cas, $\lim_{n\to\infty} \cos\left(xe^{-nx^2}\right) = 1$ et (f_n) converge simplement vers la fonction constante 1.

▶ $0 \leqslant 1 - \cos\left(xe^{-nx^2}\right) = 2\sin^2\left(\frac{x}{2}e^{-nx^2}\right) \leqslant 2\frac{x^2}{4}e^{-2nx^2} = h_n(x)$.

h_n est dérivable sur $\mathbb{R}$ et $h_n'(x) = xe^{-2nx^2}\left(1 + \frac{x}{2}(-4nx)\right) = xe^{-2nx^2}\left(1 - 2nx^2\right)$

d'où le tableau de variations :

x	0		$\frac{1}{\sqrt{2n}}$		$+\infty$
$h_n(x)$	0	↗	M_n	↘	0

(Comme h_n est paire, il suffit de compléter ce tableau par symétrie sur $\mathbb{R}_-$)

D'après le **théorème 9.5**, *la C.U de (f_n) vers f sur I autorise à intervertir limite et intégrale.*

La valeur maximale de h_n sur $\mathbb{R}$, $M_n = \dfrac{1}{4en}$, tend vers 0 en $+\infty$.

Il y a donc convergence uniforme de la suite (f_n) vers $f : x \mapsto 1$.

On a : $\displaystyle\int_0^1 f_n$ a pour limite $\displaystyle\int_0^1 (\lim f_n) = \int_0^1 1\,dt = 1$.

Exercice 9.8

Attention, vérifier que x_n et $\lim x_n$ soient dans $[0,1]$!

1. Si $x = 0$, $f_n(x) = 0$ et sa limite aussi. Si $x \neq 0$, $f_n(x)$ tend vers 0.

Finalement, $(f_n)_{n\in\mathbb{N}}$ converge simplement vers 0. Et : $f_n'(x) = \dfrac{n - 3n^3x^4}{(1+n^2x^4)^2}$.

Montrer par contre la C.U sur $[a,1]$, $a > 0$.

La valeur extrémale est pour $x_n = (3n^2)^{-\frac{1}{4}}$ et donc : $f_n(x_n) = \frac{3^{\frac{3}{4}}}{4}\sqrt{n}$ qui ne tend pas vers 0. Il n'y a pas CU de $(f_n)_{n\in\mathbb{N}}$ sur $[0,1]$.

2. Vos souvenirs d'intégration donnent : $\displaystyle\int_0^1 f_n(x)\,dx = \frac{1}{2}\arctan n$ qui tend vers $\frac{\pi}{4}$, bien loin (hélas !) de $\displaystyle\int_0^1 f(x)\,dx$ qui vaut 0.

Exercice 9.9

Séparer le cas $x = 0$ des autres cas.

▶ Les fonctions $(f_n)_{n\in\mathbb{N}}$ sont dérivables (et même $\mathscr{C}^1$) sur $[0,1]$. Puis, $f_n(0) = 0$ et donc $\lim_{n\to+\infty} f_n(0) = 0$. Et si $x \neq 0$, $f_n(x) \sim \frac{1}{nx}$. On a : $\lim_{n\to+\infty} f_n(x) = 0$.

Conclusion : $(f_n)_{n\in\mathbb{N}}$ converge simplement sur $[0,1]$ vers la fonction nulle.

Se lancer dans f_n'', est faisable mais long ! Celui qui se lancerait dans l'aventure trouvera $\dfrac{2n^2(1 - 7n^3x^3 + n^6x^6)}{(1+n^3x^3)^3}$ et il étudiera le signe de $1 - 7X + X^2$.

▶ On a pour tout $x \in [0,1]$, $f_n'(x) = \dfrac{n^2x(2 - n^3x^3)}{(1+n^3x^3)^2}$.

On a : $f_n'(0) = 0$ et si $x \neq 0$, $f_n'(x) \sim -\dfrac{1}{nx^2}$, quantité qui tend vers 0.

On a bien : $\left(\lim_{n\to+\infty} f_n\right)'(x) = \lim_{n\to+\infty} f_n'(x)$.

Par ailleurs, $f_n'\left(\dfrac{1}{n}\right) = \dfrac{n}{4}$. Donc : $\|f_n'\|_\infty^{[0,1]} \geqslant \dfrac{n}{4}$. Ainsi, $\lim_{n\to+\infty} \|f_n'\|_\infty^{[0,1]} = +\infty$.

Il n'y a pas convergence uniforme de la suite (f_n') sur $[0,1]$.

Exercice 9.10

1. $\forall n \in \mathbb{N}, f_n(0) = 0$ donc $\lim\limits_{n \to +\infty} f_n(0) = 0$. Par ailleurs, d'après le théorème de croissance comparée, $\lim\limits_{n \to +\infty} f_n(x) = 0$ pour tout $x > 0$.

Il en résulte que (f_n) converge simplement vers $0_{\mathbb{R}_+}$ quand n tend vers $+\infty$.
D'autre part, f_n est dérivable sur $[0, +\infty[$ et $\forall x \in \mathbb{R}_+,\ f_n'(x) = n^2 e^{-nx}(1 - nx)$, donc, comme $\lim\limits_{x \to 0} f_n(x) = \lim\limits_{x \to +\infty} f_n(x) = 0$, on obtient le tableau de variations

x	0		$\frac{1}{n}$		$+\infty$
$f_n(x)$	0	$\nearrow$	$M_n = \frac{n}{\mathrm{e}}$	$\searrow$	0

dont on déduit que $\|f_n\|_\infty^{[0,1]} = \sup\limits_{x \in [0,1]} f_n(x) = M_n = \dfrac{n}{\mathrm{e}}$. Il n'y a pas $C.U$ de (f_n) vers 0 sur $[0, 1]$ donc sur $\mathbb{R}_+$.

La norme de la convergence uniforme sur $[0,1]$ de (f_n) ne tend pas vers 0.

2. $\displaystyle\int_0^1 f_n(t)\, dt = \int_0^1 (nt)e^{-nt}\, n\, dt = \int_0^n ue^{-u}\, du$ donc

$\displaystyle\lim_{n \to \infty} \int_0^1 f_n(t)\, dt = \int_0^{+\infty} ue^{-u}\, du = 1$, alors que $\displaystyle\int_0^1 \lim_{n \to \infty} f_n(t)\, dt = 0$.

Ces deux limites ne sont pas égales, ce qui illustre la nécessité de la convergence uniforme, invalidée dans ce cas par le phénomène dit de la « bosse glissante » :

On voit que la « bosse » monte de plus en plus et se rapproche de l'axe Oy quand n augmente. Cela traduit la non convergence uniforme sur un segment qui contient 0. Vous pouvez vous amuser à en tracer d'autres avec votre calculette ou Python.

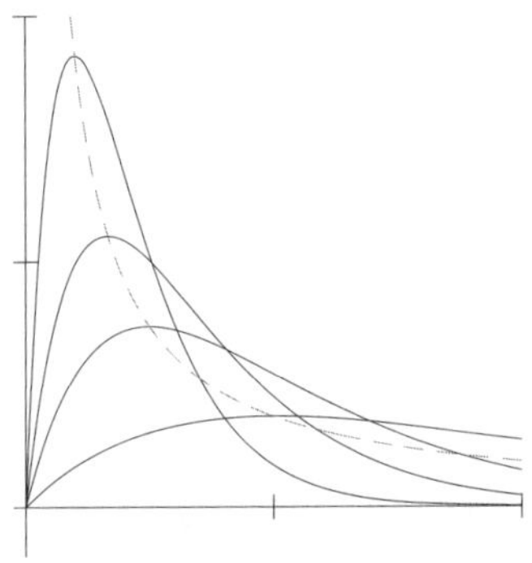

Graphes de f_1, f_2, f_3, f_4
et courbe des sommets des graphes des f_n (en pointillés)

Exercice 9.11

1. $\boxed{\sum\limits_{n \geqslant 0} x^n(1 - x^n) \text{ avec } I = [0, 1]}$: calculons la somme partielle $S_n(x)$.

Si $x \neq 1$, $S_n(x) = \displaystyle\sum_{k=0}^{n} (x^k - x^{2k}) = \frac{1 - x^{n+1}}{1 - x} - \frac{1 - x^{2(n+1)}}{1 - x^2}$.

Donc si $0 \leqslant x < 1$, $S(x) = \lim\limits_{n \to +\infty} S_n(x) = \dfrac{1}{1 - x} - \dfrac{1}{1 - x^2} = \dfrac{x}{1 - x^2}$.

Pour $x = 1$, on a toujours $u_n(1) = 0$ et $S(1) = 0$.

Comme S n'est pas continue en 1 (bien que $x \mapsto u_n(x)$ le soit sur $[0, 1]$), cela montre la non $C.U$ et la non $C.N$ sur $[0, 1]$.

Plusieurs pistes sont possibles. Celle choisie bien entendu et aussi celle de calculer $u_n'(x)$ qui vaut $nx^{n-1}(1 - 2x^n)$. Comme $u_n((1/2)^{\frac{1}{n}})$ vaut $1/4$, la série $\sum \|u_n\|_\infty^I$ diverge grossièrement. Il n'y a pas $C.N$ sur $[0, 1]$.

Corrigé

2. $\boxed{\displaystyle\sum_{n\geqslant 1}\frac{x}{n(1+nx^2)} \text{ avec } I=\mathbb{R}.}$: si $x\neq 0$ fixé, $|u_n(x)|\sim\frac{1}{n^2|x|}$, terme général d'une série de Riemann convergente, donc $\sum u_n(x)$ est absolument convergente donc convergente. Pour $x=0$, tout le monde est nul (mais si !) et la série elle aussi en plus !

Le cas $x=0$ ne doit pas être oublié !

Comme $x\mapsto u_n(x)$ est impaire, supposons $x\geq 0$. Puis $u_n'(x)=\dfrac{1-nx^2}{n(1+nx^2)^2}$ s'annule pour $x_n=\dfrac{1}{\sqrt{n}}$. La fonction u_n passe en x_n par un maximum et finalement, $\|u_n\|_\infty^{\mathbb{R}}=\dfrac{1}{2n^{\frac{3}{2}}}$. C'est le terme général d'une série convergente.

On prouve ici la C.N sur $\mathbb{R}$ et donc aussi la C.U sur $\mathbb{R}$.

3. $\boxed{\displaystyle\sum_{n\geqslant 0}e^{-n^2x} \text{ avec } I=[1,+\infty[.}$: la règle de d'Alembert appliquée à cette série montre rapidement sa convergence simple. De plus, $|u_n(x)|\leqslant e^{-n^2}$ sur I et comme $\sum e^{-n^2}$ est convergente, notre série de départ converge normalement sur $[1,+\infty[$.

Ici, en fait, $\sum u_n$ converge normalement sur $[a,+\infty[$, où $a>0$.

4. $\boxed{\displaystyle\sum_{n\geqslant 0}\frac{\sin(2^n\pi x)}{2^n}}$: comme $|\sin(2^n\pi x)|\leqslant 1$, $\displaystyle\sum_{n\geqslant 0}2^{-n}$ domine $\sum\|u_n\|_\infty^I$.

On a donc toutes les convergences sur I. Génial !

$\sin(2^n\pi x)$ joue le rôle de leurre ici !

Exercice 9.12

1. $\forall n\in\mathbb{N}^*$, $\forall x\in\mathbb{R}^+$, $|u_n(x)|\leqslant\dfrac{1}{n}=|u_n(0)|$, donc $\left\|u_n\right\|_\infty^{\mathbb{R}^+}=\dfrac{1}{n}$.

Donc : $\displaystyle\sum_{n\geqslant 1}u_n$ ne converge pas normalement sur $\mathbb{R}^+$.

La série harmonique $\displaystyle\sum_{n\geqslant 1}\frac{1}{n}$ diverge, je sais, vous le saviez !

2. $\forall[a,b]\subset\mathbb{R}_+^*$, $\forall n\in\mathbb{N}^*$, $\forall x\in[a,b]$, $|u_n(x)|\leqslant\dfrac{1}{an^2+n}\Rightarrow\left\|u_n\right\|_\infty^{[a,b]}\leqslant\dfrac{1}{an^2}$.

Comme $\displaystyle\sum_{n\geqslant 1}\frac{1}{an^2}=\frac{1}{a}\sum_{n\geqslant 1}\frac{1}{n^2}$ converge , $\displaystyle\sum_{n\geqslant 1}\left\|u_n\right\|_\infty^{[a,b]}$ converge.

Ainsi, $\displaystyle\sum_{n\geqslant 1}u_n$ converge normalement sur tout segment de $\mathbb{R}_+^*$.

Exemple de Riemann avec $\alpha=2>1$.

3. On peut remarquer que, pour tout $x\in\mathbb{R}^+$, la suite de terme général $|u_n(x)|=\dfrac{1}{xn^2+n}$ est décroissante et de limite nulle ; donc $\displaystyle\sum_{n\geqslant 1}u_n(x)$ est alternée et $R_n(x)=\displaystyle\sum_{k=n+1}^{+\infty}u_k(x)$ est majoré en valeur absolue par $|u_{n+1}(x)|$.

Il en résulte : $\forall x\in\mathbb{R}^+,\forall n\in\mathbb{N}^*,|R_{n-1}(x)|\leqslant\dfrac{1}{xn^2+n}\leqslant\dfrac{1}{n}$.

Donc $\|R_n\|_\infty^{\mathbb{R}^+}\to 0$, ce qui garantit la convergence uniforme de (R_n) vers la fonction nulle sur $\mathbb{R}_+$. Et donc $\displaystyle\sum_{n\geqslant 1}u_n$ converge uniformément sur $\mathbb{R}^+$.

Le moyen direct de montrer la C.U d'une série de fonctions, c'est, faut-il le rappeler, de montrer que $\|S-S_n\|_\infty^I$ tend vers 0.

Exercice 9.13

Posons, $\forall n\in\mathbb{N}^\star,\forall x\in\mathbb{R}^+$, $f_n(x)=\dfrac{1}{n^2+2n+x^2}$.

$\forall n \in \mathbb{N}^*$, $\forall x \in \mathbb{R}^+$, $0 < f_n(x) \leqslant \dfrac{1}{n^2+2n}$ et $f_n(0) = \dfrac{1}{n^2+2n}$, donc :

$$\left\|f_n\right\|_\infty^{\mathbb{R}^+} = \frac{1}{n^2+2n}.$$

$\forall n \in \mathbb{N}^*$, $0 < \dfrac{1}{n^2+2n} \leqslant \dfrac{1}{n^2}$ et $\sum\limits_{n\geqslant 1} \dfrac{1}{n^2}$ converge donc $\sum\limits_{n\geqslant 1} \left\|f_n\right\|_\infty^{\mathbb{R}^+}$ converge.

Exemple de Riemann avec $\alpha > 1$

La série de fonctions $\sum \dfrac{1}{n^2+2n+x^2}$ converge normalement sur $\mathbb{R}^+$.
Les fonctions f_n sont continues sur $\mathbb{R}^+$ et la série $\sum\limits_{n\geqslant 1} f_n$ converge normalement sur $\mathbb{R}^+$, donc la fonction somme de cette série, $x \mapsto \sum\limits_{n=1}^{+\infty} \dfrac{1}{n^2+2n+x^2}$, est continue sur $\mathbb{R}^+$. On a donc :

$$\lim_{x\to 1} \sum_{n=1}^{+\infty} f_n(x) = \sum_{n=1}^{+\infty} f_n(1) = \sum_{n=1}^{+\infty} \frac{1}{n^2+2n+1} = \sum_{n=1}^{+\infty} \frac{1}{(n+1)^2} = \sum_{n=2}^{+\infty} \frac{1}{n^2}.$$

$\sum\limits_{n=1}^{+\infty} \dfrac{1}{n^2} = \dfrac{\pi^2}{6}$, c'est tellement classique que cela fait parti de votre culture mathématique.

Finalement : $\lim\limits_{x\to 1} \sum\limits_{n=1}^{+\infty} f_n(x) = -1 + \dfrac{\pi^2}{6}$.

Exercice 9.14

1. Posons, $\forall n \in \mathbb{N}^\star$, $\forall x \in \mathbb{R}$, $f_n(x) = n^x e^{-nx}$.

- Pour $x < 0$ fixé, $f_n(x) = e^{x \ln n - nx} = e^{nx\left(-1+\frac{\ln n}{n}\right)} \underset{n\to+\infty}{\longrightarrow} +\infty$ et donc la série $\sum\limits_{n\geqslant 1} f_n(x)$ diverge grossièrement.
- Pour $x = 0$, on a : $\forall n \in \mathbb{N}^*$, $f_n(0) = 1$ et $\sum\limits_{n\geqslant 1} f_n(0)$ diverge grossièrement.
- Pour $x > 0$ fixé, $f_n(x) = o\left(\frac{1}{n^2}\right)$ car :
$$n^2 f_n(x) = n^{x+2} e^{-nx} = \tfrac{1}{x^{x+2}}\left((nx)^{x+2} e^{-nx}\right) \underset{n\to+\infty}{\longrightarrow} 0$$

(en effet, pour tout réel α, $\lim\limits_{X\to+\infty} X^\alpha e^{-X} = 0$).

$\sum\limits_{n\geqslant 1} \dfrac{1}{n^2}$ converge donc $\sum\limits_{n\geqslant 1} f_n$ $C.S$ sur $]0,+\infty[\Rightarrow \mathcal{D}_S = \mathbb{R}_+^\star$.

L'ensemble de définition $\mathcal{D}_S$ de la fonction S est le sous-ensemble de $\mathbb{R}$ sur lequel $\sum\limits_{n\geqslant 1} f_n$ converge simplement.

2. Soit $[a,b]$ un segment de $\mathbb{R}_+^*$: $\forall x \in [a,b]$, $0 < f_n(x) \leqslant n^b e^{-na}$.
Pour des motifs identiques à ceux invoqués à la question précédente,
la série $\sum\limits_{n\geqslant 1} n^b\, e^{-na}$ converge, donc $\sum\limits_{n\geqslant 1} \left\|f_n\right\|_\infty^{[a,b]}$ converge. Et de plus, $\forall n$, f_n est continue sur $\mathbb{R}_+^*$ donc, d'après le cours, S est continue sur $\mathbb{R}_+^*$.

3. La convergence normale de la série de fonctions $\sum\limits_{n\geqslant 1} f_n$ sur $[1,+\infty[$ permet d'utiliser le théorème d'interversion « somme-limite ».
f_n est $\mathcal{C}^\infty$ sur $\mathbb{R}_+^*$ et, pour tout $x > 0$, $f_n'(x) = (-n + \ln n) n^x e^{-nx} \leqslant 0$.
Ainsi, la fonction f_n est décroissante sur $\mathbb{R}_+^*$.
On a : $\forall x \in [1,+\infty[$, $0 < f_n(x) \leqslant f_n(1)$, donc : $\left\|f_n\right\|_\infty^{[1,+\infty[} = ne^{-n}$.

Attention, la C.N sur $[a,b] \subset \mathbb{R}_+^*$ ne suffit pas pour utiliser la **proposition 9.9**.

Corrigé

Toujours pour les raisons invoquées à la première question, $\sum_{n\geqslant 1} ne^{-n}$ converge, donc $\sum_{n\geqslant 1} f_n$ converge normalement sur $[1,+\infty[$.

Puis : $\forall n \in \mathbb{N}^*$, $\forall x \in [1,+\infty[$, $f_n(x) = e^{x(-n+\ln n)}$, donc : $\lim_{x\to+\infty} f_n(x) = 0$.

Le théorème d'interversion « somme-limite » s'applique.

$$\lim_{x\to+\infty}\left(\sum_{n=1}^{+\infty} f_n\right)(x) = \sum_{n=1}^{+\infty}\left(\lim_{x\to+\infty} f_n(x)\right) = 0 \Rightarrow \lim_{x\to+\infty} S(x) = 0.$$

Exercice 9.15

On montre en fait que $\sum_{n\geqslant 1} f_n$ converge normalement sur tout intervalle du type $[a,+\infty[$, où $a>0$.

La convergence normale sur $[a,b]\subset\mathbb{R}_+^*$ entraînant la convergence uniforme sur $[a,b]$.

Le théorème d'interversion « somme-limite » s'applique.

1. Posons, $\forall n \in \mathbb{N}^\star$, $\forall x \in \mathbb{R}_+^*$, $f_n(x) = \dfrac{1}{1+n^2x^2}$.

Soit $[a,b]$ un segment de $\mathbb{R}_+^*$: $\forall x\in[a,b]$, $0 < f_n(x) \leqslant \dfrac{1}{1+n^2a^2}$, donc :

$$\|f_n\|_\infty^{[a,b]} = \frac{1}{1+n^2a^2} \sim \frac{1}{n^2a^2}.$$

$\sum_{n\geqslant 1}\dfrac{1}{n^2a^2} = \dfrac{1}{a^2}\sum_{n\geqslant 1}\dfrac{1}{n^2}$ converge donc $\sum_{n\geqslant 1}\|f_n\|_\infty^{[a,b]}$ converge : $\sum_{n\geqslant 1} f_n$ converge normalement sur tout segment de $]0,+\infty[$.

D'après le cours, comme $\forall n\in\mathbb{N}^*$, f_n est continue sur $\mathbb{R}_+^*$, s aussi.

2. La convergence normale de la série de fonctions $\sum_{n\geqslant 1} f_n$ sur $[1,+\infty[$ permet d'utiliser le théorème d'interversion « somme-limite ».

Puis : $\forall n \in \mathbb{N}^*$, $\forall x \in [1,+\infty[$, $\lim_{x\to+\infty} f_n(x) = 0$.

$$\lim_{x\to+\infty}\left(\sum_{n=1}^{+\infty} f_n\right)(x) = \sum_{n=1}^{+\infty}\left(\lim_{x\to+\infty} f_n(x)\right) = 0 \Rightarrow \lim_{x\to+\infty} s(x) = 0.$$

$\forall n\in\mathbb{N}^*$, g_n est continue sur $\mathbb{R}_+^*$ donc g est continue sur $\mathbb{R}_+^*$.

Ici par contre, il faut pousser le raisonnement pour avoir la C.N sur $[1,+\infty[$, plus vaste que $[a,b]$.

3. Posons, $\forall n \in \mathbb{N}^\star$, $\forall x \in \mathbb{R}_+^*$, $g_n(x) = \dfrac{x^2}{1+n^2x^2}$.

- Soit $[a,b]$ un segment quelconque de $\mathbb{R}_+^*$:

$$\forall x\in[a,b],\ 0 < g_n(x) \leqslant \frac{b^2}{1+n^2a^2}$$

$$\text{Donc : } \|g_n\|_\infty^{[a,b]} \leqslant \frac{b^2}{1+n^2a^2} \sim \frac{b^2}{n^2a^2}.$$

$\sum_{n\geqslant 1}\dfrac{b^2}{n^2a^2} = \dfrac{b^2}{a^2}\sum_{n\geqslant 1}\dfrac{1}{n^2}$ converge donc $\sum_{n\geqslant 1}\|g_n\|_\infty^{[a,b]}$ converge.

$\sum_{n\geqslant 1} g_n$ converge normalement sur tout segment de $]0,+\infty[$.

- La convergence normale de la série de fonctions $\sum_{n\geqslant 1} g_n$ sur $[1,+\infty[$ permet d'utiliser le théorème d'interversion « somme-limite ».

g_n est $\mathscr{C}^\infty$ sur $\mathbb{R}_+^*$ et pour tout $x>0$, $g_n'(x) = \dfrac{2x}{(1+n^2x^2)^2} > 0$.

Donc la fonction g_n est croissante sur $\mathbb{R}_+^*$.

Donc : $\forall x\in[1,+\infty[$, $0 < g_n(x) \leqslant \lim_{x\to+\infty} g_n(x) = \dfrac{1}{n^2}$, donc : $\|g_n\|_\infty^{[1,+\infty[} = \dfrac{1}{n^2}$.

Puis : $\sum_{n\geqslant 1} \frac{1}{n^2}$ converge $\Rightarrow \sum_{n\geqslant 1} \|g_n\|_\infty^{[1,+\infty[}$ converge.

Conclusion : $\sum_{n\geqslant 1} g_n$ converge normalement sur $[1,+\infty[$.

► Puis : $\forall n \in \mathbb{N}^*$, $\forall x \in [1,+\infty[$, $\lim_{x\to+\infty} g_n(x) = \frac{1}{n^2}$.

Le théorème d'interversion « somme-limite » s'applique :

$$\lim_{x\to+\infty}\left(\sum_{n=1}^{+\infty} g_n\right)(x) = \sum_{n=1}^{+\infty}\left(\lim_{x\to+\infty} g_n(x)\right) = \sum_{n=1}^{+\infty}\frac{1}{n^2} = \frac{\pi^2}{6}.$$

► Comme $\forall x > 0$, $g(x) = x^2 f(x)$, $\lim_{x\to+\infty} x^2 f(x) = \frac{\pi^2}{6}$, donc $f(x) \underset{+\infty}{\sim} \frac{\pi^2}{6x^2}$.

La fin est un peu plus originale que d'habitude mais reste classique.

Exercice 9.16

1. Pour $x \geqslant 0$, $|u_n(x)| \leqslant \sin\frac{\pi}{2^n} \leqslant \frac{\pi}{2^n}$, terme général d'une série convergente.

2. Les fonctions $x \mapsto u_n(x)$ sont de classe $\mathscr{C}^1$ sur $[0,+\infty[$. La série $\sum u_n$ converge simplement sur $[0,+\infty[$, de somme S. Puis pour tout $x \in \mathbb{R}_+$, $u_n'(x) = -ne^{-n\pi}\sin\frac{\pi}{2^n}$. On écrit : $\forall x \in \mathbb{R}_+, |u_n'(x)| \leqslant n\frac{\pi}{2^n}$. La série $\sum u_n'$ converge normalement donc uniformément sur $\mathbb{R}_+$. On applique le cours.

La C.A (même C.N) entraîne la C.S.

Le lecteur vérifiera que $\sum n\frac{\pi}{2^n}$ converge.

Exercice 9.17

1. Posons $h_n(x) = \frac{e^{-nx}}{1+n^2}$ pour $n \in \mathbb{N}$ et $x \in \mathbb{R}_+$; alors $|h_n(x)| \leqslant \frac{1}{1+n^2}$, ce qui assure la convergence normale, donc uniforme, de $\sum h_n$ sur $\mathbb{R}_+$.

Par ailleurs, h_n est de classe $\mathscr{C}^2$ sur $\mathbb{R}_+$ pour tout $n \in \mathbb{N}$ et :

$$\forall x \in \mathbb{R}_+,\ h_n'(x) = \frac{-ne^{-nx}}{1+n^2},\ h_n''(x) = \frac{n^2e^{-nx}}{1+n^2}.$$

L'idée est de montrer que g est de classe $\mathscr{C}^1$ et qu'il en est de même de g' sur tout intervalle de la forme $[\alpha,+\infty[$, où $\alpha > 0$, donc sur $\mathbb{R}_+^*$.

Les inégalités $|h_n'(x)| \leqslant e^{-nx}$ et $|h_n''(x)| \leqslant e^{-nx}$ garantissent la convergence normale, donc uniforme de $\sum h_n'$ et $\sum h_n''$ sur tout intervalle $J_\alpha = [\alpha,+\infty[$, avec $\alpha > 0$. Et alors, comme $\sum h_n$ converge simplement sur J_α, par application de la **proposition 9.7** aux séries de terme général h_n et h_n', on obtient que g est de classe $\mathscr{C}^2$ sur J_α et que, pour tout $x \in J_\alpha$:

$$g'(x) = \sum_{n=0}^{+\infty}\frac{-ne^{-nx}}{1+n^2} \text{ et } g''(x) = \sum_{n=0}^{+\infty}\frac{n^2e^{-nx}}{1+n^2}.$$

Ceci est vérifié pour une valeur arbitraire de α dans $\mathbb{R}_+^*$, et donc sur $\mathbb{R}_+^*$.

2. $g(x) + g''(x) = \sum_{n=0}^{+\infty}\frac{n^2e^{-nx}}{1+n^2} + \sum_{n=0}^{+\infty}\frac{e^{-nx}}{1+n^2} = \sum_{n=0}^{+\infty} e^{-nx} = \frac{1}{1-e^{-x}} = \frac{e^x}{e^x-1}$

pour tout $x \in \mathbb{R}_+^*$; alors g est une solution de : $y'' + y = \frac{e^x}{e^x-1}$.

3. La série $\sum_{n\geqslant 1}\frac{e^{-nx}}{1+n^2}$ converge normalement sur J_α et :

On intervertit lim *et* $\sum$ *en appliquant la* **proposition 9.9**.

$$\lim_{x\to+\infty} g(x) = \lim_{x\to+\infty}\left(1 + \sum_{n=1}^{+\infty}\frac{e^{-nx}}{1+n^2}\right) = 1 + 0 = 1.$$

Corrigé

Exercice 9.18

Car $u \leqslant e^u$ pour tout $u \in \mathbb{R}$.

Soit $a \geqslant 1$. Alors $\forall n \in \mathbb{N}^*$, $\forall x \in]-\infty, a]$, $1 < n + e^{nx} \leqslant na + e^{na} \leqslant 2e^{na}$.

Donc : $0 \leqslant f_n(x) \leqslant \dfrac{\ln 2 + na}{n^3} \sim \dfrac{a}{n^2}$.

Comme $\sum \dfrac{a}{n^2}$ converge, ceci démontre la convergence normale, donc uniforme, de la série de fonctions $\sum\limits_{n \geqslant 1} f_n$ sur tout segment de $\mathbb{R}$.

Ce qui entraîne, au passage, la convergence simple sur $\mathbb{R}$, donc $D = \mathbb{R}$.

Comme toutes les fonctions f_n sont continues sur $\mathbb{R}$ et qu'il y a convergence uniforme de la série sur tout segment de $\mathbb{R}$, la somme est continue sur $\mathbb{R}$.

Toutes les fonction f_n sont de classe $\mathscr{C}^1$ sur $\mathbb{R}$, et $\forall x \in \mathbb{R}$, $f_n'(x) = \dfrac{1}{n^3} \dfrac{ne^{nx}}{n + e^{nx}}$, donc $0 \leqslant f_n'(x) \leqslant \dfrac{n}{n^3} = \dfrac{1}{n^2}$, d'où convergence normale et donc uniforme de $\sum\limits_{n \geqslant 1} f_n'(x)$. La somme de la série $\sum\limits_{n \geqslant 1} f_n$ est de classe $\mathscr{C}^1$.

Exercice 9.19

1. Pour $n \in \mathbb{N}^*$ et $x \in \mathbb{R}$, posons $f_n(x) = \dfrac{\arctan(nx)}{n^2}$.

Une connaissance des bornes de arctan est nécessaire mais cela aurait été une injure de vous les rappeler !

On écrit : $\forall x \in \mathbb{R}, \quad 0 \leqslant |\arctan(nx)| \leqslant \dfrac{\pi}{2}$ donc : $0 \leqslant \left| \dfrac{\arctan(nx)}{n^2} \right| \leqslant \dfrac{\pi}{2n^2}$.

$\sum f_n$ converge normalement (donc uniformément et simplement) sur $\mathbb{R}$.

C'est fait, on sait que f est définie sur $\mathbb{R}$.

2. ▸ **Continuité de f sur $\mathbb{R}$**

Pour tout entier n, f_n est continue ; la convergence normale de $\sum f_n$ montre que la somme de la série $f = \sum\limits_{n=0}^{+\infty} f_n$ est continue sur $\mathbb{R}$.

▸ **Caractère $\mathscr{C}^1$ sur $\mathbb{R}^*$**

$\forall n \in \mathbb{N}$, f_n est de classe $\mathscr{C}^1$ sur $\mathbb{R}$ et $f_n'(x) = \dfrac{n}{1 + n^2x^2} \dfrac{1}{n^2} = \dfrac{1}{n(1 + n^2x^2)}$.

Soit $\alpha \in \mathbb{R}_+^*$, sur l'intervalle $[\alpha, +\infty[$, $|f_n'(x)| \leqslant \dfrac{1}{n(n^2x^2)} \leqslant \dfrac{1}{n^3\alpha^2}$. Il y a donc convergence normale, donc uniforme, de la série $\sum f_n'$ sur l'intervalle $[\alpha, +\infty[$. Comme f_n est $\mathscr{C}^1$ sur cet intervalle et que $\sum f_n$ est simplement convergente sur le même intervalle, le **théorème 9.11** permet d'en déduire le caractère $\mathscr{C}^1$ de $\sum f_n$ sur tout intervalle $[\alpha, +\infty[$ ($\alpha \in \mathbb{R}_+^*$), donc sur $\mathbb{R}_+^*$, puis également sur $\mathbb{R}_-^*$ par imparité de $\sum f_n$. Conclusion : f est $\mathscr{C}^1$ sur $\mathbb{R}^*$.

Bien retenir la façon de partir de $[\alpha, +\infty[$ pour aboutir à $\mathbb{R}^*$.

▸ **Dérivabilité en 0**

C'est la partie la moins classique de l'exercice. N'ayez pas peur ! Disons que c'est pour départager les exaequo.

Pour tout entier $p \in \mathbb{N}^*$, $f'\left(\dfrac{1}{p}\right) = \sum\limits_{n=1}^{p} \dfrac{1}{n\left(1 + \frac{n^2}{p^2}\right)} + \sum\limits_{n=p+1}^{+\infty} \dfrac{1}{n\left(1 + \frac{n^2}{p^2}\right)}$ donc

$f'\left(\dfrac{1}{p}\right) \geqslant \sum\limits_{n=1}^{p} \dfrac{1}{n\left(1 + \frac{n^2}{p^2}\right)} \geqslant \sum\limits_{n=1}^{p} \dfrac{1}{2n}$ car pour $1 \leqslant n \leqslant p$, $1 + \frac{n^2}{p^2} \leqslant 2$.

Or, on sait que $\sum\limits_{n=1}^{p} \dfrac{1}{2n}$ tend vers $+\infty$ quand p tend vers $+\infty$.

Alors $\lim\limits_{p \to \infty} f'\left(\dfrac{1}{p}\right) = +\infty$, et il n'y a pas de prolongement $\mathscr{C}^1$ en 0 ; plus précisément, la courbe $y = f(x)$ admet au point $(0,0)$ une tangente verticale.

Exercice 9.20

1. Posons, $\forall n \in \mathbb{N}^\star$, $\forall x \in]0,\ \pi[$, $f_n(x) = \frac{1}{n}\cos^n x \sin nx$.

On a : $\forall x \in]0,\pi[$, $|f_n(x)| \leqslant |\cos x|^n$ et $|\cos x| < 1$. Comme $\sum\limits_{n\geqslant 1} |\cos x|^n$ est convergente, $\sum\limits_{n\geqslant 1} f_n(x)$ est absolument convergente. f est définie sur $]0,\pi[$.

Série géométrique de raison $|\cos x| < 1$.

2. $\forall n \in \mathbb{N}^*$, f_n est $\mathscr{C}^1$ sur $]0,\pi[$ et : $\forall x \in]0,\pi[$, $f_n'(x) = \cos^{n-1} x \cos(n+1)x$. Soit $[a,b]$ un segment de $]0,\pi[$, pour tout x de $[a,b]$, $|f_n'(x)| \leqslant k^{n-1}$, où $k = \max\left(|\cos a|, |\cos b|\right)$.

$$\left\|f_n'\right\|_\infty^{[a,b]} \leqslant k^{n-1} \Rightarrow \sum_{n\geqslant 1} \left\|f_n'\right\|_\infty^{[a,b]} \text{ converge.}$$

Encore une série géométrique ! Comme $0 < k < 1$, la série géométrique $\sum\limits_{n\geqslant 1} k^{n-1}$ converge.

La série $\sum\limits_{n\geqslant 1} f_n'$ converge normalement sur tout segment de $]0,\pi[$.

La convergence simple de la série $\sum\limits_{n\geqslant 1} f_n$ a été établie à la première question, donc les hypothèses du théorème de dérivation terme à terme sont réunies :

f est $\mathscr{C}^1$ sur $]0,\pi[$ et : $\forall x \in]0,\pi[$, $f'(x) = \sum\limits_{n=1}^{+\infty} (\cos x)^{n-1} \cos(n+1)x$.

3.

$$\begin{aligned}
\forall x \in]0,\pi[,\ f'(x) &= \mathfrak{Re}\left(\sum_{n=1}^{+\infty} \cos^{n-1} x\, e^{i(n+1)x}\right)\\
&= \mathfrak{Re}\left(e^{i2x}\sum_{n=1}^{+\infty} \cos^{n-1} x\, e^{i(n-1)x}\right)\\
&= \mathfrak{Re}\left(e^{i2x}\sum_{n=0}^{+\infty} \left(\cos x\, e^{ix}\right)^n\right)\\
&= \mathfrak{Re}\left(\frac{e^{i2x}}{1-\cos x\, e^{ix}}\right)
\end{aligned}$$

N'en déplaise à certaines personnes qui n'aiment pas la fête, il faut parfois aller dans $\mathbb{C}$.

$$\begin{aligned}
\forall x \in]0,\pi[,\ f'(x) &= \mathfrak{Re}\left(\frac{e^{i2x}\left(1-\cos x\, e^{-ix}\right)}{\left(1-\cos^2 x\right)^2 + (\cos x \sin x)^2}\right)\\
&= \mathfrak{Re}\left(\frac{e^{i2x} - \cos x\, e^{ix}}{\sin^2 x}\right)\\
&= \frac{\cos 2x - \cos^2 x}{\sin^2 x}\\
&= \frac{-\sin^2 x}{\sin^2 x} = -1
\end{aligned}$$

$$\forall x \in]0,\ \pi[,\ f'(x) = -1.$$

On a donc : $\exists C \in \mathbb{R}$; $\forall x \in]0,\ \pi[$, $f(x) = -x + C$.

Or : $f\left(\dfrac{\pi}{2}\right) = 0$ donc $C = \dfrac{\pi}{2}$ et $\forall x \in]0,\ \pi[$, $f(x) = -x + \dfrac{\pi}{2}$.

Corrigé

Exercice 9.21

1. Pour $x > 0$, de deux choses l'une :

► ou bien $\exists p \in \mathbb{N}^*, x = \frac{1}{\sqrt{p}}$ et $1 - px^2 = 0$ donc $f(x)$ n'est pas définie ;

► ou bien $\forall p \in \mathbb{N}^*, x \neq \frac{1}{\sqrt{p}}$ et les termes de la série considérée sont tous définis ; reste à vérifier que cette série est convergente. $1 - nx^2 \sim -nx^2$ quand n tend vers $+\infty$, et $\frac{1}{\sqrt{n}} \frac{1}{1-nx^2} \sim \frac{-1}{nx^2\sqrt{n}}$, qui garde un signe constant (négatif) en $+\infty$. Or $\sum\limits_{n\geqslant 1} \frac{-1}{n\sqrt{n}}$ converge, donc il en va de même pour la série étudiée. Sa somme $f(x)$ est définie. On peut alors conclure.

Remarquons d'abord que f est paire, et que $\sum\limits_{n\geqslant 1} \frac{1}{\sqrt{n}}$ est une série divergente, d'où l'impossibilité de donner un sens à $f(0)$.

$$D = \bigcup_{n\in\mathbb{N}^*} \left]\frac{-1}{\sqrt{n}}, \frac{-1}{\sqrt{n+1}}\right[\cup \bigcup_{n\in\mathbb{N}^*} \left]\frac{1}{\sqrt{n+1}}, \frac{1}{\sqrt{n}}\right[\text{ (avec la parité.)}$$

2.

a. Soit $[a, b]$ un segment inclus dans $D \cap \mathbb{R}_+^*$; il existe un entier $p \in \mathbb{N}^*$, tel que $\frac{1}{\sqrt{p+1}} < a < b < \frac{1}{\sqrt{p}}$. Soit $x \in [a, b]$. Posons $u_n(x) = \frac{-1}{\sqrt{n}} \frac{1}{1-nx^2}$ alors pour tout $n > p$, $nx^2 > \frac{n}{p+1} > 1$ donc $u_n(x) > 0$.

$u_n : x \mapsto u_n(x)$ est, pour n assez grand, décroissante et positive sur $[a, b]$.

b. Donc $u_n(a) \geqslant u_n(x) \geqslant u_n(b) > 0$; alors $\|u_n\|_\infty^{[a,b]} \leqslant u_n(a)$.

*La convergence de la série $\sum u_n(a)$, démontrée en **1**, garantit la convergence normale, donc uniforme, de la série $\sum\limits_{n\geqslant p} u_n$ sur $[a, b]$.*

c. Comme u_n est continue sur $[a, b]$ pour tout $n \in \mathbb{N}$, $\sum\limits_{n=p}^{+\infty} u_n$ est continue sur $[a, b]$; on en déduit la continuité de $f = \sum\limits_{n=1}^{p-1} u_n + \sum\limits_{n=p}^{+\infty} u_n$ sur $[a, b]$.

3. $u_n'(x) = \dfrac{-2nx}{\sqrt{n}(1 - nx^2)^2} = \dfrac{-2\sqrt{n}x}{(1 - nx^2)^2}$; $\forall n > p$, $|u_n'(x)| \leqslant \dfrac{2b\sqrt{n}}{(1 - na^2)^2}$, donc $\|u_n'\|_\infty^{[a,b]} \leqslant \dfrac{2b\sqrt{n}}{(1 - na^2)^2}$.

Or $\dfrac{2b\sqrt{n}}{(1 - na^2)^2}$ est positif et équivalent en $+\infty$ à $\dfrac{2b}{a^4} \dfrac{1}{n^{3/2}}$, terme général d'une série de Riemann convergente (cas $\alpha = \frac{3}{2} > 1$) : $\sum\limits_{n=p}^{+\infty} \dfrac{2b\sqrt{n}}{(1 - na^2)^2}$ converge.

La convergence de $\sum \|u_n'\|_\infty^{[a,b]}$ montre la convergence normale, donc uniforme de $\sum u_n'$; en tenant compte de la convergence simple de $\sum u_n$ sur $[a, b]$, on peut en conclure que f est dérivable sur $[a, b]$ et que pour tout $x \in [a, b]$, on a l'égalité : $f'(x) = \sum\limits_{n=1}^{+\infty} u_n'(x)$.

D'après le **théorème 9.11** *(dérivation terme à terme).*

Ceci étant vrai pour tous a et b dans $\mathbb{R}_+^*$ tels que $[a, b] \subset D$, f est dérivable sur $D \cap \mathbb{R}_+^*$, et donc sur D par parité.

Exercice 9.22

Question 01 On pose donc $f_n(x) = (-1)^{n-1}/n^x$.

• Si $x \leqslant 0$, $|f_n(x)|$ ne tend pas vers 0 pour x fixé quand n tend vers $+\infty$. Donc $\sum\limits_{n\geqslant 1} f_n(x)$ diverge grossièrement.

• Si $x > 0$, $n \mapsto 1/n^x$ tend vers 0 en décroissant et d'après le théorème spécial des séries alternées, $\sum_{n \geqslant 1} f_n(x)$ converge simplement pour tout x fixé.

✎ On peut rajouter que $\sum_{n \geqslant 1} f_n(x)$ converge absolument pour tout $x > 1$.

Il ne peut pas y avoir convergence uniforme sur $\mathbb{R}$, ni sur $[0, +\infty[$ car $\sum_{n \geqslant 1} f_n(x)$ n'est pas simplement convergente en tout point de ces ensembles.

Les assertions a) et b) sont fausses et **l'assertion c) est vraie**.

Sur $[2, +\infty[$, $|f_n(x)| \leqslant 1/n^2$, terme général d'une série convergente donc $\sum_{n \geqslant 1} f_n(x)$ converge normalement donc uniformément sur $[2, +\infty[$.

$\lim_{x \to +\infty} \sum_{n=1}^{\infty} \frac{(-1)^{n-1}}{n^x} = \sum_{n=1}^{\infty} \lim_{x \to +\infty} \frac{(-1)^{n-1}}{n^x}$ d'après le théorème de la double limite, et donc $\lim_{x \to +\infty} F(x) = 1$ car $f_1(x) = 1$. Ainsi **l'assertion d) est vraie**.

✎ Le théorème de la double limite fonctionne car $+\infty$ est un bord de $[2, +\infty[$.

Question 02 h_x est dérivable $\forall t > 0$ et $h_x'(t) = (1 - x \ln t)/t^{x+1}$ est continue sur $]0, +\infty[$. Donc h_x est de classe $\mathscr{C}^1$ sur $]0, +\infty[$.

✎ Comme $|R_n(x)|$ est majoré par $1/n^a$, on a la CU de $\sum_{n \geqslant 1} f_n(x)$ sur $[a, +\infty[$ avec $a > 0$.

Ainsi, **l'assertion a) est fausse**.

Puis : $h_x'(t) = 0 \Leftrightarrow t = e^{1/x}$. Enfin, $h_x(e^{1/x}) = \frac{1}{x\, e}$. La fonction h_x est croissante pour $t \in]0, e^{1/x}]$ et décroissante pour $t \in [e^{\frac{1}{x}}, +\infty[$. On peut en conclure que la suite $\left(\frac{\ln n}{n^x}\right)_{n \geqslant 1}$ est décroissante à partir du rang $\lfloor e^{1/x} \rfloor + 1$ bien que h_x soit décroissante sur $[e^{1/x}, +\infty[$ et croissante sur $]0, e^{1/x}]$.

Donc **l'assertion b) est fausse**.

L'assertion c) est fausse car c'est le contraire et **l'assertion d) est fausse** dès que $\lfloor e^{1/x} \rfloor + 1 \leq 2$.

Question 03 $f_n'(x) = (-1)^{n-1} h_x(n)$. La fonction $n \mapsto h_x(n)$ est décroissante à partir d'un certain rang pour tout $x \in [a, +\infty[$ avec $a > 0$ et $\lim_{n \to +\infty} h_x(n)$ est nulle. D'après le théorème spécial des séries alternées, $\sum_{n \geqslant 1} f_n'(x)$ converge simplement $\forall x \in [a, +\infty[$ donc cela est en particulier vrai pour $a = 1$.

Ainsi, **l'assertion b) est fausse**.

Puis $|f_n'(x)| \leqslant \ln n / n^a = \sup_{x \in [a, +\infty[} |f_n'(x)|$. Comme $\sum_{n \geqslant 1} \ln n / n^a$ diverge pour $a \leqslant 1$ et donc il ne peut pas y avoir convergence normale de $\sum_{n \geqslant 1} f_n'(x)$ sur $[a, +\infty[$ si $a \leqslant 1$. Par contre si $a > 1$, $\sum_{n \geqslant 1} \ln n / n^a$ converge et donc il y a convergence normale de $\sum_{n \geqslant 1} f_n'(x)$ sur $[a, +\infty[$ donc convergence uniforme sur le même intervalle. Ceci dit, rien n'interdit la convergence uniforme de $\sum_{n \geqslant 1} f_n'(x)$ sur $[a, +\infty[$ avec $a \in]0, 1]$.

✎ Pour prouver la CU d'une série alors que la CN ne fonctionne pas, il faut se ramener à la CU de la suite (R_n).

On a : $|R_n(x)| \leqslant |f_{n+1}(x)| = \ln(n+1)/(n+1)^x \leqslant \ln(n+1)/(n+1)^a$ pour $x \leqslant a$.

Comme $\ln(n+1)/n^a$ tend vers 0 quand n tend vers $+\infty$, $(R_n(x))_{n \geqslant 1}$ converge uniformément sur $[a, +\infty[$ vers la fonction nulle et donc $\sum_{n \geqslant 1} f_n'(x)$ converge

Corrigé

uniformément sur $[a, +\infty[$. Ainsi, **l'assertion a) est vraie.**

D'après le cours, $x \mapsto f_n(x)$ étant de classe $\mathcal{C}^\infty$ sur $[a, +\infty[$, $x \mapsto \sum_{n\geqslant 1} f_n(x)$ convergeant simplement sur $[a, +\infty[$ et $x \mapsto \sum_{n\geqslant 1} f_n'(x)$ convergeant uniformément sur $[a, +\infty[$, alors $F : x \mapsto \sum_{n\geqslant 1} f_n(x)$ est de classe $\mathscr{C}^1$ sur $[a, +\infty[$ donc sur $]0, +\infty[$. On peut conclure que **l'assertion d) est vraie** et que **l'assertion c) est fausse.**

Attention, pour faire un travail propre, il vaut mieux éviter de faire des différences de séries divergentes donc on passe aux sommes partielles.

Question 04 Soit p un entier non nul, alors en séparant pairs et impairs :

$$F_{2p}(x) = \sum_{n=1}^{2p} \frac{(-1)^{n-1}}{n^x} = \sum_{k=0}^{p-1} \frac{(-1)^{2k+1-1}}{(2k+1)^x} + \sum_{k=1}^{p} \frac{(-1)^{2k-1}}{(2k)^x}$$

$$= \sum_{k=0}^{p-1} \frac{1}{(2k+1)^x} - \sum_{k=1}^{p} \frac{1}{2^x k^x}$$

$$= \sum_{j=1}^{2p} \frac{1}{j^x} - \sum_{k=1}^{p} \frac{1}{2^x k^x} - \sum_{k=1}^{p} \frac{1}{2^x k^x}$$

$$= \sum_{j=1}^{2p} \frac{1}{j^x} - \frac{1}{2^x} \times 2 \times \sum_{k=1}^{p} \frac{1}{k^x}.$$

On a prouvé que $\lim_{x\to+\infty} G(x) = 1$ sans utiliser le théorème de la double limite. Essayez cette méthode en montrant la CU de $\sum 1/n^x$ sur $[a, +\infty[$ avec $a > 1$.

Quand p tend vers $+\infty$, $F_{2p}(x)$ tend vers $F(x)$ et les deux sommes $\sum_{k=1}^{p} \frac{1}{2^x k^x}$ et $\sum_{j=1}^{2p} \frac{1}{j^x}$ tendent vers $G(x)$.

Il reste : $F(x) = G(x) - \frac{1}{2^{x-1}} G(x) = (1 - 2^{1-x}) G(x)$.

L'assertion a) est fausse et **l'assertion b) est fausse.**

Comme le rapport $F(x)/G(x)$ vaut $1 - 2^{1-x}$ qui tend vers 1 quand x tend vers $+\infty$, on peut en déduire que $F(x) \sim G(x)$ quand $x \to +\infty$.

Comme $\lim_{x\to+\infty} F(x) = 1 \Rightarrow \lim_{x\to+\infty} G(x) = 1$.

L'assertion c) est vraie et **l'assertion d) est fausse.**

Question 05 Pour tout $t \in [0, 1[$, $u_n(t) = \sum_{k=0}^{n} (-t)^k = \frac{1 - (-t)^{n+1}}{1+t}$.

Comme $(-t)^{n+1}$ tend vers 0 quand n tend vers $+\infty$, la suite de fonctions de terme général u_n converge simplement vers la fonction $t \mapsto 1/(1+t)$ sur $[0, 1[$. Donc **l'assertion a) est fausse**. De même, **l'assertion b) est fausse** car la fonction limite n'est pas la bonne.

Pour la suite, on écrit :

$$\int_0^1 \frac{1 - (-t)^{n+1}}{1+t}\, dt = \int_0^1 \sum_{k=0}^{n} (-t)^k\, dt = \sum_{k=0}^{n} \int_0^1 (-t)^k\, dt$$

$$= \sum_{k=0}^{n} (-1)^k \int_0^1 dt = \sum_{k=0}^{n} \frac{(-1)^k}{k+1}.$$

La fonction $u_n : t \mapsto \dfrac{1-(-t)^{n+1}}{1+t}$ définie sur $[0,1[$ est bornée par $t \mapsto \dfrac{2}{1+t}$ qui est intégrable sur $[0,1[$. La suite de fonctions $(u_n)_{n\in\mathbb{N}}$ (toutes continues par morceaux sur $[0,1[)$ converge simplement vers $t \mapsto \frac{1}{1+t}$ en tout point de $[0,1[$. On peut appliquer le théorème de convergence dominée :

$$\lim_{n\to+\infty}\sum_{k=0}^{n}\frac{(-1)^k}{k+1} = \lim_{n\to+\infty}\int_0^1 \frac{1-(-t)^{n+1}}{1+t}\,dt$$

$$= \int_0^1 \lim_{n\to+\infty}\frac{1-(-t)^{n+1}}{1+t}\,dt = \int_0^1 \frac{1}{1+t}\,dt = \ln 2.$$

Ainsi **l'assertion c) est fausse** et **l'assertion d) est vraie**.

Question 06 F est de classe $\mathcal{C}^1$ donc F possède un DL à l'ordre 1 au $V(1)$. Comme $F(1) = \ln 2$,

$$F(x) = \ln 2 + (x-1)F'(1) + o(x-1).$$

Les assertions a) et b) sont fausses, par conséquent.
En utilisant au $V(0)$: $e^{-u\ln 2} = 1 - u\ln 2 + \frac{\ln^2 2}{2}u^2 + o(u^2)$, on a :

$$1-2^{1-x} = 1-e^{(1-x)\ln 2} = (x-1)\ln 2 - \frac{\ln^2 2}{2}(x-1)^2 + o((x-1)^2).$$

L'assertion c) est fausse clairement et à cause de $o((x-1)^3)$, **l'assertion d) est fausse**.

Même si vous ne comptez pas passer ce type de concours, un tel sujet est intéressant car les assertions par conception ne sont pas toutes vraies, loin s'en faut et donc il faut réflechir. Cela fait progresser donc c'est pédagogique. Par ailleurs, l'épreuve optionnelle est sur le programme de MP mais ici tout est faisable par un PSI.

Question 07 $\dfrac{F(x)}{1-2^{1-x}} = G(x) = \dfrac{\ln 2 + (x-1)F'(1) + o(x-1)}{(x-1)\ln 2 - \dfrac{\ln^2 2}{2}(x-1)^2 + o((x-1)^2)}$.

On remplace x par $1+h$ et :
$G(1+h) = \dfrac{1}{h\ln 2}[\ln 2 + hF'(1) + o(h)] \times \dfrac{1}{1-\dfrac{\ln^2}{2}h + o(h)}$.

Il reste à utiliser $1/(1+u) = 1-u+o(u)$ puis à développer.
$G(1+h) = 1/h + F'(1)/\ln 2 + \ln 2/2 + o(1)$
$= 1/(x-1) + F'(1)/\ln 2 + \ln 2/2 + o(1)$.
L'assertion a) est fausse car c'est $1/(x-1)$ et non pas $1/x$. Puis on voit que **l'assertion b) est vraie**. Enfin, **les assertions c) et d) sont fausses.**

Question 08 Posons $S_n(x) = \displaystyle\sum_{k=1}^{n} v_k = \sum_{k=1}^{n}\left[1/n^x - \int_n^{n+1} dt/t^x\right]$ pour tout $x \in [1,2]$. Pour tout $k \geqslant 1$,

$$\frac{1}{(k+1)^x} \leqslant \int_k^{k+1}\frac{dt}{t^x} \leqslant \frac{1}{k^x} \Rightarrow -\frac{1}{k^x} \leqslant -\int_k^{k+1}\frac{dt}{t^x} \leqslant -\frac{1}{(k+1)^x}.$$

On a : $\displaystyle\sum_{k=1}^{n}\left[\frac{1}{k^x}-\frac{1}{k^x}\right] \leqslant S_n(x) \leqslant \sum_{k=1}^{n}\left[\frac{1}{k^x}-\frac{1}{(k+1)^x}\right] = 1-\frac{1}{(n+1)^x} \leqslant 1.$

La série de fonctions $\displaystyle\sum_{n\geqslant 1} v_n(x)$ converge simplement sur $[0,1]$ car elle est à valeurs positives et sa somme partielle est majorée par une valeur indépendante

Corrigé

de n. Les raisons invoquées dans l'assertion b) sont bonnes et **l'assertion b) est vraie**. Par conséquent, **l'assertion a) est fausse**.

Puis $\lim_{n\to+\infty} S_n(x) = G(x) - \left[\frac{t^{-x+1}}{-x+1}\right]_1^{+\infty} = G(x) - \frac{1}{x-1}$.

L'assertion d) est fausse et **l'assertion c) est fausse** elle aussi à cause juste d'un signe.

Question 09 L'assertion d) est fausse car si une série ne converge pas normalement sur un intervalle, on ne peut rien dire de la convergence uniforme sur cet intervalle.

Encore une fois, on considère une somme finie dans un premier temps.

Ensuite, pour tout entier p supérieur ou égal à 2,

$$R_n^{(p)}(x) = \sum_{k=n+1}^{p} \frac{1}{k^x} - \int_{n+1}^{p+1} \frac{dt}{t^x} \leqslant \sum_{k=n+1}^{p} \left[\frac{1}{k^x} - \frac{1}{(k+1)^x}\right] = \frac{1}{(n+1)^x} - \frac{1}{(p+1)^x} \leqslant \frac{1}{(n+1)^x}.$$

Ceci est valable pour tout $x \in [1,2]$. On fait tendre p vers $+\infty$, et : $0 \leqslant R_n(x) \leq 1/(n+1)$, cette dernière quantité tend vers 0. Ainsi, $\sum_{n\geqslant 1} v_n(x)$ est uniformément convergente sur $[1,2]$.

L'assertion a) est vraie et alors **l'assertion b) est fausse**. Comme la série des v_n converge simplement sur $[1,2]$, **l'assertion c) est fausse**.

Chapitre 10
Séries entières

En 1715, peu après l'introduction du calcul différentiel par **Newton** et **Leibniz**, le mathématicien anglais Brook **Taylor** écrit
$f(a+h) = f(a) + hf'(a) + h^2 f''(a) + \ldots$
sans se préoccuper de la convergence de la série et l'utilise pour le calcul approché des solutions de l'équation $f(x) = 0$. L'importance de ce résultat n'est reconnue qu'en 1772, lorsque Joseph **Lagrange** le qualifie de principe de base du calcul différentiel. Le mathématicien français développe alors une théorie des séries entières et remarque qu'on peut les arrêter à l'ordre n en introduisant un terme dépendant de la dérivée $(n+1)$-ième. Il introduit en fait les développements limités. Il faut attendre 1821 pour voir apparaître une théorie moderne des séries entières, avec des justifications précises de la convergence, sous la plume de **Cauchy**.

Brook Taylor
1685-1731

■■ Objectifs

■ Les incontournables

- ▷ Savoir déterminer et interpréter le rayon de convergence d'une série entière
- ▷ Connaître le mode de convergence d'une série entière sur l'intervalle ou le disque de convergence
- ▷ Savoir manipuler les séries entières (combinaisons linéaires, dérivation, intégration, décalage d'indices)
- ▷ Connaître les développements classiques en série entière
- ▷ Utiliser les savoir-faire ci-dessus pour
  - ▶ calculer une somme de série entière
  - ▶ développer en série entière une fonction définie par une formule analytique.

■ Et plus si affinités...

- ▷ Déterminer les solutions sommes de série entière des équations différentielles linéaires
- ▷ Exprimer certaines intégrales « non calculables » comme des sommes de séries numériques
- ▷ Savoir calculer les sommes de certaines séries numériques.

Résumé de cours

Définition, convergence

Définition : Série entière —.
Une ***série entière*** *de la variable réelle x (respectivement complexe z) est une série de la forme*

$$\sum_{n\geqslant 0} a_n x^n \ (\text{respectivement } \sum_{n\geqslant 0} a_n z^n),$$

où $(a_n)_{n\in\mathbb{N}}$ est une suite à termes réels (respectivement complexes), avec la convention $x^0 = 1$ (respectivement $z^0 = 1$)(même si $x = 0$ ou $z = 0$).

Dans la suite, on énonce les résultats dans $\mathbb{C}$ (qu'on adapte au cas réel sans souci).

Théorème 10.1.— Lemme d'Abel —.
Soit $z_0 \in \mathbb{C}^\star$, si la suite $(a_n z_0^n)_{n\in\mathbb{N}}$ est bornée alors, pour tout nombre complexe z tel que $|z| < |z_0|$, la série $\sum_{n\geqslant 0} a_n z^n$ est absolument convergente.

Proposition 10.2.— Pour $\sum_{n\geqslant 0} a_n z^n$, donnée, il existe R unique dans $\mathbb{R}_+ \cup \{+\infty\}$ tel que :

1. $|z| < R \Rightarrow \sum_{n\geqslant 0} a_n z^n$ converge absolument

2. $|z| > R \Rightarrow \sum_{n\geqslant 0} a_n z^n$ diverge grossièrement

Plus précisément : $R = \sup\left\{|z|, (|a_n z^n|)_{n\geqslant 0} \text{ est bornée}\right\} = \inf\left\{|z|, \sum_{n\geqslant 0} a_n z^n \text{ diverge}\right\}$

Commentaire : si $R = 0$, la propriété $|z| < R$ est fausse pour tout élément de $\mathbb{C}$, et de même, si $R = +\infty$, la propriété $|z| > R$ est fausse pour tout élément de $\mathbb{C}$, et les implications ci-dessus sont vraies, en vertu du principe de logique : « si p est fausse, $p \Rightarrow q$ est vraie quelle que soit q ».

Définition : Rayon et disque de convergence —. *Le réel R défini en* **proposition 10.2** *est appelé* ***rayon de convergence*** *de la série entière $\sum_{n\geqslant 0} a_n z^n$.*

Le disque (ouvert) $D_R = \mathcal{B}(0, R)$ est appelé ***disque de convergence*** *de cette série entière : si $R = 0$, alors $D_R = \emptyset$, et si $R = \infty$, alors $D_R = \mathbb{C}$.*

Proposition 10.3.— D'après la **proposition 10.1**, toute série entière converge absolument en tout point de son disque de convergence, et diverge grossièrement en tout point extérieur au disque de convergence (c'est-à-dire en tout point z tel que $|z| > R$.) *Aucune propriété générale* ne précise le comportement de la série sur le **cercle d'incertitude** de centre O et de rayon R.

Remarque : Notez les cas particuliers importants :
si $R = +\infty$: f est définie sur $\mathbb{C}$ tout entier et si $R = 0$: f n'est définie qu'en $z = 0$.

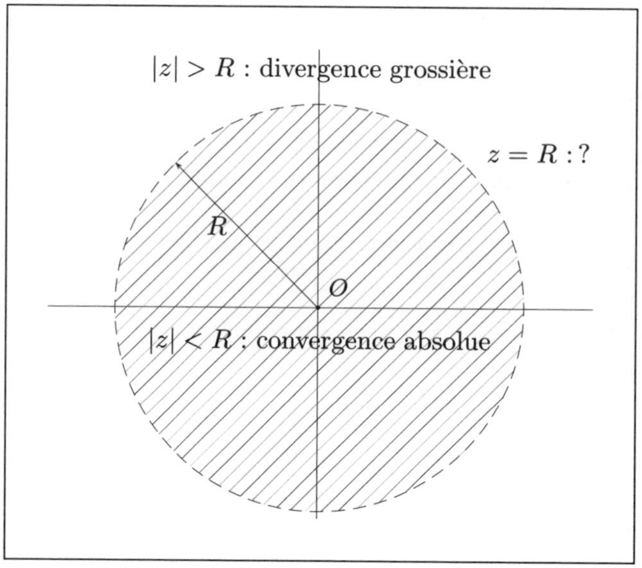

■ Opérations sur les séries entières

Dans tout le paragraphe, R_a (respectivement R_b) est le rayon de convergence de la série entière $\sum_{n \geqslant 0} a_n z^n$ (respectivement $\sum_{n \geqslant 0} b_n z^n$). Leurs sommes respectives sont f et g.

Proposition 10.4.—
(i) Si l'on a : $a_n = O(b_n)$ alors : $R_a \geqslant R_b$. (ii) Si l'on a : $a_n \sim b_n$ alors : $R_a = R_b$.

Proposition 10.5.— Combinaison linéaire —. Si λ et μ sont deux complexes *non nuls* alors la série entière de somme $\lambda f + \mu g$ a un rayon de convergence $R \geqslant \inf(R_a, R_b)$, avec égalité si $R_a \neq R_b$.

Proposition 10.6.— Produit —. Alors fg est définie par la somme de la série entière $\sum_{n \geqslant 0} c_n z^n$, où $c_n = \sum_{k=0}^{n} a_k b_{n-k}$ (**produit de Cauchy** des suites (a_n) et (b_n)).
Cette série entière produit a un rayon de convergence $R \geqslant \inf(R_a, R_b)$.

■ Séries entières d'une variable réelle

Proposition 10.7.— Toute série entière $x \mapsto \sum_{n \geqslant 0} a_n x^n$ de rayon de convergence $R > 0$, converge normalement sur tout segment inclus dans $]-R, R[$.

Soit $\sum_{n\geqslant 0} a_n x^n$ une série entière de rayon de convergence R *non nul.*

Sur $]-R,R[$, $f : x \mapsto \sum_{n=0}^{+\infty} a_n x^n$ est $\mathscr{C}^\infty$ (donc en particulier continue) et on peut dériver et intégrer terme à terme.

Proposition 10.8.— ▸ $f'(x) = \sum_{n=1}^{+\infty} n a_n x^{n-1} = \sum_{n=0}^{+\infty} (n+1) a_{n+1} x^n$.

▸ $f^{(p)}(x) = \sum_{n=p}^{+\infty} n(n-1)\cdots(n-p+1) a_n x^{n-p} = \sum_{m=0}^{+\infty} (m+p)(m+p-1)\cdots(m+1) a_{m+p} x^m$.

▸ $F(x) = \int_0^x f(t)\,dt = \sum_{n=0}^{+\infty} \frac{a_n}{n+1} x^{n+1}$.

Les séries entières de sommes f', $f^{(p)}$ et F ont le même rayon de convergence que f.

Remarque : En particulier, pour tout $[\alpha,\beta] \subset]-R,R[$, $\int_\alpha^\beta \sum_{n=0}^{+\infty} a_n t^n\,dt = \sum_{n=0}^{+\infty} \int_\alpha^\beta a_n t^n\,dt$.

Corollaire 10.9.— Principe d'identification —. Soit $\sum_{n\geqslant 0} a_n x^n$ et $\sum_{n\geqslant 0} b_n x^n$ deux séries entières de rayon de convergence non nul dont les sommes coïncident sur un voisinage de 0, alors :

$$\forall n \in \mathbb{N}, a_n = b_n \text{ (et bien sûr, les deux séries ont même rayon).}$$

En particulier, le développement en série entière d'une fonction paire (respectivement impaire) ne contient que des termes de degré pair (respectivement impair).

Définition : Série de Taylor d'une fonction —. *Soit f une fonction de classe $\mathscr{C}^\infty$ sur l'intervalle $]-r,r[$ $(r>0)$, alors* ***la série de Taylor de*** f *est :* $\sum_{n\geqslant 0} \frac{f^{(n)}(0)}{n!} x^n$.

Proposition 10.10.— Si $f(x) = \sum_{n=0}^{+\infty} a_n x^n$ est la somme d'une série entière de rayon de convergence *R non nul,* alors $a_n = \frac{f^{(n)}(0)}{n!}$ pour $n \in \mathbb{N}$.

Proposition 10.11.— La série de Taylor $\sum_{n\geqslant 0} \frac{f^{(n)}(0)}{n!} x^n$ converge vers $f(x)$ lorsque le reste de Taylor-MacLaurin : $R_n(f)(x) = f(x) - \sum_{k=0}^{n} \frac{f^{(k)}(0)}{k!} x^n$ tend vers 0 lorsque n tend vers $+\infty$.

Rappelons la majoration de Taylor-Lagrange :

si $M_{p+1} = \sup_{t\in[0,x]} |f^{(p+1)}(t)| = \|f^{(p+1)}\|_\infty^{[0,x]}$, alors $|R_{p+1}(f)(x)| \leqslant \frac{M_{p+1}|x|^{p+1}}{(p+1)!}$

Définition : Fonction développable en série entière —. *Une fonction est dite* ***développable en série entière*** *sur l'intervalle* $]-r,r[$ *($r>0$) si f est égale sur l'intervalle* $]-r,r[$ *à la somme de son développement en série de Taylor :* $\displaystyle\sum_{n=0}^{+\infty}\frac{f^{(n)}(0)}{n!}x^n$.

Développements classiques en série entière d'une fonction à variable réelle

(1)	$\dfrac{1}{1+x}=$	$\displaystyle\sum_{n=0}^{+\infty}(-1)^n x^n$	$R=1$
(2)	$\ln(1+x)=$	$\displaystyle\sum_{n=1}^{+\infty}\frac{(-1)^{n+1}}{n}x^n$	$R=1$
(3)	$\mathrm{e}^x=$	$\displaystyle\sum_{n=0}^{+\infty}\frac{1}{n!}x^n$	$R=\infty$
(4)	$\cos x=$	$\displaystyle\sum_{n=0}^{+\infty}\frac{(-1)^n}{(2n)!}x^{2n}$	$R=\infty$
(5)	$\sin x=$	$\displaystyle\sum_{n=0}^{+\infty}\frac{(-1)^n}{(2n+1)!}x^{2n+1}$	$R=\infty$
(6)	$\mathrm{ch}\, x=$	$\displaystyle\sum_{n=0}^{+\infty}\frac{1}{(2n)!}x^{2n}$	$R=\infty$
(7)	$\mathrm{sh}\, x=$	$\displaystyle\sum_{n=0}^{+\infty}\frac{1}{(2n+1)!}x^{2n+1}$	$R=\infty$
(8)	$\arctan x=$	$\displaystyle\sum_{n=0}^{+\infty}(-1)^n\frac{x^{2n+1}}{2n+1}$	$R=1$

Si $\alpha\in\mathbb{R}$, en posant $\displaystyle\binom{\alpha}{n}=\frac{\alpha(\alpha-1)\cdots(\alpha-n+1)}{n!}=\prod_{k=1}^{n}\frac{\alpha-k+1}{k}$ et $\displaystyle\binom{\alpha}{0}=1$,

$$(9)\ (1+x)^\alpha=\boxed{\sum_{n=0}^{+\infty}\binom{\alpha}{n}x^n}\quad\text{avec}\quad R=\begin{cases}1 & \text{si}\quad \alpha\notin\mathbb{N}\\ +\infty & \text{si}\quad \alpha\in\mathbb{N}\end{cases}$$

Remarque : Le développement en série entière de $(1+x)^{-1/2}$ permet de déterminer par substitution ceux de $\dfrac{1}{\sqrt{1-x^2}}$ et de $\dfrac{1}{\sqrt{1+x^2}}$, puis par intégration terme à terme celui de $\arcsin x$ (et de $\arccos x$).

Extension admise : développements classiques en série entière d'une fonction à variable complexe

(1)	$\dfrac{1}{1-z}=$	$\displaystyle\sum_{n=0}^{+\infty}z^n$	$R=1$
(2)	$\mathrm{e}^z=$	$\displaystyle\sum_{n=0}^{+\infty}\frac{1}{n!}z^n$	$R=\infty$

■■ Méthodes

■ Rayon de convergence d'une série entière

❑ Méthode 10.1.— Comment déterminer un rayon de convergence.

- On peut utiliser la règle de D'Alembert pour les séries numériques.
- On peut encadrer le rayon de convergence, en utilisant :
  - la convergence ou la divergence de la série en un point z_0 de module connu, puis la **proposition 10.2** ;
  - une comparaison du coefficient a_n avec celui d'une série de rayon de convergence connu et en utilisant la **proposition 10.4**.

Mise en œuvre : de l'**exercice 10.1** à l'**exercice 10.6**, **exercice 10.11**, **exercice 10.12**.

Exemples : 1. *Déterminer le rayon de la série entière* $\sum_{n\geqslant 0}\binom{2n}{n}z^{2n+1}$.

Posons $u_n(z)=\binom{2n}{n}z^{2n+1}$. Alors : $\left|\dfrac{u_{n+1}(z)}{u_n(z)}\right|=\dfrac{2(n+1)!}{((n+1)!)^2}.\dfrac{((n)!)^2}{(2n)!}|z|^2$.

Ainsi : $\lim_{n\to+\infty}\left|\dfrac{u_{n+1}(z)}{u_n(z)}\right|=\lim_{n\to+\infty}\dfrac{(2n+1)(2n+2)}{(n+1)^2}|z|^2=4|z|^2$.

Alors, si $0<|z_0|<\frac{1}{2}$, $\lim_{n\to+\infty}\left|\dfrac{u_{n+1}(z_0)}{u_n(z_0)}\right|=4|z_0|^2<1$ et $\sum_{n\geqslant 0}\binom{2n}{n}z_0^{2n+1}$ converge. Donc $R\geqslant\dfrac{1}{2}$.

Si $|z_0|>\frac{1}{2}$, $\lim_{n\to+\infty}\left|\dfrac{u_{n+1}(z_0)}{u_n(z_0)}\right|=4|z_0|^2>1$ et $\sum_{n\geqslant 0}\binom{2n}{n}z_0^{2n+1}$ diverge. Donc $R\leqslant\dfrac{1}{2}\Rightarrow R=\dfrac{1}{2}$.

2. *On considère la série entière* $\sum p_n z^n$, *où* p_n *est la* $n^{\text{ème}}$ *décimale du nombre* π *:* $(p_n)_{n\in\mathbb{N}}=(3,1,4,1,5,\dots)$ *; déterminer son rayon de convergence* R.

On considère la fonction g définie par la somme de la série entière : $g(z)=\sum_{n=0}^{+\infty}p_n z^n$.

Bien sûr, $g(0.1)=\sum_{n=0}^{+\infty}p_n 10^{-n}=\pi$ (suite décimale illimitée) donc $R\geqslant 0.1$.

Par ailleurs, comme $0\leqslant p_n\leqslant 9$ par définition, $\sum_{n\geqslant 0}p_n z_0^n$ converge absolument si $|z_0|<1$ (d'après les théorèmes de comparaison des séries à termes positifs), donc $R\geqslant\sup_{|z|<1}|z|=1$.

Par ailleurs, $\sum_{n\geqslant 0}p_n$ diverge grossièrement : la suite (p_n) , à valeurs entières, ne peut tendre vers 0 que si elle stationne en 0, ce qui impliquerait que π soit décimal. On en conclut que $R\leqslant 1$.
Finalement, $R=1$.

■ Somme d'une série entière

❑ Méthode 10.2.— Comment déterminer la somme d'une série entière

Soit la série entière $\sum_{n\geqslant p} a_n x^n$ de somme $S(x)$, où $x \in \mathbb{R}$ ou $x \in \mathbb{C}$.

- On commence par déterminer, si c'est possible, son rayon de convergence R. Sinon on admet que $R > 0$.
- On peut calculer $S(x)$ en se ramenant à des combinaisons linéaires de sommes :

$$\sum_{n\geqslant p} x^n,\ \sum_{n\geqslant p} nx^n,\ \sum_{n\geqslant p} n(n-1)x^n,\ \sum_{n\geqslant p} \frac{1}{n}x^n,\ \sum_{n\geqslant p} \frac{1}{n!}x^n, \text{ etc.}$$

  On conclut en utilisant les opérations de dérivation, intégration, multiplication par x^p, changement d'indice, changement de variable $y = x^2$, etc.
- On peut aussi passer par $S'(x)$ ou $S''(x)$, s'ils sont plus simples à calculer.
- On peut « pousser » la piste précédente en aboutissant à une équation différentielle linéaire d'inconnue S et de valeur initiale $S(0)$. On se limite à des équations d'ordre un dans ce chapitre (pour l'ordre deux, allez au chapitre consacré aux équations différentielles).
- On peut aussi partir d'une relation entre différents termes consécutifs de la suite (a_n) puis multiplier par x^n et sommer ensuite. On trouve alors une égalité où intervient $S(x)$. On en déduit cette quantité.

Mise en œuvre : de l'**exercice 10.11** à l'**exercice 10.19** et **exercice 10.22**.

Exemple : *Déterminer la valeur de* $f(x) = \sum_{n=3}^{+\infty} \frac{x^n}{n(n-1)(n-2)}$, *si* $x \in]-1, 1[$.

On pourra rechercher des réels α, β *et* γ *tels que* $\frac{1}{n(n-1)(n-2)} = \frac{\alpha}{n} + \frac{\beta}{n-1} + \frac{\gamma}{n-2}$.

La série entière $\sum_{n\geqslant 3} \frac{x^n}{n(n-1)(n-2)}$ a pour rayon 1. On travaille sur $]-1, 1[$.

On réduit : $\frac{\alpha}{n} + \frac{\beta}{n-1} + \frac{\gamma}{n-2} = \frac{2\alpha + n(-3\alpha - 2\beta - \gamma) + n^2(\alpha + \beta + \gamma)}{n(n-1)(n-2)}$ puis on identifie et on trouve $\alpha = \frac{1}{2}$, $\beta = -1$ et $\gamma = \frac{1}{2}$. Alors, pour tout $x \in]-1, 1[$,

$$\begin{aligned}
f(x) &= \sum_{n=3}^{+\infty} \frac{x^n}{2n} - \sum_{n=3}^{+\infty} \frac{x^n}{n-1} + \sum_{n=3}^{+\infty} \frac{x^n}{2(n-2)} \\
&= \sum_{n=1}^{+\infty} \frac{x^n}{2n} - \frac{x}{2} - \frac{x^2}{4} - x\sum_{n=3}^{+\infty} \frac{x^{n-1}}{n-1} + x^2 \sum_{n=3}^{+\infty} \frac{x^{n-2}}{2(n-2)} \\
&= \sum_{n=1}^{+\infty} \frac{x^n}{2n} - \frac{x}{2} - \frac{x^2}{4} - x\sum_{m=2}^{+\infty} \frac{x^m}{m} + x^2 \sum_{p=1}^{+\infty} \frac{x^p}{2p} \\
&= \frac{-1}{2}\ln(1-x) - \frac{x}{2} - \frac{x^2}{4} - x\left(-\ln(1-x) - x\right) - \frac{x^2}{2}\ln(1-x) \\
&= \frac{1}{4}\left(-2x + 3x^2\right) - \frac{1}{2}(x-1)^2 \ln(1-x).
\end{aligned}$$

On peut aussi intégrer deux fois $f''(x)$. En particulier, pour tout $x \in]-1,1[$, on a :

$$f''(x) = \sum_{n=3}^{+\infty} \frac{x^{n-2}}{n-2} = -\ln(1-x) \Rightarrow f'(x) = x + \ln(1-x) - x\ln(1-x).$$

Exemple : *Pour $n \geqslant 1$, on pose $a_n = \sum_{k=1}^{n} \frac{1}{k}$.*

1. *Déterminer le rayon R de $\sum_{n\geq 1} a_n x^n$. Pour $x \in]-R, R[$, on pose : $f(x) = \sum_{n=1}^{+\infty} a_n x^n$.*

2. *Déterminer $a_n - a_{n-1}$ pour $n \geq 2$ et en déduire une expression simple de $f(x)$.*

1. On pose $u_n = a_n x^n$. Alors : $\lim_{n\to+\infty} \left|\frac{u_{n+1}}{u_n}\right| = \left|\frac{\sum_{k=1}^{n} \frac{1}{k} + \frac{1}{n+1}}{\sum_{k=1}^{n} \frac{1}{k}} x\right| = |x|$ car $\lim_{n\to+\infty} a_n = +\infty$.

On peut en déduire que si $|x| < 1$, alors $\sum_{n\geq 1} a_n x^n$ est absolument convergente et si $|x| > 1$, la série diverge (même grossièrement). Le rayon de convergence est $R = 1$.

2. Il est clair que $k \geq 2 \Rightarrow a_k - a_{k-1} = \frac{1}{k}$.

On multiplie par x^k de chaque côté dans cette égalité, puis on somme jusqu'à $n \geqslant 2$:

$$\sum_{k=2}^{n} a_k x^k - \sum_{k=2}^{n} a_{k-1} x^k = \sum_{k=2}^{n} \frac{x^k}{k} = \sum_{k=1}^{n} a_k x^k - a_1 x - \sum_{k=1}^{n} a_k x^{k+1}.$$

On aboutit alors (en faisant tendre n vers $+\infty$) à : $f(x) - a_1 x - \sum_{k=1}^{+\infty} a_k x^{k+1} = -\ln(1-x) - x$.

Comme $a_1 = 1$, il reste (pour $|x| < 1$) : $f(x) - xf(x) = -\ln(1-x) \Rightarrow f(x) = -\frac{\ln(1-x)}{1-x}$.

Exemple : *Calculer $S(x) = \sum_{n=0}^{+\infty} \frac{x^n}{n!}$ (sans le formulaire du cours !).*

On montre rapidement que cette série entière est de rayon de convergence $R = +\infty$ et que de plus $S'(x) = S(x)$ pour tout $x \in \mathbb{R}$. Comme S est solution de l'équation différentielle $y' - y = 0$, il existe $K \in \mathbb{R}$ tel que $S(x) = Ke^x$ pour tout $x \in \mathbb{R}$. Comme $S(0) = 1$, $S(x) = e^x$.

■ Développement en série entière

> ❑ **Méthode 10.3.— Comment montrer qu'une fonction est développable en série entière**
>
> Une combinaison linéaire ou un produit de fonctions développables en série entière sont développables en série entière. La dérivée ou une primitive d'une fonction développable en série entière l'est aussi sur le même intervalle.

Méthodes

Exemple : *Montrer que* $x \mapsto e^x \displaystyle\int_0^x \frac{dt}{1+t}$ *est développable en série entière.*

$x \mapsto e^x$ est développable en série entière sur $\mathbb{R}$. $x \mapsto \frac{1}{1+x}$ est développable en série entière sur $]-1,1[$ donc sa primitive $x \mapsto \displaystyle\int_0^x \frac{dt}{1+t}$ est développable en série entière sur le même intervalle. Le produit $x \mapsto e^x \displaystyle\int_0^x \frac{dt}{1+t}$ est donc développable en série entière sur $]-1,1[$.

❑ Méthode 10.4.— Comment obtenir un développement en série entière d'une certaine fonction

- Certaines fonctions (en particulier celles dont l'expression contient des logarithmes ou des arctangentes) ont une dérivée simple, dont on peut déterminer un développement en série entière.
  Quand on l'a obtenu, il ne reste plus qu'à intégrer terme à terme (et ajuster comme il faut la constante d'intégration).
- On peut « pousser » la piste précédente en déterminant une équation différentielle vérifiée par la fonction $f(x)$ puis en posant $f(x) = \displaystyle\sum_{n=0}^{+\infty} a_n x^n$ et en supposant que $R > 0$. On détermine des relations entre des termes consécutifs de la suite (a_n). La donnée de $f(0)$ et éventuellement de $f'(0)$ donne l'initialisation de la suite. Tout ceci permet d'avoir a_n en fonction de n et le rayon de convergence. Cette piste est bien développée et expliquée dans la **méthode 14.10**, qui se trouve dans le chapitre sur les équations différentielles. Nous nous limitons par contre dans ce chapitre à des équations différentielles linéaires d'ordre 1.
- On peut développer la fonction en combinaison linéaire d'autres fonctions dont on connait les développements en série entière (on peut pour cela faire une décomposition en éléments simples ou une linéarisation, on peut utiliser aussi des formules du genre $\ln(PQ) = \ln P + \ln Q$.
- On peut utiliser la série de Taylor de f, à condition d'avoir prouvé que le reste de Taylor-Maclaurin tend vers 0. Voir la **proposition 10.11**.

Mise en œuvre : de l'**exercice 10.7** à l'**exercice 10.10**.

Exemple : *Déterminer les développements en série entière de :*

1. $x \mapsto \arctan x$. **2.** $x \mapsto \sin^2 x$. **3.** $x \mapsto (1+x)^a$, où $a \in \mathbb{R} \setminus [\mathbb{N} \cup \{-1\}]$.

1. On sait que pour $|u| < 1$, $\displaystyle\frac{1}{1+u} = \sum_{n=0}^{+\infty} (-1)^n u^n$. On pose $u = x^2$. Alors :

$$\frac{1}{1+x^2} = \sum_{n=0}^{+\infty} (-1)^n x^{2n} \Rightarrow \arctan x = \sum_{n=0}^{+\infty} (-1)^n \frac{x^{2n+1}}{2n+1} + K.$$

Puis $K = 0$ car $\arctan 0 = 0$. Le rayon de convergence est $R = 1$.

2. On a, en linéarisant : $\sin^2 x = \dfrac{1-\cos 2x}{2} = x^2 - \dfrac{1}{3}x^4 + ... + (-1)^{n+1}2^{2n-1}\dfrac{1}{(2n)!}x^{2n} + ...$, le rayon de convergence étant $R = +\infty$.

Remarque : Utiliser le développement en série entière de sin puis un produit de Cauchy aurait été ici plus que maladroit !

3. On remarque que $f : x \mapsto (1+x)^a$ est solution de : $(1+x)y' = ay(x)$ avec $y(0) = 1$.
D'après le cours de première année, f est la seule solution de cette équation différentielle.

Écrivons $f(x) = \displaystyle\sum_{n=0}^{+\infty} a_n x^n$, de rayon de convergence R que nous calculerons par la suite. On remplace dans l'équation différentielle $f(x)$ par cette somme et $f'(x)$ par la somme $\displaystyle\sum_{n=1}^{+\infty} na_n x^{n-1}$.

On obtient le développement en série entière de $(1+x)f'(x) - af(x)$ qui est de la forme $\displaystyle\sum_{n=0}^{+\infty} c_n x^n$.
Or cette somme est nulle et par unicité du développement en série entière, $c_n = 0$ pour tout $n \in \mathbb{N}$.
Le développement de $(1+x)f'(x) - af(x) = 0$ donne :

$$c_0 = a_1 - aa_0,\ c_1 = 2a_2 + a_1(1-a),\ ...,c_n = (n+1)a_{n+1} + a_n(n-a)$$

et avec la remarque précédente, on obtient alors :

$$a_1 = aa_0,\ 2a_2 = (a-1)a_1,\ ...,\ (n+1)a_{n+1} = (a-n)a_n$$

et en multipliant membre à membre ces différentes égalités, on obtient :

$$a_0a_1...a_na(a-1)...(a-n) = 1 \times 2 \times ... \times (n+1)a_1a_2...a_{n+1},$$

ce qui donne en simplifiant par les a_i tous non nuls ce qui se voit par récurrence immédiate :

$$(n+1)!a_{n+1} = a_0a(a-1)...(a-n) \Rightarrow a_{n+1} = \frac{a(a-1)...(a-n)}{(n+1)!}$$

car $a_0 = 1$. Enfin, comme $\left|\dfrac{a_{n+1}}{a_n}\right|$ tend vers 1 quand n tend vers $+\infty$, $R = 1$.

On en déduit finalement : $\forall x \in]-1,1[,\ (1+x)^a = 1 + \displaystyle\sum_{n=1}^{+\infty} \frac{a(a-1)...(a-(n-1))}{n!}x^n$.

Mise en œuvre : exercice 10.21 question **3** et **exercice 10.22**.

❑ Méthode 10.5.— Comment montrer qu'une fonction est de classe $\mathscr{C}^k$ (ou $\mathscr{C}^\infty$) sur un intervalle du type $]-r,r[$ (ou sur $\mathbb{R}$)

Il suffit de prouver que f possède un $D.S.E$ autour de 0 de la forme $\displaystyle\sum_{n\geq 0} a_n x^n$.

On détermine son rayon de convergence r et on peut en déduire d'après le cours que f est $\mathscr{C}^\infty$ sur $]-r,r[$. (Si $r = +\infty$, $f \in \mathscr{C}^\infty(\mathbb{R})$.)

Mise en œuvre : voir le vrai/faux numéro 10 de ce chapitre et dans le chapitre des intégrales à paramètres, l'**exercice 12.18**.

■■ Vrai/Faux

	Vrai	Faux
1. Si $\sum_{n\geqslant 0} a_n z^n$ a pour rayon de convergence R_a et si $\sum_{n\geqslant 0} b_n z^n$ a pour rayon de convergence R_b, alors dès que l'on a $\lambda\mu \neq 0$, la série $\lambda \sum_{n\geqslant 0} a_n z^n + \mu \sum_{n\geqslant 0} b_n z^n$ a pour rayon de convergence $\min(R_a, R_b)$.	☐	☐
2. La série entière produit de la série $\sum_{n\geqslant 0} a_n z^n$ et de la série $\sum_{n\geqslant 0} b_n z^n$ de rayons de convergences respectifs R_a et R_b, a pour rayon de convergence la plus petite valeur entre R_a et R_b.	☐	☐
3. Soit (a_n) et (b_n) deux suites à termes complexes ; si $\|a_n\| \sim \|b_n\|$, alors $\sum_{n\geqslant 0} a_n z^n$ et $\sum_{n\geqslant 0} b_n z^n$ ont même rayon de convergence.	☐	☐
4. Soit $(u_n)_{n\in\mathbb{N}} \in \mathbb{C}^{\mathbb{N}}$ on suppose que $\sum u_{2n} z^{2n}$ et $\sum u_{2n+1} z^{2n+1}$ ont un rayon de convergence commun égal à R ; alors $\sum u_n z^n$ a R pour rayon de convergence.	☐	☐
5. La somme de deux séries entières de rayon de convergence nul peut être une série entière de rayon de convergence infini.	☐	☐
6. Les rayons de convergence de $\sum_{n\geqslant 0} n! z^{n!}$ et $\sum_{n\geqslant 0} n z^n$ sont égaux.	☐	☐
7. Les rayons de convergence d'une série entière et de la série entière dérivée terme à terme sont égaux.	☐	☐
8. Si la série entière $\sum_{n\geqslant 0} a_n z^n$ a pour rayon de convergence R, elle converge uniformément sur $B(0,R) = \{z \in \mathbb{C} \ / \ \|z\| < R\}$.	☐	☐
9. Toute fonction $\mathscr{C}^\infty(\mathbb{R})$ est développable en série entière en 0.	☐	☐
10. La fonction h définie sur $]-1,1[$ par $h(0)=1$, $h(x) = \frac{\sin(\sqrt{x})}{\sqrt{x}}$ si $x>0$, et $h(x) = \frac{\operatorname{sh}(\sqrt{-x})}{\sqrt{-x}}$ si $x<0$ est de classe $\mathscr{C}^\infty$ en 0.	☐	☐
11. $\displaystyle\int_0^2 \sum_{n=0}^{+\infty} \frac{x^n}{n!} \mathrm{d}x = \sum_{n=1}^{+\infty} \frac{2^n}{n!}$.	☐	☐
12. $\forall z \in \mathbb{C}, \quad \|\exp z\| = \exp(\mathfrak{Re}(z))$.	☐	☐
13. Si $f(x) = \displaystyle\int_0^x \frac{\sin t}{t}\, dt$, alors $f^{(155)}(0) = \frac{-1}{155}$.	☐	☐

Énoncé des exercices

Déterminations de rayon de convergence

Exercice 10.1 : Déterminer le rayon de convergence des séries entières (pour $x \in \mathbb{R}$) :

$$\sum_{n\geqslant 0} \frac{x^n}{n^2+1},\ \sum_{n\geqslant 1} \frac{x^n}{\sqrt{n}},\ \sum_{n\geqslant 0} n^2 x^n,\ \sum_{n\geqslant 0} \tan\left(n\frac{\pi}{7}\right) x^n,\ \sum_{n\geqslant 1} \left(1+\frac{1}{n}\right)^n x^n,\ \sum_{n\geqslant 1} \sin\left(\frac{1}{n}\right) x^n,\ \sum_{n\geqslant 0} n! x^n.$$

Exercice 10.2 : Rayon de convergence et étude aux bornes ($z \in \mathbb{C}$) pour $\sum_{n\geqslant 0}(1+in)z^n$?

Exercice 10.3 : Déterminer les rayons de convergence des séries $\sum_{n\geqslant 0} e^{\sqrt{n+1}} x^{2n}$ et $\sum_{n\geqslant 0} e^{-3n} x^{2n}$.

Exercice 10.4 : Soit $(a_n) \in (\mathbb{C}^\star)^{\mathbb{N}}$ telle que $\lim_{n\to+\infty} \left|\frac{a_{2n+1}}{a_{2n}}\right| = \ell_1$ et $\lim_{n\to+\infty} \left|\frac{a_{2n+2}}{a_{2n+1}}\right| = \ell_2$ existent dans $\mathbb{R}_+^*$. Quel est le rayon de convergence de $\sum_{n\geqslant 0} a_n x^n$?

Exercice 10.5 : Rayon de convergence de $\sum_{n\geqslant 1} \left(1+\frac{1}{n}\right)^{n^2} \frac{x^n}{n!}$?

D'après Mines-Ponts

Exercice 10.6 : Rayon de convergence de $\sum_{n\geqslant 1} d(n) x^n$, où $d(n)$ est le nombre de diviseurs de n ?

Calculs de développements en séries entières

Exercice 10.7 : Développer en série entière les fonctions :

1. $x \mapsto \dfrac{1}{\sqrt{1-x^2}}$. **2.** $x \mapsto \dfrac{1}{(1+x)^2}$. **3.** $x \mapsto \dfrac{2x-1}{(x-1)(x-2)}$.

Exercice 10.8 : Développer en série entière les fonctions :

1. $x \mapsto \dfrac{\sin(5x)}{\sin x}$. **2.** $x \mapsto \dfrac{1}{1+x+x^2}$. **3.** $x \mapsto \ln(x^2-3x+2)$.

Exercice 10.9 : 1. Développement en série entière de $x \mapsto \int_0^x e^{-t^2}\,dt$ et de $x \mapsto \int_0^x \sin(t^2)\,dt$?

2. En déduire une valeur approchée à 10^{-3} près de $I = \int_0^1 e^{-t^2}\,dt$ et de $J = \int_0^{\pi/4} \sin(t^2)\,dt$.

D'après Concours Communs Mines-Telecom et Concours ENSEA, filière PSI

Exercice 10.10* : Soit $a \in \left]\dfrac{-\pi}{2}, \dfrac{\pi}{2}\right[$ et $f :]-1,1[\to \mathbb{R}$, $x \mapsto \arctan\left(\dfrac{1-x}{1+x}\tan a\right)$.

1. Montrer : $\sin 2a = \dfrac{2\tan a}{1+\tan^2 a}$ et $\cos 2a = \dfrac{1-\tan^2 a}{1+\tan^2 a}$.

2. Calculer la dérivée de $h : x \mapsto \dfrac{1-x}{1+x}\tan a$ sur $]-1,1[$.

3. Montrer : $\forall x \in]-1,1[,\ f'(x) = \dfrac{-\sin(2a)}{1+x^2+2x\cos(2a)} = \mathrm{Im}\left(\dfrac{1}{x+e^{2ia}}\right)$.

En déduire le développement en série entière de f.

D'après Concours Commun INP (ancien CCP)

Sommes de série

Exercice 10.11 : Déterminer le rayon de convergence et la somme des séries entières :

$$\sum_{n\geqslant 0}\frac{x^n}{2^n},\ \sum_{n\geqslant 0}\frac{(-1)^n x^n}{n+1},\ \sum_{n\geqslant 1}(-1)^{n-1}(2n-1)x^{2n-2},\ \sum_{n\geqslant 1}\frac{\mathrm{ch}\,(n\theta)}{n}x^n,\ \text{où } \theta \in \mathbb{R}_+.$$

Exercice 10.12* : Déterminer le rayon de convergence de : $\displaystyle\sum_{n\geqslant 0}\frac{nx^n}{(2n+1)!}$.

Calculer alors sa somme en commençant par calculer $\displaystyle\sum_{n=0}^{+\infty}\frac{x^n}{(2n+1)!}$.

Exercice 10.13 : 1. Montrer que pour tout $x \in \mathbb{R}$, la série $\displaystyle\sum_{n\geqslant 0}\frac{(-1)^n x^{2n+5}}{n!(n+2)}$ converge absolument.

2. On note $f(x)$ la somme de la série précédente. Déterminer une fonction g développable en série entière telle que $\forall x \in \mathbb{R}, f(x) = xg(x^2)$; montrer que g est dérivable et calculer sa dérivée.

3. Exprimer la fonction f à l'aide des fonctions usuelles.

Exercice 10.14 : On pose : $a_0 = 1$, $a_1 = 3$ et $\forall n \geqslant 2$, $a_n = 3a_{n-1} - 2a_{n-2}$.

1. Déterminer explicitement a_n en utilisant le cours sur les suites récurrentes linéaires d'ordre 2.

2. Déterminer alors le rayon de convergence et la somme $S(x)$ de $\displaystyle\sum_{n\geqslant 0} a_n x^n$.

3. Retrouver $S(x)$ à l'aide de la relation liant a_n, a_{n-1} et a_{n-2} sans expliciter a_n.

D'après Concours Communs Mines-Telecom, filière PSI

Exercice 10.15* : Soit $(u_n)_{n\in\mathbb{N}}$ définie par $\forall n \geqslant 3$, $u_n = -\dfrac{5}{3}u_{n-1} - \dfrac{1}{3}u_{n-2} + \dfrac{1}{3}u_{n-3}$ et la donnée de u_0, u_1, u_2 réels.

1. Montrer : $\exists A \in \mathbb{R}_+, \forall n \in \mathbb{N}, |u_n| \leqslant A\,2^n$.

En déduire que le rayon de convergence de $\displaystyle\sum_{n\geqslant 0} u_n z^n$ est non nul.

2. Calculer $S(z) = \displaystyle\sum_{n=0}^{+\infty} u_n z^n$.

3. En déduire explicitement u_n en fonction de n et de u_0, u_1 et u_2.

D'après Mines-Ponts, filière PSI

Exercice 10.16 : Démontrer, pour tout $(z, z') \in \mathbb{C}^2$, $e^z \times e^{z'} = e^{z+z'}$, en utilisant le produit de Cauchy de séries entières.

Exercice 10.17* : Résoudre l'équation d'inconnue réelle $x > 0$: $\displaystyle\sum_{n=0}^{+\infty} \frac{(-1)^n}{2n+1} x^{n+\frac{1}{2}} = \frac{\pi}{4}$.

Exercice 10.18 : 1. Déterminer rayon de convergence et somme de $\displaystyle\sum_{n\geqslant 1} (-1)^{n+1} \frac{x^{2n+1}}{(2n+1)(2n-1)}$.

2. Si l'on note $f(x)$ la somme de cette série à l'intérieur du disque de convergence, déterminer le domaine de validité de continuité de la fonction f. En déduire la somme $\displaystyle\sum_{n=1}^{+\infty} \frac{(-1)^{n+1}}{4n^2-1}$.

D'après Concours Communs Mines-Telecom et Concours ENSEA, filière PSI

Exercice 10.19 : On considère $\displaystyle\sum_{n\geqslant 1} a_n x^n$, où $a_n = \dfrac{\sin n}{n}$ et r est son rayon de convergence. *Parmi les affirmations suivantes, indiquez celles que vous jugez vraies et celles que vous jugez fausses.*

a. On a : $\forall n \in \mathbb{N}^\star$, $|a_n| \leqslant \frac{1}{n}$ et donc $r \leqslant 1$.

b. On a : $r \geqslant 1$.

c. Le rayon de convergence de $\displaystyle\sum_{n\geqslant 1} \sin(n) x^{n-1}$ est 1 donc $r = 1$.

d. On a : $r \geqslant \frac{1}{2}$.

e. Pour tout $x \in \left]-\dfrac{1}{2}, \dfrac{1}{2}\right[$, $\displaystyle\sum_{n=1}^{+\infty} \frac{\sin n}{n} x^n = \arctan\left(\frac{x-\cos(1)}{\sin(1)}\right)$.

f. Pour tout $x \in \left]-\dfrac{1}{2}, \dfrac{1}{2}\right[$, $\displaystyle\sum_{n=1}^{+\infty} \frac{\sin n}{n} x^n = -\ln|1 - xe^i|$.

g. Pour tout $x \in \left]-\dfrac{1}{2}, \dfrac{1}{2}\right[$, $\displaystyle\sum_{n=1}^{+\infty} \frac{\sin n}{n} x^n = \frac{1}{2}\ln(1 - 2x\cos(1) + x^2)$.

D'après E3A Épreuve de Mathématiques A, filière PSI

■ Utilisation de suites et de séries de fonctions intégrables sur un intervalle.

Ce paragraphe est à aborder après avoir fait le chapitre sur les intégrales à paramètres

Exercice 10.20 : 1. Démontrer que pour tout $x \in]-1, 1[$, $\ln x \ln(1-x) = \displaystyle\sum_{n=1}^{+\infty} \frac{-x^n \ln x}{n}$.

2. Calculer pour tout entier $n \in \mathbb{N}$, $I_n = \displaystyle\int_0^1 x^n \ln x \, dx$.

3. Pour tout $n \in \mathbb{N}^*$, posons $f_n(x) = \dfrac{-x^n \ln x}{n}$ si $x \in]0, 1]$ et $f_n(0) = 0$.

Montrer que la série $\displaystyle\sum_{n\geqslant 1} f_n(x)$ converge simplement sur $[0, 1]$. Quelle est sa somme ?

Montrer enfin que : $\displaystyle\int_0^1 \ln x \ln(1-x)\, dx = \sum_{n=1}^{+\infty} \frac{1}{n(n+1)^2}$.

D'après Concours Commun INP (ancien CCP)

Exercice 10.21 : 1.** Montrer que les séries entières $\sum_{n\geqslant 0} \frac{(-1)^n x^{2n+1}}{2^n(n!)}$ et $\sum_{n\geqslant 0} \frac{x^{2n}}{4^n(n!)^2}$, de sommes respectives $u(x)$ et $v(x)$, ont un rayon de convergence infini.

2. Exprimer $u(x) = \sum_{n=0}^{+\infty} \frac{(-1)^n x^{2n+1}}{2^n(n!)}$ à l'aide de fonctions usuelles.

3. Justifier l'existence de $\int_0^{+\infty} u(x)v(x)\,dx$ et calculer cette intégrale.

D'après École Polytechnique, filière PSI

■ Séries entières et équations différentielles

Dans ce paragraphe, seule la résolution des équations différentielles linéaires scalaires d'ordre 1, vues en première année, est nécessaire. Les exercices nécessitant de savoir résoudre des équations différentielles linéaires scalaires d'ordre 2 se trouvent au chapitre (un peu plus loin) consacré aux équations différentielles.

Exercice 10.22 : 1. Déterminer le rayon de convergence R de $\sum_{n\geqslant 0} \frac{(-1)^n(2n)!}{(2n-1)(n!)^2}x^n$.

2. Soit y sa somme sur $]-R,R[$. Simplifier pour $x \in]-R,R[$ l'expression :

$$(1+4x)y'(x) - 2y(x).$$

En déduire $y(x)$ pour tout $x \in]-R,R[$.

Exercice 10.23* : Soit $(a,b) \in {\mathbb{R}_+^*}^2$, considérons la série entière :

$$\sum_{n\geqslant 0} \frac{x^n}{a(a+b)\cdots(a+nb)} = \frac{1}{a} + \frac{x}{a(a+b)} + \cdots,$$

de somme $\sigma(x)$.

1. Quel est le rayon de convergence R de cette série entière ?

2. Montrer que :

$$b\,x\,\sigma'(x) + (a-x)\,\sigma(x) = 1$$

sur l'intervalle ouvert $]-R,R[$.

3. Donner une expression de $\sigma(x)$ sur $\mathbb{R}_+^*$. (On pourra la rechercher sous la forme $\sigma(x) = k(x)e^{x/b}x^{-a/b}$, k étant une fonction de classe $\mathscr{C}^1$ que l'on exprimera comme une intégrale).

Exercice 10.24 : 1.** Soit $\lambda \in \mathbb{R}_+ \setminus \mathbb{N}$, résoudre E_λ :

$$xf'(x) + \lambda f(x) = \frac{1}{x+1}.$$

2. Préciser les solutions de E_λ qui ont une limite finie en 0.

3. Trouver les solutions y_λ sur $]0,1[$ développables en série entière de E_λ.

4. Écrire $\sum_{n=0}^{+\infty} \frac{(-1)^n}{2^n(1+3n)}$ sous forme d'une intégrale.

D'après École Polytechnique

Indications

Ex. 10.2

L'étude aux bornes signifie la nature de la série pour $|z| = R$.

Ex. 10.4

Considérer les séries entières $\sum_{n\geqslant 0} a_{2n}x^{2n}$ *et* $\sum_{n\geqslant 0} a_{2n+1}x^{2n+1}$ *de sommes respectives* $\alpha(x)$ *et* $\beta(x)$, *de rayons de convergences respectifs* R_α *et* R_β. *On déterminera dans un premier temps* R_α *et* R_β *en fonction de* l_1 *et de* l_2.

Ex. 10.6

Montrer d'abord que $1 \leqslant d(n) \leqslant n$.

Ex. 10.7

3. *On décompose* $\dfrac{2x-1}{(x-1)(x-2)} = \dfrac{\alpha}{x-1} + \dfrac{\beta}{x-2}$.

Ex. 10.8

1. *On écrira* $\sin(5x) = \sin(5x) - \sin(3x) + \sin(3x) - \sin x + \sin x$. *Puis on se rappelera une certaine formule qui transforme une différence de deux sinus en un produit d'un cosinus et sinus.*

2. *On multiplie le numérateur et le dénominateur par* $1 - x$.

3. $\ln(ab) = \ln a + \ln b \ldots$

Ex. 10.12

Pour le calcul de la somme $\displaystyle\sum_{n=0}^{+\infty} \frac{nx^n}{(2n+1)!}$, *on commencera par écrire le développement en série entière de* $\operatorname{sh} y$ *et de* $\sin y$. *On fera alors le lien avec* $\phi(x) = \displaystyle\sum_{n=0}^{+\infty} \frac{x^n}{(2n+1)!}$ *en posant dans cette dernière somme* $x = -y^2$ *(si* $x < 0$*) et* $x = y^2$ *(si* $x > 0$*). On rappelle :* $(\operatorname{sh} u(x))' = u'(x) \operatorname{ch} u(x)$.

Ex. 10.13

2. *On posera* $y = x^2$ *dans* $g(x^2)$, *donc* $g(y)$ *apparait alors en développement en série entière. On en déduira* $g'(y)$ *(toujours sous forme d'un développement en série entière) et on se ramenera à un développement en série entière usuel.*

Ex. 10.14

1. *On rappelle que l'on a deux méthodes. La première méthode est d'utiliser l'équation caractéristique. Ici c'est* $x^2 = 3x - 2$. *Si cette équation a deux racines réelles distinctes* q_1 *et* q_2, *les suites qui vérifient la récurrence linéaire sont de la forme* $\lambda q_1^n + \mu q_2^n$. *On détermine* λ *et* μ *avec les conditions initiales. La deuxième méthode est la* **méthode 4.9**, *c'est-à-dire une méthode matricielle.*

3. *C'est l'illustration de la dernière piste de la* **méthode 10.2**. *On commence par prendre l'égalité de récurrence et multiplier par* x^n *de chaque côté puis on somme (attention qu'à partir de* $n = 2$*).*

Ex. 10.15

1. *La difficulté première est le choix de* A, *vous pouvez penser au maximum des quantités* $|u_0|$, $|u_1|$ *et* $|u_2|$. *Il ne faut pas oublier de faire une récurrence soignée. Il reste alors à conclure pour le rayon de convergence.*

2. *L'idée est de partir de l'égalité de récurrence linéaire d'ordre 3 qui définit* (u_n) *et de sommer de chaque côté jusqu'à obtenir (à des coefficients additifs près)* $S(z)$ *à la fois dans le membre de gauche et dans le membre de droite de l'égalité. On écrira* $S(z)$ *sous forme d'un rapport dépendant de* u_0, u_1, u_2 *et* z.

3. *Le rapport* $S(z)$ *est une fraction rationnelle en* z *et il faut faire une décomposition en éléments simples. Comme vous venez peut-être de PCSI, donnons la forme à trouver : il faut déterminer trois complexes* a, b *et* c *tels que pour tout* $z \notin \{-1,3\}$, $S(z) = \dfrac{a}{3-z} + \dfrac{b}{1+z} + \dfrac{c}{(z+1)^2}$.

Ex. 10.16

On partira du développement en série entière de e^z *et de la* **proposition 10.6**.

Ex. 10.17

Le plus dur est le démarrage ! On pensera au développement en série entière au voisinage de 0 *de* arctan.

Ex. 10.18

1. *Vous l'avez compris, on décompose* $\dfrac{1}{(2n+1)(2n-1)} = \dfrac{a}{2n+1} + \dfrac{b}{2n-1}$.

2. *Le problème est le bord. Là, il faudra aller chercher un résultat sur la convergence uniforme des séries.*

Ex. 10.19

Attention, ici contrairement à des sujets de l'ENAC dans ce type de QCM, les réponses justes peuvent être plus que deux. Pour les trois dernières assertions, on pourra calculer la somme de la série entière dérivée.

Ex. 10.21

3. *L'idée est de considérer* $S_m : \mathbb{R}_+ \to \mathbb{R},\ x \mapsto \displaystyle\sum_{n=0}^{m} f_n(x)$ *telle que* $(S_m)_{m\in\mathbb{N}}$ *converge simplement vers* uv *sur* $\mathbb{R}_+$. *Puis on appliquera à cette suite de fonctions le théorème de convergence dominée, ce qui permettra d'inverser* $\sum$ *et* $\int$. *C'est la* **méthode 12.3** *qui revient !*

On pourra utiliser (et démontrer rapidement) : $\displaystyle\int_0^{+\infty} u^n e^{-u}\,du = n!$

Ex. 10.24

1. *Attention, on doit se placer au choix sur* $I_1 =]-\infty,-1[\,, I_2 =]-1,0[$ *ou* $I_3 =]0,+\infty[$.

2. *On pourra remarquer que* $\displaystyle\int_0^x \frac{t^{\lambda-1}}{1+t}\,dt$ *existe si* $\lambda > 0$.

3. *La technique que l'on prend est utilisée surtout pour les équations différentielles linéaires d'ordre 2 avec la* **méthode 14.10**. *Dans le cas de l'ordre 1, si vous n'avez pas encore compris tous les secrets du* **chapitre 14**, *vous allez poser* $y_\lambda(x) = \displaystyle\sum_{n=0}^{+\infty} a_n x^n$ *dans un certain domaine* $]-R,R[$ *encore inconnu. Alors dans ce domaine :* $y_\lambda'(x) = \displaystyle\sum_{n=1}^{+\infty} n a_n x^{n-1}$. *On injecte ces deux égalités dans l'équation* (E). *En faisant éventuellement des changements d'indice, on écrit le premier membre de* (E) *sous la forme regroupée* $\displaystyle\sum_{n=0}^{+\infty} b_n x^n$. *On détermine aussi le développement en série entière du second membre de* (E). *On utilise l'unicité du développement en série entière pour déterminer une relation de récurrence entre les termes de la suite* (a_n). *On détermine enfin l'expression de* a_n.

Corrigé des vrai/faux

1	2	3	4	5	6	7	8	9	10	11	12	13
F	F	V	V	V	V	V	F	F	V	V	V	V

1. $\sum x^n$ et $\sum(-x^n)$ a pour rayon de convergence 1 et leur somme est nulle donc de rayon infini.
2. Prendre $1-x$ de rayon de convergence $+\infty$, $1/(1-x)$ de rayon de convergence 1 et le produit est de rayon de convergence $+\infty$.
3. Si $|a_n|$ et $|b_n|$ sont équivalentes, alors $\exists p \in \mathbb{N}$, $n \geqslant p \Rightarrow |a_n| \leqslant 2|b_n|$ et $|b_n| \leqslant 2|a_n|$; la première inégalité montre que $R_b \leqslant R_a$, la deuxième que $R_a \leqslant R_b$. (D'après la **proposition 10.4**.)
4. Si $\sum u_{2n}z^{2n}$ et $\sum u_{2n+1}z^{2n+1}$, de sommes respectives p et i, ont un rayon de convergence commun égal à R, alors $s(z) = \sum u_n z^n$ a un rayon $R_s \geqslant R$ par combinaison linéaire ; mais comme $p(z) = \frac{1}{2}(s(z)+s(-z))$ et $i(z) = \frac{1}{2}(s(z)-s(-z))$ on a $R \geqslant R_s$. (D'après la **proposition 10.4**.)
5. Par exemple, les deux séries entières $\sum \left(n! + \frac{1}{n!}\right) x^n$ et $\sum -n!x^n$ ont un rayon de convergence nul, et leur somme $\sum \frac{1}{n!}x^n$ a un rayon de convergence infini.
6. Si $|z| = 1$, les deux séries divergent grossièrement donc $R \leqslant 1$; si $0 < |z| < 1$, alors $\sum nz^n$ converge, et par ailleurs, en posant $u_n = n!|z|^{n!}$, $\left|\frac{u_{n+1}}{u_n}\right| = (n+1)|z|^{(n+1)!-n!} \leqslant (n+1)|z|^{n!n}$ tend vers 0 quand n tend vers $+\infty$, donc $\sum u_n$ converge d'après le critère de d'Alembert. $R \geqslant 1$.
8. Par exemple $\sum_{n\geqslant 0} z^n$ a pour rayon de convergence 1, et ne converge pas uniformément sur $B(0,1)$, puisque la suite $(z^n)_{n\geqslant 0}$ ne converge pas uniformément vers 0 sur $B(0,1)$.
9. Il existe un contre-exemple classique $h : x \mapsto e^{\frac{-1}{x^2}}$, dont toutes les dérivées en 0 sont nulles, donc h ne coïncide avec son développement de Taylor qu'en 0.
10. f est égale sur $]-1,1[$ à la somme de $\displaystyle\sum_{n\geqslant 0} \frac{(-1)^n x^n}{(2n+1)!}$, donc f est $\mathscr{C}^\infty$ en 0.

11. Vrai, car il y a convergence normale de la série entière de somme $\displaystyle\sum_{n=0}^{+\infty} \frac{x^n}{n!}$ sur $[0,2]$.

13. Puisque $\displaystyle\frac{\sin t}{t} = \sum_{n=0}^{+\infty} (-1)^n \frac{t^{2n}}{(2n+1)!}$, $\displaystyle f(x) = \int_0^x \frac{\sin t}{t}\,dt = \sum_{n=0}^{+\infty} (-1)^n \frac{t^{2n+1}}{(2n+1)(2n+1)!}$, donc $\displaystyle f^{(2n+1)}(0) = (2n+1)!\frac{(-1)^n}{(2n+1)(2n+1)!} = \frac{(-1)^n}{2n+1}$, d'où $\displaystyle f^{(155)}(0) = \frac{(-1)^n}{155}$ avec $n = 77$.

Erreurs classiques

- Ignorer la définition du rayon de convergence et vouloir utiliser systématiquement la règle de d'Alembert.
- Penser que toute fonction $\mathscr{C}^\infty$ est forcément développable en série entière.
- Si $\displaystyle\sum_{n\geqslant 0} a_n x^n$ est de somme S et de rayon $R \in \mathbb{R}_+^*$, ignorer que l'existence de $\displaystyle\lim_{\substack{x<R \\ x\to R}} S(x)$ n'implique pas celle de $S(R)$, ni *a fortiori* l'égalité de ces deux éléments.
- Oublier que $\displaystyle\int_\alpha^\beta \sum_{n=0}^{+\infty} a_n t^n\,dt = \sum_{n=0}^{+\infty} \int_\alpha^\beta a_n t^n\,dt$ n'est valable que si $[\alpha,\beta] \subset]-R,R[$.

Corrigé

Corrigé des exercices

Exercice 10.1

Dans toutes les séries, on posera u_n le terme général. On supposera de plus $x \neq 0$ quand on fait les rapports u_{n+1}/u_n.

À retenir : si u_n ne s'annule pas et si le module de $\frac{u_{n+1}}{u_n}$ tend vers $|x|$, alors si $|x|<1$, $\sum u_n$ est absolument convergente et donc $R \geq 1$ et si $|x|>1$, $|u_n| \to +\infty$ et $\sum u_n$ diverge grossièrement. Donc $R \leq 1$. On conclut alors. Faire bien ce raisonnement le jour de l'oral par exemple !

$\boxed{\sum_{n\geqslant 0} \frac{x^n}{n^2+1}}$: ici, $\left|\frac{u_{n+1}}{u_n}\right| = \frac{n^2+1}{(n+1)^2+1}|x|$, quantité qui tend vers $|x|$ quand n tend vers $+\infty$. Donc le rayon de convergence est $R=1$.

$\boxed{\sum_{n\geqslant 1} \frac{x^n}{\sqrt{n}}}$: ici, $\left|\frac{u_{n+1}}{u_n}\right| = \frac{\sqrt{n}}{\sqrt{n+1}}|x|$, quantité qui tend vers $|x|$ quand n tend vers $+\infty$. Donc le rayon de convergence est $R=1$.

$\boxed{\sum_{n\geqslant 0} n^2 x^n}$: ici, $\left|\frac{u_{n+1}}{u_n}\right| = \frac{(n+1)^2}{n^2}|x|$, quantité qui tend vers $|x|$ quand n tend vers $+\infty$. Donc le rayon de convergence est $R=1$.

$\boxed{\sum_{n\geqslant 0} \tan\left(n\frac{\pi}{7}\right) x^n}$: si $n \in \mathbb{N}$, $\left|\tan\left(\frac{n\pi}{7}\right)\right|$ prend 4 valeurs différentes qui sont 0, $\tan\left(\frac{\pi}{7}\right)$, $\tan\left(\frac{2\pi}{7}\right)$ et $\tan\left(\frac{3\pi}{7}\right)$. Or, $\tan\left(\frac{3\pi}{7}\right)$ est la plus grande de toutes ces valeurs.

Ici, la règle de d'Alembert est prohibée car $u_n = 0$ pour n mutiple de 7.

On peut écrire pour tout x, $\left|x^n \tan\left(\frac{n\pi}{7}\right)\right| \leqslant |x^n| \tan\left(\frac{3\pi}{7}\right)$.

Comme pour tout $r \in [0,1[$, $\sum \tan\left(\frac{3\pi}{7}\right) r^n$ est une série convergente, la série $\sum a_n x^n$ converge absolument pour tout $|x|<1$ donc si on note R le rayon de convergence de la série $\sum a_n x^n$, $R \geqslant 1$. Soit maintenant x tel que $|x| = r > 1$, la suite $n \mapsto \left[\tan\left[\left(\frac{7n+3}{7}\right)\pi\right]\right] r^{7n+3}$ c'est-à-dire $n \mapsto \left[\tan\left(\frac{3\pi}{7}\right)\right] r^{7n+3}$ tend vers $+\infty$ et donc la suite $(a_n x^n)$ n'est pas bornée (car elle admet une suite extraite qui tend vers $+\infty$). Donc $R \leqslant 1$ et finalement $R=1$.

Le lecteur prouvera (prendre le logarithme) que $\left(1+\frac{1}{n}\right)^n$ tend vers e quand n tend vers $+\infty$.

$\boxed{\sum_{n\geqslant 1} \left(1+\frac{1}{n}\right)^n x^n}$: ici, $\left|\frac{u_{n+1}}{u_n}\right| = \frac{\left(1+\frac{1}{n}\right)^n}{\left(1+\frac{1}{n+1}\right)^{n+1}}|x|$, quantité qui tend vers $|x|$ quand n tend vers $+\infty$. Donc le rayon de convergence est $R=1$.

$\sin\frac{1}{n} \sim \frac{1}{n}$.

$\boxed{\sum_{n\geqslant 1} \sin\left(\frac{1}{n}\right) x^n}$: ici, $\left|\frac{u_{n+1}}{u_n}\right| \sim \frac{\frac{1}{n+1}}{\frac{1}{n}}|x|$, quantité qui tend vers $|x|$ quand n tend vers $+\infty$. Donc le rayon de convergence est $R=1$.

Pour $x=0$, la série converge !

$\boxed{\sum_{n\geqslant 0} n! x^n}$: ici $\left|\frac{u_{n+1}}{u_n}\right| = (n+1)|x|$, quantité qui tend vers $+\infty$ quand n tend vers $+\infty$. Donc le rayon de convergence est $R=0$.

Exercice 10.2

► Posons $u_n = (1+in)z^n$ alors $\left|\dfrac{u_{n+1}}{u_n}\right|$ tend vers $|z|$. On applique ce que l'on a fait sans arrêt (mais si !) à l'**exercice 10.1**. Si $|z| < 1$ alors $\sum u_n$ converge absolument donc $R \geqslant 1$. Si $|z| > 1$ alors $|u_n|$ tend vers $+\infty$ et la série diverge grossièrement et $R \leqslant 1$. Donc $R = 1$.

► Si $|z| = 1$, $|u_n| = \sqrt{1+n^2}$ tend vers $+\infty$ et la série entière $\sum(1+in)z^n$ diverge grossièrement au bord du domaine de convergence.

Bien que l'étude de la convergence sur le cercle $|z| = R$ ne soit pas un objectif du programme, on peut avoir à l'étudier au cas par cas.

Exercice 10.3

► Posons $u_n = e^{\sqrt{n+1}}x^{2n}$, où x est un complexe fixé non nul.

$$\frac{u_{n+1}}{u_n} = \frac{e^{\sqrt{n+2}}}{e^{\sqrt{n+1}}}x^2 = e^{\sqrt{n+2}-\sqrt{n+1}}x^2.$$

Or, $\sqrt{n+2} - \sqrt{n+1} = \frac{1}{\sqrt{n+2}+\sqrt{n+1}} \sim \frac{1}{2\sqrt{n}} \to 0$ donc $\frac{u_{n+1}}{u_n} \sim x^2$ en $+\infty$.

D'après le critère de d'Alembert, $\sum u_n$ converge si $|x| < 1$ et $\sum u_n$ diverge si $|x| > 1$:$R = 1$.

► $e^{-3n}x^{2n} = \left(\frac{x^2}{e^{-3}}\right)^n$ donc $\sum e^{-3n}x^{2n}$ converge si, et seulement si, $\left|\frac{x^2}{e^{-3}}\right| < 1$ soit $|x| < e^{3/2}$: $R = e^{\frac{3}{2}}$.

On reconnaît ici une série géométrique !

Exercice 10.4

Considérons les séries entières $\sum\limits_{n\geqslant 0} a_{2n}x^{2n}$ et $\sum\limits_{n\geqslant 0} a_{2n+1}x^{2n+1}$ de sommes respectives $\alpha(x)$ et $\beta(x)$, de rayons de convergence respectifs R_α et R_β.

Soit $u_n = a_{2n}x^{2n}$ alors : $\dfrac{u_{n+1}}{u_n} = \dfrac{a_{2n+2}}{a_{2n+1}}\dfrac{a_{2n+1}}{a_{2n}}x^2 \sim l_1l_2|x|^2$.

Si $v_n = a_{2n+1}x^{2n+1}$ alors : $\dfrac{v_{n+1}}{v_n} = \dfrac{a_{2n+3}}{a_{2n+2}}\dfrac{a_{2n+2}}{a_{2n+1}}x^2 \sim l_1l_2|x|^2$.

Il en résulte, en utilisant le critère de d'Alembert, en posant $r = \sqrt{\ell_1\ell_2}$:

► si $|x| < r$, alors $\sum u_n$ converge, donc $R_\alpha \geqslant r$;

► si $|x| > r$, alors $\sum u_n$ diverge grossièrement, donc $R_\alpha \leqslant r$.

Finalement $R_\alpha = r$; un raisonnement analogue aboutit à $R_\beta = r$.

On sait que le rayon de convergence de $\sum\limits_{n\geqslant 0} a_nx^n$ est supérieur ou égal à R_α car sa somme est : $f(x) = \alpha(x) + \beta(x)$. Puis : $\alpha(x) = \frac{1}{2}(f(x) + f(-x))$, et donc $R_\alpha \geqslant R$ (voir la troisième question du vrai/faux à ce sujet).

On aboutit finalement à $R = R_\alpha = r = \sqrt{\ell_1\ell_2}$.

Attention au piège d'écrire directement sans le justifier que si $R_\alpha = R_\beta$, alors R est forcément cette valeur commune.

Exercice 10.5

Posons $a_n = \frac{1}{n!}\left(1+\frac{1}{n}\right)^{n^2}$ alors :

$$\ln a_n = n^2\,\ln\left(1+\tfrac{1}{n}\right) - \ln(n!) = n^2\left(\tfrac{1}{n} - \tfrac{1}{2n^2} + o(\tfrac{1}{n^2})\right) - \ln(n!),$$

donc : $\ln a_n = -\ln(n!) + n - \frac{1}{2} + o(1)$.

Alors : $\ln a_{n+1} - \ln a_n = -\ln(n+1) + (n+1)^2\ln\left(1+\frac{1}{n+1}\right) - n^2\ln\left(1+\frac{1}{n}\right)$.

Finalement : $\ln a_{n+1} - \ln a_n = -\ln(n+1) + 1 + o(1)$.

Soit $z \in \mathbb{C}^*$, posons $u_n = |a_nz^n|$; alors $u_n > 0$ pour tout $n \in \mathbb{N}$ et l'expression $\ln\left(\frac{u_{n+1}}{u_n}\right) = \ln a_{n+1} - \ln a_n + \ln|z|$ qui tend vers $-\infty$ quand n tend vers $+\infty$.

On aurait pu poser directement le module de u_{n+1}/u_n et faire sa limite. Le calcul est un peu long mais faisable.

Corrigé

Alors $\frac{u_{n+1}}{u_n}$ tend vers 0, donc $\sum u_n$ converge par application du critère de d'Alembert. Le rayon de convergence de la série entière $\sum a_n x^n$ est infini.

Exercice 10.6

Montrons que $\forall n \in \mathbb{N}^*,\ 1 \leqslant d(n) \leqslant n$.

D'une part, 1 divise n, donc $d(n) \geqslant 1$; d'autre part, les diviseurs de n sont dans $[\![1, n]\!]$, donc leur nombre $d(n)$ est inférieur à n.

Tout est dit dans l'encadrement de $d(n)$. Sans cette indication, on peut rester bloqué un bon moment.

Le rayon de convergence de $\sum_{n\geqslant 1} d(n)x^n$ est majoré par celui de $\sum_{n\geqslant 1} x^n$ (qui vaut 1) et minoré par celui de $\sum_{n\geqslant 1} nx^n$ (qui vaut 1 également).

Ainsi, le rayon de convergence de $\sum_{n\geqslant 1} d(n)x^n$ vaut donc 1.

Exercice 10.7

Ainsi, le lecteur avide de savoir en déduira le D.S.E de arcsin *ou de* arccos.

1. $\dfrac{1}{\sqrt{1-x^2}} = (1-x^2)^{-\frac{1}{2}} = 1+\dfrac{1}{2}x^2+\ldots+(-1)^n\dfrac{\frac{-1}{2}\times\frac{-3}{2}\times\ldots\times\frac{-2n+1}{2}}{n!}x^{2n}+\ldots$

Cela s'arrange : $\dfrac{1}{\sqrt{1-x^2}} = \displaystyle\sum_{n=0}^{+\infty}\frac{(2n)!}{2^{2n}(n!)^2}x^{2n}$.

Ne pas oublier que $|x| < 1$ ici et $R = 1$.

On peut dériver terme à terme dans le disque de convergence.

2. Soit $|x| < 1$ alors $\dfrac{1}{1+x} = \displaystyle\sum_{n=0}^{+\infty}(-1)^n x^n \Rightarrow \frac{1}{(1+x)^2} = \sum_{n=0}^{+\infty}(n+1)(-1)^n x^n$.

3. On a : $\dfrac{2x-1}{(x-1)(x-2)} = \dfrac{1}{1-x} - \dfrac{3}{2-x} = \dfrac{1}{1-x} - \dfrac{3}{2(1-\frac{x}{2})}$.

On applique avec $u = x$ et $u = \frac{x}{2}$.

Puis, on utilise $\dfrac{1}{1-u} = \displaystyle\sum_{n=0}^{+\infty} u^n$, où $|u| < 1$.

Il reste : $\dfrac{2x-1}{(x-1)(x-2)} = \displaystyle\sum_{n=0}^{+\infty}\left(1-\frac{3}{2^{n+1}}\right)x^n$, valable si l'on a à la fois $|x| < 1$ et $|x/2| < 1$, c'est-à-dire $|x| < 1$.

Exercice 10.8

On ne peut pas se lancer dans un rapport de deux D.S.E. Il faut donc « éliminer » le sinus du bas. Pour cela, on transforme le numérateur en faisant apparaître le produit de $\sin x$ avec une autre fonction.

1. Pour tout entier p, $\sin p - \sin q = 2\sin\frac{p-q}{2}\cos\frac{p+q}{2}$, donc

$$\begin{aligned}
\frac{\sin(5x)}{\sin x} &= \frac{\sin(5x)-\sin(3x)}{\sin x} + \frac{\sin(3x)-\sin x}{\sin x} + 1 \\
&= 2\cos(4x) + 2\cos(2x) + 1 \\
&= 2\sum_{n=0}^{+\infty}\frac{(-1)^n 4^{2n}x^{2n}}{(2n)!} + 2\sum_{n=0}^{+\infty}\frac{(-1)^n 2^{2n}x^{2n}}{(2n)!} + 1.
\end{aligned}$$

$$\frac{\sin(5x)}{\sin x} = 5 + 2\sum_{n=1}^{+\infty}\frac{(-1)^n\left(4^{2n}+2^{2n}\right)x^{2n}}{(2n)!},$$

avec un rayon de convergence infini, car la série entière obtenue est la somme de deux séries entières de rayon de convergence infini.

2. Travaillons pour tout $x \in \mathbb{C}\setminus\{1\}$.

$$\frac{1}{1+x+x^2} = \frac{1-x}{1-x^3} = (1-x)\left(\sum_{n=0}^{+\infty} x^{3n}\right) = \sum_{n=0}^{+\infty} x^{3n} - \sum_{n=0}^{+\infty} x^{3n+1} = \sum_{n=0}^{+\infty} a_n x^n$$

avec $a_{3p} = 1, a_{3p+1} = -1$ et $a_{3p+2} = 0$ pour tout entier $p \in \mathbb{N}$.
Le rayon de convergence obtenu est égal à 1, car la série converge absolument si $|x| < 1$ et diverge grossièrement si $x = 1$.

Il est possible aussi de partir de $\frac{1}{1+x+x^2}$ sous la forme $\frac{\alpha}{x-j} + \frac{\overline{\alpha}}{x-j^2}$, où $\alpha \in \mathbb{C}$.

3. On écrit : $\ln(x^2 - 3x + 2) = \ln((x-2)(x-1)) = \ln(2-x) + \ln(1-x)$.
Donc : $\ln(x^2 - 3x + 2) = \ln 2 + \ln\left(1 - \frac{x}{2}\right) + \ln(1-x)$ pour tout $x \in]-\infty, 1[$.

Or : $\ln\left(1 - \frac{x}{2}\right) = -\sum_{n=1}^{+\infty} \frac{x^n}{n2^n}$ avec un rayon de convergence égal à 2.

Et : $\ln(1-x) = -\sum_{n=1}^{+\infty} \frac{x^n}{n}$ avec un rayon de convergence égal à 1.

Attention, ici : une fatal error serait d'écrire $\ln y$ avec $y < 0$.

$$\forall x \in]-1,1[, \quad \ln(x^2 - 3x + 2) = \ln 2 - \sum_{n=1}^{+\infty} \left(1 + \frac{1}{2^n}\right) \frac{x^n}{n}, \text{ où } R = 1.$$

Exercice 10.9

1. ▸ $\displaystyle\int_0^x e^{-t^2}\,dt = \int_0^x \sum_{n=0}^{+\infty} (-1)^n \frac{1}{n!} t^{2n}\,dt = \sum_{n=0}^{+\infty} \frac{(-1)^n}{n!} \frac{x^{2n+1}}{2n+1}$, série de rayon de convergence $+\infty$.

On peut justifier $\sum \int = \int \sum$ de plusieus façons.

▸ $\displaystyle\int_0^x \sin(t^2)\,dt = \int_0^x \sum_{n=0}^{+\infty} (-1)^n \frac{1}{(2n+1)!} t^{4n+2}\,dt = \sum_{n=0}^{+\infty} \frac{(-1)^n}{(2n+1)!} \frac{x^{4n+3}}{4n+3}$, série de rayon de convergence $+\infty$.

2. $x = 1 \Rightarrow I = \displaystyle\sum_{n=0}^{+\infty} \frac{(-1)^n}{n!(2n+1)}, x = \frac{\pi}{4} \Rightarrow J = \sum_{n=0}^{+\infty} \frac{(-1)^n}{(2n+1)!(4n+3)} \left(\frac{\pi}{4}\right)^{4n+3}$

On applique le C.S.S.A (critère spécial des séries alternées) qui permet de majorer $|S - S_n|$ par le premier terme négligé $|u_{n+1}|$.
On ne conserve que les cinq premiers termes de la somme pour I et sa valeur approchée est 0.747 et on ne conserve que les deux premiers termes de la somme pour J et sa valeur approchée est 0.157.

On se munit ici du C.S.S.A et d'une bonne calculette !

Exercice 10.10

1. Par exemple, on remplace $\tan a$ par $\sin a / \cos a$ dans les deux second membres des deux égalités et on obtient d'abord $\sin 2a = 2 \sin a \cos a$ et puis ensuite $\cos 2a = \cos^2 a - \sin^2 a$, ce qui est vrai.

2. Posons $h(x) = (\tan a) \dfrac{1-x}{1+x} = \left(\dfrac{2}{1+x} - 1\right) \tan a$, alors h est dérivable sur $]-1,1[$ et sur cet ensemble, rapidement, on a : $h'(x) = \dfrac{-2\tan a}{(1+x)^2}$.

3. On a : $f = \arctan \circ h$, $f' = \dfrac{h'}{1+h^2}$ et on remplace $h'(x)$ par $\dfrac{-2\tan a}{(1+x)^2}$:

$$f'(x) = \frac{-2\tan a}{(1+x)^2 + (1-x)^2 \tan^2 a} = \frac{-\sin 2a}{\frac{(1+x)^2}{1+\tan^2 a} + \frac{(1-x)^2 \tan^2 a}{1+\tan^2 a}}, \text{ en multipliant}$$

par $(1+x)^2$ puis en divisant par $1/(1+\tan^2 a)$ en haut et en bas.

Corrigé

Ainsi : $f'(x) = \dfrac{-\sin(2a)}{1 + x^2 + 2x\cos(2a)}$ en arrangeant le dénominateur.

Enfin, $\operatorname{Im}\left(\dfrac{1}{x + e^{2ia}}\right) = \operatorname{Im}\left(\dfrac{x + e^{-2ia}}{|x + e^{2ia}|^2}\right) = \operatorname{Im}\left(\dfrac{x + e^{-2ia}}{1 + x^2 + 2x\cos(2a)}\right)$.

On retrouve bien la valeur de $f'(x)$.

Pour tout nombre complexe x de module strictement inférieur à 1 :

$$\begin{aligned}\frac{1}{x + e^{2ia}} &= \frac{1}{e^{2ia}}\frac{1}{1 + xe^{-2ia}}\\ &= e^{-2ia}\sum_{n=0}^{+\infty}(-x)^n e^{-2ina}\\ &= \sum_{n=0}^{+\infty}(-1)^n x^n e^{-2i(n+1)a}.\end{aligned}$$

Sa partie imaginaire est égale à $\displaystyle\sum_{n=0}^{+\infty}\left[(-1)^{n+1}\sin\left(2(n+1)a\right)\right]x^n$.

Sans oublier la constante d'intégration $f(0) = a$

Par intégration et pour tout $x \in]-1, 1[$: $f(x) = a + \displaystyle\sum_{m=1}^{+\infty}\frac{(-1)^m}{m}\sin(2ma)\,x^m$.

Exercice 10.11

On reconnaît une série géométrique.

$\displaystyle\sum_{n\geqslant 0}\frac{x^n}{2^n}$: le rayon de convergence est 2 et : $\forall x \in]-2, 2[, \displaystyle\sum_{n=0}^{+\infty}\frac{x^n}{2^n} = \frac{1}{1 - \frac{x}{2}}$.

$S(0)$ est toujours a_0.

$\displaystyle\sum_{n\geqslant 0}\frac{(-1)^n x^n}{n+1}$: $R = 1$. Puis, pour $x = 0$, la somme $S(x)$ vaut 1 et :

S est $\mathcal{C}^\infty$ sur $]-1, 1[$ malgrè la « cassure » dans la définition.

$$\forall x \in]-1, 1[\setminus\{0\},\ S(x) = \sum_{n=0}^{+\infty}\frac{(-1)^n x^n}{n+1} = \frac{1}{x}\sum_{n=0}^{+\infty}\frac{(-1)^n x^{n+1}}{n+1} = \frac{1}{x}\ln(1+x).$$

$\displaystyle\sum_{n\geqslant 1}(-1)^{n-1}(2n-1)x^{2n-2}$: le rayon de convergence est $R = 1$.

On introduit le D.S.E de démarrage.

Puis, on part de : $\dfrac{1}{1+x^2} = \displaystyle\sum_{n=0}^{+\infty}(-1)^n(x^2)^n \Rightarrow \frac{x}{1+x^2} = \sum_{n=0}^{+\infty}(-1)^n x^{2n+1}$.

$$\left(\frac{x}{1+x^2}\right)' = \left(\sum_{n=1}^{+\infty}(-1)^{n-1}x^{2n-1}\right)' \Rightarrow \sum_{n\geqslant 1}(-1)^{n-1}(2n-1)x^{2n-2} = \frac{1-x^2}{(1+x^2)^2}.$$

On utilise la formule que vous connaissez tous : $\operatorname{ch} x = \frac{1}{2}(e^x + e^{-x})$.

$\displaystyle\sum_{n\geqslant 1}\frac{\operatorname{ch}(n\theta)}{n}x^n$: on écrit : $\dfrac{\operatorname{ch}(n\theta)}{n}x^n = \dfrac{1}{2}\dfrac{(e^\theta x)^n}{n} + \dfrac{1}{2}\dfrac{(e^{-\theta}x)^n}{n}$. La série entière de terme général $\frac{1}{2}\frac{(e^\theta x)^n}{n}$ a pour rayon de convergence $R = e^{-\theta}$ et la série entière de terme général $\frac{1}{2}\frac{(e^{-\theta}x)^n}{n}$ a pour rayon de convergence $R = e^\theta$. Comme $e^{-\theta} \leqslant e^\theta$, le rayon de convergence de la série de l'énoncé est $R = e^{-\theta}$. Puis :

$$\forall x \in]-e^{-\theta}, e^{-\theta}[,\ \sum_{n=1}^{+\infty}\frac{\operatorname{ch}(n\theta)}{n}x^n = \frac{1}{2}\sum_{n=1}^{+\infty}\frac{(e^\theta x)^n}{n} + \frac{1}{2}\sum_{n=1}^{+\infty}\frac{(e^{-\theta}x)^n}{n}.$$

On utilise : $\forall |u|<1, \sum_{n=1}^{+\infty} \frac{u^n}{n} = -\ln(1-u)$. Il reste, pour tout $x \in]-e^{-\theta}, e^{-\theta}[$,

$$\sum_{n=1}^{+\infty} \frac{\text{ch}(n\theta)}{n} x^n = -\frac{1}{2}\left[\ln(1-xe^{\theta}) + \ln(1-xe^{-\theta})\right] = \ln \frac{1}{\sqrt{1-2x\text{ch}\,\theta + x^2}}.$$

Exercice 10.12

▸ **Rayon de convergence** Soit $x \in \mathbb{R}^*, n \in \mathbb{N}^*$ et $u_n = \dfrac{nx^n}{(2n+1)!}$:

✎ Penser toujours à isoler $x = 0$.

$$\left|\frac{u_{n+1}}{u_n}\right| = |x| \frac{n+1}{n} \frac{(2n+1)!}{(2n+3)!} = |x| \frac{n+1}{n(2n+2)(2n+3)} = \frac{|x|}{2n(2n+3)}$$

qui tend vers 0 quand n tend vers $+\infty$, donc par application du critère de d'Alembert, $\sum u_n$ converge $\forall x \in \mathbb{R}$ et le rayon de convergence est infini.

▸ **Somme de la série**

$$\forall y \in \mathbb{R}, \sum_{n=0}^{+\infty} \frac{y^{2n+1}}{(2n+1)!} = \text{sh}\, y \text{ et } \sum_{n=0}^{+\infty} \frac{(-1)^n y^{2n+1}}{(2n+1)!} = \sin y.$$

Alors : $\dfrac{\text{sh}\, y}{y} = \displaystyle\sum_{n=0}^{+\infty} \frac{y^{2n}}{(2n+1)!}$ et $\dfrac{\sin y}{y} = \displaystyle\sum_{n=0}^{+\infty} \frac{(-y)^{2n}}{(2n+1)!}$.

Posons alors $x = y^2$ si $x > 0$ et $x = -y^2$ si $x < 0$, on obtient :

✎ Attention à écrire $\sqrt{-x}$ et pas $\sqrt{x}$ si $x < 0$.

$$\varphi(x) = \sum_{n=0}^{+\infty} \frac{x^n}{(2n+1)!} = \begin{cases} \frac{\text{sh}\sqrt{x}}{\sqrt{x}} & \text{si} \quad x > 0 \\ 1 & \text{si} \quad x = 0 \\ \frac{\sin\sqrt{-x}}{\sqrt{-x}} & \text{si} \quad x < 0 \end{cases}$$

Cette série entière est de rayon de convergence infini, et donc φ est de classe $\mathscr{C}^\infty$ donc $\mathscr{C}^1$ sur $\mathbb{R}$. De plus : $\forall x \in \mathbb{R},\ x\,\varphi'(x) = \displaystyle\sum_{n=0}^{+\infty} \frac{nx^n}{(2n+1)!}$. Ainsi :

$$\sum_{n=0}^{+\infty} \frac{nx^n}{(2n+1)!} = x\varphi'(x) = \begin{cases} \frac{\text{ch}\sqrt{x}}{2} - \frac{\text{sh}\sqrt{x}}{2\sqrt{x}} & \text{si} \quad x > 0 \\ 0 & \text{si} \quad x = 0 \\ \frac{\cos\sqrt{-x}}{2} - \frac{\sin\sqrt{-x}}{2\sqrt{-x}} & \text{si} \quad x < 0 \end{cases}$$

✎ Qui est bien $\mathscr{C}^\infty$ malgré les apparences !

Exercice 10.13

1. $u_n = \dfrac{(-1)^n z^n}{n!(n+2)} \Rightarrow \left|\dfrac{u_{n+1}}{u_n}\right| = \dfrac{n!(n+2)}{(n+1)!(n+3)}|z| = |z|\dfrac{n+2}{(n+3)(n+1)}$.

✎ Pour $z \in \mathbb{C}^*$.

Quantité qui tend vers 0 quand n tend vers l'infini ; donc, d'après le critère de d'Alembert, $\sum u_n$ converge absolument. Ceci vaut pour tout $z \in \mathbb{C}^*$.

Alors le rayon de convergence de la série entière $\sum \dfrac{(-1)^n z^n}{n!(n+2)}$ est infini, donc la série entière $\displaystyle\sum_{n\geqslant 0} \frac{(-1)^n x^{2n+5}}{n!(n+2)}$ converge absolument pour tout $x \in \mathbb{R}$.

✎ Encore quelque chose de classique. On calcule la somme de la série entière dérivée puis on en déduit la somme de la série entière. Tout ceci est légitimé dans le disque de convergence.

2. $f(x) = x\displaystyle\sum_{n=0}^{+\infty} \frac{(-1)^n x^{2n+4}}{n!(n+2)} = xg(x^2)$ avec $g(y) = \displaystyle\sum_{n=0}^{+\infty} (-1)^n \frac{y^{n+2}}{n!(n+2)}$.

La série entière associée à g est de rayon de convergence infini, donc g est de

Corrigé

classe $\mathscr{C}^\infty$ sur $\mathbb{R}$ et pour tout $y \in \mathbb{R}$, $g'(y) = \sum_{n=0}^{+\infty} (-1)^n \frac{(n+2)y^{n+1}}{n!(n+2)} = ye^{-y}$.

3. $g(0) = 0 \Rightarrow g(y) = \int_0^y te^{-t}\,dt = \left[-te^{-t}\right]_0^y + \int_0^y e^{-t}\,dt = 1 - e^{-y} - ye^{-y}$.

On récolte le fruit de notre effort : $f(x) = x\left(1 - (1+x^2)e^{-x^2}\right)$.

Exercice 10.14

C'est le moment de re-re-réviser cette partie du cours de première année sur les suites.

1. L'équation caractéristique est $x^2 - 3x + 2 = 0$. Ses racines sont $q_1 = 1$ et $q_2 = 2$ donc a_n est de la forme $\alpha 1^n + \beta 2^n$. Les conditions initiales donnent : $\forall n \in \mathbb{N}$, $a_n = -1 + 2^{n+1}$.

2. $S(x) = -\sum_{n=0}^{+\infty} x^n + 2\sum_{n=0}^{+\infty} 2^n x^n = -\frac{1}{1-x} + 2\frac{1}{1-2x}$, de rayon de convergence $R = \min(\frac{1}{2}, 1) = \frac{1}{2}$. Finalement, $S(x) = \frac{1}{1-3x+2x^2}$.

C'est l'illustration de la dernière des pistes de la **méthode 10.2**.

3. Pour $n \geq 2$, $a_n x^n = 3a_{n-1}x^n - 2a_{n-2}x^n = 3x(a_{n-1}x^{n-1}) - 2x^2(a_{n-2}x^{n-2})$. Une somme (à l'intérieur du disque de convergence s'il existe) donne :

$$\sum_{n=2}^{+\infty} a_n x^n = 3x \sum_{n=2}^{+\infty} a_{n-1}x^{n-1} - 2x^2 \sum_{n=2}^{+\infty} a_{n-2}x^{n-2}.$$

Ainsi : $S(x) - a_0 - a_1 x = 3x(S(x) - a_0) - 2x^2 S(x) \Rightarrow S(x) = \frac{1}{1-3x+2x^2}$.

Exercice 10.15

On veut montrer qu'il existe $A \in \mathbb{R}_+$ tel que : $\forall n \in \mathbb{N}$, $|u_n| \leqslant A2^n$.

1. ▸ La condition voulue oblige : $|u_0| \leqslant A$ puis $|u_1| \leqslant 2A$ et $|u_2| \leqslant 4A$.
Le plus simple est de prendre : $A = \max\left(|u_0|, |u_1|, |u_2|\right)$.
En effet, comme $A \geqslant 0$, A minore $2A$ et $4A$ donc :

$$|u_0| \leqslant A, |u_1| \leqslant A \leq 2A, |u_2| \leqslant A \leqslant 4A.$$

Il reste à prouver le résultat général par récurrence. le travail d'initialisation est fait. On prend $n \geq 2$ et supposons que $\forall k \in [\![0, n]\!]$, $|u_k| \leqslant A2^k$.

On a, avec l'inégalité triangulaire : $|u_{n+1}| \leqslant \frac{5}{3}|u_n| + \frac{1}{3}|u_{n-1}| + \frac{1}{3}|u_{n-2}|$.
Par hypothèse de récurrence : $|u_n| \leqslant A2^n$, $|u_{n-1}| \leqslant A2^{n-1}$, $|u_{n-2}| \leqslant A2^{n-2}$.
Cela donne : $|u_{n+1}| \leqslant A\left(\frac{5}{3}2^n + \frac{1}{3}2^{n-1} + \frac{1}{3}2^{n-2}\right)$.
C'est-à-dire : $|u_{n+1}| \leqslant A\left(\frac{5}{3}2^n + \frac{1}{6}2^n + \frac{1}{12}2^n\right)$.
Comme : $\frac{5}{3} + \frac{1}{6} + \frac{1}{12} = \frac{23}{12} \leqslant 2$, on a bien : $|u_{n+1}| \leqslant A \times 2 \times 2^n = A\,2^{n+1}$.
▸ Il s'agit de montrer que le rayon de convergence de $\sum_{n\geqslant 0} u_n z^n$ est non nul.
D'après l'inégalité précédente, $\forall n \in N$ et $\forall z \in \mathbb{C}$, $|u_n z^n| \leqslant A|2z|^n$.
Si $|z| < \frac{1}{2}$, $\sum_{n\geqslant 0} |u_n z^n|$ converge car la série géométrique de raison $|2z|$ converge.
Donc $\sum_{n\geqslant 0} u_n z^n$ converge absolument. Comme il s'agit d'un série entière, le rayon de convergence ρ de cette série vérifie $\rho \geqslant \frac{1}{2} > 0$.

2. Partons de : $\forall k \in \mathbb{N}$, $u_{k+3} = -\frac{5}{3}u_{k+2} - \frac{1}{3}u_{k+1} + \frac{1}{3}u_k$.

On multiplie par z^{k+3} de chaque côté.

On obtient : $u_{k+3}z^{k+3} = -\frac{5}{3}u_{k+2}z^{k+3} - \frac{1}{3}u_{k+1}z^{k+3} + \frac{1}{3}u_k z^{k+3}$.

On somme pour k variant de 0 à n :

Nous supposerons que $|z| < \rho$, où ρ est le rayon de convergence de cette série. Nous savons déjà que $\rho \geqslant 1/2$.

$$\sum_{k=0}^{n} u_{k+3}z^{k+3} = -\frac{5}{3}\sum_{k=0}^{n} u_{k+2}z^{k+3} - \frac{1}{3}\sum_{k=0}^{n} u_{k+1}z^{k+3} + \frac{1}{3}\sum_{k=0}^{n} u_k z^{k+3}.$$

On change les indices pour obtenir des sommes en z^k :

$$\sum_{k=3}^{n+3} u_k z^k = -\frac{5z}{3}\sum_{k=2}^{n+2} u_k z^k - \frac{z^2}{3}\sum_{k=1}^{n+1} u_k z^k + \frac{z^3}{3}\sum_{k=0}^{n} u_k z^k.$$

Il reste à faire tendre n vers $+\infty$ et comme $S(z) = \sum_{n=0}^{+\infty} u_n z^n$:

$$S(z) - (u_0 + u_1 z + u_2 z^2) = -\frac{5z}{3}\left[S(z) - u_0 - u_1 z\right] - \frac{z^2}{3}\left[S(z) - u_0\right] + \frac{z^3}{3}S(z).$$

On arrange, après avoir multiplié par 3 de chaque côté :

*C'est comme l'**exercice 10.14**, mais en plus long !*

$$(3 + 5z + z^2 - z^3)S(z) = 3u_0 + (5u_0 + 3u_1)z + (u_0 + 5u_1 + 3u_2)z^2.$$

Le polynôme $P(z) = 3 + 5z + z^2 - z^3$ a pour racine évidente -1.
Comme : $P'(z) = 5 + 2z - 3z^2$, -1 est racine de P' et donc -1 est racine au moins double de P.
Comme le produit des racines est 3 , la dernière racine est 3.
On a : $3 + 5z + z^2 - z^3 = (3 - z)(z + 1)^2$.
Ceci donne : $S(z) = \dfrac{3u_0 + (5u_0 + 3u_1)z + (u_0 + 5u_1 + 3u_2)z^2}{(3 - z)(z + 1)^2}$.

Revoir les relations coefficients-racines.

3. Trouvons $(a, b, c) \in \mathbb{R}^3, S(z) = \dfrac{a}{3 - z} + \dfrac{b}{1 + z} + \dfrac{c}{(z + 1)^2}$.

On va en déduire explicitement u_n en fonction de n et de u_0, u_1 et u_2. On commence par transformer l'expression $S(z)$, en utilisant une décomposition en éléments simples.

$$S(z) = \frac{3u_0 + (5u_0 + 3u_1)z + (u_0 + 5u_1 + 3u_2)z^2}{(3 - z)(z + 1)^2} = \frac{a}{3 - z} + \frac{b}{1 + z} + \frac{c}{(z + 1)^2}.$$

$$a = [(3 - z)S(z)]_{z=3} = \left[\frac{3u_0 + (5u_0 + 3u_1)z + (u_0 + 5u_1 + 3u_2)z^2}{(z + 1)^2}\right]_{z=3}.$$

Et : $a = \dfrac{3u_0 + 3(5u_0 + 3u_1) + 9(u_0 + 5u_1 + 3u_2)z^2}{16} = \dfrac{27(u_0 + 2u_1 + u_2)}{16}$.

De la même manière : $c = \dfrac{-u_0 + 2u_1 + 3u_2}{4}$ et $b = \dfrac{11u_0 - 26u_1 - 21u_2}{16}$.

Il reste à développer en série entière les fractions $\dfrac{1}{3 - z}$, $\dfrac{1}{1 + z}$ et $\dfrac{1}{(z + 1)^2}$.

On écrit, pour tout $|z| < 1$, $\dfrac{1}{1 + z} = \sum_{n=0}^{+\infty}(-1)^n z^n$.

En dérivant à l'intérieur du domaine, $\dfrac{-1}{(1 + z)^2} = \sum_{n=0}^{+\infty}(-1)^{n+1}(n + 1)z^n$.

Corrigé

Enfin, $\forall z, |z| < 3,\ \dfrac{1}{3-z} = \dfrac{1}{3}\dfrac{1}{1-\frac{z}{3}} = \dfrac{1}{3}\sum_{n=0}^{+\infty}\dfrac{1}{3^n}z^n.$

Finalement, en supposant $|z| < \rho' = \min(\rho, 1)$, on a :

$$S(z) = \frac{a}{3}\sum_{n=0}^{+\infty}\frac{1}{3^n}z^n + b\sum_{n=0}^{+\infty}(-1)^n z^n - c\sum_{n=0}^{+\infty}(-1)^{n+1}(n+1)z^n.$$

Si $n = 0, 1$ ou 2, on retrouve u_0, u_1 et u_2. C'est un moyen de savoir si la formule trouvée est cohérente ou non.

On regroupe : $S(z) = \displaystyle\sum_{n=0}^{+\infty}\left[\frac{a}{3}\frac{1}{3^n} + b(-1)^n - c(-1)^{n+1}(n+1)\right]z^n.$

Comme $S(z)$ vaut $\displaystyle\sum_{n=0}^{+\infty}u_n z^n$ et comme le développement en série entière est unique sur $]-\rho', \rho'[$, $\forall n \in \mathbb{N}, u_n = \dfrac{a}{3} \times \dfrac{1}{3^n} + b(-1)^n - c(-1)^{n+1}(n+1).$

Il reste à reporter les valeurs de a, b et c trouvées plus haut.

Exercice 10.16

On a : $\exp(z) = \displaystyle\sum_{n=0}^{+\infty}\frac{z^n}{n!}$, série entière de rayon infini. Le produit de Cauchy de deux de ces séries en z et z' converge et a pour terme général :

$$w_n = \sum_{p+q=n}\frac{z^p}{p!}\frac{z'^q}{q!} = \frac{1}{n!}\sum_{p+q=n}\frac{n!}{p!q!}z^p z'^q = \frac{(z+z')^n}{n!}.$$

En particulier, on retrouve si $z = x + iy$, $\exp(z) = \exp(x+iy) = \exp(x) \times \exp(iy)$.

D'où : $\forall (z, z') \in \mathbb{C}^2, \exp(z) \times \exp(z') = \exp(z+z')$.

Exercice 10.17

Un énoncé qui fait peur mais, ouf, le corrigé est rapide !

Comme $\displaystyle\sum_{n=0}^{+\infty}(-1)^n\frac{y^{2n+1}}{2n+1} = \arctan y$, $\displaystyle\sum_{n=0}^{+\infty}\frac{(-1)^n}{2n+1}x^{n+\frac{1}{2}} = \arctan\left(\sqrt{x}\right)$ pour tout $x \in \mathbb{R}_+^*$, l'équation proposée a donc pour solution unique $x = 1$.

Exercice 10.18

À propos des séries entières, on commence à en tenir un rayon !

1. Immédiatement, $R = 1$. Puis : $\dfrac{1}{(2n+1)(2n-1)} = \dfrac{\frac{1}{2}}{2n-1} + \dfrac{-\frac{1}{2}}{2n+1}.$

Ainsi : $\forall x \in]-1, 1[, f(x) = \displaystyle\sum_{n=1}^{+\infty}\frac{(-1)^{n+1}x^{2n+1}}{2(2n-1)} + \sum_{n=1}^{+\infty}\frac{(-1)^n x^{2n+1}}{2(2n+1)}.$

Encore une fois les D.S.E usuels accourent.

Puis, pour la première somme : $\displaystyle\sum_{n=1}^{+\infty}\frac{(-1)^{n+1}x^{2n+1}}{2(2n-1)} = \frac{x^2}{2}\sum_{n=1}^{+\infty}\frac{(-1)^{n+1}x^{2n-1}}{2n-1}.$

L'idée est que $\dfrac{d}{dx}\left(\displaystyle\sum_{n=1}^{+\infty}\frac{(-1)^{n+1}x^{2n-1}}{2n-1}\right) = \sum_{n=0}^{+\infty}(-1)^n x^{2n} = \frac{1}{1+x^2}.$

Donc : $\displaystyle\sum_{n=1}^{+\infty}\frac{(-1)^{n+1}x^{2n+1}}{2(2n-1)} = \frac{x^2}{2}\arctan x.$

De même, le lecteur arrive à : $\displaystyle\sum_{n=1}^{+\infty}\frac{(-1)^n x^{2n+1}}{2(2n+1)} = \frac{1}{2}(\arctan x - x).$

On somme et on obtient : $f(x) = \dfrac{1}{2}\left[x^2\arctan x + \arctan x - x\right].$

2. À l'intérieur du disque ouvert de convergence, f est continue d'après le cours sur les séries entières. Puis : $\forall x \in [-1,1]$, $|u_n(x)| \leqslant \frac{1}{4n^2-1}$. Donc la série converge uniformément sur $[-1,1]$ puis comme $x \mapsto (-1)^{n+1}\frac{1}{4n^2-1}x^{2n+1}$ est continue sur $[-1,1]$, il en est de même de $x \mapsto f(x)$ sur $[-1,1]$.

On applique à $x=1$: $f(1) = \sum_{n=1}^{+\infty} \frac{(-1)^{n+1}}{4n^2-1} = \frac{\pi-2}{4}$.

Aucun résultat n'est à connaître au sujet du bord du domaine, la CU sur le domaine fermé de la série est le moyen le plus efficace pour l'étudier.

Exercice 10.19

▶ On a effectivement : $|a_n| \leqslant 1$ pour $n \geqslant 1$ et comme le rayon de convergence de $\sum_{n\geqslant 1} \frac{x^n}{n}$ est 1, cela implique $r \geqslant 1$ et non $r \leqslant 1$. Donc **a) est fausse**.

Si $|a_n| \leqslant |b_n|$, le rayon de convergence de $\sum a_n x^n$ est supérieur ou égal celui de $\sum b_n x^n$.

▶ Par voie de conséquence, **l'assertion b) est vraie**.

▶ La suite $(\sin n)_{n\in\mathbb{N}}$ est bornée donc le rayon de convergence de $\sum_{n\geqslant 1} \sin(n)x^{n-1}$ est au moins 1. Comme $u_n = \sin n x^{n-1}$ ne tend pas vers 0 pour $x=1$, la série $\sum_{n\geqslant 1} \sin(n)$ diverge grossièrement et le rayon de convergence de $\sum_{n\geqslant 1} \sin(n)x^{n-1}$ est au plus 1. Donc il vaut exactement 1. Enfin, $\sum_{n\geqslant 1} \sin(n)x^{n-1}$ et $\sum_{n\geqslant 1} a_n x^n$ ont le même rayon de convergence. Ainsi $r=1$. **L'assertion c) est vraie**.

Une série entière et sa série entière dérivée ont le même rayon.

▶ $r = 1 \geqslant \frac{1}{2}$. **L'assertion d) est vraie**. C'est juste pour tromper l'ennemi !

▶ Nous allons calculer $f'(x)$ pour $x \in \left]-\frac{1}{2},\frac{1}{2}\right[$ et $f(x) = \sum_{n=1}^{+\infty} \frac{\sin n}{n} x^n$.

On sait, à l'intérieur du domaine de convergence, $xf'(x) = \sum_{n=1}^{+\infty} (\sin n)x^n$.

On écrit :

$$xf'(x) = \mathfrak{Im}\left(\sum_{n=1}^{+\infty} e^{in}x^n\right) = \mathfrak{Im}\left(\sum_{n=1}^{+\infty}(e^i x)^n\right) = \mathfrak{Im}\left(\frac{xe^i}{1-xe^i}\right).$$

Le fait de calculer la somme de la série entière dérivée pour avoir la somme de la série entière, c'est une des méthodes classiques.

Puis : $\frac{1}{1-xe^i} = \frac{1-xe^{-i}}{(1-xe^i)(1-xe^{-i})} \Rightarrow xf'(x) = \frac{x\sin 1}{1-2x\cos 1 + x^2}$.

Ainsi : $\forall x \in \left]-\frac{1}{2},\frac{1}{2}\right[$, $f'(x) = \frac{\sin 1}{1-2x\cos 1+x^2}$.

Cette égalité est en fait valable sur $]-1,1[$. Mais qui peut le plus, peut le moins !

On peut dériver $x \mapsto \arctan\left(\frac{x-\cos(1)}{\sin(1)}\right)$ et comparer avec la valeur de f'.

Ce n'est pas nécessaire car on remarque que les valeurs $\arctan\left(\frac{-\cos(1)}{\sin(1)}\right)$ et $f(0)=0$ sont différentes. Donc **l'assertion e) est fausse**.

▶ Puis $-\left[\ln|1-xe^i|\right]' = \frac{\cos 1}{1-2x\cos 1+x^2} \neq f'(x)$. **L'assertion f) est fausse**.

Ici, les valeurs sont identiques en $x=0$.

▶ On fait exactement comme précédemment. **L'assertion g) est fausse.**

Exercice 10.20

Pour le fun, trouver le vrai $f(x)$!

1. On connaît le développement en série entière, valable pour $x \in]-1,1[$:
$-\ln(1-x) = \sum_{n=1}^{+\infty} \frac{x^n}{n}$ et donc (1) : $\forall x \in]0,1[$, $\ln x \ln(1-x) = \sum_{n=1}^{+\infty} \frac{-x^n \ln x}{n}$.

Corrigé

2. Puis $I_n = \displaystyle\int_0^1 x^n \ln x \, dx$ est une intégrale ordinaire, pour tout $n \in \mathbb{N}^*$ car $\displaystyle\lim_{x \to 0} x^n \ln x = 0$.
Par ailleurs, intégrant par parties, on obtient :

$$I_n = \left[\frac{x^{n+1}}{n+1} \ln x\right]_0^1 - \int_0^1 \frac{x^n}{n+1} \, dx = -\frac{1}{n+1} \left[\frac{x^{n+1}}{n+1}\right]_0^1 = -\frac{1}{(n+1)^2}.$$

On a à justifier l'intégration terme à terme de l'égalité (1), et pour ceci, utilisons le théorème d'intégration terme à terme du chapitre consacré aux intégrales dépendant d'un paramètre. C'est la **méthode 12.2**.

3. Pour tout $n \in \mathbb{N}^*$, posons $f_n(x) = \dfrac{-x^n \ln x}{n}$ si $x \in]0, 1]$ et $f_n(0) = 0$.
f_n est continue et intégrable sur $I = [0, 1]$.
La série $\sum f_n$ converge simplement sur $[0, 1]$ et a pour somme la fonction :

$$x \mapsto \begin{cases} \ln x \ln(1-x) & \text{si } x \in]0, 1[\\ 0 & \text{si } x \in \{0, 1\} \end{cases}$$

D'après le cours, $\displaystyle\sum_{n \geqslant 1} \int_I |f_n| = \sum_{n \geqslant 1} \int_I f_n = \sum_{n \geqslant 1} \frac{1}{n(n+1)^2}$ converge.

Alors : $\displaystyle\int_0^1 \ln t \ln(1-t) \, dt = \sum_{n=1}^{+\infty} \frac{1}{n(n+1)^2}$.

Exercice 10.21

1. ▸ $\left|\dfrac{u_{n+1}}{u_n}\right| = \dfrac{|x|^2}{2(n+1)}$ qui tend vers 0 quand n tend vers $+\infty$.

Donc, par application du critère de d'Alembert, $\sum u_n$ converge.

On pose en effet $u_n = \dfrac{(-1)^n x^{2n+1}}{2^n n!}$ et $v_n = \dfrac{x^{2n}}{4^n (n!)^2}$ et soit $x \in \mathbb{R}^*$ pour pouvoir faire les rapports.

▸ $\left|\dfrac{v_{n+1}}{v_n}\right| = \frac{4^n (n!)^2 |x|^2}{4^{n+1}((n+1)!)^2} = \frac{|x|^2}{4(n+1)}$ qui tend vers 0 quand n tend vers $+\infty$.

Donc, par application du critère de d'Alembert, $\sum v_n$ converge.
Ceci vaut pour tout $x \in \mathbb{R}^*$; alors $R_a = +\infty$ et $R_b = +\infty$.

2. Pour tout réel $x > 0$, $u(x) = x \displaystyle\sum_{n=0}^{+\infty} \left(\frac{-x^2}{2}\right)^n \frac{1}{n!} = x e^{-\frac{x^2}{2}} \geqslant 0$.

Fallait y penser !

3. $\forall x \in \mathbb{R}_+, \quad 0 \leqslant v(x) \leqslant \displaystyle\sum_{n=0}^{+\infty} \frac{x^{2n}}{4^n n!} \leqslant e^{\frac{x^2}{4}}$,

et donc : $0 \leqslant u(x)v(x) \leqslant x e^{-\frac{x^2}{4}}$ qui est intégrable sur $\mathbb{R}_+$.

Pour tout réel x, $u(x)v(x) = x \displaystyle\sum_{n=0}^{+\infty} \frac{1}{(n!)^2} \left(\frac{x}{2}\right)^{2n} e^{-\frac{x^2}{2}}$.

Le lecteur courageux développera ce calcul en faisant le changement de variable $u = \dfrac{x^2}{2}$.

Par ailleurs : $\displaystyle\int_0^{+\infty} \left(\frac{x}{2}\right)^{2n} e^{-\frac{x^2}{2}} x \, dx = 2^{-n} \int_0^{+\infty} u^n e^{-u} \, du = 2^{-n} n!$

Puis posons : $S_m : \mathbb{R}_+ \to \mathbb{R}, x \mapsto \displaystyle\sum_{n=0}^{m} x \frac{1}{(n!)^2} \left(\frac{x}{2}\right)^{2n} e^{-\frac{x^2}{2}}$. Alors :

- ▸ (S_m) *C.S* en tout $x \in \mathbb{R}_+$ vers uv, continue (donc par morceaux) ;
- ▸ S_m est intégrable sur $\mathbb{R}_+$ et $\displaystyle\int_{\mathbb{R}_+} S_m = \sum_{n=0}^{m} \frac{n! 2^{-n}}{(n!)^2} = \sum_{n=0}^{m} \frac{2^{-n}}{n!}$;
- ▸ $\forall m \in \mathbb{N}$, $|S_m| \leqslant uv$ et uv est intégrable sur I;

► la série $\sum_{n\geqslant 0}\frac{2^{-n}}{n!}$ converge et a pour somme $\sum_{n=0}^{+\infty}\frac{2^{-n}}{n!}=e^{1/2}=\sqrt{\mathrm{e}}$.

Par application du théorème de $C.D$: $\int_{\mathbb{R}_+} uv = \lim_{m\to+\infty}\int_{\mathbb{R}_+} S_m = \sqrt{\mathrm{e}}$.

Voir à ce sujet la **méthode 12.3**.

Exercice 10.22

1. $\left|\frac{u_{n+1}}{u_n}\right| = \left|\frac{(-1)^{n+1}(2n+2)!}{(2n+1)[(n+1)!]^2}\times\frac{(2n-1)(n!)^2}{(-1)^n(2n)!}\right||x| = \left|\frac{2(2n-1)}{n+1}\right||x|$.

Cette quantité tend vers $4|x|$ quand n tend vers $+\infty$.

Donc si $4|x|<1$, la série converge et si $4|x|>1$, la série diverge. Le rayon est $R=\frac{1}{4}$.

On pose u_n le terme général de la série.

2. On travaille pour $x\in\left]-\frac{1}{4},\frac{1}{4}\right[$. Posons $y(x)=\sum_{n=0}^{+\infty}\frac{(-1)^n(2n)!}{(2n-1)(n!)^2}x^n$.

$$y'(x)=\sum_{n=1}^{+\infty}\frac{(-1)^n n(2n)!}{(2n-1)(n!)^2}x^{n-1}=\sum_{n=0}^{+\infty}\frac{(-1)^{n+1}(n+1)(2n+2)!}{(2n+1)[(n+1)!]^2}x^n.$$

On sait que y est dérivable et que l'on peut dériver sous le signe $\sum$ à l'intérieur du domaine de convergence.

Puis la quantité $(1+4x)y'(x)-2y(x)$ vaut :

$$\sum_{n=0}^{+\infty}\frac{(-1)^{n+1}(n+1)(2n+2)!}{(2n+1)[(n+1)!]^2}x^n+\sum_{n=1}^{+\infty}\frac{4(-1)^n n(2n)!}{(2n-1)(n!)^2}x^n-\sum_{n=0}^{+\infty}\frac{2(-1)^n(2n)!}{(2n-1)(n!)^2}x^n.$$

On regroupe tous les termes en x^n pour tout $n\geq 1$.

Il reste : $\sum_{n=1}^{+\infty}\frac{(-1)^n(2n)!}{(n!)^2}\left[-2+\frac{4n-2}{2n-1}\right]x^n+(-1)2!+2=0$.

Donc on a : (E) $(1+4x)y'(x)-2y(x)=0$.

Il reste à résoudre (E). Rapidement $y(x)=Ke^{\frac{1}{2}\ln(1+4x)}=\frac{K}{\sqrt{1+4x}}$.

Comme $S(0)=-1$, $K=-1$.

Exercice 10.23

1. $x\in\mathbb{R}^*, u_n=\frac{x^n}{a(a+b)\cdots(a+nb)}$: $\lim_{n\to+\infty}\left|\frac{u_{n+1}}{u_n}\right|=\lim_{n\to+\infty}\frac{|x|}{a+(n+1)b}=0$

et donc $\sum u_n$ converge absolument d'après le critère de d'Alembert : le rayon de convergence de la série entière associée à $\sigma(x)$ est infini.

2. $bx\sigma'(x)+a\sigma(x)=\sum_{n=1}^{+\infty}\frac{bnx^n}{a(a+b)\cdots(a+nb)}+\sum_{n=0}^{+\infty}\frac{ax^n}{a(a+b)\cdots(a+nb)}$

$$=1+\sum_{n=1}^{+\infty}\frac{x^n}{a(a+b)\cdots(a+(n-1)b)}=1+x\sigma(x).$$

Alors σ est de classe $\mathscr{C}^1$ sur $\mathbb{R}$ et $\sigma'(x)=\sum_{n=0}^{+\infty}u_n'(x)$.

Donc : $\forall x\in\mathbb{R},\quad bx\sigma'(x)+(a-x)\sigma(x)=1$.

3. Soit (S) $\quad bx\sigma'(x)+(a-x)\sigma(x)=1$ avec la condition $\sigma(0)=\frac{1}{a}$.

La solution générale de l'équation sans second membre, sur $\mathbb{R}_+^*$

(S_0) $\quad bx\sigma'(x)+(a-x)\sigma(x)=0$ est $Ce^{\frac{1}{b}\int\left(1-\frac{a}{x}\right)dx}=Ce^{\frac{x}{b}-\frac{a}{b}\ln x}=Ce^{\frac{x}{b}}x^{-\frac{a}{b}}$, où $C\in R$. Par application de la méthode de variation de la constante, une solution particulière de (S) est : $k(x)e^{\frac{x}{b}}x^{-\frac{a}{b}}$, avec $k'(x)bxe^{\frac{x}{b}}x^{-\frac{a}{b}}=1$.

On peut revoir les méthodes d'intégration des E.D.L du premier ordre.

On prend : $k(x)=\frac{1}{b}\int_\alpha^x e^{-\frac{t}{b}}t^{\frac{a-b}{b}}\,dt$, où $\alpha\in\mathbb{R}_+^*$ est fixé.

Alors : $\forall x \in \mathbb{R}_+,\ \sigma(x) = e^{\frac{x}{b}} x^{-\frac{a}{b}} \left(\frac{1}{b} \int_\alpha^x e^{-\frac{t}{b}}\, t^{\frac{a-b}{b}}\, dt + K \right).$

La constante K se détermine par $\lim_{x \to 0^+} \sigma(x) = \frac{1}{a}$.

Exercice 10.24

1. On travaille sur $I_1 =]-\infty, -1[\,, I_2 =]-1, 0[$ ou $I_3 =]0, +\infty[$.
Les solutions de l'équation $xy'(x) + \lambda y(x) = 0$ sont de la forme $C\,u$, où C est un réel quelconque et $u : x \mapsto e^{-\int \frac{\lambda}{t}\, dt} = C|x|^{-\lambda}$.

Cherchons une solution particulière de $xy'(x) + \lambda y(x) = \dfrac{1}{x+1}$ sous la forme $y(x) = k(x)u(x)$, où $k \in \mathscr{C}^1(\mathbb{R})$.

Le choix de α étant dicté par celui de l'intervalle de résolution et celui de C_1 par les conditions initiales.

On a : $xy'(x) + \lambda y(x) = xk'(x)u(x) + k(x)(xu'(x) + \lambda u(x)) = xu(x)k'(x)$.

Donc : $k(x) = \displaystyle\int_\alpha^x \frac{1}{t} \frac{|t|^\lambda}{1+t}\, dt + C_1$.

2. On s'intéresse en particulier aux solutions sommes d'une série entière, donc prolongeables en 0 ; on est donc amené à l'étude du prolongement en 0 des solutions sur l'intervalle I_3. Comme par hypothèse $\lambda > 0$, $\lambda - 1 > -1$ et $k(0)$ est une intégrale ordinaire si $\lambda \geqslant 1$ et généralisée si $\lambda \in]0, 1[$.

Dans ce dernier cas, l'intégrande $t \mapsto \frac{t^{\lambda-1}}{1+t}$ est positive et continue sur $\mathbb{R}_+^*$ donc l'intégrale $k(0)$ n'est généralisée qu'en 0 et sa nature peut être déterminée en utilisant les théorèmes de comparaison.

Or, $\frac{t^{\lambda-1}}{1+t} \underset{0}{\sim} t^{\lambda-1}$ et $\displaystyle\int_0^x t^{\lambda-1}\, dt$ converge si $\lambda > 0 \Rightarrow$ convergence de $k(0)$.

Les solutions de E_λ sur I_3 sont donc de la forme $y(x) = \varphi_\lambda(x) + C_1 x^{-\lambda}$, en écrivant que : $\varphi_\lambda(x) = x^{-\lambda} \displaystyle\int_0^x \frac{t^{\lambda-1}}{1+t}\, dt$.

Vérifions tout d'abord que φ_λ est prolongeable en 0.

Pour tout $t \in \mathbb{R}_+^*$, $1 - t \leqslant \frac{1}{1+t} \leqslant 1$ donc $t^{\lambda-1} - t^\lambda \leqslant \frac{t^{\lambda-1}}{1+t} \leqslant t^{\lambda-1}$.

Par intégration, puis multiplication par $x^{-\lambda}$:

$\frac{1}{\lambda} - \frac{x}{\lambda+1} \leqslant \varphi_\lambda(x) \leqslant \frac{1}{\lambda}$, d'où par encadrement, $\lim_{x \to 0} \varphi_\lambda(x) = \dfrac{1}{\lambda}$.

Il n'existe qu'une solution de E_λ prolongeable en 0.

λ étant strictement positif, $C_1 x^{-\lambda}$ n'admet une limite finie en 0 que si $C_1 = 0$.

3. Posons $y_\lambda(x) = \displaystyle\sum_{n=0}^{+\infty} a_n x^n$ alors $xy_\lambda'(x) + \lambda y_\lambda(x) = \displaystyle\sum_{n=0}^{+\infty} (n+\lambda) a_n x^n$.

Par identification (voir la **proposition 10.9**) avec $\dfrac{1}{1+x} = \displaystyle\sum_{n=0}^{+\infty} (-1)^n x^n$, on trouve que pour tout $n \in \mathbb{N}$, $a_n = \dfrac{(-1)^n}{n+\lambda}$. Finalement : $y_\lambda(x) = \displaystyle\sum_{n=0}^{+\infty} \frac{(-1)^n}{n+\lambda} x^n$.

Le rayon de convergence de la série entière associée est 1 puisque cette série converge absolument si $|x| < 1$ et diverge grossièrement si $|x| > 1$.

4. Prenons $\lambda = \frac{1}{3}$ alors : $y_{\frac{1}{3}}(x) = \displaystyle\sum_{n=0}^{+\infty} \frac{(-1)^n}{n+\frac{1}{3}} x^n = 3 \sum_{n=0}^{+\infty} \frac{(-1)^n}{3n+1} x^n$.

Par ailleurs, $\varphi_{\frac{1}{3}}(x) = x^{-\frac{1}{3}} \displaystyle\int_0^x \frac{t^{-\frac{2}{3}}}{1+t}\, dt$, coïncide avec $y_{\frac{1}{3}}$ sur $]0, 1[$.

Alors : $\displaystyle\sum_{n=0}^{+\infty} \frac{(-1)^n}{2^n(1+3n)} = \frac{1}{3} \varphi_{\frac{1}{3}}\left(\frac{1}{2}\right) = \frac{2^{\frac{1}{3}}}{3} \int_0^{\frac{1}{2}} \frac{t^{-\frac{2}{3}}}{1+t}\, dt.$

Chapitre 11
Intégration sur un intervalle

Intégration : tout taupin en rêve !
Mais quel rapport avec celle étudiée en maths ?

Ce mot provient du latin *integer* signifiant *non touché* donc *intact*. Par extension, il qualifie ce qui forme un tout. L'anglais l'a repris pour désigner un entier comme on le voit dans les programmes informatiques. Jacques **Bernoulli** reprend en 1696 l'adjectif latin *integralis* pour parler du calcul intégral naissant. À l'époque, le but principal était de calculer l'aire située sous une courbe. On passait ainsi de l'équation de cette courbe, c'est-à-dire du bord de la surface, à l'aire, donc à la surface entière, intégrale.

Jacques Bernoulli
1654-1705

■■ Objectifs

■ Les incontournables

- ▷ Savoir ce que signifie « fonction continue par morceaux » sur un intervalle borné ou non
- ▷ Savoir prouver la nature d'une intégrale généralisée
- ▷ Savoir calculer une intégrale définie ou une intégrale généralisée convergente directement ou avec un changement de variable ou une intégration par parties en prenant les précautions d'usage
- ▷ Connaître les théorèmes de comparaison pour l'intégrabilité des fonctions
- ▷ Connaître sans confusion le vocabulaire un peu foisonnant (intégrales généralisées, convergentes, absolument convergentes, fonctions intégrables sur un intervalle).

■ Et plus si affinités...

- ▷ Connaître et savoir exploiter l'inégalité de Cauchy-Schwarz
- ▷ Faire le lien entre les fonctions intégrables ou de carré intégrable et certaines normes d'espaces fonctionnels.

Résumé de cours

Dans ce chapitre, les fonctions considérées sont définies sur un intervalle I de $\mathbb{R}$, non vide et non réduit à un point, et à valeurs dans $\mathbb{R}$ ou $\mathbb{C}$.

Fonctions continues par morceaux sur $I = [a, b]$.

Définition : *On dit que f définie sur $[a, b]$ est* **continue par morceaux** *sur $[a, b]$ si, et seulement s'il existe une subdivision $\sigma = (x_k)_{0 \leq k \leq n}$ de $[a, b]$ telle que pour tout $k \in [\![1, n]\!]$, la restriction de f à $]x_{k-1}, x_k[$ soit continue et admet une limite finie à droite en x_{k-1} et une limite finie à gauche en x_k. On note $\mathscr{C}_m([a, b], \mathbb{R})$ l'ensemble des fonctions continues par morceaux sur $[a, b]$.*

Il est clair qu'une fonction en escalier sur $[a, b]$ est une fonction continue par morceaux sur $[a, b]$. La réciproque est évidemment fausse.
Les opérations de somme et de produit que l'on définit pour les fonctions en escalier à partir de subdivisions subordonnées sont extensibles sans problème aux fonctions continues par morceaux sur $[a, b]$.
L'ensemble $\mathscr{C}_m([a, b], \mathbb{R})$ muni des lois + et . est un espace vectoriel sur $\mathbb{R}$.

Proposition 11.1.— Approximation d'une fonction continue par morceaux.
Soit $\mathcal{E}([a, b], \mathbb{R})$ l'ensemble des fonctions en escalier sur $[a, b]$.
Étant donné une fonction $f \in \mathscr{C}_m([a, b], \mathbb{R})$, pour tout $\varepsilon > 0$, il existe toujours un couple de fonctions $(\varphi, \psi) \in (\mathcal{E}([a, b], \mathbb{R}))^2$, tel que pour tout $x \in [a, b]$,

$$\varphi(x) \leqslant f(x) \leqslant \psi(x) \text{ et } \psi(x) - \varphi(x) \leqslant \varepsilon.$$

Pour tout $n \in \mathbb{N}^*$, on peut poser $\varepsilon = 1/n$ et on construit deux suites de fonctions en escalier (φ_n) et (ψ_n) telles que : $\forall x \in [a, b],\ \varphi_n(x) \leqslant f(x) \leqslant \psi_n(x)$ et $\psi_n(x) - \varphi_n(x) \leqslant 1/n$.
D'après les propriétés de l'intégrale d'une fonction en escalier, $\displaystyle\int_a^b (\psi_n(x) - \varphi_n(x))\, dx \leqslant \frac{b-a}{n}$.

Et en admettant l'existence de $\displaystyle\lim_{n \to +\infty} \int_a^b \psi_n(x)\, dx$ et $\displaystyle\lim_{n \to +\infty} \int_a^b \varphi_n(x)\, dx$, on en déduit que la limite est commune et par définition est $\displaystyle\int_a^b f(x)\, dx$.On peut alors en déduire que l'application : $\mathscr{C}_m([a, b], \mathbb{R}) \to \mathbb{R},\ f \mapsto \displaystyle\int_a^b f(x)\, dx$ est une forme linéaire sur $\mathscr{C}_m([a, b], \mathbb{R})$.

Proposition 11.2.— Pour tout $f \in \mathscr{C}_m([a, b], \mathbb{R})$,

$$f \geqslant 0 \Rightarrow \int_a^b f(x)\, dx \geqslant 0, \quad \left|\int_a^b f(x)\, dx\right| \leqslant \int_a^b |f(x)|\, dx$$

Proposition 11.3.— On a aussi **la relation de Chasles**, pour toute fonction $f \in \mathscr{C}_m([a, b], \mathbb{R})$ et pour tout réel $c \in [a, b]$:

$$\boxed{\int_a^b f(x)\,dx = \int_a^c f(x)\,dx + \int_c^b f(x)\,dx}$$

Proposition 11.4.— Si $f \in \mathscr{C}_m([a, b], \mathbb{R})$ et en posant $m = \inf_{x\in[a,\,b]} f(x)$, $M = \sup_{x\in[a,\,b]} f(x)$, on peut alors en déduire la double inégalité :

$$\boxed{m(b-a) \leqslant \int_a^b f(x)\,dx \leqslant M(b-a).}$$

Proposition 11.5.— Pour tout $(f, g) \in (\mathscr{C}_m([a, b], \mathbb{R}))^2$,

$$\boxed{\forall x \in [a,\,b],\ f(x) \geqslant g(x)\ \Rightarrow\ \int_a^b f(x)\,dx \geqslant \int_a^b g(x)\,dx.}$$

$$\boxed{\left|\int_a^b f(x)g(x)\,dx\right| \leqslant \sup_{x\in[a,\,b]} |f(x)| \int_a^b |g(x)|\,dx.}$$

Intégrale fonction d'une extrémité de l'intervalle

Soit $f \in \mathscr{C}_m([a, b], \mathbb{R})$, à tout $x \in [a, b]$, on associe $F(x) = \displaystyle\int_a^x f(t)\,dt$.

Proposition 11.6.— La fonction $F : x \mapsto \displaystyle\int_a^x f(t)\,dt$ est continue sur $[a, b]$.

F est une primitive de f. C'est l'unique primitive de f sur $[a, b]$ qui s'annule en $x = a$.

Remarque : Si f est **continue sur** $[a, b]$, $x \mapsto \displaystyle\int_a^x f(t)\,dt$ appartient à $\mathscr{C}^1([a, b], \mathbb{R})$.

On rappelle enfin, d'après le cours de première année, que si f est continue sur $[a, b]$, on a la formule de changement de variable et si f et g sont de classe $\mathscr{C}^1$ sur $[a, b]$, la formule d'intégration par parties.

Remarque : La formule de la limite des sommes de Riemann vue en première année reste valable si f est seulement continue par morceaux. Il faut alors prendre une subdivision adaptée à f sur $[a, b]$ et utiliser la relation de Chasles.

Proposition 11.7.— Extension aux fonctions continues par morceaux et à valeurs dans $\mathbb{C}$
Si $f \in \mathcal{C}_m([a,b],\mathbb{C})$ alors on peut définir l'intégrale de f sur $[a,b]$:

$$\int_a^b f(t)\,dt = \int_a^b \mathfrak{Re}\,(f)(t)\,dt + i\int_a^b \mathfrak{Im}\,(f)(t)\,dt.$$

Remarque : L'intégrale sur $[a,b]$ d'une fonction à valeurs dans $\mathbb{C}$ vérifie l'inégalité de la moyenne et la relation de Chasles. Si f est continue sur $[a,b]$, elle vérifie la formule de changement de variable et si f et g sont de classe $\mathscr{C}^1$ sur $[a,b]$, la formule d'intégration par parties.

Dans toute la suite, sauf précision éventuelle, I ***est de façon indifférencié soit*** $[a,b[$ ***avec*** b ***réel ou*** $+\infty$, ***soit*** $I =]a,b]$ ***avec*** $a=-\infty$ ***ou*** a ***réel, soit*** $I=\mathbb{R}$.

Intégrales généralisées

Définition : *On dit que f fonction définie sur I est* **continue par morceaux** *sur I si, et seulement si, f est continue par morceaux sur tout segment inclus dans I.*

Définition : Convergence d'une intégrale généralisée sur un intervalle semi-ouvert —.

Si f est une application continue par morceaux sur $[a,b[$ (b réel ou $+\infty$), l'intégrale $\int_a^b f(t)\,dt$ est ***convergente*** *lorsque $\int_a^x f(t)\,dt$ a une limite finie ℓ quand x tend vers b, $x\in[a,b[$.*
Dans ce cas, on pose :

$$\boxed{\int_a^b f(t)\,dt = \lim_{x\to b}\int_a^x f(t)\,dt = \ell}$$

Dans le cas contraire, l'intégrale est dite ***divergente****.*
La définition s'étend naturellement aux intervalles de la forme $]a,b]$ (a réel ou $-\infty$).

Remarque : Si f est une fonction continue par morceaux sur le segment $[a,b]$, alors cette définition est cohérente avec celle de l'intégrale définie $\int_a^b f(t)\,dt$.

Proposition 11.8.— Intégrales de Riemann —.
L'intégrale de Riemann $\int_1^{+\infty}\frac{dt}{t^\alpha}$ est convergente si, et seulement si, $\alpha>1$. Dans ce cas :

$$\int_1^{+\infty}\frac{dt}{t^\alpha} = \frac{1}{\alpha-1}.$$

L'intégrale de Riemann $\int_0^1\frac{dt}{t^\alpha}$ est convergente si, et seulement si, $\alpha<1$. Dans ce cas :

$$\int_0^1\frac{dt}{t^\alpha} = \frac{1}{1-\alpha}.$$

Remarque : L'intégrale de Riemann $\int_0^{+\infty}\frac{dt}{t^\alpha}$ n'est convergente pour aucune valeur de α.

Proposition 11.9.— Intégrales de la fonction logarithme népérien —.
$\int_0^1 \ln t\,dt$ est convergente et vaut -1 et $\int_1^{+\infty} \ln t\,dt$ est divergente.

Proposition 11.10.— Intégrales des fonctions exponentielles —.
L'intégrale $\int_0^{+\infty} \exp(-\alpha t)\,dt$ est convergente si, et seulement si, $\alpha > 0$. Dans ce cas, elle vaut $\frac{1}{\alpha}$.

Proposition 11.11.— Extension de la formule de Chasles —.
L'intégrale généralisée $\int_a^b f(t)\,dt$ est convergente si, et seulement s'il existe c de $[a, b[$ tel que $\int_c^b f(t)\,dt$ est convergente. Dans ce cas, $\int_c^b f(t)\,dt$ est convergente pour tout $c \in [a, b[$, et

$$\forall c \in [a, b[, \int_a^b f(t)\,dt = \int_a^c f(t)\,dt + \int_c^b f(t)\,dt$$

Définition : Intégrale doublement généralisée —. *Si f est continue par morceaux sur $]a, b[$, $\int_a^b f(t)\,dt$ est* ***convergente*** *si, et seulement s'il existe un réel c de $]a, b[$ pour lequel $\int_a^c f(t)\,dt$ et $\int_c^b f(t)\,dt$ sont convergentes. Dans ce cas, on pose : $\int_a^b f(t)\,dt = \int_a^c f(t)\,dt + \int_c^b f(t)\,dt$.*
Dans le cas contraire, l'intégrale est dite ***divergente***.

Exemple : $\int_{-1}^1 \frac{1}{\sqrt{1-t^2}}\,dt$ est doublement généralisée. En effet, la fonction $t \mapsto \frac{1}{\sqrt{1-t^2}}$ est continue sur $]-1, 1[$, mais non prolongeable aux bornes de cet intervalle. De plus, elle est convergente, puisque $\int_0^x \frac{1}{\sqrt{1-t^2}}\,dt = \arcsin x$ et $\int_{-x}^0 \frac{1}{\sqrt{1-t^2}}\,dt = \arcsin x$ admettent toutes deux une limite quand x tend vers 1 par valeurs inférieures.

Remarque : D'après la **proposition 11.11**, s'il existe un tel réel c, alors tous les réels de $]a, b[$ conviennent.

Il arrive que l'on définisse une intégrale doublement généralisée en additionnant plusieurs intégrales (simplement) généralisées sur des intervalles contigus.

Proposition 11.12.— Cas d'une fonction complexe —. Si f est une fonction à valeurs complexes continue par morceaux sur un intervalle I, l'intégrale généralisée $\int_{\inf I}^{\sup I} f(t)\,dt$ est convergente si, et seulement si, $\int_{\inf I}^{\sup I} \mathfrak{Re}\, f(t)\,dt$ et $\int_{\inf I}^{\sup I} \mathfrak{Im}\, f(t)\,dt$ sont convergentes. Dans ce cas :

$$\int_{\inf I}^{\sup I} f(t)\,dt = \int_{\inf I}^{\sup I} \mathfrak{Re}\, f(t)\,dt + i \int_{\inf I}^{\sup I} \mathfrak{Im}\, f(t)\,dt$$

Proposition 11.13.— Linéarité —. Ici $\mathbb{K} = \mathbb{R}$ ou $\mathbb{C}$. L'ensemble des applications f continues par morceaux sur un intervalle I telles que $\int_{\inf I}^{\sup I} f(t)\,dt$ converge est un sous-espace vectoriel de $\mathscr{C}_m([a,b],\mathbb{K})$. De plus, si f et g sont dans cet ensemble et si λ et μ sont deux scalaires :

$$\int_{\inf I}^{\sup I} (\lambda f + \mu g)(t)\,dt = \lambda \int_{\inf I}^{\sup I} f(t)\,dt + \mu \int_{\inf I}^{\sup I} g(t)\,dt.$$

Intégrales absolument convergentes et fonctions intégrables

Définition : Intégrale généralisée absolument convergente —. *Si f est une application à valeurs dans $\mathbb{R}$ ou $\mathbb{C}$, continue par morceaux sur un intervalle I, l'intégrale $\int_{\inf I}^{\sup I} f(t)\,dt$ est **absolument convergente** lorsque $\int_{\inf I}^{\sup I} |f(t)|\,dt$ est convergente.*

Exemple : $\int_1^{+\infty} \frac{\exp(it)}{t^2}\,dt$ est absolument convergente car $\left|\frac{\exp(it)}{t^2}\right| = \frac{1}{t^2}$ et l'intégrale $\int_1^{+\infty} \frac{1}{t^2}\,dt$ est convergente car c'est une intégrale de Riemann convergente (voir **proposition 11.8**).

Proposition 11.14.— Convergence absolue par majoration des intégrales sur les segments de l'intervalle —. Sous les mêmes hypothèses, $\int_{\inf I}^{\sup I} f(t)\,dt$ est absolument convergente si, et seulement s'il existe un réel $M > 0$ tel que pour tout segment $J \subset I$ on ait : $\int_J |f(t)|\,dt \leqslant M$.

Proposition 11.15.— La convergence absolue entraîne la convergence —.
Une intégrale absolument convergente est convergente.

Définition : Fonctions intégrables —. *Une fonction f, continue par morceaux sur un intervalle I, est **intégrable sur** I lorsque son intégrale sur I est absolument convergente.*

Remarque : Une application continue par morceaux et **bornée** sur un intervalle I lui-même **borné** est intégrable sur cet intervalle. En effet, l'intégrale de sa valeur absolue (ou de son module) sur un segment quelconque inclus dans I est majorée par le produit de l'amplitude de I par un majorant de $|f|$ sur I. En particulier, une application continue par morceaux sur $[a,b[$ et **prolongeable par continuité en** b est intégrable sur $[a,b[$.

Exemple : La fonction $x \mapsto \sin\frac{1}{x}$ est intégrable sur $]0,1]$, d'après la remarque précédente.

Définition : Intégrale sur un intervalle d'une fonction intégrable —. *Si f est une fonction continue par morceaux et intégrable sur un intervalle I, **l'intégrale de f sur** I, notée $\int_I f$, est :*

- *l'intégrale de f sur I, si I est un segment ;*
- *l'intégrale généralisée absolument convergente $\int_{\inf I}^{\sup I} f(t)\,dt$, si I n'est pas un segment.*

Propriétés des intégrales sur un intervalle I quelconque

Proposition 11.16.— Intégrale nulle d'une fonction continue, positive et intégrable —. Soit f une fonction **continue** et **intégrable** sur un intervalle I.

$$\int_I |f| = 0 \text{ si, et seulement si, } f \text{ est nulle.}$$

Proposition 11.17.— Espace vectoriel $L_1(I)$ —. L'ensemble des fonctions, à valeurs dans $\mathbb{K}$, continues et intégrables sur un intervalle I est un $\mathbb{K}$-espace vectoriel, (noté généralement $L_1(I)$).

Proposition 11.18.— L'intégrale sur I est une forme linéaire —.
L'application de $L_1(I)$ dans $\mathbb{K}$, $f \mapsto \displaystyle\int_I f$, est une forme linéaire sur $L_1(I)$.

Proposition 11.19.— Inégalité de la moyenne —.
f étant une application intégrable sur un intervalle I : $\left|\displaystyle\int_I f\right| \leqslant \displaystyle\int_I |f|$.

Proposition 11.20.— Changement de variable —. Ici a, b, α, β sont des réels ou $\pm\infty$. Étant donné une fonction f continue sur $]a, b[$ à valeurs dans $\mathbb{K} = \mathbb{R}$ ou $\mathbb{C}$ et une fonction $\varphi :]\alpha, \beta[\to]a, b[$, bijective, strictement croissante et de classe $\mathscr{C}^1$, les intégrales $\displaystyle\int_a^b f(t)\,dt$ et $\displaystyle\int_\alpha^\beta f(\phi(u))\phi'(u)\,du$ sont de même nature et égales en cas de convergence.

Remarque : Le lecteur adaptera au cas où ϕ est strictement décroissante.

Attention à l'intégration par parties !

Appliquer sans précaution la formule d'intégration par parties à une intégrale généralisée peut conduire à des difficultés. On utilisera donc cette formule uniquement sur des segments inclus dans l'intervalle concerné, suivi d'un ou plusieurs passages à la limite. Rappelons la formule (pour être complet !) :

Proposition 11.21.— Soit $(f, g) \in (\mathscr{C}^1(I, K))^2$, où $\mathbb{K} = \mathbb{R}$ ou $\mathbb{C}$. Alors pour tout $[u, v] \subset I$:

$$\int_u^v f'(t)g(t)\,dt = -\int_u^v f(t)g'(t)\,dt + [f(t)g(t)]_u^v.$$

L'idée est de faire tendre u vers a et v vers b. L'existence des limites du produit fg (que l'on note alors $[fg]_a^b$) aux bornes de l'intervalle assure que les intégrales de $f'g$ et de fg' sont de même nature. Allez voir la **méthode 11.5** pour plus d'explication et de détail.

Définition : Fonctions de carré intégrable *Une fonction continue par morceaux à valeurs complexes f est dite **de carré intégrable** sur l'intervalle I lorsque $|f|^2$ est intégrable sur I.*

Proposition 11.22.— Espace vectoriel $L_2(I)$ —. L'ensemble des fonctions continues et de carré intégrable sur I constitue un sous-espace vectoriel de $\mathcal{C}^0(I)$ (noté généralement $L_2(I)$).

Remarque : Dans le cas où nos fonctions sont à valeurs dans $\mathbb{R}$, l'application $(f,g) \mapsto \int_I fg$ définit un produit scalaire sur $L_2(I)$, et munit ainsi $L_2(I)$ de la norme : $f \mapsto N_2(f) = \left(\int_I |f|^2\right)^{1/2}$.
Tout ceci est développé dans le chapitre sur les espaces préhilbertiens.

Proposition 11.23.— Inégalité de Cauchy-Schwarz. Si $(f,g) \in (L_2(I))^2$, on a :

$$\int_I |f(t)g(t)|\, dt \leqslant \left(\int_I |f(t)|^2\, dt\right)^{1/2} \left(\int_I |g(t)|^2\, dt\right)^{1/2}.$$

■ Théorèmes de comparaison pour l'intégrabilité d'une fonction sur I

On suppose ici que f et g sont des fonctions de $\mathscr{C}_m(I,\mathbb{K})$, où $\mathbb{K} = \mathbb{R}$ ou $\mathbb{K} = \mathbb{C}$.

Proposition 11.24.— Comparaison par la relation inférieur ou égal —.
Si : $\forall x \in I, |f(x)| \leqslant |g(x)|$, alors l'intégrabilité de g implique celle de f.

Proposition 11.25.— Comparaison par « grand O » —.
Si : $f(x) = O(g(x))$, au voisinage du point problématique, alors l'intégrabilité de g implique celle de f.

Remarque : 1. si a est un réel fini, on rappelle que $f(x) = O(g(x))$, au voisinage de $x = a$ si et seulement si le rapport $\left|\dfrac{f(x)}{g(x)}\right|$ reste borné au voisinage de $x = a$, c'est-à-dire sur un intervalle du type $I \cap [a, a+\alpha]$, où $\alpha > 0$ est un réel donné.
2. De même, on rappelle que $f(x) = O(g(x))$, quand x tend vers $+\infty$ si et seulement si le rapport $\left|\dfrac{f(x)}{g(x)}\right|$ reste borné quand x tend vers $+\infty$.

Proposition 11.26.— Comparaison par la relation d'équivalence —.
On suppose que f ou g garde un signe constant au voisinage du point problématique. Si, au voisinage de ce point problématique :

$$f(x) \sim g(x),$$

alors l'intégrabilité de f est équivalente à celle de g sur I.

Remarque : On n'a pas besoin d'écrire que f **et** g gardent un signe constant au voisinage du point problématique. Car $f(x) \sim g(x)$ l'entraînera auromatiquement.

Commentaire : par la suite, on fera référence à ces résultats en invoquant les « théorèmes de comparaison ».

Méthodes

Fonctions continues par morceaux sur I

Méthode 11.1.— Comment montrer que f est continue par morceaux sur I

- Si f est continue sur I alors elle est continue par morceaux sur I.
- Sinon, si I est de la forme $[a, b]$, on détermine une subdivision $\sigma = (x_0 ... x_N)$ de $[a, b]$ telle que pour tout $i = 0 ... N-1$, f soit continue sur $]x_i, x_{i+1}[$ et ait une limite à droite en x_i et une limite à gauche en x_{i+1}.
- Si, enfin, I n'est pas de la forme $[a, b]$, le processus précédent doit fonctionner pour tout $[u, v] \subset I$ au lieu de $[a, b]$.

Exemple : *Soit $n \in \mathbb{N}^\star$, continuité par morceaux de $x \mapsto x \ln\left(\left\lfloor \frac{1}{x} \right\rfloor\right)$ sur $J = \left[\frac{1}{n}, 1\right]$?*

Ici : $\sigma = \left(\frac{1}{n}, \frac{1}{n-1}, ..., \frac{1}{2}, 1\right)$, $\forall k \in [\![1, n-1]\!]$, $\forall x \in I_k = \left]\frac{1}{k+1}, \frac{1}{k}\right[$, $f(x) = x \ln k$. Puis : $f|I_k$ est continue. Et pour $k \in [\![1, n-2]\!]$, $\lim\limits_{x \to x_k^+} f(x)$ et pour $k \in [\![2, n-1]\!]$, $\lim\limits_{x \to x_k^-} f(x)$ existent.

Mise en œuvre : exercice 11.5 et **exercice 11.6**.

Exemple : *Soit $n \in \mathbb{N}^\star$, démontrer la formule :* $\displaystyle\int_{\frac{1}{n}}^{1} x \ln\left(\left\lfloor \frac{1}{x} \right\rfloor\right) dx = \frac{1}{2} \sum_{k=1}^{n-1} \frac{(2k+1) \ln k}{[k(k+1)]^2}$.

On « sectionne » la subdivision : $\displaystyle\int_{\frac{1}{n}}^{1} f(x)\, dx = \sum_{k=1}^{n-1} \int_{\frac{1}{k+1}}^{\frac{1}{k}} x \ln k\, dx = \frac{1}{2} \sum_{k=1}^{n-1} \frac{(2k+1) \ln k}{[k(k+1)]^2}$.

Étude de la convergence d'une intégrale généralisée

Méthode 11.2.— Comment étudier la convergence d'une intégrale généralisée à l'aide de la définition du cours

L'application f étant continue par morceaux sur $[a, b[$ (b réel ou $+\infty$), considérons l'intégrale généralisée $I = \displaystyle\int_a^b f(t)\, dt$ et F une primitive de f.

- Pour un x quelconque de $[a, b[$, on calcule : $\displaystyle\int_a^x f(t)\, dt = F(x) - F(a)$.
- Si $F(x) - F(a)$ admet une limite finie quand x tend vers b, I est convergente et égale à cette limite ; sinon elle est divergente.

Mise en œuvre : s'applique de temps en temps de l'**exercice 11.6** à l'**exercice 11.16**.

Exemples : 1. *Étudier la nature de* $I_1 = \int_0^1 \frac{dt}{\sqrt{t}}$, $I_2 = \int_1^{+\infty} \frac{dt}{\sqrt{t}}$ *et* $I_3 = \int_0^{+\infty} \cos t\, dt$.

► I_1 est convergente. En effet, $t \mapsto \frac{1}{\sqrt{t}}$ est continue, donc continue par morceaux, sur $]0,1]$ et, pour tout $\varepsilon \in]0,1]$, $\int_\varepsilon^1 \frac{dt}{\sqrt{t}} = \left[2\sqrt{t}\right]_\varepsilon^1 = 2 - 2\sqrt{\varepsilon} \underset{\varepsilon \to 0}{\longrightarrow} 2$. De plus : $\int_0^1 \frac{dt}{\sqrt{t}} = 2$.

► I_2 n'est pas convergente. $t \mapsto \dfrac{1}{\sqrt{t}}$ est bien continue, donc continue par morceaux, sur $[1,+\infty[$ mais, pour tout $x \in [1,+\infty[$, $\int_1^x \frac{dt}{\sqrt{t}} = \left[2\sqrt{t}\right]_1^x = 2\sqrt{x} - 2 \underset{x \to +\infty}{\longrightarrow} +\infty$ et $\int_1^{+\infty} \frac{dt}{\sqrt{t}}$ est divergente.

► I_3 est divergente. $t \mapsto \cos t$ est bien continue, donc continue par morceaux, sur $[0,+\infty[$, mais, pour tout $x \in [0,+\infty[$, $\int_0^x \cos t\, dt = \left[\sin t\right]_0^x = \sin x$ et $x \mapsto \sin x$ n'a pas de limite en $+\infty$.

2. *Convergence et, éventuellement, calcul de* $A = \int_0^1 \frac{dx}{\sqrt{1-x^2}}$ *et* $B = \int_{-\infty}^{+\infty} \frac{dt}{1+t^2}$.

► $x \mapsto \frac{1}{\sqrt{1-x^2}}$ est continue, donc continue par morceaux, sur $[0,1[$; elle est positive sur $\mathbb{R}$.

On écrit alors sans souci : $\forall X \in [0,1[$, $\int_0^X \frac{dx}{\sqrt{1-x^2}} = \left[\arcsin x\right]_0^X = \arcsin X \underset{X \to 1}{\longrightarrow} \frac{\pi}{2}$.

Conclusion : $A = \int_0^1 \frac{dx}{\sqrt{1-x^2}}$ est convergente et vaut $\frac{\pi}{2}$.

► $t \mapsto \frac{1}{1+t^2}$ est continue, donc continue par morceaux, sur $\mathbb{R}$; elle est positive sur $\mathbb{R}$.

Pour tout $x \geqslant 0$, $\int_0^x \frac{dt}{1+t^2} = \left[\arctan t\right]_0^x = \arctan x \underset{x \to +\infty}{\longrightarrow} \frac{\pi}{2}$, donc $\int_0^{+\infty} \frac{dt}{1+t^2} = \frac{\pi}{2}$.

Par parité, on obtient que $\int_{-\infty}^0 \frac{dt}{1+t^2}$ est convergente et vaut aussi $\frac{\pi}{2}$.

Conclusion : $\int_{-\infty}^{+\infty} \frac{dt}{1+t^2}$ est convergente et vaut π.

❑ Méthode 11.3.— Comment montrer la convergence (ou l'absolue convergence) d'une intégrale généralisée à l'aide des théorèmes de comparaison

L'application f étant continue par morceaux sur $[a,b[$ (b réel ou $+\infty$), considérons l'intégrale généralisée $\int_a^b f(t)\, dt$.

- Les théorèmes de comparaisons sont établis pour des fonctions **positives** ou pour $|f|$. Si f est à valeurs réelles, il est donc indispensable de se poser la question du signe de f sur $[a,b[$. Si celui-ci n'est pas constant (au moins autour de b), on cherche à évaluer la convergence *absolue* de $\int_a^b f(t)\, dt$.
- Le but du jeu est, ensuite, de comparer f ou $|f|$ à une fonction dont l'intégrale sur $[c,b[$, $c \in [a,b[$, est une intégrale de référence (nature établie en cours).
- Cette comparaison pourra s'effectuer par majoration-minoration ou par équivalence en utilisant la **proposition 11.24**, la **proposition 11.25** et la **proposition 11.26**.

Mise en œuvre : de l'**exercice 11.6** à l'**exercice 11.16**, **exercice 11.22**.

Exemple : *Étudier la convergence des intégrales :*

$$\textbf{1.}\ \int_1^{+\infty} \frac{dt}{\sqrt{1+t^4}} \qquad \textbf{2.}\ \int_1^{+\infty} \frac{dt}{\sqrt{t^4-1}} \qquad \textbf{3.}\ \int_0^{+\infty} e^{-x^2}\,dx$$

1. Remarquons que l'intégrande est continue sur $[1,+\infty[$ et positive ce qui autorise l'usage des théorèmes de comparaison. Seule la borne supérieure $+\infty$ pose un problème.

On écrit : $\sqrt{1+t^4} \geqslant t^2$ donc : $\dfrac{1}{\sqrt{1+t^4}} \leqslant \dfrac{1}{t^2}$, or $\displaystyle\int_1^{+\infty} \frac{dt}{t^2}$ converge donc $\displaystyle\int_1^{+\infty} \frac{dt}{\sqrt{1+t^4}}$ converge.

2. L'intégrande est continue sur $]1,+\infty[$, mais non prolongeable en 1.

Il est donc préférable de scinder l'intégrale en une somme de deux intégrales généralisées.

On écrit : $\displaystyle\int_1^2 \frac{dt}{\sqrt{t^4-1}}$ (problème en 1) et $\displaystyle\int_2^{+\infty} \frac{dt}{\sqrt{t^4-1}}$ (problème en $+\infty$).

Comme la fonction à intégrer est positive, on peut utiliser les théorèmes de comparaison.

On écrit : $\sqrt{t^4-1} \sim \sqrt{t^4+1}$ en $+\infty$ et $\displaystyle\int_2^{+\infty} \frac{dt}{\sqrt{t^4+1}}$ converge donc $\displaystyle\int_2^{+\infty} \frac{dt}{\sqrt{t^4-1}}$ converge.

$\sqrt{t^4-1} = \sqrt{t^2-1}\sqrt{t^2+1} \sim \sqrt{2}\sqrt{2}\sqrt{t-1}$ en 1, et $\displaystyle\int_1^2 \frac{dt}{\sqrt{t-1}}$ converge (car $t \mapsto \dfrac{1}{\sqrt{t-1}}$ a pour primitive $t \mapsto 2\sqrt{t-1}$ et $\left[2\sqrt{t-1}\right]_1^2$ existe) donc $\displaystyle\int_1^2 \frac{dt}{\sqrt{t^4-1}}$ converge.

Finalement l'intégrale proposée converge.

3. La fonction $x \mapsto e^{-x^2}$ est continue sur $\mathbb{R}$ donc seule la borne infinie pose un problème.

Par ailleurs, cette fonction est positive, ce qui autorise l'usage des théorèmes de comparaison.

$e^x e^{-x^2} = e^{x-x^2}$ est majorée sur $\mathbb{R}_+$ (car inférieure à 1 sur $[1,+\infty[$, et continue sur le segment $[0,1]$) donc $\exists M \in \mathbb{R}_+, 0 \leqslant e^{-x^2} \leqslant M\ e^{-x}$). Comme $\displaystyle\int_{\mathbb{R}_+} e^{-x}\,dx$ converge, $\displaystyle\int_{\mathbb{R}_+} e^{-x^2}\,dx$ converge aussi.

■ Calcul d'une intégrale généralisée

> **❑ Méthode 11.4.— Comment pratiquer un changement de variable dans une intégrale généralisée**
>
> Si l'on veut pratiquer le changement de variable défini par l'application φ dans l'intégrale généralisée $\displaystyle\int_a^b f(t)\,dt$, il faut :
>
> - s'assurer que φ est une bijection strictement monotone de classe $\mathscr{C}^1$ d'un intervalle $]\alpha,\beta[$ dans $]a,b[$;
> - établir la convergence de $\displaystyle\int_\alpha^\beta (f\circ\varphi)(u)\varphi'(u)\,du$ ou de $\displaystyle\int_a^b f(t)\,dt$;
> - si φ est strictement croissante, ces deux intégrales sont égales, sinon, elles sont opposées ;
> - dans la plupart des cas, les changements de variables seront suggérés par l'énoncé. Néanmoins, il arrivera, de temps à autres, qu'on espère une certaine autonomie de l'étudiant(e) pour des changements de variables « naturels ».

Mise en œuvre : exercice 11.7, **exercice 11.8**, **exercice 11.14** et **exercice 11.16**.

Exemples : 1. *Montrer que* $f : x \mapsto \dfrac{\sin x}{x^2}$ *est intégrable sur* $[1,+\infty[$, *puis que :*

$$\int_1^{+\infty} \frac{\sin x}{x^2}\,dx = \int_0^1 \sin\frac{1}{x}\,dx.$$

f est continue, donc continue par morceaux, sur $[1,+\infty[$. Puis : $\forall x \in [1,+\infty[,\ |f(x)| \leqslant \dfrac{1}{x^2}$ et $x \mapsto \dfrac{1}{x^2}$ est intégrable sur $[1,+\infty[$, donc f est intégrable sur $[1,+\infty[$.

$\varphi : x \mapsto \frac{1}{x}$ est une bijection $\mathscr{C}^1$ strictement décroissante de $[1,+\infty[$ dans $]0,1]$. On a donc un changement de variable valide pour cette intégrale généralisée.

Puis : $\forall x \in [1,+\infty[,\ |\varphi'(x)| = \dfrac{1}{x^2}$, donc :

$$\int_1^{+\infty} \frac{\sin x}{x^2}\,dx = -\int_1^{+\infty} \sin\left(\frac{1}{\varphi(x)}\right)\varphi'(x)\,dx = \int_0^1 \sin\frac{1}{t}\,dt.$$

2. *Pratiquer le changement de variable* $x = \sin t$ *sur l'intégrale généralisée* $\displaystyle\int_{-1}^{1} \frac{dx}{(2-x^2)\sqrt{1-x^2}}$. *En déduire sa convergence. Pratiquer le changement de variable* $u = \tan t$ *sur l'intégrale obtenue et en déduire la valeur de l'intégrale initiale.*

$\triangleright$ $\varphi : t \mapsto \sin t$ est une bijection strictement croissante et de classe $\mathscr{C}^1$ de $\left]-\dfrac{\pi}{2},\dfrac{\pi}{2}\right[$ dans $]-1,1[$: c'est donc un changement de variable valide pour l'intégrale généralisée proposée.

Comme $\forall t \in \left]-\dfrac{\pi}{2},\dfrac{\pi}{2}\right[,\ \varphi'(t) = \cos t = \sqrt{1-\sin^2 t}$, les intégrales généralisées $\displaystyle\int_{-1}^{1} \frac{dx}{(2-x^2)\sqrt{1-x^2}}$ et $\displaystyle\int_{-\frac{\pi}{2}}^{\frac{\pi}{2}} \frac{\varphi'(t)\,dt}{(2-\varphi^2(t))\sqrt{1-\varphi^2(t)}} = \int_{-\frac{\pi}{2}}^{\frac{\pi}{2}} \frac{\sqrt{1-\sin^2 t}\,dt}{(2-\sin^2 t)\sqrt{1-\sin^2 t}} = \int_{-\frac{\pi}{2}}^{\frac{\pi}{2}} \frac{dt}{(1+\cos^2 t)}$ sont de même nature. Or, cette dernière est une intégrale définie, donc l'intégrale généralisée initiale converge et :

$$\int_{-1}^{1} \frac{dx}{(2-x^2)\sqrt{1-x^2}} = \int_{-\frac{\pi}{2}}^{\frac{\pi}{2}} \frac{dt}{(1+\cos^2 t)}.$$

$\triangleright$ $\psi : t \mapsto \tan t$ est une bijection strictement croissante et de classe $\mathscr{C}^1$ de $\left]-\dfrac{\pi}{2},\dfrac{\pi}{2}\right[$ dans $\mathbb{R}$; il s'agit d'un changement de variable valide pour l'intégrale généralisée précédente.

Comme, $\forall t \in \left]-\dfrac{\pi}{2},\dfrac{\pi}{2}\right[,\ \psi'(t) = \dfrac{1}{\cos^2 t}$ et $\cos^2 t = \dfrac{1}{1+\tan^2 t}$, on peut écrire :

$$\begin{aligned}
\int_{-\frac{\pi}{2}}^{\frac{\pi}{2}} \frac{dt}{(1+\cos^2 t)} &= \int_{-\frac{\pi}{2}}^{\frac{\pi}{2}} \frac{\cos^2 t}{(1+\cos^2 t)}\frac{1}{\cos^2 t}\,dt \\
&= \int_{-\frac{\pi}{2}}^{\frac{\pi}{2}} \frac{1}{(1+\psi^2(t))\left(1+\frac{1}{1+\psi^2(t)}\right)}\,|\psi'(t)|\,dt \\
&= \int_{-\infty}^{+\infty} \frac{du}{2+u^2} \\
&= \lim_{X\to+\infty}\left[\frac{1}{\sqrt{2}}\arctan\frac{u}{\sqrt{2}}\right]_{-X}^{+X} = \frac{\pi}{\sqrt{2}}.
\end{aligned}$$

Méthodes

❑ Méthode 11.5.— Comment pratiquer une intégration par parties sur une intégrale généralisée

Supposons que $\int_a^b f(t)g'(t)\,dt$ soit généralisée en b.

- On vérifie que f et g sont de classe $\mathscr{C}^1$ sur $[a, b[$. L'existence des limites du produit fg aux bornes de l'intervalle assure que les intégrales de fg' et $f'g$ sont de même nature. On peut appliquer alors directement :

$$\int_a^b f(t)g'(t)\,dt = [f(t)g(t)]_a^b - \int_a^b f'(t)g(t)\,dt.$$

- Parfois, par précaution, (et c'est ce que nous ferons dans les exemples), il vaut mieux choisir X dans $[a, b[$, puis pratiquer l'intégration par parties sur $[a, X]$. Et chercher ensuite la limite lorsque X tend vers b de l'expression obtenue.

Mise en œuvre : exercice 11.7, **exercice 11.9** et **exercice 11.15**.

Exemples : 1. *Montrer que l'intégrale* $\int_0^1 \ln t\,dt$ *est convergente et vaut* -1 *puis que l'intégrale* $\int_1^{+\infty} \ln t\,dt$ *est divergente.*

Vous allez chercher la **proposition 11.21**. On écrit (où $0 < u < v$) :

$$\int_u^v 1 \times \ln t\,dt = -\int_u^v t \times \frac{1}{t}\,dt + [t\ln t]_u^v.$$

On commence par faire tendre u vers 0 et v vers 1. La quantité $t\ln t$ tend vers 0 dans les deux cas. Comme $-\int_0^1 t \times \frac{1}{t}\,dt = -1$, on en déduit bien que $\int_0^1 \ln t\,dt$ est convergente et vaut -1.
On fait tendre ensuite u vers 1 et v vers $+\infty$.
Or : $-\int_u^v t \times \frac{1}{t}\,dt + [t\ln t]_u^v = v - u + v\ln v - u\ln u$ tend vers $+\infty$.
Donc : $\int_1^{+\infty} \ln t\,dt$ est divergente.

2. *Pour* $n \in \mathbb{N}$, *convergence et calcul de* $I_n = \int_0^{+\infty} t^n e^{-t}\,dt$.

► **Positivité et continuité de l'intégrande.**
$t \mapsto t^n e^{-t}$ est continue, donc continue par morceaux, et positive sur $\mathbb{R}_+$: on peut déjà dire que l'intégrale est seulement généralisée en $+\infty$.
► **Étude de la convergence.**
À défaut de trouver un équivalent plus simple de $t^n e^{-t}$ en $+\infty$, on peut en rechercher un majorant. D'après le théorème de croissance comparée, pour tout entier $n \in \mathbb{N}$, $\lim_{n\to+\infty} t^{n+2}e^{-t} = 0$ donc $t \mapsto t^{n+2}e^{-t}$ est bornée sur un intervalle $[A, +\infty[$ ($A \in \mathbb{R}_+^*$), et elle est par ailleurs bornée sur $[0, A]$. Alors $\exists M \in \mathbb{R}_+, \forall t \in \mathbb{R}, 0 \leqslant t^{n+2}e^{-t} \leqslant M$, donc, pour tout $t \in \mathbb{R}_+^*$: $0 \leqslant t^n e^{-t} \leqslant \frac{M}{t^2}$.

On conclut en utilisant la convergence de $\int_1^{+\infty} \frac{dt}{t^2}$.

▸ **Intégration par parties sur une intégrale ordinaire.**

Effectuons sur l'intégrale $\int_0^X t^n e^{-t}\,dt$ ($X \in \mathbb{R}_+$) une intégration par parties en posant :

$$\left\{\begin{array}{l} u'(t) = e^{-t} \\ v(t) = t^n \end{array}\right. \text{ et } \left\{\begin{array}{l} u(t) = -e^{-t} \\ v(t) = nt^{n-1} \end{array}\right.$$

Alors $\int_0^X u'(t)v(t)\,dt = \left[-t^n e^{-t}\right]_0^X + \int_0^X nt^{n-1}e^t\,dt.$

Faisons tendre X vers $+\infty$; le crochet tend vers 0 (croissances comparées) et : $I_n = nI_{n-1}$.

▸ **Fin du calcul.**

À partir de $I_0 = 1$ et de $I_n = nI_{n-1}$, on obtient par récurrence sur $n \in \mathbb{N}$: $I_n = n!$

En effet, cette relation est vérifiée pour $n = 0$ (c'est une intégrale de référence) et si elle est vraie au rang $n \in \mathbb{N}$ alors $I_n = n!$ donc : $I_{n+1} = (n+1)I_n = (n+1)!$.

$$I_n = \int_0^{+\infty} t^n e^{-t}\,dt \text{ converge et vaut } n!.$$

3. *Convergence et calcul de* $\int_0^1 \frac{\ln t}{\sqrt{1-t}}\,dt.$

▸ **Positivité et continuité de l'intégrande.**

$t \mapsto \frac{\ln t}{\sqrt{1-t}}$ est continue donc continue par morceaux, et négative sur $]0,1[$.

▸ **Étude de la convergence.** On a : $\frac{\ln t}{\sqrt{1-t}} \underset{0}{\sim} \ln t$ et $\frac{\ln t}{\sqrt{1-t}} = \frac{\ln(1+(t-1))}{\sqrt{1-t}} \underset{1}{\sim} -\sqrt{1-t}.$

Comme $\int_0^{\frac{1}{2}} \ln t\,dt$ et $\int_{\frac{1}{2}}^1 \sqrt{1-t}\,dt$ convergent, l'intégrale proposée converge.

▸ **L'intégration par parties sur l'intégrale généralisée échoue.**

Si l'on applique directement la formule d'intégration par parties en posant :

$$\left\{\begin{array}{lcl} u'(t) & = & \frac{1}{\sqrt{1-t}} \\ v(t) & = & \ln t \end{array}\right. \text{ et } \left\{\begin{array}{lcl} u(t) & = & -2\sqrt{1-t} \\ v'(t) & = & \frac{1}{t} \end{array}\right.,$$

on obtient : $\int_0^1 \frac{\ln t}{\sqrt{1-t}}\,dt = \left[-2\sqrt{1-t}\ln t\right]_0^1 + 2\int_0^1 \frac{\sqrt{1-t}}{t}\,dt.$

Les deux termes du membre de droite ne sont pas des réels, car $\lim\limits_{t\to 0} -2\sqrt{1-t}\ln t = +\infty$ et $\frac{\sqrt{1-t}}{t} \underset{0}{\sim} \frac{1}{t}$ donc $\int_0^1 \frac{\sqrt{1-t}}{t}\,dt$ n'est pas convergente.

▸ **Intégration par parties sur une intégrale ordinaire.**

Soit ε et x dans $]0,1[$ tels que : $0 < \varepsilon < x < 1$:

$$\int_\varepsilon^x \frac{\ln t}{\sqrt{1-t}}\,dt = \Big[-2\sqrt{1-t}\ln t\Big]_\varepsilon^x + 2\int_\varepsilon^x \frac{\sqrt{1-t}}{t}\,dt.$$

▸ **Fin du calcul.**

Pour cette dernière intégrale, on peut pratiquer le changement de variable : $u = \sqrt{1-t}$.

On a alors : $du = -\frac{dt}{2\sqrt{1-t}}$, $t = \varepsilon \Rightarrow u = \sqrt{1-\varepsilon}$ et $t = x \Rightarrow u = \sqrt{1-x}$.

Méthodes

$$\begin{aligned}
\int_\varepsilon^x \frac{\sqrt{1-t}}{t}\,dt &= -\int_{\sqrt{1-\varepsilon}}^{\sqrt{1-x}} \frac{2u^2}{1-u^2}\,du \\
&= \int_{\sqrt{1-\varepsilon}}^{\sqrt{1-x}} \left(2-\frac{2}{1-u^2}\right) du \\
&= \int_{\sqrt{1-\varepsilon}}^{\sqrt{1-x}} \left(2-\frac{1}{1+u}-\frac{1}{1-u}\right) du \\
&= \left[2u+\ln\frac{1-u}{1+u}\right]_{\sqrt{1-\varepsilon}}^{\sqrt{1-x}} \\
&= 2\sqrt{1-x}-2\sqrt{1-\varepsilon}+\ln\frac{1-\sqrt{1-x}}{1+\sqrt{1-x}}-\ln\frac{1-\sqrt{1-\varepsilon}}{1+\sqrt{1-\varepsilon}}
\end{aligned}$$

Il n'y a pas de problème à faire tendre x vers 1. On obtient alors :

$$\int_\varepsilon^1 \frac{\ln t}{\sqrt{1-t}}\,dt = 2\sqrt{1-\varepsilon}\ln\varepsilon + 2\left(-2\sqrt{1-\varepsilon}+\ln\frac{1+\sqrt{1-\varepsilon}}{1-\sqrt{1-\varepsilon}}\right).$$

En multipliant numérateur et dénominateur par l'expression conjuguée du dénominateur :

$$\frac{1+\sqrt{1-\varepsilon}}{1-\sqrt{1-\varepsilon}} = \frac{\left(1+\sqrt{1-\varepsilon}\right)^2}{\varepsilon}.$$

D'où : $\ln\frac{1+\sqrt{1-\varepsilon}}{1-\sqrt{1-\varepsilon}} = 2\ln(1+\sqrt{1-\varepsilon})-\ln\varepsilon$ et

$$\begin{aligned}
\int_\varepsilon^1 \frac{\ln t}{\sqrt{1-t}}\,dt &= 2\sqrt{1-\varepsilon}\ln\varepsilon - 4\sqrt{1-\varepsilon}+4\ln\left(1+\sqrt{1-\varepsilon}\right)-2\ln\varepsilon \\
&= 2\left(\sqrt{1-\varepsilon}-1\right)\ln\varepsilon - 4\sqrt{1-\varepsilon}+4\ln\left(1+\sqrt{1-\varepsilon}\right)
\end{aligned}$$

Comme $\left(\sqrt{1-\varepsilon}-1\right)\ln\varepsilon \underset{\varepsilon\to 0}{\longrightarrow} 0$ (car $\sqrt{1-\varepsilon}-1 \underset{0}{\sim} -\frac{\varepsilon}{2}$), on écrit : $\int_0^1 \frac{\ln t}{\sqrt{1-t}}\,dt = -4+4\ln 2$.

Remarque : Sachez que l'on peut utiliser l'intégration par parties pour montrer la convergence d'une intégrale généralisée.

Mise en œuvre : l'**exercice 11.7** (exemple I_8) et l'**exercice 11.21**.

On sait que les notions de série numérique et d'intégrale généralisée sont étroitement liées. Dans le chapitre sur les séries numériques, la **méthode 8.3** permet de montrer la convergence d'une série à partir de celle d'une intégrale. On apprend même à calculer la vitesse de convergence (majoration de R_n) de cette série, toujours à l'aide des intégrales. C'est la **méthode 8.8**.

On comprend que l'on peut donc envisager la problématique réciproque : connaître la nature d'une intégrale généralisée en utilisant celle d'une série connue. C'est la **méthode 11.6**.

❑ Méthode 11.6.— Comment se servir de séries pour prouver l'intégrabilité

- f est continue par morceaux positive sur $I = [a, b[$ avec $-\infty \leqslant a < b \leqslant +\infty$.
- $(a_n)_{n\in\mathbb{N}}$ est une suite strictement croissante dans I avec $a_0 = a$ et $\lim\limits_{n\to+\infty} a_n = b$.
- Si l'on pose $I_n = \displaystyle\int_{a_n}^{a_{n+1}} f(x)\,dx$, alors f est intégrable sur I si, et seulement si, $\displaystyle\sum_{n\geq 0} I_n$ converge et alors : $\displaystyle\int_a^b f(x)\,dx = \sum_{n=0}^{+\infty} I_n$.

Démontrons rapidement ce résultat. Partons de $\displaystyle\int_a^{a_n} f(x)\,dx = \sum_{k=0}^{n} I_k$.
Si l'intégrale converge, la série aussi et sa somme vaut l'intégrale.
Réciproquement, si la série converge, soit $x \in]a,b[$, il existe n tel que $a_n \geqslant x$. Donc :

$$\int_a^x f(t)\,dt \leqslant \int_a^{a_n} f(t)\,dt \leqslant \sum_{k=0}^{+\infty} I_k.$$

La fonction $x \mapsto \displaystyle\int_a^x f(t)\,dt$ est croissante et majorée sur $[a,b[$, ce qui assure la convergence de $\displaystyle\int_a^b f(t)\,dt$ et donc l'intégrabilité de f (car $|f| = f$ ici).

Exemple : *Démontrer que la fonction* $f :]0,+\infty[\to \mathbb{R}, x \mapsto \dfrac{\cos x}{1+x^\alpha |\sin x|}$ *est intégrable sur* $]0,+\infty[$ *si* $\alpha > 1$ *et n'est pas intégrable sur* $]0,+\infty[$ *si* $0 < \alpha \leqslant 1$.
Indication : on pourra introduire la série de terme général $I_n = \displaystyle\int_{n\pi}^{(n+1)\pi} |f(x)|\,dx$ *et on déterminera un équivalent de* I_n.

La fonction f est bien continue par morceaux sur $]0,+\infty[$.
Il n'y a aucun souci en 0 et f se prolonge par continuité en ce point.
Déterminer un équivalent de I_n permettra d'étudier la nature de la série $\displaystyle\sum_{n\geqslant 0} I_n$. On écrit :

$$\int_{n\pi}^{(n+1)\pi} \frac{|\cos x|\,dx}{1+[(n+1)\pi]^\alpha |\sin x|} \leq I_n \leqslant \int_{n\pi}^{(n+1)\pi} \frac{|\cos x|\,dx}{1+(n\pi)^\alpha |\sin x|}.$$

Le nouvel héros de notre aventure est : $K_n = \displaystyle\int_{n\pi}^{(n+1)\pi} \frac{|\cos x|\,dx}{1+(n\pi)^\alpha |\sin x|}$.
La π-périodicité et la parité de la fonction intégrée donne :

$$K_n = 2\int_0^{\frac{\pi}{2}} \frac{\cos x\,dx}{1+(n\pi)^\alpha \sin x}.$$

On applique ensuite le changement de variable $\sin x = t$.
On trouve rapidement : $K_n = \dfrac{2\ln[1+(n\pi)^\alpha]}{(n\pi^\alpha)}$ et immédiatement, $I_n \sim \dfrac{2\alpha \ln n}{(n\pi)^\alpha}$.

- Si $0 < \alpha \leqslant 1$, on a l'inégalité : $\dfrac{2\alpha}{n} \leqslant \dfrac{2\alpha \ln n}{(n\pi)^\alpha}$.

Comme la série $\displaystyle\sum_{n\geqslant 1} \frac{2\alpha}{n}$ diverge, il en est de même de la série $\displaystyle\sum_{n\geqslant 1} \frac{2\alpha \ln n}{(n\pi)^\alpha}$ et donc de la série de terme général I_n. Conclusion : f n'est pas intégrable sur $]0,+\infty[$.

- Si $\alpha > 1$, pour $n \geqslant n_0$, $\ln n < n^{\frac{\alpha-1}{2}}$. Donc pour $n \geqslant n_0$, $\dfrac{2\alpha \ln n}{(n\pi^\alpha)} < \dfrac{2\alpha}{(n\pi)^{\frac{\alpha}{2}+\frac{1}{2}}}$.

Comme $\dfrac{\alpha}{2}+\dfrac{1}{2} > 1$, la série $\displaystyle\sum_{n\geqslant 1} \frac{2\alpha}{(n\pi)^{\frac{\alpha}{2}+\frac{1}{2}}}$ est convergente et il en est de même de la série $\displaystyle\sum_{n\geqslant 1} \frac{2\alpha \ln n}{(n\pi)^\alpha}$ et donc de la série de terme général I_n.
Conclusion : f est intégrable sur $]0,+\infty[$.

Méthodes

Mise en œuvre : de l'**exercice 11.18** à l'**exercice 11.20**.

Remarque : On peut utiliser aussi l'idée de la **méthode 11.6** pour simplement démontrer qu'une fonction n'est pas intégrable en minorant son intégrale par une série divergente.
Voir l'**exercice 11.17**.

❑ Méthode 11.7.— Comment étudier une intégrale généralisée $J = \displaystyle\int_a^b f(t)\,dt$ dans le cas où f est à valeurs dans $\mathbb{C}$

- On peut étudier la nature des intégrales généralisées :

$$K = \int_a^b \mathfrak{Re}\,(f)(t)\,dt \text{ et } L = \int_a^b \mathfrak{Im}\,(f)(t)\,dt.$$

Si ces deux intégrales existent, $J = K + iL$.

- On peut étudier (on commencera par calculer $|f(t)|$) si f est intégrable sur le domaine d'intégration. Si c'est le cas, J existe.

Exemple : *Étudier la nature de* $\displaystyle\int_0^{+\infty} \frac{\exp(it)-1}{t^{3/2}}\,dt$.

La fonction à intégrer est continue sur $\mathbb{R}_+^*$. Par ailleurs, cette fonction est à valeurs dans $\mathbb{C}$, ce qui n'autorise pas l'usage direct des théorèmes de comparaison.
► En 0, on écrit (en sortant de votre inépuisable culture : $e^{it} = 1 - 2\sin^2(t/2) + i\sin t$) :

$$\frac{e^{it}-1}{t^{3/2}} = -\frac{2\sin^2 t/2}{t^{3/2}} + i\frac{\sin t}{t^{3/2}} = -\frac{\sqrt{t}}{2} + \frac{i}{\sqrt{t}} + o(1),$$

donc $t \mapsto \dfrac{e^{it}-1}{t^{3/2}}$ n'est pas prolongeable en 0.

La partie imaginaire de $\dfrac{e^{it}-1}{t^{3/2}}$ est de signe constant et équivalente à $\dfrac{1}{\sqrt{t}}$; or $\displaystyle\int_0^1 \frac{1}{\sqrt{t}}\,dt$ converge, donc $\displaystyle\int_0^1 \mathfrak{Im}\left(\frac{e^{it}-1}{t^{3/2}}\right)dt$ converge, ainsi que $\displaystyle\int_0^1 \mathfrak{Re}\left(\frac{e^{it}-1}{t^{3/2}}\right)dt$.
► En $+\infty$, on a la majoration :

$$\left|\frac{e^{it}-1}{t^{3/2}}\right| \leqslant \frac{2}{t^{3/2}}.$$

Or $\displaystyle\int_1^{+\infty} \frac{2}{t^{3/2}}\,dt$ converge, d'où la convergence absolue de $\displaystyle\int_1^{+\infty} \frac{e^{it}-1}{t^{3/2}}\,dt$.

Finalement : $\displaystyle\int_0^{+\infty} \frac{e^{it}-1}{t^{3/2}}\,dt$ est convergente.

Conclusion : on voit que l'on a utilisé ici les deux pistes, la première pour l'étude en 0 et la seconde pour l'étude en $+\infty$. Par contre, on n'a pas pu calculer l'intégrale. Ne soyez pas frustrés. À l'**exercice 11.24**, on en refait une et on va jusqu'au bout.

■ Fonction définie par une intégrale de bornes variables

❑ **Méthode 11.8.— Comment étudier $F : x \mapsto \displaystyle\int_{\varphi(x)}^{\psi(x)} f(t)\,dt$, où φ et ψ sont $\mathscr{C}^1$ sur un intervalle I à valeurs dans un intervalle J sur lequel f est continue**

- Comme f est continue et si $a \in J$, alors $G \;:\; x \mapsto \displaystyle\int_a^x f(t)\,dt$, primitive sur J s'annulant en a de f, est de classe $\mathscr{C}^1$ sur J et $\forall\, x \in J$, $G'(x) = f(x)$.
- $\forall\, x \in I$, $F(x) = \displaystyle\int_a^{\psi(x)} f(t)\,dt - \int_a^{\varphi(x)} f(t)\,dt = G \circ \psi(x) - G \circ \varphi(x)$.
- On conclut au caractère $\mathscr{C}^1$ de F puis on obtient sa dérivée.
- Les problèmes de limite sont traités soit à l'aide d'inégalités obtenues par la croissance de l'intégrale sur un segment (s'assurer que les bornes sont « dans le bon ordre »), soit en étudiant la nature d'une intégrale généralisée.

Exemple : *Soit : $f : x \mapsto \displaystyle\int_x^{2x} \frac{dt}{\ln t}$. Ensemble de définition, variations et limite en $+\infty$.*

[1] La fonction $t \mapsto \dfrac{1}{\ln t}$ est définie sur $]0,1[\cup]1,+\infty[$, donc il est nécessaire et suffisant, pour que $f(x)$ existe, que : $[x,2x] \subset]0,1[\cup]1,+\infty[$, donc $D = \left]0,\frac{1}{2}\right[\cup]1,+\infty[$.

[2] $\varphi \;:\; x \mapsto \displaystyle\int_{\frac{1}{2}}^x \frac{dt}{\ln t}$ est la primitive sur $]0,1[$ s'annulant en $\frac{1}{2}$ de $t \mapsto \dfrac{1}{\ln t}$: elle est donc dérivable sur $]0,1[$. Puis : $\forall x \in \left]0,\frac{1}{2}\right[$, $f(x) = \varphi(2x) - \varphi(x)$. f est donc dérivable sur $\left]0,\frac{1}{2}\right[$.
On écrit : $\forall x \in \left]0,\frac{1}{2}\right[$, $f'(x) = 2\varphi'(2x) - \varphi'(x) = \dfrac{2}{\ln(2x)} - \dfrac{1}{\ln x} = \dfrac{\ln x - \ln 2}{\ln x(\ln 2 + \ln x)}$.

[3] $\psi \;:\; x \mapsto \displaystyle\int_2^x \frac{dt}{\ln t}$ est la primitive sur $]1,+\infty[$ s'annulant en 2 de $t \mapsto \dfrac{1}{\ln t}$: elle est donc dérivable sur $]1,+\infty[$. Puis : $\forall x \in]1,+\infty[$, $f(x) = \psi(2x) - \psi(x)$. f est bien dérivable sur $]1,+\infty[$.
On écrit : $\forall x \in]1,+\infty[$, $f'(x) = 2\psi'(2x) - \psi'(x) = \dfrac{2}{\ln(2x)} - \dfrac{1}{\ln x} = \dfrac{\ln x - \ln 2}{\ln x(\ln 2 + \ln x)}$.

[4] Sur $\left]0,\frac{1}{2}\right[$, $\ln x(\ln 2 + \ln x) > 0$, donc : $f'(x) < 0$.
Sur $]1,+\infty[$, $\ln x(\ln 2 + \ln x) > 0$, donc : $f'(x) < 0$, si $x \in]1,2[$ et $f'(x) > 0$, si $x > 2$.
Conclusion : f est décroissante sur $\left]0,\frac{1}{2}\right[$ et sur $]1,2]$ et croissante sur $[2,+\infty[$.

[5] Si $x > 1$, $x \leqslant t \leqslant 2x \Rightarrow 0 < \ln x \leqslant \ln t \leqslant \ln 2x \Rightarrow \dfrac{1}{\ln 2x} \leqslant \dfrac{1}{\ln t} \leqslant \dfrac{1}{\ln x} \Rightarrow \dfrac{x}{\ln 2x} \leqslant f(x) \leqslant \dfrac{x}{\ln x}$.
On en déduit : $\displaystyle\lim_{x\to+\infty} \frac{x}{\ln 2x} = +\infty$, donc : $\displaystyle\lim_{x\to+\infty} f(x) = +\infty$. Attention, ici la non-intégrabilité de $t \mapsto \dfrac{1}{\ln t}$ sur $[2,+\infty[$ ne suffit pas pour conclure car on aboutit à une forme indéterminée.

Remarque : Dans le cas : $x \mapsto \displaystyle\int_x^{+\infty} f(t)\,dt$, on prouve d'abord l'intégrabilité sur un intervalle du type $]a,+\infty[$. $\displaystyle\int_a^{+\infty} f(t)\,dt$ est alors constant. Appliquer de l'**exercice 11.21** à l'**exercice 11.23**.

Méthodes

■■ Vrai/Faux

f et g sont deux applications continues par morceaux sur l'intervalle $I = [a, b[$, b réel ou $+\infty$.

	Vrai	Faux
1. Un changement de variable transforme toujours une intégrale généralisée convergente en intégrale généralisée convergente.	☐	☐
2. $\displaystyle\int_0^{+\infty} \frac{dt}{t^\alpha}$ est divergente pour tout $\alpha \in \mathbb{R}_+$.	☐	☐
3. $\displaystyle\int_{-1}^{1} \frac{dt}{\sqrt[3]{t}} = 0$ car $t \mapsto \dfrac{1}{\sqrt[3]{t}}$ est impaire.	☐	☐
4. $\displaystyle\int_0^{\pi} \frac{dt}{\sqrt{\lvert \sin t \rvert}}$ est convergente.	☐	☐
5. Si f est intégrable et positive sur I alors $\displaystyle\int_I f = 0 \Longleftrightarrow f = 0$.	☐	☐
6. $\displaystyle\int_I f$ peut exister sans que la fonction f soit intégrable sur I.	☐	☐
7. Soit f continue sur $[1, +\infty[$ et si $\displaystyle\lim_{x \to +\infty} f(x) = 0$ alors $\displaystyle\int_1^{+\infty} f(t)\,dt$ est convergente.	☐	☐
8. Si f et g sont intégrables sur I alors fg aussi.	☐	☐
9. Si $\lvert f \rvert^2$ et $\lvert g \rvert^2$ sont intégrables sur I alors fg aussi.	☐	☐
10. $\displaystyle\int_0^1 \frac{t^2}{1+t^4}\,dt = \int_1^{+\infty} \frac{1}{1+t^4}\,dt$.	☐	☐
11. Si $f \leqslant g$ et $\displaystyle\int_a^b g$ converge, alors $\displaystyle\int_a^b f$ converge.	☐	☐
12. Soit f continue sur $]0, 1]$, $\displaystyle\int_0^1 f(t)\,dt$ n'est généralisée que si l'on a l'égalité : $\displaystyle\lim_{x \to 0} \lvert f(x) \rvert = +\infty$.	☐	☐
13. $\displaystyle\int_0^1 \sin\left(\frac{1}{t}\right) dt$ est convergente.	☐	☐

Énoncé des exercices

Intégrales définies (révisions)

Exercice 11.1 : *Une mise en bouche.* Calculer les intégrales définies suivantes :

$$\int_0^1 \ln(1+t^2)\,dt,\ \int_1^e t^{2018}\ln t\,dt,\ \int_1^{e^\pi} \sin(\ln(t))\,dt,\ \int_0^1 t^2\sqrt{1-t^2}\,dt,\ \int_1^e \frac{dt}{t+t(\ln t)^2}.$$

Exercice 11.2* : Pour $x \neq \pm 1$, on pose pour $n \geqslant 1$: $S_n(x) = \dfrac{1}{n}\displaystyle\sum_{k=0}^{n-1} \ln\left(x^2 - 2x\cos\frac{k\pi}{n} + 1\right)$.

1. Montrer que $X^2 - 2X\cos\dfrac{k\pi}{n} + 1 = (X - e^{i\theta})(X - e^{-i\theta})$ pour un angle θ à déterminer.
2. Déterminer les racines de $X^{2n} - 1$.

En déduire que : $(X^{2n}-1)(X-1) = (X+1)\displaystyle\prod_{k=0}^{n-1}\left(X^2 - 2X\cos\frac{k\pi}{n} + 1\right)$.

3. Écrire $\displaystyle\lim_{n\to+\infty} S_n(x)$ sous forme d'une intégrale. Donner sa valeur.

Exercice 11.3 : Soit $n \in \mathbb{N}$ et $I_n = \displaystyle\int_0^1 \frac{t^{2n+1}}{1+t^2}\,dt$.

1. Calculer I_0, I_1 puis démontrer : $\forall n \in \mathbb{N}, \dfrac{1}{4n+4} \leqslant I_n \leqslant \dfrac{1}{2n+2}$. En déduire $\displaystyle\lim_{n\to+\infty} I_n$.
2. Montrer : $I_n = \dfrac{1}{4(n+1)} + \dfrac{1}{n+1}\displaystyle\int_0^1 \frac{t^{2n+3}}{(1+t^2)^2}\,dt$.
3. Montrer : $0 \leqslant \displaystyle\int_0^1 \frac{t^{2n+3}}{(1+t^2)^2}\,dt \leqslant \frac{1}{2n+4}$. En déduire $\displaystyle\lim_{n\to+\infty} nI_n$.

Exercice 11.4 : Si $x > 0$, calculer $I(x) = \displaystyle\int_0^{\frac{\pi}{2}} \frac{1}{\cos^2 t + x\sin^2 t}\,dt$, $J(x) = \displaystyle\int_0^{\frac{\pi}{2}} \frac{\sin^2 t}{\cos^2 t + x\sin^2 t}\,dt$

Convergence d'intégrales généralisées et calcul éventuel

Exercice 11.5 : Montrer que $f : x \mapsto xe^{\lfloor x \rfloor}$ est continue par morceaux sur $\mathbb{R}$.

Exercice 11.6 : **1.** Démontrer que $f : x \mapsto \dfrac{1}{x} - \left\lfloor \dfrac{1}{x} \right\rfloor$ est continue par morceaux sur $I =]0,1]$.

2. Montrer la convergence de $\displaystyle\int_0^1 f(x)\,dx$.

Exercice 11.7 : Déterminer la nature des intégrales généralisées :

$$I_1 = \int_0^1 \frac{\ln(1+t)}{\sin t}\,dt,\ I_2 = \int_0^{+\infty} \frac{\sin^2 t}{1+t^2}\,dt,\ I_3 = \int_1^{+\infty} \frac{tdt}{t^3+\sqrt{t}-1},\ I_4 = \int_0^1 \frac{dt}{\sin t},$$

$$I_5 = \int_0^{+\infty} \frac{dt}{\operatorname{ch} t},\ I_6 = \int_1^2 \frac{dt}{\sqrt{t(2-t)}},\ I_7 = \int_0^1 \frac{t\ln t}{\sqrt{1-t^2}}\,dt,\ I_8 = \int_1^{+\infty} \frac{e^{it}}{\sqrt{t}}\,dt.$$

Exercice 11.8 : Convergence et valeur pour $I = \int_0^{+\infty} e^{-\sqrt{t}}\,dt$ puis $J = \int_0^{+\infty} \left(1 - \frac{t}{\sqrt{t^2+1}}\right) dt$.

Exercice 11.9 : 1. Étudier la convergence de $\int_0^{+\infty} \left(1 - t\arctan\frac{1}{t}\right) dt$.

2. Trouver sa valeur éventuelle en commençant par calculer $\int_0^{x} t\arctan\frac{1}{t}\,dt$.

D'après Concours Communs Mines-Telecom et Concours ENSEA, filière PSI

Exercice 11.10* : 1. Montrer : $\forall (x,y) \in \mathbb{R}_+^*, I(x,y) = \int_0^{+\infty} \frac{dt}{(1+xt)(1+yt)}$ est convergente.

2. Calculer $I(x,x)$ pour tout $x \in \mathbb{R}_+^*$. On suppose dans la suite $x \neq y$.

3. Déterminer $(a,b) \in \mathbb{R}^2$ tels que $\frac{1}{(1+xt)(1+yt)} = \frac{a}{1+xt} + \frac{b}{1+yt}$. En déduire $I(x,y)$.

Exercice 11.11* : 1. Si $a > 0$ et $b > 0$, étudier l'existence de $I = \int_0^{+\infty} \frac{e^{-at} - e^{-bt}}{t}\,dt$.

2. Déterminer $\lim\limits_{\substack{\varepsilon\to 0\\ \varepsilon>0}} \int_{a\varepsilon}^{b\varepsilon} \frac{e^{-t}-1}{t}\,dt$ puis $\lim\limits_{\substack{\varepsilon\to 0\\ \varepsilon>0}} \int_{a\varepsilon}^{b\varepsilon} \frac{e^{-t}}{t}\,dt$ et $\lim\limits_{x\to+\infty} \int_{ax}^{bx} \frac{e^{-t}}{t}\,dt$. En déduire I.

D'après École Polytechnique

Exercice 11.12 : Soit $n \in \mathbb{Z}^*$, étudier l'existence de $\int_1^{+\infty} \frac{\ln x}{x^n}\,dx$.

D'après Concours Communs Mines-Telecom et Concours ENSEA, filière PSI

Exercice 11.13 : Soit $(\alpha, \beta, \gamma) \in \mathbb{R}^2 \times]1, +\infty[$, étudier l'intégrabilité de $t \mapsto \frac{\ln(1 + t^\beta \gamma^t)}{t^\alpha}$ sur $\mathbb{R}_+^*$.

D'après ENSAM

Exercice 11.14 : Montrer que $I = \int_0^{+\infty} \frac{(\ln t)^2}{1+t^2}\,dt$ existe et vaut aussi $2\int_0^1 \frac{(\ln t)^2}{1+t^2}\,dt$.

D'après Concours Commun INP (ancien CCP)

Exercice 11.15* : Calculer, pour $n \in \mathbb{N}^*$, $I_n = \int_0^{+\infty} \frac{dt}{(1+t^2)^n}$.

Exercice 11.16 : Établir la convergence et calculer $\int_0^{+\infty} \frac{\ln t}{1+t^2}\,dt$.

D'après Concours Communs Mines-Telecom, filière PSI

■ Utilisation des séries numériques

Exercice 11.17 : Démontrer que la fonction $f : t \mapsto \frac{\sin t}{t}$ n'est pas intégrable sur $]0, +\infty[$.

Exercice 11.18* : Trouver les valeurs de $\alpha \in \mathbb{R}$ pour lesquelles $F(\alpha) = \int_0^{+\infty} \frac{1-\cos t}{t^\alpha}\,dt$ existe.

Exercice 11.19* : Étudier l'existence de $\displaystyle\int_0^{+\infty}\sum_{n=0}^{+\infty}\frac{\ln x}{1+n^2e^x}\,dx$.

Exercice 11.20* : 1. Justifier la convergence de la série $\displaystyle\sum_{n\geqslant 0}\int_{n\pi}^{(n+1)\pi}\frac{\sin t}{t}\,dt$.

2. En déduire l'existence de la limite : $\displaystyle\lim_{x\to+\infty}\int_0^{\pi x}\frac{\sin t}{t}\,dt$.

3. Déterminer un entier N tel que $\displaystyle\left|\int_{N\pi}^{+\infty}\frac{\sin t}{t}\,dt\right|\leqslant 10^{-2}$.

Fonction définie par une intégrale de bornes variables

Exercice 11.21* : 1. Montrer que $x\mapsto\dfrac{1-\cos x}{x^2}$ est intégrable sur $]0,+\infty[$.

2. En déduire que $\displaystyle x\mapsto\int_0^x\frac{\sin t}{t}\,dt$ admet une limite finie en $+\infty$.

D'après Centrale-Supelec, filière PSI

Exercice 11.22* : Déterminer la limite de $\displaystyle F: x\mapsto\int_x^{x^2}\frac{dt}{\sqrt{t-t^3}}$ aux bornes de l'intervalle $]0,1[$.

Exercice 11.23* : 1. Donner le domaine de définition de $\displaystyle F: x\mapsto\int_x^{+\infty}\frac{\sin t}{t^2}\,dt$ puis sa dérivée.

2. Montrer que $F(x)=\dfrac{\cos x}{x^2}+o\left(\dfrac{1}{x^2}\right)$, quand $x\to+\infty$.

3. Montrer que la fonction $g: t\mapsto\dfrac{\sin t-t}{t^2}$ est prolongeable par continuité sur $[0,1]$.

Déterminer : $\displaystyle\lim_{x\to 0^+}\int_x^1\frac{\sin t}{t^2}\,dt-(-\ln x)$. En déduire que $F(x)\sim_{0^+}-\ln x$.

D'après Concours Communs Mines-Telecom et Concours ENSEA, filière PSI

Cas des fonctions à valeurs dans $\mathbb{C}$

Exercice 11.24 : 1.** Soit $\alpha\in\mathbb{C}$ avec $a=\mathfrak{Re}(\alpha)$, $b=\mathfrak{Im}(\alpha)$, montrer :

$$\int\frac{dt}{t-\alpha}=\frac{1}{2}\ln\left((t-a)^2+b^2\right)+i\ \arctan\left(\frac{t-a}{b}\right)+K,\text{ où } K\in\mathbb{C}.$$

2. Existence et calcul de $\displaystyle\int_{-\infty}^{+\infty}\frac{dt}{1+(t+ib)^2}$, où $b\in\mathbb{R}$.

Indications

Ex. 11.2

*Pour les racines de $X^{2n}-1$ dans $\mathbb{C}$ et la factorisation en facteurs irréductibles, c'est du classique ! À la question **3**, penser aux sommes de Riemann !*

Ex. 11.4

On pourra poser $u = \tan t$ *pour calculer* $I(x)$, *et simplifier une combinaison linéaire de* $I(x)$ *et* $J(x)$ *pour calculer* $J(x)$ *si* $x \neq 1$.

Ex. 11.8

Pour les valeurs : poser $t = u^2$, *puis faire une I.P.P pour* I *et poser* $t = \tan u$ *pour* J.

Ex. 11.9

On rappelle que : $\forall u \geqslant 0$, $\arctan u \leqslant u$ *et on pensera pour* **2** *à une I.P.P.*

Ex. 11.11

2. *On prouve que* $t \mapsto \dfrac{e^{-t}-1}{t}$ *est intégrable sur* $]0,1]$. *Pour* I, *séparer* $\displaystyle\int_{\varepsilon}^{x} \frac{e^{-at}-e^{-bt}}{t}\,dt$ *en une différence de deux intégrales, sur lesquelles on effectuera un changement de variable linéaire.*

Ex. 11.15

On calculera I_1, *puis on cherchera à établir une relation de récurrence entre* I_n *et* I_{n-1}.

Ex. 11.16

Effectuer le changement de variable $\left(u = \frac{1}{t}\right)$.

Ex. 11.17

Allez, je le dis car c'est vous : penser à minorer votre intégrale par une série divergente !
On utilisera en fait : $t \in [\frac{\pi}{4} + k\pi, \frac{3\pi}{4} + k\pi] \Rightarrow |\sin t| \geqslant \frac{1}{\sqrt{2}}$.

Ex. 11.18

Pour $\alpha = 1$, *on pourra étudier la série de terme général* $U_k = \displaystyle\int_{\frac{\pi}{2}+2k\pi}^{\frac{3\pi}{2}+2k\pi} \frac{1-\cos t}{t}\,dt$.

Ex. 11.19

L'idée est de majorer $\forall m \in \mathbb{N}^\star$, $\displaystyle\sum_{n=1}^{m} \frac{|\ln x|}{1+n^2e^x}$ *par une fonction* g *intégrable sur* $\mathbb{R}_+^\star$.

Ex. 11.20

1. *On pose* $I_n = \displaystyle\sum_{n\geqslant 0} \int_{n\pi}^{(n+1)\pi} \frac{\sin t}{t}\,dt$. *Effectuer le changement de variable* $u = t - n\pi$.

2. *Encadrer cette intégrale entre deux sommes consécutives de* $\sum I_n$.

Ex. 11.22

On pourra commencer par étudier la convergence de $A = \displaystyle\int_0^1 \frac{dt}{\sqrt{t-t^3}}$.

Ex. 11.23

2. *À l'aide d'une intégration par parties, on montrera que* $F(x) = \dfrac{\cos x}{x^2} - 2\displaystyle\int_x^{+\infty} \frac{\cos t}{t^3}\,dt$.
On refera ensuite une intégration par parties sur cette dernière intégrale.

Ex. 11.24

1. *Penser que :* $\frac{1}{t-\alpha} = \dfrac{t-\overline{\alpha}}{|t-\alpha|^2}$.

2. *On pourra utiliser* $z^2+1 = (z+i)(z-i)$ *si* $z \in \mathbb{C}$, *ce qui permettra de séparer les cas* $b \neq \pm 1$ *et* $b = \pm 1$. *Puis, on prouvera ensuite l'absolue convergence. Enfin, pour le calcul, on pourra écrire* $\frac{1}{1+(t+ib)^2}$ *sous la forme* $\frac{a}{t+i(b-1)} + \frac{b}{t+i(b-1)}$, *où* $(a,b) \in \mathbb{C}^2$ *à trouver. Attention, au final, il faudra distinguer plusieurs cas selon la valeur de* b.

Corrigé des vrai/faux

1	2	3	4	5	6	7	8	9	10	11	12	13
F	V	V	V	F	V	F	F	V	V	F	F	V

1. On peut passer par un changement de variable d'une intégrale généralisée convergente à une intégrale ordinaire et réciproquement ; par exemple, en appliquant $u = \tan \frac{\theta}{2}$ à $\int_0^{\pi} \frac{du}{2+\cos u}$.
2. $t \mapsto \frac{1}{t^\alpha}$ est toujours non intégrable sur au moins un des deux intervalles $]0,1]$ et $[1,+\infty[$.
3. $t \mapsto \frac{1}{\sqrt[3]{t}}$ est impaire comme réciproque de $t \mapsto t^3$; or $\int_0^1 \frac{1}{\sqrt[3]{t}}\,dt$ converge (exemple de Riemann avec $\alpha = \frac{1}{3}$), ainsi que $\int_{-1}^0 \frac{1}{\sqrt[3]{t}}\,dt$ par imparité. Les deux intégrales sont opposées (faire un changement de variable $u = -t$) donc leur somme est nulle.
4. L'intégrale est généralisée en 0 et en π, et l'intégrande est positive. En 0, $\frac{1}{\sqrt{\sin t}} \sim \frac{1}{\sqrt{t}}$ donc l'intégrale sur $\left]0, \frac{\pi}{2}\right]$ converge. En π, un changement de variable $u = \pi - t$ permet de se ramener au calcul précédent.
5. Faux si f est seulement continue par morceaux, par exemple δ_0 qui vaut 1 en 0 et 0 en tout autre point.
6. L'exemple le plus célèbre est $f(t) = \dfrac{\sin t}{t}$ avec $I =]0,+\infty[$. Voir l'**exercice 11.21**.
7. Faux, prendre par exemple $t \mapsto \frac{1}{\sqrt{t}}$.
8. Contre-exemple : $f(x) = g(x) = \frac{1}{\sqrt{x}}$ et $I =]0,1]$.
9. $|fg| \leqslant \frac{1}{2}(|f|^2 + |g|^2)$, donc $|fg|$ est intégrable sur I et fg l'est aussi.
10. Cette égalité s'obtient par un changement de variable $u = \frac{1}{t}$.
11. Faux par exemple si $f(t) = -\exp(t) \leqslant 0 \leqslant g(t) = \exp(-t)$ sur $\mathbb{R}_+$.
12. Il est possible que f soit bornée, tout en n'ayant pas de limite en 0 (par exemple $f(t) = \sin \frac{1}{t}$).
13. En posant $t = \frac{1}{u}$: $\int_0^1 \sin\left(\frac{1}{t}\right) dt = \int_1^{+\infty} \frac{\sin u}{u^2}\,du$ qui converge absolument.
(Voir la remarque après la **proposition 11.15**)

Erreurs classiques

- Commencer à travailler sur une intégrale en sautant l'étude de la continuité par morceaux de la fonction à intégrer : c'est seulement après cette étude que l'on sait si l'intégrale étudiée est généralisée et que l'on connaît les bornes en lesquelles on doit étudier sa convergence.
- Utiliser les théorèmes de comparaison sans avoir étudié le signe de la fonction à intégrer sur l'intervalle d'intégration.
- Oublier de vérifier qu'un changement de variable est de classe $\mathscr{C}^1$ et bijectif.
- Séparer par linéarité une intégrale convergente en somme de deux intégrales divergentes.
- Pratiquer une intégration par parties sans se ramener à un segment, et sans vérifier que deux au moins des trois termes obtenus convergent.
- Confondre intégrabilité de f et convergence de l'intégrale si f n'est pas à valeurs positives.

Corrigé des exercices

Exercice 11.1

Comme ces intégrales n'ont pas de nom, elles seront des John Doe :

$$JohnDoe01 = \int_0^1 \ln(1+t^2)\,dt,\ JohnDoe02 = \int_1^e t^{2018}\ln t\,dt,$$

$$JohnDoe03 = \int_1^{e^\pi} \sin(\ln(t))\,dt,\ JohnDoe04 = \int_0^1 t^2\sqrt{1-t^2}\,dt,$$

$$JohnDoe05 = \int_1^e \frac{dt}{t+t(\ln t)^2}.$$

▸ ***Calcul de*** $JohnDoe01$.

L'astuce $t^2 = t^2 + 1 - 1$ est classique. Il faut y penser !

En effectuant une intégration par parties, $JohnDoe01$ devient :

$$\left[t\ln(1+t^2)\right]_0^1 - \int_0^1 \frac{2t^2}{1+t^2}\,dt,$$

Finalement, l'idée dans cet exercice est de faire des intégrations par parties, il y en a une pour $JohnDoe1$ et $JohnDoe2$, deux successives pour $JohnDoe3$, puis des changements de variables classiques (bref, que l'on peut sentir seul, sans indication). Il y a un changement de variable à faire pour $JohnDoe4$ et un autre pour $JohnDoe5$.

en intégrant $t \mapsto 1$ et en dérivant $t \mapsto \ln(1+t^2)$.

Puis, on remarque que $\dfrac{2t^2}{1+t^2} = 2\dfrac{t^2+1-1}{1+t^2} = 2 - \dfrac{1}{1+t^2}$. On obtient :

$$JohnDoe1 = \ln 2 - 2\left[t - \arctan t\right]_0^1 = \ln 2 - 2 + \frac{\pi}{2}.$$

▸ ***Calcul de*** $JohnDoe02$.

Là aussi, on fait une intégration par parties, $JohnDoe2$ devient :

$$\left[\frac{1}{2019}t^{2019}\ln t\right]_1^e - \frac{1}{2019}\int_1^e t^{2018}\,dt = \frac{2018e^{2019}+1}{2019^2}.$$

▸ ***Calcul de*** $JohnDoe03$.

Ici, il faut deux intégrations par parties successives, pour la première, on dérive $t \mapsto \sin(\ln t)$ et on intègre $t \mapsto 1$, cela donne :

$$JohnDoe03 = \left[t\sin(\ln t)\right]_1^{e^\pi} - \int_1^{e^\pi} \cos(\ln(t))\,dt.$$

Puis on dérive $t \mapsto \cos(\ln t)$ et on intègre $t \mapsto 1$ à partir la dernière intégrale :

Cette idée de faire deux IPP pour aboutir à l'intégrale à calculer est assez classique.

$$\int_1^{e^\pi} \cos(\ln(t))\,dt = \left[t\cos(\ln t)\right]_1^{e^\pi} + \int_1^{e^\pi} \sin(\ln(t))\,dt.$$

Ainsi : $JohnDoe03 = \frac{1}{2}\left[t\sin(\ln t)\right]_1^{e^\pi} - \frac{1}{2}\left[t\sin(\ln t)\right]_1^{e^\pi} = \frac{e^\pi+1}{2}$.

▶ ***Calcul de*** $JohnDoe04$.

Ici, le changement de variable est $t = \sin u$ (on pourrait prendre $t = \cos u$) :

$$JohnDoe04 = \int_0^1 t^2\sqrt{1-t^2}\,dt = \int_0^{\frac{\pi}{2}} \sin^2 u \cos^2 u\,du = \frac{1}{4}\int_0^{\frac{\pi}{2}} \sin^2(2u)\,du.$$

Puis, $\cos 4u = 1 - 2\sin^2(2u)$, et $JohnDoe04 = \frac{1}{8}\int_0^{\frac{\pi}{2}} [1-\cos(4u)]\,du = \frac{\pi}{16}$.

▶ ***Calcul de*** $JohnDoe05$.

Ici, on fait le changement de variable $u = \ln t$, donc $du = \frac{dt}{t}$. Cela donne :

$$JohnDoe05 = \int_1^e \frac{dt}{t+t(\ln t)^2} = \int_0^1 \frac{du}{1+u^2} = \frac{\pi}{4}.$$

Exercice 11.2

1. Posons $P = X^2 - 2X\cos\frac{k\pi}{n} + 1$. Il s'agit de déterminer les racines de P.

Ici : $\Delta = 4\cos^2\frac{k\pi}{n} - 4 = 4i^2\sin^2\frac{k\pi}{n}$.

Les racines sont donc : $\frac{1}{2}\left[2\cos\frac{k\pi}{n} \pm 2i\sin\frac{k\pi}{n}\right] = e^{i\frac{k\pi}{n}}$.

L'angle $\theta = \frac{k\pi}{n}$ convient. On a bien alors :

$$P = (X - e^{i\theta})(X - e^{-i\theta}).$$

✎ Cet exercice est voisin (en plus détaillé) d'une planche d'Oral posée à Mines-Ponts. Il fait parti des classiques. Il traite de la factorisation en polynômes irréductibles (une des bêtes noires des taupins) et l'utilisation de la formule de la limite d'une somme de Riemann (attention, souvent on l'oublie et on la confond avec les séries de Riemann, ce qui est bien autre chose !

2. Déterminons les racines de $X^{2n} - 1$. Un complexe z est racine de $X^{2n} - 1$ si, et seulement si, $z^{2n} = 1$, et en posant $z = \rho e^{i\phi}$, on a : $\rho^{2n}e^{i2n\phi} = 1 = e^{i2k\pi}$, où $k \in \mathbb{Z}$.

En séparant module et argument, on a :

$$\left\{\begin{array}{rcl} \rho^{2n} & = & 1 \\ 2n\phi & = & i2k\pi \end{array}\right. ,$$

où k est un entier qui peut être restreint à $[\![0, 2n-1]\!]$.

On a alors : $\rho = 1$ et $\phi = \frac{k\pi}{n}$, avec $k \in [\![0, 2n-1]\!]$.

Posons $z_k = e^{i\frac{k\pi}{n}}$.

On remarque que si $k = 0$, $z_0 = 1$ et si $k = n$, $z_n = -1$.

Par ailleurs, z_k et z_{2n-k} sont conjugués pour $k \in [\![1, n-1]\!]$.

On écrit : $X^{2n} - 1 = (X-1)(X+1)\prod_{k=1}^{n-1}\left[(X-z_k)(X-\overline{z}_k)\right]$.

Et : $(X-z_k)(X-\overline{z}_k) = X^2 - (z_k + \overline{z_k})X + |z_k|^2 = X^2 - 2X\cos\frac{k\pi}{n} + 1$.

Puis :

$$X^{2n} - 1 = (X-1)(X+1)\prod_{k=1}^{n-1}\left(X^2 - 2X\cos\frac{k\pi}{n} + 1\right).$$

✎ Si l'on « s'amusait » à voir ce qui se passe si $|x| = 1$, on aboutirait au cas d'une intégrale généralisée (ici divergente) mais ouf, c'est un cas de toute façon pas envisagé dans l'exercice.

Si l'on multiplie par $X-1$ de chaque côté, on a :

$$(X-1)(X^{2n}-1) = (X-1)(X-1)(X+1)\prod_{k=1}^{n-1}\left(X^2 - 2X\cos\frac{k\pi}{n}+1\right).$$

Comme $(X-1)^2 = X^2-2X+1$, cette quantité est aussi $X^2-2X\cos\dfrac{k\pi}{n}+1$ pour $k=0$. On en déduit la formule demandée.

3. On écrit, pour $x \neq \pm 1$,

$$S_n(x) = \frac{1}{n}\ln\left[\frac{(x^{2n}-1)(x-1)}{x+1}\right].$$

En effet, on rappelle que si g est continue sur $[a,b]$, $\frac{b-a}{n}\sum_{k=0}^{n-1} g(x_k)$, où $x_k = a + \frac{(b-a)k}{n}$, tend vers $\int_a^b g(t)\,dt$ si n tend vers ∞.

Par ailleurs, d'après le cours sur les sommes de Riemann,

$$\lim_{n\to+\infty} \pi S_n(x) = \int_0^{\pi} \ln(x^2-2x\cos t+1)\,dt.$$

Posons $f(x) = \lim\limits_{n\to+\infty} S_n(x)$:

► si $|x|<1$, comme $\ln(1-x^{2n}) \sim x^{2n}$, quand $n\to+\infty$ et comme $\dfrac{x^{2n}}{n}$ tend vers 0, par croissances comparées, finalement

$$f(x) = 0\,;$$

► si $|x|>1$, $S_n(x) \sim \dfrac{1}{n}\ln\left|\dfrac{x^{2n+1}}{x}\right|$, quand $n\to+\infty$ et finalement

$$f(x) = 2\pi\ln|x|.$$

Exercice 11.3

1. $I_0 = \displaystyle\int_0^1 \frac{t}{1+t^2}\,dt = \left[\frac{1}{2}\ln(1+t^2)\right]_0^1 = \frac{1}{2}\ln 2$. Puis : $I_1 = \displaystyle\int_0^1 \frac{t^3}{1+t^2}\,dt$.
On fait le changement de variable $x=t^2$ et donc $dx = 2t\,dt$.

Il est temps de revoir l'intégration des fonctions continues sur $[a,b]$. Faites un certain nombre d'exemples simples pour vous « rafraîchir ».

On écrit : $I_1 = \dfrac{1}{2}\displaystyle\int_0^1 \frac{x}{1+x}\,dx$.
On utilise l'astuce : $x = 1+x-1$.
Donc :

$$I_1 = \frac{1}{2}\int_0^1\left[1-\frac{1}{1+x}\right]dx = \frac{1}{2}\left[x-\ln(1+x)\right]_0^1 = \frac{1}{2}(1-\ln 2).$$

2. On a : $\forall t\in[0,1]$, $\dfrac{t^{2n+1}}{1+t^2} \leqslant t^{2n+1}$ et donc :

$$I_n \leqslant \int_0^1 t^{2n+1}\,dt = \frac{1}{2n+2}.$$

De même, $\forall t\in[0,1]$, $\dfrac{t^{2n+1}}{1+t^2} \geqslant \dfrac{t^{2n+1}}{2}$ et donc :

$$I_n \geqslant \int_0^1 \frac{t^{2n+1}}{2}\,dt = \frac{1}{4n+4}.$$

Donc, d'après le théorème des Gendarmes, $\lim_{n\to+\infty} I_n = 0$.

3. Il suffit de faire une intégration par parties sur I_n en dérivant $t \mapsto \dfrac{1}{1+t^2}$ et en intégrant $t \mapsto t^{2n+1}$, on obtient :

$$I_n = \left[\frac{1}{1+t^2} \times \frac{t^{2n+2}}{2n+2}\right]_0^1 + \int_0^1 \frac{t^{2n+2}}{2n+2} \times \frac{2t}{(1+t^2)^2}\,dt.$$

En arrangeant, on a bien la double inégalité voulue.

Comme : $\forall t \in [0,1],\ \dfrac{t^{2n+3}}{(1+t^2)^2} \leq t^{2n+3}$, $\displaystyle\int_0^1 \frac{t^{2n+3}}{(1+t^2)^2}\,dt \leqslant \frac{1}{2n+4}$.

Il reste à multiplier par n de chaque côté dans l'égalité de **3)** :

$$nI_n = \frac{n}{4(n+1)} + \frac{n}{n+1}\int_0^1 \frac{t^{2n+3}}{(1+t^2)^2}\,dt.$$

Il est temps d'utiliser la double inégalité précédente :

$$0 \leqslant \frac{n}{n+1}\int_0^1 \frac{t^{2n+3}}{(1+t^2)^2}\,dt \leqslant \frac{n}{(2n+4)(n+1)}.$$

On a ainsi : $\displaystyle\lim_{n\to+\infty} \frac{n}{n+1}\int_0^1 \frac{t^{2n+3}}{(1+t^2)^2}\,dt = 0$ et $\displaystyle\lim_{n\to+\infty} nI_n = \frac{1}{4}$.

Quand on étudie des suites d'intégrales, il y a souvent des intégrations par parties quelque part. Pensez à l'intégrale de Wallis $\int_0^{\frac{\pi}{2}} \sin^n t\,dt$, que vous avez vu forcément quelque part.

Exercice 11.4

Posons $u = \tan t$, c'est-à-dire $t = \arctan u$. Alors :

$$dt = \frac{du}{1+u^2} \text{ et } \cos^2 t = \frac{1}{1+\tan^2 t} = \frac{1}{1+u^2},\ \sin^2 t = 1 - \cos^2 t = \frac{u^2}{1+u^2}.$$

Et donc :

$$I(x) = \int_0^{+\infty} \frac{1}{\frac{1}{1+u^2} + \frac{xu^2}{1+u^2}} \frac{du}{1+u^2} = \int_0^{+\infty} \frac{du}{1+xu^2} = \frac{1}{\sqrt{x}}\int_0^{+\infty} \frac{1}{1+v^2}\,dv.$$

Ce qui donne : $I(x) = \dfrac{\pi}{2\sqrt{x}}$.

On remarque que $\cos^2 t + x\sin^2 t = 1 + (x-1)\sin^2 t$, et donc par division par $\cos^2 t + x\sin^2 t$, puis intégration :

$$\frac{\pi}{2} = I(x) + (x-1)J(x).$$

On doit faire alors deux cas maintenant.

- Si $x \neq 1$, alors :

$$(x-1)J(x) = \frac{\pi}{2} - I(x) \Rightarrow J(x) = \frac{\frac{\pi}{2} - I(x)}{x-1}.$$

Cela donne :

$$J(x) = \frac{1}{x-1}\left(\frac{\pi}{2} - \frac{\pi}{2\sqrt{x}}\right) = \frac{\pi}{2\sqrt{x}}\,\frac{\sqrt{x}-1}{x-1} = \frac{\pi}{2(\sqrt{x}+x)}.$$

Le changement de variable est $\mathscr{C}^1$ et bijectif de $]0, \frac{\pi}{2}[$ dans $\mathbb{R}_+^*$.

$I(x)$ est une intégrale généralisée mais convergente car issue d'une intégrale définie.

Corrigé

• Supposons $x = 1$. On calcule directement :

$$J(1) = \int_0^{\frac{\pi}{2}} \frac{\sin^2 t}{\cos^2 t + \sin^2 t}\, dt = \int_0^{\frac{\pi}{2}} \sin^2 t\, dt = \frac{\pi}{4}.$$

Exercice 11.5

On prend pour subdivision les entiers relatifs inclus dans $[a, b]$.

$\forall k \in \mathbb{Z}$, $\lfloor x \rfloor = k \Leftrightarrow x \in [k, k+1[$, donc : $\forall k \in \mathbb{Z}$, $\forall x \in [k, k+1[$, $f(x) = e^k x$. Les points de discontinuité de f sont les entiers relatifs. k étant un entier relatif, la restriction de f à $]k, k+1[$ admet pour limites ke^k en k et $(k+1)e^k$ en $k+1$: elle est donc prolongeable par continuité à la fois en k et en $k+1$. Quel que soit le segment $[a, b]$ de $\mathbb{R}$, le nombre de points de discontinuité de f sur $[a, b]$ est fini, donc f est continue par morceaux sur $[a, b]$. Donc f est continue par morceaux sur $\mathbb{R}$.

Exercice 11.6

Par contre, f n'est pas continue par morceaux sur $[0, 1]$ car elle y admet une infinité de points de discontinuité.

1. Soit J un segment (fermé et borné) inclus dans I. On peut se limiter au cas où J est de la forme $[\frac{1}{n}, 1]$ avec $n \geqslant 2$ puisque tout segment contenu dans I est contenu dans un segment de ce type. Considérons alors la subdivision $\sigma = \left[\frac{1}{n}, \frac{1}{n-1}, \ldots, \frac{1}{k}, \ldots, 1\right]$ de J et pour tout k entier de 2 à n, la restriction de f à $]\frac{1}{k}, \frac{1}{k-1}[$ est : $f(x) = \frac{1}{x} - (k-1)$. Cette restriction est continue et possède des limites finies aux bornes. f est continue par morceaux sur J et sur I.

Le lecteur qui veut se cultiver apprendra que $\int_0^1 f(t)\, dt = 1 - \gamma$, où γ est la constante d'Euler.

2. Si $x \in I =]0, 1]$, comme $\lfloor t \rfloor \leqslant t < \lfloor t \rfloor + 1$, on a : $0 \leqslant f(x) \leqslant 1$.
D'après les théorèmes de comparaison, comme f est à valeurs positives et $x \mapsto 1$ est intégrable sur I, il en est de même de f.

Exercice 11.7

La méthode à employer en général : en quelles(s) bornes, $\int_I f$ est-elle généralisée ? On coupe alors l'intégrale si besoin pour isoler les bornes. Puis s'assurer que f est continue par morceaux sur l'intérieur de I et de signe constant au voisinage des bornes. Ensuite, on se ramène en 0 ou en $+\infty$ pour appliquer les théorèmes de comparaison ou un prolongement par continuité.

▸ **Nature de I_1.** La fonction $f_1 : t \mapsto \dfrac{\ln(1+t)}{\sin t}$ est continue (donc continue par morceaux) sur $]0, 1[$. Le seul point à problème est $t = 0$. De plus f_1 est positive sur $]0, 1]$. Enfin, $f_1(t) \sim_0 1$. La fonction $t \mapsto 1$ est intégrable sur $[0, 1]$.
Conclusion : I_1 est convergente.

▸ **Nature de I_2.**
La fonction $f_2 : t \mapsto \dfrac{\sin^2 t}{1+t^2}$ est continue (donc continue par morceaux) sur $[0, +\infty[$. Le seul point à problème est $+\infty$. De plus f_2 est positive sur $[0, +\infty[$. Enfin, $|f_2(t)| \leq \frac{1}{1+t^2}$. Cette dernière fonction est équivalente à $t \mapsto \frac{1}{t^2}$, intégrale de référence qui converge sur $[a, +\infty[$, avec $a > 0$.
Conclusion : I_2 est convergente.

▸ **Nature de I_3.** La fonction $f_3 : t \mapsto \dfrac{t}{t^3 + \sqrt{t} - 1}$ est continue (donc continue par morceaux) sur $[1, +\infty[$. Le seul point à problème est $+\infty$. De plus f_3 est positive sur $[1, +\infty[$. Enfin, $f_3(t) \sim \dfrac{1}{t^2}$ quand t tend vers $+\infty$. La fonction $t \mapsto \dfrac{1}{t^2}$ est intégrable (pourquoi ?) sur $[1, +\infty[$.
Conclusion : I_3 est convergente.

▸ **Nature de I_4.** La fonction $f_4 : t \mapsto \dfrac{1}{\sin t}$ est continue (donc continue par morceaux) sur $]0, 1]$. Le seul point à problème est 0. De plus f_4 est positive sur $]0, 1]$. Enfin, $f_4(t) \sim \dfrac{1}{t}$ quand t tend vers 0. La fonction $t \mapsto \dfrac{1}{t}$ n'est pas intégrable sur $]0,a[$, où $a>0$. Conclusion : I_4 est divergente.

▸ **Nature de** I_5. La fonction $f_5 : t \mapsto \dfrac{1}{\operatorname{ch} t}$ est continue (donc continue par morceaux) sur $[0,+\infty[$. Le seul point à problème est $+\infty$. De plus f_5 est positive sur $[0,+\infty[$. Enfin, $f_5(t) \sim \dfrac{2}{e^t}$ quand t tend vers $+\infty$. La fonction $t \mapsto 2t^2 e^{-t}$ tend vers 0 quand t tend vers $+\infty$. Donc : $f_5(t) = o\left(\frac{1}{t^2}\right)$, quand $t \to +\infty$. Comme $t \mapsto \frac{1}{t^2}$ est intégrable (j'ai entendu ça déjà quelque part!) sur $[1,+\infty[$, on peut conclure : I_5 est convergente.

On peut dire aussi que $t \mapsto 2e^{-t}$ est une fonction de référence.

▸ **Nature de** I_6. La fonction $f_6 : t \mapsto \dfrac{1}{\sqrt{t(2-t)}}$ est continue (donc continue par morceaux) sur $[1,2[$. Le seul point à problème est 2. De plus f_6 est positive sur $[1,2[$. On effectue le changement de variable $u = 2-t$ pour ramener le « souci » en 0. Notre intégrale devient : $I_6 = \displaystyle\int_0^1 \frac{du}{\sqrt{u(2-u)}}$. Enfin, $f_6(u) \sim \dfrac{1}{\sqrt{2u}}$ quand u tend vers 0. La fonction $u \mapsto \dfrac{1}{\sqrt{u}}$ est intégrable (intégrale de référence) sur $]0,a[$, où $a>0$. Conclusion : I_6 est convergente.

Le lecteur qui en veut toujours plus, pourra calculer I_6 en posant le changement de variable $t = 2\sin^2 x$. Il trouvera $I_6 = \frac{\pi}{2}$.

▸ **Nature de** I_7. La fonction $f_7 : t \mapsto \dfrac{t \ln t}{\sqrt{1-t^2}}$ est continue par morceaux et négative (donc toujours de même signe) sur $]0,1[$. Ici, il y a deux problèmes : d'abord $t=0$. En ce voisinage, $f_7(t) \sim t\ln t$. Or $t \ln t$ tend vers 0. L'intégrale $\displaystyle\int_0^a f_7(t)\,dt$, où $a \in]0,1[$ fixé, est donc convergente. Le second problème est $t=1$. On passe par le changement de variable : $t = 1-h$. L'expression $f_7(t)$ devient $g_7(h) = \dfrac{(1-h)\ln(1-h)}{\sqrt{2h-h^2}}$. Et quand h tend vers 0, $g_7(h) \sim -\dfrac{\sqrt{h}}{\sqrt{2}}$. On a encore à faire à une fonction intégrable sur $]0,a[$, où $a \in]0,1[$ (car g_7 tend vers 0). Conclusion : I_7 est convergente.

Vous êtes un PSI performant et vous avez remarqué que si l'on pose $x = t^2$, on se ramène à un des exemples qui suivent la **méthode 11.5**. *Et en plus, on vous la calcule !*

▸ **Nature de** I_8. Posons $f_8 : t \mapsto \dfrac{e^{it}}{\sqrt{t}}$. Cette fonction est continue par morceaux sur $[1,+\infty[$ (car sa partie réelle et sa partie imaginaire le sont). Cela est réglé ! Puis, on a : $|f_8(t)| = \frac{1}{\sqrt{t}}$ et I_8 ne peut pas être absolument convergente, donc on ne peut pas trouver la nature de I_8 ainsi. On peut tenter de séparer en partie réelle et en partie imaginaire. Il faudra faire des intégrations par parties. Donc autant le faire sur f_8 directement (où $X>1$) :

$$\int_1^X \frac{e^{it}}{\sqrt{t}}\,dt = \int_1^X \frac{1}{2it^{\frac{3}{2}}} e^{it} + \left[\frac{e^{it}}{i\sqrt{t}}\right]_1^X.$$

La nouvelle intégrale est absolument convergente car $\left|\dfrac{1}{2it^{\frac{3}{2}}} e^{it}\right| \leq \dfrac{1}{2t^{\frac{3}{2}}}$, fonction intégrable sur $[1,+\infty[$. Elle est donc convergente. Quant à la quantité $\dfrac{e^{it}}{i\sqrt{t}}$, son module tend vers 0 quand t tend vers $+\infty$.
On peut conclure : I_8 est convergente.

*Ici, on est à valeurs dans $\mathbb{C}$ et utiliser les théorèmes de comparaison, das ist verboten ! (pas d'ordre dans $\mathbb{C}$). On utilise une I.P.P ici. Voir l'***exercice 11.24** *pour un cas dans $\mathbb{C}$ plus costaud.*

Exercice 11.8

▸ **Étude de la convergence de I.** La fonction à intégrer est continue sur $\mathbb{R}_+$, donc le seul point qui pose problème est la borne infinie.

Corrigé

Comme il n'est pas facile de trouver un équivalent plus simple de $e^{-\sqrt{t}}$ en $+\infty$, on peut penser à une majoration : d'après le théorème des croissances comparées, on sait qu'il existe un réel $A \in \mathbb{R}_+^*$ tel que $t > A \Rightarrow \sqrt{t} \geqslant 2\ln t$, et alors, pour $t > A$, $e^{-\sqrt{t}} \leqslant e^{-2\ln t} = \frac{1}{t^2}$.

L'intégrande est positive et on peut donc appliquer les théorèmes de comparaison. Ne pas oublier de le dire !

Comme $\int_A^{+\infty} \frac{dt}{t^2}$ converge, $\int_A^{+\infty} e^{-\sqrt{t}}\, dt$ converge, ainsi que l'intégrale à étudier.

▸ **Calcul de la valeur de** I. Comme $dt = 2u\,du$, on obtient l'égalité :

$$\int_0^{+\infty} e^{-\sqrt{t}}\, dt = \int_0^{+\infty} 2ue^{-u}\, du.$$

Le changement de variables $t \mapsto u = \sqrt{t}$ est bijectif et de classe $\mathscr{C}^1$ dans $\mathbb{R}_+^*$, donc conserve la valeur et la nature (convergente ou divergente) de l'intégrale à étudier.

Reste à calculer cette dernière intégrale par intégration par parties, en prenant la précaution de remplacer la borne supérieure par X (ce qui permet de travailler sur des intégrales ordinaires) :

Posons : $\begin{cases} f'(u) = e^{-u} & ; \quad f(u) = -e^{-u} \\ g(u) = 2u & ; \quad g'(u) = 2 \end{cases}$, alors :

$$\int_0^X e^{-u} 2u\, du = \left[-2ue^{-u}\right]_0^X + \int_0^X 2e^{-u}\, du.$$

Un passage à la limite quand X tend vers $+\infty$ donne pour valeur 2.

▸ **Étude de la convergence de** J. La fonction à intégrer est continue sur $\mathbb{R}_+$, donc le seul point qui pose un problème est la borne infinie.

On peut encore appliquer les théorèmes de comparaison. Et pourquoi ?

$$1 - \frac{t}{\sqrt{t^2+1}} = \frac{\sqrt{t^2+1} - t}{\sqrt{t^2+1}} = \frac{t^2+1-t^2}{\sqrt{t^2+1}\,\left(t + \sqrt{t^2+1}\right)},$$

par multiplication par la quantité conjuguée. L'intégrande est équivalent à $\frac{1}{2t^2}$ en $+\infty$, or $\int_1^{+\infty} \frac{1}{2t^2}\, dt$ converge, ce qui garantit la convergence de l'intégrale étudiée.

▸ **Calcul de la valeur de** J. On écrit : $\mathrm{d}t = \dfrac{\mathrm{d}u}{\cos^2 u}$ et $1 + t^2 = \dfrac{1}{\cos^2 u}$.

Le changement de variable $t \mapsto \arctan t = u$ est bijectif et $\mathscr{C}^1$ de $\mathbb{R}_+$ sur $[0, \frac{\pi}{2}[$.

Et l'intégrale est : $\displaystyle\int_0^{\frac{\pi}{2}} (1 - \tan u\ \cos u) \frac{\mathrm{d}u}{\cos^2 u} = \int_0^{\frac{\pi}{2}} \frac{1 - \sin u}{\cos^2 u}\, du.$

L'intégrale n'étant pas définie en $\frac{\pi}{2}$, il vaut mieux calculer :

$$\int_0^x \left(\frac{1}{\cos^2 u} - \frac{\sin u}{\cos^2 u}\right) du = \left[\tan u - \frac{1}{\cos u}\right]_0^x = 1 + \frac{\sin x - 1}{\cos x}.$$

Il faut donc estimer la limite de $\dfrac{\sin x - 1}{\cos x}$ en $\frac{\pi}{2}$; pour cela, posons $x = \frac{\pi}{2} + h$ et écrivons $\dfrac{\sin x - 1}{\cos x} = -\dfrac{1 - \cos h}{\sin h} \underset{h \to 0}{\sim} \dfrac{-h^2}{2h}$ qui est de limite nulle quand h tend vers 0. Finalement : $\displaystyle\int_0^{+\infty} \left(1 - \frac{t}{\sqrt{t^2+1}}\right) dt = 1.$

Exercice 11.9

1. ▸ **Positivité et continuité de l'intégrande**

$\forall u \in \mathbb{R}_+^*$, $\arctan u \leqslant u$ donc $\forall t \in \mathbb{R}_+^*$, $t \arctan \frac{1}{t} \leqslant 1$, ce qui prouve la positivité de $t \mapsto 1 - t \arctan \frac{1}{t}$ qui est par ailleurs continue sur $\mathbb{R}_+^*$.

On utilise ici quelques propriétés de arctan. *Comme vous êtes super-cultivé, vous les connaissez !*

▸ **Convergence de l'intégrale**

L'intégrale est *a priori* généralisée en 0 et en $+\infty$.

Cependant, $t \arctan \frac{1}{t} \underset{0}{\sim} t\frac{\pi}{2}$ et donc on a déjà convergence en 0.

Par ailleurs, (DL) quand $t \to +\infty$: $\arctan \frac{1}{t} = \frac{1}{t} - \frac{1}{3t^3} + o\left(\frac{1}{t^3}\right)$.

Donc : $1 - t\arctan\frac{1}{t} = 1 - 1 + \frac{1}{3t^2} + o\left(\frac{1}{t^2}\right)$. Comme $\displaystyle\int_1^{+\infty} \frac{1}{t^2}\,dt$ converge (exemple de Riemann avec $\alpha = 2$) et que la positivité de l'intégrande autorise à utiliser les théorèmes de comparaison, $\int_1^{+\infty} \left(1 - t\arctan\frac{1}{t}\right)\,dt$ converge.

On conclut à la convergence de $\int_0^{+\infty} \left(1 - t\arctan\frac{1}{t}\right)\,dt$.

Warning : attention à l'erreur fréquente qui est d'écrire au tableau ou sur sa feuille $\int_0^{+\infty} \frac{1}{t^2}\,dt$ qui ne converge jamais. Écrire cela et c'est la mauvaise note assurée !

2. ▸ **Calcul de l'intégrale auxiliaire.** Une primitive de $t \mapsto t\arctan\frac{1}{t}$ sur $\mathbb{R}_+$ peut être calculée en effectuant une intégration par parties.

Posons $\left\{\begin{array}{l} u'(t) = t \\ v(t) = \arctan\frac{1}{t} \end{array}\right.$ et $\left\{\begin{array}{l} u(t) = \frac{t^2}{2} \\ v'(t) = \frac{-1}{1+t^2} \end{array}\right.$, alors

$$\begin{aligned}
\int_0^x t\arctan\frac{1}{t}\,dt &= \left[\frac{t^2}{2}\arctan\frac{1}{t}\right]_0^x - \int_0^x \frac{t^2}{2}\,\frac{(-1)}{1+t^2}\,dt \\
&= \frac{x^2}{2}\arctan\frac{1}{x} + \frac{1}{2}\int_0^x \frac{t^2+1-1}{1+t^2}\,dt \\
&= \frac{x^2}{2}\arctan\frac{1}{x} + \frac{x}{2} - \frac{1}{2}\arctan x.
\end{aligned}$$

▸ **Calcul de l'intégrale généralisée.**

D'après un *D.L* classique, $\frac{x^2}{2}\arctan\frac{1}{x} = \frac{x}{2} - \frac{1}{6x} + o\left(\frac{1}{x}\right)$ et donc :

$$\int_0^x t\arctan\frac{1}{t}\,dt = x - \frac{1}{6x} - \frac{1}{2}\arctan x + o\left(\frac{1}{x}\right).$$

Bien retenir cette façon de faire, on coupe en plusieurs intégrales. Puis ici, on calcule $\displaystyle\int_0^x f(t)\,dt$ et on fait tendre x vers $+\infty$, cela évite des formes indéterminées.

Cela donne : $\displaystyle\int_0^x \left(1 - t\arctan\frac{1}{t}\right)\,dt = \frac{1}{2}\arctan x + o(1)$.

En faisant tendre x vers $+\infty$, $\displaystyle\int_0^{+\infty} \left(1 - t\arctan\frac{1}{t}\right)\,dt = \frac{\pi}{4}$.

Exercice 11.10

1. La fonction $t \mapsto \dfrac{1}{(1+xt)(1+yt)}$ est continue sur $\mathbb{R}_+$.

L'intégrale $I(x,y)$ est donc seulement généralisée en $+\infty$;

Or $\dfrac{1}{(1+xt)(1+yt)} \underset{+\infty}{\sim} \dfrac{1}{xyt^2}$. Comme $\displaystyle\int_1^{+\infty} \frac{dt}{t^2}$ converge, $I(x,y)$ converge.

De plus, comme l'intégrande est positive, on peut utiliser les théorèmes de comparaison.

2. $I(x,x) = \displaystyle\int_0^{+\infty} \frac{dt}{(1+xt)^2} = \left[\frac{-1}{x(1+xt)}\right]_0^{+\infty} = \frac{1}{x}$.

3. Si $x \neq y$: $\dfrac{a}{1+xt} + \dfrac{b}{1+yt} = \dfrac{a+b+(bx+ay)t}{(1+xt)(1+yt)}$ qui vaut $\dfrac{1}{(1+xt)(1+yt)}$

si, et seulement si, $\left\{\begin{array}{l} a+b=1 \\ ay+bx=0 \end{array}\right.$, c'est-à-dire $\left\{\begin{array}{l} a = \dfrac{x}{x-y} \\ b = \dfrac{-y}{x-y} \end{array}\right.$.

On ne peut pas calculer directement l'intégrale généralisée $I(x,y)$ par linéarité mais néanmoins, si $m \in \mathbb{R}_+$,

Sous peine de soustraire deux intégrales généralisées divergentes.

$$\begin{aligned}
\int_0^m \frac{dt}{(1+xt)(1+yt)} &= a\int_0^m \frac{dt}{1+xt} + b\int_0^m \frac{dt}{1+yt} \\
&= \frac{a}{x}\left[\ln(1+xt)\right]_0^m + \frac{b}{y}\left[\ln(1+yt)\right]_0^m \\
&= \tfrac{1}{x-y}\left(\ln\left(x+\tfrac{1}{m}\right) - \ln\left(y+\tfrac{1}{m}\right)\right)
\end{aligned}$$

qui tend vers $\dfrac{\ln x - \ln y}{x-y}$ et $I(x,y) = \dfrac{\ln x - \ln y}{x-y}$.

Corrigé

Exercice 11.11

1. ▸ Nature de l'intégrale

Les seuls points problématiques sont 0 et $+\infty$, et on peut, pour l'étude en ces points, utiliser les théorèmes de comparaison.

$t \mapsto \dfrac{e^{-at} - e^{-bt}}{t}$ est continue et de signe constant sur $\mathbb{R}_+^*$.

En 0 : $\dfrac{e^{-at} - e^{-bt}}{t} = \dfrac{1 - e^{-bt}}{t} + \dfrac{e^{-at} - 1}{t} = \dfrac{-bt + o(t)}{t} - \dfrac{-at + o(t)}{t}$ tend vers $a - b$ quand t tend vers 0, donc $t \mapsto \dfrac{e^{-at} - e^{-bt}}{t}$ est prolongeable par continuité en 0.

En $+\infty$: $\frac{e^{-at} - e^{-bt}}{t} = O(e^{-mt})$ si $m = \inf(a, b)$, ce qui garantit la convergence de l'intégrale I par comparaison.

2. $\dfrac{e^{-t}}{t} - \dfrac{1}{t} = \dfrac{1 - t + o(t) - 1}{t} = -1 + o(1)$, donc cette fonction est intégrable au voisinage de 0. Alors $\displaystyle\lim_{\varepsilon \to 0} \int_{a\varepsilon}^{b\varepsilon} \left(\frac{e^{-t}}{t} - \frac{1}{t}\right) dt = 0$.

Or : $\displaystyle\int_{a\varepsilon}^{b\varepsilon} \frac{1}{t}\, dt = \ln(b\varepsilon) - \ln(a\varepsilon) = \ln \frac{b}{a}$, donc $\displaystyle\lim_{\substack{\varepsilon \to 0 \\ \varepsilon > 0}} \int_{a\varepsilon}^{b\varepsilon} \frac{e^{-t}}{t}\, dt = \ln \frac{b}{a}$.

Par ailleurs, la convergence de l'intégrale $J = \displaystyle\int_1^{+\infty} \frac{e^{-t}}{t}\, dt$ entraîne le fait que $\displaystyle\int_{ax}^{bx} \frac{e^{-t}}{t}\, dt = \int_1^{bx} \frac{e^{-t}}{t}\, dt - \int_1^{ax} \frac{e^{-t}}{t}\, dt$ tend vers $J - J = 0$ quand x tend vers $+\infty$.

Soit ε et x deux réels strictement positifs :

$$\int_\varepsilon^x \frac{e^{-at} - e^{-bt}}{t}\, dt = \int_\varepsilon^x \frac{e^{-at}}{t}\, dt - \int_\varepsilon^x \frac{e^{-bt}}{t}\, dt = \int_{a\varepsilon}^{ax} \frac{e^{-u}}{u}\, du - \int_{b\varepsilon}^{bx} \frac{e^{-v}}{v}\, dv,$$

bijectifs sur $\mathbb{R}_+^*$, puisque $a > 0$ et $b > 0$. Et en plus sont de classe $\mathscr{C}^1$.

après les changements de variable $u = at$ et $v = bt$. Chasles revient nous voir :

$$\int_\varepsilon^x \frac{e^{-at} - e^{-bt}}{t}\, dt = \int_{a\varepsilon}^{b\varepsilon} \frac{e^{-t}}{t}\, dt - \int_{ax}^{bx} \frac{e^{-v}}{v}\, dv,$$

dont la limite lorsque ε tend vers 0 et x vers $+\infty$ vaut $I = \ln\left(\dfrac{b}{a}\right)$, et cela d'après la question **2**.

Exercice 11.12

La fonction $x \mapsto \dfrac{\ln x}{x^n}$ est continue, donc continue par morceaux sur $[1, +\infty[$; sur cet intervalle, elle est positive, ce qui autorise l'usage des théorèmes de comparaison. Seule la borne infinie pose un problème.

$\displaystyle\int_a^{+\infty} \frac{\ln^\alpha x}{x^\beta}\, dx$ est appelée **intégrale de Bertrand**. *L'étude de sa nature selon α et β est un bon exercice à faire sans modération car il revient dans les concours souvent comme un remord permanent.*

▸ Si $n > 1$, alors $x^{\frac{1+n}{2}} \frac{\ln x}{x^n}$ tend vers 0 en $+\infty$, donc $\frac{\ln x}{x^n} = O\left(\frac{1}{x^{\frac{1+n}{2}}}\right)$; comme $\displaystyle\int_1^{+\infty} \frac{dx}{x^{\frac{1+n}{2}}}$ converge (intégrale de référence, avec $\alpha = \frac{1+n}{2} > 1$), on en déduit la convergence de $\displaystyle\int_1^{+\infty} \frac{\ln x}{x^n}\, dx$ si $n > 1$.

▸ Si $n = 1$, alors $x \mapsto \frac{\ln x}{x}$ admet pour primitive $\frac{1}{2}(\ln x)^2$, donc n'est pas intégrable sur $[1, +\infty[$.

▸ Si $n < 1$, alors $\frac{\ln x}{x^n} > \frac{\ln x}{x}$ donc l'intégrale $\displaystyle\int_1^{+\infty} \frac{\ln x}{x^n}\, dx$ diverge.

▸ Conclusion : $x \mapsto \displaystyle\int_1^{+\infty} \frac{\ln x}{x^n}\, dt$ converge si, et seulement si, $n > 1$.

Exercice 11.13

f est positive sur $\mathbb{R}_+^*$, donc on peut utiliser les théorèmes de comparaison.

$\lim_{t\to+\infty} t^\beta\gamma^t = +\infty$, donc $\dfrac{\ln(1+t^\beta\gamma^t)}{t^\alpha} \underset{+\infty}{\sim} \dfrac{\beta\ln t + t\ln\gamma}{t^\alpha} = \dfrac{\beta\ln t}{t^\alpha} + \dfrac{\ln\gamma}{t^{\alpha-1}}$ qui est équivalent à $\dfrac{\ln\gamma}{t^{\alpha-1}}$: f est intégrable sur $[1,+\infty[$ si, et seulement si, $\alpha > 2$.

$\lim_{t\to 0} t^\beta\gamma^t = 0$ donc $\dfrac{\ln(1+t^\beta\gamma^t)}{t^\alpha} \underset{0}{\sim} t^{\beta-\alpha}\gamma^t \underset{0}{\sim} t^{\beta-\alpha}$ qui est intégrable sur $]0,1[$ si, et seulement si, $\beta-\alpha > -1$.

Ainsi : f est intégrable sur $\mathbb{R}_+^*$ si, et seulement si, $\beta > \alpha - 1$ et $\alpha > 2$.

Les seuls points problématiques sont les bornes 0 et $+\infty$.

Exercice 11.14

► $t \mapsto \dfrac{(\ln t)^2}{1+t^2}$ est continue et positive sur $]0,1]$ et lorsque t tend vers 0, on a l'équivalence : $\dfrac{(\ln t)^2}{1+t^2} \sim (\ln t)^2$. Or, $\displaystyle\int_0^1 (\ln t)^2\,dt = \int_1^{+\infty} \frac{\ln^2 x}{x^2}\,dx$, par le changement de variable admissible $t \mapsto \dfrac{1}{t}$. Or, $\dfrac{\ln^2 x}{x^2} = o\left(\dfrac{1}{x^{\frac{3}{2}}}\right)$ quand $x \to +\infty$. Donc $t \mapsto \dfrac{(\ln t)^2}{1+t^2}$ est intégrable sur $]0,1]$.

Quand $t \to +\infty$, $f(t)$ est encore un $o\left(\dfrac{1}{t^{\frac{3}{2}}}\right)$. On a la même conclusion : $t \mapsto \dfrac{(\ln t)^2}{1+t^2}$ est intégrable sur $[1,+\infty[$.

On sait que pour étudier la nature d'une intégrale généralisée, on peut faire un changement de variable en appliquant la formule du cours.

► Effectuons dans l'intégrale $\displaystyle\int_0^1 \frac{(\ln t)^2}{1+t^2}\,dt$ le changement de variable $u = \dfrac{1}{t}$;

$$\int_0^1 \frac{(\ln t)^2}{1+t^2}\,dt = \int_{+\infty}^1 \frac{(-\ln u)^2}{1+(\frac{1}{u})^2}\frac{-du}{u^2} = \int_1^{+\infty} \frac{(\ln u)^2}{1+u^2}\,du.$$

Donc par Chasles : $\displaystyle I = \int_0^{+\infty} \frac{(\ln t)^2}{1+t^2}\,dt = 2\int_0^1 \frac{(\ln t)^2}{1+t^2}\,dt.$

Exercice 11.15

On commence toujours par : $f_n : t \mapsto \dfrac{1}{(1+t^2)^n}$ est continue, donc continue par morceaux, et positive sur $[0,+\infty[$.

Écrivons : $f_n(t) \underset{+\infty}{\sim} \frac{1}{t^{2n}}$ et $t \mapsto \frac{1}{t^{2n}}$ est intégrable sur $[1,+\infty[$:

f_n est intégrable sur $[1,+\infty[$, donc sur $[0,+\infty[$.

$$I_1 = \int_0^{+\infty} \frac{dt}{1+t^2} = \lim_{X\to+\infty}\Big[\arctan t\Big]_0^X = \frac{\pi}{2}.$$

Pour $n \geqslant 2$, $\displaystyle I_n = \int_0^{+\infty}\frac{dt}{(1+t^2)^n} = \int_0^{+\infty}\frac{1+t^2}{(1+t^2)^n}\,dt - \int_0^{+\infty}\frac{t^2}{(1+t^2)^n}\,dt.$

La première intégrale est I_{n-1}.

Effectuons une intégration par parties sur la seconde. Soit $X > 0$.

Posons : $\begin{cases} f(t) = t \\ g'(t) = \frac{t}{(1+t^2)^n} \end{cases}$ et $\begin{cases} f'(t) = 1 \\ g(t) = -\frac{1}{2(n-1)(1+t^2)^{n-1}} \end{cases}$.

Alors, après cette intégration par parties, on peut écrire :

$$\int_0^X \frac{t^2}{(1+t^2)^n}\,dt = \left[-\frac{t}{2(n-1)(1+t^2)^{n-1}}\right]_0^X + \frac{1}{2(n-1)}\int_0^X \frac{dt}{(1+t^2)^{n-1}}.$$

En faisant tendre X vers $+\infty$, on obtient :

$$I_n = I_{n-1} - \frac{I_{n-1}}{2(n-1)} \Leftrightarrow I_n = \frac{2n-3}{2n-2}I_{n-1}.$$

Corrigé

C'est une récurrence à faire !

On établit : $\forall n \geqslant 2,\ I_n = \dfrac{\prod_{k=1}^{n-1}(2k-1)}{\prod_{k=1}^{n-1} 2k}\dfrac{\pi}{2} = \dfrac{(2n-2)!}{2^{2n-2}((n-1)!)^2}\dfrac{\pi}{2}.$

Dans cet exercice, il est possible de procéder d'abord au changement de variable, puis de s'assurer seulement ensuite de la convergence de l'intégrale obtenue. Cette possibilité tient au fait qu'un changement de variable bijectif et $\mathscr{C}^1$ ne change pas la nature d'une intégrale. Néanmoins, il est naturel, et plus systématique, de s'interroger dès le début sur la convergence de l'intégrale proposée.

Exercice 11.16

▶ $f : t \mapsto \dfrac{\ln t}{1+t^2}$ est continue, donc continue par morceaux, sur $]0,+\infty[$.
f est négative sur $]0,1]$ et $f(t) \underset{0}{\sim} \ln t$.

Puisque $\displaystyle\int_0^1 \ln t\, dt$ converge, $\displaystyle\int_0^1 f(t)\, dt$ aussi.

$\dfrac{t^{\frac{3}{2}}\ln t}{1+t^2} \underset{+\infty}{\sim} \dfrac{\ln t}{t^{\frac{1}{2}}}$, donc, par croissance comparée, $\displaystyle\lim_{t\to+\infty} t^{\frac{3}{2}} f(t) = 0$.
Il existe donc un réel $A \geqslant 1$ tel que, pour tout réel $t \geqslant A$, $0 \leqslant f(t) \leqslant \frac{1}{t^{\frac{3}{2}}}$.

Puisque $\displaystyle\int_1^{+\infty} \frac{1}{t^{\frac{3}{2}}}\, dt$ converge, $\displaystyle\int_1^{+\infty} f(t)\, dt$ aussi.

Finalement, $\displaystyle\int_0^{+\infty} \frac{\ln t}{1+t^2}\, dt$ converge.

▶ $\varphi : t \mapsto \frac{1}{t}$ est une bijection strictement décroissante de classe $\mathscr{C}^1$ de l'intervalle $]0,+\infty[$ dans lui-même : c'est donc un changement de variable valide pour l'intégrale généralisée proposée.
Comme $\forall t > 0$, $\varphi'(t) = -\frac{1}{t^2}$, on peut écrire :

Comme d'habitude, on a coupé en deux, l'intégrale sur $[0,1]$ et sur $[1,+\infty[$.

$$\int_0^{+\infty} \frac{\ln t}{1+t^2}\, dt = \int_0^{+\infty} -\frac{\ln\left(\frac{1}{t}\right)}{\frac{1}{t^2}+1}\frac{1}{t^2}\, dt = \int_0^{+\infty} \frac{\ln(\varphi(t))}{(\varphi(t))^2+1}\varphi'(t)\, dt.$$

Donc $\displaystyle\int_0^{+\infty} \frac{\ln t}{1+t^2}\, dt = -\int_0^{+\infty} \frac{\ln u}{u^2+1}\, du$. L'intégrale est donc nulle !

Exercice 11.17

Exercice hyper-classique !

Au $V(0)$, il n'y a aucun souci car prolongement par continuité.
Maintenant, pour tout $k \in \mathbb{N}$, si $t \in [\frac{\pi}{4}+k\pi, \frac{3\pi}{4}+k\pi]$, $|\sin t| \geqslant \frac{1}{\sqrt{2}}$. Donc :

$$\int_{\pi}^{n\pi+3\pi/4} \left|\frac{\sin t}{t}\right| dt \geqslant \sum_{k=1}^{n} \int_{k\pi+\pi/4}^{k\pi+3\pi/4} \left|\frac{\sin t}{t}\right| dt \geqslant \frac{1}{\sqrt{2}} \sum_{k=1}^{n} \int_{k\pi+\pi/4}^{k\pi+3\pi/4} \frac{1}{t}\, dt.$$

Pourquoi cette série diverge ?

En minorant, on obtient $\displaystyle\sum_{k=1}^{n} \frac{\pi\sqrt{2}}{k\pi+3\pi/4}$ qui est la somme partielle d'une série divergente. Donc : $\displaystyle\lim_{n\to+\infty} \int_{\pi}^{n\pi+3\pi/4} \left|\frac{\sin t}{t}\right| dt = +\infty$ et donc notre fonction n'est pas intégrable sur $[1,+\infty[$ (et donc sur $[0,+\infty[$.)

Bien retenir la méthode ! L'idée est de contredire la définition du cours.

Exercice 11.18

Les seuls points problématiques de l'intervalle sont les bornes 0 et $+\infty$.

$f_\alpha : t \mapsto \dfrac{1-\cos t}{t^\alpha}$ est continue, donc continue par morceaux sur $]0,+\infty[$.
Par ailleurs, f_α est à valeurs positives sur $\mathbb{R}_+^*$ et donc $|f_\alpha| = f_\alpha$. On utilise donc les théorèmes de comparaison.
L'intégrale $F(\alpha)$ est toujours généralisée en $+\infty$. Comme $1-\cos t \underset{0}{\sim} \frac{t^2}{2}$ en 0,

l'intégrale $F(\alpha)$ est généralisée en 0 pour $\alpha > 2$.

Étudions $\displaystyle\int_1^{+\infty} \frac{1-\cos t}{t^\alpha}\,dt$: $0 \leqslant \frac{1-\cos t}{t^\alpha} \leqslant \frac{2}{t^\alpha}$ d'où la convergence pour $\alpha > 1$.

Si $\alpha = 1$, posons $U_k = \displaystyle\int_{\frac{\pi}{2}+2k\pi}^{\frac{3\pi}{2}+2k\pi} \frac{1-\cos t}{t}\,dt$; alors, après le changement $t = u + 2k\pi$: $U_k = \displaystyle\int_{\frac{\pi}{2}}^{\frac{3\pi}{2}} \frac{1-\cos u}{u+2k\pi}\,du \geqslant \int_{\frac{\pi}{2}}^{\frac{3\pi}{2}} \frac{du}{2(k+1)\pi} = \frac{\pi}{2(k+1)\pi}$.

Donc $\displaystyle\sum_{k\geqslant 1} U_k$ diverge. Et $\displaystyle\lim_{n\to+\infty} \sum_{k=0}^{n} U_k = +\infty$.

Par comparaison avec la série harmonique.

Or : $\displaystyle\sum_{k=0}^{n} U_k \leqslant \int_{\frac{\pi}{2}}^{\frac{3\pi}{2}+2n\pi} \frac{1-\cos t}{t}\,dt$.

Donc $\displaystyle\int_{\frac{\pi}{2}}^{\frac{3\pi}{2}+2n\pi} \frac{1-\cos t}{t}\,dt$ tend vers $+\infty$ quand n tend vers $+\infty$.

Il en résulte que l'intégrale $F(1)$ diverge. Il en va de même de toutes les intégrales $F(\alpha)$ avec $\alpha < 1$, car leur intégrande positive est prédominante devant celle de $F(1)$.

Étude de $\displaystyle\int_0^1 \frac{1-\cos t}{t^\alpha}\,dt$. On écrit : $\displaystyle\frac{1-\cos t}{t^\alpha} \underset{0}{\sim} \frac{1}{2t^{\alpha-2}}$, d'où la convergence de cette intégrale si, et seulement si, $\alpha - 2 < 1$, soit $\alpha < 3$.

Ainsi, $F(\alpha)$ converge si, et seulement si, $1 < \alpha < 3$.

Exercice 11.19

Remarquons d'abord que $\displaystyle\frac{\ln x}{1+n^2e^x}$ garde un signe constant sur chacun des intervalles $]0,1[$ et $]1,\infty[$, et la convergence de l'intégrale sur chacun de ces deux intervalles est équivalente à la convergence absolue ; de plus les termes de la série considérée sont tous de même signe, donc la convergence absolue des séries est équivalente à leur convergence.

Or : $\forall n \in \mathbb{N}^*, \forall x \in \mathbb{R}_+^*$, $\displaystyle\frac{|\ln x|}{1+n^2e^x} \leqslant \frac{|\ln x|}{n^2}e^{-x}$ donc on écrit alors :

pour tout $m \in \mathbb{N}^*$, $\displaystyle\sum_{n=1}^{m} \frac{|\ln x|}{1+n^2e^x} \leqslant \left(\sum_{n=1}^{m} \frac{1}{n^2}\right)|\ln x|e^{-x} \leqslant \left(\sum_{n=1}^{+\infty} \frac{1}{n^2}\right)|\ln x|e^{-x}$.

Cet exercice ressemble fort à ceux du chapitre sur l'interversion d'une série et d'une intégrale mais on peut ici y arriver avec les moyens du bord. Soyez rassuré !

La convergence de la série $\displaystyle\sum_{n\geqslant 1} \frac{1}{n^2}$ entraîne celle de $\displaystyle\sum_{n\geqslant 1} \frac{|\ln x|}{1+n^2e^x}$ et aussi l'encadrement : $0 \leqslant \displaystyle\sum_{n=1}^{+\infty} \frac{|\ln x|}{1+n^2e^x} \leqslant A|\ln x|e^{-x}$, où $A = \displaystyle\sum_{n=1}^{+\infty} \frac{1}{n^2}$.

Il reste à montrer que $|\ln x|e^{-x}$ est intégrable sur $]0,1]$ et sur $[1,\infty[$; or, au voisinage de 0, $e^{-x}\ln x \sim \ln x$ et au voisinage de $+\infty$, $x^2e^{-x}\ln x = O(1)$ donc $e^{-x}\ln x = O(x^{-2})$ ce qui garantit l'intégrabilité de $e^{-x}\ln x$ partout.

Exercice 11.20

1. $t \mapsto \dfrac{\sin t}{t}$ est continue sur $\mathbb{R}_+^*$ et prolongeable par continuité en 0 : I_n est définie, pour tout $n \in \mathbb{N}$, comme intégrale d'une fonction continue sur $[n\pi, (n+1)\pi]$. Pour $n > 0$, après le changement de variable $u = t - n\pi$,

$$I_n = \int_0^\pi \frac{\sin(u+n\pi)}{u+n\pi}\,du = (-1)^n \int_0^\pi \frac{\sin u}{u+n\pi}\,du.$$

✎ $\sum I_n$ relève du théorème des séries alternées et elle converge. Cette série (ou des cousines proches) se rencontrent très souvent dans les concours.

Or, comme $\dfrac{1}{(n+1)\pi} \leqslant \dfrac{1}{u+n\pi} \leqslant \dfrac{1}{n\pi}$ pour $n \in \mathbb{N}^*$, et que $\sin u \geqslant 0$,

$$\frac{1}{(n+1)\pi}\int_0^\pi \sin u\,du \leqslant |I_n| = \int_0^\pi \frac{\sin u}{u+n\pi}\,du \leqslant \frac{1}{n\pi}\int_0^\pi \sin u\,du.$$

Puis : $\dfrac{2}{(n+1)\pi} \leqslant |I_n| \leqslant \dfrac{2}{n\pi}$. On a donc : $|I_{n+1}| \leqslant \dfrac{2}{(n+1)\pi} \leqslant |I_n|$.

Ainsi, $(|I_n|)$ est décroissante, positive et de limite nulle, $\sum I_n$ converge.

2. $\displaystyle\int_0^{N\pi} \frac{\sin t}{t}\,dt = \sum_{n=0}^{N-1} I_n$. Pour $x \in \mathbb{R}_+^*$, comme $\pi x \in [\lfloor x\rfloor\pi, (\lfloor x\rfloor+1)\pi[$, et que $t \mapsto \dfrac{\sin t}{t}$ garde un signe constant sur cet intervalle, on peut encadrer $\displaystyle\int_0^{\pi x} \frac{\sin t}{t}\,dt$ par $\displaystyle\sum_{n=0}^{\lfloor x\rfloor\pi} I_n$ et $\displaystyle\sum_{n=0}^{(\lfloor x\rfloor+1)\pi} I_n$; la convergence de la série entraîne donc l'existence de $\displaystyle\lim_{x\to+\infty}\int_0^{\pi x}\frac{\sin t}{t}\,dt$.

✎ Cette série satisfait aux hypothèses du C.S.S.A : son reste d'indice $N-1$ est majoré en valeur absolue par $|I_N|$, lui-même majoré par $\frac{2}{N\pi}$.

3. $\displaystyle\int_{N\pi}^{+\infty} \frac{\sin t}{t}\,dt = \sum_{k=N}^{+\infty} I_k$ est le reste d'ordre $N-1$ de la série $\sum I_n$.

Pour que le reste d'indice $N-1$ de cette série soit inférieur à 10^{-2}, il suffit que : $\dfrac{2}{N\pi} \leqslant 10^{-2}$, ce qui est équivalent à $N \geq \dfrac{200}{\pi}$.

Une valeur de N telle que $\left(\displaystyle\int_{N\pi}^{+\infty}\frac{\sin t}{t}\,dt\right) \leqslant 10^{-2}$ est $N = 64$.

Exercice 11.21

1. $x \mapsto \dfrac{1-\cos t}{t^2}$ est continue par morceaux sur $]0,+\infty[$, elle est positive.

*✎ Un cas plus général est traité dans l'**exercice 11.18**.*

En 0, $f(t) \sim \frac{1}{2}$ et l'intégrale converge sur $[0,1]$.

Puis pour $t > 1$, $|f(t)| \leqslant \dfrac{2}{t^2}$. La fonction $t \mapsto \frac{2}{t^2}$ est intégrable sur $[1,+\infty[$.

Il en est de même de f.

✎ Encore une fois, on fait une intégration par parties avec des bornes au départ strictement comprises dans $]0,+\infty[$.

2. Posons $\begin{cases} u'(t) = \sin t \\ v(t) = \dfrac{1}{t} \end{cases}$ et $\begin{cases} u(t) = 1-\cos t \\ v'(t) = \dfrac{-1}{t^2} \end{cases}$, il vient :

$$\int_\varepsilon^x \frac{\sin t}{t}\,dt = \left[\frac{1-\cos t}{t}\right]_\varepsilon^x + \int_\varepsilon^x \frac{1-\cos t}{t^2}\,dt.$$

On peut faire tendre ε vers 0, car tous les intégrandes sont prolongeables par continuité en 0 et : (E) $\displaystyle\int_0^x \frac{\sin t}{t}\,dt = \frac{1-\cos x}{x} + \int_0^x \frac{1-\cos t}{t^2}\,dt.$

*✎ L'idée de montrer la convergence d'une intégrale avec une I.P.P est à retenir ! C'est la remarque après la **méthode 11.5**.*

De plus, $\displaystyle\lim_{x\to+\infty}\frac{1-\cos x}{x} = 0$ et $\displaystyle\int_0^{+\infty}\frac{1-\cos t}{t^2}\,dt$ converge, donc on peut passer à la limite dans (E) : $\displaystyle\int_0^{+\infty}\frac{\sin t}{t}\,dt = \int_0^{+\infty}\frac{1-\cos t}{t^2}\,dt.$

Exercice 11.22

$f : t \mapsto \dfrac{1}{\sqrt{t-t^3}}$ est continue sur $]0,1[$, et admet des limites infinies à ses bornes, donc pour $x \in]0,1[$, $A = \displaystyle\int_0^1 \frac{dt}{\sqrt{t-t^3}}$ est doublement généralisée.

Par ailleurs, f est positive sur $]0,1[$, et on peut donc utiliser les théorèmes de comparaison.

On a : $f(t) \underset{0}{\sim} \frac{1}{\sqrt{t}}$, comme $\displaystyle\int_0^{1/2} \frac{dt}{\sqrt{t}}$ converge, $\displaystyle\int_0^{1/2} \frac{dt}{\sqrt{t-t^3}}$ converge.

Puis : $f(t) = \frac{1}{\sqrt{t(1-t)(1+t)}} \underset{1}{\sim} \frac{1}{\sqrt{2(1-t)}}$; comme $\displaystyle\int_{1/2}^1 \frac{dt}{\sqrt{1-t}}$ converge, $\displaystyle\int_{1/2}^1 \frac{dt}{\sqrt{t-t^3}}$ converge. Finalement A est convergente. Ceci revient à dire que $\varphi : x \mapsto \displaystyle\int_{1/2}^x \frac{dt}{\sqrt{t-t^3}}$ admet une limite finie en 0 et en 1, et alors, puisque $F(x) = \varphi(x^2) - \varphi(x)$, on en déduit : $\lim\limits_{x\to 0} F(x) = \lim\limits_{x\to 1} F(x) = 0$.

Exercice 11.23

1. Comme $\left|\dfrac{\sin t}{t^2}\right| \leqslant \dfrac{1}{t^2}$, $f : t \mapsto \dfrac{\sin t}{t^2}$ est continue (donc par morceaux) sur $[x,+\infty[$ avec $x>0$ fixé et est donc intégrable sur $[x,+\infty[$, pour $x>0$.
Pour $x=0$, $f(t) \sim \frac{1}{t}$, et comme l'intégrale sur $]0,1]$ de cette dernière fonction diverge, il en est de même de l'intégrale $\displaystyle\int_0^1 f(t)\,dt$. On en déduit que F n'est pas définie en 0 et par extension ne peut pas être définie pour $x<0$.

On utilise classiquement un théorème de comparaison et le fait que $t \mapsto \frac{1}{t^2}$ est intégrable sur $[x,+\infty[$, où $x>0$.

Donc : $D_F =]0,+\infty[$. Pour $x>0$, $F(x) = \displaystyle\int_1^{+\infty} f(t)\,dt - \int_1^x f(t)\,dt$.

L'application $x \mapsto \displaystyle\int_1^x f(t)\,dt$ est de classe $\mathscr{C}^1$ sur D_F (car f est continue sur cet ensemble). Donc : $\forall x>0$, $F'(x) = -f(x) = -\dfrac{\sin x}{x^2}$.

2. Soit $u > x > 0$: $\displaystyle\int_x^u \frac{\sin t}{t^2}\,dt = \left[-\frac{\cos t}{t^2}\right]_x^u - 2\int_x^u \frac{\cos t}{t^3}\,dt$.

*On est dans l'esprit de la remarque qui suit la **méthode 11.6**.*

Puis u tend vers $+\infty$: $F(x) = \dfrac{\cos x}{x^2} - 2\displaystyle\int_x^{+\infty} \frac{\cos t}{t^3}\,dt$.

Il faut montrer que l'intégrale du second membre est $o(1/x^2)$. Croyez moi si vous voulez mais la majoration directe est trop forte. Il faut refaire une *I.P.P.*

Le but du jeu est d'augmenter le degré du dénominateur dans l'intégrale.

On a : $\displaystyle\int_x^{+\infty} \frac{\cos t}{t^3}\,dt = -\frac{\sin x}{x^3} + 3\int_x^{+\infty} \frac{\sin t}{t^4}\,dt$.

Une nouvelle I.P.P monte encore le degré du dénominateur et c'est ce que l'on veut !

On majore en valeur absolue la dernière intégrale par $\displaystyle\int_x^{+\infty} 3t^{-4}\,dt = x^{-3}$.

Le second membre de la nouvelle égalité est bien un $o(1/x^2)$.

3. La fonction g est bien continue sur $]0,1]$ et prolongeable par continuité en 0 car $g(t) = -\frac{t}{6} + o(t)$. On note encore g le prolongement, fonction donc continue sur $[0,1]$. Et donc $\displaystyle\int_x^1 g(t)\,dt$ tend vers la constante $K = \displaystyle\int_0^1 g(t)\,dt$.

Puis : $\displaystyle\int_x^1 g(t)\,dt = \int_x^1 \frac{\sin t}{t^2}\,dt - \int_x^1 \frac{dt}{t} = \int_x^1 \frac{\sin t}{t^2}\,dt - (-\ln x)$.

On en déduit bien que lorsque $x \to 0^+$, $F(x) \sim -\ln x$.

Corrigé

Exercice 11.24

1. Posons $f : t \mapsto \dfrac{1}{t-\alpha}$. Pour $\alpha \in \mathbb{R}$, une primitive est $\ln|t-\alpha|$.

Si $\alpha \notin \mathbb{R}$ avec $a = \mathfrak{Re}\ \alpha$ et $b = \mathfrak{Im}\ \alpha$: $f(t) = \dfrac{t-\overline{\alpha}}{|t-\alpha|^2} = \dfrac{t-a-ib}{(t-a)^2+b^2}$.

Et donc : $\mathfrak{Re}\,(f(t)) = \dfrac{t-a}{(t-a)^2+b^2} = \dfrac{1}{2}\dfrac{((t-a)^2+b^2)'}{(t-a)^2+b^2}$.

On va utiliser la méthode qui est de primitiver la partie réelle et la partie imaginaire séparément.

À une constante près, si F est une primitive de f, on a :

$$\mathfrak{Re}\,(F(t)) = \frac{1}{2}\ln\left((t-a)^2+b^2\right) = \ln|t-\alpha|.$$

$\mathfrak{Im}\,(f(t)) = \dfrac{b}{(t-a)^2+b^2}$ et comme $\dfrac{d}{dt}\arctan\left(\dfrac{t-a}{b}\right) = \dfrac{b}{(t-a)^2+b^2}$, alors, toujours à une constante additive près (comme on dit !) :

$$\mathfrak{Im}\,(F(t)) = \arctan\left(\frac{t-a}{b}\right).$$

2. On utilise $z^2+1 = (z+i)(z-i)$ avec $z = t+ib$.

Si $b \neq \pm 1$, il n'y a aucun problème car t est réel ! Si $b = 1$, $f(t) \sim_{t\to 0} \frac{1}{2it}$ et l'intégrale diverge. Idem si $b = -1$.

Donc : $1+(t+ib)^2 = (t+i(b+1))(t+i(b-1))$.

La fraction à intégrer s'annule donc pour $t = -i(b+1)$ et $t = -i(b-1)$.

On suppose maintenant $b \neq \pm 1$. On a : $\left|\dfrac{1}{1+(t+ib)^2}\right| \sim \dfrac{1}{t^2}$. Donc l'intégrale converge absolument donc converge.

Pas besoin de calculer explicitement le module !

On part de : $\dfrac{1}{1+(t+ib)^2} = \dfrac{i}{2}\left[\dfrac{1}{t+i(b+1)} - \dfrac{1}{t+i(b-1)}\right]$.

Puis : $\displaystyle\int_u^v \frac{dt}{t+i(b-1)} = \int_u^v \frac{t-i(b-1)}{t^2+(b-1)^2}\,dt$ vaut alors :

$$\left[\tfrac{1}{2}\ln(t^2+(b-1)^2) - i\arctan\left(\frac{t}{b-1}\right)\right]_u^v.$$

De même : $\displaystyle\int_u^v \frac{dt}{t+i(b+1)} = \left[\frac{1}{2}\ln(t^2+(b+1)^2) - i\arctan\left(\frac{t}{b+1}\right)\right]_u^v$.

La détermination d'une primitive de $t \mapsto \frac{1}{t-\alpha}$, où $\alpha \in \mathbb{C}$ a été faite à la question 1).

On regroupe : $\displaystyle\int_u^v \frac{dt}{1+(t+ib)^2}$ vaut l'expression :

$$-\frac{i}{2}\left[\frac{1}{2}\ln\left(\frac{t^2+(b-1)^2}{t^2+(b+1)^2}\right) - i\arctan\left(\frac{t}{b-1}\right) + i\arctan\left(\frac{t}{b+1}\right)\right]_u^v.$$

On a alors : $\displaystyle\lim_{v\to+\infty}\ln\left(\frac{t^2+(b-1)^2}{t^2+(b+1)^2}\right) = \lim_{u\to-\infty}\ln\left(\frac{t^2+(b-1)^2}{t^2+(b+1)^2}\right) = 0$.

Puis, on doit distinguer plusieurs cas pour la limite de arctan.

- Si $b > 1$, $\displaystyle\lim_{v\to+\infty}\arctan\left(\frac{t}{b-1}\right) = \lim_{v\to+\infty}\arctan\left(\frac{t}{b+1}\right) = \frac{\pi}{2}$.

  On a aussi : $\displaystyle\lim_{u\to-\infty}\arctan\left(\frac{t}{b-1}\right) = \lim_{u\to-\infty}\arctan\left(\frac{t}{b+1}\right) = -\frac{\pi}{2}$.

  Conclusion : dans cas, l'intégrale est nulle.

- Si $b < -1$, on trouve le même résultat.
- Si $b \in]-1, 1[$, le lecteur trouvera π pour valeur finale.

Le lecteur choqué par le manque de développement ici le fera ! Il ressemble beaucoup au précédent.

Chapitre 12
Intervention de limites et d'intégrales Intégrales à paramètres

Leonhard **Euler** utilise les nouveaux outils que sont le calcul différentiel et le calcul intégral pour donner un essor à l'analyse. Sa puissance de travail, ses connaissances encyclopédiques en font sans doute le plus extraordinaire mathématicien de tous les temps. Bien que devenu aveugle à la fin de sa vie, il continua à dicter des articles à un rythme soutenu. On lui demanda de trouver une fonction définie pour tout $x > 0$ qui prolonge la fonction factorielle. Il proposa, en 1729, la fonction Γ. Première fonction définie à l'aide d'une intégrale, elle se révéla extrêmement féconde. La formule préférée du mathématicien suisse était $e^{i\pi} + 1 = 0$ car elle utilise les cinq nombres les plus importants en mathématiques.

Leonhard Euler
1707-1783

Objectifs

Les incontournables

▷ Utiliser et dominer (!) le théorème de convergence dominée, pour calculer avec rigueur $\lim_{n\to\infty} \int f_n$

▷ Intégrer des séries de fonctions sur un intervalle quelconque

▷ Savoir étudier des intégrales dépendant d'un paramètre : continuité, dérivation, en adaptant sa stratégie à l'intégrale (généralisée ou non généralisée, dominée sur un intervalle I ou sur tout segment de I, etc.).

Et plus si affinités...

▷ savoir montrer que $x \mapsto \int_J f(x,t)\,dt$ est de classe $\mathscr{C}^k$ sur I pour tout $k \in \mathbb{N}$.

Résumé de cours

Dans ce chapitre, les fonctions considérées sont ***continues par morceaux sur un intervalle*** I ***de*** $\mathbb{R}$, d'intérieur non vide, à valeurs dans $\mathbb{K} = \mathbb{R}$ ou $\mathbb{C}$. Quitte à étudier séparément les parties réelle et imaginaire d'une fonction à valeurs complexes, on peut se ramener au cas $\mathbb{K} = \mathbb{R}$.
Enfin, ***attention, un segment est toujours de la forme*** $[a, b]$ ***et un intervalle*** I ***est une notion plus générale (ouvert, semi-ouvert, fermé, non borné, etc.)***.

Convergence dominée pour une suite de fonctions

Théorème 12.1.— Théorème de convergence dominée —.

Si :
- **1.** pour tout n, f_n est continue par morceaux sur I ;
- **2.** $(f_n)_{n\in\mathbb{N}}$ converge simplement sur I vers une fonction f continue par morceaux ;
- **3.** il existe une fonction φ continue par morceaux sur I, positive et intégrable sur I telle que : pour tout entier n, $|f_n| \leq \varphi$ **(hypothèse de domination) ;**

alors les fonctions f_n et f sont intégrables sur I et $\displaystyle\int_I f = \lim_n \int_I f_n$.

Remarques : 1. On a déjà rencontré un théorème d'interversion de limite et d'intégrale dans le chapitre *suites et séries de fonctions* : il s'agissait de l'intégration sur un segment d'une suite de fonctions convergeant uniformément. Le résultat est donc plus général.
2. L'hypothèse de domination garantit l'intégrabilité de chaque fonction f_n.
3. Dans la pratique, si l'on trouve la fonction φ tout de suite après s'être assuré de la continuité par morceaux des f_n, on obtient ainsi, du même coup, l'intégrabilité de chaque f_n.
4. Attention à ne pas oublier de vérifier la continuité par morceaux de la fonction limite.

Intégration terme à terme sur un intervalle

Théorème 12.2.— Intégration terme à terme d'une série de fonctions —.
Soit $(f_n)_{n\in\mathbb{N}}$ une suite de fonctions à valeurs dans $\mathbb{R}$ ou $\mathbb{C}$.

Si :
- **1.** pour tout n, f_n est continue par morceaux et intégrable sur I ;
- **2.** la série $\sum f_n$ converge simplement sur I et a pour somme une fonction S continue par morceaux sur I ;
- **3.** la série $\sum \left(\int_I |f_n|\right)$ converge,

alors la fonction $S = \displaystyle\sum_{n=0}^{+\infty} f_n$ est intégrable sur I et : $\displaystyle\int_I S = \sum_{n=0}^{+\infty} \int_I f_n$.

Remarque : On a déjà rencontré un théorème d'intégration terme à terme dans le chapitre *suites et séries de fonctions* : il s'agissait de l'intégration sur un segment d'une série de fonctions continues sur ce segment. Le résultat ci-dessus est donc plus général.

Intégrales dépendant d'un paramètre

Dans tout ce paragraphe, I et J sont deux intervalles de $\mathbb{R}$ et $f : (x,t) \mapsto f(x,t)$ est une fonction numérique définie sur $I \times J$.

Théorème 12.3.— Continuité sous le signe $\int$ —.

Si :

1. pour tout x de I, $t \mapsto f(x,t)$ est continue par morceaux sur J ;
2. pour tout t de J, $x \mapsto f(x,t)$ est continue sur I ;
3. il existe une fonction φ continue par morceaux et intégrable sur J telle que : $\forall (x,t) \in I \times J$, $|f(x,t)| \leqslant \varphi(t)$ **(hypothèse de domination) ;**

alors la fonction g définie sur I par $g(x) = \displaystyle\int_J f(x,t)\,dt$ est continue sur I.

Remarque : Il découle de ce résultat que pour tout $x \in I$, l'intégrale $\displaystyle\int_J f(x,t)\,dt$ est convergente (car égale à $g(x)$ qui existe, g étant continue sur I).

En fait, il suffit de vérifier l'hypothèse de domination sur tout segment inclus dans I :

Corollaire 12.4.— Continuité sous le signe $\int$: Extension au cas où l'hypothèse de domination est vérifiée sur tout segment inclus dans I. —.

Si :

1. pour tout x de I, $t \mapsto f(x,t)$ est continue par morceaux sur J ;
2. pour tout t de J, $x \mapsto f(x,t)$ est continue sur I ;
3. **pour tout segment** $[a,b]$ **contenu dans** I, il existe une fonction $\varphi_{[a,b]}$ continue par morceaux et intégrable sur J telle que : $\forall (x,t) \in [a,b] \times J$, $|f(x,t)| \leqslant \varphi_{[a,b]}(t)$ **(hypothèse de domination) ;**

alors la fonction g définie sur I par $g(x) = \displaystyle\int_J f(x,t)\,dt$ est continue sur I.

Remarque : Une domination étant plus facile à obtenir lorsque x décrit un segment, il sera souvent plus efficace d'utiliser le corollaire plutôt que le théorème. Toutefois il arrive que, pour justifier l'intégrabilité sur I de $t \mapsto f(x,t)$, on mette en évidence une fonction qui vérifie l'hypothèse de domination pour tout x de I.

Théorème 12.5.— Dérivation sous le signe $\int$ —.

Si :

1. pour tout $t \in J, x \mapsto f(x,t)$ est de classe $\mathscr{C}^1$ sur I ;
2. pour tout x de I, $t \mapsto f(x,t)$ est continue par morceaux et intégrable sur J ; et $t \mapsto \dfrac{\partial f}{\partial x}(x,t)$ est continue par morceaux sur J ;
3. il existe une fonction positive φ, continue par morceaux et intégrable sur J telle que : $\forall (x,t) \in I \times J$, $\left|\dfrac{\partial f}{\partial x}(x,t)\right| \leqslant \varphi(t)$ **(hypothèse de domination) ;**

alors $g : x \mapsto \displaystyle\int_J f(x,t)\,dt$ est de classe $\mathscr{C}^1$ sur I et $\forall x \in I$, $g'(x) = \displaystyle\int_J \frac{\partial f}{\partial x}(x,t)\,dt$.

Remarques : ▸ Il découle de ce résultat que pour tout $x \in I$, l'intégrale $\displaystyle\int_J \frac{\partial f}{\partial x}(x,t)\,dt$ est convergente (car égale à $g'(x)$ qui existe, g' étant continue sur I).

▸ Là encore, le caractère $\mathscr{C}^1$ étant une *propriété locale*, il suffit de vérifier l'hypothèse de domination sur tout segment inclus dans I :

Corollaire 12.6.— Dérivation sous le signe $\int$ avec domination sur tout segment —.

Si :

1. pour tout $t \in J, x \mapsto f(x,t)$ est de classe $\mathscr{C}^1$ sur I ;
2. pour tout x de I, $t \mapsto f(x,t)$ est continue par morceaux et intégrable sur J et $t \mapsto \dfrac{\partial f}{\partial x}(x,t)$ est continue par morceaux sur J ;
3. pour tout segment $[a,b]$ contenu dans I, il existe une fonction $\varphi_{[a,b]}$, continue par morceaux et intégrable sur J telle que : $\forall (x,t) \in [a,b] \times J, \left|\dfrac{\partial f}{\partial x}(x,t)\right| \leqslant \varphi_{[a,b]}(t)$ **(hypothèse de domination) ;**

alors $g : x \mapsto \displaystyle\int_J f(x,t)\,dt$ est de classe $\mathscr{C}^1$ sur I et $\forall x \in I, g'(x) = \displaystyle\int_J \frac{\partial f}{\partial x}(x,t)\,dt$.

Il est possible de généraliser ce résultat pour démontrer le caractère $\mathscr{C}^k$ sous le signe intégral d'une fonction, en démontrant une hypothèse de domination pour chacune des dérivées partielles $t \mapsto \dfrac{\partial^p f}{\partial x^p}(x,t), p \in [\![1,k]\!]$ (dont on suppose par ailleurs l'existence et la continuité) :

Théorème 12.7.— Dérivation $k^{\text{ème}}$ sous le signe $\int$, où $k \geqslant 2$ —.

Si :

1. $\forall p \in [\![1,k-1]\!], \forall t \in J$, la fonction $x \mapsto f(x,t)$ et les fonctions $x \mapsto \dfrac{\partial^p f}{\partial x^p}(x,t)$ sont de classe $\mathscr{C}^1$ sur I
2. $\forall p \in [\![1,k-1]\!], \forall x \in I$, la fonction $t \mapsto f(x,t)$ et les fonctions $t \mapsto \dfrac{\partial^p f}{\partial x^p}(x,t)$ sont continues par morceaux et intégrables sur J.
   De plus, $\forall x \in I$, $t \mapsto \dfrac{\partial^k f}{\partial x^k}(x,t)$ est continue par morceaux sur J
3. $\forall p \in [\![1,k]\!]$, il existe une fonction positive φ_p, continue par morceaux et intégrable sur J telle que : $\forall (x,t) \in I \times J, \left|\dfrac{\partial^p f}{\partial x^p}(x,t)\right| \leqslant \varphi_p(t)$ **(hypothèse de domination)**

alors $g : x \mapsto \displaystyle\int_J f(x,t)\,dt$ est de classe $\mathscr{C}^k$ sur I et $\forall x \in I, g^{(k)}(x) = \displaystyle\int_J \frac{\partial^k f}{\partial x^k}(x,t)\,dt$.

Remarque : Dans le cas où l'on veut prouver que g est de classe $\mathscr{C}^\infty$ sur I, on montre qu'elle est de classe $\mathscr{C}^k$, pour tout $k \in \mathbb{N}$. L'hypothèse **3.** de domination appliquée à $\dfrac{\partial^k f}{\partial x^k}(x,t)$ pour tout $k \in \mathbb{N}$ permet d'en déduire automatiquement que les fonctions $t \mapsto \dfrac{\partial^k f}{\partial x^k}(x,t)$ sont intégrables sur J pour tout $k \in \mathbb{N}$. Donc inutile de le prouver dans le développement qui est déjà assez long ainsi. Voir l'exemple qui suit la **méthode 12.7**.

Méthodes

Suites et séries de fonctions intégrables sur un intervalle quelconque

Méthode 12.1.— Quand et comment utiliser le théorème de convergence dominée

Ce théorème est le passage obligé quand I n'est pas un segment mais peut être aussi parfois utilisé dans ce cas à la place de la **méthode 9.4** et de la **proposition 9.5**.

[1] On commence par écrire que les fonctions f_n sont continues par morceaux sur I.

[2] Puis on recherche la limite simple de (f_n) sur I, notée f. On vérifie que f est continue par morceaux sur I.

[3] Enfin, on recherche ϕ, continue par morceaux sur I telle que : $\forall n,\ |f_n| \leqslant \phi$. (Parfois $\phi = f$.)

Mise en œuvre : de l'**exercice 12.1** à l'**exercice 12.4**, **exercice 12.20**.

Exemple : *Montrer que :* $\displaystyle\lim_{n\to+\infty}\int_0^n \left(1-\frac{t^2}{n^2}\right)^{n^2} dt = \int_0^{+\infty} e^{-t^2}\,dt.$

Indication. On pourra utiliser : $\forall x \geqslant 0, 1-x \leqslant e^{-x}$.

Posons, pour tout $n \in \mathbb{N}^*$ et tout $x \geqslant 0$, $f_n(x) = \begin{cases} \left(1-\dfrac{x^2}{n^2}\right)^{n^2} & \text{si} \quad 0 \leqslant x \leqslant n \\ 0 & \text{si} \quad x > n \end{cases}$.

Chaque fonction f_n est continue, donc continue par morceaux sur $\mathbb{R}_+$. L'indication (le lecteur montrera facilement cette inégalité) nous donne : $1-\dfrac{x^2}{n^2} \leq e^{-\frac{x^2}{n^2}}$, donc : $0 \leqslant f_n(x) \leqslant e^{-x^2}$, ces inégalités étant évidentes pour $x > n$. $\forall x \geqslant 1$, $e^{-x^2} \leq e^{-x}$ et $x \mapsto e^{-x}$ est intégrable sur $[1,+\infty[$. L'hypothèse de domination est donc mise en évidence :

$$\forall n \in \mathbb{N}^*,\ |f_n| \leqslant \varphi, \text{ où } \varphi = f : x \mapsto e^{-x^2} \text{ intégrable sur } \mathbb{R}_+.$$

La suite de fonctions $(f_n)_{n\in\mathbb{N}^*}$ converge simplement vers la fonction f définie sur $\mathbb{R}_+$ par $f(x) = e^{-x^2}$ puisque, pour tout $x \in \mathbb{R}_+$ et pour tout $n \geqslant x$: $f_n(x) = \exp\left(n^2 \ln\left(1-\frac{x^2}{n^2}\right)\right) \underset{n\to+\infty}{\longrightarrow} e^{-x^2}$.

f est continue, donc continue par morceaux, sur $\mathbb{R}_+$.

Le théorème précédent permet d'affirmer :

$$\lim_{n\to+\infty}\int_0^{+\infty} f_n(t)\,dt = \int_0^{+\infty} e^{-t^2}\,dt$$

ou, ce qui est équivalent :

$$\lim_{n\to+\infty}\int_0^n \left(1-\frac{t^2}{n^2}\right)^{n^2} dt = \int_0^{+\infty} e^{-t^2}\,dt$$

Remarque : Le lecteur bondira faire l'**exercice 12.4**, qui généralise l'exemple précédent.

Méthode 12.2.— Quand et comment utiliser le théorème d'intégration terme à terme sur un intervalle

Il s'agit de justifier $\displaystyle\int_I \sum_{n=0}^{+\infty} f_n(t)\,dt = \sum_{n=0}^{+\infty} \int_I f_n(t)\,dt$.

- Il faut commencer par observer l'intervalle d'intégration I.
Si ce n'est pas un segment, la question est réglée, on tente le **théorème 12.2**.
- Là encore, bien vérifier toutes les hypothèses du **théorème 12.2**, particulièrement la continuité par morceaux sur I de la fonction somme $\displaystyle\sum_{n=0}^{+\infty} f_n$. Lorsque chaque f_n est continue sur I, cette continuité peut être obtenue par la convergence uniforme de $\displaystyle\sum_{n\geqslant 0} f_n$ sur tout segment de I. L'hypothèse qui parfois ne fonctionne pas est la convergence de la série $\displaystyle\sum_{n\geqslant 0} \int_I |f_n(t)|\,dt$. Dans ce cas, allez voir la **méthode 12.3**.
- Dans le cas où I est un segment, on peut tenter la **méthode 9.6**. Si elle ne fonctionne pas, il reste bien entendu la **méthode 12.2** et la **méthode 12.3**.
- Il ne faut pas oublier le cas où $f_n(t) = a_n t^n$ avec $I \subset]-R, R[$, où R est le rayon de convergence de la série entière $\displaystyle\sum_{n\geqslant 0} a_n t^n$, on peut appliquer alors la remarque qui suit la **proposition 10.8**. Plus de convergence uniforme ou autre à justifier !

Mise en œuvre : exercice 12.5 et **exercice 12.8**.

Exemple : *Montrer que :* $\displaystyle\int_0^{+\infty} \left(\sum_{n=1}^{+\infty} t^2 e^{-nt}\right) dt = \sum_{n=1}^{+\infty} \frac{2}{n^3}$.

- Posons, pour tout $n \in \mathbb{N}^*$, $f_n : t \mapsto t^2 e^{-nt}$.
- $\forall n \in \mathbb{N}^*$, f_n est continue, positive et intégrable sur $[0, +\infty[$, puisque : $f_n(t) = \underset{+\infty}{O}\left(\dfrac{1}{t^2}\right)$ et $t \mapsto \dfrac{1}{t^2}$ est intégrable sur $[1, +\infty[$ (exemple de Riemann avec $\alpha = 2 > 1$).
- Pour $t > 0$, $0 < e^{-t} < 1$. $\displaystyle\sum_{n\geqslant 1} f_n(t)$ est convergente, de somme $S(t) = \dfrac{t^2 e^{-t}}{1 - e^{-t}} = \dfrac{t^2}{e^t - 1}$.
S est une application continue, donc continue par morceaux, sur $]0, +\infty[$.
- Après deux intégrations par parties : $\forall n, \forall X$, $\displaystyle\int_0^X t^2 e^{-nt}\,dt = \frac{2 - (n^2X^2 + 2nX + 2)e^{-nX}}{n^3}$.
Donc : $\forall n$, $\displaystyle\int_0^{+\infty} |f_n(t)|\,dt = \lim_{X\to+\infty} \int_0^X t^2 e^{-nt}\,dt = \frac{2}{n^3}$.
- Or $\displaystyle\sum_{n\geqslant 1} \left(\frac{2}{n^3}\right)$ converge (exemple de Riemann avec $\alpha = 3 > 1$).
- D'après le **théorème 12.2** d'intégration terme à terme :

$$\int_0^{+\infty} \left(\sum_{n=1}^{+\infty} t^2 e^{-nt}\right) dt = \sum_{n=1}^{+\infty} \left(\int_0^{+\infty} t^2 e^{-nt}\,dt\right) = \sum_{n=1}^{+\infty} \frac{2}{n^3}$$

Méthodes

❑ Méthode 12.3.— Comment faire quand il n'est pas possible d'appliquer le théorème d'intégration terme à terme sur un intervalle

Si la série $\sum \int_I |f_n|$ diverge, on ne peut pas utiliser le théorème d'intégration terme à terme sur un intervalle, mais il reste la possibilité d'utiliser le théorème de convergence dominée en l'appliquant à la suite des sommes partielles ou à la suite des restes.

Mise en œuvre : exercice 12.6, exercice 12.7

Exemple : *Montrer :* $\displaystyle\int_0^{+\infty} \left(\sum_{n=1}^{+\infty} (-1)^n e^{-nt}\right) dt = \sum_{n=1}^{+\infty} \frac{(-1)^n}{n}$.

► Commençons par justifier l'existence des deux membres de cette égalité.

► $\displaystyle\sum_{n\geqslant 1} \left(\frac{(-1)^n}{n}\right)$ est une série alternée répondant aux hypothèses du critère spécial.

► Pour $t > 0$, la série $\sum_{n\geqslant 1} ((-1)^n e^{-nt})$ est une série géométrique de raison $-e^{-t} \in]-1, 0[$.

Elle est donc convergente sur $]0, +\infty[$, de somme $S(t) = \dfrac{-e^{-t}}{1+e^{-t}} = \dfrac{-1}{1+e^t}$.

La fonction S est continue sur $]0, +\infty[$, prolongeable par continuité en 0, de signe constant sur cet intervalle et $f(t) \underset{+\infty}{\sim} -e^{-t}$. $t \mapsto -e^{-t}$ est intégrable sur $[0, +\infty[$, donc S l'est aussi :

$$\int_0^{+\infty} \left(\sum_{n=1}^{+\infty} (-1)^n e^{-nt}\right) dt = -\int_0^{+\infty} \frac{dt}{1+e^t} \text{ existe.}$$

► Il reste à intervertir les deux symboles.

► Essayons le théorème d'intégration terme à terme sur un intervalle.

Posons, pour tout $n \in \mathbb{N}^*$, $f_n : t \mapsto (-1)^n e^{-nt}$.

$\forall n \in \mathbb{N}^*$, f_n est continue et intégrable sur $]0, +\infty[$ car $\displaystyle\int_0^{+\infty} e^{-nt}\, dt = \left[\frac{e^{-nt}}{-n}\right]_0^{+\infty} = \frac{1}{n}$.

$\sum (f_n)_{n\geqslant 1}$ converge simplement sur $]0, +\infty[$ et sa somme $S : t \mapsto \dfrac{-1}{1+e^t}$ est continue sur $\mathbb{R}_+^*$.

En revanche, la série $\displaystyle\sum_{n\geqslant 1} \left(\int_0^{+\infty} |f_n|\right) = \sum_{n\geqslant 1} \left(\frac{1}{n}\right)$ diverge : les hypothèses du théorème d'intégration terme à terme sur un intervalle ne sont pas réunies.

► Alternativement, essayons d'appliquer le théorème de convergence dominée à la suite des restes.

Posons, pour tout $n \in \mathbb{N}^*$, $R_n : t \mapsto \displaystyle\sum_{k=n+1}^{+\infty} (-1)^k e^{-kt} = \frac{(-1)^{n+1} e^{-(n+1)t}}{1+e^{-t}} = \frac{(-1)^{n+1} e^{-nt}}{1+e^t}$.

$\forall n \in \mathbb{N}^*$, R_n est continue et intégrable sur $[0, +\infty[$ car $\forall t \in \mathbb{R}_+$, $|R_n(t)| \leq \dfrac{1}{1+e^t} \underset{+\infty}{\sim} e^{-t}$.

On obtient ainsi l'hypothèse de domination. $\forall t > 0$, $\displaystyle\lim_{n\to+\infty} R_n(t) = 0$, donc la suite $(R_n)_{n\in\mathbb{N}^*}$ converge simplement sur $]0, +\infty[$ vers la fonction nulle qui est continue sur cet intervalle.

► D'après le théorème de convergence dominée, $\displaystyle\lim_{n\to+\infty} \int_0^{+\infty} R_n(t)\, dt = 0$.

Or, puisque $\displaystyle\int_0^{+\infty} S(t)\, dt$ et $\displaystyle\int_0^{+\infty} \left(\sum_{k=1}^{n} f_k(t)\right) dt$ convergent :

$$\int_0^{+\infty} R_n(t)\,dt = \int_0^{+\infty} S(t)\,dt - \int_0^{+\infty}\left(\sum_{k=1}^{n} f_k(t)\right)dt = \int_0^{+\infty} S(t)\,dt - \sum_{k=1}^{n}\left(\int_0^{+\infty} f_k(t)\,dt\right).$$

Donc : $\lim\limits_{n\to+\infty}\left(\int_0^{+\infty} S(t)\,dt - \sum_{k=1}^{n}\left(\int_0^{+\infty} f_k(t)\,dt\right)\right) = 0$, soit le résultat voulu !

Intégrales à paramètres

Méthode 12.4.— Comment déterminer l'ensemble de définition d'une fonction du type $g : x \mapsto \int_J f(x,t)\,dt$

- Déterminer l'ensemble de définition $\mathcal{D}_f$ de f. Pour que $g(x)$ ait un sens, il faut que $(x,t) \in \mathcal{D}_f$ pour tout $t \in J$.
- Pour chaque valeur de x telle que $(x,t) \in \mathcal{D}_f$ pour tout $t \in J$, déterminer l'intégrabilité de $t \mapsto f(x,t)$ sur J si celle-ci pose un problème.

Exemple : *Déterminer l'ensemble de définition de* $g : x \mapsto \int_0^{\pi} \ln(1 + x\cos u)\,du$.

- Si $x \in \,]-1,1[$, alors, pour tout $u \in [0,\pi]$, $1 + x\cos u > 0$, donc $u \mapsto \ln(1 + x\cos u)$ est définie sur $[0,\pi]$. Cette application est de plus clairement continue. G est ainsi définie sur $]-1,1[$.
- Si $|x| > 1$, il existe des valeurs de $u \in \,]0,\pi[$ telles que $1 + x\cos u < 0$. $u \mapsto \ln(1 + x\cos u)$ n'est pas définie sur $]0,\pi[$. g n'est pas définie sur $]-\infty,-1[\,\cup\,]1,+\infty[$.
- $u \mapsto \ln(1 - \cos u)$ est continue sur $]0,\pi] \Rightarrow g(-1) = \int_0^{\pi} \ln(1 - \cos u)\,du$ est généralisée en 0.

$g(-1)$ est définie car $\ln(1 - \cos u) = \ln 2 + 2\ln\sin\frac{u}{2}$, somme de fonctions intégrables sur $]0,\pi[$.

- $u \mapsto \ln(1 + \cos u)$ est continue sur $[0,\pi[$ donc $g(1) = \int_0^{\pi} \ln(1 + \cos u)\,du$ est généralisée en π.

Le changement de variables $u = \pi - h$ donne $\int_0^{\pi} \ln(1 - \cos u)\,du = \int_0^{\pi} \ln(1 + \cos h)\,dh$.

$g(1)$ est définie comme intégrale généralisée convergente et G est définie sur $[-1,1]$.

Méthode 12.5.— Comment utiliser le théorème de continuité sous le signe $\int$

On pose $g : x \mapsto \int_J f(x,t)\,dt$.

- On commence par les conditions facilement vérifiables :
  $\forall x \in I$ fixé, $t \mapsto f(x,t)$ continue par morceaux sur J.
  $\forall t \in J$ fixé, $x \mapsto f(x,t)$ continue sur I.
- Chaque fois que la majoration de $|f(x,t)|$ par une fonction indépendante de x, continue par morceaux et intégrable sur J est difficile à obtenir pour tout x de I, il faut penser à la version « souple » du théorème pour laquelle il suffit d'obtenir une majoration de ce type pour chaque segment inclus dans I.

Mise en œuvre : exercice 12.9, exercice 12.10, exercice 12.11, exercice 12.19.

Exemple : *Soit $f : \mathbb{R} \mapsto \mathbb{C}$ une fonction continue et intégrable sur $\mathbb{R}$. Montrer que sa* ***transformée de Fourier*** *$\widehat{f} : x \mapsto \widehat{f}(x) = \displaystyle\int_{-\infty}^{+\infty} f(t)e^{itx}\,dt$ est continue sur $\mathbb{R}$.*

$\forall\, x \in \mathbb{R}$, $t \mapsto f(t)e^{itx}$ est continue, donc continue par morceaux sur $\mathbb{R}$. Puis :

$$\forall\,(x,t) \in \mathbb{R}^2,\ |f(t)e^{itx}| = |f|(t).$$

De fait, l'hypothèse de domination est réalisée par la fonction $|f|$ elle-même. En effet, f est intégrable ce qui signifie que $\displaystyle\int_{-\infty}^{+\infty} |f(t)|\,dt$ existe.
Enfin : $\forall\, t \in \mathbb{R}$, $x \mapsto f(t)e^{itx}$ est continue sur $\mathbb{R}$.
D'après le théorème de continuité sous le signe $\int$, $\widehat{f}$ est continue sur $\mathbb{R}$.

❑ Méthode 12.6.— Quand et comment utiliser le théorème de dérivabilité sous le signe $\int$

On utilise ce théorème pour établir le caractère $\mathscr{C}^1$ d'une application définie à l'aide d'une intégrale à paramètre et donner, par la même occasion, une expression intégrale de sa dérivée. Posons donc $g : x \mapsto \displaystyle\int_J f(x,t)\,dt$ pour tout $x \in I$.

- Là encore, certaines hypothèses sont facilement vérifiables :
  (a) Pour tout $t \in J$, $x \mapsto f(x,t)$ est de classe $\mathscr{C}^1$ sur I.
  (b) Les hypothèses de continuité par morceaux pour tout x fixé dans I pour $t \mapsto f(x,t)$ et pour $t \mapsto \dfrac{\partial f}{\partial x}(x,t)$.
- L'hypothèse d'intégrabilité de $t \mapsto \dfrac{\partial f}{\partial x}(x,t)$ sur J pour tout x fixé de I n'est pas utile car l'hypothèse de domination juste après l'assurera si elle est vérifiée.
- L'hypothèse de domination porte sur $\left|\dfrac{\partial f}{\partial x}(x,t)\right|$. (Le but est de dominer par une fonction indépendante de x.) À la moindre difficulté, il faut penser à se placer sur un segment quelconque inclus dans I.
- Après avoir montré que $g : x \mapsto \displaystyle\int_J f(x,t)\,dt$ est dérivable, il est courant de faire calculer explicitement $g'(x)$ puis $g(x)$ par primitivation ou, alternativement, de trouver une équation différentielle liant g et g' et d'en déduire le calcul de F.

Mise en œuvre : de l'**exercice 12.12** à l'**exercice 12.16**, **exercice 12.17**, **exercice 12.19**.

Exemple : *On se propose de calculer $I_n(x) = \displaystyle\int_0^{+\infty} \frac{dt}{(x+t^2)^n}$, pour $x > 0$ et $n \geqslant 1$.*

1. *Calculer $I_1(x)$.*
2. *Si $a > 0$, montrer que I_n est de classe $\mathscr{C}^1$ sur $[a, +\infty[$. Exprimer $I_n'(x)$ en fonction de $I_{n+1}(x)$.*

3. *Montrer que, pour tout $n \geqslant 1$ et tout $x > 0$, $I_n(x) = \dfrac{\pi}{2} \dfrac{(2n-2)!}{2^{2n-2}[(n-1)!]^2} x^{-\frac{2n-1}{2}}$.*

1. Pour $x > 0$, $I_1(x) = \displaystyle\int_0^{+\infty} \frac{dt}{x+t^2} = \left[\frac{1}{\sqrt{x}} \arctan\left(\frac{t}{\sqrt{x}}\right)\right]_0^{+\infty} = \frac{\pi}{2\sqrt{x}}$.

2. La fonction $t \mapsto f_n(x,t) = \dfrac{1}{(x+t^2)^n}$ est continue par morceaux (car continue) pour tout x fixé de $[a,+\infty[$. Elle est intégrable sur $\mathbb{R}_+$ car $f_n(x,t)$ est à valeurs positives et quand $t \to +\infty$, $f_n(x,t) \sim \frac{1}{t^{2n}}$, la fonction $t \mapsto \frac{1}{t^{2n}}$ étant intégrable sur $[1,+\infty[$ par exemple.
La fonction f_n admet une dérivée partielle par rapport à x continue (de variable x) sur $[a,+\infty[$:

$$\frac{\partial f_n}{\partial x}(x,t) = -\frac{n}{(x+t^2)^{n+1}}.$$

De plus, $\forall (x,t) \in [a,+\infty[\times\mathbb{R}_+$, $0 \leq \dfrac{n}{(x+t^2)^{n+1}} \leq \dfrac{n}{(a+t^2)^{n+1}}$. La fonction $t \mapsto \dfrac{n}{(a+t^2)^{n+1}}$ est intégrable sur $\mathbb{R}_+$ donc : I_n est de classe $\mathscr{C}^1$ sur $[a,+\infty[$ et $I_n'(x) = -nI_{n+1}(x)$.

3. $\forall x > 0$, $I_1(x) = \dfrac{\pi}{2} x^{-\frac{1}{2}}$ et la formule est vraie au rang 1.
Supposons la formule vraie pour un $n \in \mathbb{N}^\star$ donné : $\forall x > 0$, $I_{n+1}(x) = -\dfrac{1}{n} I_n'(x)$.
Et : $I_{n+1}(x) = -\dfrac{1}{n}\dfrac{\pi}{2} \dfrac{(2n-2)!}{2^{2n-2}[(n-1)!]^2}\left(-\dfrac{2n-1}{2}\right) x^{-\frac{2n+1}{2}} = \dfrac{\pi}{2}\dfrac{(2n-2)!}{2^{2n-2}[(n-1)!]^2}\left(\dfrac{2n-1}{2n}\right) x^{-\frac{2n+1}{2}}$.
C'est-à-dire : $I_{n+1}(x) = \dfrac{\pi}{2}\dfrac{(2n)!}{2^{2n}[n!]^2} x^{-\frac{2(n+1)-1}{2}}$. La formule est donc vraie au rang $n+1$.
En conclusion : $\forall x > 0, \forall n \geqslant 1$, $\displaystyle\int_0^{+\infty} \frac{dt}{(x+t^2)^n} = \frac{\pi}{2}\frac{(2(n-1))!}{2^{2(n-1)}[(n-1)!]^2} x^{-\frac{2n-1}{2}}$.

❑ Méthode 12.7.— Comment montrer le caractère $\mathscr{C}^k$ sous le signe $\int$, où $k \geq 2$

On désire prouver que $g : x \mapsto \displaystyle\int_J f(x,t)\,dt$ est de classe $\mathscr{C}^k$ sur I.

- On montre que g est de classe $\mathscr{C}^1$ sur I avec la **méthode 12.6**.
  On a alors : $\forall x \in I, g'(x) = \displaystyle\int_J \frac{\partial f}{\partial x}(x,t)\,dt$.
- On montre ensuite que g' est de classe $\mathscr{C}^1$ sur I, toujours avec la **méthode 12.6**.
  On a alors : $\forall x \in I, g''(x) = \displaystyle\int_J \frac{\partial^2 f}{\partial x^2}(x,t)\,dt$.
- De façon générale, pour tout $p \in [\![1, k-1]\!]$, on montre que g^p est de classe $\mathscr{C}^1$ sur I, avec la **méthode 12.6**. On a alors : $\forall x \in I, g^{(p+1)}(x) = \displaystyle\int_J \frac{\partial^{p+1} f}{\partial x^{p+1}}(x,t)\,dt$.

Conclusion : on en déduit que $g \in \mathscr{C}^k(I)$ et : $\forall x \in I, g^{(k)}(x) = \displaystyle\int_J \frac{\partial^k f}{\partial x^k}(x,t)\,dt$.
Si l'on veut montrer que g est $\mathscr{C}^\infty$, on montre que g est de classe $\mathscr{C}^k$, $\forall k \in \mathbb{N}$.

Exemple : *On définit la « célèbre » fonction* Γ *donnée par :* $\Gamma(x) = \int_0^{+\infty} t^{x-1}e^{-t}\,dt$.
Montrer que Γ *est de classe* $\mathscr{C}^2$ *sur* $\mathbb{R}_+^\star$. *(Inspiré d'une planche à Centrale-Supélec, filière PSI)*

▶ **Étape 1.** Montrons que la fonction :

$$t \mapsto f(x,t) = t^{x-1}e^{-t} = e^{(x-1)\ln t}e^{-t}$$

est continue par morceaux et intégrable sur $\mathbb{R}_+^\star$.

$t \mapsto f(x,\,t)$ est continue sur $\mathbb{R}_+^\star$ comme produit et composée de fonctions continues. Elle est donc continue par morceaux sur $\mathbb{R}_+^\star$. Elle est intégrable sur tout $[a,b] \subset \mathbb{R}_+^\star$ (car continue). Il reste à étudier les bornes. On remarque que f est à valeurs positives et donc on peut utiliser des équivalents pour étudier la convergence aux bornes.

Au voisinage de $t = 0^+$, pour $x > 0$ fixé : $f(x,\,t) \sim t^{x-1} = \dfrac{1}{t^{1-x}}$.

La fonction f est intégrable sur $]0,\,a]$ avec $a > 0$ fixé car : $x > 0 \Rightarrow 1 - x < 1$.

On peut remarquer ensuite que :

$$\lim_{t\to+\infty} t^2 f(x,\,t) = \lim_{t\to+\infty} t^{x+1}e^{-t} = 0$$

car l'exponentielle l'emporte sur les puissances de t. Ainsi : $f(x,t) = o\left(\frac{1}{t^2}\right)$, au voisinage de $+\infty$ pour tout $x \in \mathbb{R}$ fixé. Comme $t \mapsto \frac{1}{t^2}$ est intégrable au voisinage de $+\infty$, il en est de même de f qui est donc intégrable sur tout intervalle du type $[b,\,+\infty[$, où $b > 0$ fixé. On peut conclure.

▶ **Étape 2.** Montrons que Γ est de classe $\mathscr{C}^1$ sur $I = \mathbb{R}_+^\star$.

Pour tout $x \in I = \mathbb{R}_+^\star$, on a : $\forall t > 0,\ \dfrac{\partial f}{\partial x}(x,\,t) = (\ln t)t^{x-1}e^{-t}$.

La fonction $t \mapsto \dfrac{\partial f}{\partial x}(x,\,t)$ est évidemment continue par morceaux sur $]0,+\infty[$.

Pour tout $t \in J$, $x \mapsto \dfrac{\partial f}{\partial x}(x,\,t)$ est continue sur $]0,+\infty[$ comme composée de fonctions continues.

Posons $0 < a < b$. Posons :

$$\phi_1(t) = \begin{cases} |\ln t|t^{a-1}e^{-t} & \text{si} \quad t \in]0,1] \\ |\ln t|t^{b-1}e^{-t} & \text{si} \quad t > 1 \end{cases}.$$

Cette fonction ϕ_1 vérifie l'hypothèse de domination : $\forall (x,t) \in [a,b] \times I,\ \left|\dfrac{\partial f}{\partial x}(x,\,t)\right| \leq \phi_1(t)$.

Vérifions que $t \mapsto |\ln t|t^{a-1}e^{-t}$ est intégrable au voisinage de 0^+ donc sur $[0,1]$. Au voisinage de $t = 0^+$, si $0 < a < 1$, $\exists y, 1 - a < y < 1$. On a alors : $\lim\limits_{t\to 0^+} t^y(\ln t)t^{a-1} = 0$ car $y + a - 1 > 0$.

Donc $\phi_1(t)$, infiniment petit devant t^{-y} au voisinage de 0^+, y est intégrable.

Si $a = 1$, on sait que $t \mapsto \ln t$ est intégrable en 0. Enfin si $a > 1$, $\lim\limits_{t\to 0^+} \phi_1(t) = 0$.

Cela assure donc l'intégrabilité en 0. L'intégrabilité de $t \mapsto |\ln t|t^{b-1}e^{-t}$ et donc de $t \mapsto \phi_1(t)$ au voisinage de $+\infty$ est immédiate car e^{-t} l'emporte sur toutes les puissances de t et de $\ln t$.

On peut en déduire que ϕ_1 est intégrable sur $J =]0,+\infty[$. Ainsi, Γ est de classe $\mathscr{C}^1$ sur $[a,b]$.

Et donc, toujours d'après le cours, sur $]0,+\infty[$,

$$\forall x \in]0,+\infty[,\ \Gamma'(x) = \int_0^{+\infty} \frac{\partial f}{\partial x}(x,\,t)\,dt.$$

Étape 3. Montrons que Γ' est de classe $\mathscr{C}^1$ sur $I = \mathbb{R}_+^\star$.

D'après plus haut, pour tout $x \in I$, $t \mapsto \dfrac{\partial f}{\partial x}(x,\, t)$ est continue par morceaux sur J. Elle y est aussi intégrable. En effet, l'hypothèse de domination qui a servi à montrer que Γ est de classe $\mathscr{C}^1$, permet de le conclure. Pour tout $x \in I$, on a : $\forall t > 0,\ \dfrac{\partial f^2}{\partial x^2}(x,\, t) = (\ln t)^2 t^{x-1} e^{-t}$.

La fonction $t \mapsto \dfrac{\partial^2 f}{\partial x^2}(x,\, t)$ est évidemment continue par morceaux sur $]0, +\infty[$.

Pour tout $t \in I$, $x \mapsto \dfrac{\partial^2 f}{\partial x^2}(x,\, t)$ est continue sur $]0, +\infty[$ comme composée de fonctions continues.
Posons $0 < a < b$. Considérons :

$$\phi_2(t) = \begin{cases} (\ln t)^2 t^{a-1} e^{-t} & \text{si} \quad t \in]0, 1] \\ (\ln t)^2 t^{b-1} e^{-t} & \text{si} \quad t > 1 \end{cases}.$$

Cette fonction ϕ_2 vérifie l'hypothèse de domination :

$$\forall (x, t) \in [a, b] \times I,\ \left| \frac{\partial^2 f}{\partial x^2}(x,\, t) \right| \leq \phi_2(t).$$

On peut vérifier, en faisant un développement analogue à ce que l'on a fait dans l'étape précédente à la fonction ϕ_1 que la fonction $t \mapsto (\ln t)^2 t^{a-1} e^{-t}$ est intégrable au voisinage de 0^+ donc sur $]0, 1]$. De même, la fonction $t \mapsto (\ln t)^2 t^{b-1} e^{-t}$ est intégrable au voisinage de $+\infty$ et donc sur $[1, +\infty[$. On peut en déduire que ϕ_2 est intégrable sur $J =]0, +\infty[$.
Il résulte de ce qui précède que Γ' est de classe $\mathscr{C}^1$ sur $[a, b]$ et donc sur $]0, +\infty[$.
Et de plus, bien entendu, on a :

$$\forall x \in]0, +\infty[,\ \Gamma''(x) = \int_0^{+\infty} \frac{\partial^2 f}{\partial x^2}(x,\, t)\, dt.$$

▸ **Étape 4 (en bonus).** La bête à concours que vous devenez peut imaginer une généralisation pour montrer que Γ est de classe $\mathscr{C}^k$ pour tout k entier sur $\mathbb{R}_+^\star$ (c'est-à-dire montrer que Γ est de classe $\mathscr{C}^\infty$ sur $]0, +\infty[$) et écrire l'expression de $\Gamma^{(k)}$. L'idée est de « deviner » une certaine fonction $t \mapsto \phi_p(t)$, continue par morceaux sur J, qui domine $(x, t) \mapsto \left| \dfrac{\partial^p f}{\partial x^p}(x, t) \right|$ sur $I \times J$ et qui soit intégrable sur J, où p est un entier fixé inférieur ou égal à k. L'intégrabilité de ϕ_k n'est pas nécessaire mais est automatique grâce à la domination. L'intérêt de la méthode est de travailler pour une valeur p donnée et on conclut automatiquement en prenant $p = k$.
Allez, c'est à vous !

Mise en œuvre : exercice 12.16, **exercice 12.18** et **exercice 12.20**.

Méthodes

Vrai/Faux

	Vrai	Faux
1. Si $f_n : x \mapsto \cos^n x$, alors $(f_n)_{n\in\mathbb{N}}$ converge simplement sur $\left[0, \frac{\pi}{2}\right]$ vers la fonction nulle.	☐	☐
2. Si f_n est la fonction définie sur $]0,1[$ par $f_n(t) = nt^{n-1}$, alors il existe une application φ positive, continue par morceaux et intégrable sur $]0,1[$ telle que : $\forall n \in \mathbb{N}, \forall t \in]0,1[, \lvert f_n(t)\rvert \leq \varphi(t)$.	☐	☐
3. Soit $f_n(t) = \dfrac{2^n t}{1+n2^n t^2}$, où $n \in \mathbb{N}$. Alors, comme on a : $\lim\limits_{n\to+\infty} f_n(t) = 0$ pour tout $t \in [0,1]$, alors $\lim\limits_{n\to+\infty} \int_0^1 f_n(t)\,dt = 0$.	☐	☐
4. Pour mettre en œuvre le théorème d'intégration terme à terme sur un intervalle I, il suffit que, en plus des hypothèses de continuité par morceaux, d'intégrabilité et de convergence simple, on ait : pour tout segment K inclus dans I, la série $\sum \left(\int_K \lvert f_n\rvert\right)$ converge.	☐	☐
5. On peut appliquer le théorème d'intégration terme à terme sur un intervalle à $\displaystyle\int_0^{+\infty} \left(\sum_{n=0}^{+\infty} e^{-x\sqrt{n}}\right) dx$.	☐	☐
6. Savoir que $F : x \mapsto \int_J f(x,t)\,dt$ est continue sur A permet d'obtenir, pour $a \in A$, la quantité $\lim\limits_{x\to a} \int_I f(x,t)\,dt$.	☐	☐
7. Lorsque $x \mapsto \int_J f(x,t)\,dt$ est de classe $\mathscr{C}^1$ sur A, la dérivation de cette intégrale par rapport à x constitue parfois un moyen efficace de la calculer.	☐	☐
8. Savoir que $F : x \mapsto \int_J f(x,t)\,dt$ est de classe $\mathscr{C}^1$ sur $\mathbb{R}$ permet de calculer $\lim\limits_{x\to 0} \frac{1}{x} \int_J f(x,t)\,dt$ dès que $F(0) = 0$.	☐	☐
9. Dans le cas où $J = [a,b]$, $x \mapsto f(x,t)$ est continue sur I et $t \mapsto f(x,t)$ est continue sur J alors $g : x \mapsto \int_J f(x,t)\,dt$ est continue sur I car l'hypothèse de domination est toujours vérifiée. En effet, il existe M tel que $\forall (x,t) \in I \times J, \lvert f(x,t)\rvert \leqslant M$.	☐	☐

Énoncé des exercices

Suites et séries de fonctions intégrables sur un intervalle

Exercice 12.1 : Étudier les limites :

$$\textbf{1.}\ \lim_{n\to+\infty}\int_0^{+\infty}\left(1+\frac{x}{n}\right)^n e^{-2x}\,dx. \qquad \textbf{2.}\ \lim_{n\to+\infty}\int_0^1 \frac{1+nx}{(1+x)^n}\,dx.$$

Exercice 12.2 : Étudier les limites :

$$\textbf{1.}\ \lim_{n\to+\infty}\int_0^{+\infty}\frac{n\sin\left(\frac{x}{n}\right)}{x(1+x^2)}\,dx. \qquad \textbf{2.}\ \lim_{n\to+\infty}\int_0^{n}\left(1-\frac{x}{n}\right)^n e^{\frac{x}{2}}\,dx.$$

Exercice 12.3* : Démontrer l'égalité :

$$\lim_{n\to+\infty} n\int_1^{+\infty} e^{-x^n}\,dx = \int_1^{+\infty}\frac{e^{-x}}{x}\,dx.$$

D'après Concours Commun INP (ancien CCP)

Exercice 12.4 :** Soit $z\in\mathbb{C}$ tel que $\mathfrak{Re}\,(z)<1$ et soit (z_p) une suite de complexes tendant vers le complexe z. Déterminer : $\displaystyle\lim_{p\to+\infty}\int_0^{p}\left(1-\frac{t}{p}\right)^p e^{z_p t}\,dt.$

D'après Mines-Ponts, filière PSI

Exercice 12.5 : 1. Justifier l'existence des deux membres de (Eg) : $\displaystyle\int_0^{+\infty}\frac{\sqrt{t}}{e^t-1}\,dt = \frac{\sqrt{\pi}}{2}\sum_{n=1}^{+\infty}\frac{1}{n\sqrt{n}}.$

2. Montrer que : $\forall t\in]0,+\infty[$, $\displaystyle\frac{\sqrt{t}}{e^t-1}=\sum_{n=0}^{+\infty}e^{-(n+1)t}\sqrt{t}.$

3. On admet $\displaystyle\int_0^{+\infty}e^{-y^2}\,dy=\frac{\sqrt{\pi}}{2}$. Calculer : $\displaystyle\int_0^{+\infty}\sqrt{t}\,e^{-nt}\,dt$. Conclure que (Eg) est vraie.

Exercice 12.6* : 1. Justifier l'existence des deux membres de (Eg) : $\displaystyle\int_0^1\frac{dx}{1+x}=\sum_{n=0}^{+\infty}\frac{(-1)^n}{n+1}.$

2. Si $x\in]-1,1[$, justifier la convergence de $\displaystyle\sum_{n\geqslant 0}(-x)^n$ et préciser sa somme.

3. Montrer que les hypothèses du théorème d'intégration terme à terme ne sont pas satisfaites.

4. On pose : $\forall n\in\mathbb{N}$, $\forall x\in[0,1[$, $\displaystyle f_n(x)=\sum_{k=0}^{n}(-1)^k x^k$. Est-il possible d'appliquer le théorème de convergence dominée à la suite $(f_n)_{n\in\mathbb{N}}$? Conclure que (Eg) est vraie.

Exercice 12.7 : On pose pour tout $t \in \mathbb{R}_+^\star$ et tout $n \in \mathbb{N}^\star$, $u_n(t) = \dfrac{(-1)^n}{1+n^2t^2}$.

1. Montrer que : $S : t \mapsto \displaystyle\sum_{n=1}^{+\infty} u_n(t)$ est définie et continue sur $I = \mathbb{R}_+^\star$.

2. Montrer que S est intégrable sur $\mathbb{R}_+^\star$.

3. Étudier la convergence de $\displaystyle\sum_{n\geqslant 1} \int_I |u_n(t)|\, dt$.

4. On pose : $R_n(t) = \displaystyle\sum_{k=n+1}^{+\infty} u_k(t)$. Montrer que R_n est intégrable sur I et calculer $\displaystyle\lim_{n\to+\infty} \int_I R_n(t)\, dt$.

5. Calculer $\displaystyle\int_0^{+\infty} S(t)\, dt$. On donne : $\displaystyle\sum_{n=1}^{+\infty} \frac{(-1)^n}{n} = -\ln 2$.

D'après Centrale-Supélec, filière PSI

Exercice 12.8* : On pose pour tout $t \in \mathbb{R}_+$ et tout $n \in \mathbb{N}$, $f_n(t) = e^{-nt}\sin t$.

1. Vérifier que $\forall t \in \mathbb{R}_+$, $\dfrac{\sin t}{e^t - 1} = \displaystyle\sum_{n=1}^{+\infty} f_n(t)$.

2. Montrer l'intégrabilité de $t \mapsto \dfrac{\sin t}{e^t-1}$ sur $]0, +\infty[$.

3. Montrer la convergence de $\displaystyle\sum_{n\geqslant 1} \int_0^{+\infty} |f_n(t)|\, dt$.

4. En déduire que $\displaystyle\int_0^{+\infty} \frac{\sin t}{e^t-1}\, dt = \sum_{n=1}^{+\infty} \frac{1}{n^2+1}$.

Intégrales à paramètres (existence et continuité)

Exercice 12.9 : 1. Pour $x > 0$, justifier la convergence de l'intégrale $\displaystyle\int_0^1 e^{-t}t^{x-1}\, dt$.

2. Montrer que $f : \mathbb{R}_+^\star \to \mathbb{R}, x \mapsto \displaystyle\int_0^1 e^{-t}t^{x-1}\, dt$ est continue sur $\mathbb{R}_+^\star$ et préciser sa monotonie.

D'après Concours I.E.E.A.C de l'ENAC

Exercice 12.10 : On pose $F(a) = \displaystyle\int_0^1 \frac{t^2}{\sqrt{1+a^4t^2}}\, dt$.

Démontrer que F est continue sur $\mathbb{R}$. En déduire $\displaystyle\lim_{a\to 0} \int_0^1 \frac{t^2}{\sqrt{1+a^4t^2}}\, dt$.

Exercice 12.11 : Montrer que la fonction $F : y \mapsto \displaystyle\int_{-\infty}^{+\infty} \frac{dt}{(1+t^2)(1+ity)}$ est continue sur $\mathbb{R}$.

■ Intégrales à paramètres (dérivabilité)

Exercice 12.12 : On pose $F(a) = \displaystyle\int_0^{\pi} \sin(a \sin t)\, dt$.

Démontrer que F est de classe $\mathscr{C}^1$ sur $\mathbb{R}$. En déduire : $\displaystyle\lim_{a \to 0} \frac{1}{a} \int_0^{\pi} \sin(a \sin t)\, dt$.

D'après Concours Communs Mines-Telecom et Concours ENSEA, filière PSI

Exercice 12.13* : 1. En distinguant les cas $x > 0$, $x = 0$ et $x < 0$, montrer que, pour tout x de $]-1, +\infty[$, la fonction $t \mapsto \dfrac{t^x - 1}{\ln t}$ est intégrable sur l'intervalle $]0, 1[$.

2. Montrer que la fonction $f : x \mapsto \displaystyle\int_0^1 \frac{t^x - 1}{\ln t}\, dt$ est de classe $\mathscr{C}^1$ sur $]-1, +\infty[$ et calculer $f'(x)$.

3. En déduire une expression explicite de $f(x)$.

Exercice 12.14 : Pour $x \in \mathbb{R}_+$, on pose :

$$g(x) = \int_0^1 \frac{e^{-x^2(1+t^2)}}{1+t^2}\, dt \text{ et } h(x) = \int_0^x e^{-t^2}\, dt.$$

1. Montrer que g et h sont de classe $\mathscr{C}^1$ sur $\mathbb{R}_+$, et calculer leurs dérivées.

2. Montrer que $g + h^2$ est une fonction constante sur $\mathbb{R}_+$, constante que l'on déterminera.

3. Montrer que $\displaystyle\lim_{x \to +\infty} g(x) = 0$. En déduire que $\displaystyle\int_0^{+\infty} e^{-t^2} dt = \frac{\sqrt{\pi}}{2}$.

D'après Concours d'entrée à l'École d'Ingénieurs de la ville de Paris

Exercice 12.15 : Montrer que $f : x \mapsto \displaystyle\int_0^{+\infty} e^{-t^2} \cos(xt)\, dt$ est de classe $\mathscr{C}^1$ sur $\mathbb{R}$.

Expliciter $f(x)$. On rappelle que : $\displaystyle\int_0^{+\infty} e^{-x^2}\, \mathrm{d}x = \frac{\sqrt{\pi}}{2}$.

D'après Concours Communs Mines-Telecom, filière PSI

Exercice 12.16* : Soit $\varphi : u \mapsto \dfrac{u}{e^u - 1}$ et $\psi : u \mapsto \dfrac{\sin u}{u}$.

1. Justifier que ψ est de classe $\mathscr{C}^p$ sur $\mathbb{R}$, et $\dfrac{1}{\varphi}$ est de classe $\mathscr{C}^p$ sur $]-1, 1[$, et enfin que φ est de classe $\mathscr{C}^p$ sur $\mathbb{R}$.

2. En déduire que $h : (a, t) \mapsto \dfrac{\sin at}{e^t - 1}$ admet des dérivées partielles par rapport à a , à tout ordre et en tout $(a, t) \in \mathbb{R}^2$.

3. Justifier que $|\psi|$ est majorée par 1 sur $\mathbb{R}$.

4. Soit K un segment de $\mathbb{R}$ et $\alpha = \displaystyle\sup_{a \in K} |a|$. Majorer pour tout $p \in \mathbb{N}$, et pour tout $(a, t) \in K \times \mathbb{R}_+$, $\left|\dfrac{\partial^{2p} h}{\partial a^{2p}}(a, t)\right|$ et $\left|\dfrac{\partial^{2p+1} h}{\partial a^{2p+1}}(a, t)\right|$ en fonction de α, de $|t|^{2p}$ et $\varphi(t)$.

5. Montrer que pour tout $p \in \mathbb{N}^\star$, $\displaystyle\int_{\mathbb{R}_+} t^{2p} \varphi(t)\, dt$ est convergente.

6. En déduire que $F : a \mapsto \displaystyle\int_0^{+\infty} \frac{\sin at}{e^t - 1} dt$ est de classe $\mathscr{C}^k$ pour tout $k \in \mathbb{N}$ sur $\mathbb{R}$.

Exercice 12.17* : Montrer que $F : x \mapsto \displaystyle\int_0^{+\infty} \frac{e^{(-u^2+i)x^2}}{u^2-i}\, du$ est définie sur $\mathbb{R}$. Calculer F' sur $\mathbb{R}_+^\star$.

D'après Centrale-Supélec

Exercice 12.18 : Montrer que $x \mapsto \displaystyle\int_0^{+\infty} \frac{e^{-tx}}{1+t^2}\, dt$ est définie sur $\mathbb{R}_+$ et de classe $\mathscr{C}^k$ pour tout k entier sur $\mathbb{R}_+^\star$.

Exercice 12.19 : On pose $F : x \mapsto \displaystyle\int_0^{\frac{\pi}{2}} \frac{\arctan(x\tan\theta)}{\tan\theta}\, d\theta$.

1. Démontrer que F est définie sur $\mathbb{R}$. Montrer sa continuité.
2. Montrer que F est de classe $\mathscr{C}^1$ sur $\mathbb{R}$.
3. Vérifier que F est paire. Calculer $F'(0)$.
4. On suppose ici $x > 0$. Montrer que $F'(x)$ est successivement égal à :

$$\int_0^{+\infty} \frac{du}{(1+u^2)(1+x^2u^2)} = \int_0^{+\infty} \frac{x\, dv}{(1+v^2)(x^2+v^2)} = \int_0^{+\infty} \frac{xw^2\, dw}{(1+w^2)(x^2w^2+1)},$$

en utilisant des changements de variable adéquats. En déduire que :

$$\forall x \in \mathbb{R}_+^\star,\ (1+x)F'(x) = \frac{\pi}{2}.$$

5. Calculer alors la valeur de $F(x)$ pour tout $x \in \mathbb{R}$.
6. En déduire la valeur de $\displaystyle\int_0^{\frac{\pi}{2}} \frac{\theta}{\tan\theta}\, d\theta$ et de $\displaystyle\int_0^{\frac{\pi}{2}} \ln(\sin\theta)\, d\theta$.

Exercice 12.20* : Le but de l'exercice est l'étude de $F : x \mapsto \displaystyle\int_0^{+\infty} e^{-x\,\mathrm{ch}\, t}\, dt$.

1. Soit a une application de $\mathbb{R}$ vers $\mathbb{R}$ telle que $\displaystyle\lim_{t\to+\infty} a(t) = +\infty$. Soit $p \in \mathbb{N}^\star$.
Pourquoi l'égalité $e^{-a(t)} = o\left(\dfrac{1}{(a(t))^p}\right)$ est-elle vérifiée ?
2. Montrer que F est définie et de classe $\mathscr{C}^2$ sur $]0, +\infty[$.
3. *On désire trouver un équivalent de $F(x)$ quand x tend vers 0^+.*
Ici, x est un réel vérifiant : $0 < x < 1$.
a. On pose $H(x) = \displaystyle\int_1^{+\infty} e^{-xu}\left(\frac{du}{\sqrt{u^2-1}} - \frac{du}{u}\right)$. Montrer que H est définie et bornée sur $]0, 1[$.
b. On pose $K(x) = \displaystyle\int_x^1 \frac{e^{-v}}{v}\, dv$. Prouver que : $\forall v \in [x, 1]$, $0 \leqslant 1 - e^{-v} \leqslant v$.
Montrer que si $x \in]0, 1[$,

$$0 \leqslant -\ln x - K(x) \leqslant 1 - x \leqslant 1.$$

En déduire que $K(x)$ est équivalent à $-\ln x$ quand x tend vers 0^+.
c. Montrer $F(x) = \displaystyle\int_1^{+\infty} \frac{e^{-xu}}{\sqrt{u^2-1}}\, du$ et trouver un équivalent de $F(x)$ quand $x \to 0^+$.

D'après Concours E3A, filière PSI

Indications

Ex. 12.1

Votre culture vous rappelle que si $u \geqslant 0$, $\ln(1+u) \leqslant u$ *et* $(1+u)^n \geqslant 1+nu$.

Ex. 12.2

Pour le **a**, $|\sin u| \leqslant |u|$. *Pour le* **b**, *on s'inspire fortement de l'exemple qui suit la* **méthode 12.1**.

Ex. 12.3

On pourra écrire $n\displaystyle\int_1^{+\infty} e^{-x^n}\,dx$ *sous la forme* $\displaystyle\int_1^{+\infty} f_n(t)\,dt$, *où* f_n *est à trouver.*

Ex. 12.4

On pose : $f_p(t) = \begin{cases} \left(1-\dfrac{t}{p}\right)^p e^{z_p t} & si \quad t \in [0,p] \\ 0 & si \quad t > p \end{cases}$. *On remarque :* $\displaystyle\int_0^p f_p(t)\,dt = \int_0^{+\infty} f_p(t)\,dt$.

Il reste à étudier la suite de fonctions (f_p) *et l'intégrabilité de* f_p *sur* $[0,+\infty[$.

Ex. 12.8

3. *Pour majorer* $\displaystyle\int_0^{+\infty} |f_n(t)|\,dt$, *on pourra majorer* $\displaystyle\int_0^1 |f_n(t)|\,dt$, *puis* $\displaystyle\int_1^{+\infty} |f_n(t)|\,dt$.

Ex. 12.13

1. *On pourra dans le cas* $-1 < x < 0$ *supposer* $t \in]0, \frac{1}{e}]$ *pour l'étude de la convergence au* $V(0)$.

Ex. 12.14

3. *On pourra vérifier que pour tout* $x \in \mathbb{R}_+$, $0 \leqslant g(x) \leqslant \dfrac{\pi}{4}e^{-x^2}$.

Ex. 12.15

On trouvera une relation entre $f'(x)$ *et* $f(x)$, *ce qui débouche sur une gentille équation différentielle linéaire du premier ordre que vous ne laisserez pas vierge !*

Ex. 12.16

1. *On utilisera le fait que* φ *et* $1/\psi$ *sont de classe* $\mathscr{C}^\infty$ *autour de 0 car développables en série entière.*

Ex. 12.17

Pour le calcul de F' *explicite (on ne se contente pas bien sûr de sa forme intégrale), on fera un changement de variable et on utilisera l'égalité (trop connue)* $\displaystyle\int_0^{+\infty} e^{-x^2}\,dx = \frac{\sqrt{\pi}}{2}$.

Ex. 12.19

1. *On pourra utiliser pour la domination* $\arctan u \leqslant u$ *pour* $u \geqslant 0$.

4. *Les changements de variable successifs sont* $u = \tan\theta$ *puis* $v = xu$ *puis* $w = \frac{1}{v}$.

Ex. 12.20

3. *On appliquera le changement de variable* $u = \operatorname{ch} t$ *à* $F(x)$ *de l'énoncé. Pour l'équivalent, on vérifiera que* $H(x) = F(x) - \displaystyle\int_x^{+\infty} \frac{e^{-v}}{v}\,dv$ *et on écrira que* $F(x) = H(x) + K(x) + \displaystyle\int_1^{+\infty} \frac{e^{-v}}{v}\,dv$.

Corrigé des vrai/faux

1	2	3	4	5	6	7	8	9
F	F	F	F	F	V	V	V	F

1. $\forall n \in \mathbb{N}$, $f_n\left(\frac{\pi}{2}\right) = 1$, donc $\lim_{n\to+\infty} f_n\left(\frac{\pi}{2}\right) = 1$ et $(f_n)_{n\in\mathbb{N}}$ $C.S$ sur $\left[0, \frac{\pi}{2}\right]$ vers la fonction f définie sur $\left[0, \frac{\pi}{2}\right]$ par $f\left(\frac{\pi}{2}\right) = 1$ et $f(x) = 0$ si $x \in \left[0, \frac{\pi}{2}\right[$.

2. Si c'était le cas, on pourrait appliquer le théorème de convergence dominée. Comme $(f_n)_{n\in\mathbb{N}}$ $C.S$ sur $]0,1[$ vers 0, on devrait avoir : $\lim_{n\to+\infty} \int_0^1 nt^{n-1}\,dt = 0$, or : $\int_0^1 nt^{n-1}\,dt = \left[t^n\right]_0^1 = 1$.

3. $\int_0^1 f_n(t)\,dt = \frac{1}{2n}\ln(1+n2^n) \to \frac{1}{2}\ln 2 \neq 0$.

4. L'hypothèse « $\sum\left(\int_I |f_n|\right)$ convergente » est indispensable. La possibilité d'intégrer terme à terme sur tout segment K de I ne préjuge en rien de la possibilité de le faire sur I.

5. La série de terme général $\int_0^{+\infty} e^{-x\sqrt{n}}\,dx = \left[\frac{e^{-x\sqrt{n}}}{-\sqrt{n}}\right]_0^{+\infty} = \frac{1}{\sqrt{n}}$ diverge, donc le théorème d'intégration terme à terme sur un intervalle est inutilisable.

6. Cette limite sera alors $\int_J f(a,t)\,dt$.

7. Le fait de pouvoir dériver $F : x \mapsto \int_J f(x,t)\,dt$ laisse essentiellement deux possibilités :

1. Calculer explicitement $F'(x) = \int_J \frac{\partial f}{\partial x}(x,t)\,dt$, puis obtenir F par un calcul de primitive.
2. Trouver une équation différentielle sur A dont F est solution, la résoudre et obtenir F à l'aide d'une condition initiale.

8. Comme $F(0) = 0$, on reconnaît $\frac{F(x)-F(0)}{x-0}$, dont la limite est $F'(0) = \int_J \frac{\partial f}{\partial x}(0,t)\,dt$.

9. Prendre $f(x,t) = \frac{t}{x}$, $I =]0,1]$ et $J = [0,1]$. $|f(x,t)|$ n'est pas bornée au voisinage de $x = 0^+$. Cependant, si l'on part de $K = [a,b] \subset I$, on a alors la domination et g est bien continue.

❑ Erreurs classiques

- Confondre les variables x et t définies dans les théorèmes (Elles n'ont pas toujours le même nom ni le même rôle dans les énoncés !).
- Ne pas vérifier le domaine de définition des fonctions avec suffisamment de rigueur et de vigilance.
- Ne pas vérifier de façon suffisamment critique les hypothèses des différents théorèmes de ce chapitre et ne pas détecter qu'elles ne sont pas réalisées.
- Remplacer, dans le théorème d'intégration terme à terme sur un intervalle, l'hypothèse « $\sum\left(\int_I |f_n|\right)$ convergente » par « $\sum\left(\int_I f_n\right)$ convergente ».
- Oublier la version « domination sur tout segment de l'intervalle A » des théorèmes sur les intégrales à paramètre.

Corrigé des exercices

Exercice 12.1

1. Posons : $\forall n \in \mathbb{N}^\star, f_n : \left\{\begin{array}{ccc}[0,+\infty[& \to & \mathbb{R} \\ x & \mapsto & \left(1+\dfrac{x}{n}\right)^n e^{-2x}\end{array}\right.$

$\forall n \in \mathbb{N}^*$, f_n est continue, donc continue par morceaux, et positive sur $[0,+\infty[$.

Donc $\displaystyle\int_0^{+\infty} f_n(x)\,dx$ n'est généralisée qu'en $+\infty$, et on peut utiliser les théorèmes de comparaison pour les intégrales généralisées de fonction positives.

$\forall x \in \mathbb{R}_+$, $\ln\left(1+\dfrac{x}{n}\right) \leqslant \dfrac{x}{n}$, donc : $e^{n\ln\left(1+\frac{x}{n}\right)} \leqslant e^x$ et $f_n(x) \leqslant e^{-x}$.

$\ln(1+u) \leqslant u$ pour $u \geqslant 0$, je sais c'est tellement connu !

De plus, $\varphi :\ x \mapsto e^{-x}$ est intégrable sur $[0,+\infty[$. Bref, $\displaystyle\int_0^{+\infty} f_n(x)\,dx$ converge.

Et : $\displaystyle\lim_{n\to+\infty} f_n(x) = \lim_{n\to+\infty} e^{n\ln\left(1+\frac{x}{n}\right)} e^{-2x} = e^{-x}$, car : $\ln\left(1+\dfrac{x}{n}\right) \underset{n\to+\infty}{\sim} \dfrac{x}{n}$.

Ainsi $(f_n)_{n\in\mathbb{N}^*}$ converge simplement sur $\mathbb{R}_+$ vers $\varphi :\ x \mapsto e^{-x}$, continue.

On remarque que la « dominatrice » ϕ est ici f (voir **méthode 12.1**).

Et : $\displaystyle\lim_{n\to+\infty} \int_0^{+\infty} \left(1+\frac{x}{n}\right)^n e^{-2x}\,dx = \int_0^{+\infty} \lim_{n\to+\infty} f_n(x)\,dx = \int_0^{+\infty} e^{-x}\,dx.$

La preuve de l'intégrabilité des f_n a fourni une application continue par morceaux, positive et intégrable sur $[0,+\infty[$ qui majore toutes les f_n : $\varphi :\ x \mapsto e^{-x}$.

Donc : $\displaystyle\lim_{n\to+\infty} \int_0^{+\infty} \left(1+\frac{x}{n}\right)^n e^{-2x}\,dx = \left[-e^{-x}\right]_0^{+\infty} = 1.$

2. Posons : $\forall n \in \mathbb{N}, f_n : \left\{\begin{array}{ccc}[0,1] & \to & \mathbb{R} \\ x & \mapsto & \dfrac{1+nx}{(1+x)^n}\end{array}\right.$

$\forall n \in \mathbb{N}$, f_n est continue donc continue par morceaux et positive sur $[0,1]$.

f_n est donc intégrable sur le segment $[0,1]$.

$\forall x \in]0,1]$, $\displaystyle\lim_{n\to+\infty} f_n(x) = 0$ par croissance comparée, et $\displaystyle\lim_{n\to+\infty} f_n(0) = 1$.

Et : $(f_n)_{n\in\mathbb{N}^*}$ converge simplement sur $[0,1]$ vers $x \mapsto \left\{\begin{array}{ll} 0 & \text{si } x \in]0,1] \\ 1 & \text{si } x = 0\end{array}\right.$,

que l'on nomme f et qui est continue par morceaux sur $[0,1]$.

$\forall x \in [0,1]$, $\dfrac{1+nx}{(1+x)^n} \leq 1$, car : $\forall x \geqslant 0$, $(1+x)^n = \displaystyle\sum_{k=0}^{n} \binom{n}{k} x^k \geqslant 1+nx$.

Encore une fois, la partie un peu délicate est la domination. Il faut trouver une fonction ϕ indépendante de n. Comme I est ici un segment, une fonction constante suffit.

De plus, $\varphi :\ x \mapsto 1$ est intégrable sur $[0,1]$ car c'est une constante !

On a donc trouvé une application continue par morceaux, positive et intégrable sur $[0,1]$ qui majore toutes les f_n : l'application $\varphi :\ x \mapsto 1$.

D'après le théorème de convergence dominée :

$$\lim_{n\to+\infty} \int_0^1 \frac{1+nx}{(1+x)^n}\,dx = \int_0^1 \lim_{n\to+\infty} f_n(x)\,dx = \int_0^1 f(x)\,dx = 0.$$

Exercice 12.2

1. Posons, pour tout $n \in \mathbb{N}^\star$, $f_n : \left\{\begin{array}{ccc}]0,+\infty[& \to & \mathbb{R} \\ x & \mapsto & \dfrac{n\sin\left(\dfrac{x}{n}\right)}{x(1+x^2)}\end{array}\right.$

$\forall n \in \mathbb{N}^*$, f_n est continue, donc continue par morceaux, sur $]0,+\infty[$.

Corrigé

L'inégalité à utiliser ici est : $\forall u \geqslant 0$, $|\sin u| \leq u$, qui fait encore partie des connues pour vous, je l'espère !

L'inégalité $\ln(1+u) \leq u$ est vraie à partir de $u > -1$. On l'applique pour $u = -\frac{x}{n}$. Votre culture augmente...

Encore une fois, la preuve de l'intégrabilité des f_n a fourni une application continue par morceaux, positive et intégrable sur $[0, +\infty[$ qui majore toutes les f_n : l'application φ.

Le changement de variable intéressant est de poser $t = x^n$. En effet, le but est d'obtenir une suite de fonctions tendant vers $\frac{e^{-t}}{t}$ pour appliquer le théorème de convergence dominée.

$\forall n \in \mathbb{N}^*$, $f_n(x) \underset{0}{\sim} 1$: f_n est prolongeable par continuité en 0 donc est intégrable sur l'intervalle $]0, 1]$.
On a : $\forall x \in]0, +\infty[$, $|f_n(x)| \leq \dfrac{1}{1+x^2} \underset{+\infty}{\sim} \dfrac{1}{x^2}$. Or $x \mapsto \dfrac{1}{x^2}$ est intégrable sur $[1, +\infty[$ (Riemann sur $[1 + \infty[$ avec $\alpha = 2 > 1$), donc f_n aussi.
Finalement, f_n est intégrable sur $]0, +\infty[$.
Puis : $\forall x \in]0, +\infty[$, $\lim\limits_{n \to +\infty} f_n(x) = \dfrac{1}{1+x^2} = \varphi(x)$, car : $\sin \dfrac{x}{n} \underset{n \to +\infty}{\sim} \dfrac{x}{n}$.
On a vu ci-dessus que : $\forall x \in]0, +\infty[$, $|f_n(x)| \leq \dfrac{1}{1+x^2}$ et $\varphi : x \mapsto \dfrac{1}{1+x^2}$ est intégrable sur $]0, +\infty[$. D'après le théorème de convergence dominée :

$$\lim_{n \to +\infty} \int_0^{+\infty} \frac{n \sin\left(\frac{x}{n}\right)}{x(1+x^2)}\, dx = \int_0^{+\infty} \frac{dx}{1+x^2} = \lim_{X \to +\infty} \left([\arctan x]_0^X \right) = \frac{\pi}{2}.$$

2. Pour tout $n \in \mathbb{N}^*$, notons $f_n(x) = \begin{cases} \left(1 - \dfrac{x}{n}\right)^n e^{\frac{x}{2}} & \text{si} \quad x \in [0, n[\\ 0 & \text{si} \quad x \geqslant n \end{cases}$.

$\forall n \in \mathbb{N}^*$, f_n est continue donc continue par morceaux et positive sur $[0, +\infty[$.

$$\forall x \in [0, n[,\ \left(1 - \frac{x}{n}\right)^n e^{\frac{x}{2}} = e^{n \ln\left(1 - \frac{x}{n}\right) + \frac{x}{2}} \leq e^{-\frac{x}{2}}.$$

Or, le hasard faisant bien les choses, $x \mapsto e^{-\frac{x}{2}}$ est intégrable sur $[0, +\infty[$, donc f_n aussi. Soit maintenant $x \in [0, +\infty[$:

$$\forall n \geqslant \lfloor x \rfloor + 1,\ f_n(x) = \left(1 - \frac{x}{n}\right)^n e^{\frac{x}{2}}.$$

Et : $\lim\limits_{n \to +\infty} f_n(x) = \lim\limits_{n \to +\infty} e^{n \ln\left(1 - \frac{x}{n}\right)} e^{\frac{x}{2}} = e^{-\frac{x}{2}}$ car : $\ln\left(1 - \dfrac{x}{n}\right) \underset{n \to +\infty}{\sim} -\dfrac{x}{n}$.
Ainsi $(f_n)_{n \in \mathbb{N}^*}$ converge simplement sur $\mathbb{R}_+$ vers $\varphi : x \mapsto e^{-\frac{x}{2}}$.
D'après le théorème de convergence dominée, on aboutit finalement à :

$$\lim_{n \to +\infty} \int_0^n \left(1 - \frac{x}{n}\right)^n e^{-x}\, dx = \int_0^{+\infty} \lim_{n \to +\infty} f_n(x)\, dx = \int_0^{+\infty} e^{-\frac{x}{2}}\, dx = 2.$$

Exercice 12.3

► Posons pour tout n entier non nul : $I_n = \displaystyle\int_1^{+\infty} e^{-x^n}\, dx$. On écrit :

$$I_n = \int_1^{+\infty} e^{-x^n}\, dx = \frac{1}{n} \int_1^{+\infty} \frac{e^{-t}}{t^{1-\frac{1}{n}}}\, dt = \frac{1}{n} \int_1^{+\infty} \frac{e^{-t}}{t} t^{\frac{1}{n}}\, dt.$$

Il reste : $nI_n = \displaystyle\int_1^{+\infty} \frac{e^{-t}}{t} t^{\frac{1}{n}}\, dt$.

► Posons : $\forall n \in \mathbb{N}$, $\forall t \in [1, +\infty[$, $f_n(t) = \dfrac{e^{-t}}{t} t^{\frac{1}{n}}$.
f_n est continue sur $I = [1, +\infty[$ comme produit et rapport de fonctions continues sur I donc f_n est au moins continue par morceaux sur I.
f_n est intégrable sur tout intervalle du type $[1, A]$ avec $A > 1$ car f_n est continue sur cet intervalle. Puis on remarque que f_n qui est à valeurs positives, vérifie pour tout n entier non nul fixé, $\lim\limits_{t \to +\infty} t^2 f_n(t) = 0$, ce qui permet de

conclure qu'au voisinage de $+\infty$, $f_n(t) = o\left(\dfrac{1}{t^2}\right)$.

On a : $\lim\limits_{n\to+\infty} f_n(t) = \dfrac{e^{-t}}{t}$. Posons logiquement : $f : t \mapsto \dfrac{e^{-t}}{t}$.

Il y a donc convergence simple de $(f_n)_{n\geqslant 1}$ vers f sur $[1, +\infty[$. Et f est continue (donc continue par morceaux) sur $I = [1, +\infty[$.

Il reste à dominer $|f_n(t)|$ par une fonction intégrable ϕ sur $[1, +\infty[$.

Ici : $t \geqslant 1$ et $n \geqslant 1 \Rightarrow 0 \leqslant t^{\frac{1}{n}} \leqslant t$, et on ne peut penser qu'à la domination : $\forall t \in I$, $|f_n(t)| \leqslant e^{-t}$. La fonction $\phi : t \mapsto e^{-t}$ est intégrable sur $[1, +\infty[$ car par exemple elle est positive et infiniment petite au voisinage de $+\infty$ devant $t \mapsto \dfrac{1}{t^2}$ qui est intégrable sur le même intervalle.

On a bien les hypothèses du théorème de convergence dominée :

$$\lim_{n\to+\infty} \int_1^{+\infty} f_n(t)\,dt = \int_1^{+\infty} f(t)\,dt \Rightarrow \lim_{n\to+\infty} nI_n = \int_1^{+\infty} \frac{e^{-t}}{t}\,dt.$$

Ainsi f_n est intégrable sur tout intervalle du type $[A, +\infty[$ et par conséquent f_n est intégrable sur l'intervalle I entier.

Exercice 12.4

► On pose : $\forall p \in \mathbb{N}$, $f_p(t) = \begin{cases} \left(1 - \dfrac{t}{p}\right)^p e^{z_p t} & \text{si} \quad t \in [0, p] \\ 0 & \text{si} \quad t > p \end{cases}$.

Nous obtenons que : $\displaystyle\int_0^p f_p(t)\,dt = \int_0^{+\infty} f_p(t)\,dt$.

Il s'agit donc de vérifier que : $\displaystyle\lim_{p\to+\infty} \int_0^{+\infty} f_p(t)\,dt = \int_0^{+\infty} \lim_{p\to+\infty} f_p(t)\,dt$.

Pour cela, on a plusieurs conditions à réaliser, notamment l'existence de la limite de la suite (f_p) et les hypothèses du théorème d'interversion choisi, ici le théorème de convergence dominée.

► Soit p fixé entier. La fonction f_p est continue par morceaux sur $[0, +\infty[$. Elle est donc intégrable sur $[0, p]$. De plus sur $]p, +\infty[$, f_p est nulle et est donc intégrable. Ainsi, f_p est intégrable sur $[0, +\infty[$.

► Supposons $t \geqslant 0$ fixé. Comme $p \to +\infty$, on ne considère que le cas : $p > t$.

Et à partir de ce rang : $f_p(t) = \left(1 - \dfrac{t}{p}\right)^p e^{z_p t}$.

La suite $(e^{z_p t})$ a pour limite e^{zt} car $\lim\limits_{p\to+\infty} z_p = z$.

Il reste à traiter le cas de l'expression : $\left(1 - \dfrac{t}{p}\right)^p$, quand p tend vers $+\infty$.

L'idée est de faire un développement limité. Ici :

$$\left(1 - \frac{t}{p}\right)^p = \exp\left[p \ln\left(1 - \frac{t}{p}\right)\right].$$

Or, au voisinage de 0 : $\ln(1 + u) = u + o(u)$.

On a alors : $\left(1 - \dfrac{t}{p}\right)^p = \exp\left[p\left(-\dfrac{t}{p}\right) + po\left(\dfrac{1}{p}\right)\right]$.

C'est-à-dire : $\left(1 - \dfrac{t}{p}\right)^p = \exp\left[-t + o\left(\dfrac{p}{p}\right)\right] = e^{-t+o(1)}$.

Cette quantité tend vers e^{-t} quand p tend vers $+\infty$.

On peut donc poser : $\forall t \geqslant 0$, $\lim\limits_{p\to+\infty} f_p(t) = f(t) = e^{-t}e^{zt} = e^{(z-1)t}$.

Cela ressemble étrangement à l'exemple qui suit la **méthode 12.1**. *On pourrait en tirer une mini-méthode, à force !*

Ainsi, on a transformé l'intégrale pour être en situation d'appliquer le théorème de convergence dominée.

Donnons une démonstration de révision : soit $z_p = X_p + iY_p$, où $X_p = \mathfrak{Re}(z_p)$ et $Y_p = \mathfrak{Im}(z_p)$. Comme z_p tend vers z, X_p tend vers $\mathfrak{Re}(z) = X$ et Y_p tend vers $\mathfrak{Im}(z) = Y$. Alors : $\mathfrak{Re}\left(e^{z_p t}\right) = \mathfrak{Re}\left(e^{X_p t + iY_p t}\right) = e^{X_p t}\cos(Y_p t)$. Et $\lim\limits_{p\to+\infty} \mathfrak{Re}\left(e^{z_p t}\right) = e^{Xt}\cos(Yt)$. On procède de même avec la partie imaginaire.

Corrigé

On a, pour tout $t \geqslant 0$ fixé : $|f(t)| = \left|e^{-t}e^{\mathfrak{Re}\,(z)t+i\mathfrak{Im}\,(z)t}\right| = e^{(\mathfrak{Re}\,(z)-1)t}$.
Comme $\mathfrak{Re}\,(z) < 1$, $\mathfrak{Re}\,(z) - 1 < 0$, $t \mapsto e^{(\mathfrak{Re}\,(z)-1)t}$ est intégrable sur $[0, +\infty[$.
En effet, elle est continue par morceaux, à valeurs positives et :

$$\lim_{t\to+\infty} t^2 e^{(\mathfrak{Re}\,(z)-1)t} = 0 \Rightarrow e^{(\mathfrak{Re}\,(z)-1)t} = o\left(\frac{1}{t^2}\right).$$

On peut donc conclure. L'intégrale $\displaystyle\int_0^{+\infty} f(t)\,dt$ est absolument convergente.

Il reste bien entendu à majorer $|f_p(t)|$ par une fonction ne dépendant plus de p et intégrable sur $[0, +\infty[$.

▶ Il reste à pouvoir intervertir limite et intégrale. Sur $]p, +\infty[$, il n'y a aucun problème car f_p est la fonction nulle. On suppose donc $t \in [0, p]$.
Alors : $|f_p(t)| = \left|\left(1 - \dfrac{t}{p}\right)^p e^{\mathfrak{Re}\,(z_p)t+i\mathfrak{Im}\,(z_p)t}\right| = \left|\left(1 - \dfrac{t}{p}\right)^p\right| e^{(\mathfrak{Re}\,(z_p)-1)t}$.
On a l'implication : $\ln\left(1 - \dfrac{t}{p}\right) \leqslant -\dfrac{t}{p} \Rightarrow p\ln\left(1 - \dfrac{t}{p}\right) \leqslant -t$.

On utilise encore l'inégalité, valable pour $u > -1$: $\ln(1+u) \leqslant u$! Avec ici $u = -\frac{t}{p}$, ce qui est licite si $t < p$.

Il ne reste plus qu'à exponentier : $\exp\left(p\ln\left(1 - \dfrac{t}{p}\right)\right) \leqslant e^{-t}$.
Cela donne : $\left(1 - \dfrac{t}{p}\right)^p \leq e^{-t}$. Comme $\left(1 - \dfrac{t}{p}\right)^p$ est positif (pour $t \in [0, p[$),
on en déduit que : $\left|\left(1 - \dfrac{t}{p}\right)^p\right| \leq e^{-t}$. et ceci est valable pour $0 \leqslant t \leqslant p$.
Puis, comme (z_p) tend vers z, $\mathfrak{Re}\,(z_p)$ tend vers $\mathfrak{Re}\,(z)$. Comme $\mathfrak{Re}\,(z) < 1$, il existe $x_0 < 1$ tel que $\mathfrak{Re}\,(z) \leqslant x_0$. On peut dire que : $\mathfrak{Re}\,(z_p) \leqslant x_0$, à partir d'un certain rang de p, que l'on peut noter N.
On résume par : $\forall p \geqslant N$, $\mathfrak{Re}\,(z_p) \leqslant x_0 \Rightarrow \forall p \geqslant N$, $|e^{z_p t}| \leqslant e^{x_0 t}$.
Finalement pour $t \in [0, p[$ et pour $p \geqslant N$:

$$|f_p(t)| = \left|\left(1 - \frac{t}{p}\right)^p\right| \times \left|e^{z_p t}\right| \leqslant e^{-t}e^{x_0 t}.$$

La fonction : $h : t \mapsto e^{-t}e^{x_0 t}$ majore : $t \mapsto |f_p(t)|$ sur $[0, p[$ donc sur $[0, +\infty[$ et cela à partir de $p \geqslant N$.
Comme $-1 + x_0 < 0$, h est intégrable sur $[0, +\infty[$. On peut conclure :

$$\lim_{p\to+\infty} \int_0^{+\infty} f_p(t)\,dt = \int_0^{+\infty} f(t)\,dt = \int_0^{+\infty} e^{(z-1)t}\,dt = I.$$

On sait qu'une primitive de $t \mapsto e^{at}$, où a est un complexe non nul, est $t \mapsto \dfrac{1}{a}e^{at}$.

Il ne nous manque que le calcul de I. Ici, pour $X > 0$ réel fixé :

$$\int_0^X e^{(z-1)t}\,dt = \left[\frac{1}{z-1}e^{(z-1)t}\right]_0^X$$

car z ne peut pas être égal à 1. On en déduit :

$$\int_0^X e^{(z-1)t}\,dt = \frac{1}{z-1}\left(e^{(z-1)X} - 1\right).$$

Or : $\left|e^{(z-1)X}\right| = \left|e^{(\mathfrak{Re}\,(z)-1)X}e^{i\mathfrak{Im}\,(z)X}\right| = e^{(\mathfrak{Re}\,(z)-1)X}$.
Comme $\mathfrak{Re}\,(z) - 1 < 0$, si on fait tendre X vers $+\infty$, la quantité $(\mathfrak{Re}\,(z) - 1)X$

tend vers $-\infty$ et donc le module : $\left|e^{(z-1)X}\right|$ tend vers 0.

Il reste : $I = \lim_{X\to+\infty} \int_0^X e^{(z-1)t}\,dt = \dfrac{1}{1-z} \Rightarrow \lim_{p\to+\infty} \int_0^{+\infty} f_p(t)\,dt = \dfrac{1}{1-z}$.

Exercice 12.5

1. ► $t \mapsto \dfrac{\sqrt{t}}{e^t-1}$ est continue donc par morceaux et positive sur $]0,+\infty[$.

Puis $\dfrac{\sqrt{t}}{e^t-1} \underset{0}{\sim} \dfrac{1}{\sqrt{t}}$ et $t \mapsto \dfrac{1}{\sqrt{t}}$ est intégrable sur $]0,1]$.

C'est Riemann au $V(0)$ avec $\alpha = \dfrac{1}{2} < 1$.

Donc $t \mapsto \dfrac{\sqrt{t}}{e^t-1}$ est intégrable sur $]0,1]$.

Ensuite : $\dfrac{\sqrt{t}}{e^t-1} \underset{+\infty}{=} O\left(\dfrac{1}{t^2}\right)$, car : $\lim_{t\to+\infty} \dfrac{t^2\sqrt{t}}{e^t-1} = 0$. La fonction $t \mapsto \dfrac{1}{t^2}$ est intégrable sur $[1,+\infty[$ donc $t \mapsto \dfrac{\sqrt{t}}{e^t-1}$ est intégrable sur $[1,+\infty[$.

Encore Riemann, ici au $V(+\infty)$ et avec $\alpha = 2 > 1$

Finalement, $t \mapsto \dfrac{\sqrt{t}}{e^t-1}$ est intégrable sur $]0,+\infty[$ et $\displaystyle\int_0^{+\infty} \frac{\sqrt{t}}{e^t-1}\,dt$ est définie.

► La série $\displaystyle\sum_{n\geqslant1}\left(\frac{1}{n\sqrt{n}}\right) = \sum_{n\geqslant1}\left(\frac{1}{n^{\frac{3}{2}}}\right)$ est une série de Riemann convergente ($\alpha = \frac{3}{2} > 1$), donc $\displaystyle\frac{\sqrt{\pi}}{2}\sum_{n=1}^{+\infty}\frac{1}{n\sqrt{n}}$ est définie.

Là, il s'agit maintenant des séries de Riemann !

2. $\forall t \in]0,+\infty[$, $\dfrac{\sqrt{t}}{e^t-1} = \dfrac{\sqrt{t}}{e^t}\,\dfrac{1}{1-e^{-t}}$, avec : $e^{-t} \in]0,1[$.

On peut considérer $\dfrac{1}{1-e^{-t}}$ comme la somme de la série géométrique de premier terme 1 et de raison e^{-t} : $\forall t \in]0,+\infty[$, $\displaystyle\frac{1}{1-e^{-t}} = \sum_{n=0}^{+\infty} e^{-nt}$.

Puis : $\forall t \in]0,+\infty[$, $\displaystyle\frac{\sqrt{t}}{e^t-1} = \sum_{n=0}^{+\infty}\sqrt{t}\,e^{-(n+1)t} = \sum_{n=1}^{+\infty}\sqrt{t}\,e^{-nt}$.

3. ► Posons, pour $n \in \mathbb{N}^*$: $u = \sqrt{nt}$. Et : $\mathrm{d}u = \dfrac{n\mathrm{d}t}{2\sqrt{nt}} \Leftrightarrow \mathrm{d}t = \dfrac{2u}{n}\mathrm{d}u$.

N'oubliez pas de dire que $t \mapsto \sqrt{nt}$ est une bijection de classe $\mathscr{C}^1$ de $\mathbb{R}_+^*$ dans $\mathbb{R}_+^*$, donc un changement de variable valide pour une intégrale sur $]0,+\infty[$.

$$\int_0^{+\infty}\sqrt{t}e^{-nt}\,dt = \frac{1}{n\sqrt{n}}\int_0^{+\infty} 2u^2e^{-u^2}\,du.$$

Soit $X \geqslant 0$. Posons : $\begin{cases} g(u) &= u \\ h'(u) &= 2ue^{-u^2} \end{cases}$ et $\begin{cases} g'(u) &= 1 \\ h(u) &= -e^{-u^2} \end{cases}$.

$$\int_0^X 2u^2e^{-u^2}\,du = \left[-ue^{-u^2}\right]_0^X + \int_0^X e^{-u^2}\,du \underset{X\to+\infty}{\longrightarrow} \int_0^{+\infty} e^{-u^2}\,du = \frac{\sqrt{\pi}}{2}.$$

On revient à un segment pour pouvoir pratiquer une intégration par parties.

Ainsi : $\displaystyle\int_0^{+\infty}\sqrt{t}e^{-nt}\,dt = \frac{\sqrt{\pi}}{2}\frac{1}{n\sqrt{n}}$.

► Posons, pour tout $n \in \mathbb{N}^*$, $f_n : t \mapsto \sqrt{t}\,e^{-nt}$. Chaque f_n est continue par morceaux et intégrable sur $]0,+\infty[$. La série $\displaystyle\sum_{n\geqslant1} f_n$ converge simplement sur l'intervalle $]0,+\infty[$ et a pour somme la fonction continue $f : t \mapsto \dfrac{\sqrt{t}}{e^t-1}$.

Ici, c'est une série de Riemann avec $\alpha = 3/2 > 1$.

La série $\sum_{n\geqslant 1}\left(\int_0^{+\infty}|f_n(t)|\,dt\right) = \frac{\sqrt{\pi}}{2}\sum_{n\geqslant 1}\left(\frac{1}{n\sqrt{n}}\right)$ converge.
On peut appliquer le théorème d'intégration terme à terme pour obtenir :

$$\int_0^{+\infty}\frac{\sqrt{t}}{e^t-1}\,dt = \int_0^{+\infty}\left(\sum_{n=1}^{+\infty}\sqrt{t}e^{-nt}\right)dt = \sum_{n=1}^{+\infty}\left(\int_0^{+\infty}\sqrt{t}e^{-nt}\,dt\right),$$

soit : $\displaystyle\int_0^{+\infty}\frac{\sqrt{t}}{e^t-1}\,dt = \frac{\sqrt{\pi}}{2}\sum_{n=1}^{+\infty}\frac{1}{n\sqrt{n}}$.

Exercice 12.6

1. $x \mapsto \dfrac{1}{1+x}$ est continue, donc intégrable, sur $[0,1]$: $\displaystyle\int_0^1\frac{dx}{1+x}$ est définie.

Vous avez reconnu l'utilisation du théorème spécial des séries alternées.

La valeur absolue du terme général de la série alternée $\sum_{n\geq 0}\dfrac{(-1)^n}{n+1}$ décroît et tend vers 0, donc cette série est convergente : $\displaystyle\sum_{n=0}^{+\infty}\frac{(-1)^n}{n+1}$ est définie.

Somme des termes d'une suite géométrique de raison $-x$, prise dans $]-1,1[$.

2. $\forall x \in]-1,1[$, $\dfrac{1}{1+x} = \displaystyle\sum_{n=0}^{+\infty}(-1)^n x^n$.

3. Posons, pour tout entier naturel n, $g_n : \begin{cases} [0,1[& \to & \mathbb{R} \\ x & \mapsto & (-1)^n x^n \end{cases}$.

Pour tout n, g_n est continue, donc continue par morceaux, sur $[0,1[$. Elle est prolongeable par continuité sur $[0,1]$, donc intégrable sur $[0,1[$.
D'après la question **2**, $\forall x \in [0,1[$, $\sum(-1)^n x^n$ converge et sa somme est : $\varphi : x \mapsto \dfrac{1}{1+x}$, qui est continue sur $[0,1[$.

$\forall n \in \mathbb{N}$, $\displaystyle\int_0^1 |g_n(x)|\,dx = \left[\frac{x^{n+1}}{n+1}\right]_0^1 = \frac{1}{n+1}$. Comme la série $\sum\dfrac{1}{n+1}$ diverge, les hypothèses du théorème d'intégration terme à terme ne sont pas satisfaites.

On est tout à fait dans le cadre de la **méthode 12.3**.

4. Posons : $\forall n \in \mathbb{N}$, $\forall x \in [0,1[$, $f_n(x) = \displaystyle\sum_{k=0}^{n}(-1)^k x^k = \frac{1-(-1)^{n+1}x^{n+1}}{1+x}$.

Pour tout n, f_n est continue, donc continue par morceaux, sur $[0,1[$.
Elle est prolongeable par continuité sur $[0,1]$, donc intégrable sur $[0,1[$.

$$\forall x \in [0,1],\ \forall n \in \mathbb{N}, |f_n(x)| \leqslant \frac{1+x^{n+1}}{1+x} \leqslant \frac{2}{1+x}$$

qui est intégrable sur $[0,1]$: on obtient ainsi une fonction intégrable sur $[0,1[$ majorant chacune des f_n.

Attention, ici, $f(x) = \frac{1}{1+x}$ que sur $[0,1[$.

D'après le théorème de convergence dominée :

$$\lim_{n\to+\infty}\int_0^1 f_n(x)\,dx = \int_0^1 \lim_{n\to+\infty} f_n(x)\,dx = \int_0^1\frac{dx}{1+x}.$$

$$\lim_{n\to+\infty}\int_0^1 f_n(x)\,dx = \lim_{n\to+\infty}\int_0^1\left(\sum_{k=0}^{n}(-1)^k x^k\right)dx = \sum_{n=0}^{+\infty}\int_0^1(-1)^n x^n\,dx.$$

En conclusion : $\displaystyle\int_0^1 \frac{dx}{1+x} = \ln 2 = \sum_{n=0}^{+\infty} \frac{(-1)^n}{n+1}$.

Exercice 12.7

1. Posons : $S_n(t) = \displaystyle\sum_{p=1}^{n} u_p(t)$, $R_n(t) = \displaystyle\sum_{p=n+1}^{+\infty} u_p(t)$ et $S(t) = \displaystyle\sum_{n=1}^{+\infty} u_n(t)$, quand ces deux dernières sommes existent.

Pour tout t fixé strictement positif, $n \mapsto \dfrac{1}{1+n^2t^2}$ est strictement décroissante et tend vers 0 quand n tend vers $+\infty$. $t \mapsto \displaystyle\sum_{n\geqslant 1} u_n(t)$ est donc, pour tout $t > 0$ fixé, une série alternée convergente. Sa somme S existe pour tout $t > 0$.

D'après le critère spécial des séries alternées.

Puis pour tout $t \in [a,b] \subset \mathbb{R}_+^\star$ et tout $n \in \mathbb{N}^\star$, $|u_n(t)| \leqslant \dfrac{1}{1+n^2a^2}$.

La série $\displaystyle\sum_{n\geqslant 1} \frac{1}{1+n^2a^2}$ converge et donc la série $\displaystyle\sum_{n\geqslant 1} u_n(t)$ converge normalement donc uniformément sur $[a,b]$. Comme $t \mapsto |u_n(t)|$ est continue sur $[a,b]$, d'après la **proposition 9.8**, S est continue sur $[a,b]$ donc sur $\mathbb{R}_+^\star$.

2. On a : $S = S_1 + R_1 = u_1 + R_1$. Or $|R_1(t)| \leqslant |u_2(t)|$ et $t \mapsto u_2(t)$ est intégrable sur $\mathbb{R}_+^\star$. De plus, $t \mapsto u_1(t)$ est intégrable sur $\mathbb{R}_+^\star$.
Ainsi, S est intégrable sur $\mathbb{R}_+^\star$.

La somme de deux fonctions intégrables est intégrable.

3. Les fonctions u_n sont continues par morceaux sur I.

Par ailleurs, pour n fixé, au voisinage de $+\infty$, $u_n(t) \sim \dfrac{1}{n^2t^2}$.

Comme u_n est à valeurs positives, on peut en déduire que les fonctions u_n sont intégrables sur I.

Par ailleurs, pour $A > 0$, on écrit :

$$\int_0^A \frac{dt}{1+n^2t^2} = \frac{1}{n}\arctan(nA) \Rightarrow \int_0^{+\infty} |u_n(t)|\,dt = \frac{\pi}{2n}.$$

Ainsi : $\displaystyle\sum_{n\geqslant 1} \int_0^{+\infty} |u_n(t)|\,dt = \sum_{n\geqslant 1} \frac{\pi}{2n}$. Cette série est divergente.

Cette série est divergente. On ne pourra donc pas appliquer la **méthode 12.2**. *On ira chercher la* **méthode 12.3**. *Ce qui justifie la suite.*

4. D'après la première question, on sait que pour $t > 0$, la série $\displaystyle\sum_{n\geqslant 1} u_n(t)$ est une série vérifiant le critère spécial des séries alternées. On en déduit que :

$$\forall n \in \mathbb{N}^\star,\ |R_n(t)| \leqslant |u_{n+1}(t)|.$$

La première conséquence est l'intégrabilité de R_n sur I car u_{n+1} l'est.
La seconde conséquence est l'inégalité :

$$\left|\int_I R_n(t)\,dt\right| \leqslant \int_I |R_n(t)|\,dt \leqslant \int_I |u_{n+1}(t)|\,dt.$$

Or, $\displaystyle\int_I |u_{n+1}(t)|\,dt = \frac{\pi}{2(n+1)}$. On en déduit : $\displaystyle\lim_{n\to+\infty} \int_I R_n(t)\,dt = 0$.

5. Pour tout $n \in \mathbb{N}^\star$, on a : $\displaystyle\int_I S(t)\,dt = \int_I S_n(t)\,dt + \int_I R_n(t)\,dt$.

Cela donne : $\displaystyle\int_I S(t)\,dt = \sum_{p=1}^{n} \int_I u_p(t)\,dt + \int_I R_n(t)\,dt.$

Comme $\displaystyle\int_I u_p(t)\,dt = \frac{\pi(-1)^p}{2p}$, $\displaystyle\int_I S(t)\,dt = \frac{\pi}{2}\sum_{p=1}^{n}\frac{(-1)^p}{p} + \int_I R_n(t)\,dt.$

On obtient : $\displaystyle\sum_{n=1}^{+\infty}\frac{(-1)^n}{n} = \ln 2 \Rightarrow \int_I S(t)\,dt = \frac{\pi}{2}\sum_{p=1}^{+\infty}\frac{(-1)^p}{p} = -\frac{\pi}{2}\ln 2.$

Exercice 12.8

1. On a : $\forall t \in]0,+\infty[,\ \dfrac{\sin t}{e^t-1} = \dfrac{\sin t}{e^t}\dfrac{1}{1-e^{-t}}$, avec : $e^{-t} \in]0,1[$.

On peut considérer $\dfrac{1}{1-e^{-t}}$ comme la somme de la série géométrique de premier terme 1 et de raison e^{-t} : $\forall t \in]0,+\infty[,\ \dfrac{1}{1-e^{-t}} = \displaystyle\sum_{n=0}^{+\infty} e^{-nt}.$

Puis : $\forall t \in]0,+\infty[,\ \dfrac{\sin t}{e^t-1} = \displaystyle\sum_{n=0}^{+\infty} e^{-(n+1)t}\sin t = \sum_{n=1}^{+\infty} e^{-nt}\sin t.$

$t \mapsto \displaystyle\sum_{n\geqslant 1} f_n(t)$ converge simplement sur $]0,+\infty[$ et a donc pour somme la fonction $f : t \mapsto \dfrac{\sin t}{e^t-1}$.

2. $t \mapsto \dfrac{\sin t}{e^t-1}$ est continue donc continue par morceaux sur $]0,+\infty[$.

On a : $\dfrac{\sin t}{e^t-1} \underset{0}{\sim} 1$ donc $t \mapsto \dfrac{\sin t}{e^t-1}$, prolongeable par continuité en 0, est intégrable sur $]0,1]$. Puis on écrit l'inégalité :

$$\left|\frac{\sin t}{e^t-1}\right| \le \frac{1}{e^t-1} \underset{+\infty}{\sim} e^{-t}.$$

Or $t \mapsto e^{-t}$ est intégrable sur $[1,+\infty[$, donc $t \mapsto \dfrac{\sin t}{e^t-1}$ aussi.

Le problème est de justifier l'égalité de la question 4. Sachez que dans les oraux des « grands concours » on peut ne poser que la question 4. Les trois premières questions, c'est-à-dire la préparation du terrain pour appliquer la **méthode 12.3** *est à « deviner » par le candidat. De l'***exercice 12.5** *à l'***exercice 12.8**, *on vous prépare aussi à cela. En gros, on vous tient par la main, mais dans certains oraux, on vous la lâche !*

3. Posons, pour tout $n \in \mathbb{N}^*$, $f_n : t \mapsto e^{-nt}\sin t$. Chaque f_n est continue par morceaux et intégrable sur $]0,+\infty[$ car : $\forall t > 0,\ |f_n(t)| \le e^{-nt}$ et $t \mapsto e^{-nt}$ est intégrable sur $]0,+\infty[$.

$$\begin{aligned}\int_0^{+\infty} |e^{-nt}\sin t|\,dt &= \int_0^1 |\sin t|e^{-nt}\,dt + \int_1^{+\infty} |\sin t|e^{-nt}\,dt\\ &\le \int_0^1 te^{-nt}\,dt + \int_1^{+\infty} e^{-nt}\,dt.\end{aligned}$$

Or :

$$\begin{aligned}\int_0^1 te^{-nt}\,dt &= \left[-\frac{te^{-nt}}{n}\right]_0^1 + \frac{1}{n}\int_0^1 e^{-nt}\,dt\\ &= -\frac{e^{-n}}{n} + \left[-\frac{e^{-nt}}{n^2}\right]_0^1 = -\frac{e^{-n}}{n} - \frac{e^{-n}}{n^2} + \frac{1}{n^2}.\end{aligned}$$

Et : $\displaystyle\int_1^{+\infty} e^{-nt}\,dt = \left[-\frac{e^{-nt}}{n}\right]_1^{+\infty} = \frac{e^{-n}}{n}.$

Donc : $\displaystyle\int_0^{+\infty} |e^{-nt}\sin t|\,dt \le -\frac{e^{-n}}{n^2} + \frac{1}{n^2} \leqslant \frac{1}{n^2}.$

Or, $\displaystyle\sum_{n\geqslant 1}\frac{1}{n^2}$ est convergente donc $\displaystyle\sum_{n\geqslant 1}\left(\int_0^{+\infty}|f_n(t)|\,dt\right)$ converge.

4. $\displaystyle\int_0^{+\infty}\frac{\sin t}{e^t-1}\,dt = \int_0^{+\infty}\left(\sum_{n=1}^{+\infty}\sin t\, e^{-nt}\right)dt = \sum_{n=1}^{+\infty}\left(\int_0^{+\infty}\sin t\, e^{-nt}\,dt\right).$

On peut appliquer maintenant le théorème d'intégration terme à terme.

Or : $\displaystyle\int_0^{+\infty}\sin t\, e^{-nt}\,dt = \mathfrak{Im}\left(\int_0^{+\infty} e^{(i-n)t}\,dt\right) = \mathfrak{Im}\left[\frac{e^{(i-n)t}}{i-n}\right]_0^{+\infty}.$

Et finalement : $\displaystyle\int_0^{+\infty}\sin t\, e^{-nt}\,dt = \frac{1}{n^2+1}.$

En conclusion : $\displaystyle\int_0^{+\infty}\frac{\sin t}{e^t-1}\,dt = \sum_{n=1}^{+\infty}\frac{1}{n^2+1}.$

Exercice 12.9

1. Au voisinage de 0, $f(t) = e^{-t}t^{x-1} \sim t^{x-1}$. Comme $t \mapsto t^{x-1}$ est intégrable pour $-x+1 < 1$, c'est-à-dire $x > 0$, sur $]0,a]$, avec $0 < a < 1$, il en est de même de f. Puis, comme f est continue (donc continue par morceaux sur $]0,1]$, on peut conclure : f est intégrable sur $]0,1]$.

f étant à valeurs positives, on peut utiliser la méthode des équivalents.

2. ▸ $t \mapsto e^{-t}t^{x-1}$ est continue (donc continue par morceaux) sur $]0,1]$.
Puis, $x \mapsto e^{-t}t^{x-1}$ est continue sur $\mathbb{R}_+^\star$.
Attention, la continuité par morceaux là ne suffit pas !
Posons $[a,b] \subset \mathbb{R}_+^\star$. Comme $0 < t \le 1$, la fonction $\phi : t \mapsto e^{-t}t^{a-1}$ domine $|f|$.
La fonction ϕ est bien entendu continue par morceaux et intégrable sur $]0,1]$.
On peut appliquer le théorème de continuité sous le signe somme.
▸ On a : $x < y \Rightarrow t^x > t^y \Rightarrow f(x) > f(y)$. La fonction f est décroissante.

La continuité par morceaux, hypothèse minimaliste est finalement peu fréquente. La plupart des fonctions dans les exercices sont continues donc continues par morceaux.

Exercice 12.10

Posons $f : \begin{cases} \mathbb{R}\times[0,1] & \to & \mathbb{R} \\ (a,t) & \mapsto & \dfrac{t^2}{\sqrt{1+a^4t^2}} \end{cases}$

Pour tout $t \in [0,1]$, la fonction $a \mapsto f(a,t)$ est continue sur $\mathbb{R}$.
Pour tout $a \in \mathbb{R}$, la fonction $t \mapsto f(a,t)$ est continue, donc continue par morceaux sur $[0,1]$.
$\forall (a,t) \in \mathbb{R}\times[0,1]$, $|f(a,t)| \le t^2$ et $t \mapsto t^2$, continue sur $[0,1]$, est intégrable sur ce segment. Donc : $F : a \mapsto \displaystyle\int_0^1 \frac{t^2}{\sqrt{1+a^4t^2}}\,dt$ est continue sur $\mathbb{R}$.

Ici $J = [0,1]$ est un segment et en plus la domination est rapide !

On applique donc la **méthode 12.5** *sans souci.*

Alors : $\displaystyle\lim_{a\to 0}\int_0^1 \frac{t^2}{\sqrt{1+a^4t^2}}\,dt = \lim_{a\to 0}F(a) = F(0) = \int_0^1 t^2\,dt = \frac{1}{3}.$

Exercice 12.11

Ici, encore, c'est la **méthode 12.5** *directe !*

▸ Posons : $f : \begin{cases} \mathbb{R}\times\mathbb{R} & \to & \mathbb{C} \\ (y,t) & \mapsto & \dfrac{1}{(1+t^2)(1+ity)} \end{cases}$

▸ Pour tout $t \in \mathbb{R}$, $y \mapsto f(y,t)$ est continue sur $\mathbb{R}$.
▸ Pour tout $y \in \mathbb{R}$, $t \mapsto f(y,t)$ est continue par morceaux sur $\mathbb{R}$.

▶ $\forall (y,t) \in \mathbb{R}\times\mathbb{R},\ |f(y,t)| = \dfrac{1}{(1+t^2)\sqrt{1+t^2y^2}} \leq \dfrac{1}{1+t^2}$.

Ici, $I = J = \mathbb{R}$. Attention, $|f(y,t)|$ est un module et non une valeur absolue.

Or, $t \mapsto \dfrac{1}{1+t^2}$ est intégrable sur $\mathbb{R}$.

En effet, elle est paire et : $\forall t \in \mathbb{R}^*,\ \dfrac{1}{1+t^2} \leq \dfrac{1}{t^2}$.

▶ Comme $t \mapsto \dfrac{1}{t^2}$ est intégrable sur $[1,+\infty[$, on peut conclure. Donc :

$$F : y \mapsto \int_{-\infty}^{+\infty} \frac{dt}{(1+t^2)(1+ity)}$$

est continue sur $\mathbb{R}$.

Exercice 12.12

Posons : $f : \left\{\begin{array}{ccc} \mathbb{R}\times[0,\pi] & \to & \mathbb{R} \\ (a,t) & \mapsto & \sin(a\sin t) \end{array}\right.$

$\forall t \in [0,\pi]$, f est dérivable par rapport à a et :

$$\forall (a,t) \in \mathbb{R}\times[0,\pi],\ \frac{\partial f}{\partial a}(a,t) = \sin t\cos(a\sin t).$$

Pour tout $t \in [0,\pi]$, $a \mapsto \dfrac{\partial f}{\partial a}(a,t)$ est continue sur $\mathbb{R}$.

On intègre sur un segment, ce qui facilite l'intégrabilité de $t \mapsto f(a,t)$ et la domination aussi.

$\forall a \in \mathbb{R}$, la fonction $t \mapsto f(a,t)$ est continue et donc intégrable sur $[0,\pi]$ et $t \mapsto \dfrac{\partial f}{\partial a}(a,t)$ est continue par morceaux sur $[0,\pi]$.

On a la domination : $\forall (a,t) \in \mathbb{R}\times[0,\pi],\ \left|\dfrac{\partial f}{\partial a}(a,t)\right| \leq 1$.

Or $t \mapsto 1$ est intégrable sur $[0,\pi]$.

On a ainsi l'hypothèse de domination nécessaire à l'application du théorème de dérivabilité sous le signe $\int$. F est de classe $\mathscr{C}^1$ sur $\mathbb{R}$ et :

Pour la suite, penser au Vrai/Faux numéro 8 qui peut être considéré comme une mini-méthode.

$$\forall a \in \mathbb{R},\ F'(a) = \int_0^\pi \sin t\cos(a\sin t)\,dt.$$

Alors : $\displaystyle\lim_{a\to 0} \frac{1}{a}\int_0^\pi \sin(a\sin t)\,dt = \lim_{a\to 0}\frac{F(a)}{a} = F'(0) = \int_0^\pi \sin t\,dt = 2.$

Exercice 12.13

1. Posons : $\varphi : \left\{\begin{array}{ccc}]-1,+\infty[\times]0,1[& \to & \mathbb{R} \\ (x,t) & \mapsto & \dfrac{t^x-1}{\ln t} \end{array}\right.$

Pour tout $x \in]-1,+\infty[$, $t \mapsto \varphi(x,t)$ est continue sur $]0,1[$.

▶ Si $x = 0$, $t \mapsto \varphi(0,t) = 0$ est intégrable sur $]0,1[$.

▶ Si $x > 0$ alors $\displaystyle\lim_{t\to 1} x\ln t = 0$, donc $\varphi(x,t) = \dfrac{e^{x\ln t}-1}{\ln t} \underset{1}{\sim} x$.

$t \mapsto \varphi(x,t)$ est prolongeable par continuité en 1, donc intégrable sur $\left[\dfrac{1}{2},1\right[$.

Ainsi si $x > 0$, $t \mapsto \varphi(x,t)$ est intégrable sur $]0,1[$.

On peut écrire : $\displaystyle\lim_{t\to 0} t^x = \lim_{t\to 0} e^{x\ln t} = 0$, donc $\displaystyle\lim_{t\to 0}\varphi(x,t) = 0$.

$t \mapsto \varphi(x,t)$ est prolongeable par continuité en 0, donc intégrable sur $\left]0,\dfrac{1}{2}\right]$.

▶ Si $-1 < x < 0$, l'intégrabilité de $t \mapsto \varphi(x,t)$ sur $\left[\dfrac{1}{2},1\right[$ s'obtient comme dans le cas $x > 0$.

Passons à l'intégrabilité en 0. Pour cela, on se place sur $\left]0, \frac{1}{\mathrm{e}}\right]$.

On a : $\forall t \in \left]0, \frac{1}{\mathrm{e}}\right]$, $x \ln t > 0$, donc : $t^x = e^{x \ln t} > 1$. On écrit :

$$\frac{1}{|\ln t|} \leqslant 1 \Rightarrow |\varphi(x,t)| = \left|\frac{e^{x\ln t}-1}{\ln t}\right| = \frac{e^{x\ln t}-1}{|\ln t|} \leq e^{x \ln t} = t^x.$$

Or comme $x > -1$, $t \mapsto t^x$ est intégrable sur $\left]0, \frac{1}{\mathrm{e}}\right]$. Donc $t \mapsto \varphi(x,t)$ est intégrable sur $\left]0, \frac{1}{\mathrm{e}}\right]$.

Ainsi, pour tout $x \in]-1, +\infty[$, $t \mapsto \dfrac{t^x - 1}{\ln t}$ est intégrable sur $]0, 1[$.

2. Pour tout $t \in]0,1[$, φ est dérivable par rapport à x et :

$$\forall (x,t) \in]-1,+\infty[\times]0,1[,\ \frac{\partial \varphi}{\partial x}(x,t) = t^x.$$

Pour tout $t \in]0,1[$, $x \mapsto \frac{\partial \varphi}{\partial x}(x,t)$ est continue sur $]-1,+\infty[$.

$\forall x \in]-1,+\infty[$, $t \mapsto \frac{\partial \varphi}{\partial x}(x,t)$ est continue sur $]0,1[$ et intégrable sur $]0,1[$.

Car prolongeable par continuité en 1 et en 0, intégrale de Riemann avec $\alpha = -x < 1$.

Pour $(x,t) \in]-1,+\infty[\times]0,1[$, le meilleur majorant de $\left|\frac{\partial f}{\partial x}(x,t)\right| = t^x$ est $\frac{1}{t}$, mais : $t \mapsto \frac{1}{t}$ n'est pas intégrable sur $]0,1[$. Heureusement, le théorème de dérivation sous le signe $\int$ est encore valable avec l'hypothèse affaiblie :

« Pour tout segment K de $]-1,+\infty[$, il existe une fonction positive ψ_K, continue par morceaux et intégrable sur $]0,1[$, telle que :

$$\forall (x,t) \in]-1,+\infty[\times]0,1[,\ \left|\frac{\partial \varphi}{\partial x}(x,t)\right| \leq \psi_K(t). \text{ »}$$

Soit $[a,b]$ un segment quelconque de $]-1,+\infty[$. Alors :

$$\forall (x,t) \in [a,b] \times]0,1[,\ \left|\frac{\partial \varphi}{\partial x}(x,t)\right| \leq t^a.$$

Or $t \mapsto t^a = \frac{1}{t^{-a}}$ est intégrable sur $]0,1[$

(prolongeable par continuité en 1 ; et en 0, intégrale de Riemann avec $\alpha = -a < 1$).

On a ainsi l'hypothèse de domination qui permet l'application du théorème de dérivabilité sous le signe $\int$. Il vient : f est de classe $\mathscr{C}^1$ sur $]-1,+\infty[$ et :

Les intégrales généralisées de référence sont vraiment à connaître. Mais faut-il vous le rappeler !

$$\forall x \in]-1,+\infty[,\ f'(x) = \int_0^1 t^x\, dt = \left[\frac{t^{x+1}}{x+1}\right]_0^1 = \frac{1}{x+1}.$$

3. Donc il existe $k \in \mathbb{R}$ tel que : $\forall x \in]-1,+\infty[$, $f(x) = \ln(1+x) + k$.
Comme $f(0) = 0$, on a finalement : $\forall x \in]-1,+\infty[$, $f(x) = \ln(1+x)$.

Exercice 12.14

1. h est de classe $\mathscr{C}^1$ comme primitive d'une fonction $\mathscr{C}^1$. Puis $h'(x) = e^{-x^2}$.
Soit $A = [0, \alpha]$, où $\alpha \in \mathbb{R}_+^*$, un segment de $\mathbb{R}_+$. Alors :

la fonction $x \mapsto \frac{e^{-x^2(1+t^2)}}{1+t^2}$ est $\mathscr{C}^1$ sur $\mathbb{R}^2$, *a fortiori* sur A comme quotient de deux fonctions $\mathscr{C}^1$ dont le dénominateur ne s'annule pas.

Pour tout $x \in A$, $t \mapsto \dfrac{e^{-x^2(1+t^2)}}{1+t^2}$ et $t \mapsto \dfrac{\partial}{\partial x}\left(\dfrac{e^{-x^2(1+t^2)}}{1+t^2}\right) = -2xe^{-x^2(1+t^2)}$ sont continues sur $[0,1]$, donc continues par morceaux sur $[0,1]$.

Les trois hypothèses du **théorème 12.5** *sont vérifiées sur tout segment de $\mathbb{R}_+$, donc g est dérivable sur $\mathbb{R}_+$.*

$\forall (x,t) \in A \times [0,1]$, $\left|\dfrac{e^{-x^2(1+t^2)}}{1+t^2}\right| \leqslant \dfrac{1}{1+t^2}$ et $\left|\dfrac{\partial}{\partial x}\left(\dfrac{e^{-x^2(1+t^2)}}{1+t^2}\right)\right| \leqslant 2\alpha$.

$$g'(x) = \int_0^1 \frac{\partial}{\partial x}\left(\frac{e^{-x^2(1+t^2)}}{1+t^2}\right) \mathrm{d}t = \int_0^1 -2xe^{-x^2(1+t^2)}\mathrm{d}t.$$

2. $g + h^2$ est alors dérivable, ce qui nous permet donc de justement dériver : $(g+h^2)'(x) = g'(x) + 2h(x)h'(x) = -2\displaystyle\int_0^1 xe^{-x^2}e^{-x^2t^2}\mathrm{d}t + 2e^{-x^2}\int_0^x e^{-t^2}\mathrm{d}t.$

Bien réaliser la différence entre le calcul de la dérivée de $x \mapsto \int_0^x f(t)\,dt$ et celle de $x \mapsto \int_a^b f(x,t)\,dt$.

Effectuons dans la première intégrale le changement de variable $u = xt$:

$$(g+h^2)'(x) = 2e^{-x^2}\left(\int_0^x e^{-t^2}dt - \int_0^x e^{-u^2}\mathrm{d}u\right) = 0.$$

Alors $g + h^2$ est constante sur $\mathbb{R}_+$, de valeur :

$$(g+h^2)(0) = g(0) + 0 = \int_0^1 \frac{dt}{1+t^2} = \frac{\pi}{4}.$$

3. ▸ Comme $0 \leqslant \dfrac{e^{-x^2(1+t^2)}}{1+t^2} \leqslant \dfrac{e^{-x^2}}{1+t^2}$, par intégration sur $[0,1]$: $0 \leqslant g(x) \leqslant e^{-x^2}\displaystyle\int_0^1 \frac{dt}{1+t^2} \leqslant \frac{\pi}{4}e^{-x^2}$. Il en résulte que $\displaystyle\lim_{x\to+\infty} g(x) = 0$.

▸ $\displaystyle\lim_{x\to+\infty} h(x)^2 = \lim_{x\to+\infty}(g(x) + h(x)^2) = \frac{\pi}{4}$. On écrit :

$$\int_0^{+\infty} e^{-t^2}\mathrm{d}t = \lim_{x\to+\infty} h(x) = \sqrt{\frac{\pi}{4}} = \frac{\sqrt{\pi}}{2}.$$

Exercice 12.15

▸ Posons : $\varphi : \begin{cases} \mathbb{R} \times [0,+\infty[& \to & \mathbb{R} \\ (x,t) & \mapsto & e^{-t^2}\cos(xt) \end{cases}$

Pour tout $t \in [0,+\infty[$, φ est dérivable par rapport à x et :

$$\forall (x,t) \in \mathbb{R} \times [0,+\infty[,\ \frac{\partial \varphi}{\partial x}(x,t) = -te^{-t^2}\sin(xt).$$

Pour tout $x \in \mathbb{R}$, $t \mapsto \varphi(x,t)$ est continue sur $[0,+\infty[$ et :

$$\forall (x,t) \in \mathbb{R} \times [0,+\infty[,\ |\varphi(x,t)| \leq e^{-t^2}.$$

Or $t \mapsto e^{-t^2}$ est intégrable sur $[0,+\infty[$, donc $t \mapsto \varphi(x,t)$ l'est aussi.

Grâce à la fonction ψ définie ci-dessous, on a l'hypothèse de domination nécessaire à l'application du théorème de dérivabilité sous le signe $\int$.

Puis, pour tout $x \in \mathbb{R}$, $t \mapsto \dfrac{\partial \varphi}{\partial x}(x,t)$ est continue sur $[0,+\infty[$ et :

$$\forall (x,t) \in \mathbb{R} \times [0,+\infty[,\ \left|\frac{\partial \varphi}{\partial x}(x,t)\right| \leq te^{-t^2}.$$

$\forall X \geqslant 0$, $\displaystyle\int_0^X te^{-t^2}\,dt = \left[-\frac{e^{-t^2}}{2}\right]_0^X \underset{X\to+\infty}{\longrightarrow} \frac{1}{2}$, donc : $\psi : t \mapsto te^{-t^2}$ est intégrable sur $[0,+\infty[$, donc $t \mapsto \dfrac{\partial \varphi}{\partial x}(x,t)$ aussi.

Ensuite, $\forall t \in [0,+\infty[$, $x \mapsto \dfrac{\partial \varphi}{\partial x}(x,t)$ est continue sur $\mathbb{R}$.

Ainsi : f est de classe $\mathscr{C}^1$ sur $\mathbb{R}$ et : $\forall x \in \mathbb{R},\ f'(x) = \displaystyle\int_0^{+\infty} -te^{-t^2} \sin(xt)\, dt$.

▸ Procédons maintenant à une intégration par parties.

$$\forall X \geqslant 0,\ \int_0^X -te^{-t^2} \sin(xt)\, dt = \left[\frac{e^{-t^2}}{2} \sin xt\right]_0^X - \frac{x}{2}\int_0^X e^{-t^2} \cos(xt)\, dt.$$

Encore une fois, on fait l'intégration par parties sur un segment.

Donc : $\displaystyle\int_0^X -te^{-t^2} \sin(xt)\, dt \underset{X\to+\infty}{\longrightarrow} -\frac{x}{2} f(x)$.

Ainsi f est **la** solution sur $\mathbb{R}$ du problème de Cauchy : $\begin{cases} y' + \dfrac{x}{2}y &= 0 \\ y(0) &= \dfrac{\sqrt{\pi}}{2} \end{cases}$

Or les solutions sur $\mathbb{R}$ de : $y' + \dfrac{x}{2}y = 0$ sont les fonctions : $x \mapsto Ce^{-\frac{x^2}{4}}$, $C \in \mathbb{R}$.

Ce genre d'exercice est très classique. À retenir !

Donc : $\forall x \in \mathbb{R},\ f(x) = \dfrac{\sqrt{\pi}}{2}\, e^{-\frac{x^2}{4}}$.

Exercice 12.16

1. En utilisant la **méthode 10.5** dans le chapitre sur les séries entières, on remarque que φ et $1/\psi$ sont de classe $\mathcal{C}^\infty$ à l'intérieur du domaine ouvert de convergence des $D.S.E$ de φ et $1/\psi$. Alors ψ est $\mathscr{C}^p$ sur $\mathbb{R}$, et $\dfrac{1}{\varphi}$ est $\mathscr{C}^p$ sur $]-1,1[$, et ne s'y annule pas, donc φ est $\mathscr{C}^p$ sur $]-1,1[$, et par rapport et composée de fonctions de classe $\mathscr{C}^p$ l'est sur $\mathbb{R}$.

Qui peut le plus peut le moins.

*La fonction h doit vous rappeler l'***exercice 12.8**.

2. Comme $h : (a,t) \mapsto \dfrac{\sin at}{e^t - 1} = a\psi(at)\varphi(t)$, h admet des dérivées partielles par rapport à a, à tout ordre et en tout point.

3. $|\psi|$ est majorée par 1 car : $\forall u \in \mathbb{R}, |\sin u| \leqslant |u|$.

4. Soit alors K un segment de $\mathbb{R}$, et $\alpha = \sup\limits_{a\in K} |a|$.

Pour tout entier $p \in \mathbb{N}$: $\dfrac{\partial^{2p} \sin(at)}{\partial a^{2p}} = (-1)^p t^{2p} \sin(at)$.

On rappelle alors que pour tout $(a,t) \in K \times \mathbb{R}_+$, $\dfrac{\sin(at)}{e^t - 1} = a\varphi(t)\psi(at)$.

Donc : $\forall (a,t) \in K \times \mathbb{R}_+$, $\left|\dfrac{\partial^{2p} h}{\partial a^{2p}}(a,t)\right| \leqslant |a||t|^{2p}|\psi(at)|\varphi(t) \leqslant \alpha |t|^{2p}\varphi(t)$.

Aussi : $\forall (a,t) \in K \times \mathbb{R}_+$, $\left|\dfrac{\partial^{2p+1} h}{\partial a^{2p+1}}(a,t)\right| = t^{2p}\, |\cos(at)|\, \varphi(t) \leqslant |t|^{2p}\varphi(t)$.

5. Pour $p \in \mathbb{N}^*$, l'intégrale $\displaystyle\int_{\mathbb{R}_+} t^{2p}\varphi(t)\, dt$ est généralisée en $+\infty$ seulement.

Comme $t^{2p}\varphi(t) \geqslant 0$, et que $t^{2p}\varphi(t) = O(t^{2p+1}e^{-t}) = O(e^{-t/2})$, $\displaystyle\int_{\mathbb{R}_+} t^{2p}\varphi(t)\, dt$ converge.

6. On applique maintenant la **méthode 12.7**...

Déjà, $\forall (a,t) \in K \times \mathbb{R}_+^*, |h(a,t)| \leqslant \alpha\varphi(t)$ et $\alpha\varphi$ est intégrable sur $\mathbb{R}_+^*$.

L'hypothèse de domination sur tout segment de $\mathbb{R}$ est démontrée pour toutes les dérivées partielles h par rapport à a. On peut conclure.

Exercice 12.17

▸ Considérons $f : \mathbb{R} \times \mathbb{R} \to \mathbb{C}, (x,u) \mapsto \dfrac{e^{(-u^2+i)x^2}}{u^2 - i}$.

Corrigé

Alors : $|f(x,u)| = \left|\dfrac{e^{(-u^2+i)x^2}}{u^2-i}\right| = \dfrac{e^{-u^2x^2}}{|u^2-i|} \leq \dfrac{1}{|u^2-i|} = \dfrac{1}{\sqrt{1+u^4}}$.

Or $u \mapsto \dfrac{1}{\sqrt{1+u^4}}$ est intégrable sur $[0,+\infty[$. Donc F est définie sur $\mathbb{R}$.

▶ $x \mapsto \dfrac{\partial f}{\partial x}(x,u) = -2x\ e^{(-u^2+i)x^2}$, est continue sur $\mathbb{R}$ donc sur $\mathbb{R}_+^*$.

Soit $K=[a,b]$ un segment inclus dans $\mathbb{R}_+^*$.

Et : $\forall x \in K$, $\forall u \in [0,+\infty[$, $\left|\dfrac{\partial f}{\partial x}(x,u)\right| = 2|x|\ e^{-u^2x^2} \leq \psi_K(u) = be^{-a^2u^2}$.

Or ψ_K est continue (par morceaux) sur $[0,+\infty[$ et intégrable sur cet intervalle. On peut donc appliquer le théorème de dérivation sous le signe somme.

Il vient : F est de classe $\mathscr{C}^1$ sur K et $\forall t \in K$, $F'(x) = \displaystyle\int_0^{+\infty} \frac{\partial f}{\partial x}(x,u)\,du$.

✎ *Avec un changement de variable.*

Ceci vaut pour tout segment inclus dans $\mathbb{R}_+^*$ et donc F est de classe $\mathscr{C}^1$ sur $\mathbb{R}_+^*$. On a alors : $F'(x) = \displaystyle\int_0^{+\infty} -2x\ e^{(-u^2+i)x^2}\,du = -\sqrt{\pi}e^{ix^2}$.

Exercice 12.18

▶ Posons $f : (x,t) \mapsto \dfrac{e^{-tx}}{1+t^2}$ de $\mathbb{R}\times[0,+\infty[$ dans $\mathbb{R}$.

Pour chaque $x\in\mathbb{R}$, $t\mapsto f(x,t)$ est continue sur $[0,+\infty[$.

Si $x<0$ et t assez grand, $\dfrac{e^{-tx}}{1+t^2} > \dfrac{(-tx)^2}{1+t^2} \sim x^2$, $\displaystyle\int_0^{+\infty}\frac{e^{-tx}}{1+t^2}\,dt$ diverge.

Si $x \geqslant 0$: $\forall t\in[0,+\infty[$, $0 \leq \dfrac{e^{-tx}}{1+t^2} \leq \dfrac{1}{1+t^2}$, $t\mapsto f(x,t)$ est intégrable sur $\mathbb{R}_+$. Grâce à l'hypothèse de domination, on a montré que $F : x \mapsto \displaystyle\int_J f(x,t)\,dt$ est définie et continue sur $\mathbb{R}_+$.

✎ *On montre que $t\mapsto \dfrac{\partial^k f}{\partial x^k}(x,t)$ est intégrable sur $J=[0,+\infty[$ en tout $x\in\mathbb{R}_+^*$ par la domination (1). Voir la remarque qui suit le* **théorème 12.7**

▶ . $\forall k\in\mathbb{N}^*$, $\forall t\geqslant 0$, $x\mapsto \dfrac{\partial^k f}{\partial x^k}(x,t) = \dfrac{(-t)^k e^{-tx}}{1+t^2}$ est continue sur $\mathbb{R}_+^*$.

Pour tout $x>0$, $t\mapsto \dfrac{\partial^k f}{\partial x^k}(x,t)$ est continue par morceaux sur $[0,+\infty[$.

Encore une fois, on se place sur un segment pour « dominer » efficacement !

Soit $[a,b]\subset\mathbb{R}_+^*$ alors : (1) $\forall x\in[a,b]$, $\left|\dfrac{\partial^k f}{\partial x^k}(x,t)\right| \leq \dfrac{t^k e^{-at}}{1+t^2}$.

On a : $\dfrac{t^k e^{-at}}{1+t^2} = \underset{+\infty}{O}\left(\dfrac{1}{t^2}\right)$. Donc $t\mapsto \dfrac{t^k e^{-at}}{1+t^2}$ est intégrable sur $\mathbb{R}_+$.

Conclusion : d'après le théorème de dérivation sous le signe $\int$, F est de classe $\mathscr{C}^k$ et donc $\mathscr{C}^\infty$ sur $\mathbb{R}_+^*$.

Exercice 12.19

✎ *Pour la continuité de F et plus loin sa dérivabilité, on travaille pour θ dans $\left]0,\frac{\pi}{2}\right[$ et $\left[0,\frac{\pi}{2}\right]$ n'est pas utile car les théorèmes le permettent.*

1. Posons $f(x,\theta) = \dfrac{\arctan(x\tan\theta)}{\tan\theta}$ pour $(x,\theta)\in\mathbb{R}\times\left]0,\frac{\pi}{2}\right[$.

• Pour tout x réel fixé, $\theta\mapsto f(x,\theta)$ est continue sur $\left]0,\frac{\pi}{2}\right[$ et il est possible de la prolonger par continuité à $\left[0,\frac{\pi}{2}\right]$ en posant pour $x=0$: $f(0,0)=f(0,\frac{\pi}{2})=0$ et en posant pour $x\neq 0$, $\begin{cases} f(x,0) &= x \\ f(x,\frac{\pi}{2}) &= 0 \end{cases}$

On intègre donc sur un segment une fonction continue pour tout x fixé et l'intégrale $F(x)$ existe donc toujours.

• Montrons que F est continue sur $\mathbb{R}$. Pour tout x fixé réel, $\theta\mapsto f(x,\theta)$ est

continue par morceaux sur $\left]0, \frac{\pi}{2}\right[$ (car continue).
Puis pour tout θ fixé de $\left]0, \frac{\pi}{2}\right[$, $x \mapsto f(x,\theta)$ est continue sur $\mathbb{R}$.
Enfin, $\forall (x,\theta) \in \mathbb{R} \times \left]0, \frac{\pi}{2}\right[$, $|f(x,\theta)| \leqslant |x|$ en utilisant l'indication.
La fonction $\theta \mapsto |x|$ est continue par morceaux et intégrable sur $\left]0, \frac{\pi}{2}\right[$.

2. • Pour tout θ fixé dans $\left]0, \frac{\pi}{2}\right[$, la fonction $x \mapsto f(x,\theta)$ est de classe $\mathscr{C}^1$ sur $\mathbb{R}$ car $x \mapsto \dfrac{\partial f}{\partial x}(x,\theta) = \dfrac{1}{1+x^2\tan^2\theta}$ est continue sur $\mathbb{R}$.

On montre les hypothèses du théorème d'intégration sous le signe somme.

• Pour tout x fixé dans $\mathbb{R}$, la fonction $\theta \mapsto f(x,\theta)$ est continue par morceaux sur $\left]0, \frac{\pi}{2}\right[$ (car y est continue). L'intégrabilité de cette fonction sur $\left]0, \frac{\pi}{2}\right[$ provient de la question 1.

• Pour tout x fixé dans $\mathbb{R}$, la fonction $\theta \mapsto \dfrac{\partial f}{\partial x}(x,\theta) = \dfrac{1}{1+x^2\tan^2\theta}$ est continue par morceaux sur $\left]0, \frac{\pi}{2}\right[$ car continue sur cet intervalle.

• Enfin, $\forall (x,\theta) \in \mathbb{R} \times \left]0, \frac{\pi}{2}\right[$, $\left|\dfrac{\partial f}{\partial x}(x,\theta)\right| = \left|\dfrac{1}{1+x^2\tan^2\theta}\right| \leqslant 1$.

La fonction $t \mapsto 1$ est continue par morceaux et intégrable sur $\left]0, \frac{\pi}{2}\right[$.

• Conclusion : F est de classe $\mathscr{C}^1$ sur $\mathbb{R}$ et :

$$F'(x) = \int_0^{\frac{\pi}{2}} \frac{\partial f}{\partial x}(x,\theta)\,d\theta = \int_0^{\frac{\pi}{2}} \frac{d\theta}{1+x^2\tan^2\theta}.$$

3. $F(-x) = \displaystyle\int_0^{\frac{\pi}{2}} \frac{\arctan(-x\tan\theta)}{\tan\theta}\,d\theta = -\int_0^{\frac{\pi}{2}} \frac{\arctan(x\tan\theta)}{\tan\theta}\,d\theta.$

Comme arctan *est impaire.*

Puis comme F' est continue : $F'(0) = \displaystyle\int_0^{\frac{\pi}{2}} d\theta = \frac{\pi}{2}.$

4. Dans $F'(x) = \displaystyle\int_0^{\frac{\pi}{2}} \frac{d\theta}{1+x^2\tan^2\theta}$, on applique $u = \tan\theta$.

Le fait que $x > 0$ permet d'éviter deux cas pour les bornes d'un des changements de variable.

Alors $\theta = \arctan u \Rightarrow d\theta = \frac{1}{1+u^2}du$. D'où : $F'(x) = \displaystyle\int_0^{+\infty} \frac{du}{(1+u^2)(1+x^2u^2)}.$

Puis $v = xu \Rightarrow dv = xdu \Rightarrow F'(x) = \displaystyle\int_0^{+\infty} \frac{x\,dv}{(1+v^2)(x^2+v^2)}.$

Enfin, $w = \frac{1}{v} \Rightarrow dx = -\frac{dv}{v^2} \Rightarrow F'(x) = \displaystyle\int_0^{+\infty} \frac{xw^2\,dw}{(1+w^2)(x^2w^2+1)}.$

Il reste à multiplier par x la dernière intégrale et l'ajouter à la première, ce qui donne la quantité $xF'(x) + F'(x)$.

Et : $(1+x)F'(x) = \displaystyle\int_0^{+\infty} \frac{(1+x^2u^2)du}{(1+u^2)(1+x^2u^2)} = \int_0^{+\infty} \frac{du}{1+u^2} = \frac{\pi}{2}.$

5. Donc pour $x > 0$, $F'(x) = \dfrac{\pi}{2(1+x)} \Rightarrow F(x) = \dfrac{\pi}{2}\ln(1+x)$. Comme F est impaire, si $x < 0$, $F(x) = -F(-x) = -\frac{\pi}{2}\ln(1-x)$. Si $x = 0$, $F(0) = 0$.

6. $F(1) = \displaystyle\int_0^{\frac{\pi}{2}} \frac{\arctan(\tan\theta)}{\tan\theta}\,d\theta = \int_0^{\frac{\pi}{2}} \frac{\theta}{\tan\theta}\,d\theta = \frac{\pi}{2}\ln 2.$

Pour la seconde intégrale, on fait une intégration par parties en intégrant $\theta \mapsto 1$ et en dérivant $\theta \mapsto \ln(\sin\theta)$. On trouve l'opposé de l'intégrale précédente.

Exercice 12.20

1. Quand $x \to +\infty$, $e^{-x} = o\left(\dfrac{1}{x^p}\right)$. Soit a une application de $\mathbb{R}$ vers $\mathbb{R}$ telle que $\displaystyle\lim_{t\to+\infty} a(t) = +\infty$. Alors, quand x tend vers $+\infty$, $e^{-a(t)} = o\left(\dfrac{1}{(a(t))^p}\right)$.

Par substitution !

Corrigé

Le menu de la question : la **méthode 12.4** *en hors d'oeuvre, la* **méthode 12.6** *en plat principal et enfin la* **méthode 12.7** *comme dessert. Pas de digestif, c'est interdit !*

2. ▸ Pour $x \in \mathbb{R}$, $t \mapsto f(x,t) = e^{-x \operatorname{ch} t}$ est continue et positive sur $[0,+\infty[$.
Pour $x \leq 0$, comme $1 \leq f(x,t)$ pour tout t, $\displaystyle\int_0^{+\infty} f(x,t)\,dt$ diverge.
Pour $x > 0$, $x \operatorname{ch} t$ tend vers $+\infty$ quand $t \to +\infty$. D'après la question 1, (il faut bien l'utiliser quelque part !) avec $p = 1$ et x fixé, $f(x,t) = o\left(\dfrac{1}{\operatorname{ch} t}\right)$.
Donc $f(x,t) = o(e^{-t})$ et comme $t \mapsto e^{-t}$ est intégrable sur $\mathbb{R}_+$, $t \mapsto f(x,t)$ aussi. Conclusion : le domaine de définition de F est $]0,+\infty[$.

▸ Pour $x > 0$ et $t \in [0,+\infty[$, $\dfrac{\partial f}{\partial x}(x,t) = -\operatorname{ch} t\, e^{-x \operatorname{ch} t}$.
Pour t fixé, $x \mapsto -\operatorname{ch} t\, e^{-x \operatorname{ch} t}$ est continue sur $]0,+\infty[$ et pour x fixé, $t \mapsto -\operatorname{ch} t\, e^{-x \operatorname{ch} t}$ est continue par morceaux sur $[0,+\infty[$.

L'intégrabilité n'est pas utile car on va dominer (au sens propre et au sens figuré).

On se place sur un segment $[a,b]$ de $]0,+\infty[$. Alors $\left|\dfrac{\partial f}{\partial x}(x,t)\right| \leqslant \operatorname{ch} t\, e^{-a \operatorname{ch} t}$.
Or, en appliquant la question 1 avec $p = 2$, $\operatorname{ch} t\, e^{-a \operatorname{ch} t} = o\left(\dfrac{1}{\operatorname{ch} t}\right) = o(e^{-t})$, quand $t \to +\infty$. Donc $t \mapsto \operatorname{ch} t\, e^{-a \operatorname{ch} t}$ est intégrable sur $[0,+\infty[$.
Conclusion : F est de classe $\mathscr{C}^1$ sur $]0,+\infty[$.

▸ Pour $x > 0$ et $t \in [0,+\infty[$, $\dfrac{\partial^2 f}{\partial x^2}(x,t) = \operatorname{ch}^2 t\, e^{-x \operatorname{ch} t}$.
Pour t fixé, $x \mapsto \operatorname{ch}^2 t\, e^{-x \operatorname{ch} t}$ est continue sur $]0,+\infty[$ et pour x fixé, $t \mapsto \operatorname{ch}^2 t\, e^{-x \operatorname{ch} t}$ est continue par morceaux sur $[0,+\infty[$.

En conclusion, F est de classe $\mathscr{C}^2$ sur $]0,+\infty[$.

On se place sur un segment $[a,b]$ de $]0,+\infty[$. Alors $\left|\dfrac{\partial^2 f}{\partial x^2}(x,t)\right| \leqslant \operatorname{ch}^2 t\, e^{-a \operatorname{ch} t}$, et cette dernière fonction est (le développer !) intégrable sur $[0,+\infty[$.

g est continue donc par morceaux sur $]1,+\infty[$.

3. a. Ici x fixé dans $]0,1[$. Posons pour $u > 1$: $g(u) = e^{-xu}\left(\dfrac{1}{\sqrt{u^2-1}} - \dfrac{1}{u}\right)$.

Alors : $|g(u)| \leqslant \left|\dfrac{1}{\sqrt{u^2-1}} - \dfrac{1}{u}\right| = \left|\dfrac{u - \sqrt{u^2-1}}{u\sqrt{u^2-1}}\right| = \dfrac{1}{(u+\sqrt{u^2-1})u\sqrt{u^2-1}}$
$= \phi(u) \sim \dfrac{1}{2u^3}$, quand $u \to +\infty$. De plus, $\phi(u) \sim \dfrac{1}{\sqrt{2}}\dfrac{1}{(u-1)^{\frac{1}{2}}}$ quand $u \to 1^+$.

ϕ, et donc g est intégrable sur $]1,+\infty[$. $H(x)$ existe.

Comme $|H(x)| \leqslant \displaystyle\int_1^{+\infty} \left(\frac{1}{\sqrt{u^2-1}} - \frac{1}{u}\right) du$, la fonction H est bornée.

Encore une inégalité de la Kulture.

b. Pour $v \in [x,1] \subset [0,1]$, $e^{-v} \leqslant 1$. Par ailleurs, $e^{-v} \geqslant 1 - v$.
$0 \leq 1 - e^{-v} \leqslant v \Rightarrow 0 \leqslant \dfrac{1}{v} - \dfrac{e^{-v}}{v} \leqslant 1 \Rightarrow 0 \leqslant -\ln(x) - K(x) \leqslant 1 - x \leqslant 1$.
Puis, $-\ln(x) - K(x) = O(1) = o(\ln x)$ quand $x \to 0^+$ et $K(x) \sim -\ln x$.

Car $\operatorname{ch}^2 t - \operatorname{sh}^2 t = 1$ (à vérifier).

c. On applique le changement de variable $u = \operatorname{ch} t \Rightarrow dt = \frac{1}{\sqrt{u^2-1}}\,du$.
Puis : $H(x) = F(x) - \displaystyle\int_1^{+\infty} e^{-xu}\frac{du}{u} = F(x) - \int_x^{+\infty} e^{-v}\frac{dv}{v}$ en posant $v = xu$.

H et $\displaystyle\int_1^{+\infty} e^{-v}\frac{dv}{v}$ sont bornés.

$$F(x) = H(x) + K(x) + \int_1^{+\infty} e^{-v}\frac{dv}{v}.$$

Donc $F(x) \sim K(x) \sim -\ln x$, au $V(0^+)$.

Chapitre 13

Fonctions vectorielles et courbes paramétrées

L'étude des courbes se développe à la Renaissance. On parle alors de lignes courbes, par opposition aux lignes droites. La forme donne souvent son nom à la courbe avec l'emploi du suffixe *-oïde* qui signifie *en forme de*. Ainsi l'astroïde, en forme d'étoile, est étudiée par Jean **Bernoulli**, la cycloïde, aussi appelée roulette, est engendrée par un cercle qui roule, la cissoïde de Dioclès est en forme de lierre et la conchoïde de Nicomède en forme de coquillage. Citons encore la strophoïde, obtenue en 1640 par **Roberval** par transformation d'une hyperbole. Le mot grec *strophe* désigne l'action de tourner, en particulier pour un choeur. La strophe est à l'origine ce que l'on récite en faisant un tour de ronde et la catastrophe est ce qui tourne mal.

Plus tardivement, Giovanni **Castillon** baptise la cardioïde qu'il compare à un cœur. La clothoïde, quant à elle, tire son nom de **Clotho**, celle des trois Parques qui filait la destinée des hommes. Cette courbe s'enroule autour de deux points comme la laine sur un écheveau.

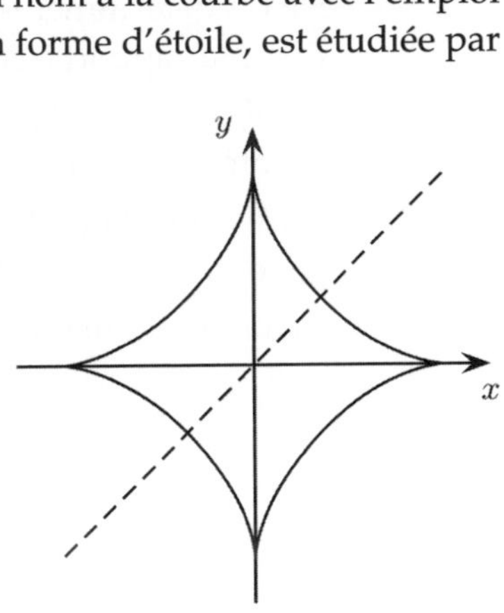

Astroïde

Objectifs

Les incontournables

▷ Savoir montrer qu'une fonction vectorielle est (ou n'est pas) dérivable, de classe $\mathscr{C}^1$ ou $\mathscr{C}^k$

▷ Savoir faire un développement limité d'ordre 1 autour d'un point d'une fonction vectorielle si cette fonction est dérivable en ce point

▷ Savoir dériver des applications bilinéaires, des applications composées avec des applications bilinéaires

▷ Savoir étudier une courbe paramétrée plane, en commençant par la diminution de l'intervalle d'étude

▷ Savoir déterminer les tangentes éventuelles en un point régulier d'une courbe paramétrée plane

▷ Savoir étudier la position d'une courbe paramétrée par rapport à une asymptote oblique

▷ Savoir calculer la longueur d'une courbe.

Et plus si affinités...

▷ Savoir déterminer les tangentes éventuelles et la position du support de l'arc par rapport à cette tangente en un point non régulier d'une courbe paramétrée plane

▷ Savoir dériver un produit vectoriel ou un déterminant

▷ Faire le lien entre les notions mathématiques d'arc et de courbe, et leurs pendants cinématiques

▷ Savoir appliquer la formule de Leibniz pour les fonctions vectorielles.

Résumé de cours

Ici $n \geq 1$. Les fonctions étudiées dans ce chapitre sont des applications d'un intervalle I de $\mathbb{R}$, non vide et non réduit à un point, à valeurs dans $\mathbb{R}^n$. On les appelle des ***fonctions vectorielles*** (dans le cas particulier $n = 1$, on parle alors aussi de ***fonctions numériques***). Les résultats du chapitre *Espaces vectoriels normés de dimension finie* sur les limites et la continuité des fonctions de I dans $\mathbb{R}^n$ s'appliquent évidemment ici.

f et g désignent dans tout le résumé de cours, sauf précision, des fonctions de I dans $\mathbb{R}^n$ et $a \in I$.

Dérivée en un point, fonctions de classe $\mathscr{C}^1$

Définition : Dérivabilité en un point —. *f est **dérivable en a** si, et seulement si, l'application définie sur $I \setminus \{a\}$ par :*

$$t \mapsto \frac{1}{t-a}(f(t) - f(a))$$

admet un vecteur $\vec{A}$ de $\mathbb{R}^n$ pour limite en a.

*$\vec{A}$ est **la dérivée de f au point** a et ce vecteur est noté $f'(a)$, $Df(a)$, ou encore $\dfrac{df}{dt}(a)$.*

On définit de même les dérivées à droite et à gauche de f en a par les limites à droite et à gauche, si elles existent, de la même application. Elles sont notées $f'_d(a)$ ou $Df(a^+)$ ou encore $\dfrac{df}{dt}(a^+)$. (Notations analogues à gauche).

Remarque : Soit $a \in I$ qui n'est pas une de ses extrémités (un point **intérieur** à I), f est dérivable en a si, et seulement si, f est dérivable à droite en a, dérivable à gauche en a et $f'_d(a) = f'_g(a)$.

Proposition 13.1.— Caractérisation par la dérivabilité des applications composantes —.
Soit $\mathcal{B} = (\vec{e}_1, \vec{e}_2, \dots, \vec{e}_n)$ une base de $\mathbb{R}^n$ et $(f_i)_{i \in [\![1,n]\!]}$ les applications composantes de f relativement à cette base : pour tout $t \in I$, $f(t) = \displaystyle\sum_{i=1}^{n} f_i(t)\vec{e}_i$.
f est dérivable en a si, et seulement si, ses applications composantes sont dérivables en a.
Dans ce cas, on a : $f'(a) = \displaystyle\sum_{i=1}^{n} f'_i(a)\vec{e}_i$.

Proposition 13.2.— Dérivabilité et existence d'un développement limité à l'ordre 1 —.
f est dérivable en a si, et seulement s'il existe un élément $\vec{A}$ de $\mathbb{R}^n$ et une fonction vectorielle $\vec{\varepsilon}$ tels que l'on ait, au voisinage de a :

$$f(t) = f(a) + (t-a)\vec{A} + (t-a)\vec{\varepsilon}(t),$$

où $\lim\limits_{t \to a} \vec{\varepsilon}(t) = 0$. Dans ce cas, $f'(a) = \vec{A}$.

Corollaire 13.3.— Si f est dérivable en a, alors f est continue en a.

Remarque : La réciproque est fausse, comme le montre l'exemple de la fonction $x \to |x|$ (ici $n = 1$) qui est continue en 0 sans être dérivable en ce point.

Interprétation cinématique : Si l'on interprète le paramètre t comme le temps, le vocabulaire change. $\Gamma = f(I)$ est la ***trajectoire*** du point mobile $f(t)$. La fonction f est la ***loi horaire du mouvement***.
$f'(a)$ est le vecteur vitesse du point mobile à l'instant a.

Définition : Dérivabilité sur un intervalle, application dérivée —. *Une fonction f est **dérivable sur un intervalle** lorsqu'elle est dérivable en tout point de cet intervalle.*
*L'application associant à chaque point de cet intervalle la dérivée de la fonction en ce point est **l'application dérivée** ou **dérivée** de cette fonction. On la note : f' ou Df ou $\dfrac{df}{dt}$.*
*De plus, f est **de classe $\mathscr{C}^1$** sur I lorsqu'elle est dérivable sur I et lorsque f' est continue sur I. L'ensemble de ces applications est noté $\mathscr{C}^1(I, \mathbb{R}^n)$.*

Remarque : La dérivabilité et le caractère $\mathscr{C}^1$, au même titre que la continuité, sont des **propriétés locales** d'une application, dans le sens où elles sont d'abord définies en un point, pour être ensuite étendues à un intervalle en disant qu'elles sont vraies en tout point de cet intervalle.

Proposition 13.4.— Caractérisation par le caractère $\mathscr{C}^1$ des applications composantes —.
Soit $\mathcal{B} = (\vec{e}_1, \vec{e}_2, \cdots, \vec{e}_n)$ une base de $\mathbb{R}^n$ et $(f_i)_{i\in[\![1,n]\!]}$ les applications composantes de f relativement à cette base.
f est une application de classe $\mathscr{C}^1$ de I dans $\mathbb{R}^n$ si, et seulement si, chaque application composante de f est une application de classe $\mathscr{C}^1$ de I dans $\mathbb{R}$. Dans ce cas, on a : $\forall t \in I,\ f'(t) = \sum_{i=1}^{n} f_i'(t)\vec{e}_i$

On sait qu'un repère orthonormé du plan étant fixé, on peut « assimiler » $\mathbb{R}^2$ et $\mathbb{C}$.

Corollaire 13.5.— Cas particulier d'une fonction à valeurs dans $\mathbb{C}$ —.
Soit $f \in \mathcal{F}(I, \mathbb{C})$. Les propositions suivantes sont équivalentes :
- ▶ f est de classe $\mathscr{C}^1$ sur I ;
- ▶ $\mathfrak{Re}\, f$ et $\mathfrak{Im}\, f$ sont de classe $\mathscr{C}^1$ sur I ;
- ▶ $\overline{f}$ est de classe $\mathscr{C}^1$ sur I.

Dans ces conditions, $f' = (\mathfrak{Re}\, f)' + i\,(\mathfrak{Im}\, f)'$ et $(\overline{f})' = \overline{f'}$.

Proposition 13.6.— Linéarité de la dérivation —. Si f et g sont dérivables sur un intervalle I et si λ et μ sont deux éléments quelconques de $\mathbb{R}$, alors la fonction $\lambda f + \mu g$ est dérivable sur I et $(\lambda f + \mu g)' = \lambda f' + \mu g'$.

Proposition 13.7.— Espace vectoriel $\mathscr{C}^1(I, \mathbb{R}^n)$ —. $\mathscr{C}^1(I, \mathbb{R}^n)$ est un espace vectoriel sur $\mathbb{R}$.

Proposition 13.8.— Si I et J sont deux intervalles de $\mathbb{R}$, ϕ une application dérivable de J dans $\mathbb{R}$, et f une fonction vectorielle dérivable de I dans $\mathbb{R}^n$ alors l'application $f\,o\,\phi$ est dérivable sur J et : $\forall t \in J,\ (f\,o\,\phi)'(t) = \phi'(t) \times (f'\,o\,\phi)(t)$.

Applications linéaires, applications bilinéaires et dérivabilité

Proposition 13.9.— Composée d'une application linéaire et d'une application dérivable —.
Soit $p \in \mathbb{N}^*$ et L une application linéaire de $\mathbb{R}^n$ dans $\mathbb{R}^p$.
- Si f est dérivable en a, alors l'application $L \circ f$ est dérivable en a et $(L \circ f)'(a) = (L \circ f')(a)$.
- Si f est de classe $\mathscr{C}^1$ sur I, alors l'application $L \circ f$ l'est aussi et $(L \circ f)' = L \circ f'$ sur I.

Proposition 13.10.— Composée d'une application bilinéaire et d'applications dérivables —.
Soit $(p, q) \in [\mathbb{N}^*]^2$ et B une application bilinéaire de $\mathbb{R}^p \times \mathbb{R}^q$ dans $\mathbb{R}^n$, f une fonction vectorielle de I dans $\mathbb{R}^p$ et g une fonction vectorielle de I dans $\mathbb{R}^q$. On définit l'application $B(f, g)$ en posant : pour tout t de I, $B(f, g)(t) = B(f(t), g(t))$.
- Si f et g sont dérivables en a, alors l'application $B(f, g)$ est dérivable en a et
$$B(f, g)'(a) = B(f'(a), g(a)) + B(f(a), g'(a)).$$
- Si f et g sont de classe $\mathscr{C}^1$ sur I, alors l'application $B(f, g)$ l'est aussi et
$$B(f, g)' = B(f', g) + B(f, g').$$

Applications

1. Dérivée du produit de deux fonctions numériques dérivables

Si f et g sont deux fonctions dérivables de I dans $\mathbb{R}$, puisque $\left\{\begin{array}{ccc} \mathbb{R} \times \mathbb{R} & \to & \mathbb{R} \\ (x, y) & \mapsto & xy \end{array}\right.$ est bilinéaire, on obtient : fg est dérivable sur I et $(fg)' = f'g + fg'$.

2. Dérivée du produit d'une fonction numérique dérivable par une fonction vectorielle dérivable

Si φ est une fonction dérivable sur I à valeurs dans $\mathbb{R}$ et f une fonction dérivable sur I à valeurs dans $\mathbb{R}^n$, $\mathbb{K}$-espace vectoriel normé de dimension finie, puisque $\left\{\begin{array}{ccc} \mathbb{R} \times \mathbb{R}^n & \to & \mathbb{R}^n \\ (\lambda, x) & \mapsto & \lambda x \end{array}\right.$ est bilinéaire, on obtient : φf est dérivable sur I et $(\varphi f)' = \varphi' f + \varphi f'$.

3. Dérivée du produit ou du carré scalaire de fonctions vectorielles à valeurs dans $\mathbb{R}^n$

Si f et g sont deux fonctions dérivables sur I à valeurs dans $\mathbb{R}^n$ puisque $\left\{\begin{array}{ccc} \mathbb{R}^n \times \mathbb{R}^n & \to & \mathbb{R} \\ (\vec{x}, \vec{y}) & \mapsto & \langle \vec{x}, \vec{y} \rangle \end{array}\right.$ est bilinéaire, on obtient que $< f, g >$ est dérivable et
$$[\langle f, g \rangle]' = \langle f', g \rangle + \langle f, g' \rangle.$$
De plus, $\|f\|^2 = \langle f, f \rangle$ donc $(\|f\|^2)' = 2\langle f, f' \rangle$.

Corollaire 13.11.— f est de norme constante (déplacement sur une sphère) si et seulement si f et f' sont orthogonaux.

4. Dérivée du déterminant de fonctions vectorielles à valeurs dans $\mathbb{R}^2$

Si f et g sont dérivables sur I à valeurs dans $\mathbb{R}^2$ alors puisque $\left\{\begin{array}{ccc} \mathbb{R}^2 \times \mathbb{R}^2 & \to & \mathbb{R} \\ (\vec{x}, \vec{y}) & \mapsto & \mathrm{Det}(\vec{x}, \vec{y}) \end{array}\right.$ est bilinéaire, $\mathrm{Det}(f, g)$ est dérivable et $[\mathrm{Det}(f, g)]' = \mathrm{Det}(f', g) + \mathrm{Det}(f, g')$.

Fonctions de classe $\mathscr{C}^k$

Définition : Fonctions de classe $\mathscr{C}^k$ —. *Soit k un entier naturel. f est dite de classe :*
- *$\mathscr{C}^0$ sur I si elle est continue sur I,*
- *$\mathscr{C}^{k+1}$ sur I si elle est dérivable sur I et si sa dérivée f' est de classe $\mathscr{C}^k$ sur I,*
- *$\mathscr{C}^\infty$ sur I si elle est de classe $\mathscr{C}^k$ sur I, pour tout entier naturel k.*

Notation : $\mathscr{C}^k(I,\mathbb{R}^n)$ *désigne l'ensemble des fonctions de classe* $\mathscr{C}^k$ *sur* I, *à valeurs dans* $\mathbb{R}^n$.

Il est clair que : $\forall k \in \mathbb{N}$, $\mathscr{C}^k(I,\mathbb{R}^n) \supset \mathscr{C}^{k+1}(I,\mathbb{R}^n) \supset \mathscr{C}^\infty(I,\mathbb{R}^n)$.

Définition : Dérivées successives —. *Si* $f \in \mathscr{C}^k(I,\mathbb{R}^n)$, *avec* $k \geq 2$, *la dérivée* $k^{\text{ème}}$ *de* f *sur* I *est l'application* $f^{(k)}$ *définie par :* $f^{(0)} = f$ *et* $\forall i \in [\![1,k]\!]$, $f^{(i)} = (f^{(i-1)})'$.

Proposition 13.12.— Espace vectoriel $\mathscr{C}^k(I,\mathbb{R}^n)$ —.
Pour $0 \leqslant k \leqslant +\infty$, $(\mathscr{C}^k(I,\mathbb{R}^n),+,.)$ est un $\mathbb{R}$-espace vectoriel.

Proposition 13.13.— Caractérisation par le caractère $\mathscr{C}^k$ des applications composantes —.
Soit $b = (\vec{e}_1, \vec{e}_2, \cdots, \vec{e}_n)$ une base de $\mathbb{R}^n$ et $(f_i)_{i\in[\![1,n]\!]}$ les applications composantes de f relativement à cette base : pour tout $t \in I$, $f(t) = \displaystyle\sum_{i=1}^{n} f_i(t)\vec{e}_i$.
f est une application de classe $\mathscr{C}^k$ de I dans $\mathbb{R}^n$ si, et seulement si, chaque application composante de f est une application de classe $\mathscr{C}^k$ de I dans $\mathbb{R}^n$. Dans ce cas, on a :

$$\forall p \in [\![1,k]\!],\ \forall t \in I,\ f^{(p)}(t) = \sum_{i=1}^{n} f_i^{(p)}(t)\vec{e}_i.$$

Proposition 13.14.— Formule de Leibniz pour une application bilinéaire—. Si B est une **application bilinéaire** de $\mathbb{R}^p \times \mathbb{R}^q$ dans $\mathbb{R}^n$, si f est une **application** de $\mathscr{C}^k(I,\mathbb{R}^p)$ et si g est une **application** de $\mathscr{C}^k(I,\mathbb{R}^q)$ alors $B(f,g)$ est une **application** de $\mathscr{C}^k(I,\mathbb{R}^n)$ et, pour tout $j \leqslant k$:

$$\boxed{(B(f,g))^{(j)} = \sum_{l=0}^{j} \binom{j}{l} B\left(f^{(l)}, g^{(j-l)}\right)}.$$

Proposition 13.15.— Composition d'applications de classe $\mathscr{C}^k$ —.
Soient I et J deux intervalles de $\mathbb{R}$, φ une fonction de classe $\mathscr{C}^k$ de J dans I et f une application de classe $\mathscr{C}^k$ de I dans $\mathbb{R}^n$ alors l'application $f \circ \varphi$ est de classe $\mathscr{C}^k$ sur J.

Proposition 13.16.— Prolongement en un point du caractère $\mathscr{C}^k$ —. Soit $f \in \mathcal{F}([a,b],\mathbb{R}^n)$ une fonction **vectorielle**. Si f est continue sur $[a,b]$, de classe $\mathscr{C}^k$ sur $]a,b]$ et telle que :

$$\forall p \in [\![1,k]\!],\ \lim_{t\to a} f^{(p)}(t) = \vec{l}_p \in \mathbb{R}^n$$

alors f est de classe $\mathscr{C}^k$ sur $[a,b]$ et $\forall p \in [\![1,k]\!]$, $f^{(p)}(a) = \vec{l}_p$.

■ Arcs paramétrés de classe $\mathscr{C}^k$. Étude locale

L'objectif et l'application principale est l'étude de courbes dans le plan euclidien orienté $\mathbb{R}^2$. Ceci dit, les notions de ce paragraphe sont valables dans le cas où $n \geq 3$. Sauf mention contraire, si $n = 2$, on le suppose muni du repère orthonormal $(O;\vec{\imath},\vec{\jmath})$, et si $n = 3$, on se place dans le repère orthonormal $\left(O;\vec{\imath},\vec{\jmath},\vec{k}\right)$. Si $n = 3$, on parle de courbe gauche; si $n = 2$, on parle de courbe plane. Néanmoins, une courbe définie dans $\mathbb{R}^3$ peut être incluse dans un plan et donc devenir plane!

Définition : *Si $k \in \mathbb{N}^* \cup \{+\infty\}$, un* ***arc paramétré*** *Γ de classe $\mathscr{C}^k$ est la donnée d'un intervalle I de $\mathbb{R}$ et d'une fonction vectorielle $\vec{\gamma} : I \to \mathbb{R}^n$ de classe $\mathscr{C}^k$.*
On appelle ***courbe associée à l'arc*** *Γ l'image de l'application $\vec{\gamma}$, c'est-à-dire l'ensemble des points M de $\mathbb{R}^n$ pour lesquels il existe $t \in I$ tel que $\overrightarrow{OM}(t) = \vec{\gamma}(t)$.*

Donc si $n = 2$, $\overrightarrow{OM}(t) = x(t)\vec{i} + y(t)\vec{j}$, où x et y sont des fonctions de classe $\mathscr{C}^k$ et si $n = 3$, alors $\overrightarrow{OM}(t) = x(t)\vec{i} + y(t)\vec{j} + z(t)\vec{k}$, où x, y et z sont des fonctions de classe $\mathscr{C}^k$.

Par exemple, les cercles et les droites se paramétrent très bien, allez voir l'**exercice 13.18**.

Définition : *On considère un arc paramétré Γ, défini par un intervalle I et une fonction vectorielle $\vec{\gamma} : I \longrightarrow \mathbb{R}^n$ de classe $\mathscr{C}^k$ et un élément t_0 de I.*
Un point de paramètre $t_0 \in I$ est dit ***régulier*** *si $\vec{\gamma}'(t_0) \neq \vec{0}$.*
En un tel point, la droite dirigée par $\vec{\gamma}'(t_0)$ et passant par le point $M(t_0)$ s'appelle la ***tangente*** *à l'arc Γ au point de paramètre $M(t_0)$.*

Définition : *Un point de paramètre t_0 est dit* ***singulier*** *ou* ***stationnaire*** *si $\vec{\gamma}'(t_0) = \vec{0}$.*

Voir la **méthode 13.5** pour l'étude locale autour d'un point non régulier.

Étude des branches infinies d'une courbe plane

Définition : *Soit $t_0 \in \overline{\mathbb{R}}$ une extrémité de l'intervalle I. On dit que l'arc Γ présente en t_0* ***une branche infinie*** *si $\lim\limits_{t \to t_0} \| \overrightarrow{OM}(t) \| = +\infty$. On pose $\overrightarrow{OM}(t) = f(t) = x(t)\vec{i} + y(t)\vec{j}$.*

- Si $\lim\limits_{t \to t_0} x(t) = \alpha$ et $\lim\limits_{t \to t_0} y(t) = \pm\infty$, on dit que la droite $x = \alpha$ est **asymptote** à la courbe.
- Si $\lim\limits_{t \to t_0} x(t) = \pm\infty$ et $\lim\limits_{t \to t_0} y(t) = \beta$, la droite $y = \beta$ est **asymptote** à la courbe.
- Si $\lim\limits_{t \to t_0} x(t) = \pm\infty$ et $\lim\limits_{t \to t_0} y(t) = \pm\infty$, on forme le rapport $f(t) = \dfrac{y(t)}{x(t)}$.
  - Si $\lim\limits_{t \to t_0} f(t)$ n'existe pas, Γ admet une **branche infinie**.
  - Si $\lim\limits_{t \to t_0} f(t) = \pm\infty$, Γ présente une **branche parabolique de direction (Oy)**.
  - Si $\lim\limits_{t \to t_0} f(t) = 0$, Γ présente une **branche parabolique de direction (Ox)**.
  - Si $\lim\limits_{t \to t_0} f(t) = a \neq 0$, on forme alors la différence $g(t) = y(t) - ax(t)$.
    - Si $\lim\limits_{t \to t_0} g(t)$ n'existe pas, Γ présente une **branche asymptotique de pente a.**
    - Si $\lim\limits_{t \to t_0} g(t) = \pm\infty$, Γ présente une **branche parabolique de pente a.**
    - Si $\lim\limits_{t \to t_0} g(t) = b$, la droite d'équation $y = ax + b$ est **asymptote** à l'arc Γ.

Longueur d'un arc paramétré de classe $\mathscr{C}^1$

Soit un arc de classe $\mathscr{C}^1$ paramétré par :

$$\vec{\gamma} : \begin{array}{rcl} I & \longrightarrow & \mathbb{R}^2 \\ t & \longmapsto & \overrightarrow{OM(t)} = x(t)\vec{\imath} + y(t)\vec{\jmath} \end{array} \quad \text{ou} \quad \vec{\gamma} : \begin{array}{rcl} I & \longrightarrow & \mathbb{R}^3 \\ t & \longmapsto & \overrightarrow{OM(t)} = x(t)\vec{\imath} + y(t)\vec{\jmath} + z(t)\vec{k} \end{array}$$

Définition : *Soit $(t_1, t_2) \in I^2$. La* ***longueur*** *de l'arc $M(t_1)M(t_2)$ que décrit le point $M(t)$ lorsque t parcourt le segment $[t_1, t_2]$ est le réel : $\displaystyle\int_{t_1}^{t_2} \| \vec{\gamma}'(t) \| \, dt$.*

Méthodes

Dérivabilité des fonctions vectorielles

Commencer par revoir la* méthode 7.9 *et la* méthode 7.10*, vues dans le paragraphe consacré aux fonctions vectorielles du chapitre sur les espaces vectoriels normés de dimension finie.

Méthode 13.1.— Comment montrer la dérivabilité et calculer la dérivée d'une fonction vectorielle f de I dans $\mathbb{R}^n$

- Si l'on connaît ou l'on « soupconne » $\vec{l} = f'(t_0)$, on peut utiliser la définition de la dérivée, où $\|.\|$ est une norme bien choisie sur $\mathbb{R}^n$:

$$\forall \varepsilon > 0, \exists \eta > 0, \forall t \in I \cap]t-\eta, t+\eta[, \left\| \frac{f(t)-f(t_0)}{t-t_0} - \vec{l} \right\| < \varepsilon.$$

- On peut montrer la dérivabilité de chaque fonction composante $t \mapsto x_i(t)$ si l'on pose $f(t) = (x_1(t), ..., x_n(t))$. Et alors : $f'(t) = (x_1'(t), ..., x_n'(t))$. Ainsi, f est dérivable en $t_0 \in I$ si, et seulement si, chaque fonction composante l'est en t_0.
- On peut aussi utiliser un développement limité d'ordre 1 en s'aidant de la **proposition 13.2**. Voir les exemples de la **méthode 13.2**, où on l'applique.
- Si l'expression de f est « costaud » on peut utiliser la **proposition 13.10**.

Mise en œuvre : exercice 13.5, exercice 13.8, exercice 13.13.

Exemples : 1. *Soit* $f :]-1,1[\to \mathbb{R}^2$, $t \mapsto \begin{cases} (0,0) & si \quad -1 < t \leqslant 0 \\ \left(t^2 \sin \frac{1}{t}, t^2 \cos \frac{1}{t}\right) & si \quad 0 < t < 1 \end{cases}$.

a. *Montrer que f est dérivable sur $]-1,1[$. f est-elle deux fois dérivable ?*

b. *Montrer que $f(]-1,1[)$ est la réunion de $(0,0)$ et d'une partie bornée de $\mathbb{R}^2$ située en dehors de la boule $\mathcal{B}(O,1)$.*

a. Comme $t \mapsto t^2 \sin \frac{1}{t}$ et $t \mapsto t^2 \cos \frac{1}{t}$ sont dérivables sur $]-1,1[\setminus\{0\}$, il en est de même de f. On peut même ajouter que, les fonctions composantes étant de classe $\mathscr{C}^\infty$ sur $]-1,1[\setminus\{0\}$, il en est de même de f. Maintenant, si $t \neq 0$, $\dfrac{f(t)-f(0)}{t-0} = \left(t \sin \dfrac{1}{t}, t \cos \dfrac{1}{t}\right)$. Comme chaque composante tend vers 0 quand t tend vers 0, f est dérivable en 0 avec $f'(0) = (0,0)$. On peut remarquer que par contre $\lim\limits_{t \to 0} \dfrac{f'(t)-f'(0)}{t-0}$ n'existe pas ! Donc f n'est pas deux fois dérivable en 0.

b. $\forall t \in]-1,1[\setminus\{0\}$, $\|f'(t)\|^2 = \left(2t \sin \frac{1}{t} - \cos \frac{1}{t}\right)^2 + \left(2t \cos \frac{1}{t} + \sin \frac{1}{t}\right)^2 = 4t^2 + 1 \in]1,5[$.

2. *Soit $f : [a,b] \to \mathbb{R}^n$ continue sur $[a,b]$ et dérivable sur $]a,b[$. Montrer que f est constante sur $[a,b]$ si et seulement si : $\forall t \in]a,b[$, $f'(t) = \vec{0}$.*

Les n applications composantes $t \mapsto x_i(t)$ de f sont continues sur $[a,b]$ et dérivables sur $]a,b[$. f est constante si, et seulement si, chacune des fonctions composantes est constante. D'après le cours de première année sur la dérivation des fonctions numériques, cela équivaut à écrire que les n fonctions composantes ont toutes leur dérivée nulle sur $]a,b[$. On peut conclure.

❑ Méthode 13.2.— Comment exprimer et utiliser la dérivée d'une application bilinéaire ou d'un déterminant de fonctions vectorielles

- Dans le cas d'une application bilinéaire B de $\mathbb{R}^p \times \mathbb{R}^q$ dans $\mathbb{R}^n$, on applique tout simplement la formule de la **proposition 13.10**. La première difficulté est parfois d'identifier l'application bilinéaire.
- Dans le cas particulier d'un produit scalaire de deux fonctions vectorielles f et g dérivables de I dans $\mathbb{R}^n$: l'application $t \mapsto \langle f(t), g(t)\rangle$ est dérivable sur I et on peut appliquer sur I : $[\langle f, g\rangle]' = \langle f', g\rangle + \langle f, g'\rangle$.
- Dans le cas particulier d'un déterminant de deux fonctions vectorielles f et g dérivables de I dans $\mathbb{R}^2$ (ce qui découle du précédent par composition) : l'application $t \mapsto \mathrm{Det}_{\mathcal{B}}(f(t), g(t))$ est dérivable sur I et on encore peut appliquer sur I la formule de la **proposition 13.10** : $[\mathrm{Det}_{\mathcal{B}}(f, g)]' = \mathrm{Det}_{\mathcal{B}}(f', g) + \mathrm{Det}_{\mathcal{B}}(f, g')$.
- On peut aussi utiliser l'outil des développements limités. Ainsi par exemple si f est une fonction de classe $\mathcal{C}^1$ de $I \subset \mathbb{R}$ dans $\mathbb{R}^p$, et si $f(t) = (x_1(t), ..., x_p(t))$ pour tout $t \in I$ alors : $x_i(t+h) = x_i(t) + hx_i'(h) + h\epsilon_{x_i}(h)$ pour tout $i \in [\![1, p]\!]$, où $\lim\limits_{h\to 0} \epsilon_{x_i}(h) = 0$. Et : $f(t+h) = f(t) + hf'(h) + h\vec{\epsilon}(h)$, où $\lim\limits_{h\to 0} \vec{\epsilon}(h) = \vec{0}$, en posant le vecteur $\vec{\epsilon} = (\epsilon_{x_1}, ..., \epsilon_{x_n})$. C'est l'application directe de la **la proposition 13.2**. On généralisera cette formule à la **méthode 13.5** si $f \in \mathcal{C}^k(I, \mathbb{R}^2)$.

Exemples : 1. *Montrer que, $\mathbb{R}^3$ étant orienté par $\mathcal{B}$ et f et g étant deux fonctions vectorielles, dérivables de I dans $\mathbb{R}^3$ alors $f \wedge g$ est dérivable sur I et on a sur I : $[f \wedge g]' = f' \wedge g + f \wedge g'$.*

- On peut utiliser le fait que $t \mapsto f(t) \wedge g(t)$ est bilinéaire et donc utiliser directement la formule de la **proposition 13.10**.
- On peut aussi faire une preuve directe en utilisant des développements limités d'ordre 1 :

$$\forall t \in I,\ \forall h,\ f(t+h) = f(t) + hf'(t) + h\vec{\varepsilon}_1(h) \text{ et } g(t+h) = g(t) + hg'(t) + h\vec{\varepsilon}_2(h),$$

où $\vec{\varepsilon}_1$ et $\vec{\varepsilon}_2$ sont deux fonctions vectorielles définies dans un voisinage de 0 et tendant toutes les deux vers 0 quand $h \to 0$.
$f(t+h) \wedge g(t+h)$ se développe en la somme de $f(t) \wedge g(t)$, de $h\,[f'(t) \wedge g(t) + f(t) \wedge g'(t)]$, de $h\,[f(t) \wedge \vec{\varepsilon}_2(h) + \vec{\varepsilon}_1(h) \wedge g_1(t)]$ et $h^2\,[f'(t) \wedge g'(t) + \vec{\varepsilon}_1(t) \wedge \vec{\varepsilon}_2(t)]$.
Et les produits vectoriels : $f(t) \wedge \vec{\varepsilon}_2(h) + \vec{\varepsilon}_1(h) \wedge g_1(t)$ et $h\,(f'(t) \wedge g'(t) + \vec{\varepsilon}_1(t) \wedge \vec{\varepsilon}_2(t))$ tendent vers 0 quand h tend vers 0, (pour t fixé). On utilise pour montrer cela les résultats du **chapitre 7**.
Ceci fait :

$$f(t+h) \wedge g(t+h) = f(t) \wedge g(t) + h\,[f'(t) \wedge g(t) + f(t) \wedge g'(t)] + h\vec{\varepsilon}(h),$$

où $\lim\limits_{h\to 0} \vec{\varepsilon}(h) = 0$.
D'après la **proposition 13.2**, la dérivée de $t \mapsto f(t) \wedge g(t)$ est $t \mapsto f'(t) \wedge g(t) + f(t) \wedge g'(t)$.

2. a. *Soit n fonctions vectorielles $f_1, ..., f_n$, dérivables de I dans $\mathbb{R}^n$.*
Montrer que l'application $t \mapsto \mathrm{Det}_{\mathcal{B}}(f_1(t), ..., f_n(t))$ est dérivable sur I.

Montrer alors que sur I : $[\mathrm{Det}_{\mathcal{B}}(f_1(t), ..., f_n(t))]' = \sum\limits_{j=1}^{n} \mathrm{Det}_{\mathcal{B}}(f_1(t), ..., f_j'(t), ..., f_n(t))$.

Méthodes

b. *Pour $n \geqslant 2$, $(a_1, ..., a_n) \in \mathbb{C}^n$, calculer :* $\Delta_n = \begin{vmatrix} 1 & a_1 & \cdots & a_1^{n-2} & a_1^n \\ 1 & a_2 & \cdots & a_2^{n-2} & a_2^n \\ \vdots & \vdots & & \vdots & \vdots \\ 1 & a_n & \cdots & a_n^{n-2} & a_n^n \end{vmatrix}$.

On pourra utiliser la dérivabilité de $D_n : \mathbb{R} \to \mathbb{C},\ t \mapsto \begin{vmatrix} e^{a_1 t} & a_1 e^{a_1 t} & \cdots & a_1^{n-1} e^{a_1 t} \\ e^{a_2 t} & a_2 e^{a_2 t} & \cdots & a_2^{n-1} e^{a_2 t} \\ \vdots & \vdots & & \vdots \\ e^{a_n t} & a_n e^{a_n t} & \cdots & a_n^{n-1} e^{a_n t} \end{vmatrix}$.

a. Pour tout $j \in [\![1, n]\!]$, f_j est dérivable en tout $t \in I$ et, c'est une des pistes de **méthode 13.1**, d'après la **proposition 13.2**, $\exists \varepsilon_j : I \to \mathbb{R}^n$, $\forall h$, $f_j(t+h) = f_j(t) + h f_j'(t) + h\, \vec{\varepsilon}_j(h)$ et $\lim\limits_{h \to 0} \vec{\varepsilon}_j(h) = \vec{0}$.
Donc : $\mathrm{Det}_{\mathcal{B}}(f_1(t+h), ..., f_n(t+h)) = \mathrm{Det}_{\mathcal{B}}(f_1(t) + h f_1'(t) + h\, \vec{\varepsilon}_1(h), ..., f_n(t) + h f_n'(t) + h\, \vec{\varepsilon}_n(h))$.
En développant par rapport à chacune des variables, le déterminant $\mathrm{Det}_{\mathcal{B}}(f_1(t+h), ..., f_n(t+h))$ se décompose en la somme du déterminant $\mathrm{Det}_{\mathcal{B}}(f_1(t), ..., f_n(t))$, puis des n déterminants $h\, \mathrm{Det}_{\mathcal{B}}(f_1(t), ..., f_j'(t), ..., f_n(t))$ et enfin de déterminants de la forme $h\, \varepsilon(h)$, où $\lim\limits_{h \to 0} \varepsilon(h) = 0$.
En utilisant encore la définition de la dérivée en un point issue de la **proposition 13.2**, on aboutit à la formule demandée. On montre en même temps la dérivabilité !

b. On dérive et on développe $D_n(t)$ en appliquant la formule précédente. Alors :

$$D_n'(t) = \begin{vmatrix} e^{a_1 t} & a_1 e^{a_1 t} & \cdots & a_1^{n-2} e^{a_1 t} & a_1^n e^{a_1 t} \\ e^{a_2 t} & a_2 e^{a_2 t} & \cdots & a_2^{n-2} e^{a_2 t} & a_2^n e^{a_2 t} \\ \vdots & \vdots & & & \vdots \\ e^{a_n t} & a_n e^{a_n t} & \cdots & a_n^{n-2} e^{a_2 t} & a_n^n e^{a_n t} \end{vmatrix}$$

car dès que deux colonnes sont identiques, le déterminant correspondant est nul.
On remarque que $D_n'(0) = \Delta_n$. Par ailleurs,

$$D_n(t) = \exp\left(\sum_{i=1}^n a_i\, t\right) \begin{vmatrix} 1 & a_1 & \cdots & a_1^{n-1} \\ 1 & a_2 & \cdots & a_2^{n-1} \\ \vdots & \vdots & & \vdots \\ 1 & a_n & \cdots & a_n^{n-1} \end{vmatrix} = \exp\left(\sum_{i=1}^n a_i\, t\right) \prod_{1 \leqslant i < j \leqslant n} (a_j - a_i).$$

En effet, vous avez reconnu un déterminant de Vandermonde. (Pour faire complet, rappelez-vous qu'une démonstration du calcul du déterminant de Vandermonde est proposée à l'**exercice 3.7**.)
Il reste à dériver $D_n(t)$ et à appliquer à $t = 0$:

$$\Delta_n = \left(\sum_{i=1}^n a_i\right) \prod_{1 \leqslant i < j \leqslant n} (a_j - a_i).$$

Mise en œuvre : exercice 13.7, **exercice 13.9** à **exercice 13.12**.

Remarques : 1. Le programme officiel de PSI n'a aucune exigence sur la dérivation du produit vectoriel ou sur celle du déterminant de n fonctions vectorielles à valeurs dans $\mathbb{R}^n$. Ceci dit, rien n'interdit que cela apparaisse dans certains sujets d'écrits. Il faut s'y préparer.

2. Le programme officiel cite simplement de connaître les opérations sur les fonctions vectorielles, bilinéaires ou composées de ces fonctions de classe $\mathcal{C}^k$, . Mais ne précise rien de plus. Et la formule de Leibniz pour les applications bilinéaires de fonctions vectorielles de classe $\mathcal{C}^k$ a donc toute sa place. On développe tout cela avec la **méthode 13.3** qui suit.

❑ Méthode 13.3.— Comment exprimer et utiliser la dérivée $k^{\text{ème}}$ (avec k $\geqslant 2$) d'une fonction vectorielle ou d'une application bilinéaire de fonctions vectorielles

On rapporte $\mathbb{R}^p$, $\mathbb{R}^q$ et $\mathbb{R}^n$ à leurs bases canoniques, notées $\mathcal{B}$.

- Si l'on veut les dérivées $l^{\text{èmes}}$ (avec $l \in [\![0,k]\!]$) d'une fonction vectorielle f de classe $\mathcal{C}^k$ de I dans $\mathbb{R}^p$, en tout point de I, on applique tout simplement la formule de la **proposition 13.13** en utilisant les composantes de $f(t)$ dans la base $\mathcal{B}$ de $\mathbb{R}^p$.
- Si l'on veut les dérivées $l^{\text{èmes}}$ (avec $l \in [\![0,k]\!]$) d'une fonction du type $t \mapsto B(f,g)(t)$, où B est une application bilinéaire de $\mathbb{R}^p \times \mathbb{R}^q$ dans $\mathbb{R}^n$, f une fonction vectorielle de classe $\mathcal{C}^k$ de I dans $\mathbb{R}^p$, g une fonction vectorielle de classe $\mathcal{C}^k$ de I dans $\mathbb{R}^q$, pour tout $t \in I$, il faut appliquer la formule de Leibniz de la **proposition 13.14**.
  La principale difficulté est d'identifier B, f et g. Illustrons avec l'exemple qui suit.

Exemple : *Soit $f : \mathbb{R} \to \mathbb{R}^p$ de classe $\mathcal{C}^\infty$ sur $\mathbb{R}$. Établir, en utilisant la formule de Leibniz que, pour tout $n \in \mathbb{N}^\star$ et pour tout $t \neq 0$,* $\left(t^{n-1} f\left(\frac{1}{t}\right)\right)^{(n)} = \frac{(-1)^n}{t^{n+1}} f^{(n)}\left(\frac{1}{t}\right)$.

α. ***Mise du problème sous forme d'une application bilinéaire***

L'application $B : \mathbb{R} \times \mathbb{R}^p \to \mathbb{R}^p$, $(a, \vec{X}) \mapsto a\vec{X}$ est bilinéaire.

Ici, si l'on pose pour tout $n \geqslant 1$, $h_n : \mathbb{R} \to \mathbb{R}$, $t \mapsto t^{n-1}$, on remarque que h_n est de classe $\mathcal{C}^\infty$ sur $\mathbb{R}$ et si l'on pose $g : \mathbb{R}^\star \to \mathbb{R}^p$, $t \mapsto f\left(\frac{1}{t}\right)$, alors par composée de fonctions de classe $\mathcal{C}^\infty$ sur $\mathbb{R}^\star$ et sur $\mathbb{R}$, g est de classe $\mathcal{C}^\infty$ sur $\mathbb{R}^\star$.

Donc, d'après le cours, $t \mapsto B(h_n, g)(t)$ est de classe $\mathcal{C}^\infty$ sur $\mathbb{R}^\star$.

β. ***Utilisation de la formule de Leibniz pour des applications bilinéaires***

Démontrons la formule demandée par récurrence.

Pour $n = 1$, on a bien , pour tout $t \neq 0$, $\left(f\left(\frac{1}{t}\right)\right)' = \frac{(-1)^1}{t^2} f'\left(\frac{1}{t}\right)$.

Supposons la formule vraie au rang $n \geqslant 1$.

Pour tout $t \neq 0$, $\left(t^n f\left(\frac{1}{t}\right)\right)^{(n+1)} = (B(h_{n+1}, g))^{(n+1)}(t) = (B(t, h_n(t) g(t)))^{n+1}$.

Ce qui donne, en utilisant la formule de Leibniz :

$(B(t, t^{n-1} g(t)))^{(n+1)} = \displaystyle\sum_{l=0}^{n+1} \binom{n+1}{l} B\left(t^{(l)}, \left(t^{n-1} f\left(\frac{1}{t}\right)\right)^{(n+1-l)}\right)$, c'est-à-dire, en remarquant que $t^{(l)}$ est nul dès que $l \geqslant 2$:

$$(B(t, t^{n-1} g(t)))^{(n+1)} = t\left(t^{n-1} f\left(\frac{1}{t}\right)\right)^{(n+1)} + (n+1)\left(t^{n-1} f\left(\frac{1}{t}\right)\right)^{(n)}.$$

On applique l'hypothèse de récurrence au rang n et cette dernière somme devient :

$t \times \left(\frac{(-1)^n}{t^{n+1}} f^{(n)}\left(\frac{1}{t}\right)\right)' + (n+1)\frac{(-1)^n}{t^{n+1}} f^{(n)}\left(\frac{1}{t}\right) = t \times (n+1)\frac{(-1)^{n+1}}{t^{n+2}} f^{(n)}\left(\frac{1}{t}\right)$

$+t \times \frac{(-1)^n}{t^{n+1}} \times \frac{-1}{t^2} \times f^{(n+1)}\left(\frac{1}{t}\right) + (n+1)\frac{(-1)^n}{t^{n+1}} f^{(n)}\left(\frac{1}{t}\right)$.

Ce qui ne donne plus que : $\frac{(-1)^{n+1}}{t^{n+2}} f^{(n+1)}\left(\frac{1}{t}\right)$. C'est bien la formule au rang $n+1$.

■ Étude et construction d'un arc plan

❑ **Méthode 13.4.— Comment réduire l'intervalle I de Γ : $\begin{cases} x = x(t) \\ y = y(t) \end{cases}$, $t \in I$.**

- Si les fonctions x et y sont ***T-périodiques***, il suffit d'étudier Γ sur un intervalle d'amplitude T, du type $[\alpha, \alpha + T[\cap I$ où $\alpha \in \mathbb{R}$ pour avoir toute la courbe.
- Si les fonctions x et y sont ***T-antipériodiques***, c'est-à-dire :

$$\begin{cases} x(t+T) & = & -x(t) \\ y(t+T) & = & -y(t) \end{cases},$$

on étudie sur $[\alpha, \alpha+T[\cap I$ puis on fait une ***symétrie de centre O*** pour avoir toute la courbe.
- Si les fonctions x ou y sont ***T-pseudopériodiques***, c'est-à-dire, par exemple,

$$\exists K, \begin{cases} x(t+T) & = & x(t) + K \\ y(t+T) & = & y(t) \end{cases},$$

on étudie sur $[\alpha, \alpha + T[\cap I$ puis le reste de la courbe se déduit par une succession de ***translations de vecteurs*** $K\vec{i}$.

Dans la suite de la méthode, on suppose que I est centré en $a \in \mathbb{R}$.

- Si l'on a : $\begin{cases} x(2a-t) & = & x(t) \\ y(2a-t) & = & -y(t) \end{cases}$ alors on étudie Γ pour $t \in [a, +\infty[\cap I$ puis le reste de la courbe se déduit par ***symétrie orthogonale par rapport à*** (Ox).
- Si l'on a : $\begin{cases} x(2a-t) & = & -x(t) \\ y(2a-t) & = & y(t) \end{cases}$ alors on étudie Γ pour $t \in [a, +\infty[\cap I$ puis le reste de la courbe se déduit par ***symétrie orthogonale par rapport à*** (Oy).
- Si l'on a : $\begin{cases} x(2a-t) & = & -x(t) \\ y(2a-t) & = & -y(t) \end{cases}$ alors on étudie Γ pour $t \in [a, +\infty[\cap I$ puis le reste de la courbe se déduit par ***symétrie par rapport à O***.
- Si l'on a : $\begin{cases} x(2a-t) & = & y(t) \\ y(2a-t) & = & x(t) \end{cases}$ alors on étudie Γ pour $t \in [a, +\infty[\cap I$ puis le reste de la courbe se déduit par ***symétrie orthogonale par rapport à*** $y = x$.
- Si l'on a : $\begin{cases} x(2a-t) & = & x(t) + \alpha \\ y(2a-t) & = & y(t) + \beta \end{cases}$ alors on étudie Γ pour $t \in [a, +\infty[\cap I$ puis le reste de la courbe se déduit par ***translation de vecteur*** $\alpha\vec{i} + \beta\vec{j}$.
- Si l'on a : $\begin{cases} x(2a-t) & = & -x(t) + \alpha \\ y(2a-t) & = & y(t) \end{cases}$ alors on étudie Γ pour $t \in [a, +\infty[\cap I$ puis le reste de la courbe se déduit par ***symétrie orthogonale par rapport à*** $x = \frac{\alpha}{2}$.
- Si l'on a : $\begin{cases} x(2a-t) & = & x(t) \\ y(2a-t) & = & -y(t) + \beta \end{cases}$ alors on étudie Γ pour $t \in [a, +\infty[\cap I$ puis le reste de la courbe se déduit par ***symétrie orthogonale par rapport à*** $y = \frac{\beta}{2}$.

Le cas le plus fréquent est celui où $a = 0$ ***(alors I est centré en*** $t = 0$***).***

Remarques : 1. On a le même type de résultat en remplaçant $a-t$ par $\dfrac{1}{t}$.

2. Le cas $a=0$ correspond à x et y paires ou impaires.

3. Quelquefois (on peut le voir dans les exemples développés), on a à composer plusieurs réductions. Il faut alors faire attention à la réduction de l'intervalle d'étude à chaque étape.

Mise en œuvre : de l'**exercice 13.21** à l'**exercice 13.29**.

Exemples : *Déterminer l'intervalle minimal d'étude et les symétries éventuelles des arcs :*

1. $\Gamma_1 : \begin{cases} x(t) &= \dfrac{t}{1+t^3} \\ y(t) &= \dfrac{t^2}{1+t^3} \end{cases}$ **2.** $\Gamma_2 : \begin{cases} x(\theta) &= \theta-\sin\theta \\ y(\theta) &= \cos\theta-1 \end{cases}$ **3.** $\Gamma_3 : \begin{cases} x(t) &= \cos^3 t+\sin t \\ y(t) &= \sin^3 t+\cos t \end{cases}$

4. $\Gamma_4 : \begin{cases} x(t) &= \cos^3 t \\ y(t) &= \sin^3 t \end{cases}$ **5.** $\Gamma_5 : \begin{cases} x(t) &= \sin 2t \\ y(t) &= \sin 3t \end{cases}$ **6.** $\Gamma_6 : \begin{cases} x(t) &= \cos t \\ y(t) &= \sin\left(\frac{t}{3}\right) \end{cases}$

1. Ici $I=\mathbb{R}\setminus\{-1\}$. Aucune période ou de parité n'apparaît. On constate que $x\left(\frac{1}{t}\right)=y(t)$ et que $y\left(\frac{1}{t}\right)=x(t)$. On en déduit que la partie de Γ_1 décrite lorsque t décrit $I_1=]0,1[$ [respectivement $I_2=]-1,0[$] est symétrique par rapport à la première bissectrice (droite d'équation $y=x$) de la partie correspondant à $J_1=]1,+\infty[$ (respectivement $J_2=]-\infty,-1[$).
Bilan : l'intervalle minimal d'étude est $I_1\cup I_2$, on trace la partie du support de Γ correspondante à $I_1\cup I_2$ et on effectue la symétrie orthogonale par rapport à $y=x$ pour avoir le support complet.

2. Ici pour tromper l'ennemi, la variable est θ et non plus t.
On a : $\begin{cases} x(\theta+2\pi) &= x(\theta)+2\pi \\ y(\theta+2\pi) &= y(\theta) \end{cases}$, donc on étudie sur un intervalle du type $[\alpha,\alpha+2\pi]$ puis le reste de la courbe se déduit par une succession de translations de vecteurs $2\pi\vec{i}$.
Comme x est impaire et y est paire, on prend $\alpha=-\pi$, ce qui permet de considérer $[-\pi,\pi]$. Ainsi on réduit l'intervalle d'étude à $[0,\pi]$.
Bilan : l'intervalle d'étude minimal est $J=[0,\pi]$, on trace la partie du support de Γ_2 correspondante à J puis on effectue une symétrie orthogonale par rapport à (Oy) et enfin une succession de translations de vecteurs $2\pi\vec{i}$ pour avoir le support complet.
Remarque : Le lecteur un peu doué verra que $\begin{cases} x(2\pi-\theta) &= 2\pi-x(\theta) \\ y(2\pi-\theta) &= y(\theta) \end{cases}$, et il pourra faire le chemin suivant : étude sur $J=[0,\pi]$ puis on trace la partie du support de Γ_2 correspondante. Ensuite, on effectue la symétrie orthogonale d'axe $x=\pi$. Il reste à faire la succession de translations de vecteurs $2\pi\vec{i}$. Il n'y a donc pas unicité des chemins possibles pour obtenir tout l'arc.

3. Le domaine de définition est $\mathbb{R}$. Puis 2π est une période commune à x et à y. On étudie donc Γ_3 sur $[\alpha,\alpha+2\pi]$, où α sera choisi par les autres symétries. Puis, π est une antipériode pour x et y, et on étudie donc Γ_3 sur $[\alpha,\alpha+\pi]$, et on complétera par une symétrie centrale de centre O. De plus, $\begin{cases} x\left(\frac{\pi}{2}-t\right) &= y(t) \\ y\left(\frac{\pi}{2}-t\right) &= x(t) \end{cases}$, et donc on centre $[\alpha,\alpha+\pi]$ en $\frac{\pi}{4}$ et on ramène l'étude à $J=\left[-\frac{\pi}{4},\frac{\pi}{4}\right]$.
Bilan : on étudie puis on trace la partie de Γ_3 correspondante à J puis on effectue une symétrie orthogonale par rapport à $y=x$, puis une symétrie de centre O. On obtient alors Γ_3 complet.

4. Comme x et y sont 2π-périodiques, il suffit d'étudier l'arc sur un intervalle d'amplitude 2π. On remarque ensuite que π est une antipériode pour x et y, on étudie sur $[\alpha,\alpha+\pi[$ puis on effectue

Méthodes

une symétrie par rapport à O. Puis on exploite le fait que x est paire et y est impaire et donc on réduit à $\left[0, \frac{\pi}{2}\right]$ puis on effectue une symétrie par rapport à (Ox). Enfin : $\left\{\begin{array}{lll} x\left(\frac{\pi}{2}-t\right) & = & y(t) \\ y\left(\frac{\pi}{2}-t\right) & = & x(t) \end{array}\right.$ et on réduit encore à $[0, \pi/4]$ puis on effectue une symétrie par rapport à $y = x$.
Bilan : on étudie puis on trace la partie de Γ_4 correspondante à $J = [0, \pi/4]$ puis on fait une symétrie orthogonale par rapport à $y = x$ puis une symétrie orthogonale par rapport à Ox et enfin une symétrie par rapport à O, ce qui fournit enfin le support de Γ_4 complet.

5. x et y sont définies dans $\mathbb{R}$. L'arc Γ_5 fait partie des courbes de Lissajous (quand vous tracerez le support, vous penserez au tracé qu'on a avec un oscilloscope !) On commence par remarquer que 2π est une période commune à x et à y. On obtient donc toute la courbe Γ_5 quand t décrit $[\alpha, \alpha + 2\pi]$, où α va être précisé. Comme x et y sont impaires, on prend $\alpha = -\pi$ et on se ramène à $[0, \pi]$. Il reste à faire une symétrie de centre O pour obtenir l'arc sur $[-\pi, \pi]$. Enfin, $\left\{\begin{array}{lll} x(\pi - t) & = & -x(t) \\ y(\pi - t) & = & y(t) \end{array}\right.$ et donc l'intervalle minimal d'étude est $[0, \pi/2]$. Il reste une symétrie d'axe Oy pour revenir à $[0, \pi]$.
Bilan : on étudie puis on trace la partie de l'arc Γ_5 correspondant à $J = [0, \pi/2]$ puis on effectue successivement une symétrie orthogonale par rapport à Oy puis une symétrie centrale de centre O. On a alors l'arc Γ_5 complet.

6. La plus petite période commune de x et y est 6π : l'arc est entièrement décrit lorsque t décrit un intervalle d'amplitude 6π, $[-3\pi, 3\pi]$ est choisi, vu la suite. x est paire et y impaire : $M(-t)$ est le symétrique de $M(t)$ par rapport à l'axe des abscisses. Il suffit de tracer l'arc pour t décrivant $[0, 3\pi]$, puis de symétriser la portion obtenue par rapport à l'axe des abscisses pour obtenir la totalité de l'arc. Puis, $\forall t \in [0, 3\pi]$, $x(3\pi - t) = -x(t)$ et $y(3\pi - t) = y(t)$: $M(3\pi - t)$ est le symétrique de $M(t)$ par rapport à l'axe des ordonnées. Il suffit de tracer l'arc pour t décrivant $\left[0, \frac{3\pi}{2}\right]$, puis de symétriser la portion obtenue par rapport à l'axe des ordonnées pour obtenir la portion de l'arc obtenu lorsque t décrit $[0, 3\pi]$.
Bilan : on étudie puis on trace la partie de Γ_6 correspondant à $J = \left[0, \frac{3\pi}{2}\right]$ puis on fait successivement la symétrie orthogonale par rapport à (Oy) puis la symétrie orthogonale par rapport à (Ox). On a alors le tracé de Γ_6 complet.

❑ **Méthode 13.5.— Comment déterminer la tangente en un point $t_0 \in I$ du support d'un arc paramétré plan $\Gamma = (I, f)$ de classe $\mathscr{C}^1$, où $f(t) = (x(t), y(t))$ et connaître la position de ce support par rapport à sa tangente D**

- Si $x'(t_0) \neq 0$ et $y'(t_0) \neq 0$, $M(t_0)$ est régulier et la tangente est portée par $f'(t_0)$.
- Si $x'(t_0) = 0$ et $y'(t_0) \neq 0$, $M(t_0)$ est régulier et la tangente est verticale.
- Si $x'(t_0) \neq 0$ et $y'(t_0) = 0$, $M(t_0)$ est régulier et la tangente est horizontale.
- Si $x'(t_0) = 0$ et $y'(t_0) = 0$, $M(t_0)$ n'est pas régulier. La pente de la tangente est $\lim\limits_{t \to t_0} \dfrac{y'(t)}{x'(t)}$ si cette limite existe. On peut alors en déduire une équation de D.
  Par ailleurs, les symétries du support de l'arc permettent d'obtenir généralement le comportement de la courbe par rapport à sa tangente. S'il faut aller plus loin, on effectue un développement limité de x et de y, au voisinage de t_0, à un ordre suffisamment élevé (en général 3 ou 4), ce qui permet d'avoir l'allure autour de $M(t_0)$ et la position de Γ par rapport à D. Pour cela, on peut se placer dans un repère local de centre $M(t_0)$. Voir les exemples des courbes C_3 à C_5 qui suivent.

Mise en œuvre : exercice 13.14, exercice 13.15, exercice 13.17.

Remarques : 1. Dans le cas d'un point régulier, un développement limité de la fonction vectorielle f au voisinage de t_0 peut donner l'expression de $f'(t_0)$. De plus, on peut obtenir une équation (de la forme $y = ax + b$) de cette tangente D connaissant $M(t_0) \in D$ et sa direction $f'(t_0)$.
2. On se retrouve obligatoirement dans une des quatre situations suivantes.

Planche 1. Point ordinaire, la courbe Γ reste du même côté par rapport à la tangente.

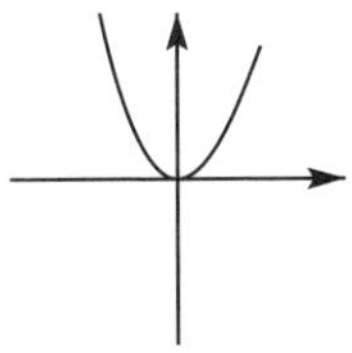

Planche 2. Point d'inflexion, la courbe Γ traverse la tangente en O.

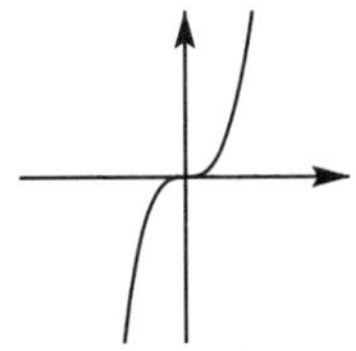

Planche 3. Point de rebroussement de première espèce, Γ est de part et d'autre de la tangente.

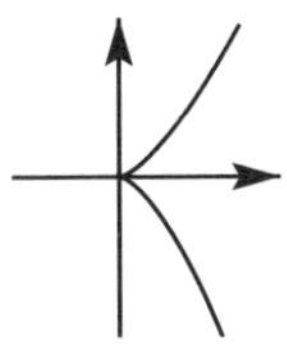

Planche 4. Point de rebroussement de deuxième espèce, Γ reste du même coté de la tangente.

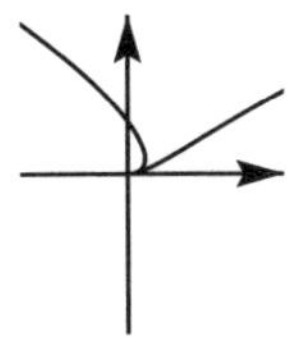

(Pour simplifier, la tangente est porté par l'axe horizontal, le lecteur effectuera la rotation nécessaire dans la pratique de l'arc étudié.) Les cas de la planche 1 et de la planche 2 correspondent aux points réguliers et la planche 1 est de loin la plus fréquente. Le cas de la planche 3 se rencontre souvent dès que $M(t = t_0)$ n'est pas régulier. Les symétries de l'arc permettent en général de le détecter. Le cas de la planche 4 est plus marginal et c'est souvent l'étude complète de l'arc ou une étude locale soignée qui permet de le différencier de la planche 3.

Exemples : *Étudier la tangente à l'arc paramétré plan au point t_0 pour les cas suivants :*

$$\textbf{1. } C_1 : \begin{cases} x(t) = \dfrac{1}{\sin t} \\ y(t) = \dfrac{1}{\cos t} \\ t_0 = \dfrac{\pi}{4} \end{cases} \quad \textbf{2. } C_2 : \begin{cases} x(t) = \sin^3 t \\ y(t) = \cos t - \cos^4 t \\ t_0 = 0. \end{cases} \quad \textbf{3. } C_3 : \begin{cases} x(t) = 2t + t^2 \\ y(t) = 2t - \dfrac{1}{t^2} \\ t_0 = -1 \end{cases},$$

$$\textbf{4. } C_4 : \begin{cases} x(t) = e^{t-1} - t \\ y(t) = t^3 - 3t + 2 \\ t_0 = 1 \end{cases} \quad \textbf{5. } C_5 : \begin{cases} x(t) = 3(\sin t - t) \\ y(t) = t^3 + t^5 \\ t_0 = 0. \end{cases}.$$

1. On remarque que l'arc est régulier en t_0. Comme $f'(t) = \left(-\dfrac{\cos t}{\sin^2 t}, \dfrac{\sin t}{\cos^2 t}\right)$ pour tout $t \in]0, \pi/2[$, le vecteur $(-\sqrt{2}, \sqrt{2})$ est une direction de la tangente à Γ_1 en $M(t = t_0) = (\sqrt{2}, \sqrt{2})$.

Ainsi, la tangente Δ est la droite passant par $M(t = t_0)$ et parallèle à $y = -x$ (c'est-à-dire la seconde bissectrice). Si l'on désire connaître la position de D par rapport à C_1, on peut étudier les symétries de l'arc. Après avoir appliqué la **méthode 13.4**, l'intervalle minimal d'étude est $J =]0, \pi/4]$, on trace l'arc sur J (on remarque que $M(t = t_0)$ est une extrémité du morceau de Γ_1 tracé). Puis on effectue successivement une symétrie orthogonale par rapport à $y = x$, une symétrie par rapport à (Oy) et une symétrie de centre O. Par ailleurs, la droite $y = 1$ est asymptote horizontale à C_1. Le tracé de l'arc sur J et la symétrie par rapport à $y = x$ permettent de positionner D sous C_1. On est dans le cas de **planche 1**. Voir à droite la représentation locale.

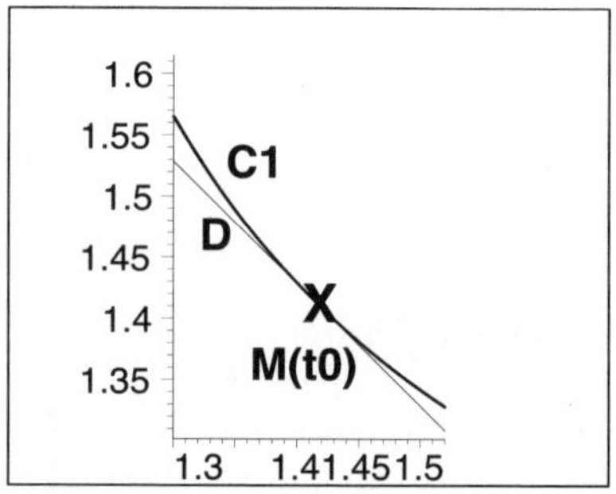

2. Ici $x'(t) = 3\sin^2 t \cos t$ et $y'(t) = -\sin t + 4\sin t\cos^3 t$. Donc $f'(t_0) = \vec{0}$ pour $t_0 = 0$.

On a : $\displaystyle\lim_{t\to 0} \frac{y'(t)}{x'(t)} = \lim_{t\to 0} \frac{-\sin t + 4\sin t\cos^3 t}{3\sin^2 t\cos t} = \lim_{t\to 0} \frac{-1 + 4\cos^3 t}{3\sin t\cos t} = \infty.$

Le point $M(t = 0) = (0, 0)$ n'est évidemment pas régulier. En ce point, la tangente est verticale (c'est l'axe Oy). Un petit coup de la **méthode 13.4** et on remarque que l'on peut étudier et tracer C_2 sur $[0, \pi]$ puis on effectue une symétrie orthogonale par rapport à (Oy) pour avoir tout C_2. On est en présence du cas de **la planche 3**, c'est un point de rebroussement de première espèce. (On effectue à cette planche une rotation du dessin de $\frac{\pi}{2}$ pour que la tangente devienne verticale.) Et on visualise C_2 au voisinage de $t_0 = 0$ comme le suggère le croquis à droite.

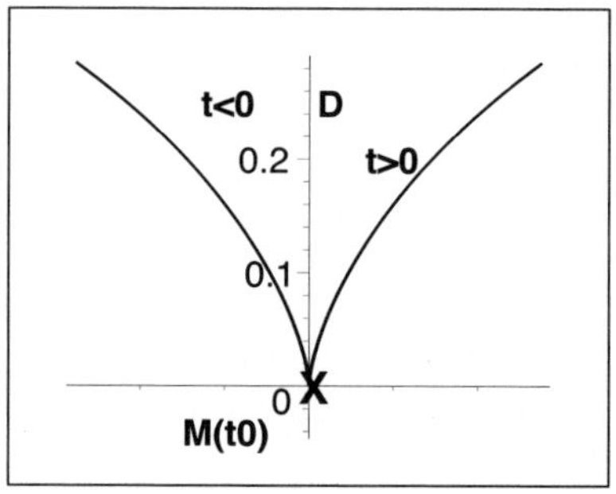

3. Pour tout $t \neq 0$, $x'(t) = 2(1 + t)$ et $y'(t) = \dfrac{2}{t^3}(t + 1)(t^2 - t + 1)$.

Le point $M(t = -1)$ n'est pas régulier. Ici, aucune symétrie visible ne peut nous aider.

On écrit, pour tout $t \neq 0$, $\displaystyle\lim_{t\to -1} \frac{y'(t)}{x'(t)} = \lim_{t\to -1} \frac{t^2 - t + 1}{t^3} = -3.$

La pente de la tangente D en $M(t = -1)$ est -3 et, de plus $M(t = -1) = (-1, -3)$.

On en déduit qu'une équation de D est : $y = -3(x + 2)$.

Pour avoir l'allure autour de $M(t = -1)$, on va faire un développement limité de x et de y au voisinage de -1.

Ainsi, $x(-1+h) = 2(-1+h) + (-1+h)^2 = -1 + h^2 + o(h^3)$.

Et, $y(-1+h) = 2(-1+h) - \dfrac{1}{(1-h)^2}$. Pour le développement limité de $\dfrac{1}{(1-h)^2}$, on fait celui de $\dfrac{1}{1-h}$ et on le dérive.

On obtient : $y(-1 + h) = -3 - 3h^2 - 4h^3 + o(h^3)$.

Approche par une équation de la tangente.

On remplace dans $y + 3(x + 2) = -4h^3 + o(h^3)$. Ainsi, si $t \to -1^-$, alors $h < 0$ et $-4h^3 > 0$. La courbe est au dessus de D. Si $t \to -1^+$, alors $h > 0$ et $-4h^3 < 0$. La courbe est en dessous de D. On retrouve la forme de la planche 3.

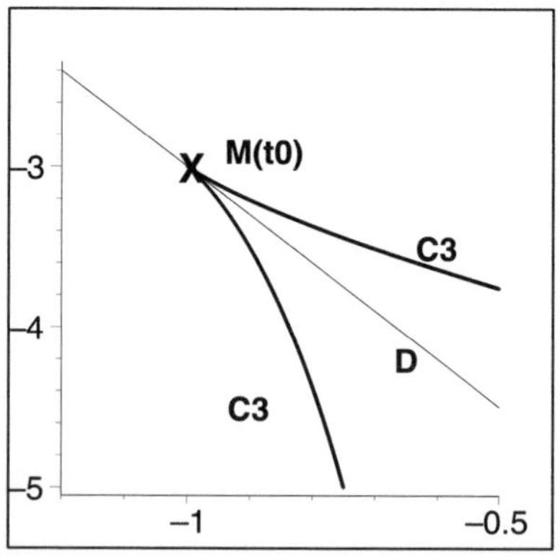

Approche par un repère local. On remarque que si l'on pose $M_0 = M(t = -1)$, on a la relation vectorielle $\overrightarrow{M_0M(-1+h)} = h^2(\vec{i} - 3\vec{j}) - 4h^3\vec{j} + h^3\vec{\varepsilon}(h)$, avec $\displaystyle\lim_{h\to 0} \epsilon(h) = \vec{0}$.

La famille $(\vec{i}-3\vec{j},-4\vec{j})$ est libre et dans le repère local $(M_0,\vec{i}-3\vec{j},-4\vec{j})$, si $M(t=-1+h)$ a pour composantes $(X(h),Y(h))$, on a : $X(h)\sim h^2$ et $Y(h)\sim h^3$, quand h tend vers 0.
Donc, $X(h)$ ne change pas de signe quand h change de signe. Par contre Y change de signe. On retrouve le dessin de **la planche 3** si les axes sont M_0X et M_0Y. Attention, ce repère n'est pas orthogonal, ce qui n'est pas génant car seule l'allure nous intéresse.
Ainsi, on peut dire qu'en $M(t=-1)=(-1,-3)$, on a un point de rebroussement de première espèce porté par la direction $\vec{i}-3\vec{j}$.

4. Aucune symétrie n'apparaît. Les fonctions $t\mapsto x(t)$ et $t\mapsto y(t)$ sont dérivables sur $\mathbb{R}$, donc au voisinage de $t=1$ et $x'(t)=e^{t-1}-1$ et $y'(t)=3t^2-3$. On a : $x'(1)=y'(1)=0$.
Le point $M(t=1)$ n'est pas régulier.

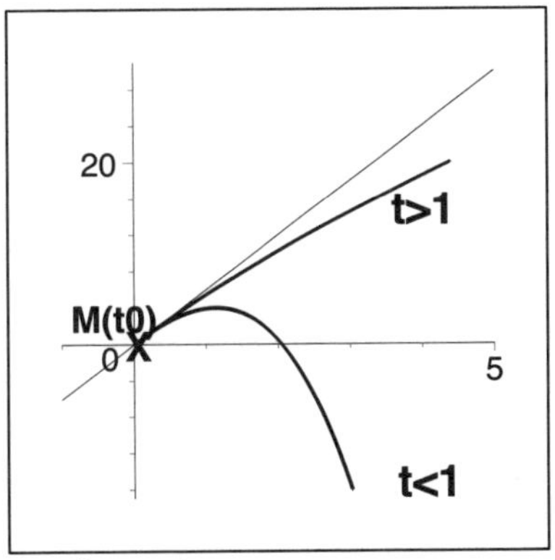

En ce point, étudions le rapport $\dfrac{y'(t)}{x'(t)}=\dfrac{3(t^2-1)}{e^{t-1}-1}$.
On effectue un développement limité du numérateur et du dénominateur en posant $t=1+h$,

$$\frac{y'(t)}{x'(t)}=\frac{6h+o(h)}{h+o(h)}=6+o(1).$$

La tangente D en $M(t=1)=(0,0)$ a pour pente 6 et une équation est $y=6x$.
Pour aller plus loin, effectuons un développement limité de x et de y au voisinage de $t=1$.

On pose encore $t=1+h$. On a : $x(1+h)=e^h-1-h=\dfrac{h^2}{2}+\dfrac{h^3}{6}+\dfrac{h^4}{24}+o(h^4)$.
Et aussi : $y(1+h)=(1+h)^3-3(1+h)+2=3h^2+h^3+o(h^4)$.
En effet, $y(1+h)$ est un polynôme de degré 3 donc, un développement limité de $y(1+h)$ à un ordre supérieur ou égal à 3 a toujours la même partie principale.
Approche par un repère local. On remarque que si l'on pose $M_0=M(t=1)$, on a la relation vectorielle $\overrightarrow{M_0M(1+h)}=h^2\left(\dfrac{1}{2}\vec{i}+3\vec{j}\right)+h^3\left(\dfrac{1}{6}\vec{i}+\vec{j}\right)+\dfrac{h^4}{24}\vec{i}+h^4\vec{\epsilon}(h)$, avec $\lim\limits_{h\to0}\epsilon(h)=\vec{0}$.
On a alors : $\overrightarrow{M_0M(1+h)}=\left(h^2+\dfrac{h^2}{3}\right)\left(\dfrac{1}{2}\vec{i}+3\vec{j}\right)+\dfrac{h^4}{24}\vec{i}+h^4\vec{\epsilon}(h)$, avec $\lim\limits_{h\to0}\epsilon(h)=\vec{0}$.
La famille $\left(\dfrac{1}{2}\vec{i}+3\vec{j},\vec{i}\right)$ est libre et dans le repère local $\left(M_0,\dfrac{1}{2}\vec{i}+3\vec{j},\vec{i}\right)$, si $M(t=1+h)$ a pour composantes $(X(h),Y(h))$, on a : $X(h)\sim h^2$ et $Y(h)\sim\dfrac{h^4}{24}$, quand h tend vers 0.
Donc, $X(h)$ et $Y(h)$ ne changent pas de signe quand h change de signe.
On retrouve le dessin de **la planche 4** si les axes sont M_0X et M_0Y.
Attention, contrairement à ce que l'on a fait pour C_3, prendre pour second vecteur de base celui qui est facteur de h^3 ne convient pas car $\dfrac{1}{2}\vec{i}+3\vec{j}$ et $\dfrac{1}{6}\vec{i}+\vec{j}$ sont colinéaires.
Ainsi, on peut dire qu'en $M(t=1)=(0,0)$, on a un point de rebroussement de deuxième espèce porté par $\vec{i}+6\vec{j}$.
Approche par une équation de la tangente.
Étudions le signe de $y-6x$ avec les développements limités de x et de y trouvés :

$$y(1+h)-6x(1+h)=3h^2+h^3-3h^2-h^3-\frac{h^4}{4}+o(h^4)=-\frac{h^4}{4}+o(h^4).$$

La courbe C_4 est toujours au dessous de la tangente quand $t\to1^-$ et $t\to1^+$.

Méthodes

5. Les fonctions x et y sont définies et dérivables sur $\mathbb{R}$. De plus, on remarque que x et y sont impaires. Donc, la courbe C_5 est symétrique par rapport à O.
Pour tout $t \in \mathbb{R}$, $x'(t) = 3(\cos t - 1)$ et $y'(t) = 3t^2 + 5t^4$.
Donc le point $M(t=0) = (0,0)$ n'est pas régulier.
Un développement limité de $x'(t) = -\frac{3}{2}t^2 + o(t^2)$ et $y'(t) = 3t^2 + o(t^2)$ au voisinage de $t = 0$, permet de vérifier que la quantité $\frac{y'(t)}{x'(t)}$ tend vers -2 quand t tend vers 0.
Donc, la droite d'équation $y = -2x$ est tangente au point $M_0 = M(t=0)$ à C_5. On peut à partir de là, étudier et tracer l'arc pour $t \geqslant 0$ puis, on effectue la symétrie par rapport à O. On découvre alors qu'en $t = 0$, C_5 présente un point d'inflexion, c'est le cas de **la planche 2**. Vérifions tout cela, par les mêmes approches que pour C_3 et C_4.

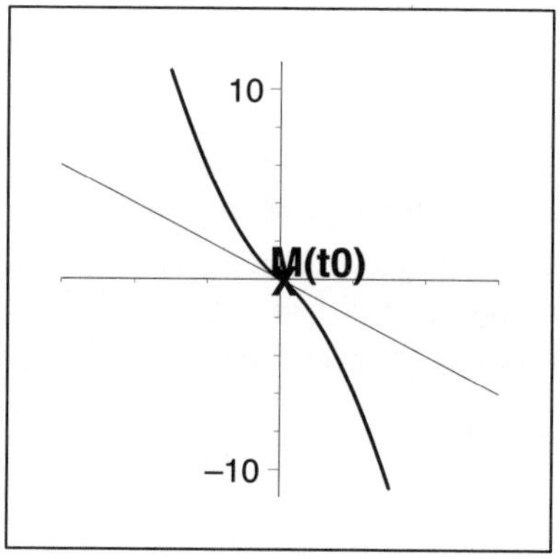

Effectuons un développement limité de chacune des fonctions x et y en $t = 0$ à l'ordre 5 (car la valuation est déjà d'ordre 3.) $x(t) = -\frac{t^3}{2} + \frac{t^5}{40} + o(t^5)$, $y(t) = t^3 + t^5 + o(t^5)$.

Approche par un repère local.

On remarque que si l'on pose $M_0 = M(t=0)$, $\overrightarrow{M_0M(t)} = t^3\left(-\frac{1}{2}\vec{i} + \vec{j}\right) + h^5\left(\frac{1}{40}\vec{i} + \vec{j}\right) + h^5\vec{\epsilon}(h)$, avec $\lim\limits_{h\to 0}\epsilon(h) = \vec{0}$. Alors, $\left(-\frac{1}{2}\vec{i} + \vec{j}, \frac{1}{40}\vec{i} + \vec{j}\right)$ est libre et dans le repère $\left(M_0, -\frac{1}{2}\vec{i} + \vec{j}, \frac{1}{40}\vec{i} + \vec{j}\right)$, si $M(t)$ a pour composantes $(X(t), Y(t))$, on a : $X(t) \sim t^3$ et $Y(t) \sim t^5$, quand t tend vers 0.
X et Y changent de signes quand t change de signe.
La courbe C_5 traverse sa tangente en M_0. C'est bien un point d'inflexion.

Approche par une équation de la tangente.

Étudions le signe de $y + 2x$ avec les développements limités de x et de y trouvés :

$$y(t) + 2x(t) = t^3 + t^5 - t^3 + \frac{t^5}{20} + o(t^5) = \frac{21}{20}t^5 + o(t^5).$$

C_5 est au dessus de D pour $t > 0$ et en dessous pour $t < 0$. On retrouve le point d'inflexion.

❑ **Méthode 13.6.— Comment connaître la position d'une courbe par rapport à son asymptote oblique (quand t tend vers t_0 appartenant à l'adhérence de I).**

- Il faut au préalable que $|x(t)|$ et $|y(t)|$ tendent simultanément vers $+\infty$ quand $t \to t_0$. Sinon, voir le résumé de cours.
- On détermine $\lim\limits_{t\to t_0}\frac{y(t)}{x(t)}$. Si cette limite est nulle ou infini, on est en présence d'une branche parabolique. Si cette limite est $l \neq 0$, on continue.
- On détermine $\lim\limits_{t\to t_0} y(t) - l\,x(t)$. Si cette limite est infinie, on a une direction asymptotique ($y = lx$). Si cette limite est p finie, on continue.
- La droite Δ : $y = lx + p$ est alors asymptote oblique au support de l'arc Γ. On étudie alors le signe de $y(t) - lx(t) - p$ directement (ou avec des $D.L$ au $V(t_0)$ de x et de y) pour savoir si Γ arrive par le dessus ou par le dessous.

Exemple : *Étudier les branches infinies de l'arc paramétré* $\mathcal{C}$: $\begin{cases} x(t) = \dfrac{t}{t^2-1} \\ \\ y(t) = \dfrac{t^2}{t-1} \end{cases}$.

▸ Lorsque $t \to \pm\infty$, $|y(t)|$ tend vers $+\infty$ et $|x(t)|$ tend vers 0. Donc la droite d'équation $x = 0$ pour asymptote verticale.

▸ Lorsque t tend vers -1, $|x(t)|$ tend vers $+\infty$ et $y(t)$ tend vers $-\dfrac{1}{2}$. La courbe $\mathcal{C}$ admet la droite d'équation $y = -\dfrac{1}{2}$, comme asymptote horizontale.

▸ Lorsque t tend vers 1, $x(t)$ et $y(t)$ tendent simultanément vers ∞. On écrit alors :

$$\frac{y(t)}{x(t)} = \frac{t^2}{t-1} \times \frac{t^2-1}{t} = t(t+1),$$

quantité qui tend vers 2 quand t tend vers 1.
Puis : $y(t) - 2\,x(t) = \dfrac{t(t+2)}{t+1}$, quantité qui tend vers $\frac{3}{2}$ quand t tend vers 1. Donc Γ admet la droite $\Delta : y = 2x + 3/2$ pour asymptote oblique. Pour la position de Δ par rapport à $\mathcal{C}$, on écrit :

$$y(t) - 2x(t) - \frac{3}{2} = \frac{t(t+2)}{t+1} - \frac{3}{2} = \frac{(t-1)(2t+3)}{2(t+1)}.$$

$\mathcal{C}$ est donc en dessous de son asymptote quand t tend vers 1 par valeurs inférieures et au dessus quand t tend vers 1 par valeurs supérieures.
Bonus (cadeau de la maison) : Γ traverse son asymptote au point de paramètre $3/2$.

Mise en œuvre : exercice 13.16, **exercice 13.18**.

❑ Méthode 13.7.— Comment étudier puis tracer le support (dans un plan) d'un arc paramétré

- ▸ On commence par réduire au maximum l'intervalle d'étude. Voir la **méthode 13.4**.
- ▸ On calcule les dérivées x' et y' et on dresse le tableau de variation de x et de y l'un en dessous de l'autre.
- ▸ On cherche les tangentes horizontales ou verticales éventuelles. On étudie la pente de la tangente en un point non régulier avec la **méthode 13.5**.
- ▸ On étudie les branches infinies et notamment on recherche les équations des asymptotes (s'il y en a). Voir la **méthode 13.6**.
- ▸ On peut chercher les points doubles, c'est-à-dire des valeurs $t_1 \neq t_2$ telles que $M(t_1) = M(t_2)$. Les symétries suffisent parfois pour les trouver. Sinon, on les détermine. Ceci n'est en général possible que si x et y sont des fonctions trigonométriques simples ou des fonctions polynomiales de degré assez bas.
  Voir par exemple l'**exercice 13.19**, l'**exercice 13.22**, l'**exercice 13.24**.
- ▸ On trace le support sur l'intervalle réduit (en dessinant les asymptotes et les tangentes particulières) puis on effectue les symétries (en respectant le bon ordre).

Mise en œuvre : de l'**exercice 13.21** à l'**exercice 13.29**.

Méthodes

Exemple : *Étudier et tracer la courbe paramétrée* C_6 : $\begin{cases} x(t) = \cos t \\ y(t) = \sin\left(\frac{t}{3}\right) \end{cases}$, $t \in \mathbb{R}$.

► x et y sont définis sur $\mathbb{R}$ et on a déjà développé les réductions éventuelles de l'étude. C'est le dernier exemple qui suit la **méthode 13.4**. On a vu qu'il suffit de tracer l'arc pour t décrivant $\left[0, \frac{3\pi}{2}\right]$, puis de symétriser la portion obtenue par rapport à l'axe des ordonnées pour obtenir la portion de l'arc obtenu lorsque t décrit $[0, 3\pi]$.

► On dresse le tableau de variation sur $J = \left[0, \frac{3\pi}{2}\right]$.
Les fonctions x et y sont dérivables sur J.
Alors : $\forall t \in J$, $x'(t) = -\sin t$ et $y'(t) = \frac{1}{3}\cos\left(\frac{t}{3}\right)$, d'où le tableau de variation conjoint de x et y à droite.

t	0		π		$\frac{3\pi}{2}$
$x'(t)$	0	-	0	$+$	1
$x(t)$	1	↘	-1	↗	0
$y(t)$	0		↗		1
$y'(t)$	$\frac{1}{3}$		$+$		0

► Comme x' s'annule en $t = 0$ et $t = \pi$, C_6 présente une tangente verticale en $M(0) = (1, 0)$ et $M(\pi) = (-1, \frac{\sqrt{3}}{2})$. Comme y' s'annule en $t = \frac{3\pi}{2}$, Γ_6 présente une tangente horizontale en $M(\frac{3\pi}{2})$ et $M(\frac{3\pi}{2}) = (0, 1)$.

► Ici pas de branches infinies. La courbe est contenue dans un carré.

► La partie de l'arc obtenue lorsque t décrit $\left[0, \frac{3\pi}{2}\right]$ figure en trait fort. Pour la tracer, on part de $M(0)$ avec une tangente verticale. Comme x décroît et y croît, on va vers la gauche tout en montant vers $M(\pi)$. On arrive en ce point avec une tangente verticale. Puis x et y croîssent. On va vers la droite tout en montant jusqu'à $M(\frac{3\pi}{2})$, où la tangente est horizontale. Par symétrie par rapport à l'axe des ordonnées, on obtient, en pointillé, la partie de l'arc obtenue lorsque t décrit $\left[\frac{3\pi}{2}, 3\pi\right]$; par symétrie par rapport à l'axe des abscisses, on obtient, en trait plein, la partie de l'arc obtenue lorsque t décrit $[-3\pi, 0]$. Au total, on bien la totalité de l'arc qui est une **courbe de Lissajous**.

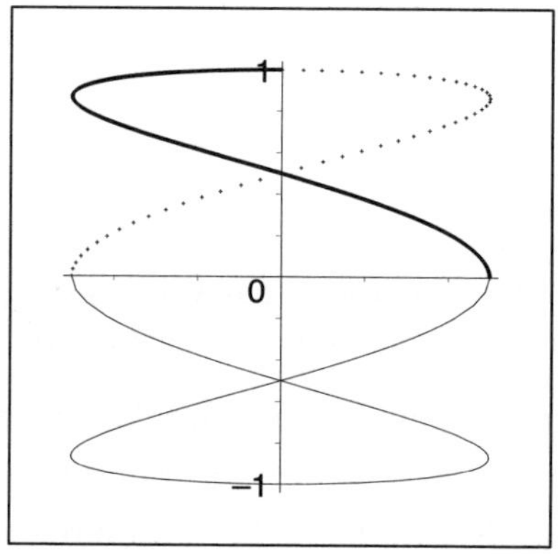

► Il y a des points doubles mais les symétries les fournissent immédiatement car en ces points, on traverse les axes. Il s'agit d'abord du point $M(\pi/2) = M(3\pi/2) = (0, 1/2)$ et ensuite (par symétrie) du point $M(-\pi/2) = M(-3\pi/2) = (0, -1/2)$.

❑ Méthode 13.8.— Comment déterminer la longueur d'une courbe

Soit l'arc de classe $\mathscr{C}^1$ paramétré par : $\begin{array}{rccl} \overrightarrow{\gamma} : & I & \longrightarrow & \mathbb{R}^n \\ & t & \longmapsto & \overrightarrow{OM(t)} = x_1(t)\vec{e}_1 + \ldots + x_n(t)\vec{e}_n \end{array}$.

La longueur entre $M(t_1)$ et $M(t_2)$ est donnée par : $\displaystyle\int_{t_1}^{t_2} \sqrt{\sum_{k=1}^{n} (x'_k)^2(t)}\, dt$.

La longueur totale est donnée par : $\displaystyle\int_I \sqrt{\sum_{k=1}^{n} (x'_k)^2(t)}\, dt$.

Il est conseillé de faire l'étude et le tracé de l'arc avant pour éventuellement utiliser les symétries pour réduire les bornes d'intégration.

Mise en œuvre : de l'**exercice 13.25** à l'**exercice 13.29**.

Vrai/Faux

	Vrai	Faux
1. Le produit de deux applications numériques de classe $\mathscr{C}^k$ sur I est de classe $\mathscr{C}^k$ sur I.	☐	☐
2. Si f à valeurs dans $\mathbb{R}$, admet un développement limité à l'ordre 2 en a, alors f est de classe $\mathscr{C}^2$ en a.	☐	☐
3. Si u est une application linéaire de $\mathbb{R}^n$ dans $\mathbb{R}^p$ et si $f \in \mathscr{C}^1(I, \mathbb{R}^n)$ alors $u \circ f \in \mathscr{C}^1(I, \mathbb{R}^p)$ et $(u \circ f)' = u \circ f'$.	☐	☐
4. Si $\|.\|$ est la norme euclidienne de l'espace euclidien $\mathbb{R}^n$ et si $f \in \mathscr{C}^1(I, \mathbb{R}^n)$, alors $\|f\|^2 \in \mathscr{C}^1(I, \mathbb{R}^n)$ et $\left(\|f\|^2\right)' = 2f'.f$.	☐	☐
5. Si f est une fonction vectorielle dérivable sur $[a, b]$, alors $\lim\limits_{x \to a} f'(x) = f'(a)$.	☐	☐
6. Une fonction vectorielle dérivable est de classe $\mathscr{C}^{k+1}$ si, et seulement si, sa dérivée est de classe $\mathscr{C}^k$.	☐	☐
7. Le théorème de Rolle est valable pour une fonction dérivable de $[a, b]$ dans $\mathbb{C}$.	☐	☐
8. Une projection orthogonale sur un plan transforme un point régulier d'une courbe paramétrée de l'espace en un point régulier d'une courbe plane.	☐	☐
9. Si $\vec{\gamma} : I \to \mathbb{R}^n$ est une fonction vectorielle de classe $\mathscr{C}^2$, alors tous les points de Γ sont réguliers.	☐	☐
10. Soit Γ la courbe plane $t \mapsto (x(t), y(t))$. On suppose qu'il existe un réel a et un réel R tels que pour tout t : $x(2a - t) = 2R - x(t)$ et $y(2a - t) = y(t)$. Alors la droite d'équation $x = R$ est un axe de symétrie pour la courbe Γ.	☐	☐
11. Soit Γ la courbe plane $t \mapsto (x(t), y(t))$. Si $y'(t_0) = 0$, alors la tangente à Γ en $M(t_0)$ est horizontale.	☐	☐
12. Dans $\mathbb{R}^2$, soit $\Gamma = [\mathbb{R}, ((x(t), y(t))]$. Si $x(\pi - t) = x(t)$ et $y(\pi - t) = -y(t)$, la partie de Γ pour $t \in [-\pi, 0]$ se déduit de celle pour $t \in [0, \pi]$ en effectuant une symétrie $\perp /Ox$.	☐	☐
13. Dans $\mathbb{R}^2$, soit Γ un arc défini par $M(t) = (x(t), y(t))$. Si $\lim\limits_{t \to t_0} \dfrac{y(t)}{x(t)} = 0$, la droite $y = 0$ est asymptote à l'arc.	☐	☐
14. Soit : $\vec{f} : t \mapsto (1/\cos t, 1/\sin t)$. On peut tracer le support de $(I, \vec{f})$, où I est le domaine de définition de $\vec{f}$, à partir de celui de $(J, \vec{f})$, où $I = \left]0, \dfrac{\pi}{4}\right]$, en utilisant différentes symétries.	☐	☐

Énoncé des exercices

Révision : dérivabilité des fonctions de $I \subset \mathbb{R}$ dans $\mathbb{R}$

Exercice 13.1 : Calculer $\lim\limits_{n\to+\infty}\left(\dfrac{\arctan(n)}{\arctan(n+1)}\right)^{n^2}$ avec le théorème des accroissements finis.

D'après Concours Communs Mines-Telecom, filière PSI

Exercice 13.2 : Soit $n \geqslant 2$ et $P \in \mathbb{R}[X]$ de degré n. Montrer que si P a n racines réelles distinctes alors $Q = P^2 + 1$ a $2n$ racines distinctes dans $\mathbb{C}$.

D'après Mines-Ponts

Exercice 13.3 : $\forall n \in \mathbb{N}^*$, on pose $f_n(x) = x^{n-1}e^{\frac{1}{x}}$. Montrer :

$$\forall x \in \mathbb{R}_+^*, f_n^{(n)}(x) = (-1)^n \frac{e^{\frac{1}{x}}}{x^{n+1}}.$$

Exercice 13.4 : Montrer que la fonction $f = \arctan$ est de classe $\mathscr{C}^\infty$ et que, pour tout $n \in \mathbb{N}^*$:

$$f^{(n)} = (n-1)!\,\cos^n(f) \times \sin\left[n\left(\tfrac{\pi}{2} + f\right)\right].$$

Dérivabilité des fonctions vectorielles

Exercice 13.5 : Soit la fonction vectorielle $f : t \mapsto \begin{cases} \left(t^3 \sin\left(\frac{1}{t}\right), t^3\right) & \text{si} \quad t \neq 0 \\ (0,0) & \text{si} \quad t = 0 \end{cases}.$

Montrer que f est dérivable en tout point de $\mathbb{R}$.
De plus, f est-elle de classe $\mathscr{C}^2$, de classe $\mathscr{C}^3$ sur $\mathbb{R}$?

Exercice 13.6 : On considère deux constantes réelles α et β et on pose :

$$\forall t \in \mathbb{R},\ \Delta(t) = \begin{vmatrix} 1 & \cos t & \sin t \\ 1 & \cos(t+\alpha) & \sin(t+\alpha) \\ 1 & \cos(t+\beta) & \sin(t+\beta) \end{vmatrix}.$$

1. On pose $\vec{u} = (1,1,1)$.
Vérifier que la fonction $\phi : \mathbb{R}^3 \times \mathbb{R}^3 \to \mathbb{R}$, $(\vec{x}, \vec{y}) \mapsto \mathsf{Det}\,(\vec{u}, \vec{x}, \vec{y})$ est bilinéaire.
Écrire alors la fonction Δ à l'aide de ϕ et de deux fonctions vectorielles à déterminer.
2. Montrer que Δ est dérivable sur $\mathbb{R}$ et calculer Δ'. En déduire que Δ est constante.
3. Calculer alors $\Delta(t)$ pour tout $t \in \mathbb{R}$.

Exercice 13.7* : Soit $t \mapsto A(t)$ une application dérivable de I dans $\mathscr{M}_n(\mathbb{R})$ et $t \mapsto X(t)$ une application dérivable de I dans $\mathscr{M}_{n,1}(\mathbb{R})$. Montrer que $t \mapsto A(t)X(t)$ est dérivable sur I et calculer sa dérivée. Que vaut cette dérivée si $t \mapsto A(t)$ est constante ?

Exercice 13.8* : Soit f l'application de $\mathbb{R}$ dans $\mathbb{K}_n[X]$ qui, à t associe $P(tX)$, où P est un polynôme fixé de $\mathbb{K}_n[X]$. En utilisant les applications composantes de f suivant la base canonique de $\mathbb{K}_n[X]$, montrer que f est dérivable sur $\mathbb{R}$ et calculer sa fonction dérivée.

Exercice 13.9 : Soit $f,\ g,\ h \in \mathscr{C}^1(I,\mathbb{R}^3)$, montrer successivement que les fonctions $\langle f,(g\wedge h)\rangle$, $\langle f,(g+h)\rangle$ et $f\wedge(g\wedge h)$ sont de classe $\mathscr{C}^1$ sur I et calculer leurs dérivées.

Exercice 13.10 : Soit $f : t\mapsto (t^2+t, 2t+1, 3-4t)$ et $g : t\mapsto (2-t, t^2-2t, 4-3t^2)$.
Déterminer $t\mapsto \langle f,g\rangle^{(3)}(t)$ et $t\mapsto (f\wedge g)^{(4)}(t)$.

Exercice 13.11* : Soient $n\in\mathbb{N}^\star$, $f\in\mathcal{L}(\mathbb{R}^n)$ et $\phi : \mathbb{R}\to\mathbb{R},\ t\mapsto \mathsf{Det}\,(Id_{\mathbb{R}^n}+t\,f)$.
Montrer que ϕ est dérivable en 0 et calculer $\phi'(0)$.

Exercice 13.12* : Soit un point mobile P, fonction deux fois dérivable de $\mathbb{R}$ vers $\mathbb{R}^3$, et O un point fixe de $\mathbb{R}^3$. On suppose qu'à tout instant, l'accélération est colinéaire à $\overrightarrow{OP}$.

1. Calculer la dérivée de $\overrightarrow{OP}\wedge\dfrac{\mathrm{d}P}{\mathrm{d}t}$.

2. On suppose qu'à l'instant initial la vitesse de P n'est pas colinéaire à $\overrightarrow{OP}$.
Montrer que la trajectoire de P est dans un plan passant par O.

3. Que peut-il se passer si la vitesse initiale est colinéaire à $\overrightarrow{OP}$?

Exercice 13.13 :** $k\in]0,\,1[$, f continue en 0, à valeurs dans $\mathbb{R}^n$, avec : $\displaystyle\lim_{x\to 0}\left(\frac{f(x)-f(kx)}{x}\right)=L.$
On note $\|\,.\,\|$ la norme euclidienne usuelle de $\mathbb{R}^n$.

1. Traduire en « ε, η » l'hypothèse ci-dessus.

2. Montrer : $\forall i\in\mathbb{N},\ \left(|x|\leqslant\eta\Rightarrow\left\|\dfrac{f(k^ix)-f(k^{i+1}x)}{x}-Lk^i\right\|\leqslant\varepsilon k^i\right)$.

3. Montrer : $|x|\leqslant\eta\Rightarrow\left(\forall n\in\mathbb{N}^*,\ \left\|\dfrac{f(x)-f(k^nx)}{x}-L\dfrac{1-k^n}{1-k}\right\|\leqslant\varepsilon\dfrac{1-k^n}{1-k}\right)$.

4. Montrer que f est dérivable en 0 et exprimer $f'(0)$ en fonction de L et k.

■ Généralités autour des arcs paramétrés

Exercice 13.14 : Soit $\mathcal{C}$ la courbe paramétrée définie par $f : t\mapsto\left(\dfrac{1}{t+3},\dfrac{1}{t-2}\right)$ sur $\mathbb{R}\setminus\{-3,2\}$.
Déterminer t pour que la tangente en $M(t)$ admette $\vec{i}+4\vec{j}$ pour vecteur directeur.

Exercice 13.15 : a étant un réel non nul, quelle est l'équation de la tangente à la courbe paramétrée définie par : $t\mapsto(a\cos^3 t,\ a\sin^3 t)$ au point $M(t)$ lorsque ce point est régulier ?

Exercice 13.16 : Soit la famille de courbes : $t\mapsto\left(t^2+\dfrac{a}{t},\ (t+1)^2+\dfrac{b}{t}\right)$, où $(a,b)\in(\mathbb{R}^\star)^2$.
Montrer que lorsque a et b varient, toutes les asymptotes ont un point commun.

D'après Concours ENSEA-ENSIIE, filière PSI

Exercice 13.17 : 1. Soit $\vec{\gamma} : t\mapsto(x(t),\ y(t))$ dérivable sur I et à valeurs dans $\mathbb{R}^2$.
Écrire l'équation de la tangente et de la normale à la courbe paramétrée $(I,\vec{\gamma})$ en un point régulier $\vec{\gamma}(t_0)$, t_0 appartenant à I.

2. Soit f une fonction dérivable sur l'intervalle I et à valeurs réelles. Écrire l'équation de la tangente et de la normale au graphe de f au point d'abscisse a de I.

3. Écrire l'équation de la tangente au point $(x_0,\ y_0)$ du cercle de centre O et de rayon R.

Exercice 13.18 : Étude des branches infinies de l'arc Γ : $\begin{cases} x(t) & = & \dfrac{t}{\ln t} \\ y(t) & = & \dfrac{t^2}{t-1} \end{cases}$.

Exercice 13.19 : Étude des points doubles de l'arc Γ : $\begin{cases} x(t) = t + \dfrac{1}{t} \\ y(t) = \dfrac{1}{t(t-3)} \end{cases}$.

■ Étude et tracé de courbes planes

Exercice 13.20 : Déterminer les supports des arcs plans de $I \to \mathbb{R}^2$ suivants :

1. $I = \mathbb{R}$, $t \mapsto (2t-3, 3t+1)$. **2.** $I = [0, 2\pi[$, $t \mapsto (\cos t, \sin t)$. **3.** $I = \mathbb{R}$, $t \mapsto \left(\dfrac{1-t^2}{1+t^2}, \dfrac{2t}{1+t^2}\right)$.

Exercice 13.21 : Étudier (symétries, tangentes particulières, asymptotes...) et tracé des arcs :

1. $\begin{cases} x(t) = t^2 + \dfrac{2}{t} \\ y(t) = t + \dfrac{1}{t} \end{cases}$ **2.** $\begin{cases} x(t) = e^{t-1} - t \\ y(t) = t^3 - 3t + 2 \end{cases}$. **3.** $\begin{cases} x(t) = \cos^3 t - \cos t \\ y(t) = [\sin(2t)]^2 \end{cases}$.

Exercice 13.22 : On considère l'arc paramétré $t \mapsto \left(\dfrac{3t}{t^3+1}, \dfrac{3t^2}{t^3+1}\right)$. Montrer que l'étude sur $\mathbb{R} \setminus \{-1\}$ peut se ramener à l'étude sur $]-1, 1]$. Montrer que la courbe admet une asymptote oblique. La courbe est-elle au dessus ou au dessous de cette asymptote ?
Tracer enfin le support de cet arc.

D'après Centrale-Supélec, filière PSI

Exercice 13.23 : On note $\mathcal{C}$ l'image dans $\mathbb{R}^2$ de Γ : $\left[\dfrac{\pi}{4}, \dfrac{7\pi}{4}\right] \to \mathbb{R}^2$, $t \mapsto (\cos t, 2\sin t)$.

1. Représenter $\mathcal{C}$.

2. Préciser les propriétés topologiques suivantes de $\mathcal{C}$: est-ce une partie ouverte de $\mathbb{R}^2$, une partie fermée de $\mathbb{R}^2$, une partie bornée, une partie convexe ?

D'après Concours Communs Mines-Telecom et Concours ENSEA, filière PSI

Exercice 13.24 : Soit $\phi : t \mapsto \dfrac{t^2-1}{t^2+1}$. Dans le plan muni du repère orthonormé $(O, \vec{i}, \vec{j})$, soit $\mathcal{C}$ la courbe paramétrée définie comme l'ensemble : $\{M(t) = [x(t) = \phi(t),\ y(t) = t\,\phi(t)]\,, t \in \mathbb{R}\}$.

1. Montrer que $\mathcal{C}$ est symétrique par rapport à l'axe des abscisses et que le point $P(-1, 0) \in \mathcal{C}$.

2. Déterminer les points doubles, les points non réguliers et les asymptotes éventuelles de $\mathcal{C}$.

3. Donner l'allure de $\mathcal{C}$ dans $(O, \vec{i}, \vec{j})$.

D'après E3A, filière PSI

Longueurs de courbes planes

Exercice 13.25 : Étudier et tracer l'arc $\begin{cases} x(t) &= 3\cos(t) - \cos(3t) \\ y(t) &= 3\sin(t) - \sin(3t) \end{cases}$. Calculer sa longueur.

D'après E3A, filière PSI

Exercice 13.26* : 1. Vérifier que $t \mapsto \ln(t + \sqrt{1+t^2})$ est une primitive de $t \mapsto \dfrac{1}{\sqrt{1+t^2}}$.

2. Calculer la longueur de l'arc de parabole : $\begin{cases} y &= x^2 \\ 0 \leqslant & x \leqslant x_0 \end{cases}$.

Exercice 13.27 : Soit R une constante réelle strictement positive.

Soit Γ la courbe admettant le paramétrage : $\begin{cases} x(\theta) = R(\theta - \sin\theta) \\ y(\theta) = R(\cos\theta - 1) \end{cases}$, pour θ décrivant $[-2\pi, 2\pi]$.

On note $M(\theta)$ le point courant sur Γ.

1. Construire la courbe Γ.

2. Calculer la longueur $s(\theta)$ de l'arc de la courbe Γ d'origine le point O et d'extrémité $M(\theta)$.

Exercice 13.28 : Déterminer la longueur totale de l'arc : $\begin{cases} x(t) &= \cos^3 t \\ y(t) &= \sin^3 t \\ z(t) &= \cos(2t) \end{cases}$, où $t \in \left[0, \dfrac{\pi}{2}\right]$.

Exercice 13.29* : Soit Γ l'arc admettant le paramétrage $\begin{cases} x = \cos^3 t \\ y = \sin^3 t \end{cases}$.

1. Construire l'arc Γ.

2. Déterminer l'intersection de la tangente D_t à Γ au point de paramètre t avec les axes de coordonnées, puis calculer la longueur du segment obtenu.

3. Calculer la longueur de Γ.

D'après E.N.S

Indications

Ex. 13.1

On commence par « exponentier » comme on dit. Puis on applique le théorème des accroissements finis à $\ln(\arctan)$ *sur* $[n, n+1]$*. Attention, la constante dont le théorème prouve l'existence dépend de* n *et il nous fait un équivalent.*

Ex. 13.2

On commence par montrer que P' *a* $n-1$ *racines réelles et distinctes puis on montre que si* α *est une racine de* Q*, elle n'est pas réelle. On montrera que* α *est simple par l'absurde.*

Ex. 13.3

Établir cette formule par récurrence en utilisant la formule de Leibniz.

Ex. 13.4

Pour la formule, procéder par récurrence, sans oublier que : $\forall x \in \mathbb{R}, \cos x = \sin\left(\frac{\pi}{2} + x\right)$.

Ex. 13.7

Remarquons que choisir une base sur chacun de ces espaces vectoriels (leurs bases canoniques respectives, par exemple), permet d'identifier $\mathscr{M}_n(\mathbb{R})$ *à* $\mathbb{R}^{n^2}$ *et* $\mathscr{M}_{n,1}(\mathbb{R})$ *à* $\mathbb{R}^n$ *en identifiant une matrice à la suite de ses coordonnées dans cette base.* A *et* X *peuvent être assimilées à des applications de* I *dans* $\mathbb{R}^{n^2}$ *pour l'une, et de* I *dans* $\mathbb{R}^n$ *pour l'autre (ce qui nous replace dans le contexte du cours !). On peut donc appliquer la* **proposition 13.10**, *c'est ce que l'on fera !*

Ex. 13.11

On se place dans la base canonique $\mathcal{B} = \{\vec{e}_1, ..., \vec{e}_n\}$ *de* $\mathbb{R}^n$.
On écrit : $\phi(t) = \mathsf{Det}_{\mathcal{B}}(\vec{e}_1 + t\,f(\vec{e}_1), ..., \vec{e}_n + t\,f(\vec{e}_n))$ *puis on utilise multilinéarité et alternance. Il est conseillé de faire l'exemple 2 de la* **méthode 13.2** *avant.*

Ex. 13.12

1. $\overrightarrow{OP}$ *est aussi deux fois dérivable et l'accélération,* $\dfrac{d^2P}{dt^2}$, *est colinéaire à* $\overrightarrow{OP}$.

2. *Si* $a \wedge b = u \neq 0_{\mathbb{R}^3}$, *alors* $a \in u^{\perp}$.

3. *Si, à chaque instant, la vitesse est colinéaire au rayon vecteur, alors la trajectoire est rectiligne.*

Ex. 13.13

4. *La fonction norme est continue (souvenir, souvenir,...). On l'a vu dans le chapitre sur les espaces vectoriels normés de dimension finie.*

Ex. 13.17

1. *La colinéarité se traduit facilement avec la nullité d'un déterminant, l'orthogonalité avec la nullité d'un produit scalaire.*

2. *On paramétre la courbe de* f *par* $\varphi : \left\{\begin{array}{c} I \to \mathbb{R}^2 \\ x \mapsto (x, f(x)) \end{array}\right.$ *et utiliser la question* **1.**.

3. *Le cercle de centre* O *et de rayon* R *est paramétré par* $\vec{\gamma} : \left\{\begin{array}{c} \mathbb{R} \to \mathbb{R}^2 \\ t \mapsto (R\cos t, R\sin t) \end{array}\right.$.

Ex. 13.19

Il s'agit des valeurs $t_1 \neq t_2$ *telles que* $M(t_1) = M(t_2)$. *Voir la* **méthode 13.7**.

Ex. 13.22

On pourra commencer par calculer $x(1/t)$ *et* $y(1/t)$.

Ex. 13.25

On rappelle $\sin p - \sin q = 2\cos\left(\dfrac{p+q}{2}\right)\sin\left(\dfrac{p-q}{2}\right)$ *et* $\cos p - \cos q = -2\sin\left(\dfrac{p+q}{2}\right)\sin\left(\dfrac{p-q}{2}\right)$.

Ex. 13.26

2. *On pourra faire une I.P.P au départ en remarquant que* $1 \times \sqrt{1+4x^2} = \sqrt{1+4x^2}$.

Ex. 13.27

1. *Comparer les points* $M(\theta)$ *et* $M(2\pi - \theta)$.

Ex. 13.29

On a étudié les symétries du support de cet arc à la **méthode 13.4** *et on connaît une équation de la tangente* D_t *depuis l'***exercice 13.14**.

Corrigé des vrai/faux

1	2	3	4	5	6	7	8	9	10	11	12	13	14
V	F	V	V	F	V	F	F	F	V	F	F	F	V

2. $h : x \mapsto x^{5/2} \sin\left(\frac{1}{x}\right)$; alors $h(x) = o(x^2)$, mais par contre :
$h''(x) = \frac{-1}{x^{3/2}} \sin\left(\frac{1}{x}\right) + \frac{15}{4}\sqrt{x} \sin\left(\frac{1}{x}\right) - \frac{3}{\sqrt{x}} \cos\left(\frac{1}{x}\right)$ n'est pas prolongeable en 0.

8.

Contre-exemple : l'hélice droite, paramétrée par $(x = \cos t, y = \sin t, z = t)$, et tout à fait régulière, se projette sur le plan perpendiculaire à une de ses tangentes en une courbe présentant un point singulier : essayez avec un tire-bouchon !

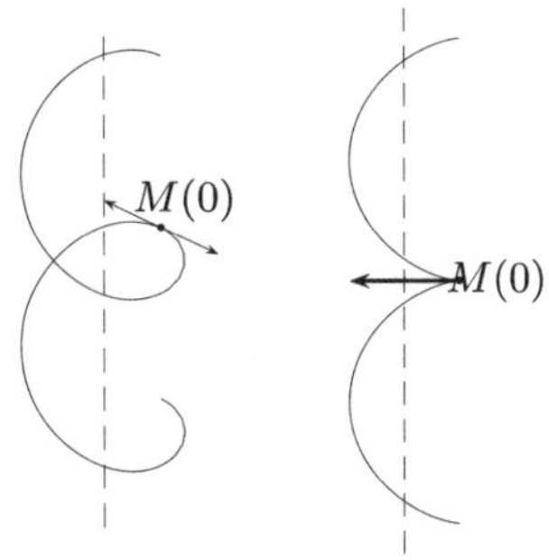

9. Si $\overrightarrow{\gamma}'(t) = 0$, alors le point $M(t)$ est singulier.
10. C'est vrai. En effet, $(x(2a-t) + x(t))/2 = R$, donc R est le milieu du segment $[x(t), x(2a-t)]$ pour tout t. De plus : $y(2a-t) = y(t)$ indique que le milieu du segment d'extremité $M(t)$ et $M(2a-t)$ est $(R, y(t))$, donc sur la droite $x = R$.
11. Si de plus, $x'(t_0) = 0$, on a un point non régulier et on ne peut rien conclure.
12. C'est la partie de l'arc pour $t \in \left]-\infty, \frac{\pi}{2}\right]$ qui se déduit de celle pour $t \in \left[\frac{\pi}{2}, +\infty\right[$ par la symétrie orthogonale par rapport à Ox.
13. On peut dire que l'arc possède une branche parabolique de direction Ox.
14. x et y sont définis pour $t \neq k\pi$ et $t \neq \frac{\pi}{2} + k\pi$, avec $k \in \mathbb{Z}$. Cela fait un domaine I. Comme x et y sont de période 2π, on étudie l'arc pour $t \in [a, a+2\pi] \cap I$, où a sera précisé. Comme $x(t+\pi) = -x(t)$ et $y(t+\pi) = -y(t)$, on ramène l'étude à la forme $[a, a+\pi] \cap I$ et on complétera par une symétrie $/O$. Puis, x est paire et y est impaire. On centre en $a = -\pi/2$ et on se ramène à $[0, \pi/2] \cap I$ et on effectuera une symétrie $\perp /Oy$. Puis, $x(\pi/2 - t) = y(t)$ et $y(\pi/2 - t) = x(t)$, et comme notre nouvel intervalle est centré en $\pi/4$, finalement, on trace l'arc pour $t \in [0, \pi/4] \cap I =]0, \pi/4]$. C'est l'intervalle minimal. Bilan : on trace ce dernier arc puis on fait une symétrie $\perp /y = x$ puis ensuite une symétrie $\perp /Oy$ et enfin une symétrie $/O$.

❑ Erreurs classiques

- Négliger l'étude des symétries pour faciliter et rendre plus réaliste le tracé.
- Mal choisir l'intervalle I à réduire. Par exemple si x et y sont 2π-périodiques et impaires, on prend dans un premier temps $[-\pi, \pi]$ car il est symétrique par rapport à $t = 0$ (pour pouvoir réduire l'étude à $[0, \pi]$) au lieu de partir de $[0, 2\pi]$.
- Ne pas avoir le réflexe de déterminer la limite du rapport $\dfrac{y(t)}{x(t)}$ pour $t \to t_0$, quand $x(t)$ et $y(t)$ tendent simultanément vers l'infini.

Corrigé des exercices

Exercice 13.1

Posons pour commencer : $g(n) = \left(\dfrac{\arctan(n)}{\arctan(n+1)}\right)^{n^2}$.

Alors : $\ln g(n) = n^2\left[\ln(\arctan(n)) - \ln(\arctan(n+1))\right]$.

On applique le théorème des accroissements finis à $f = \ln(\arctan)$ sur $[n, n+1]$. $\exists\, c_n \in]n, n+1[$, $\ln(\arctan(n+1)) - \ln(\arctan(n)) = (n+1-n)f'(c_n) = \dfrac{1}{(1+c_n^2)\arctan c_n}$. Comme $c_n \sim n$, (pourquoi ?), quand n tend vers $+\infty$, $\ln(\arctan(n+1)) - \ln(\arctan(n)) \sim \dfrac{1}{n^2\frac{\pi}{2}} = \dfrac{2}{\pi n^2}$. Ainsi, $\lim\limits_{n\to+\infty} g(n) = e^{-2/\pi}$.

Attention, la constante c_n dépend de n.

Exercice 13.2

Soit $a_1, ..., a_n$ les racines réelles distinctes de P avec $a_1 < ... < a_n$. On applique le théorème de Rolle dans chacun des $n-1$ intervalles $[a_i, a_{i+1}]$. Alors P' possède $n-1$ racines réelles distinctes et comme P' est de degré $n-1$, il n'a pas d'autres racines. Le polynôme Q est de degré $2n$ et possède $2n$ racines (distinctes ou non) dans $\mathbb{C}$. Supposons que, par l'absurde (tiens, il y avait longtemps !), Q possède une racine α au moins double. Alors $P^2(\alpha) = -1$. Donc $P(\alpha) = \pm i$ n'est pas réel et comme $P \in \mathbb{R}[X]$, alors $\alpha \in \mathbb{C} \setminus \mathbb{R}$. Mais α est aussi racine de $2PP'$, comme α n'est pas racine de P, elle est une racine de P', impossible car $\alpha \notin \mathbb{R}$. Donc toutes les racines de Q sont simples.

Comme $P(a_i) = P(a_{i+1})$, on peut appliquer Rolle sur $[a_i, a_{i+1}]$.

Attention, on n'impose pas aux racines de Q d'être réelles !

Exercice 13.3

- Pour tout $n \in \mathbb{N}^*$, $f_n(x) = x^{n-1}e^{\frac{1}{x}}$ est $\mathscr{C}^\infty$ d'après les théorèmes généraux.
- $f_1(x) = e^{\frac{1}{x}}$ et $f_1^{(1)}(x) = -\dfrac{1}{x^2}e^{\frac{1}{x}}$: la formule est vraie pour $n = 1$.
- Supposons la formule vraie pour un entier naturel n non nul donné :

$$f_n^{(n)}(x) = (-1)^n \frac{e^{\frac{1}{x}}}{x^{n+1}}.$$

Ici, c'est très classique, il faut de la rigueur et c'est un pretexte de réviser la formule de Gottfried Leibniz.

$f_{n+1}(x) = x^n e^{\frac{1}{x}} = x f_n(x)$, donc

$$f_{n+1}^{(n+1)} = \sum_{k=0}^{n+1} \binom{n+1}{k} x^{(k)} f_n^{(n+1-k)}(x) = x f_n^{(n+1)}(x) + (n+1) f_n^{(n)}(x).$$

$$\begin{aligned} f_n^{(n+1)}(x) &= \left(f_n^{(n)}\right)'(x) \\ &= (-1)^n \frac{-\frac{1}{x^2}e^{\frac{1}{x}}x^{n+1} - e^{\frac{1}{x}}(n+1)x^n}{x^{2n+2}} \\ &= (-1)^{n+1} e^{\frac{1}{x}} \frac{x^{n-1} + (n+1)x^n}{x^{2n+2}} \\ &= (-1)^{n+1} e^{\frac{1}{x}} \frac{1 + (n+1)x}{x^{n+3}} \end{aligned}$$

et $f_{n+1}^{(n+1)}(x) = (-1)^{n+1} e^{\frac{1}{x}} \dfrac{1+(n+1)x}{x^{n+2}} + (n+1)(-1)^n \dfrac{e^{\frac{1}{x}}}{x^{n+1}} = (-1)^{n+1} \dfrac{e^{\frac{1}{x}}}{x^{n+2}}$.

- Ainsi : $\forall n \in \mathbb{N}^*$, $\forall x \in \mathbb{R}_+^*$, $f_n^{(n)}(x) = (-1)^n \frac{e^{\frac{1}{x}}}{x^{n+1}}$.

Exercice 13.4

▶ tan est une bijection de classe $\mathscr{C}^\infty$ de $\left]-\frac{\pi}{2},\frac{\pi}{2}\right[$ dans $\mathbb{R}$ telle que :

$$\forall x \in \left]-\frac{\pi}{2},\frac{\pi}{2}\right[,\ (\tan)'(x) = 1+\tan^2 x \neq 0.$$

Sa bijection réciproque, la fonction arctan est dérivable sur $\mathbb{R}$.

Et : $\forall x\in\mathbb{R},\ f'(x) = \dfrac{1}{1+x^2} = \dfrac{1}{1+(\tan(\arctan x))^2}$.

Comme f' est $\mathscr{C}\infty$ sur $\mathbb{R}$, il en est de même de f.

La première partie est un pretexte pour utiliser la formule de la dérivée d'une fonction réciproque.

▶ Donc déjà : $f' = \dfrac{1}{1+\tan^2 f} = \cos^2 f$.

Posons $n\in\mathbb{N}^\star$ et supposons l'égalité vraie :

On a bien : $f^{(1)}$ vaut $0!\cos f \sin\left(\frac{\pi}{2}+f\right)$.

$$f^{(n+1)} = (f^{(n)})' = \left((n-1)!\cos^n(f)\times\sin\left(n\left(\frac{\pi}{2}+f\right)\right)\right)'$$

$$\begin{aligned}
f^{(n+1)} &= (n-1)!\Big(n\cos^{n-1} f(-\sin f)f'\sin\left(n\left(\frac{\pi}{2}+f\right)\right) \\
&\qquad\qquad + \cos^n(f)nf'\cos\left(n\left(\frac{\pi}{2}+f\right)\right)\Big)\\
&= n!f'\cos^{n-1} f\left(-\sin f\sin\left(n\left(\frac{\pi}{2}+f\right)\right)+\cos f\cos\left(n\left(\frac{\pi}{2}+f\right)\right)\right)\\
&= n!f'\cos^{n-1} f\cos\left(n\frac{\pi}{2}+(n+1)f\right)\\
&= n!\cos^{n+1} f\sin\left((n+1)\left(\frac{\pi}{2}+f\right)\right).
\end{aligned}$$

Donc, pour tout $n\in\mathbb{N}^*$, $f^{(n)} = (n-1)!\cos^n(f)\times\sin\left(n\left(\frac{\pi}{2}+f\right)\right)$.

Exercice 13.5

▶ f est de classe $\mathscr{C}^\infty$ sur $\mathbb{R}\setminus\{0\}$, (car ses composantes le sont) et

$$\forall t\neq 0,\ f'(t) = \left(3t^2\sin\left(\frac{1}{t}\right) - t\cos\left(\frac{1}{t}\right), 3t^2\right).$$

On a : $\lim\limits_{t\to 0} f'(t) = (0,0) = f'(0)$. Conclusion : f est dérivable sur $\mathbb{R}$.

Puis : $\forall t\neq 0,\ f''(t) = \left(\left(6t+\frac{1}{t}\right)\sin\left(\frac{1}{t}\right) - 4\cos\left(\frac{1}{t}\right), 6t\right)$.

Enfin, $\lim\limits_{t\to 0}\dfrac{f'(t)-f'(0)}{t-0} = \lim\limits_{t\to 0}\left(3t\sin\left(\frac{1}{t}\right) - \cos\left(\frac{1}{t}\right), 3t\right)$.

Cette quantité n'a pas de limite et f n'est pas dérivable deux fois en $t=0$.

A fortiori, f n'est pas de classe $\mathscr{C}^2$ ni de classe $\mathscr{C}^3$ en $t=0$ donc sur $\mathbb{R}$.

On fait comme pour une fonction à valeurs dans $\mathbb{R}$, la valeur de $\lim\limits_{t\to t_0} f'(t)$ si elle existe est $f'(t_0)$. La réciproque n'est pas obligatoire. Idem pour la dérivée seconde.

Exercice 13.6

1. Pour tout $(\vec{x},\vec{y},\vec{z})\in(\mathbb{R}^3)^3$ et pour tout $\alpha\in\mathbb{R}$, $\phi(\vec{x}+\alpha\vec{z},\vec{y})$ vaut

$$\mathsf{Det}\,(\vec{u},\vec{x}+\alpha\vec{z},\vec{y}) = \mathsf{Det}\,(\vec{u},\vec{x},\vec{y}) + \alpha\mathsf{Det}\,(\vec{u},\vec{z},\vec{y}),$$

par linéarité du déterminant par rapport à la deuxième variable.

Cette quantité est bien $\phi(\vec{x},\vec{y})+\alpha\phi(\vec{z},\vec{y})$.

De même, ϕ est linéaire par rapport à sa seconde variable par un même genre de développement. Posons alors :

$$f : t\mapsto(\cos t,\ \cos(t+\alpha),\ \cos(t+\beta)) \text{ et } g : t\mapsto(\sin t,\ \sin(t+\alpha),\ \sin(t+\beta)).$$

Corrigé

Alors : $\Delta = \phi(f, g)$.
2. Comme f et g sont de classe $\mathcal{C}^k$ sur $\mathbb{R}$, pour tout entier k, $t \mapsto \Delta(t) = \phi(f, g)(t)$ est aussi de classe $\mathcal{C}^k$, pour tout $t \in \mathbb{R}$.
En particulier, Δ est dérivable sur $\mathbb{R}$, et :

$$\forall t \in \mathbb{R},\ \Delta'(t) = \phi(f', g)(t) + \phi(f, g')(t).$$

Donc $\Delta'(t)$ est la somme des deux déterminants :

Chacun des deux déterminants a deux colonnes proportionnelles donc est nul.

$$\begin{vmatrix} 1 & -\sin t & \sin t \\ 1 & -\sin(t+\alpha) & \sin(t+\alpha) \\ 1 & -\sin(t+\beta) & \sin(t+\beta) \end{vmatrix} + \begin{vmatrix} 1 & \cos t & \cos t \\ 1 & \cos(t+\alpha) & \cos(t+\alpha) \\ 1 & \cos(t+\beta) & \cos(t+\beta) \end{vmatrix} = 0.$$

Ainsi, Δ est constante sur $\mathbb{R}$.

Pour toute valeur de t.

3. $\Delta(t) = \Delta(0) = \begin{vmatrix} 1 & 1 & 0 \\ 1 & \cos\alpha & \sin\alpha \\ 1 & \cos\beta & \sin\beta \end{vmatrix}$.
Un développement rapide donne :
$\Delta(t) = \cos\alpha \sin\beta - \sin\alpha\cos\beta - \sin\beta + \sin\alpha$.

Exercice 13.7

D'après les propriétés du produit matriciel :
▷ $\forall (A, B) \in (\mathscr{M}_n(\mathbb{R}))^2,\ \forall \lambda \in \mathbb{R},\ \forall X \in \mathscr{M}_{n,1}(\mathbb{R}),\ (\lambda A + B)X = \lambda AX + BX$.
▷ $\forall A \in \mathscr{M}_n(\mathbb{R}),\ \forall \lambda \in \mathbb{R},\ \forall (X, Y) \in (\mathscr{M}_{n,1}(\mathbb{R}))^2,\ A(\lambda X + Y) = \lambda AX + AY$.

Ces résultats seront utilisés pour le traitement des systèmes différentiels linéaires.

φ est linéaire à gauche et linéaire à droite, donc bilinéaire.
Puisque A et X sont dérivables sur I et puisque φ est bilinéaire sur $\mathscr{M}_n(\mathbb{R}) \times \mathscr{M}_{n,1}(\mathbb{R})$, $\varphi(A, X)$ est dérivable sur I, avec

$$(\varphi(A, X))' = (AX)' = \varphi(A', X) + \varphi(A, X') = A'X + AX'.$$

Si A est constante, alors sa dérivée est la fonction nulle, donc $(AX)' = AX'$.

Exercice 13.8

Si $P = \sum_{k=0}^{n} a_k X^k$, alors $f(t) = \sum_{k=0}^{n} a_k t^k X^k$, donc les applications composantes de f relativement à la base canonique de $\mathbb{K}_n[X]$ sont les fonctions :
$f_k\ :\ t \mapsto a_k t^k,\ k \in [\![0, n]\!]$.

On applique directement une des pistes de la **méthode 13.1**.

Chacune d'elles est dérivable sur $\mathbb{R}$, avec $f_0' = 0$ et, pour tout $k \geqslant 1$,

$$f_k'(t) = k a_k t^{k-1}.$$

Donc, la fonction f (considérée comme vectorielle) est dérivable sur $\mathbb{R}$.
Et : $f'(t) = \sum_{k=1}^{n} k a_k t^{k-1} X^k = X \sum_{k=1}^{n} k a_k t^{k-1} X^{k-1} = XP'(tX)$.

Exercice 13.9

On applique abondamment la **méthode 13.1** *et la* **méthode 13.2**.

a. Le produit vectoriel est bilinéaire, donc $g \wedge h \in \mathscr{C}^1(I, \mathbb{R}^3)$.
Le produit scalaire est bilinéaire, donc $\langle f, (g \wedge h)\rangle \in \mathscr{C}^1(I, \mathbb{R}^3)$.

$$(\langle f, (g \wedge h)\rangle)' = \langle f', (g \wedge h)\rangle + \langle f, g' \wedge h + g \wedge h'\rangle.$$

b. $f+g \in \mathscr{C}^1(I,\mathbb{R}^3)$, donc $\langle f,(g+h)\rangle \in \mathscr{C}^1(I,\mathbb{R}^3)$.

$$(\langle f, g+h\rangle)' = \langle f', g+h\rangle + \langle f, g'+h'\rangle.$$

c. $g \wedge h \in \mathscr{C}^1(I,\mathbb{R}^3)$; le produit vectoriel est bilinéaire : $f\wedge(g\wedge h) \in \mathscr{C}^1(I,\mathbb{R}^3)$.

$$(f\wedge(g\wedge h))' = f'\wedge(g\wedge h) + f\wedge(g'\wedge h + g\wedge h').$$

*On peut utiliser aussi la formule du double produit vectoriel (*__exercice 6.9__*).*

Exercice 13.10

Posons $f(t) = (x_1(t), x_2(t), x_3(t))$ et $g(t) = (y_1(t), y_2(t), y_3(t))$. Alors :

$$\langle f, g\rangle(t) = \sum_{k=1}^{3} x_k(t)y_k(t) = -11t^2 + 13t^3 - 16t + 12 \Rightarrow \langle f,g\rangle^{(3)}(t) = 78.$$

Puis : $\forall t \in \mathbb{R}$, $(f\wedge g)(t) = (x(t), y(t), z(t))$, avec $x(t) = -2t^3 - 14t^2 + 14t + 4$, $y(t) = 3t^4 + 3t^3 - 15t + 6$ et $z(t) = t^4 - t^3 - 3t - 2$.
Un calcul rapide donne : $(f\wedge g)^{(4)}(t) = (0, 72, 24)$.

Ici, on pourrait partir des formules de la **méthode 13.2** *mais le plus simple de loin est d'expliciter $\langle f,g\rangle(t)$ et $(f\wedge g)(t)$ et de dériver autant que nécessaire.*

Exercice 13.11

On se place dans la base canonique $\mathcal{B} = \{\vec{e}_1, ..., \vec{e}_n\}$ de $\mathbb{R}^n$ et on écrit :

$$\phi(t) = \mathsf{Det}_{\mathcal{B}}(\vec{e}_1 + t\,f(\vec{e}_1), ..., \vec{e}_n + t\,f(\vec{e}_n)).$$

On obtient : $\phi(t) = 1 + t\sum_{i=1}^{n} \mathsf{Det}_{\mathcal{B}}(\vec{e}_1, ..., f(\vec{e}_i), ..., e_n) + t\vec{\epsilon}(t)$, avec $\lim_{t\to 0}\vec{\epsilon}(t) = \vec{0}$.

En usant de la multilinéarité et l'alternance de $\mathsf{Det}_{\mathcal{B}}$.

Donc : $\lim_{t\to 0}\dfrac{\phi(t)-\phi(0)}{t-0} = \sum_{i=1}^{n} \mathsf{Det}_{\mathcal{B}}(\vec{e}_1, ..., f(\vec{e}_i), ..., e_n)$. Il reste à calculer pour tout entier i, $\mathsf{Det}_{\mathcal{B}}(\vec{e}_1, ..., f(\vec{e}_i), ..., e_n)$. Soit $A = (a_{ij})$ la matrice de f dans $\mathcal{B}$. Alors en développant selon la ligne L_i, $\mathsf{Det}_{\mathcal{B}}(\vec{e}_1, ..., f(\vec{e}_i), ..., e_n) = a_{ii}$ et donc : $\phi'(0) = \sum_{i=1}^{n} a_{ii} = \mathrm{Tr}(f)$.

On calque l'exemple 2 de la **méthode 13.2**.

Exercice 13.12

1. P est fonction deux fois dérivable de $\mathbb{R}$ vers $\mathbb{R}^3$, donc $\overrightarrow{OP}$ est aussi deux fois dérivable et $\dfrac{\mathrm{d}P}{\mathrm{d}t}$ est dérivable. $\wedge$ étant bilinéaire, $\overrightarrow{OP}\wedge\dfrac{\mathrm{d}P}{\mathrm{d}t}$ est dérivable sur $\mathbb{R}$. L'accélération $\dfrac{\mathrm{d}^2P}{\mathrm{d}t^2}$ étant colinéaire à $\overrightarrow{OP}$ (mouvement à accélération centrale) :

$$\left(\overrightarrow{OP}\wedge\frac{\mathrm{d}P}{\mathrm{d}t}\right)' = \frac{\mathrm{d}P}{\mathrm{d}t}\wedge\frac{\mathrm{d}P}{\mathrm{d}t} + \overrightarrow{OP}\wedge\frac{\mathrm{d}^2P}{\mathrm{d}t^2} = 0_{\mathbb{R}^3}.$$

2. D'après la question précédente, $\overrightarrow{OP}\wedge\dfrac{\mathrm{d}P}{\mathrm{d}t}$ est une application constante. Or, $\overrightarrow{OP}(0)$ et $\dfrac{\mathrm{d}P}{\mathrm{d}t}(0)$ ne sont pas colinéaires, donc :

$$\forall t \in \mathbb{R}, \overrightarrow{OP}(t)\wedge\frac{\mathrm{d}P}{\mathrm{d}t}(t) = \overrightarrow{OP}(0)\wedge\frac{\mathrm{d}P}{\mathrm{d}t}(0) = \vec{u} \neq 0_{\mathbb{R}^3}.$$

Si l'on rapporte l'espace à un repère orthonormé $(O,\vec{i},\vec{j},\vec{k})$, le vecteur $\overrightarrow{OM}(t) = f(t)$ est assimilé au point $M(t)$ et $\dfrac{dM}{dt}$ est assimilé à $f'(t)$, tout cela car O est fixé. Il faut s'avoir faire le lien entre l'étude mathématique des fonctions vectorielles et l'étude cinématique de trajectoires, utile en physique.

Finalement, $\overrightarrow{OP}(t) \in \vec{u}^{\perp}$, où $\vec{u}^{\perp}$ est le plan supplémentaire orthogonal de $\mathsf{Vect}(\vec{u})$: $\forall t \in \mathbb{R},\ P(t)$ est dans le plan passant par O de vecteur normal $\vec{u}$.

3. S'il existe $\lambda \in \mathbb{R}$ tel que $\dfrac{\mathrm{d}P}{\mathrm{d}t}(0) = \lambda \overrightarrow{OP}(0)$, alors :

$$\forall t \in \mathbb{R},\ \overrightarrow{OP}(t) \wedge \frac{\mathrm{d}P}{\mathrm{d}t}(t) = 0_{\mathbb{R}^3}.$$

Exercice très classique pour le mouvement des planètes !

La vitesse est, à chaque instant, colinéaire au rayon vecteur, donc la trajectoire de P est rectiligne : la trajectoire de P est incluse dans la droite passant par O, de vecteur directeur $\dfrac{\mathrm{d}P}{\mathrm{d}t}(0)$.

Exercice 13.13

On pourrait expliciter la norme euclidienne de $\mathbb{R}^n$, mais cela compliquerait les choses !

1. $\forall \varepsilon > 0,\ \exists \eta > 0$ tel que $\left(|x| \leqslant \eta \Rightarrow \left\|\frac{f(x)-f(kx)}{x} - L\right\| \leqslant \varepsilon\right)$.

2. Comme $k \in]0,1[,\ \forall x \in \mathbb{R},\ \forall i \in \mathbb{N},\ \big(|x| \leqslant \eta \Rightarrow |k^i x| \leqslant \eta\big)$, donc :
$\forall \varepsilon > 0,\ \exists \eta > 0$ tel que :

$$\begin{aligned}
|x| \leqslant \eta \quad &\Rightarrow \quad |k^i x| \leqslant \eta \\
&\Rightarrow \quad \left\|\frac{f(k^i x) - f(k^{i+1}x)}{k^i x} - L\right\| \leqslant \varepsilon \\
&\Rightarrow \quad \left\|\frac{f(k^i x) - f(k^{i+1}x)}{x} - k^i L\right\| \leqslant k^i \varepsilon
\end{aligned}$$

L'idée de l'exercice est de développer une des pistes de la **méthode 13.1**, *celle où l'on n'utilise pas les fonctions composantes. On revient à la définition d'une limite avec les normes.*

3. Si $|x| \leqslant \eta$, alors :

$$\begin{aligned}
\left\|\frac{f(x) - f(k^n x)}{x} - L\frac{1-k^n}{1-k}\right\| &= \left\|\frac{f(x) - f(k^n x)}{x} - L\sum_{k=0}^{n-1} k^i\right\| \\
&= \left\|\sum_{k=0}^{n-1}\left(\frac{f(k^i x) - f(k^{i+1}x)}{x} - k^i L\right)\right\| \\
&\leqslant \sum_{k=0}^{n-1}\left\|\frac{f(k^i x) - f(k^{i+1}x)}{x} - k^i L\right\| \\
&\leqslant \varepsilon \sum_{k=0}^{n-1} k^i = \varepsilon\frac{1-k^n}{1-k}
\end{aligned}$$

4. La fonction norme et la fonction f sont continues et $\lim_{n\to+\infty}(k^n x) = 0$, donc, en passant à la limite sur n dans l'inégalité précédente :
$\forall \varepsilon > 0,\ \exists \eta > 0$ tel que $\left(|x| \leqslant \eta \Rightarrow \left\|\dfrac{f(x) - f(0)}{x} - \dfrac{1}{1-k}L\right\| \leqslant \dfrac{\varepsilon}{1-k}\right)$.

$$\lim_{x\to 0}\frac{f(x) - f(0)}{x} = \frac{L}{1-k}.$$

f est dérivable en 0 et $f'(0) = \dfrac{L}{1-k}$.

Exercice 13.14

On remarque que tous les points sont réguliers.

$\forall t \in \mathbb{R} \setminus \{-3, 2\},\ f'(t) = \left(-\dfrac{1}{(t+3)^2}, -\dfrac{1}{(t-2)^2}\right)$.

La tangente en $M(t)$ admet $\vec{\imath} + 4\vec{\jmath}$ pour vecteur directeur si et seulement si les vecteurs $f'(t)$ et $(1,4)$ sont colinéaires.

Cela implique : $-\dfrac{4}{(t+3)^2}+\dfrac{1}{(t-2)^2}=0 \Rightarrow t\in\left\{\dfrac{1}{3},7\right\}$.

Exercice 13.15

On pose $f(t)=(a\cos^3 t,\, a\sin^3 t) \Rightarrow f'(t)=3a\cos t\sin t\,\vec{u}(t)$, où on pose aussi $\vec{u}(t)=(-\cos t,\sin t)$. Comme $\vec{u}(t)$ n'est jamais nul, le point $M(t)$ est régulier si et seulement si $\cos t\sin t\neq 0$. Soit $t_0\in\mathbb{R}$, où $M(t_0)$ est régulier. Alors, $M=(x,y)$ appartient à la tangente passant par $M(t_0)$ et de vecteur directeur $\vec{u}(t_0)$ si et seulement si $\vec{u}(t_0)$ et $\overrightarrow{M(t_0)M}$ sont colinéaires.

Cela donne pour équation : $x\sin t_0+y\cos t_0=a\sin t_0\cos t_0$.

On enlève donc tous les t de la forme $\frac{\pi}{2}+k\pi$ et $k\pi$, où $k\in\mathbb{Z}$.

Exercice 13.16

Quand $t\to\pm\infty$, $x(t)\sim t^2$ et $y(t)\sim t^2$.

Puis : $\displaystyle\lim_{t\to\pm\infty}\frac{y(t)}{x(t)}=1$ et $\displaystyle\lim_{t\to\pm\infty}(y(t)-x(t))=\pm\infty$.

Ces branches infinies sont des branches paraboliques et pas d'asymptote !

Par contre, au voisinage de $t=0$, $\displaystyle\lim_{t\to 0}\frac{y(t)}{x(t)}=\frac{b}{a}$ et $\displaystyle\lim_{t\to 0}(y(t)-\frac{b}{a}x(t))=1$.

La droite : $ay-bx-a=0$ est asymptote oblique à Γ. Enfin, on remarque que $(0,1)$ est le seul point commun à ces droites, quand a et b se baladent.

On applique tranquillement la **méthode 13.6**.

Exercice 13.17

1. $\gamma'(t_0)=(x'(t_0),y'(t_0))$ est non nul, puisque $\gamma(t_0)$ est un point régulier de la courbe. Ce vecteur est donc un vecteur directeur de la tangente T_0 à la courbe au point $\gamma(t_0)$.

Cet exercice permet de revoir des notions sur les droites remarquables d'un arc plan. La tangente en $M(t_0)$ est portée par $f'(t_0)$ car le point est régulier et la normale en $M(t_0)$ est portée par un vecteur orthogonal à $f'(t_0)$.

$$\begin{aligned}
M(x,y)\in T_0 &\Leftrightarrow \overrightarrow{\gamma(t_0)M} \text{ et } \gamma'(t_0) \text{ colinéaires}\\
&\Leftrightarrow \begin{vmatrix} x-x(t_0) & x'(t_0)\\ y-y(t_0) & y'(t_0)\end{vmatrix}=0\\
&\Leftrightarrow y'(t_0)\big(x-x(t_0)\big)-x'(t_0)\big(y-y(t_0)\big)=0
\end{aligned}$$

$y'(t_0)\big(x-x(t_0)\big)-x'(t_0)\big(y-y(t_0)\big)=0$ est une équation de la tangente T_0.

Soit N_0 la normale à la courbe en $\gamma(t_0)$:

$$\begin{aligned}
M(x,y)\in N_0 &\Leftrightarrow \overrightarrow{\gamma(t_0)M} \text{ et } \gamma'(t_0) \text{ orthogonaux}\\
&\Leftrightarrow \langle (x-x(t_0),y-y(t_0))\mid (x'(t_0),y'(t_0))\rangle=0\\
&\Leftrightarrow x'(t_0)\big(x-x(t_0)\big)+y'(t_0)\big(y-y(t_0)\big)=0
\end{aligned}$$

$x'(t_0)\big(x-x(t_0)\big)+y'(t_0)\big(y-y(t_0)\big)=0$ est une équation de la normale N_0.

2. La courbe représentative de f est $(I,\varphi(I))$, où $\varphi:\begin{cases} I\to\mathbb{R}^2\\ x\mapsto (x,f(x))\end{cases}$

x est un paramètre t comme les autres.

D'après la question précédente, une équation de la tangente est :

$$f'(a)\big(x-a\big)-\big(y-f(a)\big)=0,$$

ce qui est conforme à nos connaissances antérieures.

De même, une équation de la normale est :

$$\big(x-a\big)+f'(a)\big(y-f(a)\big)=0.$$

Corrigé

Ce paramétrage d'un cercle est à connaître !

3. Le cercle de centre O et de rayon R est paramétré par

$$\gamma : \begin{cases} \mathbb{R} \to \mathbb{R}^2 \\ t \mapsto (R\cos t, R\sin t) \end{cases} \text{ et } \gamma'(t_0) = (-R\sin t_0, R\cos t_0).$$

$R\cos t_0\,(x - R\cos t_0) + R\sin t_0\,(y - R\sin t_0) = 0 \Leftrightarrow x\cos t_0 + y\sin t_0 = R.$
$-R\sin t_0\,(x - R\cos t_0) + R\cos t_0\,(y - R\sin t_0) = 0 \Leftrightarrow -x\sin t_0 + y\cos t_0 = R.$
Donc une équation cartésienne de la tangente en (x_0, y_0) au cercle est :

$$x\cos t_0 + y\sin t_0 = R.$$

Exercice 13.18

Encore en plein dans la **méthode 13.6**.

On a : $\lim\limits_{t\to 1} x(t) = \lim\limits_{t\to 1} y(t) = \pm\infty$. De même, $\lim\limits_{t\to+\infty} x(t) = \lim\limits_{t\to+\infty} y(t) = +\infty$.

▸ $\lim\limits_{t\to+\infty} \dfrac{y(t)}{x(t)} = \lim\limits_{t\to+\infty} \dfrac{t^2\ln t}{t(t-1)} = +\infty$ et Γ admet une branche parabolique de direction Oy.

On peut appliquer plusieurs pistes, calculer des limites quand $t \to 1$ ou faire des D.L, c'est ce que l'on choisit ici.

▸ Au voisinage de $t = 1$, nous allons faire un développement limité.

$$\begin{cases} x(t) & = & \dfrac{1}{t-1} + \dfrac{3}{2} + \dfrac{5}{12}(t-1) + O((t-1)^2) \\ \\ y(t) & = & \dfrac{1}{t-1} + 2 + (t-1) + O((t-1)^2) \end{cases}$$

et donc : $y(t) - x(t) = \dfrac{1}{2} + \dfrac{7}{12}(t-1) + O((t-1)^2)$. Ainsi la droite d'équation $y = x + \frac{1}{2}$ est asymptote et Γ est en dessous si $t \to 1^-$ et au dessus si $t \to 1^+$.

Exercice 13.19

Retenir l'idée qui fonctionne si x et y sont polynomiaux : on met $t_1 - t_2$ en facteur pour abaisser le degré.

On part de $\begin{cases} t_1 + \dfrac{1}{t_1} = t_2 + \dfrac{1}{t_2} \\ \dfrac{1}{t_1(t_1-3)} = \dfrac{1}{t_2(t_2-3)} \end{cases}$ en supposant $t_1 \neq t_2$.

La première égalité donne : $t_1t_2(t_1 - t_2) = t_1 - t_2$ et comme $t_1 - t_2 \neq 0$, il reste : $t_1t_2 = 1$.
La deuxième égalité donne : $t_1^2 - t_2^2 = 3t_1 - 3t_2$ et encore en divisant par $t_1 - t_2$, on a : $t_1 + t_2 = 3$.
Ainsi t_1 et t_2 sont solutions de $X^2 - 3X + 1 = 0$ (les coefficients en fonction de la somme et le produit des racines, c'est dans le cours de première année).
Il reste $t_1 = (3 - \sqrt{5})/2$ et $t_2 = (3 + \sqrt{5})/2$.
Le calcul de $M(t_1) = M(t_2)$ donne pour coordonnées de ce point : $(3, -1)$.

Exercice 13.20

L'erreur est de s'enfermer dans la **méthode 13.7**. *Il faut avoir parfois du recul !*

1. C'est la droite passant par $A(-3, 1)$ et de vecteur directeur $\vec{u}(2, 3)$.
2. C'est le cercle trigonométrique.
3. On a : $x(t)^2 + y(t)^2 = 1$ et comme $\lim\limits_{t\to\pm\infty} x(t) = -1$ et $\lim\limits_{t\to\pm\infty} y(t) = 0$, le support est le cercle trigonométrique privé du point $(-1, 0)$.

Exercice 13.21

Ici $I = \mathbb{R}^\star$ et aucune réduction du domaine n'apparaît. Bon tant pis !

1. ▸ Étude des branches infinies.

▹ $\lim\limits_{t\to 0^+} x(t) = \lim\limits_{t\to 0^+} y(t) = +\infty$ et $\lim\limits_{t\to 0^-} x(t) = \lim\limits_{t\to 0^-} y(t) = -\infty$.

On forme le rapport $\dfrac{y(t)}{x(t)} = \dfrac{t^2+1}{t^3+2} \xrightarrow[t\to 0]{} \dfrac{1}{2}$.

Au voisinage de 0, on a : $y(t) - \dfrac{x(t)}{2} = t + o(t)$. La droite d'équation $y = \dfrac{x}{2}$ est asymptote à Γ. La courbe est au dessus de son asymptote lorsque t tend vers 0^+, et en dessous lorsque t tend vers 0^-.

On peut aussi appliquer la **méthode 13.6**, *ce qui fait moins parachuté.*

▷ $\lim\limits_{t\to+\infty} x(t) = \lim\limits_{t\to+\infty} y(t) = +\infty$.

Le rapport $\dfrac{y(t)}{x(t)} = \dfrac{t^2+1}{t^3+2} \xrightarrow[t\to+\infty]{} 0$.

La courbe Γ présente une branche parabolique de direction (Ox).

▷ $\lim\limits_{t\to-\infty} x(t) = +\infty$ et $\lim\limits_{t\to-\infty} y(t) = -\infty$.

De même la courbe Γ présente une branche parabolique de direction (Ox).

▸ **Variations.**

Sur I, on a : $x'(t) = 2t - \dfrac{2}{t^2}$ et $y'(t) = 1 - \dfrac{1}{t^2}$.

On en déduit le tableau de variations suivant :

t	$-\infty$		-1		0		1		$+\infty$
x'		$-$	$-$	$-$	‖	$-$	0	$+$	
x	$+\infty$	↘		↘	$-\infty$ ‖ $+\infty$	↘	3	↗	$+\infty$
y'		$+$	0	$-$	‖	$-$	0	$+$	
y	$-\infty$	↗	-2	↘	$-\infty$ ‖ $+\infty$	↘	2	↗	$+\infty$

▸ **Étude des tangentes particulières.**

La courbe Γ admet au point de paramètre -1 une tangente horizontale.

Puis, en $t = 1$, on a à faire à un point non régulier.

Le rapport $\dfrac{y'(t)}{x'(t)}$ vaut (révisez les identités remarquables, genre $a^3 - b^3 = \ldots$) :

$$\frac{t^2-1}{2t^3-2} = \frac{t+1}{2(t^2+t+1)}.$$

Quand t tend vers 1, cette quantité tend vers $1/3$. C'est la pente de la tangente en ce point.

Comme $M(1) = (3, 2)$, une équation de la tangente est $y = \dfrac{1}{3}x + 1$.

Puis, on effectue un développement limité, avec $t = 1 + h$:

$$x(1+h) = 3 + 3h^2 - 2h^3 + o(h^3) \text{ et } y(1+h) = 2 + h^2 - h^3 + o(h^3).$$

On espère que l'ordre 3 suffira.

Approche par un repère local.

Posons $M_0 = M(t = 1)$, alors avec $\lim\limits_{h\to 0} \vec{\epsilon}(h) = 0$, on a :

$$\overrightarrow{M_0M(t = 1 + h)} = h^2(3\vec{i} + \vec{j}) - h^3(2\vec{i} + \vec{j}) + h^3\vec{\epsilon}(h).$$

Pour l'allure du point non régulier, aucune symétrie ne peut nous aider. On applique les mêmes approches que pour les exemples qui suivent la **méthode 13.5**. *On fait des D.L de x et y au $V(1)$. L'écart entre Γ et la tangente étant en h^3, la courbe est de part et d'autre de la tangente (rebroussement dit de première espèce). S'il avait été en h^4, par exemple, Γ serait resté du même côté (rebroussement dit de deuxième espèce).*

On remarque que la famille $(3\vec{i}+\vec{j},\, 2\vec{i}+\vec{j})$ est libre.
Plaçons nous dans le repère local $(M_0, 3\vec{i}+\vec{j},\, 2\vec{i}+\vec{j})$, si $M(t=1+h)$ a pour composantes $(X(h), Y(h))$, dans ce repère, alors, quand h tend vers 0,

$$X(h) \sim h^2 \text{ et } Y(h) \sim -h^3,$$

X ne change pas de signe et Y change de signe quand h change de signe. On retrouve un point dit de rebroussement de première espèce porté par une tangente de direction $3\vec{i}+\vec{j}$.
C'est le cas de la planche 3 de la **méthode 13.5**.
Approche par une équation de la tangente.
On écrit : $y(1+h) - \dfrac{1}{3}x(1+h) - 1 = -\dfrac{h^3}{3} + o(h^3)$.
Donc si $h \to 0^-$, (c'est-à-dire $t \to 1^-$), $-h^3/3 > 0$ et l'arc Γ est au dessus de la tangente.
Si $h \to 0^+$, (c'est-à-dire $t \to 1^+$), $-h^3/3 < 0$ et Γ est en dessous de la tangente.
▸ **Tracé** : la courbe part du bas à droite (sous forme d'une branche parabolique de direction Ox) puis monte jusqu'au point $M(t=-1) = (-1,-2)$, où la tangente est horizontale. Puis elle continue vers la gauche en redescendant et se colle par le dessous à son aysmptote oblique. On part ensuite du haut à droite à partir du dessus de l'asymptote oblique, on descend jusqu'au point $M(t=-1) = (3,2)$, où la pente de la tangente est $1/3$. Puis, on repart vers la droite tout en montant, la courbe a alors la forme d'une branche parabolique de direction $0x$.

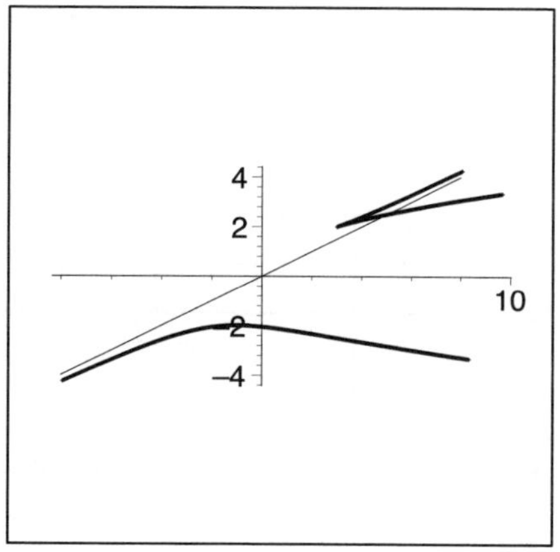

2. Ici $I = \mathbb{R}$ et aucune symétrie n'apparait.
▸ **Étude des branches infinies.**
On remarque que $x(t)$ et $y(t)$ tendent vers $\pm\infty$ quand t tend vers $\pm\infty$.
Considérons le rapport : $\dfrac{y(t)}{x(t)} = \dfrac{t^3 - 3t + 2}{e^{t-1} - t}$.
Il tend vers 0 quand t tend vers $+\infty$, et Γ présente là une branche parabolique de direction Ox. Puis ce même rapport tend vers $-\infty$ quand t tend vers $-\infty$ et Γ présente là une branche parabolique de direction Oy.
▸ **Variations.**
Comme $x'(t) = e^{t-1} - 1$ et $y'(t) = 3t^2 - 3$, $x'(t)$ est négatif pour $t \in]-\infty, 1]$ et positif pour $t \in [1, +\infty[$. De même, $y'(t)$ est positif pour $t \in]-\infty, -1] \cup [1, +\infty[$ et est négatif pour $t \in [-1, 1]$.
On peut conclure que la fonction x est décroissante sur $]-\infty, 1]$ et croissante sur $[1, +\infty[$. La fonction y est croissante sur $]-\infty, -1] \cup [1, +\infty[$ et est décroissante sur $[-1, 1]$.
▸ **Étude des tangentes particulières**.
Comme y' s'annule en $t = -1$ (mais pas x'), la courbe présente une tangente horizontale en $M(t=-1) = (1.14, 4)$.

De plus, x' et y' s'annulent simultanément en $t = 1$. Donc $M(t = 1)$ est un point non régulier. Il a été étudié à l'exemple C_4 de la **méthode 13.5**. Allez voir à la **page 471**.

✎ $M(t = 1)$ est un point de rebroussement de seconde espèce, ils sont rares mais il y en a !

► **Tracé :** la courbe part du bas à droite et y présente une branche parabolique de direction Oy. Elle remonte jusqu'à $M(t = -1) = (1.14, 4)$, où sa tangente est horizontale. Puis elle continue sur la gauche en redescendant vers $M(t = 1) = (0, 0)$, de tangente $y = 6x$. Elle se colle à sa tangente par en dessous. Puis la courbe remonte vers la droite en se décollant de la tangente toujours par en dessous et forme à la fin une branche parabolique de direction Ox.

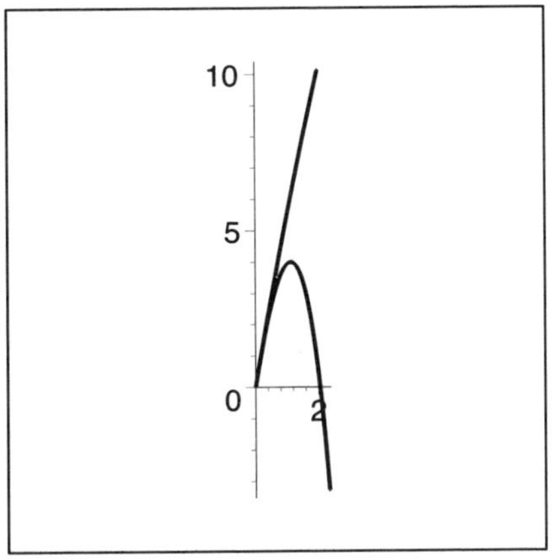

3. ► Symétries éventuelles.

Les fonctions x et y sont définies sur $\mathbb{R}$ et 2π-périodiques.
Puis $x(t + \pi) = -x(t)$ et $y(t + \pi) = y(t)$, et on ramène l'étude à $[-\pi/2, \pi/2]$ puis on effectuera une symétrie par rapport à O. Le choix d'un intervalle centré en $t = 0$ vient du fait que x et y sont paires. On peut donc restreindre l'étude à $J = [0, \pi/2]$ car la courbe est décrite deux fois sur $[-\pi/2, \pi/2]$.

► **Étude des branches infinies.**

Il n'y en a pas car les fonctions x et y sont bornées.

► **Variations.**

Sur J, $x'(t) = (1-3\cos^2 t)\sin t$ et $y'(t) = 2\sin(4t)$. Posons $t_\alpha = \arccos(1/\sqrt{3})$. La dérivée x' s'annule pour $t = 0$, $t = t_\alpha$ et la dérivée y' s'annule pour $t = 0$, $t = \pi/4$ et $t = \pi/2$.
Pour $t \in [0, \pi/4]$, $x'(t)$ est négatif et $y'(t)$ est positif. Puis pour $t \in [\pi/4, t_\alpha]$, $x'(t)$ et $y'(t)$ sont négatifs et enfin pour $t \in [t_\alpha, \pi/2]$, $x'(t)$ est positif et $y'(t)$ est négatif.
Sur $[0, \pi/4]$, x décroît et y croît. Puis sur $[\pi/4, t_\alpha]$, x décroît et y décroît, enfin sur $[t_\alpha, \pi/2]$, x croît et y décroît.

► **Étude de tangentes particulières.**

Pour $t = t_\alpha$, x' s'annule mais pas y' et donc en $M(t = t_\alpha)$, l'arc présente une tangente verticale.
Pour $t = \pi/4$ et $t = \pi/2$, y' s'annule mais pas x' et donc en $M(t = \pi/4)$ et en $M(t = \pi/2)$, l'arc présente une tangente horizontale.
Par contre, en $t = 0$, les dérivées x' et y' s'annulent simultanément et $M(t = 0)$ est un point non régulier. On a, pour tout $t \neq 0$,

✎ Un développement limité à l'ordre 1 suffit.

$$\frac{y'(t)}{x'(t)} = \frac{2\sin(4t)}{(1 - 3\cos^2 t)\sin t} = \frac{8t + o(t)}{-2t + o(t)} = -4 + o(1).$$

Comme $M(t = 0) = (0, 0)$, la droite d'équation $y = -4x$ est tangente à l'arc en $M(t = 0)$.
Puis l'étude et les symétries vont nous permettent d'en déduire qu'en $t = 0$, nous sommes dans la situation de la planche 4 qui suit la **méthode 13.5**.
C'est un point de rebroussement de deuxième espèce.

Corrigé

On peut le vérifier par une **approche par un repère local**.
On débute par un développement limité de $x(t)$ et de $y(t)$ au voisinage de $t=0$ à l'ordre 4. On commence par remarquer pour cela que

On peut directement passer par un DL de $\cos^3 t$ mais c'est plus long.

$$x(t) = \cos^3 t - \cos t = -\sin^2 t \cos t.$$

Alors : $x(t) = -\left(t - \dfrac{t^3}{6} + o(t^4)\right)^2 \left(1 - \dfrac{t^2}{2} + \dfrac{t^4}{24} + o(t^4)\right)$.
Et en développant, $x(t) = -t^2 + \dfrac{5}{6}t^4 + o(t^4)$. De même,

$$y(t) = (\sin(2t))^2 = \left(2t - \frac{4}{3}t^3 + o(t^4)\right)^2 = 4t^2 - \frac{16}{3}t^4 + o(t^4).$$

En remarquant que $M(t=0) = O$, on écrit :

$$\overrightarrow{OM(t)} = t^2\left(-\vec{i} + 4\vec{j}\right) + t^4\left(\frac{5}{6}\vec{i} - \frac{16}{3}\vec{j}\right) + t^4\vec{\epsilon}(t),$$

On retrouve un point dit de rebroussement de deuxième espèce porté par une tangente de direction $-\vec{i}+4\vec{j}$. C'est bien le cas de la planche 4 de la **méthode 13.5**.

où $\lim\limits_{t\to 0} \vec{\epsilon}(t) = 0$. La famille $\left(-\vec{i} + 4\vec{j}, \dfrac{5}{6}\vec{i} - \dfrac{16}{3}\vec{j}\right)$ est libre.
Plaçons nous dans le repère local $\left(O, -\vec{i} + 4\vec{j}, \dfrac{5}{6}\vec{i} - \dfrac{16}{3}\vec{j}\right)$, si le point $M(t)$ a pour composantes $(X(t), Y(t))$, alors $X(t) \sim t^2$ et $Y(t) \sim t^4$, si $t \to 0$.
X et Y ne changent pas de signe quand t change de signe.

Approche par une équation de la tangente.
On part des développements limités de x et de y :

$$y(t) + 4x(t) = 4t^2 - \frac{16}{3}t^4 - 4t^2 + \frac{5}{6}t^4 + o(t^4) = -9t^4 + o(t^4).$$

Question pour départager les ex-aequo : la courbe représente les oreilles d'un célèbre personnage de dessin animé. Lequel ?

Si $t \to 0$, $-9t^4 < 0$ et l'arc est toujours sous sa tangente en $M(t=0)$.

Tracé : on part de $M(t=0) = (0,0)$ avec une tangente de pente -4 puis va à gauche en montant jusqu'au point $A = M(t = \frac{\pi}{4}) = (-0.35, 1)$, où la tangente est horizontale. Puis la courbe continue vers la gauche en descendant jusqu'à $M(t = t_\alpha) = (-0.38, 8/9)$, où la tangente est verticale. Enfin, elle va à droite en descendant vers le point $B = M(t = \frac{\pi}{2}) = (0,0)$, de tangente horizontale. On trace en pointillé le symétrique par rapport à Oy.

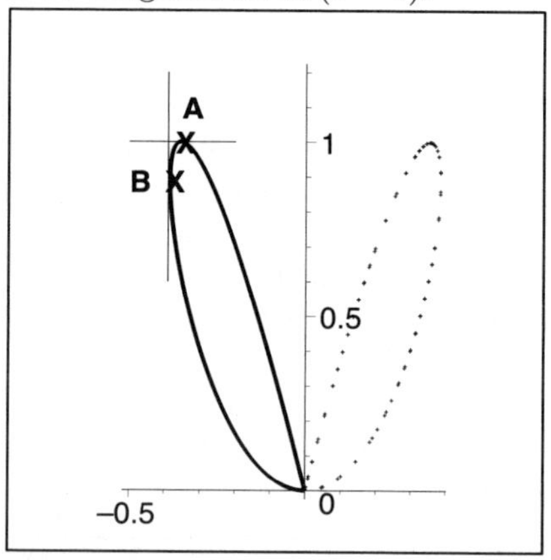

Exercice 13.22

L'arc possède une symétrie orthogonale par rapport à $y=x$. C'est moins rare que ce que l'on peut croire !

Si $t \in \mathbb{R} \setminus [-1, 1[$, alors on voit que $x(1/t) = y(t)$ et $y(1/t) = x(t)$.
De plus $1/t \in]-1, 1]$. Donc, on ramène l'arc à $I_1 =]-1, 1]$.
On trace Γ_1 le support correspondant et on effectue la symétrie orthogonale par rapport à $y = x$, ce qui permet d'obtenir l'arc Γ étudié complet.
Si t tend vers -1, $x(t)$ et $y(t)$ tendent vers ∞.

On est en présence d'une branche infinie.

Le rapport $\dfrac{y(t)}{x(t)}$ tend alors vers 1 et $y(t)+x(t)$ tend vers -1.

La droite Δ : $y=-x-1$ est asymptote oblique à Γ.

Enfin, $y(t)+x(t)+1=\dfrac{(t+1)^2}{t^2-t+1}\geq 0$ et la courbe est toujours au dessus de Δ. Sur I_1 : $x'(t)=\dfrac{3(1-2t^3)}{(t^3+1)^2}$ et $y'(t)=\dfrac{3t(2-t^3)}{(t^3+1)^2}$.

On déroule la **méthode 13.7**.

Si $t\to+\infty$, x et y tendent vers O, point asymptote. C'est une des curiosités de Γ

Ainsi, x' s'annule pour $t=a=(1/2)^{\frac{1}{3}}$ et on trouve $x(a)=1.58$, $y(a)=1.26$. La fonction x croît sur $]-1,a]$ puis décroît sur $[a,1]$. La fonction y décroît sur $]-1,0]$ puis croît sur $[0,1]$. Γ a une tangente horizontale en $M(0)=O$, une tangente verticale en $M(a)$ et une tangente orthogonale à $y=x$ au point $M(1)=(1.5,1.5)$.

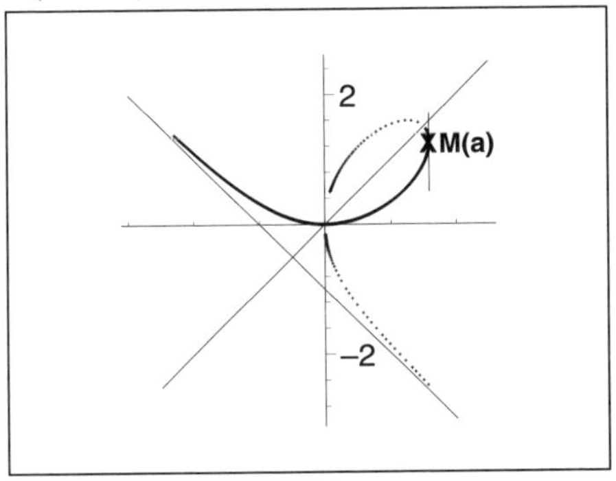

Exercice 13.23

1. Ici l'on impose $I=\left[\dfrac{\pi}{4},\dfrac{7\pi}{4}\right]$, mais cela n'empéche pas de trouver des symétries. On remarque que $x(2\pi-t)=x(t)$ et $y(2\pi-t)=-y(t)$. Comme π est le centre de I, (voir la **méthode 13.4**), on étudiera donc la courbe sur $J=\left[\dfrac{\pi}{4},\pi\right]$ et on effectuera une symétrie orthogonale par rapport à Ox.

Le sujet complet portait sur des déclinaisons de la lettre « C » dans différents domaines des mathématiques. Quand on veut faire un sujet original, on y arrive !

Sur J, $x'(t)=-\sin t$ et $y'(t)=2\cos t$. Donc l'arc possède une tangente verticale en $M(\pi)=(-1,0)$ et une tangente horizontale en $M(\pi/2)=(0,2)$. **Tracé** : on part de $A=M(\frac{\pi}{4})=(\frac{1}{\sqrt{2}},\sqrt{2})$, la tangente ayant une pente de -2. Comme x est décroissante et y croissante sur $[\pi/4,\pi/2]$, on va à gauche en montant jusqu'à $B=M(\frac{\pi}{2})$. Puis x et y sont décroissantes sur $[\pi/2,\pi]$. On continue sur la gauche en descendant jusqu'à $C=M(\pi)$. Enfin, on trace le symétrique (en pointillé) par rapport à Ox de l'arc tracé.

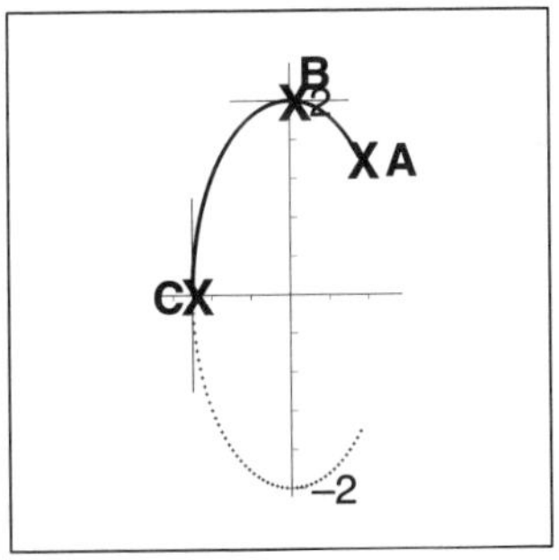

On peut remarquer aussi $x(\pi-t)=-x(t)$ et $y(\pi-t)=y(t)$, l'arc pour $t\in[\pi/4,\pi/2]$ et pour $t\in[\pi/2,3\pi/4]$ sont symétriques $/Oy$. Comme J n'est pas centré en $\pi/2$, cela est d'une utilité limité.

2. C'est une partie fermée et bornée.

Exercice 13.24

1. ϕ est paire et donc x est paire et y est impaire. Ainsi $M(-t)$ est le symétrique de $M(t)$ par rapport à l'axe Ox. Par ailleurs, $M(0)=(-1,0)$ est dans $\mathcal{C}$.

2. ▶ Si Q est un point double de $\mathcal{C}$ alors il existe $t_1<t_2$ tels que $Q=M(t_1)=M(t_2)$. On a alors $\phi(t_1)=\phi(t_2)$ et $t_1\phi(t_1)=t_2\phi(t_2)$. Comme $t_1\neq t_2$, ceci impose $\phi(t_1)=\phi(t_2)=0$ et donc $t_1=-1$ et $t_2=1$.

Réciproquement, $M(1)=M(-1)=(0,0)$.

Rappelez vous que si l'on demande les points doubles, ce doit être possible à votre niveau !

▶ On a : $\phi'(t)=\dfrac{4t}{(t^2+1)^2}$ qui ne s'annule qu'en $t=0$, $x'(t)=0$ entraîne donc $t = 0$. Comme $y'(0) = -1 \neq 0$, $\mathcal{C}$ ne présente aucun point stationnaire.

✎ En $M(0)$, la tangente de $\mathcal{C}$ est verticale.

▸ Les seules branches infinies ont lieu pour $t \to \pm\infty$. Dans ce cas là, $x(t)$ tend vers 1 et y vers $\pm\infty$. Donc $x = 1$ est l'unique asymptote à la courbe.

3. On a rapidement :

✎ Cet exercice est un portrait tout craché de la **méthode 13.7**.

$$\forall t \in \mathbb{R},\ x'(t) = \frac{4t}{(t^2+1)^2} \text{ et } y'(t) = \frac{t^4+4t^2-1}{(t^2+1)^2}.$$

Les racines de $u^2 + 4u - 1$ sont $-2 \pm \sqrt{5}$ et on déduit $\alpha = \sqrt{\sqrt{5}-2}$.
C'est l'unique racine positive de $t^4 + 4t^2 - 1$.
Une bonne calculette donne pour valeur approchée $M(\alpha) = (-0.6, -0.3)$.
Attaquons la partie de courbe réduite à $t \in [0, +\infty[$.
On a : $M(0) = (-1, 0)$ et la tangente à la courbe en ce point est verticale.
Le tableau des variations indique rapidement que x est croissante et y est décroissante pour $t \in [0, \alpha]$. Puis que x est encore croissante et y est croissante pour $t \in [\alpha, +\infty[$.

Tracé : donc on part de $M(0) = (-1, 0)$, la tangente étant verticale et on trace vers la droite tout en descendant pour aboutir en $M(\alpha)$, où la tangente à la courbe en ce point est horizontale. On continue vers la droite tout en montant (on passe par $(0,0)$) et $\mathcal{C}$ se « colle » à $x = 1$ (par la gauche). Il reste à tracer le symétrique par rapport à Ox pour avoir l'arc $\mathcal{C}$ pour $t < 0$.

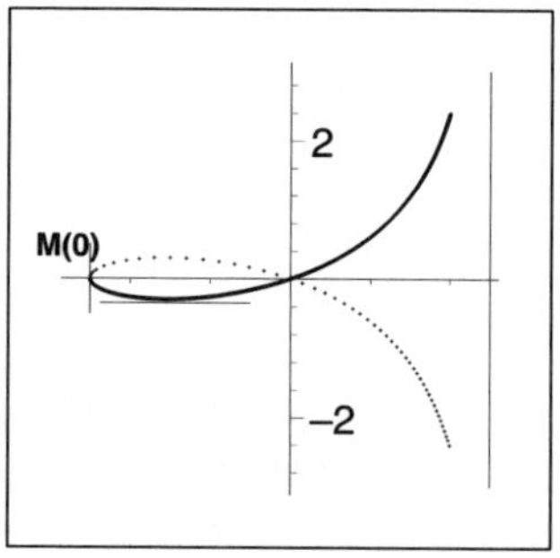

Exercice 13.25

▸ On commence par remarquer que x et y sont de période 2π. On commence par restreindre t à $[\alpha, \alpha + 2\pi]$, où α sera précisé. Comme π est une anti-période de x et de y, on diminue l'amplitude à $[\alpha, \alpha + \pi]$. Enfin, x est paire et y impaire. On centre donc notre intervalle en 0 en prenant $\alpha = -\pi/2$. Bilan : on travaille sur $\left[0, \frac{\pi}{2}\right]$ puis si l'on pose $\mathcal{C}_1$ l'arc correspondant, on lui effectue une symétrie orthogonale par rapport à Ox puis une symétrie par rapport à O.

✎ On utilise les formules trigonométriques rappelées dans l'indication et il faut l'avouer, assez obligatoires pour l'étude des signes !

Sur $J = \left[0, \frac{\pi}{2}\right]$, on dérive :

$$x'(t) = 3(-\sin t + 3\sin 3t) = 6\cos 2t \sin t.$$

Et, de même :

$$y'(t) = 3(\cos t - \cos 3t) = 6\sin 2t \sin t.$$

On a un point non régulier en $t = 0$. Le rapport $\dfrac{y'(t)}{x'(t)} = \tan 2t$ tend vers 0 quand t tend vers 0. On a une tangente horizontale en $M(0)$.
Les symétries permettront de repérer la forme de ce point non régulier.
Ainsi x est croissante et y est croissante pour $t \in \left[0, \frac{\pi}{4}\right]$ puis x est décroissante et y est croissante pour $t \in \left[\frac{\pi}{4}, \frac{\pi}{2}\right]$.

Tracé : on part de $A = M(0) = (2,0)$ avec une tangente horizontale et on trace vers la droite tout en montant pour aboutir en $B = M(\pi/4) = (2\sqrt{2}, \sqrt{2})$, où la tangente à la courbe en ce point est verticale. Puis on part à gauche tout en montant pour aboutir à $C = M(\pi/2) = (0,4)$, de tangente horizontale. C'est le tracé en trait plein. Il reste à tracer le symétrique par rapport à Ox et celui par rapport à O pour avoir l'arc complet, c'est le tracé en pointillé.

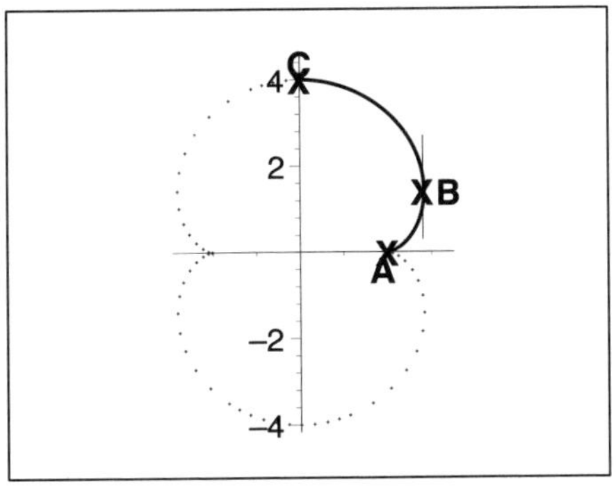

► $\|f'(t)\|^2 = 36\sin^2 t$ et donc $l = 4\displaystyle\int_0^{\frac{\pi}{2}} 6\sin t\,dt = 24$.

On utilise les symétries.

Exercice 13.26

1. On le fait rapidement.

Évident pour un ex-MPSI.

2. On a : $L = \displaystyle\int_0^{x_0} \sqrt{1+4x^2}\,dx$. Une intégration par parties donne :

On va utiliser $-1+1+4x^2 = 4x^2$.

$$L = \int_0^{x_0} 1 \times \sqrt{1+4x^2}\,dx = x_0\sqrt{1+4x_0^2} - \int_0^{x_0} \frac{4x^2}{\sqrt{1+4x^2}}\,dx.$$

Puis : $L = x_0\sqrt{1+4x_0^2} - \displaystyle\int_0^{x_0} \sqrt{1+4x^2}\,dx + \int_0^{x_0} \frac{dx}{\sqrt{1+4x^2}}$.

Cela donne : $L = \dfrac{1}{2}x_0\sqrt{1+4x_0^2} + \dfrac{1}{4}\ln\left(2x_0 + \sqrt{1+4x_0^2}\right)$.

La longueur d'un arc de parabole, c'est pas si simple que ça !

Exercice 13.27

1. On sait que l'on peut ramener l'étude à l'intervalle minimal $[0,\pi]$.

*C'est l'exemple **2** qui suit la **méthode 13.4**.*

Puis : $\begin{cases} x'(\theta) = R(1-\cos\theta) \\ y'(\theta) = -R\sin\theta \end{cases}$ Le point de paramètre 0 est un point non régulier et $\dfrac{y'(\theta)}{x'(\theta)} = \dfrac{\cos(\theta/2)}{-\sin(\theta/2)} \xrightarrow[\theta\to 0^+]{} -\infty$.

La tangente à Γ au point $M(0)$ est verticale.

	0		π
x'	0	$+$	
x	R	↗	$R\pi$
y'	0	$-$	0
y	0	↘	$-2R$

On trace l'arc pour $t \in [0,\pi]$ puis une symétrie $/Oy$ et des translations de vecteur $2\pi R\vec{\jmath}$. On place $A(\pi R, -2R)$ et $B(2\pi R, 0)$.

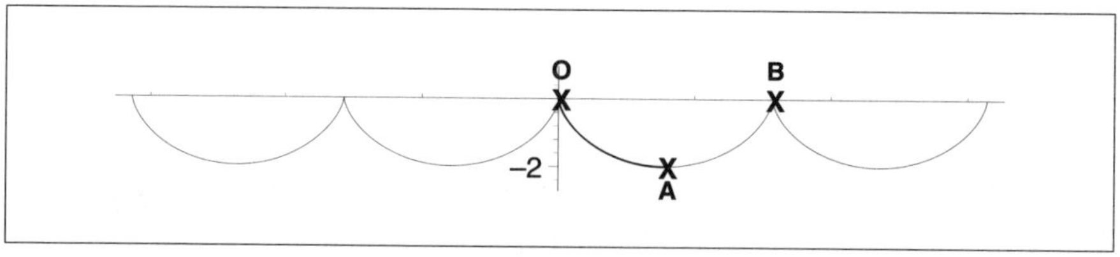

On applique en plein la **méthode 13.7**.

2. On a : $x'(\theta)^2 + y'(\theta)^2 = 2R|\sin\dfrac{\theta}{2}|$.

Rapidement : $\forall\theta \in [-2\pi, 2\pi]$, $s(\theta) = 4R\left(1 - \cos\dfrac{\theta}{2}\right)$.

Exercice 13.28

► Le vecteur-vitesse attaché à ce paramétrage de γ est : $M'(t) = \left(-3\cos^2 t\sin t, 3\cos t\sin^2 t, -4\sin t\cos t\right)$ soit, après factorisation, $M'(t) = \cos t\sin t\,(-3\cos t, 3\sin t, -4)$.

Encore la **méthode 13.7**. *C'est normal, c'est son paragraphe !*

► $\|M'(t)\|^2 = \cos^2 t\sin^2 t\left(9\sin^2 t + 9\cos^2 t + 16\right) = \dfrac{25}{4}\sin^2(2t)$.

Et : $l = \displaystyle\int_0^{\frac{\pi}{2}} \frac{5}{2}\sin(2u)\,du = \frac{5}{4}\left[-\cos(2u)\right]_0^{\frac{\pi}{2}} = \frac{5}{2}$.

Exercice 13.29

Inutile d'étudier le type du point non régulier $M(0)$. La symétrie de l'arc donne automatiquement sa forme. Pour votre culture, c'est un point de rebroussement de première espèce.

1. On sait que l'intervalle minimal d'étude est $J = [0, \frac{\pi}{4}]$ (c'est l'exemple **4** de la **méthode 13.4**). Sur J, $x'(t) = -3\sin t\cos^2 t$ et $y'(t) = 3\cos t\sin^2 t$. On remarque que la pente de la tangente en $t = \frac{\pi}{4}$ est -1 et donc la tangente en ce point à Γ est orthogonale à $y = x$. De plus, $\displaystyle\lim_{t\to 0}\frac{y'(t)}{x'(t)} = \lim_{t\to 0}(-\tan t) = 0$ et au point non régulier $M(0)$, la tangente est horizontale. On en déduit le tableau de variations suivant :

	0		$\frac{\pi}{4}$
x'	0	$-$	
x	1	↘	$\frac{1}{2\sqrt{2}}$
y'	0	$+$	
y	0	↗	$\frac{1}{2\sqrt{2}}$

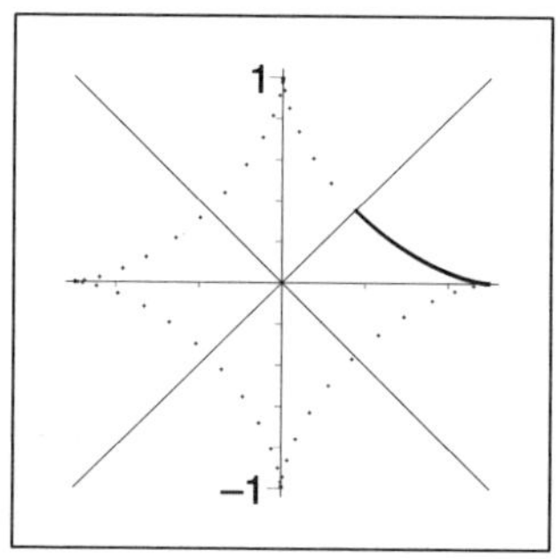

*Cette équation a été trouvée à l'***exercice 13.14**.

2. ► Une équation cartésienne de la tangente en $M(t)$ est :

$$(\sin t)x + (\cos t)y - \cos t\sin t = 0.$$

► Les points d'intersection de D_t avec les axes (Ox) et (Oy) ont pour coordonnées respectives $(\cos t, 0)$ et $(0, \sin t)$.
Le segment obtenu a pour longueur 1.

On rappelle $\sin 2t = 2\sin t\cos t$.

3. On a : $\|\vec{f}'(t)\| = \sqrt{9\sin^2 t\cos^2 t}$ et donc : $l = 4\displaystyle\int_0^{\frac{\pi}{2}} 3\sin t\cos t\,dt = 6$.

Chapitre 14

Systèmes différentiels et équations différentielles linéaires

Bernoulli est un nom qui revient souvent en mathématiques. Ce patronyme est en fait porté par une grande famille de scientifiques. Le premier d'entre eux, et sans doute le plus prolifique, est Jacques. Comprenant très vite l'importance du calcul différentiel introduit par **Newton** et **Leibniz**, il l'utilise pour résoudre de nombreux problèmes inspirés par la physique. Il aboutit souvent à des relations entre une fonction et sa dérivée : ce sont les premières équations différentielles. Ceci l'amène à l'étude de nombreuses courbes comme la spirale logarithmique, la cycloïde ou la lemniscate qui porte son nom. Son frère Jean poursuit son œuvre et étudie les équations différentielles. Les deux fils de Jean, Daniel et Nicolas sont aussi des mathématiciens de grand talent. Quelle famille !

Jean Bernoulli
1667-1748

■■ Objectifs

■ Les incontournables

▷ Connaître les théorèmes d'existence et d'unicité des solutions (Cauchy linéaire)

▷ Connaître la structure des solutions d'une équation différentielle linéaire ou un système linéaire, c'est-à-dire que ces solutions sont constituées de la somme d'une solution particulière et des solutions quelconques de l'équation ou du système homogène associé

▷ Savoir résoudre une équation différentielle linéaire du premier ordre à coefficients variables, en tenant compte des intervalles de résolution

▷ Savoir résoudre une équation différentielle linéaire d'ordre 2 à coefficients constants, le second membre étant de la forme $\lambda \cos(\omega t)$, ou $\lambda \sin(\omega t)$ ou λe^{mt}, λ étant une constante.

■ Et plus si affinités...

▷ Savoir trouver les solutions polynomiales d'une équation différentielle linéaire du second ordre à coefficients variables

▷ Savoir trouver les solutions développables en série entière d'une équation différentielle linéaire du second ordre à coefficients variables

▷ Savoir trouver les solutions d'une équation différentielle linéaire du second ordre à coefficients variables quand on connaît une solution de l'équation sans second membre associée

▷ Savoir résoudre une équation différentielle linéaire d'ordre 2 à coefficients constants, le second membre étant de la forme $P(t) \cos(\omega t)$, ou $P(t) \sin(\omega t)$ ou $P(t)e^{mt}$, P étant un polynôme

▷ Savoir faire le lien entre une équation différentielle linéaire du second ordre et un système différentiel

▷ Savoir résoudre un système différentiel dans le cas où A est trigonalisable (avec $n \geq 3$)

▷ Savoir trouver une solution particulière de $X'(t) = AX(t) + B(t)$ dans le cas o`u A est constante et $B(t)$ est une combinaison linéaire de fonctions vectorielles polynômiales ou exponentielles

▷ Savoir résoudre un système différentiel dans le cas où A dépend de t et où P ne dépend pas de t.

Résumé de cours

On désigne par I un intervalle (non vide) de $\mathbb{R}$ et par $\mathbb{K}$ l'ensemble $\mathbb{R}$ ou $\mathbb{C}$.

Équations différentielles linéaires d'ordre 1

Définition : *Si a et f sont deux applications continues de I dans $\mathbb{K}$, une* ***équation différentielle linéaire du premier ordre*** *est une relation entre une fonction y et sa dérivée y' définie par :*

$$(E) \qquad y'(t) + a(t)y(t) = f(t)$$

Une fonction $y \in \mathscr{C}^1(I)$ à valeurs dans $\mathbb{K}$ qui vérifie (E) est appelée ***solution*** *de (E). Enfin, on appelle* ***courbe intégrale*** *le graphe d'une solution y de (E) sur I.*

Notation : *On note $\mathcal{S}_E(I)$ l'ensemble des solutions de l'équation (E).*

Définition : *On appelle* ***équation homogène*** *associée à (E) l'équation différentielle linéaire (E_H) définie par :*

$$(E_H) \;:\; y'(t) + a(t)y(t) = 0$$

Proposition 14.1.— On a : $\dim \mathcal{S}_{E_H}(I) = 1$.
Plus précisément, l'ensemble des solutions de E_H s'écrit sous la forme :

$$\boxed{\mathcal{S}_{E_H}(I) = \left\{ I \to \mathbb{K} : \; t \mapsto \lambda \exp\left(- \int a(t)\, dt \right), \; \lambda \in \mathbb{K} \right\}}$$

Proposition 14.2.— Si y_p est une solution particulière de l'équation (E), alors :

$$\boxed{\mathcal{S}_E(I) = y_p + \mathcal{S}_{E_H}(I)}$$

Pour résoudre (E), on résout (E_H) et on détermine une solution particulière y_p de (E). Soit on la cherche directement soit on utilise la **méthode de variation de la constante**. Voir pour développer ces deux pistes, la **méthode 14.2**, la **méthode 14.3** et la **méthode 14.4**.

Théorème-Définition 14.3.— Théorème de Cauchy linéaire—.
Soit a et f deux applications continues de I dans $\mathbb{K}$ et (E) l'équation différentielle $y' + ay = f$, le problème de Cauchy associé au couple (t_0, y_0) de $I \times \mathbb{K}$ est la recherche des solutions de (E) vérifiant la condition initiale (ou condition de Cauchy) $y(t_0) = y_0$.
Le problème de Cauchy admet une unique solution.
Une seule courbe intégrale définie sur I passe par le point (t_0, y_0) de $I \times \mathbb{K}$.

■ Systèmes différentiels linéaires d'ordre 1

On désigne par n un entier naturel non nul. On identifie $\mathbb{K}^n$ à l'espace vectoriel des matrices colonnes, $\mathcal{M}_{n,1}(\mathbb{K})$.

Définition : *On appelle* ***système différentiel linéaire d'ordre*** 1 *sur* I *tout système du type :*

$$X'(t) = A(t)X(t) + B(t) \tag{S}$$

d'inconnue $X : I \to \mathbb{K}^n$ *de classe* $\mathscr{C}^1$, *où* $B : I \to \mathbb{K}^n$ *et* $A : I \to \mathcal{M}_n(\mathbb{K})$ *sont continues.*

Vocabulaire : ► *Le système* (S) *est dit* ***homogène*** *ou* ***sans second membre*** *si* $B = 0$.
► *Étant donnée un système différentiel* (S), *on appelle* ***système homogène associé à (S)*** *le système différentiel :*

$$X'(t) = A(t)X(t) \tag{S_H}$$

Le système différentiel (S) *est alors appelé* ***système complet.***

Existence de solutions, problème de Cauchy

Définition : *Une* ***solution sur l'intervalle*** I *du système* (S) *est une fonction* $X : I \to \mathbb{K}^n$ *dérivable sur* I *telle que :* $\forall t \in I,\ X'(t) = AX(t) + B(t)$.

Remarque : Une solution de (S) sur I est de classe $\mathscr{C}^1$ sur I.

Proposition 14.4.— Théorème de Cauchy linéaire—.
Pour tout $(t_0, X_0) \in I \times \mathbb{K}^n$, il existe une unique application $X : I \to \mathbb{K}^n$, $t \mapsto X(t)$ de classe $\mathscr{C}^1$ vérifiant le système (S) et la condition initiale $X(t_0) = X_0$.

Remarque : On ne sait pas expliciter $X(t)$ dans le cas général, y compris si $B(t) = 0$.

Notons $\mathcal{S}(I)$ (respectivement $\mathcal{S}_H(I)$) l'ensemble des solutions $X : I \to \mathbb{K}^n$ du système différentiel $(S) : X'(t) = A(t)X(t) + B(t)$ (respectivement de $(S_H) : X'(t) = A(t))$.

Proposition 14.5.— $\mathcal{S}_H(I)$ est un sous-espace vectoriel de $\mathscr{C}^1(I, \mathbb{K}^n)$, isomorphe à $\mathcal{M}_{n,1}(\mathbb{K})$ et donc : $\dim \mathcal{S}_H(I) = n$.

Par linéarité, pour obtenir tous les éléments de $\mathcal{S}(I)$, on détermine une solution particulière de (S) et on lui ajoute la solution générale de (S_H).

Remarque : Dans le cas très fréquent où A est constant, on commence en général à tenter de diagonaliser ou trigonaliser A. De plus, si la forme de $B(t)$ est classique, on peut tenter de trouver une solution particulière du même type, à l'image de ce qu'on fait pour une équation linéaire du type $y'(t) + ay(t) = f(t)$, où $a \in \mathbb{K}$. Voir la **méthode 14.5** pour plus de détail.

■ Équations différentielles linéaires scalaires d'ordre 2

Ici les fonctions a, b et f sont continues sur I et à valeurs dans $\mathbb{K}$

Définition : *On appelle* ***équation différentielle linéaire d'ordre*** 2 *une équation du type :*

$$y''(t) + a(t)y'(t) + b(t)y(t) = f(t) \tag{E}$$

la fonction inconnue étant $y : I \to \mathbb{K}$.

Remarque : On notera $y''(t)+a(t)y'(t)+b(t)y(t)=f(t)$ l'équation (E) si l'on souhaite préciser le nom de la variable libre. Il est souvent pratique de confondre y et $y(t)$.

Vocabulaire : ▶ *Les fonctions a et b sont appelées* ***coefficients*** *de (E) et la fonction f le* ***second membre*** *de (E).*
▶ *On dit que l'équation (E) est à coefficients constants si les fonctions a et b sont constantes. On dit qu'elle est* ***homogène*** *ou (communément dit) sans* ***second membre*** *si $f=0$.*
▶ *On appelle* ***équation homogène associée*** *à (E) l'équation différentielle :*

$$y''(t)+a(t)y'(t)+b(t)y(t)=0 \qquad (\mathrm{E}_H)$$

L'équation (E) s'appelle alors l'équation ***complète****.*

Proposition 14.6.— L'équation : $y''(t)+a(t)y'(t)+b(t)y(t)=f(t)$ est équivalente au système associé : $\begin{cases} z(t)=y'(t) \\ z'(t)+a(t)z(t)+b(t)y(t)=f(t)\end{cases}$ qui s'écrit $X'(t)=A(t)X+B(t)$ avec $X(t)=\begin{pmatrix} y(t)\\ z(t)\end{pmatrix}$, $A(t)=\begin{pmatrix} 0 & 1\\ -b(t) & -a(t)\end{pmatrix}$ et $B(t)=\begin{pmatrix} 0\\ f(t)\end{pmatrix}$.

Structure de l'ensemble des solutions

Définition à connaître : *Une* ***solution de l'équation*** *(E)* ***sur l'intervalle*** *I est une fonction φ deux fois dérivable sur I telle que pour tout $t\in I$,*

$$\varphi''(t)+a(t)\varphi'(t)+b(t)\varphi(t)=f(t).$$

Notation : *$\mathscr{C}^2(I)$ est l'ensemble des fonctions dont la dérivée seconde est continue sur I.*

Proposition 14.7.— L'ensemble $\mathcal{S}_{E_H}(I)$ des solutions sur I de l'équation homogène (E_H) est un sous-espace vectoriel de $\mathscr{C}^2(I)$.
L'ensemble $\mathcal{S}_E(I)$ des solutions sur I de l'équation (E) est soit vide, soit l'ensemble constitué de la somme d'une solution particulière de (E) et de toutes les solutions de $\mathcal{S}_{E_H}(I)$.

Remarques : ▶ Si y_p est une solution de (E) sur I, on a donc : $\mathcal{S}_E(I)=y_p+\mathcal{S}_H(I)$.
▶ On dit que la solution générale sur I de l'équation complète (E) est la somme d'une solution particulière y_p et de la solution générale de l'équation homogène (E_H), associée à (E).

Existence de solutions, problème de Cauchy

Proposition 14.8.— Théorème de Cauchy linéaire—. Soit $t_0\in I$ et $(\alpha,\beta)\in\mathbb{K}^2$.
Il existe une unique solution au système : $\begin{cases} y''(t)+a(t)y'(t)+b(t)y(t) &= f(t) \qquad (E)\\ y(t_0) &= \alpha \\ y'(t_0) &= \beta\end{cases}$

Proposition 14.9.— L'espace vectoriel $\mathcal{S}_{E_H}(I)$ est de dimension 2.

Remarque : La recherche de la solution générale d'une équation homogène à coefficients constants, bien qu'au programme de première année, est rappelée dans la **méthode 14.6** (si $\mathbb{K}=\mathbb{C}$) et dans la **méthode 14.7** (si $\mathbb{K}=\mathbb{R}$).

Méthodes

Équations différentielles linéaires d'ordre 1

Méthode 14.1.— Comment résoudre $(E_H) : y'(t) + a(t)y(t) = 0$ sur I

1. On vérifie d'abord que $t \mapsto a(t)$ est une application continue sur I ;
2. On détermine (si possible) une primitive notée G de l'application a sur I ;
3. Et enfin : $\mathcal{S}_{E_H}(I) = \{I \to \mathbb{K} : t \mapsto \lambda \exp(-G(t)),\ \lambda \in \mathbb{K}\}$.

Mise en œuvre : de l'**exercice 14.1** à l'**exercice 14.3**.

Méthode 14.2.— Comment déterminer une solution particulière de l'équation $(E) : y'(t) + a\,y(t) = f(t)$ sur I dans le cas où a est constant

- Si $f(t) = f_1(t) + \cdots + f_n(t)$, où chaque fonction f_i est un produit d'un polynôme et d'une exponentielle ou le produit d'un polynôme et d'une fonction sin ou cos, on doit chercher une solution particulière y_{p_1} de l'équation différentielle notée (E_1) : $y'(t) + a\,y(t) = f_1(t)$ et ainsi de suite jusqu'à une solution particulière y_{p_n} de l'équation différentielle notée (E_n) : $y'(t) + a\,y(t) = f_n(t)$.
  Pour cela, on utilise le **tableau ci-après.** $y_{p_1} + \cdots + y_{p_n}$ est une solution particulière de (E) en utilisant le **principe de superposition.**
- Si f n'a pas la forme précédente, on utilise la méthode de variation de la constante (voir **méthode 14.3**).
- On peut aussi chercher une solution développable en série entière comme pour une équation différentielle linéaire d'ordre 2 (voir **méthode 14.10**).

Remarque : Si a n'est pas constant, le tableau n'est plus valable et la méthode de variation de la constante est en général obligatoire (voir **méthode 14.3**).

Forme de $f(t)$	Forme de y_p solution particulière de (E)
P_n	Q_n
$P_n(t)e^{kt}$ avec $k \neq -a$	$Q_n(t)e^{kt}$
$P_n(t)e^{kt}$ avec $k = -a$	$tQ_n(t)e^{kt}$
$P_n(t)\cos(kt)$ ou $P_n(t)\sin(kt)$	$Q_n(t)\cos(kt) + Z_n(t)\sin(kt)$

(Dans tout le tableau, P_n, Q_n et Z_n désignent trois polynômes de degré n et $k \in \mathbb{R}$).

Exemple : *Déterminer l'unique solution de $y'(t) + 3y(t) = e^t + te^{-3t} + \cos t + 2$, $y(0) = 0$*

On a $\mathcal{S}_{E_H}(\mathbb{R}) = \{t \mapsto Ke^{-3t}, K \in \mathbb{R}\}$. Puis, on pose $f_1(t) = e^t$. On cherche une solution y_1 de $(E_1) : y'(t) + 3y(t) = f_1(t)$ de la forme $y_1(t) = Ae^t$. En identifiant, $A = \frac{1}{4}$. Puis, $f_2(t) = te^{-3t}$. On cherche une solution y_2 de $(E_2) : y'(t) + 3y(t) = f_2(t)$ de la forme $y_2(t) = t(Bt + C)e^{-3t}$.

En identifiant, $B = \frac{1}{2}$ et $C = 0$. Puis on pose ensuite $f_3(t) = \cos t$.
On cherche une solution y_3 de $(E_3) : y'(t) + 3y(t) = f_3(t)$ de la forme $y_1(t) = D\cos t + E\sin t$.
En identifiant, on trouve $D = \frac{3}{10}$ et $E = \frac{1}{10}$. Enfin, on pose $f_4(t) = 2$.
On cherche une solution y_4 de $(E_4) : y'(t) + 3y(t) = f_4(t)$ de la forme $y_4(t) = L$. Et : $L = \frac{2}{3}$.
Ainsi, sans la condition initiale, $y(t) = \dfrac{1}{4}e^t + \dfrac{t^2}{2}e^{-3t} + \dfrac{3}{10}\cos t + \dfrac{1}{10}\sin t + \dfrac{2}{3} + Ke^{-3t}$.
La condition $y(0) = 0$ donne $K = -\dfrac{73}{60}$.

Mise en œuvre : exercice 14.1.

❑ Méthode 14.3.— Comment résoudre $(E) : y'(t) + a(t)y(t) = f(t)$ sur I avec la méthode dite de variation de la constante (ici a peut varier)

[1] On résout d'abord l'équation homogène associée (E_H), pour cela allez voir la **méthode 14.1**. On notera y_H une solution particulière non nulle de l'équation (E_H) que l'on choisit. Cette solution peut s'écrire $y_H(t) = \exp(-G(t))$;

[2] On cherche les solutions y de (E) sous la forme $y : t \mapsto \lambda(t)y_H(t)$ où λ est une fonction de $\mathscr{C}^1(I)$ en identifiant cette forme de y dans (E). On trouvera une égalité du type $\lambda'(t) = k(t)$, où k est une fonction continue sur I, que l'on intégrera, ce qui donne : $\lambda(t) = K(t) + L$, où $L \in \mathbb{R}$ et K est une primitive de k ;

[3] Et alors en posant $y_p(t) = K(t)y_H(t)$:

$$\mathcal{S}_E(I) = \{I \to \mathbb{R} : t \mapsto L\exp(-G(t)) + y_p(t),\ L \in \mathbb{R}\}$$

On reconnaît au passage que $K(t)y_H(t)$ est une solution particulière de (E).
Mise en œuvre : exercice 14.1, **exercice 14.2** et **exercice 14.3**.

Exemples : 1. *Résoudre* $(E) : y'(t) - 2t\,y(t) = e^t e^{t^2}$ *définie sur* $\mathbb{R}$.

Comme l'équation (E_H) a déjà été traitée plus haut, on choisit $y_H : t \mapsto e^{t^2}$ pour solution particulière de l'équation homogène (E_H) associée à l'équation (E). On cherche donc les solutions de (E) de la forme $y : t \mapsto \lambda(t)y_H(t)$, où λ est une fonction de $\mathscr{C}^1(\mathbb{R})$. y_H est solution de (E_H), donc : $y_H'(t) - 2ty_H(t) = 0$ et en remplaçant dans (E), on peut écrire :

$$(\lambda y_H)'(t) - 2t\lambda(t)y_H(t) = \lambda(t)y_H'(t) + \lambda'(t)y_H(t) - 2t\lambda(t)y_H(t) = \lambda'(t)y_h(t).$$

De façon successive, $\lambda y_H \in \mathcal{S}_E(\mathbb{R}) \Leftrightarrow \begin{cases} \lambda'(t)y_H(t) = e^t e^{t^2} \\ t \in \mathbb{R} \end{cases} \Leftrightarrow \begin{cases} \lambda'(t) = e^t \\ t \in \mathbb{R} \end{cases} \Leftrightarrow \begin{cases} \lambda(t) = e^t + L \\ t \in \mathbb{R} \end{cases}$.

D'où les solutions de (E) sont de la forme : $t \mapsto e^t e^{t^2} + Le^{t^2}$, où $L \in \mathbb{R}$.

2. *Résoudre* $(E) : t(t-1)\,y'(t) + y(t) = \ln t$ *avec* $I =]1, +\infty[$. *(Posé à ESM Saint-Cyr)*

L'équation homogène (E_H) se ramène à : $y'(t) = -\dfrac{y(t)}{t(t-1)}$. Comme $\dfrac{-1}{t(t-1)} = \dfrac{1}{t} - \dfrac{1}{t-1}$, on obtient : $y(t) = \dfrac{Ct}{t-1}$, où $C \in \mathbb{R}$. Il reste à chercher les solutions y de (E) sous la forme $y(t) = \dfrac{\lambda(t)t}{t-1}$.
En remplaçant dans (E), $\lambda'(t) = \dfrac{\ln t}{t^2} \Rightarrow \lambda(t) = -\dfrac{\ln t}{t} + \displaystyle\int \frac{dt}{t^2} = -\frac{\ln t}{t} - \frac{1}{t} + L$, où $L \in \mathbb{R}$.

Ainsi l'ensemble des solutions est : $\mathcal{S}_E(I) = \left\{t \mapsto \dfrac{Lt - \ln t - 1}{t-1},\ L \in \mathbb{R}\right\}$.

■ Systèmes différentiels linéaires d'ordre 1

Dans cette partie, soit le système différentiel (S) : $X'(t) = A(t)X(t) + B(t)$.

❑ Méthode 14.4.— Comment résoudre (S) quand la matrice A est constante

Plusieurs cas se présentent suivant la nature de la matrice A.

- A est une matrice **diagonale**.

  L'équation (S) se ramène au système : $\left\{\begin{array}{c} x_1'(t) = \lambda_1 x_1(t) + b_1(t) \\ \vdots \\ x_n'(t) = \lambda_n x_n(t) + b_n(t) \end{array}\right.$.

  On résout séparément ces n équations différentielles linéaires.

- A est une matrice **triangulaire** (supérieure pour fixer les idées)
  L'équation (S) se ramène alors au système :

$$\left\{\begin{array}{rcccccccc} x_1'(t) = & \lambda_1 x_1 & + & a_{12}x_2 & + & \cdots & + & a_{1n}x_n & + & b_1(t) \\ x_2'(t) = & & & \lambda_2 x_2 & + & \cdots & + & a_{2n}x_n & + & b_2(t) \\ \vdots & & & & \ddots & & & & & \vdots \\ x_{n-1}'(t) = & & & & & \lambda_{n-1}x_{n-1} & + & a_{n-1,n}x_n & + & b_{n-1}(t) \\ x_n'(t) = & & & & & & & \lambda_n x_n & + & b_n(t) \end{array}\right.$$

  On résout ce système par remontée, en commençant par la dernière équation qui permet de déterminer x_n. On détermine alors successivement $x_{n-1}, \ldots, x_2, x_1$.

- **Cas général**. On diagonalise ou à défaut on trigonalise la matrice A (en se plaçant sur le corps $\mathbb{C}$, on rappelle que la trigonalisation est toujours possible).
  On détermine une matrice inversible P (qui est indépendante de t) telle que la matrice $\Delta = P^{-1}AP$ soit diagonale ou triangulaire.
  On note $Y(t)$ les coordonnées d'un vecteur exprimées dans la base définie par P. On rappelle la relation de changement de base $X(t) = PY(t)$. L'équation (S) devient :

$$[X'(t) = AX(t) + B(t)] \Rightarrow \left[X'(t) = (P\Delta P^{-1})X(t) + B(t)\right] \Rightarrow$$

$$\left[P^{-1}X'(t) = \Delta(P^{-1}X(t)) + P^{-1}B(t)\right] \Rightarrow \left[Y'(t) = \Delta Y(t) + P^{-1}B(t)\right].$$

  On est ramené à un des cas précédents. On détermine la solution générale Y.
  On revient aux inconnues primaires en utilisant $X(t) = PY(t)$.

Mise en œuvre : de l'**exercice 14.4** à l'**exercice 14.12**, **exercice 14.25**, **exercice 14.26**.

Exemple : *Résoudre le système différentiel (S) suivant :* $\left\{\begin{array}{l} x_1'(t) = x_1(t) + 4x_2(t) + t \\ x_2'(t) = x_1(t) + x_2(t) + 1 \end{array}\right.$

D'après Concours Commun Mines-Telecom, filière PSI

En posant $A = \begin{pmatrix} 1 & 4 \\ 1 & 1 \end{pmatrix}$ et $B(t) = \begin{pmatrix} t \\ 1 \end{pmatrix}$, (S) s'écrit $X'(t) = AX(t) + B(t)$.

On remarque que le polynôme caractéristique de A est $\chi_A = (X-3)(X+1)$. La matrice A admet deux valeurs propres réelles distinctes, elle est donc diagonalisable sur $\mathbb{R}$.

Il existe une matrice inversible P telle que $\Delta = P^{-1}AP = \begin{pmatrix} 3 & 0 \\ 0 & -1 \end{pmatrix}$. Après calculs, la matrice

$P = \begin{pmatrix} 2 & -2 \\ 1 & 1 \end{pmatrix}$ convient. On pose $X = PY$, l'équation devient : $Y' = \Delta Y + P^{-1}B(t)$.

On a : $P^{-1} = \dfrac{1}{4}\begin{pmatrix} 1 & 2 \\ -1 & 2 \end{pmatrix}$, d'où le système : $\begin{cases} y_1'(t) & = & 3y_1(t) + \dfrac{t+2}{4} & (L_1) \\ y_2'(t) & = & -y_2(t) + \dfrac{-t+2}{4} & (L_2) \end{cases}$.

Ces deux équations sont indépendantes l'une de l'autre. On les résout successivement.

La solution générale de (L_1) est : $y_1(t) = \lambda_1 e^{3t} - \dfrac{3t+7}{36} \qquad \lambda_1 \in \mathbb{R}$.

De même, la solution générale de (L_2) est : $y_2(t) = \lambda_2 e^{-t} + \dfrac{-t+3}{4} \qquad \lambda_2 \in \mathbb{R}$.

La solution générale du système (L) est alors : $X = PY = \begin{pmatrix} 2 & -2 \\ 1 & 1 \end{pmatrix}\begin{pmatrix} y_1(t) \\ y_2(t) \end{pmatrix}$.

Après avoir déroulé les calculs : $\begin{cases} x_1(t) & = & 2\lambda_1 e^{3t} - 2\lambda_2 e^{-t} + \dfrac{3t-17}{9} \\ x_2(t) & = & \lambda_1 e^{3t} + \lambda_2 e^{-t} + \dfrac{5-3t}{9} \end{cases}$

Remarque : Parfois, si A est diagonalisable dans $\mathbb{C}$ et pas dans $\mathbb{R}$, on applique la **méthode 14.4** avec $\mathbb{K} = \mathbb{C}$ puis on revient aux solutions réelles.

❑ Méthode 14.5.— Comment déterminer une solution particulière $X_p(t)$ de (S) quand $A \in \mathcal{M}_n(\mathbb{K})$ est constante et $B(t) \neq 0$

On peut attendre bien entendu un coup de pouce de l'énoncé. Donnons des pistes pour y arriver tout seul dans les cas les plus simples.
On procède alors par analogie avec la **méthode 14.2**.

- Si $B(t) = B$ est constante, on peut chercher X_p constante. En remplaçant, on a : $AX_p = -B$, ce qui donne $X_p = -A^{-1}B$ si A est inversible. (Si d'aventure, B est un vecteur propre de A, c'est encore plus rapide.)
- Si $B(t)$ est de la forme $\sum_{k=0}^{p} t^k B_k$, où $B_k \in \mathcal{M}_{n,1}(\mathbb{K})$, on peut chercher $X_p(t)$ sous une forme comparable : $\sum_{k=0}^{p} t^k C_k$, où $C_k \in \mathcal{M}_{n,1}(\mathbb{K})$.
- Si $B(t) = te^{\alpha_1 t}B_1 + e^{\alpha_2 t}B_2$, où $B_k \in \mathcal{M}_{n,1}(\mathbb{K})$ et $(\alpha_1, \alpha_2) \in \mathbb{K}^2$, on peut chercher $X_p(t)$ sous la forme $te^{\alpha_1 t}C_1 + e^{\alpha_2 t}C_2$, où $C_k \in \mathcal{M}_{n,1}(\mathbb{K})$.
- La forme $X_p(t)$ étant choisie ou donnée, on remplace dans (S) et on identifie.

L'idée sous-jacente est de résoudre (S) sans avoir à calculer P^{-1}. Pour cela, on résout (S_H) : $X'(t) = AX(t)$ et on ajoute la solution particulière $X_p(t)$ trouvée, comme pour une équation différentielle linéaire d'ordre un.

Exemple : *Reprendre la résolution de l'exemple précédent avec cette méthode.*

On résout comme précédemment : $X'(t) = AX(t) \Rightarrow \begin{cases} x_1(t) = 2\lambda_1 e^{3t} - 2\lambda_2 e^{-t} \\ x_2(t) = \lambda_1 e^{3t} + \lambda_2 e^{-t} \end{cases}$.

Comme $B(t) = \begin{pmatrix} 0 \\ 1 \end{pmatrix} + t\begin{pmatrix} 1 \\ 0 \end{pmatrix}$, on cherche $X_p(t) = \begin{pmatrix} b \\ d \end{pmatrix} + t\begin{pmatrix} a \\ c \end{pmatrix}$ solution de (S).

On remplace et on aboutit au système :

$$\left\{\begin{array}{lcl} a & = & at+b+4ct+4d+t \\ c & = & at+b+ct+d+1 \end{array}\right. \Rightarrow a=b+4d,\ 0=a+4c+1,\ c=b+d+1,\ 0=a+c.$$

Après un calcul classique, $a=\dfrac{1}{3}$, $b=\dfrac{-17}{9}$, $c=\dfrac{-1}{3}$ et $d=\dfrac{5}{9}$. On retrouve ce que l'on savait déjà !

Mise en œuvre : exercice 14.9, **exercice 14.11**, **exercice 14.12** et **exercice 14.26**.

Remarque : Parfois, il faut « monter » le degré de t dans X_p par rapport à B, (à l'image de ce qui se passe à la **méthode 14.2**), ce qui complique largement les calculs. Voir l'**exercice 14.11**, où l'on ne préconise la **méthode 14.5** mais aussi la **méthode 14.4** qui reste la méthode principale.

Remarque : Au programme officiel, on définit les systèmes différentiels dans le cas général (la matrice A pouvant être non constante). Maintenant, la résolution effective d'un tel système est impossible sauf dans des cas particuliers. De plus, aucune connaissance n'est exigée de votre part. Maintenant, **sachez qu'à l'oral de CCP 2016, filière PSI, donc certainement dans les oraux suivants, des exercices qui ressemblent étrangement à l'exemple qui suit, ont été posés. Traitons donc cet exemple guidé. Pour les affamés, aller à l'exercice 14.13 et l'exercice 14.14, il y en a d'autres. Par ailleurs, on peut encore aller plus loin si l'on accepte de se faire étouffer par Python (méthode 18.20).**

Exemple : *Résoudre* (S) *avec* $A(t)=\begin{pmatrix} t+3 & 2 \\ -4 & t-3 \end{pmatrix}$, $B(t)=0$ *et* $I=\mathbb{R}$.

Synopsis : on commence par déterminer le polynôme caractéristique de $A(t)$ (en fonction de t fixé). Puis on calcule les valeurs propres (fonctions de t) de $A(t)$. On cherche une base de diagonalisation ou de trigonalisation comme dans la **méthode 14.4**.
On appelle $D(t)$ la matrice diagonalisée ou trigonalisée. Ici la matrice de passage P ne dépend pas de t, en posant $Y(t)=P^{-1}X(t)$, le système $X'(t)=A(t)X(t)+B(t)$ se transforme alors rapidement en : $Y'(t)=D(t)Y(t)+P^{-1}B(t)$.
On résout ce système puis on utilise $X(t)=PY(t)$ pour conclure.
(Si P dépendait de t, on aurait été simplement bloqué !)

Résolution : posons : (S) : $\left\{\begin{array}{lcl} x_1'(t) & = & (t+3)x_1(t)+2x_2(t) \\ x_2'(t) & = & -4x_1(t)+(t-3)x_2(t) \end{array}\right.$ et $X(t)=\begin{pmatrix} x_1(t) \\ x_2(t) \end{pmatrix}$.
Le polynôme caractéristique de $A(t)$ (pour t fixé) est : $\chi_{A(t)}(x)=x^2-2tx+(t^2-1)$.
Ses racines sont $t\pm 1$ et le spectre de A est donc $\{t+1, t-1\}$.
Puis, grâce à votre rapidité : $E_{t+1}(A)=\mathsf{Vect}\,((1,-1))$ et $E_{t-1}(A)=\mathsf{Vect}\,((1,-2))$.
Ici $P=\begin{pmatrix} 1 & 1 \\ -1 & -2 \end{pmatrix}$ et on remarque que la matrice P est indépendante de t.
Puis : $A(t)=PD(t)P^{-1}$ avec $D(t)=\begin{pmatrix} t+1 & 0 \\ 0 & t-1 \end{pmatrix}$.
En posant $Y=P^{-1}X$, $X'=A(t)X \Leftrightarrow Y'(t)=D(t)Y(t)$.
On écrit : $Y(t)=\begin{pmatrix} y_1(t) \\ y_2(t) \end{pmatrix}$.

Et : $Y'(t)=D(t)Y(t) \Leftrightarrow \left\{\begin{array}{lcl} y_1'(t) & = & (t+1)y_1(t) \\ y_2'(t) & = & (t-1)y_2(t) \end{array}\right. \Leftrightarrow \left\{\begin{array}{lcl} y_1(t) & = & A_1e^{\frac{t^2}{2}+t} \\ y_2(t) & = & A_2e^{\frac{t^2}{2}-t} \end{array}\right.$, $(A_1,A_2)\in\mathbb{R}^2$.

En utilisant $X=PY$, $\left\{\begin{array}{lcl} x_1(t) & = & A_1e^{\frac{t^2}{2}+t}+A_2e^{\frac{t^2}{2}-t} \\ x_2(t) & = & -A_1e^{\frac{t^2}{2}+t}-2A_2e^{\frac{t^2}{2}-t} \end{array}\right.$.

■ Équations différentielles linéaires à coefficients constants du second ordre

Soit $(a,b)) \in \mathbb{K}^2$ et (E) : $y''(t) + ay'(t) + by(t) = f(t)$, d'équation homogène associée (E_H). L'équation (1) : $x^2 + ax + b = 0$ est **l'équation caractéristique** associée à (E_H).

❑ Méthode 14.6.— Comment résoudre (E_H) (avec $(a,b) \in \mathbb{C}^2$) dans $\mathbb{C}$ —.

- On peut utiliser le cours de première année. On résout (1).
Si $a^2 - 4b \neq 0$, (1) admet deux racines complexes r_1 et r_2 distinctes et :

$$\boxed{\mathcal{S}_{E_H}(\mathbb{R}) = \left\{\mathbb{R} \to \mathbb{C},\, t \mapsto \lambda e^{r_1 t} + \mu e^{r_2 t},\, (\lambda,\mu) \in \mathbb{C}^2\right\}.}$$

Si $a^2 - 4b = 0$, (1) admet une racine complexe double r et :

$$\boxed{\mathcal{S}_{E_H}(\mathbb{R}) = \left\{\mathbb{R} \to \mathbb{C},\, t \mapsto (\lambda + \mu t)e^{rt},\, (\lambda,\mu) \in \mathbb{C}^2\right\}.}$$

- On peut aussi remarquer que (E_H) est associée (voir la **proposition 14.6**) à $X'(t) = AX(t)$, où $A(t) = \begin{pmatrix} 0 & 1 \\ -b & -a \end{pmatrix}$ et $X(t) = \begin{pmatrix} y(t) \\ y'(t) \end{pmatrix}$.
Ici $\chi_A(x) = x^2 + ax + b$. On retrouve les deux cas $a^2 - 4b \neq 0$ ou $a^2 - 4b = 0$.
Dans le premier cas, A est semblable à la matrice diagonale $\begin{pmatrix} r_1 & 0 \\ 0 & r_2 \end{pmatrix}$. On continue en utilisant la **méthode 14.4**. Dans le deuxième cas, A est semblable à la matrice $\begin{pmatrix} r_1 & c \\ 0 & r_2 \end{pmatrix}$, où $c \in \mathbb{C}$. On continue toujours en utilisant la **méthode 14.4**.
On retrouve dans les deux cas la forme de $y(t)$ souhaitée.

Exemple : *Déterminer tous les $y : \mathbb{R} \to \mathbb{C}$ tels que : $y''(t) - (2+4i)\,y'(t) + (-3+4i)\,y(t) = 0$.*
1. *En utilisant l'équation caractéristique.* **2.** *En utilisant le système différentiel associé.*

1. L'équation caractéristique est : $x^2 - (2+4i)x + (-3+4i) = 0$. Son discriminant est 0 et on a une racine double : $r_1 = 2i + 1$. Finalement, $\mathcal{S}_E(\mathbb{R}) = \{\mathbb{R} \to \mathbb{C} : t \mapsto (\lambda + \mu t)e^{2it+t},\, (\lambda,\mu) \in \mathbb{C}^2\}$.

2. Le système différentiel associé a pour matrice $A = \begin{pmatrix} 0 & 1 \\ 3-4i & 2+4i \end{pmatrix}$.
On retrouve $\chi_A(x) = x^2 - (2+4i)x + (-3+4i) = (x - 2i - 1)^2$.
Le seul sous-espace propre est $E_{1+2i}(A) = \mathsf{Vect}\,(\vec{u})$, où $\vec{u}(1, 1+2i)$.
Posons par exemple $P = \begin{pmatrix} 1 & 0 \\ 1+2i & 1 \end{pmatrix}$. Alors : $\Delta = P^{-1}AP = \begin{pmatrix} 1+2i & 1 \\ 0 & 1+2i \end{pmatrix}$.
Si l'on pose $X(t) = \begin{pmatrix} y(t) \\ z(t) \end{pmatrix}$ et $Y(t) = \begin{pmatrix} y_1(t) \\ y_2(t) \end{pmatrix}$, $X'(t) = AX(t) \Leftrightarrow Y'(t) = \Delta Y(t)$.
L'équation $y_2'(t) = (1+2i)y_2(t)$ donne : $y_2(t) = \alpha\, e^{(2i+1)t}$, avec $\alpha \in \mathbb{C}$.
Il reste l'équation : $y_1'(t) = (1+2i)y_1(t) + y_2(t) = (1+2i)y_1(t) + \alpha\, e^{(2i+1)t}$. Un petit coup de la **méthode 14.2** et $y_1(t) = (\alpha t + \beta)e^{(2i+1)t}$, où $\beta \in \mathbb{C}$. Il reste à utiliser $X(t) = PY(t)$, pour en déduire $y(t)$. On peut remarquer qu'ici, ce choix de la seconde colonne de P donne : $y(t) = y_1(t)$, ce qui facilite les calculs. On aboutit ainsi encore à une combinaison linéaire de $e^{(2i+1)t}$ et $te^{(2i+1)t}$.

Méthodes

❑ Méthode 14.7.— Comment résoudre (E_H) (avec $(a,b) \in \mathbb{R}^2$) dans $\mathbb{R}$ —.

■ On peut se ramener à la **méthode 14.6** et utiliser la formule de Moivre dans le cas où le discriminant de (1) est négatif pour ne conserver que des solutions réelles.

■ On peut aussi utiliser directement :

- si $a^2 - 4b < 0$, (1) admet deux racines $r = \alpha \pm i\beta$ distinctes et conjuguées et :

$$\boxed{\mathcal{S}_{E_H}(\mathbb{R}) = \left\{\mathbb{R} \to \mathbb{R},\, t \mapsto e^{\alpha t}(\lambda \cos(\beta t) + \mu \sin(\beta t)),\, (\lambda, \mu) \in \mathbb{R}^2\right\}.}$$

- si $a^2 - 4b = 0$, (1) admet une racine réelle double r et :

$$\boxed{\mathcal{S}_{E_H}(\mathbb{R}) = \left\{\mathbb{R} \to \mathbb{R},\, t \mapsto (\lambda + \mu t)e^{rt},\, (\lambda, \mu) \in \mathbb{R}^2\right\}.}$$

- si $a^2 - 4b > 0$, (1) admet deux racines réelles r_1 et r_2 distinctes et :

$$\boxed{\mathcal{S}_{E_H}(\mathbb{R}) = \left\{\mathbb{R} \to \mathbb{R},\, t \mapsto \lambda e^{r_1 t} + \mu e^{r_2 t},\, (\lambda, \mu) \in \mathbb{R}^2\right\}.}$$

Mise en œuvre : exercice 14.16, exercice 14.17.

❑ Méthode 14.8.— Comment résoudre l'équation complète (E)

- On résout l'équation homogène associée (E_H) en utilisant la **méthode 14.7**.
- On cherche une solution particulière y_p de (E), soit fournie par l'énoncé, soit « devinée » par l'étudiant. Pour ce dernier cas, il faut que $f(t)$ soit de la forme $f(t) = f_1(t) + \ldots + f_n(t)$, où chaque fonction f_i est un polynôme, une exponentielle ou des fonctions trigonométriques usuelles. On doit chercher une solution particulière y_{p_1} de l'équation différentielle (E_1) : $y''(t) + a\,y'(t) + b\,y(t) = f_1(t)$ et ainsi de suite jusqu'à une solution particulière y_{p_n} de l'équation différentielle notée (E_n) : $y''(t) + ay'(t) + by(t) = f_n(t)$. Pour cela, on utilise le **tableau ci-après.** Enfin, on utilise la remarque que $y_{p_1} + \cdots + y_{p_n}$ est une solution particulière de (E) en utilisant le **principe de superposition.**

$$\mathcal{S}_E(I) = \mathcal{S}_{E_H}(I) + y_{p_1}(t) + \cdots + y_{p_n}(t).$$

  Parfois, si $f(t)$ est moins classique, on peut chercher une solution particulière développable en série entière. On est en plein dans la **méthode 14.10**.
- On peut aussi utiliser la **proposition 14.6** et la **méthode 14.4**, dans le cas où $B(t)$ est non nul. Mais c'est généralement plus long ! On résout alors l'équation complète sans passer par celle de l'équation homogène auparavant.

Mise en œuvre : l'**exercice 14.15** pour l'utilisation du système différentiel linéaire d'ordre un associé et l'**exercice 14.16** pour l'utilisation de l'équation caractéristique et du tableau.

Remarque : Ce paragraphe se prête à moultes exercices, dès que le second membre est moins « usuel » ou simplement plus général. L'**exercice 14.17** en est l'illustration.

Ici, P_n et Q_n sont des **polynômes réels de degré** n, $(K, M, N, c) \in \mathbb{R}^4$, $k \in \mathbb{K}$.

Forme du second membre $f(t)$	**Forme de** y_p **solution particulière de** (E)
$P_n(t)$ avec $b \neq 0$	$Q_n(t)$
$P_n(t)$ avec $b = 0, a \neq 0$	$tQ_n(t)$
$P_n(t)$ avec $a = b = 0$	$t^2Q_n(t)$
$K\,e^{kt}$ avec k non racine de (1)	$M\,e^{kt}$
$K\,e^{kt}$ avec k racine simple de (1)	$M\,t\,e^{kt}$
$K\,e^{kt}$ avec k racine double de (1)	$M\,t^2\,c^{kt}$
$K\,\cos(ct)$ avec ic non racine de (1)	$M\cos(ct) + N\sin(ct)$
$K\,\sin(ct)$ avec ic non racine de (1)	$M\cos(ct) + N\sin(ct)$
$K\,\cos(ct)$ avec ic racine de (1)	$t\,M\cos(ct) + t\,N\sin(ct)$
$K\,\sin(ct)$ avec ic racine de (1)	$t\,M\cos(ct) + t\,N\sin(ct)$

Exemples : 1. *Résoudre l'équation* (E) : $y''(t) + 2\,y'(t) + y(t) = t + 1 + e^t + e^{-t}$ *de conditions initiales* $y(0) = y'(0) = 0$ *d'abord avec le tableau puis avec un système différentiel associé.*

► L'équation caractéristique $x^2 + 2x + 1$ a pour racine double -1.
Donc : $\mathcal{S}_{E_H}(\mathbb{R}) = \{t \mapsto K_1te^{-t} + K_2e^{-t},\ (K_1, K_2) \in \mathbb{R}^2\}$. Attaquons l'équation complète.
On pose : $f_1(t) = t + 1$, $f_2(t) = e^t$, $f_3(t) = e^{-t}$.
On cherche une solution particulière y_{p_i} de chaque (E_i) : $y''(t) + 2y'(t) + y(t) = f_i(t)$.
$y_{p_1}(t)$ est de la forme $a_1\,t + a_2$, on trouve $a_1 = 1$ et $a_2 = -1$. Puis $y_{p_2}(t)$ est de la forme $b\,e^t$.
On trouve $b = \dfrac{1}{4}$. Puis $y_{p_3}(t)$ est de la forme $t^2c_1\,e^{-t}$ car -1 est racine double. On trouve $c_1 = \dfrac{1}{2}$.
Il reste à exploiter les conditions initiales qui donnent $K_1 = -\dfrac{1}{2}$ et $K_2 = \dfrac{3}{4}$.
Ainsi : $\mathcal{S}_E(\mathbb{R}) = \left\{t \mapsto \left(\dfrac{3}{4} - \dfrac{t}{2} + \dfrac{t^2}{2}\right)e^{-t} + \dfrac{1}{4}e^t + t - 1\right\}$.

► Avec la **proposition 14.6** et la **méthode 14.4**, on pose $A = \begin{pmatrix} 0 & 1 \\ -1 & -2 \end{pmatrix}$ et $B(t) = \begin{pmatrix} 0 \\ f(t) \end{pmatrix}$, avec $f(t) = t + 1 + e^t + e^{-t}$. Rapidement, $\chi_A(x) = x^2 + 2x + 1 = (x + 1)^2$ et la seule valeur propre de A est -1. Le sous-espace propre associé est : $E_{-1}(A) = \mathsf{Vect}\,\{(-1, 1)\}$.
Prenons $P = \begin{pmatrix} -1 & 0 \\ 1 & 1 \end{pmatrix}$. (Ici un second membre dans (E) oblige à calculer P^{-1}.)
Un calcul rapide donne $P^{-1} = \begin{pmatrix} -1 & 0 \\ 1 & 1 \end{pmatrix}$ et $\Delta = P^{-1}AP = \begin{pmatrix} -1 & -1 \\ 0 & -1 \end{pmatrix}$.
On a, avec les notations de la **méthode 14.4** : $X'(t) = AX(t) + B(t) \Leftrightarrow Y'(t) = \Delta Y(t) + P^{-1}B(t)$ avec $X(t) = \begin{pmatrix} y(t) \\ y'(t) \end{pmatrix} = PY(t) = P\begin{pmatrix} y_1(t) \\ y_2(t) \end{pmatrix}$. D'où : $\begin{cases} y_1'(t) &= -y_1(t) - y_2(t) \\ y_2'(t) &= -y_2(t) + t + 1 + e^t + e^{-t} \end{cases}$.
La seconde équation donne : $\exists c \in \mathbb{R}$, $y_2(t) = c\,e^{-t} + t\,e^{-t} + t + \dfrac{1}{2}e^t$. On injecte dans la première équation : $\exists d \in \mathbb{R}$, $y_1(t) = -c\,t\,e^{-t} - \dfrac{1}{2}t^2\,e^{-t} - t + 1 - \dfrac{1}{4}t\,e^t + d\,e^{-t}$.
Comme $y(t) = -y_1(t)$ et comme les conditions initiales donnent c et d, on conclut.

2. *Résoudre (avec le tableau)* $y''(t) + \omega\, y(t) = 2\cos t$, *où* $\omega \in \mathbb{R}^\star$ *avec* $I = \mathbb{R}$.

L'équation homogène (E_H) : $y''(t) + \omega y(t) = 0$ a pour équation caractéristique (1) : $x^2 + \omega = 0$.
▶ Si $\omega > 0$, (1) donne $\{i\sqrt{\omega}, -i\sqrt{\omega}\}$. Et : $\mathcal{S}_{E_H}(\mathbb{R}) = \{t \mapsto C_1 \sin(t\sqrt{\omega}) + C_2 \cos(t\sqrt{\omega})\}$.
Si $\omega \neq 1$, i n'est pas solution de (1) et on cherche une solution particulière de la forme : $y_1(t) = a\cos t + b\sin t$. On dérive deux fois et après identification, on obtient $a = \dfrac{2}{\omega - 1}$ et $b = 0$.
Finalement : $\mathcal{S}_E(\mathbb{R}) = \left\{t \mapsto C_1 \sin(t\sqrt{\omega}) + C_2 \cos(t\sqrt{\omega}) + \dfrac{2}{\omega - 1}\cos t\right\}$.
Si $\omega = 1$, i est solution de (1) et on cherche une solution particulière de la forme : $y_1(t) = at\cos t + bt\sin t$. On trouve $a = 0$ et $b = 1$. Finalement : $\mathcal{S}_E(\mathbb{R}) = \{t \mapsto C_1 \sin t + C_2 \cos t + t\sin t\}$.
▶ Si $\omega < 0$, (1) a pour solution $\{-\sqrt{-\omega}, \sqrt{-\omega}\}$. Déjà, $\mathcal{S}_{E_H}(\mathbb{R}) = \left\{t \mapsto C_1 e^{-\sqrt{-\omega}t} + C_2 e^{\sqrt{-\omega}t}\right\}$.
Pour la suite, la solution particulière se trouve comme dans le cas $\omega \neq 1 > 0$.
On trouve : $\mathcal{S}_E(\mathbb{R}) = \left\{t \mapsto C_1 e^{-\sqrt{-\omega}t} + C_2 e^{\sqrt{-\omega}t} + \dfrac{2}{\omega - 1}\cos t\right\}$.

Mise en œuvre : exercice 14.16 et **exercice 14.17**.

■ Équations différentielles linéaires à coefficients non constants du second ordre

On comprend que les méthodes qui vont suivrent restent valables pour le cas où les coefficients sont constants.
Soit a, b et c trois fonctions continues sur I, la fonction a ne s'annulant pas sur I.
On note : (E) : $a(t)y''(t) + b(t)y'(t) + c(t)y(t) = f(t)$, d'équation homogène associée (E_H).
L'ensemble des solutions de (E) est noté $\mathcal{S}_E(I)$ et celles de (E_H) est noté $\mathcal{S}_{E_H}(I)$.

❑ **Méthode 14.9.— Comment déterminer $\mathcal{S}_E(I)$ en effectuant un changement de variable dans (E)**
On suppose que l'on dispose d'une fonction φ bijective définie d'un intervalle J sur l'intervalle I. On suppose que φ est de classe $\mathscr{C}^2$ sur J et φ^{-1} est de classe $\mathscr{C}^2$ sur I. On introduit alors une nouvelle fonction z définie sur J par : $z(x) = y\big(\varphi(x)\big)$.
On dérive deux fois la fonction z et on écrit l'équation (E) sous la forme :

$$a\big(\varphi(x)\big)y''\big(\varphi(x)\big) + b\big(\varphi(x)\big)y'\big(\varphi(x)\big) + c\big(\varphi(x)\big)y\big(\varphi(x)\big) = f\big(\varphi(x)\big)$$

On essaye alors d'obtenir une nouvelle équation en z, (généralement à coefficients constants pour que la méthode ait une efficacité). On résout cette équation, on obtient donc l'expression de $z(x)$ puis on détermine la solution générale de (E) en utilisant φ^{-1}.

Mise en œuvre : exercice 14.18.

Exemple : *Résoudre sur* $]-1, 1[$, (E) : $(1 - t^2)y''(t) - ty'(t) + y(t) = 0$ *en posant* $t = \cos x$.
$z(x) = y(\cos x) \Rightarrow z'(x) = -(\sin x)y'(\cos x) \Rightarrow z''(x) = -(\cos x)y'(\cos x) + (1 - \cos^2 x)y''(\cos x)$.
$y \in \mathcal{S}_{(E)}(]-1, 1[) \Leftrightarrow \forall x \in]0, \pi[,\quad \underbrace{(1 - \cos^2 x)y''\big(\cos x\big) - \cos(x)\, y'\big(\cos x\big)}_{z''(x)} + \underbrace{y\big(\cos x\big)}_{z(x)} = 0$.
z est alors solution sur $]0, \pi[$ de l'équation différentielle : $z'' + z = 0$ dont la solution générale est $z : x \mapsto \lambda\cos(x) + \mu\sin(x)$. Et : $\mathcal{S}_E(]-1, 1[) = \{t \mapsto \lambda t + \mu\sqrt{1 - t^2},\ (\lambda, \mu) \in \mathbb{R}^2\}$.

Méthode 14.10.— Comment déterminer une solution $y(t) = \sum_{n=0}^{+\infty} a_n t^n$ de (E) développable en série entière

Traitons uniquement le cas d'une équation du second ordre. On suppose que $0 \in I$ et que f est développable en série entière (de rayon de convergence $R > 0$) et que les fonctions a, b et c sont polynomiales en t. La méthode peut s'étendre au cas où a s'annule en 0.

Alors : $y'(t) = \sum_{n=1}^{+\infty} n a_n t^{n-1}$ et $y''(t) = \sum_{n=2}^{+\infty} n(n-1) a_n t^{n-2}$

- **1.** On injecte ces deux égalités dans l'équation (E).
- **2.** En faisant éventuellement des changements d'indice, on écrit le premier membre de (E) sous la forme regroupée $\sum_{n=0}^{+\infty} b_n t^n$.
- **3.** On détermine le développement en série entière de $f(t)$.
- **4.** On utilise l'unicité du développement en série entière pour déterminer une relation de récurrence entre les termes de la suite (a_n).
- **5.** On détermine l'expression de a_n.
- **6.** On calcule enfin le rayon de convergence de la série entière $\sum a_n t^n$.

Mise en œuvre : exercice 14.3, de l'**exercice 14.20** à l'**exercice 14.24** et enfin de l'**exercice 14.27** et l'**exercice 14.28**.

Exemple : *Appliquer cette méthode pour déterminer une solution particulière de l'équation différentielle* $(E) : y'' + ty' + y = 0$.

On cherche une solution de (E) sous la forme $y(t) = \sum_{n=0}^{+\infty} a_n t^n$.

On dérive deux fois la fonction y et on injecte le tout dans l'équation (E), il vient :

$$a_0 + 2a_2 + \sum_{n=1}^{+\infty} \big(a_n + n a_n + (n+2)(n+1) a_{n+2}\big) t^n = 0.$$

Par unicité du développement en série entière, $\forall n \geqslant 0, a_n + (n+2) a_{n+2} = 0$.

La relation précédente est une relation entre deux termes de même parité : on peut donc exprimer tous les termes d'indices pairs en fonction de a_0 et les termes d'indices impairs en fonction de a_1.

Soit $p \geqslant 0$, on a :

$$\begin{aligned} a_{2p} &= \frac{-1}{2p} a_{2p-2} & a_{2p+1} &= \frac{-1}{2p+1} a_{2p-1} \\ a_{2p-2} &= \frac{-1}{2(p-1)} a_{2p-4} & a_{2p-1} &= \frac{-1}{2p-1} a_{2p-3} \\ &\vdots & &\vdots \\ a_2 &= \frac{-1}{2} a_0 & a_3 &= \frac{-1}{3} a_1 \end{aligned}$$

Méthodes

On en déduit (par multiplication terme à terme) que :

$$\forall p \geqslant 0 \qquad a_{2p} = \frac{(-1)^p}{2^p p!} a_0 \qquad \text{et} \qquad a_{2p+1} = \frac{(-1)^p 2^p p!}{(2p+1)!} a_1.$$

On cherche une solution particulière de (E), on est libre du choix de (a_0, a_1), la série entière correspondante doit avoir cependant un rayon de convergence non nul.

▸ On choisit alors $a_0 = 1$ et $a_1 = 0$. La série obtenue est alors : $\sum_{p \geqslant 0} \frac{(-1)^p}{2^p p!} t^{2p}$.

On reconnaît la définition de l'exponentielle :

$$\forall t \in \mathbb{R}, \qquad \sum_{p=0}^{+\infty} \frac{(-1)^p}{2^p p!} t^{2p} = e^{-t^2/2}.$$

En conclusion, la fonction $t \mapsto e^{-t^2/2}$ est une solution particulière de (E) sur $\mathbb{R}$.

▸ On choisit $a_0 = 0$ et $a_1 = 1$. La série obtenue est alors : $\sum_{p \geq 0} \frac{(-1)^p 2^p p!}{(2p+1)!} t^{2p+1}$.

Déterminons son rayon de convergence. Pour tout $t \neq 0$, on a :

$$\left| \frac{a_{2p+1} t^{2p+1}}{a_{2p-1} t^{2p-1}} \right| = \frac{t^2}{2p+1} \xrightarrow{p \to +\infty} 0.$$

D'après la règle de D'Alembert la série de terme général $a_{2p+1} t^{2p+1}$ est convergente pour tout $t \in \mathbb{R}$. Le rayon de convergence de la série entière $\sum \frac{(-1)^p 2^p p!}{(2p+1)!} t^{2p+1}$ est donc infini.

La fonction $\phi : t \mapsto \sum_{p=0}^{+\infty} \frac{(-1)^p 2^p p!}{(2p+1)!} t^{2p+1}$ est une solution de (E) sur $\mathbb{R}$.

Remarque : $t \mapsto e^{-\frac{t^2}{2}}$ et ϕ sont deux solutions de (E) sur $\mathbb{R}$ linéairement indépendantes. En effet, l'une est paire l'autre est impaire. On sait que $\mathcal{S}_E(\mathbb{R})$ est un $\mathbb{R}$-espace vectoriel de dimension 2 (**théorème 14.9**). Ainsi :

$$\mathcal{S}_E(\mathbb{R}) = \left\{ t \mapsto \lambda e^{-t^2/2} + \mu \phi(t),\ (\lambda, \mu) \in \mathbb{R}^2 \right\}.$$

Dernière méthode pour ceux qui en veulent plus...

Remarque : Dans le programme officiel, il est question de savoir « se débrouiller » sur des équations différentielles linéaires du type (E) : $y''(t) + a(t)y'(t) + b(t)y(t) = f(t)$, où a et b sont continues sur I. On sait que l'ensemble des solutions $\mathcal{S}_E(I)$ est alors un espace vectoriel de dimension 2. Or, ces équations peuvent provenir d'équations plus générales du type

$$(E) : a(t)y''(t) + b(t)y'(t) + c(t)y(t) = f(t).$$

Bien entendu, l'idée est de diviser par $a(t)$ et de se ramener au cas précédent (dans le domaine I, où a ne s'annule pas). Un exercice classique au programme est de chercher une solution développable en série entière (même si $0 \notin I$). On pourrait donc dans certains sujets de concours avoir à étendre les solutions de (E) dans le cas où $a(t)$ de (E) s'annule. On vous invite alors à parcourir les exemples qui suivent.

❑ Méthode 14.11.— Comment chercher d'éventuelles solutions d'une équation différentielle linéaire d'ordre un ou deux sur un domaine de $\mathbb{R}$ où les conditions d'application des résultats de cours ne sont pas vérifiées

Attention le prolongement doit être dérivable (respectivement deux fois dérivable) si (E) est d'ordre 1 (respectivement d'ordre 2). Ici l'équation se présente ainsi :

$$(E) : a(t)y'(t) + b(t)y(t) = f(t) \text{ ou } (E) : a(t)y''(t) + b(t)y'(t) + c(t)y(t) = f(t).$$

On commence à écrire les intervalles $I_1, ..., I_k$ sur lesquels la fonction a ne s'annule pas. On sait alors, d'après le cours, que sur chacun de ces intervalles, l'ensemble des solutions de l'équation homogènc associée est un espace vectoriel de dimension 1 ou 2 selon l'ordre de (E).

- On peut commencer par résoudre (E) sur chacun des intervalles $I_1, ..., I_k$.
- On peut par analyse-synthèse, étudier l'existence d'éventuelles solutions sur un ensemble plus vaste.
- On peut étudier l'existence d'une solution en $t_0 \notin I_1 \cup ... \cup I_k$ en effectuant un $D.L$ au voisinage de t_0 des solutions trouvées sur les deux intervalles « approchant » t_0. L'idée est de montrer que ce prolongement est dérivable en t_0 (si (E) est d'ordre 1) et deux fois dérivable en t_0 (si (E) est d'ordre 2).
- On peut aussi dans le cas où $0 \notin I_1 \cup ... \cup I_k$, chercher une solution développable en série entière autour de 0 pour ajouter 0 au domaine de validité (Voir encore la **méthode 14.10**).
- On peut utiliser une base de $\mathcal{S}_E(I_j)$ et de $\mathcal{S}_E(I_k)$ pour « raccorder » des solutions entre les deux intervalles consécutifs I_j et I_k.

Exemples : 1. *Soit l'équation différentielle* $(E) : t^2y'(t) + y(t) = 0$.
Résoudre (E) *sur* $\mathbb{R}^*$, *sur* $\mathbb{R}_-^*$ *et sur* $\mathbb{R}_+^*$ *puis déterminer les solutions sur* $\mathbb{R}$.

L'équation différentielle est équivalente à : $y'(t) + \frac{1}{t^2}y(t) = 0$, ce qui est une équation différentielle du type $y'(t) + a(t)y(t) = 0$ avec a application continue sur $\mathbb{R}^*$, donc en appliquant les résultats de cours, on obtient sur $\mathbb{R}_-^*$ et sur $\mathbb{R}_+^*$ les solutions suivantes :

$$\mathcal{S}_E(\mathbb{R}_-^*) = \{\mathbb{R}_-^* \to \mathbb{R} : t \mapsto \lambda e^{\frac{1}{t}}, \lambda \in \mathbb{R}\}; \mathcal{S}_E(\mathbb{R}_+^*) = \{\mathbb{R}_+^* \to \mathbb{R} : t \mapsto \mu e^{\frac{1}{t}}, \mu \in \mathbb{R}\}$$

Solutions sur $\mathbb{R}$: on procède par analyse et synthèse.
Analyse : On suppose que l'équation (E) admet des solutions sur $\mathbb{R}$ et soit f l'une d'entre elles. f est solution de (E) sur $\mathbb{R}$, donc $f|_{\mathbb{R}_-^*}$ appartient à $\mathcal{S}_E(\mathbb{R}_-^*)$ et il existe λ réel tel que pour tout x réel strictement négatif, $f(x) = \lambda e^{\frac{1}{t}}$. De même, il existe μ réel tel que pour tout x réel strictement positif, $f(t) = \mu e^{\frac{1}{t}}$. De plus f est continue en 0 donc $\lim\limits_{x \mapsto 0} f(t)$ existe et vaut $f(0)$, ce qui impose $\mu = 0$ et $f(0) = 0$. On en déduit donc que si f est solution de (E) sur $\mathbb{R}$, alors il existe λ tel que :

$$f : t \mapsto f(t) = \begin{cases} \lambda e^{\frac{1}{t}} & \text{si } t < 0 \\ 0 & \text{si } t \geqslant 0 \end{cases}$$

Synthèse : On vérifie aisément que les fonctions ainsi obtenues sont dérivables et solutions de l'équation (E) sur $\mathbb{R}$. Conclusion :

$$\mathcal{S}_E(\mathbb{R}) = \left[f : \mathbb{R} \to \mathbb{R} : t \mapsto f(t) = \begin{cases} \lambda e^{\frac{1}{t}} & \text{si } t < 0 \\ 0 & \text{si } t \text{ est positif ou nul} \end{cases}, \lambda \in \mathbb{R} \right].$$

2. *Résoudre* (E) : $t(t-1)y'(t) + y(t) = \ln t$ *sur* $]0,1[$ *et sur* $]1,+\infty[$ *puis sur* $\mathbb{R}_+^\star$. *(ESM Saint-Cyr)*

On reconnaît le dernier exemple de la **méthode 14.3**.

On sait que les solutions sont $y : t \mapsto \begin{cases} \dfrac{C_1 t - \ln t - 1}{t-1} & \text{si} \quad t \in]0,1[\\ \dfrac{C_2 t - \ln t - 1}{t-1} & \text{si} \quad t \in]1,+\infty[\end{cases}$, où C_1 et C_2 sont deux constantes réelles. Pour déterminer une solution qui « contienne » la valeur $t = 1$, il reste à effectuer un développement limité autour de $t = 1$.

On pose $t = 1 + h$ et on applique : $\ln(1+h) = h - \dfrac{h^2}{2} + o(h^2)$.

Si $h > 0$, $y(1+h) = \dfrac{C_2 - 1}{h} + C_2 - 1 + \dfrac{h}{2} + o(h)$. Cette quantité a une limite finie quand h tend vers 0^+ si, et seulement si, $C_2 = 1$. Alors $y(1) = 0$ et y est alors dérivable à droite en 1 avec $y'_d(1) = \frac{1}{2}$. De même, en supposant $h < 0$ et en faisant tendre h vers 0^-, on aboutit à : $C_1 = 1$ et y est dérivable à gauche en 1 avec $y'_g(1) = \frac{1}{2}$. Conclusion :

$$\mathcal{S}_E(\mathbb{R}_+^\star) = \left[t \mapsto \begin{cases} 1 - \frac{\ln t}{t-1} & \text{si} \quad t \neq 1 \\ 0 & \text{si} \quad t = 1 \end{cases} \right].$$

3. *Soit* (E) : $t^2 y''(t) + t y'(t) - (t^2 + t + 1) y(t) = 0$.

a. *Déterminer les solutions de* (E) *développables en série entière autour de* 0.
Que dire du rayon de convergence de cette série ? Déterminer explicitement ces solutions.

b. *Chercher une solution particulière de la forme* $t \mapsto t^r e^{\alpha t}$, *où* $r \in \mathbb{Z}$ *et* $\alpha \in \mathbb{R}$

c. *Déterminer l'ensemble des solutions de* (E) *sur* $\mathbb{R}$. *(Issu de Mines-Ponts, filière PSI)*

a. Partons de $y(t) = \sum\limits_{n=0}^{+\infty} a_n t^n$ et supposons que le rayon de convergence de cette série soit strictement positif. Alors :

$$-(t^2 + t + 1) y(t) = -\sum_{k=0}^{+\infty} a_k t^k - \sum_{k=1}^{+\infty} a_{k-1} t^k - \sum_{k=2}^{+\infty} a_{k-2} t^k.$$

Et, de même :

$$t y'(t) = \sum_{k=1}^{+\infty} k a_k t^k \text{ et } t^2 y''(t) = \sum_{k=2}^{+\infty} k(k-1) a_k t^k.$$

On remplace dans (E) et on trouve $a_0 = 0$ et :

$$\forall k \geqslant 2,\ a_{k-2} + a_{k-1} - (k-1)(k+1)a_k = 0.$$

On calcule maintenant les premiers termes : $a_2 = -\dfrac{1}{3}a_1$, $a_3 = \dfrac{1}{3 \times 4}a_1$, $a_4 = -\dfrac{1}{3 \times 4 \times 5}a_1$.

On prouve alors par récurrence (le faire) : $\forall n \geqslant 1,\ a_n = \dfrac{2 \times (-1)^{n+1}}{(n+1)!}a_1$.

En conclusion, les fonctions $y_\mu : t \mapsto \displaystyle\sum_{k=1}^{+\infty} \frac{\mu(-1)^{k+1}}{(k+1)!}t^k$, où $\mu \in \mathbb{R}$ sont les solutions de (E) développables en série entière autour de 0.

On peut prouver rapidement que ces développements en série entière ont un rayon de convergence infini. C'est très semblable à l'exemple développé après la **méthode 14.10**.

Calculons maintenant y_1 (la solution avec $\mu = 1$).

$$\forall t \neq 0,\ y_1(t) = \frac{1}{t}\sum_{k=1}^{+\infty} \frac{(-1)^{k+1}}{(k+1)!}t^{k+1} = \frac{1}{t}\sum_{k=2}^{+\infty} \frac{(-1)^k}{k!}t^k = \frac{1}{t}(e^{-t} - 1 + t).$$

b. Posons $y : t \mapsto t^r e^{\alpha t}$ (avec $t \neq 0$). Alors :

$$y'(t) = (rt^{r-1} + \alpha t^r)e^{\alpha t} \text{ et } y''(t) = (r(r-1)t^{r-2} + 2\alpha r t^{r-1} + \alpha^2 t^r)e^{\alpha t}.$$

(E) devient :

$$(\alpha^2 - 1)t^{r+2} + (2\alpha r + \alpha - 1)t^{r+1} + (r^2 - 1)t^r = 0.$$

Comme ceci est valable quel que soit $t \neq 0$, $\alpha^2 = 1$, $\alpha(2r+1) = 0$, $r^2 = 1$.

L'unique possibilité est $\alpha = r = -1$. On obtient une solution $z_1 : t \mapsto \dfrac{1}{t}e^{-t}$ sur $I = \mathbb{R}_-^\star \cup \mathbb{R}_+^\star$.

c. Sur $\mathbb{R}_+^\star$ ou de même sur $\mathbb{R}_-^\star$, on a deux solutions non proportionnelles (l'une est continue en 0 et l'autre non).

Prenons $y_1 : t \mapsto \dfrac{1}{t}(e^{-t} - 1 + t)$ et $z_1 : t \mapsto \dfrac{1}{t}e^{-t}$.

D'après le cours, on sait que $S_E(\mathbb{R}_+^\star)$ et $S_E(\mathbb{R}_-^\star)$ sont des espaces vectoriels de dimension 2. Une base de chacun d'eux est $\{y_1, z_1\}$. Les solutions sur $\mathbb{R}_+^\star$ sont de la forme $Ay_1 + Bz_1$ et les solutions sur $\mathbb{R}_-^\star$ sont de la forme $Cy_1 + Dz_1$. Pour trouver les solutions définies sur $\mathbb{R}$, on étudie le raccordement de ces combinaisons linéaires quand t tend vers 0. On obtient : $B = D = 0$ et $A = C$. Il reste les fonctions Ay_1, c'est-à-dire les fonctions y_μ, où $\mu \in \mathbb{R}$. Les seules solutions sur $\mathbb{R}$ sont finalement les solutions développables en série entière autour de 0 (ce qui est logique !)

Mise en œuvre : exercice 14.3, exercice 14.23, exercice 14.28.

Méthodes

Vrai/Faux

	Vrai	Faux
1. Pour résoudre (E) : $y'(t)+y^2(t)=t$, on commence par trouver les solutions de (H) : $y'(t)+y^2(t)=0$ puis on recherche une solution particulière de (E) et on l'ajoute à l'ensemble des solutions de (H).	☐	☐
2. Deux courbes intégrales distinctes de $(t^2+1)y'(t)-3y(t)=t^2$ sur $\mathbb{R}$ ne se coupent jamais.	☐	☐
3. Il existe deux courbes intégrales de $(t^2+1)y''(t)-3y(t)=t^2$ sur $\mathbb{R}$ qui se coupent à angle droit.	☐	☐
4. S'il existe une solution y d'une équation différentielle linéaire d'ordre 2, développable en série entière au $V(0)$ de rayon de convergence $R>0$ alors y peut n'être que deux fois dérivable en 0.	☐	☐
5. L'ensemble des solutions de $t\,y''(t)+y(t)=0$ sur $\mathbb{R}$ est forcément un espace vectoriel de dimension 2.	☐	☐
6. Il existe une solution de $y'(t)\sin t+y(t)\cos t=\sin(2t)$ qui vérifie $y(0)=1$.	☐	☐
7. L'ensemble des solutions sur $\left]0,\frac{\pi}{2}\right[$ de l'équation $y'(t)\cos t+y(t)\sin t=\sin(2t)$ est $\mathsf{Vect}\,(\cos t,\cos t\ln(\cos t))$.	☐	☐
8. $(t^2-1)\,y''(t)+ty'(t)-9y(t)=0$ admet une solution polynomiale de degré 2.	☐	☐
9. $y''(t)-2ty'(t)+t^2y(t)=0$, associée à l'équation caractéristique $X^2-2tX+t^2=(X-t)^2$, admet pour solution $t\mapsto e^t$.	☐	☐
10. Si y est une solution de l'équation $y''-y=0$, alors y est combinaison linéaire des fonctions ch et sh.	☐	☐
11. Pour résoudre le système $X'(t)=AX(t)$, où $A=PDP^{-1}$, avec P inversible et D diagonale (à coefficients constants), le calcul de P^{-1} est inutile.	☐	☐
12. L'ensemble des solutions de $t^2\,y''(t)+3ty(t)+y(t)=0$ sur $]0,+\infty[$ peut ne pas être un espace vectoriel de dimension 2 car cette équation n'est pas à coefficients constants.	☐	☐
13. Le système $X'(t)=AX(t)$ a pour solution un espace vectoriel de dimension 1.	☐	☐

Énoncé des exercices

Équations différentielles linéaires d'ordre 1

Exercice 14.1 : Résoudre sur I les équations différentielles suivantes :

1. $I = \mathbb{R}$: $y'(t) + y(t) = e^t + \sin t$, $y(0) = 0$ **2.** $I = \mathbb{R}_+^\star$: $2t\, y'(t) - 3\, y(t) = \sqrt{t}$.

Exercice 14.2 : Résoudre (E) : $(1 - t^2)\, y'(t) - 2t\, y(t) = 2t$, sur $]-1, 1[$ et sur $]1, +\infty[$.
A-t-on une solution prolongeable en 1 ? Et sur $\mathbb{R}$?

Exercice 14.3* : On pose dans tout l'exercice : $I_1 =]-\infty, 0[$, $I_2 =]0, 1[$ et $I_3 =]1, +\infty[$.
On considère (E) : $2t(t-1)\, y'(t) + (2t-1)\, y(t) = -1$ définie sur I_1, I_2 et I_3.
On note (E_H) son équation homogène associée.
1. Montrer que sur chacun des intervalles I_1, I_2 et I_3 fixés, l'ensemble des solutions de (E_H) est un espace vectoriel sur $\mathbb{R}$.
2. Résoudre (E_H) sur chacun des intervalles I_1, I_2 et I_3.
3. Résoudre (E) sur I_1, I_2 et I_3.
4. On cherche des solutions de (E) définies sur $]-\infty, 1[$. Pour cela, on considère S, une solution de (E) développable en série entière au voisinage de 0. Si $S(x)$ existe, on a l'égalité $S(t) = \sum_{n=0}^{+\infty} a_n t^n$.
a. Démontrer l'existence et l'unicité d'une telle solution S.
b. Quel est le rayon de convergence de $S(x)$?
c. À l'aide de ce qui précède, déterminer l'expression sur I_1 et I_2, de l'unique solution de (E) prolongeable par continuité en 0 dont le développement en série entière au voisinage de 0 est S.

D'après Concours ICNA interne de l'ENAC

Systèmes différentiels

Exercice 14.4 : Résoudre le système différentiel : $\left\{ \begin{array}{lcl} x_1'(t) & = & -2\, x_1(t) + 4\, x_2(t) \\ x_2'(t) & = & -3\, x_1(t) + 5\, x_2(t) \end{array} \right.$

Exercice 14.5 : 1. Soit $A = \begin{pmatrix} 3 & -2 \\ 2 & -1 \end{pmatrix}$ la matrice de $\phi \in \mathcal{L}(\mathbb{R}^2)$ dans la base $\left(\vec{i}, \vec{j}\right)$ de $\mathbb{R}^2$.
Déterminer le spectre de A et donner une base $(\vec{u})$ de l'unique valeur propre réelle de A.
Écrire la matrice T de ϕ dans $\left(\vec{u}, \vec{j}\right)$.
2. En déduire les couples (x_1, x_2) de fonctions de classe $\mathscr{C}^1$ sur $\mathbb{R}$ vérifiant :

$$\left\{ \begin{array}{lcl} x_1'(t) & = & 3\, x_1(t) - 2\, x_2(t) \\ x_2'(t) & = & 2\, x_1(t) - x_2(t) \end{array} \right.$$

Exercice 14.6 : Résoudre le problème de Cauchy : $\left\{ \begin{array}{lcl} x_1'(t) & = & 3\, x_1(t) - 2\, x_2(t) + 2\, x_3(t) \\ x_2'(t) & = & 2\, x_2(t) + x_3(t) \\ x_3'(t) & = & x_2(t) + 2\, x_3(t) \\ x_1(0) & = & x_2(0) = x_3(0) = 1 \end{array} \right.$

Exercice 14.7 : 1. Soit $A = \begin{pmatrix} 3 & -5 \\ 1 & -1 \end{pmatrix}$. Diagonaliser A dans $\mathcal{M}_2(\mathbb{C})$.

2. En déduire les couples $(x_1,\, x_2)$ de fonctions de classe $\mathscr{C}^1$ sur $\mathbb{R}$ vérifiant :

$$\begin{cases} x_1'(t) &= 3\,x_1(t) - 5\,x_2(t) \\ x_2'(t) &= x_1(t) - x_2(t) \end{cases}$$

Exercice 14.8* : On munit $\mathbb{R}^n$ de sa structure euclidienne canonique et on identifie $\mathcal{L}(\mathbb{R}^n)$ avec $\mathcal{M}_n(\mathbb{R})$. Soit $A \in \mathcal{M}_n(\mathbb{R})$, montrer que les assertions suivantes sont équivalentes :
(i) La matrice A est antisymétrique.
(ii) Chaque solution X du système différentiel $X'(t) = AX(t)$ est de norme constante.

D'après Mines-Ponts

Exercice 14.9* : Soit m un réel fixé, on considère ici :

$$(\Sigma_m) : \begin{cases} x_1'(t) = m\,x_1(t) + x_2(t) + x_3(t) + 1 \\ x_2'(t) = x_1(t) + m\,x_2(t) + x_3(t) + 1 \\ x_3'(t) = x_1(t) + x_2(t) + m\,x_3(t) + 1 \end{cases} \quad \text{et } A_m = \begin{pmatrix} m & 1 & 1 \\ 1 & m & 1 \\ 1 & 1 & m \end{pmatrix}.$$

1. Pourquoi la matrice A_m est-elle diagonalisable dans $\mathbb{R}$?
Déterminer le polynôme caractéristique et donner les valeurs propres de A_m.
Trouver une matrice de passage orthogonale P (indépendante de m) telle que $A_m = PD_mP^T$, où D_m est une matrice diagonale. (P^T désigne la transposée de P.)
2. Ici l'on suppose $m = -2$. Résoudre le système différentiel homogène associé à (Σ_{-2}).
Trouver aussi l'unique solution du système différentiel (Σ_{-2}) qui vérifie la condition initiale : $\{x_1(0) = 1, x_2(0) = 1, x_3(0) = 1\}$, directement (donc en utilisant la matrice $P^{-1} = P^T$).
3. Ici l'on suppose $m = 1$. Déterminer une solution particulière sous la forme $X_p = \begin{pmatrix} a \\ a \\ a \end{pmatrix}$ de (Σ_1), où $a \in \mathbb{R}$ est à calculer. En déduire toutes les solutions de (Σ_1).
Montrer enfin que si $x_1(0) + x_2(0) + x_3(0) = -1$, alors la solution de (Σ_1) est constante.

Exercice 14.10* : Résoudre le système différentiel $\dfrac{dX}{dt} = AX$, où : $A = \begin{pmatrix} 2 & 0 & 1 \\ -1 & 1 & -1 \\ 1 & 2 & 0 \end{pmatrix}$.
Indication : on pourra introduire la base $(\vec{u}_1, \vec{e}_1 - \vec{e}_2, \vec{e}_1)$, où $(\vec{e}_1, \vec{e}_2, \vec{e}_3)$ désigne la base canonique de $\mathbb{R}^3$ et $\vec{u}_1$ est un vecteur propre de A.

D'après Mines-Ponts, filière PSI

Exercice 14.11 : Résoudre le système différentiel (S) : $\begin{cases} x_1'(t) = 3\,x_1(t) - 2\,x_2(t) + 2\,e^{2t} \\ x_2'(t) = 4\,x_1(t) - 3\,x_2(t) + e^{2t} \\ x_3'(t) = -2\,x_1(t) + x_2(t) \end{cases}$

1. en résolvant d'abord le système homogène S_H associé puis en cherchant une solution particulière $X_p(t)$ de la forme $e^{2t}L$, où L est une matrice colonne fixe à déterminer.
2. directement (donc sans résoudre préalablement le système homogène associé).

Exercice 14.12 : Résoudre $(\mathcal{S})$: $\begin{cases} x_1'(t) &= 5\,x_1(t) + x_2(t) - x_3(t) + e^t \\ x_2'(t) &= 2\,x_1(t) + 4\,x_2(t) - 2\,x_3(t) \\ x_3'(t) &= x_1(t) - x_2(t) + 3\,x_3(t) - te^t \end{cases}$.

Exercice 14.13* : Résoudre le système différentiel réel : $\left\{ \begin{array}{rcl} x_1'(t) & = & \cos(t)\, x_1(t) + \sin(t)\, x_2(t) \\ x_2'(t) & = & -\sin(t)\, x_1(t) + \cos(t)\, x_2(t) \end{array} \right.$.

D'après Concours commun INP (ancien CCP), filière PSI

Exercice 14.14 : Résoudre le système différentiel : $\left\{ \begin{array}{rcl} x_1'(t) & = & (2-t)\, x_1(t) + (t-1)\, x_2(t) \\ x_2'(t) & = & 2(1-t)\, x_1(t) + (2t-1)\, x_2(t) \end{array} \right.$.

■ Équations différentielles linéaires scalaires d'ordre 2

Exercice 14.15 : En utilisant le système différentiel linéaire d'ordre un associé, déterminer l'unique solution de (E) : $\left\{ \begin{array}{rcl} y''(t) - 2y'(t) - 3y(t) & = & \cos t \\ y(0) = 0, & & y'(0) = 1 \end{array} \right.$.

D'après Concours Communs Mines-Telecom, filière PSI

Exercice 14.16 : Résoudre les équations différentielles linéaires du second ordre à coefficients constants :

1. (E_1) : $y''(t) + 2y'(t) + (1-\lambda)y(t) = 0$, où $\lambda \in \mathbb{R}$. Montrer (en la déterminant) qu'il existe une et une seule solution ϕ_λ telle que $\phi_\lambda(0) = 0$ et $\phi_\lambda'(0) = 1$.

2. (E_2) : $y''(t) + y(t) = \dfrac{t^2}{2} + \dfrac{t^2}{2}\cos(2t)$.

3. (E_3) : $y''(t) - 2y'(t) + 2y(t) = e^t$, $y(0) = 0$, $y'(0) = 1$.

Exercice 14.17* : Si $h \in \mathscr{C}^0(\mathbb{R}^+, \mathbb{R})$, on note (F_h) l'équation différentielle $y'' + y = h$.
Par définition, une solution de (F_h) est une fonction de classe $\mathscr{C}^2$ de $\mathbb{R}^+$ dans $\mathbb{R}$ vérifiant (F_h).

1. Donner l'ensemble des solutions de (F_0).

2. Soit $(a, b) \in \mathbb{R}^2$ et f la solution de (F_0) vérifiant $(f(0), f'(0)) = (a, b)$.
Démontrer que f est bornée et que $\|f\|_\infty = \sup\limits_{x \in \mathbb{R}^+} |f(x)| \leq \sqrt{a^2 + b^2}$.

3. Si $h \in \mathscr{C}^0(\mathbb{R}^+, \mathbb{R})$, montrer que $f_h : \mathbb{R}^+ \to \mathbb{R}, t \mapsto \displaystyle\int_0^t h(u)\sin(t-u)\, du$ est solution de (F_h) et en déduire l'ensemble des solutions de (F_h).

4. Soit h continue et intégrable sur $[0, +\infty[$. Déterminer la solution f de (F_h) vérifiant la condition $(f(0), f'(0)) = (0, 0)$. Montrer que f est bornée et que $\|f\|_\infty \leq \displaystyle\int_0^{+\infty} |f(t)|\, dt$.

5. Soit $\delta > 0$. Résoudre $y''(t) + y(t) = \delta\cos(t)$ et montrer que ses solutions sont non bornées, et plus précisément, ne sont pas en $o(t)$ quand $t \to +\infty$.

D'après Centrale-Supélec, filière PSI

Exercice 14.18 : Résoudre sur $I = \mathbb{R}_+^\star$, l'équation (E) : $t^2\, y''(t) + y(t) = 0$ en posant $t = e^x$.

D'après Concours Commun INP (ancien CCP)

Exercice 14.19 : Déterminer les solutions polynomiales de (E) : $t^2 y''(t) - 4ty'(t) + 6y(t) = 0$.

Exercice 14.20 : Trouver sous forme de développement en série entière l'unique solution de :

$$y''(t) + 2ty'(t) + 2y(t) = 0, \; y(0) = 1 \text{ et } y'(0) = 0.$$

D'après Concours Communs Mines-Telecom et Concours ENSEA, filière PSI

Exercice 14.21 : Soit $(E) : t\,y''(t) + t\,y'(t) + 2\,y(t) = 0$.
Déterminer les solutions de (E) développables en série entière.

D'après Concours Communs Mines-Telecom et Concours ENSEA, filière PSI

Exercice 14.22* : Soit l'équation différentielle $(E) :\ t^2y''(t) + 4ty'(t) + 2y(t) = \ln(1+t)$.
Expliciter une solution de (E) développable en série entière et préciser son rayon de convergence.

D'après Mines-Ponts, filière PSI

Exercice 14.23 : Soit **l'équation de Bessel d'ordre** 0 : $(E)\ \ t\,y''(t) + y'(t) + t\,y(t) = 0$.

1. Trouver sous forme d'un $D.S.E$ l'unique solution J_0 telle que $J_0(0) = 1$ et $J_0'(0) = 0$.

2. Développer $\cos(t\sin v)$ en série entière de t en l'écrivant sous la forme $\cos(t\sin v) = \displaystyle\sum_{n=0}^{+\infty} u_n(v)$, où $u_n(v)$ possède dans son expression une puissance de t.

3. Justifier $\displaystyle\int_0^{\pi} \sum_{n=0}^{+\infty} u_n(v)\,dv = \sum_{n=0}^{+\infty} \int_0^{\pi} u_n(v)\,dv$. En déduire que $J_0(t) = \dfrac{1}{\pi}\displaystyle\int_0^{\pi} \cos(t\sin v)dv$.

4. Vérifier en utilisant maintenant des dérivations sous le signe somme que $f : t \mapsto \dfrac{1}{\pi}\displaystyle\int_0^{\pi} \cos(t\sin v)dv$ vérifie bien (E). Retrouver le fait que $f = J_0$.

D'après Concours E3A

Exercice 14.24* : On considère l'équation différentielle :

$$(A_2) :\ (1-t^2)\,y''(t) - t\,y'(t) = 2.$$

1. Montrer que $t \mapsto (\arcsin t)^2$ est une solution de (A_2) sur $]-1,1[$.
2. En déduire un développement en série entière de $(\arcsin t)^2$.
3. Quelles sont les autres solutions de (A_2) sur $]-1,1[$?

Exercice 14.25* : On considère une modélisation d'un système de proies (par une fonction u) et de prédateurs (par une fonction v) qui obéit aux lois : $\begin{cases} u'(t) &= 4u(t) - 2v(t) \\ v'(t) &= u(t) + v(t) \end{cases}$.

1. Montrer que u et v sont solutions d'une même équation différentielle linéaire du second ordre. Résoudre cette équation avec les conditions initiales $u(0) = u_0$ et $v(0) = v_0$.

2. Déterminer les limites, lorsque t tend vers $+\infty$, des fonctions u, v et $\frac{u}{v}$, selon que $u_0 > v_0$, $u_0 = v_0$ et $u_0 < v_0$.

D'après Polytechnique, filière PSI

Exercice 14.26* : Soit le système différentiel :

$$(\mathcal{S}) : \begin{cases} x_1'(t) &= -2x_1(t) - 4x_2(t) + 1 + 4t \\ \\ x_2'(t) &= -x_1(t) + x_2(t) + 3\dfrac{t^2}{2} \end{cases}.$$

1. Résoudre $(\mathcal{S})$ en l'écrivant sous la forme : $X'(t) = AX(t) + B(t)$, où $B(t) = t^2U_2 + tU_1 + U_0$. (On diagonalisera A pour résoudre le système homogène associée et on cherchera une solution particulière de la forme $t^2C_2 + tC_1 + C_0$.)

2. Déterminer une équation différentielle linéaire du second ordre vérifiée par x_1 seule à partir de $(\mathcal{S})$ et résoudre cette équation. En déduire x_2. Retrouver le résultat de la question 1.

Exercice 14.27* : On cherche $f \in \mathscr{C}^0(\mathbb{R},\mathbb{R})$ telle que : $\forall t \in \mathbb{R},\ f(t) = 1 - \displaystyle\int_0^t (x+t)f(t-x)\,dx$.

1. Montrer que f vérifie la relation :

$$f''(t) + tf'(t) + 3f(t) = 0$$

avec $f(0) = 1$ et $f'(0) = 0$.

2. Chercher l'unique solution sous forme d'une série entière. En déduire le seul f possible.

Exercice 14.28 : On note $I =]-\infty, 0[$ ou $I =]0, +\infty[$ et on considère l'équation différentielle :

$$(H) :\ t^2\, y''(t) + 3\,t\,y'(t) + y(t) = 0.$$

1. Déterminer $\alpha \in \mathbb{R}^\star$ pour que $t \mapsto t^\alpha$ soit une solution sur I de (H).

2. Déterminer $\lambda : I \to \mathbb{R}$, deux fois dérivable telle que $t \mapsto \dfrac{\lambda(t)}{t}$ soit solution sur I de (H).

3. Préciser l'ensemble des solutions sur I de (H).

4. (H) admet-elle des solutions sur $\mathbb{R}$ autres que la solution nulle ?

5. Déterminer $\lambda : I \to \mathbb{R}$, deux fois dérivable telle que $t \mapsto \dfrac{\lambda(t)}{t}$ soit solution sur I de l'équation différentielle $(\mathcal{L})$: $t^2 y''(t) + 3ty'(t) + y(t) = \dfrac{1}{1+t^2}$.

6. Rappeler la structure de l'ensemble des solutions sur I de $(\mathcal{L})$ et le préciser.

7. Montrer que $(\mathcal{L})$ admet une unique solution développable en série entière au voisinage de 0.

8. Montrer que $(\mathcal{L})$ admet une unique solution sur $\mathbb{R}$ et la préciser.

D'après Concours National Marocain

■■ Indications

Ex. 14.1

On applique typiquement la **méthode 14.2**.

Ex. 14.3

2. *On applique en plein la* **méthode 14.1**. *On détermine α et β tels que :* $\dfrac{-2t+1}{2t(t-1)} = \dfrac{\alpha}{2t} + \dfrac{\beta}{2(t-1)}$.

3. *Là, on est en plein dans la* **méthode 14.2** *et deux fois, s'il vous plaît !*

On rappelle que pour $|t| > 1$, une primitive de $\dfrac{1}{\sqrt{t^2-1}}$ *est* $\ln|t + \sqrt{t^2-1}|$.

4. *On déterminera une relation entre a_{n-1} et a_n pour $n \geqslant 1$. Ici, on illustre la* **méthode 14.11**.

Ex. 14.8

Ici A est constante ! Le carré de la norme de $X(t)$ est $X^T(t)X(t)$. On dérive cette expression et on fait apparaître $A^T + A$, matrice symétrique réelle donc diagonalisable. Après, à vous de cogiter !

Ex. 14.9

1. *La matrice du système est symétrique réelle !*

3. *On peut ici penser à la* **méthode 14.5** *dans le cas où B est constant. D'autant plus que B est vecteur propre de A. La solution générale du système est donc obtenue en ajoutant la solution particulière X_0 trouvée à la solution générale du système homogène associé.*

Ex. 14.10

C'est encore typiquement la **méthode 14.4** *avec A trigonalisable mais $B(t) = 0$ ici.*

Ex. 14.11

1. *Ici l'on applique la* **méthode 14.5**.

2. *On applique maintenant la* **méthode 14.4**.

Ex. 14.12

On résout d'abord $X'(t) = A\,X(t)$. Puis on a : $(\mathcal{S})$: $X'(t) = AX(t)+B(t)$ avec $B(t) = \begin{pmatrix} e^t \\ 0 \\ -te^t \end{pmatrix}$.

Ici, on peut tenter la **méthode 14.5**. *On écrit $B(t)$ sous la forme $te^tU_1 + e^tU_2$, où U_1 et U_2 sont deux matrices-colonnes à préciser. On cherche une solution particulière de ce système de la forme : $X(t) = te^tC + e^tD$, où C et D sont deux matrices-colonnes. On détermine deux égalités faisant intervenir C, D, A, U_1 et U_2. On en déduit C puis D. Et on termine le boulot.*

Ex. 14.13

Si $t \mapsto (x_1(t), x_2(t))$ est une solution sur $\mathbb{R}$, poser $z = x_1 + ix_2$.

Ex. 14.15

Aller voir la **proposition 14.6**, *la* **méthode 14.5** *et les exemples qui suivent.*

Ex. 14.16

2. *On appliquera bien entendu la méthode de superposition. Appelons y_{p2} une solution particulière de l'équation dont le second membre est : $\dfrac{t^2}{2}\cos(2t)$. Comme un tel second membre dépasse les connaissances du programme, donnons une indication.*
On cherchera $y_{p2}(t)$ sous la forme :$(at^2 + bt + c)\cos(2t) + (dt^2 + et + f)\sin(2t)$. De plus, en jouant sur la parité, vous avez des coefficients automatiquement nuls. Lesquels ?

Ex. 14.17

1. *(F_0) est bien entendu ici l'équation homogène associée à (F_h).*

Ex. 14.18

Ici, comme t^2 ne doit pas s'annuler, on résout soit sur $\mathbb{R}_+^*$, soit sur $\mathbb{R}_-^*$. Le changement de variable proposé se prête à une résolution sur $\mathbb{R}_+^*$. On applique alors la **méthode 14.9**.

Ex. 14.22

Ici l'idée est de calculer la somme $\displaystyle\sum_{n=0}^{+\infty} a_n t^n$ trouvée. Sachez de plus qu'il existe $(a, b, c) \in \mathbb{R}^3$ tel que, pour tout $n \in \mathbb{N}^\star$: $\dfrac{1}{n(n+1)(n+2)} = \dfrac{a}{n} + \dfrac{b}{n+1} + \dfrac{c}{n+2}$. À vous de trouver ces coefficients !

Ex. 14.23

3. *On admettra pour « booster » que :*

$$K_n = \int_0^{\pi} (\sin v)^{2n}\,dv = \frac{1 \times 3 \times \ldots \times (2n-1)}{2 \times 4 \times \ldots \times 2n} \times \pi.$$

Ceci dit, si vous voulez le montrer, écrire $(\sin v)^{2n} = (\sin v)^{2n-1} \sin v$ et faire une intégration par parties. On trouve une relation entre K_n et K_{n+1} puis on en déduit K_n en fonction de K_0. C'est très proche de l'intégrale de Wallis pour ceux qui connaissent !

Ex. 14.27

1. *On posera* $u = t - x$ *dans l'intégrale puis on rappelle :* $\left(\int_0^t f(u)\,du\right)' = f(t)$.

2. *On pourra s'aider pour reconnaître* f *du D.S.E de* $e^{-\frac{t^2}{2}}$.

Ex. 14.28

Le concours national marocain est en quelque sorte le CCP marocain.

5. *On trouvera* λ *en fonction d'une constante et d'une intégrale que l'on ne tentera pas d'intégrer.*

6. *On écrira l'ensemble des solutions en utilisant l'intégrale précédente.*

Corrigé des vrai/faux

1	2	3	4	5	6	7	8	9	10	11	12	13
F	V	V	F	F	F	F	F	F	V	V	F	F

1. L'équation $y' + y^2$ n'est pas linéaire donc la méthode ne marche pas !
2. C'est une application directe de Cauchy linéaire. La résolution (avec la **méthode 14.3**) donne $y(t) = Ae^{3\arctan t} + y_0(t)$, en posant $y_0(t) = \frac{1}{3} + \left[\int_0^t e^{-3\arctan u}\,du\right] e^{3\arctan t}$, solution particulière, si $A_1e^{3\arctan t} + y_0(t) = A_2e^{3\arctan t} + y_0(t)$ pour un certain t, alors $A_1 = A_2$. Les deux solutions sont égales.
3. Il suffit deux prendre deux solutions qui vérifient $y(0) = 0, y'(0) = 1$ et $y(0) = 0, y'(0) = -1$. Ces deux solutions se coupent en $(0,0)$ et comme les tangentes sont de pentes 1 et -1, ces dernières sont perpendiculaires.
4. y est $\mathscr{C}^\infty$ sur $]-R, R[$.
5. Attention, c'est vrai sur $I = \mathbb{R}_+^\star$ et sur $I = \mathbb{R}_-^\star$, pas sur $\mathbb{R}$.
6. Le théorème de Cauchy linéaire ne s'applique pas en 0, où $\sin t$ s'annule ; si une telle solution existait, $\cos(0)\ y(0) = -\sin(0)\ y'(0) + \sin(2\times 0)$ aboutirait à une contradiction.
7. L'ensemble des solutions n'est pas un espace vectoriel de dimension 2.
8. Si $y(t) = \sum_{k=0}^{m} a_k t^k$, $(t^2-1)y''(t) + ty'(t) - 9y(t)$ a pour terme de plus haut degré $a_m(m^2-9)$, et si $m = 2$, $a_2 = 0$, contradiction.
9. L'équation (L) n'est pas à coefficients constants, donc la **méthode 14.5** ne s'applique pas. Un petit calcul permet d'ailleurs de constater que la fonction $t \mapsto e^t$ n'est pas solution de (L).
10. Les fonctions ch et sh sont solutions de l'équation $y''-y = 0$ et sont linéairement indépendantes. Elles forment une base de l'ensemble des solutions de l'équation différentielle $y'' - y = 0$.
11. Le système réduit s'écrit $Y' = DY$ avec $X = PY$ si $A = PDP^{-1}$; le calcul de P^{-1} est inutile.
12. Sur $]0, +\infty[$, c'est un espace vectoriel de dimension 2 mais pas sur $\mathbb{R}$, par exemple.
13. C'est un espace vectoriel de dimension n (si $A \in \mathcal{M}_n(\mathbb{K})$).

❑ Erreurs classiques

- Faire l'impasse sur la structure de l'ensemble des solutions (espace vectoriel ou non ? de quelle dimension ?). Cela est pourtant une aide précieuse pour trouver et écrire les solutions.
- Dans le cas d'une équation différentielle à coefficients variables $a(t)y''(t) + b(t)y(t) = f(t)$ ou $a(t)y''(t) + b(t)y'(t) + c(t)y = f(t)$, oublier de partitionner $\mathbb{R}$ en intervalles où a ne s'annule pas, et ne pas être conscient que les solutions (et le théorème de Cauchy-Lipschitz) ne sont valables que sur l'intervalle fixé au départ.
- Oublier que l'équation caractéristique ne fonctionne que si l'équation différentielle est à coefficients constants.
- Penser que l'ensemble des solutions d' un système différentiel homogène du premier ordre est un espace vectoriel de dimension 1. Sa dimension est l'ordre de sa matrice.

Corrigé des exercices

Exercice 14.1

1. L'équation homogène associée a pour solution : $S_{E_H}(\mathbb{R}) = \{t \mapsto Ke^{-t}\}$.
On écrit le second membre $f(t) = f_1(t) + f_2(t)$, avec $f_1(t) = e^t$ et $f_2(t) = \sin t$.
On cherche une solution particulière de $y'(t) + y(t) = e^t$ de la forme $t \mapsto Ae^t$.
On trouve $A = \frac{1}{2}$. Cherchons une solution particulière de $y'(t) + y(t) = \sin t$ de la forme $t \mapsto L\cos t + M \sin t$. On trouve $L = -M = -\frac{1}{2}$.

Donc : $S_E(\mathbb{R}) = \{t \mapsto Ke^{-t} + \dfrac{1}{2}(e^t - \cos t + \sin t)\}$.
La condition initiale donne $K = 0$.

2. Sans souci, l'équation homogène donne : $\mathcal{S}_{E_0}(\mathbb{R}_+^\star) = \{Kt^{\frac{3}{2}},\ K \in \mathbb{R}\}$.
On applique la méthode de la variation de la constante.
En utilisant les notations de la **méthode 14.3**, on a : $\lambda'(t) = \frac{1}{2t^2}$.
On intègre et : $\mathcal{S}_E(\mathbb{R}_+^\star) = \{t \mapsto Kt^{\frac{3}{2}} - \frac{1}{2}\sqrt{t},\ K \in \mathbb{R}\}$.

On peut partir de l'équation de l'énoncé ou de $y' - \frac{3}{2t}y = \frac{1}{2\sqrt{t}}$, cela revient au même.

Exercice 14.2

Sur chacun des intervalles I_k $(1 \leqslant k \leqslant 2)$, les solutions de l'équation sans second membre forment la droite vectorielle dirigée par $\exp \displaystyle\int \frac{2t}{1-t^2}\mathrm{d}t = \frac{C}{1-t^2}$.
(C est une constante multiplicative que l'on peut prendre égale à 1).
Suivant la méthode de variation de la constante, on recherche donc une solution particulière de l'équation complète sous la forme $x(t) = \dfrac{C(t)}{1-t^2}$, l'équation complète devenant alors : $C'(t) = 2t$, soit $C(t) = t^2 + C_1$, $C_1 \in \mathbb{R}$.
Une solution particulière ainsi trouvée est $x_0(t) = \dfrac{t^2}{1-t^2}$, et l'ensemble des solutions de l'équation complète est : $\mathcal{S}_E(I_k) = \{t \mapsto \dfrac{t^2 + C}{1-t^2},\ C \in \mathbb{R}\}$.
On remarque que $t \mapsto -1$ (cas $C = -1$) est la seule solution prolongeable en 1 donc sur $]-1, +\infty[$ et enfin c'est aussi la seule solution sur $\mathbb{R}$.

On résout cette équation sur un intervalle où $1 - t^2$ ne s'annule pas, c'est-à-dire sur un des intervalles $I_1 =]-1, 1[$, $I_2 =]1, +\infty[$.

Exercice 14.3

1. On vérifie que la fonction nulle vérifie l'équation homogène associée (E_H) sur chacun des intervalles. Puis que si y et z sont deux solutions de (E_H) sur I_k alors $y + az$ est une solution de E_H sur I_k pour tout $a \in \mathbb{R}$.

On peut aussi citer le cours ou faire la question 2 qui donne des droites vectorielles.

2. On a sur I_k : $\dfrac{-2t+1}{2t(t-1)} = -\dfrac{1}{2t} - \dfrac{1}{2(t-1)}$.

En intégrant sur $I_1 \cup I_3$, $y(t) = \dfrac{K}{\sqrt{t(t-1)}}$ et sur I_2, $y(t) = \dfrac{K}{\sqrt{t(1-t)}}$.

3. On applique la méthode de variation de la constante à $y(t) = \lambda(t)Y(t)$, où $Y(t)$ est la solution de (E_H) trouvée précédemment dans le cas $K = 1$.

▸ Si $t \in I_1$ ou $t \in I_3$, $\lambda'(t) = -\dfrac{\sqrt{t(t-1)}}{2t(t-1)} = -\dfrac{1}{2\sqrt{t^2 - t}}$. En effectuant les changements de variable $X = t - \frac{1}{2}$ puis $V = 2X$ dans l'intégrale, on aboutit à la nouvelle intégrale : $\lambda(t) = -\dfrac{1}{2}\displaystyle\int \frac{dV}{\sqrt{V^2 - 1}} + L_1$, où $L_1 \in \mathbb{R}$.

Classique pour les anciens MPSI.

Corrigé

Donc : $\lambda(t) = -\frac{1}{2}\ln|V+\sqrt{V^2-1}| + L_1 = -\frac{1}{2}\ln|2t-1+2\sqrt{t(t-1)}| + L_1$.

Ainsi : $\mathcal{S}_E(I_k) = \left\{ t \mapsto \frac{-\ln|2t-1+2\sqrt{t(t-1)}|}{2\sqrt{t(t-1)}} + \frac{L_1}{\sqrt{t(t-1)}},\ L_1 \in \mathbb{R} \right\}$.

On effectue les mêmes changements de variable que précédemment.

▶ Si $t \in I_2$, $\lambda'(t) = -\frac{\sqrt{t(1-t)}}{2t(t-1)} = \frac{1}{2\sqrt{t-t^2}}$.

Donc : $\lambda(t) = \frac{1}{2}\int \frac{dV}{\sqrt{1-V^2}} + L_2 = \frac{1}{2}\arcsin(2t-1) + L_2$, où $L_2 \in \mathbb{R}$.

Ainsi : $\mathcal{S}_E(I_2) = \left\{ t \mapsto \frac{\arcsin(2t-1)}{2\sqrt{t(1-t)}} + \frac{L_2}{\sqrt{t(1-t)}},\ L_2 \in \mathbb{R} \right\}$.

4.

On suppose que l'on travaille dans $]-R,R[$, où $R>0$ sera déterminé plus loin.

a. Si S existe, $S(t) = \sum_{n=0}^{+\infty} a_n t^n$.

En dérivant S : $2t(t-1)\sum_{n=1}^{+\infty} n a_n t^{n-1} + (2t-1)\sum_{n=0}^{+\infty} a_n t^n = -1$.

On trouve $a_0 = 1$, $a_1 = \frac{2}{3}a_0$ et pour tout $n \geqslant 2$, $a_n = \frac{2n}{2n+1}a_{n-1}$.

b. Le lecteur qui est rapide et devenant un brin surdoué trouve $R = 1$.

S est $\mathscr{C}^\infty$ sur $]-R,R[$ donc dérivable !

c. Une solution y_p de (E) sur $]-1,1[$ doit être continue en 0. En examinant les solutions sur I_2 et sur I_3, nécessairement $L_1 = 0$ et $L_2 = \frac{\pi}{4}$. Donc il existe une seule fonction y_p possible. Par ailleurs, on a trouvé une seule solution S développable en série entière sur $]-1,1[$. Donc : $S = y_p$ sur $]-1,1[$.

Exercice 14.4

Comme $Tr(A) = 3$ et $\mathsf{Det}\,A = 2$, le spectre est directement $\{1,2\}$.

La matrice $A = \begin{pmatrix} -2 & 4 \\ -3 & 5 \end{pmatrix}$ est diagonalisable dans $\mathcal{M}_2(\mathbb{R})$ et on montre rapidement que en posant $D = \begin{pmatrix} 1 & 0 \\ 0 & 2 \end{pmatrix}$ et par exemple $P = \begin{pmatrix} 4 & 1 \\ 3 & 1 \end{pmatrix}$, alors on a l'égalité : $D = P^{-1}AP$.

Le système différentiel $Y'(t) = DY(t)$(introduit en posant $Y(t) = P^{-1}X(t)$) a pour solutions $(y_1(t) = a_1e^t,\ y_2(t) = a_2e^{2t})$, où $(a_1,a_2) \in \mathbb{R}^2$. Il reste à utiliser $X(t) = PY(t)$ et finalement : $(x_1(t) = 4a_1e^t + a_2e^{2t}, y_1(t) = 3a_1e^t + a_2e^{2t})$.

Exercice 14.5

$\mathrm{Tr}\,A = 2$ et $\mathsf{Det}\,A = 1$ donne 1 pour valeur propre double. Donc A n'est pas diagonalisable sinon $A = I_2$.

1. Rapidement $E_1(A) = \mathsf{Vect}\,\{(1,1)\}$. Posons $P = \begin{pmatrix} 1 & 0 \\ 1 & 1 \end{pmatrix}$ et cherchons $T = \begin{pmatrix} 1 & a \\ 0 & 1 \end{pmatrix}$ tel que : $PT = AP$. Un calcul rapide donne $a = -2$.

2. Il reste à résoudre $\begin{cases} y_1'(t) &= y_1(t) - 2\,y_2(t) \\ y_2'(t) &= y_2(t) \end{cases}$

On trouve y_1 par exemple par la méthode de variation de la constante.

Ses solutions sont : $y_2(t) = a_2e^t$ puis $y_1(t) = (-2a_2t + a_1)e^t$.
Il reste à utiliser $X(t) = PY(t)$ et finalement :
$(x_1(t) = (-2a_2t + a_1)e^t,\ x_2(t) = (-2a_2t + a_2 + a_1)e^t)$.

Exercice 14.6

Appelons A la matrice du système différentiel.

$\chi_A(X) = (X-3)^2(X-1)$ et si $P = \begin{pmatrix} 1 & 0 & 2 \\ 0 & 1 & 1 \\ 0 & 1 & -1 \end{pmatrix}$ et $D = \mathrm{diag}\,(3,3,1)$, alors on a la célèbre relation matricielle : $D = P^{-1}AP$.

Puis on résout $Y'(t) = DY(t)$: $(y_1(t) = a_1e^{3t}, y_2(t) = a_2e^{3t}, y_3(t) = a_3e^{t})$, où a_1, a_2 et a_3 sont trois constantes réelles.

$Y(t)$ est définie par $Y(t) = P^{-1}X(t)$.

Enfin, $X(t) = PY(t)$ donne :

$x_1(t) = a_1e^{3t} + 2a_3e^t$, $x_2(t) = a_2e^{3t} + a_3e^t$, $x_3(t) = a_2e^{3t} - a_3e^t$.

Les conditions initiales donnent $a_1 = 1, a_2 = 1$ et $a_3 = 0$.

Exercice 14.7

1. Rapidement, on a : $E_{1-i} = \text{Vect}\,(\{(5, 2+i)\})$ et $E_{1+i} = \text{Vect}\,(\{(5, 2-i)\})$.

En posant $P = \begin{pmatrix} 5 & 5 \\ 2+i & 2-i \end{pmatrix}$ et $D = \begin{pmatrix} 1-i & 0 \\ 0 & 1+i \end{pmatrix}$, on a bien la relation matricielle : $D = P^{-1}AP$.

$TrA = 2$ et $\text{Det}\,A = 2$ donc le spectre est $\{1 \pm i\}$.

2. $Y(t) = P^{-1}X(t) \Rightarrow Y'(t) = DY(t) \Rightarrow \left[y_1(t) = a_1e^{(1-i)t}, y_2(t) = a_2e^{(1+i)t}\right]$.

Donc la relation inverse $X(t) = PY(t)$ nous donne :

$x_1(t) = 5a_1e^{(1-i)t} + 5a_2e^{(1+i)t}$, $x_2(t) = (2+i)a_1e^{(1-i)t} + (2-i)a_2e^{(1+i)t}$).

Cela donne : $\begin{pmatrix} x_1(t) \\ x_2(t) \end{pmatrix} = a_1e^t\begin{pmatrix} 5e^{-it} \\ (2+i)e^{-it} \end{pmatrix} + a_2e^t\begin{pmatrix} 5e^{it} \\ (2-i)e^{it} \end{pmatrix}$, où (a_1, a_2) est un couple de $\mathbb{C}^2$.

Si la solution complexe est $\text{Vect}\,(U, \overline{U})$, la solution réelle est $\text{Vect}\,(Re(U), Im(U))$.

Et : $\begin{pmatrix} x_1(t) \\ x_2(t) \end{pmatrix} = a_1e^t\begin{pmatrix} 5\cos t \\ Re[(2-i)e^{it}] \end{pmatrix} + a_2e^t\begin{pmatrix} 5\sin t \\ Im[(2-i)e^{it}] \end{pmatrix}$, où maintenant (a_1, a_2) désigne un couple de $\mathbb{R}^2$. Finalement, après développement :

$x_1(t) = 5e^t\,[a_1\cos t + a_2\sin t]$, $x_2(t) = e^t\,[(2a_1 - a_2)\cos t + (a_1 + 2a_2)\sin t]$, où (a_1, a_2) désigne un couple de $\mathbb{R}^2$.

Retenir cette méthode de passer de $\mathbb{C}$ dans $\mathbb{R}$!

Exercice 14.8

$(i) \Rightarrow (ii)$: le carré de la norme de $X(t)$ est $X^T(t)X(t)$.

Et : $\left[X^T(t)X(t)\right]' = (X^T)'(t)X(t) + X^T(t)X'(t) = X^T(t)\left[A^T + A\right]X(t)$.

On dérive une fonction vectorielle.

Ainsi si A est antisymétrique, $\left[X^T(t)X(t)\right]' = 0$. Donc X est de norme constante.

$(ii) \Rightarrow (i)$: si chaque solution $X_0 : \mathbb{R} \to \mathbb{R}^n$ du système différentiel est de norme constante, (c'est-à-dire $\exists\, M > 0$, $\forall t$, $\|X_0(t)\| = M$), alors on écrit : $\forall X_0$, $\forall\, t \in \mathbb{R}$, $X_0^T(t)\left[A^T + A\right]X_0(t) = 0$.

La seule valeur propre possible de l'endomorphisme symétrique canoniquement associé à $A^T + A$ est 0. Donc cet endomorphisme est nul et A est bien antisymétrique.

Un endomorphisme symétrique réel est diagonalisable.

Exercice 14.9

1. $A_m = \begin{pmatrix} m & 1 & 1 \\ 1 & m & 1 \\ 1 & 1 & m \end{pmatrix}$ est symétrique réelle, donc diagonalisable suivant une base orthonormée.

D'après le cours sur les endomorphismes symétriques.

Remarquons que $A_m\begin{pmatrix} 1 \\ 1 \\ 1 \end{pmatrix} = (m+2)\begin{pmatrix} 1 \\ 1 \\ 1 \end{pmatrix}$: $m+2$ est valeur propre de A_m,

et que $A_m\begin{pmatrix} 1 \\ -1 \\ 0 \end{pmatrix} = (m-1)\begin{pmatrix} 1 \\ -1 \\ 0 \end{pmatrix}$ et $A_m\begin{pmatrix} 0 \\ 1 \\ -1 \end{pmatrix} = (m-1)\begin{pmatrix} 0 \\ 1 \\ -1 \end{pmatrix}$.

On peut calculer $\chi_A(X)$ sinon en mettant rapidement $X-(m-1)$ en facteur. À faire pour the training !

Il en résulte que $E_{m-1}(A_m) = \text{Ker}\,(A_m - (m-1)I_3)$ est le plan vectoriel d'équation cartésienne $x+y+z = 0$ et que $E_{m+2}(A_m) = \text{Ker}\,(A_m - (m+2)I_3)$ est la droite dirigée par $(1, 1, 1)$ (et orthogonale à $E_{m-1}(A_m)$).

Corrigé

On remarque que $\frac{1}{\sqrt{3}}(1,1,1)$ est une base orthonormée de $E_{m+2}(A_m)$.
Puis on prend $\{(1,0,-1),(1,-2,1)\}$ pour base de $E_{m-1}(A_m)$, vecteurs orthogonaux qu'il reste à diviser par leur norme.

On peut orthonormaliser la base de $E_{m-1}(A_m)$ avec Gram-Schmidt sinon.

Soit alors P la matrice orthogonale : $P = \dfrac{1}{\sqrt{6}}\begin{pmatrix}\sqrt{2} & \sqrt{3} & 1\\ \sqrt{2} & 0 & -2\\ \sqrt{2} & -\sqrt{3} & 1\end{pmatrix}$, alors $A_m = PD_mP^T$, avec $D_m = \operatorname{diag}(m+2, m-1, m-1)$ (formule de changement de base orthonormée).

2. Le système dit sans second membre se ramène par changement de base $Y(t) = P^{-1}X(t)$ au système $Y'(t) = D_mY(t)$, de solution $Y = \begin{pmatrix}C_1e^{(m+2)t}\\ C_2e^{(m-1)t}\\ C_3e^{(m-1)t}\end{pmatrix}$, où (C_1, C_2, C_3) sont trois constantes. Dans le cas présent $m=-2$, il reste à développer $PY(t) = X(t) = \dfrac{1}{\sqrt{6}}\begin{pmatrix}\sqrt{2} & \sqrt{3} & 1\\ \sqrt{2} & 0 & -2\\ \sqrt{2} & -\sqrt{3} & 1\end{pmatrix}\begin{pmatrix}C_1\\ C_2e^{-3t}\\ C_3e^{-3t}\end{pmatrix}$.

Pour le système complet, $Y'(t) = D_{-2}Y(t) + P^{-1}B(t)$, avec $B(t) = (1\,1\,1)^T$.

Ici $P^{-1} = P^T = \dfrac{1}{\sqrt{6}}\begin{pmatrix}\sqrt{2} & \sqrt{2} & \sqrt{2}\\ \sqrt{3} & 0 & -\sqrt{3}\\ 1 & -2 & 1\end{pmatrix} \Rightarrow P^TB = \begin{pmatrix}\sqrt{3}\\ 0\\ 0\end{pmatrix}$.

Et le système réduit s'écrit : $\left\{\begin{array}{rcl} y_1'(t) & = & \sqrt{3}\\ y_2'(t) & = & -3y_2(t)\\ y_3'(t) & = & -3y_3(t)\end{array}\right. \Rightarrow Y(t) = \begin{pmatrix}t\sqrt{3}+C_1\\ C_2e^{-3t}\\ C_3e^{-3t}\end{pmatrix}$.

Et rapidement, on a : $X(t) = PY(t) = \begin{pmatrix}t+K_1+(K_2+K_3)e^{-3t}\\ t+K_1-2K_3e^{-3t}\\ t+K_1+(-K_2+K_3)e^{-3t}\end{pmatrix}$, après avoir posé $K_1 = \dfrac{C_1}{\sqrt{3}}, K_2 = \dfrac{C_2}{\sqrt{2}}$ et $K_3 = \dfrac{C_3}{\sqrt{6}}$.

Avec les conditions initiales $\{x(0)=1, y(0)=1, z(0)=1\}$, on trouve : $K_1 = 1$, puis $K_2 = K_3 = 0$ donc : $X(t) = \begin{pmatrix}1+t\\ 1+t\\ 1+t\end{pmatrix}$. Tout cela pour ça !

Avec $B = (1\,1\,1)^T$.

3. Posons X_p de la forme $a\,B$, alors $0 = aA_1B + B = 3aB + B$.
Donc $3a+1 = 0 \Rightarrow a = -1/3$.
On voit que $X_p(t) = -\dfrac{1}{3}B$ est solution particulière de $X'(t) = AX(t) + B$.
La solution générale est donc : $X(t) = -\dfrac{1}{3}B + P\begin{pmatrix}C_1e^{3t}\\ C_2\\ C_3\end{pmatrix}$, (C_1, C_2, C_3) étant trois constantes. Ou encore : $X(t) = \begin{pmatrix}-1/3+K_1e^{3t}+K_2+K_3\\ -1/3+K_1e^{3t}-2K_3\\ -1/3+K_1e^{3t}-K_2+K_3\end{pmatrix}$, après avoir posé pour simplifier : $K_1 = \frac{C_1}{\sqrt{3}}, K_2 = \frac{C_2}{\sqrt{2}}$ et $K_3 = \frac{C_3}{\sqrt{6}}$.
Enfin, $x_1(0) + x_2(0) + x_3(0) = -1 \Rightarrow K_1 = 0$, et $X(t)$ est alors constante.

Exercice 14.10

▸ Détermination de la matrice triangulaire T.

Pour fixer les idées, on appelle u l'endomorphisme dont la matrice, par rapport à la base canonique $(\vec{e}_1, \vec{e}_2, \vec{e}_3)$, est A. Alors : $\chi_A(X) = (X-1)^3$. On connaît alors la seule valeur propre qui est 1. Le sous-espace propre de A associé à la valeur propre 1 est la droite vectorielle de base $\vec{u}_1(1,-1,-1)$. Comme on donne les deux autres vecteurs de la nouvelle base, on est sur la bonne voie.

Il est clair, vu $\chi_A(X)$, que A n'est pas diagonalisable sinon u serait l'identité.

Posons la matrice de passage : $P = \begin{pmatrix} 1 & 1 & 1 \\ -1 & -1 & 0 \\ -1 & 0 & 0 \end{pmatrix}$.

Nous allons écrire : $\vec{u}_2 = \vec{e}_1 - \vec{e}_2$.
Puis, on considère la base : $B = \{\vec{u}_1, \vec{u}_2, \vec{e}_1\}$ et il reste à exprimer les images des vecteurs de B par u en fonction des vecteurs de B.
Déjà, $u(\vec{u}_1) = \vec{u}_1$ car $\vec{u}_1$ est un vecteur propre de u associé à 1.
Puis : $u(\vec{u}_2) = u(\vec{e}_1) - u(\vec{e}_2) = 2\vec{e}_1 - \vec{e}_2 + \vec{e}_3 - (\vec{e}_2 + 2\vec{e}_3)$, en utilisant A.
Cela donne : $u(\vec{u}_2) = 2(\vec{e}_1 - \vec{e}_2) - \vec{e}_3 = 2\vec{u}_2 - \vec{e}_3$. Il reste à faire disparaître $\vec{e}_3$. On remarque que : $\vec{e}_3 = \vec{u}_2 - \vec{u}_1$. Finalement : $u(\vec{u}_2) = \vec{u}_1 + \vec{u}_2$.
Il reste à finaliser avec $u(\vec{e}_1)$.
On a : $u(\vec{e}_1) = 2\vec{e}_1 - \vec{e}_2 + \vec{e}_3 = \vec{e}_1 + \vec{e}_1 - \vec{e}_2 + \vec{e}_3$.
Cela donne : $u(\vec{e}_1) = \vec{e}_1 + \vec{u}_2 + \vec{u}_2 - \vec{u}_1 = -\vec{u}_1 + 2\vec{u}_2 + \vec{e}_1$.

On en déduit la matrice de u dans la base B, notée $T = \begin{pmatrix} 1 & 1 & -1 \\ 0 & 1 & 2 \\ 0 & 0 & 1 \end{pmatrix}$.

À ce niveau, calculer $P^{-1}AP$ est possible mais maladroit ! Une méthode est de poser T triangulaire supérieure de diagonale $(1,1,1)$ et à partir de $PT = AP$, de trouver les coefficients de T manquant. Dans le corrigé, on fait autrement, pour changer.

► Résolution du système différentiel de matrice T.
Posons $Y = P^{-1}X$. Alors :

$$X' = AX \Leftrightarrow PY' = APY \Leftrightarrow Y' = P^{-1}APY \Leftrightarrow Y' = TY.$$

Avec $Y(t) = \begin{pmatrix} y_1(t) \\ y_2(t) \\ y_3(t) \end{pmatrix}$, on résout : $\begin{cases} y_1'(t) = y_1(t) + y_2(t) - y_3(t) \\ y_2'(t) = y_2(t) + 2y_3(t) \\ y_3'(t) = y_3(t) \end{cases}$.

L'idée est de commencer par la dernière équation puis de remonter peu à peu.

Alors : $\exists\, a_3 \in \mathbb{R}$, $\forall t \in \mathbb{R}$, $y_3(t) = a_3 e^t$. On reporte ce résultat dans la seconde équation qui devient : (E_2) $y_2'(t) = y_2(t) + 2a_3 e^t$. On résout cette équation et : $\forall t \in \mathbb{R}$, $y_2(t) = (2a_3 t + a_2)e^t$, où $(a_2, a_3) \in \mathbb{R}^2$. On remplace les expressions trouvées de $y_3(t)$ et de $y_2(t)$ dans la première équation du système qui devient : (E_3) $y_1'(t) = y_1(t) + (2a_3 t + a_2 - a_3)e^t$. On résout cette équation :
$\forall t \in \mathbb{R}$, $y_1(t) = \left[a_3 t^2 + (a_2 - a_3)t + a_1\right] e^t$, où $(a_1, a_2, a_3) \in \mathbb{R}^3$.

► On sait que $X = PY$ et il suffit de faire le produit matriciel :

$$\begin{pmatrix} x_1(t) \\ x_2(t) \\ x_3(t) \end{pmatrix} = \begin{pmatrix} 1 & 1 & 1 \\ -1 & -1 & 0 \\ -1 & 0 & 0 \end{pmatrix} \begin{pmatrix} \left[a_3 t^2 + (a_2 - a_3)t + a_1\right] e^t \\ \left[2a_3 t + a_2\right] e^t \\ a_3 e^t \end{pmatrix}.$$

Et : $\begin{cases} x_1(t) = \left[a_3 t^2 + (a_3 + a_2)t + a_3 + a_2 + a_1\right] e^t \\ x_2(t) = \left[-a_3 t^2 - (a_3 + a_2)t - a_2 - a_1\right] e^t \\ x_3(t) = \left[-a_3 t^2 - (a_2 - a_3)t - a_1\right] e^t \end{cases}$, $(a_1, a_2, a_3) \in \mathbb{R}^3$.

Exercice 14.11

1. Étape 1 : la matrice du système est : $A = \begin{pmatrix} 3 & -2 & 0 \\ 4 & -3 & 0 \\ -2 & 1 & 0 \end{pmatrix}$.

Ici, il n'y a pas $x_3(t)$ au second membre mais c'est quand-même un système différentiel à trois inconnues.

La dernière colonne étant nulle, 0 est une valeur propre.
Puis un calcul rapide donne : $\chi_A(X) = X^3 - X$.
A admet donc trois valeurs propres distinctes, donc est diagonalisable.
Et $(1\,2\,0)^T$ est un vecteur propre de A associé à la valeur propre -1, la troisième valeur propre est 1 et on obtient $E_1(A) = \text{Vect}(-1\ -1\,1)^T$.

On écrit $A = PDP^{-1}$ avec : $P = \begin{pmatrix} 1 & -1 & 0 \\ 2 & -1 & 0 \\ 0 & 1 & 1 \end{pmatrix}$ et $D = \begin{pmatrix} -1 & 0 & 0 \\ 0 & 1 & 0 \\ 0 & 0 & 0 \end{pmatrix}$.

Corrigé

Étape 2 : on pose $X(t) = PY(t)$ avec : $Y(t) = \begin{pmatrix} y_1(t) \\ y_2(t) \\ y_3(t) \end{pmatrix}$.

Le système homogène se met sous la forme matricielle $Y'(t) = DY(t)$, soit :

$$\left\{ \begin{array}{lcll} y_1'(t) & = & -y_1(t) & (eq1) \\ y_2'(t) & = & y_2(t) & (eq2) \\ y_3'(t) & = & 0 & (eq3) \end{array} \right. .$$

La solution générale de $(eq1)$ est : $y_1(t) = C_1 e^{-t}$. Puis : $y_2(t) = C_2 e^t$ et $y_3(t) = C_3$. Les trois constantes C_1, C_2 et C_3 sont réelles.

Étape 3 : $X(t) = PY(t)$ donc : $X(t) = \begin{pmatrix} C_1 e^{-t} - C_2 e^t \\ 2C_1 e^{-t} - C_2 e^t \\ C_3 + C_2 e^t \end{pmatrix}$.

Et : $X_p(t) = Le^{2t} \Rightarrow X_p'(t) = 2Le^{2t}$.

Donc : $2Le^{2t} = ALe^{2t} + Ee^{2t}$, où l'on a l'égalité $E^T = (2\,1\,0)$. Il reste :

$$2L = AL + E \Rightarrow (A - 2I_3)L = -E.$$

La matrice $A - 2I_3$ est inversible car 2 n'est pas valeur propre de A.
Pour trouver L, il reste à résoudre le système : $(A - 2I_3)L = -E$, où L est l'inconnue ou alors on commence par calculer $(A - 2I_3)^{-1}$.

$$(A - 2I_3)^{-1} = \frac{1}{6} \begin{pmatrix} -10 & 4 & 0 \\ -8 & 2 & 0 \\ 6 & -3 & -3 \end{pmatrix}.$$

Donc $L = -(A - 2I_3)^{-1}E = (\frac{8}{3}\,\frac{7}{3}\, -\frac{3}{2})^T$.
Il suffit d'ajouter les solutions de $\mathcal{S}_H(\mathbb{R})$ et $X_p(t) = Le^{2t}$ trouvée à la question précédente : $X(t) = \begin{pmatrix} C_1 e^{-t} - C_2 e^t + \frac{8}{3} e^{2t} \\ 2C_1 e^{-t} - C_2 e^t + \frac{7}{3} e^{2t} \\ C_3 + C_2 e^t - \frac{3}{2} e^{2t} \end{pmatrix}$.

On a besoin ici de la valeur de P^{-1}, c'est la différence avec la méthode précédente.

2. On commence par calculer : $P^{-1} = \begin{pmatrix} -1 & 1 & 0 \\ -2 & 1 & 0 \\ 2 & -1 & 1 \end{pmatrix}$.

On pose $Y(t) = P^{-1}X(t)$ et donc : $Y'(t) = DY(t) + P^{-1}B$.

Et : $\left\{ \begin{array}{lcll} y_1'(t) & = & -y_1(t) - e^{2t} & (eq1) \\ y_2'(t) & = & y_2(t) - 3e^{2t} & (eq2) \\ y_3'(t) & = & 3e^{2t} & (eq3) \end{array} \right.$

La solution générale de $(eq1)$ est : $y_1(t) = \dfrac{-1}{3} e^{2t} + C_1 e^{-t}$.

Puis : $y_2(t) = C_2 e^t - 3e^{2t}$ et $y_3(t) = \dfrac{3}{2} e^{2t} + C_3$.

C'est exactement le même résultat que la question 1, ouf!

Avec $X(t) = PY(t)$, $X(t) = \begin{pmatrix} C_1 e^{-t} - C_2 e^t + \dfrac{8}{3} e^{2t} \\ \\ 2C_1 e^{-t} - C_2 e^t + \dfrac{7}{3} e^{2t} \\ \\ C_3 + C_2 e^t - \dfrac{3}{2} e^{2t} \end{pmatrix}$.

Exercice 14.12

▶ Résolvons le système homogène associé. On part de $A = \begin{pmatrix} 5 & 1 & -1 \\ 2 & 4 & -2 \\ 1 & -1 & 3 \end{pmatrix}$.

Rapidement, le spectre est $\{2,4,6\}$ et la matrice de passage $P = \begin{pmatrix} 0 & 1 & 1 \\ 1 & 0 & 1 \\ 1 & 1 & 0 \end{pmatrix}$ donne : $A = PDP^{-1}$, où $D = \mathrm{Diag}\,(2,4,6)$. Posons $X(t) = PY(t)$,

$$Y'(t) = DY(t) \Rightarrow \left\{ \begin{array}{rcl} y_1' & = & 2y_1(t) \\ y_2' & = & 4y_2(t) \\ y_3' & = & 6y_3(t) \end{array} \right. \Rightarrow \left\{ \begin{array}{rcl} y_1(t) & = & a_1e^{2t} \\ y_2(t) & = & a_2e^{4t} \\ y_3(t) & = & a_3e^{6t} \end{array} \right., \text{ où } (a_1,a_2,a_3) \in \mathbb{R}^3.$$

Et finalement, on a $(S_H) : \left\{ \begin{array}{rcl} x_1(t) & = & a_2e^{4t} + a_3e^{6t} \\ x_2(t) & = & a_1e^{2t} + a_3e^{6t} \\ x_3(t) & = & a_1e^{2t} + a_2e^{4t} \end{array} \right.$.

▶ Déterminons une solution particulière $X_p(t)$ du système complet.

On part de $B(t) = te^tU_1 + e^tU_2$ avec $U_1 = \begin{pmatrix} 0 \\ 0 \\ -1 \end{pmatrix}$ et $U_2 = \begin{pmatrix} 1 \\ 0 \\ 0 \end{pmatrix}$. Donc, on cherche $X_p(t)$ sous une forme analogue :

Ici dans le corrigé, on privilégie la **méthode 14.5**. *On peut appliquer bien entendu la* **méthode 14.4** *du début à la fin. On vous engage à le faire par vous même et à trouver le même résultat.*

$$X_p(t) = te^tC_1 + e^tC_2 \Rightarrow X_p'(t) = (te^t + e^t)C_1 + e^tC_2$$

Pour conclure, le lecteur ajoutera la solution particulière $te^tC_1 + e^tC_2$ trouvée à la solution générale de (S_H), trouvée un peu plus haut.

$$\Rightarrow te^tC_1 + e^t(C_1 + C_2) = te^tAC_1 + e^tAC_2 + te^tU_1 + e^tU_2$$

$$\Rightarrow \left\{ \begin{array}{rcl} C_1 & = & AC_1 + U_1 \\ C_1 + C_2 & = & AC_2 + U_2 \end{array} \right.$$

On remarque que si l'on pose $F = (I_3 - A)^{-1}$, on a $\left\{ \begin{array}{rcl} C_1 & = & FU_1 \\ C_2 & = & F(-C_1 + U_2) \end{array} \right.$.

Et $F = \dfrac{1}{15}\begin{pmatrix} -4 & 1 & -1 \\ 6 & -9 & -6 \\ 5 & -5 & -10 \end{pmatrix} \Rightarrow C_1 = \dfrac{1}{15}\begin{pmatrix} 1 \\ 6 \\ 10 \end{pmatrix}$, $C_2 = \dfrac{1}{225}\begin{pmatrix} -52 \\ 198 \\ 200 \end{pmatrix}$.

$$\text{Conclusion : } (S) \left\{ \begin{array}{rcl} x_1(t) & = & a_2e^{4t} + a_3e^{6t} + \dfrac{1}{15}te^t - \dfrac{52}{225}e^t \\ x_2(t) & = & a_1e^{2t} + a_3e^{6t} + \dfrac{6}{15}te^t + \dfrac{198}{225}e^t \\ x_3(t) & = & a_1e^{2t} + a_2e^{4t} + \dfrac{10}{15}te^t + \dfrac{200}{225}e^t \end{array} \right..$$

Exercice 14.13

Si $t \mapsto (x_1(t), x_2(t))$ est une solution sur $\mathbb{R}$, posons $z(t) = x_1(t) + ix_2(t)$. On peut transformer notre système (L) en une équation linéaire du premier ordre (en ajoutant la ligne L_1 et $i \times L_2$) :

$$\forall t \in \mathbb{R},\ z'(t) = e^{-it}z(t).$$

Et : $\exists C \in \mathbb{C}, \forall t \in \mathbb{R}, z(t) = Ce^{i\cos t + \sin t}$. Comme $C = A + iB$, $(A, B) \in \mathbb{R}^2$,

$$\left\{ \begin{array}{lll} x_1(t) & = & (A\cos(\cos t)) - B\sin(\cos(t))e^{\sin(t)} \\ x_2(t) & = & (B\cos(\cos t)) + A\sin(\cos(t))e^{\sin(t)} \end{array} \right. .$$

Exercice 14.14

Encore un système différentiel avec A variable ! Et ici, P a le bon goût d'être constante. Ouf !

Ici $A(t) = \begin{pmatrix} 2-t & t-1 \\ 2(t-1) & 2t-1 \end{pmatrix}$ avec $X(t) = \begin{pmatrix} x_1(t) \\ x_2(t) \end{pmatrix}$.

Le polynôme caractéristique de $A(t)$ est $\chi_{A(t)}(X) = X^2 - (t+1)X + t$.
Et $\mathsf{Sp}(A(t)) = \{1, t\}$.

▸ Si $t \neq 1$, $E_1(A(t)) = \mathsf{Vect}\{(1,1))\}$ et $E_t(A(t)) = \mathsf{Vect}\{(1,2))\}$.
Avec $P = \begin{pmatrix} 1 & 1 \\ 1 & 2 \end{pmatrix}$, $A(t) = PD(t)P^{-1}$ avec $D(t) = \begin{pmatrix} 1 & 0 \\ 0 & t \end{pmatrix}$.

▸ Si $t = 1$, $A(t) = I_2$ et la relation $A(1) = PD(1)P^{-1}$ reste vraie.

▸ On pose pour tout t, $Y(t) = P^{-1}X(t)$. On est ramené à $Y'(t) = D(t)Y(t)$.

$$Y(t) = \begin{pmatrix} y_1(t) \\ y_2(t) \end{pmatrix} \Rightarrow \left\{ \begin{array}{lll} y_1'(t) & = & y_1(t) \\ y_2'(t) & = & t\,y_2(t) \end{array} \right. \Rightarrow \left\{ \begin{array}{lll} y_1(t) & = & ae^t \\ y_2(t) & = & be^{t^2/2} \end{array} \right. ,$$

où $(a, b) \in \mathbb{R}^2$. Il reste à utiliser $X(t) = PY(t) \Rightarrow \left\{ \begin{array}{lll} x_1(t) & = & ae^t + be^{t^2/2} \\ x_2(t) & = & ae^t + 2be^{t^2/2} \end{array} \right.$.

Exercice 14.15

On a très rapidement l'inverse de $P = \begin{pmatrix} a & b \\ c & d \end{pmatrix}$, c'est le produit de $\frac{1}{\mathsf{Det}\,P}$ par $\begin{pmatrix} d & -b \\ -c & a \end{pmatrix}$. À retenir !

On peut aussi appliquer la **méthode 14.8** *et utiliser le tableau qui donne des solutions particulières.*

(E) est associée à (S) : $X'(t) = AX(t) + B(t)$, avec $X(t) = \begin{pmatrix} y(t) \\ y'(t) \end{pmatrix}$, $A = \begin{pmatrix} 0 & 1 \\ 3 & 2 \end{pmatrix}$ et $B(t) = \begin{pmatrix} 0 \\ \cos t \end{pmatrix}$. Puis le polynôme caractéristique de A est $\chi_A(x) = x^2 - 2x - 3$ de racines -1 et 3.
Un rapide calcul donne $E_{-1}(A) = \mathsf{Vect}\{(-1,1)\}$ et $E_3(A) = \mathsf{Vect}\{(1,3)\}$.
On prend par exemple $P = \begin{pmatrix} -1 & 1 \\ 1 & 3 \end{pmatrix}$ et si $D = \begin{pmatrix} -1 & 0 \\ 0 & 3 \end{pmatrix}$, $D = P^{-1}AP$.
Rapidement, $P^{-1} = \frac{1}{4}\begin{pmatrix} -3 & 1 \\ 1 & 1 \end{pmatrix}$. En posant $Y(t) = \begin{pmatrix} y_1(t) \\ y_2(t) \end{pmatrix}$,

$$Y'(t) = DY(t) + P^{-1}B(t) \Rightarrow \left\{ \begin{array}{lll} y_1'(t) & = & -y_1(t) + \frac{1}{4}\cos t \\ y_2'(t) & = & 3y_2(t) + \frac{1}{4}\cos t. \end{array} \right. .$$

Donc, il existe $(c_1, c_2) \in \mathbb{R}^2$ tel que l'on ait : $y_1(t) = c_1 e^{-t} + \dfrac{1}{8}\cos t + \dfrac{1}{8}\sin t$ et $y_2(t) = c_2 e^{3t} - \dfrac{3}{40}\cos t + \dfrac{1}{40}\sin t$.
On utilise enfin $X(t) = PY(t)$ qui donne $y(t) = -y_1(t) + y_2(t)$. Il reste à appliquer les conditions initiales et finalement l'unique solution de (E) est :

$$y(t) = -\frac{1}{8}e^{-t} + \frac{13}{40}e^{3t} - \frac{1}{5}\cos t - \frac{1}{10}\sin t.$$

Exercice 14.16

1. L'équation caractéristique de (E_1) est : $x^2 + 2x + 1 - \lambda = 0$.

▸ Si $\lambda > 0$, une base de $\mathcal{S}_{E_1}(\mathbb{R})$ est $\left\{t \mapsto e^{(-1+\sqrt{\lambda})t},\ t \mapsto e^{(-1-\sqrt{\lambda})t}\right\}$.

L'unique solution cherchée est $\phi_\lambda : t \mapsto \dfrac{1}{2\sqrt{\lambda}} e^{(-1+\sqrt{\lambda})t} - \dfrac{1}{2\sqrt{\lambda}} e^{(-1-\sqrt{\lambda})t}$.

▶ Si $\lambda = 0$, une base de $\mathcal{S}_{E_1}(\mathbb{R})$ est $\{t \mapsto e^{-t},\ t \mapsto t\,e^{-t}\}$.

L'unique solution cherchée est $\phi_0 : t \mapsto te^{-t}$.

▶ Si $\lambda < 0$, une base de $\mathcal{S}_{E_1}(\mathbb{R})$ est $\left\{t \mapsto e^{-t}\cos(t\sqrt{-\lambda}),\ t \mapsto e^{-t}\sin(t\sqrt{-\lambda})\right\}$.

Warnung : ici, on écrit $\sqrt{-\lambda}$ et non $\sqrt{\lambda}$.

L'unique solution cherchée est $\phi_\lambda : t \mapsto \dfrac{e^{-t}}{\sqrt{-\lambda}} \sin(t\sqrt{-\lambda})$.

2. L'équation homogène a pour solutions $t \mapsto \lambda \cos t + \mu \sin t$, $(\lambda, \mu) \in \mathbb{R}^2$.
Si $f_1(t) = \frac{t^2}{2}$, déterminons y_{p1}, solution particulière de $y''(t) + y(t) = f_1(t)$.
On pose $y_{p1}(t) = \alpha t^2 + \beta t + \gamma$, on trouve : $y_{p1}(t) = \frac{1}{2}t^2 - 1$.
Si l'on pose $f_2(t) = \frac{1}{2}t^2\cos(2t)$, déterminons y_{p2}, solution particulière de $y''(t) + y(t) = f_2(t)$, sous la forme :

Comme f_2 est paire, on a de suite $b = d = f = 0$. Si l'on ne le voit pas, la peine est un calcul plus long !

$$y_{p2}(t) = (at^2 + bt + c)\cos(2t) + (dt^2 + et + f)\sin(2t).$$

Après identification, $a = -\dfrac{1}{6}$, $c = \dfrac{13}{27}$ et $e = \dfrac{4}{9}$. Puis on regroupe.

$$\mathcal{S}_{E_2}(\mathbb{R}) = \left\{ t \mapsto \lambda\cos t + \mu \sin t + \frac{t^2}{2} - 1 - \frac{t^2}{6}\cos 2t + \frac{13}{27}\cos 2t + \frac{4}{9} t \sin 2t \right\}.$$

3. $1 \pm i$ sont les solutions de l'équation caractéristique (1). Ainsi l'équation homogène a pour solutions : $t \mapsto Ae^t\cos t + Be^t \sin t$, où $(A, B) \in \mathbb{R}^2$. Comme le second membre est e^t et on cherche une solution particulière de la forme $y_p(t) = a\,e^t$. Après calculs, $y_p(t) = e^t$.
Donc : $\mathcal{S}_{E_3}(\mathbb{R}) = \{t \mapsto Ae^t \cos t + Be^t \sin t + y_p(t)\}$ et le choix de A et B est donné par les conditions initiales. On trouve : $A = -1$ et $B = 1$.

On détermine l'ensemble $\mathcal{S}_{E_3}(\mathbb{R})$ et ensuite on applique les conditions initiales.

Exercice 14.17

1. On a : $\mathcal{S}_{F_0}(\mathbb{R}_+) = \text{Vect}(\cos, \sin)$.

2. On vérifie que l'unique solution au problème (je suis sûr et vous aussi de son existence et de son unicité grâce au théorème de Cauchy linéaire) est la fonction $y :\ t \mapsto a\cos t + b \sin t$. Puis, pour tout t et si $(a, b) \neq (0, 0)$:

Voilà enfin un exercice où l'on privilégie vos capacités de raisonnement et non votre dextérité en calcul.

$$f(t) = \sqrt{a^2+b^2}\left[\frac{a}{\sqrt{a^2+b^2}}\cos t + \frac{b}{\sqrt{a^2+b^2}}\sin t\right] = \sqrt{a^2+b^2}\cos(t - t_0),$$

en notant $t_0 \in \mathbb{R}$ vérifiant : $\cos t_0 = \dfrac{a}{\sqrt{a^2+b^2}}$ et $\sin t_0 = \dfrac{b}{\sqrt{a^2+b^2}}$.

Le cas $a = b = 0$ se rajoute.

Donc : $\forall t$, $|f(t)| \leqslant \sqrt{a^2+b^2}$ et donc $\|f\|_\infty \leqslant \sqrt{a^2+b^2}$.

3. $f_h(t) = \displaystyle\int_0^t h(u)\sin(t-u)\,du = \sin t \int_0^t h(u)\cos u\,du - \cos t \int_0^t h(u)\sin u\,du$.
La fonction f_h est donc de classe $\mathscr{C}^1$ et on dérive, dérive...

Ah bon, j'avais dit qu'il n'y aurait pas de calcul ?

$$f_h'(t) = \cos t \int_0^t h(u)\cos u\,du + \sin t \int_0^t h(u)\sin u\,du,$$

$$f_h''(t) = -\sin t \int_0^t h(u)\cos u\,du + \cos t\int_0^t h(u)\sin u\,du + h(t).$$

Donc f_h est de classe $\mathscr{C}^2$ sur $\mathbb{R}_+$ et solution de (F_h).
On écrit : $\mathcal{S}_{F_h}(\mathbb{R}_+) = \{t \mapsto \alpha\cos t + \beta \sin t + f_h(t),\ (\alpha, \beta) \in \mathbb{R}^2\}$.

Comme h est intégrable sur $[0,+\infty[$ alors $\int_0^{+\infty}|h(u)|\,du$ est finie.

4. Il est clair que $f=f_h$, vues les conditions initiales. Pour tout $t\geqslant 0$,

$$|f(t)|\leq\int_0^t|h(u)\sin(t-u)|\,du\leqslant\int_0^t|h(u)|\,du\leqslant\int_0^{+\infty}|h(u)|\,du.$$

On montre que si h est seulement bornée sur $\mathbb{R}^+$ alors l'unique solution f vérifiant $f(0)=f'(0)=0$, elle, ne l'est pas sur $\mathbb{R}^+$. Il n'y a pas stabilité de la solution au sens ∞.

5. $(F) : y''(t)+y(t)=\delta\cos(t)$ a pour solutions (voir **méthode 14.7**) :

$$\mathcal{S}_F(\mathbb{R}^+)=\left\{t\mapsto\frac{\delta}{2}t+\frac{\delta}{2}t\sin t+\alpha\cos t+\beta\sin t,\ (\alpha,\beta)\in\mathbb{R}^2\right\}.$$

Si $f\in\mathcal{S}_F(\mathbb{R}^+)$, le rapport $f(t)/t$ ne tend pas vers 0 quand t tend vers $+\infty$ car sin n'a pas de limite. Donc $f(t)$ n'est pas un $o(t)$ et *à fortiori* n'est pas bornée, au voisinage de $+\infty$.

Exercice 14.18

Considérons la fonction z telle que $z(x)=y(\exp(x))$, c'est-à-dire $z=y\circ\exp$, et $y=z\circ\ln$; alors $y'(t)=\frac{1}{t}z'(\ln t)$ et $y''(t)=\frac{-1}{t^2}z'(\ln t)+\frac{1}{t^2}z''(\ln t)$.
Alors $t^2y''(t)+y(t)=z(\ln t)-z'(\ln t)+z''(\ln t)$ et (E) se ramène à l'équation à coefficients constants

$$(F) : z''(x)-z'(x)+z(x)=0,$$

*L'intérêt est ici d'illustrer la **méthode 14.9**. Pour votre culture, (E) fait partie des équations différentielles d'Euler que l'on résout toujours en posant $t=\pm e^x$.*

dont l'équation caractéristique est X^2-X+1, de racines complexes $\frac{1}{2}+i\frac{\sqrt{3}}{2}$ et $\frac{1}{2}-i\frac{\sqrt{3}}{2}$.
Les solutions de (F) sont les $z(x)=e^{\frac{x}{2}}\left(\lambda\cos\left(\frac{\sqrt{3}}{2}x\right)+\mu\cos\left(\frac{\sqrt{3}}{2}x\right)\right)$.
On trouve donc celles de $t^2y''(t)+y(t)=0$ sur $\mathbb{R}_+^*$:

$$y(t)=\sqrt{t}\left(\lambda\cos\left(\frac{\sqrt{3}}{2}\ln t\right)+\mu\cos\left(\frac{\sqrt{3}}{2}\ln t\right)\right).$$

D'après le cours, $\mathcal{S}_E(I)$, avec $I=\mathbb{R}_+^*$, est un e.v de dim $=2$. Comme (t^2,t^3) est libre, c'est une base des solutions.

Exercice 14.19

Remplaçons $y(t)$ par $\sum_{k=0}^n a_kt^k$ dans (E) avec $n\geq 2$.

On obtient : $\forall t,\ \sum_{k=2}^n(k^2-5k+6)a_kt^k+2a_1t+6a_0=0$.
Cela implique que $a_0=a_1=0$ et que $a_k=0$ sauf pour $k^2-5k+6=0$ soit $k\in\{2,3\}$. On trouve donc que les solutions polynomiales de (E) forment l'espace vectoriel $\mathsf{Vect}\left(t^2,t^3\right)$.

Exercice 14.20

On cherche une solution développable en série entière $y(t)=\sum_{n=0}^{+\infty}a_nt^n$, en supposant que le rayon de convergence $R>0$.
En dérivant deux fois et en identifiant, on trouve : $a_0=1$, $a_1=0$ et la relation de récurrence : $\forall n\geq 2,\ a_n=-2\frac{a_{n-2}}{n}$.

Finalement $a_{2p+1}=0$ et $a_{2p}=\dfrac{(-1)^p}{p!}$ pour tout $p\in\mathbb{N}$. On reconnaît le développement en série entière de $t\mapsto e^{-t^2}$, de rayon de convergence $+\infty$.

Exercice 14.21

Cherchons une solution de (E) sous la forme $y(t) = \sum_{n=0}^{+\infty} a_n t^n$

En laissant la question du rayon de convergence pour plus tard, comme d'habitude.

Alors : $y'(t) = \sum_{n=1}^{+\infty} n a_n t^{n-1}, ty'(t) = \sum_{n=0}^{+\infty} n a_n t^n, y''(t) = \sum_{n=2}^{+\infty} n(n-1) a_n t^{n-2}$.

Alors : $ty''(t) + ty'(t) + 2y(t) = \sum_{n=0}^{+\infty} \left((n+1)n a_{n+1} + (n+2)a_n\right) t^n$

Les termes correspondant à $n = 0$ dans $ty''(t)$ et $ty'(t)$ sont nuls.

Donc $y(t)$ vérifie (E) si, et seulement si, $\forall n \in \mathbb{N}, n(n+1)a_{n+1} + (n+2)a_n = 0$, ce qui équivaut à la récurrence valable pour tout $n \in \mathbb{N}^*$: $a_{n+1} = -\frac{n+2}{n(n+1)} a_n$, conjuguée à la condition initiale $a_0 = 0$.
À ce stade, il reste le calcul des coefficients a_n en fonction de $n \in \mathbb{N}^*$.
On peut écrire :

Le rayon de convergence des séries entières solutions de (E) est infini.

$$\forall k \in \mathbb{N}^*, \frac{a_{k+1}}{a_k} = -\frac{k+2}{k(k+1)}, \text{ puis } \prod_{k=1}^{n-1} \frac{a_{k+1}}{a_k} = \prod_{k=1}^{n-1} \left(-\frac{k+2}{k(k+1)}\right),$$

$$\text{d'où : } \frac{a_n}{a_1} = (-1)^{n-1} \frac{\prod_{k=1}^{n-1}(k+2)}{\left(\prod_{k=1}^{n-1} k\right) \prod_{k=1}^{n-1}(k+1)} = (-1)^{n-1} \frac{(n+1)!}{2(n-1)!\; n!}$$

et finalement : $a_n = (-1)^{n-1} \dfrac{n+1}{2(n-1)!} a_1$.

Conclusion : les solutions de (E) développables en série entière sont les multiples de $u(x) = \sum_{n=1}^{+\infty} (-1)^n \dfrac{n+1}{2(n-1)!} t^n$ avec un rayon de convergence infini.

L'ensemble des séries entières solutions de (E) est une droite vectorielle, alors que $\mathcal{S}_{(E)}(\mathbb{R}_+^*)$ est un plan vectoriel ; ceci est dû à l'existence de solutions non prolongeables en 0.

Exercice 14.22

► Supposons qu'il existe une solution de (E) du type : $y(t) = \sum_{n=0}^{+\infty} a_n t^n$, de rayon de convergence non nul. À l'intérieur de l'intervalle de convergence,

Ici, le second membre n'est pas nul. Il faut développer $\ln(1+t)$ en D.S.E pour identifier deux D.S.E sur le même domaine de convergence.

$$y'(t) = \sum_{n=1}^{+\infty} n a_n t^{n-1} \text{ et } y''(t) = \sum_{n=2}^{+\infty} n(n-1) a_n t^{n-2}.$$

Alors : $4t\, y'(t) = \sum_{n=1}^{+\infty} 4n a_n t^n$ et $t^2\, y''(t) = \sum_{n=2}^{+\infty} n(n-1) a_n t^n$. On remplace dans le premier membre de (E) et on obtient :

$$\sum_{n=2}^{+\infty} n(n-1) a_n t^n + \sum_{n=1}^{+\infty} 4n a_n t^n + \sum_{n=0}^{+\infty} 2a_n t^n.$$

On sait que pour $t \in]-1, 1[$: $\ln(1+t) = \sum_{n=1}^{+\infty} (-1)^{n-1} \dfrac{t^n}{n}$.

On identifie alors ce développement avec celui du premier membre.

Pour $n \geqslant 2$: $n(n-1)a_n + 4na_n + 2a_n = \dfrac{(-1)^{n-1}}{n}$.

Cela donne : $\forall n \geqslant 2,\ (n^2+3n+2)a_n = \dfrac{(-1)^{n-1}}{n}$.

Comme $n^2+3n+2 = (n+1)(n+2) \Rightarrow \forall n \geqslant 2,\ a_n = \dfrac{(-1)^{n-1}}{n(n+1)(n+2)}$.

Il reste à identifier les termes de chaque côté pour $n = 1$. On a :

$$4a_1 + 2a_1 = 1 \Rightarrow a_1 = \frac{1}{6}.$$

Puis, on fait de même avec $n = 0$: $2a_0 = 0 \Rightarrow a_0 = 0$.

Et : $y(t) = \dfrac{t}{6} + \displaystyle\sum_{n=2}^{+\infty}(-1)^{n-1}\frac{t^n}{n(n+1)(n+2)} = \sum_{n=1}^{+\infty}(-1)^{n-1}\frac{t^n}{n(n+1)(n+2)}$.

Il reste à déterminer le rayon d'une telle série.

On pose : $\forall n \geqslant 1,\ a_n = \dfrac{(-1)^{n-1}}{n(n+1)(n+2)}$.

Le rapport : $\left|\dfrac{a_{n+1}}{a_n}\right| = \left|\dfrac{n(n+1)(n+2)}{(n+1)(n+2)(n+3)}\right|$ tend vers 1 quand n tend vers $+\infty$. Le rayon de convergence est donc 1.

▸ Détermination explicite de cette solution : nous travaillons pour $t \in]-1,1[$ et $y(t) = \displaystyle\sum_{n=1}^{+\infty}(-1)^{n-1}\frac{t^n}{n(n+1)(n+2)}$.

$\exists\,(a,b,c) \in \mathbb{R}^3, \forall n \in \mathbb{N}^\star,\ \dfrac{1}{n(n+1)(n+2)} = \dfrac{a}{n} + \dfrac{b}{n+1} + \dfrac{c}{n+2}$.

On a fait une décomposition en éléments simples de la fraction à l'intérieur de la somme.

Le lecteur trouvera $a = \dfrac{1}{2}$, $b = -1$ et $c = \dfrac{1}{2}$.

Alors : $y(t) = \displaystyle\sum_{n=1}^{+\infty}(-1)^{n-1}\frac{t^n}{2n} + \sum_{n=1}^{+\infty}(-1)^n\frac{t^n}{n+1} + \sum_{n=1}^{+\infty}(-1)^{n-1}\frac{t^n}{2(n+2)}$.

On remarque que chacune des trois sommes existe bien. Pour les calculer, nous allons les noter dans l'ordre d'apparition, $S_1(t)$, $S_2(t)$ et $S_3(t)$.

On peut vérifier sans problème que S_1, S_2 et S_3 ont toutes un rayon de convergence égal à 1.

Partons de : $S_1(t) = \displaystyle\sum_{n=1}^{+\infty}(-1)^{n-1}\frac{t^n}{2n} = \frac{1}{2}\sum_{n=1}^{+\infty}(-1)^{n-1}\frac{t^n}{n}$.

On reconnaît, à un coefficient multiplicatif près, le développement en série entière de $\ln(1+t)$. On a alors : $S_1(t) = \dfrac{1}{2}\ln(1+t)$.

Passons à $S_2(t)$. On a : $S_2(t) = \displaystyle\sum_{n=1}^{+\infty}(-1)^n\frac{t^n}{n+1}$. On écrit, en supposant $t \neq 0$,

$$S_2(t) = \frac{1}{t}\sum_{n=1}^{+\infty}(-1)^n\frac{t^{n+1}}{n+1} = \frac{1}{t}\sum_{p=2}^{+\infty}(-1)^{p-1}\frac{t^p}{p},$$

en faisant un changement d'indice. On reconnaît dans la dernière somme le développement de $\ln(1+t)$ mais seulement à partir de $n = 2$.

Ainsi : $S_2(t) = \dfrac{1}{t}\left[\ln(1+t) - t\right]$.

On peut aussi utiliser un $DL_2(0)$ de $\ln(1+t)$.

Il ne faut pas oublier le cas $t = 0$. Avec la définition de S_2, on a $S_2(0) = 0$.

On a : $\forall t \neq 0,\ S_3(t) = \dfrac{1}{2}\displaystyle\sum_{n=1}^{+\infty}(-1)^{n-1}\frac{t^n}{n+2} = \frac{1}{2t^2}\sum_{n=1}^{+\infty}(-1)^{n-1}\frac{t^{n+2}}{n+2}$.

On effectue encore un changement d'indice.

$$S_3(t) = \frac{1}{2t^2}\sum_{n=3}^{+\infty}(-1)^{n-1}\frac{t^n}{n} = \frac{1}{2t^2}\left[\ln(1+t) - t + \frac{t^2}{2}\right].$$

On sait par ailleurs que $S_3(0) = 0$ par définition de $S_3(t)$.
On regroupe nos résultats : $y(t) = S_1(t) + S_2(t) + S_3(t)$, c'est-à-dire :

$$y(t) = \frac{1}{2}\ln(1+t) + \frac{1}{t}\left[\ln(1+t) - t\right] + \frac{1}{2t^2}\left[\ln(1+t) - t + \frac{t^2}{2}\right].$$

En mettant sous le même dénominateur, on obtient :

$$y(t) = \begin{cases} \dfrac{2t^2\ln(1+t) + 4t\ln(1+t) + 2\ln(1+t) - 2t - 3t^2}{4t^2} & \text{si} \quad t \neq 0 \\ 0 & \text{si} \quad t = 0 \end{cases}$$

Exercice 14.23

1. Rapidement : $a_0 = 1$, $a_1 = 0$ et $\forall n \geqslant 2$, $a_n = -\dfrac{a_{n-2}}{n^2}$.

Donc $a_{2p+1} = 0$ et $a_{2p} = \dfrac{(-1)^p}{2^{2p}(p!)^2}$ pour tout $p \in \mathbb{N}$.

2. $\cos(t\sin v) = 1 - \dfrac{1}{2!}(t\sin v)^2 + ... + \dfrac{(-1)^n}{(2n)!}(t\sin v)^{2n} + ...$, de rayon $+\infty$.

3. $|u_n(v)| = \left|\dfrac{(-1)^n}{(2n)!}(t\sin v)^{2n}\right| \leq \dfrac{|t|^{2n}}{(2n)!}$. Donc la série $v \mapsto \sum_{n\geq 0} u_n(v)$ est normalement convergente sur $[0, \pi]$. Donc, d'après le cours sur les séries convergeant uniformément sur un segment, on peut intervertir l'intégrale sur le segment et la somme de la série.

✎ Ici t joue le rôle de paramètre fixé.

Puis : $\dfrac{1}{\pi}\displaystyle\int_0^{\pi}\cos(t\sin v)dv = \dfrac{1}{\pi}\sum_{n=0}^{+\infty}\dfrac{(-1)^n t^{2n}}{(2n)!}\int_0^{\pi}(\sin v)^{2n}\,dv.$

Et : $\dfrac{1}{\pi}\displaystyle\int_0^{\pi}\cos(t\sin v)dv = 1 - \dfrac{t^2}{4} + ... + \dfrac{(-1)^n t^{2n}}{(2n)!}\,\dfrac{1\times 3\times ...\times(2n-1)}{2\times 4\times ...\times 2n} + ...$ et en arrangeant, le terme général est bien celui de $J_0(t)$. Les deux développements en série entière sont les mêmes sur leur domaine de convergence.

✎ $I_{2n} = \displaystyle\int_0^{\pi}(\sin v)^{2n}\,dv$ alors (voir indic) $2nI_{2n}$ vaut $(2n-1)I_{2n-2}$. On en déduit I_{2n}.

4. Après avoir justifié la dérivation sous le signe somme, on écrit :

$$tf''(t) + f'(t) + tf(t) = \frac{1}{\pi}\int_0^{\pi}\frac{\partial}{\partial v}\left[\sin(t\sin v)\cos v\right]\,dv = 0.$$

Puis on vérifie que $f'(0) = 0$ et $f(0) = 1$.

✎ D'après l'unicité de la solution (théorème de Cauchy linéaire), on conclut.

Exercice 14.24

1. $\alpha'(t) = \dfrac{2}{\sqrt{1-t^2}}\arcsin t = 2(1-t^2)^{-\frac{1}{2}}\ \arcsin t$ et :

$$\alpha''(t) = (1-t^2)^{-\frac{3}{2}}\left(2t\arcsin t + 2(1-t^2)^{-\frac{1}{2}}\right).$$

$$\left(1-t^2\right)\alpha''(t) - t\alpha'(t) = 2t(1-t^2)^{-\frac{1}{2}}\arcsin t + 2 - 2t(1-t^2)^{-\frac{1}{2}}\arcsin t = 2.$$

✎ On peut conclure.

Corrigé

2. ▸ Soit $y(t) = \sum_{n=0}^{+\infty} a_n t^n$ alors $ty'(t) = \sum_{n=1}^{+\infty} n a_n t^n = \sum_{n=0}^{+\infty} n a_n t^n$.

Puis : $y''(t) = \sum_{n=2}^{+\infty} n(n-1) a_n t^{n-2}$.

L'idée est de déterminer les solutions de (A_2) qui sont D.S.E et de retrouver $(\arcsin t)^2$ parmi elles.

Et : $t^2 y''(t) = \sum_{n=2}^{+\infty} n(n-1) a_n t^n = \sum_{n=0}^{+\infty} n(n-1) a_n t^n$; par conséquent :

$$(1-t^2)y''(t) - ty'(t) = \sum_{n=0}^{+\infty} \left[(n+2)(n+1)a_{n+2} + (-n - n(n-1))a_n\right] t^n$$
$$= \sum_{n=0}^{+\infty} \left[(n+2)(n+1)a_{n+2} - n^2 a_n\right] t^n.$$

Par identification avec $2 = 2 + \sum_{n=1}^{+\infty} 0t^n$.

On obtient que y vérifie (A_2) si, et seulement si, $2a_2 = 2$ et pour tout entier naturel n non nul, (R_n) : $(n+2)(n+1)a_{n+2} - n^2 a_n = 0$.

▸ On cherche ici un développement de $\alpha(t) = (\arcsin t)^2$, fonction paire solution de (A_2) et qui vérifie $\alpha(0) = \alpha'(0) = 0$.

Alors $a_1 = 0$, donc $a_{2n+1} = 0$ pour tout $n \in \mathbb{N}$.

Puis : $\forall k \in \mathbb{N}$, $\dfrac{a_{2k+2}}{a_{2k}} = \dfrac{(2k)^2}{(2k+1)(2k+2)}$ et $\prod_{k=1}^{n-1} \dfrac{a_{2k+2}}{a_{2k}} = \prod_{k=1}^{n-1} \dfrac{(2k)^2}{(2k+1)(2k+2)}$.

Remarquer que $(\arcsin t)^2$ s'écrit aussi comme « carré » de Cauchy. Cela donne par comparaison une jolie égalité que je vous laisse écrire dans votre prochain cauchemar !

Soit : $\dfrac{a_{2n}}{a_2} = \dfrac{4^n((n-1)!)^2}{2(2n)!} = \dfrac{2^{2n-1}\left[(n-1)!\right]^2}{(2n)!}$.

Le rayon de convergence de la série $\sum a_{2n} t^{2n}$ est 1.

On en déduit que : $(\arcsin t)^2 = \sum_{n=1}^{+\infty} \dfrac{2^{2n-1}\left[(n-1)!\right]^2}{(2n)!} t^{2n}$.

3. L'équation (A_2) est linéaire du premier ordre en $\omega = z'$. L'ensemble des solutions de l'équation sans second membre associée est une droite vectorielle engendrée par $\exp\left(\int \dfrac{t\,dt}{1-t^2}\right)$ et donc par $\omega_1(t) = \dfrac{1}{\sqrt{1-t^2}}$,

et une solution particulière de (A_2) est $\omega_0(t) = \left(\arcsin^2\right)'(t) = \dfrac{2\arcsin t}{\sqrt{1-t^2}}$.

Il en résulte que les solutions de (A_2) sur $]-1,1[$ sont les primitives des fonctions $t \mapsto \dfrac{C_1}{\sqrt{1-t^2}} + \omega_0(t)$, c'est-à-dire $t \mapsto C_2 + C_1 \arcsin t + (\arcsin t)^2$.

Exercice 14.25

C'est ici le problème à l'envers de la **proposition 14.6**. *On fait alors au cas par cas. Cet exercice et le suivant illustrent ce type de raisonnement.*

1. On commence par dériver la première équation puis on vous laisse travailler pour aboutir à $u''(t) = 5u'(t) - 6u(t)$. De même : $v''(t) = 5v'(t) - 6v(t)$.
On remarque que la condition initiale $v(0) = v_0$ donne $u'(0) = 4u_0 - 2v_0$. Puis la **méthode 14.8** donne : $u(t) = 2(u_0 - v_0)e^{3t} + (-u_0 + 2v_0)e^{2t}$. En utilisant la première équation du système, $v(t) = (u_0 - v_0)e^{3t} + (-u_0 + 2v_0)e^{2t}$.

2. ▸ Si $u_0 > v_0$, alors $u(t) \sim 2(u_0 - v_0)e^{3t}$ et $v(t) \sim (u_0 - v_0)e^{3t}$. Les deux fonctions u et v divergent vers $+\infty$. Le rapport $\frac{u}{v}$ est équivalent à 2.

▸ Si $u_0 < v_0$, u et v tendent vers $-\infty$ et le rapport $\frac{u}{v}$ tend encore vers 2.

▸ Si $u_0 = v_0 \neq 0$, alors $u \sim v$ et les deux fonctions divergent vers $+\infty$.

Exercice 14.26

1. ► Résolvons le système homogène $(\mathcal{S}_0)$ associé à $(\mathcal{S})$. La matrice du système est $A = \begin{pmatrix} -2 & -4 \\ -1 & 1 \end{pmatrix}$. Le spectre est $\{-3, 2\}$ et $P = \begin{pmatrix} 4 & 1 \\ 1 & -1 \end{pmatrix}$. En posant $Y(t) = P^{-1}X(t)$, on résout $Y'(t) = DY(t)$, où $D = \text{Diag}(-3, 2)$.

Puis on utilise $X(t) = PY(t)$. On trouve : $\left\{ \begin{array}{lcl} x_1(t) & = & 4ae^{-3t} + be^{2t} \\ x_2(t) & = & ae^{3t} - be^{2t} \end{array} \right.$.

► Trouvons une solution particulière de $(\mathcal{S})$.

Comme $B(t) = t^2 \begin{pmatrix} 0 \\ \frac{3}{2} \end{pmatrix} + t \begin{pmatrix} 4 \\ 0 \end{pmatrix} + \begin{pmatrix} 1 \\ 0 \end{pmatrix}$, on cherche $X_0(t)$ sous la forme $t^2C_2 + tC_1 + C_0$. (Voir **méthode 14.5**.) Ainsi :

On remplace dans $(\mathcal{S})$, c'est très similaire à la **méthode 14.2** *mais les constantes sont des matrices colonnes.*

$$2tC_2 + C_1 = At^2C_2 + AtC_1 + AC_0 + t^2U_2 + tU_1 + U_0,$$

et en identifiant par les degrés :

$$AC_2 + U_2 = 0 \text{ et } 2C_2 = AC_1 + U_1 \text{ et } C_1 = AC_0 + U_0.$$

On résout chacun des trois systèmes :

Ce sont des systèmes de deux équations à deux inconnues.

$$C_2 = \begin{pmatrix} 1 \\ \frac{-1}{2} \end{pmatrix}, C_1 = \begin{pmatrix} 1 \\ 0 \end{pmatrix} \text{ et } C_0 = \begin{pmatrix} 0 \\ 0 \end{pmatrix}.$$

Au final, $\left\{ \begin{array}{lcl} x_1(t) & = & 4ae^{-3t} + be^{2t} + t^2 + t \\ x_2(t) & = & ae^{3t} - be^{2t} - \frac{1}{2}t^2 \end{array} \right.$, où $(a, b) \in \mathbb{R}^2$.

2. On trouve : $x_1''(t) + x_1'(t) - 6x_1(t) = -6t^2 - 4t + 3$.

Il existe $(\lambda, \mu) \in \mathbb{R}^2$, $x_1(t) = \lambda e^{2t} + \mu e^{-3t} + t^2 + t$. L'utilisation de la première égalité de $(\mathcal{S})$ donne $x_2(t)$.

Exercice 14.27

1. On écrit : $f(t) = 1 - 2t \displaystyle\int_0^t f(u)\,du + \int_0^t uf(u)\,du$ en posant $u = t - x$.

On applique le théorème de dérivation d'une intégrale fonction de sa borne du haut.

Ainsi, $f'(t) = -2 \displaystyle\int_0^t f(u)\,du - tf(t)$. Cette égalité montre que $f'(0) = 0$ et que f' est dérivable avec $f''(t) = -tf'(t) - 3f(t)$.

2. On pose $y(t) = \displaystyle\sum_{n=0}^{+\infty} a_n t^n$. Après une identification classique,

$$a_0 = 1,\ a_1 = 0 \text{ et } \forall n \geqslant 0,\ (n+2)(n+1)a_{n+2} = -(n+3)a_n.$$

On trouve $a_{2p+1} = 0$ et $a_{2p} = (2p+1)\dfrac{(-1)^p}{2^p p!}$. Le rayon de convergence est $+\infty$.

Enfin, $f(t) = \displaystyle\sum_{p=0}^{+\infty}(2p+1)\frac{(-1)^p t^{2p}}{2^p p!} = 2 \times \frac{-t^2}{2}\sum_{p=1}^{+\infty}\frac{\left(-\frac{t^2}{2}\right)^{p-1}}{(p-1)!} + \sum_{p=0}^{+\infty}\frac{\left(-\frac{t^2}{2}\right)^p}{p!}$,

On peut aussi reconnaître le D.S.E de $(te^{-t^2/2})'$.

ce qui donne $f(t) = (1 - t^2)e^{-\frac{t^2}{2}}$.

Corrigé

Exercice 14.28

Le polynôme en α doit être nul et il reste $\alpha = -1$.

1. $t \mapsto t^\alpha$ est solution de (H) sur I si, et seulement si,

$$\forall t \in I,\ t^2\alpha(\alpha-1)t^{\alpha-2} + 3t\alpha t^{\alpha-1} + t^\alpha = 0 \Leftrightarrow \forall t \in I,\ (\alpha^2+2\alpha+1)t^\alpha = 0.$$

2. On remplace $y(t)$ par $\frac{1}{t}\lambda(t)$ dans (H). Rapidement : $t\lambda''(t) + \lambda'(t) = 0$.
On peut raccourcir la suite en remarquant que cela donne : $[t\lambda'(t)]' = 0$.
Donc, $\exists K \in \mathbb{R}$, $\forall t \in I$, $t\lambda'(t) = K$. Par exemple, $t \mapsto \ln|t|$ est un λ possible.

t^2 ne s'annule pas sur I.

3. D'après le cours $\mathcal{S}_H(I)$ est un espace vectoriel de dimension 2.
Comme les solutions $t \mapsto \dfrac{1}{t}$ et $t \mapsto \dfrac{\ln|t|}{t}$ sont non proportionnelles sur I,
l'ensemble $\mathcal{S}_H(I) = \left\{t \mapsto \dfrac{K_1}{t} + \dfrac{K_2 \ln|t|}{t},\ (K_1,K_2) \in \mathbb{R}^2\right\}$.

Seul $0 \in \mathcal{S}_H(\mathbb{R})$.

4. Si $(K_1,K_2) \neq (0,0)$, $\dfrac{K_1}{t} + \dfrac{K_2\ln|t|}{t}$ n'est pas borné au $V(0)$.

5. En faisant comme à la question 2, $\exists K \in \mathbb{R}$, $\forall t \in I$, $t\lambda'(t) = K + \arctan t$.
Ainsi, $\lambda(t) = K\ln|t| + \displaystyle\int_0^t \frac{\arctan u}{u}\,du + \mu$.

$\mathcal{S}_{\mathcal{L}}(I)$ est $y_p + \mathcal{S}_H(I)$, où y_p sol part de $(\mathcal{L})$.

6. On sait que $y_p : t \mapsto \dfrac{1}{t}\displaystyle\int_0^t \frac{\arctan u}{u}\,du$ est une solution particulière de $(\mathcal{L})$.
On l'ajoute aux solutions de $\mathcal{S}_H(I)$.

À chaque fois, on invoque l'unicité du D.S.E sur R.

7. Soit $y(t) = \displaystyle\sum_{n=0}^{+\infty} a_n t^n$ une solution de $(\mathcal{L})$ dans $]-R,R[$, où R reste à déterminer. Et : $\forall t \in]-R,R[$, $\displaystyle\sum_{n=0}^{+\infty}(n+1)^2 a_n t^n = \frac{1}{1+t^2} = \sum_{n=0}^{+\infty}(-1)^n t^{2n}$.
Il reste : $a_{2p+1} = 0$ et $a_{2p} = \dfrac{(-1)^p}{(2p+1)^2}$, pour tout $p \in \mathbb{N}$.
On remarque par ailleurs (le faire rapidement) que ce développement en série entière est celui de $y_p : t \mapsto \dfrac{1}{t}\displaystyle\int_0^t \frac{\arctan u}{u}\,du$ sur $]-1,1[$.

y_p a sa forme intégrale sur $\mathbb{R}$ et sa forme D.S.E sur $]-1,1[$ seulement.

8. Vue la forme des éléments de $\mathcal{S}_{\mathcal{L}}(I)$, nécessairement $K_1 = K_2 = 0$ au $V(0)$, pour avoir une limite finie en 0. La seule solution sur $\mathbb{R}$ est y_p.

Chapitre 15
Calcul différentiel

L'utilisation des dérivées partielles débute dès la fin du XVIIe siècle. Leonhard **Euler** élude le problème de l'interversion des dérivées partielles secondes en affirmant en 1734, qu'en général elles commutent. Un siècle plus tard, **Cauchy** affirme que « les différentielles de cette espèce conservent les mêmes valeurs quand on intervertit l'ordre suivant lequel les différentiations relatives aux diverses variables doivent être effectuées ». Le mathématicien Carl **Thomae** fournit en 1871 le premier contre-exemple, certes assez compliqué, dans lequel les dérivées partielles secondes ne s'intervertissent pas. Deux ans plus tard, son compatriote Hermann **Schwarz**, élève du célèbre analyste Karl **Weierstrass**, donne un autre contre-exemple, plus simple. L'histoire conservera son nom pour dénommer le théorème d'interversion.

Hermann Schwarz
1843-1921

Objectifs

Les incontournables

- ▷ Étudier les notions de base : dérivées partielles, applications de classe $\mathscr{C}^1$ différentielle, gradient, points critiques, dérivées partielles d'ordre 2
- ▷ Savoir calculer les dérivées et les dérivées partielles dans des cas très simples de compositions de fonctions $\mathscr{C}^1$
- ▷ Savoir appliquer les notions de base à l'étude de courbes du plan et de surfaces de l'espace
- ▷ Chercher les extremums globaux sur un fermé borné d'une fonction numérique de classe $\mathscr{C}^1$
- ▷ Savoir montrer qu'une fonction est de classe $\mathscr{C}^2$ sur $\mathbb{R}^2$
- ▷ Énoncer le théorème de Schwarz
- ▷ Être capable d'utiliser un changement de variables affine ou le passage en coordonnées polaires pour étudier des exemples d'équations aux dérivées partielles du premier ordre
- ▷ Étudier quelques exemples d'équations aux dérivées partielles du second ordre.

Et plus si affinités...

- ▷ Connaître les propriétés du gradient
- ▷ Étudier des courbes tracées sur une surface
- ▷ Étudier les tangentes aux courbes régulières de classe $\mathscr{C}^1$ tracées sur une surface
- ▷ Savoir faire des changements de variables un peu « exotiques » sur une équation aux dérivées partielles.

Résumé de cours

Les fonctions considérées ici sont définies sur une partie ouverte U de $\mathbb{R}^p$ et à valeurs dans $\mathbb{R}$. De plus, $\mathbb{R}^p$ est muni de sa norme euclidienne usuelle. ***On se limite en pratique au cas*** $p \leqslant 3$.

Fonctions de classe $\mathscr{C}^1$

Soit $(\vec{e}_1, ..., \vec{e}_p)$ la base canonique de $\mathbb{R}^p$ et $a = (a_1, ..., a_p)$ un point de la partie ouverte U de $\mathbb{R}^p$. Comme U est un ouvert :

$$\exists\, r > 0 \text{ tel que } B(a,r) \subset U.$$

Pour $i \in [\![1,p]\!]$, $\forall\, t \in]-r,r[$, $a + t\,\vec{e}_i \in U$, puisque : $\|(a+t\,\vec{e}_i) - a\| = |t|\;\|\vec{e}_i\| = |t| < r$.

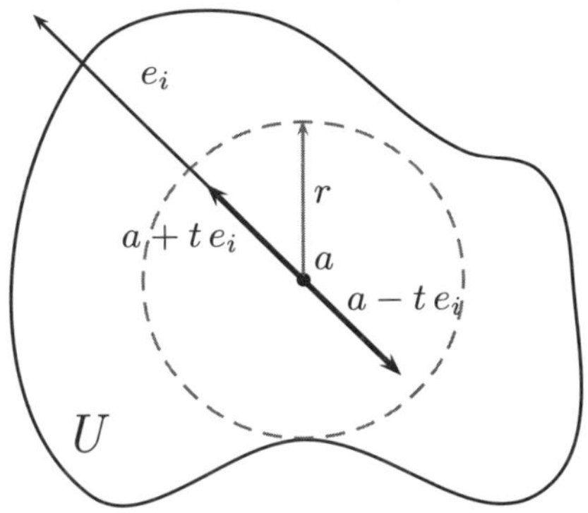

On pose alors, pour $t \in]-r,r[$, $\varphi_i(t) = f(a + t\,\vec{e}_i)$.

Définition : Dérivées partielles d'ordre 1 en un point —. *Si φ_i, fonction réelle de la variable réelle t, est dérivable en 0, on dit que f* ***admet une dérivée partielle d'ordre*** *1* ***en*** *a* ***par rapport à la $i^{\text{ème}}$ variable.***

Cette dérivée partielle est notée $\partial_i f(a)$ ou $\dfrac{\partial f}{\partial x_i}(a)$.

On a donc : $\partial_i f(a) = \varphi_i'(0)$ ou $\partial_i f(a) = \lim\limits_{t\to 0} \dfrac{f(a+t\,e_i) - f(a)}{t}$.

Plus précisément, dans le cas d'une fonction de deux variables :

$$\partial_1 f(a_1,a_2) = \frac{\partial f}{\partial x}(a_1,a_2) = \lim_{t\to 0} \frac{f(a_1+t,a_2) - f(a_1,a_2)}{t}$$

$$\partial_2 f(a_1,a_2) = \frac{\partial f}{\partial y}(a_1,a_2) = \lim_{t\to 0} \frac{f(a_1,a_2+t) - f(a_1,a_2)}{t}$$

Définition : Fonctions dérivées partielles —. *Si une fonction réelle f définie sur un ouvert U de $\mathbb{R}^p$ admet une dérivée partielle à l'ordre 1 par rapport à la i-ème coordonnée en tout point de U, on définit sur U la $i^{\text{ème}}$* ***fonction dérivée partielle à l'ordre*** *1 :*

$$\frac{\partial f}{\partial x_i} : \left\{ \begin{array}{c} U \longrightarrow \mathbb{R} \\ x = (x_1, ..., x_p) \mapsto \partial_i f(x) = \dfrac{\partial f}{\partial x_i}(x) \end{array} \right.$$

Dans la pratique, pour obtenir la fonction dérivée partielle par rapport à l'une des variables, on dérive f en considérant les autres variables comme des constantes.

Définition : Fonction de classe $\mathscr{C}^1$ —. *Une fonction définie sur un ouvert U de $\mathbb{R}^p$ est **de classe $\mathscr{C}^1$ sur U** si, et seulement si, ses dérivées partielles d'ordre 1 existent et sont continues sur U.*

Exemple : Les deux (ou trois) applications coordonnées $\theta_i : (x_1, x_2[, x_3]) \mapsto x_i$ sont de classe $\mathscr{C}^1$ sur $\mathbb{R}^p = \mathbb{R}^2$ ou $\mathbb{R}^3$, avec :

$$\forall (i,j) \in [\![1,p]\!],\ \partial_j \theta_i : (x_1, x_2[, x_3]) \mapsto \delta_{i,j} = \begin{cases} 1, \text{ si } i = j \\ 0, \text{ si } i \neq j \end{cases} \quad \text{(symbole de Kronecker).}$$

Proposition 15.1.— Opérations sur les fonctions de classe $\mathscr{C}^1$ —. Si U est un ouvert de $\mathbb{R}^p = \mathbb{R}^2$ ou $\mathbb{R}^3$ et si f et g sont deux applications réelles de classe $\mathscr{C}^1$ sur U, alors :

- ▸ $f + g$ est de classe $\mathscr{C}^1$ sur U et, $\forall i \in [\![1,p]\!]$, $\dfrac{\partial(f+g)}{\partial x_i} = \dfrac{\partial f}{\partial x_i} + \dfrac{\partial g}{\partial x_i}$.
- ▸ $\forall \lambda \in \mathbb{R}$, λf est de classe $\mathscr{C}^1$ sur U et, $\forall i \in [\![1,p]\!]$, $\dfrac{\partial(\lambda f)}{\partial x_i} = \lambda \dfrac{\partial f}{\partial x_i}$.
- ▸ fg est de classe $\mathscr{C}^1$ sur U et, $\forall i \in [\![1,p]\!]$, $\dfrac{\partial(fg)}{\partial x_i} = \dfrac{\partial f}{\partial x_i} g + f \dfrac{\partial g}{\partial x_i}$.
- ▸ Si g ne s'annule pas sur U, $\dfrac{f}{g}$ est de classe $\mathscr{C}^1$ sur U et, $\forall i \in [\![1,p]\!]$, $\dfrac{\partial\left(\dfrac{f}{g}\right)}{\partial x_i} = \dfrac{\dfrac{\partial f}{\partial x_i} g - f \dfrac{\partial g}{\partial x_i}}{g^2}$.
- ▸ Si φ est une fonction numérique de classe $\mathscr{C}^1$ sur un intervalle I tel que $f(U) \subset I$, alors $\varphi \circ f$ est $\mathscr{C}^1$ sur U et, $\forall i \in [\![1,p]\!]$, $\dfrac{\partial(\varphi \circ f)}{\partial x_i} = \varphi' \circ f \times \dfrac{\partial f}{x_i}$.

Exemple : Les fonctions polynômes de deux (ou trois) variables $(x_1, x_2[, x_3]) \mapsto \sum_{k=1}^{m} a_i x_1^{n_1} x_2^{n_2} [x_3^{n_3}]$ sont des applications de classe $\mathscr{C}^1$ sur $\mathbb{R}^p$. Si le dénominateur ne s'annule pas sur un ouvert U de $\mathbb{R}^p$, les fonctions quotients de polynômes de deux (ou trois) variables sont des applications de classe $\mathscr{C}^1$ sur U.

Théorème-Définition 15.2.— Développement limité à l'ordre 1 —. Si f est une fonction de classe $\mathscr{C}^1$ sur l'ouvert U de $\mathbb{R}^2$ et si $a = (a_1, a_2)$ est un point quelconque de U, alors : $\forall \vec{x} = (x_1, x_2) \in U$,

$$f(\vec{x}) = f(a) + (x_1 - a_1)\frac{\partial f}{\partial x_1}(a) + (x_2 - a_2)\frac{\partial f}{\partial x_2}(a) + \|\vec{x} - a\|\, \varepsilon(\vec{x}),$$

avec $\lim\limits_{\vec{x} \to a} \varepsilon(\vec{x}) = 0$. On dit que f **admet en a un développement limité à l'ordre** 1.

Proposition 15.3.— Une fonction de classe $\mathscr{C}^1$ sur U est continue sur U.

Définition : Différentielle en un point —.
*Si f est de classe $\mathscr{C}^1$ sur un ouvert U de $\mathbb{R}^p = \mathbb{R}^2$ ou $\mathbb{R}^3$, la **différentielle de f au point** a, **notée $df(a)$**, est l'application linéaire de $\mathbb{R}^p$ dans $\mathbb{R}$ définie par : $(h_1, h_2[, h_3]) \mapsto \sum_{i=1}^{p} h_i \partial_i f(a)$.*

Remarques : 1. h étant $(h_1, \ldots, h_p)$, $\sum_{i=1}^{p} h_i \partial_i f(a)$ apparaît naturellement comme un produit scalaire que l'on note $\mathrm{d}f(a).h$

2. Pour le physicien, $h = (\mathrm{d}x, \mathrm{d}y, \mathrm{d}z)$ et $\mathrm{d}f_a.h = \dfrac{\partial f}{\partial x}(a)\mathrm{d}x + \dfrac{\partial f}{\partial y}(a)\mathrm{d}y + \dfrac{\partial f}{\partial z}(a)\mathrm{d}z$.

3. En posant $\vec{h} = (h_1, h_2)$ et $\vec{x} = a + \vec{h}$, le développement limité à l'ordre 1 en a s'écrit :

$$f(\vec{x}) = f(a) + \mathrm{d}f(a).\vec{h} + \|\vec{h}\|\,\varepsilon(\vec{h}), \text{ avec } \lim_{\vec{h}\to\vec{0}} \varepsilon(\vec{h}) = 0.$$

Règle de la chaîne

Proposition 15.4.— Règle de la chaîne —. Soit f une application de classe $\mathscr{C}^1$ sur une partie ouverte U de $\mathbb{R}^p$ et $x_1, \ldots, x_p$ deux (ou trois) fonctions de classe $\mathscr{C}^1$ sur un intervalle I telles :

$$\forall t \in I,\ \big(x_1(t), \ldots, x_p(t)\big) \in U.$$

$g : t \mapsto f\big(x_1(t), \ldots, x_p(t)\big)$ est de classe $\mathscr{C}^1$ sur I et

$$\forall t \in I,\ g'(t) = \frac{\partial f}{\partial x_1}\, x_1'(t) + \ldots + \frac{\partial f}{\partial x_p}\, x_p'(t).$$

(les dérivées partielles étant évaluées en $\big(x_1(t), \ldots, x_p(t)\big)$.)

Interprétation géométrique. Si $\Gamma : I \to \mathbb{R}^p$, $t \mapsto (x_1(t), \ldots x_p(t))$ est un arc de classe $\mathscr{C}^1$, alors le vecteur $t \mapsto (x_1'(t), \ldots, x_p'(t))$ est la dérivée le long de Γ.

Proposition 15.5.— Fonction constante sur un ouvert convexe —. Soit f une fonction de classe $\mathscr{C}^1$ sur un ouvert convexe U de $\mathbb{R}^p = \mathbb{R}^2$ ou $\mathbb{R}^3$.

f est constante si, et seulement si, ses dérivées partielles sont nulles sur U.

Corollaire 15.6.— Dérivées partielles de $(u, v) \mapsto f\big(x(u, v), y(u, v)\big)$ —. Soit f une fonction réelle de classe $\mathscr{C}^1$ sur un ouvert U de $\mathbb{R}^2$ et x et y deux fonctions de classe $\mathscr{C}^1$ sur un ouvert V de $\mathbb{R}^2$ telles que : $\forall (u, v) \in V$, $\big(x(u, v), y(u, v)\big) \in U$.

$g : (u, v) \mapsto f\big(x(u, v), y(u, v)\big)$ est une fonction réelle de classe $\mathscr{C}^1$ sur V, avec :

$$\forall (u, v) \in V, \begin{cases} \dfrac{\partial g}{\partial u}(u, v) &= \dfrac{\partial f}{\partial x}\dfrac{\partial x}{\partial u} + \dfrac{\partial f}{\partial y}\dfrac{\partial y}{\partial u} \\[2ex] \dfrac{\partial g}{\partial v}(u, v) &= \dfrac{\partial f}{\partial x}\dfrac{\partial x}{\partial v} + \dfrac{\partial f}{\partial y}\dfrac{\partial y}{\partial v} \end{cases}.$$

(Les dérivées partielles de f sont évaluées en $\big(x(u, v), y(u, v)\big)$, celles de x et y en (u, v).)

Exemple : Le cas particulier des coordonnées polaires.

$x : (r, \theta) \mapsto r\cos\theta$ et $y : (r, \theta) \mapsto r\sin\theta$ sont des fonctions réelles de classe $\mathscr{C}^1$ sur $\mathbb{R}^2$; si f est fonction réelle de classe $\mathscr{C}^1$ sur $\mathbb{R}^2$, alors $g : (r, \theta) \mapsto f(r\cos\theta, r\sin\theta)$ est de classe $\mathscr{C}^1$ sur $\mathbb{R}^2$, avec : $\forall (r, \theta) \in \mathbb{R}^2$,

$$\begin{cases} \dfrac{\partial g}{\partial r}(r, \theta) &= \cos\theta\, \dfrac{\partial f}{\partial x}(r\cos\theta, r\sin\theta) + \sin\theta\, \dfrac{\partial f}{\partial y}(r\cos\theta, r\sin\theta) \\[2ex] \dfrac{\partial g}{\partial \theta}(r, \theta) &= -r\sin\theta\, \dfrac{\partial f}{\partial x}(r\cos\theta, r\sin\theta) + r\cos\theta\, \dfrac{\partial f}{\partial y}(r\cos\theta, r\sin\theta) \end{cases}.$$

■ Gradient

Définition : Gradient de f en un point —. *Soit f une application réelle de classe $\mathscr{C}^1$ sur une partie ouverte U de $\mathbb{R}^p = \mathbb{R}^2$ ou $\mathbb{R}^3$ et a un point de U,* ***le gradient de f au point*** *a est le vecteur*

$$\nabla f(a) = \left(\frac{\partial f}{\partial x}(a), \frac{\partial f}{\partial y}(a)\left[, \frac{\partial f}{\partial z}(a)\right]\right).$$

Remarque : $\forall\, h \in \mathbb{R}^p = \mathbb{R}^2$ ou $\mathbb{R}^3$, $\mathrm{d}f(a).h = (\nabla f(a)|h)$.

■ Applications géométriques

Définition : *Soit U une partie ouverte de $\mathbb{R}^2$, f une fonction réelle de classe $\mathscr{C}^1$ sur U et λ un réel, le système* $\left\{\begin{array}{l}(x,y)\in U\\ f(x,y)=\lambda\end{array}\right.$ *définit une courbe plane de $\mathbb{R}^2$:* ***la ligne de niveau λ de f.***

Proposition 15.7.— Soit Γ la ligne de niveau 0 de f. Si $f(x_0, y_0) = 0$ et si $\nabla f(x_0, y_0) \neq (0,0)$, alors le point $M_0(x_0, y_0)$ est un point régulier de Γ.
La tangente à Γ en $M_0(x_0, y_0)$ est la droite passant par M_0 et de vecteur normal $\nabla f(x_0, y_0)$, c'est-à-dire la droite d'équation :

$$(x - x_0)\frac{\partial f}{\partial x}(x_0, y_0) + (y - y_0)\frac{\partial f}{\partial y}(x_0, y_0) = 0.$$

Corollaire 15.8.— En un point régulier $M_0(x_0, y_0)$ de la ligne de niveau Γ_λ de f, $\nabla f(x_0, y_0)$ est orthogonal à Γ_λ et orienté dans le sens des valeurs croissantes de f.

Définition : *Soit U un ouvert de $\mathbb{R}^3$ et f une fonction réelle de classe $\mathscr{C}^1$ sur U, le système* $\left\{\begin{array}{l}(x,y,z)\in U\\ f(x,y,z)=0\end{array}\right.$ *définit une* ***surface de $\mathbb{R}^3$****.*
Si $f(x_0, y_0, z_0) = 0$ et si $\nabla f(x_0, y_0, z_0) \neq (0,0,0)$, alors le point $M_0(x_0, y_0, z_0)$ est ***un point régulier*** *de cette surface.*
Si $\varphi : t \mapsto (x(t), y(t), z(t))$ est une application de classe $\mathscr{C}^1$ d'un intervalle I de $\mathbb{R}$, à valeurs dans U, telle que : $\forall t \in I$, $f\,(x(t), y(t), z(t)) = 0$, alors (I, φ) est ***une courbe tracée sur cette surface****.*

Exemple : Courbes coordonnées d'une surface d'équation $z = g(x, y)$ **:** ce sont les courbes planes déterminées par l'intersection de cette surface avec l'un des plans d'équation $x = x_0$ ou $y = y_0$ ou $z = z_0$.
Par exemple, pour $x = 0$, $\big(\mathbb{R}, t \mapsto (0, t, g(0,t))\big)$ est une courbe coordonnée tracée sur cette surface.

Définition : *Le plan tangent à la surface définie par $f(x, y, z) = 0$ en son point régulier $M_0(x_0, y_0, z_0)$ est le plan passant par M_0 et de vecteur normal $\nabla f(x_0, y_0, z_0)$, c'est-à-dire le plan d'équation :*

$$(x - x_0)\frac{\partial f}{\partial x}(x_0, y_0, z_0) + (y - y_0)\frac{\partial f}{\partial y}(x_0, y_0, z_0) + (z - z_0)\frac{\partial f}{\partial z}(x_0, y_0, z_0) = 0.$$

Remarque : La tangente en un point à une courbe régulière tracée sur une surface régulière est incluse dans le plan tangent en ce point à cette surface.

Dérivées partielles d'ordre 2

Définition : Dérivées partielles d'ordre 2 —. *Soit f une fonction réelle de deux ou trois variables définie sur un ouvert U de $\mathbb{R}^2$ ou $\mathbb{R}^3$, si la $i^{ème}$ dérivée partielle à l'ordre 1 de f admet une dérivée partielle à l'ordre 1 par rapport à la $j^{ème}$ coordonnée au point a de U, alors cette dérivée, notée $\dfrac{\partial^2 f}{\partial x_j \partial x_i}(a)$, est la dérivée partielle d'ordre 2 de f en a.*

Si elle existe en tout a de U, on définit sur U la fonction dérivée partielle d'ordre 2 : $\dfrac{\partial^2 f}{\partial x_j \partial x_i}$.

Remarques : 1. L'ordre des variables au dénominateur est naturel si l'on veut bien se souvenir que $\dfrac{\partial^2 f}{\partial x_j \partial x_i} = \dfrac{\partial}{\partial x_j}\left(\dfrac{\partial f}{\partial x_i}\right)$.

2. Si l'on dérive deux fois par rapport à la même variable, on note : $\dfrac{\partial}{\partial x_i}\left(\dfrac{\partial f}{\partial x_i}\right) = \dfrac{\partial^2 f}{\partial x_i^2}$.

Définition : Fonction de plusieurs variables de classe $\mathscr{C}^2$ —. *L'application f est **de classe $\mathscr{C}^2$ sur** U lorsqu'elle est de classe $\mathscr{C}^1$ sur U et lorsque ses fonctions dérivées partielles sont de classe $\mathscr{C}^1$ sur U.*

Théorème 15.9.— Théorème d'Hermann Schwarz —.
Si f est une fonction de $\mathbb{R}^p$ dans $\mathbb{R}$, de classe $\mathscr{C}^2$ sur une partie ouverte U, alors, en tout point a de U :

$$\forall (i,j) \in [\![1,p]\!]^2, \quad \frac{\partial^2 f}{\partial x_i \partial x_j}(a) = \frac{\partial^2 f}{\partial x_j \partial x_i}(a).$$

Extremums d'une fonction de $\mathbb{R}^p$ dans $\mathbb{R}$

Extremum global, extremum local : soit f une fonction réelle définie sur une partie Δ de $\mathbb{R}^p$.

▷ f admet un ***maximum global*** (respectivement un ***minimum global***) au point a de Δ si :

$$\forall x \in \Delta, \quad f(x) \leq f(a) \,(\text{respectivement } f(x) \geq f(a)).$$

▷ La fonction f admet un ***maximum local*** (respectivement un ***minimum local***) au point a de U si :

$$\exists r > 0 \text{ tel que : } \forall x \in B(a,r) \cap U, \quad f(x) \leq f(a) \,(\text{respectivement } f(x) \geq f(a)).$$

Le maximum (respectivement minimum) local ou global est le réel $f(a)$.

▷ La fonction f admet un ***extremum local*** au point a de U si f admet un minimum local ou un maximum local au point a. En l'absence de précision, lorsqu'on parlera d'extremum, il s'agira d'extremum local.

Définition : Point critique —. *Un point en lequel le gradient de f s'annule est un **point critique de** f.*

Théorème 15.10.— Condition nécessaire d'existence d'un extremum local sur un ouvert —.
Si une fonction réelle de classe $\mathscr{C}^1$ sur un ouvert U atteint un extremum local en un point a de U, alors a est un point critique.

Remarque : Sur un **ouvert**, les points en lesquels une fonction de classe $\mathscr{C}^1$ est susceptible d'atteindre une extremum seront à rechercher parmi ses points critiques sur cet ouvert.

■■ Méthodes

***Tout d'abord, on vous incite à aller (re)voir la* méthode 7.8 *du chapitre sur les espaces vectoriels normés de dimension finie. Les techniques pour étudier la continuité d'une fonction de $\mathbb{R}^p$ dans $\mathbb{R}$ est voisine de celle pour montrer qu'une telle fonction est de classe $\mathscr{C}^1$. En effet, les dérivées partielles premières (et secondaires) de $f : \mathbb{R}^p \to \mathbb{R}$ sont des fonctions du même type ! On vous conseille aussi de sauter (au sens figuré !) sur les exercices correspondants : de l'*exercice 7.35 *à l'*exercice 7.47.**

■ Dérivées partielles d'ordre 1 et fonction de classe $\mathscr{C}^1$ sur un ouvert $U \subset \mathbb{R}^p$

❑ **Méthode 15.1.— Comment montrer qu'une application f définie sur un ouvert U de $\mathbb{R}^p = \mathbb{R}^2$ ou $\mathbb{R}^3$ est de classe $\mathscr{C}^1$ sur U**
On utilisera en priorité les théorèmes généraux (propositions 15.1 et 15.4). Pour les rares points présentant une difficulté, on pourra faire une étude locale en revenant aux définitions. En résumé, on montre l'existence de $\dfrac{\partial f}{x_i}$ pour tout $i \in [\![1,p]\!]$ puis on montre la continuité de chacune de ces fonctions en appliquant la **méthode 7.8**.

Mise en œuvre : de l'**exercice 15.1** à l'**exercice 15.5**.

Exemples : 1. *Montrer que $f : (x,y) \mapsto \arctan\left(\dfrac{y}{x}\right)$ est de classe $\mathscr{C}^1$ sur $\mathbb{R}^2 \setminus \{(0,y),\, y \in \mathbb{R}\}$.*

$(x,y) \mapsto \dfrac{y}{x}$ est $\mathscr{C}^1$ sur $\mathbb{R}^2 \setminus \{(0,y),\, y \in \mathbb{R}\}$ comme quotient de fonctions polynômes des deux variables x et y, celui du dénominateur ne s'annulant pas. $t \mapsto \arctan t$ est $\mathscr{C}^1$ sur $\mathbb{R}$, donc, par composition, f est de classe $\mathscr{C}^1$ sur $\mathbb{R}^2 \setminus \{(0,y),\, y \in \mathbb{R}\}$.

$$\forall (x,y) \in \mathbb{R}^2 \setminus \{(0,y),\, y \in \mathbb{R}\},\ \frac{\partial f}{\partial x}(x,y) = \frac{-\frac{y}{x^2}}{1+\frac{y^2}{x^2}} = \frac{-y}{x^2+y^2} \text{ et } \frac{\partial f}{\partial y}(x,y) = \frac{\frac{1}{x}}{1+\frac{y^2}{x^2}} = \frac{x}{x^2+y^2}.$$

2. *Montrer $f : \begin{cases} \mathbb{R}^2 & \to & \mathbb{R} \\ (x,y) & \mapsto & \begin{cases} \frac{2xy}{x^2+y^2}, \text{ si } (x,y) \neq (0,0) \\ 0, \text{ si } (x,y) = (0,0) \end{cases} \end{cases}$ est $\mathscr{C}^1$ sur $\mathbb{R}^2 \setminus \{(0,0)\}$, que f admet des dérivées partielles par rapport à x et par rapport à y en $(0,0)$, mais n'est pas $\mathscr{C}^1$ en $(0,0)$.*

f, quotient de fonctions polynômes des deux variables x et y dont le dénominateur ne s'annule pas, est $\mathscr{C}^1$ sur $\mathbb{R}^2 \setminus \{(0,0)\}$. Puis : $\forall t \neq 0,\ \dfrac{f(0+t,0)-(0,0)}{t} = 0$, donc $\lim\limits_{t\to 0} \dfrac{f(0+t,0)-(0,0)}{t} = 0$: f est dérivable par rapport à x en $(0,0)$ et $\dfrac{\partial f}{\partial x}(0,0) = 0$.
De même, f est dérivable par rapport à y en $(0,0)$ et $\dfrac{\partial f}{\partial y}(0,0) = 0$.
$\forall a \neq 0,\ f(a,a) = 1$, donc, si elle existe, la limite de f en $(0,0)$ ne peut être égale à $0 = f(0,0)$: f n'est pas continue en $(0,0)$, donc ne peut être de classe $\mathscr{C}^1$ en ce point (cf **proposition 15.3**). Bien sûr, il est aussi possible de calculer l'une ou l'autre des dérivées partielles de f sur $\mathbb{R}^2 \setminus \{(0,0)\}$ et de montrer qu'elle n'est pas continue en $(0,0)$.

❑ Méthode 15.2.— Quand utiliser la règle de la chaîne

- Dans le cas de $g : t \mapsto f(x_1(t), \ldots, x_p(t))$: on vérifie préalablement que f est $\mathscr{C}^1$ sur un ouvert U de $\mathbb{R}^p$ et que les fonctions d'une seule variable $x_1, x_2, \ldots, x_p$ sont $\mathscr{C}^1$ sur un intervalle I, avec, $\forall t \in I$, $(x_1(t), x_2(t), \ldots, x_p(t)) \in U$.

  g est alors de classe $\mathscr{C}^1$ sur I et, $\forall t \in I$, $g'(t) = \displaystyle\sum_{i=1}^{p} x_i'(t) \frac{\partial f}{\partial x_i}(x_1(t), \ldots, x_p(t))$.

- Dans le cas de $h : (u, v) \mapsto f(x(u, v), y(u, v))$: on vérifie que f est $\mathscr{C}^1$ sur un ouvert U de $\mathbb{R}^2$ et que x et y sont deux fonctions de classe $\mathscr{C}^1$ sur un ouvert V de $\mathbb{R}^2$, avec :
  $\forall (u, v) \in V$, $\big(x(u, v), y(u, v)\big) \in U$, h est alors classe $\mathscr{C}^1$ sur V et, avec la règle de la chaîne, on obtient $\dfrac{\partial h}{\partial u}$ en fixant v et $\dfrac{\partial h}{\partial v}$ en fixant u.

Mise en œuvre : exercice 15.2 et de l'**exercice 15.15** à l'**exercice 15.19**.

Exemples : 1. *Si f est une fonction réelle de classe $\mathscr{C}^1$ sur un ouvert U de $\mathbb{R}^2$ contenant au moins le cercle unité, montrer que la fonction $\varphi : t \mapsto f(\cos t, \sin t)$ est de classe $\mathscr{C}^1$ sur $\mathbb{R}$ et calculer sa dérivée.*

$x : t \mapsto \cos t$ et $y : t \mapsto \sin t$ sont de classe $\mathscr{C}^1$ sur $\mathbb{R}$ et, pour tout réel t, $(\cos t, \sin t)$ appartient au cercle unité, donc à l'ouvert U. f étant de classe $\mathscr{C}^1$ sur un ouvert U, φ est $\mathscr{C}^1$ sur $\mathbb{R}$ et la règle de la chaîne donne :

$$\forall t \in \mathbb{R},\ \varphi'(t) = -\sin t\,\frac{\partial f}{\partial x}(\cos t, \sin t) + \cos t\,\frac{\partial f}{\partial y}(\cos t, \sin t).$$

2. *Soient $f : (x, y) \mapsto x^3 + y$, $a : (u, v) \mapsto \cos(uv)$ et $b : (u, v) \mapsto u^2 v$.*
Montrer que $g : (u, v) \mapsto f\big(a(u, v), b(u, v)\big)$ est de classe $\mathscr{C}^1$ sur $\mathbb{R}^2$ et calculer ses dérivées partielles.

Déjà, f, a et b étant de classe $\mathscr{C}^1$ sur $\mathbb{R}^2$, g est de classe $\mathscr{C}^1$ sur $\mathbb{R}^2$.
Calculer $\dfrac{\partial g}{\partial u}(u, v)$ revient à calculer la dérivée en u de $g_1 : t \mapsto f\big(a(t, v), b(t, v)\big)$, où v est supposée constante. Si $a_1 : t \mapsto a(t, v)$ et si $b_1 : t \mapsto b(t, v)$,

$$a_1'(u) = \frac{\partial a}{\partial u}(u, v) \text{ et } b_1'(u) = \frac{\partial b}{\partial u}(u, v).$$

En utilisant la règle de la chaîne, on peut retrouver la formule du cours (si, fait improbable, on l'avait oubliée) :

$$\frac{\partial g}{\partial u}(u, v) = g_1'(u) = \frac{\partial f}{\partial x}\big(a(u, v), b(u, v)\big)\frac{\partial a}{\partial u}(u, v) + \frac{\partial f}{\partial y}\big(a(u, v), b(u, v)\big)\frac{\partial b}{\partial u}(u, v).$$

Ici : $\forall (u, v) \in \mathbb{R}^2$, $\dfrac{\partial g}{\partial u}(u, v) = 3\cos^2(uv)\,[-v\sin(uv)] + 1.2uv = 2uv - 3v\cos^2(uv)\sin(uv)$.
Et : $\dfrac{\partial g}{\partial v}(u, v) = 3\cos^2(uv)\,[-u\sin(uv)] + 1.u^2 = u^2 - 3u\cos^2(uv)\sin(uv)$.

■ Gradient et applications

> ❑ **Méthode 15.3.— Comment trouver une équation d'une tangente à une courbe plane définie par** $f(x,y) = 0$
> Soit U un ouvert de $\mathbb{R}^2$, f doit être une application de classe $\mathscr{C}^1$ sur U et soit Γ la courbe définie par $(x,y) \in U$ et $f(x,y) = 0$.
> Si (x_0, y_0) est un couple de U tel que $f(x_0, y_0) = 0$ et si $\nabla f(x_0, y_0) \neq 0_{\mathbb{R}^2}$, alors $M_0(x_0, y_0)$ est un point régulier de Γ, $\nabla f(x_0, y_0)$ est un vecteur normal à Γ en M_0 et une équation cartésienne de la tangente à Γ en M_0 est :
> $$(x - x_0)\frac{\partial f}{\partial x}(x_0, y_0) + (y - y_0)\frac{\partial f}{\partial y}(x_0, y_0) = 0.$$

Mise en œuvre : exercice 15.10.

Exemple : *Équation de la tangente en* $M_0 = (x_0, y_0)$ *à* $\Gamma : \dfrac{x^2}{a^2} + \dfrac{y^2}{b^2} = 1.$

La fonction $f : \begin{cases} \mathbb{R}^2 & \to & \mathbb{R} \\ (x,y) & \mapsto & \dfrac{x^2}{a^2} + \dfrac{y^2}{b^2} - 1 \end{cases}$ est $\mathscr{C}^1$ sur $U = \mathbb{R}^2$ et :

$$\forall (x_0, y_0) \in \mathbb{R}^2 \setminus \{(0,0)\},\ \nabla f(x_0, y_0) = \left(\frac{2x_0}{a^2}, \frac{2y_0}{b^2}\right) \neq 0_{\mathbb{R}^2}.$$

Tout point $M_0 = (x_0, y_0)$ de Γ est régulier et l'équation cherchée est :

$$(x - x_0) \cdot \frac{2x_0}{a^2} + (y - x_0) \cdot \frac{2y_0}{b^2} = 0 \Leftrightarrow \frac{2x_0 x}{a^2} + \frac{2y_0 y}{b^2} - \frac{2x_0^2}{a^2} - \frac{2y_0^2}{b^2} = 0 \Leftrightarrow \frac{x_0 x}{a^2} + \frac{y_0 y}{b^2} = 1.$$

> ❑ **Méthode 15.4.— Comment déterminer l'équation cartésienne d'un plan tangent à une surface**
> Soit U un ouvert de $\mathbb{R}^3$, f une application réelle de classe $\mathscr{C}^1$ sur U et S la surface de $\mathbb{R}^3$ définie par $(x,y,z) \in U$ et $f(x,y,z) = 0$.
> Si (x_0, y_0, z_0) est un triplet de U tel que $f(x_0, y_0, z_0) = 0$ et si $\nabla f(x_0, y_0, z_0) \neq 0_{\mathbb{R}^3}$, alors $M_0(x_0, y_0, z_0)$ est un point régulier de S.
> Le plan tangent à S en M_0 est le plan passant par M_0 et normal au vecteur $\nabla f(x_0, y_0, z_0)$.
> Une équation cartésienne de ce plan est :
> $$\frac{\partial f}{\partial x}(x_0, y_0, z_0)(x - x_0) + \frac{\partial f}{\partial y}(x_0, y_0, z_0)(y - y_0) + \frac{\partial f}{\partial z}(x_0, y_0, z_0)(z - z_0) = 0.$$

Mise en œuvre : de l'**exercice 15.11** à l'**exercice 15.13**.

Exemple : *Déterminer les plans tangents à la surface* S *d'équation cartésienne* $x^2 + y^2 + 2z^2 = 1$ *et orthogonaux à la droite* $D : x = \dfrac{y}{3} = -\dfrac{z}{2}$.

On remarque, tout d'abord, que le système $x = \dfrac{y}{3} = -\dfrac{z}{2}$ définit bien une droite vectorielle de $\mathbb{R}^3$: c'est l'ensemble des (x,y,z) qui sont colinéaires à $(1, 3, -2)$, donc $\mathsf{Vect}\big((1,3,-2)\big)$.

Un vecteur directeur de D est donc $e_1 + 3e_2 - 2e_3$.
Soit $A(a, b, c)$ un point de S et Π_A le plan tangent à S en A :

$$\begin{aligned} M(x, y, z) \in \Pi_A &\Leftrightarrow \left(\nabla f(A) f | \overrightarrow{AM}\right) = 0 \\ &\Leftrightarrow 2a(x - a) + 2b(y - b) + 4c(z - c) = 0 \\ &\Leftrightarrow ax + by + 2cz = 1 \end{aligned}$$

Π_A est orthogonal à D si, et seulement si, $(a, b, 2c)$ et $(1, 3, -2)$ sont colinéaires, donc si, et seulement s'il existe $\lambda \in \mathbb{R}$ tel que : $\begin{cases} a = \lambda \\ b = 3\lambda \\ 2c = -2\lambda \end{cases}$.

L'hypothèse $A \in S$ impose $a^2 + b^2 + 2c^2 = 1$, ce qui donne $\lambda^2 = \dfrac{1}{12}$.
Il existe deux plans tangents à S et orthogonaux à D. Ils ont pour équations cartésiennes :

$$\lambda x + 3\lambda y - 2\lambda z = 1 \qquad \text{avec} \qquad \lambda = \pm\frac{1}{2\sqrt{3}}.$$

❑ Méthode 15.5.— Comment trouver les extremums globaux d'une fonction f de classe $\mathscr{C}^1$ sur une partie fermée bornée

Soit U une partie de $\mathbb{R}^2$ fermée bornée et $f\ : U \subset \mathbb{R}^2 \to \mathbb{R}$ de classe $\mathscr{C}^1$ sur U.

- Une fonction réelle continue est bornée et atteint ses bornes sur un fermé borné : on a ainsi l'existence des extremums globaux pour f de classe $\mathscr{C}^1$ sur U.
- On commence par chercher les extremums locaux sur l'intérieur de U, puis on s'occupera des extremums sur sa frontière.
- (a) Sur l'intérieur de U, qui est un ouvert, on détermine les points critiques de f en résolvant le système : $\nabla f(x, y) = (0, 0)$.
  (b) Si (a, b) est l'un de ces points critiques, on calcule $f(a + h, b + k) - f(a, b)$ et on cherche à en déterminer le signe pour (h, k) voisin de $(0, 0)$.
  (c) Si $f(a + h, b + k) - f(a, b)$ est de signe constant pour (h, k) dans une certain disque de centre $(0, 0)$, alors f atteint en (a, b) un extremum qui vaut $f(a, b)$; sinon, f ne présente pas d'extremum en (a, b) et (pour briller dans les salons) sachez que ce point est alors appelé un ***point selle*** ou un ***point col*** pour f.
- Il reste ensuite à étudier f sur la frontière de U, ce qui se ramène souvent à l'étude de plusieurs fonctions d'une seule variable sur différents intervalles.

Mise en œuvre : de l'**exercice 15.22** à l'**exercice 15.25**.

Exemple : *Soit* $f\ :\ (x, y) \mapsto x^2 + y^2 - 2x - 4y$.
Trouver les extremums globaux de f *sur le rectangle* $[0, 3] \times [1, 5] = U$.

f est de classe $\mathscr{C}^1$, donc continue, sur le fermé borné U : elle admet sur U un maximum global et un minimum global. Chacun d'eux est atteint soit en un point critique de l'intérieur $\overset{\circ}{U}$ de U, soit en un point de la frontière de U.

Recherche des extremums locaux sur $\overset{\circ}{U}$: $\nabla f(x, y) = (0, 0) \Leftrightarrow (2x - 2, 2y - 4) = (0, 0)$: $(1, 2)$ est le seul point critique de f sur $\overset{\circ}{U}$.

Méthodes

Pour tout (h,k) tel que $(1+h,2+k) \in U$,
$f(1+h,2+k) - f(1,2) = (1+h)^2 + (2+k)^2 - 2(1+h) - 4(2+k) - (-5) = h^2 + k^2 \geqslant 0$, donc f atteint en $(1,2)$ un minimum global sur U qui vaut -5. Il reste à trouver le maximum global qui est nécessairement sur la frontière de U, puisqu'il n'y a pas d'autre point critique dans $\mathring{U}$.
Recherche du maximum sur la frontière de U :
▷ Sur le segment $\{(x,1),\ x \in [0,3]\}$, $f(x,1) = x^2 - 2x - 3$ et, sur $[0,3]$, $x \mapsto x^2 - 2x - 3$ a 0 pour maximum en 3.
▷ Sur le segment $\{(x,5),\ x \in [0,3]\}$, $f(x,5) = x^2 - 2x + 5$ et, sur $[0,3]$, $x \mapsto x^2 - 2x - 3$ a 8 pour maximum en 3.
▷ Sur le segment $\{(0,y),\ y \in [1,5]\}$, $f(0,y) = y^2 - 4y$ et, sur $[1,5]$, $y \mapsto y^2 - 4y$ a 5 pour maximum en 5.
▷ Sur le segment $\{(3,y),\ y \in [1,5]\}$, $f(3,y) = y^2 - 4y + 3$ et, sur $[1,5]$, $y \mapsto y^2 - 4y$ a 8 pour maximum en 5. Bilan : f atteint en $(3,5)$ un maximum global sur U qui vaut 8.

Remarque : Le cas où f est un polynôme de degré 2 en x et y peut se résoudre matriciellement. L'**exercice 15.24** en est l'illustration.

■ Fonctions de classe $\mathscr{C}^2$ sur un ouvert U de $\mathbb{R}^p$

> **❑ Méthode 15.6.— Comment montrer qu'une fonction n'est pas de classe $\mathscr{C}^2$**
> Il suffit d'utiliser la contraposée du théorème de Schwarz.

Mise en œuvre : l'**exercice 15.8** et l'**exercice 15.9**.

Exemple : *Soit* $f : (x,y) \mapsto \begin{cases} \dfrac{xy(x^2-y^2)}{x^2+y^2}, \text{ si } (x,y) \neq (0,0) \\ 0, \text{ si } (x,y) = (0,0) \end{cases}$. *Montrer que f est deux fois dérivable par rapport à x et à y sur $\mathbb{R}^2$ tout entier, mais n'est pas de classe $\mathscr{C}^2$ sur $\mathbb{R}^2$.*

Sur $\mathbb{R}^2 \setminus \{(0,0)\}$, f est $\mathscr{C}^2$, comme quotient de fonctions polynômes, donc de fonctions $\mathscr{C}^2$ sur $\mathbb{R}^2$, celle du dénominateur ne s'annulant pas sur $\mathbb{R}^2 \setminus \{(0,0)\}$.
Comme $|f(x,y)| \leq |xy|$, il est clair que $f(x,y) \xrightarrow[(x,y)\to(0,0)]{} 0$, donc f est continue en $(0,0)$, et, par suite, sur $\mathbb{R}^2$. Les dérivées partielles en $(0,0)$ sont nulles, car $t \mapsto f(t,0)$ et $t \mapsto f(0,t)$ sont toutes les deux égales à la fonction nulle.
Soit $y \neq 0$, $\displaystyle\lim_{t\to 0} \frac{f(t,y) - f(0,y)}{t} = \lim_{t\to 0} \frac{y(t^2-y^2)}{t^2+y^2} = -y$, donc : $\dfrac{\partial f}{\partial x}(0,y) = -y$.
Soit $x \neq 0$, $\displaystyle\lim_{t\to 0} \frac{f(x,t) - f(x,0)}{t} = \lim_{t\to 0} \frac{x(x^2-t^2)}{x^2+t^2} = x$, donc : $\dfrac{\partial f}{\partial y}(x,0) = x$.
On a l'implication : $\forall t \neq 0,\ \dfrac{\dfrac{\partial f}{\partial y}(t,0) - \dfrac{\partial f}{\partial y}(0,0)}{t} = 1 \Rightarrow \dfrac{\partial^2 f}{\partial x \partial y}(0,0) = 1$.
Et, de même : $\forall t \neq 0,\ \dfrac{\dfrac{\partial f}{\partial x}(0,t) - \dfrac{\partial f}{\partial x}(0,0)}{t} = -1 \Rightarrow \dfrac{\partial^2 f}{\partial y \partial x}(0,0) = -1$.
Conclusion : f est deux fois dérivable par rapport à x et à y en $(0,0)$, donc sur $\mathbb{R}^2$ tout entier, mais d'après le théorème de Schwarz, f n'est pas de classe $\mathscr{C}^2$ en $(0,0)$.

Équations aux dérivées partielles du premier et du second ordre

On ne traite ici que le cas des fonctions de deux variables.

▸ Il s'agit d'abord d'équations aux dérivées partielles du premier ordre du type :

$$(E)\quad \alpha(x,y)\frac{\partial f}{\partial x}(x,y)+\beta(x,y)\frac{\partial f}{\partial y}(x,y)+\gamma(x,y)f(x,y)=\delta(x,y),$$

où α,β,γ et δ sont continues sur U et f est la fonction inconnue. La plupart du temps, il faut appliquer un changement de variables pour résoudre ce type d'équation (voir la **méthode 15.8** générale). Au programme officiel de PSI, il faut que vous soyez au top dans le cas de changement par transformation affine, c'est-à-dire où l'on pose $u=ax+by$, $v=cx+dy$ (voir la **méthode 15.9**) et dans le cas d'un changement en coordonnées polaires (c'est la **méthode 15.10**). Maintenant, vous pouvez vous préparer éventuellement à des changements « un peu plus costauds » (voir l'**exercice 15.18**), en étant guidé et dans les meilleurs concours.

▸ Il s'agit aussi d'équations aux dérivées partielles du second ordre du type :

$$(E)\quad \alpha(x,y)\frac{\partial^2 f}{\partial x^2}(x,y)+\beta(x,y)\frac{\partial^2 f}{\partial x\partial y}(x,y)+\gamma(x,y)\frac{\partial^2 f}{\partial y^2}(x,y)+\delta(x,y)f(x,y)=\epsilon(x,y),$$

où $\alpha,\beta,\gamma,\delta$ et ϵ sont continues sur U et f est la fonction inconnue. (Parfois dans (E), peuvent apparaître des termes du premier ordre en plus mais la méthode à utiliser ne changera pas!) On applique alors généralement là aussi un changement de variables et les remarques plus haut sur l'ordre un restent valables. Les calculs sont juste plus long. Attention ici comme la solution f est de classe $\mathscr{C}^2$ *a priori*, le théorème de Schwarz est valable et les deux dérivées croisées se confondent.

Remarque : On peut trouver parfois trouver les solutions d'une équation aux dérivées partielles directement sans changement de variables (quand c'est simple!).

Méthodes

❑ **Méthode 15.7.— Comment résoudre une équation du type** (1) : $\dfrac{\partial^2 f}{\partial x\partial y}=g$ **ou** (2) : $\dfrac{\partial^2 f}{\partial x^2}=g$ **ou** (3) : $\dfrac{\partial^2 f}{\partial y^2}=g$, **où** g **est une fonction définie sur** $\mathbb{R}^2$

▸ Pour (1), on fixe par exemple x et on intègre par rapport à y.
On obtient $\dfrac{\partial f}{\partial x}=G(x,y)+A(x)$, où G est obtenu en primitivant g par rapport à y et A est une fonction de classe $\mathscr{C}^1$ sur $\mathbb{R}$. Il reste à primitiver $x\mapsto G(x,y)+A(x)$ (donc par rapport à x). On vous laisse terminer!

▸ Pour (2) et pour (3), il faut primitiver deux fois par rapport à une seule des variables. Quand g est fonction de f, on a une équation différentielle classique (de variable x ou de variable y). On la résout (les constantes dépendent de la variable non utilisée).

Exemple : *Trouver les applications f de $\mathbb{R}^2$ dans $\mathbb{R}$, de classe $\mathcal{C}^2$ telles que :* $\dfrac{\partial^2 f}{\partial x\partial y}=0$ *sur* $\mathbb{R}^2$.

Fixons y quelconque. La fonction $\Psi_y : x\mapsto \dfrac{\partial f}{\partial y}(x,y)$ a une dérivée première nulle et il existe α telle que : $\forall x\in\mathbb{R}$, $\Psi_y(x)=\alpha(y)$. Comme $y\mapsto\dfrac{\partial f}{\partial y}(0,y)$ est de classe $\mathscr{C}^1$, $\alpha\in\mathscr{C}^1(\mathbb{R})$.

Fixons x maintenant. L'intégration de $\dfrac{\partial f}{\partial y}$ donne : $f(x,y) = A(y) + B(x)$, où A est une fonction de classe $\mathscr{C}^2$ sur $\mathbb{R}$. De plus, $B(x) = f(x,0) - A(0)$ et donc B est aussi de classe $\mathscr{C}^2$ sur $\mathbb{R}$.
La réciproque est immédiate.

Mise en œuvre : l'**exercice 15.14** et l'**exercice 15.20**.

❑ **Méthode 15.8.— Comment résoudre par changement de variables une équation aux dérivées partielles (E) d'inconnue f définie sur $U \subset \mathbb{R}^2$ et à valeurs dans $\mathbb{R}$**

On utilise un changement de variable défini par $u = \phi_1(x,y)$ et $v = \phi_2(x,y)$.
On suppose que f cherchée est de classe $\mathscr{C}^1$ (cas premier ordre) ou de classe $\mathscr{C}^2$ (cas second ordre, donc Schwarz est utilisable) et que ϕ_1 et ϕ_2 sont de classe $\mathscr{C}^1$ (cas premier ordre) ou de classe $\mathscr{C}^2$ (cas second ordre) sur U.

1. On détermine $\Delta = \{(\phi_1(x,y), \phi_2(x,y)),\ \text{où } (x,y) \in U\}$.
2. On calcule les dérivées partielles premières (et aussi secondes si (E) est d'ordre 2) de f en fonction de celles de la nouvelle inconnue g définie pour tout $(x,y) \in U$ par : $g(u,v) = g(\phi_1(x,y), \phi_2(x,y))$. Pour cela, on applique la **proposition 15.6**.
3. On remplace dans (E) les dérivées partielles de f par leur expression en fonction de celles de g. On obtient une nouvelle équation aux dérivées partielles (F).
4. On résout alors (F) sur Δ.
5. On en déduit les fonctions f solutions de (E) sur U.

Mise en œuvre : l'**exercice 15.18**.

❑ **Méthode 15.9.— Comment résoudre en utilisant un changement de variable par transformation affine (E) : $\lambda\dfrac{\partial f}{\partial x}(x,y) + \mu\dfrac{\partial f}{\partial y}(x,y) = \delta(x,y)$, où $(\lambda,\mu) \in \mathbb{R}^2$**

On note $h : \mathbb{R}^2 \to \mathbb{R}^2$, $(x,y) \mapsto (ax+by,\ cx+dy)$ et g telle que : $g \circ h = f$.
On impose à h d'être bijective. En effet, $h \in \mathcal{L}(\mathbb{R}^2)$ et de matrice : $\begin{pmatrix} a & b \\ c & d \end{pmatrix}$.
Comme son déterminant est $ad - bc$, on en déduit que h est bijective si, et seulement si, $ad - bc \neq 0$, ce que l'on suppose dans la suite. On peut donc écrire que : $g = f \circ h^{-1}$ car h^{-1} est parfaitement définie. Il en est alors de même de g.
On conclut : $ad - bc \neq 0 \Rightarrow \exists\, g,\ \forall (x,y) \in \mathbb{R}^2,\ f(x,y) = g(ax+by, cx+dy)$.
Remarquons ensuite que h et donc h^{-1} sont de classe $\mathscr{C}^1$ sur $\mathbb{R}^2$.
Posons $u = ax + by$ et $v = cx + dy$. On a les formules :

$$\left\{\begin{array}{ccccc} \dfrac{\partial f}{\partial x} & = & \dfrac{\partial g}{\partial u}\dfrac{\partial u}{\partial x} & + & \dfrac{\partial g}{\partial v}\dfrac{\partial v}{\partial x} \\[2ex] \dfrac{\partial f}{\partial y} & = & \dfrac{\partial g}{\partial u}\dfrac{\partial u}{\partial y} & + & \dfrac{\partial g}{\partial v}\dfrac{\partial v}{\partial y} \end{array}\right. \Rightarrow \left\{\begin{array}{ccccc} \dfrac{\partial f}{\partial x} & = & a\dfrac{\partial g}{\partial u} & + & c\dfrac{\partial g}{\partial v} \\[2ex] \dfrac{\partial f}{\partial y} & = & b\dfrac{\partial g}{\partial u} & + & d\dfrac{\partial g}{\partial v} \end{array}\right..$$

Il reste à terminer en choisissant a, b, c et d tels que l'on ait $\dfrac{\partial g}{\partial u} = 0$ ou $\dfrac{\partial g}{\partial v} = 0$.

Mise en œuvre : l'**exercice 15.15** et l'**exercice 15.16**.

Exemple : *Résoudre* (E) : $\forall\,(x,y) \in \mathbb{R}^2,\ \dfrac{\partial f}{\partial x}(x,y) + 2\dfrac{\partial f}{\partial y}(x,y) = x.$

On remplace $\dfrac{\partial f}{\partial x}$ par $a\dfrac{\partial g}{\partial u} + c\dfrac{\partial g}{\partial v}$ et $\dfrac{\partial f}{\partial y}$ par $b\dfrac{\partial g}{\partial u} + d\dfrac{\partial g}{\partial v}$. On obtient : $(a+2b)\dfrac{\partial g}{\partial u} + (c+2d)\dfrac{\partial g}{\partial v} = 0$.
Il suffit de prendre (par exemple) $a = 1$, $b = 0$, $c = -2$ et $d = 1$. On utilise donc le changement de variables défini par $(u = x, v = -2x + y)$. u et v sont exprimés en fonction de x et y par des fonctions de classe $\mathscr{C}^1$ sur $\mathbb{R}^2$ et $h : \mathbb{R}^2 \to \mathbb{R}^2$, $(x,y) \mapsto (x, -2x+y)$ est une bijection (application linéaire de déterminant non nul).
f est solution de (E) si, et seulement si, $\forall\,(u,v) \in \mathbb{R}^2,\ \dfrac{\partial g}{\partial u} = u.$
On en déduit que : $\forall\,(u,v) \in \mathbb{R}^2,\quad g(u,v) = \dfrac{u^2}{2} + A(v)$ où A est une fonction de classe $\mathscr{C}^1$ sur $\mathbb{R}$.
La solution générale de l'équation (E) est alors la fonction de classe $\mathscr{C}^1$ sur $\mathbb{R}^2$:

$$\forall\,(x,y) \in \mathbb{R}^2, \qquad f(x,y) = \frac{x^2}{2} + A(-2x+y)$$

Remarque : On peut étendre à des équations du type : $\lambda\dfrac{\partial^2 f}{\partial x^2} + \mu\dfrac{\partial^2 f}{\partial x \partial y} + \nu\dfrac{\partial^2 f}{\partial y^2} = 0.$

Exemple : *Ici $c \in \mathbb{R}_+^\star$ fixé. Déterminer $f : \mathbb{R}^2 \mapsto \mathbb{R}$ de classe $\mathcal{C}^2$ vérifiant l'équation (E) dite des cordes vibrantes : $\dfrac{\partial^2 f}{\partial x^2} - \dfrac{1}{c^2}\dfrac{\partial^2 f}{\partial y^2} = 0$ à l'aide du changement $u = x - cy$, $v = x + cy$.*

On pose $g(u,v) = f(x,y)$. Comme $x = \frac{1}{2}(u+v)$ et $y = \frac{1}{2c}(v-u)$, la fonction $h : (x,y) \mapsto (u,v)$ est bijective et de classe $\mathscr{C}^2$. La composée $g = f\,o\,h^{-1}$ est bijective et est de classe $\mathscr{C}^2$.
On a rapidement :

$$\frac{\partial f}{\partial x} = \frac{\partial g}{\partial u} + \frac{\partial g}{\partial v} \text{ et } \frac{\partial f}{\partial y} = -c\frac{\partial g}{\partial u} + c\frac{\partial g}{\partial v}.$$

On applique encore le même théorème du cours et le théorème de Schwarz pour aboutir :

$$\frac{\partial^2 f}{\partial x^2} = \frac{\partial}{\partial x}\left(\frac{\partial f}{\partial x}\right) = \frac{\partial u}{\partial x}\frac{\partial}{\partial u}\left(\frac{\partial g}{\partial u} + \frac{\partial g}{\partial v}\right) + \frac{\partial v}{\partial x}\frac{\partial}{\partial v}\left(\frac{\partial g}{\partial u} + \frac{\partial g}{\partial v}\right) = \frac{\partial^2 g}{\partial u^2} + 2\frac{\partial^2 g}{\partial u \partial v} + \frac{\partial^2 g}{\partial v^2}.$$

$$\frac{\partial^2 f}{\partial y^2} = \frac{\partial}{\partial y}\left(\frac{\partial f}{\partial y}\right) = \frac{\partial u}{\partial y}\frac{\partial}{\partial u}\left(-c\frac{\partial g}{\partial u} + c\frac{\partial g}{\partial v}\right) + \frac{\partial v}{\partial y}\frac{\partial}{\partial v}\left(-c\frac{\partial g}{\partial u} + c\frac{\partial g}{\partial v}\right) = c^2\frac{\partial^2 g}{\partial u^2} - 2c^2\frac{\partial^2 g}{\partial u \partial v} + c^2\frac{\partial^2 g}{\partial v^2}.$$

Il reste à remplacer et on obtient :

$$\frac{\partial^2 f}{\partial x^2} - \frac{1}{c^2}\frac{\partial^2 f}{\partial y^2} = 0 \Rightarrow 4\frac{\partial^2 g}{\partial u \partial v} = 0 \Rightarrow \frac{\partial^2 g}{\partial u \partial v} = 0.$$

On montre (voir l'exemple qui suit la **méthode 15.7**), qu'il existe alors deux fonctions A et B de classe $\mathscr{C}^2$ sur $\mathbb{R}$ telles que $g(u,v) = A(u) + B(v)$.
Finalement : $\forall (x,y) \in \mathbb{R}^2$, $f(x,y) = A(x+cy) + B(x-cy)$.

Mise en œuvre : l'**exercice 15.19**.

Méthodes

❑ **Méthode 15.10.— Comment résoudre une équation aux dérivées partielles (E) en utilisant le changement de variables en coordonnées polaires**

On suppose (E) d'inconnue $f : (x, y) \mapsto f(x, y)$ définie sur $U \subset \mathbb{R}^2$.

1 On pose donc $x = r\cos\theta$, $y = r\sin\theta$. On commence par trouver le domaine Δ, où évolue (r, θ) quand (x, y) parcourt U. On pose alors $g(r, \theta) = f(x, y)$. Attention au point O qui ne possède pas de coordonnées polaires. On supposera généralement $r > 0$ dans les calculs et on étendra le résultat en $(0, 0)$ par continuité.

2 Dans le cas où (E) possède le groupement $-y\dfrac{\partial f}{\partial x} + x\dfrac{\partial f}{\partial y}$ ou $x\dfrac{\partial f}{\partial x} + y\dfrac{\partial f}{\partial x}$, on peut directement remplacer la première quantité par $\dfrac{\partial g}{\partial \theta}$ ou la seconde par $r\dfrac{\partial g}{\partial r}$, ce qui permet d'aller plus vite. D'ailleurs la présence de tels groupements justifie de passer en coordonnées polaires !

3 Sinon $\begin{cases} \dfrac{\partial g}{\partial r}(r,\theta) & = & \cos\theta\,\dfrac{\partial f}{\partial x}(r\cos\theta, r\sin\theta) + \sin\theta\,\dfrac{\partial f}{\partial y}(r\cos\theta, r\sin\theta) \\ \dfrac{\partial g}{\partial \theta}(r,\theta) & = & -r\sin\theta\,\dfrac{\partial f}{\partial x}(r\cos\theta, r\sin\theta) + r\cos\theta\,\dfrac{\partial f}{\partial y}(r\cos\theta, r\sin\theta) \end{cases}$

donne par inversion $(r > 0)$: $\begin{cases} \dfrac{\partial f}{\partial x}(x,y) & = & \cos\theta\,\dfrac{\partial g}{\partial r}(r,\theta) - \dfrac{1}{r}\sin\theta\,\dfrac{\partial g}{\partial \theta}(r,\theta) \\ \dfrac{\partial f}{\partial y}(x,y) & = & \sin\theta\,\dfrac{\partial g}{\partial r}(r,\theta) + \dfrac{1}{r}\cos\theta\,\dfrac{\partial g}{\partial \theta}(r,\theta) \end{cases}$.

Puis on remplace dans E. Il reste à trouver g et à remplacer r et θ par x et y. Pour r, on utilise $r = \sqrt{x^2+y^2}$ en restreignant $r > 0$. Pour θ, cela dépend de l'intervalle retenu. Par exemple, $\theta = \arctan\dfrac{y}{x}$ en restreignant $\theta \in]-\dfrac{\pi}{2}, \dfrac{\pi}{2}[$ ou alors $\theta = 2\arctan\dfrac{y}{x+\sqrt{x^2+y^2}}$ en restreignant $\theta \in]-\pi, \pi[$.

Mise en œuvre : l'**exercice 15.17**.

Exemple : *Posons* $U = \{(x, y) \in \mathbb{R}^2, x > 0\} = \mathbb{R}_+^* \times \mathbb{R}$.
En usant d'un changement en coordonnées polaires, résoudre :
$(F) : \forall (x, y) \in U,\ -y\dfrac{\partial f}{\partial x}(x, y) + x\dfrac{\partial f}{\partial y}(x, y) = \sqrt{x^2+y^2}$.

x et y sont donc exprimés en fonction de r et θ par des fonctions de classe $\mathscr{C}^1$ sur la partie ouverte $V =]0, +\infty[\times]-\frac{\pi}{2}, \frac{\pi}{2}[$ et l'application φ définie sur $V =]0, +\infty[\times]-\frac{\pi}{2}, \frac{\pi}{2}[$ par l'égalité $\varphi(r, \theta) = (r\cos\theta, r\sin\theta)$ est une bijection de V dans U. On définit g en posant : $g = f \circ \varphi$.
On va exprimer les dérivées partielles de g en fonction de celles de f en utilisant la **méthode 15.10**.
La fonction f est solution de l'équation (F) si, et seulement si,

$$\forall (r, \theta) \in V,\quad -r\sin\theta\frac{\partial f}{\partial x}(r\cos\theta, r\sin\theta) + r\cos\theta\frac{\partial f}{\partial y}(r\cos\theta, r\sin\theta) = r \iff \frac{\partial g}{\partial \theta}(r, \theta) = r.$$

On en déduit : $\forall (r, \theta) \in V$, $g(r, \theta) = r\theta + A(r)$, où A est une fonction de classe $\mathscr{C}^1$ sur $\mathbb{R}_+^*$.
La solution générale de l'équation (F) est alors :

$$\forall (x, y) \in U,\qquad f(x, y) = \sqrt{x^2+y^2}\arctan\left(\frac{y}{x}\right) + A\left(\sqrt{x^2+y^2}\right).$$

Vrai/Faux

U est un ouvert de $\mathbb{R}^p$ et f définie sur U, à valeurs dans $\mathbb{R}$.

	Vrai	Faux
1. Si f admet des dérivées partielles en $a \in U$ suivant toutes les variables, alors f est continue en a.	☐	☐
2. Contrairement aux fonctions de $\mathbb{R}$ dans $\mathbb{R}$, une fonction f de $\mathbb{R}^2$ dans $\mathbb{R}$ peut être de classe $\mathscr{C}^1$ sur $\mathbb{R}^2$ sans être continue sur $\mathbb{R}^2$.	☐	☐
3. $\frac{\partial f}{\partial y}(x, y)$ représente la pente de la droite qui est tangente à la surface $z = f(x, y)$ en $(x, y, f(x, y))$ dans le plan vertical (Oy, Oz).	☐	☐
4. Si f est de classe $\mathscr{C}^1$ sur U, alors pour tout $(x, a) \in U^2$: $f(x) = f(a) + (\nabla f(a) \mid x) + (x - a)\varepsilon(x)$, avec $\lim\limits_{x \to a} \varepsilon(x) = 0$.	☐	☐
5. Si (r, θ) sont les coordonnées polaires de $M(x, y)$ alors les quantités $\frac{\partial x}{\partial r}$ et $\frac{\partial r}{\partial x}$ sont inverses l'une de l'autre.	☐	☐
6. Si $f\ :\ \mathbb{R}^2 \to \mathbb{R}$ est de classe $\mathscr{C}^1$ telle que : $\forall (x, y) \in \mathbb{R}^2$, $f(x, y) = f(y, x)$. Alors : $\forall (x, y) \in \mathbb{R}^2$, $\frac{\partial f}{\partial x}(x, y) = \frac{\partial f}{\partial y}(y, x)$.	☐	☐
7. f étant de classe $\mathscr{C}^1$ sur U, si $M_0(x_0, y_0)$ est un point régulier de la courbe plane définie par $\left\{ \begin{array}{l} f(x, y) = 0 \\ (x, y) \in U \end{array} \right.$, alors $\nabla f(x_0, y_0)$ est un vecteur directeur de la tangente à cette courbe en M_0	☐	☐
8. Si une courbe régulière est tracée sur une surface régulière, alors la tangente en un point à la courbe est incluse dans le plan tangent à la surface en ce point.	☐	☐
9. On suppose $p = 2$. Si la fonction f admet sur U des dérivées partielles suivant x et y jusqu'à l'ordre 2 inclus et si $\forall (x, y) \in U \qquad \frac{\partial^2 f}{\partial x \partial y}(x, y) = \frac{\partial^2 f}{\partial y \partial x}(x, y)$, alors f est de classe $\mathscr{C}^2$ sur U.	☐	☐
10. Soit $(x_0, y_0) \in U$, si $f \in \mathscr{C}^1(U, \mathbb{R})$ et si $\nabla f(x_0, y_0) = (0, 0)$, alors f atteint en (x_0, y_0) un extremum local.	☐	☐
11. On désigne par α et β deux réels. Si la fonction f est de classe $\mathscr{C}^1$ sur $[\alpha, \beta] \times [\alpha, \beta]$ et admet en (α, β) un extremum local, alors (α, β) est un point critique de f.	☐	☐
12. (r, θ) désignant les coordonnées polaires, si f est de classe $\mathscr{C}^2$ sur $(\mathbb{R}^\star)^2$ et $\forall (x, y)$, $g(r, \theta) = f(x, y)$, alors g est de classe $\mathscr{C}^2$ sur $]0, +\infty[\times[0, 2\pi[$ et $\frac{\partial^2 f}{\partial x^2} + \frac{\partial^2 f}{\partial y^2} = \frac{\partial^2 g}{\partial r^2} + \frac{1}{r}\frac{\partial^2 g}{\partial r \partial \theta} + \frac{1}{r^2}\frac{\partial^2 g}{\partial \theta^2}$.	☐	☐

Énoncé des exercices

Recherche de dérivées partielles

Exercice 15.1 : Soit $\varphi : \mathbb{R} \to \mathbb{R}$ une fonction dérivable.
Déterminer les dérivées partielles d'ordre 1 des fonctions suivantes définies sur $\mathbb{R}^2$ par :

$$\textbf{1. } f(x,y) = \varphi(x+y), \quad \textbf{2. } g(x,y) = \varphi(x^2+y^2), \quad \textbf{3. } k(x,y) = \varphi(xy).$$

Exercice 15.2 : Calculer les dérivées partielles premières (lorsqu'elles existent) de :

$$f(x,y) = \ln(xy),\ g(x,y) = \arctan\left(\frac{x+y}{1-xy}\right),\ h(x,y) = x^y.$$

Exercice 15.3 : Soit : $f : \mathbb{R}^2 \to \mathbb{R},\ (x_1,x_2) \mapsto \begin{cases} \dfrac{x_1^3 - x_2^3}{x_1^2 + x_2^2} & \text{si} \quad (x_1,x_2) \neq (0,0) \\ 0 & \text{si} \quad (x_1,x_2) = (0,0) \end{cases}.$

1. Montrer que f est continue sur $\mathbb{R}^2$.
2. Montrer que f admet des dérivées partielles premières en tout point.
f est-elle de classe $\mathscr{C}^1$ sur $\mathbb{R}^2$?

Exercice 15.4 : Soit $\alpha, \beta : \mathbb{R} \to \mathbb{R}$ deux fonctions de classe $\mathscr{C}^1$ sur $\mathbb{R}$ et $g : \mathbb{R}^2 \to \mathbb{R}$ une fonction de classe $\mathscr{C}^1$ sur $\mathbb{R}^2$. Montrer que la fonction

$$G : \begin{cases} \mathbb{R} & \to & \mathbb{R} \\ x & \mapsto & g\big(\alpha(x), \beta(x)\big) \end{cases}$$

est de classe $\mathscr{C}^1$ sur $\mathbb{R}$ et, pour tout $a \in \mathbb{R}$, déterminer $G'(a)$.

Exercice 15.5 : On pose $f(x,y) = \arctan x + \arctan y - \arctan\left(\dfrac{x+y}{1-xy}\right)$.

1. Montrer que le domaine de définition D de f est la réunion de trois ouverts de $\mathbb{R}^2$.
2. Montrer que f est de classe $\mathscr{C}^1$ sur D et exprimer $\dfrac{\partial f}{\partial x}$ et $\dfrac{\partial f}{\partial y}$.
3. Simplifier l'expression de f (on admettra que f est constante sur l'ouvert non convexe apparaîssant dans de son ensemble de définition).

D'après Concours Commun INP (ancien CCP), filière PSI

Dérivées partielles d'ordre 2, théorème de Schwarz

Exercice 15.6 : Montrer que : $(x,y) \mapsto yx^2 + \cos(x^2+y)$ est de classe $\mathscr{C}^2$ sur $\mathbb{R}^2$.
Vérifier sur cet exemple le théorème de Schwarz.

Exercice 15.7* : Déterminer toutes les fonctions f de classe $\mathscr{C}^2$ sur $\mathbb{R}_+^\star$ et à valeurs dans $\mathbb{R}$ telles que si g est définie sur $(\mathbb{R}_+^\star)^2$ par $g(x,y) = f\left(\dfrac{x^2+y^2}{y}\right)$, on ait : $\dfrac{\partial^2 g}{\partial x^2} + \dfrac{\partial^2 g}{\partial y^2} = 0$.

D'après Mines-Ponts, filière PSI

Exercice 15.8 : Soit $f : (x,y) \mapsto \begin{cases} \dfrac{y^4}{x^2+y^2} & \text{, si } (x,y) \neq (0,0) \\ 0 & \text{, sinon} \end{cases}$.

1. Montrer que la fonction f est continue sur $\mathbb{R}^2$.
2. La fonction f est-elle de classe $\mathscr{C}^1$ sur $\mathbb{R}^2$?
3. Calculer $\dfrac{\partial^2 f}{\partial x \partial y}(0,0)$ et $\dfrac{\partial^2 f}{\partial y \partial x}(0,0)$. La fonction f est-elle de classe $\mathscr{C}^2$ sur $\mathbb{R}^2$?

D'après ENSAM

Exercice 15.9* : Soit $f : (x,y) \mapsto \begin{cases} \dfrac{xy^3}{x^2+y^2} & \text{, si } (x,y) \neq (0,0) \\ 0 & \text{, sinon} \end{cases}$.

1. Montrer que la fonction f est de classe $\mathscr{C}^2$ sur $\mathbb{R}^2 \setminus \{(0,0)\}$.
2. Montrer que la fonction f est de classe $\mathscr{C}^1$ sur $\mathbb{R}^2$.
3. Calculer $\dfrac{\partial^2 f}{\partial x \partial y}(0,0)$ et $\dfrac{\partial^2 f}{\partial y \partial x}(0,0)$. Que peut-on en déduire ?

D'après Concours Communs Mines-Telecom, filière PSI

Applications géométriques : courbes et surfaces

Le plan est rapporté à $(O,\vec{i},\vec{j})$ orthonormé et l'espace à $(O,\vec{i},\vec{j},\vec{k})$ orthonormé

Exercice 15.10 : Dans le plan, soit $(a,b) \in (\mathbb{R}_+^\star)^2$ et la courbe $\mathcal{E}$ d'équation : $\dfrac{x^2}{a^2} + \dfrac{y^2}{b^2} = 1$.
De plus, $M_0(x_0,y_0) \in \mathcal{E}$ et T_0 est la tangente à $\mathcal{E}$ en M_0.
Trouver les points de $\mathcal{E}$ en lesquels la tangente à $\mathcal{E}$ est perpendiculaire à T_0.

Exercice 15.11 : Soit S la surface d'équation cartésienne $x^2+y^2-z^2=1$.

1. Donner l'équation du plan Π_Ω tangent à S au point $\Omega = (1,0,0)$.
2. Déterminer les coordonnées des projetés orthogonaux de O sur les plans tangents à S.

D'après Centrale-Supélec

Exercice 15.12 : Donner les équations des plans tangents à la surface S d'équation cartésienne $xy = z^3$, contenant la droite D d'équation $x = 2$, $y = 3z-3$.

D'après Centrale-Supélec

Exercice 15.13 : Déterminer les points de la surface S d'équation cartésienne $x^2-y^2+z^2=1$ dont le plan tangent est parallèle au plan Π d'équation $2x+y-z=0$.

D'après Concours commun INP (ancien CCP), filière PSI

Résolution d'équations aux dérivées partielles

Exercice 15.14 : Résoudre les équations aux dérivées partielles suivantes :

1. $\dfrac{\partial f}{\partial x}(x,y) = 1+y^3+x^2$;
2. $\dfrac{\partial f}{\partial x}(x,y) = \dfrac{1}{(1+y)(1+x^2)}$;
3. $\dfrac{\partial^2 f}{\partial x^2}(x,y) = y^2$;
4. $\dfrac{\partial^2 f}{\partial x \partial y}(x,y) = 1+x$.

Exercice 15.15 : Avec le changement de variable $\begin{cases} u = 2x + 3y \\ v = x + y \end{cases}$, trouver les fonctions de classe $\mathscr{C}^1$ sur $\mathbb{R}^2$ vérifiant : (E) $\quad 3\dfrac{\partial f}{\partial x}(x, y) - 2\dfrac{\partial f}{\partial y}(x, y) = 0.$

D'après Concours Communs Mines-Telecom et Concours ENSEA, filière PSI

Exercice 15.16 : Résoudre l'équation aux dérivées partielles : $2\dfrac{\partial f}{\partial x} - \dfrac{\partial f}{\partial y} = 0$, où f est une fonction de classe $\mathscr{C}^1$ sur $\mathbb{R}^2$.
Indication : on utilisera un changement de variables du type $u = ax + by$, $v = cx + dy$.

D'après Centrale-Supélec, filière PSI

Exercice 15.17 : En passant en coordonnées polaires, trouver les fonctions de classe $\mathscr{C}^1$ sur $\mathbb{R}_+^* \times \mathbb{R}$ vérifiant : (E) $\quad x\dfrac{\partial f}{\partial y}(x, y) - y\dfrac{\partial f}{\partial x}(x, y) = x.$

D'après Concours Commun INP (ancien CCP), filière PSI

Exercice 15.18 : On note $\Omega = \mathbb{R}\times]0, +\infty[$.
Déterminer toutes les fonctions $f\ : \Omega \to \mathbb{R}$ de classe $\mathscr{C}^1$ telles que :

$$\forall\,(x, y) \in \Omega, \qquad x\frac{\partial f}{\partial x}(x, y) - y\frac{\partial f}{\partial y}(x, y) = 0 \qquad \text{(E)}$$

On pourra poser $x = ue^v$ et $y = e^{-v}$ avec $(u, v) \in \mathbb{R}^2$.

Exercice 15.19 : Soit α un réel et E l'ensemble des fonctions $f\ : \mathbb{R}^2 \to \mathbb{R}$ de classe $\mathscr{C}^2$ solutions de l'équation : $\dfrac{\partial^2 f}{\partial x^2} - 4\dfrac{\partial^2 f}{\partial y^2} = \alpha$.

1. Déterminer l'ensemble E en utilisant le changement de variables défini par $(u = 2x+y, v = 2x - y)$.

2. À quelle(s) condition(s) sur les réels λ et μ, f définie sur $\mathbb{R}^2$ par

$$f(x, y) = \lambda\,[\cos(2x) + \sin(2x)]\,[\sin y + \cos y] + \mu\left(\frac{x^2}{4} - \frac{y^2}{16}\right)$$

appartient-elle à l'ensemble E ?

D'après Concours Communs Mines-Telecom et Concours ENSEA, filière PSI

Exercice 15.20 : On cherche à résoudre (E) : $\dfrac{\partial^2 f}{\partial x^2} - f = 0$ sur $\mathbb{R}^2$.

1. Soient g et h de classe $\mathscr{C}^2$ sur $\mathbb{R}$. Montrer que $f : (x, y) \mapsto e^x g(y) + e^{-x} h(y)$ est solution de (E).

2. Déterminer la forme générale des solutions de (E) sur $\mathbb{R}^2$.

D'après Concours Commun INP (ancien CCP)

Exercice 15.21* : Pour toute fonction f de classe $\mathscr{C}^1$ sur $\mathbb{R}^2 \setminus \{(0, 0)\}$ et à valeurs dans $\mathbb{R}$, on considère la surface de $\mathbb{R}^3$ d'équation : $z = f(x, y)$, l'espace étant rapporté au repère orthonormé $(O, \vec{i}, \vec{j}, \vec{k})$. Trouver les fonctions f telles que la normale en tout point M_0 de la surface et la droite (Oz) soient dans un même plan.

D'après Mines-Ponts, filière PSI

Exercice 15.22 : On pose $g : (x, y) \mapsto xe^y + ye^x$. Déterminer ses extremums éventuels sur $\mathbb{R}^2$.

D'après Concours Commun INP (ancien CCP), filière PSI

Exercice 15.23* : U est le carré $[0, 2] \times [-1, 0]$ de $\mathbb{R}^2$. Rechercher, sur ce fermé-borné de $\mathbb{R}^2$, les extremums globaux de la fonction $f : \left\{ \begin{array}{ccc} U & \longrightarrow & \mathbb{R} \\ (x, y) & \longmapsto & x^2 - 2x + xy + y^2 \end{array} \right.$.

Exercice 15.24 : Soit n un entier strictement positif, $E = \mathbb{R}^n$ muni de sa structure euclidienne canonique, $\vec{u}$ un vecteur fixé de E, A une matrice symétrique réelle de $\mathcal{M}_n(\mathbb{R})$ et ϕ l'endomorphisme de E de matrice A dans la base canonique. On étudie la fonction

$$f : E \to \mathbb{R},\ \vec{x} \mapsto \langle \vec{x}, \phi(\vec{x}) \rangle - 2\langle \vec{x}, \vec{u} \rangle.$$

1. Ici on suppose $n = 2$, $A = \begin{pmatrix} 3 & -1 \\ -1 & 3 \end{pmatrix}$ et $\vec{u} = (5, 1)$.
Vérifier que $f(\vec{x}) = 3x_1^2 + 3x_2^2 - 2x_1x_2 - 10x_1 - 2x_2$.
Montrer alors que $X_0 = (2, 1)$ est un point critique de f.
2. On conserve ici les conditions de la question **1)**. Soit $h = (h_1, h_2)$.
Montrer que : $f(X_0 + h) - f(X_0) = ah_1^2 + bh_2^2 + ch_1h_2$, où a, b et c sont trois réels que l'on déterminera. En déduire que f admet un extremum en X_0.
3. On revient au cas général et on suppose de plus que pour tout $\vec{x}$ non nul de E, $\langle \vec{x}, \phi(\vec{x}) \rangle > 0$.
Montrer que les valeurs propres de ϕ sont strictement positives.
En utilisant une base orthonormée de vecteurs propres de ϕ, montrer que f possède un extremum que l'on précisera.

D'après Concours Commun INP (ancien CCP), filière PC

Exercice 15.25* : Soit $f : \mathbb{R}^2 \mapsto \mathbb{R}$, $f(x, y) = \sin x + \sin y - \sin(x + y)$.
1. Montrer que f est de classe $\mathscr{C}^2$ sur $\mathbb{R}^2$.
2. Déterminer les points $M(x, y)$ dans le carré $[-\pi, \pi]^2$ tels que $\dfrac{\partial f}{\partial x}(M) = \dfrac{\partial f}{\partial y}(M) = 0$.
3. Montrer que $f(x, y) = 4 \sin \frac{x}{2} \sin \frac{y}{2} \sin \frac{(x+y)}{2}$.
4. Représenter graphiquement les ensembles : $\mathcal{S}_0 = \{(x, y) \in [-\pi, \pi]^2,\ f(x, y) = 0\}$ puis :

$$\mathcal{S}_{>0} = \{(x, y) \in [-\pi, \pi]^2,\ f(x, y) > 0\} \text{ et } \mathcal{S}_{<0} = \{(x, y) \in [-\pi, \pi]^2,\ f(x, y) < 0\}.$$

5. Déterminer les extrema globaux de f sur le carré $[-\pi, \pi]^2$.

D'après Concours E3A

Indications

Ex. 15.3

Penser aux coordonnées polaires, tant pour la continuité de f que pour celles des dérivées partielles, en $(0, 0)$.

Ex. 15.4

*On pourra utiliser l'un des résultats de l'***exercice 15.2**.

Ex. 15.7

La condition imposée : $\dfrac{\partial^2 g}{\partial x^2}+\dfrac{\partial^2 g}{\partial y^2}=0$ *débouche sur une équation différentielle vérifiée par* $t\mapsto f(t)$.

Ex. 15.8

1. *Le problème est en* $(0,0)$, *passer en coordonnées polaires. Cela devient d'un banal !*

Ex. 15.9

*C'est le grand (ou petit) frère de l'***exercice 15.8**.

Ex. 15.11

Aller fouiller du côté de la **méthode 15.6** *!*

Ex. 15.13

Si vous n'avez pas assez fouillé du côté de la **méthode 15.6**, *c'est le moment.*

Ex. 15.14

Ici l'esprit est la **méthode 15.6** *!*

Ex. 15.15

Vérifier que $\varphi : (x,y)\mapsto(2x+3y,x+y)$ *est un automorphisme de* $\mathbb{R}^2$, *puis introduire* g *définie sur* $\mathbb{R}^2$ *par* $f=g\circ\varphi$. *Exprimer ensuite les dérivées partielles de* f *en fonction de celles de* g.

Ex. 15.16

Voir **méthode 15.8**

Ex. 15.17

Vérifier que $\varphi : (r,\theta)\mapsto(r\cos\theta,r\sin\theta)$ *est une bijection de classe* $\mathscr{C}^1$ *de* $\mathbb{R}_+^*\times\left]-\frac{\pi}{2},\frac{\pi}{2}\right[$ *dans* $\mathbb{R}+^*\times\mathbb{R}$, *puis introduire la fonction* g *définie sur* $\mathbb{R}_+^*\times\left]-\frac{\pi}{2},\frac{\pi}{2}\right[$ *par* $g=f\circ\varphi$. *Exprimer ensuite les dérivées partielles de* g *en fonction de celles de* f. *Tout est indiqué dans la* **méthode 15.7**.

Ex. 15.18

Poser $x(u,v)=ue^v$ *et* $y(u,v)=e^{-v}$ *et* $\widetilde{f}=f\left(x(u,v),y(u,v)\right)$. *Exprimer les dérivées partielles de* $\widetilde{f}$ *en fonction de celle de* f.

Ex. 15.19

1. *Vérifier que* $\varphi : (x,y)\mapsto(2x+y,2x-y)$ *est un automorphisme de* $\mathbb{R}^2$, *puis introduire* g *définie sur* $\mathbb{R}$ *par* $f=g\circ\varphi$. *Exprimer les dérivées partielles de* f *en fonction de celles de* g.

Ex. 15.21

Il nous faut déjà connaître la direction de la normale en un point donné. Le plus rapide est de poser : $g(x,y,z)=z-f(x,y)$ *et de calculer le vecteur gradient qui porte la normale. Si l'on fait un synopsis du développement de l'exercice, on commence donc par trouver la direction de la normale. Ensuite, la condition demandée (on peut penser à faire un déterminant) débouche sur une équation aux dérivées partielles vérifiée par* f. *On résout bien entendu cette équation (pensez à un passage en coordonnées polaires) et on conclut.*

Ex. 15.24

2. *Il s'agit ici de montrer que* X_0, *qui est déjà un point critique, est un extremum. Pour cela, on étudie le signe de* $f(X_0+\vec{h})-f(X_0)$, *où* $\vec{h}$ *est un vecteur quelconque de* E.

3. *On revient au cas général. On commence par remarquer que* ϕ *étant symétrique réelle, on peut lui appliquer le théorème spectral et se placer dans une base orthonormée de vecteurs propres. L'idée est de simplifier la quantité* $f(X_0+\vec{h})-f(X_0)$ *pour étudier son signe.*

Corrigé des vrai/faux

1	2	3	4	5	6	7	8	9	10	11	12
F	F	V	F	F	V	F	V	F	F	F	F

1. Soit la fonction f définie par : $\left\{\begin{array}{ccc} \mathbb{R}^2 & \to & \mathbb{R} \\ (x,y) & \mapsto & \begin{cases} \dfrac{xy}{x^2+y^2} & \text{, si } (x,y) \neq (0,0) \\ 0 & \text{, sinon.} \end{cases} \end{array}\right.$.

Cette fonction n'est pas continue en $(0,0)$ (le vérifier !). Cependant la fonction f est partiellement dérivable suivant x et y en $(0,0)$. En effet, pour tout $x \in \mathbb{R}$, $f(x,0) = 0$.

Ainsi, $\dfrac{\partial f}{\partial x}(0,0) = 0$. De même, on a $\dfrac{\partial f}{\partial x}(0,0) = 0$.

2. C'est faux. Si f est de classe $\mathscr{C}^1$ sur $\mathbb{R}^2$, elle admet un développement limité d'ordre 1 en tout point et f est donc continue en tout point.

3. En effet, de par la définition d'une dérivée partielle. De même, $\dfrac{\partial f}{\partial x}(x,y)$ représente la pente de la droite qui est tangente à la surface $z = f(x,y)$ en $(x,y,f(x,y))$ dans le plan vertical (Ox,Oz).

4. Warnung, $x - a \in \mathbb{R}^p$.

5. On a $x = r\cos\theta$ et $r = \sqrt{x^2+y^2}$, alors $\dfrac{\partial x}{\partial r} = \cos\theta = \dfrac{\partial r}{\partial x}$.

6. Posons $a(x,y) = y$, $b(x,y) = x$ et $\tilde{f} : (x,y) \mapsto f(a(x,y),b(x,y))$. Une conséquence de la règle de la chaîne est : $\dfrac{\partial \tilde{f}}{\partial x}(x,y) = \dfrac{\partial f}{\partial a}(a(x,y),b(x,y))\dfrac{\partial a}{\partial x}(x,y) + \dfrac{\partial f}{\partial b}(a(x,y),b(x,y))\dfrac{\partial b}{\partial x}(x,y)$.

Comme $\tilde{f} = f$, $\dfrac{\partial a}{\partial x}(x,y) = 0$, $\dfrac{\partial b}{\partial x}(x,y) = 1$ et b deuxième variable de f, $\dfrac{\partial f}{\partial x}(x,y) = \dfrac{\partial f}{\partial y}(y,x)$.

7. $\nabla f(x_0,y_0)$ est un vecteur normal à la tangente à la courbe en M_0.

8. (I,φ) est une courbe tracée sur la surface définie par $\left\{\begin{array}{l} f(x,y,z) = 0 \\ (x,y,z) \in U \end{array}\right.$, si $\varphi : t \mapsto (x(t),y(t),z(t))$ est une application d'un intervalle I de $\mathbb{R}$, à valeurs dans U, telle que : $\forall t \in I$, $f(x(t),y(t),z(t)) = 0$. φ et f sont de classe $\mathscr{C}^1$, puisque la courbe et la surface sont supposées régulières. D'après la règle de la chaîne, la dérivée de $g : t \mapsto f(x(t),y(t),z(t))$, nécessairement nulle sur I, vaut :

$$\forall t \in I,\ g'(t) = \frac{\partial f}{\partial x}x'(t) + \frac{\partial f}{\partial y}y'(t) + \frac{\partial f}{\partial z}z'(t),$$

ce qui traduit l'orthogonalité de $\varphi'(t)$, vecteur directeur de la tangente à la courbe au point considéré, et du gradient de f en ce même point. Le gradient étant normal à la surface au point considéré, la tangente à la courbe est bien incluse dans le plan tangent à la surface en ce point.

9. Voir l'**exercice 15.8** qui fournit un contre-exemple.

10. Un point critique n'est pas nécessairement un point en lequel f atteint un extremum : il pourrait être un point selle.

11. La fonction $f : \left\{\begin{array}{ccc} [0,1]\times[0,1] & \to & \mathbb{R} \\ (x,y) & \mapsto & xy \end{array}\right.$ admet un maximum (global) en $(1,1)$.

Pourtant $\dfrac{\partial f}{\partial x}(1,1) = \dfrac{\partial f}{\partial y}(1,1) = 1 \neq 0$. Cela tient à ce que $[0,1]\times[0,1]$ n'est pas un ouvert.

Corrigé

12. Il est clair que g est de classe $\mathscr{C}^2$ sur $]0,+\infty[\times[0,2\pi[$.

Puis, on part de : $\begin{cases} \dfrac{\partial g}{\partial r}(r,\theta) &= \cos\theta\,\dfrac{\partial f}{\partial x}(x,y)+\sin\theta\,\dfrac{\partial f}{\partial y}(x,y) \\ \dfrac{\partial g}{\partial \theta}(r,\theta) &= -r\sin\theta\,\dfrac{\partial f}{\partial x}(x,y)+r\cos\theta\,\dfrac{\partial f}{\partial y}(x,y) \end{cases}$ et des formules inverses

(voir la **méthode 15.10**) : $\begin{cases} \dfrac{\partial f}{\partial x}(x,y) &= \cos\theta\,\dfrac{\partial g}{\partial r}(r,\theta)-\dfrac{1}{r}\sin\theta\,\dfrac{\partial g}{\partial \theta}(r,\theta) \\ \dfrac{\partial f}{\partial y}(x,y) &= \sin\theta\,\dfrac{\partial g}{\partial r}(r,\theta)+\dfrac{1}{r}\cos\theta\,\dfrac{\partial g}{\partial \theta}(r,\theta) \end{cases}$.

Puis : $\dfrac{\partial^2 f}{\partial x^2}=\dfrac{\partial}{\partial x}\left[\dfrac{\partial f}{\partial x}\right]=\dfrac{\partial}{\partial x}\left[\cos\theta\dfrac{\partial g}{\partial r}-\dfrac{\sin\theta}{r}\dfrac{\partial g}{\partial\theta}\right]$.

Soit $\dfrac{\partial^2 f}{\partial x^2}=\dfrac{\partial}{\partial r}\left[\cos\theta\dfrac{\partial g}{\partial r}-\dfrac{\sin\theta}{r}\dfrac{\partial g}{\partial\theta}\right]\dfrac{\partial r}{\partial x}+\dfrac{\partial}{\partial \theta}\left[\cos\theta\dfrac{\partial g}{\partial r}-\dfrac{\sin\theta}{r}\dfrac{\partial g}{\partial\theta}\right]\dfrac{\partial \theta}{\partial x}$.

Or, $\dfrac{\partial\theta}{\partial x}=-\dfrac{\sin\theta}{r}$ et $\dfrac{\partial r}{\partial x}=\cos\theta$. On développe pour obtenir $\dfrac{\partial^2 f}{\partial x^2}$. Après un courageux calcul :

$$\frac{\partial^2 f}{\partial x^2}=\cos^2\theta\frac{\partial^2 g}{\partial r^2}+\frac{2\sin\theta\cos\theta}{r^2}\frac{\partial g}{\partial\theta}-\frac{2\sin\theta\cos\theta}{r}\frac{\partial^2 g}{\partial r\partial\theta}+\frac{\sin^2\theta}{r}\frac{\partial g}{\partial r}+\frac{\sin^2\theta}{r^2}\frac{\partial^2 g}{\partial\theta^2}.$$

On procède de même pour $\dfrac{\partial^2 f}{\partial y^2}$ (vous trouverez une expression analogue à la précedente, où on permute $\cos\theta$ et $\sin\theta$).

Enfin, on somme et : $\dfrac{\partial^2 f}{\partial x^2}+\dfrac{\partial^2 f}{\partial y^2}=\dfrac{\partial^2 g}{\partial r^2}+\dfrac{1}{r}\dfrac{\partial g}{\partial r}+\dfrac{1}{r^2}\dfrac{\partial^2 g}{\partial\theta^2}$.

❑ Erreurs classiques

- Penser que l'existence de dérivées partielles en un point assure la continuité de la fonction en ce point.
- Penser, quand on manipule des coordonnées polaires que d'une part, $\dfrac{\partial\theta}{\partial x}$ et $\dfrac{\partial x}{\partial\theta}$ sont l'inverse l'une de l'autre et que d'autre part, $\dfrac{\partial r}{\partial x}$ et $\dfrac{\partial x}{\partial r}$ sont l'inverse l'une de l'autre.
- Penser que $\nabla\varphi(x_0,y_0)$ est un vecteur directeur de la tangente en $M_0(x_0,y_0)$ à la courbe Γ définie par $\varphi(x,y)=0$, alors qu'il s'agit d'un vecteur normal (lorsqu'il est non nul).
- ▸ Dans le cas d'une surface (Σ) définie par $f(x,y,z)=0$, où f est $\mathscr{C}^1$ sur un ouvert U de $\mathbb{R}^3$, penser que $\nabla f(x,y,z)$ est un vecteur tangent à (Σ), alors qu'il s'agit d'un vecteur normal à cette surface (lorsqu'il est non nul).
- Penser qu'un point critique est toujours un extremum : ce peut être un point selle.
- Penser qu'un extremum est toujours un point critique. Il peut être aussi un point de la frontière du fermé borné considéré.

Corrigé des exercices

Exercice 15.1

1. $f = \varphi \circ u$, où $u : (x,y) \mapsto x+y$, fonction polynôme, est $\mathscr{C}^1$ sur $\mathbb{R}^2$.
$\dfrac{\partial f}{\partial x}(x,y) = \varphi'(u(x+y))\dfrac{\partial u}{\partial x}(x,y) = \varphi'(x+y)$.

De même, $\dfrac{\partial f}{\partial y}(x,y) = \varphi'(x+y)$

2. $g = \varphi \circ v$, où $v : (x,y) \mapsto x^2+y^2$, fonction polynôme, est $\mathscr{C}^1$ sur $\mathbb{R}^2$.
$\dfrac{\partial g}{\partial x}(x,y) = \varphi'(x^2+y^2)\dfrac{\partial v}{\partial x}(x,y) = 2x\varphi'(x^2+y^2)$.

$\dfrac{\partial g}{\partial y}(x,y) = 2y\varphi'(x^2+y^2)$

3. $k = \varphi \circ w$, où $w : (x,y) \mapsto xy$, fonction polynôme, est $\mathscr{C}^1$ sur $\mathbb{R}^2$.
$\dfrac{\partial k}{\partial x}(x,y) = \varphi'(w(x,y))\dfrac{\partial w}{\partial x}(x,y) = y\varphi'(xy)$. De même, $\dfrac{\partial k}{\partial y}(x,y) = x\varphi'(xy)$.

Exercice 15.2

- Ici $U = (]-\infty,0[)^2 \cup (]0,+\infty[)^2$ et $\dfrac{\partial f}{\partial x}(x,y) = \dfrac{1}{x}$, $\dfrac{\partial f}{\partial y}(x,y) = \dfrac{1}{y}$.
- Ici, $U = \mathbb{R}^2 \setminus \{(x,1/x), x \in \mathbb{R}^\star\}$ et $\dfrac{\partial g}{\partial x}(x,y) = \dfrac{1}{1+x^2}$, $\dfrac{\partial g}{\partial y}(x,y) = \dfrac{1}{1+y^2}$.
- Ici, $U =]0,+\infty[\times\mathbb{R}$ et $\dfrac{\partial h}{\partial x}(x,y) = yx^{y-1}$, $\dfrac{\partial h}{\partial y}(x,y) = x^y \ln x$.

Notons à chaque fois U le domaine ouvert d'existence de la fonction.

$x^y = e^{y\ln x}$.

Exercice 15.3

1. f est continue sur $\mathbb{R}^2 \setminus \{(0,0\}$. Puis on pose $x_1 = r\cos\theta$ et $x_2 = r\sin\theta$, en supposant $(x_1,x_2) \neq (0,0)$. Donc : $f(x_1,x_2) = r(\cos^3\theta - \sin^3\theta)$. Écrire que (x_1,x_2) tend vers $(0,0)$ est équivalent à écrire que r tend vers 0.
Or $\lim\limits_{r\to 0} r(\cos^3\theta - \sin^3\theta) = 0$. On a bien la continuité de f en $(0,0)$.

2. D'une part, $\dfrac{\partial f}{\partial x_1}(x_1,x_2)$ et $\dfrac{\partial f}{\partial x_2}(x_1,x_2)$ existent et sont continues si l'on a $(x_1,x_2) \in \mathbb{R}^2 \setminus \{(0,0\}$. Puis : $\dfrac{\partial f}{\partial x_1}(0,0) = \lim\limits_{h\to 0}\dfrac{f(h,0)-f(0,0)}{h} = \lim\limits_{h\to 0}\dfrac{h}{h} = 1$.

Et : $\dfrac{\partial f}{\partial x_2}(0,0) = \lim\limits_{h\to 0}\dfrac{f(0,h)-f(0,0)}{h} = \lim\limits_{h\to 0}\dfrac{-h}{h} = -1$.

Enfin, pour $(x_1,x_2) \neq (0,0)$, $\dfrac{\partial f}{\partial x_1}(x_1,x_2) = \dfrac{x_1^4 + 3x_1^2x_2^2 + 2x_1x_2^3}{(x_1^2+x_2^2)^2}$. Si l'on remplace encore x_1 par $r\cos\theta$ et x_2 par $r\sin\theta$, la quantité $\dfrac{\partial f}{\partial x_1}(x_1,x_2)$ ne dépend plus que de θ et sa limite dépend donc de l'angle où l'on vise O. Bref, on est sans limite (an sens propre et au sens figuré !).

Dans ce genre d'énoncé, il n'y a aucun souci en $(x_1,x_2) \neq 0$, et f est $\mathscr{C}^2$ sur $\mathbb{R}^2 \setminus \{(0,0\}$. En $(0,0)$, se souvenir que le passage en polaires est souvent efficace si $x_1^2+x_2^2$ apparaît dans f.

Conclusion : f n'est pas de classe $\mathscr{C}^1$ sur $\mathbb{R}^2$ entier.

Exercice 15.4

α et β sont $\mathscr{C}^1$ sur $\mathbb{R}$; $\forall x \in \mathbb{R}$, $(\alpha(x),\beta(x)) \in \mathbb{R}^2$; g est $\mathscr{C}^1$ sur $\mathbb{R}^2$ et G l'est sur $\mathbb{R}$. : $G'(a) = \alpha'(a)\dfrac{\partial g}{\partial x}(\alpha(a),\beta(a)) + \beta'(a)\dfrac{\partial g}{\partial y}(\alpha(a),\beta(a))$.

D'après la règle qui nous enchaîne...

Exercice 15.5

1. La fonction arctan est définie sur $\mathbb{R}$, donc $D = \{(x,y) \in \mathbb{R}^2,\ xy \neq 1\}$. Ce qui définit trois ouverts D_1, D_2 et D_3. En effet, le graphe de $y = 1/x$ est la réunion de deux branches d'hyperboles Γ_1 (cax $x > 0$) et Γ_2 (cax $x < 0$), ce qui permet de compartimenter en trois domaines ouverts le plan : D_1 est l'intérieur de Γ_1, D_2 est la zone entre Γ_1 et Γ_2 et D_3 est l'intérieur de Γ_2.

2. $\triangleright$ $u : (x,y) \mapsto x$ est de classe $\mathscr{C}^1$ sur $\mathbb{R}^2$ à valeurs dans $\mathbb{R}$ et Arctan est de classe $\mathscr{C}^1$ sur $\mathbb{R}$, donc $(x,y) \mapsto \arctan x$ est de classe $\mathscr{C}^1$ sur $\mathbb{R}^2$.
$\triangleright$ De même, $(x,y) \mapsto \arctan y$ est de classe $\mathscr{C}^1$ sur $\mathbb{R}^2$.

Le polynôme du dénominateur ne s'annule pas sur D.

$\triangleright$ $v : (x,y) \mapsto \dfrac{x+y}{1-xy}$, quotient de fonctions polynômes en x et y, est de classe $\mathscr{C}^1$ sur D à valeurs dans $\mathbb{R}$. arctan étant de classe $\mathscr{C}^1$ sur $\mathbb{R}$, $(x,y) \mapsto \arctan\left(\dfrac{x+y}{1-xy}\right)$ est de classe $\mathscr{C}^1$ sur D.
$\triangleright$ La fonction f est $\mathscr{C}^1$ sur D car c'est une somme de fonctions de classe $\mathscr{C}^1$ sur D.
► En utilisant l'**exercice 15.2**, $\dfrac{\partial f}{\partial x}(x,y) = \dfrac{1}{1+x^2} - \dfrac{1}{1+x^2} = 0$.
Comme x et y jouent des rôles symétriques, $\dfrac{\partial f}{\partial y}(x,y) = 0$.

On applique la **proposition 15.5** *deux fois.*

3. La fonction f est constante sur chacun des ouverts convexes D_1 et D_3. L'énoncé demande d'admettre qu'il l'est sur D_2.
On a $f(x,1) = \arctan x + \dfrac{\pi}{4} - \arctan\dfrac{x+1}{1-x} \xrightarrow{x\to+\infty} \pi$, donc :

$$\forall (x,y) \in D_1, \quad f(x,y) = \pi$$

On a $f(0,0) = 0$, donc : $\forall (x,y) \in D_2, \quad f(x,y) = 0$
On a $f(x,-1) \xrightarrow{x\to-\infty} -\pi$, donc : $\forall (x,y) \in D_3, \quad f(x,y) = -\pi$.

Exercice 15.6

Ici c'est facile donc il faut être précis et rigoureux !

Les fonctions polynômes $(x,y) \mapsto yx^2$ et $(x,y) \mapsto x^2+y$ sont de classe $\mathscr{C}^2$ sur $\mathbb{R}^2$. La fonction cos étant de classe $\mathscr{C}^2$ sur $\mathbb{R}$, $(x,y) \mapsto \cos(x^2+y)$ est de classe $\mathscr{C}^2$ sur $\mathbb{R}^2$, donc f, somme de fonctions de classe $\mathscr{C}^2$ sur $\mathbb{R}^2$, est de classe $\mathscr{C}^2$ sur $\mathbb{R}^2$.

$$\forall (x,y) \in \mathbb{R}^2, \begin{cases} \dfrac{\partial f}{\partial x}(x,y) &= 2xy - 2x\sin(x^2+y) \\ \dfrac{\partial f}{\partial y}(x,y) &= x^2 - \sin(x^2+y) \end{cases}, \text{ d'où :}$$

$$\forall (x,y) \in \mathbb{R}^2, \frac{\partial^2 f}{\partial y \partial x}(x,y) = 2x - 2x\cos(x^2+y) = \frac{\partial^2 f}{\partial x \partial y}(x,y).$$

Exercice 15.7

On remarque qu'ici, ce n'est pas finalement une fonction de plusieurs variables que l'on doit déterminer mais une fonction d'une seule variable $t = \frac{x^2+y^2}{y}$. Cela arrive de temps en temps, sachez-le !

► Supposons f de classe $\mathscr{C}^2$ sur $\mathbb{R}_+^\star$. Posons : $\phi : (x,y) \mapsto \dfrac{x^2+y^2}{y}$.
ϕ est de classe $\mathscr{C}^2$ sur $(\mathbb{R}_+^\star)^2$ car ses dérivées partielles secondes $\dfrac{\partial^2 \phi}{\partial x^2}$, $\dfrac{\partial^2 \phi}{\partial y^2}$, $\dfrac{\partial^2 \phi}{\partial x \partial y}$ et $\dfrac{\partial^2 \phi}{\partial y \partial x}$ sont continues sur $(\mathbb{R}_+^\star)^2$. On vous laisse développer pourquoi !
La fonction g étant la composée de f et de ϕ, deux fonctions de classe $\mathscr{C}^2$, la première sur $\mathbb{R}_+^\star$ et la seconde sur $(\mathbb{R}_+^\star)^2$, g est aussi de classe $\mathscr{C}^2$ sur l'ensemble $(\mathbb{R}_+^\star)^2$.
Pour tout $(x,y) \in (\mathbb{R}_+^\star)^2$: $\dfrac{\partial g}{\partial x}(x,y) = \dfrac{2x}{y} f'\left(\dfrac{x^2+y^2}{y}\right)$, par dérivation de fonctions composées.
Donc, en redérivant encore une fois par rapport à x, pour tout $(x,y) \in (\mathbb{R}_+^\star)^2$:

$$\frac{\partial^2 g}{\partial x^2} = \frac{4x^2}{y^2} f''\left(\frac{x^2+y^2}{y}\right) + \frac{2}{y} f'\left(\frac{x^2+y^2}{y}\right).$$

Pour tout $(x,y) \in (\mathbb{R}_+^\star)^2$, $\dfrac{\partial g}{\partial y}(x,y) = \dfrac{y^2-x^2}{y^2} f'\left(\dfrac{x^2+y^2}{y}\right)$, par dérivation de fonctions composées.
Donc, en redérivant encore une fois par rapport à y, pour tout $(x,y) \in (\mathbb{R}_+^\star)^2$:

$$\frac{\partial^2 g}{\partial y^2} = \frac{(y^2-x^2)^2}{y^4} f''\left(\frac{x^2+y^2}{y}\right) + \frac{2x^2}{y^3} f'\left(\frac{x^2+y^2}{y}\right).$$

Pour tout $(x,y) \in (\mathbb{R}_+^\star)^2$, la quantité $\dfrac{4x^2}{y^2} f''\left(\dfrac{x^2+y^2}{y}\right) + \dfrac{2}{y} f'\left(\dfrac{x^2+y^2}{y}\right)$ $+\dfrac{(y^2-x^2)^2}{y^4} f''\left(\dfrac{x^2+y^2}{y}\right) + \dfrac{2x^2}{y^3} f'\left(\dfrac{x^2+y^2}{y}\right)$ est nulle. On regroupe :

$$(EQ) : \quad \frac{(y^2+x^2)^2}{y^4} f''\left(\frac{x^2+y^2}{y}\right) + \frac{2(x^2+y^2)}{y^3} f'\left(\frac{x^2+y^2}{y}\right) = 0.$$

On ajoute courageusement les deux dérivées partielles secondes de g calculées plus haut et on sait que cette somme est nulle.

On pose maintenant $t = \dfrac{x^2+y^2}{y}$.

▸ Comme (x,y) parcourt $(\mathbb{R}_+^\star)^2$, t parcourt $\mathbb{R}_+^\star$. Justifions le :

Cette justification risque d'être oubliée par le candidat, le stress aidant, à moins que l'énoncé ne l'impose !

$$x > 0 \text{ et } y > 0 \Rightarrow \frac{x^2+y^2}{y} > 0.$$

Ainsi, l'image de $(\mathbb{R}_+^\star)^2 \to \mathbb{R}$, $(x,y) \mapsto \dfrac{x^2+y^2}{y}$ est incluse dans $\mathbb{R}_+^\star$.
Réciproquement, soit $t > 0$ fixé, démontrons que l'on peut trouver au moins un couple (x,y) de réels strictement positifs tels que $t = \dfrac{x^2+y^2}{y}$.
Une telle égalité implique : (1) $y^2 - yt + x^2 = 0$.
Fixons $x > 0$. (1) est alors une équation du second degré d'inconnue y. Comme $\Delta = t^2 - 4x^2$, il faut choisir $x < t/2$ pour que Δ soit strictement positif. Faisons donc le choix de x compris entre 0 et $t/2$, au sens strict. Alors :

$$y = \frac{t + \sqrt{t^2-4x^2}}{2} > 0$$

est solution de (1). Ainsi, avec un tel choix de y, x étant fixé dans $]0, t/2[$, on a bien : $t = \dfrac{x^2+y^2}{y}$.

▸ Reprenons le cours de notre développement principal. Dans l'équation (EQ), on remplace $\dfrac{x^2+y^2}{y}$ par t et on a : $\dfrac{t^2}{y^2} f''(t) + \dfrac{2t}{y^2} f'(t) = 0$.
Il suffit de multiplier tout par y^2 puis de diviser par t et on obtient la splendide équation différentielle linéaire du second ordre : $tf''(t) + 2f'(t) = 0$.
Il reste à la résoudre. On pose $h = f'$ et ainsi, nous n'avons plus besoin que de nos connaissances sur les équations différentielles du premier ordre.

Pour la résolution de cette équation, voir la **méthode 14.3**.

$$th'(t) + 2h(t) = 0 \Rightarrow \exists\, A \in \mathbb{R},\ \forall t \in \mathbb{R}_+^\star,\ h(t) = \frac{A}{t^2}.$$

L'ensemble des solutions est la droite vectorielle de base $t \mapsto \dfrac{1}{t^2}$.
Comme $f'(t) = h(t)$, il reste à intégrer de nouveau et il existe une nouvelle constante réelle B telle que : $f(t) = -\dfrac{A}{t} + B$.

On peut remarquer que ces fonctions sont bien de classe $\mathscr{C}^2$ sur $\mathbb{R}_+^\star$.

On peut poser $C = -A$ et on a toutes les solutions au problème.
Les solutions sont $f : \mathbb{R}_+^\star \to \mathbb{R}$, $t \mapsto \dfrac{C}{t} + B$, où $(B, C) \in \mathbb{R}^2$.

Exercice 15.8

Des polynômes, celui du dénominateur ne s'annulant pas.

1. La fonction f est continue sur $\mathbb{R}^2 \setminus \{(0,0)\}$, car c'est un quotient de fonctions continues. On étudie la continuité de f en $(0,0)$. On a :

$$f(r\cos\theta, r\sin\theta) = r^2 \sin^4(\theta) \xrightarrow{r\to 0} 0.$$

2. La fonction f est de classe $\mathscr{C}^1$ sur $\mathbb{R}^2 \setminus \{(0,0)\}$, car c'est un quotient de fonctions de classe $\mathscr{C}^1$. De plus, $\forall (x,y) \neq (0,0)$, $\dfrac{\partial f}{\partial x}(x,y) = \dfrac{-2xy^4}{(x^2+y^2)^2}$.
On étudie la dérivée partielle de f en $(0,0)$ suivant x ; pour cela on étudie la dérivabilité en 0 de la fonction $x \mapsto f(x,0)$. Or pour tout $x \in \mathbb{R}$, $f(x,0) = 0$.
La fonction f est partiellement dérivable suivant x en $(0,0)$ et $\dfrac{\partial f}{\partial x}(0,0) = 0$.

Cela se résume par : $\dfrac{\partial f}{\partial x}(x,y) = \begin{cases} \dfrac{-2xy^4}{(x^2+y^2)^2} & \text{, si } (x,y) \neq (0,0) \\ 0 & \text{, sinon} \end{cases}$

On remarque : $\dfrac{\partial f}{\partial x}(x,y) \to 0$ quand $(x,y) \to (0,0)$. $\dfrac{\partial f}{\partial x}$ est continue en $(0,0)$.

De même : $\dfrac{\partial f}{\partial y}(x,y) = \begin{cases} 2y^3 \dfrac{2x^2+y^2}{(x^2+y^2)^2} & \text{, si } (x,y) \neq (0,0) \\ 0 & \text{, sinon} \end{cases}$. f est de classe $\mathscr{C}^1$ sur $\mathbb{R}^2$.

Ici, pour montrer la non continuité de $\dfrac{\partial^2 f}{\partial x \partial y}$, on utilise deux « chemins » de limites différentes.

3. La fonction $\dfrac{\partial f}{\partial x}$ $\left(\textit{resp.}\ \dfrac{\partial f}{\partial y}\right)$ admet une dérivée partielle suivant y (*resp.* suivant x) sur $\mathbb{R}^2 \setminus \{(0,0)\}$. Un petit calcul de dérivée conduit à :

$$\forall (x,y) \neq (0,0), \qquad \frac{\partial^2 f}{\partial x \partial y}(x,y) = \frac{\partial^2 f}{\partial y \partial x}(x,y) = \frac{-8x^3y^3}{(x^2+y^2)^3}.$$

Si l'on applique pour $y = x$, avec $x \neq 0$, on obtient : $\dfrac{\partial^2 f}{\partial x \partial y}(x,x) = -1$ et si l'on applique pour $y = -x$, avec $x \neq 0$, on obtient : $\dfrac{\partial^2 f}{\partial x \partial y}(x,-x) = 1$.
Les limites de ces deux quantités quand $(x,y) \to (0,0)$ sont différentes.
Ainsi, f n'est pas de classe $\mathscr{C}^2$ au voisinage de $(0,0)$.
On remarque que pour tout $t \in \mathbb{R}$, $\dfrac{\partial f}{\partial x}(0,t) = \dfrac{\partial f}{\partial y}(t,0) = 0$. Les fonctions $x \mapsto \dfrac{\partial f}{\partial x}(0,x)$ et $y \mapsto \dfrac{\partial f}{\partial y}(y,0)$ sont donc dérivables en 0 et leurs dérivées sont égales à 0. Par conséquent, on a : $\dfrac{\partial^2 f}{\partial x \partial y}(0,0) = \dfrac{\partial^2 f}{\partial y \partial x}(0,0) = 0$.

Allez faire (ou refaire) le vrai-faux numéro 8. Cet exercice l'illustre.

Il n'y a pas de réciproque au théorème de Schwarz (**théorème 15.9**).

Exercice 15.9

1. En appliquant la **proposition 15.1**, d'abord à f, puis à ses dérivées partielles qui sont elles aussi des quotients de polynômes dont le dénominateur ne s'annule pas, on obtient que f est de classe $\mathscr{C}^2$ sur $\mathbb{R}^2 \setminus \{(0,0)\}$.

Ne négligez pas ce type d'explication.

2. Sur $\mathbb{R}^2 \setminus \{(0,0)\}$, $\begin{cases} \dfrac{\partial f}{\partial x}(x,y) = \dfrac{y^5 - x^2y^3}{(x^2+y^2)^2} \\ \dfrac{\partial f}{\partial y}(x,y) = \dfrac{3x^3y^2 + xy^4}{(x^2+y^2)^2} \end{cases}$.

$\forall t \in \mathbb{R}$, $f(t,0) = 0$, donc $\lim\limits_{t\to 0} \dfrac{f(t,0) - f(0,0)}{t} = 0$: f est dérivable par rapport à x en $(0,0)$ et $\dfrac{\partial f}{\partial x}(0,0) = 0$.

De même, f est dérivable par rapport à y en $(0,0)$ et $\dfrac{\partial f}{\partial y}(0,0) = 0$.

f est donc dérivable par rapport à x et par rapport à y sur $\mathbb{R}^2$: il reste à vérifier si les dérivées partielles sont continues en $(0,0)$.

On écrit : $\forall (x,y) \neq (0,0)$, $\left|\dfrac{\partial f}{\partial x}(x,y)\right| = \left|\dfrac{r^5 \sin^5\theta - r^5\cos^2\theta\sin^3\theta}{r^4}\right| \leq 2r$.

En passant en ccordonnées polaires. Je sais, vous le saviez !

Cela permet alors d'en conclure que :

$$\lim_{(x,y)\to(0,0)} \frac{\partial f}{\partial x}(x,y) = 0 = \frac{\partial f}{\partial x}(0,0).$$

$\dfrac{\partial f}{\partial x}$ est continue en $(0,0)$, donc sur $\mathbb{R}^2$.

De même, $\dfrac{\partial f}{\partial y}$ est continue sur $\mathbb{R}^2$, et f est de classe $\mathscr{C}^1$ sur $\mathbb{R}^2$.

3. $\forall t \in \mathbb{R}^*$, $\dfrac{\partial f}{\partial y}(t,0) = 0$, donc $\lim\limits_{t\to 0} \dfrac{\dfrac{\partial f}{\partial y}(t,0) - \dfrac{\partial f}{\partial y}(0,0)}{t} = 0$: f est dérivable successivement par rapport à y et par rapport à x en $(0,0)$ et $\dfrac{\partial^2 f}{\partial x \partial y}(0,0) = 0$.

Vous ne devez pas hésiter sur la définition d'une dérivée partielle en un point.

$\forall t \in \mathbb{R}^*$, $\dfrac{\partial f}{\partial x}(0,t) = t$, donc $\lim\limits_{t\to 0} \dfrac{\dfrac{\partial f}{\partial x}(0,t) - \dfrac{\partial f}{\partial x}(0,0)}{t} = 1$: f est dérivable successivement par rapport à x et par rapport à y en $(0,0)$ et $\dfrac{\partial^2 f}{\partial y \partial x}(0,0) = 1$.

Puisque $\dfrac{\partial^2 f}{\partial x \partial y}(0,0) \neq \dfrac{\partial^2 f}{\partial y \partial x}(0,0)$, d'après le théorème de Schwarz, f n'est pas de classe $\mathscr{C}^2$ en $(0,0)$.

Exercice 15.10

Posons $f : (x,y) \mapsto \dfrac{x^2}{a^2} + \dfrac{y^2}{b^2} - 1$. f est $\mathscr{C}^1$ sur $\mathbb{R}^2$ et, si $M(x,y) \in \mathcal{E}$, le vecteur gradient de f en (x,y) est : $\nabla f(x,y) = \left(\dfrac{2x}{a^2}, \dfrac{2y}{b^2}\right)$ et c'est un vecteur normal à la tangente à $\mathcal{E}$ en M.

Des droites sont perpendiculaires si, et seulement si, deux de leurs vecteurs normaux respectifs sont $\perp$. Or $\nabla f(x,y)$ est normal à la tangente en M, cela tombe bien !

$M(x,y)$ est l'un des points cherchés si, et seulement si,

$$M \in \mathcal{E} \text{ et } \langle \nabla f(x,y) | \nabla f(x_0,y_0) \rangle = 0.$$

Corrigé

Comme x_0 et y_0 ne sont pas simultanément nuls, on peut supposer, par exemple, $x_0 \neq 0$. On obtient donc le système :

$$\begin{cases} \frac{x^2}{a^2} + \frac{y^2}{b^2} = 1 \\ \frac{xx_0}{a^4} + \frac{yy_0}{b^4} = 0 \end{cases} \overset{\text{si } x_0 \neq 0}{\Leftrightarrow} \begin{cases} \frac{x^2}{a^2} + \frac{y^2}{b^2} = 1 \\ x = -\frac{yy_0a^4}{x_0b^4} \end{cases}$$

$$\Leftrightarrow \begin{cases} \frac{y^2y_0^2a^6}{x_0^2b^8} + \frac{y^2}{b^2} = 1 \\ x = -\frac{yy_0a^4}{x_0b^4} \end{cases}$$

$$\Leftrightarrow \begin{cases} y^2(a^6y_0^2 + b^6x_0^2) = b^8x_0^2 \\ x = -\frac{yy_0a^4}{x_0b^4} \end{cases}$$

$$\Leftrightarrow \begin{cases} y = \frac{\varepsilon b^4 x_0}{\sqrt{a^6y_0^2+b^6x_0^2}} \\ x = -\frac{\varepsilon a^4 y_0}{\sqrt{a^6y_0^2+b^6x_0^2}} \end{cases}, \text{ avec } \varepsilon = \pm 1$$

Donc deux points de $\mathcal{E}$ en lesquels les tangentes à $\mathcal{E}$ sont perpendiculaires à T_0 :

$$M_1\left(\frac{a^4y_0}{\sqrt{a^6y_0^2+b^6x_0^2}}, -\frac{b^4x_0}{\sqrt{a^6y_0^2+b^6x_0^2}}\right) \text{ et }$$

$$M_2\left(-\frac{a^4y_0}{\sqrt{a^6y_0^2+b^6x_0^2}}, \frac{b^4x_0}{\sqrt{a^6y_0^2+b^6x_0^2}}\right).$$

Exercice 15.11

On applique en plein la **méthode 15.6**.

1. $f : (x,y,z) \mapsto x^2+y^2-z^2-1$ est de classe $\mathscr{C}^1$ sur $\mathbb{R}^3$ et, pour tout triplet (x,y,z) de $\mathbb{R}^2$, $\nabla f(x,y,z) = (2x, 2y, -2z)$, donc $\nabla f(1,0,0) = (2,0,0)$. Soit $M(x,y,z) \in \mathbb{R}^3$, $M \in \Pi_\Omega \Leftrightarrow \left(\overrightarrow{\Omega M} | \nabla f(\Omega)\right) = 0 \Leftrightarrow 2(x-1) = 0 \Leftrightarrow x = 1$.

Le plan Π_Ω a pour équation cartésienne $x = 1$.

*Remarque, valable aussi pour l'***exercice 15.12** *: vous avez vu les équations paramétriques et cartésiennes des droites et des plans de l'espace au moment des systèmes linéaires en première année. Allez réviser (und schnell !).*

2. Soit A un point de coordonnées (a,b,c) appartenant à la surface S. Le plan Π_A tangent à S en A a pour équation cartésienne : $ax+by-cz = 1$, car :

$M(x,y,z) \in \Pi_A \Leftrightarrow \left(\overrightarrow{AM} | \nabla f(A)\right) = 0$

$\Leftrightarrow 2a(x-a) + 2b(y-b) - 2c(y-c) = 0 \Leftrightarrow ax+by-cz = 1$.

Le projeté orthogonal de O sur ce plan est l'intersection de la droite passant O et dirigée par le vecteur $a\vec{\imath}+b\vec{\jmath}-c\vec{k}$ avec le plan Π_A. Ses coordonnées se calculent en résolvant le système : $\begin{cases} x = \lambda a \\ y = \lambda b \\ z = -\lambda c \\ ax+by-cz = 1 \end{cases} \Leftrightarrow \begin{cases} x = \lambda a \\ y = \lambda b \\ z = -\lambda c \\ \lambda = \frac{1}{a^2+b^2+c^2} \end{cases}$

Les projetés orthogonaux de O sur les plans tangents à S ont pour coordonnées :

$$\left(\frac{a}{a^2+b^2+c^2}, \frac{b}{a^2+b^2+c^2}, -\frac{c}{a^2+b^2+c^2}\right), \text{ avec } a^2+b^2-c^2 = 1.$$

Exercice 15.12

On choisit z comme paramètre.

Une représentation paramétrique de la droite D est $\begin{cases} x = 0t+2 \\ y = 3t-3 \\ z = t \end{cases}$.

D est dirigée par le vecteur $\vec{u} = 3\vec{\jmath} + \vec{k}$ et passe par le point $A(2, -3, 0)$.
S a pour équation : $f(x, y, z) = 0$, où $f(x, y, z) = xy - z^3$.
Le plan Π tangent à S au point régulier de coordonnées (a, b, c) est normal au vecteur $\nabla f(a, b, c) = \vec{n} = b\vec{\imath} + a\vec{\jmath} - 3c^2\vec{k}$ et admet pour équation cartésienne :

$$bx + ay - 3c^2 z = -c^3.$$

✎ *f est de classe $\mathscr{C}^1$ sur $\mathbb{R}^3$.*

La droite D est contenue dans le plan Π_M si, et seulement si, $A \in \Pi$ et $\langle \vec{u} | \vec{n} \rangle = 0$. On résout donc le système :

$$\begin{cases} 2b - 3a = -c^3 \\ 3a - 3c^2 = 0 \\ ab = c^3 \end{cases} \iff \begin{cases} a = c^2 \\ b = \dfrac{3}{2}c^2 - \dfrac{1}{2}c^3 \\ \dfrac{c^3}{2}(c^2 - 3c + 2) = 0 \end{cases}$$

Le point O n'est pas un point régulier de la surface S, donc les plans cherchés sont tangents à S en les points de coordonnées $(1, 1, 1)$ et $(4, 2, 2)$ et ont pour équations respectives : $x + y - 3z = -1$ et $x + 2y - 6z = -4$.

Exercice 15.13

$f : (x, y, z) \mapsto x^2 - y^2 + z^2 - 1$ est $\mathscr{C}^1$ sur $\mathbb{R}^3$.
Soit M un point de S de coordonnées (a, b, c). Le plan tangent à S en M est normal au vecteur $\frac{1}{2}\nabla f(a, b, c) = a\vec{\imath} - b\vec{\jmath} + c\vec{k}$. Le vecteur $2\vec{\imath} + \vec{\jmath} - \vec{k}$ est un vecteur normal au plan Π. Le plan tangent à S en M est parallèle au plan Π si, et seulement si, les vecteurs $a\vec{\imath} - b\vec{\jmath} + c\vec{k}$ et $2\vec{\imath} + \vec{\jmath} - \vec{k}$ sont colinéaires, ce qui équivaut à l'existence d'un scalaire λ tel que :

$$a = 2\lambda, \qquad b = -\lambda, \qquad c = -\lambda.$$

✎ *On part encore de l'esprit de la* **méthode 15.6**.

Les coordonnées de M vérifient l'équation de S donc : $(2\lambda)^2 - \lambda^2 + \lambda^2 = 1$ soit $\lambda^2 = 1/4$. Il y a donc deux points de S en lesquels les plans tangents sont parallèles à Π ; ils ont pour coordonnées :

$$\left(1, -\frac{1}{2}, -\frac{1}{2}\right) \qquad \text{et} \qquad \left(-1, \frac{1}{2}, \frac{1}{2}\right).$$

Exercice 15.14

1. Les solutions sont les fonctions définies sur $\mathbb{R}^2$ par :

$$(x, y) \mapsto x + xy^3 + \frac{x^3}{3} + A(y),$$

où A est une fonction définie sur $\mathbb{R}$.
Comme f est de classe $\mathscr{C}^1$ sur $\mathbb{R}^2$, A est de classe $\mathscr{C}^1$ sur $\mathbb{R}$.

✎ *On applique ici directement la* **méthode 15.7** *avec différentes fonctions g.*

2. Les solutions sont les fonctions définies sur $\mathbb{R} \times \mathbb{R} \setminus \{-1\}$ par :

$$(x, y) \mapsto \frac{\arctan x}{1 + y} + B(y),$$

où B est une fonction définie et de classe $\mathscr{C}^1$ sur $\mathbb{R} \setminus \{-1\}$.

✎ *Il est sous-entendu que l'on recherche des fonctions de classe $\mathscr{C}^1$ pour des équations d'ordre 1 et de classe $\mathscr{C}^2$ pour l'ordre 2. D'ailleurs, c'est obligatoire pour utiliser Schwarz.*

3. On a d'abord : $\dfrac{\partial f}{\partial x}(x, y) = xy^2 + C(y)$, où C est une fonction quelconque définie sur $\mathbb{R}$. Puis, les solutions sont les fonctions définies sur $\mathbb{R} \times \mathbb{R}$ par :

$$(x, y) \mapsto \frac{x^2y^2}{2} + C(y)x + D(y),$$

où C et D sont des fonctions définies sur $\mathbb{R}$.
Ces fonctions sont de classe $\mathscr{C}^2$ sur $\mathbb{R}$ (car on impose aux solutions de l'être).

4. On a d'abord : $\dfrac{\partial f}{\partial y}(x, y) = x + \dfrac{x^2}{2} + e(y)$, où e est une fonction quelconque

Corrigé

définie sur $\mathbb{R}$. Puis, les solutions sont les fonctions définies sur $\mathbb{R} \times \mathbb{R}$ par :

E est une primitive sur $\mathbb{R}$ de e.

$$(x,y) \mapsto xy + \frac{x^2 y}{2} + E(y) + F(x),$$

où E est une fonction de classe $\mathscr{C}^1$ sur $\mathbb{R}$ et F une fonction quelconque définie sur $\mathbb{R}$. Comme f est (sous-entendu) de classe $\mathscr{C}^2$ sur $\mathbb{R}^2$, E et F sont aussi de classe $\mathscr{C}^2$ sur $\mathbb{R}$.

Exercice 15.15

Ici, on vous donne le changement de variable affine. Cela dépend de l'exigence du concours. Vous pouvez chercher par vous même un changement de variable affine adapté à la résolution de cette équation. Tout est guidé dans la **méthode 15.10**. *Les frustrés appliqueront la méthode à l'***exercice 15.16**.

u et v sont exprimés en fonction de x et y par des fonctions de classe $\mathscr{C}^1$ sur $\mathbb{R}^2$. Soit donc φ l'endomorphisme de $\mathbb{R}^2$ défini par :

$$\forall (x,y) \in \mathbb{R}^2, \quad \varphi(x,y) = (u(x,y), v(x,y)) = (2x+3y, x+y).$$

Le déterminant de sa matrice dans la base canonique de $\mathbb{R}^2$ vaut -1, donc φ est un automorphisme de $\mathbb{R}^2$.

On appelle g la fonction définie par : $g = f \circ \varphi^{-1}$ ou, ce qui est équivalent, par : $f = g \circ \varphi$. On a donc : $f(x,y) = g\,(u(x,y), v(x,y))$. u et v étant de classe $\mathscr{C}^1$ sur $\mathbb{R}^2$, d'après la règle de la chaine, g est de classe $\mathscr{C}^1$ sur $\mathbb{R}^2$, avec :

$$\begin{cases} \dfrac{\partial f}{\partial x}(x,y) &=& \dfrac{\partial g}{\partial u}\,(u(x),u(y))\,\dfrac{\partial u}{\partial x}(x,y) + \dfrac{\partial g}{\partial v}\,(u(x),u(y))\,\dfrac{\partial v}{\partial x}(x,y) \\ \dfrac{\partial f}{\partial y}(x,y) &=& \dfrac{\partial g}{\partial u}\,(u(x),u(y))\,\dfrac{\partial u}{\partial y}(x,y) + \dfrac{\partial g}{\partial v}\,(u(x),u(y))\,\dfrac{\partial v}{\partial y}(x,y) \end{cases}$$

Autrement dit : $\begin{cases} \dfrac{\partial f}{\partial x}(x,y) &=& 2\dfrac{\partial g}{\partial u}\,(x+y,2x+3y) + \dfrac{\partial g}{\partial v}\,(x+y,2x+3y) \\ \dfrac{\partial f}{\partial y}(x,y) &=& 3\dfrac{\partial g}{\partial u}\,(x+y,2x+3y) + \dfrac{\partial g}{\partial v}\,(u(x),u(y)) \end{cases}$

f est solution de (E) si, et seulement si, $\forall\,(u,v) \in \mathbb{R}^2$, $\dfrac{\partial g}{\partial v}\,(u,v) = 0$.

Les solutions de cette dernière équation aux dérivées partielles sont les fonctions $g\,:\,(u,v) \mapsto A(u)$, où A est une fonction de classe $\mathscr{C}^1$ sur $\mathbb{R}$.

Les solutions de (E) sont les fonctions de classe $\mathscr{C}^1$ sur $\mathbb{R}^2$
$(x,y) \mapsto g \circ \varphi(x,y) = A(2x+3y)$, où A est de classe $\mathscr{C}^1$ sur $\mathbb{R}$.

Exercice 15.16

On veut donc résoudre l'équation : $(E)\ 2\dfrac{\partial f}{\partial x} - \dfrac{\partial f}{\partial y} = 0$, où f est de classe $\mathscr{C}^1$ sur $\mathbb{R}^2$.

Utilisons les notations de la **méthode 15.9**.

Toutes nos fonctions sont de classe $\mathscr{C}^1$.

On pose $u = ax + by$, $v = cx + dy$.

Puis : $h : \mathbb{R}^2 \to \mathbb{R}^2$, $(x,y) \mapsto (ax+by,\ cx+dy)$. L'idée est de déterminer g telle que : $g\,o\,h = f$. h est bijective si, et seulement si, $ad - bc \neq 0$, ce que l'on suppose dans la suite. On peut donc écrire que : $g = f\,o\,h^{-1}$ car h^{-1} est parfaitement définie. Il en est alors de même de g. On a les formules :

$$\begin{cases} \dfrac{\partial f}{\partial x} &=& \dfrac{\partial g}{\partial u}\dfrac{\partial u}{\partial x} &+& \dfrac{\partial g}{\partial v}\dfrac{\partial v}{\partial x} \\ \dfrac{\partial f}{\partial y} &=& \dfrac{\partial g}{\partial u}\dfrac{\partial u}{\partial y} &+& \dfrac{\partial g}{\partial v}\dfrac{\partial v}{\partial y} \end{cases} \Rightarrow \begin{cases} \dfrac{\partial f}{\partial x} &=& a\dfrac{\partial g}{\partial u} &+& c\dfrac{\partial g}{\partial v} \\ \dfrac{\partial f}{\partial y} &=& b\dfrac{\partial g}{\partial u} &+& d\dfrac{\partial g}{\partial v} \end{cases}$$

Repartons de l'équation (E) maintenant :

$$2\frac{\partial f}{\partial x} - \frac{\partial f}{\partial y} = 0 \Rightarrow 2\left[a\frac{\partial g}{\partial u} + c\frac{\partial g}{\partial v}\right] - \left[b\frac{\partial g}{\partial u} + d\frac{\partial g}{\partial v}\right] = 0.$$

Il reste à regrouper : $(2a-b)\dfrac{\partial g}{\partial u}+(2c-d)\dfrac{\partial g}{\partial v}=0$.
On peut, par exemple, prendre : $a=c=1$, $b=0$ et $d=2$.
On vérifie que $ad-bc=2\neq 0$.
Il reste : $2\dfrac{\partial g}{\partial u}=0 \Rightarrow \dfrac{\partial g}{\partial u}=0$.
Son intégration fournit l'existence d'une fonction G de classe $\mathscr{C}^1$ sur $\mathbb{R}$ telle que : $\forall (u,v)\in\mathbb{R}^2$, $g(u,v)=G(v)$. Or ici $v=x+2y$.
On peut conclure : $S=\{\mathbb{R}^2\to\mathbb{R},\ (x,y)\mapsto G(x+2y),\ G\in\mathscr{C}^1(\mathbb{R})\}$.

On a toujours une infinité de choix possibles de valeurs a, b, c et d.

Exercice 15.17

x et y sont exprimés en fonction de r et θ par des fonctions de classe $\mathscr{C}^1$ sur $\mathbb{R}_+^*\times\left]-\frac{\pi}{2},\frac{\pi}{2}\right[$.
$\varphi : (r,\theta)\mapsto (x,y)=(r\cos\theta, r\sin\theta)$ est une bijection de $\mathbb{R}_+^*\times\left]-\frac{\pi}{2},\frac{\pi}{2}\right[$ dans $\mathbb{R}+^*\times\mathbb{R}$.
Notons g la fonction définie par $g=f\circ\varphi$, on a alors : $g(r,\theta)=f\left(x(r,\theta),y(r,\theta)\right)$.
D'après la règle de la chaîne :

$$\begin{cases}\dfrac{\partial g}{\partial r}(r,\theta) &= \dfrac{\partial f}{\partial x}(r\cos\theta,r\sin\theta)\dfrac{\partial x}{\partial r}(r,\theta)+\dfrac{\partial f}{\partial y}(r\cos\theta,r\sin\theta)\dfrac{\partial y}{\partial r}(r,\theta)\\[2ex] \dfrac{\partial g}{\partial \theta}(r,\theta) &= \dfrac{\partial f}{\partial x}(r\cos\theta,r\sin\theta)\dfrac{\partial x}{\partial \theta}(r,\theta)+\dfrac{\partial f}{\partial y}(r\cos\theta,r\sin\theta)\dfrac{\partial y}{\partial \theta}(r,\theta)\end{cases}$$

Ou : $$\begin{cases}\dfrac{\partial g}{\partial r}(r,\theta) &= \cos\theta\dfrac{\partial f}{\partial x}(r\cos\theta,r\sin\theta)+\sin\theta\dfrac{\partial f}{\partial y}(r\cos\theta,r\sin\theta)\\[2ex] \dfrac{\partial g}{\partial \theta}(r,\theta) &= -r\sin\theta\dfrac{\partial f}{\partial x}(r\cos\theta,r\sin\theta)+r\cos\theta\dfrac{\partial f}{\partial y}(r\cos\theta,r\sin\theta)\end{cases}$$

$$x\frac{\partial f}{\partial y}(x,y)-y\frac{\partial f}{\partial x}(x,y)=x \Leftrightarrow \frac{\partial g}{\partial \theta}(r,\theta)=r\cos\theta.$$

Les solutions de cette dernière équation aux dérivées partielles sont les fonctions $(r,\theta)\mapsto r\sin\theta+A(r)$, où A est une fonction de classe $\mathscr{C}^1$ sur $\mathbb{R}_+^*$.

Les solutions de (E) sont alors les fonctions $(x,y)\mapsto y+A\left(\sqrt{x^2+y^2}\right)$, où A est une fonction de classe $\mathscr{C}^1$ sur $\mathbb{R}_+^*$.

Tout couple (x,y) de $\mathbb{R}_+^*\times\mathbb{R}$ a un unique antécédent : $\left(\sqrt{x^2+y^2}, \text{Arctan}\left(\frac{y}{x}\right)\right)$ Allez voir la **méthode 15.10**.

Ne pas oublier de revenir en x, y.

Exercice 15.18

▷ x et y sont exprimés en fonction de u et v par des fonctions de classe $\mathscr{C}^1$ sur $\mathbb{R}^2$.
$\varphi : (u,v)\mapsto (x(u,v),y(u,v))=(ue^v,e^{-v})$ est une bijection de $\mathbb{R}^2$ dans Ω.
Posons $\widetilde{f}=f\circ\varphi$, donc : $\forall (u,v)\in\mathbb{R}^2$, $\widetilde{f}(u,v)=f\left(x(u,v),y(u,v)\right)$. f, x et y étant de classe $\mathscr{C}^1$ sur $\mathbb{R}^2$, $\widetilde{f}$ est de classe $\mathscr{C}^1$ sur $\mathbb{R}^2$.
▷ D'après la règle de la chaîne, on a

$$\begin{cases}\dfrac{\partial \widetilde{f}}{\partial u}=\dfrac{\partial f}{\partial x}\dfrac{\partial x}{\partial u}+\dfrac{\partial f}{\partial y}\dfrac{\partial y}{\partial u}\\[2ex] \dfrac{\partial \widetilde{f}}{\partial v}=\dfrac{\partial f}{\partial x}\dfrac{\partial x}{\partial v}+\dfrac{\partial f}{\partial y}\dfrac{\partial y}{\partial v}\end{cases} \Rightarrow \begin{cases}\dfrac{\partial \widetilde{f}}{\partial u}=e^v\dfrac{\partial f}{\partial x}\\[2ex] \dfrac{\partial \widetilde{f}}{\partial v}=ue^v\dfrac{\partial f}{\partial x}-e^{-v}\dfrac{\partial f}{\partial y}\end{cases}$$

Puisque, on a : $\dfrac{\partial \widetilde{f}}{\partial v}=x\dfrac{\partial f}{\partial x}-y\dfrac{\partial f}{\partial y}$, alors f solution de (E) sur $\Omega \Leftrightarrow \widetilde{f}$ solution

Very important : tout couple (x,y) de Ω a un unique antécédent : $(xy,-\ln y)$

Ici, le changement n'est ni affine, ni polaire mais il faut bien en avoir fait au moins un de ce genre dans sa vie de préparationnaire. Laissez-vous guider par la **méthode 15.8** *!*

Corrigé

de $\dfrac{\partial \widetilde{f}}{\partial v} = 0$ sur $\mathbb{R}^2$.

Or : $\dfrac{\partial \widetilde{f}}{\partial v} = 0$ sur $\mathbb{R}^2 \Leftrightarrow \exists\, F \in \mathcal{C}^1(\mathbb{R})$ telle que : $\forall\,(u,v) \in \mathbb{R}^2, \quad \widetilde{f}(u,v) = F(u)$.
Puisque $u = xy$, les solutions de (E) sont les fonctions de classe $\mathcal{C}^1$ sur Ω définies par : $\forall\,(x,y) \in \Omega$, $f(x,y) = F(xy)$, où $F \in \mathcal{C}^1(\mathbb{R})$.

Exercice 15.19

1. $\triangleright$ u et v sont exprimés en fonction de x et y par des fonctions de classe $\mathscr{C}^2$ sur $\mathbb{R}^2$. Soit φ l'endomorphisme de $\mathbb{R}^2$ défini par :

$$\forall\,(x,y) \in \mathbb{R}^2, \quad \varphi(x,y) = ((u(x,y), v(x,y)) = (2x+y, 2x-y).$$

Le déterminant de sa matrice dans la base canonique de $\mathbb{R}^2$ vaut -4, donc φ est un automorphisme de $\mathbb{R}^2$ et $\varphi^{-1} : (u,v) \mapsto \left(\dfrac{u+v}{4}, \dfrac{u-v}{2}\right)$.

$\triangleright$ Soit g la fonction définie sur $\mathbb{R}^2$ par $g = f \circ \varphi^{-1}$, donc :

$$\forall\,(u,v) \in \mathbb{R}^2,\ g(u,v) = f\left(\frac{u+v}{4}, \frac{u-v}{2}\right).$$

f, $(u,v) \mapsto \dfrac{u+v}{4}$ et $(u,v) \mapsto \dfrac{u-v}{2}$ étant de classe $\mathscr{C}^2$ sur $\mathbb{R}^2$, g est de classe $\mathscr{C}^2$ sur $\mathbb{R}^2$. Il vient successivement :

En utilisant encore la règle de la chaîne, (si à la fin, vous ne la connaissez pas...)

$$\begin{cases} \dfrac{\partial f}{\partial x} & = \dfrac{\partial g}{\partial u}\dfrac{\partial u}{\partial x} + \dfrac{\partial g}{\partial v}\dfrac{\partial v}{\partial x} \\ \\ \dfrac{\partial f}{\partial y} & = \dfrac{\partial g}{\partial u}\dfrac{\partial u}{\partial y} + \dfrac{\partial g}{\partial v}\dfrac{\partial v}{\partial y} \end{cases} \Rightarrow \begin{cases} \dfrac{\partial f}{\partial x} & = 2\dfrac{\partial g}{\partial u} + 2\dfrac{\partial g}{\partial v} \\ \\ \dfrac{\partial f}{\partial y} & = \dfrac{\partial g}{\partial u} - \dfrac{\partial g}{\partial v} \end{cases}$$

*C'est bien entendu encore l'esprit de la **méthode 15.9** mais appliquée à une équation d'ordre 2.*

On continue : $\begin{cases} \dfrac{\partial^2 f}{\partial x^2} & = \dfrac{\partial}{\partial x}\left(\dfrac{\partial f}{\partial x}\right) \\ \\ \dfrac{\partial^2 f}{\partial y^2} & = \dfrac{\partial}{\partial y}\left(\dfrac{\partial f}{\partial y}\right) \end{cases} \Rightarrow \begin{cases} \dfrac{\partial^2 f}{\partial x^2} & = 4\dfrac{\partial^2 g}{\partial u^2} + 8\dfrac{\partial^2 g}{\partial u \partial v} + 4\dfrac{\partial^2 g}{\partial v^2} \\ \\ \dfrac{\partial^2 f}{\partial y^2} & = \dfrac{\partial^2 g}{\partial u^2} - 2\dfrac{\partial^2 g}{\partial u \partial v} + \dfrac{\partial^2 g}{\partial v^2} \end{cases}$

f appartient à E si, et seulement si, g vérifie l'équation aux dérivées partielles :

$$16\frac{\partial^2 g}{\partial u \partial v} = \alpha. \tag{H}$$

La solution générale de l'équation (H) est : $g(u,v) = \dfrac{\alpha}{16}uv + A(u) + B(v)$; où A et B sont deux fonctions de classe $\mathscr{C}^2$ sur $\mathbb{R}$.
On en déduit la forme générale des éléments de E :

$$f(x,y) = \frac{\alpha}{16}(4x^2 - y^2) + A(2x+y) + B(2x-y).$$

2. On remarque : $f(x,y) = \lambda\,(\cos(2x-y) + \sin(2x+y)) + \dfrac{\mu}{16}\left(4x^2 - y^2\right)$.
La fonction f appartient à E si, et seulement si, $\mu = \alpha$.

Exercice 15.20

1. On vérifie sans difficulté que $f : (x,y) \mapsto e^x g(y) + e^{-x} h(y)$ est solution de l'équation aux dérivées partielles (E).

2. Fixons y dans $\mathbb{R}$. Posons $\psi : x \mapsto f(x,y)$. Cette fonction est de classe $\mathscr{C}^2$ sur $\mathbb{R}$. La fonction ψ vérifie l'équation différentielle : $\psi''(x) = \psi(x)$. N'ayant pas de condition initiale, on écrit ψ sous la forme $Ae^x + Be^{-x}$, où A et B sont deux constantes par rapport à x. Donc A et B restent des fonctions de y. Attention, A et B doivent être de classe $\mathscr{C}^2$ (par rapport à y) car $(x,y) \mapsto f(x,y) = A(y)e^x + B(y)e^{-x}$ doit être de classe $\mathscr{C}^2$ sur $\mathbb{R}^2$ donc $y \mapsto A(y)e^x + B(y)e^{-x}$ doit être de classe $\mathscr{C}^2$ sur $\mathbb{R}$.
La réciproque est immédiate (c'est la question 1.)
Les solutions de $\mathcal{S}_E(\mathbb{R}^2)$ sont donc $(x,y) \mapsto f(x,y) = A(y)e^x + B(y)e^{-x}$, où A et B sont de classe $\mathscr{C}^2$.

Si $f \in \mathcal{S}_E(\mathbb{R}^2)$, f est $\mathscr{C}^2$ sur $\mathbb{R}^2$ par définition et donc ses applications partielles le sont sur $\mathbb{R}$.

Cette façon de faire est expliquée à la **méthode 15.7**.

Exercice 15.21

▶ Détermination d'un vecteur normal à la surface en un point M_0.
On pose : $g(x,y,z) = z - f(x,y)$. Le vecteur gradient en (x_0,y_0,z_0) est :

$$\left(\frac{\partial g}{\partial x}(x_0,y_0,z_0), \frac{\partial g}{\partial y}(x_0,y_0,z_0), \frac{\partial g}{\partial z}(x_0,y_0,z_0)\right),$$

On détermine le vecteur gradient à la surface en $(x_0, y_0, 0)$, qui est normal à cette surface en ce point.

c'est-à-dire : $\vec{N}\left(-\dfrac{\partial f}{\partial x}(x_0,y_0), -\dfrac{\partial f}{\partial y}(x_0,y_0), 1\right)$ car :

$$\frac{\partial g}{\partial x}(x_0,y_0,z_0) = -\frac{\partial f}{\partial x}(x_0,y_0),\ \frac{\partial g}{\partial y}(x_0,y_0,z_0) = -\frac{\partial f}{\partial y}(x_0,y_0)$$

et, de plus : $\dfrac{\partial g}{\partial z}(x_0,y_0,z_0) = 1$.
On remarque au passage que le point M_0 est régulier.

▶ Exploitation de la condition imposée :
la droite (Oz) passe par O et est de direction $\vec{k}$. La normale Δ_{M_0} en M_0 à la nappe passe par M_0 et est de direction $\vec{N}$. Les droites (Oz) et Δ_{M_0} sont dans le même plan si, et seulement si, les vecteurs $\overrightarrow{OM_0}$, $\vec{N}$ et $\vec{k}$ sont liés.

$$\mathsf{Det}\,(\overrightarrow{OM_0}, \vec{N}, \vec{k}) = 0 \Leftrightarrow \begin{vmatrix} x_0 & -\dfrac{\partial f}{\partial x}(x_0,y_0) & 0 \\ y_0 & -\dfrac{\partial f}{\partial y}(x_0,y_0) & 0 \\ f(x_0,y_0) & 1 & 1 \end{vmatrix}.$$

On développe (vous l'avez compris !) selon la dernière colonne.
On obtient une superbe équation aux dérivées partielles :

$$(E)\quad x_0\frac{\partial f}{\partial x}(x_0,y_0) - y_0\frac{\partial f}{\partial y}(x_0,y_0) = 0.$$

Finalement, la normale en tout point $M(x_0,y_0,f(x_0,y_0))$ à la surface $z = f(x,y)$ et (Oz) sont dans le même plan si, et seulement si, f vérifie pour tout $(x_0,y_0) \in \mathbb{R}^2$, l'équation aux dérivées partielles (E).

▶ Résolution de l'équation aux dérivées partielles(E).
On exclut O du domaine de définition de f ce qui permet d'enlever un souci. En effet, en O, on ne peut pas définir de coordonnées polaires.
Partons du fait que f est de classe C^1 sur $\mathbb{R}^2 \setminus O$.
On dit que : $h :]0,+\infty[\times[0,2\pi[\to \mathbb{R}^2$, $(r,\theta) \mapsto (r\cos\theta, r\sin\theta)$, est de classe

Ici, la **méthode 15.10** *nous éclaire sur le changement de variables à utiliser : les coordonnées polaires.*

Corrigé

$\mathscr{C}^1$, ainsi que h^{-1}. Ceci permet d'en déduire que : $g : (r,\theta) \mapsto f(r\cos\theta, r\sin\theta)$ est de classe $\mathscr{C}^1$ sur $]0,+\infty[\times[0,2\pi[$.

Ceux qui aiment les calculs peuvent écrire $\frac{\partial f}{\partial x}(x,y)$ et $\frac{\partial f}{\partial y}(x,y)$ en fonction de $\frac{\partial g}{\partial r}(r,\theta)$ et $\frac{\partial g}{\partial \theta}(r,\theta)$ mais on peut raccourcir (voir **méthode 15.10***).*

On calcule $\frac{\partial g}{\partial \theta}(r,\theta)$ directement en fonction de $\frac{\partial f}{\partial x}(x,y)$ et $\frac{\partial f}{\partial y}(x,y)$. On écrit :

$$\frac{\partial g}{\partial \theta}(r,\theta) = \frac{\partial x}{\partial \theta}\frac{\partial f}{\partial x}(x,y) + \frac{\partial y}{\partial \theta}\frac{\partial f}{\partial y}(x,y).$$

Cela donne : $\frac{\partial g}{\partial \theta}(r,\theta) = -r\sin\theta\frac{\partial f}{\partial x}(x,y) + r\cos\theta\frac{\partial f}{\partial y}(x,y)$.

On en déduit : $\frac{\partial g}{\partial \theta}(r,\theta) = -y\frac{\partial f}{\partial x}(x,y) + x\frac{\partial f}{\partial y}(x,y) = 0$, en utilisant (E).

Il existe donc Ψ de classe C^1 telle que : $\forall r > 0,\ g(r,\theta) = \Psi(r)$.

Comme ici, $r = \sqrt{x^2+y^2}$, les fonctions cherchées sont les fonctions définies sur $\mathbb{R}^2 \setminus O$ telles que : $f(x,y) = \Psi(\sqrt{x^2+y^2})$, où Ψ est de classe $\mathscr{C}^1$ sur $\mathbb{R}_+^\star$.

Réciproquement, de telles fonctions sont bien solutions de (E).

Exercice 15.22

On applique la **méthode 15.6**. *À force, cela va rentrer !*

$\forall (x,y) \in \mathbb{R}^2$, $\frac{\partial f}{\partial x}(x,y) = e^y + ye^x$ et $\frac{\partial f}{\partial x}(x,y) = e^x + xe^y$.

On résout le système : $\begin{cases} y + ye^x = 0 \\ e^x + xe^y = 0 \end{cases} \iff \begin{cases} xy = 1 \\ e^x + xe^{\frac{1}{x}} = 0 \end{cases}$.

On remarque que $(-1,-1)$ est une solution. Vérifions que c'est la seule.

On étudie la fonction $g : x \mapsto e^x + xe^{\frac{1}{x}}$ sur $]-\infty,0[$. On a :

$$g'(x) = \frac{e^{\frac{1}{x}}(-1+x) + xe^x}{x} > 0 \qquad \text{pour } x < 0.$$

La fonction g' est strictement croissante sur $]-\infty,0[$, elle s'y annule donc au plus une fois. Comme $g(-1) = 0$, -1 est l'unique zéro de g sur $]-\infty,0[$.

La fonction f admet un unique point critique : $(-1,-1)$. Est-ce un extremum ? Suspens !

$\forall (h,k) \in \mathbb{R}^2$,

$f(-1+h,-1+k) - f(-1,-1) = e^{-1}\left((-1+h)e^k + (-1+k)e^h + 2\right)$.

Pour $h = k$, $f(-1+h,-1+h) - f(-1,-1) = 2e^{-1}\left(1 + (-1+h)e^h\right)$ et une étude sommaire de la fonction $h \mapsto 1 + (-1+h)e^h$ prouve que :

$$\forall h \in \mathbb{R},\ f(-1+h,-1+h) - f(-1,-1) \geqslant 0.$$

Pour $-h = k$,

$f(-1+h,-1-h) - f(-1,-1) = e^{-1}\left((-1+h)e^{-h} + (-1-h)e^h + 2\right)$.

Un développement limité pour h au voisinage de 0 donne :

$$\begin{aligned}(-1+h)e^{-h} + (-1-h)e^h + 2 &= 2 + (-1+h)\left(1 - h + \frac{h^2}{2} + o(h^2)\right) \\ &\quad -(1+h)\left(1 + h + \frac{h^2}{2} + o(h^2)\right) \\ &= -3h^2 + o(h^2)\end{aligned}$$

Pour h suffisamment proche de 0, $f(-1+h,-1-h) - f(-1,-1) \leq 0$.

f ne présente pas d'extremum local en $(-1,-1)$, qui est donc un point selle.

Exercice 15.23

Ce théorème d'existence d'extremum est important même s'il ne fournit pas l'extremun.

La fonction f est polynomiale en les variables x et y : elle est de classe $\mathscr{C}^2$ sur $\mathbb{R}^2$, donc sur U. U étant fermé borné, f admet et atteint un maximum global et un minimum global sur U.

Sur l'intérieur de U, $\mathring{U} =]0,2[\times]-1,0[$, qui est un ouvert, les extremums de

f sont à chercher parmi ses points critiques.

Alors : $\nabla f(x,y)=(0,0) \Leftrightarrow \left\{\begin{array}{c} 2x-2+y=0 \\ x+2y=0 \end{array}\right.$.

Après résolution, le seul point critique de f sur $\overset{\circ}{U}$ est $\left(\frac{4}{3},-\frac{2}{3}\right)$.

▶ *Nature du point* $\left(\frac{4}{3},-\frac{2}{3}\right)$

On pose $\Delta(x,y)=f(x,y)-f\left(\frac{4}{3},-\frac{2}{3}\right)=f(x,y)+\frac{4}{3}$. Pour simplifier (!) l'étude du signe, posons : $x=\frac{4}{3}+h$ et $y=-\frac{2}{3}+k$, ce qui ramène à l'étude du signe de Δ pour (h,k) au voisinage de $(0,0)$.

Bien réaliser qu'il faut être sur une partie ouverte pour utiliser les points critiques comme extrema possibles. On découpe notre étude en deux : sur l'intérieur de U qui est une partie ouverte et sur la frontière de U.

$$\begin{aligned}\Delta\left(\frac{4}{3}+h,-\frac{2}{3}+k\right) &= \left(\frac{4}{3}+h\right)^2-2\left(\frac{4}{3}+h\right)+\left(\frac{4}{3}+h\right)\left(-\frac{2}{3}+k\right)+\\ &\qquad \left(-\frac{2}{3}+k\right)^2+\frac{4}{3}\\ &= h^2+hk+k^2=\left(h+\frac{k}{2}\right)^2+\frac{3k^2}{4}\end{aligned}$$

Pour (h,k) suffisamment proche de $(0,0)$, $\Delta\left(\frac{4}{3}+h,-\frac{2}{3}+k\right)\geqslant 0$.

Bilan : la fonction f présente en $\left(\frac{4}{3},-\frac{2}{3}\right)$ un minimum local qui vaut $-\frac{4}{3}$.

Il reste à chercher les extremums de f sur la frontière de U, c'est-à-dire sur chacun des quatre segments décrits par $\{(2,y),\ y\in[-1,0]\}$, $\{(x,0),\ x\in[0,2]\}$, $\{(0,y),\ y\in[-1,0]\}$ et $\{(x,-1),\ x\in[0,2]\}$.

▶ *Pour le segment* $\{(2,y),\ y\in[-1,0]\}$, étudions sur $[-1,0]$, la fonction g définie par $g(y)=f(2,y)=y^2+2y$.

Elle est minimum et vaut -1 en -1 ; elle est maximum et vaut 0 en 0.

▶ *Pour le segment* $\{(x,0),\ x\in[0,2]\}$, étudions sur $[0,2]$, la fonction j définie par $j(x)=f(x,0)=x^2-2x$.

Elle est minimum et vaut -1 en 1 ; elle est maximum et vaut 0 en 0 et en 2.

▶ *Pour le segment* $\{(0,y),\ y\in[-1,0]\}$, étudions sur $[-1,0]$, la fonction l définie par $l(y)=f(0,y)=y^2$.

Elle est minimum et vaut 0 en 0 ; elle est maximum et vaut 1 en -1.

▶ *Pour le segment* $\{(x,-1),\ x\in[0,2]\}$, étudions sur $[0,2]$, la fonction m définie par $m(x)=f(x,-1)=x^2-3x+1$.

Elle est minimum et vaut $-\frac{5}{4}$ en $\frac{3}{2}$; elle est maximum et vaut 1 en 0.

Son minimum global sur U vaut $-\frac{4}{3}$; il est atteint en $\left(\frac{4}{3},-\frac{2}{3}\right)$.
Son maximum global sur U vaut 1 ; il est atteint en $(0,-1)$.

Exercice 15.24

1. À tout vecteur $\vec{x}=(x_1,x_2)$, on associe $f(\vec{x})=\langle\vec{x},\phi(\vec{x})\rangle-2\langle\vec{x},\vec{u}\rangle$, où ϕ est canoniquement associée à la matrice $A=\begin{pmatrix}3 & -1\\ -1 & 3\end{pmatrix}$ et $\vec{u}=(5,1)$.

On a rapidement : $\phi(\vec{x})=(3x_1-x_2,-x_1+3x_2)$ puis :

$$\langle\vec{x},\phi(\vec{x})\rangle=3x_1^2-2x_1x_2+3x_2^2 \text{ et } -2\langle\vec{x},\vec{u}\rangle=-10x_1-2x_2.$$

Donc : $f(\vec{x})=3x_1^2+3x_2^2-2x_1x_2-10x_1-2x_2$.

On sait que (x_1,x_2) est un point critique de f si, et seulement si,

$$\frac{\partial f}{\partial x_1}(x_1,x_2)=\frac{\partial f}{\partial x_2}(x_1,x_2)=0.$$

Or, ici $\dfrac{\partial f}{\partial x_1}(x_1,x_2) = 6x_1 - 2x_2 - 10$ et $\dfrac{\partial f}{\partial x_2}(x_1,x_2) = 6x_2 - 2x_1 - 2$.

Si l'on applique avec $x_1 = 2$ et $x_2 = 1$, on a : $\dfrac{\partial f}{\partial x_1}(2,1) = \dfrac{\partial f}{\partial x_2}(2,1) = 0$.

✎ En conclusion, $X_0 = (2,1)$ est un point critique de f.

On peut remarquer qu'en résolvant le système $\begin{cases} \dfrac{\partial f}{\partial x_1}(x_1,x_2) &= 0 \\ \dfrac{\partial f}{\partial x_2}(x_1,x_2) &= 0 \end{cases}$, $(2,1)$ est l'unique point critique.

2. Soit $\vec{h} = (h_1,h_2)$. Le but du jeu est d'écrire $f(X_0+\vec{h}) - f(X_0)$ sous la forme $ah_1^2 + bh_2^2 + ch_1h_2$, où a, b et c sont trois réels que l'on va déterminer.

✎ On a finalement : $a = b = 3$ et $c = -2$.

On a : $X_0 + \vec{h} = (2+h_1, 1+h_2)$. Alors $f(X_0) = -11$ et :

$$f(X_0+\vec{h}) = 3(2+h_1)^2 + 3(1+h_2)^2 - 2(2+h_1)(1+h_2) - 10(2+h_1) - 2(1+h_2).$$

✎ On peut en déduire que f admet un minimum absolu en X_0.

En développant, il reste : $f(X_0+\vec{h}) - f(X_0) = 3h_1^2 + 3h_2^2 - 2h_1h_2$.
On remarque que $3h_1^2 + 3h_2^2 - 2h_1h_2$ peut s'écrire $(h_1-h_2)^2 + 2h_1^2 + 2h_2^2$. Cette quantité est toujours positive ou nulle (elle ne s'annule que pour $h_1 = h_2 = 0$.)
Ainsi $f(X_0+\vec{h}) - f(X_0) > 0$, pour tout $\vec{h} \neq \vec{0}$.

Remarque : Pour montrer la positivité de $3h_1^2 + 3h_2^2 - 2h_1h_2$, on peut utiliser aussi la diagonalisation de la matrice symétrique réelle A. On a :

*✎ Développons-le car c'est ce que l'on fera à la question **3**.*

$$3h_1^2 + 3h_2^2 - 2h_1h_2 = \begin{pmatrix} h_1 & h_2 \end{pmatrix} \begin{pmatrix} 3 & -1 \\ -1 & 3 \end{pmatrix} \begin{pmatrix} h_1 \\ h_2 \end{pmatrix}.$$

Rapidement, le polynôme caractéristique de A est $\chi_A(X) = (X-4)(X-2)$. Le cours nous affirme l'existence d'une matrice de passage orthogonale entre la base canonique de E et une base de E, constituée de vecteurs propres de A. On a : $A = PDP^{-1}$. Posons $P^{-1}\begin{pmatrix} h_1 \\ h_2 \end{pmatrix} = \begin{pmatrix} \mu_1 \\ \mu_2 \end{pmatrix}$. Alors :

$$\begin{pmatrix} h_1 \\ h_2 \end{pmatrix} = P\begin{pmatrix} \mu_1 \\ \mu_2 \end{pmatrix} \Rightarrow \begin{pmatrix} \mu_1 & \mu_2 \end{pmatrix} P^T = \begin{pmatrix} h_1 & h_2 \end{pmatrix} = \begin{pmatrix} \mu_1 & \mu_2 \end{pmatrix} P^{-1},$$

car $P^T = P^{-1}$, la matrice P étant orthogonale.

On a alors : $\begin{pmatrix} h_1 & h_2 \end{pmatrix} A \begin{pmatrix} h_1 \\ h_2 \end{pmatrix} = \begin{pmatrix} h_1 & h_2 \end{pmatrix} PDP^{-1} \begin{pmatrix} h_1 \\ h_2 \end{pmatrix}$,

c'est-à-dire : $\begin{pmatrix} h_1 & h_2 \end{pmatrix} A \begin{pmatrix} h_1 \\ h_2 \end{pmatrix} = \begin{pmatrix} \mu_1 & \mu_2 \end{pmatrix} P^{-1}PD \begin{pmatrix} \mu_1 \\ \mu_2 \end{pmatrix}$,

soit encore : $\begin{pmatrix} h_1 & h_2 \end{pmatrix} A \begin{pmatrix} h_1 \\ h_2 \end{pmatrix} = \begin{pmatrix} \mu_1 & \mu_2 \end{pmatrix} D \begin{pmatrix} \mu_1 \\ \mu_2 \end{pmatrix}$.

Prenons $D = \text{Diag}\,(2,4)$, alors $\begin{pmatrix} \mu_1 & \mu_2 \end{pmatrix} D \begin{pmatrix} \mu_1 \\ \mu_2 \end{pmatrix} = 2\mu_1^2 + 4\mu_2^2$, quantité positive et qui ne s'annule que pour $\mu_1 = \mu_2 = 0$. Comme $2\mu_1^2 + 4\mu_2^2 = f(X_0+\vec{h}) - f(X_0)$, on retrouve le fait que X_0 est un minimum pour f.

✎ On revient au cas général et on suppose de plus que pour tout $\vec{x}$ non nul de E, $\langle \vec{x}, \phi(\vec{x})\rangle > 0$.

3. Montrons que les valeurs propres de ϕ sont strictement positives. Comme ϕ est symétrique réel, ϕ est diagonalisable et on peut considérer une base orthonormée $(V_1, ..., V_n)$ de vecteurs propres (c'est le théorème spectral). On suppose que pour tout $i \in [\![1,n]\!]$, V_i est associé à la valeur propre λ_i. Le spectre de ϕ est donc $\{\lambda_1, ..., \lambda_n\}$, chaque λ_i étant répété avec son ordre de

multiplicité.
Alors : $\forall i \in [\![1,n]\!]$, $\langle V_i, \phi(V_i)\rangle = \lambda_i \|V_i\|^2 = \lambda_i > 0$.
Utilisons maintenant la base orthonormée de vecteurs propres $(V_1, ..., V_n)$ de ϕ, pour montrer que f possède un extremum que l'on précisera.

On pose : $\vec{x} = \sum_{i=1}^{n} x_i V_i$ et $\vec{u} = \sum_{i=1}^{n} u_i V_i$.

Ainsi, les valeurs propres de ϕ sont strictement positives.

Ainsi : $\phi(\vec{x}) = \sum_{i=1}^{n} x_i \phi(V_i) = \sum_{i=1}^{n} x_i \lambda_i V_i$.

Alors : $f(\vec{x}) = \langle \vec{x}, \phi(\vec{x})\rangle - 2\langle \vec{x}, \vec{u}\rangle = \sum_{i=1}^{n} x_i^2 \lambda_i - 2\sum_{i=1}^{n} x_i u_i$, en utilisant le fait que $(V_1, ..., V_n)$ est orthonormée.

$X_0 = (x_1, ..., x_n)$ est un point critique si, et seulement si, $\dfrac{\partial f}{\partial x_i}(x_1, ..., x_n) = 0$, pour tout $i \in [\![1,n]\!]$, c'est-à-dire si, et seulement si, $2x_i\lambda_i - 2u_i = 0$ pour tout $i \in [\![1,n]\!]$, c'est-à-dire si et seulement si $x_i = \dfrac{u_i}{\lambda_i}$, pour tout $i \in [\![1,n]\!]$.
(On rappelle que $\lambda_i > 0$ donc $\lambda_i \neq 0$.)
Le seul point critique est $X_0 = \left(\dfrac{u_1}{\lambda_1}, ..., \dfrac{u_i}{\lambda_i}, ..., \dfrac{u_n}{\lambda_n}\right)$.

On a : $X_0 + \vec{h} = \left(\dfrac{u_1}{\lambda_1} + h_1, ..., \dfrac{u_i}{\lambda_i} + h_i, ..., \dfrac{u_n}{\lambda_n} + h_n\right)$, dans la base $(V_1, ..., V_n)$.

Construisons $f(X_0 + \vec{h}) - f(X_0)$.

Et donc $f(X_0 + \vec{h}) - f(X_0)$ vaut :

$$\sum_{i=1}^{n} \left(\frac{u_i}{\lambda_i} + h_i\right)^2 \lambda_i - 2\sum_{i=1}^{n} \left(\frac{u_i}{\lambda_i} + h_i\right) u_i - \sum_{i=1}^{n} \frac{u_i^2}{\lambda_i^2}\lambda_i + 2\sum_{i=1}^{n} \frac{u_i}{\lambda_i} u_i.$$

Cela donne :

En X_0, f présente un minimum absolu.

$$f(X_0 + \vec{h}) - f(X_0) = \sum_{i=1}^{n} \left[2\frac{u_i h_i}{\lambda_i}\lambda_i + h_i^2\lambda_i\right] - 2\sum_{i=1}^{n} h_i u_i = \sum_{i=1}^{n} h_i^2 \lambda_i.$$

Cette dernière quantité est positive et ne s'annule que si $\vec{h} = \vec{0}$. On conclut.

Exercice 15.25

1. Les fonctions sin et $(x, y) \mapsto x + y$ sont de classe $\mathscr{C}^2$ et donc leurs composées et sommes aussi.
2. Un calcul rapide, à la portée de toutes les bourses, fournit :
$\dfrac{\partial f}{\partial x}(x, y) = \cos x - \cos(x + y)$ et $\dfrac{\partial f}{\partial y}(x, y) = \cos y - \cos(x + y)$.

Attention, ici on calcule les points critiques sur un fermé-borné. Il faudra faire attention.

La nullité de ces deux quantités donne : $\cos x = \cos y = \cos(x + y)$.
L'égalité $\cos x = \cos y$ impose deux cas.
- Si $y = x + 2k\pi$, où $k \in \mathbb{Z}$: $\cos x = \cos 2x$. Comme $x \in [-\pi, \pi]$, il reste $x = 0$, $x = \dfrac{2\pi}{3}$ ou $x = -\dfrac{2\pi}{3}$. Comme $y \in [-\pi, \pi]$, il reste comme couples (x, y) possibles : $(0, 0)$, $\left(\dfrac{2\pi}{3}, \dfrac{2\pi}{3}\right)$, $\left(-\dfrac{2\pi}{3}, -\dfrac{2\pi}{3}\right)$.
- Si $y = -x + 2k\pi$, où $k \in Z$: $\cos x = 1$. Comme $x \in [-\pi, \pi]$, il reste $x = 0$ et bien endendu, le seul (x, y) possible est $(0, 0)$. On retrouve une des trois

possibilités précédentes.

► Conclusion : les solutions sont les couples $(0,0)$, $\left(\frac{2\pi}{3},\frac{2\pi}{3}\right)$, $\left(-\frac{2\pi}{3},-\frac{2\pi}{3}\right)$.

*Les formules utilisées sont rappelées à l'indication de l'***exercice 13.24**.

3. On a : $f(x,y)=2\sin\left(\frac{x+y}{2}\right)\cos\left(\frac{x-y}{2}\right)-2\sin\left(\frac{x+y}{2}\right)\cos\left(\frac{x+y}{2}\right)$,

c'est-à-dire $f(x,y)=2\sin\left(\frac{x+y}{2}\right)\left[\cos\left(\frac{x-y}{2}\right)-\cos\left(\frac{x+y}{2}\right)\right]$.

Et, au final, on a bien : $f(x,y)=4\sin\left(\frac{x+y}{2}\right)\sin\left(\frac{x}{2}\right)\sin\left(\frac{y}{2}\right)$.

4. On travaille dans le carré $[-\pi,\pi]\times[-\pi,\pi]$. On commence par tracer nos axes Ox et Oy. On place ensuite les droites $y+x=-2\pi$, $y+x=0$ et $y+x=2\pi$ sur le dessin. On trace aussi les droites $y=-\pi$, $y=\pi$, $x=-\pi$ et $x=\pi$. Notre carré est maintenant divisé en six régions. Dans chacune de ces régions, les trois quantités $\sin\left(\frac{x}{2}\right)$, $\sin\left(\frac{y}{2}\right)$ et $\sin\left(\frac{x+y}{2}\right)$ ont un signe constant. Cela permet de visualiser lesquelles de ces régions sont dans $\mathcal{S}_{>0}$ et lesquelles sont dans $\mathcal{S}_{<0}$.

Bilan : $\mathcal{S}_{>0}$ correspond à la réunion des régions ouvertes R_2, R_3 et R_5. $\mathcal{S}_{<0}$ correspond à la réunion des régions ouvertes R_1, R_4 et R_6. $\mathcal{S}_0$ correspond à la réunion des parties de la droite $y=-x$ et des axes à l'intérieur du carré.

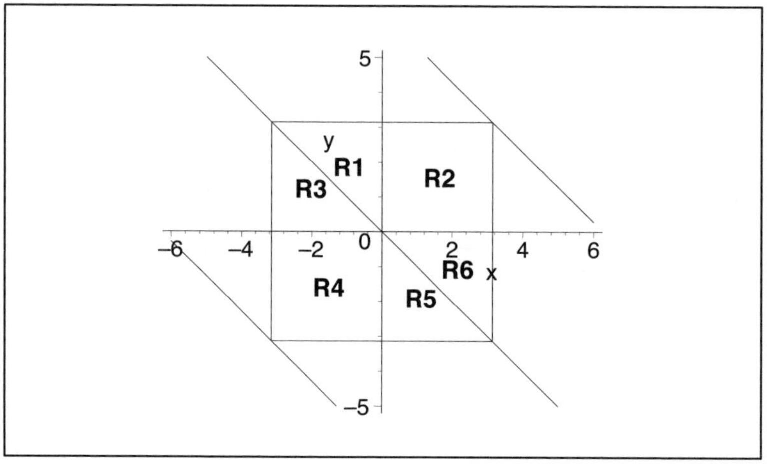

5. Les trois points obtenus à la question 2 sont des points critiques du carré ouvert. Or $(0,0)$ ne peut pas être un extremum car il est à la frontière entre $\mathcal{S}_{>0}$ et $\mathcal{S}_{<0}$.

Par ailleurs, f étant continue sur le carré fermé (et borné, comme tout bon carré qui se respecte !), elle y est bornée et y atteint ses bornes. Le problème est de savoir si l'extremum est atteint sur le bord ou à l'intérieur (en un des points critiques restants).

Le fait que f soit bornée est évident de toute façon car c'est une combinaison linéaires de trois sinus.

Précisons f sur le bord du carré. Par exemple, si $y=\pi$ et $x\in[-\pi,\pi]$,

$$f(x,y)=4\sin\left(\frac{x+\pi}{2}\right)\sin\left(\frac{x}{2}\right)=4\cos\left(\frac{x}{2}\right)\sin\left(\frac{x}{2}\right)=2\sin x.$$

Ainsi sur les bords du carré, f est à valeurs dans $[-2,2]$.

Par ailleurs, $f\left(\frac{2\pi}{3},\frac{2\pi}{3}\right)=\frac{3\sqrt{3}}{2}>2$. Donc le maximum de f est en $\left(\frac{2\pi}{3},\frac{2\pi}{3}\right)$.

Par symétrie, f présente un minimum en $\left(-\frac{2\pi}{3},-\frac{2\pi}{3}\right)$ de valeur $-\frac{3\sqrt{3}}{2}$.

Chapitre 16
Espaces probabilisés

Le mathématicien russe Andreï **Kolmogorov** comprend le besoin de donner au calcul des probabilités une assise mathématique. Grand connaisseur de la théorie des ensembles développée depuis 1870 et de la nouvelle théorie de l'intégration présentée en 1902 par Henri **Lebesgue**, il utilise ses compétences en calcul des probabilités, très en vogue à l'époque en Russie, pour élaborer en 1929 l'axiomatique utilisée désormais universellement pour étudier cette théorie.

Andreï Kolmogorov
1903-1987

Objectifs

Les incontournables

▷ Savoir reconnaître un ensemble dénombrable

▷ Étendre les compétences acquises en PCSI sur les espaces probabilisés finis à des espaces probabilisés qui ne le sont plus :

- notion de tribu ;
- continuité croissante, continuité décroissante, sous-additivité ;
- le conditionnement et ses grandes formules : probabilités composées, probabilités totales, formule de Bayes ;
- indépendance de deux événements, indépendance mutuelle d'une famille finie d'événements.

Et plus si affinités...

▷ Étendre la formule des probabilités totales à une suite d'événements deux à deux incompatibles dont la somme des probabilités vaut 1

▷ Être capable de produire un exemple où l'indépendance deux à deux n'entraîne pas l'indépendance mutuelle.

Résumé de cours

Ensembles dénombrables

Définition : *Un ensemble A est **fini** si, et seulement s'il existe un entier naturel N tel qu'il existe une bijection de A dans $[\![1, N]\!]$. Dans ce cas, N est le cardinal de A :* Card $A = N$.
Un ensemble A est ***dénombrable*** si, et seulement s'il existe une bijection de A dans $\mathbb{N}$. Son cardinal est alors infini : Card $A = +\infty$.
Un ensemble sera ***au plus dénombrable*** si et seulement s'il est fini ou dénombrable.

Remarque : Un ensemble est dénombrable si, et seulement s'il peut s'écrire en extension sous la forme $\{x_n,\ n \in \mathbb{N}\}$, autrement dit si l'on peut numéroter tous ses éléments à l'aide d'entiers naturels.
1. Un ensemble fini peut s'écrire en extension $\{x_n,\ n \in [\![1, N]\!]\}$.
2. Si A est dénombrable et si φ est une bijection de A dans $\mathbb{N}$, alors chaque élément a de A peut se noter x_n, avec $n = \varphi(a)$.

Proposition 16.1.— ▸ $\mathbb{Z}$ est un ensemble dénombrable.
▸ Le produit cartésien de deux ensembles dénombrables est dénombrable.

Espace probabilisé

Dans ce qui suit, il s'agit de formaliser les ensembles de parties d'un univers qui constituent des ensembles cohérents d'événements sur lesquels on pourra « installer » une probabilité.
Rappelons que $\mathscr{P}(\Omega)$ désigne l'ensemble des parties d'un ensemble Ω.

Définition : *Ω étant un ensemble (l'univers), on appelle **tribu sur** Ω une partie $\mathscr{A}$ de $\mathscr{P}(\Omega)$ vérifiant les trois propriétés suivantes :*
▸ $\Omega \in \mathscr{A}$;
▸ $\forall A \in \mathscr{A},\ \overline{A} = \Omega \setminus A \in \mathscr{A}$;
▸ *pour toute suite $(A_n)_{n\in\mathbb{N}}$ d'éléments de $\mathscr{A}$,* $\displaystyle\bigcup_{n=0}^{+\infty} A_n \in \mathscr{A}$.

Vocabulaire : Les éléments de $\mathscr{A}$ sont les ***événements***. L'événement $\overline{A} = \Omega \setminus A$ est ***l'événement contraire*** de l'événement A, Ω est ***l'événement certain***, $\emptyset$ est ***l'événement impossible***.
Deux événements sont ***incompatibles*** lorsque leur intersection est l'événement impossible.

Exemple : Citons trois tribus classiques sur Ω :
1. la ***tribu triviale*** : $\{\emptyset, \Omega\}$;
2. la ***tribu pleine*** : $\mathscr{P}(\Omega)$ (c'est celle que l'on considérera, pour simplifier, lorsque Ω sera au plus dénombrable) ;
3. la ***tribu engendrée par un événement*** A non vide : $\mathscr{A} = \{\emptyset, A, \overline{A}, \Omega\}$.

Proposition 16.2.— Si $\mathscr{A}$ est une tribu sur Ω et si $(A_n)_{n\in\mathbb{N}}$ est une suite d'éléments de $\mathscr{A}$:

$$\bigcap_{n=0}^{+\infty} A_n \in \mathscr{A}.$$

Remarque : Une tribu est donc stable par réunion et intersection au plus dénombrable.

Définition : *Si $\mathscr{A}$ est une tribu sur un ensemble Ω, on appelle* ***probabilité sur*** $(\Omega, \mathscr{A})$ *toute application P de $\mathscr{A}$ dans $[0,1]$ vérifiant :*

- $P(\Omega) = 1$;
- *(σ-additivité) Pour toute suite $(A_n)_{n\in\mathbb{N}}$ d'événements deux à deux incompatibles de $\mathscr{A}$,*

$$P\left(\bigcup_{n=0}^{+\infty} A_n\right) = \sum_{n=0}^{+\infty} P(A_n).$$

Le triplet $(\Omega, \mathscr{A}, P)$ est alors un ***espace probabilisé****.*

Remarques : 1. Si la suite d'événements deux à deux incompatibles $(A_0, A_1, \ldots, A_n)$ est finie, la propriété est encore vraie.
Il suffit de considérer cette suite comme infinie, en posant : $\forall j > n,\ A_j = \emptyset$.
2. Si P est une probabilité sur un ensemble infini dénombrable $\Omega = \{x_n,\ n \in \mathbb{N}\}$, muni de la tribu $\mathscr{P}(\Omega)$, on ne peut plus avoir équiprobabilité des événements élémentaires $\{x_n\}$.
Supposons, en effet, que pour tout $n \in \mathbb{N}$, on ait $P(\{x_n\}) = p > 0$, alors la deuxième propriété d'une probabilité imposerait que : $P(\Omega) = P\left(\bigcup_{n=0}^{+\infty}\{x_n\}\right) = \sum_{n=0}^{+\infty} p = +\infty$, puisque la série $\sum p$ est grossièrement divergente. C'est en contradiction avec la condition $P(\Omega) = 1$.
Une façon de construire une probabilité sur $(\Omega, \mathscr{P}(\Omega))$ sera de considérer une suite $(p_n)_{n\in\mathbb{N}}$ de nombres positifs telle que la série $\sum p_n$ soit convergente et de somme 1. On posera alors :

$$\forall n \in \mathbb{N},\ P(\{x_n\}) = p_n.$$

On définit ensuite la probabilité d'un événement A par : $P(A) = \sum_{x\in A} P(\{x\})$, la somme considérée pouvant être la somme d'une série.

Proposition 16.3.— Propriétés principales des probabilités—.

(a) Si $A \in \mathscr{A}$, $P(\overline{A}) = 1 - P(A)$. En conséquence, $P(\emptyset) = 0$.

(b) *Monotonie :* Si $A \subset B$, $P(A) \leqslant P(B)$.

(c) Si A et B sont deux événements de $\mathscr{A}$, alors :

$$P(A) + P(B) = P(A \cup B) + P(A \cap B).$$

(d) *Continuité croissante :* Pour toute suite $(A_n)_{n\in\mathbb{N}}$ d'événements de $\mathscr{A}$ tels que :

$$\forall n \in \mathbb{N},\ A_n \subset A_{n+1}, \qquad \lim_{n\to+\infty} P(A_n) = P\left(\bigcup_{n=0}^{+\infty} A_n\right).$$

(e) *Continuité décroissante :* Pour toute suite $(A_n)_{n\in\mathbb{N}}$ d'événements de $\mathscr{A}$ tels que :

$$\forall n \in \mathbb{N},\ A_{n+1} \subset A_n, \qquad \lim_{n\to+\infty} P(A_n) = P\left(\bigcap_{n=0}^{+\infty} A_n\right).$$

(f) *Sous-additivité :* Pour toute suite $(A_n)_{n\in\mathbb{N}}$ d'événements de $\mathscr{A}$:

$$P\left(\bigcup_{n=0}^{+\infty} A_n\right) \leq \sum_{n=0}^{+\infty} P(A_n).$$

Conditionnement et indépendance

Soit $(\Omega, \mathscr{A}, P)$ un espace probabilisé.

Proposition 16.4.— Si B est un événement tel que $P(B) > 0$, alors l'application P_B définie sur $\mathscr{A}$ par l'égalité :

$$\forall A \in \mathscr{A},\ P_B(A) = \frac{P(A \cap B)}{P(B)}$$

est une probabilité sur Ω.

Définition : *Si A et B sont deux événements tels que $P(B) > 0$,* ***la probabilité conditionnelle de A sachant B*** *est :*

$$P_B(A) = \frac{P(A \cap B)}{P(B)}.$$

Notation : on note aussi couramment cette probabilité $P(A|B)$. Attention, cette notation est dangereuse. Elle ne désigne pas la probabilité d'un hypothétique événement « A sachant B, » puisque cette locution ne peut désigner une partie élément de la tribu $\mathscr{A}$.

Proposition 16.5.— Formules des probabilités composées —.
► $\forall (A, B) \in (\mathscr{P}(\Omega))^2$,
si $P(B) > 0$, $P(A \cap B) = P(B)P_B(A)$ et si $P(A) > 0$, $P(A \cap B) = P(A)P_A(B)$.
► Si, pour $n \geqslant 2$, $(A_1, A_2, \ldots, A_n)$ est une famille d'événements de l'univers Ω telle que l'on ait : $P\left(\bigcap_{i=1}^{n-1} A_i\right) \neq \varnothing$, alors :

$$P\left(\bigcap_{i=1}^{n} A_i\right) = P(A_1)P_{A_1}(A_2)P_{A_1 \cap A_2}(A_3) \ldots P_{\bigcap_{i=1}^{n-1} A_i}(A_n).$$

Remarques : 1. La probabilité de réalisation simultanée de deux événements est le produit de la probabilité de réalisation de l'un d'entre eux par la probabilité de réalisation de l'autre sachant que le premier est réalisé.
2. Lorsque A_n est le dernier événement d'une suite décroissante $A_n \subset A_{n-1} \subset \cdots \subset A_2 \subset A_1$, la formule précédente donne un moyen souvent efficace pour calculer $P(A_n)$:

$$P(A_n) = P(A_1)P_{A_1}(A_2)P_{A_2}(A_3) \cdots P_{A_{n-1}}(A_n).$$

Définition : *Un* ***système complet dénombrable d'événements*** *est une famille $(A_n)_{n \in \mathbb{N}}$ d'événements deux à deux incompatibles et dont l'union est égale à Ω (c'est-à-dire qu'il y a toujours exactement l'un des A_n qui se réalise).*

Proposition 16.6.— Formules des probabilités totales —. Si $(A_n)_{n \in \mathbb{N}}$ est un système complet dénombrable d'événements de l'univers Ω, alors :

$$\text{pour tout événement } B \text{ de } \mathscr{A},\ P(B) = \sum_{n=0}^{+\infty} P(B \cap A_n) = \sum_{n=0}^{+\infty} P_{A_n}(B)P(A_n),$$

avec la convention $P_{A_n}(B)P_{A_n}(B) = 0$ lorsque $P(A_n) = 0$.

Remarques : 1. Ce résultat est valable pour un système complet fini d'événements et un cas fréquent d'application de ce théorème est celui où le système complet d'événements est $(A, \overline{A})$.
2. La formule reste valable dans le cas d'une suite $(A_n)_{n\in\mathbb{N}}$ d'événements deux à deux incompatibles tels que $\sum_{n=0}^{+\infty} P(A_n) = 1$. En effet :

Soit C le complémentaire de $\bigcup_{n=0}^{+\infty} A_n$, $P(C) = 1 - P\left(\bigcup_{n=0}^{+\infty} A_n\right) = 1 - \sum_{n=0}^{+\infty} P(A_n) = 0$. C et $\bigcup_{n=0}^{+\infty} A_n$ formant un système complet fini d'événements : $P(B) = P(B\cap C) + P\left(B \cap \bigcup_{n=0}^{+\infty} A_n\right)$.

Comme $B\cap C$ est inclus dans un événement de probabilité nulle, sa probabilité est nulle et :

$$P(B) = P\left(B\cap \bigcup_{n=0}^{+\infty} A_n\right) = P\left(\bigcup_{n=0}^{+\infty}(B\cap A_n)\right) = \sum_{n=0}^{+\infty} P(B\cap A_n) = \sum_{n=0}^{+\infty} P_{A_n}(B)P(A_n).$$

Proposition 16.7.— Formules de Bayes (ou probabilité des causes) —.

- Si A et B sont deux événements de probabilités non nulles, alors $P_B(A) = \dfrac{P(A)P_A(B)}{P(B)}$.
- Si $(A_n)_{n\in\mathbb{N}}$ est un système complet dénombrable d'événements de probabilités non nulles et si B est un événement de probabilité non nulle, alors : $\forall j \in \mathbb{N}$, $P_B(A_j) = \dfrac{P(A_j)P_{A_j}(B)}{\sum_{n=0}^{+\infty} P(A_n)P_{A_n}(B)}$.

Définition : *Deux événements A et B sont **indépendants** lorsque : $P(A\cap B) = P(A)\,P(B)$.*

Remarques : 1. Dans ce cas, si, par exemple, $P(B) > 0$, alors $P_B(A) = \dfrac{P(A\cap B)}{P(B)} = P(A)$, ce qui signifie que la réalisation de B n'influe pas sur la probabilité de réalisation de A. Réciproquement, si $P(B) > 0$ et si $P_B(A) = P(A)$, alors $P(A\cap B) = P(A)\,P(B)$ et A et B sont indépendants.
2. Ne pas confondre indépendance et incompatibilité : deux événements incompatibles sont en fait généralement dépendants, puisque la réalisation de l'un interdit la réalisation de l'autre.
3. On montre facilement (faîtes-le !) que A et B sont indépendants si et seulement si A et $\overline{B}$ ou $\overline{A}$ et B ou $\overline{A}$ et $\overline{B}$ sont indépendants.

Définition : *Les événements d'une famille finie $(A_i)_{1\leqslant i\leqslant n}$ sont :*

- ***deux à deux indépendants*** *lorsque : $\forall\,(i,j) \in [\![1,n]\!]^2$, $\big(i\neq j \Rightarrow P(A_i\cap A_j) = P(A_i)\,P(A_j)\big)$;*
- ***mutuellement indépendants*** *lorsque, pour toute partie J non vide de $[\![1,n]\!]$:*

$$P\left(\bigcap_{i\in J} A_i\right) = \prod_{i\in J} P(A_i).$$

Remarque : Des événements mutuellement indépendants sont deux à deux indépendants, mais la réciproque est fausse lorsque leur nombre est supérieur ou égal à 3.
En effet, considérons l'expérience aléatoire qui consiste à lancer un dé deux fois et les événements A, B, C définis respectivement par « le premier chiffre est pair, » « le deuxième chiffre est impair, » « la somme des chiffres est paire ».
On a : $P(A) = P(B) = P(C) = \frac{1}{2}$, $P(A\cap B) = P(B\cap C) = P(C\cap A) = \frac{9}{36} = \frac{1}{4}$ et ces événements sont deux à deux indépendants, mais $P(A\cap B\cap C) = P(\varnothing) \neq P(A)P(B)P(C)$ et ils ne sont pas mutuellement indépendants.

Méthodes

Ensembles dénombrables

Méthode 16.1.— Comment montrer qu'un ensemble est dénombrable

- En le décrivant sous la forme $\{x_n \,;\, n \in \mathbb{N}\}$, ce qui revient, la plupart du temps, à décrire la bijection de cet ensemble dans $\mathbb{N}$.
- En constatant qu'il est le produit cartésien de deux ensembles dénombrables.

Mise en œuvre : exercice 16.1, exercice 16.2.

Exemple : *Montrer qu'une partie infinie A de $\mathbb{N}$ est dénombrable.*

Toute partie non vide de $\mathbb{N}$ admet un plus petit élément : posons $x_0 = \min A$,
$x_1 = \min A \setminus \{x_0\}$ et plus, généralement, pour tout $n \geq 1$, $x_n = \min A \setminus \{x_0, x_1, \cdots, x_{n-1}\}$.
(A étant infini, $A \setminus \{x_0, x_1, \cdots, x_{n-1}\}$ est non vide.)
Considérons l'application f de $\mathbb{N}$ dans A qui, à tout $n \in \mathbb{N}$, associe $x_n \in A$.
▷ Elle est injective, car strictement croissante :
si $n < p$, alors $x_p = \min A \setminus \{x_0, \cdots, x_n, \cdots, x_{p-1}\} > x_n$ et $f(p) > f(n)$.
▷ Elle est surjective : si $a \in A \setminus \{x_0\}$, l'ensemble $\{n \in \mathbb{N};\, x_n < a\}$ est non vide et majoré par a, donc admet une borne supérieure m. Pour tout $p \leqslant m$, $x_p < a$ et, pour tout $p > m$, $a \leqslant x_p$, donc $a = \min A \setminus \{x_0, x_1, \cdots, x_m\} = x_{m+1}$ ou $a = f(m+1)$.

f est une bijection de $\mathbb{N}$ dans A, donc A est dénombrable.

Commentaire : par extension, toute partie non vide de $\mathbb{N}$ (ou d'un ensemble dénombrable), est finie ou dénombrable.

Remarque : L'ensemble des suites d'éléments de $\{0, 1\}$, $\{0, 1\}^{\mathbb{N}}$, n'est pas dénombrable.
En effet, supposons qu'il le soit et donc qu'il soit possible de numéroter chacun de ses éléments. Toute suite de $\{0, 1\}^{\mathbb{N}}$ pourrait alors se noter, par exemple, x_n, $n \in \mathbb{N}$, et être égale à :

$$x_n = (x_n^0,\, x_n^1, \ldots,\, x_n^p\, \ldots), \text{ avec, } \forall\, p \in \mathbb{N},\, x_n^p \in \{0, 1\}.$$

Considérons alors la suite $X = (X_0, X_1, \ldots, X_n, \ldots)$ de $\{0, 1\}^{\mathbb{N}}$ telle que : $\forall\, n \in \mathbb{N}$, $X_n \neq x_n^n$. X n'est aucune des suites numérotées précédemment et, pourtant, elle appartient à $\{0, 1\}^{\mathbb{N}}$.
Il n'est donc pas possible de numéroter sur $\mathbb{N}$ toutes les suites de cet ensemble qui, ainsi, n'est pas dénombrable.

Espaces probabilisés

Méthode 16.2.— Comment savoir si un ensemble de parties d'un univers est, ou non, une tribu

Simplement en vérifiant si les axiomes de définition sont tous vérifiés ou si l'un d'eux ne l'est pas.

Mise en œuvre : exercice 16.12.

Méthodes

Exemple : *$\mathscr{B} = \{[\![n,p]\!],\ (n,p) \in \mathbb{N}^2$ avec $n \leq p\}$ est-il une tribu sur $\mathbb{N}$?*

$\mathscr{B}$ ne contient pas $\mathbb{N}$, donc ce n'est pas une tribu sur $\mathbb{N}$.

Exemple : *Montrer qu'une intersection quelconque de tribus sur Ω est une tribu sur Ω.*

Soit $(\mathscr{A}_i)_{i\in I}$ une famille quelconque de tribus sur Ω et $\mathscr{B} = \bigcap_{i\in I} \mathscr{A}_i$.

▷ $\forall i \in I$, $\Omega \in \mathscr{A}_i$, donc $\Omega \in \mathscr{B}$.

▷ Si $A \in \mathscr{B}$, alors, $\forall i \in I$, $A \in \mathscr{A}_i$. Comme chaque $\mathscr{A}_i$ est une tribu, $\overline{A} \in \mathscr{A}_i$, donc $\overline{A} \in \mathscr{B}$.

▷ Si $(A_n)_{n\geqslant 0}$ est une suite d'éléments de $\mathscr{B}$, alors, $(A_n)_{n\geqslant 0}$ étant une suite d'éléments de chaque tribu $\mathscr{A}_i$, on a : $\forall i \in I$, $\bigcup_{n=0}^{+\infty} A_n \in \mathscr{A}_i$, donc $\bigcup_{n=0}^{+\infty} A_n \in \mathscr{B}$. On peut conclure.

$$\mathscr{B} = \bigcap_{i\in I} \mathscr{A}_i \text{ est une tribu sur } \Omega.$$

❑ Méthode 16.3.— Comment implanter une probabilité sur un univers dénombrable

Soit $\Omega = \{x_n,\ n \in \mathbb{N}\}$ un ensemble infini dénombrable, muni d'une tribu $\mathscr{A}$.
Pour construire une probabilité sur $(\Omega, \mathscr{A})$, on admet qu'il suffit :

- de rechercher une suite $(p_n)_{n\in\mathbb{N}}$ de nombres positifs telle que la série $\sum p_n$ soit convergente et de somme 1 ;
- de poser alors : $\forall n \in \mathbb{N}$, $P(\{x_n\}) = p_n$ et $\forall A \in \mathscr{A}$, $P(A) = \sum_{x\in A} P(\{x\})$.

Mise en œuvre : exercice 16.15, **exercice 16.16** et **exercice 16.24**.

Exemple : *On pose : $\forall n \in \mathbb{N}$, $P(n) = \dfrac{1}{2^{n+1}}$. Montrer que l'on définit ainsi une probabilité sur $(\mathbb{N}, \mathscr{P}(\mathbb{N}))$ et calculer la probabilité de l'événement :*

$$B = \{n \in \mathbb{N},\ n \geq 10\}.$$

Il s'agit de vérifier $\sum_{n=0}^{+\infty} P(n) = 1$. Ici, la série géométrique de premier terme $\dfrac{1}{2}$ et de raison $\dfrac{1}{2}$ est convergente et a pour somme $\dfrac{\frac{1}{2}}{1-\frac{1}{2}} = 1$: P définit bien une probabilité sur $(\mathbb{N}, \mathscr{P}(\mathbb{N}))$:

$$P(B) = \sum_{n=10}^{+\infty} P(n) = \frac{\left(\frac{1}{2}\right)^{11}}{1-\frac{1}{2}} = \frac{1}{2^{10}}.$$

❑ Méthode 16.4.— Quand utiliser la sous-additivité ou la continuité croissante ou décroissante
Dans des situations où on doit calculer une probabilité inaccessible par d'autres moyens (par exemple lorsque l'univers est non dénombrable), et aussi pour obtenir certains résultats théoriques.

Mise en œuvre : exercice 16.13, exercice 16.14.

Exemple : *Soit $(A_n)_{n\in\mathbb{N}}$ une suite d'événements d'un espace probabilisé $(\Omega, \mathscr{A}, P)$.*
On pose, pour tout $n \in \mathbb{N}$, $B_n = \bigcup_{m\geqslant n} A_m$. Montrer que $P\left(\bigcap_{n\in\mathbb{N}} B_n\right) = \lim_{n\to+\infty} P(B_n)$.

Pour tout $n \in \mathbb{N}^\star$, $\bigcup_{m\geqslant n+1} A_m \subset \bigcup_{m\geqslant n} A_m$, donc $B_{n+1} \subset B_n$.
La suite $(B_n)_{n\in\mathbb{N}}$ est décroissante. D'après la continuité décroissante (**proposition 16.3**) :

$$P\left(\bigcap_{n\in\mathbb{N}} B_n\right) = \lim_{n\to+\infty} P(B_n).$$

Exemple : *On lance un dé tétraédrique parfait dont les faces sont numérotées de 1 à 4. On note A_n l'événement « avant le $(n+1)^{\text{ème}}$ tirage, le 4 est sorti au moins une fois ».*
Quelle est la probabilité de l'événement « le 4 finira bien par sortir ? »

Notons A l'événement : « le 4 finira bien par sortir ? »
L'univers associé à cette expérience aléatoire est $\Omega = [\![1,4]\!]^{\mathbb{N}^*}$, ensemble des suites d'éléments de $[\![1,4]\!]$ indexées sur $\mathbb{N}^*$. En effet, n ne peut pas être nul !
$\forall n \in \mathbb{N}$, $A_n \subset A_{n+1}$: $(A_n)_{n\in\mathbb{N}}$ est une suite croissante d'événements et $\bigcup_{n=1}^{+\infty} A_n$ est l'événement :
« il existe au moins un n avant lequel le 4 est sorti » autrement dit l'événement A.
L'événement contraire de A_n est l'événement « jusqu'au $n^{\text{ème}}$ tirage, le 4 n'est pas sorti ».
$P\left(\overline{A_n}\right) = \left(\dfrac{3}{4}\right)^n$ (du fait de l'indépendance des lancers) et, donc, $P\left(A_n\right) = 1 - \left(\dfrac{3}{4}\right)^n$.
On utilise maintenant la continuité croissante (voir la **proposition 16.3**) et :

$$P(A) = P\left(\bigcup_{n=1}^{+\infty} A_n\right) = \lim_{n\to+\infty} P(A_n) = 1.$$

Remarque : Le résultat précédent est totalement conforme à l'intuition. Néanmoins, il prouve l'existence d'événements de probabilité 1 et différents de l'événement certain Ω. En effet, A est strictement inclus dans Ω, puisque les suites d'éléments de $[\![1,3]\!]$ indexées sur $\mathbb{N}^*$ sont dans Ω sans être dans A.
Les événements de probabilité 1 sont des ***événements presque certains***.
Quant à lui, l'événement $\overline{A}$, « le 4 ne sortira jamais, » est de probabilité nulle, sans être $\emptyset$, l'événement impossible.
Un événement de probabilité nulle est un ***événement presque impossible***.

■ Conditionnement et indépendance

❑ Méthode 16.5.— Comment utiliser la formule de la probabilité conditionnelle et la formule des probabilités composées

- Il faut d'abord être capable de faire la différence entre une probabilité conditionnée par un événement et la probabilité d'une intersection d'événements, d'où une analyse fine de l'énoncé.
- Ensuite, on met en œuvre l'une des formules équivalentes :

$$\text{si } P(B)>0,\ P_B(A)=\frac{P(A\cap B)}{P(B)} \Leftrightarrow P(A\cap B)=P(B)P_B(A).$$

- On peut être amené à utiliser la formule généralisée des probabilités composées :

$$\text{si } P\left(\bigcap_{i=1}^{n-1} A_i\right)\neq\varnothing,\ \text{alors } P\left(\bigcap_{i=1}^{n} A_i\right)=P(A_1)P_{A_1}(A_2)P_{A_1\cap A_2}(A_3)\dots P_{\bigcap_{i=1}^{n-1} A_i}(A_n).$$

Mise en œuvre : exercice 16.22 et **exercice 16.23**.

Exemple : *Un rat se trouve dans un labyrinthe face à quatre portes dont une seule conduit à la sortie. Chaque fois qu'il choisit une mauvaise porte, le rat reçoit une légère décharge électrique et revient à son point de départ. On s'intéresse au nombre d'essais utilisés pour trouver la bonne porte. On envisage successivement trois hypothèses.*

a. *Le rat a une mémoire parfaite. À chaque nouvel essai, il évite toutes les mauvaises portes choisies précédemment et choisit au hasard parmi les restantes.*

b. *Le rat a une mémoire immédiate. À chaque nouvel essai, il évite la mauvaise porte de l'essai précédent et choisit au hasard parmi les trois autres.*

c. *Le rat n'a pas de mémoire. Il choisit à chaque essai de façon équiprobable l'une des portes.*

Pour chacune de ces hypothèses, définir l'univers et calculer la probabilité de chaque événement élémentaire.

Si l'on note A_k l'événement : « au $k^{\text{ème}}$ essai, le rat trouve la bonne porte », l'événement B_n : « le rat utilise n essais pour trouver la bonne porte » s'écrit :

$$B_n=\overline{A_1}\cap\overline{A_2}\cap\dots\cap\overline{A_{n-1}}\cap A_n.$$

Avec une mémoire parfaite : l'univers est $\{1,2,3,4\}$.

$P(B_1)=\frac{1}{4}$; $P(B_2)=P\left(\overline{A_1}\right)P_{\overline{A_1}}(A_2)=\frac{3}{4}.\frac{1}{3}=\frac{1}{4}$; il faut ensuite utiliser la formule généralisée des probabilités composées : $P(B_3)=P\left(\overline{A_1}\right)P_{\overline{A_1}}\left(\overline{A_2}\right)P_{\overline{A_1\cap A_2}}(A_3)=\frac{3}{4}.\frac{2}{3}.\frac{1}{2}=\frac{1}{4}$ et $P(B_4)=\frac{1}{4}$.

Avec une mémoire immédiate : l'univers est alors $\mathbb{N}^*$. Avec les mêmes notations que ci-dessus :

$$P(B_n)=P\left(\overline{A_1}\right)P_{\overline{A_1}}\left(\overline{A_2}\right)\dots P_{\overline{A_{n-2}}}\left(\overline{A_{n-1}}\right)P_{\overline{A_{n-1}}}(A_n)=\frac{3}{4}\left(\frac{2}{3}\right)^{n-2}\frac{1}{3}.$$

Sans mémoire : l'univers est encore $\mathbb{N}^*$. L'absence de mémoire du rat vaut hypothèse d'indépendance mutuelle des différents événements, d'où :

$$P(B_n)=P\left(\overline{A_1}\right)P\left(\overline{A_2}\right)\dots P\left(\overline{A_{n-1}}\right)P(A_n)=\left(\frac{3}{4}\right)^{n-1}\frac{1}{4}.$$

❑ Méthode 16.6.— Comment utiliser la formule des probabilités totales

Pour calculer la probabilité d'un événement B avec la formule des probabilités totales, il faut :

- Mettre en évidence un système $(A_n)_{n\in\mathbb{N}}$ complet d'événements, fini ou dénombrable, de l'univers ; on le reconnaît par le fait que ces événements sont exclusifs et que tout événement élémentaire est réalisé pour un seul des A_n ;
- Disposer ensuite des probabilités de B conditionnées par les A_n : $P_{A_n}(B)$, et des probabilités des A_n ;
- Enfin, mettre en œuvre la formule : $P(B) = \sum_{n=0}^{+\infty} P(B \cap A_n) = \sum_{n=0}^{+\infty} P_{A_n}(B)P(A_n)$;
- Une occasion fréquente d'utilisation de cette formule se trouve dans la formule de Bayes.

Mise en œuvre : exercice 16.19, **exercice 16.21** à **exercice 16.24**.

Exemple : *On choisit un nombre N au hasard entre 1 et 4, puis un nombre k au hasard entre 1 et N. Quelle est la probabilité de B_j : « le dernier nombre obtenu est j », $j \in \{1,2,3,4\}$?*

L'univers est l'ensemble $\Omega = \{(N,k),\ 1 \leqslant k \leqslant N \leqslant 4\}$.
Notons A_N l'événement : « le premier nombre obtenu est N », (A_1, A_2, A_3, A_4) forme un système complet d'événements de l'univers.

▷ $P(B_1) = \sum_{N=1}^{4} P_{A_N}(B_1)P(A_N) = 1 \times \frac{1}{4} + \frac{1}{2} \times \frac{1}{4} + \frac{1}{3} \times \frac{1}{4} + \frac{1}{4} \times \frac{1}{4} = \frac{25}{48}$.

▷ $P(B_2) = \sum_{N=1}^{4} P_{A_N}(B_2)P(A_N) = 0 \times \frac{1}{4} + \frac{1}{2} \times \frac{1}{4} + \frac{1}{3} \times \frac{1}{4} + \frac{1}{4} \times \frac{1}{4} = \frac{13}{48}$.

▷ $P(B_3) = \sum_{N=1}^{4} P_{A_N}(B_3)P(A_N) = 0 \times \frac{1}{4} + 0 \times \frac{1}{4} + \frac{1}{3} \times \frac{1}{4} + \frac{1}{4} \times \frac{1}{4} = \frac{7}{48}$.

▷ Enfin, $P(B_4) = P_{A_4}(B_4)P(A_4) = \frac{1}{4} \times \frac{1}{4} = \frac{1}{16} = \frac{3}{48}$.
Comment retrouver ce dernier résultat autrement ?

❑ Méthode 16.7.— Quand et comment utiliser la formule de Bayes

Il s'agit de calculer $P_B(A)$ à partir d'un énoncé donnant les moyens d'accéder à $P(A)$, $P_A(B)$ et $P(B)$.

- On utilise alors la formule : $P_B(A) = \dfrac{P_A(B)P(A)}{P(B)}$;
- Si $A = A_j$ est l'un des événements d'un système complet d'événements $(A_n)_{n\in\mathbb{N}}$, on met en œuvre la formule : $P_B(A_j) = \dfrac{P(A_j)P_{A_j}(B)}{\sum_{n=0}^{+\infty} P(A_n)P_{A_n}(B)}$.

Mise en œuvre : exercice 16.17.

Méthodes

Exemple : *Un test sanguin a une probabilité de* $0,95$ *de détecter un certain virus lorsque celui ci est effectivement présent. Il donne néanmoins un faux résultat positif pour* 1% *des personnes non infectées. Si* $0,5\%$ *de la population est porteuse du virus, quelle est la probabilité qu'une personne ait le virus sachant qu'elle a un test positif ?*

Notons V : « la personne testée a le virus » et T : « la personne testée a un test positif ».
On cherche $P_T(V)$. Or on sait que : $P(V) = 0,005$, $P_V(T) = 0,95$, $P_{\overline{V}}(T) = 0,01$.

$$\begin{aligned} P_T(V) &= \frac{P(T \cap V)}{P(T)} = \frac{P_V(T)P(V)}{P_V(T)P(V) + P_{\overline{V}}(T)P(\overline{V})} \\ &= \frac{0,95 \times 0,005}{0,95 \times 0,005 + 0,01 \times 0,995} = 0,323 \end{aligned}$$

Le test n'est pas fiable : si la personne présente un test positif, la probabilité qu'elle ne soit pas porteuse du virus est deux fois plus élevée que celle qu'elle le soit !

> ❑ **Méthode 16.8.— Quand et comment utiliser ou mettre en évidence l'indépendance de deux événements**
> Deux événements A et B sont indépendants si :
> - $P(A \cap B) = P(A)P(B)$;
> - Avec $P(B) > 0$, $P_B(A) = P(A)$; avec $P(A) > 0$, $P_A(B) = P(B)$;
> - Si l'énoncé le suggère et on a alors droit aux formules précédentes.

Mise en œuvre : exercice 16.18, **exercice 16.20**, **exercice 16.25** et **exercice 16.26**.

Exemple : *Montrer qu'un événement presque impossible (de probabilité* 0*) est indépendant de tout autre événement.*

Soit A un événement presque impossible et B un événement quelconque, par la croissance d'une probabilité : puisque $A \cap B \subset A$, $P(A \cap B) \leqslant P(A)$, donc $P(A \cap B) = 0$ et $P(A \cap B) = P(A)P(B)$.

Un événement presque impossible est indépendant de tout autre événement.

Remarque : L'indépendance de deux événements n'est pas intrinsèque à ces événements, mais dépend de la probabilité choisie, comme le montre l'exemple suivant :
On lance deux fois une pièce. A est l'événement « obtenir pile au premier lancer » et B est l'événement « obtenir deux fois le même résultat. » L'univers est $\Omega = \{PP, PF, FP, FF\}$.
▷ **Si la pièce est non faussée :** $P(A) = \frac{1}{2}$, $P(B) = \frac{1}{2}$ et $P(A \cap B) = \frac{1}{4} = P(A)P(B)$. A et B sont indépendants pour la probabilité uniforme.
▷ **Si la pièce est faussée** de sorte que la probabilité d'obtenir pile à un lancer soit $\frac{3}{5}$.
$P(A) = \frac{3}{5}$, $P(B) = \left(\frac{2}{5}\right)^2 + \left(\frac{3}{5}\right)^2 = \frac{13}{25}$ et $P(A \cap B) = \left(\frac{3}{5}\right)^2 = \frac{9}{25} \neq P(A)P(B)$.
Donc A et B ne sont pas indépendants pour cette probabilité.

❑ Méthode 16.9.— Quand et comment utiliser ou mettre en évidence l'indépendance mutuelle d'une famille d'événements

Les événements de la famille finie $(A_i)_{1\leqslant i\leqslant n}$ sont mutuellement indépendants si :

- Pour toute partie J non vide de $[\![1,n]\!]$: $P\left(\bigcap_{i\in J} A_i\right) = \prod_{i\in J} P(A_i)$;
- Si l'énoncé considère une suite d'épreuves indépendantes, alors toute suite $(A_i)_{i\geqslant 1}$ telle que la réalisation de chaque A_i est déterminée uniquement par le résultat de la $i^{\text{ème}}$ épreuve est une suite indépendante d'événements.

Mise en œuvre : exercice 16.20.

Exemple : *On suppose que les événements $A_1, \dots, A_5$ sont mutuellement indépendants. Donner une expression plus simple des probabilités :*

$$P_{A_3}(A_1), P_{A_2\cap A_4}(A_3), P_{A_2}(A_1\cap A_3), P_{A_3\cap A_4\cap A_5}(A_1\cap A_2).$$

▷ A_1 et A_3 sont indépendants (l'indépendance mutuelle entraîne l'indépendance deux à deux)
Et donc : $P_{A_3}(A_1) = P(A_1)$.
En utilisant l'associativité de l'intersection :

▷ $P_{A_2\cap A_4}(A_3) = \dfrac{P(A_3\cap A_2\cap A_4)}{P(A_2\cap A_4)} = \dfrac{P(A_3)P(A_2)P(A_4)}{P(A_2)P(A_4)} = P(A_3)$.

▷ $P_{A_2}(A_1\cap A_3) = \dfrac{P(A_2\cap A_1\cap A_3)}{P(A_2)} = \dfrac{P(A_2)P(A_1)P(A_3)}{P(A_2)} = P(A_1)P(A_3)$.

▷ $P_{A_3\cap A_4\cap A_5}(A_1\cap A_2) = \dfrac{P(A_3\cap A_4\cap A_5\cap A_1\cap A_2)}{P(A_3\cap A_4\cap A_5)} = \dfrac{\prod_{i=1}^{5} P(A_i)}{P(A_3)P(A_4)P(A_5)} = P(A_1)P(A_2)$.

On pourrait établir des formules plus générales, laissées au lecteur, comme l'on dit !

Méthodes

Vrai/Faux

	Vrai	Faux
1. Si A et B sont deux événements avec $P(B) > 0$, $P_B(A) \leqslant P(A)$.	☐	☐
2. L'égalité $P(A \cup B) = P(A) + P(B)$ implique que les événements A et B sont incompatibles.	☐	☐
3. Si deux événements sont incompatibles, alors ils sont indépendants.	☐	☐
4. Si deux événements sont indépendants, alors leurs complémentaires le sont aussi.	☐	☐
5. Une famille finie d'événements mutuellement indépendants sont deux à deux indépendants.	☐	☐
6. Si B est tel que $0 < P(B) < 1$, $P_B(A) + P_B(\overline{A}) = 1$.	☐	☐
7. Si B est tel que $0 < P(B) < 1$, $P_B(A) + P_{\overline{B}}(A) = 1$.	☐	☐
8. La probabilité qu'exactement un des deux événements A ou B soit réalisé est $P(A) + P(B) - 2P(A \cap B)$.	☐	☐
9. Si $p(A) = \dfrac{3}{4}$ et $P(B) = \dfrac{1}{3}$, alors on peut avoir $P(A \cap B) = \dfrac{1}{24}$.	☐	☐
10. L'égalité : $\forall n \in \mathbb{N}^*$, $P(\{n\}) = \dfrac{1}{n(n+1)}$ permet de définir une probabilité sur $(\mathbb{N}^*, \mathscr{P}(\mathbb{N}^*))$.	☐	☐
11. Pour montrer l'indépendance mutuelle de 4 événements, il faut vérifier 11 relations confrontant probabilités d'intersection et produit des probabilité correspondantes.	☐	☐
12. Une famille a deux enfants dont l'un est un garçon. On tient compte de l'ordre des naissances. La probabilité que l'autre enfant soit une fille est $\dfrac{2}{3}$.	☐	☐
13. Un événement peut être indépendant de lui-même.	☐	☐
14. Si $(A_n)_{n \in \mathbb{N}^*}$ est une suite d'événements alors : $$\lim_{n \to +\infty} P(A_n) = 1 \Rightarrow P\left(\bigcup_{n=1}^{+\infty} A_n\right) = 1.$$	☐	☐
15. Si $(A_n)_{n \in \mathbb{N}^*}$ est une suite d'événements mutuellement indépendants et de même probabilité p (avec $0 < p < 1$) alors on a : $P\left(\bigcap_{n=1}^{+\infty} A_n\right) = 0$.	☐	☐

Énoncé des exercices

Ensembles dénombrables

Exercice 16.1 : On considère l'application Φ de $\mathbb{N}$ dans $\mathbb{Z}$ définie par : $\Phi(n) = (-1)^n \left\lfloor \frac{n+1}{2} \right\rfloor$.
Montrer que Φ est une bijection et préciser la bijection réciproque.
Retrouver ainsi le fait que $\mathbb{Z}$ est dénombrable.

Exercice 16.2* : Soit $A = \{x_i\}_{i\in\mathbb{N}}$ et $B = \{y_j\}_{j\in\mathbb{N}}$ deux ensembles dénombrables.
Considérons l'application Ψ de $A \times B$ dans $\mathbb{N}$ définie par :

$$\forall\,(x_i, y_j) \in A \times B,\ \Psi\big((x_i, y_j)\big) = \frac{(i+j)(i+j+1)}{2} + i.$$

Montrer que Ψ est une bijection. Que peut-on en déduire ?

Révisions de première année : exercices de dénombrement

Exercice 16.3 : En France, chaque véhicule possède une immatriculation composée de sept caractères : deux lettres, un tiret, trois chiffres, un tiret et deux lettres. Par exemple, BY-337-MA. Les lettres I,O et U ne sont pas utilisées du fait de leur ressemblance avec 1, 0 et V. Par ailleurs les séries SS et WW ne sont pas utilisés dans le bloc de gauche et la série SS n'est pas utilisée dans le bloc de droite. Enfin la série de chiffres démarre à 001. Selon ces données, combien d'immatriculations différentes peut-on attribuer ?

Exercice 16.4 : On considère m urnes $A_1, A_2, ..., A_m$ contenant chacune r boules identiques numérotées de 1 à r. On tire une boule de chaque urne et l'on note le numéro de la boule tirée.

1. k étant fixé, quel est le nombre N des tirages qui amènent au moins une boule portant le numéro k ?

2. Quel est le nombre N' des tirages pour lesquels le plus grand numéro tiré est le numéro k ?

Exercice 16.5 : Donner une justification combinatoire de chacune des formules suivantes :
$\forall n \geqslant 1,\ \forall k \in [\![0, n-1]\!],\ \binom{n-1}{k-1} + \binom{n-1}{k} = \binom{n}{k}$; $\forall n \geqslant 1,\ \forall k \in [\![1, n]\!],\ k\binom{n}{k} = n\binom{n-1}{k-1}$;
$\forall n \in \mathbb{N},\ \displaystyle\sum_{k=0}^{n} \binom{n}{k} = 2^n$. En déduire : $\forall n \in \mathbb{N},\ \displaystyle\sum_{k=0}^{n} k\binom{n}{k}$.

Exercice 16.6* : Soit E un ensemble de cardinal n et $i \in [\![0, n]\!]$ fixé.
Déterminer $\mathsf{Card}\ \Omega_i$, où : $\Omega_i = \{(A, B) \in E^2,\ A \cup B = E,\ \mathsf{Card}\ B = i\}$.
Combien y-a-t-il de couples de parties (A, B) telles que $A \cup B = E$?

D'après Concours Commun INP (ancien CCP), filière PC

Exercice 16.7* : Pour tout couple $(p, k) \in (\mathbb{N}^\star)^2$, on note $S(p, k)$ le nombre de surjections de $[\![1, p]\!]$ dans $[\![1, k]\!]$. De façon cohérente, pour tout $p \in \mathbb{N}^\star$, on pose $S(p, 0) = 0$.

1. Quelques cas particuliers. On suppose $n \in \mathbb{N}^\star$.

a. Que vaut $S(p, n)$ pour $p < n$? Déterminer $S(n, n)$.

b. Déterminer $S(n+1, n)$.

2. Quelques formules utiles. On suppose $n \in \mathbb{N}^\star$.

a. Montrer que $\displaystyle\sum_{k=0}^{n}(-1)^k\binom{n}{k} = 0$.

b. Montrer que si $q \in [\![0,n]\!]$ et $k \in [\![0,q]\!]$, $\displaystyle\binom{n}{q}\binom{q}{k} = \binom{n}{k}\binom{n-k}{q-k}$.

c. En déduire que $\displaystyle\sum_{q=k}^{n}(-1)^q\binom{n}{q}\binom{q}{k} = \begin{cases} 0 & \text{si} \quad k \in [\![0,n[\![\\ (-1)^n & \text{si} \quad k = n \end{cases}$.

3. Recherche d'une expression générale. On suppose $(n,p) \in (\mathbb{N}^\star)^2$.

a. Combien y a-t-il d'applications de $[\![1,p]\!]$ dans $[\![1,n]\!]$?

b. Pour $p \geqslant n$, établir : $\displaystyle n^p = \sum_{k=0}^{n}\binom{n}{k}S(p,k)$, où $S(p,0) = 0$ par convention.

c. En déduire que pour $p \geqslant n$, $\displaystyle S(p,n) = (-1)^n\sum_{j=1}^{n}\binom{n}{j}j^p$.

D'après Concours Centrale Supélec, filière PC

Probabilités sur un univers fini

Exercice 16.8* : Soit $(\Omega, \mathscr{A}, P)$ un espace probabilisé.

1. A et B sont deux événements tels que $P(A) = 0,9$ et $P(B) = 0,8$, montrer que $P(A \cap B) \geqslant 0,7$.

2. Montrer que pour tous événements A et B de $\mathscr{A}$, $P(A \cap B) \geqslant P(A) + P(B) - 1$.

3. Généraliser : $\displaystyle P(A_1 \cap \cdots \cap A_n) \geqslant \sum_{i=1}^{n} P(A_i) - (n-1)$.

Exercice 16.9 : Nous sommes en 2258 et la grande exode vers la planète ***Integrationa*** commence pour les 20000 rescapés du conflit qui a rendu la Terre et ses classes prépas invivables de façon définitive. Il s'agit d'envoyer l'une après l'autre 20 fusées géantes interplanétaires avec 1000 survivants dans chacune. Le problème, c'est que les fusées ne sont pas très fiables et qu'une fusée a une probabilité $p = 0.15$ d'exploser en vol ou de se perdre dans l'espace.

1. Calculer la probabilité que 15000 personnes arrivent au bout du compte sur ***Integrationa***.

2. Calculer la probabilité que malheureusement il faille attendre la troisième fusée pour avoir enfin le premier « ***aintégrationage*** ».

Exercice 16.10 : *Once upon a time.* Le grand méchant loup mange des petits chaperons rouges et des nains. Dans la clairière, il y a 5 chaperons rouges constitués de deux filles et trois garçons et de 7 nains constitués de trois filles et de quatre garçons. Notre sympathique loup attrape et mange au hasard deux de ces 12 individus. Calculer la probabilité des événements suivants :

1. Les deux sacrifiés sont des nains. **2.** Les deux sacrifiés sont des filles.

3. Les deux sacrifiés sont du même type (nain ou chaperon rouge).

4. Les deux sacrifiés sont du même type (nain ou chaperon rouge) et de sexe opposé.

Exercice 16.11 : *Dans le métro toulousain.* 25 voyageurs attendent le métro à la station Minimes-Claude Nougaro de la ligne B. Une rame de 5 wagons arrivent. Elles sont vides sauf une seule qui contient une personne : James. On suppose que chaque wagon peut contenir jusqu'à 26 personnes et que tous les wagons sont équiprobables pour un voyageur.

1. Calculer la probabilité que deux des voyageurs seulement choisissent d'être dans le wagon de notre ami James.

2. On suppose maintenant que, parmi les 25 voyageurs, il y a 8 mamies avec leurs 8 toutous préférés (qui ne sont pas comptés comme voyageurs et voyagent forcément avec leur maîtresse). Calculer la probabilité que James ne subisse aucun chien dans sa voiture (les voyageurs qui ne sont pas des mamies n'ont plus de contraintes vis à vis de James).

■ Probabilités sur un univers infini

Exercice 16.12* : Soit $\Phi : \mathbb{N} \to \mathbb{N}$, $n \mapsto \lfloor n/2 \rfloor$ et $\mathscr{C} = \{\Phi^{-1}(B) \mid B \in \mathscr{P}(\mathbb{N})\}$.
Montrer que $\mathscr{C}$ est une tribu de parties de $\mathbb{N}$ strictement incluse dans $\mathscr{P}(\mathbb{N})$.

Exercice 16.13* : Soit A un événement et $(B_n)_{n\in\mathbb{N}}$ une famille dénombrable d'événements d'une tribu $\mathscr{A}$ sur Ω.

1. Montrer que : $A \cup \left(\bigcap_{n=0}^{+\infty} B_n\right) = \bigcap_{n=0}^{+\infty}(A \cup B_n)$ et que : $A \cap \left(\bigcup_{n=0}^{+\infty} B_n\right) = \bigcup_{n=0}^{+\infty}(A \cap B_n)$.

2. Montrer que : $\overline{\bigcup_{n=0}^{+\infty} B_n} = \bigcap_{n=0}^{+\infty} \overline{B_n}$ et que : $\overline{\bigcap_{n=0}^{+\infty} B_n} = \bigcup_{n=0}^{+\infty} \overline{B_n}$.

Exercice 16.14* : On effectue une suite infinie de lancers d'un dé. Pour tout $i \in \mathbb{N}^*$, on note

$$A_i : \text{« Obtention de l'as au i}^{\text{ème}}\text{ lancer ».}$$

1. Définir par une phrase ne comportant aucun vocabulaire mathématique chacun des événements :

$$E_1 = \bigcap_{i=4}^{+\infty} A_i, \quad E_2 = \left(\bigcap_{i=1}^{3} \overline{A_i}\right) \cap \left(\bigcap_{i=4}^{+\infty} A_i\right), \quad E_3 = \bigcup_{i>3} A_i.$$

2. Écrire à l'aide des A_i : « on obtient au moins une fois l'as au-delà du $n^{\text{ème}}$ lancer ».

3. On pose $C_n = \bigcup_{i>n} A_i$. Montrer que la suite $(C_n)_{n\in\mathbb{N}^*}$ est décroissante ($C_{n+1} \subset C_n$, $\forall n \geqslant 1$).

Caractériser d'une phrase ne comportant pas de vocabulaire mathématique $C = \bigcap_{n\geqslant 1} C_n$.

4. Écrire à l'aide des A_i les événements :
▷ B_n : « On n'obtient plus que des as à partir du n^{ème} lancer ».
▷ B : « On n'obtient plus que des as à partir d'un certain lancer ».

Exercice 16.15 : Soit $a \in]1, +\infty[$, et $\zeta(a) = \sum_{n=1}^{+\infty} \frac{1}{n^a}$ la somme de la série de Riemann convergente.

On définit une probabilité P_a sur $\mathbb{N}^*$ en posant : $\forall n \in \mathbb{N}^*$, $P_a(\{n\}) = \frac{1}{\zeta(a)\, n^a}$.

Calculer $P_a(2\mathbb{N}^*)$. Généraliser à $P_a(m\mathbb{N}^*)$, $m \in \mathbb{N}^*$.

Exercice 16.16 : $\Omega = \mathbb{N}$ et $\mathscr{A} = \mathscr{P}(\mathbb{N})$. On fixe $c \in]0, 1[$ et :

$$\text{pour tout } k \in \mathbb{N},\ P(\{k\}) = A_c \frac{c^k}{k!}.$$

Déterminer le nombre A_c pour que $(\mathbb{N}, \mathscr{P}(\mathbb{N}), P)$ soit un espace probabilisé et calculer la probabilité de l'ensemble des entiers naturels impairs.

Conditionnement et indépendance

Exercice 16.17 : Soit A et B deux événements d'un espace probabilisé $(\Omega, \mathscr{A}, P)$ avec $P(A) = \dfrac{1}{3}$, $P(B) = \dfrac{1}{4}$ et $P(A \cup B) = \dfrac{4}{9}$. Calculer $P_B(A)$, $P_B(\overline{A})$ et $P_B(A \cap \overline{B})$.

Exercice 16.18 :** *Inégalité d'Edith Kosmanek.* On pose : $e(A,B) = P(A \cap B) - P(A)P(B)$, où A et B sont deux événements d'un espace probabilisé $(\Omega, \mathscr{A}, P)$.

1. $e(A,B)$ peut-il valoir 0 ?

2. Montrer : $|e(A,B)| \leqslant \frac{1}{4}$ avec égalité si, et seulement si, $P(A) = P(B) = \frac{1}{2}$ et $P(A \cap B) \in \left\{0, \frac{1}{2}\right\}$.

D'après Oral ENS

Exercice 16.19 : On lance un dé parfait à 5 faces (mais oui...), donc numéroté de 1 à 5, un grand nombre de fois. On note p_n la probabilité que la somme des résultats obtenus lors des n premiers lancers soit paire. Calculer p_1. Exprimer p_{n+1} en fonction de p_n. En déduire p_n.

Exercice 16.20 : Soit $(\Omega, \mathscr{A}, P)$ un espace probabilisé, $A, B, A_1, ..., A_n$ des événements.

1. Montrer : si A et B sont indépendants alors $\overline{A}$ et B, A et $\overline{B}$, ainsi que $\overline{A}$ et $\overline{B}$, le sont aussi.

2. Si $A_1, A_2, \ldots, A_n$ sont mutuellement indépendants, montrer que $\overline{A_1}, A_2, \ldots, A_n$ aussi.

Exercice 16.21 : Soit n urnes numérotées de 1 à n. $\forall k \in [\![1,n]\!]$, l'urne numéro k contient n boules noires et k boules blanches. On tire au hasard une urne et dans cette urne une boule. Quelle est la probabilité d'obtenir une boule noire ? Que vaut cette probabilité si n est grand ?

Exercice 16.22 : U_1 et U_2 sont deux urnes contenant des boules blanches et noires. U_1 contient 75% de boules blanches et U_2 50%. De plus, U_1 contient trois fois plus de boules que U_2. On mélange les boules de U_1 et U_2 dans une même urne U de laquelle on tire au hasard une boule. On constate qu'elle est blanche. Quelle est la probabilité qu'elle provienne de U_1 ?

Exercice 16.23 : Soit trois urnes : U_1 qui contient initialement 4 boules noires et 2 boules blanches, U_2 qui contient initialement 5 boules noires et 5 boules blanches, U_3 qui contient initialement 3 boules noires et 4 boules blanches. On commence par tirer une boule de U_1, on note sa couleur on met cette boule dans U_2 puis on tire une boule de U_2, on note sa couleur et on met cette boule dans U_3. Enfin, on tire une boule de U_3 et on note sa couleur.
Calculer la probabilité que les trois boules tirées soient de la même couleur.

D'après Concours Communs Mines-Telecom et concours ENSEA, filière PSI

Exercice 16.24* : Un système peut être placé en n positions différentes notées $S_1, S_2, \ldots, S_n$. À chaque instant, il en occupe une et une seule. À chaque minute, la position est modifiée de manière aléatoire, mais de telle sorte que si l'on note X l'ancienne position et Y la nouvelle, $P_{(X=S_i)}(Y = S_j) = p_{i,j}$. On suppose : $\forall i$, $P(X = S_i) \neq 0$. Soit $M = (p_{i,j}) \in \mathcal{M}_n(\mathbb{R})$.

1. Montrer que, pour tout $i \in [\![1,n]\!]$, $\displaystyle\sum_{j=1}^{n} p_{i,j} = 1$.

2. Soit $u_i = P(X = S_i)$ et $v_j = P(Y = S_j)$, puis $U = (u_1, u_2, \ldots, u_n)$ et $V = (v_1, v_2, \ldots, v_n)$ les vecteurs lignes associés. Montrer que matriciellement, on a : $V = UM$.
En déduire une méthode simple pour calculer la probabilité que le système soit dans une position donnée au bout de p modifications. Montrer enfin que 1 est une valeur propre de M.

Exercice 16.25 : On s'intéresse à la répartition des sexes des enfants d'une famille de n enfants. L'univers est : $\Omega = \{f,g\}^n = \{(x_1,...,x_n), x_i \in \{f,g\}, i = 1,\ldots,n\}$, muni de l'équiprobabilité. Soit A : « la famille a des enfants des deux sexes » et B : « la famille a au plus une fille ».

1. Calculer les probabilités de A et B pour $n \geqslant 2$.

2. En déduire que A et B ne sont indépendants que si $n = 3$.

Exercice 16.26* : ***Nous sommes à l'âge de Pierre*** et un crime vient d'être commis. Une guitariste-couturière est l'accusée. À la fin du procès, deux jurés (le chef qui s'appelle Pierre et le blond qui s'appelle Pierre) doivent se prononcer et l'accusée sera condamnée si les deux jurés se prononcent pour la condamnation. On suppose qu'à l'âge de Pierre, 60 pour cent des accusés sont effectivement coupables. On les appelait alors des « crimiers ». De plus, on suppose :

A. Lorsque un accusé est réellement un crimier, la probabilité qu'il soit déclaré coupable est 0.7 pour chacun des deux jurés et dans ce cas, les deux avis sont indépendants.

B. Lorsqu'un accusé n'est pas un crimier, la probabilité qu'il soit déclaré coupable est alors 0.2 pour chacun des deux jurés et leurs deux avis sont alors encore indépendants. On note J_1^+ (respectivement J_2^+) l'événement : « Pierre le chef (respectivement Pierre le Blond) déclare l'accusée coupable ». Enfin, on notera C l'évenement : « l'accusée est effectivement une crimière ».

1. Calculer la probabilité pour que l'accusée soit condamnée par les deux jurés.

2. Calculer $P(J_1^+)$ et $P(J_2^+)$. Les événements J_1^+ et J_2^+ sont-ils indépendants ?

3. Calculer la probabilité que Pierre le Blond condamne l'accusée sachant que Pierre le Chef l'a condamné. Que penser de la probabilité que Pierre le Chef condamne l'accusée sachant que Pierre le Blond l'a condamné ?

Exercice 16.27 : On dispose de 100 dés dont 25 sont pipés.
Pour chaque dé pipé, la probabilité d'obtenir le chiffre 6 lors d'un lancer vaut $\frac{1}{2}$.

1. On tire un dé au hasard parmi les 100 dés. On lance ce dé et on obtient 6. Quelle est la probabilité que ce dé soit pipé ?

2. Soit $n \in \mathbb{N}^\star$. On tire un dé au hasard parmi les 100 dés. On lance ce dé n fois et on obtient n fois le chiffre 6. Quelle est la probabilité p_n pour que ce dé soit pipé ?

3. Déterminer $\lim\limits_{n\to+\infty} p_n$. Interpréter ce résultat.

D'après Concours Commun INP (ancien CCP), filière PC

Indications

Ex. 16.1

On rappelle que $\lfloor x \rfloor$ désigne la partie entière de x. Calculer $\Phi(2p)$ et $\Phi(2p+1)$, pour $p \in \mathbb{N}$.

Ex. 16.2

Pour $n \in \mathbb{N}$ donné, considérer l'unique $k \in \mathbb{N}$ tel que $\frac{k(k+1)}{2} \leqslant n < \frac{(k+1)(k+2)}{2}$.

Ex. 16.5

Pour la première, fixer un élément a de l'ensemble de cardinal n considéré et distinguer les parties à k éléments de cet ensemble contenant a des parties à k éléments ne contenant pas a.
Pour la seconde, imaginer deux façons de procéder pour un entraîneur devant former une équipe de k joueurs et choisir un capitaine à cette équipe.

Pour la troisième, compter le nombre total de parties d'un ensemble de cardinal n, puis faire la somme des nombres de parties de cardinal k, k variant de 0 à n.

Ex. 16.6

A l'oral de CCP, on proposait de commencer par $n = 5$ et $i = 3$, par exemple, avec $E = [\![1,5]\!]$ et donc de dénombrer tous les couples (A,B) avec $A \cup B = E$ et $\operatorname{Card} B = 3$.

Ex. 16.7

2. a. *On part de la formule du binôme qui développe $(1+x)^n$.*
2. c. *On combine* **2.a.** *et* **2.b.**
3. b. *On pourra montrer que pour tout entier $k \in [\![1,n]\!]$, le nombre d'applications de $[\![1,p]\!]$ dans $[\![1,n]\!]$ ayant un ensemble image à k éléments est égal à $\binom{n}{k} S(p,k)$.*
3. c. *On partira du second membre de l'égalité à montrer et on remplacera j^p avec la formule établie à* **3.b.** *Puis, on fera l'interversion $\sum_{j=1}^{n} \sum_{k=1}^{j} = \sum_{k=1}^{n} \sum_{j=k}^{n}$ (que l'on justifiera). Puis on appliquera encore une des questions précédentes.*

Ex. 16.10

On peut calculer le rapport entre le nombre de cas favorables sur le nombre de cas possibles ou alors prendre un sacrifié l'un après l'autre et faire le produit de deux probabilités.

Ex. 16.12

Se souvenir que : $\forall B \in \mathscr{P}(\mathbb{N})$, $\Phi^{-1}(\overline{B}) = \overline{\Phi^{-1}(B)}$ et, si $(B_n)_{n\in\mathbb{N}}$ est une famille dénombrable de parties de $\mathbb{N}$, $\bigcup_{n=0}^{+\infty} \Phi^{-1}(B_n) = \Phi^{-1}\left(\bigcup_{n=0}^{+\infty} B_n\right)$.

Ex. 16.18

On commencera par prouver que $e(A,B) \leqslant P(A\cap B) - P(A\cap B)^2$ puis que pour $x \in [0,1]$, $x(1-x) \leqslant \frac{1}{4}$. Enfin, on remarquera que $e(A,B) = -e(A,\overline{B})$.

Ex. 16.19

On pourra poser A_n l'événement : « la somme des résultats obtenus lors des n premiers lancers est paire » et remarquer que $\{A_n, \overline{A_n}\}$ constitue un système complet d'événements.
Pour trouver p_n, on recherche une suite α constante qui vérifie la même récurrence que p_n et on posera $w_n = p_n - \alpha$. On remarquera que (w_n) est géométrique.

Ex. 16.21

On pose par exemple U_k l'événement qui consiste à choisir l'urne numéro k et N l'événement qui consiste à obtenir une boule noire. On calcule rapidement $P(U_k)$ et $P_{U_k}(N)$.

Puis on utilise : $P(N) = \sum_{k=1}^{n} P(U_k)P_{U_k}(N)$.

Pour trouver la limite de $P(N)$, quand n tend vers $+\infty$, on pensera alors à des encadrements avec des intégrales ou alors tout simplement aux sommes de Riemann (attention, on n'a pas écrit : « séries de Riemann »). Voilà encore des révisions en perspective !

Ex. 16.23

On notera B_i (respectivement N_i) : « la boule tirée dans l'urne U_i est blanche (respectivement noire) » et U : « l'ensemble du tirage est unicolore ». On use de la formule des probabilités composées, ça y est, je l'ai dit !

Ex. 16.24

1. *Les événements* $(Y = S_j)_{j\in[\![1,n]\!]}$ *forment un système complet d'événements. On utilise la formule des probabilités totales pour calculer* $P(X = S_i)$*, pour un* i *donné.* **2.** *Idem, mais pour un* j *donné.*

Ex. 16.26

1. *La probabilité pour que l'accusée soit condamnée par les deux jurés est* $P(J_1^+ \cap J_2^+)$*. L'énoncé donne* $P(C)$*,* $P_C(J_1^+)$*,* $P_C(J_2^+)$ *puis* $P_{\overline{C}}(J_1^+)$ *et* $P_{\overline{C}}(J_2^+)$*. De plus, on remarque que* J_1^+ *et* J_2^+ *sont indépendants conditionnellement à* C *et aussi conditionnellement à* $\overline{C}$*. Ainsi, par exemple* $P_C(J_1^+ \cap J_2^+) = P_C(J_1^+) \times P_C(J_2^+)$.

Ex. 16.27

1. *Si l'on appelle* T *l'événement : « le dé choisi est pipé » et* C *l'événement : « on obtient* 6 *lors du lancer » alors on demande de calculer* $P_C(T)$*. Dans cette question et la suivante, il faut choisir le bon système complet d'évenements avant d'utiliser la formule de Bayes.*

2. *Dans cette question, on introduit les événements, pour tout* $k \in [\![1, n]\!]$ *:*

C_k *: « on tire le chiffre* 6 *au* $k^{\text{ème}}$ *lancer ». L'événement à considérer ensuite, c'est :* $D = \displaystyle\bigcap_{k=1}^{n} C_k$.

À vous de continuer !

Corrigé des vrai/faux

1	2	3	4	5	6	7	8	9	10	11	12	13	14	15
F	F	F	V	V	V	F	V	F	V	V	V	V	V	V

1. Il n'y a aucun ordre déterminé a priori entre $P_B(A)$ et $P(A)$: si on lance un dé parfait, si A est « obtenir un 6 » et B « obtenir un nombre pair, » alors $P(A) = \frac{1}{6}$, $P_B(A) = \frac{1}{3}$ et $P_{\overline{B}}(A) = 0$.
2. $P(A \cap B) = 0 \Rightarrow A \cap B$ peut être une événement presque impossible.
3. Deux événements incompatibles A et B avec $P(A) > 0$ et $P(B) > 0$ ne sont jamais indépendants. En effet, $A \cap B = \emptyset$ implique $P(A \cap B) = 0$, or $P(A)P(B) \neq 0$.
4. $P\left(\overline{A} \cap \overline{B}\right) = P\left(\overline{A \cup B}\right) = 1 - P(A \cup B) = 1 - P(A) - P(B) + P(A \cap B)$
$= 1 - P(A) - P(B) + P(A)P(B) = (1 - P(A))(1 - P(A)) = P\left(\overline{A}\right)P\left(\overline{B}\right)$.
6. Si B est tel que $P(B) > 0$, alors P_B est une probabilité sur Ω, d'où le résultat.
7. On jette un dé équilibré. A est l'événement « obtenir le 6 » et B est l'événement « obtenir un numéro pair ». $P_B(A) + P_{\overline{B}}(A) = \dfrac{1}{3} + 0 \neq 1$.
8. Il s'agit de l'événement $(A \cup B) \setminus (A \cap B)$. Comme $A \cap B \subset A \cup B$, $(A \cup B) \setminus (A \cap B)$ et $A \cap B$ forment une partition de $A \cup B$, d'où :
$P((A \cup B) \setminus (A \cap B)) = P(A \cup B) - P(A \cap B) = P(A) + P(B) - P(A \cap B) - P(A \cap B)$.
9. $P(A \cup B) \leq 1$ et $P(A \cup B) = P(A) + P(B) - P(A \cap B)$ entraînent que $P(A \cap B) \geqslant \dfrac{1}{12}$.
10. $\displaystyle\sum_{k=1}^{n} \frac{1}{k(k+1)} = \sum_{k=1}^{n} \left(\frac{1}{k} - \frac{1}{k+1}\right) = \sum_{k=1}^{n} \frac{1}{k} - \sum_{k=2}^{n+1} \frac{1}{k} = 1 - \frac{1}{n+1}$. Par passage à la limite, $\displaystyle\sum_{n \geqslant 1} \frac{1}{n(n+1)}$ converge et a pour somme 1. Comme, de plus, $\forall n \in \mathbb{N}^*$, $\dfrac{1}{n(n+1)} > 0$, on peut conclure.
11. Il faut faire autant de vérifications qu'il y a de parties à au moins 2 éléments dans $\{1, 2, 3, 4\}$. Cet ensemble a $2^4 = 16$ sous-ensembles, moins une unité pour $\emptyset$ et 4 unités pour les singletons.
12. $\Omega = \{(F, G), (G, F), (F, F), (G, G)\}$. Si A : « au moins un garçon » et B : « au moins une fille » alors $P_A(B) = \frac{1}{2} \times \frac{4}{3} = \frac{2}{3}$.
13. C'est vrai pour un événement quasi-impossible ou quasi-certain.
14. Comme $A_n \subset \displaystyle\bigcup_{n=1}^{+\infty} A_n \Rightarrow P(A_n) \leqslant P\left(\bigcup_{n=1}^{+\infty} A_n\right)$ et on fait tendre n vers $+\infty$.
15. $P\left(\displaystyle\bigcap_{n=1}^{+\infty} A_n\right) = \lim_{n \to +\infty} P\left(\bigcup_{k=1}^{n} A_k\right) = \lim_{n \to +\infty} \left(\prod_{k=1}^{n} P(A_k)\right) = \lim_{n \to +\infty} p^n = 0$.

Erreurs classiques

- Penser que : $P(A) = 0 \Rightarrow A = \emptyset$.
- Confondre $P(A \cap B)$ et $P_B(A)$.
- Confondre indépendance et incompatibilité.
- Confondre indépendance mutuelle et indépendance deux à deux.

Corrigé des exercices

Exercice 16.1

Pour tout $p \in \mathbb{N}$, $\Phi(2p) = p$ et $\Phi(2p+1) = -(p+1)$.
Soit $q \in \mathbb{Z}$. Si q est positif ou nul : $\Phi(n) = q \Leftrightarrow n = 2q$. $2q$ est l'unique antécédent de q par Φ dans $\mathbb{N}$.
Si q est strictement négatif, son éventuel antécédent est un entier naturel impair $2p+1$ tel que $-(p+1) = q$, donc le seul antécédent possible de q par Φ dans $\mathbb{N}$: $-2q-1$. Puisque $q \leqslant -1$, $-2q-1 \in \mathbb{N}$ et $\Phi(-2q-1) = q$: $-2q-1$ est l'unique antécédent de q par Φ dans $\mathbb{N}$.
Ainsi, Φ est bijective et Φ^{-1} est l'application de $\mathbb{Z}$ dans $\mathbb{N}$ définie par :

$$\text{si } q \geqslant 0,\ \Phi^{-1}(q) = 2q\,; \text{ si } q < 0,\ \Phi^{-1}(q) = -2q-1.$$

L'idée est de montrer que Φ est une bijection de $\mathbb{N}$ sur $\mathbb{Z}$ et donc que $\mathbb{Z}$ est dénombrable.

Exercice 16.2

Soit un entier naturel n, si $\Psi\big((x_i, y_j)\big) = n$, alors $\dfrac{(i+j)(i+j+1)}{2} + i = n$.
$\dfrac{(i+j)(i+j+1)}{2}$ est la somme de tous les entiers de 1 à $i+j$, alors que $\dfrac{(i+j+1)(i+j+2)}{2}$ est la somme de tous les entiers de 1 à $i+j+1$. Comme $0 \leqslant i < i+j+1$, on a : $\dfrac{(i+j)(i+j+1)}{2} \leqslant n < \dfrac{(i+j+1)(i+j+2)}{2}$.
Soit l'unique entier naturel k tel que : $\dfrac{k(k+1)}{2} \leqslant n < \dfrac{(k+1)(k+2)}{2}$, k est l'unique valeur possible de $i+j$.
Posons : $i = n - \dfrac{k(k+1)}{2}$, alors (x_i, y_{k-i}) est l'unique antécédent possible de n par Ψ dans $A \times B$. D'autre part, on a bien : $\Psi\big((x_i, y_{k-i})\big) = n$.
Ψ est une bijection de $A \times B$ dans $\mathbb{N}$.
Donc, le produit cartésien de deux ensembles dénombrables est dénombrable.

On utilise abondamment $\displaystyle\sum_{k=1}^{p} k = \frac{p(p+1)}{2}$.

Exercice 16.3

On a 999 nombres possibles entre 001 et 999. Puis, dans le bloc de gauche, on a 23 lettres de l'alphabet possibles, ce qui donne $23^2 - 2$ assemblements de deux lettres possibles, en enlevant SS et WW. Enfin, dans le bloc de droite, on a encore 23 lettres de l'alphabet possibles, ce qui donne $23^2 - 1$ assemblements de deux lettres possibles, en enlevant SS.
Cela donne : $(23^2 - 2) \times 999 \times (23^2 - 1) = 277\,977\,744$ possibilités.

À comparer avec l'ancien système de numérotation, où chaque département pouvait immatriculer 126 907 308 *véhicules, en considérant que l'on pouvait avoir deux ou trois lettres entre les deux nombres.*

Exercice 16.4

1. Le nombre des tirages possibles étant égal au nombre r^m des applications de l'ensemble $\{A_1, ..., A_m\}$ dans l'ensemble $\{1, ..., r\}$ et le nombre de tirages n'amenant aucune boule portant le numéro k étant égal au nombre $(r-1)^m$ des applications de $\{A_1, ..., A_m\}$ dans $\{1, ..., k-1, k+1, ..., r\}$, on a alors : $N = r^m - (r-1)^m$.

2. Supposons $k \geqslant 2$. Un tirage répond à la question s'il contient au moins une fois une boule portant le numéro k, mais ce tirage ne doit contenir aucune boule portant un numéro supérieur à k. Le nombre cherché N' est égal à la différence entre le nombre des applications de $\{A_1, ..., A_m\}$ dans l'ensemble

Pour $k = 1$, le nombre cherché vaut 1 car il n'y a qu'une façon de procéder !

Corrigé

$\{1, ..., k\}$ et celui du nombre d'applications de $\{A_1, ..., A_m\}$ dans l'ensemble $\{1, ..., k-1\}$. Cela donne : $N' = k^m - (k-1)^m$.

Exercice 16.5

$\triangleright$ Soit A un ensemble de cardinal n et a un élément fixé de A, $\mathscr{A}_a$ l'ensemble des parties de A de cardinal k contenant a, $\overline{\mathscr{A}_a}$ l'ensemble des parties de A de cardinal k ne contenant pas a et $\mathscr{P}_k(A)$ l'ensemble des parties de A de cardinal k.

Une partie de A de cardinal k contenant a est définie par le choix dans $A \setminus \{a\}$ des $k-1$ autres éléments : $\binom{n-1}{k-1}$ possibilités et Card $\mathscr{A}_a = \binom{n-1}{k-1}$.

Une partie de A de cardinal k ne contenant pas a est définie par le choix dans $A \setminus \{a\}$ de ses k éléments : $\binom{n-1}{k}$ possibilités et Card $\overline{\mathscr{A}_a} = \binom{n-1}{k}$.

C'est la formule dè Pascal.

$\mathscr{A}_a$ et $\overline{\mathscr{A}_a}$ constituent une partition $\mathscr{P}_k(A)$: Card $\mathscr{A}_a$+Card $\overline{\mathscr{A}_a}$ = Card $\mathscr{P}_k(A)$.

$$\forall n \geq 1, \forall k \in [\![0, n-1]\!], \binom{n-1}{k-1} + \binom{n-1}{k} = \binom{n}{k}.$$

$\triangleright$ L'entraîneur d'une équipe dispose de n joueurs. Il doit constituer pour jouer sur le terrain une équipe de k joueurs et y désigner un capitaine.

► Soit il commence par choisir k joueurs parmi n puis il choisit le capitaine parmi les k joueurs sur le terrain : $\binom{n}{k}\binom{k}{1}$ possibilités;

► Soit il commence par choisir le capitaine parmi n puis il choisit ensuite les $k-1$ autres membres de l'équipe parmi les $n-1$ joueurs restants, ce qui donne $\binom{n}{1}\binom{n-1}{k-1}$ possibilités.

Cette formule est utile pour calculer l'espérance d'une loi binomiale, rappelez-vous !

Ces deux façons de procéder donnent le même nombre de couples (équipe, capitaine), donc :

$$\forall n \geqslant 1, \forall k \in [\![1, n]\!], k\binom{n}{k} = n\binom{n-1}{k-1}.$$

$\triangleright$ ► Chaque élément de A peut être, ou ne pas être, un élément d'une partie de A : Card $\mathscr{P}(A) = 2^n$.

Illustrer avec un arbre.

► Le cardinal de $\mathscr{P}(A)$ peut aussi s'obtenir en sommant, pour k variant de 0 à n, le nombre de parties de A de cardinal k : $\binom{n}{k}$.

$$\forall n \in \mathbb{N}, \sum_{k=0}^{n} \binom{n}{k} = 2^n.$$

Deuxième formule prouvée.

$$\triangleright\ \forall n \in \mathbb{N}, \sum_{k=0}^{n} k\binom{n}{k} = \sum_{k=1}^{n} k\binom{n}{k} = \sum_{k=1}^{n} n\binom{n-1}{k-1} \overset{k'=k-1}{=} n\sum_{k'=0}^{n-1}\binom{n-1}{k'}$$

$$\forall n \in \mathbb{N}, \sum_{k=0}^{n} k\binom{n}{k} = n\,2^{n-1}.$$

Exercice 16.6

Ce cas particulier était donné comme indication par l'examinateur de cette planche d'Oral.

- **Cas** $n = 5$ **et** $i = 3$. Par exemple, $E = \{1, 2, 3, 4, 5\}$ et il y a $\binom{5}{3}$ ensembles B possibles de cardinal 3. Si $Card\,A = 2$, $A = \overline{B}$ et est unique pour un B donné. Si $Card\,A = 3$, $A = \overline{B} \cup \{c\}$, où $c \in B$. Il y a $\binom{3}{1} \times \binom{5}{3}$ couples (A, B) possibles. Si $Card\,A = 4$, $A = \overline{B} \cup \{c, d\}$, où $c \in B$ et $d \in B$.

Il y a $\binom{3}{2} \times \binom{5}{3}$ couples (A, B) possibles.

Si $Card\,A = 5$, il y a $\binom{3}{3} \times \binom{5}{3}$ couples (A, B) possibles.

Finalement, cela fait $10(1 + 3 + 3 + 1) = 80$ possibilités car $\binom{5}{3} = 10$.

- **Cas général**. On sait que $Card\, A$ est un entier compris entre $n-i$ et n. Il y a $\binom{n}{i}$ choix de B pour un sous-ensemble A donné. On comptabilise tous les couples (A,B) en les classant par le cardinal de A.
Il y en a : $\binom{n}{i}\left[\binom{i}{0}+\binom{i}{1}+\ldots+\binom{i}{i}\right]=\binom{n}{i}2^i$.
- Nombre de couples (A,B) tels que $A\cup B=E$ est $\displaystyle\sum_{i=0}^{n}\binom{n}{i}2^i=(2+1)^n=3^n$.

Exercice 16.7

1. a. Tout élément de l'ensemble de départ a une image et une seule et si $n>p$, certains éléments de l'ensemble d'arrivée ne seront pas atteints.

Pour $p<n$, $S(p,n)=0$.

Il n'existe aucune surjection de $[\![1,p]\!]$ dans $[\![1,n]\!]$.
$S(n,n)$ est le nombre de surjections d'un ensemble E de cardinal n dans un ensemble F de même cardinal. On sait d'après le cours qu'alors f est une surjection de E sur F si, et seulement si, f est une injection de E sur F et si, et seulement si, f est une bijection de E sur F. En conclusion, $s(n,n)$ est aussi le nombre de bijections de $[\![1,n]\!]$ dans $[\![1,n]\!]$, c'est-à-dire aussi le nombre de permutations de $[\![1,n]\!]$. C'est $n!$.

b. $S(n+1,n)$ est le nombre de surjections de $[\![1,n+1]\!]$ dans $[\![1,n]\!]$. Soit f une telle surjection. Les éléments de $[\![1,n]\!]$ sont tous atteints une fois sauf l'un d'entre eux qui est atteint deux fois. Il y a n choix possibles pour cette image. Cet élément de $[\![1,n]\!]$ étant fixé, il a deux antécédents dans $[\![1,n+1]\!]$ et $\binom{n+1}{2}$ façons de choisir ces deux antécédents. Enfin, les $n+1-2$ antécédents restants de $[\![1,n+1]\!]$ sont en bijection avec les $n-1$ éléments de $[\![1,n]\!]$ qui n'ont qu'un antécédent. Il y a $(n-1)!$ telles bijections.
Au total, $S(n+1,n)=n\times\dbinom{n+1}{2}\times(n-1)!=\dfrac{n(n+1)!}{2}$.

2. a. Partons de la formule du binôme de Newton :

Car n est non nul.

$$\forall x\in\mathbb{R} : (1+x)^n=\sum_{k=0}^{n}x^k\binom{n}{k}.$$

On pose $x=-1$. On obtient : $(1+(-1))^n=\displaystyle\sum_{k=0}^{n}(-1)^k\binom{n}{k}=0^n=0$.

b. On suppose $q\in[\![0,n]\!]$ et $k\in[\![0,q]\!]$, on développe alors $\dbinom{n}{q}\dbinom{q}{k}$:

$$\frac{n!}{q!(n-q)!}\times\frac{q!}{k!(q-k)!}=\frac{n!q!}{q!(n-q)!k!(q-k)!}=\frac{n!}{(n-q)!k!(q-k)!}.$$

Par ailleurs, on développe aussi $\dbinom{n}{k}\dbinom{n-k}{q-k}$. Il vaut :

Les deux quantités sont bien égales.

$$\frac{n!}{k!(n-k)!}\times\frac{(n-k)!}{(q-k)!(n-k-(q-k))!}=\frac{n!}{k!(q-k)!(n-q)!}.$$

c. $\forall k\in[\![0,n]\!]$, $\displaystyle\sum_{q=k}^{n}(-1)^q\binom{n}{q}\binom{q}{k}=\sum_{q=k}^{n}(-1)^q\binom{n}{k}\binom{n-k}{q-k}$, en utilisant **2.b.**

Ce qui donne : $\displaystyle\sum_{q=k}^{n}(-1)^q\binom{n}{q}\binom{q}{k}=\binom{n}{k}\sum_{q=k}^{n}(-1)^q\binom{n-k}{q-k}$,

en mettant $\dbinom{n}{k}$ en facteur.

Corrigé

$\displaystyle\sum_{q=k}^{n}(-1)^q\binom{n}{q}\binom{q}{k}$ devient :

$$\binom{n}{k}\sum_{r=0}^{n-k}(-1)^{r+k}\binom{n-k}{r}=(-1)^k\binom{n}{k}\sum_{r=0}^{n-k}(-1)^r\binom{n-k}{r},$$

en effectuant dans la somme le changement d'indice $r=q-k$.

On applique le résultat de **2.a.** : $\displaystyle\sum_{r=0}^{n-k}(-1)^r\binom{n-k}{r}=0$ si $n-k>0$.

Si par contre $k=n$, la somme vaut $(-1)^n$ car :

$$\sum_{q=k}^{n}(-1)^q\binom{n}{q}\binom{q}{k}=(-1)^n\binom{n}{n}\sum_{r=0}^{0}(-1)^r\binom{n-k}{r}=(-1)^n\binom{n}{n}(-1)^0\binom{0}{0}.$$

Ainsi : $\displaystyle\sum_{q=k}^{n}(-1)^q\binom{n}{q}\binom{q}{k}=\begin{cases}0 & \text{si} \quad k\in[\![0,n[\![\\ (-1)^n & \text{si} \quad k=n\end{cases}.$

3. a. D'après le cours, comme $[\![1,p]\!]$ est de cardinal p et $[\![1,n]\!]$ est de cardinal n, il y a n^p applications de $[\![1,p]\!]$ dans $[\![1,n]\!]$.

b. <u>*Première étape.*</u> Montrons que pour tout entier $k\in[\![1,n]\!]$, le nombre d'applications de $[\![1,p]\!]$ dans $[\![1,n]\!]$ ayant un ensemble image à k éléments est égal à $\binom{n}{k}S(p,k)$. En effet, pour une telle application f, $\operatorname{Im} f$ est une partie de $[\![1,n]\!]$ à k éléments, il y a donc $\binom{n}{k}$ façons de choisir ces images.

✎ *Notons* Im f *l'ensemble image de* f, *c'est-à-dire tous les éléments atteints par* f.

Ce choix étant fait, une telle application de $[\![1,p]\!]$ dans $[\![1,n]\!]$ est une surjection de $[\![1,p]\!]$ sur $\operatorname{Im} f$. Il y a $S(p,k)$ telles surjections.

Finalement, il y a bien $\binom{n}{k}S(p,k)$ applications de $[\![1,p]\!]$ dans $[\![1,n]\!]$ ayant un ensemble image à k éléments.

<u>*Deuxième étape.*</u> Montrons la formule demandée dans l'énoncé.

Il y a n^p applications de $[\![1,p]\!]$ dans $[\![1,n]\!]$. On peut regrouper ces applications suivant le cardinal k de leur ensemble image, l'entier k peut varier de 1 à n.

Pour chaque valeur k, on sait qu'il y a $\binom{n}{k}S(p,k)$ applications possibles.

En sommant k de 1 à n, on en déduit (en posant $S(p,0)=0$) :

$$n^p=\sum_{k=1}^{n}\binom{n}{k}S(p,k)=\sum_{k=0}^{n}\binom{n}{k}S(p,k).$$

c. Partons du second membre de l'égalité à montrer et arrangeons là pour aboutir à $S(p,n)$.

$$(-1)^n\sum_{j=1}^{n}\binom{n}{j}j^p=(-1)^n\sum_{j=1}^{n}\binom{n}{j}\left[\sum_{k=1}^{j}(-1)^j\binom{j}{k}S(p,k)\right],$$

en utilisant **3.b.** avec j à la place de n. Ce qui donne :

$$(-1)^n\sum_{j=1}^{n}\binom{n}{j}j^p=(-1)^n\sum_{j=1}^{n}\sum_{k=1}^{j}(-1)^j\binom{n}{j}\binom{j}{k}S(p,k).$$

On fait l'interversion des sommes : $\sum_{j=1}^{n}\sum_{k=1}^{j}=\sum_{k=1}^{n}\sum_{j=k}^{n}$.

En effet, elle est licite (voir le développement dans la marge).

La double somme porte sur tous les couples (j,k) tels que $j\in[\![1,n]\!]$ et $k\in[\![1,j]\!]$. L'ensemble des points de coordonnées (j,k) définit une zone triangulaire qui est parcourue colonne par colonne si Oj représente l'axe des abscisses et Ok celui des ordonnées : pour la colonne $j=1$, k va de 1 à 1, pour la colonne $j=2$, k va de 1 à 2 etc. et pour la colonne $j=n$, k va de 1 à n. Si l'on fait le parcours ligne par ligne, pour la ligne $k=1$, j va de 1 à n, pour la ligne $k=2$, j va de 2 à n, etc. et pour la ligne $k=n$, j va de n à n. Ainsi k varie alors de 1 à n et j de k à n.

Notre somme de départ $(-1)^n\sum_{j=1}^{n}\binom{n}{j}j^p$ devient :

$$(-1)^n\sum_{k=1}^{n}\sum_{j=k}^{n}(-1)^j\binom{n}{j}\binom{j}{k}S(p,k),$$

C'est-à-dire : $(-1)^n\sum_{k=1}^{n}\left[\sum_{j=k}^{n}(-1)^j\binom{n}{j}\binom{j}{k}\right]S(p,k)$.

Or, $\sum_{j=k}^{n}(-1)^j\binom{n}{j}\binom{j}{k}$ vaut 0 si $k<n$ et $(-1)^n$ si $k=n$, d'après **2.c.**.

Il reste : $(-1)^n\sum_{j=1}^{n}\binom{n}{j}j^p=(-1)^n(-1)^nS(p,n)$.

On peut conclure : pour $p\geqslant n$, $S(p,n)=(-1)^n\sum_{j=1}^{n}\binom{n}{j}j^p$.

Exercice 16.8

1. $P(A\cup B)\leqslant 1\Rightarrow P(A)+P(B)-P(A\cap B)\leqslant 1$
$\Rightarrow P(A\cap B)\geqslant P(A)+P(B)-1=0,7$.

2. $P(A\cup B)\leqslant 1\Rightarrow P(A)+P(B)-P(A\cap B)\leqslant 1$
$\Rightarrow P(A\cap B)\geqslant P(A)+P(B)-1$.

3. Procédons par récurrence sur n :

▷ C'est vrai pour $n=2$, d'après la question **2.**.

▷ Supposons que l'inégalité soit vraie pour toute famille de n événements ($n\geq 2$) et considérons une famille A_1, $A_2,\ldots,$ A_{n+1} de $n+1$ événements.

$$P\left(\bigcap_{i=1}^{n+1}A_i\right)=P\left(\left(\bigcap_{i=1}^{n}A_i\right)\cap A_{n+1}\right)\geqslant P\left(\bigcap_{i=1}^{n}A_i\right)+P(A_{n+1})-1.$$

Or, d'après l'hypothèse de récurrence : $P\left(\bigcap_{i=1}^{n}A_i\right)\geqslant\sum_{i=1}^{n}P(A_i)-(n-1)$.

Donc : $P\left(\bigcap_{i=1}^{n+1}A_i\right)\geqslant\sum_{i=1}^{n+1}P(A_i)-((n+1)-1)$.

Le principe de récurrence permet d'établir la formule pour tout $n\geqslant 2$.

Il était à peu près évident qu'il fallait faire une récurrence. Le piège est de ne pas écrire n'importe quoi. Il est tentant de remplacer $P\left(\bigcap_{i=1}^{n+1}A_i\right)$ par le produit des $P(A_i)$, mais on n'a aucune hypothèse sur l'indépendance.

Exercice 16.9

1. Soit A : « 15000 personnes arrivent au bout du compte sur ***Integrationa*** ». Cet événement signifie que 15 fusées ont atteint leur but et 5 ont disparu. Il y a $\binom{20}{15}$ façons de choisir les 15 fusées fiables. Pour un choix donné des 15 fusées arrivant sur ***Integrationa***, la probabilité d'un tel événement est $(0.85)^{15}\times(0.15)^5$.

La probabilité cherchée est : $P(A)=\binom{20}{15}(0.85)^{15}\times(0.15)^5=0.103$.

Corrigé

2. Si l'on doit attendre la troisième fusée pour avoir le premier succès, la probabilité cherchée est $(0.15)^2 \times 0.85 = 0.02$.

Exercice 16.10

Dans tout l'exercice, le nombre de choix possibles est celui de 2 personnes parmi 12 soit 66 choix.

1. Soit A : « les deux sacrifiés sont des nains ». Le nombre de cas favorables (pour qui ?) est $\binom{7}{2} = 21$. Ainsi $P(A) = \frac{21}{66} = \frac{7}{22}$.

2. Soit B : « les deux sacrifiés sont des filles ». Le nombre de cas favorables est $\binom{5}{2} = 10$. Ainsi $P(B) = \frac{10}{66} = \frac{5}{33}$.

Celui qui pense que les nains sont tous des garçons et les chaperons rouges toutes des filles, a des idées très arrêtées.

3. Soit C : « les deux sacrifiés sont du même type ». Il y a $\binom{5}{2} = 10$ choix possibles de deux chaperons rouges et $\binom{7}{2} = 21$ choix possibles de deux nains. Ainsi $P(C) = \frac{10+21}{66} = \frac{31}{66}$.

4. Soit D : « les deux sacrifiés sont du même type et de sexes opposés ». Il y a $\binom{3}{1} \times \binom{2}{1}$ choix possibles de deux chaperons rouges l'un étant un garçon et l'autre une fille et $\binom{3}{1} \times \binom{4}{1}$ choix possibles de deux nains, l'un étant un garçon et l'autre étant une fille. Ainsi : $P(D) = \frac{6+12}{66} = \frac{3}{11}$.

Exercice 16.11

Le nombre de distributions possibles des voyageurs est 5^{25}.

1. Soit A : « deux des voyageurs seulement choisissent d'être dans le wagon de James ». Le nombre de cas favorables est $\binom{25}{2} \times 4^{23}$ (on choisit les deux personnes dont la voiture dans laquelle ils s'installent est imposée et les autres vont dans une des quatre autres voitures).

On comprend alors pourquoi le héros s'appelle James.

Donc : $P(A) = \binom{25}{2} \times 4^{23}/5^{25} = 0.07$.

2. Soit B : « Les maîtresses ont choisi une des 4 voitures sans James ». Le nombre de cas favorables est $4^8 \times 5^{17}$ et $P(B) = 4^8 \times 5^{17}/5^{25} = 0.17$.

Exercice 16.12

▷ L'application Φ est surjective puisque pour tout entier n, $\Phi(2n) = n$. On en déduit que $\mathbb{N} = \Phi^{-1}(\mathbb{N}) \in \mathscr{C}$.

*On applique bien entendu la **méthode 16.2**.*

▷ Soit $A \in \mathscr{C}$; il existe $B \subset \mathbb{N}$ telle que $A = \Phi^{-1}(B)$. Par propriété de l'image réciproque du complémentaire, $\overline{A} = \Phi^{-1}(\overline{B}) \in \mathscr{C}$.

▷ Soit enfin $(A_n)_{n\in\mathbb{N}}$ une suite d'éléments de $\mathscr{C}$; il existe $B_n \subset \mathbb{N}$ tel que, pour tout n, $A_n = \Phi^{-1}(B_n)$.

$$\bigcup_{n=0}^{+\infty} A_n = \bigcup_{n=0}^{+\infty} \Phi^{-1}(B_n) = \Phi^{-1}\left(\bigcup_{n=0}^{+\infty} B_n\right) \in \mathscr{C}.$$

$\mathscr{C}$ est une tribu de parties de $\mathbb{N}$.

Comme $\Phi(0) = \Phi(1)$, un élément de $\mathscr{C}$, soit contient 0 et 1, soit ne contient ni l'un ni l'autre : une partie de $\mathbb{N}$ contenant 0 et pas 1 ne peut être antécédent par Φ d'une partie de $\mathbb{N}$.

$\mathscr{C}$ est une tribu de parties de $\mathbb{N}$ strictement incluse dans $\mathscr{P}(\mathbb{N})$.

Exercice 16.13

On procède par double inclusion.

1. Si $x \in A \cup \left(\bigcap_{n=0}^{+\infty} B_n\right)$, alors $x \in A$ ou $x \in \bigcap_{n=0}^{+\infty} B_n$.

▷ Si $x \in A$, alors, pour tout $n \in \mathbb{N}$, $x \in A \cup B_n$ et $x \in \bigcap_{n=0}^{+\infty}(A \cup B_n)$.

▷ Si $x \in \bigcap_{n=0}^{+\infty} B_n$, alors, pour tout $n \in \mathbb{N}$, $x \in B_n$, donc $x \in A \cap B_n$, toujours pour tout $n \in \mathbb{N}$ et : $x \in \bigcap_{n=0}^{+\infty} (A \cup B_n)$.

D'où l'inclusion : $A \cup \left(\bigcap_{n=0}^{+\infty} B_n \right) \subset \bigcap_{n=0}^{+\infty} (A \cup B_n)$.

Réciproquement, si $x \in \bigcap_{n=0}^{+\infty} (A \cup B_n)$, alors, pour tout $n \in \mathbb{N}$, $x \in A \cup B_n$.

▷ Si $x \in A$, alors $x \in A \cup \left(\bigcap_{n=0}^{+\infty} B_n \right)$.

▷ Si $x \notin A$, alors, pour tout $n \in \mathbb{N}$, $x \in B_n$, donc $x \in \bigcap_{n=0}^{+\infty} B_n$ toujours pour tout $n \in \mathbb{N}$ et finalement : $x \in A \cup \left(\bigcap_{n=0}^{+\infty} B_n \right)$.

D'où l'inclusion : $\bigcap_{n=0}^{+\infty} (A \cup B_n) \subset A \cup \left(\bigcap_{n=0}^{+\infty} B_n \right)$.

$$A \cup \left(\bigcap_{n=0}^{+\infty} B_n \right) = \bigcap_{n=0}^{+\infty} (A \cup B_n).$$

On démontre, sur les mêmes principes, l'égalité : $A \cap \left(\bigcup_{n=0}^{+\infty} B_n \right) = \bigcup_{n=0}^{+\infty} (A \cap B_n)$.

On parle de distributivité de la réunion par rapport à une intersection dénombrable et de distributivité de l'intersection par rapport à une réunion dénombrable.

2.

$$\begin{aligned} x \in \overline{\bigcup_{n=0}^{+\infty} B_n} &\Leftrightarrow x \notin \bigcup_{n=0}^{+\infty} B_n \\ &\Leftrightarrow \forall n \in \mathbb{N},\ x \notin B_n \\ &\Leftrightarrow \forall n \in \mathbb{N},\ x \in \overline{B_n} \\ &\Leftrightarrow x \in \bigcap_{n=0}^{+\infty} \overline{B_n} \end{aligned}$$

Ces formules sont utiles en particulier pour des calculs de probabilités.

D'où l'égalité : $\overline{\bigcup_{n=0}^{+\infty} B_n} = \bigcap_{n=0}^{+\infty} \overline{B_n}$. On obtient de même : $\overline{\bigcap_{n=0}^{+\infty} B_n} = \bigcup_{n=0}^{+\infty} \overline{B_n}$.

Exercice 16.14

1. E_1 : « On n'obtient plus que des as à partir du 4ème lancer ».
E_2 : « L'as n'apparaît pas lors des 3 premiers lancers, puis on n'obtient plus que des as ».
E_3 : « L'as apparaît au moins une fois à partir du 4ème lancer ».

2. « On obtient au moins une fois l'as au-delà du $n^{\text{ème}}$ lancer » $= \bigcup_{i>n} A_i$

3. $C_{n+1} = \bigcup_{i=n+2}^{+\infty} A_i$ et $C_n = \bigcup_{i=n+1}^{+\infty} A_i$, donc $C_{n+1} \subset C_n$: la suite $(C_n)_{n \in \mathbb{N}^*}$ est décroissante.

Corrigé

L'événement $C = \bigcap_{n\geqslant 1} C_n$ est en fait : « On obtient au moins une fois l'as au delà de n'importe quel lancer ».

4. $B_n = \bigcap_{i=n}^{+\infty} A_i\,;\; B = \bigcup_{n=1}^{+\infty} B_n = \bigcup_{n=1}^{+\infty}\left(\bigcap_{i=n}^{+\infty} A_i\right)$.

Exercice 16.15

À partir de la somme d'une série, on peut créer ainsi une multitude de lois de probabilité.

► $P_a(2\mathbb{N}^*) = \sum_{n=1}^{+\infty} P_a(\{2n\}) = \sum_{n=1}^{+\infty} \frac{1}{\zeta(a)\,(2n)^a} = \frac{1}{\zeta(a)\,2^a}\sum_{n=1}^{+\infty}\frac{1}{n^a} = \frac{1}{2^a}$.

► Si $m \in \mathbb{N}^*$,

$P_a(m\mathbb{N}^*) = \sum_{n=1}^{+\infty} P_a(\{m\,n\}) = \sum_{n=1}^{+\infty} \frac{1}{\zeta(a)\,(m\,n)^a} = \frac{1}{\zeta(a)\,m^a}\sum_{n=1}^{+\infty}\frac{1}{n^a} = \frac{1}{m^a}$.

Exercice 16.16

Encore une loi de probabilité construite sur une série, ou plus précisément ici le D.S.E de e^x.

On doit avoir : $\forall\, k \in \mathbb{N},\ P(\{k\}) = A_c\frac{c^k}{k!} \geq 0$, donc $A_c \geqslant 0$.

On doit avoir aussi : $\sum_{k=0}^{+\infty} P(\{k\}) = 1$. Or, $\sum_{k=0}^{+\infty} A_c\frac{c^k}{k!} = A_c\, e^c$, donc $A_c = e^{-c}$.

$(\mathbb{N}, \mathscr{P}(\mathbb{N}), P)$ est un espace probabilisé si, et seulement si, $A_c = e^{-c}$.
Dans ce cas, la probabilité de l'ensemble des nombres impairs, $\mathscr{I}$, est :

$$P(\mathscr{I}) = \sum_{k=0}^{+\infty} e^{-c}\frac{c^{2k+1}}{(2k+1)!} = e^{-c}\operatorname{sh} c = \frac{1-e^{-2c}}{2}.$$

Exercice 16.17

Exercice faisable dès la première année.

► $P(A)+P(B) = P(A\cup B)+P(A\cap B)$ donne $P(A\cap B) = \frac{5}{36}$, donc :

$$P_B(A) = \frac{P(A\cap B)}{P(B)} = \frac{\frac{5}{36}}{\frac{1}{4}} = \frac{5}{9}.$$

► P_B étant une probabilité sur $(\Omega, \mathscr{A}, P)$, $P_B(\overline{A}) = 1 - P_B(A) = \frac{4}{9}$.

On aurait pu obtenir sans calculs que $P_B(A\cap\overline{B})$ est nul. Why ?

► Pour la même raison, $P_B(A\cap\overline{B}) = P_B(A)+P_B(\overline{B}) - P_B(A\cup\overline{B})$.
Or, $P_B(\overline{B}) = 0$ (probabilité de $\overline{B}$ sachant que B est réalisé!) et comme une classique distributivité donne $\left(A\cup\overline{B}\right)\cap B = A\cap B$, on a :

$P_B(A\cup\overline{B}) = \frac{P\left(\left(A\cup\overline{B}\right)\cap B\right)}{P(B)} = \frac{P(A\cap B)}{P(B)} = P_B(A)$.

D'où : $P_B(A\cap\overline{B}) = 0$.

Exercice 16.18

La 1 est trop facile. C'est juste pour endormir l'ennemi !

C'est dur la question 2 sans les indications. Mais bon, cet exo est posé à l'Oral de l'ENS. Il a un rang à tenir.

1. $e(A,B) = 0$ dès que A et B sont indépendants !

2. ► Comme $P(A\cap B) \leqslant P(A)$ et $P(A\cap B) \leqslant P(B)$, on a déjà : $e(A,B) \leqslant P(A\cap B) - P(A\cap B)^2$.

► On vérifie facilement que pour $x \in [0,1]$, $x(1-x) \leqslant \frac{1}{4}$. (On étudie ϕ : $x \mapsto x - x^2 - \frac{1}{4}$.) On remarque que ϕ s'annule en $x = \frac{1}{2}$.
En prenant $x = P(A\cap B)$, on a : $e(A,B) \leqslant \frac{1}{4}$ et on a l'égalité si $P(A\cap B) = \frac{1}{2}$.
Alors, $P(A)P(B) = \frac{1}{4}$ et $\frac{1}{2}$ minore $P(A)$ et $P(B)$ donc $P(A) = P(B) = \frac{1}{2}$.

► Comme $P(A\cap B) + P(A\cap\overline{B}) = P(A)$, $e(A,B) = P(A) - P(A\cap\overline{B}) - P(A)P(B) = P(A)P(\overline{B}) - P(A\cap\overline{B}) = -e(A,\overline{B})$.
On a : $-e(A,\overline{B}) \leqslant \frac{1}{4} \Rightarrow e(A,\overline{B}) \geqslant \frac{-1}{4}$. Comme B est quelconque, $\overline{B}$ aussi.

Donc $e(A,B) \leqslant \frac{-1}{4}$. L'égalité est fournie ici si $P(A) = P(\overline{B}) = P(A \cap \overline{B}) = \frac{1}{2}$ ce qui donne $P(A) = P(B) = \frac{1}{2}$ et $P(A \cap B) = 0$.

Exercice 16.19

$p_1 = \dfrac{2}{5}$ (probabilité d'obtenir un numéro pair au premier lancer).
Notons A_n l'événement : « la somme des résultats obtenus lors des n premiers lancers est paire ». A_n et $\overline{A_n}$ constituent un système complet d'événements, d'où : $P(A_{n+1}) = P_{A_n}(A_{n+1})P(A_n) + P_{\overline{A_n}}(A_{n+1})P(\overline{A_n})$.

$P_{A_n}(A_{n+1}) = \dfrac{2}{5}$ (probabilité d'obtenir un numéro pair au $(n+1)^{\text{ème}}$ lancer) et $P_{\overline{A_n}}(A_{n+1}) = \dfrac{3}{5}$ (probabilité d'obtenir un numéro impair au $(n+1)^{\text{ème}}$ lancer), donc : $p_{n+1} = \dfrac{2}{5}p_n + \dfrac{3}{5}(1-p_n)$ ou $p_{n+1} = \dfrac{3}{5} - \dfrac{1}{5}p_n$.

Il reste à étudier la suite arithmético-géométrique définie par le système :

$$\begin{cases} p_{n+1} = \dfrac{3}{5} - \dfrac{1}{5}p_n \\ p_1 = \dfrac{2}{5} \end{cases}$$

Le point fixe de l'application $f : x \mapsto \dfrac{3}{5} - \dfrac{1}{5}x$, c'est-à-dire la solution de l'équation $f(x) = x$, est $\dfrac{1}{2}$. Posons, pour tout $n \in \mathbb{N}^*$, $u_n = p_n - \dfrac{1}{2}$.

$$u_{n+1} = p_{n+1} - \frac{1}{2} = \left(\frac{3}{5} - \frac{1}{5}p_n\right) - \frac{1}{2} = \frac{1}{10} - \frac{1}{5}p_n = -\frac{1}{5}\left(p_n - \frac{1}{2}\right) = -\frac{1}{5}u_n.$$

Ainsi, $(u_n)_{n\geqslant 1}$ est la suite géométrique de premier terme $u_1 = p_1 - \dfrac{1}{2} = -\dfrac{1}{10}$, de raison $-\dfrac{1}{5}$.

D'où : $\forall n \geqslant 1,\ u_n = -\dfrac{1}{10}\left(-\dfrac{1}{5}\right)^{n-1} = \dfrac{(-1)^n}{2\times 5^n}$ et $p_n = \dfrac{1}{2} + \dfrac{(-1)^n}{2 \times 5^n}$.

Beaucoup d'exercices de probabilité débouchent sur une relation de récurrence de suites. On peut avoir des récurrences d'ordre 1 comme ici ou des récurrences linéaires d'ordre 2 ou encore des relations matricielles. C'est l'occasion de réviser tout cela. Allez voir en particulier la **méthode 7.4**, *la* **méthode 4.9** *et la* **méthode 4.10**.

On remarque que p_n tend vers 1/2. Curieux pour un dé à 5 faces ?

Exercice 16.20

1. Supposons A et B indépendants : par hypothèse, $P(A \cap B) = P(A)P(B)$.
En considérant la réunion disjointe $A = (A \cap B) \cup (A \cap \overline{B})$, nous avons :
$P(A \cap \overline{B}) = P(A) - P(A \cap B)$, d'où :
$P(A \cap \overline{B}) = P(A) - P(A)P(B) = P(A)(1 - P(B)) = P(A)P(\overline{B})$.
Donc A et $\overline{B}$ sont indépendants. L'échange des rôles de A et B dans ce raisonnement donne l'indépendance de $\overline{A}$ et B. En réutilisant le premier résultat avec $\overline{A}$ à la place de A, on obtient alors celle de $\overline{A}$ et $\overline{B}$.

2. Supposons $A_1, A_2, \ldots, A_n$ mutuellement indépendants.

▷ Si J est une partie non vide de $[\![1,n]\!]$ ne contenant pas 1, la mutuelle indépendance des A_i conduit à $P\left(\bigcap_{i\in J} A_i\right) = \prod_{i\in J} P(A_i)$.

▷ Si J est une partie de $[\![1,n]\!]$ contenant 1, considérons $P\left(\overline{A_1} \cap \bigcap_{i\in J\setminus\{1\}} A_i\right)$.

Comme la mutuelle indépendance entraîne l'indépendance de tout événement avec l'intersection d'un nombre quelconque fini des autres, A_1 et $\bigcap_{i\in J\setminus\{1\}} A_i$

sont indépendants. D'après la première question, on a aussi $\overline{A_1}$ et $\bigcap_{i \in J \setminus \{1\}} A_i$

indépendants : $P\left(\overline{A_1} \cap \bigcap_{i \in J \setminus \{1\}} A_i\right) = P(\overline{A_1}) P\left(\bigcap_{i \in J \setminus \{1\}} A_i\right)$.

La mutuelle indépendance donne, comme ci-dessus,

$$P\left(\bigcap_{i \in J \setminus \{1\}} A_i\right) = \prod_{i \in J \setminus \{1\}} P(A_i), P\left(\overline{A_1} \cap \bigcap_{i \in J \setminus \{1\}} A_i\right) = P(\overline{A_1}) \prod_{i \in J \setminus \{1\}} P(A_i)$$

✎ $\overline{A_1}, A_2, \ldots, A_n$ sont aussi mutuellement indépendants.

Exercice 16.21

✎ On prend les notations de l'indication.

On a : $P(U_k) = \dfrac{1}{n}$ et $P_{U_k}(N) = \dfrac{n}{n+k}$.

Puis : $P(N) = \displaystyle\sum_{k=1}^{n} P(U_k) P_{U_k}(N) = \sum_{k=1}^{n} \frac{1}{n+k} = \sum_{i=n+1}^{2n} \frac{1}{i}$.

✎ $t \mapsto \frac{1}{t}$ étant décroissante, on peut encadrer $\int_k^{k+1} \frac{dt}{t}$ par $\frac{1}{k+1}$ et $\frac{1}{k}$.

On écrit ensuite : $\displaystyle\int_{n+1}^{2n+1} \frac{dt}{t} \leqslant \sum_{i=n+1}^{2n} \frac{1}{i} \leqslant \int_n^{2n} \frac{dt}{t}$.

Et si $n \to +\infty$, les deux intégrales tendent vers $\ln 2$, valeur recherchée.

Exercice 16.22

Considérons les événements U_1 : « la boule tirée de U provient de U_1 » et B l'événement : « la boule tirée de U est blanche ».

La question est : calculer la probabilité de U_1 conditionnée par B, $P_B(U_1)$, autrement dit : $\dfrac{P(B \cap U_1)}{P(B)}$ ou $\dfrac{P_{U_1}(B)P(U_1)}{P(B)}$.

Il y avait trois fois plus de boules dans U_1, donc $P(U_1) = \dfrac{3}{4}$.

Les proportions de boules blanches dans chaque urne donnent rapidement les probabilités : $P_{U_1}(B) = \dfrac{3}{4}$ et $P_{\overline{U_1}}(B) = \dfrac{1}{2}$.

U_1 et $\overline{U_1}$ forment un système fondamental d'événements.

On utilise la formule des probabilités totales.

$P(B) = P(B \cap U_1) + P(B \cap \overline{U_1}) = P_{U_1}(B)P(U_1) + P_{\overline{U_1}}(B)P(\overline{U_1})$.

Et : $P_B(U_1) = \dfrac{\frac{3}{4} \times \frac{3}{4}}{\frac{3}{4} \times \frac{3}{4} + \frac{1}{2} \times \frac{1}{4}} = \dfrac{9}{11}$.

Exercice 16.23

✎ On prend les notations de l'indication et on use de la formule des probabilités composées.

Ici $P(U) = P\left([B_1 \cap B_2 \cap B_3] \cup [N_1 \cap N_2 \cap N_3]\right)$
$= P\left(B_1 \cap B_2 \cap B_3\right) + P\left(N_1 \cap N_2 \cap N_3\right)$.

Or : $P\left(B_1 \cap B_2 \cap B_3\right) = P(B_1)P_{B_1}(B_2)P_{B_1 \cap B_2}(B_3) = \frac{2}{6} \times \frac{6}{11} \times \frac{5}{8} = \frac{5}{44}$.

Et : $P\left(N_1 \cap N_2 \cap N_3\right) = P(N_1)P_{N_1}(N_2)P_{N_1 \cap N_2}(N_3) = \frac{4}{6} \times \frac{6}{11} \times \frac{4}{8} = \frac{2}{11}$.

Ainsi : $P(U) = \frac{13}{44}$.

Exercice 16.24

1. Les événements $(Y = S_j)_{j \in 1,n}$ forment un système complet d'événements et on utilise la formule des probabilités totales.

$$P(X = S_i) = \sum_{j=1}^{n} P\left((X = S_i) \cap (Y = S_j)\right) = \sum_{j=1}^{n} P_{(X=S_i)}(Y = S_j) P(X = S_i).$$

En simplifiant par $P(X = S_i)$: $\sum_{j=1}^{n} p_{i,j} = \sum_{i=1}^{n} P_{(X=S_i)}(Y = S_j) = 1$.

2. Les événements $(X = S_i)_{i\in 1,n}$ forment un système complet d'événements, donc, par la formule des probabilités totales :

$$v_j = P(Y = S_j) = \sum_{i=1}^{n} P_{(X=S_i)}(Y = S_j)P(X = S_i) = \sum_{i=1}^{i=n} p_{i,j}u_i.$$

Ce qui matriciellement donne : $V = UM$.

La somme des coefficients de chaque ligne de M est 1.

Si l'on note $T = (t_1, t_2, \ldots, t_n)$ le vecteur ligne associée aux probabilités de position du système au bout de n étapes, on obtient en réitérant n fois le procédé, $T = UM^n$.

On remarque enfin que le vecteur colonne Z composé uniquement de 1 vérifie $MZ = Z$, c'est donc un vecteur propre associé à la valeur propre 1.

Exercice 16.25

1. Card $\Omega = 2^n$.

▷ $\overline{A}$ = « Tous les enfants de la famille ont le même sexe » a pour cardinal 2, donc $P(\overline{A}) = \dfrac{2}{2^n}$ et : $P(A) = 1 - \dfrac{2}{2^n} = \dfrac{2^n - 2}{2^n}$.

▷ Un n-uplet de $\{f, g\}^n$ comportant exactement une fille est définie par la position de cet enfant dans la fratrie : n possibilités. Il y a un seul n-uplet ne comportant que des garçons, donc Card $B = n + 1$ et $P(B) = \dfrac{n+1}{2^n}$.

2. $A \cap B$ est l'événement : « la famille a exactement une fille », donc Card $A \cap B = n$ (voir question précédente) et $P(A \cap B) = \dfrac{n}{2^n}$.

A et B sont indépendants si et seulement si $P(A\cap B) = P(A)P(B)$, autrement dit, si, et seulement si, $\dfrac{(2^n - 2)(n + 1)}{2^{2n}} = \dfrac{n}{2^n} \Leftrightarrow 2^{n-1} = n + 1$.

On peut faire un dessin en traçant $x \mapsto 2^{x-1}$ et $x \mapsto x + 1$ ensemble.

3 est une solution de cette équation et on démontre facilement par récurrence que, $\forall n \geqslant 4$, $2^{n-1} > n + 1$. A et B ne sont indépendants que si $n = 3$.

Exercice 16.26

1. Ici : $P(C) = 0.6$, $P_C(J_1^+) = P_C(J_2^+) = 0.7$ puis $P_{\overline{C}}(J_1^+) = P_{\overline{C}}(J_2^+) = 0.2$.

$P(J_1^+ \cap J_2^+)$ est la probabilité pour que l'accusée soit condamnée par les deux jurés, c'est :

$P(J_1^+ \cap J_2^+ \cap C) + P(J_1^+ \cap J_2^+ \cap \overline{C}) = P(C)P_C(J_1^+ \cap J_2^+) + P(\overline{C})P_{\overline{C}}(J_1^+ \cap J_2^+)$.

Or, J_1^+ et J_2^+ sont indépendants conditionnellement à C et aussi conditionnellement à $\overline{C}$. Ainsi,

$P_C(J_1^+ \cap J_2^+) = P_C(J_1^+) \times P_C(J_2^+)$ et $P_{\overline{C}}(J_1^+ \cap J_2^+) = P_{\overline{C}}(J_1^+) \times P_{\overline{C}}(J_2^+)$.

Cela donne :

$$P(J_1^+ \cap J_2^+) = 0.6 \times (0.7)^2 + 0.4 \times (0.2)^2 = 0.31.$$

On peut faire une interprétation statistique. Si H_0 est l'hypothèse : l'accusée est innocente et H_1 l'hypothèse alternative, le risque de rejeter H_0 alors que H_0 est vraie (condamner un innocent) est le risque dit de $1^{\text{ère}}$ espèce, ici de 0.2 et le risque d'accepter H_0 alors que H_0 est fausse (acquitter un coupable) est le risque dit de $2^{\text{ème}}$ espèce, ici de 0.3. Et cela en ne considérant qu'un juré.

2. On a : $P(J_1^+) = P(C)P_C(J_1^+) + P(\overline{C})P_{\overline{C}}(J_1^+) = 0.5$ et de même, on a $P(J_2^+) = 0.5$. Comme $0.31 \neq 0.5.0.5$, J_1^+ et J_2^+ ne sont pas indépendants.

Remarque : J_1^+ et J_2^+ sont indépendants conditionnellement à la réalisation de C ou $\overline{C}$ et non dans l'absolue. D'où l'intêret de ne pas confondre les probabilités P et P_C, idem pour P et $P_{\overline{C}}$.

3. On cherche $P_{J_1^+}(J_2^+) = \dfrac{P(J_1^+ \cap J_2^+)}{P(J_1^+)} = \dfrac{62}{100} = 0.62$.

La seconde probabilité cherché est la même.

Corrigé

Exercice 16.27

✎ *Le système $\{T, \overline{T}\}$ est un système complet d'événements de probabilités non nulles.*

1. Appelons T l'événement : « le dé choisi est pipé » et C l'événement : « on obtient 6 lors du lancer » alors on demande de calculer $P_C(T)$. On a : $P(T) = \frac{25}{100} = \frac{1}{4}$ et donc $P(\overline{T}) = 1 - \frac{1}{4} = \frac{3}{4}$.
Utilisons la formule de Thomas Bayes :

$$P_C(T) = \frac{P(T)P_T(C)}{P_T(C)P(T) + P_{\overline{T}}(C)P(\overline{T})} = \frac{\frac{1}{4} \times \frac{1}{2}}{\frac{1}{2} \times \frac{1}{4} + \frac{1}{6} \times \frac{3}{4}} = \frac{1}{2}.$$

Donc : $P_C(T) = \frac{1}{2}$.

2. Soit $n \in \mathbb{N}^\star$. On choisit un dé au hasard parmi 100 dés.
Pour tout $k \in [\![1, n]\!]$, soit C_k : « on tire le chiffre 6 au $k^{\text{ème}}$ lancer ».
Posons :

$$D = \bigcap_{k=1}^{n} C_k,$$

✎ *Le système $\{T, \overline{T}\}$ reste un système complet d'événements de probabilités non nulles.*

ce que l'on veut c'est $p_n = P_D(T)$.
On rappelle que : $P(T) = \frac{1}{4}$ et $P(\overline{T}) = \frac{3}{4}$. Appliquons encore Bayes :

✎ *Cela signifie que pour n très grand, si l'on n'obtient que des 6 au cours des n lancers, le dé tiré est très certainement pipé. Logique !*

$$P_D(T) = \frac{P(T)P_T(D)}{P_T(D)P(T) + P_{\overline{T}}(D)P(\overline{T})} = \frac{\frac{1}{4} \times \left(\frac{1}{2}\right)^n}{\left(\frac{1}{2}\right)^n \times \frac{1}{4} + \left(\frac{1}{6}\right)^n \times \frac{3}{4}},$$

c'est-à-dire : $P_D(T) = \frac{1}{1 + 3^{-n+1}}$.

3. Il reste à remarquer que $\lim_{n \to +\infty} 3^{-n+1} = 0$ et : $\lim_{n \to +\infty} p_n = 1$.

Chapitre 17
Variables aléatoires discrètes

Pafnouti Tchebychev
1821-1894

Le nom du mathématicien français Irénée Jules **Bienaymé** est irrésistiblement associé à celui de son ami russe Pafnouti **Tchebychev** (prononcer *Tchébychof* et non *Tchébitchef*). L'inégalité qui porte leurs deux noms se trouve dans un mémoire publié en 1853 par le savant français. Bienaymé n'en comprit sans doute pas tout de suite l'importance contrairement à Tchebychev qui l'utilisa, en particulier pour démontrer la loi des grands nombres.

■■ Objectifs

■ Les incontournables

- ▷ Consolider les connaissances sur les variables aléatoires finies et explorer la notion de variable aléatoire à image dénombrable
- ▷ Étendre aux variables aléatoires discrètes les concepts d'espérance et de variance
- ▷ Connaître les inégalités de Markov et de Bienaymé-Tchebychev
- ▷ Étudier les couples de variables aléatoires discrètes, en particulier indépendantes
- ▷ Étudier les variables aléatoires à valeurs dans $\mathbb{N}$ au travers des fonctions génératrices
- ▷ Appliquer ces nouveaux concepts aux lois discrètes usuelles : loi géométrique et loi de Poisson
- ▷ Étudier l'approximation de la loi binomiale par la loi de Poisson et la loi faible des grands nombres.

■ Et plus si affinités...

- ▷ Avoir quelques idées sur les suites de variables aléatoires mutuellement indépendantes
- ▷ Utiliser les inégalités sur les couples de variables aléatoires : encadrement du coefficient de corrélation linéaire ou inégalité de Cauchy-Schwarz
- ▷ Faire le lien entre l'inégalité classique d'estimation et la loi faible des grands nombres.

Résumé de cours

$(\Omega, \mathscr{A}, P)$ est un espace probabilisé.

Variable aléatoire discrète et loi de probabilité associée

Définition : ***Une variable aléatoire discrète*** *X sur $(\Omega, \mathscr{A})$ est une application définie sur Ω dont l'image, $X(\Omega)$, est finie ou dénombrable (au plus dénombrable) et telle que l'image réciproque de tout élément de $X(\Omega)$ appartient à $\mathscr{A}$.*

Remarques : 1) Une variable aléatoire n'est pas plus une variable qu'elle n'est aléatoire, puisqu'il s'agit d'une application fixée entre deux ensembles eux-mêmes fixés. Ce vocable prend son origine dans l'histoire des probabilités et on a tout intérêt à le considérer comme le néologisme insécable « variable aléatoire ».
2) L'ensemble d'arrivée est souvent $\mathbb{R}$ ou une partie de $\mathbb{R}$.
On parle alors de **variable aléatoire réelle discrète** $(v.a.r.d)$.

Notations :

- Si $x \in X(\Omega)$, l'image réciproque par X de x est $X^{-1}(x) = \{\omega \in \Omega \,|\, X(\omega) = x\}$. On la note abusivement $\{X = x\}$ ou $(X = x)$. La définition ci-dessus impose que cette partie de Ω appartienne à la tribu $\mathscr{A}$.
- Si U est une partie de $X(\Omega)$, l'image réciproque de U par X est
$$X^{-1}(U) = \{\omega \in \Omega / X(\omega) \in U\} = \bigcup_{x \in U} (X = x).$$

On la note $\{X \in U\}$ ou $(X \in U)$. En tant que réunion au plus dénombrable d'événements de la tribu $\mathscr{A}$ de l'univers Ω, c'est toujours un événement de $\mathscr{A}$, ce qui autorise le calcul de sa probabilité.

- Si $x \in X(\Omega)$, $P(X = x)$ est la probabilité de $(X \in \{x\}) = \{\omega \in \Omega / X(\omega) = x\} \in \mathscr{A}$.
- Si U est une partie de $X(\Omega)$, on : $P(X \in U) = \sum_{x \in U} P(X = x)$ (cette somme étant éventuellement celle d'une série). Il suffit donc de connaître tous les $P(X = x)$ pour $x \in X(\Omega)$ pour pouvoir calculer, au moins de façon théorique, la probabilité de $(X \in U)$, pour n'importe quelle partie U de $X(\Omega)$. D'où la définition suivante :

Définition : *Soit X une variable aléatoire discrète sur l'espace probabilisé $(\Omega, \mathscr{A}, P)$ telle que $X(\Omega) = \{x_n\}_{n \in I}$, où $I \subset \mathbb{N}$.* ***La loi de probabilité de*** *X est la suite $(p_n)_{n \in I}$, où, pour tout $n \in I$, $p_n = P(X = x_n)$.*

Remarque : Alors : $\forall n \in I$, $p_n = P(X = x_n) \in [0, 1]$ et $\sum_{n \in I} p_n = \sum_{n \in I} P(X = x_n) = 1$.

> **Proposition 17.1.—** Si une variable aléatoire discrète sur $(\Omega, \mathscr{A})$, X, prend ses valeurs dans $\{x_n \,;\, n \in I\}$, les x_n étant distincts, et si $(p_n)_{n \in I}$ est une suite de réels positifs vérifiant $\sum_{n \in I} p_n = 1$, alors il existe une probabilité P sur $(\Omega, \mathscr{A})$ telle que, pour tout $n \in I$, $P(X = x_n) = p_n$.

Définition : *La* ***fonction de répartition*** *F_X d'une variable aléatoire discrète* ***réelle*** *X sur $(\Omega, \mathscr{A})$ est la fonction définie sur $\mathbb{R}$ par : $\forall x \in \mathbb{R}$, $F_X(x) = P(X \leq x)$.*

Proposition 17.2.— La fonction de répartition F_X d'une variable aléatoire discrète réelle X est une fonction positive, croissante, de limites 0 en $-\infty$ et 1 en $+\infty$.

Couples de variables aléatoires discrètes

Définition : *Si X et Y sont deux variables aléatoires discrètes sur $(\Omega, \mathscr{A})$, (X, Y), application de Ω dans $X(\Omega) \times Y(\Omega)$, est un* ***couple de variables aléatoires discrètes*** *sur $(\Omega, \mathscr{A})$.*

Un couple de variables aléatoires discrètes sur $(\Omega, \mathscr{A})$ est aussi une variable aléatoire discrète sur $(\Omega, \mathscr{A})$ à valeurs dans $X(\Omega) \times Y(\Omega)$, puisque le produit cartésien de deux ensembles dénombrables est dénombrable. Pour tout élément (x_i, y_j) de $X(\Omega) \times Y(\Omega)$, l'événement $((X, Y) = (x_i, y_j))$ désigne $\{\omega \in \Omega \,|\, X(\omega) = x_i \text{ et } Y(\omega) = y_j\}$ et se note souvent $(X = x_i, Y = y_j)$.

Définition : *La loi de probabilité du couple (X, Y) de variables aléatoires discrètes sur $(\Omega, \mathscr{A}, P)$, considérée comme une variable aléatoire discrète, est la* ***loi conjointe de*** *(X, Y) ; elle est déterminée par la donnée, pour tout élément (x_i, y_j) de $X(\Omega) \times Y(\Omega)$, de $P(X = x_i, Y = y_j)$.*
Les lois de X et Y sont les ***lois marginales de*** *(X, Y).*

Exemple : Une entreprise emploie 10 salariés, 3 ingénieurs, 2 secrétaires et 5 techniciens supérieurs. La direction désigne au hasard trois personnes pour participer à la commission "hygiène et sécurité". X désigne la variable aléatoire donnant le nombre de secrétaires et Y la variable aléatoire donnant le nombre d'ingénieurs participant à cette commission.
Ω est l'ensemble des parties à 3 éléments de l'ensemble des salariés ; son cardinal est $\binom{10}{3} = 120$.
Le couple de variables aléatoires (X, Y) est à valeurs dans $[\![0, 2]\!] \times [\![0, 3]\!]$.
Pour décrire la loi conjointe de (X, Y), on a recours à un tableau à double entrée permettant de noter la probabilité de chaque événement élémentaire.

$$\forall (i, j) \in [\![0, 2]\!] \times [\![0, 3]\!],\; P((X, Y) = (i, j)) = \frac{\binom{2}{i}\binom{3}{j}\binom{5}{3-i-j}}{120}.$$

	X=0	X=1	X=2	Loi de Y
Y=0	10/120	20/120	5/120	35/120
Y=1	30/120	30/120	3/120	63/120
Y=2	15/120	6/120	0	21/120
Y=3	1/120	0	0	1/120
Loi de X	56/20	56/120	8/120	1

Les lois marginales de X et de Y sont explicitées dans la dernière ligne pour X et la dernière colonne pour Y

Remarque : Si la loi de (X, Y) est connue, les lois marginales le sont.
Ainsi : $\forall x \in X(\Omega)$,
$P(X = x) = \sum_{y \in Y(\Omega)} P(X = x, Y = y)$.
De même : $\forall y \in Y(\Omega)$, $P(Y = y) = \sum_{x \in X(\Omega)} P(X = x, Y = y)$.
En revanche, réciproquement, la connaissance des lois marginales de X et Y ne suffit pas pour définir la loi conjointe de (X, Y), ce que met en évidence l'exemple ci-dessous.

Exemple : Considérons deux couples de variables aléatoires (X,Y) et (X',Y') prenant tous les deux les quatre valeurs $(0,0)$, $(0,1)$, $(1,0)$ et $(1,1)$.
Supposons que (X,Y) suive la loi uniforme :

$$P((X,Y)=(0,0))=P((X,Y)=(1,0))=P((X,Y)=(0,1))=P((X,Y)=(1,1))=\frac{1}{4},$$

alors les lois marginales de X et Y sont : $P(X=0)=P(X=1)=\frac{1}{2}$ et $P(Y=0)=P(Y=1)=\frac{1}{2}$.
Supposons que (X',Y') suive la loi définie par : $P((X',Y')=(0,0))=\frac{1}{8}$,
$P((X',Y')=(1,0))=\frac{3}{8}$, $P((X',Y')=(0,1))=\frac{3}{8}$, $P((X',Y')=(1,1))=\frac{1}{8}$, alors les lois marginales de X' et Y' sont : $P(X'=0)=P(X'=1)=\frac{1}{2}$ et $P(Y'=0)=P(Y'=1)=\frac{1}{2}$.
Les lois marginales sont identiques, alors que les lois conjointes correspondantes ne le sont pas.

Définition : *Soit x un élément de $X(\Omega)$ tel que $P(X=x)>0$, la* ***loi conditionnelle de Y sachant que*** *$(X=x)$ est la probabilité P_x sur $Y(\Omega)$ définie par :*

$$\forall y_j \in Y(\Omega),\ P_x(y_j)=P_{(X=x)}(Y=y_j)=\frac{P(X=x,Y=y_j)}{P(X=x)}.$$

■ Variables aléatoires discrètes indépendantes

Définition : *X et Y étant deux variables aléatoires discrètes sur l'espace probabilisé $(\Omega,\mathscr{A},P)$, (X,Y) est un* ***couple de variables aléatoires indépendantes*** *si, et seulement si,*

$$\boxed{\forall (x_i,y_j)\in X(\Omega)\times Y(\Omega),\ P\big(X=x_i,Y=y_j\big)=P(X=x_i)P(Y=y_j).}$$

Exemple : On lance quatre fois une pièce de monnaie. On note X le nombre de piles obtenus lors des deux premiers lancers et Y le nombre de piles obtenus lors des deux derniers lancers.
Intuitivement, les valeurs de Y ne sont pas « influencées » par les résultats de X : les variables X et Y semblent indépendantes. Vérifions-le par le calcul.
La loi conjointe se résume dans le tableau suivant :

	X=0	X=1	X=2	Loi de Y
Y=0	1/16	1/8	1/16	1/4
Y=1	1/8	1/4	1/8	1/2
Y=2	1/16	1/8	1/16	1/4
Loi de X	1/4	1/2	1/4	1

On vérifie que la probabilité de chaque événement élémentaire de $X(\Omega)\times Y(\Omega)$ est égale au produit des probabilités marginales correspondantes : (X,Y) est un couple de variables aléatoires indépendantes.

Exemple : On lance **trois** fois une pièce de monnaie. On note X le nombre de piles obtenus lors des deux premiers lancers et Y le nombre de piles obtenus lors des deux derniers lancers.
Intuitivement, les variables X et Y ne semblent pas indépendantes. Vérifions-le par le calcul.
La loi conjointe se résume dans le tableau suivant :

	X=0	X=1	X=2	Loi de Y
Y=0	1/8	1/8	0	1/4
Y=1	1/8	1/4	1/8	1/2
Y=2	0	1/8	1/8	1/4
Loi de Y	1/4	1/2	1/4	1

$P\big((X,Y)=(0,0)\big)\neq P(X=0)P(Y=0)$ ou $P\big((X,Y)=(0,2)\big)\neq P(X=0)P(Y=2)$: (X,Y) est un couple de variables aléatoires non indépendantes.

Proposition 17.3.— Si X et Y sont indépendantes, alors, pour toute partie A de $X(\Omega)$ et toute partie B de $Y(\Omega)$, on a :

$$P\big(X \in A, Y \in B\big) = P(X \in A)P(Y \in B).$$

Proposition 17.4.— Si X et Y sont deux variables aléatoires indépendantes alors, pour toutes fonctions f et g, les variables $f(X)$ et $g(Y)$ sont indépendantes.

Définition : *Soit $(X_i)_{i\in[\![1,n]\!]}$ une famille finie de variables aléatoires discrètes sur $(\Omega, \mathscr{A}, P)$, ces variables aléatoires sont **mutuellement indépendantes** si, et seulement si,*

$$\forall\, (x_1, x_2, \cdots, x_n) \in \prod_{i\in[\![1,n]\!]} X_i(\Omega),\ P\big((X_i)_{i\in[\![1,n]\!]} = (x_i)_{i\in[\![1,n]\!]}\big) = \prod_{i=1}^{n} P(X_i = x_i).$$

Proposition 17.5.— Si $(X_i)_{i\in[\![1,n]\!]}$ est une famille finie de variables aléatoires discrètes sur $(\Omega, \mathscr{A}, P)$ mutuellement indépendantes, alors quel que soit $(A_i)_{i\in[\![1,n]\!]} \in \prod_{i=1}^{n} \mathscr{P}\big(X_i(\Omega)\big)$, les événements $(X_i \in A_i)_{i\in[\![1,n]\!]}$ sont mutuellement indépendants.

Remarque : Si $(X_i)_{i\in[\![1,n]\!]}$ est une famille finie de variables aléatoires discrètes sur $(\Omega, \mathscr{A}, P)$ mutuellement indépendantes, alors toutes ses sous-familles sont des familles finies de variables aléatoires discrètes mutuellement indépendantes.

Définition : *Soit $(X_n)_{n\in\mathbb{N}}$ une suite de variables aléatoires discrètes sur $(\Omega, \mathscr{A}, P)$, ces variables aléatoires sont :*

▷ ***deux à deux indépendantes** si, et seulement si, $\forall\, (i, j) \in \mathbb{N}^2$, $(i \neq j \Rightarrow X_i$ et X_j indépendantes).*

▷ ***mutuellement indépendantes** si, et seulement si, pour toute partie finie I de $\mathbb{N}$, $(X_i)_{i\in I}$ est une famille finie de variables aléatoires discrètes mutuellement indépendantes.*

Remarques : 1. Il suffit de vérifier que, pour tout $n \in \mathbb{N}$, les variables X_0, X_1,..., X_n sont mutuellement indépendantes. En effet, si c'est le cas, toute sous-famille finie de $(X_n)_{n\in\mathbb{N}}$ est contenue dans une sous-famille de la forme $(X_0, X_1, \ldots, X_n)$, donc est une famille de variables aléatoires discrètes mutuellement indépendantes, d'après la remarque ci-dessus.

2. Une suite de variables aléatoires discrètes mutuellement indépendantes est un modèle pour décrire une succession d'épreuves dont les résultats sont indépendants. En particulier, la répétition indépendante d'une même épreuve est modélisée par une suite de variables aléatoires mutuellement indépendantes suivant la même loi.

Par exemple, un jeu de pile ou face infini est modélisé par $(X_n)_{n\in\mathbb{N}}$, suite de variables aléatoires mutuellement indépendantes suivant chacune la loi de Bernoulli $\mathscr{B}\left(\frac{1}{2}\right)$.

Espérance d'une variable aléatoire discrète

Définition : *La variable aléatoire **réelle** discrète X à valeurs dans un ensemble dénombrable $\{x_n; n \geqslant 0\}$ est dite **d'espérance finie** si la série $\sum x_n\, P(X = x_n)$ est absolument convergente ; si tel est le cas, on appelle **espérance de** X le réel*

$$\boxed{E(X) = \sum_{n=0}^{+\infty} x_n\, P(X = x_n).}$$

Remarques : **1.** Si $X(\Omega)$ est fini, l'espérance de X est toujours définie.
Si $X(\Omega) = \{x_n; n \geq 0\}$ est dénombrable, mais contenu dans $\mathbb{R}^+$ ou dans $\mathbb{R}^-$, l'absolue convergence équivaut à la convergence, donc la vérification se fait en même temps que le calcul de l'espérance. Le cas critique est celui de $X(\Omega)$ dénombrable avec une infinité de valeurs positives et une infinité de valeurs négatives.
2. L'espérance peut toujours être considérée comme une moyenne pondérée, étendue à une famille éventuellement dénombrable de valeurs.
3. On admet que la somme $\sum_{n=0}^{+\infty} x_n P(X = x_n)$ ne dépend pas de l'ordre d'énumération.
4. Un variable aléatoire discrète bornée est d'espérance finie.
5. La variable aléatoire X est ***centrée*** si elle est d'espérance finie avec $E(X) = 0$.

Proposition 17.6.— Si X est à valeurs dans $\mathbb{N}$, alors $E(X) = \sum_{n=1}^{+\infty} P(X \geq n)$.

Proposition 17.7.— Théorème du transfert —. Si X est une variable aléatoire et f une application à valeurs réelles définie sur l'image $X(\Omega) = \{x_n, n \in \mathbb{N}\}$ de X, alors $f(X)$ est d'espérance finie si, et seulement si, la série $\sum_{n\geqslant 0} P(X = x_n)f(x_n)$ converge absolument. Dans ce cas, on a :

$$E\big(f(X)\big) = \sum_{n=0}^{+\infty} P(X = x_n)f(x_n).$$

Proposition 17.8.— Linéarité, positivité et croissance —. Soit X et Y deux variables aléatoires réelles discrètes d'espérances finies.
- $\forall \lambda \in \mathbb{R}$, $E(\lambda X + Y) = \lambda E(X) + E(Y)$: l'espérance est linéaire.
- Si $X \geqslant 0$, c'est-à-dire si X ne prend que des valeurs positives, on a : $E(X) \geqslant 0$.
- En conséquence, si : $\forall \omega \in \Omega$, $X(\omega) \leqslant Y(\omega)$, alors $E(X) \leqslant E(Y)$: l'espérance est croissante.

Conséquence : si X est une variable aléatoire discrète d'espérance finie, la variable aléatoire $X - E(X)$ est centrée.

Proposition 17.9.— Espérance du produit de deux variables aléatoires indépendantes —. Si X et Y sont deux variables aléatoires discrètes indépendantes ayant une espérance finie alors XY a une espérance finie et : $E(XY) = E(X)E(Y)$.

Remarque : La réciproque est fausse en générale, comme le montre l'exemple suivant : considérons le couple de variables aléatoires (X, Y) dont la loi conjointe est donnée par le tableau suivant :

	X=1	X=-1	Loi de Y
Y=-1	1/8	1/8	1/4
Y=0	3/8	1/8	1/2
Y=1	1/8	1/8	1/4
Loi de X	5/8	3/8	1

La loi de la variable aléatoire XY est donc : $P(XY = 1) = \frac{1}{4}$, $P(XY = -1) = \frac{1}{4}$, $P(XY = 0) = \frac{1}{2}$.
D'où : $E(XY) = 0$.

Comme $E(X) = \frac{1}{4}$ et $E(Y) = 0$, on a bien : $E(XY) = E(X)E(Y)$.
Pourtant, $P\big(X = 1, Y = 1\big) = \dfrac{1}{8} \neq P(X = 1)P(Y = 1) = \dfrac{5}{32}$, donc X et Y ne sont pas indépendantes.

■ Variance, écart-type d'une variable aléatoire discrète réelle

Théorème-Définition 17.10.— Formule de Huyghens-Koenig —. Si la variable aléatoire X^2 est d'espérance finie, alors X est elle-même d'espérance finie.
Si X^2 est d'espérance finie, on appelle ***variance de*** X le réel

$$\boxed{V(X) = E\big((X - E(X))^2\big) = E(X^2) - (E(X))^2.}$$

L'écart-type de X est le réel noté $\sigma(X)$ défini par : $\sigma(X) = \sqrt{V(X)}$.

Remarque : La variance est donc indifféremment « la moyenne des carrés des écarts à la moyenne » ou « la moyenne des carrés moins le carré de la moyenne ».

Proposition 17.11.—

$$\boxed{\forall\,(a, b) \in \mathbb{R}^2,\ V(aX + b) = a^2 V(X).}$$

Remarque : Une variable aléatoire admettant une variance est ***centrée réduite*** lorsque $E(X) = 0$ et $V(X) = 1$. Par exemple, si $V(X) \neq 0$, $(X - E(X))/\sigma(X)$ est centrée réduite.

Proposition 17.12.— Inégalités de Markov —.
Soit X une variable aléatoire réelle discrète avec $X(\Omega) \subset \mathbb{R}_+$, alors on a :

$$\boxed{\forall\, t > 0,\ P(X \geqslant t) \leqslant \frac{E(X)}{t}.}$$

Il en découle les deux autres formes (X^2 est d'espérance finie pour la deuxième) :

$$\boxed{\forall\, t > 0,\ \begin{cases} P(|X| \geqslant t) & \leqslant & \dfrac{E\big(|X|\big)}{t} \\[2ex] P(|X| \geqslant t) & \leqslant & \dfrac{E\big(|X|^2\big)}{t^2} \end{cases}.}$$

Corollaire 17.13.— Inégalité de Bienaymé-Tchebychev —.
Soit X une variable aléatoire réelle discrète telle que X^2 soit d'espérance finie, alors :

$$\boxed{\forall\, \varepsilon > 0,\ P\big(|X - E(X)| \geqslant \varepsilon\big) \leqslant \frac{V(X)}{\varepsilon^2}.}$$

Remarques : 1. L'inégalité de Bienaymé-Tchebychev permet de comprendre ce que mesure la variance : pour $\varepsilon > 0$ fixé, la probabilité que l'écart entre X et $E(X)$ soit supérieur à ε est d'autant plus petite que $V(X)$ est faible. La variance donne donc une indication de la dispersion de X autour de son espérance, c'est-à-dire sa plus ou moins forte tendance à s'écarter de sa moyenne. L'écart-type, qui mesure aussi la dispersion de X, présente l'intérêt de s'exprimer dans la même unité que les valeurs prises par la variable aléatoire X.

2. On passe souvent à l'événement contraire : $\forall\, \varepsilon > 0,\ P\big(|X - E(X)| < \varepsilon\big) \geqslant 1 - \dfrac{V(X)}{\varepsilon^2}$.

Proposition 17.14.— Variance d'une somme finie de variables aléatoires —. Soit $(X_i)_{1\leqslant i\leqslant n}$ une famille finie de variables aléatoires réelles discrètes dont les carrés admettent une espérance finie :

$$V\left(\sum_{i=1}^{n} X_i\right) = \sum_{i=1}^{n} V(X_i) + \sum_{(i,j)\in[\![1,n]\!]^2,\, i\neq j} (E(X_iX_j) - E(X_i)E(X_j)).$$

Corollaire 17.15.— Soit $(X_i)_{1\leqslant i\leqslant n}$ une famille finie de variables aléatoires réelles discrètes dont les carrés admettent une espérance finie et **deux à deux indépendantes** :

$$\boxed{V\left(\sum_{i=1}^{n} X_i\right) = \sum_{i=1}^{n} V(X_i)}.$$

Définition : *Si X et Y sont deux variables discrètes réelles dont les carrés sont d'espérance finie,*
▷ *leur **covariance** est :* $\mathrm{Cov}(X,Y) = E\big((X - E(X))(Y - E(Y))\big)$;
▷ leur **coefficient de corrélation** est : $\rho(X,Y) = \dfrac{\mathrm{Cov}(X,Y)}{\sigma(X)\sigma(Y)}$.

Proposition 17.16.— $\mathrm{Cov}(X,Y) = E(XY) - E(X)E(Y)$ et $-1 \leqslant \rho(X,Y) \leqslant 1$.

Remarques : 1. Pour obtenir l'encadrement de la proposition précédente, on procède comme dans la démonstration de l'inégalité de Cauchy-Schwarz pour un produit scalaire :
$\forall t \in \mathbb{R},\ 0 \leq V(tX+Y) = V(tX) + 2\,\mathrm{Cov}(tX,Y) + V(Y) = t^2\,V(X) + 2\,\mathrm{Cov}(X,Y)\,t + V(Y)$.
Ce trinôme en t est de signe constant, donc son discriminant est inférieur ou égal à 0, c'est-à-dire :

$$\mathrm{Cov}(X,Y)^2 - V(X)V(Y) \leqslant 0.$$

On passe ensuite à la racine carrée, puis au quotient.
L'inégalité : $|\mathrm{Cov}(X,Y)| \leqslant \sigma(X)\sigma(Y)$ est ainsi une inégalité de Cauchy-Schwarz.
2. Si X et Y sont deux variables aléatoires discrètes indépendantes, alors $\mathrm{Cov}\,(X,Y) = 0$, mais la réciproque est fausse.

■ Variables aléatoires à valeurs dans $\mathbb{N}$

Soit X une variable aléatoire à valeurs dans $\mathbb{N}$.

Proposition 17.17.— Le rayon de convergence R_X de la série entière $\sum P(X=n)\,t^n$ est au moins égal à 1.

Remarque : Par la formule de transfert, on remarque que, pour tout $t \in]-R_X, R_X[$,

$$E(t^X) = \sum_{n=0}^{+\infty} P(X=n)\,t^n.$$

Définition : *La **fonction génératrice (ou série génératrice) d'une variable aléatoire** X **à valeurs dans** $\mathbb{N}$ est définie par :*

$$\boxed{G_X(t) = E(t^X) = \sum_{n=0}^{+\infty} P(X=n)\,t^n.}$$

Remarques : 1. La fonction génératrice d'une variable aléatoire à valeurs dans $\mathbb{N}$ est au moins

définie sur $[-1, 1]$.
2. Parfois, on parle donc de série génératrice. Il faut alors noter l'abus de langage consistant à confondre une série et sa somme.
3. Par unicité du développement en série entière, si deux variables aléatoires ont la même fonction génératrice, alors elles ont la même loi de probabilité, d'où :

Proposition 17.18.— La loi d'une variable aléatoire X à valeurs dans $\mathbb{N}$ est caractérisée par sa fonction génératrice G_X.

Proposition 17.19.— La variable aléatoire X admet une espérance $E(X)$ si, et seulement si, G_X est dérivable en 1 et, si tel est le cas, $E(X) = G'_X(1)$.

Proposition 17.20.— La variable aléatoire X admet une variance $V(X)$ si, et seulement si, G_X est deux fois dérivable en 1 et, si tel est le cas, $V(X) = G''_X(1) + G'_X(1) - \left(G'_X(1)\right)^2$.

Remarque : Les hypothèses de ces deux théorèmes sont surabondamment vérifiées dès que $R_X > 1$.

Proposition 17.21.— Si X et Y sont deux variables aléatoires à valeurs dans $\mathbb{N}$ **indépendantes**, alors :

$$G_{X+Y} = G_X \times G_Y.$$

Lois usuelles

Loi géométrique

Définition : *Soit* $p \in]0, 1[$, ***la variable aléatoire*** X ***suit la loi géométrique de paramètre*** p *si, et seulement si,*

$$\boxed{P(X = 0) = 0 \text{ et } \forall\, k \in \mathbb{N}^*,\ P(X = k) = p(1-p)^{k-1}.}$$

Notation : $X \hookrightarrow \mathscr{G}(p)$.

Remarque : La loi géométrique peut être interprétée comme rang du premier succès dans une suite illimitée d'épreuves de Bernoulli indépendantes et de même paramètre p.

Proposition 17.22.— Si $X \hookrightarrow \mathscr{G}(p)$, alors :
- Sa fonction génératrice, $\sum\limits_{n \geqslant 1} p(1-p)^{n-1}\, t^n$, est de rayon de convergence $R_X = \frac{1}{1-p} > 1$;
- Son espérance est $E(X) = \dfrac{1}{p}$;
- Sa variance est $V(X) = \dfrac{1-p}{p^2}$.

Théorème-Définition 17.23.— Une variable aléatoire X suivant la loi géométrique de paramètre p est une ***loi sans mémoire*** :

$$\boxed{\forall\,(n, k) \in \mathbb{N}^2,\ P(X > n + k | X > n) = P(X > k).}$$

Remarque : La loi géométrique est la seule distribution de probabilité discrète a être sans mémoire. En effet, si une variable aléatoire Y à valeurs dans $\mathbb{N}$ satisfait, pour tous $n, m \in \mathbb{N}$, $P(Y > n+m | Y > n) = P(Y > m)$, alors : $P(Y > m+n) = P(Y > n)P(Y > m)$.
Avec $m = 0$, on obtient, pour tout $n \in \mathbb{N}$, $P(Y > n) = P(Y > 0)P(Y > n)$, donc $P(Y > 0) = 1$ (il existe au moins une probabilité $P(Y > n)$ non nulle).
Posons : $1 - p = P(Y > 1)$, alors on peut conjecturer : $\forall n \in \mathbb{N}$, $P(Y > n) = (1-p)^n$, ce qu'il est facile de confirmer par récurrence.
Pour tout $n \geqslant 1$, $P(Y = n) = P(Y \leqslant n) - P(Y \leqslant n-1) = \big(1 - P(Y > n)\big) - \big(1 - P(Y > n-1)\big)$
$= (1-p)^{n-1} - (1-p)^n = p(1-p)^{n-1}$.
Y suit bien la loi géométrique de paramètre p.

Loi de Poisson

Définition : *Une variable aléatoire suit* ***la loi de Poisson de paramètre*** λ *lorsque :*

$$\boxed{\forall n \in \mathbb{N},\ P(X = n) = e^{-\lambda}\frac{\lambda^n}{n!}.}$$

Remarque : On définit bien ainsi la loi de probabilité d'une variable aléatoire, puisque, pour tout $n \in \mathbb{N}$, $\dfrac{e^{-\lambda}\lambda^n}{n!} \geqslant 0$ et :

$$\sum_{n=0}^{+\infty} \frac{e^{-\lambda}\lambda^n}{n!} = e^{-\lambda}\sum_{n=0}^{+\infty}\frac{\lambda^n}{n!} = e^{-\lambda}e^{\lambda} = 1.$$

Notation : $X \hookrightarrow \mathscr{P}(\lambda)$.

Proposition 17.24.— Si $X \hookrightarrow \mathscr{P}(\lambda)$, alors :
- Sa fonction génératrice, $\displaystyle\sum_{n\geqslant 0} \frac{e^{-\lambda}\lambda^n}{n!} t^n$, est de rayon de convergence $R_X = +\infty$.
- Son espérance est $E(X) = \lambda$.
- Sa variance est $V(X) = \lambda$.

Proposition 17.25.— Si X et Y sont deux variables aléatoires indépendantes suivant chacune une loi de Poisson de paramètres respectifs λ et μ, alors $X + Y$ suit la loi de Poisson de paramètre $\lambda + \mu$.

Fonctions génératrices des lois usuelles

Proposition 17.26.—
- **Loi de Bernoulli de paramètre** $p \in]0,1[$ **:** si $X \hookrightarrow \mathscr{B}(p)$,
pour tout $t \in \mathbb{R}$, $G_X(t) = 1 - p + pt$;
- **loi binomiale de paramètres** $n \geqslant 2$ **et** $p \in]0,1[$ **:** si $X \hookrightarrow \mathscr{B}(n,p)$,
pour tout $t \in \mathbb{R}$, $G_X(t) = (1 - p + pt)^n$;
- **loi géométrique de paramètre** $p \in]0,1[$ **:** si $X \hookrightarrow \mathscr{G}(p)$,
pour tout $t \in [-1/(1-p), 1/(1-p)[$, $G_X(t) = \dfrac{pt}{1-(1-p)t}$;

loi de Poisson de paramètre $\lambda > 0$ **:** si $X \hookrightarrow \mathscr{P}(\lambda)$,
pour tout $t \in \mathbb{R}$, $G_X(t) = e^{\lambda(t-1)}$.

■ Résultats asymptotiques

Proposition 17.27.— Si, pour tout n, $X_n \hookrightarrow \mathscr{B}(n, p_n)$ et si $\lim\limits_{n\to+\infty} np_n = \lambda$, alors, pour tout $k \in \mathbb{N}$, on a :

$$\lim_{n\to+\infty} P(X_n = k) = e^{-\lambda}\frac{\lambda^k}{k!}.$$

Remarque : Dans la pratique, lorsque $X_n \hookrightarrow \mathscr{B}(n, p_n)$, le calcul de $P(X_n = k)$ devient difficile lorsque n est grand. On cherche alors une approximation en supposant que X_n suit une loi de Poisson plutôt qu'une loi binomiale. De façon théorique, il faut vérifier que np_n a une limite finie λ ; en pratique, on se contentera des conditions : n est grand ($n \geqslant 50$) et p_n petit ($p_n \leqslant 0,1$) et $np_n \leqslant 15$ (np_n sera alors une approximation de λ).

Proposition 17.28.— Loi faible des grands nombres —. Si $(X_n)_{n\geqslant 1}$ est une suite de variables aléatoires deux à deux indépendantes et de même loi admettant une variance finie, alors, si $S_n = \sum\limits_{k=1}^{n} X_k$, $m = E(X_1)$, $\sigma = \sigma(X_1)$, on a pour tout $\varepsilon > 0$,

$$P\left(\left|\frac{1}{n}S_n - m\right| \geqslant \varepsilon\right) \leqslant \frac{\sigma^2}{n\varepsilon^2}.$$

Par suite,

$$P\left(\left|\frac{1}{n}S_n - m\right| \geqslant \varepsilon\right) \xrightarrow[n\to+\infty]{} 0.$$

Méthodes

Lois de probabilité d'une variable aléatoire discrète

Méthode 17.1.— Comment déterminer la loi de probabilité d'une variable aléatoire discrète

Soit X une variable aléatoire discrète sur un espace probabilisé $(\Omega, \mathscr{A}, P)$ et $X(\Omega) = \{x_1, x_2, \ldots, x_n, \ldots\}$ son image.
Déterminer la loi de probabilité de X, c'est préciser $P(\{x_n\})$, pour tout $n \in \mathbb{N}$.
Pour cela, on peut :

- se livrer à un calcul de probabilités en utilisant le matériel du chapitre précédent ;
- déterminer d'abord la fonction de répartition F_X de X pour en déduire la loi de probabilité ; par exemple, si $X(\Omega) = \mathbb{N}$, $\forall k \in \mathbb{N}$, $P(X = k) = F_X(k) - F_X(k-1)$;
- utiliser le développement en série entière de la fonction génératrice G_X (voir la **méthode 17.5**) ;
- reconnaître une loi usuelle décrite en PCSI, MPSI ou dans ce chapitre.

Mise en œuvre : à peu près dans tous les exos mais plus particulièrement de l'**exercice 17.1** à l'**exercice 17.13**, de l'**exercice 17.15** à l'**exercice 17.20** et enfin l'**exercice 17.38**.

Exemples : 1. *Que signifie qu'une v.a.r X suit la loi de Bernoulli de paramètre $p \in]0,1[$? Que signifie qu'une v.a.r X suit la loi binomiale de paramètres $n \geq 2$ et $p \in]0,1[$?*

Une variable aléatoire suit la loi de Bernoulli de paramètre $p \in]0,1[$ si $X(\Omega) = \{0,1\}$, avec $P(X=1) = p$ (et donc $P(X=0) = 1-p$). On note : $X \hookrightarrow \mathscr{B}(p)$.
Une variable aléatoire suit la loi binomiale de paramètres $n \geqslant 2$ et $p \in]0,1[$ si elle est la somme de n variables de Bernoulli mutuellement indépendantes suivant la même loi $\mathscr{B}(p)$.
On note : $X \hookrightarrow \mathscr{B}(n,p)$.

2. *On lance un dé parfait et on recommence indéfiniment. Soit X la variable aléatoire prenant pour valeur le rang d'apparition du premier 6. Déterminer la loi de X.*

X est bien une variable aléatoire discrète puisque $X(\Omega) = \mathbb{N}^*$ (on peut remarquer $\Omega = [\![1,6]\!]^{\mathbb{N}^*}$, ensemble des suites d'éléments de $[\![1,6]\!]$, n'est pas, lui, dénombrable).
Pour tout $n \geqslant 1$, notons A_n l'événement « le $n^{\text{ème}}$ lancer donne un 6 ». La réalisation ou la non réalisation de A_n ne dépend que du $n^{\text{ème}}$ lancer et les lancers sont indépendants les uns des autres, donc les A_n sont des événements mutuellement indépendants.

▷ $(X=1) = A_1$ et $P(X=1) = \dfrac{1}{6}$.

▷ $(X=2) = \overline{A_1} \cap A_2$, donc $P(X=2) = P(\overline{A_1})P(A_2) = \dfrac{5}{6} \times \dfrac{1}{6}$.

▷ Plus généralement, pour tout $k \in \mathbb{N}^*$, $(X=k) = \overline{A_1} \cap \cdots \cap \overline{A_{k-1}} \cap A_k$, donc :

$$P(X=k) = P(\overline{A_1}) \ldots P(\overline{A_{k-1}})P(A_k) = \left(\frac{5}{6}\right)^{k-1} \times \frac{1}{6}.$$

Remarque : Dans ce genre de situation, on peut reconnaître directement que X suit la loi géométrique de paramètre $\frac{1}{6}$: $X \hookrightarrow \mathscr{G}(\frac{1}{6})$.

❑ Méthode 17.2.— Comment déterminer l'espérance et la variance d'une variable aléatoire discrète

- Au delà des formules de définition, il est indispensable de connaître certaines sommes (finies ou sommes de séries convergentes).
  - ▷ Dans le cas fini, citons $\sum_{k=1}^{n} k = \dfrac{n(n+1)}{2}$, $\sum_{k=1}^{n} k^2 = \dfrac{n(n+1)(2n+1)}{6}$, $\sum_{k=1}^{n} k^3 = \dfrac{n^2(n+1)^2}{4}$, $\sum_{k=0}^{n} \binom{n}{k}$ et $\sum_{k=1}^{n} k\binom{n}{k}$ (voir **exercice 16.5**) ;
  - ▷ dans le cas infini, il faut connaître les sommes des séries entières usuelles.
- On peut aussi avoir à utiliser certaines propriétés vues en cours :
  - ▷ pour l'espérance, la linéarité, la formule du transfert ou la formule $E(XY) = E(X)(Y)$, lorsque X et Y sont indépendantes ;
  - ▷ pour la variance, $V(aX + b) = a^2V(X)$.
- Il faut également connaître l'espérance et la variance de chaque loi usuelle : Bernoulli, binomiale, géométrique, Poisson.
- On peut utiliser aussi la fonction génératrice (voir **méthode 17.5**).

Mise en œuvre : entre-autre **exercice 17.1**, **exercice 17.3**, **exercice 17.5**, **exercice 17.12** à **exercice 17.14**, **exercice 17.26** à **exercice 17.27**.

Exemple : *Une urne contient $n \geqslant 3$ boules indiscernables au toucher, deux sont blanches et les autres sont noires. On tire une à une, et sans remise, les n boules de l'urne. X est la variable aléatoire égale au rang de la première boule blanche tirée. Calculer $E(X)$ et $V(X)$.*

Les boules étant tirées successivement et sans remise, Ω est l'ensemble des permutations des n boules, donc Card $\Omega = n!$. Il y a deux boules blanches, donc $X(\Omega) = [\![1, n-1]\!]$.
Si N_k désigne l'événement : « c'est une boule noire qui apparaît au $k^{\text{ème}}$ tirage », alors $(X = k) = N_1 \cap N_2 \cap \cdots \cap N_{k-1} \cap \overline{N_k}$. La formule des probabilités composées donne :

$$\begin{aligned} P(X = k) &= P(N_1)P_{N_1}(N_2)\ldots P_{N_1\cap\cdots\cap N_{k-2}}(N_{k-1})P_{N_1\cap\cdots\cap N_{k-1}}(\overline{N_k}) \\ &= \frac{n-2}{n}.\frac{n-3}{n-1}\cdots\frac{n-k}{n-k+2}.\frac{2}{n-k+1} = \frac{2(n-k)}{n(n-1)} \end{aligned}$$

$$\begin{aligned} E(X) &= \sum_{k=1}^{n-1} kP(X = k) = \frac{2}{n(n-1)}\sum_{k=1}^{n-1} k(n-k) = \frac{2}{(n-1)}\sum_{k=1}^{n-1} k - \frac{2}{n(n-1)}\sum_{k=1}^{n-1} k^2 \\ &= \frac{2}{(n-1)} \times \frac{n(n-1)}{2} - \frac{2}{n(n-1)} \times \frac{n(n-1)(2n-1)}{6} = n - \frac{2n-1}{3} \text{ et } E(X) = \frac{n+1}{3}. \end{aligned}$$

$$\begin{aligned} V(X) &= E(X^2) - E(X)^2 = \sum_{k=1}^{n-1} k^2P(X = k) - \frac{(n+1)^2}{9} = \frac{2}{n(n-1)}\sum_{k=1}^{n-1} k^2(n-k) - \frac{(n+1)^2}{9} \\ &= \frac{2}{n-1}\sum_{k=1}^{n-1} k^2 - \frac{2}{n(n-1)}\sum_{k=1}^{n-1} k^3 - \frac{(n+1)^2}{9} = \frac{n(2n-1)}{3} - \frac{n(n-1)}{2} - \frac{(n+1)^2}{9} \end{aligned}$$

$$\text{Donc : } V(X) = \frac{(n+1)(n-2)}{18}.$$

Exemple : *Une urne contient* 3 *boules blanches et* 2 *noires. on effectue, dans cette urne, des tirages successifs avec remise de chaque boule après tirage.*
X est la variable aléatoire qui prend pour valeur le nombre de tirages nécessaires à l'obtention de la première boule blanche. Calculer l'espérance et la variance de X.

$X(\Omega) = \mathbb{N}^*$. X donne le rang du premier succès dans une suite illimitée d'épreuves de Bernoulli indépendantes de même paramètre $\frac{3}{5}$: elle suit donc la loi géométrique de paramètre $\frac{3}{5}$.

$$X \hookrightarrow \mathscr{G}\left(\frac{3}{5}\right), \text{ donc } E(X) = \frac{1}{\frac{3}{5}} = \frac{5}{3} \text{ et } V(X) = \frac{1-\frac{3}{5}}{\left(\frac{3}{5}\right)^2} = \frac{10}{9}.$$

❑ Méthode 17.3.— Comment étudier un couple de variables aléatoires discrètes

(X, Y) étant un couple de variables aléatoires discrètes sur Ω :

- Il faut commencer par établir la loi conjointe et les lois marginales. Dans le cas infini, il ne sera plus possible de rassembler les résultats dans un tableau.
- Leur éventuelle indépendance sera vérifiée par :
$$\forall (x,y) \in X(\Omega) \times Y(\Omega),\ P(X = x, Y = y) = P(X = x)P(Y = y),$$
ou par l'indépendance, $\forall (x,y) \in X(\Omega) \times Y(\Omega)$, de $(X = x)$ et $(Y = y)$.
- On peut avoir à chercher la loi conditionnelle de X sachant que $(Y = y)$ (ou le contraire).
- Pour calculer leur covariance et leur coefficient de corrélation, on utilisera :
$\text{Cov}\,(X,Y) = E\left(\big(X - E(X)\big)\big(Y - E(Y)\big)\right) = E(XY) - E(X)E(Y)$
et $\rho(X,Y) = \dfrac{\text{Cov}(X,Y)}{\sigma(X)\sigma(Y)}$.

Mise en œuvre : de l'**exercice 17.22** à l'**exercice 17.30**.

Exemple : *On effectue une suite de lancers avec une pièce non équilibrée pour laquelle la probabilité d'obtenir pile vaut $\frac{3}{4}$ (et celle d'obtenir face vaut donc $\frac{1}{4}$). On note X la longueur de la première chaîne obtenue, c'est-à-dire le nombre de tirages initiaux donnant le même résultat que le premier tirage. On note Y la longueur de la deuxième chaîne. Ainsi, si les premiers tirages donnent $PPPPFFP$ (peu importe la suite), on aura $X = 4$ et $Y = 2$. Déterminer la loi conjointe et les lois marginales du couple (X,Y), puis la loi conditionnelle de X sachant $(Y = j)$. X et Y sont-elles indépendantes ?*

La loi marginale de X se calcule assez aisément : $X(\Omega) = \mathbb{N}^*$ et on aura $X = k$ si la suite de lancers commence par k pile suivi d'une face ou par k face suivis d'un pile, cas incompatibles qui donnent $P(X = k) = \left(\dfrac{3}{4}\right)^k \dfrac{1}{4} + \left(\dfrac{1}{4}\right)^k \dfrac{3}{4} = \dfrac{3^k + 3}{4^{k+1}}$.

Pour déterminer la loi de Y, le plus simple est de passer par la loi conjointe du couple : on aura $(X,Y) = (i,j)$ si on débute par i pile, puis j face et à nouveau un pile, ou bien i face, j pile et une face, soit une probabilité de $P\,(X = i, Y = j) = \left(\dfrac{3}{4}\right)^i \left(\dfrac{1}{4}\right)^j \dfrac{3}{4} + \left(\dfrac{1}{4}\right)^i \left(\dfrac{3}{4}\right)^j \dfrac{1}{4} = \dfrac{3^{i+1} + 3^j}{4^{i+j+1}}$.

On utilise ensuite la formule des probabilités totales pour obtenir la loi de Y, avec le système

Méthodes

complet d'événements $(X = i)_{i \geq 1}$:

$$\begin{aligned} P(Y=j) &= \sum_{i=1}^{+\infty} P(X=i) P_{(X=i)}(Y=j) = \sum_{i=1}^{+\infty} P(X=i, Y=j) \\ &= \sum_{i=1}^{+\infty} \frac{3^{i+1}+3^j}{4^{i+j+1}} = \frac{1}{4^j} \sum_{i=1}^{+\infty} \left(\frac{3}{4}\right)^{i+1} + \frac{3^j}{4^j} \sum_{i=1}^{+\infty} \left(\frac{1}{4}\right)^{i+1} \\ &= \frac{1}{4^j} \left(\frac{3}{4}\right)^2 \frac{1}{1-\frac{3}{4}} + \frac{3^j}{4^j} \frac{1}{4^2} \frac{1}{1-\dfrac{1}{4}} = \frac{9+3^{j-1}}{4^{j+1}} \end{aligned}$$

On constate que la loi de Y n'est pas la même que celle de X, ce qui ne sautait pas aux yeux.
La loi conditionnelle de X sachant $(Y = j)$:
$P_{(Y=j)}(X=i) = \dfrac{P((X=i) \cap (Y=j))}{P(Y=j)} = \dfrac{3^{i+1}+3j}{4^{i+j+1}} . \dfrac{4^{j+1}}{9+3^{j-1}} = \dfrac{3^{i+1}+3^j}{4^i(9+3^{j-1})}$.
La loi marginale de X étant différente de la loi conditionnelle de X sachant $(Y = j)$, X et Y ne sont pas indépendantes.

❑ Méthode 17.4.— Comment étudier une variable aléatoire définie comme une fonction d'une ou de plusieurs v.a.r.d dans les cas les plus courants

- Pour étudier $Y = \phi(X)$, on remarque que $Y(\Omega) = \phi(X(\Omega))$ et pour tout $k \in Y(\Omega)$, l'événement $Y = k$ est égal à $X = \phi^{-1}(\{k\})$. On en déduit la loi de Y, c'est-à-dire toutes les probabilités $P(Y = k)$. Pour $E(Y)$, on utilise la ***formule du transfert***.
- Pour étudier $X+Y$, où X et Y sont deux *v.a.r* définis sur Ω, on calcule $P(X+Y = k)$ « à la main » pour $k \in (X+Y)(\Omega)$.
  On part de la formule : $P(X+Y=k) = \displaystyle\sum_{j \in X(\Omega)} P((X=j) \cap (Y=k-j))$.
  Dans le cas très fréquent, où X et Y sont à valeurs dans $\mathbb{N}$,
  $P(X+Y=k) = \displaystyle\sum_{j=0}^{n} P((X=j) \cap (Y=k-j))$.
  Si les *v.a.r* dont on fait la somme, sont indépendantes :
  $P(X+Y=k) = \displaystyle\sum_{j \in X(\Omega)} P(X=j) \times P(Y=k-j)$.
  Et si X et Y sont à valeurs dans $\mathbb{N}$, $P(X+Y=k) = \displaystyle\sum_{j=0}^{n} P(X=j) \times P(Y=k-j)$.
- Pour étudier $Y = \min(X_1, ..., X_n)$ ou $Z = \max(X_1, ..., X_n)$, on calcule $P(Y = i)$, où $i \in Y(\Omega)$: $P(Y \geqslant i) = P((X_1 \geqslant i) \cap ... \cap (X_n \geqslant i))$.
  Puis on en déduit : $P(Y = i) = P(Y \geqslant i) - P(Y \geqslant i+1)$.
  De même, pour calculer $P(Z = i)$, où $i \in Z(\Omega)$, on calcule :
  $P(Z \leqslant i) = P((X_1 \leqslant i) \cap ... \cap (X_n \leqslant i))$.
  Puis on en déduit : $P(Z = i) = P(Z \leqslant i) - P(Z \leqslant i-1)$.

Remarque : Retenir : $\min(X_1, ..., X_n) = -\max(-X_1, ..., -X_n)$, relation parfois utile.

Exemple : *X et Y étant deux variables aléatoires indépendantes suivant des lois binomiales $\mathscr{B}(m,p)$ et $\mathscr{B}(n,p)$, montrer que $X+Y$ suit une loi binomiale $\mathscr{B}(m+n,p)$. (on utilisera que $\sum_{i=0}^{k}\binom{m}{i}\binom{n}{k-i}=\binom{m+n}{k}$).*

$(X=k)_{k\in[\![0,m]\!]}$ forment un système complet d'événements, donc, d'après la loi des probabilités totales :

$$\forall k\in[\![0,m+n]\!],\ P(X+Y=k)=\sum_{i=0}^{k}P(X=i)P_{(X=i)}(Y=k-i).$$

Du fait de l'indépendance, $\forall k\in[\![0,m+n]\!]$, $P(X+Y=k)=\sum_{i=0}^{k}P(X=i)P(Y=k-i)$.

$$\begin{aligned}
P(X+Y=k) &= \sum_{i=0}^{k}\binom{m}{i}p^i(1-p)^{m-i}\binom{n}{k-i}p^{k-i}(1-p)^{n-k+i}\\
&= \sum_{i=0}^{k}\binom{m}{i}\binom{n}{k-i}p^k(1-p)^{m+n-k}\\
&= p^k(1-p)^{m+n-k}\sum_{i=0}^{k}\binom{m}{i}\binom{n}{k-i}=\binom{m+n}{k}p^k(1-p)^{m+n-k}
\end{aligned}$$

$X+Y$ suit bien la loi binomiale $\mathscr{B}(m+n,p)$.

Exemple : *Soit $X_1,...,X_k$, k v.a.r.d de même loi uniforme sur $[\![1,n]\!]$ et supposées mutuellement indépendantes. On pose $Z=\max(X_1,...,X_k)$.*
Déterminer la loi de Z et calculer son espérance pour $k=2$ et $k=3$.

$\forall i\leqslant n$, $P(Z\leqslant i)=P\left[(X_1\leqslant i)\cap...\cap(X_k\leqslant i)\right]=P(X_1\leqslant i)^k=\left(\dfrac{i}{n}\right)^k$ car les variables $X_1,...,X_k$ sont mutuellement indépendantes.

Et : $\forall i\in[\![2,n]\!]$, $P(Z=i)=P(Z\leqslant i)-P(Z\leqslant i-1)=\dfrac{i^k-(i-1)^k}{n^k}$.

De plus, $P(Z=1)=\left(\dfrac{1}{n}\right)^k$.

Écrivons $E(Z)$ dans le cas général sous forme d'une somme :

$$E(Z)=1\times P(Z=1)+\sum_{i=2}^{n}\frac{i^{k+1}-i\times(i-1)^k}{n^k}.$$

Dans le cas $k=2$, on a donc :

$$E(Z)=\left(\frac{1}{n}\right)^2+\sum_{i=2}^{n}\frac{i^3-i\times(i-1)^2}{n^2}=\sum_{i=1}^{n}\frac{2i^2-i}{n^2}.$$

On rappelle : $\sum_{i=1}^{n}i=\dfrac{n(n+1)}{2}$, $\sum_{i=1}^{n}i^2=\dfrac{n(n+1)(2n+1)}{6}$.

On en déduit : $E(Z)=\dfrac{(n+1)(4n-1)}{6n}$.

Méthodes

Enfin si $k = 3$: $E(Z) = \left(\frac{1}{n}\right)^3 + \sum_{i=2}^{n} \frac{i^4 - i \times (i-1)^3}{n^3} = \sum_{i=1}^{n} \frac{i + 3i^3 - 3i^2}{n^3}$, ce qui nous donne en rappelant la formule $\sum_{i=1}^{n} i^3 = \frac{n^2(n+1)^2}{4}$: $E(Z) = \frac{(n+1)(3n-1)}{4n}$.

Mise en œuvre : exercice 17.4, **exercice 17.14**, **exercice 17.15**, **exercice 17.17**, **exercice 17.24**, **exercice 17.27** et **exercice 17.35**.

❑ Méthode 17.5.— Comment étudier une variable aléatoire à valeurs dans $\mathbb{N}$ à l'aide de sa fonction génératrice

- Si $G_X : t \mapsto \sum_{n=0}^{+\infty} a_n t^n$ est la fonction génératrice de X alors la loi de probabilité de X est donnée par : $\forall n \in \mathbb{N}$, $P(X = n) = a_n$.
- X admet une espérance si, et seulement si, G_X est dérivable en 1 et, dans ce cas :
$$E(X) = G'_X(1).$$
- X admet une variance si, et seulement si, G_X est deux fois dérivable en 1.
- Si X et Y sont des variables aléatoires indépendants, $G_{X+Y} = G_X G_Y$.

Mise en œuvre : de l'**exercice 17.36** à l'**exercice 17.40**.

Exemples : 1. *Retrouver l'expression de $V(X)$ dans le cas où R_X, rayon de convergence de G_X, est strictement supérieur à 1.*

G_X étant de classe $\mathscr{C}^\infty$ sur $]-R_X, R_X[$, G_X est bien deux fois dérivable en 1.

Pour tout $0 < t < R_X$: $G''_X(t) = \sum_{n=2}^{+\infty} n(n-1)P(X = n)t^{n-2} = \sum_{n=0}^{+\infty} n(n-1)P(X = n)t^{n-2}$.

Et donc : $G''_X(1) = \sum_{n=0}^{+\infty} n(n-1)P(X = n) = E\big(X(X-1)\big) = E(X^2) - E(X)$.

D'où : $V(X) = E(X^2) - E(X)^2 = G''_X(1) + G'_X(1) - \big(G'_X(1)\big)^2$.

2. *Écrire la fonction génératrice d'une variable aléatoire $X \hookrightarrow \mathscr{B}(m, p)$. Si $Y \hookrightarrow \mathscr{B}(n, p)$ et si X et Y sont indépendantes, déterminer G_{X+Y} et retrouver le fait que : $X + Y \hookrightarrow \mathscr{B}(m + n, p)$.*

On écrit rapidement : $\forall t \in \mathbb{R}$, $G_X(t) = \sum_{k=0}^{m} \binom{m}{k} p^k (1-p)^{m-k} t^k = ((1-p) + pt)^m$, d'après la formule du binôme. Si X et Y sont indépendantes, $G_{X+Y} = G_X G_Y$, donc :

$$\forall t \in \mathbb{R},\ G_{X+Y}(t) = ((1-p) + pt)^m ((1-p) + pt)^n = ((1-p) + pt)^{m+n}.$$

Comme la fonction génératrice caractérise la loi d'une variable aléatoire, $X + Y \hookrightarrow \mathscr{B}(m + n, p)$, ce qui confirme le résultat obtenu par d'autres moyens auparavant.

3. *On lance un dé équilibré à 6 faces numérotés de 1 à 6. On appelle succès le fait d'obtenir 6. On note T_n le nombre de lancers qu'il faut pour obtenir un $n^{\text{ème}}$ succès. En remarquant que T_n est la somme de n variables aléatoires indépendantes qui suivent une loi géométrique de paramètre $\frac{1}{6}$, déterminer G_{T_n} et en déduire la loi de T_n, puis $E(T_n)$ et $V(T_n)$.*

On sait que si $X \hookrightarrow \mathcal{G}(p)$, $G_X(t) = \dfrac{pt}{1-qt}$. Donc, $G_{T_n}(t) = \left(\dfrac{pt}{1-qt}\right)^n$.

On rappelle que $\forall x \in]-1, 1[$, $\dfrac{1}{(1+x)^n} = \displaystyle\sum_{k=0}^{+\infty} \dfrac{-n(-n-1)...(-n-k+1)}{1 \times 2 \times ... \times k} x^k$.

On peut arranger le terme général sous la forme : $\dfrac{-n(-n-1)...(-n-k+1)}{1 \times 2 \times ... \times k} = (-1)^k \dbinom{n+k-1}{k}$.

On a alors pour fonction génératrice : $G_{T_1}(t) = p^n t^n (1-qt)^{-n} = \displaystyle\sum_{k=0}^{+\infty} \dbinom{n+k-1}{k} q^k p^n t^{k+n}$.

On pose ensuite $h = n + k$. Finalement, on a : $G_{T_n}(t) = \displaystyle\sum_{h=n}^{+\infty} \dbinom{h-1}{h-n} p^n q^{h-n} t^h$.

Ainsi, pour $h \geqslant n$, $P(T_n = h) = \dbinom{h-1}{h-n} p^n q^{h-n} = \dbinom{h-1}{n-1} p^n q^{h-n}$.

C'est **la loi de Pascal**. Puis, $E(T_n) = G'_{T_1}(1) = \dfrac{n}{p}$. Et ensuite (utiliser la formule qui a été établie à l'exemple **1**), $V(X) = \dfrac{nq}{p^2}$. On peut retrouver ces deux résultats car T_n est la somme de n variables aléatoires géométriques indépendantes (voir **méthode 17.2**).

■ Approximations

❑ Méthode 17.6.— Comment utiliser les inégalités de Markov et de Bienaymé-Tchebychev

- Le meilleur moyen de mémoriser la première inégalité de Markov est de bien connaître sa démonstration. Voir ci-dessous.
- La deuxième s'obtient en substituant $|X|$ à X dans la première.
- La troisième s'obtient en substituant X^2 à $|X|$ dans la deuxième.
- L'inégalité de Bienaymé-Tchebychev s'obtient en substituant $X - E(X)$ à X dans la troisième inégalité de Markov.

Mise en œuvre : exercice 17.31, exercice 17.32, exercice 17.34.

Pour **démontrer la première inégalité de Markov**, on considère X une *v.a.r* à valeurs positives et $t > 0$ donné. Alors :

$$E(X) = \sum x_i P(X = x_i) = \sum_{x_i \geqslant t} x_i P(X = x_i) + \sum_{x_i < t} x_i P(X = x_i).$$

Comme $X(\Omega) \subset \mathbb{R}_+$, la deuxième somme est positive ou nulle et donc :

$$E(X) \geqslant \sum_{x_i \geqslant a} x_i P(X = x_i) \geqslant t \sum_{x_i \geqslant t} P(X = x_i) = t\, P(X \geqslant t).$$

On divise par t et on a : $P(X \geqslant t) \leqslant \dfrac{E(X)}{t}$. C'est bien l'**inégalité de Markov**.

Méthodes

Exemple : *On réalise 400 fois la même expérience, dont la probabilité de succès est* $0,8 = \frac{4}{5}$. *On suppose que les 400 expériences sont indépendantes. Soit X le nombre de succès obtenus. Calculer $E(X)$ puis donner un minorant de $P(300 < X < 340)$.*

X suit la loi binomiale $\mathscr{B}\left(400, \frac{4}{5}\right)$, donc $E(X) = 320$.

$$(300 < X < 340) = \big(|X - E(X)| < 20\big)$$

est l'événement contraire de $\big(|X - E(X)| \geqslant 20\big)$.

D'après l'inégalité de Bienaymé-Tchebychev, $P\big(|X - E(X)| \geqslant 20\big) \leqslant \frac{V(X)}{20^2} = \frac{64}{400}$, donc :

$$P(300 < X < 340) = 1 - P\big(|X - E(X)| \geqslant 20\big) \geqslant \frac{21}{25}.$$

Exemple : *On utilise un dé équilibré. Cherchons le nombre de lancers qu'il faut effectuer pour pouvoir affirmer avec un risque d'erreur supposé inférieur à 0.05, que la fréquence d'apparition du numéro 1 au cours de ces n lancers sera dans l'intervalle* $\left]\frac{1}{6} - \frac{1}{100}, \frac{1}{6} + \frac{1}{100}\right[$ *?*

X, variable aléatoire donnant le nombre d'as à l'issue de ces n lancers, suit la loi binomiale $\mathscr{B}\left(n, \frac{1}{6}\right)$. La fréquence d'apparition du numéro 1 au cours de ces n lancers est $\frac{X}{n}$.

$$\left(\frac{X}{n} \in \left]\frac{1}{6} - \frac{1}{100}, \frac{1}{6} + \frac{1}{100}\right[\right) = \left(\left|X - \frac{n}{6}\right| < \frac{n}{100}\right)$$

qui est l'événement contraire de $\left(\left|X - \frac{n}{6}\right| \geqslant \frac{n}{100}\right)$. D'après l'inégalité de Bienaymé-Tchebychev,

$$P\left(\left|X - \frac{n}{6}\right| \geqslant \frac{n}{100}\right) \leqslant \frac{V(X)}{\frac{n^2}{10^4}} = \frac{10^4 \frac{5n}{36}}{n^2}.$$

Puis, on utilise la deuxième remarque après la **proposition 17.13**.

$$P\left(\left|X - \frac{n}{6}\right| < \frac{n}{100}\right) > 1 - \frac{10^4 \frac{5n}{36}}{n^2} = 1 - \frac{5 \times 10^4}{36n}.$$

Dire que le risque d'erreur est inférieur à 0.05 (5 pour cent), c'est dire que la probabilité de l'événement $\left(\frac{X}{n} \in \left]\frac{1}{6} - \frac{1}{100}, \frac{1}{6} + \frac{1}{100}\right[\right)$ est supérieure à 0.95. Pour que ce soit le cas, il suffit que $1 - \frac{5 \times 10^4}{36n^2} \geq \frac{95}{100}$, ce qui donne $n \geqslant \frac{10^6}{36}$, c'est-à-dire $n \geqslant 167$.

Exemple : *Soit n un entier naturel supérieur ou égal 5 et X une variable aléatoire à valeurs dans $\mathbb{N}^*$ suivant la loi géométrique de paramètre $\frac{1}{4}$. Majorer $P(X \geqslant n)$ à l'aide de l'inégalité de Markov, puis à l'aide de l'inégalité de Bienaymé-Tchebychev et enfin en appliquant l'inégalité de Markov à la variable aléatoire discrète $\left(\frac{5}{4}\right)^X$. Commenter.*

▶ X étant positive, l'inégalité de Markov s'écrit : $P(X \geqslant n) \leqslant \dfrac{E(X)}{n}$.

Comme $X \hookrightarrow \mathscr{G}\left(\dfrac{1}{4}\right)$, $E(X) = 4$ et $P(X \geqslant n) \leqslant \dfrac{4}{n}$.

▶ $X \geqslant n \Leftrightarrow X - 4 \geqslant n - 4$ et $|X - 4| \geqslant n - 4 \Leftrightarrow X - 4 \geqslant n - 4$ ou $X - 4 \leqslant 4 - n$.
Donc :

$$(X \geqslant n) \subset (|X - 4| \geqslant n - 4) \text{ et } P(X \geqslant n) \leqslant P(|X - 4| \geqslant n - 4).$$

D'après l'inégalité de Bienaymé-Tchebychev : $P(|X - 4| \geqslant n - 4) \leqslant \dfrac{V(X)}{(n-4)^2}$.

Or, $V(X) = \dfrac{1 - \frac{1}{4}}{\left(\frac{1}{4}\right)^2} = 12$, donc : $P(X \geqslant n) \leqslant \dfrac{12}{(n-4)^2}$.

▶ On considère donc la fonction de transfert $f : x \mapsto \left(\dfrac{5}{4}\right)^x$. f étant croissante, $(X \geqslant n) = (f(X) \geqslant f(n))$ et, en appliquant l'inégalité de Markov à $f(X)$:

$$P\big(f(X) \geqslant f(n)\big) \leqslant \frac{E\left(f(X)\right)}{f(n)}.$$

$E\left(f(X)\right) = \displaystyle\sum_{k=1}^{+\infty} f(k)\frac{3^{k-1}}{4^k} = \frac{1}{3}\sum_{k=1}^{+\infty}\left(\frac{15}{16}\right)^k = 5$, donc : $P(X \geqslant n) \leqslant \dfrac{5}{\left(\frac{5}{4}\right)^n}$.

C'est ce dernier majorant qui tend le plus vite vers 0 lorsque n tend vers $+\infty$ (une exponentielle contre des puissances), donc qui rend le mieux compte de la diminution de $P(X \geqslant n)$ lorsque n tend vers l'infini.

❑ Méthode 17.7.— Quand approcher une loi binomiale par une loi de Poisson
Une loi de Poisson étant la loi des événements rares, une loi binomiale sera d'autant mieux approchée par une telle loi que le paramètre p sera petit et que n sera grand. Dans ce cas, on approchera le paramètre λ de la loi de Poisson par la valeur de np, à condition qu'elle ne soit pas trop grande (à cause de la condition théorique : $\lim\limits_{n \to +\infty} n\,p_n = \lambda$.)

Mise en œuvre : exercice 17.33.

Exemple : *Soit une variable aléatoire $X \hookrightarrow \mathscr{B}(300, 0,01)$. Est-il légitime de l'approcher par une loi de Poisson ? Quel est alors le paramètre de cette loi ? Donner une approximation de $P(X \geqslant 3)$.*

$n = 300 > 50$ et $np = 3 < 15$, donc on peut approcher la loi de X par $\mathscr{P}(3)$:

$$P(X \geqslant 3) \approx \sum_{k=3}^{+\infty} e^{-3}\frac{3^k}{k!}.$$

Or : $\displaystyle\sum_{k=3}^{+\infty} e^{-3}\frac{3^k}{k!} = e^{-3}\left(e^3 - 1 - 3 - \frac{9}{2}\right) \approx 0,577.$

❑ Méthode 17.8.— Comment pratiquer et interpréter une estimation

Si $(X_n)_{n\geqslant 1}$ est une suite de variables aléatoires deux à deux indépendantes de même loi d'espérance m et d'écart-type σ, alors : $\forall \varepsilon > 0,\ P\left(\left|\dfrac{1}{n}\displaystyle\sum_{i=1}^{n} X_i - m\right| \geqslant \varepsilon\right) \leqslant \dfrac{\sigma^2}{n\,\varepsilon^2}$.

Exemple : *On considère une urne contenant des boules blanches en proportion p et des boules noires en proportion $1-p$. On effectue n tirages successifs et avec remise d'une boule et on observe l'apparition de k boules blanches. On décide d'estimer la proportion p par le nombre $\dfrac{k}{n}$.*
Comment évaluer la fiabilité de cette estimation ?

Pour $j \in [\![1,n]\!]$, on note X_j la variable aléatoire prenant la valeur 1 si une boule blanche apparaît au $j^{\text{ème}}$ tirage et 0 sinon : $Xj \hookrightarrow \mathscr{B}(p)$. Les tirages s'effectuant avec remise, les variables X_j sont bien mutuellement, donc deux à deux, indépendantes. Avec les notations ci-dessus, en particulier,

$$S_n = \sum_{j=1}^{n} X_j,\ m = p \text{ et } \sigma = \sqrt{p(1-p)} : \forall \varepsilon > 0,\ P\left(\left|\frac{1}{n}S_n - p\right| \geqslant \varepsilon\right) \leqslant \frac{p(1-p)}{n\,\varepsilon^2}.$$

p étant inconnue, on majore $p(1-p)$ par $\dfrac{1}{4}$, maximum de la fonction $x \mapsto x(1-x)$ sur $[0,1]$.
Ensuite, on remplace la variable aléatoire S_n par le nombre effectivement constaté de boules blanches apparues lors des n tirages, k :

$$\forall \varepsilon > 0,\ P\left(\left|\frac{k}{n} - p\right| \geqslant \varepsilon\right) \leqslant \frac{1}{4n\,\varepsilon^2}.$$

En passant à l'événement contraire, on a :

$$\forall \varepsilon > 0,\ P\left(\left|\frac{k}{n} - p\right| < \varepsilon\right) \geqslant 1 - \frac{1}{4n\,\varepsilon^2}.$$

Autrement dit, la probabilité pour que p appartienne à $\left]\dfrac{k}{n} - \varepsilon, \dfrac{k}{n} + \varepsilon\right[$ (l'intervalle de confiance) est supérieure à $1 - \dfrac{1}{4n\,\varepsilon^2}$.

Vrai/Faux

	Vrai	Faux
1. Une variable aléatoire X telle que $X(\Omega) = \mathbb{N}$ admet une espérance si, et seulement si, $\sum n\,P(X = n)$ converge.	☐	☐
2. Une variable aléatoire X telle que $X(\Omega) = \mathbb{Z}$ admet une espérance si, et seulement si, $\sum n\,[P(X = n) - P(X = -n)]$ converge.	☐	☐
3. La variance de la somme de deux variables aléatoires réelles est égale à la somme de leurs variances.	☐	☐
4. La variance de la somme de deux variables aléatoires réelles indépendantes est égale à la somme de leurs variances.	☐	☐
5. Si X et Y sont indépendantes, $V(XY) = V(X)V(Y)$.	☐	☐
6. Pour que $V(X)$ puisse exister, dire que X^2 est d'espérance finie ne suffit pas, il faut obligatoirement ajouter comme hypothèse que X est d'espérance finie.	☐	☐
7. Pour que $V\left(\sum_{i=1}^{n} X_i\right) = \sum_{i=1}^{n} V(X_i)$, il faut que les $v.a.r$ X_i soient mutuellement indépendantes, l'indépendance deux à deux ne suffit pas.	☐	☐
8. Si deux variables aléatoires réelles X et Y sont d'espérances finies, leur produit est d'espérance finie et $E(XY) = E(X)E(Y)$.	☐	☐
9. Si $X(\Omega) = \mathbb{N}^*$ et si X est d'espérance finie, alors $\dfrac{1}{X}$ est d'espérance finie.	☐	☐
10. Si X et $\lvert X\rvert$ admettent une variance, alors $V(X) = V(\lvert X\rvert)$.	☐	☐
11. La somme de deux variables aléatoires indépendantes suivant une loi de Poisson, suit une loi de Poisson.	☐	☐
12. Si X suit la loi géométrique $\mathscr{G}(p)$ alors $P(X > n) = (1-p)^n$.	☐	☐
13. Soit F_X la fonction de répartition d'une variable aléatoire réelle discrète. Il existe $a > 0$ tel que $F(x) = 1$ si $x \geqslant a$.	☐	☐
14. Les lois marginales d'un couple de variables aléatoires discrètes permettent d'obtenir la loi conjointe du couple.	☐	☐
15. Si $X \hookrightarrow \mathscr{G}(p)$, alors sa fonction génératrice est définie par : $\forall t \in \left]-\frac{1}{1-p}, \frac{1}{1-p}\right[,\ G_X(t) = \sum_{n=1}^{+\infty} (1-p)^{n-1}\,p\,t^n.$	☐	☐

Énoncé des exercices

Lois de probabilité de variables aléatoires discrètes

Exercice 17.1 : On considère une variable aléatoire X à valeurs dans $\{0,1,2\}$.
On sait que $E(X) = 1$ et $V(X) = \frac{1}{2}$. En déduire la loi de X.

Exercice 17.2 : Donner l'expression des fonctions de répartition de la loi de Bernoulli de paramètre $2/3$ et de la loi géométrique de paramètre $3/4$.

Exercice 17.3 : Guillaume est un 3/2 de PSI. Pour fêter son probable redoublement en 5/2, il boit et revient ivre devant la porte de son studio. Il a 10 clés pour ouvrir la porte (une seule de ces clés l'ouvre). Il remet chaque clé dans le trousseau de clé après un essai infructueux (n'oublions pas qu'il est bourré !). Quel est le nombre moyen d'essais nécessaires pour ouvrir la porte ?

Exercice 17.4 : Soit $X \hookrightarrow \mathcal{B}(p)$ et $Y \hookrightarrow \mathcal{B}(p)$, indépendantes. Déterminer les lois de $X+Y$ et de $X-Y$. Ces deux *v.a.r* peuvent-elles être indépendantes ?

Exercice 17.5 : Un sujet de concours de la filière PSI comporte 20 erreurs typographiques. lors de la relecture, une erreur a la probabilité $p = \frac{3}{4}$ d'être détectée par un correcteur et il y a indépendance entre la détection des différentes erreurs.

1. Déterminer la loi de probabilité du nombre d'erreurs non détectées ainsi que son espérance.

2. Calculer ensuite cette espérance si le sujet est soumis à 2 relectures indépendantes.

Exercice 17.6 : Simon, élève 5/2 de PSI, a décidé enfin de bosser. Il prend les annales de tous les concours de la filière PSI des dix dernières années en Mathématiques et décide de faire les sujets. Il procède ainsi : il prend les sujets les uns après les autres et ne fait que ceux qu'il estime faisable. Il jette directement les sujets qu'il estime par contre infaisable sans s'y attarder. On sait qu'un tiers des sujets de toutes les annales est infaisable pour Simon. Quand Simon tombe sur le troisième sujet infaisable, il craque et décide d'arrêter de nouveau de bosser. Soit X le nombre de sujets traités par Simon. Donner la loi de X.
Calculer la probabilité que Simon ait finalement fait au moins 4 sujets avant de craquer.

Exercice 17.7* : Deux joueurs jouent à Pile ou Face n fois chacun. Soit X le nombre de Face obtenues par le premier joueur et Y le nombre de Face obtenues par le second joueur.

1. Pour tout $k \in [\![0,n]\!]$, calculer $P(X=k)$ et $P(Y=k)$.

2. Calculer $P(X=Y)$, c'est-à-dire la probabilité que les deux joueurs obtiennent le même nombre de Faces. (On exprimera le résultat sous forme d'une somme avec des coefficients binomiaux.)

3. En écrivant $(a+b)^{2n}$ d'une part comme son développement par la formule du binôme de Newton classique, et d'autre part comme le carré du développement par la formule du binôme de Newton de $(a+b)^n$, montrer que $P(X=Y) = \frac{1}{4^n}\binom{2n}{n}$. En trouver un équivalent, quand $n \to +\infty$.

Exercice 17.8 : X est une variable aléatoire sur un univers Ω vérifiant $X(\Omega) = \mathbb{N}^\star$ et de plus $\forall n \in \mathbb{N}^\star$, $\exists\, k \in]0,1[$, $P(X=n) = k\,P(X \geqslant n)$. Déterminer la loi de X.

D'après Concours Communs Mines-Telecom, filière PC

Exercice 17.9 : *Monde cruel !* Dans un bassin, nagent 100 poissons rouges, 200 poissons bleus, 300 poissons jaunes et 400 poissons gris indépendamment les uns des autres et croyant pouvoir barboter jusqu'à la fin des temps. Un cruel coup d'épuisette ramène, au hasard, $n < 100$ poissons de diverses couleurs, chaque poisson ayant la même probabilité d'être pêché. On note Y_r, Y_b, Y_j et Y_g les variables aléatoires donnant les nombres ramenés respectivement de poissons rouges, bleus, jaunes et gris.
Calculer : $P\left((Y_r = r) \cap (Y_b = b)\,(Y_j = j)\,(Y_g = g)\right)$.
Application numérique : $n = 10$, $r = 2$, $b = 2$, $j = 3$ et $g = 3$.

Exercice 17.10 : Un élève de PSI passe la terrible épreuve de sport de Polytechnique. Il tente de franchir des hauteurs successives numérotées $1, 2, ..., n, ...$ et il a droit à un seul essai par hauteur. On suppose que les sauts sont indépendants les uns des autres et que la probabilité de succès au $n^{\text{ème}}$ saut est $1/n$ pour tout $n \in \mathbb{N}^\star$. Il s'arrête au premier saut raté. On note X la variable aléatoire égale au numéro du dernier saut réussi.

1. Montrer que : $\forall n \in \mathbb{N}^\star$, $P(X = n) = \dfrac{n}{(n+1)!}$.

2. Calculer $E(X+1)$. En déduire $E(X)$.

Exercice 17.11* : On lance deux dés équilibrés à n faces. On note S la somme des deux dés.

1. Que vaut $S(\Omega)$?

Pour tout $i \in [\![1, n+1]\!]$, montrer que $P(S = i) = \dfrac{i-1}{n^2}$.

2. Pour tout $i \in [\![n+2, 2n]\!]$, montrer que $P(S = i) = \dfrac{2n - i + 1}{n^2}$.

3. Calculer $P(S \leqslant n+1)$.

Exercice 17.12* : Gauthier, élève de PSI qui s'ennuie, répète le lancer d'un dé (que l'on suppose équilibré) à 12 faces jusqu'à ce que le dé produise un résultat pair que l'on divise finalement par deux. La variable aléatoire X prend la valeur obtenue.

1. Donner $X(\Omega)$.

2. Soit $k \in [\![1, 6]\!]$ fixé. Pour tout entier n non nul, on note A_n l'événement : « un numéro impair apparaît au $n^{\text{ème}}$ lancer » et B_n l'événement : « $2k$ apparaît au $n^{\text{ème}}$ lancer ». Par ailleurs, on note Y la v.a.r.d égale au rang d'apparition du premier pair.

a. Interpréter $(X = k)$ et écrire $P\left[(X = k) \cap (Y = n)\right]$ en fonction de probabilités d'événements du type A_i et B_j.

b. En déduire $P(X = k)$. X suit-elle la loi uniforme ?

Exercice 17.13 : Pour une variable aléatoire réelle X telle que $X(\Omega) = \mathbb{Z} \setminus \{-1, 0\}$, on pose :

$$\forall\, n \in \mathbb{Z} \setminus \{-1, 0\},\ P(X = n) = \frac{1}{2n(n+1)}.$$

1. Vérifier que ceci définit bien une loi de probabilité pour X.

2. X est-elle d'espérance finie ?

Exercice 17.14 : On considère une variable aléatoire X telle que $X(\Omega) = \mathbb{N}^*$ et la suite $(u_n)_{n \in \mathbb{N}^*}$ définie par $u_n = \dfrac{1}{n(n+1)}$.

1. Vérifier qu'il existe une probabilité P sur $(\Omega, \mathscr{A})$ telle que, pour tout $n \in \mathbb{N}^*$, $P(X = n) = u_n$.

2. Montrer que X n'est pas d'espérance finie.

3. Montrer que $\sqrt{X}$ est d'espérance finie (on ne cherchera pas à la calculer).

Exercice 17.15 : Sur un axe $(O,\vec{i})$, une puce, placée initialement en O se déplace par translations successives de vecteur $\vec{i}$ ou $-\vec{i}$ (c'est-à-dire qu'au bout d'un saut, elle est en -1 ou 1 et au bout de deux sauts, elle peut être en -2, 0 ou 2, *etc.*) La probabilité pour un saut donné que la puce effectue une translation de vecteur $\vec{i}$ est $p = 0.4$ et que la puce effectue une translation de vecteur $-\vec{i}$ est $q = 0.6$. Soit n un entier supérieur ou égal à 2, la puce effectue n sauts successifs. X est la *v.a.r* qui prend pour valeur le nombre de translations de vecteur $\vec{i}$ et Y la *v.a.r* qui prend le nombre de translations de vecteur $-\vec{i}$ effectuées par notre amie la puce au cours des n sauts.

1. Justifier que $X \hookrightarrow \mathcal{B}(n,p)$. Quelle est la loi de Y ?

2. Calculer $E(X)$, $E(Y)$, $V(X)$ et $V(Y)$.

3. Soit $T = X - Y$. Que représente T ? Calculer $E(T)$ et $V(T)$.

4. Vérifier que X et Y ne sont pas indépendantes.

Exercice 17.16 : On dit qu'une variable aléatoire réelle est ***quasi-certaine***, s'il existe un réel a tel que $P(X = a) = 1$. Soit X une variable aléatoire réelle tel que $X(\Omega)$ soit fini ou dénombrable. Montrer que X est quasi-certaine si, et seulement si, $V(X) = 0$.

Exercice 17.17* : On suppose que $X \hookrightarrow \mathcal{P}(\lambda)$ et on définit Y ainsi :

- si X prend une valeur paire alors $Y = X/2$;
- si X prend une valeur impaire alors $Y = 0$.

Déterminer la loi de Y, son espérance et sa variance.

D'après Concours Communs Mines-Telecom et Concours ENSEA, filière PSI

Exercice 17.18* : Soit X une variable aléatoire à valeurs dans $\mathbb{N}$.

1. Montrer que pour tout $n \in \mathbb{N}^*$: $\displaystyle\sum_{k=0}^{n} k\,P(X = k) = \sum_{k=0}^{n-1} P(X > k) - n\,P(X > n)$.

En déduire que si X admet une espérance, alors : $E(X) = \displaystyle\sum_{k=0}^{+\infty} P(X > k)$.

Montrer de même que si X admet une variance, alors : $E(X^2) = \displaystyle\sum_{k=0}^{+\infty} (2k+1)P(X > k)$.

2. On dispose d'une urne contenant N boules numérotées de 1 à N. On effectue à partir de cette urne, n tirages successifs d'une boule, avec remise, et on note X le plus grand nombre obtenu.

a. Montrer : $\forall k \in [\![1,N]\!]$, $P(X \leqslant k) = \left(\dfrac{k}{n}\right)^n$. En déduire la loi de X.

b. Montrer que : $E(X) = N - \displaystyle\sum_{k=0}^{N-1} \left(\frac{k}{N}\right)^n$. En déduire un équivalent de $E(X)$ quand $N \to +\infty$.

c. De même, trouver un équivalent de $V(X)$ quand $N \to +\infty$.

Exercice 17.19 : Léo, élève de PSI, a l'esprit concours. Il veut se débarrasser de Max qui a des meilleures notes que lui. Il lui propose une balade en voiture (Léo est le chauffeur) et fait exprès de s'arrêter régulièrement dans les endroits les plus désertiques. Léo a une chance sur cinq pour qu'après un tel arrêt, il arrive à repartir sans Max. Soit X la *v.a.r* égale au nombre d'arrêts nécessaires pour que Léo puisse perdre Max dans la nature.

1. Établir la loi de probabilité de X.

2. Calculer la probabilité pour que Léo réussisse son coup au quatrième arrêt.

3. Quel est le nombre maximum d'arrêts que peut comporter un tel circuit pour que Max arrive indemne à destination dans la voiture de Léo avec une probabilité supérieure à 0.6 ?

Exercice 17.20 : Soit X une $v.a.r$ telle que $X(\Omega) = \mathbb{N}$ et dont la loi de probabilité f vérifie : $\forall n \in \mathbb{N}^\star,\ f(n) = \dfrac{4}{n} f(n-1)$. Déterminer cette loi.

Exercice 17.21 : Soit $n \in \mathbb{N}^\star$. On effectue n lancers indépendants d'une pièce donnant pile avec une probabilité $p \in]0,1[$ et face avec une probabilité $q = 1 - p$. On fait n lancers successifs de la pièce. On introduit la notion de **séries de lancers** amenant un même côté et on parle de longueur d'une série. Ainsi la première série est de longueur $m \in [\![1, n-1]\!]$ si les m premiers lancers ont amené le même côté de la pièce et le $(m+1)^{\text{ème}}$ l'autre côté et de longueur n si les n lancers ont amené le même côté. Si la longueur de la première série est égale à $m < n$, la deuxième série commence au $(m+1)^{\text{ème}}$ lancer et ainsi de suite. Ω_n désigne l'ensemble des successions de pile ou de face au bout de n lancers. Pour $i \in \mathbb{N}^\star$, on note P_i l'événement : « le $i^{\text{ème}}$ lancer amène pile » et F_i l'événement contraire. Enfin, $k \in \mathbb{N}^\star$.

1. On note L_1 la $v.a.r$ donnant la longueur de la première série.

a. Déterminer $L_1(\Omega_n)$.

b. On suppose $m < n$. Exprimer $(L_1 = m)$ à l'aide des événements P_i et F_i pour $i \in [\![1, m+1]\!]$. En déduire $P(L_1 = m)$.

c. Exprimer $(L_1 = n)$ à l'aide des événements P_i et F_i pour $i \in [\![1, n]\!]$.
En déduire $P(L_1 = n)$. Vérifier que $\displaystyle\sum_{m=1}^{n} P(L_1 = m) = 1$.

2. On note L_2 la longueur de la deuxième série, s'il y en a une, et on note $L_2 = 0$ sinon.

a. Déterminer $L_2(\Omega_n)$.

b. On suppose que $m + k < n$. Exprimer $(L_1 = m) \cap (L_2 = k)$ à l'aide des événements P_i et F_i pour $i \in [\![1, m+k+1]\!]$. En déduire $P((L_1 = m) \cap (L_2 = k))$.

c. On suppose que $m + k = n$. Exprimer $(L_1 = m) \cap (L_2 = k)$ à l'aide des événements P_i et F_i pour $i \in [\![1, n]\!]$. En déduire $P((L_1 = m) \cap (L_2 = k))$.

d. En déduire la valeur de $P(L_2 = k)$ pour $k \in [\![1, n-1]\!]$. Calculer $P(L_2 = 0)$.

D'après Centrale-Supelec, filière TSI

■ Étude d'un couple de variables aléatoires discrètes

Exercice 17.22 : Soit X une $v.a.r$, définie sur $(\Omega, \mathscr{A}, P)$ un espace de probabilité, on admet que l'on définit Y une $v.a.r$ sur le même espace de probabilité par : $\forall \omega \in \Omega,\ Y(\omega) = \displaystyle\int_0^1 \max(X(\omega), t)\, dt$.

1. Ici $X \hookrightarrow \mathscr{G}(p)$. Déterminer $Y(\omega)$ pour tout $\omega \in \Omega$.

2. Ici $X \hookrightarrow \mathscr{B}(n,p)$ avec $p \in]0,1[$. Déterminer $Y(\Omega)$ et sa loi.

3. On suppose ici $X(\Omega) = \left\{-1, 0, \frac{1}{2}, 2\right\}$ et $P(X = -1) = P(X = 0) = \frac{1}{8}$, $P(X = 2) = \frac{1}{3}$.

a. Donner la loi de Y ainsi que $E(Y)$.

b. Soit $Z = XY$. Justifier que $Z(\Omega) = \left\{-\frac{1}{2}, 0, \frac{5}{16}, 4\right\}$. Déterminer la loi de Z.

c. Calculer le coefficient de corrélation $\rho(X,Y)$.

D'après Arts et Metiers ParisTech-ESTP-POLYTECH, filière PSI

Exercice 17.23 : On lance indéfiniment une pièce de 10 cents d'euro équilibrée (fabriquée en France à Pessac et donc sa face nationale est la semeuse d'Oscar Roty). On pose X_1 (respectivement X_2) la $v.a.r$ égale au rang d'apparition de la première (respectivement deuxième) semeuse de Roty. Déterminer la loi conjointe du couple (X_1, X_2).

Exercice 17.24 : Soit X et Y deux variables aléatoires indépendantes suivant la même loi géométrique sur $\mathbb{N}^*$ de paramètre $p \in]0,1[$. n désigne un entier strictement positif ; d'autre part, on pose

$$Z = \min(X, Y) \text{ et } q = 1 - p.$$

1. Calculer $P(X \geqslant n)$.
2. Calculer $P(Z \geqslant n)$, puis $P(Z = n)$. En déduire quelle loi suit la variable aléatoire Z.
3. Les variables X et Z sont-elles indépendantes ?

D'après Concours Communs Mines-Telecom et Concours ENSEA, filière PSI

Exercice 17.25 : Une urne contient 10 boules (5 blanches, 3 rouges et 2 noires). On extrait une poignée de trois boules en notant la couleur de chaque boule. Soit X la *v.a.r* égale au nombre de boules rouges et Y la *v.a.r* égale au nombre de boules noires figurant dans l'échantillon obtenu.
1. Calculer la loi conjointe, c'est-à-dire : $\forall (i,j), p_{ij} = P(X = i, Y = j)$.
2. En déduire les lois marginales.
3. Déterminer la loi conditionnelle de Y sachant $(X = 1)$.
4. Déterminer $\text{Cov}(X, Y)$.

Exercice 17.26* : Soit $n \in \mathbb{N}^*$ et p et q deux réels de l'intervalle $]0,1[$ avec $p + q < 1$. On jette n fois un dé pipé dont les six faces ne comportent que les nombres 1, 2 et 3 et on suppose les lancers indépendants. À chaque lancer, la probabilité d'obtenir 1 est p, celle d'obtenir 2 est q et celle d'obtenir 3 est $r = 1 - p - q$. On appelle X (respectivement Y) la variable aléatoire égale au nombre de 1 (respectivement de 2) obtenus en n lancers.
1.
a. Quelles sont les loi respectives de X et de Y ?
b. Déterminer la loi du couple (X, Y).
c. Les variables X et Y sont-elles indépendantes ?
2. On suppose dans cette question que le nombre de lancers effectués avec ce dé est une variable aléatoire N suivant la loi de Poisson de paramètre $\lambda > 0$.
a. Déterminer les lois respectives de X et de Y.
b. Vérifier que X et Y sont indépendantes.

Exercice 17.27 : Si $X \hookrightarrow \mathscr{P}(\lambda)$, où $\lambda > 0$, calculer l'espérance de $Y = \dfrac{1}{1+X}$.

Exercice 17.28 : On suppose que le nombre N de nouveaux nés d'une famille de rats suit une loi de Poisson de paramètre $\lambda > 0$. Pour une portée donnée de n rejetons, on suppose que la probabilité qu'un nouveau-né soit une femelle est $p \in]0,1[$ et celle que ce soit un mâle est $q = 1 - p$ et que les sexes des naissances successives de la portée sont indépendants. On note X la variable aléatoire correspondant au nombre de femelles par portée et Y celle du nombre de mâles.
Déterminer la loi conjointe du couple (N, X). Quelle est la loi de X, de Y ?

D'après Concours Communs Mines-Telecom et Concours ENSEA, filière PSI

Exercice 17.29* : Soit (X, Y) un couple de variables aléatoires à valeurs dans $\mathbb{N}^2$ dont la loi est donnée par : $\forall (j,k) \in \mathbb{N}^2$, $P(X = j, Y = k) = \dfrac{(j+k)2^{-j-k}}{e\, j!\, k!}$.
1. Déterminer les lois marginales de X et de Y. Les *v.a.r.d* X et Y sont-elles indépendantes ?
2. Prouver que $E\left(2^{X+Y}\right)$ existe et calculer sa valeur.

D'après Concours Commun INP (ancien CCP), filière MP

Exercice 17.30* : On considère p variables aléatoires réelles discrètes $X_1, ..., X_p$ admettant une variance. On note $\Gamma = (Cov(X_i, X_j))_{(i,j)\in[\![1,p]\!]^2}$ la matrice des covariances.

L'idée de l'exercice est de chercher $c = (c_1, ..., c_p) \in (\mathbb{R}_+)^p$ non nul, tel que $\frac{1}{\|c\|^2}V\left(\sum_{i=1}^{p} c_i X_i\right)$ soit maximal (pour avoir un échantillon le plus varié possible).

1. Montrer que pour tout $c \in (\mathbb{R}_+)^p$, $V\left(\sum_{i=1}^{p} c_i X_i\right) = \sum_{(i,j)\in[\![1,p]\!]^2} c_i c_j \, Cov(X_i, X_j)$.

2. Pourquoi Γ est-elle diagonalisable ?
Dans la suite, l'on pose λ_1 la plus grande des valeurs propres de Γ et on note le vecteur ligne $C = \begin{pmatrix} c_1 & . & . & . & c_p \end{pmatrix}$. Montrer : $C\,\Gamma\,C^T = V\left(\sum_{i=1}^{p} c_i X_i\right)$.
Et en déduire que toutes les valeurs propres de Γ sont positives ou nulles.

3. Montrer que $\frac{1}{\|c\|^2}V\left(\sum_{i=1}^{p} c_i X_i\right) \leqslant \lambda_1$.
Montrer qu'il y a égalité si, et seulement si, C^T est un vecteur propre associé à λ_1.

4. Montrer que $A = \begin{pmatrix} 1 & \rho & \rho \\ \rho & 1 & \rho \\ \rho & \rho & 1 \end{pmatrix}$, où $\rho \in \mathbb{R}_+^\star$ est fixé, est diagonalisable et trouver une base de ses vecteurs propres.

5. Application : on suppose $p = 3$, X_1, X_2 et X_3 de variances toutes égales à $V > 0$ et telles que pour tout $(i,j) \in [\![1,3]\!]^2$, avec $i \neq j$, $Cov(X_i, X_j) = r \in]0,1]$.
On pose pour tout $i \in [\![1,3]\!]$, $Y_i = \frac{1}{\sqrt{V}} X_i$ et $\Delta = (Cov(Y_i, Y_j))_{(i,j)\in[\![1,3]\!]^2}$.
Trouver les valeurs propres de Δ et c tel que $\frac{1}{\|c\|^2}V\left(\sum_{i=1}^{p} c_i X_i\right)$ soit maximal.

D'après Concours Commun INP (ancien CCP), filière PC

Inégalités, estimation

Exercice 17.31 : 1. On définit n *v.a.r.d* indépendantes $Y_1, \dots Y_n$, de même loi et possédant un moment d'ordre 2. Montrer en utilisant l'inégalité de Bienaymé-Tchebychev :

$$\forall a > 0,\ P\left(\left|\frac{S_n}{n} - E(Y_1)\right| \geqslant a\right) \leqslant \frac{V(Y_1)}{n\,a^2},$$

où S_n désigne la somme $Y_1 + ... + Y_n$.

2. On tire n fois avec remise une boule parmi 2 boules rouges et 3 boules noires. Trouver n pour avoir 95% de chance d'obtenir une proportion de boules rouges comprise entre 0.35 et 0.45.

D'après CCP, Concours Communs Mines-Telecom et Concours ENSEA, filière PSI

Exercice 17.32 : On suppose que le nombre de pièces sortant d'une usine donnée en une journée est une variable aléatoire d'espérance 50.

1. Peut-on estimer la probabilité que la production d'un jour donné dépasse 75 pièces ?

2. Que peut-on dire de plus sur cette probabilité si l'on sait que l'écart-type de la production quotidienne est de 5 pièces ?

Exercice 17.33 : *Surbooking* Des études effectuées par une compagnie aérienne montrent qu'il y a une probabilité 0.05 qu'un passager ayant fait une réservation ne vienne pas à l'aéroport de Toulouse-Blagnac. Un étudiant admissible de PSI doit monter à Paris passer un oral. L'avion qu'il va prendre a 90 places et il a été vendu 94 billets. Quelle est la probabilité pour qu'il puisse y avoir un problème à l'embarquement ?
(On suppose que les passagers sont indépendants les uns des autres.)
On fera les calculs de deux manières, directement puis avec une approximation par Poisson.

D'après Concours Communs Mines-Telecom et Concours ENSEA, filière PSI

Exercice 17.34 : Soit n un entier naturel non nul et $X \hookrightarrow \mathscr{G}\left(\frac{1}{n}\right)$.

1. Montrer l'inégalité : $P(X \geqslant n^2) \leq \dfrac{1}{n}$.

2. Montrer : $P(|X-n| \geqslant n) \leqslant 1 - \dfrac{1}{n}$. En déduire : $P(X \geqslant 2n) \leqslant 1 - \dfrac{1}{n}$.

D'après Concours Communs Mines-Telecom et Concours ENSEA, filière PSI

Exercice 17.35 : Gauthier (encore lui !) jette 3600 fois un dé. Minorer la probabilité que le nombre d'apparitions du 1 soit compris strictement entre 480 et 720.

Fonctions génératrices de variables aléatoires à valeurs dans $\mathbb{N}$

Exercice 17.36* : Soit x un réel strictement positif et X une *v.a.r* à valeurs dans $\mathbb{N}$ dont la loi de probabilité est définie par : $\forall n \in \mathbb{N},\ P(X=n) = \dfrac{1}{\operatorname{ch} x} \dfrac{x^{2n}}{(2n)!}$.

1. Calculer sa fonction génératrice G_X à l'aide de fonctions usuelles.

2. En déduire son espérance et sa variance.

Exercice 17.37* : 1. Déterminer la fonction génératrice de la loi uniforme sur $[\![2,12]\!]$.

2. Soit X_1 et X_2 des variables aléatoires indépendantes à valeurs dans $[\![1,6]\!]$.
En étudiant les racines du polynôme $G_{X_1}G_{X_2}$, montrer que la loi de X_1+X_2 ne peut pas être la loi uniforme sur $[\![2,12]\!]$.

3. Peut-on piper deux dés indépendants de manière à rendre toutes les sommes entre 2 et 12 équiprobables ?

Exercice 17.38* : On considère deux variables aléatoires indépendantes suivant chacune une loi de Poisson de paramètres respectifs λ et μ.

1. Montrer directement que $Z = X+Y$ suit une loi de Poisson dont on précisera le paramètre.

2. Retrouver le résultat grâce aux fonctions génératrices.

D'après Concours Communs Mines-Telecom et Concours ENSEA, filière PSI

Exercice 17.39 : Soit X une variable aléatoire à valeurs dans $\mathbb{N}$. On pose $p_n = P(X=n)$, $r_n = P(X>n)$ et on note G sa fonction génératrice.

1. Quelle relation a-t-on entre la série $\sum p_n$ et la suite $(r_n)_{n\in\mathbb{N}}$?

2. Montrer que le rayon de convergence de $\sum r_n t^n$ est supérieur ou égal à 1.

3. Pour $|t|<1$, on pose : $H(t) = \displaystyle\sum_{n=0}^{+\infty} r_n t^n$. Montrer que $H(t) = \dfrac{1-G(t)}{1-t}$.

Exercice 17.40* : Soit X une variable aléatoire réelle discrète prenant un nombre fini de valeurs $x_1, ..., x_r$ avec les probabilités respectives $p_1, ..., p_r$, où $r \in \mathbb{N}^\star$.

On considère $M_X : t \mapsto E(e^{tX})$, et d'autre part $\phi_X : \mathbb{R}^\star \to \mathbb{R}$, $t \mapsto \dfrac{1}{t}\ln(M_X(t))$.

1. Déterminer M_X puis ϕ_X lorsque X suit une loi de Bernoulli de paramètre $p \in [0,1]$.

2. Montrer que M_X est de classe $\mathcal{C}^\infty$ sur $\mathbb{R}$ et que pour tout entier naturel k, $M_X^{(k)}(0) = E(X^k)$.

3. Quelques propriétés de ϕ_X.

a. Montrer que ϕ_X est bien définie sur $\mathbb{R}^\star$ et prolongeable par continuité en 0.

On pose, dans la suite, $\phi_X(0) = E(X)$ et on note encore ϕ_X la fonction prolongée.

b. Démontrer que ϕ_X est dérivable en 0 et calculer $\phi'_X(0)$ en fonction de la variance $V(X)$ de X.

c. Montrer : $\forall u \leqslant 0$, $e^u \leqslant 1 + u + \frac{1}{2}u^2$ et $\forall u \in]-1, +\infty[$, $\ln(1+u) \leqslant u$.

En déduire que si X ne prend que des valeurs négatives ou nulles, alors, pour tout $t \geqslant 0$, on a l'inégalité $\phi_X(t) \leqslant E(X) + \frac{t}{2}E(X^2)$.

d. Pour tout entier i tel que $1 \leqslant i \leqslant r$, on note f_i la fonction définie sur $\mathbb{R}$, par $t \mapsto e^{tx_i}$.

Montrer que la famille $(f_1, ..., f_r)$ est une famille libre.

En déduire que deux *v.a.r.d* finies X et Y, telles que $X(\Omega) = Y(\Omega)$, ont la même loi si, et seulement si, les fonctions ϕ_X et ϕ_Y sont égales.

e. Montrer que si X et Y sont des *v.a.r.d* finies indépendantes alors $\phi_{X+Y} = \phi_X + \phi_Y$.

f. Déduire de ce qui précède, ϕ_X, lorsque X suit une loi binomiale de paramètre s et p, s est un entier naturel non nul et $0 \leqslant p \leqslant 1$.

4. On considère une suite $(X_n)_{n\geqslant 1}$ de *v.a.r.d* finies mutuellement indépendantes sur $(\Omega, \mathcal{A}, P)$, qui suivent la même loi que X.

On note m l'espérance de X et σ son écart-type que l'on suppose strictement positif.

On pose : $\forall n \in \mathbb{N}^\star$, $S_n = \displaystyle\sum_{i=1}^{n} X_i$ et $S_n^\star = \dfrac{S_n - E(S_n)}{\sqrt{V(S_n)}}$.

a. Montrer : $\forall n \in \mathbb{N}^\star$, $\forall t \in \mathbb{R}^\star$, $\phi_{S_n^\star}(t) = \dfrac{-m\sqrt{n}}{\sigma} + \dfrac{\sqrt{n}}{\sigma}\phi_X\left(\dfrac{t}{\sigma\sqrt{n}}\right)$.

b. En déduire que $\displaystyle\lim_{n\to+\infty} \phi_{S_n^\star}(t) = \frac{t}{2}$.

D'après Concours National Commun Marocain, filière PSI

Indications

Ex. 17.1

Si $\forall i \in [\![0,2]\!]$, $p_i = P(X = i)$, *on résoudra un système d'inconnues* p_0, p_1 *et* p_2.

Ex. 17.7

2. *On remarquera que* $P(X = Y) = \displaystyle\sum_{k=0}^{n} P((X = k) \cap (Y = k))$.

3. *Pour l'équivalent, on pensera bien fortement à James Stirling.*

Ex. 17.8

On écrira : $P(X = j) = k\,P(X = j) + k\,P(X \geqslant j + 1)$ *pour* $j = n$ *et* $j = n + 1$.

Ex. 17.11

1. *Si* $i \in [\![2, n+1]\!]$, *alors* $(S = i) = \{(k, i-k),\ k \in [\![1, i-1]\!]\}$. *On en déduit Card* $(S = i)$.

2. *Dans ce cas,* $(S = i) = \{(n-k, i-n+k),\ k \in [\![0, 2n-i]\!]\}$.

Ex. 17.12

2. *On remarquera que* $P(X=k)=\sum_{n=1}^{+\infty} P\left[(Y=n)\cap(X=k)\right]$.

Ex. 17.13

1. *Pour* $n>0$, *on remarquera que* $\dfrac{1}{2n(n+1)}=\dfrac{1}{2}\left(\dfrac{1}{n}-\dfrac{1}{n+1}\right)$. *Pour* $n<0$, *on posera* $m=-n$, *puis on remarquera que* $\dfrac{1}{2m(m-1)}=\dfrac{1}{2}\left(\dfrac{1}{m-1}-\dfrac{1}{m}\right)$.

2. *Ne pas oublier que* X *est dit d'espérance finie* **que si** $\sum |x_n|P(X=x_n)<+\infty$.

Ex. 17.14

1. *Pour* $n>0$, *remarquer que* $\dfrac{1}{n(n+1)}=\dfrac{1}{n}-\dfrac{1}{n+1}$.

Ex. 17.16

Si $p_n=P(X=x_n)$, *pour la réciproque, on part de : pour tout* n, $(x_n-E(X))^2p_n=0$.

Ex. 17.17

On remarquera que si $p\in\mathbb{N}^\star$, $P(Y=p)=P(X=2p)$.

On calcule ensuite $P(Y=0)=1-\sum_{n=1}^{+\infty}P(Y=n)$, $E(Y)$ *et* $E(Y^2)$ *en fonction de* $\operatorname{sh}\lambda$ *et* $\operatorname{ch}\lambda$.

Ex. 17.18

1. *Démarrer par* $P(X=k)=P(X>k-1)-P(X>k)$, *puis majorer* $nP(X>n)$ *par* $\sum_{k=n+1}^{+\infty}kP(X=k)$, *puis reconnaître dans ce majorant le reste d'ordre* n *d'une série convergente.*

Procéder pour $E(X^2)$ *comme pour* $E(X)$.

2. b. *On interpréte* $\frac{1}{N}\sum_{k=0}^{N-1}\left(\dfrac{k}{N}\right)^n$ *comme une somme de Riemann sur* $[0,1]$ *d'une certaine fonction, ce qui permet d'écrire un développement asymptotique de* $\sum_{k=0}^{N-1}\left(\dfrac{k}{N}\right)^n$, *puis de* $E(X)$, *pour* N *tendant vers* $+\infty$.

Ex. 17.24

1. *Écrire* $(X\geqslant n)$ *comme réunion dénombrable d'événements élémentaires.*

2. *Écrire* $Z\geqslant n)$ *à l'aide de* $X\geqslant n$ *et* $Y\geqslant n$ *puis* $Z=n$ *à l'aide de* $Z\geqslant n$ *et* $Z\geqslant n+1$.

3. *Comparer* $P(X=n)\cap(Z=n)$ *et* $P(X=n)P(Z=n)$.

Ex. 17.26

2.a *Il faut trouver le nombre de positions possibles des* i « 1 » *et des* j « 2 » *parmi les* n *lancers.*

Ex. 17.27

Utiliser le théorème de transfert.

Ex. 17.28

Constater que : $P_{(N=n)}(X=k)=\dbinom{n}{k}p^kq^{n-k}$, *puis utiliser la formule des probabilités composées pour obtenir la loi marginale de* X.

Ex. 17.29

On rappelle que pour tout $x \in \mathbb{R}$, $\sum_{n \geqslant 0} \frac{x^n}{n!}$ *converge et est de somme* e^x.

Ex. 17.30

3. *On pourra se placer dans une base de vecteurs propres de* Γ.

Ex. 17.31

1. *Vous avez reconnu la loi faible des grands nombres et vous connaissez la démonstration et pas faiblement, par contre car c'est du cours !*

Ex. 17.32

Si un des esprits de MARKOV, BIENAYME ou TCHEBYCHEV est là, qu'il se manifeste !

Ex. 17.33

On partira de X *le nombre de personnes qui ont un billet et qui ne viennent pas à l'aéroport. On remarquera que* X *suit une certaine loi binomiale.*

Ex. 17.34

Que les esprits de MARKOV, BIENAYME ou TCHEBYCHEV continuent à nous hanter !

Ex. 17.35

Appliquer Bienaymé-Tchebychev à S, *variable aléatoire égale au nombre d'apparitions du* 1.

Ex. 17.36

1. *Si* s *est la variable de* G_X, *on pourra introduire la quantité* $\sqrt{s}$ *ou la quantité* $\sqrt{-s}$, *en distinguant les cas où* $s \geqslant 0$ *et où* $s \leqslant 0$. *On se ramènera à des D.S.E classiques.*

Ex. 17.37

2. *On fait un raisonnement par l'absurde. On suppose que* $X_1 + X_2$ *suit la loi uniforme sur* $[\![2, 12]\!]$. *On remarquera que pour* $i = 1$ *et* $i = 2$ *alors* $G_{X_i}(t) = tP_i(t)$, *où* P_i *est un polynôme de degré impair et à valuation nulle. On cherche les racines de* $G_X(t)$ *d'une part et de* $t^2 P_1(t) P_2(t)$ *d'autre part.*

Ex. 17.38

1. *Ici, c'est une illustration de la* **méthode 17.4**.

2. *Deux méthodes s'offrent à nous. La méthode courte est l'utilisation de la* **méthode 17.5** *et de la* **proposition 17.21**. *Mais il faut préalablement retrouver la fonction génératrice d'une loi de Poisson. La méthode plus longue (celle que l'on développera dans le corrigé) est basé sur la notion du produit de Cauchy de deux séries. Si vous maîtrisez cela, vous ferez bel effet le jour de l'Oral. On rappelle en effet que si* $\sum_{n \geqslant 0} c_n t^n$ *est le produit de Cauchy des séries entières* $\sum_{n \geqslant 0} a_n t^n$ *et* $\sum_{n \geqslant 0} b_n t^n$, *alors* $c_n = \sum_{k=0}^{n} a_k b_{n-k}$.

Ex. 17.39

1. *C'est la suite des restes d'une série convergente.*

3. *Développer* $(1 - t)H(t)$.

Ex. 17.40

Attention, la fonction M_X n'est pas la fonction génératrice de X, c'est pourtant une cousine proche. Ici $M_X(t) = E(e^{tX})$ et on rappelle que $G_X(t) = E(t^X)$.

2. *On pourra faire un développement limité de $M_X(t)$ au $V(0)$ d'une part avec la formule de Taylor-Young et d'autre part en utilisant les développements limités de $t \mapsto e^{tx_k}$ pour tout k. Et on utilisera l'unicité d'un développement limité.*

3. d. *Pour montrer que X et Y ont la même loi, il faut prouver que pour tout $x \in X(\Omega)(= Y(\Omega))$, $P(X = x) = P(Y = x)$. On part de $\phi_X = \phi_Y$ et on raisonne par équivalence.*

3. e. *Si X et Y sont indépendantes alors, pour tout $t \in \mathbb{R}$, e^{tX} et e^{tY} sont aussi indépendantes.*

Corrigé des vrai/faux

1	2	3	4	5	6	7	8	9	10	11	12	13	14	15
V	F	F	V	F	F	F	F	V	F	V	V	F	F	V

1. C'est une série à termes positifs, donc sa convergence vaut convergence absolue.
2. Cette série n'est pas à termes positifs, donc la convergence absolue n'est pas assurée (voir **exercice 17.11**).
3. C'est exact dans le cas particulier où ces deux variables aléatoires sont indépendantes, mais, dans le cas général, la formule est : $V(X+Y) = V(X) + V(Y) + 2\,(E(XY) - E(X)E(Y))$.
5. C'est faux en général que X et Y soient indépendantes ou non.
6. L'hypothèse supplémentaire $E(X) < +\infty$ est inutile. En effet, pour tout $x_n \in X(\Omega)$, $|x_n| \leqslant (x_n^2+1)/2$. Donc dès que $E(X^2) < +\infty$, $E(|X|) < +\infty$ et donc $E(X)$ existe (car la série est absolument convergente). On en déduit que $V(X) = E(X^2) - E(X)^2$ existe.
7. L'indépendance deux à deux suffit car alors d'après la **proposition 17.14**, les quantités $E(X_iX_j) - E(X_i)E(X_j)$ sont nulles et on obtient bien le **corollaire 17.15**.
8. Là encore, c'est exact dans le cas particulier où ces deux variables aléatoires sont indépendantes (voir le contre exemple de la remarque qui suit la **proposition 17.9**).
9. Effectivement, pour tout $n \geqslant 1$, $0 \leqslant n.\dfrac{1}{n}P(X=n) \leqslant nP(X=n)$, donc, par comparaison, la convergence de $\sum nP(X=n)$ entraîne celle de $\sum n.\dfrac{1}{n}P(X=n)$.
10. Si $X(\Omega) = \{-1, 1\}$ avec $P(X=-1) = \dfrac{1}{2}$ et $P(X=1) = \dfrac{1}{2}$, alors $V(X) = 1$ et $V(|X|) = 0$.
12. $P(X > n) = \displaystyle\sum_{k=n+1}^{+\infty} (1-p)^{k-1}p = p(1-p)^n \frac{1}{1-(1-p)} = (1-p)^n$.
13. Il suffit de considérer la fonction de répartition d'une variable aléatoire suivant la loi géométrique $\mathscr{G}(p)$: 1 est seulement sa limite en $+\infty$, donc il n'existe pas de $a > 0$ tel que $F(x) = 1$ si $x \geqslant a$.
14. Voir le contre-exemple qui est proposé dans le résumé de cours.

❑ Erreurs classiques

- Penser que la variance est linéaire.
- Croire que l'indépendance deux à deux d'une famille de variables aléatoires entraîne leur indépendance mutuelle.
- Écrire $E(XY) = E(X)E(Y)$ sans s'assurer de l'indépendance de ces deux variables aléatoire.
- Méconnaître les conditions sous lesquelles il est acceptable d'approcher une loi binomiale par une loi de Poisson.

Corrigé

Corrigé des exercices

Exercice 17.1

On utilise le fait que l'on a à faire à une loi de probabilité.

Le lecteur reconnaît une loi $\mathcal{B}(2, \frac{1}{2})$.

On note p_0, p_1 et p_2 les probabilités que X prenne respectivement les valeurs $0, 1$ et 2. On a :

$$\begin{cases} p_0 + p_1 + p_2 &= 1 \\ 0 \times p_0 + 1 \times p_1 + 2 \times p_2 &= 1 \\ 0^2 \times p_0 + 1^2 \times p_1 + 2^2 \times p_2 &= 1/2 \end{cases} \Leftrightarrow \begin{cases} p_0 &= 1/4 \\ p_1 &= 1/2 \\ p_2 &= 1/4 \end{cases}.$$

Exercice 17.2

À chaque fois, on retrouve les propriétés de F_X, notamment sa croissance.

▸ Cas loi de Bernoulli : $X(\Omega) = \{0, 1\}$ puis $F_X(t) = P(X \leqslant t) = 0$ si $t < 0$. Ensuite, $F_X(t) = P(X = 0) = 1 - p = 1/3$ si $0 \leqslant t < 1$. Enfin, $F_X(t) = P(X = 0) + P(X = 1) = 1$ si $t \geqslant 1$.

▸ Cas loi géométrique : ici $X(\Omega) = \mathbb{N}^\star$. On a $F_X(t) = 0$ si $t < 1$.

Puis $F_X(t) = P(X = 1) = \dfrac{3}{4}$ si $t \in [1, 2[$.

Puis : $F_X(t) = P(X = 1) + P(X = 2) = \dfrac{3}{4} + \dfrac{3}{16} = \dfrac{15}{16}$ si $x \in [2, 3[$.

Dans le cas général, si $k \in \mathbb{N}^\star$ et $t \in [k, k+1[$,

$$F_X(t) = \sum_{j=1}^{k} P(X = k) = \sum_{j=1}^{k} \frac{3}{4}\frac{1}{4^{j-1}} = 1 - \frac{1}{4^k}.$$

Exercice 17.3

Soit X le nombre d'essais nécessaires pour ouvrir la porte. Alors $X \hookrightarrow \mathcal{G}(\frac{1}{10})$ et donc le nombre moyen d'essais est $E(X) = 10$.

Exercice 17.4

$X + Y$ suit la loi binomiale $\mathcal{B}(2, p)$ d'après le cours.

L'indépendance n'a lieu que si $p = 0$ ou $p = 1$.

$X - Y$ prend les valeurs -1, 0 et 1, et : $P(X - Y = -1) = P(X = 0)P(Y = 1)$ donc vaut pq, $P(X - Y = 1) = P(X = 1)P(Y = 0)$ et vaut pq et enfin $P(X - Y = 0)$ vaut donc $1 - 2pq = p^2 + q^2$.

L'égalité $P((X + Y = 1) \cap (X - Y = 0)) = P(X + Y = 1)P(X - Y = 0)$ s'écrit : $0 = 2pq \times (p^2 + q^2)$ et donc $p = 0$ ou $p = 1$. Dans ce cas $X - Y$ et $X + Y$ sont constantes donc indépendantes.

Exercice 17.5

Le nombre d'erreurs en moyenne non détectées descend très vite après plusieurs relectures.

1. Chaque erreur a la probabilité $\frac{1}{4}$ de ne pas être détectée.
Donc $X \hookrightarrow \mathcal{B}(20, \frac{1}{4})$.
Puis, on a immédiatement : $E(X) = np = 5$.

2. Chaque erreur a la probabilité $(1/4)^2 = 1/16$ de ne pas être détectée après deux lectures indépendantes. Si Y est le nombre d'erreurs non détectées, $Y \hookrightarrow \mathcal{B}(20, \frac{1}{16})$ et $E(Y) = 20/16 = 5/4$.

Exercice 17.6

*C'est la loi de Pascal (voir l'**exercice 17.37**).*

Soit X le nombre de sujets traités par Simon, X prend ses valeurs dans $\mathbb{N}$. L'événement $[X = k]$ signifie qu'il a rencontré deux sujets infaisables parmi les $k + 2$ premiers sujets et que le $(k + 3)^{\text{ème}}$ est infaisable.

Donc $P(X=k)=\binom{k+2}{2}(1/3)^2(2/3)^k\times(1/3)=\dfrac{(k+1)(k+2)}{54}(2/3)^k$.
Il reste $P(X=0)=1/27$, $P(X=1)=2/27$, $P(X=2)=8/81$,
$P(X=3)=80/729$ et donc $P(X\geqslant 4)=496/729\sim 0.68$.

Exercice 17.7

1. X et Y suivent la loi binomiale $\mathcal{B}(n,1/2)$ et donc pour tout entier k entre 0 et n, $P(X=k)=P(Y=k)=\binom{n}{k}\times 2^{-n}$.

X et Y sont indépendants clairement.

2. Partons de : $P(X=Y)=\displaystyle\sum_{k=0}^{n}P((X=k)\cap(Y=k))$

$=\displaystyle\sum_{k=0}^{n}P(X=k)P(Y=k)$. Donc $P(X=Y)=4^{-n}\displaystyle\sum_{k=0}^{n}\binom{n}{k}^2$.

3. $(a+b)^{2n}=\displaystyle\sum_{k=0}^{2n}\binom{2n}{k}a^kb^{2n-k}$ et $(a+b)^n=\displaystyle\sum_{k=0}^{n}\binom{n}{k}a^kb^{n-k}$.

$$(a+b)^{2n}=\sum_{p=0}^{n}\binom{n}{p}a^pb^{n-p}\sum_{q=0}^{n}\binom{n}{q}a^qb^{n-q}=\sum_{p=0}^{n}\sum_{q=0}^{n}\binom{n}{p}\binom{n}{q}a^{p+q}b^{2n-p-q}.$$

Ce qui donne : $(a+b)^{2n}=\displaystyle\sum_{k=0}^{2n}\sum_{p+q=k}\binom{n}{p}\binom{n}{q}a^kb^{2n-k}$.

Obtenu en sommant sur les diagonales.

L'égalité des coefficients de a^kb^{2n-k} pour les deux polynômes donne :
$\displaystyle\sum_{p+q=k}\binom{n}{p}\binom{n}{q}=\binom{2n}{k}$. En posant $k=n$, $\displaystyle\sum_{p+q=n}\binom{n}{p}^2=\sum_{p=0}^{n}\binom{2n}{n}$.
Finalement, $P(X=Y)=4^{-n}\binom{2n}{n}$.

$$P(X=Y)=\frac{(2n)!}{4^n n!^2}\sim\frac{\frac{2n}{e}^{2n}\sqrt{4}}{4^n\frac{n}{e}^{2n}2\pi n}\sim\frac{2^{2n}n^{2n}\sqrt{4\pi}\sqrt{n}e^{2n}}{e^{2n}4^nn^{2n}2\pi n}\sim\frac{1}{\sqrt{n\pi}}.$$

En utilisant la formule de Stirling.

Exercice 17.8

$[X\geqslant n]$ est la réunion disjointe de $[X=n]$ et de $[X\geqslant n+1]$.
On a : (1) $P(X=n)=k\,P(X=n)+k\,P(X\geqslant n+1)$.
De même, on a : (2) $P(X=n+1)=k\,P(X=n+1)+k\,P(X\geqslant n+2)$.
Puis (2) – (1) donne : $P(X=n+1)=(1-k)P(X=n)$, en remarquant que $P(X\geqslant n+1)-P(X\geqslant n+2)=P(X=n+1)$.
La suite $(P(X=n))_{n\in\mathbb{N}^\star}$ est donc une suite géométrique de raison $1-k$.
Comme $P(X=1)=kP(X\geqslant 1)=k$, on en déduit :
$\forall n\in\mathbb{N}^\star$, $P(X=n)=k(1-k)^{n-1}$.

Ainsi, on a : $X\hookrightarrow\mathcal{G}(k)$.

Exercice 17.9

$$P\left((Y_r=r)\cap(Y_b=b)(Y_j=j)(Y_g=g)\right)=\frac{\binom{N_r}{r}\times\binom{N_b}{b}\times\binom{N_j}{j}\times\binom{N_g}{g}}{\binom{N}{n}}.$$

L'application numérique donne 1.76×10^{-2}.

Ici, c'est la loi dite polyhypergéométrique.

Exercice 17.10

1. $X(\Omega)=\mathbb{N}^\star$. Pour que $X=1$, il faut que le premier saut soit réussi, que le second soit raté. Donc : $P(X=1)=\frac{1}{2}$. De façon générale, pour que $X=n$, il faut et il suffit que les n sauts soient réussis et que le $(n+1)^{\text{ème}}$ soit raté.
Et donc : $P(X=n)=1\times\dfrac{1}{2}\times\ldots\times\dfrac{1}{n}\times\dfrac{n}{n+1}=\dfrac{n}{(n+1)!}$.

Dans ce modèle, la première hauteur est toujours franchie ! Et si l'on a un vrai sportif, le jeu risque de durer longtemps...

Corrigé

En utilisant le théorème de transfert.

2. $E(X+1)=\sum_{n=1}^{+\infty}(n+1)\frac{n}{(n+1)!}=\sum_{n=1}^{+\infty}\frac{1}{(n-1)!}=e$. Donc $E(X)=e-1$.

Exercice 17.11

Ici : $\Omega=[\![1,n]\!]^2$ et $S(\Omega)=[\![2,2n]\!]$.

1.

▷ $P(S=1)=0$;

▷ si $2\leqslant i\leqslant n+1$, alors $(S=i)=\{(k,i-k),\ k\in[\![1,i-1]\!]\}$ et

Du fait de l'équiprobabilité.

Card $(S=i)=i-1$, donc, : $P(S=i)=\dfrac{i-1}{n^2}$.

2. $\forall i\in[\![n+2,2n]\!]$,

$$\begin{aligned}(S=i)&=\{(n,i-n),(n-1,n-i+1),\dots,(n-k,n-i+k),\dots,(i-n,n)\}\\&=\{(n-k,i-n+k),\ k\in[\![0,2n-i]\!]\}.\end{aligned}$$

Encore l'équiprobabilité.

Card $(S=i)=2n-i+1$, donc, : $P(S=i)=\dfrac{2n-i+1}{n^2}$.

3. $P(S\leqslant n+1)=\sum_{i=2}^{n+1}\frac{i-1}{n^2}=\frac{1}{n^2}\sum_{j=1}^{n}j=\frac{1}{n^2}\times\frac{n(n+1)}{2}=\frac{n+1}{2n}$.

Exercice 17.12

J'espère que contrairement à Gauthier, vous préferez bosser les maths plutôt que lancer des dés ! Maintenant, si c'est pour appliquer un exo de proba...

1. Ω est l'ensemble des suites d'éléments de $[\![1,6]\!]$ et $X(\Omega)=[\![1,6]\!]$.

2. a. Soit $k\in[\![1,6]\!]$, $(X=k)$ est l'événement : « le premier résultat pair à apparaître est $2k$ ».

Alors : $C_n=(Y=n)\cap(X=k)=A_1\cap A_2\cap\cdots\cap A_{n-1}\cap B_n$.

Du fait de l'indépendance des lancers les uns par rapport aux autres, les événements A_1, $A_2,\dots,$ A_{n-1} et B_n sont deux à deux indépendants et

$$\forall n\in\mathbb{N}^*,\ P(C_n)=P(A_1)P(A_2)\dots P(A_{n-1})P(B_n)=\left(\frac{1}{2}\right)^{n-1}\frac{1}{12}.$$

b. $(X=k)=\bigcup_{n\in\mathbb{N}^*}[(Y=n)\cap(X=k)]$ et les événements étant deux à deux

X suit bien une loi uniforme.

incompatibles, $P(X=k)=\sum_{n=1}^{+\infty}P(C_n)=\sum_{n=1}^{+\infty}\left(\frac{1}{2}\right)^{n-1}\frac{1}{12}=\frac{1}{12}\cdot\frac{1}{1-\frac{1}{2}}=\frac{1}{6}$.

Exercice 17.13

1. On vérifie que $0<\dfrac{1}{2n(n+1)}<1$ pour tout $n\in\mathbb{Z}\setminus\{-1,0\}$.

Par télescopage.

$\forall n>1$, $\dfrac{1}{2n(n+1)}=\dfrac{1}{2}\left(\dfrac{1}{n}-\dfrac{1}{n+1}\right)$, donc $\sum_{n=1}^{N}\dfrac{1}{2n(n+1)}=\dfrac{1}{2}-\dfrac{1}{N+1}$.

D'où : $\sum_{n=1}^{+\infty}\dfrac{1}{2n(n+1)}=\dfrac{1}{2}$.

En posant $m=-n$.

De même, $\sum_{n=-2}^{-\infty}\dfrac{1}{2n(n+1)}=\sum_{m=2}^{+\infty}\dfrac{1}{2m(m-1)}=\dfrac{1}{2}\sum_{m=2}^{\infty}\left(\dfrac{1}{m-1}-\dfrac{1}{n}\right)=\dfrac{1}{2}$.

Donc : $\sum_{n\in\mathbb{Z}\setminus\{-1,0\}}\dfrac{1}{2n(n+1)}=1$.

2. La série $\sum n \times \frac{1}{2n(n+1)} = \sum \frac{1}{2(n+1)}$ diverge, par comparaison avec la série harmonique. Ceci suffit pour affirmer que $\frac{1}{4} + \sum_{n \geqslant 2} n \left(\frac{1}{2n(n+1)} + \frac{1}{2n(n-1)} \right)$ n'est pas convergente et que X n'est pas d'espérance finie.

Exercice 17.14

1. $\forall n \in \mathbb{N}^*$, $u_n > 0$ et $u_n = \frac{1}{n} - \frac{1}{n+1}$, donc $\sum_{n=1}^{N} u_n = 1 - \frac{1}{N+1}$.

Donc $\exists P$ sur $(\Omega, \mathscr{A})$, $\forall n > 0$, $P(X = n) = u_n$.

On en déduit que $\sum_{n=1}^{+\infty} u_n = 1$.

2. Comme $n\, u_n \sim \frac{1}{n}$, $n\, u_n$ est le terme général d'une série divergente, donc la variable aléatoire X n'est pas d'espérance finie.

3. Notons $Y = \sqrt{X}$; nous avons $P(Y = \sqrt{n}) = u_n$; or, $\sqrt{n}\, u_n \sim \frac{1}{n\sqrt{n}}$, donc $\sqrt{n}\, u_n$ est le terme général d'une série convergente et $E(Y) < +\infty$.

Exercice 17.15

1. Chaque saut de puce, indépendant du précédent, conduit à deux issues possibles. La puce effectue une translation de vecteur $\vec{i}$ avec la probabilité p ou la puce effectue une translation de vecteur $-\vec{i}$ avec la probabilité $q = 1 - p$. La puce effectue n sauts successifs. $(X = k)$ signifie que la puce a effectué k translations de vecteur $\vec{i}$ (et donc $n - k$ translations de vecteurs $-\vec{i}$) parmi ses n sauts. X compte le nombre de succès (se déplacer à droite d'une unité) dans la réalisation de n épreuves indépendantes.
X suit donc la loi binomiale $\mathcal{B}(n, p)$. Et Y suit la loi binomiale $\mathcal{B}(n, q)$.
2. $E(X) = np = 0.4n$, $E(Y) = nq = 0.6n$, $V(X) = V(Y) = npq = 0.24n$.
3. $T = X - Y$ prend pour valeur l'abscisse du point où est située la puce sur l'axe $(O, \vec{i})$ au bout de n sauts. On peut aussi remarquer que $X + Y = n$ (car X et Y étant des nombres de sauts, ils sont positifs et il y a n sauts au total).
$T = 2X - n$, $E(T) = 2E(X) - n = -0.2n$, $V(T) = 4V(X) = 0.96n$.
4. Montrons que X et Y ne sont pas indépendantes (comme $X + Y = n$, c'est intuitif). Démontrons le. Comme : $V(T) = 0.96n$ et $V(X) + V(Y) = 0.48n$, valeur différente de $V(X - Y) = V(T)$, on peut conclure.

Exercice 17.16

▷ Supposons que X soit une *v.a.r.d* quasi-certaine, $a \in \mathbb{R}$ tel que $P(X = a) = 1$. Alors $E(X) = a\, P(X = a) = a$. X^2 est quasi-certaine et $P(X^2 = a^2) = 1$, donc $E(X^2) = a^2$. D'où : $V(X) = E(X^2) - (E(X))^2 = 0$.

Le sens direct est facile mais à ne pas négliger et pour le sens réciproque, il faut être rigoureux.

▷ Réciproquement, supposons maintenant $V(X) = 0$ et soit $m = E(X)$.

$X(\Omega) = \{x_n ; n \in \mathbb{N}\}$ et $p_n = P(X = x_n)$: $V(X) = \sum_{n=0}^{+\infty} (x_n - m)^2 p_n = 0$,

donc, pour tout $n \in \mathbb{N}$, $(x_n - m)^2 p_n = 0$.
Comme m est fixé, et que les p_n ne sont pas tous nuls (leur somme vaut 1), il existe un unique indice $q \in \mathbb{N}$ tel que $x_q = m$ et pour tout $n \in \mathbb{N}$ avec $n \neq q$, on a : $p_n = 0$.
Comme, enfin, la somme des p_n vaut 1, il résulte que $p_q = 1$ et X est quasi-certaine avec $P\left(X = E(X)\right) = 1$.

Corrigé

Exercice 17.17

▶ On a : $Y(\Omega) = \mathbb{N}$. Soit $n \in \mathbb{N}^\star$, $P(Y = n) = P(X = 2n)$.

Donc : $P(Y = n) = P(X = 2n) = e^{-\lambda}\dfrac{\lambda^{2n}}{(2n)!}$.

En utilisant le fait que Y suit une loi de probabilité.

On en déduit que : $P(Y = 0) = 1 - \displaystyle\sum_{n=1}^{+\infty} e^{-\lambda}\frac{\lambda^{2n}}{(2n)!} = 1 - e^{-\lambda}\left[\text{ch}\,(\lambda) - 1\right]$.

▶ $E(Y) = \displaystyle\sum_{n=0}^{+\infty} nP(Y = n) = \sum_{n=1}^{+\infty} nP(Y = n) = \frac{e^{-\lambda}}{2}\sum_{n=1}^{+\infty}(2n)\frac{\lambda^{2n}}{(2n)!}$.

Cela s'écrit encore : $E(Y) = \dfrac{\lambda e^{-\lambda}}{2}\displaystyle\sum_{n=1}^{+\infty}\frac{\lambda^{2n-1}}{(2n-1)!} = \frac{\lambda e^{-\lambda}}{2}\text{sh}(\lambda)$.

On va utiliser bien entendu $V(Y) = E(Y^2) - E(Y)^2$.

▶ On part de $E(Y^2) = \displaystyle\sum_{n=0}^{+\infty} n^2P(Y = n) = \sum_{n=1}^{+\infty} n^2P(Y = n) = e^{-\lambda}\sum_{n=1}^{+\infty} n^2\frac{\lambda^{2n}}{(2n)!}$.

Partons de $\text{ch}(\lambda) = \displaystyle\sum_{n=0}^{+\infty}\frac{\lambda^{2n}}{(2n)!}$ et dérivons deux fois cette série entière.

Son rayon de convergence est $+\infty$.

On a : $\text{ch}(\lambda) = \displaystyle\sum_{n=1}^{+\infty} 2n(2n-1)\frac{\lambda^{2n-2}}{(2n)!} = 4\sum_{n=1}^{+\infty} n^2\frac{\lambda^{2n-2}}{(2n)!} - \sum_{n=1}^{+\infty}(2n)\frac{\lambda^{2n-2}}{(2n)!}$.

Ainsi : $\displaystyle\sum_{n=1}^{+\infty} n^2\frac{\lambda^{2n}}{(2n)!} = \frac{\lambda^2}{4}\left[\text{ch}(\lambda) + \sum_{n=1}^{+\infty}(2n)\frac{\lambda^{2n-2}}{(2n)!}\right]$.

C'est-à-dire : $\displaystyle\sum_{n=1}^{+\infty} n^2\frac{\lambda^{2n}}{(2n)!} = \frac{\lambda^2}{4}\left[\text{ch}(\lambda) + \frac{1}{\lambda}\sum_{n=0}^{+\infty}\frac{\lambda^{2n+1}}{(2n+1)!}\right]$.

Il reste à utiliser $V(Y) = E(Y^2) - E(Y)^2$.

Et : $\displaystyle\sum_{n=1}^{+\infty} n^2\frac{\lambda^{2n}}{(2n)!} = \frac{\lambda^2}{4}\text{ch}(\lambda) + \frac{\lambda}{4}\text{sh}(\lambda) \Rightarrow E(Y^2) = e^{-\lambda}\left[\frac{\lambda^2}{4}\text{ch}(\lambda) + \frac{\lambda}{4}\text{sh}(\lambda)\right]$.

Exercice 17.18

1.

$$\begin{aligned}
\sum_{k=0}^{n} kP(X = k) &= \sum_{k=1}^{n} k\left(P(X > k-1) - P(X > k)\right)\\
&= \sum_{k=0}^{n-1}(k+1)P(X > k) - \sum_{k=1}^{n} kP(X > k)\\
&= \sum_{k=1}^{n-1} P(X > k) - nP(X > n) + P(X > 0)\\
&= \sum_{k=0}^{n-1} P(X > k) - nP(X > n) \qquad (E)
\end{aligned}$$

Or $E(X)$ donc $\sum k\,P(X = k)$ converge.

Et : $0 \leq nP(X > n) = n\displaystyle\sum_{k=n+1}^{+\infty} P(X = k) \leq \sum_{k=n+1}^{+\infty} kP(X = k)$.

Or, ce dernier terme est le reste d'une série convergente donc tend vers 0 lorsque n tend vers l'infini. On fait tendre n tend vers l'infini dans l'égalité (E). Le membre de gauche converge vers $E(X)$, donc celui de droite aussi.

Et : $\lim\limits_{n\to+\infty} nP(X>n)=0 \Rightarrow E(X)=\sum\limits_{k=0}^{+\infty} P(X>k)$.

En utilisant la même méthode, on peut écrire pour tout $n\in\mathbb{N}^*$:

$$\begin{aligned}
\sum_{k=0}^{n} k^2P(X=k) &= \sum_{k=1}^{n} k^2\left[P(X>k-1)-P(X>k)\right]\\
&= \sum_{k=0}^{n-1}(k+1)^2P(X>k)-\sum_{k=1}^{n}k^2P(X>k)\\
&= \sum_{k=1}^{n-1}(2k+1)P(X>k)-n^2P(X>n)+P(X>0).
\end{aligned}$$

Ce qui donne : $\sum\limits_{k=0}^{n} k^2P(X=k)=\sum\limits_{k=0}^{n-1}(2k+1)P(X>k)-n^2P(X>n) \qquad (F)$

Or X admet une variance et X^2 est d'espérance finie, $\sum k^2P(X=k)$ converge. On écrit : $n^2P(X>n)=n^2\sum\limits_{k=n+1}^{+\infty}P(X=k)\leqslant \sum\limits_{k=n+1}^{+\infty}k^2P(X=k)$.

Or, ce dernier terme est le reste d'une série convergente donc tend vers 0 lorsque n tend vers l'infini.

On fait tendre n tend vers l'infini dans l'égalité (F).
Le membre de gauche converge vers $E(X^2)$, donc celui de droite aussi.

Et : $\lim\limits_{n\to+\infty} n^2P(X>n)=0 \Rightarrow E(X^2)=\sum\limits_{k=0}^{+\infty}(2k+1)P(X>k)$.

2.

a. $\forall k\in[\![1,N]\!]$, on a : $P(X\leqslant k)=\left(\frac{k}{N}\right)^n$ donc $P(X>k)=1-\left(\frac{k}{N}\right)^n$.
Pour obtenir la loi de X, on remarque que $X(\Omega)=[\![1,N]\!]$ et pour $k\in[\![1,N]\!]$, on a : $P(X=k)=P(X\leqslant k)-P(X\leqslant k-1)=\dfrac{k^N-(k-1)^n}{N^n}$.

Compte tenu de l'indépendance des tirages.

b. On a : $E(X)=\sum\limits_{k=0}^{+\infty}P(X>k)=\sum\limits_{k=0}^{N-1}\left(1-\left(\dfrac{k}{N}\right)^n\right)=N-\sum\limits_{k=0}^{N-1}\left(\dfrac{k}{N}\right)^n$.

Par la question précédente.

Or $\dfrac{1}{N}\sum\limits_{k=0}^{N-1}\left(\dfrac{k}{N}\right)^n$ est une somme de Riemann d'ordre N sur $[0,1]$ de la fonction continue $x\mapsto x^n$: lorsque N tend vers $+\infty$, elle tend donc vers $\int_0^1 x^n\,\mathrm{d}x$, c'est-à-dire $\dfrac{1}{n+1}$. Donc on a : $E(X)=N-\dfrac{N}{n+1}+o(N)\underset{N\to+\infty}{\sim}\dfrac{nN}{n+1}$.

c. Pour la variance, on opère de même.

$$\begin{aligned}
E(X^2) &= \sum_{k=0}^{N-1}(2k+1)P(X>k)\\
&= \sum_{k=0}^{N-1}(2k+1)-\sum_{k=0}^{N-1}(2k+1)\left(\frac{k}{N}\right)^n\\
&= 2\sum_{k=0}^{N-1}k+N-2\sum_{k=0}^{N-1}k\left(\frac{k}{N}\right)^n-\sum_{k=0}^{N-1}\left(\frac{k}{N}\right)^n.
\end{aligned}$$

Corrigé

Ce qui donne, en calculant les sommes :

$$\begin{aligned} E(X^2) &= 2\frac{N(N-1)}{2} + N - 2N^2\left(\frac{1}{N}\sum_{k=0}^{N-1}\left(\frac{k}{N}\right)^{n+1}\right) \\ &\qquad -N\left(\frac{1}{N}\sum_{k=0}^{N-1}\left(\frac{k}{N}\right)^{n}\right) \\ &= N^2 - 2N^2\left(\int_0^1 x^{n+1}\,dx + o(1)\right) - N\left(\int_0^1 x^n\,dx + o(1)\right) \\ &= N^2 - 2N^2\left(\frac{1}{n+2} + o(1)\right) - N\left(\frac{1}{n+1} + o(1)\right). \end{aligned}$$

Et donc : $E(X^2) = \frac{nN^2}{n+2} + o(N^2)$.
Or, $(E(X))^2 = \dfrac{n^2N^2}{(n+1)^2} + o(N^2)$ donc :

$$V(X) = E(X^2) - (E(X))^2 \underset{N\to+\infty}{\sim} \frac{nN^2}{(n+1)^2(n+2)}.$$

Exercice 17.19

La « scoumoune » est encore possible ! On peut imaginer qu'après un nombre infini d'arrêts, Max soit toujours dans la voiture. Maintenant les concours sont sûrement passés !

1. Soit $k \geqslant 1$, si Léo a oublié Max au bout de k arrêts, il est reparti $k-1$ fois avec lui.

Donc : $\forall k \in \mathbb{N}^\star$, $P(X=k) = \left(\dfrac{4}{5}\right)^{k-1} \times \dfrac{1}{5}$.

2. $P(X=4) = \dfrac{1}{5} \times \dfrac{4^3}{5^3} = 0.1024$.

3. $F_X(n) = \displaystyle\sum_{k=1}^{n} P(X=k) = 1 - \frac{4^n}{5^n} < 0.4 \Rightarrow n \leqslant 2$. Donc, à partir de trois arrêts, la probabilité que Max reste sur le carreau devient supérieure à 0.4. En effet, bien que la probabilité d'être « oublié » à un arrêt diminue avec le nombre d'arrêt, ce qui compte, c'est l'accumulation des arrêts. Max finira par être perdu, à condition que Léo ne craque pas avant !

Exercice 17.20

Une récurrence immédiate donne pour tout $n \in \mathbb{N}^\star$:

$$f(n) = \frac{4}{n}f(n-1) = \frac{4^2}{n(n-1)}f(n-2) = \ldots = \frac{4^n}{n(n-1)\ldots1}f(0).$$

Donc : $\forall n \in \mathbb{N}^\star$, $f(n) = \dfrac{4^n}{n!}f(0)$.

On a l'implication : $\displaystyle\sum_{n=0}^{+\infty} f(n) = 1 \Rightarrow \sum_{n=0}^{+\infty} \frac{4^n}{n!}f(0) = 1$.

On sait que : $\displaystyle\sum_{n=0}^{+\infty} \frac{4^n}{n!} = e^4$ et donc $f(0) = e^{-4}$.

En conclusion, X suit une loi de Poisson de paramètre 4.

Exercice 17.21

1. a. On a clairement : $L_1(\Omega_n) = [\![1, n]\!]$.

b. $[L_1 = m]$ signifie qu'il y a eu soit m fois pile puis face (événement A_1), soit m fois face puis pile (événement A_2). Or $P(A_1) = p^m q$ et $P(A_2) = q^m p$. Ainsi, $P(L_1 = m) = p^m q + q^m p$.

✎ A_1 et A_2 sont disjoints.

c. Si $m = n$, il n'y a eu que des piles ou que des faces.
Donc : $P(L_1 = n) = p^n + q^n$.

La quantité $\displaystyle\sum_{m=1}^{n} P(L_1 = m)$ vaut :

$$\sum_{m=1}^{n-1} [p^m q + q^m p] + p^m + q^m = qp\frac{1-p^{n-1}}{1-p} + pq\frac{1-q^{n-1}}{1-q} + p^n + q^n.$$

✎ N'oublions pas que $q = 1 - p$ et $p = 1 - q$.

Et finalement $\displaystyle\sum_{m=1}^{n} P(L_1 = m)$ vaut :
$p(1 - p^{n-1}) + q(1 - q^{n-1}) + p^n + q^n = p + q = 1$.

2. a. On a encore clairement : $L_2(\Omega_n) = [\![0, n-1]\!]$.

b. $(L_1 = m) \cap (L_2 = k)$ signifie qu'il y a eu soit m piles suivis de k faces et enfin un pile (événement B_1), soit m faces suivis de k piles et enfin un face (événement B_2).
On a : $B_1 = P_1 \cap ... \cap P_m \cap F_{m+1} \cap ... \cap F_{m+k} \cap P_{m+k+1}$.
De même, $B_2 = F_1 \cap ... \cap F_m \cap P_{m+1} \cap ... \cap P_{m+k} \cap F_{m+k+1}$.
Ainsi :

✎ Encore une fois, B_1 et B_2 sont incompatibles.

$$P(B_1) = p^m q^k p \text{ et } P(B_2) = q^m p^k q.$$

Donc : $P((L_1 = m) \cap (L_2 = k)) = p^{m+1} q^k + q^{m+1} p^k$.

c. L'événement $(L_1 = m) \cap (L_2 = k)$ est la réunion disjointe de C_1 et C_2 :
$C_1 = P_1 \cap ... \cap P_m \cap F_{m+1} \cap ... \cap F_{m+k}$.
$C_2 = F_1 \cap ... \cap F_m \cap P_{m+1} \cap ... \cap P_{m+k}$.
Il reste :

$$P((L_1 = m) \cap (L_2 = k)) = p^m q^k + q^m p^k.$$

d. On a : $P(L_2 = k) = \displaystyle\sum_{m \in \mathbb{N}^*} P(L_2 = k, L_1 = m)$.

✎ N'oublions pas que $k > 0$.

Si $k = 1$, m varie de 1 à $n - 1$.
Pour $k > 1$, m varie de 1 à $n - k$ (ainsi si $k = n - 1$, m vaut seulement 1).

*✎ On peut rapprocher cet exercice de l'exemple qui suit la **méthode 17.3**. Dans ce dernier cas, on fait un nombre infini de lancers (et ici que n) ce qui simplifie niveau calcul mais qui est irréaliste dans la pratique.*

Donc : $P(L_2 = k) = \displaystyle\sum_{m=1}^{n-k} P(L_2 = k, L_1 = m)$. C'est-à-dire :

$$P(L_2 = k) = \sum_{m=1}^{n-k-1} \left[p^{m+1} q^k + q^{m+1} p^k\right] + p^{n-k} q^k + q^{n-k} p^k.$$

Et $P(L_2 = k) = p^2 q^k \dfrac{1 - p^{n-k+1}}{1-p} + q^2 p^k \dfrac{1 - q^{n-k-1}}{1-q} + p^{n-k} q^k + q^{n-k} p^k$.

Il reste : $P(L_2 = k) = p^2 q^{k-1} + q^2 p^{k-1} + p^{n-k} q^{k-1}(q - p) + q^{n-k} p^{k-1}(p - q)$.
On remarque enfin que $P(L_2 = 0) = P(L_1 = n) = p^n + q^n$.

Remarque : On retrouve ce résultat avec $P(L_2 = 0) = 1 - \displaystyle\sum_{k=1}^{n-1} P(L_2 = k)$.

Faites le car cela permet de vérifier les deux questions à la fois !

Exercice 17.22

Cet exercice est intéressant (et reste assez facile) car il donne des exemples de v.a.r Y où $Y(\Omega)$ reste dénombrable (donc on ne sort pas du programme officiel) mais peut prendre des valeurs non entières (à la question 2 et 3).

1. Si $X \hookrightarrow \mathscr{G}(p)$, prenons $X(\omega) = k$ avec $k \geqslant 1$ fixé, alors $\max(X(\omega), t) = k$ car $t \in [0, 1]$. Donc $Y(\omega) = X(\omega)$ et $Y(\Omega) = \mathbb{N}^\star$.

2. Ici $X(\Omega) = [\![0, n]\!]$ et pour tout $k \in [\![0, n]\!]$, $P(X = k) = \binom{n}{k} p^k q^{n-k}$.

Si $X(\omega) = 0$ alors $Y(\omega) = \displaystyle\int_0^1 t\,dt = \frac{1}{2}$ et si $X(\omega) = k$, où k est fixé dans $[\![1, n]\!]$ alors $Y(\omega) = \displaystyle\int_0^1 k\,dt = k$.

Finalement, $Y(\Omega) = \left\{\frac{1}{2}\right\} \cup [\![1, n]\!]$.
Donc $P(Y = 1/2) = P(X = 0) = q^n$ et :

$$\forall k \in [\![1, n]\!],\ P(Y = k) = P(X = k) = \binom{n}{k} p^k q^{n-k}.$$

3. a. Comme la somme des probabilités doit faire 1, on peut écrire :
$P(X = \frac{1}{2}) = 1 - \frac{1}{8} - \frac{1}{8} - \frac{1}{3} = \frac{5}{12}$.

Si $X(\omega) = -1$ ou si $X(\omega) = 0$ alors $Y(\omega) = \displaystyle\int_0^1 t\,dt = \frac{1}{2}$.

Si $X(\omega) = \frac{1}{2}$, $Y(\omega) = \displaystyle\int_0^{1/2} \frac{dt}{2} + \int_{\frac{1}{2}}^1 t\,dt = \frac{5}{8}$.

Si $X(\omega) = 2$, $Y(\omega) = \displaystyle\int_0^1 2\,dt = 2$.

Il reste : $E(Y) = \frac{1}{2}P(Y = \frac{1}{2}) + \frac{5}{8}P(Y = \frac{5}{8}) + 2P(Y = 2)$.

Soit : $E(Y) = \dfrac{1}{2}\left[P(X = -1) + P(X = 0)\right] + \dfrac{5}{8}P\left(X = \dfrac{1}{2}\right) + 2P(X = 2)$.

On obtient : $E(Y) = \dfrac{101}{96}$.

b. Si $X(\omega) \in \{-1, 0\}$ alors $Y(\omega) = 1/2$ et $Z(\omega) \in \{-1/2, 0\}$.
Si $X(\omega) = \frac{1}{2}$ alors $Y(\omega) = \frac{5}{8}$ et $Z(\omega) = \frac{5}{16}$.
Si $X(\omega) = 2$ alors $Y(\omega) = 2$ et $Z(\omega) = 4$.

Attention à l'erreur de supposer l'indépendance de X et de Y.

Alors $P\left(Z = -\dfrac{1}{2}\right) = P\left(X = -1, Y = \dfrac{1}{2}\right) = P(X = -1) = \dfrac{1}{8}$

$= P(Z = 0) = P\left(X = 0, Y = \dfrac{1}{2}\right) = P(X = 0)$.

Puis : $P(Z = 4) = P(X = 2, Y = 2) = P(X = 2) = \dfrac{1}{3}$.

Et enfin : $P\left(Z = \dfrac{5}{16}\right) = P\left(X = \dfrac{1}{2}\right) = \dfrac{5}{12}$.

c. On calcule : $E(XY) = E(Z) = \dfrac{269}{192}$.

Puis : $E(X) = \dfrac{3}{4}$, $E(X^2) = \dfrac{25}{16}$ et enfin $E(Y^2) = \dfrac{399}{256}$.

Donc : $V(X) = 1$ et $V(Y) = \dfrac{4163}{9216}$.

Il reste $\rho(X, Y)$ à peu près égal à 0.91.

Exercice 17.23

Ici, X_1 (X_2) v.a.r égale au rang d'apparition de la 1re (2e) semeuse. Et $X_1(\Omega) = \mathbb{N}^\star$, $X_2(\Omega) = \mathbb{N}^\star \setminus \{1\}$.

▸ L'événement $A_{i,j} = (X_1 = i) \cap (X_2 = j)$ est nul si $i \leqslant 0$ et si $j \leqslant i$.

▸ On suppose maintenant $1 \leqslant i < j$. Dans ce cas, A_{ij} signifie que les lancers numéro 1 à $i - 1$ (si $i = 1$, on a la semeuse dès le premier lancer) ont donné la face européenne (dite aussi face commune), le lancer numéro i a donné la

semeuse, puis les lancers numéros $i+1$ à $j-1$ ont donné la face européenne (encore une fois si $j=i+1$, on a la semeuse deux fois de suite) et le lancer numéro j a donné la semeuse.
Notons B_k l'événement : « le résultat du $k^{\text{ème}}$ lancer est la semeuse ».
Alors si $1<i<i+1<j$:

$$P(X_1=i,X_2=j)=P(A_{ij})=P\left[\left(\bigcap_{k=1}^{i-1}\overline{B_k}\right)\cap B_i\cap\left(\bigcap_{k=i+1}^{j-1}\overline{B_k}\right)\cap B_j\right].$$

Comme les événements B_k sont mutuellement indépendants, il en est de même si l'on remplace certains $B_1,...,B_j$ par leurs complémentaires.

Voir le chapitre précédent.

Donc : $P(X_1=i,X_2=j)=\left(\prod_{k=1}^{i-1}\frac{1}{2}\right)\times\frac{1}{2}\times\left(\prod_{k=i+1}^{j-1}\frac{1}{2}\right)\times\frac{1}{2}=\frac{1}{2^j}$.

Si $1=i$ et $3\leqslant j$: $P(X_1=1,X_2=j)=P\left[B_1\cap\left(\bigcap_{k=2}^{j-1}\overline{B_k}\right)\cap B_j\right]$.

On trouve : $P(X=1,X=j)=\frac{1}{2}\times\left(\prod_{k=2}^{j-1}\frac{1}{2}\right)\times\frac{1}{2}=\frac{1}{2^j}$.

Si $1=i$ et $j=2$: $P(X_1=1,X_2=2)=P\left[B_1\cap B_2\right]=\frac{1}{2^2}=\frac{1}{2^j}$.
Dans tous les cas,

Le lecteur fait de même le dernier cas : $1<i$ et $j=i+1$.

$$\forall(i,j)\in(\mathbb{N}^\star)^2,\ \text{avec } i+1\leqslant j,\ P(X_1=i,X_2=j)=\frac{1}{2^j}.$$

Remarque : Finalement, la probabilité conjointe ne dépend pas de i.

Exercice 17.24

1. $(X=n)$ est la réunion dénombrable d'événements deux à deux incompatibles : $(X\geqslant n)=\bigcup_{k=n}^{+\infty}(X=k)$, donc :

$$P(X\geqslant n)=\sum_{k=n}^{\infty}P(X=k)=\sum_{k=n}^{+\infty}q^{k-1}p=\frac{q^{n-1}p}{1-q}=q^{n-1}.$$

2. X et Y suivant la même loi, on a aussi : $P(Y\geqslant n)=q^{n-1}$.
$(Z\geqslant n)=(X\geqslant n)\cap(Y\geqslant n)$ et les deux lois sont indépendantes donc :
$P(Z\geqslant n)=P\left((X\geqslant n)\cap(Y\geqslant n)\right)=P(X\geqslant n)P(Y\geqslant n)=(q^{n-1})^2=q^{2n-2}$.
$(Z\geqslant n)$ est la réunion de deux événements incompatibles :

$$(Z\geqslant n)=(Z=n)\cup(Z\geqslant n+1),$$

donc :

$$P(Z=n)=P(Z\geqslant n)-P(Z\geqslant n+1)=q^{2n-2}-q^{2n}=q^{2n-2}(1-q^2).$$

Finalement, Z suit une loi géométrique de paramètre $1-q^2$: $Z\hookrightarrow\mathscr{G}(1-q^2)$.

3. L'événement $A=(X=n)\cap(Z=n)$ est égal à $(X=n)\cap(Y\geqslant n)$, puisqu'il correspond à $X=n=\min(X,Y)$. Comme X et Y sont indépendantes, on a :

$$P(A)=P(X=n)P(Y\geqslant n)=pq^{n-1}q^{n-1}=pq^{2n-2}.$$

Corrigé

Par ailleurs, $P(X = n)P(Z = n) = pq^{n-1}q^{2n-2}(1 - q^2) = pq^{3n-3}(1 - q^2)$: les événements $(X = n)$ et $(Z = n)$ ne sont pas indépendants.
Et par voie de conséquence, X et Z non plus.

Exercice 17.25

1. On a : $X(\Omega) = [\![0,3]\!]$ et $Y(\Omega) = [\![0,2]\!]$.

Puis : $\forall (i,j) \in [\![0,3]\!] \times [\![0,2]\!]$, $P(X = i, Y = j) = \dfrac{\dbinom{3}{i}\dbinom{2}{j}\dbinom{5}{3-i-j}}{\dbinom{10}{3}}$.

Ainsi : $P(X = 0, Y = 0) = \frac{10}{120}$, $P(X = 0, Y = 1) = \frac{20}{120}$,
$P(X = 0, Y = 2) = \frac{5}{120}$, $P(X = 1, Y = 0) = \frac{30}{120}$,
$P(X = 1, Y = 1) = \frac{30}{120}$,, $P(X = 1, Y = 2) = \frac{3}{120}$,
$P(X = 2, Y = 0) = \frac{15}{120}$, $P(X = 2, Y = 1) = \frac{6}{120}$,
$P(X = 2, Y = 2) = 0$ et $P(X = 3, Y = 0) = \frac{1}{120}$.

2. La somme des probabilités de la colonne $X = 0$ donne : $P(X = 0) = \dfrac{35}{120}$.
Puis : $P(X = 1) = \dfrac{63}{120}$, $P(X = 2) = \dfrac{21}{120} = \dfrac{7}{40}$, $P(X = 3) = \dfrac{1}{120}$.
Puis : $P(Y = 0) = \dfrac{56}{120}$, $P(Y = 1) = \dfrac{56}{120}$ et $P(Y = 2) = \dfrac{8}{120} = \dfrac{1}{15}$.

3. Déjà : $P_{(X=1)}(Y = 0) = \dfrac{30}{63}$, en effectuant le rapport de $\dfrac{30}{120}$ par $\dfrac{63}{120}$.
Et : $P_{(X=1)}(Y = 1) = \dfrac{30}{63}$, $P_{(X=1)}(Y = 2) = \dfrac{3}{63}$.

4. On calcule $E(XY) = \displaystyle\sum_{i=0}^{3}\sum_{j=0}^{2} p_{i,j}x_iy_j$, c'est-à-dire :

$$E(XY) = 1 \times \frac{30}{120} + 2 \times \frac{6}{120} + 2 \times \frac{3}{120} = \frac{2}{5}.$$

Il reste à calculer : $E(X) = \dfrac{63}{120} + \dfrac{42}{120} + \dfrac{3}{120} = \dfrac{30}{120} = \dfrac{9}{10}$.
Puis : $E(Y) = \dfrac{56}{120} + \dfrac{16}{120} = \dfrac{3}{5}$.
Donc $\mathrm{Cov}(X,Y) = \dfrac{2}{5} - \dfrac{9}{10} \times \dfrac{3}{5} = \dfrac{-7}{50}$.

Exercice 17.26

1. a. X et Y suivent respectivement les lois binomiales $\mathscr{B}(n,p)$ et $\mathscr{B}(n,q)$.
b. Parmi les n lancers, on a $\binom{n}{i}$ positions possibles des i faces 1, puis $\binom{n-i}{j}$ positions possibles des j faces 2. Les lancers étant indépendants, chacune de ces $\binom{n}{i}\binom{n-i}{j}$ dispositions a la probabilité $p^iq^jr^{n-i-j}$ de se produire.
Or, $\dbinom{n}{i}\dbinom{n-i}{j} = \dfrac{n!}{i!(n-i)!}\dfrac{(n-i)!}{j!(n-i-j)!} = \dfrac{n!}{i!j!(n-i-j)!}$.
Et $\forall\,(i,j)$, avec $i + j \leqslant n$, si $k = n - (i + j)$, $P(X = i, Y = j) = \dfrac{n!}{i!j!k!}p^iq^jr^k$.
c. Il n'est pas possible que ces n lancers produisent simultanément n faces 1 et n faces 2, donc $P(x = n, Y = n) = 0$.
Ainsi : $P(X = n)P(Y = n) = p^nq^n > P(x = n, Y = n) = 0$.
En conclusion, X et Y ne sont pas indépendantes.

2. a. On utilise le système complet d'événements $(N = n)_{n\in\mathbb{N}^*}$.

On utilise la loi des probabilités totales.

$$\begin{aligned}P(X = k) &= \sum_{n=1}^{+\infty} P_{(N=n)}(X = k)P(N = n)\\ &= \sum_{n=k}^{+\infty} P_{(N=n)}(X = k)P(N = n)\\ &= \sum_{n=k}^{+\infty} \binom{n}{k} p^k(1-p)^{n-k}e^{-\lambda}\frac{\lambda^n}{n!}\\ &= \frac{(p\lambda)^k}{k!}e^{-\lambda}\sum_{n=k}^{+\infty}\frac{(\lambda(1-p))^{n-k}}{(n-k)!}.\end{aligned}$$

Il reste à poser $m = n - k$ dans la dernière somme.

$$P(X = k) = \frac{(p\lambda)^k}{k!}e^{-\lambda}\sum_{m=0}^{+\infty}\frac{(\lambda(1-p))^m}{m!} = \frac{(p\lambda)^k}{k!}e^{-\lambda}e^{\lambda(1-p)} = \frac{(p\lambda)^k}{k!}e^{-p\lambda}.$$

Ainsi : X suit la loi de Poisson de paramètre $p\lambda$: $X \hookrightarrow \mathscr{P}(p\lambda)$.

De même, $Y \hookrightarrow \mathscr{P}(q\lambda)$.

b. Par un calcul analogue, pour tout i et j possibles :

$$\begin{aligned}P(X = i, Y = j) &= \sum_{n=i+j}^{+\infty}\frac{n!}{i!j!k!}p^iq^jr^k\,e^{-\lambda}\frac{\lambda^n}{n!}\\ &= \frac{(p\lambda)^i(q\lambda)^j}{i!j!}e^{-p\lambda-q\lambda} = P(X = i)P(Y = j).\end{aligned}$$

X et Y sont indépendantes.

Exercice 17.27

$$\begin{aligned}E(Y) &= \sum_{n=0}^{+\infty}\frac{1}{1+n}e^{-\lambda}\frac{\lambda^n}{(n)!} = \frac{e^{-\lambda}}{\lambda}\sum_{n=0}^{+\infty}\frac{\lambda^{n+1}}{(n+1)!} = \frac{e^{-\lambda}}{\lambda}\sum_{m=1}^{+\infty}\frac{\lambda^m}{(m)!}\\ &= \frac{e^{-\lambda}}{\lambda}(e^{\lambda}-1) = \frac{1-e^{-\lambda}}{\lambda}\end{aligned}$$

Par le théorème de transfert appliqué à la fonction $\varphi : x \to \dfrac{1}{1+x}$:

Exercice 17.28

$P_{(N=n)}(X = k) = \binom{n}{k}p^kq^{n-k}$, si $k \leqslant n$ (loi binomiale $\mathscr{B}(n, p)$).

Cette probabilité est nulle si $k > n$. Avec cette convention, on peut poser $(N, X)(\Omega) = \mathbb{N}^2$.

Donc : $P(N = n, X = k) = P_{(N=n)}(X = k)P(N = n) = \binom{n}{k}p^kq^{n-k}e^{-\lambda}\dfrac{\lambda^n}{n!}$.

On en tire la loi marginale de X.

De même : $Y \hookrightarrow \mathscr{P}(\lambda q)$. On remarque aussi $Y = N - X$.

$$\begin{aligned}P(X = k) &= \sum_{n=k}^{+\infty} e^{-\lambda}\frac{\lambda^n}{k!(n-k)!}p^kq^{n-k}\\ &= \frac{e^{-\lambda}\lambda^kp^k}{k!}\sum_{n=k}^{+\infty}\frac{\lambda^{n-k}q^{n-k}}{(n-k)!}\\ &\overset{m=n-k}{=} \frac{e^{-\lambda}\lambda^kp^k}{k!}\sum_{m=0}^{+\infty}\frac{\lambda^mq^m}{m!}\\ &= \frac{e^{-\lambda}\lambda^kp^k}{k!}e^{\lambda q} = \frac{e^{-\lambda p}(\lambda p)^k}{k!}\end{aligned}$$

Ainsi : X suit la loi de Poisson de paramètre λp : $X \hookrightarrow \mathscr{P}(\lambda p)$.

Exercice 17.29

La difficulté de l'exercice ne réside pas dans la détermination de la méthode à utiliser, on applique évidemment la **méthode 17.3**, *mais plutôt dans la manipulation des sommes. Il faut savoir faire des décalages d'indice. Par ailleurs, on remarque que pour des raisons évidentes de symétries, X et Y ont la même loi.*

1. On a : $Y(\Omega) = \mathbb{N}$ et posons $k \in \mathbb{N}$.

Alors : $P(Y=k) = \sum_{j=0}^{+\infty} P(X=j, Y=k) = \sum_{j=0}^{+\infty} \frac{(j+k)2^{-j-k}}{e\, j!\, k!}$.

On remarque que la série $\sum_{j\geqslant 0} \frac{j2^{-j-k}}{e\, j!\, k!} = \frac{2^{-k-1}}{e\, k!} \sum_{j\geqslant 1} \frac{2^{-(j-1)}}{(j-1)!}$ est convergente car la série $\sum_{j\geqslant 0} \frac{2^{-j}}{j!}$ est convergente. Il en est de même de la série $\sum_{j\geqslant 0} \frac{k2^{-j-k}}{e\, j!\, k!}$.

Cela justifie de couper en deux la somme $P(Y=k)$ pour la calculer. Déjà $\sum_{j=0}^{+\infty} \frac{j2^{-j-k}}{e\, j!\, k!} = \frac{2^{-k-1}}{e\, k!} \sum_{j=1}^{+\infty} \frac{2^{-(j-1)}}{(j-1)!} = \frac{2^{-k-1}}{e\, k!} \sum_{j=0}^{+\infty} \frac{2^{-j}}{j!} = \frac{2^{-k-1}}{e\, k!}\sqrt{e} = \frac{2^{-k-1}}{k!\sqrt{e}}$.

Et : $\sum_{j=0}^{+\infty} \frac{k2^{-j-k}}{e\, j!\, k!} = \frac{k2^{-k}}{e\, k!} \sum_{j=0}^{+\infty} \frac{2^{-j}}{j!} = \frac{k2^{-k}}{e\, k!}\sqrt{e} = \frac{k2^{-k}}{k!\sqrt{e}}$.

Il reste : $\forall k \in \mathbb{N},\ P(Y=k) = \frac{2^{-k-1}}{k!\sqrt{e}} + \frac{k2^{-k}}{k!\sqrt{e}} = \frac{\left(\frac{1}{2}+k\right)2^{-k}}{k!\sqrt{e}}$.

De même, $\forall j \in \mathbb{N},\ P(X=j) = \frac{\left(\frac{1}{2}+j\right)2^{-j}}{j!\sqrt{e}}$.

Les variables X et Y ne sont pas indépendantes car par exemple $P(X=0, Y=0) = 0$ et $P(X=0) = P(Y=0) = \frac{1}{2\sqrt{e}} \neq 0$.

La somme double $\sum_j \sum_k u_{j,k}$ *si elle existe est l'espérance cherchée.*

2. Posons pour tout $(j,k) \in \mathbb{N}^2$, $u_{j,k} = 2^{j+k}P(X=j, Y=k)$.

Alors $u_{j,k} = \frac{j+k}{e\, j!k!} = \frac{j}{e\, j!k!} + \frac{k}{e\, j!k!}$.

Les séries $\sum_{j\geqslant 0} \frac{j}{e\, j!k!}$ et $\sum_{j\geqslant 0} \frac{k}{e\, j!k!}$ convergent sans souci.

Et : $\sum_{j=0}^{+\infty} u_{j,k} = \sum_{j=0}^{+\infty} \frac{j}{e\, j!k!} + \sum_{j=0}^{+\infty} \frac{k}{e\, j!k!}$.

Alors : $\sum_{j=0}^{+\infty} \frac{j}{e\, j!k!} = \frac{1}{k!e} \sum_{j=1}^{+\infty} \frac{1}{(j-1)!} = \frac{1}{k!}$.

Et, de même, $\sum_{j=0}^{+\infty} \frac{k}{e\, j!k!} = \frac{k}{k!e} \sum_{j=0}^{+\infty} \frac{1}{j!} = \frac{k}{k!}$.

Il reste à dire que les séries $\sum_{k\geqslant 0} \frac{1}{k!}$ et $\sum_{k\geqslant 0} \frac{k}{k!}$ convergent puis :

$\sum_{k=0}^{+\infty} \frac{1}{k!} = e = \sum_{k=0}^{+\infty} \frac{k}{k!}$ et donc : $E\left[2^{X+Y}\right] = \sum_{k=0}^{+\infty} \left(\sum_{j=0}^{+\infty} u_{j,k} \right) = 2e$.

Exercice 17.30

1. Montrons : $\forall c \in (\mathbb{R}_+)^p,\ V\left(\sum_{i=1}^{p} c_i X_i\right) = \sum_{(i,j)\in[\![1,p]\!]^2} c_i c_j\, Cov(X_i, X_j)$.

Il suffit de reprendre la **proposition 17.14** pour p *v.a.r.d* $Y_1, ..., Y_p$ et $n = p$:

$$V\left(\sum_{i=1}^{p} V_i\right) = \sum_{i=1}^{p} V(Y_i) + \sum_{(i,j)\in[\![1,p]\!]^2\,,\,i\neq j} \left(E(Y_iY_j) - E(Y_i)E(Y_j)\right).$$

On applique avec $Y_i = c_iX_i$ pour tout $i \in [1,p]$.
On a, pour tout $i \in [1,p]$, $V(Y_i) = c_i^2 V(X_i)$ et pour tout $(i,j) \in [\![1,p]\!]^2$,
$E(Y_iY_j) - E(Y_i)E(Y_j) = c_ic_j\left(E(X_iX_j) - E(X_i)E(X_j)\right) = c_ic_j\, Cov(X_i, X_j)$.

2. Γ est diagonalisable car elle est symétrique réelle. En effet, pour tout couple $(i,j) \in [\![1,p]\!]^2$, $Cov(X_i, X_j) = Cov(X_j, X_i)$.

On peut remarquer que si X_1, ..., X_p sont deux à deux indépendants, Γ est diagonale.

Dans la suite, l'on pose λ_1 la plus grande des valeurs propres de Γ. Il est clair que λ_1 existe et est réelle.
Puis posons le vecteur ligne $C = (c_1 \ldots c_p)$. Alors, $C\,\Gamma\,C^T$ vaut :

$$(c_1 \ldots c_p)\begin{pmatrix} Cov(X_1,X_1) & Cov(X_1,X_2) & \ldots & Cov(X_1,X_d) \\ Cov(X_2,X_1) & Cov(X_2,X_2) & \ldots & Cov(X_2,X_d) \\ . & . & \ldots & . \\ . & . & \ldots & . \\ . & . & \ldots & . \\ Cov(X_d,X_1) & Cov(X_d,X_2) & \ldots & Cov(X_d,X_d) \end{pmatrix}\begin{pmatrix} c_1 \\ . \\ . \\ . \\ c_p \end{pmatrix}.$$

Puis : $$C\,\Gamma\,C^T = \begin{pmatrix} c_1 & . & . & . & c_p \end{pmatrix}\begin{pmatrix} \displaystyle\sum_{j=1}^{d} c_j Cov(X_1,X_j) \\ . \\ . \\ . \\ \displaystyle\sum_{j=1}^{d} c_j Cov(X_d,X_j) \end{pmatrix}.$$

Ce dernier produit donne :
$$\sum_{j=1}^{d} c_1c_j Cov(X_1,X_j) + \ldots + \sum_{j=1}^{d} c_ic_j Cov(X_i,X_j) + \ldots + \sum_{j=1}^{d} c_pc_j Cov(X_p,X_j).$$

Et on a bien : $C\,\Gamma\,C^T = \displaystyle\sum_{(i,j)\in[\![1,p]\!]^2} c_ic_j\, Cov(X_i,X_j) = V\left(\sum_{i=1}^{p} c_iX_i\right)$.

Supposons que C est un vecteur propre de Γ, associé à la valeur propre λ.

Alors : $C\,\Gamma\,C^T = C(\lambda C)^T = \lambda\|C\|^2 = V\left(\displaystyle\sum_{i=1}^{p} c_iX_i\right) \geqslant 0$.

Comme C^T est un vecteur propre, $\|C\|^2 > 0$ et $\lambda = \dfrac{V\left(\sum_{i=1}^{p} c_iX_i\right)}{\|C\|^2} \geqslant 0$.

Toutes les valeurs propres de Γ sont positives ou nulles.

3. Plaçons nous dans une base de vecteurs propres $(\vec{u}_1, \ldots, \vec{u}_p)$ de Γ tel que $\vec{u}_i$ soit associé à λ_i pour tout i entier entre 1 et p, les valeurs propres $\lambda_1, \ldots, \lambda_p$ étant rangées de la plus grande à la plus petite, et éventuellement répétées selon leur ordre de multiplicité. Partons de $\vec{c} = \displaystyle\sum_{i=1}^{p} c_i\vec{u}_i$.

On a : $C\Gamma C^T = C\Gamma\left(\displaystyle\sum_{i=1}^{p} c_i\vec{u}_i\right) = C\left(\displaystyle\sum_{i=1}^{p} c_i\lambda_i\vec{u}_i\right)$.

Que l'on écrit : $(c_1 \dots c_p) \begin{pmatrix} c_1\lambda_1 \\ . \\ . \\ . \\ c_p\lambda_p \end{pmatrix} = \sum_{i=1}^{p} c_i^2\lambda_i = V\left(\sum_{i=1}^{p} c_i X_i\right)$.

Si l'on suppose C non nul, $\dfrac{1}{\|c\|^2} V\left(\sum_{i=1}^{p} c_i X_i\right) = \dfrac{\sum_{i=1}^{p} c_i^2\lambda_i}{\sum_{i=1}^{p} c_i^2}$. Comme $\lambda_i \leqslant \lambda_1$ pour tout $i \in [1,p]$, la quantité $\sum_{i=1}^{p} c_i^2\lambda_i$ est inférieure ou égale à $\lambda_1\|C\|^2$.

En conclusion, $\dfrac{1}{\|c\|^2} V\left(\sum_{i=1}^{p} c_i X_i\right) \leqslant \lambda_1$.

Il y a égalité si, et seulement si, C^T est un vecteur propre associé à λ_1.

Supposons $\dim E_{\lambda_1} = k \leqslant p$. Il y a égalité si, et seulement si, $\vec{c} = \sum_{i=1}^{k} c_i\vec{u}_i$, les coefficients $c_{k+1}, ..., c_p$ étant alors nécessairement nuls.

4. $A = \begin{pmatrix} 1 & \rho & \rho \\ \rho & 1 & \rho \\ \rho & \rho & 1 \end{pmatrix}$, où $\rho \in \mathbb{R}_+^\star$ est fixé, est diagonalisable car symétrique réelle. Son polynôme caractéristique est $\chi_A(X) = (X-(1-\rho))^2(X-(1+2\rho))$.

✎ D'autres opérations élémentaires permettent d'aboutir.

On a fait les opérations successives : $L_3 \leftarrow L_3 - L_2$, $C_2 \leftarrow C_2 + C_3$, $L_1 \leftarrow L_1 - L_2$, $C_2 \leftarrow C_1 + C_2$.

Donc : $\mathsf{Sp}(A) = \{1+2\rho, 1-\rho\}$. Puis : $(x,y,z) \in E_{1+2\rho}(A)$

✎ À donner une base, autant qu'elle soit orthonormée.

$$\Leftrightarrow \begin{cases} x+\rho y+\rho z &= (1+2\rho)x \\ \rho x + y + \rho z &= (1+2\rho)y \\ \rho x + \rho y + z &= (1+2\rho)z \end{cases} \Leftrightarrow \begin{cases} -2x+y+z &= 0 \\ x-2y+z &= 0 \\ x+y-2z &= 0 \end{cases}$$

On obtient : $E_{1+2\rho}(A) = \mathsf{Vect}\left\{\left(\frac{1}{\sqrt{3}}, \frac{1}{\sqrt{3}}, \frac{1}{\sqrt{3}}\right)\right\}$.

De même, $E_{1-\rho}(A)$ est le plan d'équation $x+y+z=0$, dont une base est par exemple $\left(\left(\frac{1}{\sqrt{2}}, -\frac{1}{\sqrt{2}}, 0\right), \left(0, \frac{1}{\sqrt{2}}, -\frac{1}{\sqrt{2}}\right)\right)$.

5. On pose, pour tout $i \in [\![1,3]\!]$, $Y_i = \dfrac{1}{\sqrt{V}} X_i$. Donc $V(Y_i) = 1$ pour tout $i \in [\![1,3]\!]$, et $Cov(Y_i, Y_j) = \dfrac{1}{V} Cov(X_i, X_j) = \dfrac{r}{V}$ pour tout $(i,j) \in [\![1,3]\!]^2$. La matrice $\Delta = (Cov(Y_i,Y_j))_{(i,j)\in[\![1,3]\!]^2}$ est la matrice A de la question précédente avec $\rho = \frac{r}{V}$. Le spectre de Δ est donc $\mathsf{Sp}(\Delta) = \left\{1 + 2\dfrac{r}{V}, 1 - \dfrac{r}{V}\right\}$.

✎ Les matrices de covariance sont importantes. On montre que ce sont exactement les matrices symétriques réelles positives, c'est-à-dire à valeurs propres positives ou nulles.

Les triplets $c = (c_1, c_2, c_3)$ tels que $\dfrac{1}{\|c\|^2} V\left(\sum_{i=1}^{3} c_i X_i\right)$ est maximal correspond aux triplets c tels que $\dfrac{1}{\|c\|^2} V\left(\sum_{i=1}^{3} c_i Y_i\right)$ est maximal.

Il s'agit des triplets (α, α, α), où α est un réel non nul.

Exercice 17.31

1. On rappelle : $P(|X - E(X)| \geqslant \varepsilon) \leqslant \dfrac{V(X)}{\varepsilon^2}$.

C'est l'**inégalité de Bienaymé-Tchebychev**.

Soit $Y_1, ..., Y_n$ n $v.a.r$ indépendantes deux à deux ayant la même espérance m et la même variance σ^2 finies et posons $X = \frac{1}{n}(Y_1 + ... + Y_n)$.

Alors $E(X) = m$ et $V(X) = \dfrac{n\sigma^2}{n^2} = \dfrac{\sigma^2}{n}$.

Si l'on applique l'inégalité de Bienaymé-Tchebychev à X et à $a > 0$ fixé, $P\left(|\frac{1}{n}(Y_1 + ... + Y_n) - m| \geqslant a\right) \leqslant \dfrac{\sigma^2}{na^2}$.

La variance d'une somme est la somme des variances si indépendance deux à deux.

Remarque : Et donc $\lim\limits_{n \to +\infty} P\left(|\dfrac{1}{n}(Y_1 + ... + Y_n) - m| \geqslant a\right) = 0$.

C'est la **loi faible des grands nombres**.

2. On pose Y_i une variable de Bernoulli définie par : $Y_i = 1$ si le $i^{\text{ème}}$ tirage est une boule rouge et $Y_i = 0$ si le $i^{\text{ème}}$ tirage est une boule noire. Donc S_n/n donne la proportion de boules rouges obtenues dans n tirages.

On se doute que l'on applique la loi faible des grands nombres. La seule difficulté est de bien définir Y_i.

On calcule : $P(Y_i = 1) = \frac{2}{5}$, $P(Y_i = 0) = \frac{3}{5}$, $E(Y_i) = E(Y_i^2) = \frac{2}{5}$, $V(Y_i) = \frac{6}{25}$.

Puis : $P\left(|\dfrac{S_n}{n} - \dfrac{2}{5}| \geqslant 0.05\right) \leqslant 0.05 \Leftrightarrow \dfrac{V(Y_1)}{n\,a^2} \leqslant 0.05$ avec $a = \frac{5}{100}$.

Il reste : $6 \times 10^4/(25^2 \times n) \leqslant 0.05 \Leftrightarrow n \geqslant 1920$.

Exercice 17.32

1. Posons X la $v.a.r.d$ égale au nombre de pièces sortant de l'usine un jour donné. On pense à Markov car X est à valeurs positives et $E(X) = 50$.

On écrit : $P(X \geqslant 75) \leqslant \dfrac{E(X)}{75} = \dfrac{2}{3}$.

Pour Markov, le résultat est décevant car si la moyenne est de 50, on se doute que dépasser 75 est de probabilité faible.

2. Comme l'écart-type est connu, on pense à Bienaymé-Tchebychev.

On a : $P(|X - 50| \geqslant 25) \leqslant \dfrac{V(X)}{25^2} = 0.04$.

Comme : $P(|X - 50| \geqslant 25) = P(X \leqslant 25) + P(X \geqslant 75)$, $P(X \geqslant 75) \leqslant 0.04$.

C'est mieux !

Exercice 17.33

▸ Comme il y a 94 places vendues et que pour chacune d'entre elles, il y a 5 pour cent de chances que le passager ne vienne pas embarquer, le nombre A de personnes absentes à l'embarquement suit une loi binomiale $\mathcal{B}(94, 0.05)$. Calculons la probabilité qu'il y ait trop de monde à l'embarquement.

Ce surbooking est inadmissible pour un étudiant admissible !

$$P(A \leqslant 3) = \sum_{k=0}^{3} P(A = k) = \sum_{k=0}^{3} \binom{94}{k} \left(\frac{5}{100}\right)^k \left(\frac{95}{100}\right)^{94-k}.$$

Ce calcul direct donne : $P(A \leqslant 3) = 0.3028$.

▸ On utilise une approximation par la loi de Poisson de paramètre $np = 4.7$.

*On vérifie $n > 50$ et $np < 15$ comme dans la **méthode 17.7**.*

$$P(A \leqslant 3) = \sum_{k=0}^{3} e^{-\lambda} \frac{4.7^k}{k!} = 0.3097.$$

Nos deux valeurs sont très proches.

Corrigé

Exercice 17.34

X étant à valeurs positives, $X = |X|$. On lui applique l'inégalité de Markov.

1. Pour $a > 0$, on a $P(X \geqslant a) \leqslant \dfrac{E(X)}{a}$.

Comme $E(X) = n$, en prenant $a = n^2$, $P(X \geqslant n^2) \leqslant \dfrac{1}{n}$.

2. Comme $V(X) = \left(1 - \frac{1}{n}\right) \times n^2 = n(n-1)$, on obtient, en appliquant l'inégalité de Bienaymé-Tchebychev, $P(|X - n| \geqslant \varepsilon) \leqslant \dfrac{n(n-1)}{\varepsilon^2}$.

Où $\varepsilon > 0$.

On prend alors $\varepsilon = n$ ce qui donne : $P(|X - n| \geqslant n) \leqslant 1 - \dfrac{1}{n}$.

X étant à valeurs dans $\mathbb{N}^*$, l'événement $(|X - n| \geqslant n) = (X \geqslant 2n)$ d'où :

$$P(X \geqslant 2n) = P(|\, X - n \,| \geqslant n) \leqslant 1 - \frac{1}{n}.$$

Exercice 17.35

S suit une loi $\mathscr{B}(3600; p)$.

Notons S la variable aléatoire égale au nombre d'apparitions du 1.

On cherche ici : $\mathrm{P}(480 < S < 720) = \displaystyle\sum_{k=481}^{719} \binom{3600}{k} p^k (1-p)^{3600-k}$.

Pour calculer une probabilité, on a trois pistes : le calcul direct, une approximation (avec l'approximation de Poisson ou la loi faible des grands nombres) et une inégalité type Markov ou Bienaymé-Tchebycheff. Ici, on choisit la troisième.

Ce résultat exact ne peut être calculé en pratique, même un ordinateur très puissant ne pouvant calculer tous ces coefficients binomiaux pour des chiffres aussi grands.

On peut penser à faire l'approximation de la loi $\mathscr{B}(3600; p)$ par $\mathscr{P}(600)$, mais il resterait à calculer $\displaystyle\sum_{k=481}^{719} e^{600} \frac{600^k}{k!}$ ce qui n'est pas évident non plus.

On a alors recours à l'inégalité de Tchebychev.

$$E(S) = np = 3600 \cdot \frac{1}{6} = 600 \text{ et } V(X) = npq = 3600 \cdot \frac{1}{6} \cdot \frac{5}{6} = 500.$$

Remarquons : $480 < S < 720 \Leftrightarrow -120 < S - 600 < 120$. D'où :

$$\begin{aligned} P(480 < S < 720) &= P(-120 < S - 600 < 120) \\ &= P\left(|S - 600| < 120\right) \\ &= 1 - P\left(|S - 600| \geqslant 120\right) \\ &\geqslant 1 - \frac{500}{120^2} \geqslant 0,95833. \end{aligned}$$

Conclusion : la probabilité que le nombre d'apparitions du 1 soit compris strictement entre 480 et 720 est supérieure à 95%.

Exercice 17.36

Un petit coup de règle de d'Alembert !

1. La fonction génératrice de X est $G_X(s) = \displaystyle\sum_{n \geqslant 0} \frac{1}{\operatorname{ch} x} \frac{x^{2n}}{(2n)!} s^n$.

Posons, pour tout n, $u_n = \dfrac{1}{\operatorname{ch} x} \dfrac{x^{2n}}{(2n)!}$. On a : $\forall n \in \mathbb{N}$, $u_n > 0$.

$\dfrac{u_{n+1}}{u_n} = \dfrac{x^2}{(2n+2)(2n+1)} \xrightarrow[n \to +\infty]{} 0$, donc le rayon de convergence de cette série est $+\infty$.

$$\begin{cases} \forall s \in \mathbb{R}^+, \displaystyle\sum_{n=0}^{+\infty} \frac{1}{\operatorname{ch} x} \frac{x^{2n}}{(2n)!} s^n = \sum_{n \geqslant 0} \frac{1}{\operatorname{ch} x} \frac{(x\sqrt{s})^{2n}}{(2n)!} = \frac{\operatorname{ch}(x\sqrt{s})}{\operatorname{ch} x}\ ; \\ \forall s \in \mathbb{R}^-, \displaystyle\sum_{n=0}^{+\infty} \frac{1}{\operatorname{ch} x} \frac{x^{2n}}{(2n)!} s^n = \sum_{n \geqslant 0} \frac{1}{\operatorname{ch} x} (-1)^n \frac{(x\sqrt{-s})^{2n}}{(2n)!} = \frac{\cos(x\sqrt{-s})}{\operatorname{ch} x}. \end{cases}$$

*Le D.S.E de ch, on a déjà revu cela à l'***exercice 17.16***.*

$$G_x\ :\ s \mapsto \begin{cases} \dfrac{\operatorname{ch}(x\sqrt{s})}{\operatorname{ch} x}, \text{ si } x \geqslant 0 \\ \dfrac{\cos(x\sqrt{-s})}{\operatorname{ch} x}, \text{ si } x < 0 \end{cases}.$$

2. Le rayon de convergence étant $+\infty$, G_X est $\mathscr{C}^\infty$ sur $\mathbb{R}$, donc elle est, en particulier, deux fois dérivable en 1, ce qui assure que X et X^2 sont d'espérance finie. X admet bien une espérance et une variance.

On se rappelle les propriétés d'une fonction développable en série entière sur son domaine de convergence.

$\forall s > 0$, $G'_X(s) = \dfrac{x \operatorname{sh}(x\sqrt{s})}{2\sqrt{s}\operatorname{ch} x}$, donc $E(X) = G'_X(1) = \dfrac{x \operatorname{sh}(x)}{2 \operatorname{ch} x}$.

Retrouvons l'expression de la variance en fonction de $G''_X(1)$:

$$\forall s \in \mathbb{R},\ G''_X(t) = \sum_{n=2}^{+\infty} n(n-1)P(X=n)s^{n-2} = \sum_{n=0}^{+\infty} n(n-1)P(X=n)s^{n-2}.$$

$G''_X(1) = \displaystyle\sum_{n=0}^{+\infty} n(n-1)P(X=n) = E\big(X(X-1)\big) = E(X^2) - E(X)$, d'où :

$$V(X) = E(X^2) - E(X)^2 = G''_X(1) + G'_X(1) - \big(G'_X(1)\big)^2.$$

Ici, $\forall s > 0$, $G''_X(s) = \dfrac{x^2 \operatorname{ch}(x\sqrt{s}) \operatorname{ch} x - \dfrac{x}{\sqrt{s}} \operatorname{ch} x \operatorname{sh}(x\sqrt{s})}{4s \operatorname{ch}^2 x}$, donc :

C'est long mais ce n'est que du calcul !

$$V(X) = \frac{x(x \operatorname{ch} x - \operatorname{sh} x)}{4 \operatorname{ch} x} + \frac{x \operatorname{sh}(x)}{2 \operatorname{ch} x} - \left(\frac{x \operatorname{sh}(x)}{2 \operatorname{ch} x}\right)^2 = \frac{x(x + \operatorname{sh} x \operatorname{ch} x)}{4 \operatorname{ch}^2 x}.$$

Exercice 17.37

1. Pour $s \in \mathbb{R} \setminus \{1\}$, $G_X(s) = \displaystyle\sum_{i=2}^{12} \frac{1}{11} s^i = \frac{s^2}{11} \times \frac{1 - s^{11}}{1 - s}$. Si $s = 1$, $G_X(s) = 1$.

$P(X = k) = \dfrac{1}{11}$, pour $k \in [\![2, 12]\!]$.

2. Comme $X_1 + X_2 = X$, et d'après l'indépendance : $G_{X_1} G_{X_2} = G_X$.

Alors pour $i = 1, 2$: $G_{X_i}(s) = \displaystyle\sum_{j=1}^{6} P(X_i = j)s^j = s\phi_i(s)$, où ϕ_i est un polynôme à coefficients réels. Comme $P(X_1 + X_2 = 12) = P(X = 12) = \dfrac{1}{11}$, $P(X_1 = 6)P(X_2 = 6) = \dfrac{1}{11}$ et ainsi $P(X_1 = 6)$ et $P(X_2 = 6)$ ne sont pas nuls. Les polynômes ϕ_1 et ϕ_2 sont de degrés exactement 5 et leur valuation commune est 0. Or de tels polynômes ont chacun au moins une racine réelle (d'après le *T.V.I*). Or, pour $s \neq 1$, $11s^2\phi_1(s)\phi_2(s) = 11G_X(s) = \dfrac{1 - s^{11}}{1 - s} s^2$.

X_1 et X_2 sont indépendantes par hypothèse, ce qui est primordial pour le raisonnement.

Enfin, pour $s \neq \{0, 1\}$, $11\phi_1(s)\phi_2(s) = \dfrac{1 - s^{11}}{1 - s}$. Le polynôme de droite a pour racines les racines onzièmes de 11 autres que 1. Aucune est réelle. Il y en a 10 et sont distinctes. Comme ϕ_1 et ϕ_2 possèdent au moins une racine réelle et sont de degré 5, elles ont 4 racines non réelles chacune au maximum.

Il y a contradiction, il y a deux racines non réelles de trop.

3. Tant que les dés sont indépendants, on ne peut donc les piper, de façon à rendre toutes les sommes entre 2 et 12, équiprobables.

Corrigé

Exercice 17.38

X et Y sont indépendantes.

$X+Y \hookrightarrow \mathscr{P}(\mu+\lambda)$.

On peut aussi utiliser la **proposition 17.21**. *Comme $G_X(t) = e^{\lambda(t-1)}$ et $G_Y(t) = e^{\mu(t-1)}$, on conclut avec $G_{X+Y}(t)$ égal à $G_X(t)G_Y(t)$.*

1. Pour tout $n \in \mathbb{N}$, $P(X+Y=n) = \sum_{k=0}^{n} P\big((X=k)\cap(Y=n-k)\big)$

$$= \sum_{k=0}^{n} \frac{e^{-\lambda}\lambda^k}{k!}\frac{e^{-\mu}\mu^{n-k}}{(n-k)!} = \frac{e^{-(\lambda+\mu)}}{n!}\sum_{k=0}^{n}\binom{n}{k}\lambda^k\mu^{n-k} = \frac{e^{-(\lambda+\mu)}(\lambda+\mu)^n}{n!}.$$

2. Posons : $G_X(t) = \sum_{n=0}^{+\infty} a_n t^n$, $G_Y(t) = \sum_{n=0}^{+\infty} b_n t^n$ et $G_Z(t) = \sum_{n=0}^{+\infty} c_n t^n$.

Pour $n \in \mathbb{N}$, on a : $a_n = P(X=n)$, $b_n = P(Y=n)$ et $c_n = P(Z=n)$.
On sait que la série $\sum c_n t^n$ est le produit de Cauchy des séries $\sum a_n t^n$ et $\sum b_n t^n$, donc : $c_n = \sum_{k=0}^{n} a_k b_{n-k} = \sum_{k=0}^{n} \frac{e^{-\lambda}\lambda^k e^{-\mu}\mu^{n-k}}{k!(n-k)!}$.

Ainsi $c_n = e^{-(\lambda+\mu)}\sum_{k=0}^{n}\frac{\lambda^k\mu^{n-k}}{k!(n-k)!} = \frac{e^{-(\lambda+\mu)}}{n!}\sum_{k=0}^{n}\binom{n}{k}\lambda^k\mu^{n-k}$.

On reconnaît alors le binôme de Newton, donc $c_n = e^{-(\lambda+\mu)}\frac{(\lambda+\mu)^n}{n!}$.

Exercice 17.39

Les $(X=k)$ sont deux à deux incompatibles.

1. $(X>n) = \bigcup_{k=n+1}^{+\infty}(X=k) \Rightarrow P(X>n) = \sum_{k=n+1}^{+\infty} P(X=k)$.

$r_n = \sum_{k=n+1}^{+\infty} p_n$ et la série $\sum p_n$ converge (elle a pour somme 1).

Ainsi, on peut conclure : $(r_n)_{n\in\mathbb{N}}$ est la suite des restes d'ordre n de la série convergente $\sum p_n$.

Donc elle est bornée.

2. La suite $(r_n)_{n\in\mathbb{N}}$ étant le reste d'une série convergente, elle tend vers 0.
Le rayon de convergence de la série entière $\sum r_n t^n$ est supérieur ou égal à 1.

En décalant l'indice dans le deuxième terme de la somme.

3. On peut écrire pour tout $t \in]-1,1[$,

$$(1-t)H(t) = \sum_{n=0}^{+\infty} r_n t^n - \sum_{n=0}^{+\infty} r_n t^{n+1}.$$

C'est-à-dire : $(1-t)H(t) = \sum_{n=0}^{+\infty} r_n t^n - \sum_{n=1}^{+\infty} r_{n-1}t^n = r_0 + \sum_{n=1}^{+\infty}(r_n - r_{n-1})t^n$.

Or, on a les relations :

$$r_n - r_{n-1} = -p_n \text{ et } p_0 + r_0 = 1.$$

Donc, pour tout $t \in]-1,1[$,

$$(1-t)H(t) = 1 - G(t).$$

Finalement, pour tout t avec $|t|<1$, on a : $H(t) = \frac{1-G(t)}{1-t}$.

Exercice 17.40

1. Ici X suit une loi de Bernoulli de paramètre $p \in [0,1]$.
Alors $P(X=1) = p$ et $P(X=0) = 1-p$.

Donc, pour tout $t \in \mathbb{R}$,

$$M_X(t) = E(e^{tX}) = \sum_{x \in X(\Omega)} e^{tX} P(X = x)$$

$$= e^{t\times 0} P(X=0) + e^{t\times 1} P(X=1) = 1 - p + pe^t.$$

Ainsi, pour tout $t \in \mathbb{R}^\star$, $\phi_X(t) = \frac{1}{t} \ln\left(1 - p + pe^t\right)$.

2. $\forall t \in \mathbb{R}, M_X(t) = E(e^{tX}) = \sum_{k=1}^{r} e^{tx_k} P(X = x_k)$. Donc la fonction M_X est de classe $\mathcal{C}^\infty$ sur $\mathbb{R}$ en tant que combinaison linéaire de fonctions de classe $\mathcal{C}^\infty$ sur $\mathbb{R}$.

D'après le théorème de transfert pour les v.a.r finies.

Soit $n \in \mathbb{N}$, pour tout $t \in \mathbb{R}$, $M_X(t) = \sum_{k=0}^{n} \frac{M_X^k(0)}{k!} + o(t^n)$.

En appliquant la formule de Taylor-Young à M_X, de classe $\mathcal{C}^n$.

Par ailleurs :

$$M_X(t) = \sum_{k=1}^{r} e^{tx_k} P(X = x_k) = \sum_{k=1}^{r} P(X = x_k) \left(\sum_{j=0}^{n} \frac{(tx_k)^j}{j!} + o(t^n) \right),$$

quand t tend vers 0, en appliquant un développement limité de $t \mapsto e^{tx_k}$.

Puis : $M_X(t) = \sum_{j=0}^{n} \sum_{k=1}^{r} P(X = x_k) \frac{(tx_k)^j}{j!} + o(t^n)$, en permutant les deux sommes.

Cela donne : $M_X(t) = \sum_{j=0}^{n} \frac{t^j}{j!} \sum_{k=1}^{r} P(X = x_k) x_k^j + o(t^n)$.

Il reste à remarquer :

$$E(X^j) = \sum_{k=1}^{r} P(X = x_k) x_k^j.$$

Et $M_X(t) = \sum_{j=0}^{n} \frac{E(X^j)}{j!} t^j + o(t^n)$. Ainsi : $\forall n \in \mathbb{N}$, $M_X^{(n)}(0) = E(X^n)$.

Par unicité d'un développement limité au $V(0)$.

3.

a. Comme $\sum_{k=1}^{r} p_k = 1$, $p_1, ..., p_r$ ne sont pas tous nuls et il existe $k_0 \in [\![1, r]\!]$ tel que $p_{k_0} > 0$. Alors pour tout $t \in \mathbb{R}$,

$$M_X(t) = \sum_{k=1}^{r} p_k e^{tx_k} \geqslant p_{k_0} e^{tx_0} > 0.$$

Ainsi, la fonction $t \mapsto \ln(M_X(t))$ est définie sur $\mathbb{R}$ et la fonction ϕ_X est bien définie sur $\mathbb{R}^\star$.

Pour tout $t \neq 0$, $M_X(t) = M_X(0) + M_X'(0)t + o(t)$, et donc :

Toujours avec la formule de Taylor-Young.

$$\phi_X(t) = \frac{1}{t} \ln\left(M_X(0) + M_X'(0)t + o(t)\right).$$

Corrigé

Cela donne : $\phi_X(t) = \dfrac{1}{t}\ln\left(1 + E(X)t + o(t)\right) = \dfrac{1}{t}\left(E(X)t + o(t)\right)$, en utilisant la question précédente.
$\phi_X(t) = E(X) + o(1)$ tend vers $E(X)$ quand $t \to 0$.

Là, on applique la formule de Taylor à un cran supérieur.

b. Pour tout $t \neq 0$, on écrit : $\dfrac{\phi_X(t) - \phi_X(0)}{t - 0} = \dfrac{1}{t}\left[\dfrac{1}{t}\ln(M_X(t)) - E(X)\right]$.

Donc : $M_X(t) = 1 + E(X)t + \dfrac{E(X^2)}{2}t^2 + o(t^2)$, par la question précédente.
La quantité $\ln(M_X(t))$ vaut :

$$\left(E(X)t + \frac{E(X^2)}{2}t^2\right) - \frac{1}{2}\left(E(X)t + \frac{E(X^2)}{2}t^2\right)^2 + o(t^2),$$

en utilisant $\ln(1+u) = u - \dfrac{u^2}{2} + o(u^2)$, quand u tend vers 0.
La quantité $\dfrac{\phi_X(t) - \phi_X(0)}{t - 0}$ devient :

$$\frac{1}{t}\left[\frac{1}{t}\left(\left(E(X)t + \frac{E(X^2)}{2}t^2\right) - \frac{1}{2}\left(E(X)t + \frac{E(X^2)}{2}t^2\right)^2 + o(t^2)\right) - E(X)\right].$$

Il reste à développer et $\dfrac{\phi_X(t) - \phi_X(0)}{t - 0}$ devient d'abord :

$$\frac{1}{t}\left[\frac{1}{t}\left(E(X)t + \frac{E(X^2)}{2}t^2 - \frac{1}{2}E(X)^2t^2 + o(t^2)\right) - E(X)\right].$$

Puis ensuite, $\dfrac{\phi_X(t) - \phi_X(0)}{t - 0}$ devient :

$$\frac{1}{2}\left[E(X^2) - E(X)^2\right) + o(1) = \frac{1}{2}V(X) + o(1).$$

Ainsi, ϕ_X est dérivable en 0 et $\phi'_X(0) = \lim\limits_{t \to 0} \dfrac{\phi_X(t) - \phi_X(0)}{t - 0} = \dfrac{1}{2}V(X)$.

La formule de Taylor avec reste intégral est souvent efficace et cela fait un bel effet quand on en use mais le souci c'est qu'il faut l'écrire correctement.

c. • Pour montrer que pour tout $u \leqslant 0$, $e^u \leqslant 1 + u + \frac{1}{2}u^2$, on peut étudier la fonction $u \mapsto e^u - 1 - u - \frac{1}{2}u^2$ et remarquer qu'elle est négative sur $\mathbb{R}^-$ ou on peut aussi utiliser la formule de Taylor avec reste intégral :

$$\exp(u) = \frac{\exp^{(0)}(0)}{0!} + \frac{\exp^{(1)}(0)}{1!}u + \frac{\exp^{(2)}(0)}{2!}u^2 + \int_0^u \frac{(t-u)^2}{2!}\exp^{(3)}(t)\,dt.$$

Donc : $e^u - 1 - u - \dfrac{1}{2}u^2 = -\displaystyle\int_u^0 \frac{(t-u)^2}{2!}e^t\,dt \leqslant 0$.
• Pour l'autre inégalité, le plus simple est d'étudier $f : u \mapsto \ln(1+u) - u$. Cette fonction est dérivable sur $]-1, +\infty[$ et $\forall u \in]-1, +\infty[$, $f'(u) = -\dfrac{u}{1+u} \leqslant 0$. Donc f est croissante sur $]-1, 0]$ et décroissante sur $\mathbb{R}_+$. Par suite,

$$\forall u \in]-1 + \infty[,\ f(u) \leqslant f(0) = 0,$$

ce qui donne le résultat.

• Supposons que X ne prenne que des valeurs négatives ou nulles, alors, pour tout $k \in [\![1, r]\!]$, $x_k \leqslant 0$ et pour tout $t \geqslant 0$,

✎ *Car $x_k t \leqslant 0$ et $p_k \geqslant 0$.*

$$M_X(t) = \sum_{k=1}^{r} p_k e^{tx_k} \leqslant \sum_{k=1}^{r} p_k \left(1 + (x_k t)^2 + \frac{1}{2}(x_k t)^2\right).$$

Or, $\sum_{k=1}^{r} p_k = 1$, $\sum_{k=1}^{r} p_k x_k = E(X)$ et $\sum_{k=1}^{r} p_k x_k^2 = E(X^2)$.

Il reste : $0 < M_X(t) \leqslant 1 + tE(X) + \frac{t^2}{2}E(X^2)$.

✎ *Comme $M_X(t) > 0$, on prend son ln.*

Par croissance de la fonction ln, on a, pour tout $t \geqslant 0$, donc pour $t > 0$,

$$\ln(M_X(t)) \leqslant \ln\left(1 + tE(X) + \frac{t^2}{2}E(X^2)\right).$$

Et donc : $\ln(M_X(t)) \leqslant tE(X) + \frac{t^2}{2}E(X^2)$.

✎ *Il reste à diviser par t.*

d. • On suppose $x_1 < x_2 < ... < x_r$, quitte à réindexer. Supposons que $(f_1, ..., f_r)$ soit liée. Il existe donc $a_1, ..., a_r$ r réels non tous nuls tels que :

✎ *Vous l'avez compris, on fait un raisonnement par l'absurde.*

$$(1) \quad a_1 f_1 + ... + a_r f_r = 0.$$

Prenons $k_0 = \min\{k \in [\![1, r]\!],\ a_k \neq 0\}$. On a : $a_1 = ... = a_{k_0 - 1} = 0$ et $a_{k_0} \neq 0$.
La relation (1) devient : $a_{k_0} f_{k_0} + ... + a_r f_r = 0$.
Donc : $\forall t \in \mathbb{R}$, $a_{k_0} e^{x_{k_0} t} + ... + a_r e^{x_r t} = 0$.
Cela donne : $\forall t \in \mathbb{R}$, $a_{k_0} = -\sum_{k=k_0+1}^{r} a_k e^{(x_k - x_{k_0})t}$.
Comme $x_k - x_{k_0} > 0$, quand on fait tendre t vers $-\infty$, il reste $a_{k_0} = 0$.
Ce qui est absurde. La famille $(f_1, ..., f_r)$ est libre.

• Partons de :

$$[\forall t \in \mathbb{R}^\star,\ \phi_X = \phi_Y] \Leftrightarrow \left[\forall t \in \mathbb{R}^\star,\ \frac{1}{t}\ln(M_X(t)) = \frac{1}{t}\ln(M_Y(t))\right].$$

On multiplie par t et on peut étendre à $t = 0$. Donc :

✎ *Posons $F = X(\Omega) = Y(\Omega)$.*

$$[\forall t \in \mathbb{R},\ M_X(t) = M_Y(t)]$$

$$\Leftrightarrow \left[\forall t \in \mathbb{R},\ \sum_{x \in X(\Omega)} P(X = x)e^{tx} = \sum_{x \in Y(\Omega)} P(Y = x)e^{tx}\right].$$

Cela équivaut à : $\forall t \in \mathbb{R}$, $\sum_{x \in E} P(X = x)e^{tx} = \sum_{x \in E} P(Y = x)e^{tx}$.

C'est-à-dire : (1) $\forall t \in \mathbb{R}$, $\sum_{x \in E} (P(X = x) - P(Y = x))\, e^{tx}$.

Or $t \mapsto e^{tx}$ est une fonction du type f_x. Comme le nombre de x est fini, la famille $(f_x)_{x \in E}$ est libre et (1) équivaut à écrire que pour tout $x \in E$, $P(X = x) - P(Y = x) = 0$. *q.e.d*

On montre ici quasiment la proposition 17.21. It's good for the training.

e. On suppose que X et Y sont des *v.a.r.d* finies indépendantes. Donc, pour tout $t \in \mathbb{R}$, e^{tX} et e^{tY} sont aussi indépendantes. Donc, pour tout $t \in \mathbb{R}$,

$$M_{X+Y}(t) = E\left(e^{t(X+Y)}\right) = E\left(e^{tX}e^{tY}\right) = E\left(e^{tX}\right)E\left(e^{tY}\right).$$

Ainsi, $M_{X+Y}(t) = M_X(t)M_Y(t)$. On passe au logarithme, on divise par t et on a le résultat.

f. Lorsque X suit une loi binomiale de paramètre s et p, s est un entier naturel non nul et $0 \leqslant p \leqslant 1$, X s'écrit comme somme $Z_1 + ... + Z_s$ de s variables aléatoires mutuellement indépendantes suivant toutes la loi de Bernoulli de paramètre p. Donc, pour tout $t \in \mathbb{R}$,

$$M_X(t) = E\left(e^{t(Z_1+...+Z_s)}\right) = E(e^{tZ_1}) \times ... \times E(e^{tZ_s}) = \left[E(e^{tZ_1})\right]^s,$$

car $Z_1, ..., Z_s$ sont mutuellement indépendantes.

Finalement :

$$\forall t \in \mathbb{R},\ M_X(t) = (1-p+pe^t)^s \Rightarrow \phi_X(t) = \frac{s}{t}\ln(1-p+pe^t).$$

4.

a. $E(S_n) = E(X_1) + ... + E(X_n) = nm$ et, comme $X_1, ..., X_n$ sont mutuellement indépendantes, $V(S_n) = V(X_1) + ... + V(X_n) = n\sigma^2$. Pour tout $t \in \mathbb{R}$,

$$M_{S_n^\star}(t) = E\left(e^{tS_n^\star}\right) = E\left(e^{t\frac{S_n - E(S_n)}{\sqrt{V(S_n)}}}\right) = E\left(e^{t\frac{S_n - nm}{\sqrt{n\sigma^2}}}\right).$$

D'après la linéarité de l'espérance puis le fait que $X_1, ..., X_n$ sont indépendantes.

Et : $M_{S_n^\star}(t) = e^{-t\frac{m\sqrt{n}}{\sigma}}E\left(e^{t\frac{S_n}{\sqrt{n}\sigma}}\right) = e^{-t\frac{m\sqrt{n}}{\sigma}}E\left(e^{\frac{t}{\sqrt{n}\sigma}X_1} \times ... \times e^{\frac{t}{\sqrt{n}\sigma}X_n}\right)$

$= e^{-t\frac{m\sqrt{n}}{\sigma}}E\left(e^{\frac{t}{\sqrt{n}\sigma}X_1}\right) \times ... \times E\left(e^{\frac{t}{\sqrt{n}\sigma}X_n}\right)$

$= e^{-t\frac{m\sqrt{n}}{\sigma}}E\left(e^{\frac{t}{\sqrt{n}\sigma}X}\right) \times ... \times E\left(e^{\frac{t}{\sqrt{n}\sigma}X}\right) = e^{-t\frac{m\sqrt{n}}{\sigma}}\left(M_X\left(\frac{t}{\sqrt{n}\sigma}\right)\right)^n.$

Donc, pour tout $t \neq 0$, $\phi_{S_n^\star}(t) = \frac{1}{t}\ln\left(e^{-t\frac{m\sqrt{n}}{\sigma}}\left(M_X\left(\frac{t}{\sqrt{n}\sigma}\right)\right)^n\right).$

Cela donne :

$$\forall t \neq 0,\ \phi_{S_n^\star}(t) = -\frac{m\sqrt{n}}{\sigma} + \frac{n}{t}\ln\left(M_X\left(\frac{t}{\sqrt{n}\sigma}\right)\right).$$

Ou encore :

$$\forall t \neq 0,\ \phi_{S_n^\star}(t) = -\frac{m\sqrt{n}}{\sigma} + \frac{\sqrt{n}}{\sigma}\phi_X\left(\frac{t}{\sigma\sqrt{n}}\right).$$

D'après la question 3.b, ϕ_X est dérivable en 0 et admet donc un $DL_1(0)$.

b. On part de : $\phi_X(u) = \phi_X(0) + \phi_X'(0)u + o(u) = m + \frac{\sigma^2}{2}u + o(u)$, car $E(X) = m$ et $V(X) = \sigma^2$.

Comme $t/(\sigma\sqrt{n})$ tend vers 0 quand n tend vers $+\infty$, alors :

$$\phi_X\left(\frac{t}{\sigma\sqrt{n}}\right) = m + \frac{t\sigma}{2\sqrt{n}} + o\left(\frac{t}{\sigma\sqrt{n}}\right).$$

Il reste : $\phi_{S_n^\star}(t) = -\frac{m\sqrt{n}}{\sigma} + \frac{\sqrt{n}}{\sigma}\left(m + \frac{t\sigma}{2\sqrt{n}} + o\left(\frac{t}{\sigma\sqrt{n}}\right)\right).$

Soit : $\phi_{S_n^\star}(t) = \frac{t}{2} + o\left(\frac{t}{2}\right) \sim \frac{t}{2}$, quand $t \to 0$. On peut conclure.

Chapitre 18
Les maths avec Python

Alan **Turing** (1912-1954) est un logicien anglais dont la célébrité provient de son habileté à déchiffrer les messages codés allemands pendant la Deuxième Guerre mondiale. En 1936 il définit une méthode abstraite qui cherche à formaliser la notion d'algorithme ; c'est en quelque sorte un ordinateur théorique que l'on l'appelle la machine de Turing. Juste après la guerre, John **Von Neumann** rédige un rapport présentant l'architecture de ce que pourrait être un ordinateur. Turing s'en inspire pour en concevoir un mais son projet n'aboutit pas pour des considérations pratiques. Par la suite, il participe à la programmation des premières machines conçues aux États-Unis et en Angleterre dans l'immédiat après-guerre. Condamné pour homosexualité, Turing se suicide en croquant une pomme empoisonnée au chlorure de potassium.

Alan Turing
1912-1954

Objectifs

Les incontournables

- ▷ Savoir construire une liste (ou un ensemble) et savoir la (ou le) manipuler
- ▷ Savoir bâtir une procédure simple
- ▷ Savoir utiliser les boucles conditionnelles notamment pour définir une fonction définie par plusieurs types d'images selon la valeur de la variable
- ▷ Savoir manipuler des entiers avec Python et en particulier savoir diviser ou sommer
- ▷ Savoir étudier et tracer des graphes de fonctions numériques ou des courbes paramétrées et tracer une famille de graphes sur le même dessin
- ▷ Savoir manipuler ou faire des opérations sur les polynômes avec Python
- ▷ Savoir déterminer numériquement des intégrales, des solutions de $f(x) = 0$ ou d'équations différentielles avec des fonctions Python prédéfinies
- ▷ Savoir afficher une liste de termes d'une suite réelle avec une boucle
- ▷ Savoir afficher et manipuler des matrices et donc connaître les fonctions Python qui fournissent les opérations principales liées aux matrices ou la résolution de systèmes linéaires
- ▷ Savoir déterminer avec Python les valeurs propres et les vecteurs propres d'une matrice carrée donnée
- ▷ Savoir manipuler des vecteurs, calculer leur produit scalaire ou vectoriel
- ▷ Savoir tracer une ligne de niveau $f(x, y) = \lambda$ ou une surface
- ▷ Savoir simuler une suite de tirages et les fonctions Python fournissant les lois de probabilités principales.

Et plus si affinités...

- ▷ Savoir résoudre $f(x) = 0$ par des méthodes algorithmiques traduites en python (dichotomie, Newton) sans utiliser des fonctions prédéfinies
- ▷ Savoir déterminer numériquement une intégrale par la méthode des rectangles traduite en python et calculer la marge d'erreur sans utiliser des fonctions prédéfinies
- ▷ Savoir résoudre une équation différentielle linéaire d'ordre 1 par la méthode d'Euler traduite en python sans utiliser des fonctions prédéfinies
- ▷ Savoir calculer la valeur propre de plus grand module d'une matrice donnée.

■■ Résumé de cours

L'objectif du chapitre est double. C'est d'abord de développer les quelques algorithmes écrits dans le programme officiel de PSI (et de rappeler les principaux vus en PCSI et MPSI). Et bien entendu de les faire « tourner » avec Python, ce qui permet d'illustrer le cours de Maths au fur et à mesure de son avancée. Puis c'est de préparer l'étudiant à la prise en compte de l'informatique dans les épreuves de Mathématiques (Oral Math II de Centrale-Supélec, Écrit du réseau POLYTECH, etc.)

Par souci de clarté, dans les exemples et les exercices, toutes les commandes à taper par l'opérateur commencent par >>> (ce qui est le cas si l'on reste dans le *shell*), pour les différencier de ce que l'ordinateur écrit ou dessine lui-même.

■ Les fonctions de bases, les modules et les attributs

1. Les fonctions de base

Quand on télécharge le Python « sec », on peut utiliser un certain nombre de fonctions rentrées d'office. On peut citer entre autre celles qui enrichissent une procédure : *input* ou *return* ou encore *print*. Dans ce chapitre, vous pourrez faire un listing des plus utilisées.

2. Les modules et les sous-modules

En plus de l'environnement et du langage Python lui-même, il existe des modules (on dit aussi bibliothèques) contenant un certain nombre de fonctions prédéfinies.

Dans le rapport de jury de l'Oral de Math II de Centrale-Supelec, il est écrit :
« concernant Python, **le jury attend que les candidats soient familiarisés avec l'utilisation des bibliothèques numpy, scipy et de la bibliothèque de visualisation associée matplotlib.** Cependant, *aucune connaissance de fonctions particulières n'est exigée* ; les candidats auront à leur disposition, pendant l'épreuve, des documents listant un certain nombre de fonctions qui peuvent être utilisées pour résoudre les exercices proposés. » La consigne est quasiment la même pour l'épreuve Orale de Mathématiques et Algorithmique des Arts et Metiers ParisTech. En tout cas découvrir toutes ces fonctions et d'autres qui peuvent être utiles le jour de l'Oral n'est pas très efficace !

Comment charger un module ou une fonction d'un module ?

Soit un module générique que nous appellerons *package*. Il contient toutes les expressions et fonctions python définis dans le fichier *package.py*.

Pour importer *package* ou des fonctions ou des classes incluses dans *package*, on applique une des règles suivantes :

import package : accès à la fonction *fonction* de *package* en tapant *package.fonction*.

import package as pa : accès à la fonction *fonction* de *package* en tapant *pa.fonction*.

On dit que *pa* est un alias de *package*.

from package import ∗ : accès à la fonction *fonction* de *package* en tapant *fonction*.

from package import fonction : accès à la seule fonction *fonction* de *package* en tapant *fonction*.

Comment s'informer sur le contenu d'un module ou sur une fonction d'un module ?

Après avoir chargé le module *package* avec *import package* :

dir(package) liste les fonctions et constantes du module *package*.

help(package) renvoie des informations sur les fonctions du module *package*.

help(package.fonction) renvoie des informations sur *fonction* du module *package*.

Donnons maintenant les modules incontournables.

- Le module **math**; il contient les principales fonctions et constantes mathématiques usuelles.
- Le module **cmath**; il permet d'utiliser certaines commandes relatives aux nombres complexes. Il possède beaucoup de fonctions en commun avec *math*
  On tape *import cmath*. Voir la **méthode 18.2**.
- Le module **numpy**; il permet de faire du calcul scientifique et de manipuler des tableaux. On l'importe en totalité avec l'instruction : *import numpy as np* Son alias usuel est *np*. Notons ici une fonction de *numpy* bien pratique. C'est *copy* qui permet de copier une liste (ou un tableau) donnée en argument, de travailler sur cette copie sans modifier la liste initiale. Voir la **méthode 18.11** où on utilise *copy*.

  Le sous-module de *numpy* que l'on utilise principalement est *linalg*, consacré à tout ce qui est calcul matriciel.
  On l'importe avec : *import numpy.linalg as alg* et donc son alias usuel est *alg*.
  Voir la **méthode 18.10**, la **méthode 18.12** et la **méthode 18.13**
  Notons aussi *polynomial*, utile comme son nom l'indique, pour le calcul polynomial.
  On l'importe avec : *from numpy.polynomial import Polynomial*. Voir la **méthode 18.9**
- Le module **scipy**; il permet lui aussi de faire du calcul scientifique.
  Pour le charger, on tape : *import scipy as sp*
  De plus, on utilise principalement deux de ses sous-modules.
  On les importe avec : *import scipy.optimize as resol* et *import scipy.integrate as integr*.
  Noter le choix explicite des alias. Voir : **méthode 18.7**, **méthode 18.9**, **méthode 18.18**.
  On peut rajouter le sous-module *scipy.special* qui contient notamment la fonction *binom* (**méthode 18.1** et **méthode 18.23**) et le sous-module *scipy.stats* utile en probabilités.
- Le module **matplotlib**; il permet de faire du graphisme (tracé de courbes en particulier). On importe son sous-module important avec l'instruction : *import matplotlib.pyplot as plt*. L'alias est ici *plt*. Voir la **méthode 18.4**, la **méthode 18.5**, la **méthode 18.21**.
- Le module **random**; il permet en fait de générer des nombres aléatoires.
  On rappelle ses fonctions principales dans la **méthode 18.23**.
  On l'importe en totalité avec : *import random as rd*
- Le module **mpl_toolkits.mplot3d**; il permet des tracés en dimension 3.
  La fonction la plus utile est *Axes3D*.
  On l'importe avec : *from mpl_toolkits.mplot3d import Axes3D* (voir la **méthode 18.21**).

Passons à deux modules qui ne sont pas au programme officiel mais qui sont intéressants si vous savez les manipuler. De temps en temps, on les utilisera.

- Le module **sympy**; il permet de faire du calcul formel, c'est-à-dire de manipuler des symboles et des expressions littérales, sans utiliser des valeurs numériques. Voir la **méthode 18.6**, la **méthode 18.7**, la **méthode 18.9**, la **méthode 18.12**, la **méthode 18.13**, la **méthode 18.18** et la **méthode 18.20**.
- Le module **time**; ce module gère tout ce qui concerne le temps d'exécution. Donnons les commandes pour connaître le temps mis pour l'exécution d'une procédure donnée. Pour cela on utilise la fonction *perf_counter* du module *time*.
  >>> *from time import perf_counter as pc*
  >>> *t = pc(); expression; print(pc() − t)*
  La syntaxe « expression » est en général une valeur de la fonction dont on veut analyser la rapidité d'exécution.
  Allez voir le premier exemple de la **méthode 18.8** et la correction de **l'exercice 18.24**.

3. Les attributs

Il faut noter aussi l'existence de fonctions utilisées comme attributs. On les fait fonctionner ainsi : on affecte une variable, on la note X par exemple et on tape $X.fonction$ ce qui fait opérer $fonction$ sur X. Donnons les principaux domaines où on va les rencontrer.

- La variable affectée a est un complexe.
  Exemples : $a.real$ et $a.imag$. Voir la **méthode 18.2**.
- La variable affectée p est un polynôme.
  Exemples : $p.coef$, $p.degree$, $p.roots$, $p.deriv$. Voir la **méthode 18.9**.
- La variable affectée A est une matrice.
  Exemples : $A.shape$, $A.reshape$, $A.dot$, $A.T$. Voir la **méthode 18.10**.
- La variable affectée va est une variable aléatoire réelle.
  Exemples : $va.pmf$, $va.mean$, $va.sdt$. Voir la **méthode 18.23**.
- La variable affectée L est une liste.
  Exemples : $L.insert$, $L.append$, $L.extend$, $L.reverse$ etc.

Il y en a encore d'autres que vous allez rencontrer au fil du chapitre ou de vos futurs programmes.

Les commandes de base

Variables et affectation avec le symbole =

$>>> \ a=3\,;\ b=5\,;\ c,d,e\ =\ 2,4,6$

$>>> \ a+b$

La fonction *print* On affiche des résultats avec *print* en séparant par des virgules.

$>>> \ a=3\,;\ print(2*a, a*a, a**10)$

6 9 59049

$>>> \ for\ i\ in\ range(2)\ :$

$\quad\quad print('trop\,facile', i, 'non\,?')$

donne :

trop facile 0 *non* ?

trop facile 1 *non* ?

La fonction *return* : elle agit comme *print*, c'est-à-dire affiche le résultat. Mais attention, si l'on fait appel à *print* trois fois dans une procédure, il y aura trois affichages.

Pour return, c'est le premier exécuté qui s'affiche.

C'est important de le souligner dans des boucles conditionnelles.

La fonction *assert* : si l'on tape l'instruction *assert* p, où p est une proposition, l'exécution envoie un message d'erreur si p est fausse. Voir l'**exercice 18.13**.

Booléens : faux est *False* et vrai est *True*. A *and* B signifie que l'on a A et B à la fois. A *or* B signifie que l'on a A ou B. Enfin, *not* A signifie que l'on a la négation de A.

Noter que $return(a\ ==\ b)$ renvoie un booléen. Voir **l'exercice 18.3** et **l'exercice 18.38**.

Fonctions de test ou pour faire une boucle : il y en a trois, *if* puis *while* et enfin *for*. De nombreux exemples d'utilisation de ces fonctions sont proposés, soit dans les exemples qui illustrent la **méthode 18.1** à la **méthode 18.24**, soit dans la plupart des exercices corrigés de ce chapitre.

Opérations concernant les entiers, flottants et complexes.

Pour commencer, trois types de nombres existent principalement, les entiers tout d'abord, puis les nombres à virgule flottante appelés aussi flottants et les nombres complexes (voir la **méthode 18.2** pour ces derniers). La notation $1e-7$ par exemple désigne 10^{-7}. Il faut s'en rappeler pour des arrêts de boucles. Voir, pour illustrer cela, la question 3 de l'**exercice 18.16**.

- ***Opérations arithmétiques somme, différence, produit et divise*** : $+ \ - \ * \ /$
- ***Exponentiation*** a^b. On écrit $a \ ** \ b$
- ***Comparaison.***
  a est inférieur (respectivement supérieur) ou égal à b s'écrit $a \ <= \ b$ (respectivement $a \ >= \ b$).
  a est égal à b s'écrit $a \ == \ b$. (Remarquer que l'égalité est $==$ et non $=$ qui est l'affectation.)
  a n'est pas égal à b s'écrit $a \ ! = \ b$.
- ***Minimum ou maximum*** (s'applique à autant d'argument que voulu) : min, max.
- ***Sommation***. La commande $k \ + = \ n$ signifie que l'on rajoute n à k.
- ***Produit***. La commande $k \ * = \ n$ signifie que l'on multiplie n à k.
- ***Conversion***. La commande $float(n)$ convertit l'entier n en flottant et la commande $int(x)$ donne l'entier le plus proche de x.

Fonctions réelles prédéfinies les plus utiles.

Les fonctions prédéfinies peuvent venir parfois du module principal ou de $numpy$ avec l'alias np ou de $math$ avec l'alias mt ou de $scipy$ avec l'alias sp ou enfin de $sympy$. On peut se rappeler que si par exemple, on tape $from \ numpy \ import \ *$ alors plus besoin d'alias.

- ***Nombres remarquables à connaître***. Pour la constante de Neper e, c'est $mt.e$ ou $np.e$, pour π c'est $mt.pi$ ou $np.pi$ et pour $+\infty$, c'est $np.inf$.
- ***Valeur absolue ou module*** de x. On écrit $abs(x)$.
- ***Fonction racine carrée*** de x. On écrit $np.sqrt(x)$.
- ***Partie entière et arrondi*** de x. La commande $mt.floor(x)$ donne la partie entière de x et $round(x, p)$ donne un arrondi de x avec p décimales.
- ***Fonctions trigonométriques ou hyperboliques***. On écrit $mt.sin(x)$, $mt.cos(x)$, $mt.tan(x)$ ou $np.sin(x)$, $np.cos(x)$, $np.tan(x)$. On peut rajouter les fonctions (explicites) $np.arctan(x)$, $np.arccos(x)$, $np.arcsin(x)$, $np.exp(x)$, $np.log(x)$ (qui donne $\ln x$) puis $np.cosh(x)$ et $np.sinh(x)$. Ces fonctions peuvent aussi se mettre avec l'alias mt ou sp.

■ Les listes

Elles sont ordonnées et commencent par le symbole [et finissent par le symbole].

- ***Syntaxe d'une liste.*** Par exemple, on tape [3, 1, 2]
- ***Liste vide***. Pour la créer, on écrit [ ]
- ***Longueur d'une liste*** L. On tape $len(L)$
- ***Premier élément de la liste*** L. On écrit $L[0]$
- ***Dernier élément de la liste*** L. On écrit $L[-1]$ ou $L[len(L) - 1]$
- ***Ajout de l'élément*** x ***en fin de la liste*** L. On écrit $L.append(x)$
- ***Renvoie le nombre d'occurences de*** x ***dans*** L. On écrit $L.count(x)$
- ***Somme des éléments d'une liste*** L. On tape $sum(L)$
- ***Sous-liste tirée de*** L ***de*** i ***à*** $j - 1$. On écrit $L[i : j]$
- ***Sous-liste tirée de*** L ***du début à*** $j - 1$. On écrit $L[: j]$ ou $L[0 : j]$
- ***Sous-liste tirée de*** L ***de*** i ***à la fin***. On écrit $L[i :]$ ou $L[i : len(L)]$

Méthodes

Autour des entiers

Méthode 18.1.— Comment manipuler des entiers avec Python

- $range(n)$ donne les entiers de 0 à $n-1$.
- $range(a,b)$ donne les entiers compris entre a (compris) et b (non compris).
- $range(a,b,p)$ donne les entiers compris entre a et b avec un pas de p.
- $range(n,i,-1)$ pour $i<n$, donne les entiers de $i+1$ à n dans l'ordre décroissant. (Voir le deuxième exemple de la **méthode 18.13**).
- $a\,//\,b$ donne le quotient dans la division euclidienne de a par b.
  Ainsi $a\,//\,n$ donne $\lfloor \frac{a}{n} \rfloor$.
- $a\,\%\,b$ donne le reste dans la division euclidienne de a par b.
  Ainsi $a\,\%\,b\ ==\ 0$ signifie que a est un multiple de b.
- Pour écrire $S=\sum_{k=1}^{n} a_k$, on peut **utiliser une boucle**.
  Par exemple, pour $n=5$ et $a_k=k^2$, on tape :
  ```
  >>> S = 1**2
  >>> for k in range(2,6) :
          S += k**2
  >>> S
  ```
  Ou alors on utilise la **fonction prédéfinie** *sum*. Dans ce cas, on tape :
  ```
  >>> S = sum(k**2 for k in range(1,6)) ; S
  ```
  Rappelons au passage que si les a_k sont directement donnés sous forme d'une liste L, la commande $sum(L)$ donne S.
- $n!$ s'écrit $factorial(n)$ et préalablement on tape *from math import factorial*
- Pour écrire $P=\prod_{k=1}^{n} a_k$, on peut utiliser encore une boucle comparable à celle de la somme mais on remplace $S+=$ par $P*=$
- On a parfois besoin des coefficients binomiaux $\binom{n}{k}$ (qui sont des entiers) dans un exercice d'arithmétique ou en probabilité (voir la **méthode 18.24**). On peut les rentrer en usant de la fonction *factorial* bien entendu mais on peut utiliser le sous-module *special* de *scipy*. On tape :
  ```
  >>> from scipy.special import binom ; binom(n,k)
  ```
  On peut aussi faire une procédure récursive ou itérative
  (voir l'**exercice 18.6**).

Remarque : Ne pas confondre $a//b$ qui est le quotient de la division de a par b et est donc toujours entier et a/b qui est la division et n'est pas toujours un entier.

Mise en œuvre : de l'**exercice 18.1** à l'**exercice 18.14**, **exercice 18.17**, **exercice 18.24**

Exemples : 1. *Écrire une fonction nommée multiple qui prend un entier un argument n entier, qui affiche les 20 premiers multiples de cet entier en plaçant un astérisque à côté de ceux qui sont multiples de 3.*

```
>>> def multiple(n) :
        for i in range(20) :
            if i * n % 3 == 0 :
                print(i * n, " * ")
            else :
                print(i * n)
```

2. *Écrire une fonction f telle que* $f(n) = \sum_{i=1}^{n} \sum_{j=i}^{n} ij$ *avec une double boucle.*

```
>>> def f(n) :
        s = 0
        for i in range(1, n + 1) :
            for j in range(i, n + 1) :
                s += i * j
        return(s)
```

3. *Écrire une fonction binaire qui calcule la liste des chiffres de l'écriture binaire d'un entier.*

Soit $n = a_p 2^p + ... + a_1 2^1 + a_0 2^0$ et alors sa décomposition binaire est la liste $[a_0, ..., a_p]$.
Tous les entiers a_i sont dans $\{0, 1\}$. On remarque que a_0 est le reste dans la division par 2 de n et que l'écriture du quotient q est $q = a_p 2^{p-1} + ... + a_2 2^1 + a_1 2^0$. Il suffit finalement de créer une liste initialement vide [], d'y ajouter le reste dans la division par 2 de n et de remplacer n par son quotient dans la division par 2, d'ajouter le reste dans sa division par 2 en queue de liste, de remplacer à nouveau n par son quotient dans la division par 2. On tape :

```
>>> def binaire(n) :
        l = []
        while n > 0 :
            l.append(n%2)
            n = n//2
        return(l)
```

Autour des réels, des complexes et des fonctions

Méthode 18.2.— Comment travailler dans $\mathbb{C}$ avec Python

Il faut d'abord savoir que i se note $1j$ en Python. Ainsi $2 + 3i$ s'écrit $2 + 3j$.

- Pour calculer la partie réelle (imaginaire) de z, on tape *z.real* (*z.imag*).
- Pour calculer le module du complexe z, on tape *abs(z)*.
- On peut **utiliser aussi le module** *cmath*. On tape *import cmath*
  Puis *cmath.phase(z)* (respectivement *cmath.polar(z)*) donne l'argument (respectivement l'écriture exponentielle) de z.
  Réciproquement, la commande $cmath.rect(\rho, \theta)$ passe de la forme exponentielle $\rho e^{i\theta}$ à la forme algébrique.

Mise en œuvre : exercice 18.15, **exercice 18.22**.

Exemple : *Appliquer toutes les fonctions de la* **méthode 18.2** *à* $z = -3 + 4i$.
On tape :

```
>>> z = -3 + 4j
>>> z.real, z.imag
(-3.0 , 4.0)
>>> import cmath
>>> cmath.phase(z)
2.214297435588181
>>> cmath.polar(z)
(5.0 , 2.214297435588181)
>>> cmath.rect(5.0 , 2.214297435588181)
(-2.999999999999999 + 4.000000000000001j)
```

❑ Méthode 18.3.— Comment rentrer une fonction d'une ou plusieurs variables réelles à valeurs dans $\mathbb{R}$ ou $\mathbb{R}^2$ avec Python

- Si la fonction est ***explicitement du type*** $x \mapsto f(x)$ ***(respectivement du type*** $(x, y) \mapsto f(x, y)$,***) où l'expression, notée*** *expression* ***de la quantité*** $f(x)$ ***(respectivement*** $f(x, y)$***) est unique***, on tape

```
>>> def f(x) : (respectivement def f(x, y) :)
        return expression
```

- Si la fonction est ***du type*** $x \mapsto f(x)$, ***où*** $f(x)$ ***a plusieurs expressions selon le domaine des*** x, par exemple : $f : x \mapsto \begin{cases} f_1(x) & \text{pour} \quad x < a \\ f_2(x) & \text{pour} \quad a \leqslant x < b \\ f_3(x) & \text{pour} \quad b \leqslant x \end{cases}$:

```
>>> def f(x) :
        if x < a :
            return(f1(x))
        elif a <= x and x < b :
            return(f2(x))
        else :
            return(f3(x))
```

Méthodes

Mise en œuvre : exercice 18.16, **exercice 18.17**, **exercice 18.19**, **exercice 18.22** et **exercice 18.29**.

Exemple : *On considère la fonction* g *définie sur* $[0, 2[$ *et* f *définie sur* $[0, +\infty[$ *par :*

$$g : x \mapsto \begin{cases} x & \text{pour} \quad 0 \leqslant x < 1 \\ 1 & \text{pour} \quad 1 \leqslant x < 2 \end{cases} \quad \text{et } f : x \mapsto \begin{cases} g(x) & \text{pour} \quad 0 \leqslant x < 2 \\ \sqrt{x}\, f(x-2) & \text{pour} \quad x \geqslant 2 \end{cases}.$$

Définir les deux fonctions g *et* f. *Construire la liste des valeurs* $f(k)$ *pour* $k \in [\![1, 6]\!]$.
(Cet exercice a été posé à l'écrit du Concours ENSAM-ESTP-POLYTECH en filière PSI.)

On tape :

```
>>> def g(x) :
        if 0 <= x and x < 1 :
            return x
        elif 1 <= x and x < 2 :
            return 1
        else :
            print( " valeur de l'antécédent erroné " )
>>> import numpy as np
>>> def f(x) :
        if 0 <= x and x < 2 :
            return g(x)
        elif x >= 2 :
            return np.sqrt(x) * f(x - 2)
        else :
            print( " valeur de l'antécédent erroné " )
>>> [f(k)  for k in range(1,7)]        """ On remarque que f(x) = 0 pour x ∈ 2N """
[1, 0.0, 1.732050807, 0.0, 3.87298334, 0.0]
```

Méthode 18.4.— Comment tracer une fonction à valeurs dans $\mathbb{R}$ avec Python

On rentre préalablement *numpy* (d'alias *np*) et *matplotlib.pyplot* d'alias *plt*.

- Si l'on a besoin de $+\infty$, $(-\infty)$, on tape *np.inf* (*−np.inf*).
- Pour ***tracer une ligne de segments brisés***, par exemple on veut relier les points $A0(x0, y0)$ à $An(xn, yn)$, on tape :

  ```
  >>> plt.axis('equal') ; plt.plot([x0, ..., xn], [y0, ..., yn])
  >>> plt.grid( ) ; plt.show( )
  ```

- Pour ***tracer le graphe de f pour $x \in [a, b]$ définie explicitement***, on définit d'abord une liste d'abscisses X avec *np.arange* en rentrant les deux extrémités a et b et le pas h ou avec *np.linspace* en rantrant a, b et le nombre de points p. Puis, on rentre la liste Y des images des éléments de X. Et on utilise *plot* et *show* du sous module *matplotlib.pyplot*. On tape

  ```
  >>> X = np.arange(a, b, h) ; Y = [ f(x) for x in X ]
  >>> plt.plot(X, Y) ; plt.show( )
  ```

  Remarque : On peut taper $Y = f(X)$ à la place de $Y = [\,f(x)\ for\ x\ in\ X\,]$.

- Pour tracer une courbe paramétrée, on définit d'abord la liste des valeurs données au paramétre puis on construit la liste des abscisses et des ordonnées correspondantes. On effectue alors le tracé de $t \mapsto (x(t), y(t))$ pour $t \in [a, b]$ avec un pas h :

  ```
  >>> T = np.arange(a, b, h) ; X = x(T) ; Y = y(T) ; plt.plot(X, Y) ; plt.show( )
  ```

  Remarque : On peut taper aussi $T = np.linspace(a, b, p)$ (où le pas h devient le nombre p de points).

Mise en œuvre : exercice 18.12, de l'**exercice 18.16** à l'**exercice 18.23**, **exercice 18.27**, **exercice 18.29**, **exercice 18.31**, **exercice 18.33**.

Remarque : *plt.plot* possède des options de présentation *color* et *linestyle*.
Par exemple *plt.plot(X, Y, color =' r', linestyle =' −−')* donne un tracé rouge et avec des lignes discontinues. *'g'*, *'b'* et *'0'* sont les codes respectivement pour la couleur verte, bleu et noire puis *'−'* et *' :'* sont les codes pour une ligne continue et en pointillée.
Pour tracer les axes Ox et Oy en noir (pour les distinguer de la (les) courbe(s)) : *plt.axhline(color = '0') ; plt.axvline(color = '0')*. On peut aussi incorporer des légendes ou du texte.
Ainsi : *plt.title("Courbe")* fait afficher « Courbe » au dessus du graphe.
Puis : *plt.xlabel("Axe des abscisses")* fait afficher « Axe des abscisses » sous l'axe des abscisses.
Enfin, soulignons l'utilité de *plt.axis* (voir un des exemples de la **méthode 18.18**).

Remarque : Si la liste des abscisses est constituée des entiers entre p et n, pour tracer $y = f(x)$, on peut utiliser la syntaxe *X = list(range(p, n + 1))* et *Y = [f(j) for j in X]*.
Voir l'**exercice 18.12**, l'**exercice 18.17** et l'**exercice 18.33**.

Exemple : *Tracer l'astroïde paramétrée par* $t \mapsto (\cos^3(t), \sin^3(t))$.

```
>>> import matplotlib.pyplot as plt; import numpy as np
>>> T = np.linspace(0, 2 * np.pi, 400)          """ On trace pour t ∈ [0, 2π] """
>>> def x(t) : return(np.cos(t) ** 3)
>>> def y(t) : return(np.sin(t) ** 3)
>>> plt.plot(x(T), y(T), color = '0'); plt.axis('equal'); plt.show()
```

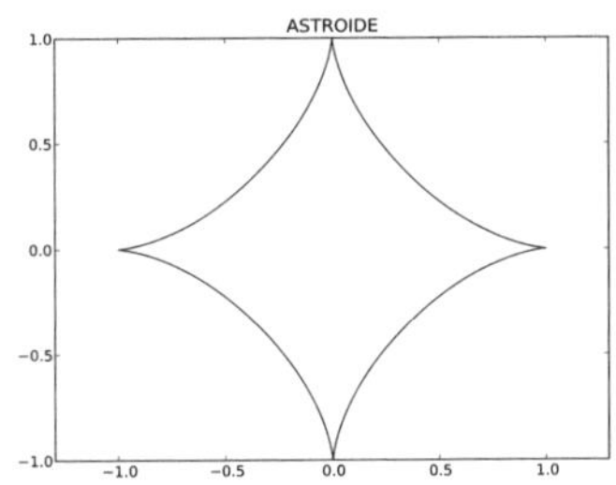

Exemple : *Écrire les lignes Python qui permettent de tracer la ligne de segments brisés passant par les points* $(k, f(k))$, *où* k *varie de* 1 *à* 20. *Appliquer et afficher avec* $f : x \mapsto \arctan x$.

```
>>> import matplotlib.pyplot as plt; import numpy as np
>>> def f(x) : return(np.arctan(x))
>>> X = [k for k in range(1, 21)] ; Y = [f(k) for k in range(1, 21)]
>>> plt.plot(X, Y, color = '0'); plt.show()
```

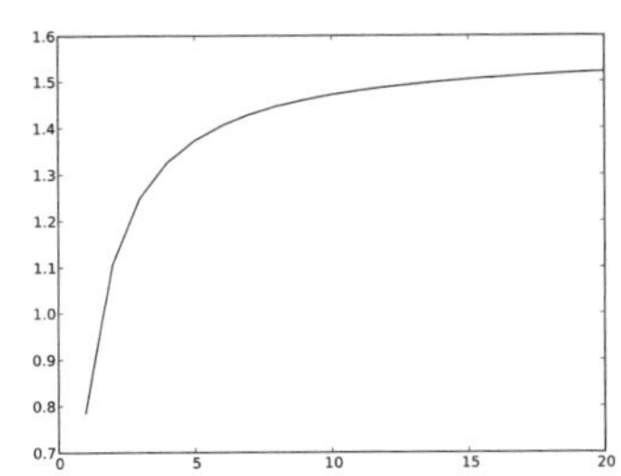

❑ Méthode 18.5.— Comment tracer plusieurs graphes ensemble avec Python

On rentre préalablement *numpy* en alias *np* et *matplotlib.pyplot* en alias *plt*.

- Pour ***tracer deux graphes sur le même dessin***, $y = f(x)$ en rouge et $y = g(x)$ en vert pour $x \in [a, b]$, avec p points, on tape :

  $>>>\ X = np.linspace(a, b, p)\,;\ plt.plot(X, f(X), color =' r')$

  $>>>\ plt.plot(X, g(X), color =' g')\,;\ plt.axis('equal')\,;\ plt.show(\,)$

  On peut rajouter $plt.legend(('y\ =\ f(x)'\,,'y\ =\ g(x)'), 'best')$.

- Pour ***tracer une famille de graphes sur le même dessin***, on peut utiliser une boucle for. Pour tracer ensemble les graphes des fonctions f_n pour $n \in [\![n1, n2]\!]$ et pour $x \in [a, b]$ avec p points, on définit une fonction des deux variables $f(x, n)$ et :

  $>>>\ X = np.linspace(a, b, p)$

  $>>>\ for\ n\ in\ range(n1, n2 + 1)\ :$

  $\qquad Y\ =\ f(n, X)\,;\ plt.plot(X, Y)\,;\ plt.show(\,)$

- Pour ***tracer deux graphes (ou plus) côte à côte***, par exemple $y = f(x)$, $y = g(x)$ et $y = h(x)$ pour $x \in [a, b]$, avec p points, le graphe Γ_1 de f étant en rouge, celui Γ_2 de g en vert et celui Γ_3 de h en bleu par défaut, on tape :

  $>>>\ X = np.linspace(a, b, p)\,;\ plt.subplot(221)\,;\ plt.plot(X, f(X), color =' r')\,;$
  $plt.subplot(222)\,;\ plt.plot(X, g(X), color =' g')\,; plt.subplot(223)\,;\ plt.plot(X, h(X))$

  On obtient Γ_1 et Γ_2 côte à côte et Γ_3 en dessous. La commande $plt.subplot(n_1n_2n_3)$ donne le nombre n_1 de lignes, le nombre n_2 de colonnes et n_3 est le numéro de la figure. Voir ainsi l'**exercice 18.33**.

Exemples : 1. *Tracer* sin *(en pointillé) et* cos *(en ligne discontinue) ensemble.*

$>>>\ import\ matplotlib.pyplot\ as\ plt\,;\ import\ numpy\ as\ np\,;\ X\ =\ np.linspace(0, 2{*}np.pi, 500)\,;$

$>>>\ plt.plot(X, np.sin(X), linestyle =' --')\,;\ plt.plot(X, np.cos(X), linestyle =':')$

$>>>\ plt.legend((\text{"}y\ =\ sin\,x\text{"}\ ,\ \text{"}y\ =\ cos\,x)\ ,\ 'best')\,;\ plt.show(\,)$

2. *Superposer les graphes des* $f_n : t \mapsto arctan(nt)$ *entre* -5 *et* 5 *pour* $n \in [\![0, 10]\!]$.

$>>>\ import\ matplotlib.pyplot\ as\ plt\,;\ import\ numpy\ as\ np\,;\ X\ =\ np.linspace(-5, 5, 100)$

$>>>\ for\ n\ in\ range(11)$

$\qquad Y\ =\ np.arctan(n * X)\,;\ plt.plot(X, Y)\,;\ plt.show(\,)$

On a le dessin de la question à gauche et celui de la question 2 à droite :

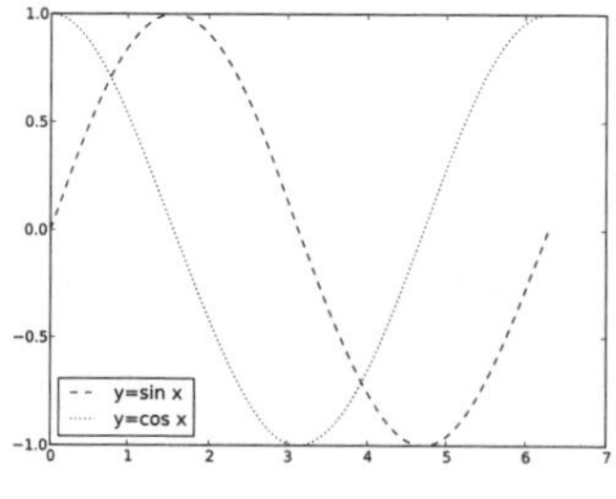

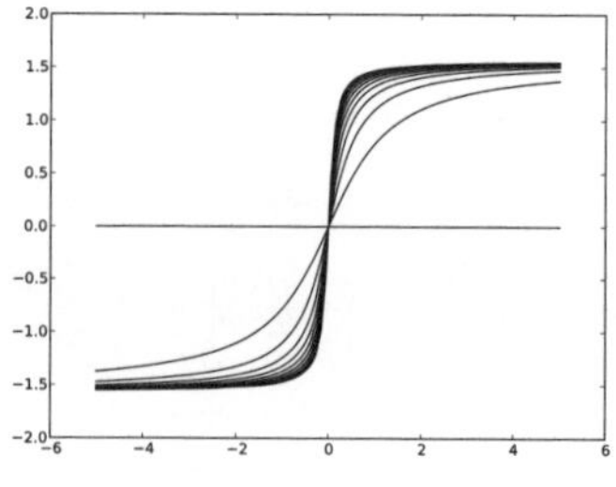

Méthode 18.6.— Comment calculer la dérivée d'une fonction avec Python

1. On peut utiliser la fonction *derivative* de *misc*, sous-module de *scipy*.
On tape : >>> *from scipy import misc*
Puis la commande *misc.derivative*(f, a) donne la valeur numérique $f'(a)$ à condition d'avoir définie f en tant que fonction sous Python et a est une valeur numérique.
Si l'on veut tracer par exemple la dérivée de f sur $[-2, 2]$ avec un pas de 0.1 :
>>> x = *np.arange*$(-2.0, 2.0, 0.01)$; fd = *misc.derivative*(f, x) ; *plot*(x, fd)

2. On peut faire du calcul formel en chargeant *sympy* avec *from sympy import* *

Attention, sous *sympy*, on ne définit pas la fonction f de façon classique mais on travaille sur l'expression $f(x)$, où x a été défini avec *symbols*. Voir plus bas.

- On peut ***calculer une dérivée*** avec *diff*. Ainsi pour $f'(x)$ et $f''(x)$,
  >>> x = *symbols*$('x')$; *diff*$(f(x), x)$, *diff*$(f(x), x, x)$
- On peut ***calculer une limite*** avec *limit*. Ainsi pour $\lim_{x \to a} f(x)$:
  >>> x = *symbols*$('x')$; *limit*$(f(x), x, a)$
- On peut ***calculer le développement limité*** $DL_n(a)$ avec la fonction *series*

Mise en œuvre : exercice 18.20, **exercice 18.24**, de l'**exercice 18.27** à l'**exercice 18.30**.

Exemple : *Pour* $f : x \mapsto \frac{1}{x+1} + \ln \frac{x+1}{x+2}$, *trouver* $f'(x)$ *et* $\lim_{x \to +\infty} f(x)$ *avec sympy.*

```
>>> from sympy import *; import numpy as np; x = symbols('x')
>>> limit(1/(x+1) + log((x+1)/(x+2)), x, np.inf)
0
>>> p = diff(1/(x+1) + log((x+1)/(x+2)), x); simplify(p)
1/(-x**3 - 4*x**2 - 5*x - 2)
```

Méthode 18.7.— Comment résoudre $f(x) = 0$

- On peut utiliser *fsolve* du sous-module *scipy.optimize*. Il faut préciser la valeur initiale de l'algorithme employé par *fsolve*. Le résultat peut dépendre de cette valeur. Il est conseillé de prendre plusieurs valeurs de x_0. La syntaxe est :
  >>> *import scipy.optimize as resol* ; *resol.fsolve*$(f, x0)$
- On peut utiliser *resol.root*$(f, x0)$ de *scipy.optimize*.
- On peut utiliser ***l'algorithme de Dichotomie*** en le construisant (voir le deuxième exemple pour la présentation de l'algorithme et la conception de la fonction Python correspondante) ou en utilisant la fonction prédéfinie *bisect* de *scipy.optimize*. Ainsi, *resol.bisect*(f, a, b) détermine une racine de f dans $[a, b]$.
- On peut utiliser ***l'algorithme de Newton*** en le construisant (voir le troisième exemple pour la présentation de l'algorithme et la conception de la fonction Python correspondante) ou en en utilisant la fonction prédéfinie *newton* de *scipy.optimize*. Ainsi, *resol.newton*$(f, x0)$ détermine une racine en partant de x_0.

Mise en œuvre : exercice 18.16, **exercice 18.22**.

Exemple : *Déterminer les réels x tels que $x^2 = 2$ de façon numérique avec la fonction $fsolve$ du module scipy.optimize avec $x_0 = -3$ puis $x_0 = 1$ puis en utilisant la fonction newton avec $x_0 = -3$ puis avec $x_0 = 0$.*

```
>>> import scipy.optimize as resol; def f(x) : return(x**2 - 2)
>>> resol.fsolve(f,-3); resol.fsolve(f,1); resol.newton(f,-3); resol.newton(f,0)
 array([-1.414213562]), array([1.414213562]), -1.414213562, 1.414213562
```

Exemple : *Soit f une fonction continue, a et b deux réels avec $a < b$ tels que $f(a)f(b) \leqslant 0$. Le T.V.I affirme l'existence de $l \in [a, b]$ tel que $f(l) = 0$. Le* **principe de la dichotomie** *consiste à obtenir une suite $(I_n)_n$ de segments emboîtés, dont la longueur tend vers 0 et contenant chacun la limite l. En notant g_n et d_n les bornes de ces intervalles, on dispose de deux suites adjacentes, convergeant vers l. Pour obtenir cette suite de segments emboîtés, on procède comme suit :*

- *on pose initialement $g_0 = min(a, b)$ et $d_0 = max(a, b)$;*
- *en supposant construit le segment $I_n = [g_n, d_n]$, on pose $m = \frac{g_n+d_n}{2}$ (milieu du segment) et on calcule $f(m)$: si $f(m)$ est du signe opposé à $f(g_n)$ alors il existe une racine entre g_n et m; on pose alors $I_{n+1} = [g_n, m]$, c'est-à-dire $g_{n+1} = g_n$ et $d_{n+1} = m$. Sinon, il y a une racine entre m et d_n, donc on pose $g_{n+1} = m$ et $d_{n+1} = d_n$.*

Écrire une fonction dichotomie$(f, a, b, epsilon)$ qui renvoie une valeur approchée à epsilon près de l. On suppose que a et b vérifient les conditions plus haut.
Appliquer à $x^3 - 4x + 1 = 0$ pour trouver ses trois racines à 10^{-8} près.

```
>>> def dichotomie(f, a, b, epsilon) :
        g, d = min(a, b), max(a, b)
        while d - g > 2 * epsilon :
            m = (g + d)/2
            if f(m) == 0 :
                return m
            elif f(g) * f(m) < 0 :
                d = m
            else :
                g = m
        return (g + d)/2
```

On sort de la boucle *while* dès que $d - g <= 2 * epsilon$. Le milieu de $[g, d]$ est bien à une distance de l (qui appartient à ce segment) d'au plus *epsilon*. Puis on tape :

```
>>> import numpy as np; import matplotlib.pyplot as plt
>>> def f(x) : return(x**3 - 4*x + 1)
>>> X = np.linspace(-4, 4, 500); Y = f(X); plt.plot(X, Y); plt.axhline(); plt.show()
```

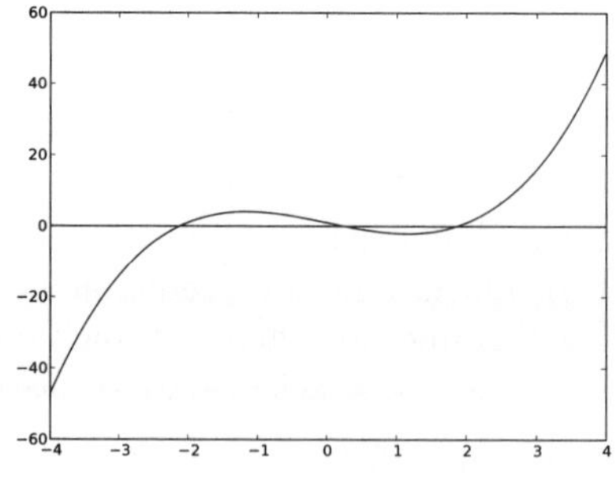

Ainsi, chacun des intervalles $[-3,-1]$, $[-1,1]$ et $[1,3]$ contient une racine et une seule.
$>>>$ $dichotomie(f,-3,-1,1e-8)$, $dichotomie(f,-1,1,1e-8)$, $dichotomie(f,1,3,1e-8)$
$(-2.114907544106245, 0.2541016899049282, 1.8608058504760265)$

Exemple : *La* **méthode de Newton** *consiste en la construction d'une suite $(x_n)_n$. Le premier terme x_0 est choisi « proche » de l, solution de $f(x)=0$ (après une étude rapide de f). La valeur x_{n+1} est l'intersection de la tangente à la courbe représentative de f au point d'abscisse x_n avec l'axe des x. Écrire une fonction newton(f, df, a, epsilon) qui met en oeuvre cette méthode (df est la fonction dérivée de f) et la précision ϵ sera considérée atteinte lorsque $|f(x_n)| \leqslant \epsilon$.*
Appliquer à $x^3-4x+1=0$ pour trouver ses trois racines à 10^{-8} près.

La tangente en M d'abscisse x_n a pour équation : $y=f(x_n)+f'(x_n)(x-x_n)$.
Rapidement, on a : $x_{n+1}=x_n-\dfrac{f(x_n)}{f'(x_n)}$. Il reste à passer en Python.

```
>>> def newton(f, df, a, epsilon) :
        x = a; n = 0; val = f(x)
        while abs(val) > epsilon :
            n += 1; x = x - val / df(x); val = f(x)
        print("nombre d'itérations nécessaires : ", n); return(x)
>>> def f(x) : return(x**3 - 4*x + 1)
>>> def df(x) : return(3*x**2 - 4)
>>> newton(f, df, -2, 1e-8)        " Nombre d'itérations nécessaires : 4 "
-2.114907541476756
```

Remarque : On peut utiliser *solve* du module *sympy*. Reprenons le premier exemple :

```
>>> from sympy import *; x = symbols('x'); solve(x**2 - 2, x)
[-sqrt(2), sqrt(2)]
```

❑ Méthode 18.8.— Comment étudier la suite $u_{n+1}=f(u_n)$, $u_0=a$ avec Python

- Pour ***calculer un certain nombre de termes consécutifs***, on procède de **manière itérative** ou de **manière récursive**. Les deux pistes peuvent avoir des coûts différents. Donnons ci-dessous un exemple générique. Nous comparerons la vitesse de convergence dans les deux cas.
- Pour ***tracer la ligne polygonale joignant les points*** (k,u_k) pour $0 \leqslant k \leqslant n$ en posant $u_k=f(u_{k-1})$ et $u_0=a$, on tape :

```
>>> import matplotlib.pyplot as plt
>>> def tracer(f, a, n) :
        X = [i for i in range(n+1)] ; u = a; Y = [u]
        for i in range(n) :
            u = f(u); Y.append(u)
        plt.plot(X, Y); plt.show()
```

Mise en œuvre : exercice 18.7, exercice 18.12, exercice 18.13, exercice 18.14, exercice 18.23.

Exemple : *Écrire deux procédures Python qui calcule les termes u_{38} et u_{39} de la suite définie par : $u_{n+1}=\cos(u_n)^2-u_n$ avec $u_0=\pi$ de façon itérative et l'autre de façon récursive, comparer leur*

Méthodes

rapidité . On utilisera perf_counter de time et on rentrera numpy avec l'alias np.

```
>>> def terme(f,a,n) :        """ Pour la première procédure itérative """
        u = a
        for i in range(n) :
            u = f(u)
        return u
>>> from time import perf_counter as pc; def f(x) : return(np.cos(x)**2 - x)
>>> for k in range(38,40) :
        print(terme(f,np.pi,k)) ; t = pc() ; terme(f,np.pi,k) ; print(pc() - t)
1.6872557743882985  0.000324692591675572
-1.6737541772198121  0.00032749160575740674
>>> def u(f,a,n) :     """ Pour la deuxième procédure récursive """
        if n == 0 :
            return a
        else :
        return f(u(f,a,n-1))
>>> from time import perf_counter as pc
>>> for k in range(38,40) :
        print(u(f,np.pi,k)) ; t = pc() ; u(f,np.pi,k) ; print(pc() - t)
1.6872557743882985  0.00026217993748
-1.6737541772198121  0.00025378271539
```

Exemple : *Écrire deux procédures qui calculent les termes de* $u_{n+2} + au_{n+1} + bu_n = 0$ *avec* $u_0 = c$ *et* $u_1 = d$ *de façon itérative puis récursive et comparer la rapidité pour* $a = b = -1$, $c = 0$, $d = 1$ *et* $n = 38$ *puis* $n = 39$.

```
>>> from time import perf_counter as pc
>>> def recurs(a,b,c,d,n) : """ De façon récursive """
        if n == 0 :
            return(c)
        elif n == 1 :
            return(d)
        else :
            return(-a*recurs(a,b,c,d,n-2) - b*recurs(a,b,c,d,n-1))
>>> def iter(a,b,c,d,n) : """ De façon itérative """
        u = c; v = d
        for i in range(n) :
            w = -b*u - a*v; u = v; v = w
        return(u)
>>> for n in range(38,40) : """ On fait tourner le programme itératif """
        print(iter(-1,1,0,1,n)) ; t = pc() ; iter(-1,-1,0,1,n) ; print(pc() - t)
39088169  0.00016777669992507072    63245986  0.00012850981266865347
>>> for n in range(38,40) : """ Avec le programme récursif, c'est bien plus long ! """
        print(recurs(-1,-1,0,1,n)) ; t = pc() ; recurs(-1,-1,0,1,n) ; print(pc() - t)
39088169  48.205838361428505    63245986  76.26249289403205
```

La procédure récursive est donc parfois beaucoup plus lente. Cela vient du fait que les calculs s'organisent en pile LIFO (last in first out), ainsi le calcul de $recurs(a,b,c,d,n)$ engendre celui de $recurs(a,b,c,d,n-1)$ et de $recurs(a,b,c,d,n-2)$, celui de $recurs(a,b,c,d,n-1)$ engendre celui de $recurs(a,b,c,d,n-2)$ et de $recurs(a,b,c,d,n-3)$, ainsi de suite jusqu'à $recurs(a,b,c,d,1)$ et

$recurs(a, b, c, d, 0)$. Ce dernier calcul étant effectif, il reste à « dépiler » les calculs pour revenir à $recurs(a, b, c, d, n)$.

❑ Méthode 18.9.— Comment faire des opérations sur les polynômes

On peut rentrer un polynôme comme une fonction (voir la **méthode 18.3**).
On peut aussi utiliser la fonction *Polynomial* du sous-module *numpy.polynomial* et un certain nombre d'attributs associés. On commence donc par taper :
$>>>$ *from numpy.polynomial import Polynomial*

- Pour ***créer un polynôme***, on liste ses coefficients par ordre de degré croissant. Ainsi pour $p = a0 + a1X + a2X^2 + a_3X^3$, on tape : $p = Polynomial([a0, a1, a2, a3])$. L'attribut *coef* donne accès aux coefficients ordonnés par degré croissant. Ainsi, si l'on tape : *p.coef*, on obtient $array([a0., a1., a2., a3.])$
  On suppose dans la suite de la méthode que p ***a été défini ainsi.***
- Pour ***calculer la valeur*** $p(a)$, on tape simplement : $p(a)$ et pour obtenir $[p(x1), ..., p(xn)]$, on tape : $p([x1, ..., xn])$.
- $p.coef[i]$ fournit le ***coefficient devant*** X^i.
- *p.degree*( ) donne le ***degré*** et *p.roots*( ) les ***racines*** de p.
- Pour ***dériver le polynôme*** p, on tape : *p.deriv*( ) qui renvoie un nouveau polynôme. Cet attribut a un argument optionnel n qui indique le nombre de dérivations à effectuer. Si l'on tape par exemple *p.deriv*(2)*.coef*, l'on obtient les coefficients du polynôme dérivée seconde de p.
- Pour ***intégrer le polynôme*** p, on tape : *p.integ*( ) qui renvoie un nouveau polynôme. Cet attribut a un premier argument optionnel donnant le nombre d'intégrations à effectuer et un second argument optionnel qui donne la constante d'intégration (ou la liste de constantes si l'on intègre plusieurs fois) à utiliser.
- Pour faire des ***opérations*** sur des polynômes, on utilise $+$, $-$ et $*$ pour additionner, soustraire et multiplier des polynômes. Par exemple, l'opération $(p{*}{*}3).coef$ permet d'obtenir la liste des coefficients de p^3.
- Pour faire la ***division euclidienne*** du polynôme p par le polynôme q, la commande $p//q$ donne le polynôme quotient et $p\%q$ donne le reste.

Exemple : *Soit le polynôme* $P = X^3 + 2X - 3$, *calculer successivement* $P(0)$, $[P(1), P(2), P(3)]$, deg P, *les racines de* P, *puis les polynômes* P', P'' *et enfin le quotient et le reste de la division euclidienne de* P *par* $B = X^2 + 1$.
$>>>$ *from numpy.polynomial import Polynomial*
$>>>$ $P = Polynomial([-3, 2, 0, 1])$; $P(0)$; $P([1, 2, 3])$; , *P.degree*( )
-3.0 , $array([0., 9., 30.])$, 3
$>>>$ *P.roots*( ) ; *P.deriv*()*.coef* , *P.deriv*(2)*.coef*
$array([-0.5 - 1.6583124j, -0.5 + 1.6583124j, 1.0 + 0.j])$, $array([2., 0., 3.])$, $array([0., 6.])$
$>>>$ $B = Polynomial([1, 0, 1]$; $Q = P//B$; $R = P\%B$; *Q.coef* ; *R.coef*
$array([0., 1.])$, $array([-3., 1.])$

Mise en œuvre : entre autres, **exercice 18.22** et **exercice 18.23**.

Méthodes

Méthode 18.10.— Comment calculer une intégrale avec Python

- On peut calculer des ***valeurs approchées d'intégrales*** en utilisant la fonction *quad* du sous module *scipy.integrate*. Cette fonction renvoie une valeur approchée de l'intégrale ainsi qu'un majorant de l'erreur commise.

  Ainsi pour approcher $\int_a^b f(t)\,dt$, on tape :

  ```
  >>> import scipy.integrate as integr ; integr.quad(f, a, b)
  ```
- On peut utiliser la ***méthode des rectangles*** en tapant :

  ```
  >>> def rectangles(f, a, b, n) :
          h = (b - a)/float(n) ; z = 0
          for i in range(n) :
              z = z + f(a + i * h)
          return h * z
  ```
- On peut utiliser la ***méthode des trapèzes***. Les seules différences entre *trapezes*(f, a, b, n) et *rectangles*(f, a, b, n) est d'une part l'initialisation de z qui devient : `>>> z = 0.5 * (f(a) + f(b))`
  et d'autre part dans la boucle *range*(n) devient *range*$(1, n)$.

Mise en œuvre : exercice 18.20, **exercice 18.27**, **exercice 18.28** et **exercice 18.29**.

Exemple : *Donner des valeurs approchées de* $I = \int_0^1 e^{-t}\,dt$.

```
>>> import math as mt ; import scipy.integrate as integr
>>> def f(t) : return mt.exp(-t)
>>> rectangles(f, 0, 1, 20) , trapezes(f, 0, 1, 20)
 (0.64805525909553 , 0.632252245124816)
>>> integr.quad(f, 0, 1)
(0.6321205588285578 , 7.017947987503856e - 15)
```

Exemple : *Calculer* $I_n = \int_0^{\frac{\pi}{2}} \sin^n x\,dx$ *pour* $n = 100$ *et estimer* $\lim_{n\to+\infty} I_n$.

```
>>> import scipy.integrate as integr ; import numpy as np
>>> def I(n) :
        def f(x) : return(np.sin(x) * *n)
        return(integr.quad(f, 0, np.pi/2))
>>> I(100)
 (0.12501848174018731 , 1.266817667907242e - 13) """ À partir de I(1e9), 0 est renvoyé """
```

Remarque : Pour le ***calcul formel***, on utilise *integrate* de *sympy*.
Reprenons le premier exemple avec le calcul de I.

```
>>> import math as mt ; from sympy import *
>>> x = symbols('x') ; integrate(exp(-x), (x, 0, 1))
-exp(-1) + 1
>>> 1 - 1/(mt.e)
 0.6321205588285577
```

Matrices et opérations sur les matrices

Méthode 18.11.— Comment écrire puis manipuler des matrices avec Python

On travaille surtout avec *numpy* et son sous-module *numpy.linalg* en tapant :
>>> *import numpy as np*; *import numpy.linalg as alg*.
Dans la suite, $A \in \mathcal{M}_{n,p}(\mathbb{R})$, dont les lignes sont les listes $L_1, ..., L_n$, toutes de même taille p et les colonnes sont les listes $C_1, ..., C_p$ toutes de même taille n.
Attention, en Math, les indices partent de 1 ***mais en Python de*** 0.

- Pour ***définir la matrice*** $A \in \mathcal{M}_{n,p}(\mathbb{R})$, sous *numpy*, on tape :
  >>> $A = np.array([L_1, ..., L_n])$
  Sous *sympy*, on utilise *Matrix* à la place de *np.array*. Voir les exemples.
- *A.shape* donne la ***taille*** (n, p) de A et $A.reshape((r, s))$ ***redimensionne une matrice*** en r lignes et s colonnes sans modifier ses coefficients (il faut que $np = rs$).
  A.size renvoie $n \times p$, $np.size(A, 0)$ (*resp.* $np.size(A, 1)$) renvoie n (*resp.* p).
- Le ***coefficient*** de A à l'intersection de la ligne L_i et colonne C_j est $A[i-1, j-1]$.
- $A[i, :]$ (ou aussi $A[i]$) est la ***ligne*** L_{i+1} (tableau à une dimension) de A.
- $A[:, j]$ est la ***colonne*** C_{j+1} (tableau à une dimension) de A.
- $A[i:j, k:l]$ donne la ***sous-matrice*** de la ligne L_{i+1} à la ligne L_j et de la colonne C_{k+1} à la colonne C_l.
- $np.zeros((n, p))$ donne la ***matrice nulle*** de $\mathcal{M}_{n,p}(\mathbb{R})$ et $np.eye(n)$ donne I_n.
- $np.ones((n, p))$ donne la matrice composée que de coefficients 1 de $\mathcal{M}_{n,p}(\mathbb{R})$
- $np.diag(L)$ donne la ***matrice carrée diagonale*** dont les coefficients de la diagonale principale sont les éléments de la liste L dans l'ordre.
- Si l'on veut réunir des matrices A et B (donc les ***concatener***),
  $np.concatenate((A, B), axis = 0)$ donne $\begin{pmatrix} A \\ B \end{pmatrix}$
  $np.concatenate((A, B), axis = 1)$ donne $\begin{pmatrix} A & \vert & B \end{pmatrix}$.
- Pour ***ajouter*** A et B, on tape $A + B$ et pour $3A$ par exemple, on tape $3 * A$.
- Pour ***effectuer le produit matriciel*** $A \times B$, on tape $np.dot(A, B)$
  (on peut aussi utiliser *dot* comme attribut et taper $A.dot(B)$.
  Pour calculer le produit de trois matrices A, B et C, on tape $A.dot(B).dot(C)$.
  Pour calculer A^n, on peut utiliser la fonction *matrix_power* en tapant $alg.matrix\_power(A, n)$.
- Pour calculer la ***transposée*** de A, on tape $np.transpose(A)$
  (on peut aussi utiliser l'attribut T en écrivant $A.T$).
  Une application de *np.transpose* est de convertir un tableau-ligne en tableau-colonne (ou le contraire). Cela peut être utile.
- Pour calculer directement le ***déterminant*** de A (si $n = p$), on tape $alg.det(A)$.
- Pour calculer directement le ***rang*** de A, on tape $alg.matrix\_rank(A)$.
- Pour calculer directement la ***trace*** de A, on tape $np.trace(A)$.
- Pour calculer ***l'inverse*** de A (si $n = p$), on tape $alg.inv(A)$.
- Pour appliquer f à tous les coefficients de $A = (a_{i,j})$, on tape $f(A)$.

Méthodes

Mise en œuvre : de l'**exercice 18.24** à l'**exercice 18.27** et l'**exercice 18.39**.

Exemple : $A = \begin{pmatrix} 1 & -1 & 0 \\ -2 & 4 & 1 \\ 0 & 3 & -5 \end{pmatrix}$, *calculer* A^T, $\mathrm{Tr}(A)$, $\mathrm{Rg}(A)$, $\mathrm{Det}\,(A)$ *et* A^7 *avec numpy.linalg.*

On tape :

$>>>$ *import numpy as np ; import numpy.linalg as alg.*
$>>>\ A = np.array([[1,-1,0],[-2,4,1],[0,3,-5]])$
$>>>\ np.transpose(A)$
$array([[1,-2,0],[-1,4,3],[0,1,-5]])$
$>>>\ np.trace(A)\,,\ alg.matrix\_rank(A)\,,\ alg.det(A)$
$0\,,\,3\,,\,-13$
$>>>\ alg.matrix\_power(A,7)$
$array([[6929,-14365,676],[-28730,47996,18421],[4056,55263,-116441]])$

Exemple : *Les matrices « serpents » sont des matrices que l'on remplit d'entiers naturels en « serpent » à partir de l'entier* 1*. Voici l'exemple de celle de* $\mathcal{M}_3(\mathbb{R})$: $M(3) = \begin{pmatrix} 1 & 2 & 3 \\ 6 & 5 & 4 \\ 7 & 8 & 9 \end{pmatrix}$.

Plus généralement, on note $M(n)$ *celle de* $\mathcal{M}_n(\mathbb{R})$.

1. *Définir une fonction coeff_serpent qui à* (n,i,j) *associe le coefficient d'indice* (i,j) *de* $M(n)$.

2. *Définir une fonction Serpent qui renvoie la matrice serpent* $M(n)$. *La tester pour* $1 \leqslant n \leqslant 5$.

3. *À l'aide de Python, afficher le rang de* $M(n)$ *pour* $1 \leqslant n \leqslant 8$. *Conjecturer.*

4. *Créer la fonction permettant d'afficher la ligne brisée formée par les points* $(k, \mathrm{Tr}(M(k)))$. *L'exécuter pour* $n = 100$ *puis* $n = 1000$.

5. *Afficher les* 100 *premières valeurs de* $\dfrac{\mathrm{Tr}(M(n))}{n^3}$. *Commenter.*

(C'est un exercice inspiré de l'oral de Centrale-Supelec, en filière PSI.)

1. Si M est la matrice serpent d'ordre n, notons $M_{i',j'}$ son coefficient à l'intersection de la $i'^{\text{ème}}$ ligne et de la $j'^{\text{ème}}$ colonne, ces indices varient entre 1 et n. On remarque que si i' est impair alors pour tout j' entier de 1 à n, $M_{i',j'} = n(i'-1)+j'$ et si i' est pair alors pour tout j' entier de 1 à n, $M_{i',j'} = i'n+1-j'$. Maintenant, dans la procédure, les indices de la matrice serpent commencent à 0. Il faut donc décaler en posant $i = i'-1$ et $j = j'-1$. Donc si i est pair, (donc i' est impair) pour tout j entier de 0 à $n-1$, $coeff\_serpent(n,i,j)$ vaut $n(i'-1)+j' = n\,i+j+1$ et de même, si i est impair, (donc i' est pair) pour tout j entier de 0 à $n-1$, $coeff\_serpent(n,i,j)$ vaut $n\,i'+1-j' = (i+1)n-j$.

Maintenant, tapons courageusement :

```
>>> import numpy as np
>>> def coeff_serpent(n, i, j) :
        if i % 2 == 0 :
            return n * i + j + 1
        else :
            return (i + 1) * n - j
```

2. Ici on va introduire une matrice A carrée d'ordre n et remplie de 0 que l'on va remplacer peu à peu par des $coeff\_serpent(n,i,j)$. De plus, on suppose *numpy* déjà importé.

```
>>> def Serpent(n) :
        A = np.zeros((n,n))
        for i in range(n) :
            for j in range(n) :
                A[i,j] = coeff_serpent(n,i,j)
        return A
>>> Serpent(5)
array([[1.,2.,3.,4.,5.],[10.,9.,8.,7.,6.],[11.,12.,13.,14.,15.]
[20.,19.,18.,17.,16.],[21.,22.,23.,24.,25.]]
```

Pour gagner de la place, on a affiché que $M(5)$ (à vous d'afficher le reste !)

3. On tape (on affiche en ligne les résultats pour gagner de la place) :

```
>>> import numpy.linalg as alg
>>> for n in range(2,9) :
        print(alg.matrix_rank(Serpent(n)))
2 2 2 2 2 2 2 2
```

Il semble que le rang de $M(n)$ soit toujours 2.

4. On applique la **méthode 18.5** ou plus exactement le deuxième exemple qui suit.
Les deux courbes apparaissent l'une à côté de l'autre par commodité.

```
>>> import matplotlib.pyplot as plt
>>> X = [k for k in range(1,101)] ; Y = [np.trace(Serpent(n)) for n in range(1,101)]
>>> plt.plot(X,Y,color = '0') ; plt.show()
```

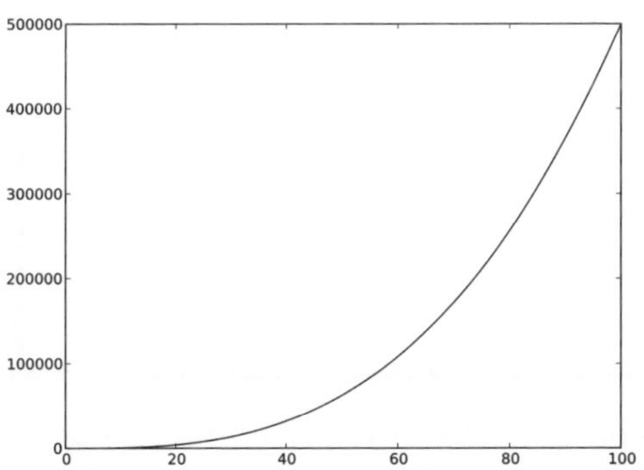

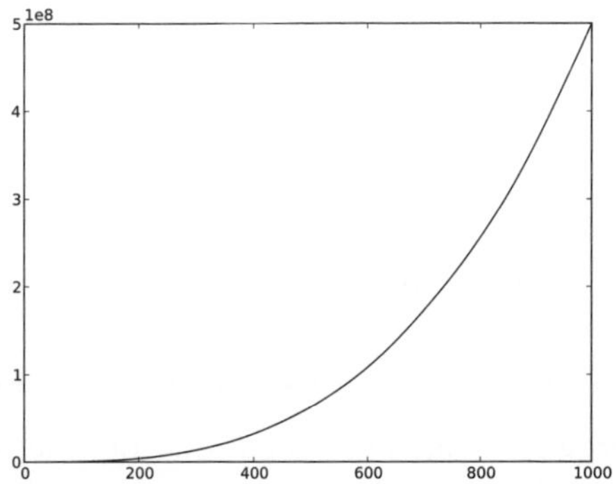


```
>>> XX = [k for k in range(1,1001)] ; YY = [np.trace(Serpent(n)) for n in range(1,1001)]
>>> plt.plot(XX,YY,color = '0') ; plt.show()
```

5. On tape :

```
>>> [np.trace(Serpent(n))/n**3 for n in range(2,101)]
```

La liste obtenue est une alternance de 0.5 pour les valeurs n paires et des réels commençant à 0.555555558 et décroissants jusqu'à 0.500005105202 pour les valeurs n impaires.
En conclusion, on peut conjecturer que $\text{Tr}(M(n)) \sim \frac{n^3}{2}$ pour n impair et $\text{Tr}(M(n)) = \frac{n^3}{2}$ si n est pair.

❑ **Méthode 18.12.— Comment écrire en langage Python les opérations élémentaires classiques sur les lignes de matrices**

Il s'agit de créer les fonctions $L_i \leftarrow L_i + xL_j$, $L_i \leftarrow xL_i$ et $L_i \leftrightarrow L_j$. Aucune fonction prédéfinie n'existe. ***Attention, ici les lignes sont numérotées à partir de*** 0 ***et il vaut mieux que les coefficients de*** A ***soient des flottants.***

- Pour ***effectuer la transvection*** $L_i \leftarrow L_i + xL_j$ sur A, on tape :

```
>>> def transvecligne(A, i, j, x) :
        p = len(A[0])
        for m in range(p) :
            A[i, m] = A[i, m] + x * A[j, m]
        return A
```

  Une version alternative est :

```
>>> def transvecligne(A, i, j, x) :
        A[i] = A[i] + x * A[j]
        return A
```

- Pour ***effectuer la dilatation*** $L_i \leftarrow xL_i$ sur A, on tape :

```
>>> def dilatligne(A, i, x) :
        A[i] = x * A[i]
        return A
```

- Pour ***effectuer la permutation*** $L_i \leftrightarrow L_j$ sur A, on tape :

```
>>> def permutligne(A, i, j) :
        p = len(A[0])
        for m in range(p) :
            temp = A[i, m] ; A[i, m] = A[j, m] ; A[j, m] = temp
        return A
```

  Une version alternative est :

```
>>> def permutligne(A, i, j) :
        A[i] , A[j] = np.copy(A[j]) , np.copy(A[i])
        return A
```

Remarque : Vous avez remarqué que dans la version alternative de *permutligne*, on a utilisé la fonction *np.copy* du module *numpy* (d'alias *np*). En effet, si l'on n'utilise pas *np.copy*, on se retrouverait avec une matrice ayant deux lignes égales.

Pour ***effectuer les mêmes opérations sur les colonnes,*** on adapte sans souci. Attention, cependant, c'est $A[:, j]$ qui désigne la colonne d'indice j. Développons tout cela sous forme d'exemple.

Exemple : *Écrire les fonctions Python qui correspondent aux trois opérations sur les colonnes que l'on notera transveccolonne, dilatcolonne et permutcolonne. Appliquer alors à transformer la matrice :* $A = \begin{pmatrix} 1 & -1 & 3 \\ 0 & 1 & 2 \\ -1 & -2 & 0 \end{pmatrix}$ *en* I_3*. en utilisant un certain nombre des six fonctions Python, de la façon dont cela vous semble nécessaire.*

Pour ***effectuer la transvection*** $C_i \leftarrow C_i + kC_j$ sur A, on tape :

```
>>> def transveccolonne(A, i, j, k) :
        A[:, i] += k * A[:, j]
        return A
```

Pour ***effectuer la dilatation*** $C_i \leftarrow kC_i$ sur A, on tape :

```
>>> def dilatcolonne(A, i, x) :
        A[:, i] = x * A[:, i]
        return A
```

Pour ***effectuer la permutation*** $C_i \leftrightarrow C_j$ sur A, on tape :

```
>>> def permutcolonne(A, i, j) :
        A[:, i] , A[:, j] = np.copy(A[:, j]) , np.copy(A[:, i])
        return A
```

Application à la matrice proposée en supposant toutes les fonctions de la **méthode 18.11** tapées.

```
>>> import numpy as np
>>> A = np.array([[1., -1., 3.], [0., 1., 2.], [-1., -2., 0.]])
>>> transveccolonne(A, 1, 0, 1) , transveccolonne(A, 2, 0, -3)   """ effectue C1 <- C1+C0 puis C2 <- C2 - 3C0 """
>>> transveccolonne(A, 2, 1, -2), dilatcolonne(A, 2, 1/9)   """ effectue C2 <- C2 - 2C1 puis C2 <- 1/9C2 """
>>> transveccolonne(A, 1, 2, 3), transveccolonne(A, 0, 2, 1)   """ effectue C1 <- C1+3C2 puis C0 <- C0 + C2 """
array([[1, 0, 0], [0, 1, 0], [0, 0, 1]])
```

> **❑ Méthode 18.13.— Comment résoudre un système linéaire $AX = B$**
>
> ▸ On peut appliquer une ***méthode directe*** lorsque A est carrée et inversible en employant la fonction *solve* du sous-module *numpy.linalg*. On tape :
>
> ```
> >>> alg.solve(A, B)
> ```
>
> Nous obtenons X sous forme d'un tableau-ligne.
> Voir le premier exemple qui suit pour la mise en forme.
>
> ▸ On peut appliquer la ***méthode de Gauss*** et les fonctions construites à la **méthode 18.12**. Voir le second exemple qui suit pour le programme Python correspondant.

Mise en œuvre : exercice 18.22.

Exemple : *Utiliser numpy pour résoudre :* $\begin{cases} 10^{-20}x + y & = & 1 \\ x + y & = & 2 \end{cases}$.

On tape :

```
>>> import numpy as np ; import numpy.linalg as alg
>>> A = np.array([[10 ** (-20), 1], [1, 1]]) ; B = np.array([[1], [2]])
>>> alg.solve(A, B)
array([[1.], [1.]])
```

Il est clair que le résultat est « arrondi ».

Méthodes

Exemple : *Écrire une fonction systLin qui résout le système linéaire de matrice A (carrée et inversible) et de second membre B par la méthode du pivot de Gauss. Les tableaux A et B seront les arguments de systLin. La fonction ne devra modifier ni la matrice A, ni la matrice B (il faudra en faire des copies, sur lesquelles on fera les opérations). On pourra utiliser les fonctions Python correspondantes aux opérations élémentaires sur les lignes vues à la* **méthode 18.12**.

Tester la fonction systLin sur les deux systèmes $\begin{cases} 10^{-20}x + y &= 1 \\ x + y &= 2 \end{cases}$, $\begin{cases} 10^{-5}x + y &= 1 \\ x + y &= 2 \end{cases}$.

On tape :

```
>>> def systLin(A, B) :
        n = len(A) ; A1 = np.copy(A) ; B1 = np.copy(B)
        for j in range(n - 1) :
            for i in range(j + 1, n) :
                c = A1[i, j]/A1[j, j] ; transvecligne(A1, i, j, -c) ; transvecligne(B1, i, j, -c)
        for j in range(n - 1, -1, -1) :
            for i in range(j - 1, -1, -1) :
                c = A1[i, j]/A1[j, j] ; transvecligne(A1, i, j, -c) ; transvecligne(B1, i, j, -c)
            dilatligne(B1, j, 1./A1[j, j])
        return(B1)
>>> A = np.array([[1e - 20, 1.], [1., 1.]]) ; AA = np.array([[1e - 5, 1.], [1., 1.]])
>>> B = np.array([[1.], [2.]])
>>> systLin(A, B) , systLin(AA, B) """ On retrouve les soucis d'arrondis """
array([[0.], [1.]]) , array([[1.00001000009070], [0.999989999899999]])
```

Remarque : On peut **utiliser la fonction** *solve_linear_system* **du module** *sympy* ***quand le système possède un paramètre***. Ainsi dans le cas d'un système à deux inconnues x et y, si m est le paramètre dont dépendent certains des coefficients du système : $\begin{cases} a\,x + b\,y = c \\ d\,x + e\,y = f \end{cases}$:

```
>>> from sympy import *
>>> m = symbols('m') ; x = symbols('x') ; y = symbols('y')
>>> syst = Matrix([[a, b, c], [d, e, f]]) ; solve_linear_system(syst, x, y)
```

On peut utiliser aussi la fonction *solve* de *sympy* en nommant les deux équations $eq1 = a*x+b*y-c$ et $eq2 = d*x+e*y-f$ puis en tapant :

```
>>> solve([eq1, eq2], [x, y])
```

Donnons un exemple de système de trois équations à trois inconnues avec un paramètre.

Utiliser sympy pour résoudre ($m \in \mathbb{R}$) : $\begin{cases} x + my + z &= 1 \\ x + y + mz &= 0 \\ 7x + (4+m)y + (3+2m)z &= -1 \end{cases}$.

On tape :

```
>>> from sympy import *
>>> m = symbols('m') ; x = symbols('x') ; y = symbols('y') ; z = symbols('z')
>>> syst = Matrix([[1, m, 1, 1], [1, 1, m, 0], [7, 4 + m, 3 + 2 * m, -1]])
>>> solve_linear_system(syst, x, y, z)
{z : (m - 2)/(2 * m * (m - 1)), x : -(m + 2)/(2 * m) , y : (3 * m - 2)/(2 * m * (m - 1))}
```

On trouve les solutions exactes en fonction de m (mais on occulte le cas $m = 0$ ou $m = 1$).

$$x = \frac{-(m+2)}{2m},\ y = \frac{3m-2}{2m(m-1)},\ z = \frac{m-2}{2m(m-1)}.$$

❑ Méthode 18.14.— Comment diagonaliser avec Python
On ***utilise le sous-module*** *numpy.linalg* et on tape :

>>> *import numpy.linalg as alg*

La fonction *eigvals* renvoie les valeurs propres de la matrice A sous la forme d'un tableau en ligne. On tape *alg.eigvals(A)*.
La fonction *eig* renvoie un tableau L formé par une liste $L[0]$ qui est la liste des valeurs propres et par un tableau $L[1]$ qui fournit la matrice de passage de la base canonique à la base de vecteurs propres. On tape *alg.eig(A)*.
Si l'on veut retrouver la matrice A, on tape

```
>>> L = alg.eig(A)
>>> L[1].dot(np.diag(L[0])).dot(alg.inv(L[1]))
```

(Voir la **méthode 18.10** pour le produit de trois matrices et l'inversion.)
Enfin, *numpy.poly(A)* donne le polynôme caractéristique de A sous forme d'une liste des coefficients de χ_A dans l'ordre décroissant des degrés.

Mise en œuvre : exercice 18.25, exercice 18.26, exercice 18.39.

Exemple : *À l'aide de fonctions du sous module numpy.linalg, déterminer les valeurs propres et une matrice de vecteurs propres pour* $A = \begin{pmatrix} 1 & 1 & 1 & 1 \\ 1 & 1 & 1 & 1 \\ 1 & 1 & 1 & 1 \\ 1 & 1 & 1 & 1 \end{pmatrix}$.

```
>>> import numpy as np
>>> import numpy.linalg as alg
>>> A = np.array([[1, 1, 1, 1], [1, 1, 1, 1], [1, 1, 1, 1], [1, 1, 1, 1]])
>>> alg.eig(A)
(array([0., 4., 0., 0.]),
array([[-8.66025404e - 01, 5.00000000e - 01, -2.77555756e - 17, -2.77555756e - 17],
[2.88675135e - 01, 5.00000000e - 01, -5.77350269e - 1, -5.77350269e - 1],
[2.88675135e - 01, 5.00000000e - 01, 7.88675135e - 1, -2.11324865e - 1]
```

Remarque : On remarque que la matrice de passage n'est pas trop lisible dans l'exemple précédent. Cela provient du fait que *numpy.linalg* fournit des flottants. On peut ***utiliser le module*** *sympy* qui nous donnera un résultat proche de ce que l'on ferait à la main. Dans ce cas, une matrice ne se définit plus par *np.array* mais par *Matrix* (voir l'exemple). Si A est une matrice ainsi définie, *A.eigenvals( )* donne la séquence des valeurs propres et *A.eigenvects( )* donne en plus des valeurs propres des vecteurs propres associés.
Astuce : on peut avoir un meilleur affichage des résultats en tapant :

```
>>> from sympy import init_printing
>>> init_printing()
```

Reprenons l'exemple de la matrice précédente et utilisons *sympy* pour la réduire.

On commence par rentrer le module *sympy* puis on rentre la matrice A avec la fonction *Matrix* :

```
>>> from sympy import *
>>> A = Matrix([[1, 1, 1, 1], [1, 1, 1, 1], [1, 1, 1, 1], [1, 1, 1, 1]])
```

Méthodes

$>>>$ *A.eigenvects*( )
$[(0,3,[Matrix([[-1],[1],[0],[0]]), Matrix([[-1],[0],[1],[0]]),$
$Matrix([[-1],[0],[0],[1]])]),(4,1,[Matrix([[1],[1],[1],[1]])])]$
$>>>$ *init_printing*( )

$$\left[\left(0,3,\left[\begin{bmatrix}-1\\1\\0\\0\end{bmatrix},\begin{bmatrix}-1\\0\\1\\0\end{bmatrix},\begin{bmatrix}-1\\0\\0\\1\end{bmatrix}\right]\right),\left(4,1,\left[\begin{bmatrix}1\\1\\1\\1\end{bmatrix}\right]\right)\right]$$

sympy est bien plus visible que *lin.alg*.
Et combiné avec *init_printing*, cela devient hyper-convivial !

❑ Méthode 18.15.— Comment déterminer une valeur approchée (ou exacte) de la valeur propre de plus grand module à l'aide du quotient des traces de deux puissances itérées consécutives avec Python

Cet algorithme étant proposé dans le programme officiel de PSI en Mathématiques, nous nous devons d'en parler. Ici $A \in \mathcal{M}_n(\mathbb{K})$ et diagonalisable dans $\mathcal{M}_n(\mathbb{K})$.

- ***Partie théorique***
  Si $\mathsf{Sp}\,(A) = \{\lambda_1, ..., \lambda_n\}$, ces n valeurs propres n'étant pas nécessairement distinctes mais on fait l'hypothèse que l'une de ces valeurs propres, λ_n par exemple pour fixer les idées, est de module strictement plus grand que le module des autres : $\forall\, i \in [\![1, n-1]\!]$, $|\lambda_i| < |\lambda_n|$. Alors :

$$\boxed{\lim_{p\to+\infty} \frac{\mathrm{Tr}(A^{p+1})}{\mathrm{Tr}(A^p)} = \lambda_n.}$$

- ***Programme Python associé***
  L'idée est donc de calculer informatiquement les éléments de la suite $(\mathrm{Tr}(A^p))_{p\in\mathbb{N}^*}$ puis de faire le rapport de deux éléments consécutifs de cette suite pour p grand et on obtient une valeur approchée de la valeur propre de plus grand module de A. Nommons $VPGM$ cette procédure d'argument la matrice A.
  Si par exemple, l'on veut les n premiers termes de la suite, on tape :

```
>>> import numpy as np
>>> import numpy.linalg as alg
>>> def VPGM(A,n) :
        for p in range(n) :
            u = np.trace(alg.matrix_power(A,p+1))
            / np.trace(alg.matrix_power(A,p))
            print(u)
```

  On remarquera que par manque de place, la seconde partie de l'affectation de u est sous la première partie mais on les met bien entendu au même niveau quand on tape réellement la procédure.

Exemple : *Sous les hypothèses de la* **méthode 18.15**, *justifier mathématiquement le résultat théorique.*

Comme A est diagonalisable, $\exists\, P \in \mathrm{GL}_n(\mathbb{K})$, $A = PDP^{-1}$, où $D = \mathrm{diag}(\lambda_1, ..., \lambda_n)$.
De façon classique, on montre rapidement que pour tout $k \in \mathbb{N}$, $A^k = PD^kP^{-1}$. Les matrices A^k et D^k sont semblables et elles ont la même trace, d'après une des propriétés de la trace :
$\mathrm{Tr}(A^k) = \mathrm{Tr}(D^k) = \displaystyle\sum_{i=1}^{n} \lambda_i^k$.

On en déduit alors : $\dfrac{\mathrm{Tr}(A^{p+1})}{\mathrm{Tr}(A^p)} = \dfrac{\displaystyle\sum_{i=1}^{n} \lambda_i^{p+1}}{\displaystyle\sum_{i=1}^{n} \lambda_i^{p}} = \lambda_n \dfrac{1 + \displaystyle\sum_{i=1}^{n-1} \left(\dfrac{\lambda_i}{\lambda_n}\right)^{p+1}}{1 + \displaystyle\sum_{i=1}^{n-1} \left(\dfrac{\lambda_i}{\lambda_n}\right)^{p}}$.

Par hypothèse, pour tout $i \in [\![1, n-1]\!]$, $|\lambda_i| < |\lambda_n|$, c'est-à-dire : $\left|\dfrac{\lambda_i}{\lambda_n}\right| < 1$.

Or $\displaystyle\lim_{p\to+\infty} \left|\dfrac{\lambda_i}{\lambda_n}\right|^p = 0$ et on a bien : $\displaystyle\lim_{p\to+\infty} \dfrac{\mathrm{Tr}(A^{p+1})}{\mathrm{Tr}(A^p)} = \lambda_n$.

Exemple : *Déterminer une valeur approchée de la valeur propre de plus grand module de la matrice* $A = \begin{pmatrix} 4 & -3 & -3 \\ 3 & -2 & -3 \\ 3 & -3 & -2 \end{pmatrix}$ *en utilisant la procédure Python VPGM de la* **méthode 18.15** *et vérifier le résultat avec la fonction eigvals (voir la* **méthode 18.14**).
Faire de même avec $B = \begin{pmatrix} 1 & 1 & 1 \\ 1 & 1 & 1 \\ 1 & 1 & 1 \end{pmatrix}$. *Que constate-t-on ?*

On tape :

```
>>> import numpy as np
>>> import numpy.linalg as alg
>>> A = np.array([[4, -3, -3], [3, -2, -3], [3, -3, -2]])
>>> VPGM(A, 12)
0.0, inf, -1.0, -3.0, -1.6666666666667
-2.2, -1.9090909090909, -2.04761904762, -1.97674418605
-2.01176470588, -1.99415204678     """ par commodité on a regroupé sur 3 lignes """
>>> alg.eigvals(A)
array([1., -2., 1.])
>>> B = np.array([[1, 1, 1], [1, 1, 1], [1, 1, 1]])
>>> VPGM(B, 4)
1.0
3.0
3.0
3.0
3.0
```

On remarque déjà que A a une trace nulle. Maintenant, Python affiche *inf* quand il doit diviser par 0 et après poursuit tranquillement ses calculs. On a l'air de bien converger vers -2 qui est la valeur propre de plus grand module. L'intérêt de faire B aussi est de voir un exemple de convergence très rapide (la valeur propre de plus grand module est 3).

Géométrie euclidienne

Méthode 18.16.— Comment calculer une base orthonormée par l'algorithme de Gram-Schmidt avec Python

Cette méthode est la mise sous Python de la **méthode 5.8**.
On se place dans un espace euclidien E muni d'un produit scalaire $\langle\, , \,\rangle$ et on considère un sous-espace vectoriel F de E (qui peut être E entier).
On suppose m et n deux entiers avec $m \geqslant n$.

- ***On commence par écrire la base de V en Python.***
  - Si $V \subset \mathbb{R}^m$ et si $(u1, u2, ..., un)$ est une base de V, on charge *numpy as np* et on rentre par exemple le vecteur $u[i]$ de composantes $(a1, ..., an)$ en tapant : $u[i] = np.array(Li)$ où $Li = [a1, ..., an]$ est une liste de taille n.
  On peut aussi rentrer une matrice A dont les colonnes sont $u_1, ..., u_n$. Alors $A[:, i-1]$ correspond à ui.
  - Si $V \subset \mathbb{R}_m[X]$ et si $(P0, P1, ..., Pn)$ est une base de V, on charge *Polynomial* depuis *numpy.polynomial* (voir **méthode 18.9**) et on rentre par exemple le polynôme Pi en tapant $P[i] = Polynomial(Li)$ où Li est la liste des coefficients de Pi dans l'ordre croissant des degrés.
- ***On détecte le produit scalaire utilisé et on l'écrit en Python.***
  - Si $V \subset \mathbb{R}^m$, pour calculer le produit scalaire (canonique) de deux vecteurs u et v, on tape $np.vdot(u, v)$. Voir le premier exemple.
  - Si $V \subset \mathbb{R}_m[X]$, plusieurs produits scalaires existent (à partir par exemple de produits de valeurs de polynômes ou d'intégrales). On définit une fonction $phi(p, q)$ dont les arguments sont p et q deux polynômes. Voir le deuxième exemple.
- ***Pour « orthonormaliser », on utilise ensuite la* proposition 5.18.**
  - Dans le cas de $V \subset \mathbb{R}^m$ et si $(u1, ...un)$ est la base de V que l'on doit normaliser, on crée une fonction *Gram_Schmidt* d'argument A matrice dont les colonnes sont $u_1, ..., un$. On commence par récupérer le nombre de lignes de A avec $m = np.size(A, 0)$ et le nombre de colonnes de A par $n = np.size(A, 1)$. Puis on définit une matrice W de taille (m, n) (remplie de 0 par exemple). Puis, on tape :

```
>>> W[:,0] = A[:,0]
>>> for k in range(1,n) :
        W[:,k] = A[:,k] - sum(np.vdot(A[:,k],W[:,i])/(np.vdot(W[:,i],W[:,i]))
        *W[:,i]  for i in range(0,k))
>>> for k in range(0,n) :
        W[:,k] = W[:,k]/np.sqrt(np.vdot(W[:,k],W[:,k]))
    return(W)
```

  - Dans le cas où $V \subset \mathbb{R}_m[X]$, on remplace *np.vdot* par *phi* et A par des listes de polynômes. Voir le deuxième exemple.

Mise en œuvre : exercice 18.28.

Exemple : *On considère la famille* $\{\vec{u}_1(2,2,-3),\ \vec{u}_2(1,-3,-3),\ \vec{u}_3(2,0,1)\}$ *dans* $\mathbb{R}^3$. *Orthonormaliser cette famille avec la formule de la* **proposition 5.18** *et la procédure donnée dans la* **méthode 18.16**.

```
>>> def Gram_Schmidt(A) :
        m = np.size(A,0) ; n = np.size(A,1) ; W = np.zeros((m,n))
        W[:,0] = A[:,0]
        for k in range(1,n) :
            W[:,k] = A[:,k] - sum(np.vdot(A[:,k],W[:,i]) * W[:,i]/np.vdot(W[:,i],W[:,i])
            for i in range(0,k))
        for k in range(0,n) :
            W[:,k] = W[:,k]/np.sqrt(np.vdot(W[:,k],W[:,k]))
        return(W)
>>> W = Gram_Schmidt(np.array([[2,1,2],[2,-3,0],[-3,-3,1]]))
>>> W
array([[0.48507125, 0.09834798, 0.86892667],
[0.48507125, -0.8570324, -0.17378533],
[-0.72760688, -0.50578961, 0.46342756]])
>>> np.vdot(W[:,1],W[:,2])
-2.7755575615628914e-17    """ cela fait 0 avec des erreurs d'arrondis """
>>> 2 * np.sqrt(17.)/17
0.48507125007266594    """ Cela est cohérent avec plus haut """
```

Exemple : *On considère* $\mathbb{R}_7[X]$ *muni du produit scalaire :*

$$phi : (P,Q) \mapsto \int_{-1}^{1} P(t)Q(t)\,dt.$$

1. *Créer en Python la base canonique* $(e(0),...,e(7))$ *de* $\mathbb{R}_7[X]$.

2. *Définir en Python le produit scalaire phi sous forme d'une fonction (notée phi).*
Calculer $\phi(e(i),e(i))$ *pour tout* $i \in [\![0,7]\!]$.

3. *En utilisant le procédé de Gram-Schmidt, orthonormaliser la base canonique pour le produit scalaire* ϕ. *Donner le premier, le troisième et le septième polynôme de cette nouvelle base.*

```
>>> import numpy as np ; from numpy.polynomial import Polynomial
>>> def e(n) : """ Commençons par une procédure valable dans R_n[X] """
        L = [0 for i in range(0,n+1)] ; L[n] = 1
        return(Polynomial(L))
>>> e(7).coef
array([0., 0., 0., 0., 0., 0.0., 1.])
>>> def phi(p,q) :      """ Passons à la question 2 """
        r = p * q ; R = r.integ() ; return(R(1) - R(-1))
>>> for i in range(8) :
        print(phi(e(i),e(i)))
2.0000000000000000 0.66666666666666667 0.40000000000000000002 0.2857142857142857
0.22222222222222221 0.18181818181818182 0.15384615384615385 0.13333333333333333333
>>> f = [e(0)]     """ Passons à la question 3 par l'initialisation """
```

$>>>$ $for\ k\ in\ range(1,8)$: """ on construit une base orthogonale sous forme d'une liste """
$pol\ =\ e(k)\ -\ sum(phi(f[i], e(k))\ *\ f[i]\ /\ phi(f[i], f[i])$
$for\ i\ in\ range(k))$
$f.append(pol)$
$>>>$ $g = [\,]$ """ on initialise la base orthonormale """
$>>>$ $for\ k\ in\ range(8)$:
$g.append(f[k]/np.sqrt(phi(f[k], f[k])))$
$>>>$ $g[6].coef$ """ Par exemple pour le septième vecteur """
$array([-0.7967218\,,\ 0.\,,\ 16.73115778\,,\ 0.\,,\ -50.19347334\,,\ 0.\,,\ 36.80854711])$

Remarque : On peut **orthonormaliser avec le calcul formel et** *sympy* **pour** $V \subset \mathbb{R}^m$.
Après avoir chargé *sympy*, on rentre $ui(a1, ..., an)$ par : $u[i]\ =\ Matrix((a1, ..., an)).reshape(n, 1)$.
Puis on tape : $>>>$ $GramSchmidt((u1, u2, ..., un),\ orthog\ =\ True)$

Donnons un exemple. Reprenons la famille $\{\vec{u}_1(2,2,-3),\ \vec{u}_2(1,-3,-3),\ \vec{u}_3(2,0,1)\}$.
On tape alors :
$>>>$ $from\ sympy\ import\ *;\ import\ numpy\ as\ np$
$>>>$ $u1\ =\ Matrix((2,2,-3)).reshape(3,1);\ u2\ =\ Matrix((1,-3,-3)).reshape(3,1)$
$>>>$ $u3\ =\ Matrix((2,0,1)).reshape(3,1)$
$>>>$ $GramSchmidt([u1, u2, u3],\ orthog\ =\ True)$
$[[2 * sqrt(17)/17, 2 * sqrt(17)/17, -3 * sqrt(17)/17],\ [7 * sqrt(5066)/5066, -61 * sqrt(5066)/5066,$
$-18 * sqrt(5066)/2533],\ [15 * sqrt(298)/298, -3 * sqrt(298)/298, 4 * sqrt(298)/149]]$

❑ **Méthode 18.17.— Comment calculer la projection orthogonale d'un vecteur de E en utilisant le langage Python.** Cette méthode est basée sur la **méthode 5.7**.
Notons x le vecteur de E qui est projeté, V le sous-espace vectoriel de dimension finie sur lequel on projette et enfin $y = p_V(x)$ cette projection.

- ***Détermination de*** $p_V(x)$ ***en utilisant une base orthonormale de*** V
  Plaçons nous dans $\mathbb{R}^m$. Si l'on note $W[:,0]$, ..., $W[:,n-1]$ la base orthonormale de V, X (respectivement Y) la liste correspondant à x (respectivement y), on tape :
  $>>>$ $Y\ =\ sum(np.vdot(W[:,i], X) * W[:,i]\ \ for\ i\ in\ range(0,n))$
- ***Détermination de*** $p_V(x)$ ***en résolvant un système linéaire traduisant l'orthogonalité de*** $x - p_V(x)$ ***aux vecteurs d'une base de l'espace vectoriel*** V ***de dimension finie***
  Toujours dans $E = \mathbb{R}^m$ (on s'y ramène si nécessaire), on note $(u1, ..., up)$ une base de V avec $p < m$. On suppose que $y = p_V(x)$ a pour composantes $(y1, ..., ym)$. On détermine une équation de V sous forme de $m - p$ égalités indépendantes puis on pose $z = x - y$. On exprime $z.ui = 0$ pour tout $i \in [\![1,p]\!]$. Cela fait p nouvelles égalités. On obtient un système de m équations à m inconnues.
  On le résout en utilisant la **méthode 18.13**.

Mise en œuvre : exercice 18.27.

Exemple : *On pose* $F = \mathrm{Vect}\,((1,1,1,1),\ (0,2,0,3)) \subset \mathbb{R}^4$.
Déterminer la projection orthogonale de $(1,-1,2,0)$ *sur* F *:*
1. *en utilisant une base orthonormale de* F *;*
2. *en résolvant un système linéaire traduisant l'orthogonalité.*

1. On tape (on appelle $(W[:,0], W[:,1])$ la base orthonormée de $\mathsf{Vect}\,(F)$ issue de Gram-Schmidt et X le vecteur que l'on projette :

```
>>> import numpy as np ; X = np.array([[1, -1, 2, 0]])
>>> W = Gram_Schmidt(np.array([[1, 0], [1, 2], [1, 0], [1, 3]]))
>>> Y = sum(np.vdot(W[:, i], X) * W[:, i]  for i in range(0, 2))
>>> Y
array([1.333333333e+00,  5.55111512e-17,  1.333333333e+00,  -6.666666667e-01])
```

Le vecteur cherché est donc $(4/3, 0, 4/3, -2/3)$.

Remarque : Que cela donne t-il avec *sympy*, juste par curiosité ?

```
>>> from sympy import * ; import numpy as np
>>> u1 = Matrix((1, 1, 1, 1)).reshape(4, 1) ; u2 = Matrix((0, 2, 0, 3)).reshape(4, 1)
>>> W = GramSchmidt([u1, u2] , orthog = True)
>>> W      """ On peut rentrer u1 aussi sous la forme Matrix([[1, 1, 1, 1]]) (idem u2) """
[[1/2], [1/2], [1/2], [1/2]], [[-5 * sqrt(3)/18], [sqrt(3)/6], [-5 * sqrt(3)/18], [7 * sqrt(3)/18]]
>>> X = np.array([[1, -1, 2, 0]]) """ On va « mixer » sympy et numpy """
>>> Y = np.vdot(np.array(W[0]), X) * np.array(W[0])
+ np.vdot(np.array(W[1]), X) * np.array(W[1])
>>> W
array([[4/3], [0], [4/3], [-2/3]], dtype = object)
```

2. On pose $x = (1, -1, 2, 0)$, $y = (y1, y2, y3, y4)$ et $z = x - y = (1 - y1, -1 - y2, 2 - y3, -y4)$.
Nous allons construire mathématiquement le système à résoudre.

Comme $y \in F$, $\exists (t, s) \in \mathbb{R}^2$, $\left\{\begin{array}{rcl} y1 & = & t \\ y2 & = & t + 2s \\ y3 & = & t \\ y4 & = & t + 3s \end{array}\right.$ Cela donne : $\left\{\begin{array}{rcl} y1 - y3 & = & 0 \\ -y1 + 3y2 - 2y4 & = & 0 \end{array}\right.$

Puis $z.u1 = z.u2 = 0 \Rightarrow \left\{\begin{array}{rcl} y1 + y2 + y3 + y4 & = & 2 \\ -2y2 - 3y4 & = & 2 \end{array}\right.$

y est la projection orthogonale si $(y1, y2, y3, y4)$ est solution du système :

$$\left\{\begin{array}{rcl} y1 - y3 & = & 0 \\ -y1 + 3y2 - 2y4 & = & 0 \\ y1 + y2 + y3 + y4 & = & 2 \\ -2y2 - 3y4 & = & 2 \end{array}\right.$$

Il reste à passer en Python :

```
>>> import numpy as np; import numpy.linalg as alg
>>> A = np.array([[1, 0, -1, 0], [-1, 3, 0, -2], [1, 1, 1, 1], [0, -2, 0, -3]])
>>> B = np.array([[0], [0], [2], [2]])
>>> alg.solve(A, B)
array([[1.333333333e+00], [-7.40148683e-17], [1.33333333e+00], [-6.666666667e-01]])
```

On retrouve que $(4/3, 0, 4/3, -2/3)$ est la projection cherchée.

Remarque : On peut aussi obtenir le résultat précédent directement lisible avec *sympy* :

```
>>> from sympy import *
>>> y1 = symbols('y1') ; y2 = symbols('y2') ; y3 = symbols('y3') ; y4 = symbols('y4')
>>> syst = Matrix([[1, 0, -1, 0, 0], [-1, 3, 0, -2, 0], [1, 1, 1, 1, 2], [0, -2, 0, -3, 2]])
>>> solve_linear_system(syst, y1, y2, y3, y4)
{ y3 : 4/3 , y2 : 0 , y1 : 4/3 , y4 : -2/3 }
```

❑ **Méthode 18.18.— Comment décomposer une matrice A inversible et carrée d'ordre n sous la forme QR avec Python**

Encore un algorithme « conseillé » dans le programme officiel de Mathématiques PSI. Notons $T_n^+(\mathbb{R})$ le sous ensemble de $\mathrm{GL}_n(\mathbb{R})$ constitué des matrices triangulaires supérieures, à coefficients diagonaux > 0. Si $A \in \mathrm{GL}_n(\mathbb{R})$, on démontre qu'il existe un unique couple $(Q,R) \in \mathrm{O}_n(\mathbb{R}) \times T_n^+(\mathbb{R})$ tel que $A = QR$.

- ***Preuve mathématique.*** La preuve de l'existence et de l'unicité se trouve dans l'**exercice 6.3** que l'on vous engage d'aller voir avant de continuer. On se place dans le cadre de $\mathbb{R}^n$ euclidien, rapporté à $\mathcal{B}$ sa base canonique. Si $\mathcal{B}' = \{\vec{u}_1, ..., \vec{u}_n\}$ est la famille des vecteurs colonnes de A, et si $\mathcal{B}'' = \{\vec{w}_1, ...\vec{w}_n\}$, la famille orthonormée obtenue à partir de $\mathcal{B}'$ par le procédé de Gram-Schmidt alors Q est la matrice de passage (orthogonale) de $\mathcal{B}$ à $\mathcal{B}''$ et R est la matrice de passage de $\mathcal{B}''$ à $\mathcal{B}'$.
- ***Mise en Python de l'algorithme correspondant*** On remarque que $Q^{-1} = Q^T$. Ainsi, pour déterminer la décomposition QR de A, on détermine Q par Gram-Schmidt (car Q est la matrice W de la procédure *Gram_Schmidt* de la **méthode 18.16**) et quant à R, on utilise :
  $A = QR \Rightarrow Q^TA = Q^TQR = R$. Il suffit donc de faire le produit de la transposée de Q par A. On tape :
  ```
  >>> def Decomp_QR(A) :
          W = Gram_Schmidt(A); R = np.dot(np.transpose(W), A)
          L = [W, R]; return(L)
  ```
- Il existe des fonctions prédéfinies Python pour les moins courageux : *qr* du sous-module *numpy.linalg* et *QRdecomposition*( ) du module *sympy* (voir l'exemple suivant pour l'utilisation).

Exemple : *En utilisant d'une part les fonctions prédefinies et d'autre part la procédure Decomp_QR de la* **méthode 18.18**, *trouver la décomposition QR de* $A = \begin{pmatrix} 12 & -51 & 4 \\ 6 & 167 & -68 \\ -4 & 24 & -41 \end{pmatrix}$.

On tape :
```
>>> import numpy as np      """ On suppose Gram_Schmidt et Decomp_QR tapées """
>>> Decomp_QR(np.array([[12, -51, 4], [6, 167, -68], [-4, 24, -41]]))
[array([[0.85714286 , -0.39428571 , -0.33142857] , [0.42857143 , 0.90285714 , 0.03428571] ,
[-0.28571429 , 0.17142857 , -0.94285714]]) , array([[1.4000e + 01 , 2.1000e + 01 , -1.4000e + 01 ],
[-6.66133815e-16 , 1.75000e+02 , -7.000e+01] , [0.0000e+00 , 1.42108547e-14 , 3.5000e+01]])]
>>> import numpy.linalg as alg; from sympy import *
>>> alg.qr(np.array([[12, -51, 4], [6, 167, -68], [-4, 24, -41]]))
(array([[-0.85714286 , 0.39428571 , 0.33142857] , [-0.42857143 , -0.90285714 , -0.03428571] ,
[0.28571429 , -0.17142857 , 0.94285714]]) , array([[-14., -21. , 14.], [0., -175., 70.], [0., 0., -35.]]))
>>> (Q, R) = Matrix([[12, -51, 4], [6, 167, -68], [-4, 24, -41]]).QRdecomposition( )
>>> Q
[6/7, -69/175, -58/175], [3/7, 158/175, 6/175], [-2/7, 6/35, -33/35]
```
On peut remarquer que *alg.qr* donne $-Q$ et $-R$, comme $A = QR = (-Q)(-R)$, le produit reste juste mais attention, alors $-R \in T_n^-(\mathbb{R})$. Enfin, Q et R sont exacts avec le module *sympy*.

■ Équations et systèmes différentiels

❑ Méthode 18.19.— Comment résoudre de façon numérique une EDL1

On commence par écrire l'équation différentielle sous la forme $y'(t) = f(y(t), t)$ et la condition initiale $y(t_0) = y_0$, ce qui permet de généraliser à une équation non linéaire, c'est-à-dire dans le cas où $f(y(t), t)$ n'est pas de la forme $a(t)y(t) + b(t)$.

- ***Première piste. On peut utiliser la fonction*** *odeint* ***du sous-module*** *scipy.integrate*. Cette fonction nécessite une liste de valeurs de t, commençant en t_0 et une condition initiale y_0. La fonction *odeint* renvoie des valeurs approchées (aux points contenus dans la liste des valeurs de t) de la solution y de l'équation différentielle qui vérifie $y(t_0) = y_0$. Plus précisément, si l'on désire les solutions pour $t \in [t_0, t_n]$ avec un pas h, on tape :

  ```
  >>> import scipy.integrate as integr ; def f(y,t) : return expression
  >>> T = np.arange(t0,tn,h) ; Y = integr.odeint(f,y0,T)
  ```

  Y renvoyé est un tableau dont chaque ligne correspond à la valeur d'une fonction à un instant donné. Ainsi $Y[0]$ renvoie y_0 et $Y[-1]$ renvoie $y(t_1)$. On tape alors :

  ```
  >>> plt.plot(T,Y) ; plt.show()
  ```

  On a le tracé de la courbe intégrale.

- ***Deuxième piste. On peut construire une procédure Python basée sur l'algorithme d'Euler vu en première année.*** Voir le premier exemple ci-dessous où l'on rappelle la méthode et la fonction Python associée.

Mise en œuvre : exercice 18.33.

Exemple : *On cherche à déterminer une solution approchée de $y'(t) = f(y(t), t)$ valable sur un intervalle donné, c'est-à-dire $t \in [t_0, t_n]$. On suppose la condition initiale $y(t_0) = y_0$. Pour cela, on choisit une subdivision $(t_0, t_1, ..., t_n)$ de $[t_0, t_n]$ à pas constant $h = (t_n - t_0)/n$.*
Donc : $\forall k \in [\![0, n-1]\!]$, $t_{k+1} = t_k + h$.
On définit alors la liste $(y_1, ..., y_n)$ telle que $\forall k \in [\![0, n-1]\!]$, $y_{k+1} = hf(y_k, t_k) + y_k$.

1. *Expliquer l'algorithme dit* **méthode d'Euler**.

2. *Écrire une fonction Euler qui prend en argument f, $t0$, tn, n et $y0$. On créera dans une boucle la liste T des abscisses et celle Y des valeurs prises par la solution y aux points considérés.*
On renverra Y. Appliquer à $(t+1)y'(t) + y(t) = \cos t$ pour $t \in [0, 10]$ avec $y(0) = 1$ et $n = 10$.

Écrire ensuite une fonction Euler_Affich de mêmes arguments, qui doit renvoyer l'affichage de la courbe reliant les points calculés. En notant Δt et Δy les amplitudes des valeurs manipulées, on créera une fenêtre graphique qui déborde de 10% de chaque côté du tracé.

3. *Appliquer à $(t+1)y'(t) + y(t) = \cos t$ pour $t \in [0, 10]$ avec $y(0) = 1$ et $n = 35$.*

1. La méthode d'Euler consiste à considérer que si h est petit alors $y(t_k + h)$ est proche de $y(t_k) + hy'(t_k)$, c'est-à-dire de $y(t_k) + hf(y(t_k), t_k)$. Ainsi, pour connaître $y(t_k + h) = y(t_{k+1})$, on doit partir de t_k et de $y(t_k)$ et on suppose qu'entre les points $M_k(t_k, y(t_k))$ et $M_{k+1}(t_{k+1}, y(t_{k+1}))$, la courbe représentative de l'unique solution y reste « proche » de sa tangente au point t_k.

2. On tape alors (*numpy* est importé en prévision de l'apparition de cos dans l'exemple) :

```
>>> import numpy as np
```

```
>>> def Euler(f, t0, tn, n, y0) :
        h = (tn − t0)/float(n) ; t = t0 ; y = y0
        T = [t0] ; Y = [y0]
        for k in range(n) :
            y = y + h * f(y, t) ; t = t + h ; T.append(t) ; Y.append(y)
        return Y
>>> def f(x, t) : return (np.cos(t) − x)/(t + 1)
>>> Euler(f, 0, 10, 10, 1)
```

array([1. , 1. , 0.77015115 , 0.37471849 , 0.03354074 ,
−0.10389613 , −0.03930308 , 0.10347883 , 0.1847176 , 0.1480808378, 0.04216238])

Pour la seconde procédure, on garde en mémoire la plus petite et la plus grande des valeurs rencontrées pour déterminer à la fin la taille des axes (10% de plus de chaque côté, vertical et horizontal). On calcule *ymin* et *ymax* dans la boucle en même temps que le calcul de y. Idem pour les valeurs de t. Enfin, on demande ici non pas de renvoyer Y mais d'afficher le graphe de la ligne brisée constituée par T et Y. On tape alors :

```
>>> import numpy as np ; import matplotlib.pyplot as plt
>>> def Euler_Affich(f, t0, tn, n, y0) :
        h = (tn − t0)/float(n) ; ymin = y0 ; ymax = y0
        t = t0 ; y = y0 ; T = [t0] ; Y = [y0]
        for k in range(n) :
            y = y + h * f(y, t) ; t = t + h ; ymin = min(ymin, y)
            ymax = max(ymax, y) ; T.append(t) ; Y.append(y)
        deltaT = (tn − t0)/10 ; deltaY = (ymax − ymin)/10
        plt.plot(T, Y, color =' b' ) ; plt.grid( )
        plt.axis([t0 − deltaT, tn + deltaT, ymin − deltaY, ymax + deltaY])
        plt.axhline(color = '0' ) ; plt.axvline(color = '0' ) ; plt.show( )
```

3. On écrit pour $t \in [0, 1]$, $y'(t) = \dfrac{1}{t+1}\,(-y(t) + \cos t)$.

```
>>> Euler_Affich(f, 0, 10, 35, 1)
```

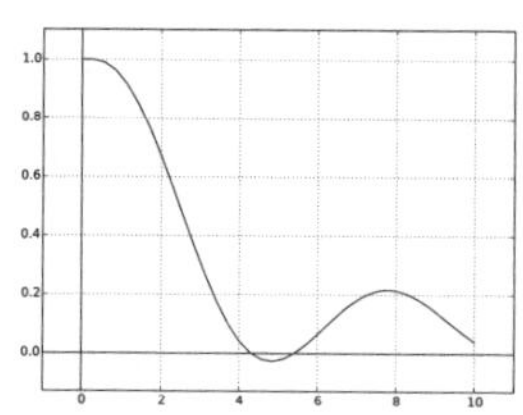

Exemple : *Déterminer sur* $[0, 1]$ *la solution de* $y'(t) = t\,y(t) + t$ *qui vérifie* $y(0) = 1$ *en utilisant d'abord la procédure Euler de l'exemple précédent avec* $n = 100$ *puis odeint.*

```
>>> def f(x, t) : return(x * t + t) """ Avec Euler (n = 100) """
>>> Euler_Affich(f, 0, 1, 100, 1) (Ci-dessous la courbe de gauche.)
>>> import scipy.integrate as integr """ Avec odeint """
>>> T = np.linspace(0, 1, 100) ; Y = integr.odeint(f, 1, T) ; plt.plot(T, Y)
```

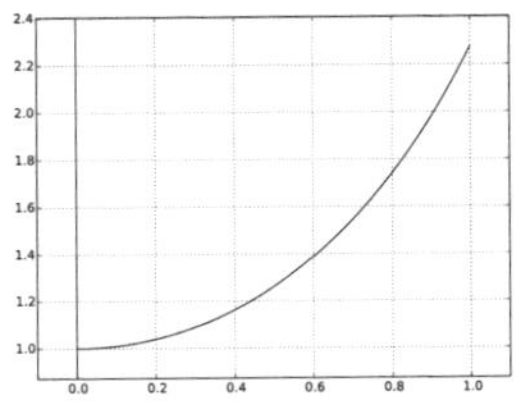

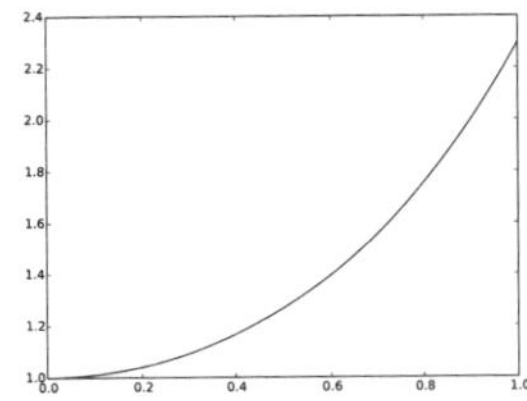

❑ Méthode 18.20.— Comment résoudre de façon numérique un système différentiel linéaire d'ordre 1 avec Python

Nous allons traiter le cas du système différentiel $\begin{cases} x'(t) &= a\,x(t) + b\,y(t) \\ y'(t) &= c\,x(t) + d\,y(t) \end{cases}$ avec la condition initiale $x(t_0) = x_0$ et $y(t_0) = y_0$. Ici a, b, c et d sont bien entendu constantes. On cherche une solution $t \mapsto (x(t), y(t))$ pour $t \in [t_0, t_n]$ de pas h.

- ***Première piste : on utilise*** *odeint* et on tape :

  ```
  >>> import numpy as np; import scipy.integrate as integr
  >>> def F(x,t) : return(np.array([a*x[0] + b*x[1], c*x[0] + d*x[1]]))
  >>> T = np.arange(t0, tn, h)
  >>> X = integr.odeint(F, np.array([x0, y0]), T)
  ```

  X est un tableau de deux colonnes. Chaque $k^{\text{ème}}$ ligne correspond à $x(tk)$ et $y(tk)$. $X[:,0]$ (respectivement $X[:,1]$) donne $t \mapsto x(t)$ (respectivement $t \mapsto y(t)$).
  Pour afficher ces deux fonctions, on appliquera respectivement les commandes *plt.plot*$(T, X[:,0])$ et *plt.plot*$(T, X[:,1])$.
  Pour afficher $t \mapsto (x(t), y(t))$, on appliquera *plt.plot*$(X[:,0], X[:,1])$.
- ***Deuxième piste : on utilise la méthode d'Euler***. Voir le 2e exemple suivant.

Mise en œuvre : exercice 18.32

Exemple : *Résoudre avec odeint le système différentiel* $\begin{cases} x'(t) &= -x(t) - y(t) \\ y'(t) &= x(t) - y(t) \end{cases}$ *sur* $[0, 10]$ *de pas* 0.01 *avec* $x(0) = 1$ *et* $y(0) = -1$. *On affichera ensemble* $t \mapsto x(t)$ *et* $t \mapsto y(t)$.

```
>>> import numpy as np; import scipy.integrate as integr; import matplotlib.pyplot as plt
>>> def F(x,t) : return(np.array([-x[0] - x[1], x[0] - x[1]]))
>>> T = np.arange(0, 10, 0.01); X = integr.odeint(F, np.array([1, -1]), T)
>>> plt.plot(T, X[:,0]); plt.plot(T, X[:,1]); plt.show()
```

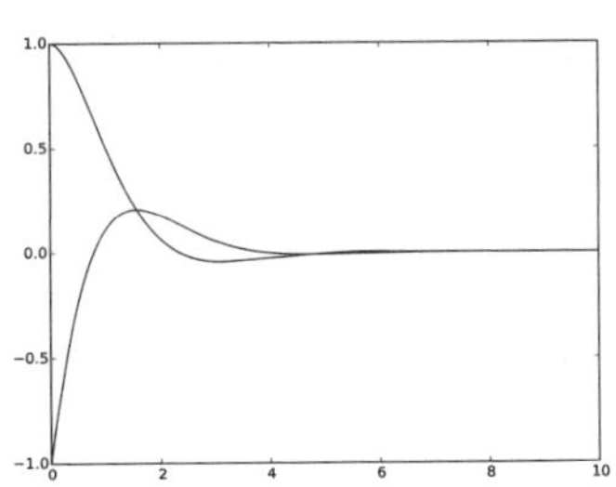

Exemple : 1. *Considérons le système différentiel* $\left\{\begin{array}{lll} x'(t) & = & f(x(t),y(t),t) \\ y'(t) & = & g(x(t),y(t),t) \end{array}\right.$, *où f et g sont des fonctions de $\mathbb{R}^3$ dans $\mathbb{R}$. Les conditions initiales sont $x(t0) = x0$ et $y(t0) = y0$.*
Ainsi en partant du cas du système linéaire de l'introduction de la **méthode 18.20** :
$f(x(t),y(t),t) = ax(t) + by(t)$ et $g(x(t),y(t),t) = cx(t) + dy(t)$.
Adapter Euler_Affich en EulerSyst_Affich qui a pour arguments f, g, $t0$, tn, n et $x0$, $y0$ et qui affiche la courbe intégrale $t \mapsto (x(t),y(t))$ pour $t \in [t0,tn]$ avec un pas $h = (tn - t0)/n$.

2. *Appliquer à* $\left\{\begin{array}{lll} x'(t) & = & x(t)(1-y(t)) \\ y'(t) & = & y(t)(x(t)-1) \end{array}\right.$ *avec $[t0,tn] = [0,10]$, $x(0) = 2$, $y(0) = 1$ et $n = 500$.*

1.
```
>>> import matplotlib.pyplot as plt
>>> def EulerSyst_Affich(f,g,t0,tn,n,x0,y0) :
        t = t0 ; x = x0 ; y = y0 ; h = (tn - t0)/float(n) ; T = [t0] ; X = [x0] ; Y = [y0]
        for k in range(n) :
            x, y = x + h * f(x,y,t), y + h * g(x,y,t) ; t = t + h
            T.append(t) ; X.append(x) ; Y.append(y)
        plt.plot(X,Y)
```
2.
```
>>> def f(x,y,t) : return(x * (1 - y)) ; def g(x,y,t) : return(y * (x - 1))
>>> EulerSyst_Affich(f,g,0,10,500,2,1)
```

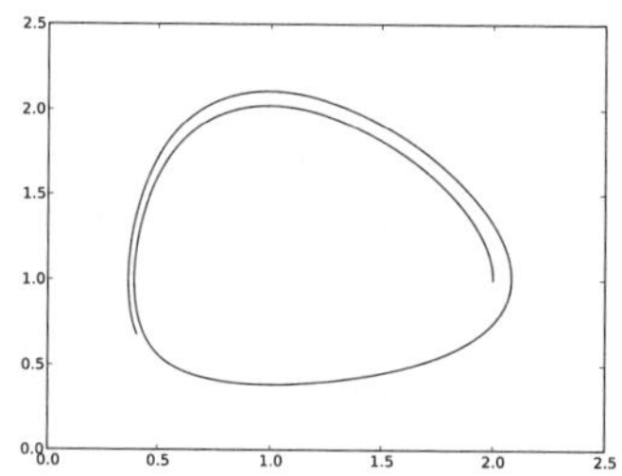

> ❏ **Méthode 18.21.— Comment résoudre numériquement une EDL2**
> Soit $y''(t) + a(t)y'(t) + b(t)y(t) = g(t)$ avec la condition initiale $y(t_0) = y_0$ et $y'(t_0) = y_1$.
> ***On se ramène à un système différentiel d'ordre*** 1.
> On utilise la **proposition 14.6** avec $X(t) = \begin{pmatrix} y(t) \\ y'(t) \end{pmatrix}$, $X'(t) = A(t)X(t) + B(t)$ et en posant $A(t) = \begin{pmatrix} 0 & 1 \\ -b(t) & -a(t) \end{pmatrix}$ et $B(t) = \begin{pmatrix} 0 \\ g(t) \end{pmatrix}$. À partir de là, on peut utiliser la **méthode 18.20**. Le plus rapide est *integr.odeint* de *scipy.integrate*, c'est-à-dire la première piste de la **méthode 18.20** avec ici :
> ```
> >>> def F(x,t) : return(np.array([x[1], -b(t) * x[0] - a(t) * x[1] + g(t)]))
> ```

Remarque : Comme Python permet de travailler numériquement, il n'y a plus d'obstacle à résoudre un système différentiel du type $X'(t) = A(t)X(t) + B(t)$, où A est fonction de t. Les résolutions étaient exactes dans le **chapitre 14** et c'était plus limité. Illustrons avec l'exemple suivant.

Exemple : *Résoudre et afficher pour $t \in [0,4]$ l'unique solution de (E) $y''(t) + 4ty(t) = 0$, de condition initiale $y(0) = 1$ et $y'(0) = -2$ en utilisant odeint du sous-module integrate du module scipy. On prendra un pas de $h = 0.01$.*

Posons $X(t) = \begin{pmatrix} y(t) \\ y'(t) \end{pmatrix}$, l'équation (E) correspond au système $X'(t) = A(t)X(t)$ en posant $A(t) = \begin{pmatrix} 0 & 1 \\ -4t & 0 \end{pmatrix}$. On a : $F(X(t),t) = A(t)X(t) = \begin{pmatrix} y'(t) \\ -4ty(t) \end{pmatrix}$.

Donc $F(X(t),t) = [X[1], -4*t*X[0]]$. On tape alors :

```
>>> import numpy as np; import scipy.integrate as integr; import matplotlib.pyplot as plt
>>> def F(X,t) : return(np.array([X[1], -4*t*X[0]]))
>>> T = np.arange(0,4,0.01); X0 = [1,-2]; XX = integr.odeint(F,X0,T)
>>> plt.plot(T, XX[:,0]); plt.show()
```

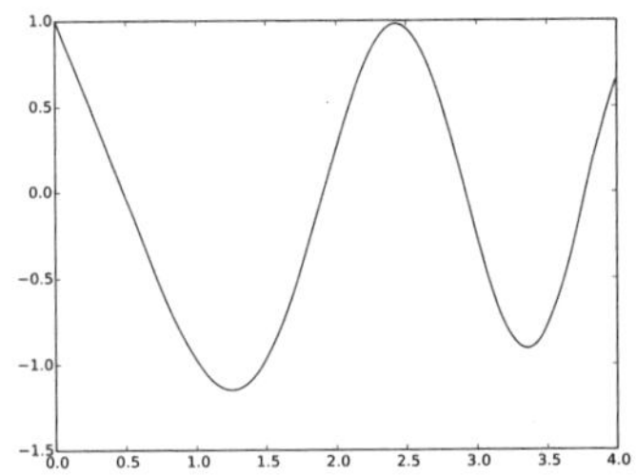

Mise en œuvre : exercice 18.32.

■ Autour des fonctions de plusieurs variables

> **❑ Méthode 18.22.— Comment résoudre un système non linéaire avec Python**
> ***On utilise le sous-module*** *scipy.optimize* en tapant : *import scipy.optimize as resol*
> On cherche une solution $(x_0, ..., x_{n-1})$ d'un système de la forme :
> $f1(x_0, ..., x_{n-1}) = 0$, $f2(x_0, ..., x_{n-1}) = 0$, ..., $fn(x_0, ..., x_{n-1}) = 0$.
> ***On utilise*** *resol.fsolve* de premier argument *Syst* et de second argument une liste $[a1, ..., an]$ constituée de valeurs initiales $x_0 = a1, ..., x_{n-1} = a_n$ « pas trop loin » des bonnes solutions. On fera plusieurs choix de ces valeurs initiales.
> ```
> >>> def Syst(X) : return(f1(X[0], ..., X[n-1]), ..., fn(X[0], ..., X[n-1]))
> >>> Sol = resol.fsolve(Syst, [a1, ..., an]); print(Sol)
> ```
> **Attention, le nombre d'équations doit être le même que le nombre d'inconnues.**

Mise en œuvre : exercice 18.27.

Exemple : *Résoudre* $\begin{cases} x^2 - y^2 & = & 1 \\ x + 2y - 3 & = & 0 \end{cases}$ *avec la fonction resol.fsolve.*

```
>>> import scipy.optimize as resol
>>> def Syst(X) : return(X[0]**2 - X[1]**2 - 1 , X[0] + 2*X[1] - 3)
>>> Sol1 = resol.fsolve(Syst, [0,0]); Sol2 = resol.fsolve(Syst, [-3,3]); Sol1 , Sol2
array([1.30940108, 0.84529946]) array([-3.30940108, 3.15470054])
```

Remarque : Une application courante de résolution de systèmes non linéaires est la recherche de points critiques.

Exemple : *Trouver les points critiques de* $f : (x,y) \mapsto \dfrac{x}{x+y} + \dfrac{50-x}{100-(x+y)}$, *sur le fermé borné* $D = [1,49] \times [1,49]$. *On pourra utilisera scipy.optimize, on comparera aussi avec une résolution sans Python. (Exercice posé à l'oral de Centrale-Supelec en filière PSI.)*

Rapidement, on a, pour tout $(x,y) \in D$,

$$\frac{\partial f}{\partial x}(x,y) = \frac{y}{(x+y)^2} + \frac{y-50}{(-x-y+100)^2},\ \frac{\partial f}{\partial y}(x,y) = \frac{-x}{(x+y)^2} + \frac{-x+50}{(-x-y+100)^2}.$$

Les points critiques cherchés sont solutions de (1) :

$$\begin{cases} y(-x-y+100)^2 - (50-y)(x+y)^2 & = & 0 \\ -x(-x-y+100)^2 + (x+y)^2(-x+50) & = & 0 \end{cases}.$$

```
>>> import scipy.optimize as resol     """ On tente numériquement """
>>> def Syst(X) :
        return(X[1]*(-X[0]-X[1]+100)**2-(50-X[1])*(X[0]+X[1])**2, -X[0]*(-X[0]-
        X[1] + 100) ** 2 + (50 - X[0]) * (X[0] + X[1]) ** 2)
>>> resol.fsolve(Syst, [30,28]) , resol.fsolve(Syst, [1,1]) , resol.fsolve(Syst, [49,49])
 array([25., 25.]) , array([0., 0.]) , array([50., 50.])   """ Seule la première convient"""
```

Reprenons (1). En multipliant la première ligne par x et la seconde par y et en sommant, on aboutit à $x = -y$ (ce n'est pas possible dans D) ou à $x = y$. En remplaçant, le seul point critique dans $[1,49] \times [1,49]$ est bien $(25,25)$.

Rajoutons que sur $\mathbb{R}_+^\star \times \mathbb{R}_+^\star$, il n'y en a que deux : $(25,25)$ et $(50,50)$.

D'où la cohérence entre les résultats donnés par le calcul et par Python.

❑ Méthode 18.23.— Comment tracer une ligne de niveau ou une surface

- Pour ***tracer des lignes de niveau*** $\{(x,y) \in [a,b] \times [c,d],\ f(x,y) = k\}$, où k est un réel (qui peut prendre plusieurs valeurs), on fait une grille en X et en Y de pas h sur laquelle on calcule les valeurs de f. On emploie ensuite *contour* du module *matplotlib.pyplot* en mettant dans une liste L les valeurs de k pour lesquelles on désire le tracé. On tape :

```
>>> import numpy as np; import matplotlib.pyplot as plt
>>> X = np.arange(a, b, h); Y = np.arange(c, d, h)
>>> X, Y = np.meshgrid(X, Y)
>>> Z = f(X, Y); plt.axis('equal'); plt.contour(X, Y, Z, L); plt.show()
```

- Pour ***tracer une surface***, d'équation $z = f(x,y)$, on réalise d'abord une grille en (x,y) en supposant $x \in [a,b]$ et $y \in [c,d]$ avec un pas h puis on calcule les valeurs de z correspondants aux points de cette grille. On fait ensuite le tracé avec la fonction *plot_surface* issue du module *mpl_toolkits.mplot3d*. On tape :

```
>>> import numpy as np; import matplotlib.pyplot as plt
>>> from mpl_toolkits.mplot3d; import Axes3D
>>> X = np.arange(a, b, h); Y = np.arange(c, d, h)
>>> X, Y = np.meshgrid(X, Y); Z = f(X, Y)
>>> ax = Axes3D(plt.figure()); ax.plot_surface(X, Y, Z); plt.show()
```

Exemple : *Tracer* $\{(x,y) \in [-2,2]^2,\ x^2+y^2+3xy=k\}$ *pour* $k \in \{0.1, 0.4, 0.5\}$. *(Pas* $h=0.01$*)*.

```
>>> import numpy as np ; import matplotlib.pyplot as plt
>>> def f(x,y) : return x**2+y**2+3*x*y
>>> X = np.arange(-2,2,0.01) ; Y = np.arange(-2,2,0.01) ; X , Y = np.meshgrid(X,Y)
>>> Z = f(X,Y) ; plt.axis('equal') ; plt.contour(X,Y,Z, [0.1,0.4,0.5]) ; plt.show()
```

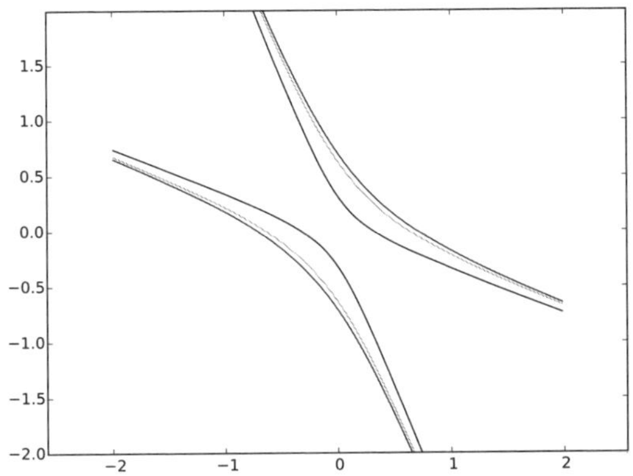

Exemple : *Tracer la surface* $z = x^2 - y^2$ *pour* $(x,y) \in [-2,2]^2$ *avec un pas* $h = 0.015$.

```
>>> import numpy as np ; import matplotlib.pyplot as plt
>>> from mpl_toolkits.mplot3d import Axes3D
>>> def f(x,y) : return x**2-y**2
>>> X = np.arange(-2,2,0.015) ; Y = np.arange(-2,2,0.015) ; X, Y = np.meshgrid(X,Y)
>>> ax = Axes3D(plt.figure()) ; Z = f(X,Y) ; ax.plot_surface(X,Y,Z) ; plt.show()
```

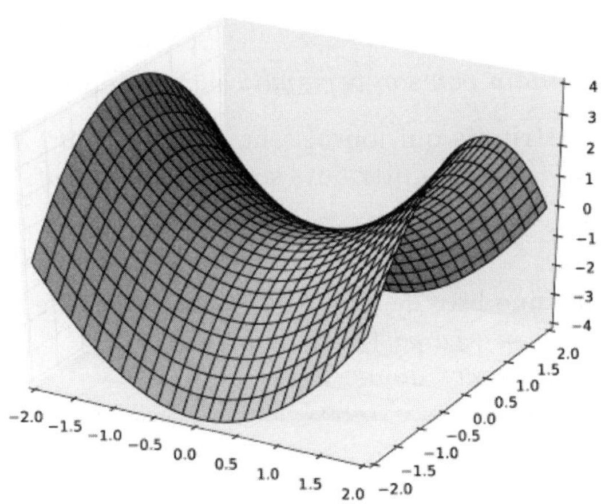

Méthodes

Mise en œuvre : exercice 18.29.

Probabilités et variables aléatoires réelles discrètes

Méthode 18.24.— Comment exploiter un exercice de probabilité et notamment simuler une suite de tirages avec Python

Plusieurs modules ou sous-modules permettent soit de « bricoler » sa loi de probabilité, par exemple, si l'on veut simuler une loi discrète uniforme, soit d'utiliser des procédures qui donnent directement les lois usuelles classiques.

- ***1. Sous-module** numpy.random* :
  le module *random* existe en dehors de *numpy* mais comme le module *numpy* est un des incontournables du programme officiel, on utilisera ici le sous-module *numpy.random*. On tape :

  $>>>$ *import numpy.random as rd*

  • *rd.randint(a, b)* permet de choisir un entier au hasard dans $[\![a, b-1]\!]$. La fonction *randint* peut prendre un troisième argument optionnel permettant d'effectuer plusieurs tirages et de renvoyer le résultat sous forme de tableau ou de matrice.
  • *rd.random( )* renvoie un réel dans $[0, 1[$. Comme la fonction *rd.randint*, cette fonction accepte un argument supplémentaire optionnel permettant de réaliser plusieurs tirages et de les renvoyer sous forme de tableau ou de matrice.
  • La commande *rd.binomial(n, p)* permet de simuler une loi binomiale de paramètres n et p. Dans le cas $n = 1$, elle simule donc une loi de Bernoulli.
  Un troisième argument otionnel donne le nombre de valeurs que l'on veut.
  • *rd.geometric(p)* permet de simuler une loi géométrique de paramètre p.
  Un deuxième argument optionnel donne le nombre de valeurs voulues.
  • La commande *rd.poisson(p)* permet de simuler une loi de Poisson de paramètre p. Un deuxième argument optionnel donne le nombre de valeurs.
- ***2. Sous-module** stats **de** scipy* :

  $>>>$ *from scipy.stats import* $*$

  scipy.stats possède les mêmes fonctions que *numpy.random* notées ici :

  binom poisson bernoulli geom randint

  On peut ajouter des attributs qui fournissent $P(X = k)$, $P(X \leqslant k)$ (fonction de répartition), $E(X)$ et $V(X)$. Ces attributs sont *rvs*, *pmf*, *cdf*, *mean* et *sdt*.
  Ainsi, si l'on tape :

  $>>>$ *va* $=$ *poisson(p)*

  va.rvs(size $= l$*)* donne une liste de tirage de Poisson de taille l
  va.pmf(k) donne $P(X = k)$, *va.pdf(k)* donne $P(X \leqslant k)$
  va.mean donne $E(X)$ et *va.rvs* donne $V(X)$.

Mise en œuvre : de l'**exercice 18.34** à l'**exercice 18.39**.

Remarque : Simuler une loi de probabilité c'est souvent calculer des proportions que l'on installe dans une liste. On rappelle que *L.count(i)* donne le nombre de fois où apparait i dans L.

Exemple : *On considère l'expérience : « on lance 4 fois une pièce et l'on compte combien de fois l'on obtient pile ». Créer une fonction experience qui recoit un entier n et renvoie, pour la réalisation de n expériences précédentes, la proportion de lancers où l'on obtient respectivement* $0, 1, 2, 3$ *ou* 4 *fois pile. Appliquer pour* $n = 5$ *et* $n = 10000$*. Comparer avec les résultats théoriques.*

On tape :

```
>>> import numpy.random as rd
>>> def experience(n) :
        L = []
        for j in range(n) :
            A = rd.randint(0, 2, 4) ; S = sum(A) ; L.append(S)
        return([L.count(i)/n  for i in range(5)])
>>> experience(5) , experience(10000)
[0.0, 0.2, 0.2, 0.4, 0.2], [0.06363, 0.25085, 0.37279, 0.25042, 0.06231]
```

Commentaire sur cet exemple :

la probabilité d'obtenir 0 fois pile est $\binom{4}{0}\left(\frac{1}{2}\right)^0\left(\frac{1}{2}\right)^4$ soit $\frac{1}{16}$, celle d'obtenir 1 fois pile est $\binom{4}{1}\left(\frac{1}{2}\right)^1\left(\frac{1}{2}\right)^3$ soit $\frac{1}{4}$, celle d'obtenir 2 fois pile est $\binom{4}{2}\left(\frac{1}{2}\right)^2\left(\frac{1}{2}\right)^2$ soit $\frac{3}{8}$, etc. On compare et on remarque que les valeurs de la liste *experience*(10000) s'en rapprochent.

Exemple : *On veut vérifier expérimentalement la loi faible des grands nombres.*
Écrire une fonction Python LoiFaible qui reçoit un entier n et qui renvoie un tableau de taille 5 *dont chaque élément est la réalisation d'un tirage aléatoire de la variable aléatoire* $S_n = \frac{1}{n}(X_1 + ... + X_n)$*, où les* X_k *sont des v.a.r.d indépendantes de même loi* $\mathcal{B}(20, 0.7)$*.*
Appliquer LoiFaible à $n = 20$ *puis* $n = 1000$*. Quelle valeur théorique doit-on trouver ?*

On tape :

```
>>> from scipy.stats import binom ; var = binom(20, 0.7)
>>> def LoiFaible(n) :
        a = var.rvs(size = 5)/n
        for j in range(n - 1) :
            a+ = var.rvs(size = 5)/n
        return(a)
>>> LoiFaible(20) , LoiFaible(1000)
array([14.15, 14.05, 14.35, 13.75, 14.7]) array([13.89, 14.051, 14.006, 14.147, 13.936])
```

On doit trouver $20 \times 0.7 = 14$. La convergence n'est pas très rapide !

Exemple : *Création d'une variable de Bernoulli de paramètre p.*
Écrire une fonction lancer(p) qui renvoie True avec une probabilité $p \in]0, 1[$ *et False avec une probabilité* $q = 1 - p$*. On utilisera la fonction rd.random( ). Faire quelques essais.*

On tape :

```
>>> import numpy.random as rd ; def lancer(p) : return(rd.random( ) < p)
>>> lancer(0.9) lancer(0.9999) , lancer(0.0001)
False True False
```

Méthodes

■■ Vrai/Faux

Les scripts suivants sont tous en langage Python. Evitez dans un premier temps de les taper sur un ordinateur et essayez de répondre avec un papier et un stylo.

Vrai Faux

1. $>>> \ n = 0$
$>>> \ while\ n <= 7:$
$\quad n = n + 2$
$>>> \ print(n)$
affichera l'entier $7 + 2 = 9$. ☐ ☐

2. $>>> \ n = 0$
$>>> \ for\ j\ in\ range(5):$
$\quad n = n + 1$
$>>> \ print(n)$
affichera l'entier $4 + 1 = 5$. ☐ ☐

3. 2019.35 peut s'écrire en langage Python $201935 * 10 \wedge (-2)$ ☐ ☐

4. $>>> \ L = 'ONTESTE'\ ;\ r = '\ '$
$>>> \ for\ l\ in\ L:$
$\quad r = r + l$
$>>> \ print(r)$
affichera $ONTESTE$ ☐ ☐

5. On suppose que $max(L)$ renvoie le plus grand entier d'une liste d'entiers naturels L. Alors la fonction suivante :
$>>> \ def\ Unknow(L):$
$\quad M = max(L) + 1$
$\quad res = [0] * M$
$\quad for\ k\ in\ range(len(L)):$
$\quad\quad res[L[k]] += 1$
$\quad return\ res$
renvoie une liste res de longueur $M = max(L) + 1$ telle que pour tout $i \in [\![0, M]\!]$, $res[i]$ est le nombre d'occurences de l'entier i dans la liste L. ☐ ☐

6. $>>> \ def\ Unbekannt(n):$
$\quad m = n;\ p = 0$
$\quad while\ m > 1:$
$\quad\quad m = m\ //\ 2;\ p += 1$
$\quad return\ p$
renvoie le plus grand entier p tel que $2^p < n$. ☐ ☐

Énoncé des exercices

Tous ces exercices utilisent le langage Python et sont regroupés par thème dominant. Bien entendu, un certain nombre d'entre eux sont à cheval sur plusieurs thèmes.

Autour des entiers

Exercice 18.1 : Écrire un programme Python qui teste si un nombre entier naturel n est premier ou non (le résultat doit être renvoyé par un booléen).

Exercice 18.2 : Écrire une fonction *plus_petit_diviseur* qui calcule le plus petit diviseur (supérieur ou égal à 2) d'un entier (supérieur ou égal à 2). Qu'en est-il pour 57469 ?

Exercice 18.3 : $p \in \mathbb{N}^\star$ est un diviseur strict de n si p divise n et si $p < n$.
1. Écrire *somme_div_stricts* calculant la somme des diviseurs stricts de $n \geqslant 2$.
2. Un nombre est parfait si, et seulement s'il est égal à la somme de ses diviseurs stricts. Écrire une fonction *parfait* qui teste si un nombre est parfait. Tester avec $n = 8128$.

Exercice 18.4 : Écrire une fonction *bissextile* qui teste si une année est bissextile.

Exercice 18.5 : On considère la fonction *mystere* suivante :

```
>>> def mystere(n, b) : """ Données : n > 0 un entier et b > 0 un entier """
        t = [ ]
        while n > 0 :
            c = n%b; t.append(c); n = n//b
        return t
```

Pour $k \in \mathbb{N}^\star$, on note c_k, t_k et n_k les valeurs prises par les variables c, t et n à la sortie de la $k^{\text{ème}}$ itération de la boucle *while*.
1. Quelle valeur est renvoyée lorsqu'on exécute $mystere(256, 10)$?
2. Soit $n > 0$ un entier. On exécute $mystere(n, 10)$. On pose $n_0 = n$.
a. Justifier la terminaison de la boucle *while*.
b. On note p le nombre d'itérations lors de l'exécution de $mystere(n, 10)$. Justifier que pour tout $k \in [\![0, p]\!]$, on a : $n_k \leq \dfrac{n}{10^k}$. En déduire une majoration de p en fonction de n.
3. En s'aidant du script de *mystere*, écrire *somme_chiffres* qui prend en argument un entier naturel et renvoie la somme de ses chiffres. Par exemple, $somme\_chiffres(256)$ renvoye 13.
4. Écrire une version récursive de la fonction *somme_chiffres*, on la nommera *somme_rec*.

D'après Concours Communs Polytechniques, filière MP

Exercice 18.6 : On veut calculer ici les coefficients $\binom{n}{k}$ sans utiliser *binom* du sous-module *scipy*. Écrire alors les fonctions suivantes.
1. $BINOME1$ qui calcule $\binom{n}{p}$ en utilisant la définition avec des factorielles.
2. $BINOME2$ qui calcule récursivement $\binom{n}{p}$ en utilisant : $\binom{n}{p} = \binom{n-1}{p} + \binom{n-1}{p-1}$.
3. $BINOME3$ qui calcule récursivement $\binom{n}{p}$ en utilisant : $\binom{n}{p} = \frac{n}{p}\binom{n-1}{p-1}$.

D'après Centrale-Supelec, filière PC

Exercice 18.7 : On note $C(n)$ la somme des chiffres d'un nombre élevé au carré.
Ainsi $C(317) = 3^2 + 1^2 + 7^2 = 59$.
1. Écrire un script Python pour calculer $C(n)$.
2. On note $Ck(n)$ la composée $k^{\text{ème}}$ de C.
Par exemple $C2(317) = 5^2 + 9^2 = 106$ et $C3(317) = 1^2 + 0^2 + 6^2 = 37$.
Écrire un script Python permettant de calculer $Ck(n)$.
3. Montrer que l'on peut trouver A et B deux réels tels que $C(n) \leqslant A \ln n + B$.

D'après Centrale-Supelec, filière PSI

Autour des listes

Exercice 18.8 : Écrire une fonction *Present* telle que *Present*(x, l) renvoie un booléen indiquant si l'élément x est présent dans une liste l d'entiers relatifs.

Exercice 18.9 : 1. Écrire une fonction maxim recherchant le maximum d'une liste (si la liste est vide, on renvoyera *None*). On pourra utiliser la fonction prédéfinie *max*.
2. Écrire une fonction *pos_maxim* qui indique la position du plus grand élément d'une liste (si la liste n'est pas vide !)

Exercice 18.10 : Écrire *cherche_dichotom* qui recherche un élément dans une liste triée d'entiers relatifs, c'est-à-dire rangée du plus petit au plus grand.

Exercice 18.11 : 1. Soit $n \in \mathbb{N}^\star$. On appelle diviseur strict de n tout diviseur positif de n et différent de n. Créer une fonction *diviseurstrict* qui retourne la liste des diviseurs stricts de n.
2. Deux entiers m et n strictement positifs sont dits **amis** si la somme des diviseurs stricts de m est égale à n et si la somme des diviseurs stricts de n est égale à m.
Créer une fonction *amis* qui retourne la liste des couples de nombres amis inférieurs ou égaux à p, en utilisant *diviseurstrict*. En déduire les nombres amis inférieurs ou égaux à 100 puis à 1000.

Exercice 18.12 : 1. Observer et expliquer ce que fait l'algorithme suivant :

```
>>> import numpy as np
>>> def LP(n) :
        tableau = [i for i in range(0,n+1)]
        for i in range(2,int(np.sqrt(n))) :
            for j in range(i**2,n,i) :
                tableau[j] = 0
        return[p for p in tableau if p >= 2]
```

2. Écrire un programme permettant de vérifier que pour tout $k \in [\![2, 40]\!]$, $k(k-1)+41$ est premier.
3. Écrire une fonction $Tester(p)$ qui teste si pour tout $k \in [\![2, p-1]\!]$, $k(k-1)+p$ est premier.
4. Déterminer tous les nombres inférieurs ou égaux à 100 qui conviennent.

D'après ENSAM, filière PSI

Autour des suites, séries

Exercice 18.13 : On pose $F_0 = 0$, $F_1 = 1$ et :

$$\forall n \in \mathbb{N},\ F_{n+2} = F_{n+1} + F_n.$$

1. Écrire une fonction Python qui renvoie F_n pour tout entier n. Calculer F_{50}.

2. Pour tout entier m non nul, on pose $F_n(m)$ le reste de la division euclidienne de F_n par m. Écrire une fonction qui renvoie $F_n(m)$. Calculer $F_{100}(m)$ pour $m = 5$ et $m = 7$.
Tracer le graphe donnant $F_n(m)$ en fonction de n pour $n \in [\![0,\ 200]\!]$ et m une valeur de votre choix.

D'après Centrale-Supelec, filière PSI

Exercice 18.14 : On définit la suite (u_n) par $u_0 = 9$ et : $\forall n \in \mathbb{N},\ u_{n+1} = 4u_n^3 + 3u_n^4$.

1. Écrire une fonction U telle que $U(n)$ renvoie u_n. Calculer avec Python u_i de $i = 0$ à $i = 5$.

2. Écrire une fonction S telle que $S(n)$ renvoie $\sum_{k=0}^{n} u_k$. Calculer $S(1)$, $S(2)$ et $S(4)$.

3. Écrire $C(n)$ qui renvoie le nombre de 9 par lesquels se termine l'écriture en base 10 de u_n.

Exercice 18.15 : Pour n entier, on pose : $S_n = \sum_{0 \leqslant 2k \leqslant n} (-1)^k \binom{n}{2k}$ et $T_n = 2^{\frac{n}{2}} \cos\left(n\frac{\pi}{4}\right)$.

1. Programmer une fonction *binom* telle que *binom*(n,k) calcule $\binom{n}{k}$ avec $k \in [\![0, n]\!]$.

2. Programmer une fonction *Sn* telle que *Sn*(n) donne S_n.

3. Afficher simultanément les termes des suites $(S_n)_{n\in[\![0,10]\!]}$ et $(T_n)_{n\in[\![0,10]\!]}$. Que constate-t-on ?

4. Développer $x \mapsto \cos(x)\, e^x$ en série entière et préciser son rayon de convergence.

5. En utilisant ce qui précède, démontrer le résultat observé à la question 3.

6. Déterminer une formule simple pour calculer $\sum_{0 \leqslant 2k+1 \leqslant n} (-1)^k \binom{n}{2k+1}$. La simuler.

Exercice 18.16 : Soit $\omega = e^{2i\pi/5}$ et la série $\sum_{n\geqslant 1} \frac{\omega^n}{n}$. On pose : $S_n = \sum_{k=1}^{n} \frac{\omega^k}{k}$. Calculer S_n pour des valeurs de n très grandes. La série semble-t-elle converger ? Donner sa limite (avec Python).

D'après Centrale-Supelec, filière PSI

Autour des fonctions

Exercice 18.17 : On pose pour tout $n \in \mathbb{N}^\star$, $f_n(x) = \frac{1}{x} + \sum_{k=1}^{n} \frac{1}{x-k}$.

1. Tracer f_1, f_2, f_3, f_4 et f_5 pour $x \in [0.1, 0.9]$.

2. Montrer que f_n s'annule une et une seule fois sur $]0, 1[$ en u_n.

3. Écrire une fonction qui prend en argument n et qui donne une valeur approchée à 10^{-8} près de u_n par un procédé dichotomique. Montrer que la suite (u_n) converge.

D'après Centrale-Supelec, filière PSI

Exercice 18.18 : Soit $f : n \mapsto \begin{cases} 1 & \text{si} \quad n = 1 \\ n/2 & \text{si} \quad n \text{ est pair} \\ 3n+1 & \text{si} \quad n \text{ est impair} \end{cases}$.

1. Programmer la fonction f en Python.

2. Écrire une procédure PYTHON nommée *Syracuse* qui reçoit un entier n et renvoie la suite des entiers obtenus en appliquant successivement f jusqu'à ce que l'on obtienne 1 ainsi que le nombre d'itérations nécessaires pour arriver à 1. Appliquer à $n \in [\![1, 5]\!]$. Que remarque t-on ?

3. Écrire en Python les commandes nécessaires pour obtenir le graphique du nombre d'itérations en fonction de l'entier initial. Dessiner ce graphique pour *Syracuse*(n) avec $n \in [\![1, 40]\!]$.

Exercice 18.19 : Soit $(u_n)_{n\in\mathbb{N}^*}$ la suite définie par : $u_n = \prod_{k=1}^{n}\left(1-\frac{1}{k^2\pi^2}\right)$.

1. Calculer quelques valeurs de u_n pour différentes valeurs de $n \in [\![1,10]\!]$. Que peut-on conjecturer ?

2. Soit f et g deux fonctions définies sur $]0,\pi[$ par :

$$f(t) = \sum_{n=1}^{+\infty}\frac{2t}{t^2-n^2\pi^2} \text{ et } g(t) = \frac{\cos t}{\sin t} - \frac{1}{t}.$$

Quelle est la limite de g en 0 ? Montrer que f et g sont continues sur $[0,\pi[$.
Tracer f et g sur $]0,\pi[$. Que peut-on conjecturer ? On admettra ce résultat.

3. Calculer pour $x \in]0,\pi[$, $\lim\limits_{n\to+\infty}\sum_{k=1}^{n}\ln\left(1-\frac{x^2}{k^2\pi^2}\right)$. En déduire $\lim\limits_{n\to+\infty} u_n$.

D'après Centrale-Supelec, filière PSI

Exercice 18.20 : On pose :

$$f : x \mapsto \sum_{n=0}^{+\infty} x^{n^2}$$

et $(a_n)_{n\in\mathbb{N}}$ la suite définie par $a_n = 1$ s'il existe p entier tel que $n = p^2$ et $a_n = 0$ sinon.

1. Écrire une liste d'instruction pour créer la suite (a_n) jusqu'à 1000 inclus.

2. Déterminer le domaine de définition de f.

3. Écrire une fonction *Somme* qui prend en argument x et n et renvoie $\sum_{k=0}^{n} a_k x^k$.

Tracer cette fonction pour $x \in [-1,1]$. Que peut-on conjecturer ?

4. Écrire une fonction *NewSomme* qui prend en argument x et n et renvoie $\sum_{k=0}^{n}(-1)^k a_k x^k$.

Quel semble être sa limite en $x = 1$ quand n tend vers $+\infty$?

D'après Centrale-Supelec, filière PSI

Exercice 18.21 : On se place dans le plan muni d'un repère orthonormé direct $(O,\vec{i},\vec{j})$.
Soit pour $n \in \mathbb{N}$,

$$\left\{\begin{array}{lcl} x_n(t) & = & 4\cos t - \cos(nt) \\ y_n(t) & = & 4\sin t - \sin(nt) \end{array}\right. \text{ et } \mathcal{C}_n = \{(x_n(t), y_n(t)),\ t \in [0,2\pi]\}.$$

1. Tracer les courbes $\mathcal{C}_n$ pour n allant de 2 à 7.

2. À l'aide de $\mathcal{C}_n$, préciser les éventuelles symétries et les prouver par le calcul.

3. Déterminer une valeur de n pour laquelle $\mathcal{C}_n$ admet des points qui ne sont pas réguliers.
Donner la valeur de t aux points non réguliers.
À l'aide d'un développement limité, déterminer l'allure de l'arc au voisinage de ces points.

4. On note l_n la longueur de la courbe $\mathcal{C}_n$. Soit M_n le point de coordonnées (n, l_n).
Représenter graphiquement la liste des points $(M_n)_{1\leqslant n\leq 20}$.
Conjecturer alors avec Python un équivalent de l_n pour n au voisinage de $+\infty$.
Le démontrer mathématiquement.

D'après Centrale-Supelec, filière PSI

■ Autour des polynômes

Exercice 18.22 : Pour tout $n \in \mathbb{N}$, soit $P_n : t \mapsto \sum_{i=0}^{n} \frac{t^i}{i!}$.

1. Donner à l'écran des représentations graphiques de P_n pour $n \in \{2,3,4,5,6,7\}$ sur des intervalles adaptés. Que constate-t-on quant aux racines réelles de P_n suivant n ?

2. En utilisant P_n', mettre en oeuvre la méthode de Newton pour déterminer une valeur approchée d'une solution réelle de $P_n(t) = 0$ et tester votre procédure pour $n \in \{2,3,4,5,6,7\}$.

3. Déterminer toutes les racines complexes de P_n dans le cas où $n = 3, n = 5$ et $n = 15$.

D'après Centrale-Supelec, filière PSI

Exercice 18.23* : Soit $n \in \mathbb{N}^\star$, on fixe $n+1$ points distincts $a \leqslant x_0 < x_1 < ... < x_{n-1} < x_n \leqslant b$. Pour tout $j \in [\![0,n]\!]$, on appelle $j^{\text{ème}}$ ***polynôme de la base d'interpolation de Lagrange*** associé à $(x_0, ..., x_n)$ le polynôme : $L_j = \prod_{i=0, i\neq j}^{n} \frac{X - x_i}{x_j - x_i}$.

On fixe maintenant $n+1$ points quelconques $y_0, ..., y_n$. Le polynôme $L = \sum_{j=0}^{n} y_j L_j$ s'appelle le ***polynôme de Lagrange*** associé à $((x_0, y_0), ..., (x_n, y_n))$.

1. Montrer que L est l'unique polynôme de degré inférieur ou égal à n tel que pour tout $j \in [\![0,n]\!]$, $L(x_j) = y_j$. En particulier, si l'on choisit pour tout $j \in [\![0,n]\!]$, $y_j = f(x_j)$, alors on dit que L interpole f aux n points (x_0, y_0), ..., (x_n, y_n).

2. Créer en Python une fonction *Lagrange* qui a pour argument trois listes $X = [x_0, ..., x_n]$, $Y = [y_0, ..., y_n]$ et $T = [t_0, ..., t_p]$, où les x_i sont deux à deux distincts et qui renvoie la liste $[L(t_0), ...L(t_p)]$, où L est le polynôme de Lagrange de la question 1.

3. Ici on suppose que $a = 0$, $b = 2$ et pour tout $j \in [\![0,n]\!]$, $x_j = j\frac{2}{n}$.

Tracer ensemble sur $[0,2]$, le graphe de $f : x \mapsto e^{-x^2}$ et les polynômes de Lagrange associés au support $((x_0, f(x_0)), ..., (x_n, f(x_n))$ pour tous les entiers n appartenant à $[\![1,19]\!]$.

■ Autour des matrices

Exercice 18.24 : $(F_n)_{n\in\mathbb{N}}$ est définie par $F_0 = 1$, $F_1 = 1$, et $\forall n \in \mathbb{N}$, $F_{n+2} = F_{n+1} + F_n$.

1. Écrire une procédure *Fibo*1 qui à partir de l'entier n renvoie F_n, en utilisant directement la relation de récurrence et de façon itérative. Appliquer pour $n \in [\![1,14]\!]$.

2. Écrire une procédure *Fibo*2 qui à partir de l'entier n renvoie F_n, en utilisant directement la relation de récurrence et de façon récursive. Appliquer pour $n \in [\![1,14]\!]$.

3. Écrire une procédure *Fibo*3 qui à partir de l'entier n renvoie F_n, en utilisant des produits de matrices. Retrouver F_n pour $n \in [\![1,14]\!]$.

4. Comparer le temps d'exécution dans les trois cas pour $n = 20$.

Exercice 18.25* : On note $\mathcal{S}_n^+(\mathbb{R})$ l'ensemble des matrices carrées d'ordre n à coefficients réels symétriques et dont les valeurs propres sont positives ou nulles.

1. Montrer que pour tout $A \in \mathcal{S}_n^+(\mathbb{R})$, il existe une unique matrice $R \in \mathcal{S}_n^+(\mathbb{R})$ telle que $A = R^2$. On dit que R est la racine carrée symétrique positive de la matrice A.

2. Créer une fonction Python qui permette de calculer la racine carrée symétrique positive d'un élément de $\mathcal{S}_n^+(\mathbb{R})$ donné.

Exercice 18.26 : Soit $(n,a) \in \mathbb{N}^\star \times \mathbb{R}^\star$ et $A_{n,a} = \begin{pmatrix} 0 & 1/a & 0 & \cdots & 0 \\ a & 0 & 1/a & \ddots & \vdots \\ 0 & a & \ddots & \ddots & 0 \\ \vdots & \ddots & \ddots & 0 & 1/a \\ 0 & \cdots & 0 & a & 0 \end{pmatrix} \in \mathcal{M}_n(\mathbb{R})$.

1. Écrire une fonction qui, étant donnés un entier $n \geqslant 1$ et un réel a non nul, renvoie $A_{n,a}$.
2. Donner des valeurs approchées décimales des valeurs propres de $A_{n,a}$ pour $3 \leq n \leq 8$ et pour $a \in \{-2,-1,1,2,3\}$.
3. Soit $(P_n)_{n\geqslant 1}$ la suite de polynômes : $P_1 = X$, $P_2 = X^2 - 1$, $\forall n \in \mathbb{N}$, $P_{n+2} = XP_{n+1} - P_n$.
a. Calculer les coefficients de $P_3, ..., P_8$.
b. Donner des valeurs approchées des racines de $P_3, ..., P_8$.
c. Conjecturer un lien entre P_n et $A_{n,a}$ et le démontrer.
4. Les matrices $A_{n,a}$ sont-elles inversibles ? diagonalisables ?

D'après Centrale-Supelec, filière PSI

■ Autour de la géométrie euclidienne

Exercice 18.27 : Soit $A = \begin{pmatrix} 1 & 1 \\ 0 & 1 \end{pmatrix}$, déterminer, en utilisant le logiciel, une matrice S symétrique réelle à valeurs propres positives et une matrice orthogonale U telle que $A = US$.
Si les résultats obtenus sont des flottants, on pourra les multiplier par la racine carrée d'un nombre premier inférieur à 10 pour obtenir les valeurs exactes.

D'après Centrale-Supelec, filière PSI

Exercice 18.28* : Soit $\phi : (P,Q) \mapsto \displaystyle\int_{-1}^{1} P(t)Q(t)\,dt$ un produit scalaire sur $\mathbb{R}_3[X]$.
1. Déterminer une base orthonormale pour ce produit scalaire.
2. Déterminer la projection orthogonale de $h : [-1,1] \to \mathbb{R}$, $t \mapsto t^7$ sur $\mathbb{R}_3[X]$.
3. Comparer graphiquement h et son projeté sur $[-1,1]$.

Exercice 18.29 : 1. Avec Python, tracer $f : (x,y) \mapsto \displaystyle\sum_{k=0}^{4} (k^4 - xk^3 - y)^2$ sur $[0,10] \times [-20,0]$.
Observer l'existence d'un minimum de F et affiner l'intervalle.
2. Montrer que $\langle P,Q \rangle = \displaystyle\sum_{k=0}^{4} P(k)Q(k)$ est un produit scalaire sur $\mathbb{R}_4[X]$.
3. En déduire l'existence de $A = \displaystyle\inf_{(x,y)\in\mathbb{R}^2} \sum_{k=0}^{4} (k^4 - xk^3 - y)^2$ et le calculer (avec Python).

D'après Concours Centrale-Supelec, filière PSI

■ Autour des intégrales

Exercice 18.30 : On considère la fonction $f : x \mapsto \ln^3(x)$.
1. Calculer de façon exacte $I = \displaystyle\int_1^e f(x)\,dx$ à la main et avec *sympy*.
2. Comparer l'erreur entre la valeur exacte de I et une valeur approchée.

Exercice 18.31* : On définit g sur $]0,1]$ par : $x \mapsto x^x$.

1. Trouver $\alpha \in \mathbb{R}$ tel que si l'on pose $g(0) = \alpha$ alors g est continue sur $[0,1]$.

2. Donner la représentation graphique de g.

3. Expliciter l'allure de g en 0 et donner son minimum.

4. Donner une valeur approchée de $\displaystyle\int_0^1 g(x)\,dx$.

5. Trouver une suite (a_n) telle que $\displaystyle\int_0^1 g(x)\,dx = \sum_{n=0}^{+\infty} a_n$ puis retrouver la valeur de $\displaystyle\int_0^1 g(x)\,dx$.

D'après Centrale-Supelec, filière PSI

Autour des équations et systèmes différentiels

Exercice 18.32 : On considère un système formé d'un ressort de raideur k et d'une masse ponctuelle m. Si y est l'écart de la position de la masse m par rapport à sa position lorsque l'ensemble du système est en équilibre. Le système est soumis à la pesanteur et à une force de frottement proportionnelle à la vitesse $-cy'$. On admet : (E) $my''(t) + cy'(t) + ky(t) = 0$.

1. Écrire un système différentiel $X'(t) = MX(t)$, où $X(t) = \begin{pmatrix} y & y' \end{pmatrix}^T$, équivalent à (E).

2. Résoudre le système sur $[0,20]$ (avec $m = 1$, $k = 2$, $c = 0.5$, $y(0) = 1$ et $y'(0) = 0.5$).

3. Tracer sur un même graphe y et y'. Tracer ensuite la courbe paramétrée par y et y'.

Exercice 18.33 : On s'intéresse à l'équation $y'(t) = t^2 - y^2(t)$, avec $y(1.5) = a$.

Tracer une représentation de y pour $a = 2$ et $t \in [1.5, 2.5]$, en utilisant la méthode d'Euler avec un pas de $h = \frac{1}{4}$ puis $h = \frac{1}{8}$.

Tracer une représentation de y pour $a = 2$ et $t \in [1.5, 2.5]$, en utilisant la fonction *odeint*.

Représenter toutes ces courbes sur un même dessin, puis y ajouter les courbes obtenues pour $a = 1$.

D'après ENSAM, filière PSI

Autour des probabilités

Exercice 18.34 : On lance n fois une pièce équilibrée et on note F_n la fréquence de « Face » obtenus.

1. Écrire une procédure PYTHON qui permette le calcul de F_n en fonction de n.

2. Combien de lancers faut-il réaliser pour obtenir $0.4 \leqslant F_n \leqslant 0.6$ avec une probabilité $\geqslant 0.95$?

D'après Concours Centrale-Supélec, filière TSI

Exercice 18.35 : On dispose d'une urne contenant $N \geqslant 3$ boules, dont une seule est verte et les autres rouges. On effectue des tirages sans remise dans l'urne, jusqu'à obtention de la verte. Pour tout $i \in [\![1, N]\!]$, on notera V_i : « le $i^{\text{ème}}$ tirage donne la boule verte ».

1. Écrire une fonction *experience*(N) qui renvoie le rang de tirage de la boule verte, N désignant le nombre initial de boules dans l'urne. Appliquer à $N = 7, N = 15$ et $N = 100$.

2. Écrire *simulation*(N) qui simule 10000 fois ce tirage. La fonction renverra une liste $[f_0, ..., f_{N-1}]$ telle que f_i soit la fréquence d'apparition de V_{i+1}. Appliquer pour $N = 8$. Conjecturer.

Exercice 18.36* : Soit $(\Omega, \mathcal{A}, P)$ un espace probabilisé et $(X_n)_{n\geqslant 1}$ une suite de *v.a.r* indépendantes de même loi de Bernoulli $\mathcal{B}(\frac{1}{2})$. On note $S_n = \displaystyle\sum_{i=1}^{n} X_i$ pour n entier non nul.

1. Préciser la loi de S_n, son espérance et sa variance.

2. Déterminer une expression sommatoire (que l'on ne demande pas de simplifier) de $P(S_n < \frac{n}{2})$.
3. Programmer une fonction $binom(n,k)$ qui calcule $\binom{n}{k}$ avec $k \in [\![0,n]\!]$.
4. Programmer une fonction $sn2(n)$ qui calcule $P(S_n < \frac{n}{2})$
5. Pour $n \geqslant 1$, on note $u_n = P(S_n < \frac{n}{2})$. Représenter les termes de la suite $(u_k)_{k\in[\![1,20]\!]}$.
Que peut-on conjecturer ?
6. Pour $n \geqslant 1$, on note $v_n = P(S_n \geqslant \frac{n}{2})$. Établir : $\forall n \geqslant 1,\ v_n = u_n + P(S_n = \frac{n}{2})$.
7. En déduire une démonstration du résultat observé à la question 5.

D'après Centrale-Supelec, filière PC

Exercice 18.37 : Soit $n \in \mathbb{N}^\star$, $p \in [0,1]$. On suppose que :

$$X \hookrightarrow \mathscr{P}(np) \text{ et } Y \hookrightarrow \mathscr{B}(n,p).$$

1. Définir PX, d'arguments k, n et p, renvoyant la valeur de $P(X=k)$ (sans utiliser *rd.poisson*).
Écrire pour $n=30$ et $p=0.1$ la liste des valeurs de $P(X=k)$ pour $k \in [\![0,30]\!]$.
2. Définir une fonction PY, d'arguments k, n et p, renvoyant la valeur de $P(Y=k)$.
Écrire pour $n=30$ et $p=0.1$ la liste des valeurs de $P(X=k)$ pour $k \in [\![0,30]\!]$.
3. Si $k \in \mathbb{N}$, on sait que, sous certaines conditions sur n et p, la quantité $P(Y=k)$ peut être approchée par $P(X=k)$. Déterminer une fonction $Difference$ d'arguments n et p, renvoyant le plus grand des nombres $|P(Y=k)-P(X=k)|$, pour $k \in [\![0,n]\!]$. Appliquer à $n=30$ et $p=0.1$.
4. Soit *epsilon* un réel strictement positif. Déterminer une fonction $Seuil$, d'arguments *epsilon* et p, renvoyant le plus petit entier n tel que $Difference(n,p)$ soit inférieur ou égal à *epsilon*.
Appliquer aux cas cas suivants :
$p = 0.075$ avec $epsilon = 0.008$ puis $epsilon = 0.005$.
$p = 0.1$ avec $epsilon = 0.008$ puis $epsilon = 0.005$. Interpréter le dernier résultat.

D'après Concours Arts et Metiers ParisTech-ESTP-POLYTECH, filière PSI

Exercice 18.38 : On effectue une succession infinie de lancers indépendants d'une pièce donnant Pile avec la probabilité $p \in]0,1[$ et Face avec la probabilité $q = 1-p$. On s'intéresse aux successions de lancers amenant un même côté. On dit que la première série est de longueur n si et seulement si les n premiers lancers ont amené le même côté et le $(n+1)^{\text{ème}}$ l'autre côté. De même la seconde série commence au lancer suivant la fin de la première série et se termine (si elle se termine) au lancer précédant un changement de côté. On définit de la même façon les séries suivantes.
1. Écrire *lancer* d'argument p renvoyant $True$ avec une probabilité p et $False$ sinon.
2. Écrire une fonction $long\_series(n,p)$ qui renvoie la liste des longueurs des n premières séries.

Exercice 18.39 : Une particule se déplace sur une surface comportant quatre positions successives, A_0 (position 0) qui est un puits, A_1 (position 1) et A_2 (position 2) deux positions intermédiaires et A_3, (position 3) un second puits. À l'instant $t=n$:
- si la particule est dans un puits, elle y reste avec une probabilité de 1;
- si elle est en A_1, elle va en A_0 avec la probabilité p et en A_2 avec la probabilité $1-p$;
- si elle est en A_2, elle va en A_1 avec la probabilité p et en A_3 avec la probabilité $1-p$.

On note x_n la position de la particule à $t=n$, $x_n(\Omega) = [\![0,3]\!]$.
1. Écrire une fonction $Position(x,p)$ en Python qui donne x_{n+1} en fonction de x_n.
2. Écrire une fonction $Pos(n,p,x0)$ en Python renvoyant x_n en fonction de x_0 et de p.
3. Écrire une fonction en Python qui donne avec quelle fréquence la particule se trouve dans les quatre positions au bout de N essais, en fonction de la position initiale x_0. On suppose ici $p = \frac{1}{2}$.

4. Soit, pour tout $n \in \mathbb{N}$, $X_n = \begin{pmatrix} P(x_n = 0) \\ P(x_n = 1) \\ P(x_n = 2) \\ P(x_n = 3) \end{pmatrix}$.

a. Trouver $A \in \mathcal{M}_4(\mathbb{R})$, indépendante de n, telle que $X_{n+1} = AX_n$.

b. Montrer que A est diagonalisable si, et seulement si, $0 < p < 1$.

c. Si $p = \frac{1}{2}$, diagonaliser A et calculer $\lim_{n\to+\infty} X_n$. Comparer aux résultats obtenus précédemment.

D'après Concours Centrale-Supélec, filière PSI

Indications

Ex. 18.1

L'idée est de considérer n et de tester pour commencer si $n \in \{0,1\}$. *Si tel est le cas, on renvoie False car n n'est pas premier. Puis, on examine dans une boucle le reste de la division euclidienne de k entier strictement inférieur à n et on voit si ce reste est nul ou non.*

Ex. 18.2

On teste successivement tous les entiers (à partir de $d = 2$*) jusqu'à trouver un diviseur de n (caractérisé par le reste dans la division euclidienne qui est nul). On fera une boucle while.*

Ex. 18.3

1. *On pourra remarquer qu'il n'y a aucun tel diviseur supérieur à* $n/2$.

2. *On utilisera bien entendu la quantité somme_div_stricts(n).*

Ex. 18.4

Rappel : une année est bissextile si elle est divisible par 4 *sauf si elle est divisible par* 100, *à moins qu'elle ne soit aussi divisible par* 400. *On crée donc un test contenant un elif. On rappelle que si l'année n est bien bissextile, on écrit return(True) et sinon on écrit return(False).*

Ex. 18.7

3. *Le nombre de chiffres de n est le premier entier p tel que* $n/10^p < 1$.

Ex. 18.8

On parcourt la liste l donnée en argument de Present grâce à une boucle. Si l'on trouve l'élément x lui aussi fourni en argument, on sort de la boucle (et de Present) grâce à return. Sinon, on finit par sortir de la boucle et on renvoie False.

Ex. 18.9

1. *Si la liste L est non vide, on initialise la variable m avec son premier élément, que l'on compare ensuite à tous les autres, en gardant à chaque fois le plus grand. Il est inutile de comparer au premier élément de la liste, donc on parcourt la tranche* $L[1:]$.

2. *Le principe est le même mais on garde en mémoire une position notée posit par exemple et non plus une valeur.*

Ex. 18.10

Notre procédure a deux arguments : x un réel donné et on teste par un booléen s'il est dans la liste l qui est le second argument. On manipule deux variables g et d telles que, si l'élément est présent, il est nécessairement dans la plage $l[g..d]$. *Si* $g \leqslant d$, *on regarde si x est situé à la position médiane* $m = \lfloor \frac{g+d}{2} \rfloor$. *S'il est strictement inférieur à* l_m, *on le recherche dans la plage* $g..m-1$ *et s'il est strictement supérieur, dans la plage* $m+1..d$. *Si* $d < g$, *la plage est vide et l'élément* $x \notin l$.

Ex. 18.11

1. *On pourra chercher les diviseurs de* n *jusqu'à* $n \,//\, 2+1$. *Pourquoi ?*

2. *On créera une boucle indexée par* j *de* 1 *à* p *dans laquelle on calculera les sommes* i *des diviseurs stricts de chaque* j. *Puis on testera si la somme des diviseurs stricts de* i *est égale ou non à* j. *Si c'est le cas, on mettra* $[i, j]$ *dans la liste.*

Ex. 18.14

1. *On propose dans la solution une version récursive et une version itérative. À vous de choisir celle que vous voulez.*

2. *Le partisan du moindre effort utilisera la fonction prédéfinie sum.*

3. *L'idée est qu'un nombre* v *qui se termine par* 9 *est tel que* $v\%10$ *vaille* 9. *Donc on initialise le nombre* i *de* 9 *dans* v *à* 0 *et on fait une boucle while dans laquelle on rajoute* 1 *à* i *à chaque étape.*

Ex. 18.15

5. *On fera apparaître* S_n *dans les coefficients du développement en série de* $e^x \cos x$.

6. *On calculera* $\displaystyle\sum_{n=0}^{+\infty} \frac{2^{n/2}\cos(n\frac{\pi}{4})}{n!} x^n$.

Ex. 18.17

3. *On fera une procédure qui s'inspire beaucoup de la fonction dichotomie de l'exemple qui suit la* **méthode 18.7**.

Ex. 18.18

1. *On jouera de l'if, de l'elif et de l'else.*

2. *Pour* $n=1$, *on a* $L=[1]$ *et remarquer que* 1 *est toujours le dernier élément de* L.
Pour créer un compteur, on tape initialement $i=0$ *puis dans la boucle, on tape à chaque pas* $i+=1$ *et après la boucle (qui est du type while* $x>1$ *:), le dernier* i *est le nombre d'itérations.*

3. *On rappelle que l'on doit importer matplotlib.pyplot.*

Ex. 18.19

3. *On considérera* $G(x)=\displaystyle\int_0^x g(t)\,dt$ *qu'on calculera de deux façons.*

Ex. 18.22

1. *Pour créer des polynômes, on a deux façons de les définir. On peut les créer comme des fonctions que l'on notera ici* $P(n,t)$ *ou alors comme des listes, que l'on notera* $PP(n)$ *pour différencier, avec numpy.Polynomial. On fera les deux dans le corrigé.*

2. *On s'inspirera fortement de la procédure newton vue comme exemple de la* **méthode 18.7**.

Ex. 18.24

3. *On révise la* **méthode 4.9** *et on met en Python l'exemple qui suit cette méthode. On rappelle que alg.matrix_power*(A,n) *et np.dot*(A,B) *donnent respectivement* A^n *et* AB.

Ex. 18.25

1. *Il faut prouver l'existence d'abord en partant du théorème spectral.* A *est semblable à une matrice de la forme* $\mathrm{diag}(\lambda_1,...,\lambda_n)$. *On introduira* $\mathrm{diag}(\sqrt{\lambda_1},...,\sqrt{\lambda_n})$. *Il faut ensuite prouver l'unicité. On raisonnera par l'absurde en introduisant* U *telle que* $A=U^2$ *avec* $U\neq R$. *On remarquera que* A *et* U *commutent et si* ϕ *et* u *sont les endomorphismes associés respectivement à* A *et* u *alors pour tout* $\lambda \in Sp(\phi)$, *le sous-espace propre* $E_\lambda(\phi)$ *est stable par* u. *On introduira alors l'endomorphisme* u_λ *induit par* u *sur* $E_\lambda(\phi)$ *et on détermine son spectre.*

2. *alg.eig*(A) *renvoie une liste constituée d'une première sous-liste sp*(A) *et d'une deuxième sous-liste (matrice de passage).* $LP = alg.eig(A)$ *est une liste de deux termes.*

Ex. 18.26

3. *On peut utiliser la fonction Polynomial du sous-module numpy.polynomial pour créer* P_n. *Ainsi, on pourra poser* $X = Polynomial([0,1])$. *Enfin, une récursivité semble adaptée.*

Ex. 18.27

Les deux valeurs propres de S *sont strictement positives, leur produit vaut* 1 *et* U *est une rotation vectorielle. Puis, se ramener à un système non linéaire auquel on applique la* **méthode 18.22**.

Ex. 18.28

On démarre en allant voir l'exemple 2 de la **méthode 18.16**.
On pourra noter $e(n)$ *le* $n^{ème}$ *polynôme de la base canonique de* $\mathbb{R}_3[X]$, $f[n]$ *le* $n^{ème}$ *polynôme de la base orthogonale de* $\mathbb{R}_3[X]$, $g[n]$ *celui de la base orthonormale de* $\mathbb{R}_3[X]$ *puis* $W(n,x)$ *ce même polynôme écrit symboliquement et enfin* $Proj(y)$ *la fonction polynomiale qui est la projection orthogonale de* h *sur* $\mathbb{R}_3[X]$.

Ex. 18.31

5. *Faire un D.S.E de* e^u *puis développer en série de fonctions* x^x. *Pour* $\displaystyle\int_0^1 x^n \ln^n x\,dx$, *on trouvera une expression par récurrence reliant des intégrales du type* $\displaystyle\int_0^1 x^\alpha \ln^\beta x\,dx$.

Ex. 18.32

On s'inspirera largement de la **méthode 18.20** *et de la* **méthode 18.21** *en usant de l'odeint.*

Ex. 18.35

1. *On effectue un tirage au sort dans l'urne symbolisée par des numéros de* 0 *à* $n-1$, *si* n *est la taille de l'urne. Si l'on tire* 0, *c'est la boule verte, sinon elle est rouge. On utilisera* $rd.randint(0,n)$ *qui donne aléatoirement un entier entre* 0 *et* $n-1$ *compris.*
2. *On pourra utiliser* $experience(N)$ *et la fonction count.*

Ex. 18.37

1. *Il ne s'agit pas ici d'utiliser rd.poisson mais de le construire mais par contre, la fonction factorial ou la fonction exp du module math, on vous les autorise quand même !*
2. *Ici non plus, on n'utilisera pas rd.binomial. Ce n'est pas l'esprit. Mais binom du sous-module scipy.special, vous pouvez l'user jusqu'à la moelle.*
3. *Ici l'on vous autorise la fonction max, à moins que vous décidiez de la recréer.*

Ex. 18.38

1. *C'est un des exemples de la* **méthode 18.24**.
2. *Au départ, la liste* l *cherchée contiendra* n *fois* 0. *On fait un premier lancer qui renvoie True ou False, qui correspond à Pile ou Face. On le rentre dans seite (=côté). Par exemple, True est pile pour fixer les idées. On crée ensuite une boucle for dans laquelle on tourne* n *fois. À chaque étape, on fait autant de lancers que nécessaire pour ne plus avoir le même côté (seite) avec while. Après while, on tape seite = not seite car on a changé de côté.*

Ex. 18.39

1. *Pour* $Position(x,p)$, *on remarque que* $x=1$ *a pour image* 0 *(probabilité* p*) et* 2 *(probabilité* $q=1-p$*). On peut introduire* $va = binom(1,p)$ *et* $X = va.rvs(size=1)$. *Ainsi si* $X[0]=1$, *on tape* $return(0)$ *et sinon* $return(2)$. *Idem pour* $x=2$.
3. *On peut utiliser* $L.count(i)$ *qui donne le nombre d'occurences de* i *dans la liste* L.

Corrigé des vrai/faux

1	2	3	4	5	6
F	V	F	F	V	F

1. C'est faux. La boucle proposée affichera l'entier 8. En effet, on part de $n = 0$ puis comme $0 \leqslant 7$, dans n, on met $0 + 2 = 2$. Puis comme $2 \leqslant 7$, dans n, on met $2 + 2 = 4$. On continue : dans n, on met $4 + 2 = 6$ puis encore dans n, on met $6 + 2 = 8$. Et comme $8 > 7$, on affiche bien 8.
2. C'est vrai. La boucle proposée affichera en effet l'entier $4+1 = 5$. On part de $n = 0$ et la boucle part de $j = 0$ jusqu'à $j = 4$. Ainsi, pour $j = 0$, $n = 0 + 1$, puis $j = 1$ et $n = 1 + 1$, puis $j = 2$ et $n = 2 + 1$, puis $j = 3$ et $n = 3 + 1$, puis $j = 4$ et $n = 4 + 1 = 5$, et c'est ce qu'il affiche.
3. C'est faux car la puissance s'écrit $**$ en langage Python. De plus, attention car si l'on tape :
$>>>\ \ 201935 * 10 * *(-2)$
Python renvoie un message d'erreur car il manque des parenthèses. Un conseil : mettez des parenthèses systématiquement même si elles vous paraissent inutiles. Par exemple, si vous tapez :
$>>>\ \ 3 * 1 * *10$
Python affiche 3 et pas $3^{10} = 59049$. C'est un problème de priorité de parenthèse. Dans le cas du QCM, vous tapez :
$>>>\ \ 201935 * (10 * *(-2))$
Il s'affiche 2019.35 (mais il se peut qu'il s'affiche plutôt 2019.350000000001 à cause d'erreurs d'arrondis, c'est un des soucis avec le calcul numérique, il faut se méfier des erreurs d'arrondis).
4. C'est faux car la boucle proposée renvoie un message d'erreur.
Par contre, si l'on tape :
$>>>\ \ L\ =\ ['O','N','T','E','S','T','E']$
à la place de l'affectation de L proposée, le résultat affiche bien $ONTESTE$
5. C'est vrai. En effet, supposons donc que $max(L)$ renvoie le plus grand entier d'une liste d'entiers naturels L. $Unknow(L)$ renvoie une liste res de longueur $M = max(L) + 1$ telle que pour tout $i \in [\![0, M]\!]$, $res[i]$ est le nombre d'occurences de l'entier i dans la liste L. Tapons par exemple :
$>>>\ \ Unknow([3, 1, 4, 1, 5])$
Python renvoie [0, 2, 0, 1, 1, 1]
En effet, partons initialement d'une liste $res = [0, 0, 0, 0, 0, 0]$, qui contient $M = max(L) + 1 = 6$ zéros.
Puis, $k = 0$ et $res[[L[0]] = res[3]$, on ajoute 1 à $res[3]$ et $res = [0, 0, 0, 1, 0, 0]$.
Puis, $k = 1$ et $res[[L[1]] = res[1]$, on ajoute 1 à $res[1]$ et $res = [0, 1, 0, 1, 0, 0]$.
Puis, $k = 2$ et $res[[L[2]] = res[4]$, on ajoute 1 à $res[4]$ et $res = [0, 1, 0, 1, 1, 0]$.
Puis, $k = 3$ et $res[[L[3]] = res[1]$, on ajoute 1 à $res[1]$ et $res = [0, 2, 0, 1, 1, 0]$.
Puis, $k = 4$ et $res[[L[4]] = res[5]$, on ajoute 1 à $res[5]$ et $res = [0, 2, 0, 1, 1, 1]$.
Comme $len(L) = 5$, on ne va pas plus loin.
6. C'est faux (mais presque vrai). En effet, $Unbekannt(n)$ renvoie le plus grand entier p tel que $2^p \leqslant n$ et non pas le plus grand entier p tel que $2^p < n$. Tapons par exemple :
$>>>\ \ Unbekannt(5)$, $Unbekannt(4)$, $Unbekannt(145)$
2 2 7
On a $2^2 = 4$ et $2^3 = 6$ donc si $n = 5$, $p = 2$, idem pour $n = 4$. Quant à $n = 145$, on a $2^7 = 128$ et $2^8 = 256$. Donc $p = 7$.

Corrigé des exercices

Exercice 18.1

```
>>> from math import sqrt
>>> def premier(n) :
        if n == 0 or n == 1 :
            return False
        elif n == 2 or n == 3 :
            return True
        else :
            for k in range(2, int(sqrt(n)) + 1) :
                if n%k == 0 :
                    return False
            return True
>>> [[k, premier(k)] for k in range(12)]
```
(Juste pour faire fonctionner !)

Ici, prendre $k < n$ est idiot, prendre $k < \lfloor \sqrt{n} + 1 \rfloor$ suffit.

Cet exercice est très classique et souvent posé. Par exemple, il a été posé aux Arts et Metiers Paris Tech-ESTP-Polytech (banque E3A) en 2017 au milieu d'autres questions.

Exercice 18.2

```
>>> def plus_petit_diviseur(n) :
        d = 2
        while n%d != 0 :
            d += 1
        return d
>>> plus_petit_diviseur(57469)
101
```

Ce petit exercice est aussi très courant.

Exercice 18.3

1. On tape :

```
>>> def somme_div_stricts(n) :
        somme = 1
        for d in range(2, n//2 + 1) :
            if n%d == 0 :
                somme += d
        return somme
```

2. On tape :

```
>>> def parfait(n) : return(n == somme_div_stricts(n))
```

$parfait(8128)$ renvoie $True$.

Exercice 18.4

```
>>> def bissextile(n) :
        if n%400 == 0 :
            return True
        elif n%4 == 0 and n%100 > 0 :
            return True
        else :
            return False
```

Exercice 18.5

1. Lorsqu'on exécute $mystere(256, 10)$, pour $k = 1$, $c_1 = 6$, $t_1 = [6]$ et $n_1 = 25$ puis pour $k = 2$, $c_2 = 5$, $t_2 = [6, 5]$ et $n_2 = 2$. Enfin pour $k = 3$, $c_3 = 2$, $t_3 = [6, 5, 2]$ et$n_3 = 0$. Donc on renvoie $[6, 5, 2]$.

Corrigé

2. Soit $n > 0$ un entier. On exécute $mystere(n, 10)$. On pose $n_0 = n$.
a. Si l'algorithme boucle indéfiniment alors pour tout $k \in \mathbb{N}$, on a : $n_k > 0$. De plus : $n_{k+1} \leqslant \frac{n_k}{10} < n_k$. La suite (n_k) serait une suite d'entiers naturels strictement décroissante. C'est impossible.
b. On note p le nombre d'itérations lors de l'exécution de $mystere(n, 10)$. Alors $n_{p-1} \geqslant 1$. À chaque itération, la valeur de la variable n est au moins divisée par 10, donc $n_{p-1} \leqslant \frac{n_0}{10^{p-1}} = \frac{n}{10^{p-1}}$. On a :

Par récurrence immédiate

$$\frac{n}{10^{p-1}} \geqslant 1 \Rightarrow 10^{p-1} \leqslant 1 \Rightarrow p - 1 \leqslant \log n \Rightarrow p \leqslant \log n + 1.$$

log est le logarithme décimal.

Le nombre d'itérations est majoré par $\lfloor \log n \rfloor + 1$.
3. On tape :

On peut reprendre la question en utilisant mystere comme sous-procédure, c'est-à-dire, en appelant $mystere(n, 10)$ dans le corps de la procédure $somme\_chiffres(n)$.

```
>>> def somme_chiffre(n) :
        s = 0
        while n > 0 :
            c = n%10; s = s + c; n = n//10
        return s
```

4. Écrivons une version récursive de $somme\_chiffres$: $somme\_rec$.

```
>>> def somme_rec(n) :
        if n <= 9 :
            return n
        else :
            return(somme_rec(n//10) + n%10)
```

Exercice 18.6

On peut procéder avec une boucle ou avec factorial, ici on choisit le plus simple ! Maintenant, cette première méthode fera apparaître des calculs de nombres beaucoup plus grands que $\binom{n}{p}$. Il est clair que les trois façons ne sont pas équivalentes en temps d'exécution. Voir le module time.

1. On tape :

```
>>> from math import factorial
>>> def BINOME1(n,p) :
        return(factorial(n)/(factorial(p) * factorial(n - p)))
```

2. On tape :

```
>>> def BINOME2(n,p) :
        if n < 0 or p < 0 or p > n :
            return 0
        elif n == 0 or n == 1 :
            return 1
        elif p == 0 :
            return 1
        else :
            return(BINOME2(n - 1,p) + BINOME2(n - 1,p - 1))
```

3. On tape :

```
>>> def BINOME3(n,p) :
        if n < 0 or p < 0 or p > n :
            return 0
        elif n == 0 or n == 1 :
            return 1
        elif p == 0 :
            return 1
        else :
            return(n * BINOME3(n - 1,p - 1) // p)
```

Exercice 18.7

1. On définit donc la fonction C, d'argument n.

```
>>> def C(n) :
        l = []
        while n > 0 :
            l.append(n%10)
            n = n//10
        p = len(l)
        return(sum(l[k]**2 for k in range(0,len(l))))
>>> C(317), C(59), C(106)
59 106 37
```

2. On tape :

```
>>> def CC(k,n) :
        a = C(n)
        for i in range(1,k) :
            a = C(a)
        return,a
>>> CC(3,317)
37
```

Notons $CC(k,n)$ sous Python $C_k(n)$. Retenir au passage comment on fait des compositions sous Python.

3. Le nombre de chiffres de n est le premier entier p tel que $n/10^p < 1$. $\frac{n}{10^p} < 1 \Leftrightarrow \frac{\ln n}{\ln 10} < p$. Donc il suffit de prendre pour p la partie entière de $\dfrac{\ln n}{\ln 10}$ +1. Comme tous les chiffres de n sont inférieurs ou égaux à 9,

$$C(n) \leqslant 9^2\left[\frac{\ln n}{\ln 10}\right] + 9^2 \leqslant \frac{81}{\ln 10}\ln n + 81.$$

On peut prendre $A = \frac{81}{\ln 10}$ et $B = 81$.

Exercice 18.8

On tape :

```
>>> def Present(x,l) :
        for i in l :
            if x == i :
                return True
        return False
>>> Present(4, [2,1,3,4,7])
True
```

Exercice 18.9

1. On tape :

```
>>> def maxim(L) :
        if L == [] :
            return(None)
        m = L[0]
        for e in L[1:] :
            m = max(m,e)
        return m
```

Ici on pouvait bien entendu utiliser la fonction prédéfinie max qui s'applique à une liste, mais ce n'est pas l'esprit de l'exercice.

Corrigé

2.
```
>>> def pos_maxim(L) :
        if L == [] :
            return(None)
        posit = 0
        for i in range(1, len(L)) :
            if L[i] > L[posit] :
                posit = i
        return(posit)
```

La boucle se termine nécessairement car la longueur de la plage étudiée diminue strictement à chaque étape.

Exercice 18.10

```
>>> def cherche_dichotom(x, L) :
    g , d = 0 , len(L) - 1
    while g <= d :
        m = (g + d) // 2
        if x == L[m] :
            return True
        elif x < L[m] :
            d = m - 1
        else :
            g = m + 1
    return False
```

*On s'inspire de la question 1 de l'***exercice 18.3***.*

Exercice 18.11

1.
```
>>> def diviseurstrict(n) :
        L = [1]
        for j in range(2, n//2 + 1) :
            if n%j == 0 :
                L.append(j)
        return L
```

2.
```
>>> def amis(p) :
        L = []
        for j in range(1, p + 1) :
            i = sum(diviseurstrict(j))
            if sum(diviseurstrict(i)) == j :
                L.append([i, j])
        return(L)
>>> amis(100) , amis(1000)
[[1, 1], [6, 6], [28, 28]]
[[1, 1], [6, 6], [28, 28], [284, 220], [220, 284], [496, 496]]
```

Avec les exemples, on voit que plusieurs couples d'amis sont des individus seuls. Et en plus on les appelle parfaits. Quelle tristesse !

Exercice 18.12

1. On tape le programme demandé et on essaye :

```
>>> LP(0), LP(1), LP(2), LP(3), LP(4), LP(5), LP(6), LP(7)
[] [] [2] [2, 3] [2, 3, 4] [2, 3, 4, 5] [2, 3, 4, 5, 6] [2, 3, 4, 5, 6, 7]
>>> LP(8), LP(9)
[2, 3, 4, 5, 6, 7, 8] [2, 3, 5, 7, 9]
```

On remarque que $LP(0)$ et $LP(1)$ ne renvoient qu'une liste vide, que $LP(n)$ pour $n \in [\![2, 8]\!]$ renvoie tous les entiers de 2 à n. Puis $LP(9)$ ne suit plus la même règle. En effet, pour commencer, $LP(n)$ entre une liste *tableau* qui affiche tous les entiers de 0 à n inclus. Il construit une nouvelle liste qui élimine

0 et 1 pour commencer (c'est pour cela que $LP(0)$ et $LP(1)$ sont des listes vides. Puis il remplace $tableau[j]$ par 0 pour $j\, in\, range(i**2, n, i)$, où i est un entier compris entre 2 et la partie entière de $\sqrt{n}-1$. Donc, si $n \leqslant 8$, la partie entière de $\sqrt{n}-1$ est inférieure ou égal à 1 et la première boucle for ne fonctionne pas. D'où $LP(n)$ affiché. Si, par contre, $n \in [\![9, 15]\!]$, la partie entière de $\sqrt{n}-1$ est 2 et donc $tableau[j]$ est remplacé par 0 pour j entier de 4 à $n-1$ tous les 2 termes. Donc pour $LP(9)$, $j=4$, $j=6$, $j=8$ et comme 0 n'est pas affiché dans la liste finale, elle est bien $[2,3,5,7,9]$. Continuons :

$>>>> \; LP(15), LP(16), LP(25)$
$[2,3,5,7,9,11,13,15] \;\; [2,3,5,7,11,13,16] \;\; [2,3,5,7,11,13,17,19,23,25]$

On remarque que $LP(15)$ est attendu. Puis si $n \in [\![16, 24]\!]$, la partie entière de $\sqrt{n}-1$ est 3 et donc $tableau[j]$ est remplacé par 0 (donc éliminé de l'affichage) pour j entier de 4 à $n-1$ tous les 2 termes et pour j entier de 9 à $n-1$ tous les 3 termes. Puis si $n \in [\![25, 35]\!]$, la partie entière de $\sqrt{n}-1$ est 4 et on élimine en plus des termes précédents, tous ceux à la position $j=16$ puis de 4 en 4 jusqu'à la position $n-1$. On remarque que ces positions sont déjà éliminées. Faisons un synopsis de ce qui se passe. Prenons $tableau$ qui donne la liste de tous les entiers de 0 à n compris. On élimine 0 et 1 (qui ne sont pas des nombres premiers) puis on garde 2 et 3 (nombres premiers). Puis tous les entiers pairs supérieurs ou égaux à 4 sont éliminés (on remarque qu'ils ne sont pas premiers). Ainsi l'on garde 5 et 7 (nombres premiers). Puis tous les entiers de la forme $9+3k$, où k est un entier sont éliminés (encore des nombres non premiers multiples propres de 3). Ainsi l'on garde 11 et 13 (nombres premiers). Puis tous les entiers de la forme $16+4k$, où k est un entier (déjà éliminés car pairs). Ainsi l'on garde 17, 19 et 23 (nombres premiers). Puis tous les entiers de la forme $25+5k$, où k est un entier sont éliminés (ce sont des multiples propres de 5 donc non premiers), etc. L'idée est peu à peu de ne garder que les nombres premiers inférieurs ou égaux à n. Attention, $LP(n)$ ne donne pas cette liste mais une liste en général légérement plus grande. On peut dire que quand n tend vers $+\infty$, $LP(n)$ tend vers la liste de tous les nombres premiers.

2. Il suffit de taper la fonction *premier* de l'**exercice 18.1**. Puis :

On ne va pas utiliser LP car $LP(n)$ ne donne pas tout à fait la liste des nombres premiers inférieurs ou égaux à n.

$>>> \; [[k*(k-1)+41, premier(k*(k-1)+41)] \; for \; k \; in \; range(2,41)]$
$[\,[43, True], [47, True], [53, True], \ldots, [1601, True]\,]$

(On ne visualise que les premiers et les derniers pour la clarté.)
On peut aussi demander d'afficher $True$ seulement si la liste complète n'est composée que d'entiers premiers.
Faisons le directement pour p à la place de 41.

```
>>> def Tester(p) :
        for k in range(2,p) :
            if premier(k*(k-1)+p) == False :
                return False
            else :
                return True
>>> Tester(41)
 True
```

3. C'est fait à la question précédente. Tiens, faisons des essais.

```
>>> Tester(39), Tester(40)
 True False
```


Corrigé

4. Faisons une procédure $Testtotal$ d'argument n (on prendra $n = 100$) :

```
>>> def Testtotal(n) :
        for p in range(1, n + 1) :
            if Tester(p) == True :
                print('vrai pour p = ', p)
>>> Testtotal(10)
vrai pour p = 3
vrai pour p = 5
...
vrai pour p = 95
vrai pour p = 99
```

Pour gagner de la place, on ne visualise que les premiers et les derniers.

Les valeurs de p sont les entiers :

$$3, 5, 9, 11, 15, 17, 21, 27, 29, 35, 39, 41, 45, 51, 57, 59, 65, 69, 71, 77, 81, 87, 95, 99.$$

Exercice 18.13

*Nous donnons dans le corrigé la version itérative (c'est la plus efficace en temps). Pour la version récursive, allez voir l'**exercice 18.24** qui complète bien cet exercice.*

1.

```
>>> def F(n) :
        if n == 0 or n == 1 :
            return n
        else :
            u , v = 0 , 1
            for j in range(n − 1) :
                u , v = v , u + v
            return v
>>> F(50)
 12586269025
```

On appelle $Rest(n, m)$ la quantité $F_n(m)$ par commodité.

2. On tape :

```
>>> import matplotlib.pyplot as plt
>>> def Rest(n, m) :
        return(F(n) % m)
>>> Rest(100, 5) , Rest(100, 7)
(0, 3)
>>> X = list(range(201)) ; Y = [Rest(j, 5) for j in X]
>>> plt.plot(X, Y) ; plt.show()
```

On comprend que l'on choisit $m = 5$ ici. Mais bon, à chacun son choix ! Par ailleurs, on remarque, au niveau de la courbe, qu'il y a périodicité.

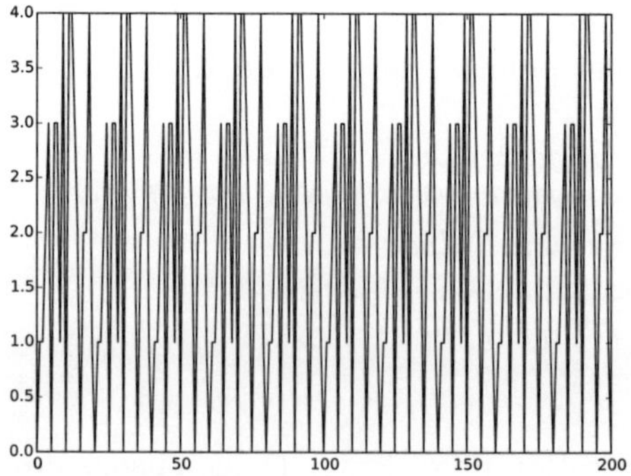

Exercice 18.14

1. On peut taper la version récursive :

```
>>> def U(n) :
        assert n >= 0
        if n == 0 :
            return 9
        else :
            return(4 * U(n - 1) ** 3 + 3 * U(n - 1) ** 4)
```

assert n'est pas fondamental mais permet d'imposer $n \geqslant 0$. Si l'on rentre $n < 0$, l'exécution enverra un message d'erreur.

On peut taper la version itérative :

```
>>> def U(n) :
        assert n >= 0
        u = 9
        for k in range(n) :
            u = 4 * u ** 3 + 3 * u ** 4
        return u
```

Vous pouvez vous « amuser » à tester la vitesse de calcul dans les deux cas itératif et récursif avec perf_counter.

Par exemple, on tape :

```
>>> [U(i) for i in range(3)]
[9 , 22599 , 782534990456559999]
```

2. On peut taper la version itérative :

```
>>> def S(n) :
        S = 9 ; u = 9
        for k in range(n) :
            u = 4 * u ** 3 + 3 * u ** 4
            S += u
        return S
```

Vous pouvez vous « amuser » encore à tester la vitesse de calcul dans les deux cas itératif et en utilisant sum avec perf_counter.

Enfin on pouvait taper aussi

```
>>> return(sum([U(k) for k in range(n + 1)]))
```

(à condition d'avoir U avant.)

3.

```
>>> def C(n) :
        v = U(n) ; i = 0
        while v % 10 == 9 :
            i += 1 ; v = v // 10
        return i
```

Ici il faut avoir tapé la procédure U avant.

Par exemple, on tape :

```
>>> [C(n) for n in range(10)]
[1, 2, 4, 8, 16, 32, 64, 128, 256, 512]
```

Que remarque t-on ?

Exercice 18.15

1. On tape :

```
>>> from math import factorial
>>> def binome(n, k) :
        return(factorial(n)/(factorial(k) * factorial(n - k)))
```

*On reprend BINOME1 fait à l'**exercice 18.6** en changeant juste son nom.*

2.

```
>>> def Sn(n) :
        s = 0
        for k in range(n + 1) :
            if k%2 == 0 :
                s += (-1) ** (k // 2) * binome(n, k)
        return s
```

Il faut juste comptabiliser que les k de reste 0 dans la division par 2.

Corrigé

✎ *On remarque que $Sn(n) = T(n)$. De plus si $n\%4$ vaut 2, $Sn(n) = 0$.*

3. On affiche simultanément les termes des suites $(S_n)_{n\in[\![0,10]\!]}$ et $(T_n)_{n\in[\![0,10]\!]}$.

```
>>> import numpy as np
>>> def T(n) : return(2**(n/2)*np.cos(n*np.pi/4))
>>> for k in range(11) :
        print(Sn(k),T(k))
```

1.0 1.0 1.0 1.0 0.0 1.22464679915e − 16
−2.0 − 2.0 − 4.0 − 4.0 − 4.0 − 4.0
0.0 − 1.46957615898e − 15 8.0 8.0 16.0 16.0
16.0 16.0 0.0 9.79717439318e − 15

✎ *On peut prouver que $R = +\infty$ en remarquant que $|S_n| \leqslant 2^n$ et donc $|c_n| \leqslant 2^n/n!$.*

4. Le rayon de convergence (commun) de cos et exp est $+\infty$.

Puis : $\cos x = \displaystyle\sum_{p=0}^{+\infty} \frac{(-1)^p}{(2p)!} x^{2p}$ et $e^x = \displaystyle\sum_{p=0}^{+\infty} \frac{x^p}{p!}$.

Le produit $x \mapsto \cos(x)\, e^x$ est développable en série entière et c'est le produit de Cauchy des développements en série de $\cos x$ et de e^x.

Si l'on pose $e^x \cos x = \displaystyle\sum_{n=0}^{+\infty} c_n x^n$, $a_{2k} = (-1)^k/(2k)!$, $a_{2k+1} = 0$, $b_n = 1/n!$:

$$c_n = \sum_{p=0}^{n} a_n b_{n-p} = \sum_{0\leqslant 2k\leqslant n} \frac{(-1)^k}{(2k)!} \times \frac{1}{(n-2k)!} = \frac{1}{n!} \sum_{0\leq 2k\leq n} (-1)^k \binom{n}{2k},$$

dont le rayon de convergence est $+\infty$.

5. $\displaystyle\sum_{n=0}^{+\infty} \frac{2^{n/2}\cos(n\frac{\pi}{4})}{n!} x^n = Re\left(\sum_{n=0}^{+\infty} \frac{(\sqrt{2}e^{i\frac{\pi}{4}}x)^n}{n!}\right) = Re\left(e^{\sqrt{2}e^{i\frac{\pi}{4}}x}\right)$

✎ *On utilise l'unicité du développement en série entière.*

$= Re\left(e^{(1+i)x}\right) = e^x \cos x$.

On identifie les deux formes du développement en série entière de $e^x \cos x$ et l'on a l'égalité de T_n et de S_n.

6. Pour déterminer une formule simple pour calculer $\displaystyle\sum_{0\leqslant 2k+1\leqslant n} (-1)^k \binom{n}{2k+1}$, on se calque sur ce qui précède.

Le produit $x \mapsto \sin(x)\, e^x$ est développable en série entière et c'est le produit de Cauchy des développements en série de $\sin x$ et de e^x.

Si $e^x \sin x = \displaystyle\sum_{n=0}^{+\infty} d_n x^n$, et maintenant $a_{2k+1} = (-1)^k/(2k+1)!$, $a_{2k} = 0$:

on a : $d_n = \displaystyle\sum_{p=0}^{n} a_n b_{n-p} = \sum_{0\leq 2k+1\leq n} \frac{(-1)^k}{(2k+1)!} \times \frac{1}{(n-(2k+1))!}$.

D'où : $d_n = \dfrac{1}{n!} \displaystyle\sum_{0\leq 2k+1\leq n} (-1)^k \binom{n}{2k+1}$, de rayon de convergence $+\infty$.

Puis : $\displaystyle\sum_{n=0}^{+\infty} \frac{2^{n/2}\sin(n\frac{\pi}{4})}{n!} x^n = Im\left(\sum_{n=0}^{+\infty} \frac{(\sqrt{2}e^{i\frac{\pi}{4}}x)^n}{n!}\right) = Im\left(e^{\sqrt{2}e^{i\frac{\pi}{4}}x}\right)$

$= Im\left(e^{(1+i)x}\right) = e^x \sin x$.

On identifie les deux formes du développement en série entière de $e^x \sin x$:

$$\sum_{0\leqslant 2k+1\leqslant n} (-1)^k \binom{n}{2k+1} = 2^{\frac{n}{2}} \sin\left(n\frac{\pi}{4}\right).$$

```
>>> def NSn(n) :
        s = 0

        for k in range(1,n+1) :
            if k%2 == 1 :
                s+ = (-1)**((k-1)/2)*binome(n,k)
        return s
>>> def NT(n) : return(2**(n/2)*np.sin(n*np.pi/4))
```

On appelle NSn la procédure qui correspond à Sn et NT celle qui correspond à T. Il reste à faire des essais. C'est à vous.

Exercice 18.16

```
>>> import numpy as np
>>> w = np.exp(2j*np.pi/5)
>>> def serie_exo(n) : return(sum(w**k/k for k in range(1,n+1)))
>>> serie_exo(50) , serie_exo(10**8)
(-0.152042 + 0.92872j) (-0.1617535605 + 0.94247778917j)
```

Attention au réflexe naturel d'écrire 2 ∗ j pour 2i. Par ailleurs, la série semble converger.

Remarque : Par analogie avec $x \in \mathbb{R}$, où $\displaystyle\sum_{n=1}^{+\infty} \frac{x^n}{n} = -\ln(1-x)$, si $S = \displaystyle\sum_{n=1}^{+\infty} \frac{\omega^n}{n}$, alors $e^S = 1/(1-\omega)$. On tape :

```
>>> t = 1/(1-w); s = np.ln(t); s
 (-0.16175356557872331 + 0.94247779607693793j)
```

Le logarithme complexe n'est pas au programme mais il n'est pas interdit de faire cette remarque qui ne passera pas pour une preuve.

Exercice 18.17

1.
```
>>> import matplotlib.pyplot as plt; import numpy as np
>>> def f(x,n) : return(1/x + sum(1/(x-k) for k in range(1,n+1)))
>>> X = np.linspace(0.1,0.9,200)
>>> for n in range(1,6) :
        Y = f(X,n); plt.plot(X,Y); plt.show()
```

On ajoute une valeur négative quand l'on passe de f_k à f_{k+1} car $x < 1$ donc le graphe de f_k est au dessus de celui de f_{k+1} pour tout k entier.

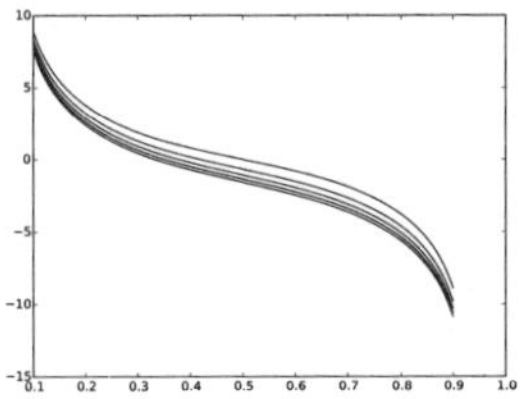

2. On a pour tout $n \in \mathbb{N}^\star$ et $x \in]0,1[$, $f_n'(x) = \dfrac{-1}{x^2} - \displaystyle\sum_{k=1}^{n} \frac{1}{(x-k)^2} < 0$. Donc f_n décroit strictement et comme $\displaystyle\lim_{x\to 0^+} f_n(x) = +\infty$ et $\displaystyle\lim_{x\to 1^-} f_n(x) = -\infty$, puis comme enfin f_n est continue par somme de fonctions continues sur $]0,1[$, il existe un unique $u_n \in]0,1[$ tel que $f_n(u_n) = 0$.

Pour $n \geqslant 1$, rappelons-le !

3.
```
>>> def U(n) :
        g, d = 01, 0.9
        while d-g > 1e-8 :
            m = (g+d)/2
            if f(m,n) == 0 :
                return m
            elif f(g,n)*f(m,n) < 0 :
```

On pourrait utiliser bisect de scipy.optimize mais ici on donne l'erreur à ne pas dépasser donc on fabrique notre dichotomie.

$d = m$

$else$:

$g = m$

$return\ (g + d)/2$

>>> $U(1), U(5), U(100)$

(0.5, 0.33655347, 0.18082911)

>>> $U(100000), U(250000)$

(0.08999999701976, 0.08999999701976)

On sait que pour $x \in]0, 1[$, $f_n(x) \geqslant f_{n+1}(x)$.

Donc $f_n(u_n) \geqslant f_{n+1}(u_n)$, c'est-à-dire $0 \geqslant f_{n+1}(u_n)$. Comme f_{n+1} décroit(en tant que fonction de x) et comme $f_{n+1}(u_{n+1}) = 0$, $u_{n+1} \leqslant u_n$.

Ainsi (u_n) décroit et comme elle est minorée par 0, elle converge.

On ne résiste pas à taper des valeurs ! Et $U(n)$ semble converger.

(u_n) semble décroître d'après plus haut. Montrons-le.

Exercice 18.18

1. >>> $def\ f(n)$:

$if\ n == 1$:

$return(1)$

$elif\ n\%2 == 0$:

$return(n//2)$

$else$:

$return(3 * n + 1)$

2. >>> $def\ Syracuse(n)$:

$L = [n]\,;\ x = n\,;\ j = 0$

$while\ x > 1$:

$x = f(x)\,;\ j += 1\,;\ L = L + [x]$

$return(L, j)$

Comme $f(1) = 1$, $Syracuse(1)$ donne $([1], 0)$.

Puis $f(2) = 1$ et donc $Syracuse(2)$ donne $([2, 1], 1)$.

Puis $f(3) = 10$, $f(10) = 5$, $f(5) = 16$, f(16)=8, f(8)=4, $f(4) = 2$ et enfin $f(2) = 1$. Donc : $Syracuse(3)$ donne $([3, 10, 5, 16, 8, 4, 2, 1], 7)$.

Puis $f(4) = 2$, $f(2) = 1$, et $Syracuse(4)$ donne $([4, 2, 1], 2)$.

$f(5) = 16$, $f(16) = 8$, $f(8) = 4$, $f(4) = 2$, $f(2) = 1$.

Ainsi : $Syracuse(5)$ donne $([5, 16, 8, 4, 2, 1], 5)$.

On remarque que l'on finit toujours par trouver 1. C'est la conjecture de Collatz. La procédure ne bouclera donc jamais à l'infini. On est rassuré.

3. Travaillons pour $n \in [\![1, 40]\!]$. On tape

>>> $X = list(range(1, 41))$

>>> $Y = [Syracuse(j)[1]\ for\ j\ in\ X]$

>>> $import\ matplotlib.pyplot\ as\ plt\,;\ plt.plot(X, Y)\,;\ plt.show(\,)$

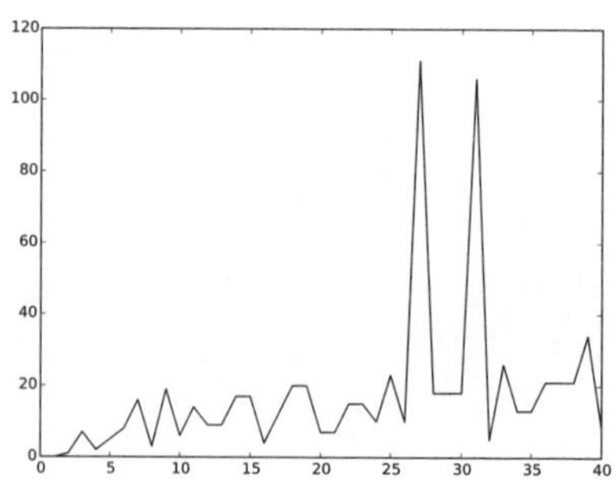

Exercice 18.19

1.
```
>>> import numpy as np
>>> def U(n) :
        P = 1
        for k in range(1, n + 1) :
            P *= 1 - 1/((k ** 2) * (np.pi) ** 2)
        return P
>>> U(1), U(3), U(7), U(10)
(0.898678816 , 0.866054044, 0.852902429 , 0.849625204)
>>> for n in range(2, 7, 3) :
        print(U(10 ** n))
0.8423197536, 0.8414718373
```

On conjecture que u_n a une limite.

2. Si $t \neq 0$, au $V(0)$, $\dfrac{\cos t}{\sin t} - \dfrac{1}{t} = \dfrac{1 - \frac{t^2}{2} + o(t^2)}{t + o(t^2)} - \dfrac{1}{t} = -\dfrac{t}{2} + o(t)$.

Donc $\lim\limits_{t \to 0} g(t) = 0$. La fonction g est continue (ou plutôt son prolongement) sur $[0, \pi[$. Pour f, on doit appliquer le cours du **chapitre 9**.

Posons $f_n(t) = \dfrac{2t}{t^2 - n^2\pi^2}$, f_n est continue sur $[0, \pi[$ pour tout $n \geqslant 1$.

On isole $f_1(t)$ à cause du voisinage de π pour ne pas avoir un pb pour la convergence uniforme.

Montrons la continuité de $t \mapsto \displaystyle\sum_{n=2}^{+\infty} f_n(t)$. On a $f_n'(t) = \dfrac{-2t^2 - 2n^2\pi^2}{(t^2 - n^2\pi^2)^2} < 0$.

Donc f_n décroit et $f_n(0) = 0$.

Pour tout $t \in [0, \pi[$, $|f_n(t)| \leqslant |f_n(\pi)| = \dfrac{2}{\pi(1 - n^2)}$.

La série de terme général $\|f_n\|_\infty^{[0,\pi[}$ converge et la série $t \mapsto \displaystyle\sum_{n \geqslant 2} f_n(t)$ converge normalement donc uniformément sur $[0, \pi[$. Sa somme est continue sur $[0, \pi[$ et on la rajoute à $t \mapsto 2t/(t^2 - \pi^2)$ qui est continue sur $[0, \pi[$.

Donc f est bien continue sur cet intervalle.

```
>>> import matplotlib.pyplot as plt ; import numpy as np
>>> def f(t,n) :
        return(sum(2 * t/(t ** 2 - (k ** 2) * (np.pi ** 2))
        for k in range(1, n + 1)))
>>> def g(t) : return(np.cos(t)/np.sin(t) - 1/t)
>>> X = np.linspace(0.01, 3.1, 200)
>>> plt.plot(X, f(X, 10)); plt.plot(X, g(X)); plt.show( )
```

On crée la fonction f par une somme finie de n termes et on choisira n assez grand pour le graphe.

Pour $n = 2$, soit f somme de deux termes, son graphe est très légérement au dessus de celui de g et à partir de $n = 3$, les deux graphes semblent identiques.

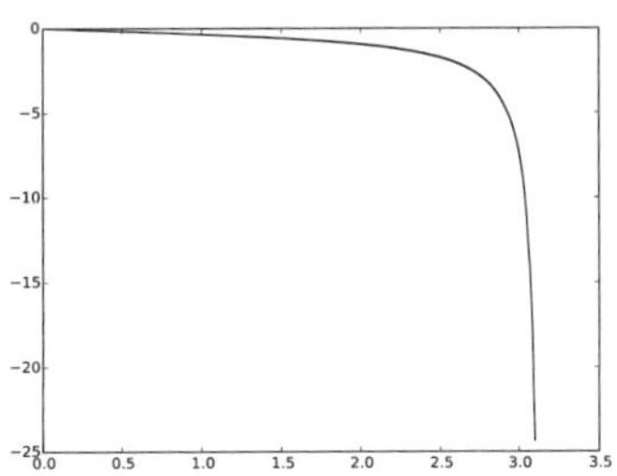

On conjecture et on admet : $\forall t \in [0, \pi[$, $f(t) = g(t)$.

3. On travaille pour tout x fixé dans $[0, \pi[$.

$$\int_0^x \sum_{n=1}^{+\infty} \frac{2t}{t^2 - n^2\pi^2}\, dt = \sum_{n=1}^{+\infty} \int_0^x \frac{2t}{t^2 - n^2\pi^2}\, dt.$$

On utilise la convergence uniforme de $\sum_{n\geqslant 2} f_n(t)$ sur $[0, x]$ pour justifier l'intervertion.

Il reste à écrire : $\displaystyle\int_0^x \frac{2t}{t^2 - n^2\pi^2}\, dt = \left[\ln(n^2\pi^2 - t^2)\right]_0^x = \ln\left(1 - \frac{x^2}{n^2\pi^2}\right)$.

Donc $\displaystyle\int_0^x g(t)\, dt = \sum_{n=1}^{+\infty} \ln\left(1 - \frac{x^2}{n^2\pi^2}\right)$.

En prenant $x = 1$, $\displaystyle\int_0^1 g(t)\, dt = \sum_{n=1}^{+\infty} \ln\left(1 - \frac{1}{n^2\pi^2}\right) = \lim_{n\to+\infty} \ln u_n$.

Il reste à intégrer $\int_0^1 g(t)\, dt$.

Soit $\epsilon \in]0,1[$, $\displaystyle\int_\epsilon^1 g(t)\, dt = \int_\epsilon^1 \frac{\cos t}{\sin t}\, dt - \int_\epsilon^1 \frac{dt}{t}$.

Et : $\displaystyle\int_\epsilon^1 g(t)\, dt = \ln(\sin 1) - \ln(\sin \epsilon) + \ln \epsilon$.

En faisant tendre ϵ vers 0^+, il reste $\ln(\sin 1)$ pour valeur de l'intégrale.
Finalement, la suite (u_n) tend vers $\sin 1$ (à peu près 0.8414709848079).

Exercice 18.20

mt.floor désigne la partie entière et np.sqrt la racine carrée.

1.

```
>>> import math as mt ; import numpy as np
>>> def a(n) :
        if mt.floor(np.sqrt(n)) == np.sqrt(n) :
            return 1
        else :
            return 0
```

On pose $u_n = x^{n^2}$.

2. Si $x \neq 0$, $\displaystyle\frac{u_{n+1}}{u_n} = \frac{x^{(n+1)^2}}{x^{n^2}} = x^{2n+1}$.

Il est clair que cette quantité tend vers 0 si et seulement si $|x| < 1$ et dans ce cas, la série $\sum u_n$ converge absolument. Si $|x| \geqslant 1$, cette série diverge grossièrement. Donc $D_f =]-1, 1[$.

$Somme(1, n)$ donne le nombre d'entiers inférieurs à n qui sont des carrés.

3. Il est clair que $\displaystyle\sum_{n=0}^{+\infty} a_n x^n = \sum_{n=0}^{+\infty} x^{n^2}$. Donc : $\displaystyle\lim_{n\to+\infty} Somme(x, n) = f(x)$.

```
>>> def Somme(x,n) :
        return(sum(a(k) * (x ** k) for k in range(n + 1)))
>>> X = np.linspace(-1,1,200) ; Y = np.linspace(-1,0.8,200)
>>> plt.plot(X,Somme(X,2000)) ; plt.show()
>>> plt.plot(Y,Somme(Y,3000)) ; plt.show()
```

Tracer jusqu'à $x = 0.8$ permet de mieux visualiser la courbe avant son départ vers « les frontières de l'infini » comme dit Kirk dans Star Trek.

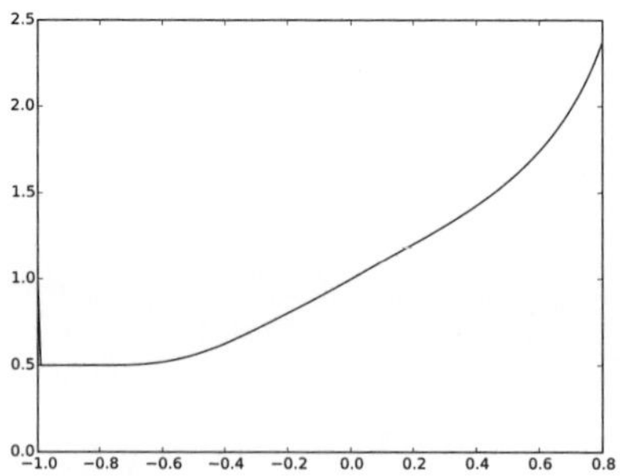

4. On tape et on visualisera :

```
>>> def NewSomme(x,n) :
        return(sum((-1)**k*a(k)*(x**k) for k in range(n+1)))
>>> X = np.linspace(-0.95,1,2000) ; Y = np.linspace(-1,0.8,200)
>>> plt.plot(Y,NewSomme(Y,5000)) ; plt.show()
>>> NewSomme(0.9999,10000) , NewSomme(1,10000)
 0.5000002 , 1
```

Encore une fois, on trace sur un intervalle d'abscisses plus petit car si x tend vers -1^+, NewSomme tend vers l'infini. Quant à la limite quand x tend vers 1^-, elle semble être $1/2$ mais monte brusquement vers 1. Il y a discontinuité en $x = 1$.

Exercice 18.21

1.

```
>>> import matplotlib.pyplot as plt ; import numpy as np
>>> def x(n,t) : return(4*np.cos(t) - np.cos(n*t))
>>> def y(n,t) : return(4*np.sin(t) - np.sin(n*t))
>>> T = np.linspace(0,2*np.pi,400)
>>> for n in range(2,8) :
        plt.plot(x(n,T),y(n,T),color='0') ; plt.axis('equal') ; plt.show()
```

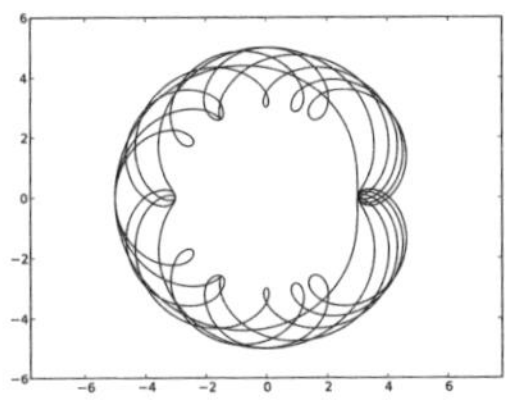

2. On remarque que toutes les courbes sont symétriques par rapport à $0x$. De plus, si n est impair, on a : $x_n(t+\pi) = -x_n(t)$ et $y_n(t+\pi) = -y_n(t)$. Donc $\mathcal{C}_n$ est alors symétrique par rapport à O.

3. $M(t)$ non régulier $\Rightarrow \begin{cases} x_n'(t) = -4\sin t + n\sin(nt) = 0 \\ y_n'(t) = 4\cos t - n\cos(nt) = 0 \end{cases}$.

Ce système d'équations ne semble pas simple à résoudre. On constate d'après les graphes plus haut qu'il existe une des courbes $\mathcal{C}_n$ pour n entier de 2 à 7 qui possède des points stationnaires (non réguliers) qui semble être des points de rebroussement de première espèce. Aidons nous de Python pour continuer.

```
>>> import scipy.optimize as resol
>>> def Sys(X) :
        return(-4*np.sin(X[1]) + X[0]*np.sin(X[0]*X[1]) ,
         4*np.cos(X[1]) - X[0]*np.cos(X[0]*X[1]))
>>> Sol = resol.fsolve(Sys,[5,1]) ; print(Sol)
[4 , 2.094951]
>>> Sol = resol.fsolve(Sys,[7,2]) ; print(Sol)
[4 , 4.1887902]
>>> np.pi*2/3
2.0943951023931953
```

On prend d'abord $n = 5$ et $t = 1$ comme points de départ puis $n = 7$ et $t = 2$. Tout ceci est expliqué dans la **méthode 18.24**.

Ainsi, $n = 4$ est solution et $t = 2\pi/3$ ou $t = 4\pi/3$.
Par le calcul, on résout (en prenant maintenant $n = 4$) :

$$\begin{cases} \sin t = \sin(4t) \\ \cos t = \cos(4t) \end{cases} \Leftrightarrow \begin{cases} (1)\, 4t = t + 2k_1\pi \quad \text{ou} \quad (2)\, t = \pi - 4t + 2k_2\pi \\ (3)\, 4t = t + 2k_3\pi \quad \text{ou} \quad (4)\, t = -4t + 2k_4\pi \end{cases}.$$

Corrigé

Les k_i sont des entiers relatifs. Vue la symétrie de la famille d'arcs paramétrés, on peut se restreindre à $t \in [0, \pi]$. En effectuant toutes les combinaisons possibles, seul $t = 0$ et $t = 2\pi/3$ sont solutions. On a donc deux points stationnaires (et un troisième par symétrie). On vérifie avec le graphe de $\mathcal{C}_4$:

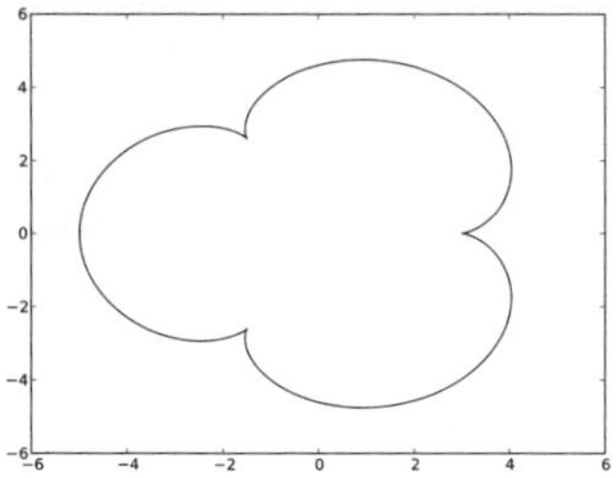

Au voisinage de $t = 0$, on commence par écrire :

$$\cos t = 1 - \frac{1}{2}t^2 + \frac{1}{24}t^4 + o(t^4),\ \cos 4t = 1 - 8t^2 + \frac{32}{3}t^4 + o(t^4),$$

$$\sin t = t - \frac{1}{6}t^3 + o(t^4),\ \sin 4t = 4t - \frac{32}{3}t^3 + o(t^4).$$

On obtient pour $x(t)$, au voisinage de $t = 0$:

$$4\left(1 - \frac{1}{2}t^2 + \frac{1}{24}t^4\right) - \left(1 - 8t^2 + \frac{32}{3}t^4\right) + o(t^4),$$

c'est-à-dire $x(t) = 3 + 6t^2 - \dfrac{21}{2}t^4 + o(t^4)$.
De même, $y(t)$ vaut, au voisinage de $t = 0$,

$$4\left(t - \frac{1}{6}t^3\right) - \left(4t - \frac{32}{3}t^3\right) + o(t^4).$$

C'est-à-dire : $y(t) = 10t^3 + o(t^4)$.
Si l'on pose $\vec{f}(t) = x(t)\vec{i} + y(t)\vec{j}$, en $M(t = 0)$ de coordonnées $(3, 0)$, les vecteurs $\vec{f}''(0) = 12\vec{i}$ et $\vec{f}^{(3)}(0) = 60\vec{j}$ ne sont pas colinéaires. On a un point de rebroussement de première espèce de tangente dirigée par $12\vec{i}$, c'est-à-dire $\vec{i}$.
Au voisinage de $t = 2\pi/3$, posons $t = \dfrac{2\pi}{3} + h$.

$$x(t) = 4\cos\left(\frac{2\pi}{3} + h\right) - \cos\left(\frac{8\pi}{3} + 4h\right) = 4\cos\left(\frac{2\pi}{3} + h\right) - \cos\left(\frac{2\pi}{3} + 4h\right).$$

Puis on utilise : $\cos\left(\dfrac{2\pi}{3}\right) = -\dfrac{1}{2}$ et $\sin\left(\dfrac{2\pi}{3}\right) = \dfrac{\sqrt{3}}{2}$. Ainsi, en développant :

$$x(t) = 4\left(-\frac{1}{2}\cos h - \frac{\sqrt{3}}{2}\sin h\right) - \left(-\frac{1}{2}\cos 4h - \frac{\sqrt{3}}{2}\sin 4h\right).$$

Ce qui donne : $x(t) = -2\cos h - 2\sqrt{3}\sin h + \frac{1}{2}\cos 4h + \frac{\sqrt{3}}{2}\sin 4h$.
On applique maintenant les développements limités classiques de cos et de sin quand h tend vers 0. On ne les effectue que jusqu'à l'ordre 3 et si jamais on doit « pousser » les développements limités, on reprend à l'ordre 4. Ce qui donne pour $x(t)$:

$$-2\left(1-\frac{h^2}{2}\right) - 2\sqrt{3}\left(h-\frac{h^3}{6}\right) + \frac{1}{2}\left(1-8h^2\right) + \frac{\sqrt{3}}{2}\left(4h-\frac{32}{3}h^3\right) + o(h^3).$$

Ce qui donne finalement : $x(t) = -\frac{3}{2} - 3h^2 - 5\sqrt{3}h^3 + o(h^3)$.
On procède de même pour $y(t)$:

$$y(t) = 4\sin\left(\frac{2\pi}{3}+h\right) - \sin\left(\frac{8\pi}{3}+4h\right) = 4\sin\left(\frac{2\pi}{3}+h\right) - \sin\left(\frac{2\pi}{3}+4h\right).$$

Puis on développe, comme précédemment :

$$y(t) = 4\left(\frac{\sqrt{3}}{2}\cos h - \frac{1}{2}\sin h\right) - \left(\frac{\sqrt{3}}{2}\cos 4h - \frac{1}{2}\sin 4h\right).$$

Ce qui donne : $y(t) = 2\sqrt{3}\cos h - 2\sin h - \frac{\sqrt{3}}{2}\cos 4h + \frac{1}{2}\sin 4h$.
Et ensuite, en procédant de façon similaire à plus haut,

$$y(t) = \frac{3\sqrt{3}}{2} + 3\sqrt{3}h^2 - 5h^3 + o(h^3).$$

Le point $M(t = 2\pi/3)$ a pour composantes $\left(-\frac{3}{2}, \frac{3\sqrt{3}}{2}\right)$ et on a :

Les points non réguliers de $\mathcal{C}_4$ sont des points de rebroussement de 1ère espèce.

$$\vec{f}''(2\pi/3) = 2!(-3\vec{i} + 3\sqrt{3}\vec{j}) = 6(-\vec{i} + \sqrt{3}\vec{j}),$$

$$\vec{f}^{(3)}(2\pi/3) = 3!(-5\sqrt{3}\vec{i} - 5\vec{j}) = -30(\sqrt{3}\vec{i} + \vec{j}).$$

En $M(t = 2\pi/3)$, on a encore un point de rebroussement de première espèce car il est clair que les vecteurs $\vec{f}''(2\pi/3)$ et $\vec{f}^{(3)}(2\pi/3)$ ne sont pas colinéaires. Par symétrie, en $M(t = 4\pi/3)$, on a encore un point de rebroussement de première espèce. On peut conclure.

4. Par symétrie : $l_n = 2\int_0^{\pi}\left(\sqrt{x_n'^2(t) + y_n'^2(t)}\right)dt$. Simplifions $x_n'^2(t) + y_n'^2(t)$: $(-4\sin t + n\sin(nt))^2 + (4\cos t - n\cos(nt))^2 = 16 + n^2 - 8n\cos[(n-1)t]$ car : $-8n\left(\sin t\sin(nt) + \cos t\cos(nt)\right) = -8n\cos((n-1)t)$.

```
>>> import scipy.integrate as integr
>>> def l(n) :
        def f(t) :
            return(2 * np.sqrt(16 + n ** 2 - 8 * n * np.cos((n - 1) * t)))
        return(integr.quad(f, 0, np.pi))
```

Corrigé

On multiplie par 2 dans $f(t)$ car *integr.quad* renvoie une liste et $2*integr.quad$ donne la liste en double ! Et on représente la ligne de segments brisés $[n, l_n]$.

```
>>> import matplotlib.pyplot as plt
>>> X = [k for k in range(1, 21)]
>>> Y = [l(k)[0] for k in range(1, 21)]
>>> plt.plot(X, Y, color =' 0') ; plt.show( )
```

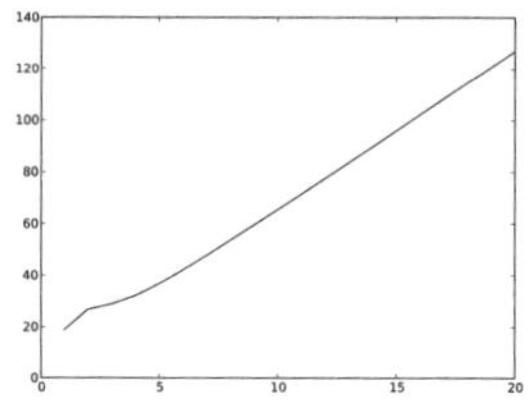

l_n est le premier élément de la liste $l(n)$ donc vaut $l(n)[0]$.

On remarque que la courbe semble linéaire.

```
>>> print(l(2500000000)[0]/2500000000)
6.283185307179586
```

Or 2π a pour valeur approchée 6.28185307179586.
On conjecture que $l_n \sim 2\pi n$.

- <u>*Preuve mathématique*</u>

On montre que $\displaystyle\lim_{n\to+\infty} \frac{2}{2\pi n}\int_0^{\pi}\left(\sqrt{x_n'^2(t)+y_n'^2(t)}\right)dt$ vaut 1, soit :

$$\lim_{n\to+\infty} \frac{2}{2\pi n}\int_0^{\pi}\sqrt{16+n^2-8n\cos((n-1)t)}\,dt = 1.$$

Cela revient à montrer que :

$$\lim_{n\to+\infty} \frac{1}{\pi}\int_0^{\pi}\frac{1}{n}\sqrt{16+n^2-8n\cos((n-1)t)}\,dt$$

$$= \lim_{n\to+\infty} \frac{1}{\pi}\int_0^{\pi}\sqrt{\frac{16}{n^2}+1-\frac{8}{n}\cos((n-1)t)}\,dt = 1.$$

Posons pour tout $n \geqslant 1$ et pour tout $t \in [0, \pi]$,

$$f_n(t) = \sqrt{\frac{16}{n^2}+1-\frac{8}{n}\cos((n-1)t)}.$$

Les fonctions f_n sont toutes continues (par morceaux) sur $I = [0, \pi]$ et pour tout t fixé dans I, $\displaystyle\lim_{n\to+\infty} f_n(t) = 1$.
Ainsi, la suite (f_n) converge simplement sur I vers $f : t \mapsto 1$ qui est continue (par morceaux) sur I.
De plus, on peut majorer $|f_n(t)|$ pour tout entier n par l'expression $\phi(t) = \sqrt{16+1+8} = 5$.
La fonction ϕ est continue (par morceaux) sur I et intégrable sur I car constante.
On peut alors appliquer le théorème de convergence dominée.

$$\int_0^{\pi} f(t)\,dt = \pi = \lim_{n\to+\infty} \int_0^{\pi} f_n(t)\,dt$$

$$\Rightarrow \lim_{n\to+\infty} \frac{1}{\pi} \int_0^{\pi} \frac{1}{n}\sqrt{16+n^2-8n\cos((n-1)t)}\,dt = 1.$$

On a bien, quand n tend vers $+\infty$,

$$\lim_{n\to+\infty} \frac{2}{2\pi n} \int_0^{\pi} \left(\sqrt{x_n'^2(t)+y_n'^2(t)}\right) dt = \lim_{n\to+\infty} \frac{l_n}{2\pi n} = 1 \text{ et } l_n \sim 2\pi n.$$

Exercice 18.22

1. On commence par rentrer les modules ou fonctions prédéfinies utiles.

```
>>> from numpy.polynomial import Polynomial; import numpy as np
>>> import matplotlib.pyplot as plt; from math import factorial
>>> def P(n,t) :
        return(sum(t**i/factorial(i) for i in range(n+1)))
>>> def PP(n) :
        p = Polynomial([1/factorial(i) for i in range(n+1)])
        return p
>>> X = np.linspace(-3,0,100)
>>> for n in range(2,8) :
        plt.plot(X, P(n,X)); plt.show()
```

On définit la fonction polynomiale $t \mapsto P_n(t)$.

On définit le polynôme (ou liste) P_n.

Tracer P_n sur $[-3,0]$ semble opportun. Si n est pair, il n'y a pas de racine réelle et si n est impair, il n'y en a qu'une.

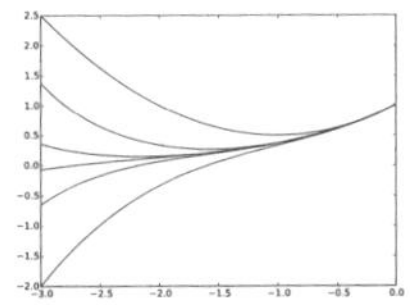

2. On commence par remarquer que $P_n'(t) = P_{n-1}(t)$ pour tout t.

```
>>> def newton(n,a,epsilon) :
        t = a; val = P(n,a)
        while abs(val) > epsilon :
            t = t - val/P(n-1,t); val = P(n,t)
        return t
>>> newton(3,1,1e-8)
 -1.5960716379848223
```

*On s'inspire de la **méthode 18.7** où les arguments f et df sont remplacés par le seul n.*

On vous laisse tester les autres valeurs.

3. On tape par exemple :

```
>>> PP(3).roots()
[-1.59607164+0.j, -0.70196418-1.80733949j, -0.70196418+1.80733949j]
```

On récupère $PP(3).roots()[1]$ et $PP(3).roots()[2]$ qui sont les deux racines complexes conjuguées de P_3.

Vous faites de même avec P_5 et P_{15}.

Exercice 18.23

1. Unicité : supposons qu'il existe deux polynômes M et N de degré inférieur ou égal à n tel que pour tout j compris entre 0 et n, on ait : $M(x_j) = y_j$ et $N(x_j) = y_j$. Alors $M - N$ admet au moins $n+1$ racines distinctes et est de degré inférieur ou égal à n. Donc $M - N$ est le polynôme nul.

Corrigé

Existence : chaque polynôme L_i est de degré n donc L est de degré inférieur ou égal à n. De plus, pour tout i entier de 0 à n, on a : $L_i(x_j) = \delta_i^j$.

On rappelle que δ_i^j vaut 0 si $i \neq j$ et vaut 1 si $i = j$.

Donc : $\forall j \in [\![0, n]\!]$, $L(x_j) = \sum_{i=0}^{n} y_i L_i(x_j) = \sum_{i=0}^{n} y_i \delta_i^j = y_j$.

Ici, dans la procédure, on n'a pas besoin de construire le polynôme L en tout X.

Ici $n = len(X)$ correspond à $n+1$ de l'énoncé.

$Liste[j]$ correspond à $L_j(t_k)$.

2.
```
>>> def Lagrange(X,Y,T) :
        n = len(X) ; s = 0 ; Nliste = [] ; p = len(T)
        for k in range(0,p) :
            Liste = []
            for j in range(0,n) :
                q = 1
                for i in range(0,j) :
                    q = q * (T[k] - X[i])/(X[j] - X[i])
                for i in range(j+1,n) :
                    q = q * (T[k] - X[i])/(X[j] - X[i])
                Liste.append(q)
            s = sum(Y[l] * Liste[l] for l in range(0,n))
            Nliste.append(s)
        return(Nliste)
```

3. On tape :

Ici, on commence par créer une fonction polynomiale de Lagrange que l'on « plotera » plus loin.

```
>>> def Pol_Lag(X,Y,x) :
        n = len(X) ; s = 0 ; Liste = []
        for j in range(0,n) :
            q = 1
            for i in range(0,j) :
                q = q * (x - X[i])/(X[j] - X[i])
            for i in range(j+1,n) :
                q = q * (x - X[i])/(X[j] - X[i])
            Liste.append(q)
        return(sum(Y[l] * Liste[l] for l in range(0,n)))
```

Il reste à tracer tout cela.

Ici XX est la liste des points pour le tracé de toutes les courbes et X est la liste $[x_0, ..., x_n]$ qui permet de construire le polynôme de Lagrange.

```
>>> import matplotlib.pyplot as plt ; import numpy as np
>>> def f(x) : return(np.exp(-x**2))
>>> XX = np.linspace(0,2,200)
>>> for n in range(1,20) :
        X = np.linspace(0,2,n+1) ; Y = f(X) ; plt.plot(XX,f(XX))
        plt.plot(XX,Pol_Lag(X,Y,XX)) ; plt.show()
```

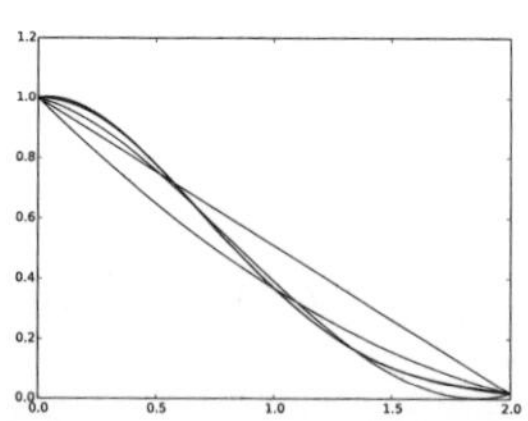

Exercice 18.24

1. C'est semblable à la question 1 de l'**exercice 18.13**. Remplacer juste F par $Fibo1$ et l'initialisation à transformer pour le premier terme.

```
>>> [Fibo1(i) for i in range(1,15)]
[1, 2, 3, 5, 8, 13, 21, 34, 55, 89, 144, 233, 377, 610]
```

2. On tapera ici :

```
>>> def Fibo2(n) :
        if n <= 1 :
            return 1
        else :
        return(Fibo2(n - 1) + Fibo2(n - 2))
>>> [Fibo2(i) for i in range(1,15)]
[1, 2, 3, 5, 8, 13, 21, 34, 55, 89, 144, 233, 377, 610]
```

3. On tape :

```
>>> import numpy as np; import numpy.linalg as alg
>>> def Fibo3(n) :
        if n <= 1 :
            return 1
        A = np.array([[0, 1], [1, 1]]); V = np.array([1, 1])
        An = alg.matrix_power(A, n); W = np.dot(An, V)
        return W[0]
>>> [Fibo3(i) for i in range(1,15)]
[1, 2, 3, 5, 8, 13, 21, 34, 55, 89, 144, 233, 377, 610]
```

4.

```
>>> from time import perf_counter as pc
>>> print(Fibo1(20)); t = pc(); Fibo1(20); print(pc() - t)
10946
0.00014680592257036197
>>> print(Fibo2(20)); t = pc(); Fibo2(20); print(pc() - t)
10946
0.0184203504243996
>>> print(Fibo3(20)); t = pc(); Fibo3(20); print(pc() - t)
10946
0.0006568337933856583
```

$Fibo2(20)$ met 126 fois plus de temps que $Fibo1(20)$ et $Fibo3(20)$ seulement 4.47 fois plus de temps que $Fibo1(20)$. Essayez $Fibo2(50)$ et vous comprendrez qu'il vaut mieux généralement une méthode itérative à une méthode récursive.

Il s'agissait au départ de l'étude de la reproduction des lapins. Au bout de 14 gestations, cela en fait beaucoup. Heureusement, la mixomatose veille !

Pour l'explication mathématique, c'est l'exemple qui suit la **méthode 4.9** *page 105.*

Retenez bien cette syntaxe. Le jour de l'oral, proposez d'illustrer la vitesse d'exécution si vous avez un petit programme à faire tourner, cela ne sera que bénéfique.

Exercice 18.25

1. • Première étape. Il faut donc prouver l'existence en partant du théorème spectral car A est symétrique réelle. Il existe donc $D = \text{diag}(\lambda_1, ..., \lambda_n)$ telle que $A = PDP^T$, où $P \in O(n)$. Comme $A \in \mathcal{S}_n^+(\mathbb{R})$, les valeurs propres de A sont toutes positives ou nulles et $\Delta = \text{diag}(\sqrt{\lambda_1}, ..., \sqrt{\lambda_n})$ existe.

On intuite en posant $R = P\Delta P^T$.

Alors : $R^T = (P\Delta P^T) = P\Delta^T P^T = P\Delta P^T \Rightarrow R^T = R$.

Et R est réelle donc symétrique réelle. Le spectre de R est constitué de racines carrées de réels donc de valeurs positives ou nulles.

Enfin : $R^2 = P\Delta P^T P\Delta P^T = P\Delta^2 P^T = PDP^T = A$.

• Deuxième étape. Il faut maintenant prouver l'unicité. On raisonne en introduisant U telle que $A = U^2$, la matrice U étant dans $\mathcal{S}_n^+(\mathbb{R})$. A et U commutent ($AU = U^2U = U^3 = UA$.)

Soit alors ϕ et u les endomorphismes associés respectivement à A et U.

Comme A est symétrique réelle, elle est diagonalisable, $\mathbb{R}^n = \bigoplus_{\lambda \in Sp(\phi)} E_\lambda(\phi)$.

*L'ensemble $\mathcal{S}_n^+(\mathbb{R})$ fait parti des grands classiques. Il faut l'avoir vu avant le concours. C'est fait ici et aussi à l'***exercice 17.30**.

*Une preuve est la question 1 de l'***exercice 4.31**.

Pour tout $\lambda \in Sp(\phi)$, le sous-espace propre $E_\lambda(\phi)$ est stable par u. Introduisons alors l'endomorphisme u_λ induit par u sur $E_\lambda(\phi)$. Alors u_λ reste symétrique et pour tout $\vec{x} \in E_\lambda(\phi)$, $u_\lambda^2(\vec{x}) = \phi(\vec{x}) = \lambda\vec{x}$. Donc si μ est une valeur propre de u_λ, on a : $\mu^2 = \lambda$. Toute valeur propre de u_λ est une valeur propre de u. Comme $U \in \mathcal{S}_n^+(\mathbb{R})$, μ est positive et donc $\mu = \sqrt{\lambda}$. Enfin, comme u_λ est symétrique réelle, u_λ est diagonalisable et comme $\sqrt{\lambda}$ est sa seule valeur propre, $u_\lambda = \sqrt{\lambda}\, Id_{E_\lambda(\phi)}$. Donc u est unique et U aussi.
C'est terminé. On a obligatoirement $U = R$.

On peut rajouter dans le programme un test qui permet de savoir si $A \in \mathcal{S}_n^+(\mathbb{R})$ en utilisant assert et alg.eig(A)[0] par exemple. À vous de le faire !

2.
```
>>> import numpy as np; import numpy.linalg as alg
>>> def Racine_Car(A) :
        LP = alg.eig(A); P = LP[1]
        D = np.diag(LP[0]); Delta = np.sqrt(D)
        R = np.dot(np.dot(P, Delta), np.transpose(P)); return R
>>> Racine_Car(np.diag([2, 2])) """ Juste pour vérifier """
array([[1.41421356, 0.], [0., 1.41421356]])
```

Exercice 18.26

1. On tape :

Ici, commencer par remplir A de 0 n'est pas idiot vue la forme demandée.

```
>>> import numpy as np; import numpy.linalg as alg
>>> def A(n, a) :
        A = np.zeros((n, n))
        for i in range (0, n - 1) :
            A[i, i + 1] = 1/a
        for i in range(1, n) :
            A[i, i - 1] = a
        return A
```

2. Par exemple, on tape :

On devine $-\sqrt{2}$, 0 et $\sqrt{2}$ mais comme les maths ce ne sont pas des devinettes, faisons un interlude sympy.

```
>>> alg.eigvals(A(3, -2))
array([-1.41421356e + 00, 9.77950360e - 17, 1.41421356e + 00])
>>> from sympy import *
>>> New_A = Matrix([[0, -1/2, 0], [-2, 0, 1/2], [0, -2, 0]])
>>> New_A.eigenvals()
{0 : 1, sqrt(2) : 1, -sqrt(2) : 1}
```

Puis, il reste à généraliser avec une boucle (par exemple pour $a \in \{-2, -1\}$).

Il faut écarter le cas $a = 0$ qui renvoie un message d'erreur.

```
>>> for n in range(3, 9) :
        for a in range(-2, 0) :
            print(alg.eigvals(A(n, a)))
```

On peut ensuite recommencer avec *for a in range*$(1, 4)$: à faire !
On remarque enfin que le spectre ne dépend que de n et non de la valeur a.

3. a. On tape :

```
>>> from numpy.polynomial import Polynomial
>>> def P(n) :
        X = Polynomial([0, 1])
        if n == 1 :
            return(Polynomial([0, 1]))
        elif n == 2 :
            return(Polynomial([-1, 0, 1]))
        else :
            return(X * P(n - 1) - P(n - 2))
```

On tape alors :
>>> $for\ n\ in\ range(3,9)$:
    $print(P(n))$
$poly([1\ 0\ -10\ 0\ 15\ 0\ -7\ 0\ 1])$)

Pour raccourcir, on n'a representé que $P(8)$.

b. >>> $P(3).roots()$
$array([-1.41421356\ ,\ 0.\ ,\ 1.41421356])$

On reconnait dans les racines de $P(n)$ le spectre de $A(n,a)$.

c. La conjecture est faite. Passons à la preuve.
$A_{1,a} = (0)$ et $\chi_{A_{1,a}}(X) = \mathsf{Det}\,(XI_1 - 0) = X = P_1$.
Puis $A_{2,a} = \begin{pmatrix} 0 & 1/a \\ a & 0 \end{pmatrix}$ et $\chi_{A_{2,a}}(X) = \mathsf{Det}\,(XI_2 - A_{2,a}) = X^2 - 1 = P_2$.
L'initialisation est donc correcte. Passons à l'hérédité.
Développons le déterminant $\chi_{A_{n+2,a}}(X)$ par rapport à sa première ligne.
On a : $\chi_{A_{n+2,a}}(X) = X\,\chi_{A_{n+1,a}}(X) + a \times (-1/a) \times \chi_{A_{n,a}}(X)$.
On obtient la même relation de récurrence que pour la suite (P_n). On peut donc identifier P_n et $\chi_{A_{n,a}}(X)$. En conclusion, les racines de P_n sont les valeurs propres de $A_{n,a}$.
4. On remarque que 0 est racine de P_n si, et seulement si, n est impair. On peut le vérifier par récurrence. Donc 0 appartient au spectre de $A_{n,a}$ pour n impair. Finalement, $A_{n,a}$ est inversible si, et seulement si, n est pair.
P_n a n racines réelles distinctes et $A_{n,a}$ est diagonalisable dans $\mathcal{M}_n(\mathbb{R})$.

Exercice 18.27

Tous ces commentaires ne sont pas suffisants pour expliciter S et U, on en conviendra mais intéressants à placer devant l'examinateur le jour de l'Oral.

Comme $\mathsf{Det}\,A = 1$ et comme $\mathsf{Det}\,S = \lambda_1\lambda_2 \geq 0$, où λ_1 et λ_2 sont les valeurs propres réelles de S, diagonalisable car symétrique réelle et comme, de plus, $\mathsf{Det}\,U = \pm 1$, U étant orthogonale, alors $\mathsf{Det}\,U = 1$ et $\lambda_1\lambda_2 = 1$.
Rentrons dans le vif du sujet, $U = \begin{pmatrix} a & -b \\ b & a \end{pmatrix}$, $S = \begin{pmatrix} c & e \\ e & d \end{pmatrix}$.
En effectuant le produit US qui fait A et en utilisant $U \in O(2)$, on a :

$$a^2 + b^2 = ac - be = ae - bd = 1,\ bc + ae = be + ad = 0.$$

a, b, c, d, e sont 5 inconnues qui deviennent dans cet ordre $X[i]$ pour i variant de 0 à 4 en Python. On tape :

Attention, il faut le même nombre d'équations que d'inconnues. La relation $\mathsf{Det}\,S = 1$ ne sera utilisée que pour vérifier notre résultat.

```
>>> import scipy.optimize as resol
>>> def Syst(X) :
        return(X[0]**2 + X[1]**2 - 1, X[0]*X[2] - X[1]*X[4] - 1,
        X[0]*X[4] - X[1]*X[3] - 1, X[1]*X[2] + X[0]*X[4], X[1]*X[4] +
        X[0]*X[3] - 1)
>>> Sol1 = resol.fsolve(Syst, [0,0,0,0,0])
>>> Sol2 = resol.fsolve(Syst, [1,1,1,1,1])
>>> Sol1 , Sol2
 array([0.,0.,0.,0.,0.])
 array([0.89442719.,-0.4472136.,0.89442719.,1.34164079.,0.4472136])
>>> Sol3 = resol.fsolve(Syst, [-1,1,-3,1,2]) ; Sol3
 array([-0.89442719.,0.4472136.,-0.89442719.,-1.34164079.,-0.4472136])
>>> Sol2[2]*Sol2[3] - Sol2[4]**2
 0.9999999999982314
>>> import numpy as np
>>> Sol2[0]*np.sqrt(5) , Sol2[1]*np.sqrt(5) , Sol2[2]*np.sqrt(5) ,
Sol2[3]*np.sqrt(5) , Sol2[4]*np.sqrt(5)
```

On voit que Sol1 est incohérent.

Si un 5-uplet est solution, son opposé aussi.

C'est 1 avec quelques erreurs d'arrondi acceptables.

Corrigé

On trouve rapidement que c'est $\sqrt{5}$ la valeur à multiplier.

$2 \quad -1 \quad 2 \quad 3 \quad 1$

Finalement : $U = \dfrac{1}{\sqrt{5}}\begin{pmatrix} 2 & 1 \\ -1 & 2 \end{pmatrix}$, $S = \dfrac{1}{\sqrt{5}}\begin{pmatrix} 2 & 1 \\ 1 & 3 \end{pmatrix}$.

Exercice 18.28

On note e(n) le $n^{ème}$ polynôme de la base canonique de $\mathbb{R}_3[X]$, ϕ la fonction produit scalaire d'argument(p,q), $f[n]$ le $n^{ème}$ polynôme de la base orthogonale de $\mathbb{R}_3[X]$, $g[n]$ celui de la base orthonormale de $\mathbb{R}_7[X]$ puis $W(n,x)$ ce même polynôme écrit symboliquement et enfin $Proj(y)$ la fonction polynomiale qui est la projection orthogonale de h sur $\mathbb{R}_3[X]$.

1. On tape :

```
>>> import numpy as np; from numpy.polynomial import Polynomial
>>> def e(n) :
        L = [0 for i in range(0,n+1)]; L[n] = 1
        return(Polynomial(L))
>>> def phi(p,q) :
        r = p * q; R = r.integ(); return(R(1) - R(-1))
>>> f = [e(0)]
>>> for k in range(1,4) :
        pol = e(k) - sum(phi(f[i],e(k)) * f[i] / phi(f[i],f[i])
        for i in range(k))
        f.append(pol)
>>> g = []
>>> for k in range(4) :
        g.append(f[k]/np.sqrt(phi(f[k],f[k])))
>>> from sympy import *; x = symbols('x')
>>> for k in range(4) :
        def W(k,x) :
            return(sum(g[k].coef[i] * x ** i  for i in range(0,k+1)))
            print(W(k,x))
0.707106781186547    1.22474487139159*x
2.3717082451268*x**2 - 0.79056941504095
4.66770717334674 3*x**3 - 2.80624304008046*x
```

$W(k,x)$ n'a que des monômes qui ont la parité de k.

P.coef est une liste de 4 termes que vous visualiserez.

2.

```
>>> P = sum(integrate(W(k,x) * x ** 7, (x,-1,1)) * g[k]
for k in range(0,4))
>>> P.coef
```

3. On tape :

```
>>> def Proj(y) : return(sum(P.coef[i] * y ** i for i in range(0,13)))
>>> import matplotlib.pyplot as plt
>>> X = np.linspace(-1,1,100)
>>> plt.plot(X, Proj(X), color = 'r')
>>> plt.plot(X, np.cos(np.pi * 4 * X), color = 'b')
>>> plt.axis('equal'); plt.show()
```

Retenir comment passer d'un polynôme sous forme d'une liste issue de Polynomial à une fonction polynomiale.

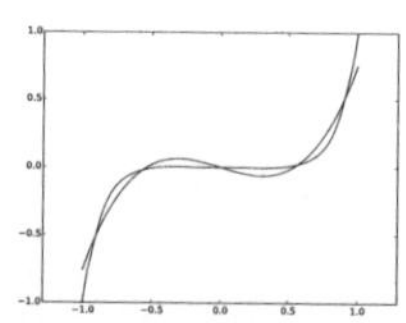

Exercice 18.29

1. On tape :

```
>>> import numpy as np; import matplotlib.pyplot as plt
>>> from mpl_toolkits.mplot3d import Axes3D
```

```
>>> def f(x,y) :
        return(sum((k**4 - x*(k**3) - y)**2  for k in range(0,5)))
>>> X = np.arange(0,10,0.01) ; Y = np.arange(-20,0,0.01) ;
>>> X, Y = np.meshgrid(X,Y) ; Z = f(X,Y) ;
```

On trace alors la surface $Z = f(X,Y)$:

```
>>> ax = Axes3D(plt.figure()) ; ax.plot_surface(X,Y,Z) ; plt.show()
```

En traçant la surface, on remarque qu'il y a un minimum autour de $x = 4$. Par contre, le y correspondant est moins clair. C'est pourquoi l'on trace aussi des lignes de niveau. On se rend compte qu'en jouant sur la borne inférieure du linspace, on observe l'apparition ou la disparition de l'ellipse centrale. Le minimum est pour z entre 500 et 600. De plus, le x de ce minimum est environ 4 et son y est environ -10.

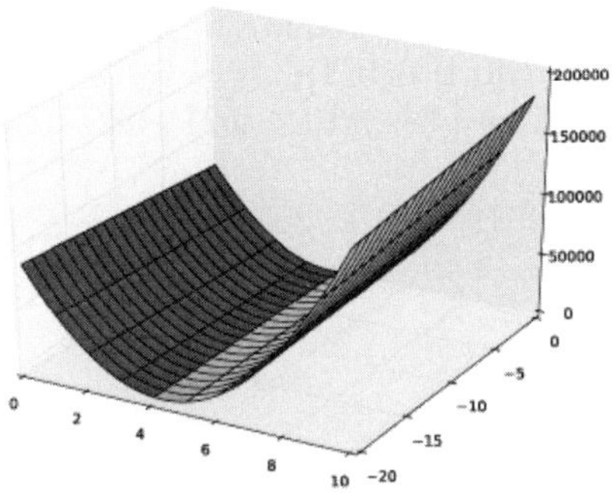

Puis on tente des lignes de niveau :

```
>>> plt.contour(X,Y,Z,np.linspace(500,4000,6))
>>> plt.contour(X,Y,Z,np.linspace(600,4000,6))
```

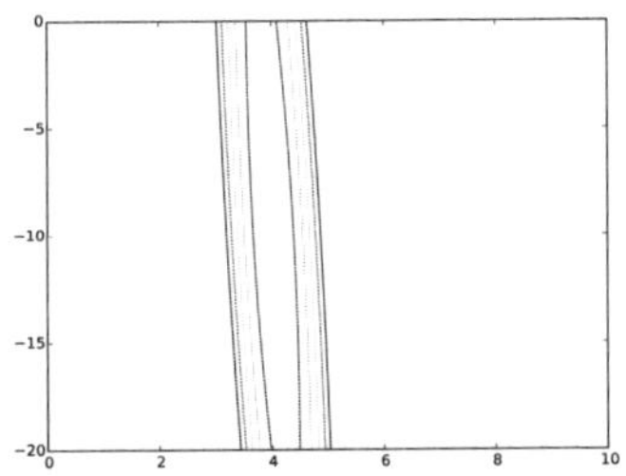

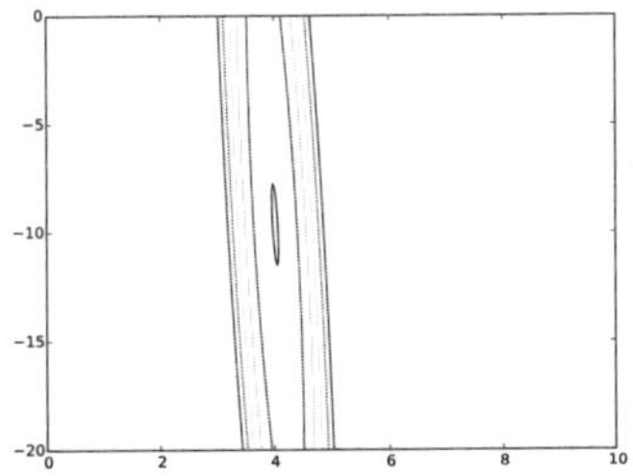

Faisons un intermède *sympy*. On tape :

```
>>> from sympy import * ; init_printing() ; x = symbols('x') ;
>>>  y = symbols('y') ; p = diff(f(x,y),x) ; q = diff(f(x,y),y) ; p , q
 (9780.x + 200.y - 37400, 200.x + 10.y - 708)
```

Ici, on suppose avoir vu le cours sur la géométrie différentielle et notamment la notion de point critique.

Les points critiques sont solutions de (1) : $\left\{\begin{array}{rcl} 9780x + 200y & = & 37400 \\ 200x + 10y & = & 708 \end{array}\right.$.

```
>>> solve([p,q],[x,y])
```

$$\left[x : \frac{1162}{289}, y : \frac{-13894}{1445}\right]$$

Il y a un seul point critique $(4.02, -9.61)$ et $f(4.02, -9.61) = 569.55$.

2. On montre que $\langle\, , \,\rangle : (P,Q) \mapsto \sum_{k=0}^{4} P(k)Q(k)$ est bien symétrique, linéaire par rapport à la première variable et que $\langle P, P\rangle = \sum_{k=0}^{4} P(k)^2 \geqslant 0$ et cette quantité est nulle si, et seulement si, P est un polynôme de $\mathbb{R}_4[X]$ ayant au moins 5 racines distinctes 0, 1, 2, 3 et 4. Donc si, et seulement si, P est nul.

$\langle\, , \,\rangle$ est bien un produit scalaire sur $\mathbb{R}_4[X]$.

Corrigé

3. On tape successivement :

```
>>> import numpy as np; from numpy.polynomial import Polynomial
>>> def phi(p, q) : return(sum(p(k) * q(k)  for k in range(0, 5)))
>>> u1 = Polynomial([1]); u2 = Polynomial([0, 0, 0, 1])
>>> v1 = u1; v2 = u2 - phi(u2, v1)/phi(v1, v1) * v1
>>> w1 = v1/np.sqrt(phi(v1, v1)); w2 = v2/np.sqrt(phi(v2, v2))
>>> w1.coef , w2.coef
array([0.4472136]) array([-0.37203267, 0., 0., 0.01860163])
>>> Z = Polynomial([0, 0, 0, 0, 1])
>>> ZZ = phi(Z, w1) * w1 + phi(Z, w2) * w2
>>> ZZ
Polynomial([-9.61522491, 0., 0., 4.02076125])
>>> phi(Z - ZZ, Z - ZZ)
569.55432526
```

C'est bon !

On définit la fonction produit scalaire phi puis on rentre les polynômes 1 et X^3 en les baptisant u1 et u2. Puis, on construit une base orthonormale $(w1, w2)$ de $F = \text{Vect}(1, X^3)$ à partir de Gram-Schmidt. Puis on calcule zz la projection orthogonale de $z = X^4$ sur F. Puis on détermine $\|z - zz\|^2$. C'est A cherché.

Exercice 18.30

1. I se calcule « à la main » en faisant deux I.P.P successives.

$I = -\int_1^e x \times 3\ln^2 x \times \frac{dx}{x} + \left[x\ln^3 x\right]_1^e$.

$I = 3\int_1^e 2 \times \ln x\, dx - 3\left[x \ln^2 x\right]_1^e + e$.

Et donc $I = 6 - 2e$.

Pour *sympy*, on tape :

```
>>> from sympy import *; import math as mt
>>> x = symbols('x'); integrate(ln(x) ** 3, (x, 1, mt.e))
0.563436343081911
>>> integrate(ln(x) ** 3, (x, 1, exp(1)))
-2 * E + 6
```

Notez que l'utilisation de mt.e donne une solution approchée et exp(1) une solution exacte.

2. On tape :

```
>>> import scipy.integrate as integr; import math as mt
>>> def f(x) :  return((mt.ln(x)) ** 3)
>>> integr.quad(f, 1, mt.e)
(0.5634363430819093, 9.48e - 15)
>>> rectangles(f, 1, mt.e, 20) , trapezes(f, 1, mt.e, 20)
0.521158622019068  0.564115667730544
```

Les fonctions rectangles et trapezes ont été tapées à la **méthode 18.10**.

On remarque que *rectangles* n'est pas très performante mais vous le saviez !

Exercice 18.31

1. Pour tout $x \in]0, 1]$, $g(x) = e^{x \ln x}$. Comme $x \ln x$ tend vers 0 quand x tend vers 0^+, $g(x)$ tend vers 1. On pose $\alpha = 1$.

2. Sans souci. On tape :

```
>>> import matplotlib.pyplot as plt; import numpy as np
>>> def g(x) :
        return(np.exp(x * np.log(x)))
>>> X = np.linspace(0.01, 1, 100); plt.plot(X, g(X)); plt.show()
```

Le lecteur affichera la courbe sur son écran. Dans X, on isole 0.

3. On remarque que le graphe de f est une sorte de cuvette qui part de $(0, 1)$ avec une tangente verticale, descend vers un minimum, environ $(0.36, 0.69)$, puis remonte à $(1, 1)$.

Plus mathématiquement, la dérivée de g est donnée par $g'(x) = (1+\ln x)g(x)$. Le minimum passe en $x = 1/e$ et sa valeur est $e^{-1/e}$.

*Ici l'on prend np.e à la place de mt.e (voir l'***exercice 18.28** *pour varier les plaisirs.*

$>>>\ 1/np.e\,,\ np.exp(-1/np.e)$

0.36787944 0.69220062

4. On tape :

$>>>\ import\ scipy.integrate\, as\, integr\,;\ from\, sympy\, import *$

$>>>\ integr.quad(g, 0, 1)$

(0.7834305107121344 , 3.351485755587191e − 11)

$>>>\ x\ =\ symbols('x')\,;\ integrate(exp(x * log(x)), (x, 0, 1))$

$Integral(exp(x * log(x)), (x, 0, 1))$

sympy n'est pas demandée mais c'est juste pour voir que cela ... ne sert à rien !

5. Partons de $e^u = \displaystyle\sum_{n=0}^{+\infty} \frac{u^n}{n!}$. Ce développement est de rayon infini. En posant $u = x \ln x$, pour $x \in]0, 1]$, $e^{x \ln x} = \displaystyle\sum_{n=0}^{+\infty} \frac{x^n \ln x^n}{n!}$.

Posons $I_{\alpha,\beta} = \displaystyle\int_0^1 x^\alpha \ln^\beta x\, dx$. Par parties, en intégrant $x \mapsto x^\alpha$ et en dérivant $x \mapsto \ln^\beta x$, en supposant $\alpha \geqslant 0$ et $\beta \geqslant 1$, on obtient $I_{\alpha,\beta} = -\dfrac{\beta}{\alpha+1} I_{\alpha,\beta-1}$.

En prenant $\alpha = \beta = n \geqslant 1$, $I_{n,n} = -\dfrac{n}{n+1} I_{n,n-1}$.

On descend et : $I_{n,n} = \dfrac{(-1)^n n!}{(n+1)^n} I_{n,0} = \dfrac{(-1)^n n!}{(n+1)^{n+1}}$.

Il reste à écrire : $\displaystyle\int_0^1 g(x)\, dx = \sum_{n=0}^{+\infty} \frac{1}{n!} \int_0^1 x^n \ln^n x\, dx$.

Commençons par justifier l'interversion de l'intégrale et de la somme avec le **théorème 12.2**. Ici posons $I =]0, 1]$ et pour tout $n \geqslant 0$, $f_n(x) = \dfrac{x^n \ln^n x}{n!}$.

- Les fonctions f_n sont continues par morceaux sur I et intégrables sur I.
- La série $\displaystyle\sum_{n\geq 0} f_n$ converge simplement sur I vers $S : x \mapsto x^x$, fonction continue par morceaux sur I.
- Posons $u_n = \displaystyle\int_0^1 \left| \frac{x^n \ln^n x}{n!} \right| dx = \left| \frac{I_{n,n}}{n!} \right| = \frac{1}{(n+1)^{n+1}}$.

La série $\displaystyle\sum_{n\geqslant 0} u_n = \sum_{n\geqslant 0} \frac{1}{(n+1)^{n+1}}$ est convergente. Pour le vérifier, on peut majorer u_n par $1/n^2$ à partir de $n = 1$, terme général d'une série convergente.

- On a ainsi les trois hypothèses du **théorème 12.2**.

On écrit : $\displaystyle\int_0^1 g(x)\, dx = \sum_{n=0}^{+\infty} \frac{(-1)^n}{(n+1)^{n+1}}$.

Il reste à taper :

$>>>\ def\ sigma(N)\ :$

$\qquad return(sum((-1) ** n/(n+1) ** (n+1)\ for\ n\ in\ range(0, N+1)))$

$>>>\ sigma(15)$

0.7834305107121344

A-t-on comme à la question 4 ? Suspens !

Corrigé

Exercice 18.32

C'est classique et fait au chapitre 14.

1. On est ramené à un système différentiel $X'(t) = AX(t) + B(t)$. Ici :

$$X(t) = \begin{pmatrix} y(t) \\ y'(t) \end{pmatrix}, \; A = \begin{pmatrix} 0 & 1 \\ -\frac{k}{m} & -\frac{c}{m} \end{pmatrix} \text{ et } B(t) = \begin{pmatrix} 0 \\ 0 \end{pmatrix}.$$

2. Maintenant :

$$X(t) = \begin{pmatrix} y(t) \\ y'(t) \end{pmatrix}, \; A = \begin{pmatrix} 0 & 1 \\ -2 & -0.5 \end{pmatrix}.$$

On tape :

```
>>> import numpy as np; import scipy.integrate as integr
>>> def F(x,t) :
        return(np.array([x[1], -2 * x[0] - 0.5 * x[1]]))
>>> T = np.linspace(0, 20, 200)
>>> X = integr.odeint(F, np.array([1, 0.5]), T)
```

Pour la 1re :

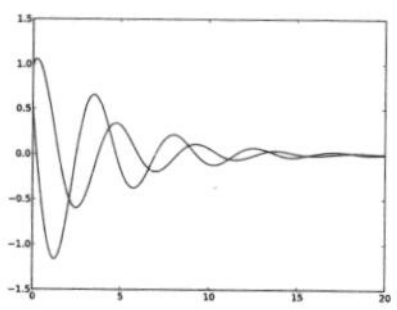

Si l'on tape X, on obtient une liste de 200 sous-listes $[y(tk), y'(tk)]$. La première sous-liste est $[1, 5e-01]$ (ce sont les conditions initiales) et la dernière est $[-4.57e-03, -7.39e-03]$. C'est logique car sans intervention d'une force extérieure, le système va rejoindre la position d'équilibre avec une vitesse qui deviendra nulle.

Pour la 2e :

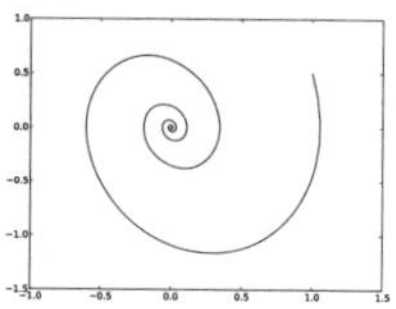

3. On rappelle que X est un tableau de deux colonnes. $X[:,0]$ (respectivement $X[:,1]$) donne la fonction $t \mapsto y(t)$ (respectivement $t \mapsto y'(t)$).
Pour afficher ces deux fonctions, on appliquera respectivement les commandes $plt.plot(T, X[:,0])$ et $plt.plot(T, X[:,1])$.
Pour afficher $t \mapsto (y(t), y'(t))$, on appliquera $plt.plot(X[:,0], X[:,1])$.

```
>>> import matplotlib.pyplot as plt
>>> plt.plot(T, X[:,0]) ; plt.plot(T, X[:,1]) ; plt.show( )
```

On tape (on appelle cette dernière courbe le portrait des phases) ensuite :

```
>>> plt.plot(X[:,0], X[:,1]) ; plt.show( )
```

Exercice 18.33

On commence par taper f et les packages utiles.
Puis la fonction $NEulerAffich$ très inspirée de celle de l'exemple de la **méthode 18.19**.

```
>>> def f(x,t) : return(t ** 2 - x ** 2)
>>> import numpy as np; import matplotlib.pyplot as plt
>>> import scipy.integrate as integr
>>> def NEulerAffich(f, t0, tn, n, y0) :
        h = (tn - t0)/float(n) ; t = t0 ; y = y0
        T = [t0] ; Y = [y0]
        for k in range(n) :
            y = y + h * f(y,t) ; t = t + h
            T.append(t) ; Y.append(y)
        plt.plot(T, Y, color =' 0')
```

Pour odeint, on prend un pas très petit.

```
>>> TT = np.arange(1.5, 2.5, 0.00001) ; YY = integr.odeint(f, 2, TT)
>>> plt.subplot(221) ; NEulerAffich(f, 1.5, 2.5, 4, 2) ; plt.subplot(222) ;
NEulerAffich(f, 1.5, 2.5, 8, 2) ; plt.subplot(223) ; plt.plot(TT, YY)
```

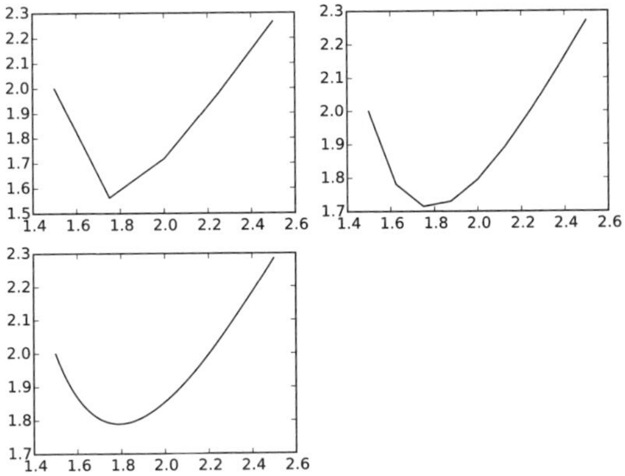

✎ *Le premier graphe en haut à gauche est Euler avec $h = 1/4$, puis le second en haut à droite est Euler avec $h = 1/8$ et celui du bas à gauche est odeint avec $h = 0.00001$. Vous ferez sans problème le cas $a = 1$. Dans ce cas là, on remarquera que la courbe semble linéaire.*

Exercice 18.34

1. Il est clair que si X_i est la *v.a.r.d* qui vaut 1 si le $i^{\text{ème}}$ lancer donne Face et 0 sinon, suit une loi de Bernoulli de paramètre $p = \frac{1}{2}$. Et $F_n = \frac{1}{n}(X_1 + ... X_n)$. On tape :

```
>>> from scipy.stats import *; var = binom(1,0.5)
>>> def F(n) :
        a = var.rvs(size = n); return(sum(a)/n)
```

✎ *On rappelle que si $n = 1$, $binom(n, p)$ est la loi de Bernoulli de paramètre p.*

Par exemple, on tape :

```
>>> [F(n) for n in range(1,10)]
[1.0,0.0,1.0,0.75,0.2,0.33333,0.42857,0.5,0.55555]
>>> F(100), F(500)
0.5  0.52222
```

2. Comme la famille $(X_i)_{i\in[\![1,n]\!]}$ est constitué de *v.a.r.d* qui sont deux à deux indépendantes, on peut appliquer la loi faible des grands nombres.

On a : $P(|F_n - E(X_1)| \geqslant \epsilon) \leqslant \dfrac{V(X_1)}{n\epsilon^2}$ avec $\epsilon > 0$ bien choisi.

Ici, $E(X_1) = 1/2$ et $V(X_1) = 1/4$. Puis : $F_n \in [0.4, 0.6] \Leftrightarrow |F_n - E(X_1)| \leqslant 0.1$. Donc, on prend $\epsilon = 0.1$ dans la suite.

$$P(|F_n - 0.5| \geqslant 0.1) \leqslant \frac{1}{4n(0.1)^2} \Leftrightarrow 1 - P(|F_n - 0.5| \leqslant 0.1) \leqslant \frac{25}{n}.$$

Cela donne : $P(|F_n - 0.5| \leqslant 0.1) \geqslant 1 - \dfrac{25}{n}$. Il faut donc trouver le premier entier n tel que $1 - \dfrac{25}{n} \geqslant 0.95$, ce qui donne $n = 500$.

✎ *On remarque que dans la pratique, F_n est rapidement entre 0.4 et 0.6. La loi des grands nombres n'est qu'une inégalité en général pas très fine.*

Exercice 18.35

1.

```
>>> import numpy.random as rd
>>> def experience(N) :
        n = N; p = 1
        while rd.randint(0,n) > 0 :
            p = p+1; n = n-1
        return p
```

```
>>> experience(7), experience(15), experience(100)
 6 2 57
```

2. Il reste à taper *simulation*.

```
>>> def simulation(N) :
        L = [ ]
        for j in range(10000) :
            L.append(experience(N))
        return([L.count(i)/10000  for i in range(1, N + 1)])
>>> simulation(8)
 [0.1264, 0.1256, 0.1206, 0.1205, 0.1272, 0.1277, 0.1252, 0.1268]
>>> sum(simulation(8)[i] for i in range(8))/8,  1/8
 0.124375  0.125
```

Il semble que la vraie valeur de $P(V_i)$ soit $1/N$.

Exercice 18.36

D'après le cours, $S_n \hookrightarrow \mathscr{B}(n, \frac{1}{2})$.

1. On a immédiatement : $E(S_n) = \frac{n}{2}$ et $V(S_n) = \frac{n}{4}$.

2. $P(S_n = k) = \binom{n}{k}(1/2)^k(1/2)^{n-k} = \binom{n}{k}(1/2)^n$ pour tout $k \in [\![0, n]\!]$.

Donc si $n = 2p$, où $p \in \mathbb{N}^\star$, $P(S_n < \frac{n}{2}) = \displaystyle\sum_{k=0}^{p-1} \binom{n}{k} 2^{-n}$.

Et si $n = 2p + 1$, où $p \in \mathbb{N}$, $P(S_n < \frac{n}{2}) = \displaystyle\sum_{k=0}^{p} \binom{n}{k} 2^{-n}$.

Par ailleurs, si $n = 2p$, $\lfloor \frac{n-1}{2} \rfloor = p - 1$ et si $n = 2p + 1$, $\lfloor \frac{n-1}{2} \rfloor = p$.

Dans tous les cas, $\displaystyle\sum_{k=0}^{\lfloor \frac{n-1}{2} \rfloor} \binom{n}{k} 2^{-n} = P(S_n < \frac{n}{2}$.

*On connaît plusieurs versions. On choisit la fonction de la question 2 du **18.7** par exemple. Ce qu'il faut bien faire ici, ce sont les initialisations qui servent aussi de test d'arrêt de la boucle.*

3.
```
>>> def BINOM(n,p) :
        if n < 0 or p < 0 or p > n :
            return(0)
        elif n == 0 or n == 1 :
            return(1)
        elif p == 0 :
            return(1)
        else :
            return(BINOM(n - 1,p) + BINOM(n - 1,p - 1))
```

On importe le module math pour récupérer floor.

4.
```
>>> import math as mt
>>> def sn2(n) :
        p = mt.floor((n - 1)/2)
        return(1/(2 ** n) * sum(BINOM(n, k) for k in range(0, p + 1)))
```

5.
```
>>> sn2(19), sn2(20), sn2(25), sn2(26)
 0,5 0,41190147 0,5 0,42250949
```

Il semble que $sn2$ vaut $1/2$ si n est impair et la suite $sn2(2p)$ semble tendre vers $1/2$ si p tend vers $+\infty$. Pour le graphe, on tapera :

```
>>> import matplotlib.pyplot as plt; X = list(range(1, 21))
>>> Y = [sn2(j) for j in X]; plt.plot(X, Y); plt.show()
```

Le lecteur visualisera sur son écran comme on dit.

6. ► Si $n = 2p + 1$, $P(S_n < \frac{n}{2}) = \displaystyle\sum_{k=0}^{p} \binom{2p+1}{k} 2^{-2p-1}$ et $P(S_n = \frac{n}{2}) = 0$.

$P(S_n \geqslant \frac{n}{2}) = \sum_{k=p+1}^{2p+1} \binom{2p+1}{k} 2^{-2p-1} = 2^{-2p-1} \sum_{k=p+1}^{2p+1} \binom{2p+1}{k}$, donc :

$$P(S_n \geqslant \tfrac{n}{2}) = 2^{-2p-1} \sum_{k=p+1}^{2p+1} \binom{2p+1}{2p+1-k} = 2^{-2p-1} \sum_{j=0}^{p} \binom{2p+1}{j}.$$

Ainsi : $P(S_n \geqslant \frac{n}{2}) = P(S_n < \frac{n}{2}) + P(S_n = \frac{n}{2})$.

▸ Si $n = 2p$, $P(S_n < \frac{n}{2}) = \sum_{k=0}^{p-1} \binom{2p}{k} 2^{-2p}$ et $P(S_n = \frac{n}{2}) = \binom{2p}{p} 2^{-p}$.

Et : $P(S_n < \frac{n}{2}) + P(S_n = \frac{n}{2}) = \sum_{k=0}^{p} \binom{2p}{k} 2^{-2p}$.

$$P(S_n \geqslant \tfrac{n}{2}) = \sum_{k=p}^{2p} \binom{2p}{k} 2^{-2p} = 2^{-2p} \sum_{k=p}^{2p} \binom{2p}{k}.$$

Donc : $P(S_n \geqslant \frac{n}{2}) = 2^{-2p} \sum_{k=p}^{2p} \binom{2p}{2p-k} = 2^{-2p} \sum_{j=0}^{p} \binom{2p}{j}$.

Ainsi : $P(S_n \geqslant \frac{n}{2}) = P(S_n < \frac{n}{2}) + P(S_n = \frac{n}{2})$.

7. On a le système : $\begin{cases} u_n + v_n & = & 1 \\ -u_n + v_n & = & P(S_n = \frac{n}{2}) \end{cases}$.

Si $n = 2p+1$, $P(S_n = \frac{n}{2}) = 0$ et $u_n = v_n = \frac{1}{2}$, ce qui est attendu.
Si $n = 2p$, $2u_n = 1 - P(S_n = \frac{n}{2})$ et $u_n = \frac{1}{2} - \frac{1}{2}P(S_n = \frac{n}{2})$.
Ce qui donne : $u_{2p} = \frac{1}{2} - \frac{1}{2}\binom{2p}{p} 2^{-2p}$.

James Stirling, sauve nous !

Or, si p tend vers $+\infty$, $(2p)! \sim \left(\frac{2p}{e}\right)^{2p} \sqrt{4\pi p}$ et $p! \sim \left(\frac{p}{e}\right)^p \sqrt{2\pi p}$.

Ainsi : $u_{2p} \sim \dfrac{-1}{2\sqrt{\pi p}} + \dfrac{1}{2}$, quantité qui tend vers $\frac{1}{2}$, comme prévu.

Exercice 18.37

1. On tape :

```
>>> from math import factorial ; from math import exp
>>> def PX(k,n,p) :
        return(exp(-n*p)*(n*p)**k/factorial(k))
>>> [PX(k,30,0.1) for k in range(31)]
[0.04978 , 0.1493612 , 0.2240418 , 0.2240418 , 0.16803135 , ...
... , 3.8645072e-19 , 3.86450720e-20]
```

On n'écrit les premiers et les derniers que pour gagner de la place...

2. On tape :

```
>>> from scipy.special import binom
>>> def PY(k,n,p) :
        q = 1-p
        return(binom(n,k)*(p**k)*(q**(n-k)))
>>> [PY(k,30,0.1) for k in range(31)]
[0.0423911 , 0.14130386 , 0.22765622 , 0.23608793 , 0.177065949 , ...
... , 2.7000000000044e-28 , 1.000000000000017e-30]
```

On n'écrit toujours que les premiers et les derniers pour gagner de la place...

3.

```
>>> def Difference(n,p) :
        L = [abs(PY(k,n,p)-PX(k,n,p)) for k in range(0,n+1)]
        return max(L)
>>> Difference(30,0.1)
0.01204612
```

Corrigé

L'approximation est « bonne » quand $n \geqslant 50$, $p \leqslant 0.1$ et $np \leqslant 15$. Or dans le dernier cas, np est trop grand car n est trop grand. Si l'on réduit p, on retrouve des valeurs de $Seuil(epsilon, p)$ acceptables.

4.
```
>>> def Seuil(epsilon,p) :
        if Difference(1,p) <= epsilon :
            return 1
        else :
            n = 1
            while Difference(n,p) > epsilon :
                n += 1
            return n
>>> Seuil(0.008,0.075) , Seuil(0.005,0.075) , Seuil(0.008,0.1)
 1  124  71
>>> Seuil(0.005,0.1)
 int too large to convert to float
```

Exercice 18.38

À rapprocher de l'exemple qui suit la **méthode 17.3** *et de l'***exercice 17.20**.

1. C'est le dernier exemple de la **méthode 18.23**. On tire au sort un réel de $]0,1[$, si celui-ci tombe dans $]0,p[$ (ce qui arrive avec une probabilité p), on renvoie *True*. On suit la loi uniforme.

2. On tape :

On suit les indications. On appelle seite la valeur des côtés.

```
>>> def long_series(n,p) :
        l = [0] * n ; seite = lancer(p)
        for serie in range(n) :
            lang = 1
            while lancer(p) == seite :
                lang += 1
            l[serie] += lang ; seite = not seite
        return(l)
```

Exercice 18.39

Appelons Position la fonction d'argument x position antécédent et p (on applique à $p = 1/2$ après). On la construit avec la **méthode 18.3**. *On a : $Position(0) = 0$ et $Position(3) = 3$. Puis $Position(1)$ vaut 0 avec une probabilité de p et 2 avec une probabilité de $q = 1 - p$. Et $Position(2)$ vaut 1 avec une probabilité de p et 3 avec une probabilité de $q = 1 - p$. On utilise $va = binom(1, p)$ (aller à la* **méthode 18.24***) qui donne la variable de Bernoulli égale à 1 avec la probabilité p.*

1.
```
>>> from scipy.stats import *
>>> def Position(x,p) :
        va = binom(1,p) ; X = va.rvs(size=1)
        if x == 0 :
            return 0
        elif x == 1 :
            if X[0] = 1 :
                return(0)
            else :
                return(2)
        elif x == 2 :
            if X[0] = 1 :
                return(1)
            else :
                return(3)
        else :
            return(3)
```

2.
```
>>> def Pos(n,p,x0) :
        u = x0
        for i in range(n) :
            u = Position(u,p)
        return(u)
```

3. $>>>$ $def\ g(N, x0)$:

$L = [Pos(n, 0.5, x0)\ for\ n\ in\ range(0, N)]$

$return\ [L.count(i)/len(L)\ for\ i\ in\ range(0, 4)]$

$>>>$ $g(30, 1)$, $g(120, 2)$

$[0.533;\ 0.066;\ 0.0;\ 0.4]$ $[0.266;\ 0.0083;\ 0.0166;\ 0.7083]$

4.

a. Si $A_{i,n}$ est l'événement : « être en position i à l'instant n », alors :
$P(A_{0,n+1})$
$= P_{A_{0,n}}(A_{0,n+1})P(A_{0,n}) + P_{A_{1,n}}(A_{0,n+1})P(A_{1,n}) + P_{A_{2,n}}(A_{0,n+1})P(A_{2,n})$
$+P_{A_{3,n}}(A_{0,n+1})P(A_{3,n})$.
Si l'on pose :

$$\begin{cases} a_n = P(x_n = 0) = P(A_{0,n}) \quad , \quad b_n = P(x_n = 1) = P(A_{1,n}) \\ c_n = P(x_n = 2) = P(A_{2,n}) \quad , \quad d_n = P(x_n = 3) = P(A_{3,n}) \end{cases}$$

on a :

$$a_{n+1} = a_n \times 1 + b_n \times p + c_n \times 0 + d_n \times 0.$$

De la même façon, on a : $b_{n+1} = a_n \times 0 + b_n \times 0 + c_n \times p + d_n \times 0$.
Puis, on a : $c_{n+1} = a_n \times 0 + b_n \times q + c_n \times 0 + d_n \times 0$.
Et, enfin : $d_{n+1} = a_n \times 0 + b_n \times 0 + c_n \times q + d_n \times 1$.

Il en découle : $A = \begin{pmatrix} 1 & p & 0 & 0 \\ 0 & 0 & p & 0 \\ 0 & q & 0 & 0 \\ 0 & 0 & q & 1 \end{pmatrix}$.

Et $X_{n+1} = AX_n$ avec les notations de l'énoncé.

b. Le polynôme caractéristique $\chi_A(X)$ vaut rapidement :

$$(X-1)\begin{vmatrix} X & -p & 0 \\ -q & X & 0 \\ 0 & -q & X-1 \end{vmatrix} = (X-1)^2\begin{vmatrix} X & -p \\ -q & X \end{vmatrix} = (X-1)^2(X^2 - pq).$$

On développe par rapport à la première colonne puis par rapport à la dernière colonne.

• Si $0 < p < 1$, 1 est valeur propre double et $\pm\sqrt{pq}$ sont deux valeurs propres simples. On remarque que l'espace propre $E_1(A)$ est $\mathsf{Vect}\{(e_1, e_4)\}$. De plus, $\dim E_{\sqrt{pq}}(A) = 1$ et $\dim E_{-\sqrt{pq}}(A) = 1$.
• Si $p = 0$ ou si $p = 1$, alors 0 est valeur propre double et on voit rapidement que A est de rang 3. Donc, $\dim \mathsf{Ker}\, A = 1$ et A n'est pas diagonalisable.
• En conclusion, A est diagonalisable si et seulement si $0 < p < 1$.

La somme des dimensions des sous-espaces propres est 4 et A est diagonalisable dans $\mathcal{M}_4(\mathbb{R})$.

c. Ici $A = \begin{pmatrix} 1 & 1/2 & 0 & 0 \\ 0 & 0 & 1/2 & 0 \\ 0 & 1/2 & 0 & 0 \\ 0 & 0 & 1/2 & 1 \end{pmatrix}$, de spectre $\{-0.5, 0.5, 1\}$.

• Diagonalisation selon la bonne vieille méthode (à la main).

On part de A et on détermine une base des sous-espaces propres $E_{1/2}(A)$ et $E_{-1/2}(A)$.

$$(x, y, z, t) \in E_{1/2}(A) \Leftrightarrow \begin{cases} x + 1/2y &= 1/2x \\ 1/2z &= 1/2y \\ 1/2y &= 1/2z \\ 1/2z + t &= 1/2t \end{cases} \Leftrightarrow \begin{cases} x &= -y \\ z &= y \\ y &= z \\ z &= -t \end{cases}$$

On procède de façon similaire pour $E_{-1/2}(A)$.

$$E_{1/2}(A) = \mathsf{Vect}\left(\{(1,-1,-1,1)\}\right) \text{ et } E_{-1/2}(A) = \mathsf{Vect}\left(\{(1,-3,3,-1)\}\right).$$

Il reste à écrire la matrice P de passage de la base canonique à une base de vecteurs propres.

On calcule l'inverse de P soit en inversant un système, soit en utilisant l'algorithme de Gauss-Jordan. Faisons cet algorithme. On « concatène » P et I_4 et on va effectuer des opérations élémentaires sur les lignes pour transformer P en I_4 et I_4 en P^{-1}. On peut utiliser les fonctions de la **méthode 18.12** *mais c'est aussi rapide à la main.*

Prenons par exemple : $P = \begin{pmatrix} -1 & 1 & 1 & 0 \\ 3 & -1 & 0 & 0 \\ -3 & -1 & 0 & 0 \\ 1 & 1 & 0 & 1 \end{pmatrix}$.

On part maintenant de : $\left(\begin{array}{cccc|cccc} 1 & 1 & 1 & 0 & 1 & 0 & 0 & 0 \\ -3 & -1 & 0 & 0 & 0 & 1 & 0 & 0 \\ 3 & -1 & 0 & 0 & 0 & 0 & 1 & 0 \\ -1 & 1 & 0 & 1 & 0 & 0 & 0 & 1 \end{array}\right)$.

On effectue pour commencer les opérations élémentaires :

$$L_2 \leftarrow L_2 + 3L_1,\ L_3 \leftarrow L_3 - 3L_1,\ L_4 \leftarrow L_4 + L_1.$$

On obtient : $\left(\begin{array}{cccc|cccc} 1 & 1 & 1 & 0 & 1 & 0 & 0 & 0 \\ 0 & 2 & 3 & 0 & 3 & 1 & 0 & 0 \\ 0 & -4 & -3 & 0 & -3 & 0 & 1 & 0 \\ 0 & 2 & 1 & 1 & 1 & 0 & 0 & 1 \end{array}\right)$.

Puis, on effectue par exemple les opérations $L_3 \leftarrow L_3 + 2L_2$, $L_4 \leftarrow L_4 - L_2$.

Puis, on effectue l'opération $L_3 \leftarrow \dfrac{1}{3}L_3$.

Puis, encore, on effectue l'opération $L_4 \leftarrow L_4 + 2L_3$.

Puis, ensuite, on effectue les opérations $L_2 \leftarrow L_2 - 3L_3$, $L_1 \leftarrow L_1 - L_3$.

Il reste à effectuer $L_2 \leftarrow \dfrac{1}{2}L_2$ puis $L_1 \leftarrow L_1 - L_2$.

On obtient : $\left(\begin{array}{cccc|cccc} 1 & 0 & 0 & 0 & 0 & -1/6 & 1/6 & 0 \\ 0 & 1 & 0 & 0 & 0 & -1/2 & -1/2 & 0 \\ 0 & 0 & 1 & 0 & 1 & 2/3 & 1/3 & 0 \\ 0 & 0 & 0 & 1 & 0 & 1/3 & 2/3 & 1 \end{array}\right)$.

On aboutit à : $P^{-1} = \begin{pmatrix} 0 & -1/6 & 1/6 & 0 \\ 0 & -1/2 & -1/2 & 0 \\ 1 & 2/3 & 1/3 & 0 \\ 0 & 1/3 & 2/3 & 1 \end{pmatrix} = \dfrac{1}{6}\begin{pmatrix} 0 & -1 & 1 & 0 \\ 0 & -3 & -3 & 0 \\ 6 & 4 & 2 & 0 \\ 0 & 2 & 4 & 6 \end{pmatrix}$.

Et si l'on pose $D = \mathrm{Diag}\,(-1/2, 1/2, 1, 1)$: $A = PDP^{-1}$ et pour tout $n \in \mathbb{N}$, on a l'égalité : $A^n = PD^nP^{-1}$.

Il reste donc à faire le calcul du produit des 3 matrices P, D^n et P^{-1}.

On pose $X_0 = \begin{pmatrix} a_0 \\ b_0 \\ c_0 \\ d_0 \end{pmatrix}$ et donc : $X_n = \begin{pmatrix} a_n \\ b_n \\ c_n \\ d_n \end{pmatrix}$ vaut :

$$\begin{pmatrix} 1 & 2/3 - 2^{-n}/2 - (-2)^{-n}/6 & 1/3 - 2^{-n}/2 + (-2)^{-n}/6 & 0 \\ 0 & 2^{-n}/2 + -2^{-n}/2 & 2^{-n}/2 - (-)2^{-n}/2 & 0 \\ 0 & 2^{-n}/2 - (-2)^{-n}/2 & 2^{-n}/2 + (-2)^{-n}/2 & 0 \\ 0 & 1/3 - 2^{-n}/2 + (-2)^{-n}/6 & 2/3 - 2^{-n}/2 - (-2)^{-n}/6 & 1 \end{pmatrix} \cdot \begin{pmatrix} a_0 \\ b_0 \\ c_0 \\ d_0 \end{pmatrix}.$$

On remarque que lorsque n tend vers $+\infty$, 2^{-n} tend vers 0.

$$\lim_{n\to+\infty} X_n = \begin{pmatrix} a_0 + \frac{2}{3}b_0 + \frac{1}{3}c_0 \\ 0 \\ 0 \\ \frac{1}{3}b_0 + \frac{2}{3}c_0 + d_0 \end{pmatrix}.$$

► Si $a_0 = 1$, $b_0 = c_0 = d_0 = 0$, ce qui signifie que la particule est certainement au puits 0 initialement. Et qu'elle y reste. On trouve logiquement :

$$\lim_{n\to+\infty} X_n = (1, 0, 0, 0).$$

► Si $d_0 = 1$, même destin pour la particule mais au puits 3.

► Si $b_0 = 1$, $a_0 = c_0 = d_0 = 0$, la particule est initialement certainement en position 1.

Et $\lim_{n\to+\infty} X_n = \left(\frac{2}{3}, 0, 0, \frac{1}{3}\right)$.

Rappelons nous $g(N,1)$ qui donne au bout de N essais la liste des fréquences où la particule atterrit dans chacune des 4 positions en supposant que la particule parte certainement de la position 1. Et de la liste trouvée pour $N = 30$.

► Si $c_0 = 1$, $a_0 = b_0 = d_0 = 0$, la particule est initialement certainement en position 2.

Et : $\lim_{n\to+\infty} X_n = \left(\frac{1}{3}, 0, 0, \frac{2}{3}\right)$.

Rappelons nous maintenant $g(N,2)$ et de la liste trouvée pour $N = 120$.

Le résultat dépend donc de la position initiale de la particule. Mais attention, ici, il s'agit de probabilités. Ainsi, a_0 est la probabilité que la particule soit au départ dans le premier puits.

• **Diagonalisation selon** *numpy* :

```
>>> import numpy as np; import numpy.linalg as alg
>>> A = np.array([[1, 1/2, 0, 0], [0, 0, 1/2, 0], [0, 1/2, 0, 0], [0, 0, 1/2, 1]])
>>> alg.eig(A)
(array([1., 1., 0.5, -0.5],
array([[1., 0., -0.5., -0.2236068.],  [0., 0, ., 0.5., 0.67082039.],
[0., 0, ., 0.5., -0.67082039.],  [0., 1, ., -0.5., 0.2236068.],
>>> D = np.diag([1, 1, 0.5, -0.5]) ; P = alg.eig(A)[1]
>>> invP = alg.inv(P)
```

Ici la matrice de passage P a des coefficients flottants et les deux premières colonnes sont ceux de $E_1(A)$. C'est le choix fait par numpy. On rappelle que alg.inv(P) fournit P^{-1}.

On peut maintenant calculer A^{100} par exemple avec *numpy* en tapant :

```
>>> import numpy.linalg as alg
>>> P.dot(alg.matrix_power(D, 100)).dot(alg.inv(P))
```

On peut aussi se passer de la diagonalisation et construire un programme Python d'arguments N et A et qui fournit A^N. Nous allons l'appeler *PuissanceN*. Comme on va utiliser le produit de deux matrices avec la fonction prédéfinie *dot*, on doit introduire encore le module *numpy*.

```
>>> import numpy as np
>>> def PuissanceN(A, N) :
        AN = A
        for n in range(1, N) :
            AN = np.dot(A, AN)
        return AN
```

On peut éviter la boucle et utiliser la fonction prédéfinie matrix_power qui donne la puissance d'une matrice donnée. Mais il faut charger numpy.linalg auparavant avec import numpy.linalg as alg Ainsi alg.matrix_power, appliquée à $(A, 100)$ donne A^{100} directement.

On commence avec un essai : le calcul de A^1, histoire de vérifier :

```
>>> PuissanceN(np.array([[1, 1/2, 0, 0], [0, 0, 1/2, 0], [0, 1/2, 0, 0],
[0, 0, 1/2, 1]]), 1)
```


Corrigé

$array([[1., 0.5, 0., 0.],\ [0., 0., 0.5, 0.],\ [0., 0.5, 0., 0.],\ [0., 0., 0.5, 1.]])$
On passe aux choses sérieuses avec A^{100}.
$>>>\ PuissanceN(np.array([[1, 1/2, 0, 0], [0, 0, 1/2, 0], [0, 1/2, 0, 0],$
$[0, 0, 1/2, 1]]), 100)$

$array([[1.00000000e+00, 6.66666667e-01, 3.33333333e-01,$
$0.00000000e+00],$
$[0.00000000e+00, 7.88860905e-31, 0.00000000e+00,$
$0.00000000e+00],$
$[0.00000000e+00, 0.00000000e+00, 7.88860905e-31,$
$0.00000000e+00],$
$[0.00000000e+00, 3.33333333e-01, 6.66666667e-01,$
$1.00000000e+00]])$

On interpréte le résultat. Ainsi, $7.88860905e-31$ par exemple est un synonyme de 0 et $6.66666667e-01$ est un synonyme de $2/3$.
On « voit » que la matrice limite quand N tend vers $+\infty$, est :

$$\begin{pmatrix} 1 & 2/3 & 1/3 & 0 \\ 0 & 0 & 0 & 0 \\ 0 & 0 & 0 & 0 \\ 0 & 1/3 & 2/3 & 1 \end{pmatrix}.$$

En appliquant à X_0, on retrouve le résultat précédent.

INDEX

Imprimé en Italie par «La Tipografica Varese Srl» Varese